现代数学译丛　36

# 变分分析与应用
## Variational Analysis and Applications

〔美〕 鲍里斯 S. 莫尔杜霍维奇(Boris S. Mordukhovich)　著

欧阳薇　译

科学出版社

北　京

图字：01-2023-0264 号

内 容 简 介

《变分分析与应用》是 Boris S. Mordukhovich 教授在变分分析与非光滑优化领域的最新专著. 本书主要在有限维空间中对变分分析的关键概念和事实进行系统和易于理解的阐述，这部分内容包括一阶广义微分的基本结构、集合系统的极点原理、增广实值函数的变分原理、集值映射的适定性、上导数分析法则、集值算子的单调性和一阶次微分分析法则；同时进一步介绍基于上述理论的先进技术在不可微优化与双层优化、半无穷规划、集值优化与微观经济建模中的应用. 有限维框架显著地简化了主要结果的说明和证明. 本书包含丰富的说明性图表和例子，每章末尾都配有大量的练习题，以帮助读者加深对内容的理解，培养本领域的研究技能，为"变分分析"课程的教学创建可用的教材.

本书可以作为高等院校数学专业高年级本科生的教材，也可作为运筹学、管理科学、系统科学等相关专业的研究生从事最优化理论研究的基础教材，也可供经济学、力学、工程学和行为科学等领域相关专业科研人员参考.

**图书在版编目(CIP)数据**

变分分析与应用 /(美) 鲍里斯 S. 莫尔杜霍维奇(Boris S. Mordukhovich) 著；欧阳薇译. —北京：科学出版社，2023.3
(现代数学译丛)
书名原文: Variational Analysis and Applications
ISBN 978-7-03-074956-7

Ⅰ. ①变⋯ Ⅱ. ①鲍⋯ ②欧⋯ Ⅲ. ①泛函分析–研究 Ⅳ. ①O177

中国国家版本馆 CIP 数据核字(2023)第 034213 号

责任编辑：李 欣 李 萍／责任校对：杨聪敏
责任印制：赵 博／封面设计：陈 敬

**科学出版社** 出版
北京东黄城根北街 16 号
邮政编码：100717
http://www.sciencep.com

北京富资园科技发展有限公司印刷
科学出版社发行 各地新华书店经销
*
2023 年 3 月第 一 版 开本：720 × 1000 B5
2024 年 1 月第二次印刷 印张：38 1/4
字数：767 000
**定价：198.00 元**
(如有印装质量问题，我社负责调换)

致我美丽的女儿 Lena 和 Irina,

以及我所有的学生和合作者

# 译 者 序

《变分分析与应用》是 Boris S. Mordukhovich 教授的又一新著. 本书主要在有限维框架中介绍现代变分分析的本质思想、关键结果及其在优化、微观经济学及相关领域中应用的一些最新成果.

本书原著作者 Mordukhovich 教授是现代变分分析的创始人之一, 国际上许多知名学者都对其在变分分析和非光滑优化领域的贡献给予了高度评价. 原著作者目前已有 3 本专著被译成中文且均由科学出版社出版, 因此受作者委托翻译本书, 我深感荣幸但更多是压力. 本书中部分专业术语沿用原著作者已出版的中译本书籍中的名称.

译者特别感谢硕士学位论文导师——郑喜印教授, 感恩他多年来的培养和鼓励, 以及在本书翻译过程中所提供的宝贵建议. 感谢我的硕士研究生王嘉熙、赵天晶、张家乐、梅奎、许云霞在中译本原稿录入及校对工作中的辛勤付出.

感谢云南师范大学数学学院对本书翻译工作的大力支持. 本书的出版得到了国家自然科学基金 (项目编号: 11801500) 的资助, 特此致谢.

由于译者学识有限, 书中难免存在不妥之处, 恳请读者批评指正.

译 者

2022 年 1 月 8 日

# 前　言

一切真理皆寓繁于简, 难的是如何发现真理.

——Galileo Galilei

数学在既定的错误带来的巨大转机与微小的误差造成的巨大后果之间的罅隙中揭示真理.

——Henri Poincaré

现在所理解的变分分析是一个相对年轻的数学领域. 一方面, 它可以被视为变分法、约束优化、最优控制, 以及可追溯至 18 世纪数学物理学和力学中变分原理的拓展. 另一方面, 现代变分原理和技巧很大程度上基于扰动、逼近和 (不可避免的) 广义微分的使用. 所有这一切都需要发展新的分析形式, 从而体现出数学新学科的创建, 将分析和几何思想紧密结合并统一起来.

尽管变分分析的某些特定方面已经在早期的专题文献中有所反映 (从它的起点-漂亮的凸分析开始), 但有关该主题的第一本系统化专著是 Rockafellar 和 Wets 合著的《变分分析》(Springer, 1998), "变分分析" 这一名字就是在这本书中提出的. 从那时起, 关于变分分析及其应用的许多问题涌现出大量出版物, 包括几部专著. 其中包括作者的两卷专著《变分分析与广义微分, I: 基础理论》《变分分析与广义微分, II: 应用》(Springer, 2006), 该书致力于变分分析和广义微分的无穷维方面的广泛应用.

呈现在读者面前的这本新书追求几个目标. 第一个目标是对变分分析的关键概念和事实进行系统和易于理解的阐述, 并给出在有限维空间中的选择性应用. 这在第 1—6 章中完成, 除了基本内容外, 还包括这方面的一些最新进展. 我们将这些章节视为针对初学者的自成一体的变分分析课程的基础, 可供数学、应用科学和工程专业的研究生使用. 本书的基本目标之一是为变分分析的教学创建可用的教材, 其中包括大量练习以及说明性图表和例子.

这里我们遵循对偶空间方法, 它不依赖于集合的切向逼近和原空间中函数与映射的相关构造, 而是直接关注对偶空间逼近, 这不是任何结构的对偶. 其中一个原因是, 任何切向逼近生成的对偶结构是自动凸的, 而后者的性质为广义微分及其应用造成了很大的限制. 这一问题在本书的基本内容和评注中被揭示和大量讨论. 另一方面, 处理非凸结构需要使用不同于经典凸集分离定理及类似结果的新的分析机制. 这种分析的主要工具是一种几何变分原理, 称为集合系统的极点原理, 在本书中有着广泛的应用.

上述方法引领我们为书中介绍的变分分析及其应用建立了一条简单的途径. 有限维框架使我们能够显著地简化主要结果的说明和证明. 人们发现, 与原空间的结构相比, 对偶空间结构事实上更加漂亮和完美, 通常给我们带来更自然和更完整的结果. 我们可以观察到与柏拉图的形式理论 (或观念、理念) 的相似之处, 即其在某种程度上是双重对象, 同时在可理解的领域中提供了对现实的最准确表示.

本书的另一个目标是鼓励感兴趣的读者学习更多关于变分分析的知识, 并通过完成 (至少部分) 每章基本内容后面的练习来培养他们在这一领域的研究技能. 读者可以在评注中找到关于较难习题的提示和参考资料, 以及有关具有挑战性的开放式问题的讨论. 许多练习处理无限维空间中的问题 (同时给出了相应的定义和支撑材料), 其中一些在本书的后续章节中有所提及.

第 7—10 章是关于变分分析在优化、微观经济学及相关领域的重要前沿问题中应用的最新成果. 这些成果在无穷维空间中普遍适用, 主要针对 (相当广泛的) 特定领域的研究人员、研究生和从业者, 同时可能会引起大量数学家和经济学家的兴趣. 所得结果展示了变分分析和对偶空间结构在求解甚至可能不具有变分性质的具体问题中的优势.

我们简要描述一下这十章的主要内容.

第 1 章介绍了本书所研究和应用的一阶广义微分的基本结构. 为发展广义微分的几何方法, 我们首先考虑局部闭集的非凸 (基本、极限) 法锥, 然后用这些术语定义集值映射的上导数以及增广实值函数的基本次微分和奇异次微分. 此外, 还详细研究了这些结构的各种表示和性质, 以及它们与变分分析中其他广义可微对象 (包括切向生成对象) 的关系. 给出的证明大多是对作者前一本书 [529] 中在更一般设置下建立的结果在有限维上的简化和改进. 书中还给出了一些新的结果和证明. 在练习和评注部分讨论了无穷维扩展和相关的发展.

第 2 章主要研究有限多个和可数多个集合系统的极点原理, 在变分分析和广义微分的对偶空间几何方法的发展中起着关键作用. 我们的主要极点原理使用有限多个闭集的基本法向量表示, 可以视为经典凸集分离定理在非凸情形的变分对应版本. 它的证明通过度量逼近方法 (MMA) 给出, 体现了现代变分分析的一个最基本思想, 即实现逼近、扰动和极限过程. 本书的所有章节都充分利用了基本极点原理及其无穷维版本 (在练习和评注中进行了讨论). 在第 2 章中, 该原理被用于推导重要的法锥交法则和次微分和法则. 在这里, 我们还介绍了有关将极点原理推广至可数集合系统的最新结果, 这些结果由于其自身的原因及各种应用显得很有吸引力, 同时也受到后续章节中考虑的半无穷规划问题的启发. 极点原理可数版本的证明通过 MMA 给出, 即使对于极点系统中有限多个闭集, 也揭示了一些新现象.

第 2 章的另一个主题是增广实值函数的变分原理, 它与有限维和无穷维中集合的极点原理不同但有些关联. 有限维几何使我们能够推出一般的变分原理, 该原理易于证明, 在应用中很有用, 并且包含有限维中此类结果的已知版本. 该章的练习和评注部分讨论了上述结果的无穷维扩展及其与增广实值函数的下、上次微分原理的关系.

在第 3 章中, 我们将变分分析中乍看无联系实则密切相关的两个主要课题的研究结合起来. 这一方面涉及集值映射的主要适定性性质 (Lipschitz 稳定性、度量正则性和线性开/覆盖) 及其上导数刻画, 另一方面涉及全面的上导数分析法则. 两个方面证明都是基于极点原理和变分原理的应用. 此外, 上导数分析法则的使用允许我们在解映射非度量正则时确定一大类参数变分系统. 在该章的练习和评注部分, 我们讨论了除无穷维扩展外, 在变分分析及其应用中有用的各种其他适定性性质, 并阐述了这些领域及相关领域中一些具有挑战性的公开问题.

第 4 章致力于为增广实值函数的基本和奇异极限次梯度建立全面的次微分分析法则. 这对于一般边际/最优值函数的次梯度计算起着主要作用, 是推导链式、乘积、商、极小值、极大值等其他次微分分析法则的关键. 次微分分析法则的另一个重要组成部分是该章介绍的非光滑函数的各种中值定理以及一些令人印象深刻的应用.

第 5 章讨论集值算子的全局单调性和局部单调性. 众所周知, 这些性质在变分分析、最优化及许多应用中非常重要. 有大量出版物专门讨论这些及相关的主题. 在这里, 本书利用变分分析和广义微分工具, 通过发展其完整的上导数刻画, 提出了一个关于极大单调性的新观点, 得到了关于全局极大单调性和强局部极大单调性概念的主要结果, 同时进一步讨论了发展前景和具有挑战性的公开问题, 并提出若干猜想. 所得刻画的强大优势之一是具有广泛地适用于上导数的分析法则, 这使得我们能够处理结构性问题并为进一步的发展打开大门. 该章还讨论了集值映射, 特别是次微分型集值映射的一些有关正则性和稳定性/平静性的概念.

第 6 章第一部分给出了不可微规划的一般约束问题的精确必要最优性条件, 这些条件由第 1 章中考虑的一阶广义微分结构表示. 所获得的最优性条件分别以下次微分和上次微分形式给出, 并且是通过直接应用极点原理和变分原理以及发展的分析法则导出的. 然后, 我们将这些结果应用于重要的双层优化问题, 即使在光滑初始数据的情况下, 这些问题本质上也是非光滑的. 利用值函数方法, 我们可以将这类问题简化为具有非光滑数据的单层规划, 然后利用第 4 章建立的边际/最优值函数的次微分法则, 将上述结果应用于不可微规划. 在该章的练习和评注部分, 我们讨论双层规划的其他方法, 并将提醒读者关注这一领域和相关领域中尚待解决的问题.

第 7 章致力于系统地应用变分分析与广义微分中的基本结构和技巧, 对所涉数据满足一定线性或凸性假设的半无穷规划问题展开全面的研究. 这类问题涉及无穷线性和凸不等式约束系统, 在最优化理论和应用中, 特别是对于具有紧指标集的系统, 有着悠久的历史. 在此我们阐明, 该领域最近发展起来的先进变分技巧的使用, 使我们能够提供新的观点, 并获得关于具有任意 (尤其是可数) 指标集的 SIPs 的 Lipschitz 稳定性和最优性条件的增强结果. 此外, 通过计算具有 DC (凸差) 目标的 SIPs 中值函数的基本次梯度和奇异次梯度, 我们得到 DC 无穷规划的新的最优性条件和稳定性条件, 从而通过值函数方法的应用得出凸双层 SIPs 的精确最优性条件. 考虑到即使在有限维决策空间的情况下, SIPs (由于其本质) 也总是涉及无穷维度, 在该章及随后的章节中我们在一般的 Banach (或 Asplund, 如果需要) 空间中介绍主要内容.

第 8 章继续考虑 SIPs, 并在无穷系中所涉函数的不同假设 (可微性、Lipschitz 连续性和下半连续性) 下专注于非凸问题. 出于最终应用于非凸 SIPs 的动机, 我们对各种方法和策略进行了测试, 从而得出具有其自身重要性以及其他大量应用的变分和分析结果. 这里我们提到了非凸集合的无穷交的法向量计算、非紧指标集上的非光滑函数上确界的次微分、非凸锥约束系统的 Lipschitz 稳定性和度量正则性等. 在这些方向上获得的所有结果都是最新的, 以前在专题文献中没有出现过.

第 9 章讨论集合与集值优化问题, 这在优化理论中相对较新, 并且由于实际需要, 近年来对数学家、应用科学家和从业人员特别有吸引力. 与多目标优化中常见的单值向量目标相比, 它们在许多方面实质上都要涉及更多. 在该章中, 我们针对此类问题的一般类型发展了一种对偶空间变分方法, 从而建立了 Pareto 型最优解的存在性定理, 并给出了由上导数和具有偏序值的集值映射的新次微分结构表示的鲁棒必要最优性条件. 我们主要关注多目标问题的所谓相对 Pareto 解, 它将传统的有效解和弱有效解与更灵活的集合最优性概念统一起来. 除了基本的极点原理外, 用于实现此方法的基本机制还包括 Ekeland 型变分原理和集值映射的次微分变分原理的扩展版本. 这种方法不仅为集值问题, 还为有限维与无穷维中传统的向量优化问题提供了新的结果.

最后的第 10 章介绍了本书中提出的先进变分与广义微分技巧在微观经济建模中的应用. 主要目标是建立福利经济学模型与适当的集值优化问题之间的双边关系, 然后利用所发展的工具和变分分析的结果, 对两者进行并行研究. 这种方法对二者都有益. 一方面, 它允许我们设计一类集值优化问题, 并且为其定义新型 (对应于 Pareto 型最优分配这一传统而较少被理解的概念) 的完全局部化解 (目标的集值性在此至关重要！). 另一方面, 由多目标问题集合最优性的自然概念, 可以引出 Pareto 型最优分配这一有着充分经济学解释的新概念. 基于前述等价关系, 我们应用已有变分分析与广义微分工具, 主要围绕极点原理的适当版本, 为原集值优化问题中的相应最优解概念推导出统一的必要条件. 反之, 对于具有有限维和无穷维商品空间的非凸福利经济学模型中的边际价格均衡, 这又生成了所谓第二基本福利定理的新形式.

需要强调的是, 本书中给出的大量练习题在其设计中起着特殊而又非常重要的作用. 练习的本意是帮助读者更好地理解基本内容, 除此之外, 还鼓励读者在本书涵盖的广泛领域中显著提高研究技能和独立工作的能力. 另一方面, 许多练习题中有着精确的定义和结果叙述, 这使得此部分内容成为目前有限维和无穷维空间中 (一阶) 最新变分分析及其应用的大量资料的便捷参考来源. 我们也在练习部分提出一些公开问题和猜想, 然后在相应的评注中加以讨论. 这样的书本设计使我们能够在这里呈现大量的基础内容和较新的发展以及进一步展望.

本书的每一章都以一个详尽的评注部分结束. 评注的主要目的是强调主要成果的本质, 追踪观点的起源, 提供历史性的评论, 并从作者的观点阐明具有挑战性的公开问题和未来研究方向. 本书包含了大量 (肯定不完整) 与文中提到的主题和结果相关的参考文献, 这些文献可能有助于读者进一步研究变分分析及其应用. 为方便读者, 我们列出了所有陈述、注释和练习的标题, 同时给出了符号和缩略语的词汇表以及丰富的主题词索引, 以此对本书涵盖的广泛主题和变分分析与广义微分中广泛使用的替代术语进行阐述. 在后者中, 我们主要遵循 Rockafellar 和 Wets [686] 以及作者 [529, 530] 的专著. 详细的主题索引可以使读者快速找到特别感兴趣的主题, 并通过评论和参考文献找到其他资源.

综上所述, 我们期望本书将对众多研究生、研究人员和数学科学、运筹学及应用的各个领域 (特别是经济学、力学、工程学和行为科学) 的实践者有用. 我们相信, 本书将帮助读者分享作者对变分分析的美丽与和谐的钦佩. 我们也希望它能鼓励读者在这个令人兴奋的领域中多学习, 在不同的数学和应用领域应用变分的思想和结果, 并参与进一步的积极研究.

本书的部分内容曾被作者用于在韦恩州立大学及世界各地其他机构的许多课堂教学. 作者非常感谢他过去和现在的研究生多年来提供的有用反馈. 特别感谢 Truong Bao, Hong Do, Alexander Kruger, Nguyen Mau Nam, Tran Nghia, Dat Pham, Ebrahim Sarabi 和 Bingwu Wang. 所有的图形都由 Nguyen Van Hang 绘制, 她在审阅手稿时也给予了很大的帮助. 作者非常感谢 2017 年 6 月提交本书初稿时的三位匿名评审人以及修订稿的两位评审人提出的有益意见和建议, 这些意见和建议已全部纳入最终版本.

本书呈现的许多内容都是基于作者与他的杰出合作者们的合作论文, 这些论文均列在参考文献中. 非常感谢他们每一个人. 美国国家科学基金会 (National

Science Foundation) 和空军科学研究办公室 (the Air Force Office of Scientific Research) 的资助对于这个项目的实施和完成至关重要. 作者也非常感谢施普林格出版社的数学执行编辑 Elizabeth Loew 在本书准备和出版的所有阶段给予的关注和出色的建议.

　　最重要的是, 我要感谢我的妻子 Margaret 多年来给予我的支持、理解和帮助.

Boris S. Mordukhovich

密歇根州, 安娜堡市

2018 年 1 月

# 目　　录

# 第 1 章 广义微分的构造

本章主要讨论变分分析中一阶广义微分的基本工具. 我们在此遵循文献 [514, 529] 中对偶空间几何方法的路线来定义广义微分, 该方法围绕着逼近技术和集合的极值性展开. 从集合法锥的非凸稳定性的构造开始, 我们继续进行单值映射与集值映射的上导数, 以及 (增广) 实值函数的次微分的构造. 为了简化说明并强调主要变分概念的本质, 本书第 1—6 章中的主要结果均在有限维空间中进行讨论, 而对于其在无穷维空间中的扩展, 我们在每章的练习和注释部分给予讨论并给出提示及参考文献.

因此, 除非另作说明, 在第 1—6 章中考虑的所有空间都是有限维的并且具有内积 $\langle \cdot, \cdot \rangle$ 和范数 $\| \cdot \|$ 的欧氏空间; 我们通常使用标准符号 $X = I\!R^n$ 进行表示. 若不引起混淆, 我们使用 $I\!B_X$ 或简单地用 $I\!B$ 表示以原点为中心的闭单位球, 用 $B_r(x)$ 表示以 $x$ 为中心、$r > 0$ 为半径的闭球. 同样, 对偶空间 $X^*$ 中闭单位球 (当出现时) 通常用 $I\!B_{X^*}$ 或简单地用 $I\!B^*$ 表示.

给定一个非空集合 $\Omega \subset X$, 符号

$$\mathrm{cl}\,\Omega, \ \mathrm{co}\,\Omega, \ \mathrm{clco}\,\Omega, \ \mathrm{bd}\,\Omega \ \text{和} \ \mathrm{int}\,\Omega$$

分别代表集合 $\Omega$ 的闭包、凸包、闭凸包、边界和内部.

回顾 $X$ 中的集合 $C$ 被称为锥, 若 $0 \in C$ 且对所有的 $x \in C$ 及 $\lambda \geqslant 0$ 都有 $\lambda x \in C$. 除非另作说明, $\Omega \subset X$ 的锥包定义如下

$$\mathrm{cone}\,\Omega := \big\{ \alpha x \in X \,\big|\, \alpha \geqslant 0, \ x \in \Omega \big\}.$$

在某些情况下 (特别是在第 7, 8 章中将特别强调), 符号 "$\mathrm{cone}\,\Omega$" 表示所讨论的集合的凸锥包, 两个集合 $\Omega_1, \Omega_2 \subset X$ 的线性组合定义如下:

$$\alpha_1 \Omega_1 + \alpha_2 \Omega_2 := \big\{ \alpha_1 x_1 + \alpha_2 x_2 \,\big|\, x_1 \in \Omega_1, \ x_2 \in \Omega_2 \big\},$$

其中符号 := 代表 "按定义等价" 且 $\alpha_1, \alpha_2 \in I\!R$ 是 $(-\infty, \infty)$ 中的标量. 对于空集 $\varnothing$, 我们约定 $\Omega + \varnothing := \varnothing$, $\alpha\varnothing := \varnothing$ 若 $\alpha \in I\!R \setminus \{0\}$, $\alpha\varnothing := \{0\}$ 若 $\alpha = 0$, 且 $\inf \varnothing := \infty$, $\sup \varnothing := -\infty$, 以及 $\|\varnothing\| := \infty$.

除了通常使用 $f: I\!R^n \to I\!R^m$ 表示单值映射外, 我们经常考虑集值映射 (或多值映射) $F: I\!R^n \rightrightarrows I\!R^m$, 其中 $F(x) \subset I\!R^m$ 在由 $I\!R^m$ 中所有子集构成的集合类中

取值 (当然, 在无限维空间中也类似). 极限构造

$$\operatorname*{Lim\,sup}_{x\to\bar{x}} F(x) := \Big\{ y \in I\!R^m \ \Big|\ \exists\, x_k \to \bar{x},\ y_k \to y \ \text{且}\ y_k \in F(x_k),$$

$$\forall\, k \in I\!N := \{1, 2, \cdots\} \Big\} \tag{1.1}$$

被称为 $F$ 在 $\bar{x}$ 处的 Painlevé-Kuratowski 外/上极限. 下面考虑的所有映射都是正常的, 即存在某个 $x \in X$ 使得 $F(x) \neq \varnothing$.

## 1.1  闭集的法向量与切向量

在广义微分的几何定义中我们从非空集合 $\Omega \subset I\!R^n$ 的法向量的构造开始, 这对整个理论至关重要. 给定 $\bar{x} \in \Omega$, 下文中均假设 (除非另作说明) $\Omega$ 在 $\bar{x} \in \Omega$ 附近是局部闭的, 即存在 $r > 0$ 使得集合 $\Omega \cap B_r(\bar{x})$ 是闭的. 这实际上并没有限制通用性, 因为否则我们可以取 $\Omega$ 的闭包. 无论如何, 集合的闭性对于支撑大多数涉及极限过程的变分论点是必不可少的. 尽管集合的局部闭性假设以及 (集值) 映射的对应闭图假设和 (广义实值) 函数的下半连续性假设都在本书中一直存在, 但我们有时会提醒读者注意该问题.

### 1.1.1  广义法向量

给定集合 $\Omega \subset I\!R^n$, 与其相关的距离函数为

$$\operatorname{dist}(x; \Omega) = d_\Omega(x) := \inf_{z\in\Omega} \|x - z\|, \quad x \in I\!R^n, \tag{1.2}$$

定义 $x \in I\!R^n$ 在 $\Omega$ 上的欧氏投影为

$$\Pi(x; \Omega) = \Pi_\Omega(x) := \big\{ w \in \Omega \ \big|\ \|x - w\| = \operatorname{dist}(x; \Omega) \big\}. \tag{1.3}$$

当 $\Omega$ 在 $\bar{x} \in \Omega$ 处是局部闭时, 对任意充分靠近 $\bar{x}$ 的 $x \in I\!R^n$, 有 $\Pi(x; \Omega) \neq \varnothing$.

**定义 1.1** (集合的基本法向量)  设 $\Omega \subset I\!R^n$ 及 $\bar{x} \in \Omega$. $\Omega$ 在 $\bar{x}$ 处的 (基本) 法锥定义为

$$N(\bar{x}; \Omega) = N_\Omega(\bar{x}) := \operatorname*{Lim\,sup}_{x\to\bar{x}} \big[ \operatorname{cone}(x - \Pi(x; \Omega)) \big], \tag{1.4}$$

其中上极限的定义见 (1.1). 每个 $v \in N(\bar{x}; \Omega)$ 称为 $\Omega$ 在 $\bar{x}$ 处的基本或极限法向量, 其也可描述为: 存在序列 $x_k \to \bar{x}$, $w_k \in \Pi(x_k; \Omega)$ 及 $\alpha_k \geqslant 0$ 使得, 当 $k \to \infty$ 时, 有 $\alpha_k(x_k - w_k) \to v$.

显然 (1.4) 是 $I\!R^n$ 中的闭锥. 该锥的一个显著特性是可将其用于局部闭集边界点的完整刻画, 可以将其视为凸集的支撑超平面定理的非凸对应表述; 参见命题 1.7.

**命题 1.2** (边界点的法锥刻画)  $\bar{x} \in \Omega$ 是 $\Omega$ 的边界点的充分必要条件是 $N(\bar{x}; \Omega) \neq \{0\}$, 即, 法锥 (1.4) 在 $\bar{x}$ 处是非平凡的.

**证明**  由 (1.4) 显然可得, 当 $\bar{x} \in \mathrm{int}\,\Omega$ 时, $N(\bar{x}; \Omega) = \{0\}$. 当 $\bar{x} \in \mathrm{bd}\,\Omega$ 时, 存在序列 $\{x_k\} \subset \mathbb{R}^n \setminus \Omega$ 使得, 当 $k \to \infty$ 时, 有 $x_k \to \bar{x}$. 对充分大的 $k$, 取投影 $w_k \in \Pi(x_k; \Omega)$, 并令 $\alpha_k := \|x_k - w_k\|^{-1}$ 及 $v_k := \alpha_k(x_k - w_k)$, 则 $\|v_k\| = 1$. 从而可取 $\{v_k\}$ 的一个子列使其收敛于 $v \in \mathbb{R}^n$ 且 $\|v\| = 1$, 由定义 1.1 中法锥的构造知 $v \in N(\bar{x}; \Omega)$.  △

法锥 (1.4) 的另一个重要性质是鲁棒性, 即相对于初始点的微小扰动的稳定性, 可以很容易地从定义中得出. 接下来, 我们使用符号

$$x \xrightarrow{\Omega} \bar{x} \;\Leftrightarrow\; x \to \bar{x} \text{ 且 } x \in \Omega.$$

**命题 1.3** (基本法向量的鲁棒性)  我们总有

$$N(\bar{x}; \Omega) = \mathop{\mathrm{Lim\,sup}}_{x \xrightarrow{\Omega} \bar{x}} N(x; \Omega), \quad \bar{x} \in \Omega.$$

法锥的以下简单但有用的乘积特性也是该定义的直接结果.

**命题 1.4** (集合乘积的基本法向量)  设 $\Omega_1 \subset \mathbb{R}^n$, $\Omega_2 \subset \mathbb{R}^m$ 及 $(\bar{x}_1, \bar{x}_2) \in \Omega_1 \times \Omega_2$. 则有如下乘积公式

$$N\big((\bar{x}_1, \bar{x}_2); \Omega_1 \times \Omega_2\big) = N(\bar{x}_1; \Omega_1) \times N(\bar{x}_2; \Omega_2).$$

回顾对于任意的 $x, z \in \Omega$ 及 $\alpha \in [0, 1]$, 如果 $z + \alpha(x - z) \in \Omega$, 则集合 $\Omega$ 是凸的, 即集合 $\Omega$ 包含连接任意点 $x, z \in \Omega$ 的整个线段. 以下例子说明法锥 (1.4) 在非常简单设置中可能是非凸的.

**例 1.5** (基本法锥的非凸性)  考虑闭集 $\Omega := \{(x, y) \in \mathbb{R}^2 \mid y \geqslant -|x|\}$. 容易得出

$$N\big((0,0); \Omega\big) = \big\{(v, v) \in \mathbb{R}^2 \mid v \leqslant 0\big\} \cup \big\{(v, -v) \in \mathbb{R}^2 \mid v \geqslant 0\big\},$$

其是 $\mathbb{R}^2$ 的一个非凸子集; 见图 1.1.

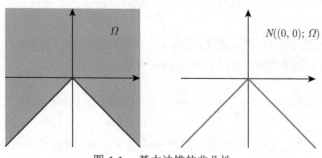

图 1.1  基本法锥的非凸性

下一个定理表明 $\Omega$ 在 $\bar{x}$ 处的法锥 (1.4) 可以通过 $\Omega$ 在 $\bar{x}$ 附近点处的广义法向量的一些凸集的外极限 (1.1) 等价描述.

给定 $x \in \Omega$, 定义 $\Omega$ 在 $x$ 处的正则法向量的集合如下

$$\widehat{N}(x;\Omega) = \widehat{N}_\Omega(x) := \left\{ v \in \mathbb{R}^n \ \Big| \ \limsup_{z \xrightarrow{\Omega} x} \frac{\langle v, z-x \rangle}{\|z-x\|} \leqslant 0 \right\} \tag{1.5}$$

及对任意的 $\varepsilon > 0$, 考虑它的 $\varepsilon$ - 扩张

$$\widehat{N}_\varepsilon(x;\Omega) := \left\{ v \in \mathbb{R}^n \ \Big| \ \limsup_{z \xrightarrow{\Omega} x} \frac{\langle v, z-x \rangle}{\|z-x\|} \leqslant \varepsilon \right\}, \tag{1.6}$$

当 $\varepsilon = 0$ 时, 上式简化为 $\widehat{N}(\bar{x};\Omega) = \widehat{N}_0(\bar{x};\Omega)$.

注意到对例 1.5 中所示闭集边界点 $\bar{x} = (0,0)$, 凸锥 (1.5) 可能是平凡的, 即 $\widehat{N}(\bar{x};\Omega) = \{0\}$. 这种现象违背了对任意闭集在边界点处法锥的自然期望. 另一方面, 下面的定理 1.6 告诉我们 $\widehat{N}(x;\Omega)$ 在附近点处的元素可以用于构造集合 "真实" 的法向量. 这激励我们将正则法向量 (1.5) 的集合标记为 $\Omega$ 在 $\bar{x}$ 处的预法锥, 在文献中它也被用作 "正则法锥". 注意到 (1.7) 中第二个表示表明其极限过程关于预法锥的 $\varepsilon$-扩张是稳定的. 这种稳定性对于证明变分分析和广义微分中的许多重要结果是必需的; 见下文.

**定理 1.6** (基本法向量的等价描述)　给定 $\bar{x} \in \Omega \subset \mathbb{R}^n$, 关于基本法锥, 我们有下列描述:

$$N(\bar{x};\Omega) = \operatorname*{Lim\,sup}_{x \xrightarrow{\Omega} \bar{x}} \widehat{N}(x;\Omega) = \operatorname*{Lim\,sup}_{\substack{x \xrightarrow{\Omega} \bar{x} \\ \varepsilon \downarrow 0}} \widehat{N}_\varepsilon(x;\Omega). \tag{1.7}$$

**证明**　我们将证明分成几部分, 每一部分都有其自身的意义.

**步骤 1**　若 $x \in \mathbb{R}^n$ 及 $w \in \Pi(x;\Omega)$, 则 $x - w \in \widehat{N}(w;\Omega)$, 从而

$$N(\bar{x};\Omega) \subset \operatorname*{Lim\,sup}_{x \xrightarrow{\Omega} \bar{x}} \widehat{N}(x;\Omega).$$

事实上, 任选 $z \in \Omega$, 由 $w$ 的选择知 $\|w-x\|^2 \leqslant \|z-x\|^2 = \|(w-x)+(z-w)\|^2$, 进而 $0 \leqslant \|z-w\|^2 + 2\langle w-x, z-w \rangle$. 由此可得

$$\limsup_{z \xrightarrow{\Omega} x} \frac{\langle x-w, z-w \rangle}{\|z-x\|} \leqslant \frac{1}{2} \limsup_{z \xrightarrow{\Omega} x} \|z-w\| = 0,$$

这表明 $x - w \in \widehat{N}(w;\Omega)$. 为说明上面展示的包含关系, 对任意的 $v \in N(\bar{x};\Omega)$, 可得存在 $x_k \to \bar{x}$, $w_k \in \Pi(x_k;\Omega)$ 及 $\alpha_k \geqslant 0$ 使得 $\alpha_k(x_k - w_k) \to v$. 由上面可得

$x_k - w_k \in \widehat{N}(w_k; \Omega)$, 进而 $\alpha_k(x_k - w_k) \in \widehat{N}(w_k; \Omega)$ 且 $w_k \xrightarrow{\Omega} \bar{x}$ (这是由于对任意的 $k \in \mathbb{N}$, $\|w_k - x_k\| \leqslant \|x_k - \bar{x}\|$). 由此可得我们前面所声称的包含关系.

**步骤 2** 对任意的元素 $w_\alpha \in \Pi(x + \alpha v; \Omega)$, 其中 $0 \neq v \in \widehat{N}_\varepsilon(x; \Omega)$, $x \in \Omega$, $\varepsilon \geqslant 0$ 及 $\alpha > 0$, 有如下关系

$$\limsup_{\alpha \downarrow 0} \frac{\|w_\alpha - x\|}{\alpha} \leqslant 2\varepsilon.$$

事实上, 由 $w_\alpha$ 的选择可知 $\|(x + \alpha v) - w_\alpha\|^2 \leqslant \|(x + \alpha v) - x\|^2 = \|\alpha v\|^2$, 这蕴含着如下等价关系

$$\left[\|w_\alpha - x\|^2 + 2\alpha\langle v, x - w_\alpha\rangle \leqslant 0\right] \Leftrightarrow \left[\frac{\|w_\alpha - x\|}{\alpha} \leqslant 2\frac{\langle v, w_\alpha - x\rangle}{\|w_\alpha - x\|}\right].$$

由经典的 Cauchy-Schwarz 不等式可得

$$\|w_\alpha - x\|^2 \leqslant 2\alpha\langle v, w_\alpha - x\rangle \leqslant 2\alpha\|v\| \cdot \|w_\alpha - x\|,$$

进而 $\|w_\alpha - x\| \leqslant 2\alpha\|v\| \to 0$ (当 $\alpha \downarrow 0$). 从而由 $v$ 的选择可得

$$\limsup_{\alpha \downarrow 0} \frac{\langle v, w_\alpha - x\rangle}{\|x - w_\alpha\|} \leqslant \limsup_{z \xrightarrow{\Omega} x} \frac{\langle v, z - x\rangle}{\|z - x\|} \leqslant \varepsilon,$$

由此及 (1.6) 可得前面所声称的估计式.

**步骤 3** 我们有如下包含关系

$$\limsup_{\substack{x \xrightarrow{\Omega} \bar{x} \\ \varepsilon \downarrow 0}} \widehat{N}_\varepsilon(x; \Omega) \subset \limsup_{x \xrightarrow{\Omega} \bar{x}} \widehat{N}(x; \Omega).$$

为证明上式成立, 任取 $v$ 属于上式左边的集合, 由 (1.1) 知可取 $\varepsilon_k \downarrow 0$, $x_k \xrightarrow{\Omega} \bar{x}$ 及 $v_k \in \widehat{N}_{\varepsilon_k}(x_k; \Omega)$ 使得, 当 $k \to \infty$ 时, 有 $v_k \to v$. 由步骤 2 知存在 $w_k \in \Omega$ 及 $\alpha_k \downarrow 0$ 满足

$$w_k \in \Pi(x_k + \alpha_k v_k; \Omega) \text{ 和 } \|w_k - x_k\| \leqslant 2\varepsilon_k\alpha_k, \quad k \in \mathbb{N},$$

这表明, 当 $k \to \infty$ 时, 有 $w_k \to \bar{x}$. 再由步骤 1 可得, $(x_k + \alpha_k v_k) - w_k \in \widehat{N}(w_k; \Omega)$. 又因为 $\widehat{N}(w_k; \Omega)$ 是一个锥, 从而

$$v_k + \frac{1}{\alpha_k}(x_k - w_k) = \frac{1}{\alpha_k}\left((x_k + \alpha_k v_k) - w_k\right) \in \widehat{N}(w_k; \Omega).$$

这蕴含着, 当 $k \to \infty$ 时, 有 $v_k + \frac{1}{\alpha_k}(x_k - w_k) \to v$, 由此可得本步骤所声称的结论.

**步骤 4**  我们有如下包含关系

$$\widehat{N}(x;\Omega) \subset N(x;\Omega), \quad \forall\, x \in \Omega.$$

为证明此结论, 任取 $v \in \widehat{N}(x;\Omega)$. 对充分大的 $k \in I\!N$, 令 $z_k := x + \frac{1}{k}v$ 并取 $w_k \in \Pi\left(x + \frac{1}{k}v;\Omega\right)$. 从而可得 $v = k(z_k - x) = v_k + k(w_k - x)$, 其中 $v_k := k(z_k - w_k) \in \mathrm{cone}\,(z_k - \Pi(z_k;\Omega))$ 及 $z_k \to x$. 由步骤 2 可得 $k(w_k - x) \to 0$, 进而 $v_k \to v$, 由此可得所声称的结论.

**步骤 5**  我们有如下包含关系

$$\mathrm{Lim\,sup}_{x \overset{\Omega}{\to} \bar{x}}\, \widehat{N}(x;\Omega) \subset N(\bar{x};\Omega).$$

事实上, 任取 $v$ 属于上式左边集合, 则存在 $v_k \to v$ 及 $x_k \overset{\Omega}{\to} \bar{x}$ 满足 $v_k \in \widehat{N}(x_k;\Omega)$. 定义 $G(z) := \mathrm{cone}\,[z - \Pi(z;\Omega)]$, 由 (1.4) 及步骤 4 可得 $\widehat{N}(x;\Omega) \subset \mathrm{Lim\,sup}_{z \to x} G(z)$. 从而对任意的 $k \in I\!N$, 可取 $z_k \in I\!R^n$ 及 $y_k \in G(z_k)$ 满足 $\|z_k - x_k\| \leqslant 1/k$ 及 $\|y_k - v_k\| \leqslant 1/k$. 因为 $z_k \to \bar{x}$ 及 $y_k \to v$, 所以可确保 $v \in \mathrm{Lim\,sup}_{x \to \bar{x}} G(x) = N(\bar{x};\Omega)$, 这正好证明所声称包含关系, 进而完成所有证明. $\triangle$

下一个命题表明对于凸集 $\Omega$, (1.4) 和 (1.5) 所构造的法锥都退化为凸分析意义下的法锥.

**命题 1.7** (凸集的法向量)  设 $\Omega$ 是凸的, 且设 $\bar{x}$ 是 $\Omega$ 中的任意一点. 则我们有表示

$$\widehat{N}_\varepsilon(\bar{x};\Omega) = \left\{v \in I\!R^n \,\middle|\, \langle v, x - \bar{x}\rangle \leqslant \varepsilon\|x - \bar{x}\|, \,\forall x \in \Omega\right\}, \quad \varepsilon \geqslant 0, \tag{1.8}$$

$$N(\bar{x};\Omega) = \widehat{N}(\bar{x};\Omega) = \left\{v \in I\!R^n \,\middle|\, \langle v, x - \bar{x}\rangle \leqslant 0, \,\forall x \in \Omega\right\}. \tag{1.9}$$

**证明**  对任意集合 $\Omega$, (1.8) 中的包含关系 "⊃" 显然成立. 为了验证当 $\Omega$ 为凸的情形时 (1.8) 中的反向包含关系, 我们固定任意的 $\varepsilon \geqslant 0$, 选取 $v \in \widehat{N}_\varepsilon(\bar{x};\Omega)$, 然后取定 $x \in \Omega$. 对所有的 $0 \leqslant \alpha \leqslant 1$, 由 $\Omega$ 的凸性我们知 $x_\alpha := \bar{x} + \alpha(x - \bar{x}) \in \Omega$, 从而当 $\alpha \downarrow 0$ 时有 $x_\alpha \to \bar{x}$. 任取 $\gamma > 0$, 根据定义 (1.6) 我们有

$$\langle v, x_\alpha - \bar{x}\rangle \leqslant (\varepsilon + \gamma)\|x_\alpha - \bar{x}\|, \quad \text{对所有充分小的 } \alpha > 0 \text{ 成立}.$$

在上述不等式中代入 $x_\alpha$ 的表达式则证明了 (1.8). 根据定理 1.6, 在 (1.8) 中任取 $x \in \Omega$ 并取极限即可得 $N(\bar{x};\Omega)$ 的表示式 (1.9). $\triangle$

### 1.1.2 切向原对偶性

从 (1.9) 可以看出, 对于凸集 $\Omega$, 命题 1.2 简化为这样一个事实: 对于每个 $\bar{x} \in \mathrm{bd}\,\Omega$, 存在 $0 \neq v \in I\!R^n$ 使得每当 $x \in \Omega$ 时有 $\langle v, x \rangle \leqslant \langle v, \bar{x} \rangle$. 这是经典的支撑超平面定理, 它等同于凸集的分离定理, 并且在凸分析及其各种扩展中起着基础性的作用. 此基本结果的一种实现是 (1.9) 中给出的凸集法锥与凸分析中切锥 $T(\bar{x}; \Omega) := \mathrm{cl}\{ w \in I\!R^n | \exists \alpha > 0 \text{ 使得 } \bar{x} + \alpha w \in \Omega \}$ 之间的对偶/极性对应

$$N(\bar{x}; \Omega) = T^*(\bar{x}; \Omega) := \{ v \in I\!R^n | \langle v, w \rangle \leqslant 0, \forall w \in T(\bar{x}; \Omega) \}. \tag{1.10}$$

为此注意在非光滑分析中通常使用形如 (1.10) 中切向逼近的对偶方案来定义非凸集合的法锥. 容易看出, 即使生成的切向逼近并非如此, 通过此方案获得的法锥也自动为凸的. 这表明我们的基本法锥 (1.4) 由于其固有的非凸性而无法切向生成. 然而, 对于预法锥 (1.5) 并非如此, 它可以通过对偶方案从如下切向逼近得到.

**定义 1.8** (相依锥)  给定 $\Omega \subset I\!R^n$ 和 $\bar{x} \in \Omega$, $\Omega$ 在 $\bar{x}$ 处的相依锥通过外极限 (1.1) 定义为

$$T(\bar{x}; \Omega) := \limsup_{t \downarrow 0} \frac{\Omega - \bar{x}}{t}. \tag{1.11}$$

每个 $w \in T(\bar{x}; \Omega)$ 被称作 $\Omega$ 在 $\bar{x}$ 处的切向量且表示如下: 存在序列 $\{x_k\} \subset \Omega$ 及 $\{\alpha_k\} \subset I\!R_+$ 使得 $x_k \to \bar{x}$ 且当 $k \to \infty$ 时有 $\alpha_k(x_k - \bar{x}) \to w$.

当 $\Omega$ 为凸集时, 相依锥 (1.11) 与凸分析中经典切锥一致, 而对于一般情形, 如集合 $\Omega := \{(x_1, x_2) \in I\!R^2 | x_2 = |x_1|\}$ 在 $\bar{x} = (0, 0)$ 处的相依锥 $T(\bar{x}; \Omega) = \Omega$ 则为非凸的. 现在我们证明它的凸对偶锥正好是预法锥 (1.5).

**命题 1.9** (预法锥与相依锥之间的对偶性)  对任意 $\Omega \subset I\!R^n$ 和 $\bar{x} \in \Omega$, 我们有预法锥 (1.5) 与相依锥 (1.11) 之间的对偶对应

$$\widehat{N}(\bar{x}; \Omega) = T^*(\bar{x}; \Omega).$$

**证明**  固定任意向量 $v \in \widehat{N}(\bar{x}; \Omega)$ 及 $w \in T(\bar{x}; \Omega)$. 由 (1.11) 知存在序列 $t_k \downarrow 0$ 及 $w_k \to w$ 满足 $\bar{x} + t_k w_k \in \Omega$ 对所有 $k \in I\!N$ 成立. 将此组合代入 (1.5) 式且任取 $\gamma > 0$, 我们得到

$$\langle v, w_k \rangle \leqslant \gamma \|w_k\|, \quad \text{对充分大的 } k \in I\!N \text{ 成立}.$$

令 $k \to \infty$ 并取极限, 可以证明 $\langle v, w \rangle \leqslant 0$, 因此根据 (1.10) 中对偶锥的定义我们得到 $\widehat{N}(\bar{x}; \Omega) \subset T^*(\bar{x}; \Omega)$.

为了验证反向包含关系, 固定 $v \notin \widehat{N}(\bar{x}; \Omega)$, 由 (1.5) 知存在一个正数 $\gamma$ 及一个序列 $x_k \xrightarrow{\Omega} \bar{x}$ 使得

$$\langle v, x_k - \bar{x} \rangle > \gamma \|x_k - \bar{x}\|, \qquad \text{对充分大的 } k \in I\!N \text{ 成立}.$$

因此 $x_k \neq \bar{x}$. 令 $\alpha_k := \|x_k - \bar{x}\|^{-1}$ 且不失一般性, 假设

$$\frac{x_k - \bar{x}}{\|x_k - \bar{x}\|} \to w, \qquad \text{当 } k \to \infty \text{ 时, 对某个 } w \in I\!R^n \text{ 成立}.$$

由构造 (1.11) 我们有 $w \in T(\bar{x}; \Omega)$ 且对上式取极限知 $\langle v, w \rangle \geqslant \gamma > 0$. 因此我们得到 $v \notin T^*(\bar{x}; \Omega)$, 这就证明了包含关系 $T^*(\bar{x}; \Omega) \subset \widehat{N}(\bar{x}; \Omega)$, 从而完成了命题的证明. $\triangle$

定理 1.6 和命题 1.9 告诉我们, 尽管法锥 (1.4) 不能由所讨论的点处切向生成, 但它允许通过集合在其附近点处的切向生成的法向量进行逼近. 这种现象可以自然地标记为基本法锥的切向预对偶性. 但是, 它本质上是有限维的; 有关更多详细信息, 参见 [529] 和下面的 1.5 节.

### 1.1.3   光滑变分描述

在本节的结尾, 我们研究正则法向量的变分性质, 给出其光滑描述以方便应用. 通过定理 1.6, 可以对法锥 (1.4) 进行光滑的极限描述. 全书中我们认为 $\varphi: I\!R^n \to I\!R$ 在 $\bar{x}$ 处在 Fréchet 意义下是可微的, 且导数/梯度为 $\nabla\varphi(\bar{x}) \in I\!R^n$, 若

$$\lim_{x \to \bar{x}} \frac{\varphi(x) - \varphi(\bar{x}) - \langle \nabla\varphi(\bar{x}), x - \bar{x} \rangle}{\|x - \bar{x}\|} = 0, \tag{1.12}$$

其中 $\varphi$ 在 $\bar{x}$ 附近的光滑性 ($C^1$ 类型的) 是指它在 $\bar{x}$ 的邻域 $U$ 内是可微的且具有连续的梯度 $\nabla\varphi: U \to I\!R^n$.

**定理 1.10** (正则法向量的光滑变分描述)   设 $\Omega \subset I\!R^n$ 且 $\bar{x} \in \Omega$. 则 $\bar{x}$ 处的正则法向量可通过如下两种等价方式进行描述:

(i) 我们有 $v \in \widehat{N}(\bar{x}; \Omega)$ 当且仅当存在 $\bar{x}$ 的邻域 $U$ 及函数 $\psi: U \to I\!R$ 使得 $\psi$ 在 $\bar{x}$ 处是可微的且 $\nabla\psi(\bar{x}) = v$ 及 $\psi$ 在 $\bar{x}$ 处相对于 $\Omega$ 达到它的全局极大值.

(ii) 我们有 $v \in \widehat{N}(\bar{x}; \Omega)$ 当且仅当存在一个 $I\!R^n$ 上的光滑凹函数 $\psi$ 使得 $\nabla\psi(\bar{x}) = v$ 且 $\psi$ 在 $\bar{x}$ 处相对于 $\Omega$ 达到它的全局极大值.

**证明**   根据定义 (1.5) 不难验证 (i) 成立. 事实上, 对任意的 $\psi: U \to I\!R$, 由 (i) 中性质我们有

$$\psi(x) = \psi(\bar{x}) + \langle v, x - \bar{x} \rangle + o(\|x - \bar{x}\|) \leqslant \psi(\bar{x}), \quad \forall\, x \in U.$$

因此 $\langle v, x - \bar{x}\rangle + o(\|x - \bar{x}\|) \leqslant 0$, 从而由 (1.5) 知 $v \in \widehat{N}(\bar{x}; \Omega)$. 反之, 对任意的 $v \in \widehat{N}(\bar{x}; \Omega)$, 考虑函数

$$\psi(x) := \begin{cases} \min\{0, \langle v, x - \bar{x}\rangle\}, & x \in \Omega, \\ \langle v, x - \bar{x}\rangle, & \text{其他}, \end{cases}$$

肯定满足 (i) 中所列的性质.

为证明 (ii), 我们只需验证其 "必要性" 部分, 该部分实际上涉及更多的工作. 我们将其分为几个步骤.

**步骤 1** 设 $\rho: [0, \infty) \to [0, \infty)$ 为一个函数, 它存在右导数 $\rho'_+(0)$ 且对正常数 $\alpha$ 和 $\beta$ 满足条件

$$\rho(0) = \rho'_+(0) = 0 \quad \text{和} \quad \rho(t) \leqslant \alpha + \beta t, \ \forall t \geqslant 0,$$

则存在 $\gamma > 0$ 和一个单调不减、凸且 $\mathcal{C}^1$-光滑的函数 $\sigma: [0, 2\gamma) \to [0, \infty)$ 使得

$$\sigma(0) = \sigma'_+(0) = 0 \quad \text{和} \quad \sigma(t) > \rho(t), \ \forall t \in (0, 2\gamma).$$

为了构造 $\sigma$, 选择序列 $a_k > 0$ 满足 $a_{k+1} < \frac{1}{2}a_k$ 且

$$\rho(t) + t^2 < 2^{-(k+3)}t, \quad \text{如果 } t \in [0, a_k] \text{ 对所有 } k \in I\!N \text{ 成立}.$$

令 $\gamma := \frac{1}{2}a_1$, 定义 $r: [0, 2\gamma) \to [0, \infty)$ 使得 $r(0) := 0$, $r(a_k) := 2^{-k}$, 并且对所有 $k \in I\!N$, $r$ 在 $[a_{k+1}, a_k]$ 上是线性的. 则定义 $\sigma: [0, 2\gamma) \to [0, \infty)$ 如下

$$\sigma(t) := \int_0^t r(\xi)d\xi, \quad \forall t \in [0, 2\gamma)$$

且说明它满足所有要求的性质. 它的光滑性、单调性、凸性及等式 $\sigma(0) = \sigma'_+(0) = 0$ 可由定义及实分析中的一些基本事实直接得到. 为了验证 $\sigma$ 余下的性质, 固定 $t \in (0, 2\gamma)$. 注意到存在 $k \in I\!N$ 使得 $t \in [a_{k+1}, a_k]$. 则由以上 $\sigma$ 和 $r$ 的构造, 我们可得

$$\sigma(t) \geqslant \int_{a_{k+1}}^t r(\xi)d\xi + \int_{\frac{1}{2}a_{k+1}}^{a_{k+1}} r(\xi)d\xi \geqslant \int_{a_{k+1}}^t 2^{-(k+1)}d\xi + \int_{\frac{1}{2}a_{k+1}}^{a_{k+1}} 2^{-(k+2)}d\xi$$

$$= \frac{t - a_{k+1}}{2^{k+1}} + \frac{a_{k+1}}{2^{k+3}} \geqslant \frac{t}{2^{k+3}} > \rho(t),$$

这就证明了上面列出的 $\sigma(t)$ 的所有性质.

**步骤 2**　设 $\rho\colon [0,\infty) \to [0,\infty)$ 如步骤 1 所示. 则存在一个单调不减、凸且 $\mathcal{C}^1$-光滑的函数 $\tau\colon [0,\infty) \to [0,\infty)$ 使得

$$\tau(0) = \tau'_+(0) = 0 \quad \text{和} \quad \tau(t) > \rho(t),\ \forall\, t > 0.$$

给定 $\alpha, \beta > 0$ 及上面构建的函数 $\sigma(t)$, 选取 $\lambda > 1$ 满足 $\lambda\sigma(\gamma) > \alpha + \beta\gamma$. 构造具有声称性质的函数 $\tau(t)$ 时, 考虑如下两种情形.

(a) 设 $\lambda\sigma'(\gamma) \leqslant \beta$. 选取 $\mu \geqslant \lambda$ 使得 $\mu\sigma'(\gamma) = \beta$. 定义

$$\tau(t) := \begin{cases} \mu\sigma(t), & 0 \leqslant t \leqslant \gamma, \\ \mu\sigma(\gamma) + \beta(t-\gamma), & t > \gamma. \end{cases}$$

容易看出该函数是单调不减、凸的, 且在 $[0,\infty)$ 上包括 $t = \gamma$ 处处连续. 此外, $\tau'_-(\gamma) = \mu\sigma'(\gamma)$ 且由于 $\mu$ 的选取有 $\tau'_+(\gamma) = \beta = \mu\sigma'(\gamma)$, 这蕴含着 $\tau$ 在 $[0,\infty)$ 上的连续可微性. 根据 $\tau$ 的定义及 $\rho$ 的假设, 有 $\tau(0) = \tau'_+(0) = 0$, 对 $0 < t \leqslant \gamma$ 有 $\tau(t) \geqslant \sigma(t) > \rho(t)$, 且对 $t > \gamma$ 有 $\tau(t) = \mu\sigma(\gamma) + \beta(t-\gamma) > \alpha + \beta t \geqslant \rho(t)$. 这样可以确保在所考虑的情形下 $\tau(\cdot)$ 具备所需的性质.

(b) 设 $\lambda\sigma'(\gamma) > \beta$. 在这种情况下考虑一个单调不减的凸函数 $\tau\colon [0,\infty) \to [0,\infty)$, 定义如下

$$\tau(t) := \begin{cases} \lambda\sigma(t), & 0 \leqslant t \leqslant \gamma, \\ \lambda\sigma(\gamma) - \lambda\gamma\sigma'(\gamma) + \lambda\sigma'(\gamma)t, & t > \gamma. \end{cases}$$

同样, 直接验证可以得出 $\tau(t)$ 是一个 $\mathcal{C}^1$-光滑函数且在 $[0,\gamma]$ 上满足所在要求. 根据 $\lambda$ 的选取我们得到

$$\tau(t) \geqslant \alpha + \beta\gamma + \lambda\sigma'(\gamma)(t-\gamma) > \alpha + \beta\gamma + \beta(t-\gamma) = \alpha + \beta t \geqslant \rho(t)$$

对 $t > \gamma$ 成立, 这就验证了步骤 2 中的说明.

**步骤 3**　设 $v \in \widehat{N}(\bar{x}; \Omega)$. 则存在一个函数 $\psi\colon \mathbb{R}^n \to \mathbb{R}$ 满足断言 (ii) 中列出的所有性质.

我们继续考虑取正值的函数

$$\rho(t) := \sup\big\{ \langle v, x - \bar{x}\rangle \mid x \in \Omega,\ \|x - \bar{x}\| \leqslant t \big\}, \quad \forall\, t \geqslant 0, \tag{1.13}$$

根据正则法向量的定义, 这显然满足步骤 1 中提出的所有假设. 由步骤 2 我们得到对应的函数 $\tau\colon [0,\infty) \to [0,\infty)$. 构造 $\psi\colon \mathbb{R}^n \to \mathbb{R}$ 如下

$$\psi(x) := -\tau(\|x - \bar{x}\|) - \|x - \bar{x}\|^2 + \langle v, x - \bar{x}\rangle, \quad x \in \mathbb{R}^n.$$

注意到该函数在 $I\!R^n$ 上是凹的. 因为 $\tau(\cdot)$ 在 $[0,\infty)$ 上凸且单调不减且 $\tau(0)=0$, 所以 $\psi(\bar{x})=0$. 同样我们还有

$$\psi(x)+\|x-\bar{x}\|^2 \leqslant -\rho(\|x-\bar{x}\|)+\langle v,x-\bar{x}\rangle \leqslant 0=\psi(\bar{x}), \quad \forall\, x\in\Omega,$$

这就意味着 $\psi(x)$ 在 $\bar{x}$ 处达到 $\Omega$ 的唯一全局极大值. 由于函数 $\tau(\cdot)$ 及欧氏范数 $\|\cdot\|$ 在 $I\!R^n$ 中非零点处的光滑性, 我们观察到 $\psi(x)$ 在任意点 $x\neq\bar{x}$ 处是可微的. 为了证明 (ii), 只需注意到由于 $\tau(t)$ 的光滑性且 $\tau'_+(0)=0$ 及经典链式法则, 一定有 $\psi(x)$ 在 $x=\bar{x}$ 处是可微的且 $\nabla\psi(\bar{x})=v$. 这样就完成了定理的证明. $\quad\triangle$

## 1.2  映射的上导数

在本节中, 我们考虑集值映射/多值函数 $F\colon I\!R^n \rightrightarrows I\!R^m$ 的广义微分, 其取值 $F(x)\subset I\!R^m$ 可能在特殊情形下为空集或单点集. 若对所有 $x$ 取值均为后者, 我们通常对单值映射使用标准符号 $f\colon I\!R^n \to I\!R^m$.

### 1.2.1  集值映射

给定 $F\colon I\!R^n \rightrightarrows I\!R^m$, 我们称它是闭值的、凸值的等, 如果所有值 $F(x)$ 都分别是闭的、凸的等. 对于每个映射 $F$, 我们给出它的主要几何描述——图像

$$\mathrm{gph}\, F := \big\{(x,y)\in I\!R^n\times I\!R^m\,\big|\, y\in F(x)\big\}$$

且分别标记它的有效域、核和值域如下

$$\mathrm{dom}\, F := \big\{x\in I\!R^n\,\big|\, F(x)\neq\varnothing\big\}, \quad \ker F := \big\{x\in I\!R^n\,\big|\, 0\in F(x)\big\},$$

$$\mathrm{rge}\, F := \big\{y\in I\!R^m\,\big|\, \exists\, x\in I\!R^n\ \text{使得}\ y\in F(x)\big\}.$$

集合 $\Omega\subset I\!R^n$ 在 $F$ 下的 (直接) 像为

$$F(\Omega) := \big\{y\in I\!R^m\,\big|\, \exists\, x\in\Omega\ \text{使得}\ y\in F(x)\big\},$$

而 $\Theta\subset I\!R^m$ 的该映射下的逆像为

$$F^{-1}(\Theta) := \big\{x\in I\!R^n\,\big|\, F(x)\cap\Theta\neq\varnothing\big\},$$

在单值情形, 这简化为 $f^{-1}(\Theta)=\{x\in I\!R^n\,|\, f(x)\in\Theta\}$. $F$ 的逆映射 $F^{-1}\colon I\!R^m \rightrightarrows I\!R^n$ 定义如下

$$F^{-1}(y) := \big\{x\in I\!R^n\,\big|\, y\in F(x)\big\}.$$

容易看出 $\operatorname{dom} F^{-1} = \operatorname{rge} F$, $\operatorname{rge} F^{-1} = \operatorname{dom} F$, 且

$$\operatorname{gph} F^{-1} = \{(y,x) \in I\!\!R^m \times I\!\!R^n \mid (x,y) \in \operatorname{gph} F\}.$$

我们称 $F: I\!\!R^n \rightrightarrows I\!\!R^m$ 在 $\bar{x}$ 附近是局部有界的, 如果存在 $\bar{x}$ 的邻域 $U$ 使得像集 $F(U)$ 在 $I\!\!R^m$ 中是有界的.

回顾一个映射 $F: I\!\!R^n \rightrightarrows I\!\!R^m$ 是正齐次的, 如果 $0 \in F(0)$ 且 $F(\alpha x) \supset \alpha F(x)$ 对所有 $\alpha > 0$, $x \in I\!\!R^n$ 均成立; 即, 它的图像是 $I\!\!R^n \times I\!\!R^m$ 中的锥. 正齐次映射的范数定义为

$$\|F\| := \sup\{\|y\| \mid y \in F(x) \text{ 且 } \|x\| \leqslant 1\}. \tag{1.14}$$

### 1.2.2　上导数的定义和基本性质

现在我们准备为映射定义上导数这一主要的广义微分概念. 我们以几何方式进行处理, 并将上导数关联到给定集值或单值映射的图的法锥 (1.4). 术语 "上导数" 反映了此构造的对偶空间本质, 该构造用于集合法锥生成的映射. 从 1.1 节的讨论中可以看出, 下面定义的上导数是非凸值映射, 它与通过集合的切向逼近生成的任何类导数对象都不是对偶的.

根据 1.1 节的规定, 不失一般性, 我们将考虑其图在参考点周围是局部闭的集值映射.

**定义 1.11** (集值映射的基本上导数)　考虑 $F: I\!\!R^n \rightrightarrows I\!\!R^m$ 满足 $\operatorname{dom} F \neq \varnothing$, 且设 $(\bar{x},\bar{y}) \in \operatorname{gph} F$. $F$ 在 $(\bar{x},\bar{y})$ 处的基本上导数是一个由 $F$ 的图像在 $(\bar{x},\bar{y})$ 处的法锥生成的多值映射 $D^*F(\bar{x},\bar{y}): I\!\!R^m \rightrightarrows I\!\!R^n$, 取值为

$$D^*F(\bar{x},\bar{y})(v) := \{u \in I\!\!R^n \mid (u,-v) \in N((\bar{x},\bar{y}); \operatorname{gph} F)\}, \quad v \in I\!\!R^m. \tag{1.15}$$

然后通过预法锥 (1.5) 定义 $F$ 在 $(\bar{x},\bar{y})$ 处的预上导数 (也称作正则上导数) 如下

$$\widehat{D}^*F(\bar{x},\bar{y})(v) := \{u \in I\!\!R^n \mid (u,-v) \in \widehat{N}((\bar{x},\bar{y}); \operatorname{gph} F)\}, \quad v \in I\!\!R^m, \tag{1.16}$$

且利用定理 1.6, 我们得到极限表示

$$D^*F(\bar{x},\bar{y})(\bar{v}) = \operatorname*{Lim\,sup}_{\substack{(x,y)\xrightarrow{\operatorname{gph} F}(\bar{x},\bar{y})\\ v\to\bar{v}}} \widehat{D}^*F(x,y)(v), \tag{1.17}$$

当 $\varepsilon \downarrow 0$ 时, 通过由 $\widehat{N}_\varepsilon((x,y); \operatorname{gph} F)$ 定义的预上导数 (1.16) 的 $\varepsilon$-扩张 $\widehat{D}^*_\varepsilon F(x,y)$ 可以得到类似的极限表示. 如果映射在 $\bar{x}$ 处是单值的, 后面我们将在记号 (1.15) 和 (1.16) 中省去 $\bar{y}$.

应该提出的是, 在 (1.15) 式中使用图像 $\mathrm{gph}\, F \subset I\!\!R^n \times I\!\!R^m$ 的基本法锥 (1.4) 的构造, 需要在乘积空间中用到欧氏范数 $\|(x,y)\| = \sqrt{\|x\|^2 + \|y\|^2}$. 由于欧氏范数在非原点处具有显著的变分和光滑性质, 这在许多情况下都非常有益. 然而, 基于 (1.17) 式中使用的定理 1.6 中基本法锥的等价表述, 在下面的证明中采用乘积空间的和范数更为方便

$$\|(x,y)\| := \|x\| + \|y\|, \quad \forall\, x \in X, \quad y \in Y. \tag{1.18}$$

不难验证 (1.7) 和 (1.17) 中表示式相对于所讨论空间内的任意等价范数都是不变的. 为此, 回顾在有限维空间中所有范数都是等价的.

观察到基本上导数和正则上导数相对于它们的参数 $v$ 都是正齐次的. 下面我们证明对于在参考点 $\bar{x}$ 附近光滑的单值映射 $F = f: I\!\!R^n \to I\!\!R^m$, 它们都是单值的且关于 $v$ 是线性的, 因此可以简化为伴随/转置雅可比矩阵 $\nabla f(\bar{x})^*: I\!\!R^m \to I\!\!R^n$ 作用在 $v$ 上. 我们为雅可比矩阵保留记号 $\nabla f(\bar{x})$. 与往常一样, $f$ 在 $\bar{x}$ 附近的光滑性 (即 $\mathcal{C}^1$ 类型的) 是指它在 $\bar{x}$ 的邻域内的连续可导性. 注意本书中光滑映射的绝大多数结果 (即使不是全部) 同样适用于仅是严格可微的映射, 其在 $\bar{x}$ 处的严格导算子 $\nabla f(\bar{x}): I\!\!R^n \to I\!\!R^m$ 定义如下:

$$\lim_{x,z \to \bar{x}} \frac{f(x) - f(z) - \nabla f(\bar{x})(x - z)}{\|x - z\|} = 0. \tag{1.19}$$

但是, 在严格可微情况下的证明通常会涉及更多的内容, 为简单起见, 我们限制在 $\mathcal{C}^1$-光滑映射下讨论; 见 [529, 530].

**命题 1.12** (光滑映射的上导数) 设映射 $f: I\!\!R^n \to I\!\!R^m$ 在 $\bar{x}$ 附近是 $\mathcal{C}^1$ 类型的. 则我们有如下表示

$$D^* f(\bar{x})(v) = \widehat{D}^* f(\bar{x})(v) = \{\nabla f(\bar{x})^* v\}, \quad \forall\, v \in I\!\!R^m.$$

**证明** 首先注意到包含关系 $u \in \widehat{D}^* f(x)(v)$ 意味着

$$\langle u, z - x \rangle - \langle v, f(z) - f(x) \rangle \leqslant \gamma (\|z - x\| + \|f(z) - f(x)\|)$$

对任意 $\gamma > 0$ 当 $z$ 足够接近 $x$ 时成立. 另一方面, 由 $f$ 在 $x$ 处的可微性我们有

$$\langle u - \nabla f(x)^* v, z - x \rangle \leqslant \gamma \|z - x\|.$$

将以上事实与伴随算子的定义相结合, 可以发现 $\widehat{D}^* f(x)(v) = \{\nabla f(x)^* v\}$ 对所有 $\bar{x}$ 附近的 $x$ 成立. 当 $x \to \bar{x}$ 时取极限并使用 $\nabla f$ 的连续性和上导数表示式 (1.17) 则证明了 $D^* f(\bar{x})(v)$ 表达式的成立. △

不出意外, 对于具有凸图的集值映射 $F$(即集合 $\mathrm{gph}\, F$ 为凸的), 其上导数也有另一种简单表示.

**命题 1.13** (凸图映射的上导数)   设 $F: \mathbb{R}^n \rightrightarrows \mathbb{R}^m$ 的图是凸的. 则

$$D^* F(\bar{x}, \bar{y})(v) = \widehat{D}^* F(\bar{x}, \bar{y})(v)$$

$$= \left\{ u \in \mathbb{R}^n \,\middle|\, \langle u, \bar{x} \rangle - \langle v, \bar{y} \rangle = \max_{(x,y) \in \mathrm{gph}\, F} \left[ \langle u, x \rangle - \langle v, y \rangle \right] \right\}$$

对所有 $(\bar{x}, \bar{y}) \in \mathrm{gph}\, F$ 及 $v \in \mathbb{R}^m$ 成立.

**证明**   根据命题 1.9 中的法锥表示可得.                                              △

通常, 上导数可以取非凸值, 也可以取空值. 我们通过基于定义的直接计算来说明这一点.

**例 1.14** (上导数的计算)

(i) 首先考虑 $\mathbb{R}$ 上的函数 $f(x) := |x|$ 并计算它在 $\bar{x} = 0$ 处的上导数. 利用法锥定义 (1.4) 我们得到 (见图 1.2)

$$N\big((0,0); \mathrm{gph}\, f\big) = \left\{ (x,y) \in \mathbb{R}^2 \,\middle|\, y = |x| \ \text{和} \ y \leqslant -|x| \right\}.$$

因此该函数的上导数 (1.15) 由下式计算

$$D^* f(0)(v) = \begin{cases} [-v, v], & v \geqslant 0, \\ \{-v, v\}, & v < 0, \end{cases}$$

并且, 特别地, 当 $v < 0$ 时具有非凸值. 注意此时预上导数 (1.16) 计算如下

$$\widehat{D}^* f(0)(v) = \begin{cases} [-v, v], & v \geqslant 0, \\ \varnothing, & v < 0. \end{cases}$$

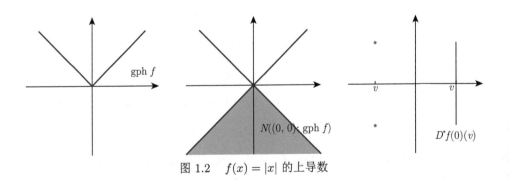

图 1.2   $f(x) = |x|$ 的上导数

(ii) 对于函数 $f(x) := |x|^\alpha$, 其中 $\alpha \in (0,1)$, 我们有

$$N\big((0,0); \mathrm{gph}\, f\big) = \left\{ (x,y) \in \mathbb{R}^2 \,\middle|\, y \leqslant 0 \right\}$$

(见图 1.3), 因此上导数 (1.15) 取空值

$$D^*f(0)(v) = \widehat{D}^*f(0)(v) = \begin{cases} \mathbb{R}, & v \geqslant 0, \\ \varnothing, & v < 0. \end{cases}$$

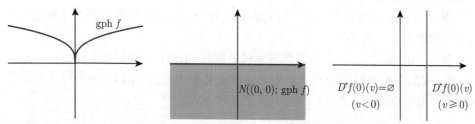

图 1.3 $f(x) = |x|^\alpha$, $0 < \alpha < 1$ 的上导数

### 1.2.3 凸集值映射的极值性质

现在我们提出一个重要的结果, 通过基本导数提示了凸集值映射的极值性质. 此性质在许多应用中非常有用; 见 1.5 节. 由于使用了一些之前的结果, 所以证明非常简单.

称集值映射 $F: \mathbb{R}^n \rightrightarrows \mathbb{R}^m$ 在其定义域中点 $\bar{x} \in \operatorname{dom} F$ 处是内/下半连续的, 若

$$F(\bar{x}) = \operatorname*{Lim\,inf}_{x \to \bar{x}} F(x) := \left\{ y \middle| \; \forall x_k \xrightarrow{\operatorname{dom} F} \bar{x} \; \exists y_k \to y, \; y_k \in F(x_k) \right\}, \qquad (1.20)$$

以上为 $F$ 在 $\bar{x}$ 处的 Painlevé-Kuratowski 内/下极限.

**定理 1.15** (凸值映射关于其基本上导数的极值性质)  设 $F: \mathbb{R}^n \rightrightarrows \mathbb{R}^m$ 在 $\bar{x} \in \operatorname{dom} F$ 处是内半连续的且在该点附近取凸值. 对某个 $\bar{y} \in F(\bar{x})$, 取 $v \in \operatorname{dom} D^*F(\bar{x}, \bar{y})$. 则我们有极值性质

$$\langle v, \bar{y} \rangle = \min_{y \in F(\bar{x})} \langle v, y \rangle. \qquad (1.21)$$

**证明**  由 $v \in \operatorname{dom} D^*F(\bar{x}, \bar{y})$ 及上导数定义 (1.15) 知, 存在 $u \in \mathbb{R}^n$ 满足 $(u, -v) \in N((\bar{x}, \bar{y}); \operatorname{gph} F)$. 由定理 1.6 我们找到序列 $(x_k, y_k) \to (\bar{x}, \bar{y})$ 满足 $y_k \in F(x_k)$ 且 $(u_k, v_k) \to (u, v)$, 使得

$$\limsup_{(x,y) \xrightarrow{\operatorname{gph} F} (x_k, y_k)} \frac{\langle u_k, x - x_k \rangle - \langle v_k, y - y_k \rangle}{\|(x, y) - (x_k, y_k)\|} \leqslant 0, \quad k \in \mathbb{N}.$$

令 $x = x_k$, 上式表明 $-v_k \in \widehat{N}(y_k; F(x_k))$. 因为所有集合 $F(x_k)$ 都为凸的, 我们由命题 1.9 知 $\langle v_k, y - y_k \rangle \geqslant 0$ 对所有 $y \in F(x_k)$ 成立. 现假设存在 $\tilde{y} \in F(\bar{x})$

使得 $\langle v, \tilde{y} \rangle < \langle v, \bar{y} \rangle$. 则由 $F$ 在 $\bar{x}$ 处的内半连续性知存在一个序列 $\tilde{y}_k \to \tilde{y}$ 满足 $\tilde{y}_k \in F(x_k)$, 从而

$$\langle v_k, \tilde{y}_k - y_k \rangle < 0 \quad \text{对所有充分大的 } k \text{ 成立}.$$

上面所导出的矛盾完成了定理的证明.                                                    △

下面的例子由两部分组成, 它们表明定理 1.15 中的两个假设对于极值性质 (1.21) 的成立是必需的.

**例 1.16** (定理 1.15 中的假设对于极值性质 (1.21) 的成立必不可少)

(i) 我们证明凸值假设对于内半连续映射的极值性质 (1.21) 的实现是必要的. 考虑如下集值映射 $F: \mathbb{R} \rightrightarrows \mathbb{R}$,

$$F(x) := \big\{ -|x|, |x| \big\}, \quad \forall x \in \mathbb{R} \tag{1.22}$$

(见图 1.4). 显然它在任何 $x \neq 0$ 处取非凸值, 且由等式

$$\operatorname*{Lim\,inf}_{x \to 0} F(x) = \{0\} = F(0)$$

知在 $\bar{x} = 0$ 处是内半连续的. 容易看出 (1.22) 的图在 $(0, 0)$ 处的法锥即

$$N\big((0,0); \operatorname{gph} F\big) = \big\{ (x, y) \in \mathbb{R}^2 \mid y = x \big\} \cup \big\{ (x, y) \in \mathbb{R}^2 \mid y = -x \big\},$$

从而 (1.22) 的上导数 $D^* F(0, 0)(v)$ 计算如下

$$D^* F(0,0)(v) = \begin{cases} \{-v, v\}, & v > 0, \\ 0, & v = 0, \\ \{v, -v\}, & v < 0. \end{cases}$$

从这里得出对于 $v = 1 \in \operatorname{dom} D^* F(0, 0)$, 我们有 $\langle v, 0 \rangle = 0$ 并且

$$\min_{y \in F(0)} \langle v, y \rangle = \min_{y \in \mathbb{R}} \langle v, y \rangle \neq 0,$$

因此, 对于 (1.22) 中的 $F$, 极值性质 (1.21) 不成立.

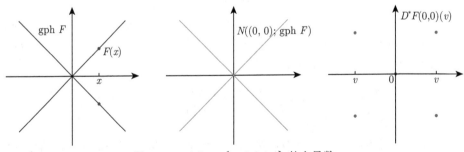

图 1.4　$F(x) := \big\{ -|x|, |x| \big\}$ 的上导数

(ii) 我们证明若凸集值映射在其参考点处不是内半连续的, 则性质 (1.21) 不一定成立. 定义凸值映射 $F: I\!R \rightrightarrows I\!R$ 如下 (见图 1.5)

$$F(x) := \begin{cases} 1, & x > 0, \\ [-1,1], & x = 0, \\ -1, & x < 0, \end{cases} \qquad (1.23)$$

它在 $\bar{x} = 0$ 处不是内半连续的, 这是因为

$$\operatorname*{Lim\,inf}_{x\to 0} F(x) = \varnothing \neq F(0) = [-1,1].$$

对于点 $(\bar{x}, \bar{y}) = (0,1) \in \operatorname{gph} F$, 我们有

$$N\big((0,1); \operatorname{gph} F\big) = \big\{(u,v) \in I\!R^2 \,\big|\, u \leqslant 0, \; v \geqslant 0\big\} \cup \big\{(u,v) \in I\!R^2 \,\big|\, uv = 0\big\},$$

这意味着 $\operatorname{dom} D^*F(0,1) = I\!R$. 因此

$$\min_{y\in F(0)} vy = -v < v \cdot 1, \qquad \text{对任意 } v > 0 \text{ 成立},$$

这就证明了对于 (1.23) 中 $F$, 极值性质 (1.21) 不一定成立.

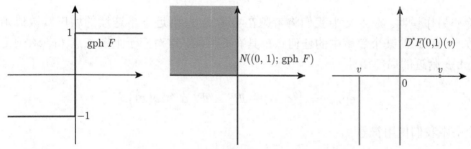

图 1.5　无内半连续性时, 极值性质不成立

# 1.3　非光滑函数的一阶次梯度

本节主要介绍增广实值函数的一阶次微分构造, 主要用于随后的内容中, 然后描述它们的一些基本特性和相互关系.

## 1.3.1　增广实值函数

在本书中, 我们在映射和函数之间进行了术语区分. 对于 (单值或集值) 映射, 我们理解为多维 (有限维或无穷维) 空间中值的对应关系, 而无须对其进行任何排序. 术语 "函数" 用于 $I\!R$ 上以自然顺序取实值的映射. 实际上, 由于广义实值函

数可在增广实值线 $\overline{I\!R} := (-\infty, \infty] = I\!R \cup \{\infty\}$ 上取值, 出于各种原因我们考虑增广实值函数可能更方便. 其中原因之一是为了把集合包括到函数框架内讨论, 需要将集合 $\Omega \subset I\!R^n$ 与如下指示函数关联起来

$$\delta(x; \Omega) := \begin{cases} 0, & x \in \Omega, \\ \infty, & \text{其他}. \end{cases}$$

我们总是假设函数 $\varphi: I\!R^n \to \overline{I\!R}$ 在它的定义域上是正常的, 即

$$\mathrm{dom}\,\varphi := \left\{ x \in I\!R^n \,\middle|\, \varphi(x) < \infty \right\} \neq \varnothing.$$

注意, 主要受其在最小化问题应用中的启发, 为了明确起见, 我们主要关注函数 "下方" 的性质; 这就是我们不考虑值 $-\infty$ 的原因. 函数 $\varphi$ "上方" 的性质及对应上方结构可转换成 $-\varphi$ 对称地获得. 必要时我们会这样做.

从函数下方的性质这一角度来看, 与经典分析的连续性相反, 在变分分析和优化中考虑的最合适的一般概念是下半连续性. 回顾 $\varphi: I\!R^n \to \overline{I\!R}$ 在 $\bar{x} \in \mathrm{dom}\,\varphi$ 处是下半连续 (l.s.c.) 的, 若

$$\varphi(\bar{x}) \leqslant \liminf_{x \to \bar{x}} \varphi(x).$$

除非另作说明, 在下文中我们将考虑在参考点 $\bar{x}$ 附近下半连续的增广实数值函数, 即在 $\bar{x}$ 的某个邻域中的任何点都具有此性质. 这对应于上图在点 $(\bar{x}, \varphi(\bar{x})) \in \mathrm{gph}\,\varphi$ 附近的局部闭性

$$\mathrm{epi}\,\varphi := \left\{ (x, \alpha) \in I\!R^n \times I\!R \,\middle|\, \alpha \geqslant \varphi(x) \right\}.$$

全书中我们使用符号

$$x \xrightarrow{\varphi} \bar{x} \Leftrightarrow x \to \bar{x} \ \text{且}\ \varphi(x) \to \varphi(\bar{x}),$$

其中, 若 $\varphi$ 在 $\bar{x}$ 处连续, 则条件 $\varphi(x) \to \varphi(\bar{x})$ 是冗余的. 注意, 对于指示函数 $\varphi(x) = \delta(x; \Omega)$, 符号 $x \xrightarrow{\varphi} \bar{x}$ 与 1.1 节中集合的表示 $x \xrightarrow{\Omega} \bar{x}$ 一致并且 $\varphi$ 在 $\bar{x} \in \mathrm{dom}\,\varphi$ 附近的下半连续性简化为 $\Omega$ 在 $\bar{x} \in \Omega$ 附近的局部闭性.

### 1.3.2 上图法向量的次梯度

与映射的上导数情形相似, 我们接下来通过定义 1.1 中的基本法向量, 从几何角度定义增广实值函数的基本次微分和奇异次微分 (相应次梯度的集合). 但是, 我们并没有将法向量应用于映射的图, 而是利用 $I\!R$ 中自然序结构处理其上图. 首先我们观察到上图的法锥 (1.4) 有如下结构.

**命题 1.17** (上图的基本法向量)   设 $\varphi\colon I\!\!R^n \to \overline{I\!\!R}$ 且 $(\bar{x},\bar{\alpha}) \in \operatorname{epi}\varphi$. 则 $\lambda \geqslant 0$ 对每一 $(v,-\lambda) \in N((\bar{x},\bar{\alpha});\operatorname{epi}\varphi)$ 成立, 从而存在唯一定义的子集 $D, D^{\infty} \subset I\!\!R^n$ 满足如下表示

$$N\big((\bar{x},\varphi(\bar{x}));\operatorname{epi}\varphi\big) = \big\{\lambda(v,-1)\big|\ v \in D,\ \lambda > 0\big\} \cup \big\{(v,0)\big|\ v \in D^{\infty}\big\}.$$

**证明**   任取 $(v,-\lambda) \in N((\bar{x},\bar{\alpha});\operatorname{epi}\varphi)$, 由定理 1.6, 可以找到序列 $(x_k,\alpha_k) \xrightarrow{\operatorname{epi}\varphi} (\bar{x},\bar{\alpha})$, $v_k \to v$, 以及 $\lambda_k \to \lambda$ 使得

$$\limsup_{(x,\alpha)\xrightarrow{\operatorname{epi}\varphi}(x_k,\alpha_k)} \frac{\langle v_k, x-x_k\rangle - \lambda_k(\alpha-\alpha_k)}{\|(x,\alpha)-(x_k,\alpha_k)\|} \leqslant 0, \quad \forall k \in I\!\!N.$$

令 $x = x_k$, $\alpha = \alpha_k + 1$ 且当 $k \to \infty$ 时取极限, 我们得到 $\lambda \geqslant 0$. 易知所声称的表示式成立, 其中集合 $D$ 和 $D^{\infty}$ 的闭性由法锥 (1.4) 的闭性可得.      △

命题 1.17 中的集合 $D$ 描述了 "倾斜" 法向量, 而 $D^{\infty}$ 则由上图的 "水平" 法向量组成. 通过这些集合, 我们可以定义如下函数 $\varphi$ 在 $\bar{x}$ 处的基本和奇异次微分.

**定义 1.18** (函数的基本次微分和奇异次微分)   设 $\varphi\colon I\!\!R^n \to \overline{I\!\!R}$ 在 $\bar{x} \in \operatorname{dom}\varphi$ 处是有限的. 则 $\varphi$ 在 $\bar{x}$ 处的基本次梯度构成的集合, 或基本次微分定义如下

$$\partial\varphi(\bar{x}) := \big\{v \in I\!\!R^n \big|\ (v,-1) \in N\big((\bar{x},\varphi(\bar{x}));\operatorname{epi}\varphi\big)\big\}. \tag{1.24}$$

$\varphi$ 在该点处的奇异次梯度构成的集合, 或奇异次微分定义如下

$$\partial^{\infty}\varphi(\bar{x}) := \big\{v \in I\!\!R^n \big|\ (v,0) \in N\big((\bar{x},\varphi(\bar{x}));\operatorname{epi}\varphi\big)\big\}. \tag{1.25}$$

我们将在下面看到, 次梯度集 (1.24) 和 (1.25) 彼此差异很大, 并且在变分分析和优化中扮演着截然不同的角色, 而它们却具有相似且相当全面的分析法则. 对于光滑函数, 基本次微分 $\partial\varphi(\bar{x})$ 简化为通常的梯度 $\{\nabla\varphi(\bar{x})\}$, 当 $\varphi$ 为凸时, $\partial\varphi(\bar{x})$ 简化为凸分析意义下的次微分. 对于局部 Lipschitz 的函数, 奇异次微分 $\partial^{\infty}\varphi(\bar{x})$ 简化为 $\{0\}$. 因此它从未出现在经典分析中, 也未在凸分析的次微分框架中被指定.

我们先从指示函数的增广实值设置开始, 此时构造 (1.24) 和 (1.25) 相等并简化为相关集合的法锥 (1.4). 这很容易从定义和命题 1.4 中得出.

**命题 1.19** (指示函数的次梯度)   对任意集合 $\Omega \subset I\!\!R^n$ 及点 $\bar{x} \in \Omega$, 我们有表示式

$$\partial\delta(\bar{x};\Omega) = \partial^{\infty}\delta(\bar{x};\Omega) = N(\bar{x};\Omega).$$

下面我们介绍另一个性质, 这是定义 1.18 的两个次微分构造所共有的, 并且很容易从命题 1.3 中得出.

**命题 1.20** (基本次微分和奇异次微分的鲁棒性)　对任意 $\varphi\colon I\!\!R^n \to \overline{I\!\!R}$ 和 $\bar{x} \in \operatorname{dom} \varphi$, 我们有

$$\partial\varphi(\bar{x}) = \underset{x \overset{\varphi}{\to} \bar{x}}{\operatorname{Lim\,sup}} \partial\varphi(x) \ \text{且} \ \partial^{\infty}\varphi(\bar{x}) = \underset{x \overset{\varphi}{\to} \bar{x}}{\operatorname{Lim\,sup}} \partial^{\infty}\varphi(x).$$

接下来, 我们根据定义 1.18 计算基本和奇异次微分, 并通过 $I\!\!R$ 上的简单函数说明它们的一些性质.

**例 1.21** ($I\!\!R$ 上简单函数的次梯度)

(i) 首先考虑凸函数 $\varphi(x) := |x|$. 则从定义 (1.4) 或表示式 (1.9) 由凸分析知识我们容易看出

$$N\big((0,0); \operatorname{epi}\varphi\big) = \big\{(x,y) \in I\!\!R^2 \big| \ y \leqslant -|x|\big\}, \ \text{从而} \ \partial\varphi(0) = [-1,1];$$

见图 1.6. 但是, 更改函数的符号会给我们带来完全不同的印象. 事实上, 对于 $\varphi(x) := -|x|$, 法锥 $N\big((0,0); \operatorname{epi}\varphi\big)$ 在例 1.5 中已被计算过, 从而 $\partial\varphi(0) = \{-1,1\}$, 即, 次微分 (1.24) 是非凸的; 见图 1.7. 注意在 $\varphi(x) = |x|$ 和 $\varphi(x) = -|x|$ 两种情形下我们都有 $\partial^{\infty}\varphi(0) = \{0\}$.

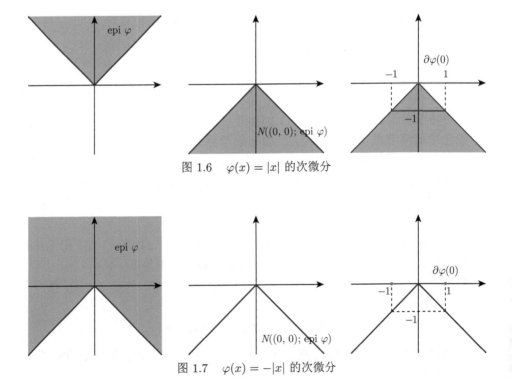

图 1.6　$\varphi(x) = |x|$ 的次微分

图 1.7　$\varphi(x) = -|x|$ 的次微分

(ii) 下面我们考虑连续但非 Lipschitz 连续的函数 $\varphi(x) := x^{1/3}$, 容易得到

$N\big((0,0); \operatorname{epi} \varphi\big) = \big\{(x,0) \in I\!\!R^2 \,\big|\, x \geqslant 0\big\}$ 满足 $\partial\varphi(0) = \varnothing$, $\partial^\infty\varphi(0) = [0,\infty)$, 这说明次微分 (1.24) 可能为空集; 见图 1.8.

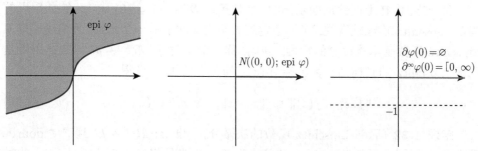

图 1.8    $\varphi(x) = x^{1/3}$ 的次微分与奇异次微分

(iii) 若我们将 (ii) 中函数替换为 $\varphi(x) := x^{1/3}$ 若 $x < 0$ 且 $\varphi(x) := 0$ 若 $x \geqslant 0$, 则

$$N\big((0,0); \operatorname{epi} \varphi\big) = \big\{(x,0) \in I\!\!R^2 \,\big|\, x \geqslant 0\big\} \cup \big\{(0,y) \in I\!\!R^2 \,\big|\, y \leqslant 0\big\}$$

满足 $\partial\varphi(0) = \{0\}$ 且 $\partial^\infty\varphi(0) = [0,\infty)$; 见图 1.9. 这表明, 在特殊情况下, 连续函数的基本次微分 (1.24) 可能是单值的, 而该函数在所讨论的点周围不光滑.

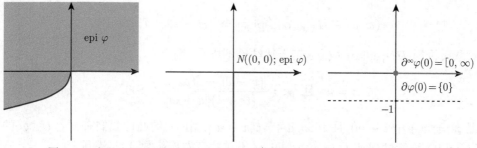

图 1.9    次微分与奇异次微分: $\varphi(x) = x^{1/3}$ 若 $x < 0$ 且 $\varphi(x) = 0$ 若 $x \geqslant 0$

(iv) 本例最后一种情形阐述了次微分 (1.24) 的另一个相反的特征: 对于连续函数, 若它在参考点 (1.12) 处是可微而非严格可微的, 从而在该点附近不是 $\mathcal{C}^1$ 类型的, 则它的次微分可能不是单值. 事实上, 定义 $\varphi(x) := x^2 \sin(1/x)$ 若 $x \neq 0$ 且 $\varphi(0) := 0$. 该函数在 0 处显然是可微的且 $\varphi'(0) = 0$ 而 $\partial\varphi(0) = [-1,1]$.

从命题 1.2 可以很容易得出我们只在 $\partial^\infty\varphi(\bar{x}) \neq \{0\}$ 时才可能有 $\partial\varphi(\bar{x}) = \varnothing$. 事实上, 因为 $(\bar{x}, \varphi(\bar{x}))$ 是上图 $\operatorname{epi} \varphi$ 的一个边界点且上图在该点附近是闭的,

所以存在一个非零向量 $(v, -\lambda) \in N((\bar{x}, \varphi(\bar{x})); \text{epi } \varphi)$. $\partial \varphi(\bar{x})$ 的空性意味着 $\lambda = 0$, 从而 $0 \neq v \in \partial^\infty \varphi(\bar{x})$. 注意平凡条件 $\partial^\infty \varphi(\bar{x}) = \{0\}$ 对于基本次微分 $\partial \varphi(\bar{x})$ 的非空性不是必需的. 对于命题 1.19 中的指示函数, 后者总是成立的, 且正如例 1.21 (iii) 中所示, 当 $\varphi$ 在 $\bar{x}$ 附近连续时也可能成立.

另一方面, 在上面给出的示例中, 平凡条件 $\partial^\infty \varphi(\bar{x}) = \{0\}$ 与 $\varphi$ 在 $\bar{x}$ 附近的局部 Lipschitz 连续性有关. 下一个定理表明它事实上是一个刻画, 且描述了局部 Lipschitz 函数基本次微分的行为. 回顾, 称一个映射 $f \colon I\!\!R^n \to I\!\!R^m$ 在 $\bar{x}$ 附近是局部 Lipschitz 的且模为 $\ell \geqslant 0$, 若存在 $\bar{x}$ 的一个邻域 $U$ 使得

$$\|f(x) - f(z)\| \leqslant \ell \|x - z\|, \quad \forall\, x, z \in U. \tag{1.26}$$

**定理 1.22** (局部 Lipschitz 函数的次微分)  设 $\varphi \colon I\!\!R^n \to \overline{I\!\!R}$ 且 $\bar{x} \in \text{dom } \varphi$. 则它在 $\bar{x}$ 周围是局部 Lipschitz 的且模为 $\ell \geqslant 0$ 当且仅当 $\partial^\infty \varphi(\bar{x}) = \{0\}$. 此时 $\partial \varphi(\bar{x}) \neq \varnothing$, 且对于固定的 Lipschitz 模 $\ell$, 我们有

$$\|v\| \leqslant \ell, \quad \text{对所有 } v \in \partial \varphi(\bar{x}) \text{ 成立}. \tag{1.27}$$

**证明**  假设 $\varphi$ 在 $\bar{x}$ 的某个凸邻域 $U$ 上是 Lipschitz 连续的且模为 $\ell$, 我们证明对任意 $\lambda \geqslant 0$ 有以下蕴含关系成立

$$(v, -\lambda) \in N\big((\bar{x}, \varphi(\bar{x})); \text{epi } \varphi\big) \Rightarrow \|v\| \leqslant \ell\lambda. \tag{1.28}$$

由法锥定义 (1.4), 使用 $I\!\!R^n \times I\!\!R$ 上的欧氏范数知, 我们只需验证

$$(w, \mu) \in \Pi\big((x, \alpha); \text{epi } \varphi\big) \Rightarrow \|w - x\| \leqslant \ell|\mu - \alpha|$$

对欧氏投影 $\Pi(\cdot; \text{epi } \varphi)$ 成立. 若上述结论不成立, 则有

$$x \neq w \quad \text{且 } \gamma := \frac{\|x - w\| - \ell(\mu - \alpha)}{(\ell^2 + 1)\|x - w\|} > 0.$$

记 $z := w + \gamma(x - w)$ 且 $\nu := \mu + \gamma\ell\|x - w\|$, 由 $U$ 的凸性我们有 $z \in U$. $\varphi$ 的 Lipschitz 连续性保证了 $(z, \nu) \in \text{epi } \varphi$. 不难验证欧氏范数 $\|\cdot\|$ 满足

$$\|(x, \alpha) - (z, \nu)\| \leqslant \frac{\ell\|x - w\| + (\mu - \alpha)}{\sqrt{\ell^2 + 1}} < \|(x, \alpha) - (w, \mu)\|,$$

这与 $(w, \mu) \in \Pi\big((x, \alpha); \text{epi } \varphi\big)$ 的选取产生矛盾, 从而验证了 (1.28) 式成立. 这就说明了在 (1.28) 中若 $\lambda = 0$ 则 $\partial^\infty \varphi(\bar{x}) = \{0\}$ 且若 $\lambda > 0$ 则 $\|v\| \leqslant \ell$.

为完成证明, 我们只需说明条件 $\partial^\infty \varphi(\bar{x}) = \{0\}$ 蕴含着 $\varphi$ 在 $\bar{x}$ 周围是局部 Lipschitz 连续的. 这可由定理 3.3 中一般广义实值函数的类 Lipschitz 性质的上导数准则得出; 另请参见定理 4.15.                                    $\triangle$

### 1.3.3 上导数的次梯度

从定义 1.18 可以清楚地看出, $\varphi: I\!\!R^n \to \overline{I\!\!R}$ 在 $\bar{x} \in \operatorname{dom} \varphi$ 处的基本和奇异次微分都可以通过关于 $\varphi$ 的上图集值映射 $E_\varphi: I\!\!R^n \rightrightarrows I\!\!R$ 的上导数表示出来

$$\partial \varphi(\bar{x}) = D^* E_\varphi(\bar{x}, \varphi(\bar{x}))(1), \quad \partial^\infty \varphi(\bar{x}) = D^* E_\varphi(\bar{x}, \varphi(\bar{x}))(0),$$

其中

$$E_\varphi(x) := \{\alpha \in I\!\!R \mid \alpha \geqslant \varphi(x)\}. \tag{1.29}$$

接下来的重要定理表明, 对于所考虑的下半连续函数类, 我们可以用函数 $\varphi$ 本身替换 $\partial \varphi(\bar{x})$ 的上导数表示式中的 $E_\varphi$, 当 $\varphi$ 在 $\bar{x}$ 周围连续时, $\partial^\infty \varphi(\bar{x})$ 和 $D^* \varphi(\bar{x})(0)$ 之间也具有有用的关系.

**定理 1.23** (下半连续和连续函数上导数的次微分) 设 $\varphi: I\!\!R^n \to \overline{I\!\!R}$ 在 $\bar{x}$ 附近取有限值. 则我们有

$$\partial \varphi(\bar{x}) = D^* \varphi(\bar{x})(1). \tag{1.30}$$

此外, 若 $\varphi$ 在 $\bar{x}$ 周围还是连续的, 则

$$\partial^\infty \varphi(\bar{x}) \subset D^* \varphi(\bar{x})(0). \tag{1.31}$$

**证明** 我们将证明分为几个步骤. 记住我们一直假设 $\varphi$ 在 $\bar{x}$ 周围是下半连续的.

**步骤 1** 对任意序列 $(x_k, \alpha_k) \xrightarrow{\text{epi} \varphi} (\bar{x}, \varphi(\bar{x}))$ $(k \to \infty)$, 存在 $\{x_k\}$ 的子列 $\{x_{k_j}\}$ 使得

$$(x_{k_j}, \varphi(x_{k_j})) \longrightarrow (\bar{x}, \varphi(\bar{x})), \quad \text{当 } j \to \infty \text{ 时成立}.$$

为此, 首先假设集合 $S := \{x_k \mid \varphi(\bar{x}) \leqslant \varphi(x_k), k \in I\!\!N\}$ 由无穷多个元素组成. 对下式取极限

$$\varphi(\bar{x}) \leqslant \varphi(x_k) \leqslant \alpha_k, \quad \forall x_k \in S$$

且考虑到 $\alpha_k \to \varphi(\bar{x})$ $(k \to \infty)$, 我们得到 $\lim_{x_k \xrightarrow{S} \bar{x}} \varphi(x_k) = \varphi(\bar{x})$, 从而验证了这种情况下断言成立. 在其余情况下, 集合 $S$ 为有限的, 不失一般性我们假设有 $\varphi(x_k) \leqslant \varphi(\bar{x})$ 对所有 $k \in I\!\!N$ 成立从而得到 $\limsup_{k \to \infty} \varphi(x_k) \leqslant \varphi(\bar{x})$. 由于 $\varphi$ 在 $\bar{x}$ 处是下半连续的, 这反过来意味着

$$\lim_{k \to \infty} \varphi(x_k) = \varphi(\bar{x}),$$

因此在这种情况下断言也成立.

**步骤 2**　我们有包含关系 $D^*\varphi(\bar{x})(1) \subset \partial\varphi(\bar{x})$ 成立.

上式意味着以下的蕴含关系成立:

$$(v,-1) \in N\big((\bar{x},\varphi(\bar{x}));\mathrm{gph}\,\varphi\big) \Rightarrow (v,-1) \in N\big((\bar{x},\varphi(\bar{x}));\mathrm{epi}\,\varphi\big).$$

为验证上述关系, 任取 $(v,-1) \in N\big((\bar{x},\varphi(\bar{x}));\mathrm{gph}\,\varphi\big)$. 由定理 1.6 可以找到序列 $(v_k,\lambda_k) \to (\bar{x},-1)$ 及 $x_k \to \bar{x}$ 使得包含关系 $(v_k,\lambda_k) \in \widehat{N}\big((x_k,\varphi(x_k));\mathrm{gph}\,\varphi\big)$ 对所有 $k \in I\!N$ 成立. 不失一般性, 假设对所有 $k \in I\!N$ 有 $\lambda_k = -1$. 现在我们说明沿着 $\{x_k\}$ 的某个子列, 有 $(v_k,-1) \in \widehat{N}\big((x_k,\varphi(x_k));\mathrm{epi}\,\varphi\big)$. 事实上, 我们从步骤 1 中选择了此子序列, 而无须重新标记.

使用反证法, 我们假设所声称的包含关系对某个固定的 $k$ 不成立. 则可以找到 $\gamma \in (0,1)$ 及序对 $(z_j,\alpha_j) \xrightarrow{\mathrm{epi}\,\varphi} (x_k,\varphi(x_k))$ $(j \to \infty)$ 使得

$$\langle v_k, z_j - x_k \rangle + (\varphi(x_k) - \alpha_j) > \gamma \|(z_j,\alpha_j) - (x_k,\varphi(x_k))\|, \quad \forall j \in I\!N.$$

因为 $\alpha_j \geqslant \varphi(z_j)$ 且 $\varphi(z_j) \to \varphi(x_k)$ $(j \to \infty)$, 我们有

$$\|(z_j - x_k, \varphi(z_j) - \varphi(x_k))\| \leqslant \|(z_j - x_k, \alpha_j - \varphi(x_k))\| + \alpha_j - \varphi(z_j),$$

这反过来蕴含着估计式

$$\langle v_k, z_j - x_k \rangle + \varphi(x_k) - \varphi(z_j) > \gamma \|(z_j,\varphi(z_j)) - (x_k,\varphi(x_k))\|$$

对所有 $j \in I\!N$ 成立. 这意味着 $(v_k,-1) \notin \widehat{N}\big((x_k,\varphi(x_k));\mathrm{gph}\,\varphi\big)$. 考虑到步骤 1 中 (子) 序列 $\{x_k\}$ 的选取, 这就产生了矛盾. 因此我们有 (1.30) 中包含关系 $D^*\varphi(\bar{x})(1) \subset \partial\varphi(\bar{x})$ 成立.

**步骤 3**　对任意在 $\bar{x}$ 周围局部闭的集合 $\Omega \subset I\!R^n$, 我们有

$$N(\bar{x};\Omega) \subset N(\bar{x};\mathrm{bd}\,\Omega), \quad \forall\, \bar{x} \in \mathrm{bd}\,\Omega.$$

为验证上式成立, 选取 $0 \neq v \in N(\bar{x};\Omega)$. 由定理 1.6 知存在序列 $x_k \xrightarrow{\Omega} \bar{x}$ 及 $v_k \to v$ 使得 $v_k \in \widehat{N}(x_k;\Omega)$ 对所有 $k \in I\!N$ 成立. 因为当 $k$ 充分大时有 $\|v_k\| > 0$, 所以由 (1.5) 可知对这样的 $k$ 有 $x_k \in \mathrm{bd}\,\Omega$. 由定义 (1.5) 容易验证

$$\widehat{N}(\bar{x};\Omega_1) \subset \widehat{N}(\bar{x};\Omega_2), \quad 每当 \Omega_2 \subset \Omega_1 \text{ 且 } \bar{x} \in \Omega_2 \text{ 成立},$$

从而可知断言成立.

**步骤 4**　我们有包含关系 $\partial\varphi(\bar{x}) \subset D^*\varphi(\bar{x})(1)$ 成立.

因为集合 $\mathrm{epi}\,\varphi$ 在 $(\bar{x},\varphi(\bar{x}))$ 附近是闭的, 所以从步骤 3 可得

$$N\big((\bar{x},\varphi(\bar{x}));\mathrm{epi}\,\varphi\big) \subset N\big((\bar{x},\varphi(\bar{x}));\mathrm{bd}(\mathrm{epi}\,\varphi)\big),$$

从而只需验证蕴含关系

$$\big[(v,-1) \in N\big((\bar{x},\varphi(\bar{x}));\mathrm{bd}(\mathrm{epi}\,\varphi)\big)\big] \Rightarrow \big[(v,-1) \in N\big((\bar{x},\varphi(\bar{x}));\mathrm{gph}\,\varphi\big)\big].$$

为此, 选取 $(v,-1) \in N\big((\bar{x},\varphi(\bar{x}));\mathrm{bd}(\mathrm{epi}\,\varphi)\big)$ 且寻找 $(v_k,\lambda_k) \to (v,-1)$ 及 $(x_k,\alpha_k) \xrightarrow{\mathrm{bd}(\mathrm{epi}\,\varphi)} (\bar{x},\varphi(\bar{x}))$ $(k \to \infty)$ 使得 $(v_k,-\lambda_k) \in \widehat{N}\big((x_k,\varphi(x_k));\mathrm{bd}(\mathrm{epi}\ \varphi)\big)$ $(k \in I\!N)$. 不失一般性, 令 $\lambda_k \equiv -1$. 对所有 $(x,\alpha) \in \Big[B_{1/k}(x_k) \times \Big(\alpha_k - \dfrac{1}{k}, \alpha_k + \dfrac{1}{k}\Big)\Big] \cap \mathrm{bd}(\mathrm{epi}\,\varphi)$, 当 $k$ 充分大时, 我们有

$$\langle v_k, x - x_k\rangle - (\alpha - \alpha_k) \leqslant \frac{1}{k}\big(\|x - x_k\| + |\alpha - \alpha_k|\big). \tag{1.32}$$

类似于步骤 2, 根据 $\varphi$ 的下半连续性选取 $\{x_k\}$ 的子列 (无须重新标注) 使得 $(x_k,\varphi(x_k)) \to (\bar{x},\varphi(\bar{x}))$ $(k \to \infty)$. 则由 (1.32) 可知, 沿此子列, 我们有

$$\langle v_k, x - x_k\rangle - \big(\alpha - \varphi(x_k)\big) - \big(\varphi(x_k) - \alpha_k\big) \leqslant \frac{1}{k}\big(\|x - x_k\| + |\alpha - \varphi(x_k)| + |\varphi(x_k) - \alpha_k|\big)$$

对所有 $(x,\alpha) \in \big[B_{1/k}(x_k) \times (\alpha_k - r_k, \alpha_k + r_k)\big] \cap \mathrm{bd}(\mathrm{epi}\,\varphi)$ 成立, 其中由于 $\alpha_k - \varphi(x_k) \to 0$, 序列 $r_k \downarrow 0$ 一定存在. 因为 $\varphi$ 是下半连续的, 根据 $(x_k,\alpha_k) \in \mathrm{bd}(\mathrm{epi}\,\varphi) \subset \mathrm{epi}\,\varphi$ 知 $\varphi(x_k) \leqslant \alpha_k$, 所以

$$\langle v_k, x - x_k\rangle - \big(\alpha - \varphi(x_k)\big) \leqslant \frac{1}{k}\big(\|x - x_k\| + |\alpha - \varphi(x_k)|\big)$$

对所有 $x_k, \varphi(x_k)$ 附近的 $(x,\alpha) \in \mathrm{gph}\,\varphi$ 都成立. 从而我们有

$$\limsup_{(x,\alpha) \xrightarrow{\mathrm{gph}\,\varphi} (x_k,\varphi(x_k))} \frac{\langle v_k, x - x_k\rangle - \big(\alpha - \varphi(x_k)\big)}{\|x - x_k\| + |\alpha - \varphi(x_k)|} \leqslant \frac{1}{k},$$

这意味着对每个 $k$, 有 $(v_k,-1) \in \widehat{N}_{\frac{1}{k}}\big((x_k,\varphi(x_k));\mathrm{gph}\,\varphi\big)$. 当 $k \to \infty$ 时取极限, 我们知道 $(v,-1) \in N\big((\bar{x},\varphi(\bar{x}));\mathrm{gph}\,\varphi\big)$, 即, $v \in D^*\varphi(\bar{x})(1)$. 这就证明了断言及表示式 (1.30) 成立.

**步骤 5** 若 $\varphi$ 在 $\bar{x}$ 周围是连续的, 则我们有包含关系 (1.31) 成立.

事实上, 由 $\varphi$ 在 $\bar{x}$ 周围的连续性可知 $\mathrm{gph}\,\varphi = \mathrm{bd}(\mathrm{epi}\,\varphi)$. 因此步骤 3 的结果保证了下面包含关系式成立

$$N\big((\bar{x},\varphi(\bar{x}));\mathrm{epi}\,\varphi\big) \subset N\big((\bar{x},\varphi(\bar{x}));\mathrm{gph}\,\varphi\big),$$

由此易知 (1.31) 成立, 从而完成了定理的证明. $\triangle$

观察到 (1.31) 中的包含通常是严格的. 为了说明这一点, 考虑以下连续函数 $\varphi\colon I\!R \to I\!R$, 其中 $\varphi(x) := -x^{1/3}$, $x \geqslant 0$, 且 $\varphi(x) := 0$, $x < 0$. 由定义 1.1, 我们通过计算得该函数的上图及图在原点处的法锥

$$N\big((0,0);\mathrm{epi}\,\varphi\big) = \big\{(v,0) \in I\!R^2 \,\big|\, v \leqslant 0\big\} \cup \big\{(0,v) \in I\!R^2 \,\big|\, v \leqslant 0\big\}$$

且 $N((0,0);\mathrm{gph}\,\varphi) = N((0,0);\mathrm{epi}\,\varphi) \cup I\!R_+^2$; 见图 1.10. 这说明 $\partial^\infty \varphi(0) = (-\infty, 0]$ 且 $D^*\varphi(0)(0) = (-\infty, \infty)$ 满足严格包含关系 (1.31).

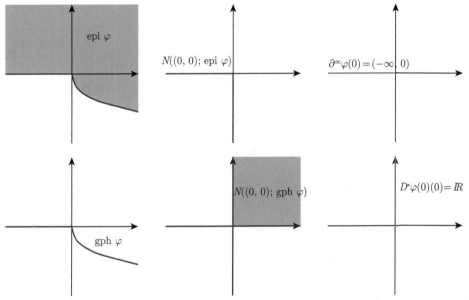

图 1.10　奇异次微分和上导数: $\varphi(x) = 0$ 若 $x < 0$ 且 $\varphi(x) = -x^{1/3}$ 若 $x \geqslant 0$

上导数 (1.15) 和基本次微分 (1.24) 之间的精确关系 (1.30) 允许我们从上导数得到次微分结果, 这在下面的内容中很有用. 让我们以这种方式得出命题 1.12 中关于函数情形的实现.

**推论 1.24** (光滑函数的次微分)　设 $\varphi\colon I\!R^n \to \overline{I\!R}$ 在 $\bar{x}$ 周围是 $\mathcal{C}^1$ 类型的. 则我们有 $\partial\varphi(\bar{x}) = \{\nabla\varphi(\bar{x})\}$.

**证明**　由定理 1.23 和命题 1.12 可得.　　　　　　　　　　　　　　　　△

注意, 将次梯度集 $\partial\varphi(\bar{x})$ 简化为单点集实际上是局部 Lipschitz 函数 (1.26) 的严格可微性 (1.19) 的一个刻画; 见定理 4.17. 例 1.21 中考虑的初等函数表明, 在这种刻画中, 不仅是可微性, Lipschitz 连续性及严格可微性也是必需的.

正如例 1.21(i) 中所示, 简单函数如 $\varphi(x) = -|x|$ 在 $\bar{x} = 0$ 处的基本次梯度集 $\partial\varphi(\bar{x})$ 是非凸的. 与法向量的情况类似 (并且与法向量有很大关联), 我们可以

通过 $\varphi$ 在附近的点处的凸次梯度集逼近 $\bar{x}$ 处的次微分 (1.24) 和 (1.25).

### 1.3.4 正则次梯度和 $\varepsilon$-扩张

给定函数 $\varphi\colon I\!\!R^n \to \overline{I\!\!R}$ 及点 $\bar{x} \in \operatorname{dom}\varphi$, 定义 $\varphi$ 在 $\bar{x}$ 处的正则次梯度集, 或预次微分如下

$$\widehat{\partial}\varphi(\bar{x}) := \left\{ v \in I\!\!R^n \,\middle|\, \liminf_{x \to \bar{x}} \frac{\varphi(x) - \varphi(\bar{x}) - \langle v, x - \bar{x}\rangle}{\|x - \bar{x}\|} \geqslant 0 \right\} \tag{1.33}$$

且对每个 $\varepsilon > 0$ 考虑它的 $\varepsilon$-扩张

$$\widehat{\partial}_\varepsilon\varphi(\bar{x}) := \left\{ v \in I\!\!R^n \,\middle|\, \liminf_{x \to \bar{x}} \frac{\varphi(x) - \varphi(\bar{x}) - \langle v, x - \bar{x}\rangle}{\|x - \bar{x}\|} \geqslant -\varepsilon \right\}, \tag{1.34}$$

其中 $\widehat{\partial}_0\varphi(\bar{x}) = \widehat{\partial}\varphi(\bar{x})$. 注意到当 $\varphi$ 在 $\bar{x}$ 处可微 (但不一定严格可微) 时 $\widehat{\partial}\varphi(\bar{x}) = \{\nabla\varphi(\bar{x})\}$, 但是 (1.33) 在不可微情形也可能简化为单点集, 这可以从前面的例子观察到.

对于凸函数 $\varphi\colon I\!\!R^n \to \overline{I\!\!R}$ (即, 它们的上图为凸集) 的次梯度我们有以下描述, 这些描述说明了, 特别地, 次梯度集 (1.25) 和 (1.33) 在这种情况下简化为经典凸分析意义下的次微分.

**命题 1.25** (凸函数的次梯度和 $\varepsilon$-次梯度) 设 $\varphi\colon I\!\!R^n \to \overline{I\!\!R}$ 为凸的. 则

$$\widehat{\partial}_\varepsilon\varphi(\bar{x}) = \left\{ v \in I\!\!R^n \,\middle|\, \langle v, x - \bar{x}\rangle \leqslant \varphi(x) - \varphi(\bar{x}) + \varepsilon\|x - \bar{x}\|, \forall\, x \in I\!\!R^n \right\},$$

当 $\bar{x} \in \operatorname{dom}\varphi$ 且 $\varepsilon \geqslant 0$. 进一步地, 我们有表示式

$$\partial\varphi(\bar{x}) = \left\{ v \in I\!\!R^n \,\middle|\, \langle v, x - \bar{x}\rangle \leqslant \varphi(x) - \varphi(\bar{x}), \forall\, x \in I\!\!R^n \right\}. \tag{1.35}$$

$$\partial^\infty\varphi(\bar{x}) = N(\bar{x}; \operatorname{dom}\varphi) = \left\{ v \in I\!\!R^n \,\middle|\, \langle v, x - \bar{x}\rangle \leqslant 0, \forall\, x \in \operatorname{dom}\varphi \right\}.$$

**证明** 注意到关于 $\widehat{\partial}_\varepsilon\varphi(\bar{x})$ 的包含关系 "$\supset$" 是显然的. 为了验证反向包含关系成立, 任意选取一个次梯度 $v \in \widehat{\partial}_\varepsilon\varphi(\bar{x})$, 由定义 (1.34) 可以直接观察到, 对于任意给定的 $\eta > 0$, 函数

$$\vartheta(x) := \varphi(x) - \varphi(\bar{x}) - \langle v, x - \bar{x}\rangle + (\varepsilon + \eta)\|x - \bar{x}\|$$

在 $\bar{x}$ 处达到局部极小值. 因为 $\vartheta$ 是凸的, 所以 $\bar{x}$ 是它的全局极小值, 即

$$\vartheta(x) = \varphi(x) - \varphi(\bar{x}) - \langle v, x - \bar{x}\rangle + (\varepsilon + \eta)\|x - \bar{x}\| \geqslant \vartheta(\bar{x}) = 0$$

对所有 $x \in I\!\!R^n$ 成立. 考虑到 $\eta > 0$ 是任取的, 我们知所声称的 $\widehat{\partial}_\varepsilon\varphi(\bar{x})$ 的表示式对所有 $\varepsilon \geqslant 0$ 成立. 进一步地, 从上图的凸性和法锥表示式 (1.9) 可以得到

$$N_{\operatorname{epi}\varphi}\big(\bar{x}, \varphi(\bar{x})\big) = \left\{ (v, \lambda) \,\middle|\, \langle (v, \lambda), (x, \alpha) - (\bar{x}, \varphi(\bar{x}))\rangle \leqslant 0, \ \forall\, (x, \alpha) \in \operatorname{epi}\varphi \right\},$$

从而由 (1.24) 和 (1.25) 式可以得出 $\partial\varphi(\bar{x})$ 和 $\partial^{\infty}\varphi(\bar{x})$ 的表示式.　　　　　△

容易验证集合 (1.33) 和 (1.34) 是凸的, 而对于简单的非凸 Lipschitz 函数可以是平凡的, 例如 $\varphi(x) = -|x|$, 对于 $\varepsilon = 0$ 及小 $\varepsilon > 0$ 有 $\widehat{\partial}_{\varepsilon}\varphi(0) = \varnothing$. 另一方面, 我们将在下面看到所考虑的 $\bar{x}$ 附近的点 $x$ 的这些集合可以用于逼近次微分 $\partial\varphi(\bar{x})$. 与法向量的情形相似, 正则次梯度集合 (1.33) 以及它们 $\varepsilon$-次梯度的扩张 (1.34) 在次微分理论中起着预次微分的角色. 显然, 对于集合的指示函数, 我们有

$$\widehat{\partial}_{\varepsilon}\delta(\bar{x};\Omega) = \widehat{N}_{\varepsilon}(\bar{x};\Omega), \quad 每当 \bar{x} \in \Omega 且 \varepsilon \geqslant 0.$$

下一个定理提示了 (正则) $\varepsilon$-法向量和 $\varepsilon$-次梯度之间更深层关系, 其中包括 $\varepsilon = 0$ 的基本情况, 这在接下来的内容中最为重要. 如上所述, 证明中使用的 $I\!R^n \times I\!R$ 上的范数为 (1.18) 式定义的 $\|(x,\alpha)\| = \|x\| + |\alpha|$.

**定理 1.26** (正则次梯度和它们 $\varepsilon$-扩张的几何描述)　　设 $\varphi: I\!R^n \to \overline{I\!R}$ 且 $\bar{x} \in \operatorname{dom}\varphi$. 则

$$\widehat{\partial}_{\varepsilon}\varphi(\bar{x}) \subset \big\{ v \in I\!R^n \,\big|\, (v,-1) \in \widehat{N}_{\varepsilon}\big((\bar{x},\varphi(\bar{x}));\operatorname{epi}\varphi\big) \big\}, \quad \forall\, \varepsilon \geqslant 0.$$

反之, 当 $0 \leqslant \varepsilon < 1$ 时, 我们有蕴含关系

$$(v,-1) \in \widehat{N}_{\varepsilon}\big((\bar{x},\varphi(\bar{x}));\operatorname{epi}\varphi\big) \Rightarrow v \in \widehat{\partial}_{\varepsilon_1}\varphi(\bar{x}),$$

其中 $\varepsilon_1 := \varepsilon(1 + \|v\|)/(1-\varepsilon)$. 所以

$$\widehat{\partial}\varphi(\bar{x}) = \big\{ v \in I\!R^n \,\big|\, (v,-1) \in \widehat{N}\big((\bar{x},\varphi(\bar{x}));\operatorname{epi}\varphi\big) \big\}. \tag{1.36}$$

**证明**　　任取 $v \in \widehat{\partial}_{\varepsilon}\varphi(\bar{x})$, 对每个 $\varepsilon \geqslant 0$, 我们证明 $(v,-1) \in \widehat{N}_{\varepsilon}((\bar{x},\varphi(\bar{x}));\operatorname{epi}\varphi)$. 事实上, 由定义 (1.34) 知, 对任意的 $\gamma > 0$, 存在 $\bar{x}$ 的邻域 $U$, 满足

$$\varphi(x) - \varphi(\bar{x}) - \langle v, x - \bar{x} \rangle \geqslant -(\varepsilon + \gamma)\|x - \bar{x}\|, \quad \forall x \in U.$$

容易看出, 对任意 $x \in U$ 及 $\alpha \geqslant \varphi(x)$ 有

$$\langle v, x - \bar{x} \rangle + \varphi(\bar{x}) - \alpha \leqslant (\varepsilon + \gamma)\|(x,\alpha) - (\bar{x},\varphi(\bar{x}))\|,$$

根据定义 (1.6), 取 $\Omega = \operatorname{epi}\varphi$ 及 $\varepsilon \geqslant 0$, 由上式可得 $(v,-1) \in \widehat{N}_{\varepsilon}((\bar{x},\varphi(\bar{x}));\operatorname{epi}\varphi)$.

为验证上述反向蕴含关系, 取定 $\varepsilon \in [0,1)$, 相反地, 假设 $v \notin \widehat{\partial}_{\varepsilon_1}\varphi(\bar{x})$ 且声明中指定 $\varepsilon_1 \geqslant 0$. 则存在 $\gamma > 0$ 及序列 $x_k \to \bar{x}$ 使得

$$\varphi(x_k) - \varphi(\bar{x}) - \langle v, x_k - \bar{x} \rangle + (\varepsilon_1 + \gamma)\|x_k - \bar{x}\| < 0, \quad \forall\, k \in I\!N.$$

令 $\alpha_k := \varphi(\bar{x}) + \langle v, x_k - \bar{x} \rangle - (\varepsilon_1 + \gamma)\|x_k - \bar{x}\|$, 观察到当 $k \to \infty$ 时 $\alpha_k \to \varphi(\bar{x})$ 且 $(x_k,\alpha_k) \in \operatorname{epi}\varphi$ 对所有 $k \in I\!N$ 成立. 从而根据 $\gamma > 0$ 及 $\varepsilon_1$ 的选取, 在乘积空间中使用和范数 (1.18) 可得

$$\frac{\langle v, x_k - \bar{x} \rangle - (\alpha_k - \varphi(\bar{x}))}{\|(x_k,\alpha_k) - (\bar{x},\varphi(\bar{x}))\|} = \frac{(\varepsilon_1 + \gamma)\|x_k - \bar{x}\|}{\|(x_k - \bar{x}, \langle v, x_k - \bar{x} \rangle - (\varepsilon_1 + \gamma)\|x_k - \bar{x}\|)\|}$$

$$\geqslant \frac{\varepsilon_1 + \gamma}{1 + \|v\| + (\varepsilon_1 + \gamma)} > \frac{\varepsilon_1}{1 + \|v\| + \varepsilon_1} = \varepsilon$$

对所有 $k \in I\!N$ 成立. 这显然意味着 $(v, -1) \notin \widehat{N}_\varepsilon((\bar{x}, \varphi(\bar{x})); \text{epi}\,\varphi)$, 从而证明了所声称的蕴含关系. 结合前面陈述中 $\varepsilon = 0$ 的情况可得表示式 (1.36).                    △

(1.36) 中正则次梯度的几何表示使我们能够从上面获得的正则法向量推导其性质. 下一个结果以这种方式建立了一般增广实值函数正则次梯度的光滑变分描述.

**定理 1.27** (正则次梯度的光滑变分描述)   设 $\varphi: I\!R^n \to \overline{I\!R}$ 在 $\bar{x}$ 处取有限值. 则 $v \in \widehat{\partial}\varphi(\bar{x})$ 当且仅当存在定义于 $\bar{x}$ 的某个邻域 $U$ 上及在 $\bar{x}$ 处 Fréchet 可微的函数 $\psi: U \to I\!R$ 使得 $\psi(\bar{x}) = \varphi(\bar{x})$, $\nabla \psi(\bar{x}) = v$, 并且 $\psi(x) - \varphi(x)$ 在 $U$ 上于 $x = \bar{x}$ 处取得局部极大值. 若进一步 $\varphi$ 在 $I\!R^n$ 上是下有界的, 则我们可以选择 $\psi$ 为凹的且在 $I\!R^n$ 上光滑的函数, 并使得 $\psi(x) - \varphi(x)$ 在 $I\!R^n$ 上于 $x = \bar{x}$ 处达到唯一全局极大值.

**证明**   这个结果的第一部分可从定理 1.26 中正则法向量的几何表示 (1.36) 及定理 1.10 中给出的正则法向量的光滑变分描述直接得出. 为验证第二部分, 任取 $v \in \widehat{\partial}\varphi(\bar{x})$, 观察到根据 $\varphi$ 的下有界条件, 函数

$$\rho(t) := \sup \left\{ \varphi(\bar{x}) - \varphi(x) + \langle v, x - \bar{x} \rangle \,\middle|\, x \in \bar{x} + t I\!B \right\}, \quad t \geqslant 0$$

满足定理 1.10 的证明中步骤 2 的假设. 通过在其中构造 $\tau: [0, \infty) \to [0, \infty)$, 我们可以轻松地看到函数

$$\psi(x) := -\tau(\|x - \bar{x}\|) - \|x - \bar{x}\|^2 + \varphi(\bar{x}) + \langle v, x - \bar{x} \rangle, \quad x \in I\!R^n$$

具备该推论中所声称的所有性质.                    △

### 1.3.5   极限次微分表示

接下来, 我们得出 $\varphi$ 在 $\bar{x} \in \text{dom}\,\varphi$ 处的基本和奇异次微分的极限表示, 并给出它们的一些有用结果.

**定理 1.28** (基本次梯度和奇异次梯度的极限表示)   设 $\varphi: I\!R^n \to \overline{I\!R}$ 在 $\bar{x}$ 处取有限值. 则我们有以下表示

$$\partial\varphi(\bar{x}) = \mathop{\text{Lim sup}}_{x \xrightarrow{\varphi} \bar{x}} \widehat{\partial}\varphi(x) = \mathop{\text{Lim sup}}_{\substack{x \xrightarrow{\varphi} \bar{x} \\ \varepsilon \downarrow 0}} \widehat{\partial}_\varepsilon \varphi(x), \tag{1.37}$$

$$\partial^\infty \varphi(\bar{x}) = \mathop{\text{Lim sup}}_{\substack{x \xrightarrow{\varphi} \bar{x} \\ \lambda \downarrow 0}} \lambda \widehat{\partial}\varphi(x) = \mathop{\text{Lim sup}}_{\substack{x \xrightarrow{\varphi} \bar{x} \\ \lambda, \varepsilon \downarrow 0}} \lambda \widehat{\partial}\varphi(x). \tag{1.38}$$

**证明**   我们首先证明次梯度集 $\partial\varphi(\bar{x})$ 属于 (1.37) 中第一个极限, 同时观察到 (1.37) 的第二个表示中包含关系 "$\subset$" 显然成立. 任选 $v \in \partial\varphi(\bar{x})$, 由定义 (1.24)

知 $(v, -1) \in N((\bar{x}, \varphi(\bar{x})); \operatorname{epi} \varphi)$. 则由定理 1.6 中法锥的第一个表示式, 我们可以找到序列 $(x_k, \alpha_k) \xrightarrow{\operatorname{epi} \varphi} (\bar{x}, \varphi(\bar{x}))$ 及 $(v_k, -\lambda_k) \to (v, -1)$ $(k \to \infty)$ 使得

$$(v_k, -\lambda_k) \in \widehat{N}((x_k, \alpha_k); \operatorname{epi} \varphi), \quad \forall k \in \mathbb{N}. \tag{1.39}$$

不失一般性, 假设对所有 $k$, $\lambda_k = 1$, 由练习 1.62 可得 $\alpha_k = \varphi(x_k)$. 则从 (1.36) 我们可知 $v_k \in \widehat{\partial}\varphi(x_k)$, 根据 (1.1), 这意味着当 $x \xrightarrow{\varphi} \bar{x}$ 时向量 $v$ 属于外极限 $\operatorname{Lim\,sup} \widehat{\partial}\varphi(x)$.

要进一步进行 (1.37) 的证明, 我们从其中最右边的集合中选取 $v$ 并找到序列 $\varepsilon_k \downarrow 0$, $x_k \xrightarrow{\varphi} \bar{x}$, 以及 $v_k \to v$ 满足

$$v_k \in \widehat{\partial}_{\varepsilon_k}\varphi(x_k), \quad \forall k \in \mathbb{N}.$$

对任意 $k$, 我们从定理 1.26 中第一个包含关系知

$$(v_k, -1) \in \widehat{N}_{\varepsilon_k}((x_k, \varphi(x_k)); \operatorname{epi} \varphi), \quad k \in \mathbb{N}.$$

当 $k \to \infty$ 时对上式取极限, 根据定理 1.6, 我们得到包含关系 $(v, -1) \in N((\bar{x}, \varphi(\bar{x})); \operatorname{epi} \varphi)$. 由 (1.24), 这保证了 $v \in \partial\varphi(\bar{x})$, 因此完成了 (1.37) 中两个表示式的证明.

为验证 (1.38) 中第一个奇异次微分的表示式, 从其右边集合中选取 $v$, 由定义 (1.1) 找到序列 $\lambda_k \downarrow 0$, $x_k \xrightarrow{\operatorname{epi} \varphi} \bar{x}$ 及 $v_k \to v$ $(k \to \infty)$ 使得 $v_k \in \lambda_k \widehat{\partial}\varphi(x_k)$ 对所有 $k \in \mathbb{N}$ 成立. 由 (1.33) 及 $\widehat{N}(\cdot; \operatorname{epi} \varphi)$ 的锥构造我们有 (1.39) 且 $\alpha_k = \varphi(x_k)$, 从而当 $k \to \infty$ 时取极限, 根据定义 1.25 可得 $v \in \partial^\infty\varphi(\bar{x})$.

为继续验证 (1.38) 中的反向包含关系, 选取 $v \in \partial^\infty\varphi(\bar{x})$, 得 $(v, 0) \in N((\bar{x}, \varphi(\bar{x})); \operatorname{epi} \varphi)$. 则定理 1.6 产生序列 $(x_k, \alpha_k) \xrightarrow{\operatorname{epi} \varphi} (\bar{x}, \varphi(\bar{x}))$ 及 $(v_k, \lambda_k) \to (v, 0)$ $(k \to \infty)$ 使得 (1.39) 中包含关系成立. 我们可以在 (1.39) 中令 $\alpha_k = \varphi(x_k)$, 很容易看到命题 1.17 中 $\lambda_k \geqslant 0$ 对所有 $k \in \mathbb{N}$ 成立. 有两种情形需要考虑: 或者 (a) $\lambda_k > 0$, 或者 (b) 沿着 $k \to \infty$ 的某个子列 $\lambda_k = 0$. 在情形 (a) 中, 我们有 $v_k \in \lambda_k \widehat{\partial}\varphi(x_k)$, 从而得到 $v$ 属于 (1.38) 中右边的外极限. 对于情形 (b), 通过稍微调整序列 $\{v_k\}$ 使得存在 $(\tilde{v}_k, -\tilde{\lambda}_k) \in \widehat{N}((x_k, \varphi(x_k)); \operatorname{epi} \varphi)$ 满足 $\tilde{\lambda}_k \downarrow 0$ 及 $\tilde{v}_k \to v$ $(k \to \infty)$, 可将其简化为 (a). 关于此调整的证明涉及许多技巧因而在此省略; 对于不同的详细论述, 参见 [686, 定理 8.9] 及 [529, 引理 2.37]. (1.38) 中第二个表示式与情形 (1.37) 类似. △

注意 (1.37) 和 (1.38) 中第二个表示证明了 $\partial\varphi(\bar{x})$ 的极限表示相对于预次微分扩张的稳定性. 这种稳定性显然和定理 1.6 中法锥表示的稳定性相关. 我们在证明以下奇异次梯度的有用性质时阐述它的重要性.

**命题 1.29** (Lipschitz 加法下的奇异次梯度) 设 $\varphi: \mathbb{R}^n \to \overline{\mathbb{R}}$ 在 $\bar{x} \in \operatorname{dom} \varphi$ 处取有限值, 且 $\psi: \mathbb{R}^n \to \overline{\mathbb{R}}$ 在该点周围是局部 Lipschitz 连续的. 则

$$\partial^\infty(\varphi + \psi)(\bar{x}) = \partial^\infty \varphi(\bar{x}).$$

**证明** 给定 $v \in \partial^\infty(\varphi+\psi)(\bar{x})$, 由定义 (1.25) 找到序列 $\gamma_k \downarrow 0$, $(x_k, \alpha_k) \xrightarrow{\text{epi}(\varphi+\psi)} (\bar{x}, (\varphi+\psi)(\bar{x}))$, $v_k \to v$, $\nu_k \to 0$, 以及 $\eta_k \downarrow 0$ 使得

$$\langle v_k, x - x_k \rangle + \nu_k(\alpha - \alpha_k) \leqslant \gamma_k(\|x - x_k\| + |\alpha - \alpha_k|), \quad \forall k \in I\!N$$

对所有 $(x, \alpha) \in \text{epi}(\varphi+\psi)$ 且 $x \in x_k + \eta_k I\!B$ 及 $|\alpha - \alpha_k| \leqslant \eta_k$ 成立. 选取 (1.26) 中 $\psi$ 在 $\bar{x}$ 周围的 Lipschitz 常数 $\ell > 0$, 且记 $\tilde{\eta}_k := \eta_k/2(\ell+1)$ 及 $\tilde{\alpha}_k := \alpha_k - \psi(x_k)$. 则 $(x_k, \tilde{\alpha}_k) \xrightarrow{\text{epi}\varphi} (\bar{x}, \varphi(\bar{x}))$ 且

$$(x, \alpha + \psi(x)) \in \text{epi}(\varphi+\psi), \quad |(\alpha + \psi(x)) - \alpha_k| \leqslant \eta_k$$

每当 $(x, \alpha) \in \text{epi}\,\varphi$, $x \in x_k + \tilde{\eta}_k I\!B$, 且 $|\alpha - \tilde{\alpha}_k| \leqslant \tilde{\eta}_k$. 因此

$$\langle v_k, x - x_k \rangle + \nu_k(\alpha - \tilde{\alpha}_k) \leqslant \varepsilon_k(\|x - x_k\| + |\alpha - \tilde{\alpha}_k|) \text{ 且 } \varepsilon_k := \gamma_k(1+\ell) + |\nu_k|\ell$$

对所有 $(x, \alpha) \in \text{epi}\,\varphi$ 满足 $x \in x_k + \tilde{\eta}_k I\!B$ 且 $|\alpha - \tilde{\alpha}_k| \leqslant \tilde{\eta}_k$ 成立. 这使得对所有 $k \in I\!N$, 有 $(v_k, \nu_k) \in \widehat{N}_{\varepsilon_k}((x_k, \tilde{\alpha}_k); \text{epi}\,\varphi)$. 由于 $\varepsilon_k \downarrow 0$ $(k \to \infty)$, 从而 $(v, 0) \in N((\bar{x}, \varphi(\bar{x})); \text{epi}\,\varphi)$. 因此我们得到上述声明中的包含关系 "$\subset$". 将其应用到和 $\varphi = (\varphi + \psi) + (-\psi)$ 中, 我们得到 $\partial^\infty \varphi(\bar{x}) \subset \partial^\infty(\psi + \varphi)(\bar{x})$, 这就证明了所声称的等式, 从而完成了证明. $\triangle$

容易观察到, 任何增广实值函数正则次梯度的凸集 (1.33) 都存在对偶表示

$$\widehat{\partial}\varphi(\bar{x}) = \left\{ v \in I\!R^n \mid \langle v, w \rangle \leqslant d\varphi(\bar{x}; w), \forall\, w \in I\!R^n \right\}, \tag{1.40}$$

其中 $\varphi$ 在 $\bar{x} \in \text{dom}\,\varphi$ 处沿方向 $w$ 的相依导数通过上图的相依锥 (1.11) 以几何形式定义为

$$d\varphi(\bar{x}; w) := \inf \left\{ \nu \in I\!R \mid (w, \nu) \in T((\bar{x}, \varphi(\bar{x})); \text{epi}\,\varphi) \right\}. \tag{1.41}$$

这类似于命题 1.9 中闭集的预法向量与相依锥之间的对偶关系. 由定义直接可得 $\text{epi}\, d\varphi(\bar{x}; \cdot) = T_{\text{epi}\,\varphi}(\bar{x}, \varphi(\bar{x}))$ 且 $d\varphi(\bar{x}; w)$ 可由差商值的下极限

$$d\varphi(\bar{x}; w) = \liminf_{\substack{z \to w \\ t \downarrow 0}} \frac{\varphi(\bar{x} + tz) - \varphi(\bar{x})}{t} \tag{1.42}$$

解析地描述. 观察到, 如果 $\varphi$ 在 $\bar{x}$ 周围是局部 Lipschitz 连续的, 我们可以等价地在 (1.42) 中令 $z = w$. 还要注意, 我们的基本次微分 (1.24) 是非凸的, 不能由任何方向导数通过类型 (1.40) 的对偶方案生成. 另一方面, 定理 1.28 的逼近结果表明, 它可以通过极限过程完成.

　　我们将在第 2—4 章中看到, 尽管 (实际上是由于) 它们是非凸的, 基本和奇异次微分以及与它们相关的法锥和上导数具有全面的分析规则和其他对于应用至关重要的特性, 而对应的正则结构自身在理论和应用中不足以令人满意.

　　我们首先介绍基本和正则次梯度所共有的一些简单但重要的性质.

　　**命题 1.30** (基本次梯度和正则次梯度的初等法则)　设 $\varphi: I\!R^n \to \overline{I\!R}$ 在 $\bar{x}$ 处取有限值. 下面论断成立:

　　(i) (广义 Fermat 法则) 如果 $\bar{x}$ 是 $\varphi$ 的一个局部极小点, 则

$$0 \in \widehat{\partial}\varphi(\bar{x}) \ \text{且} \ 0 \in \partial\varphi(\bar{x}).$$

当 $\varphi$ 为凸时, 上述条件一致, 并且是 $\bar{x}$ 为全局极小点的充分条件.

　　(ii) (可微加法下的和法则) 设 $\psi: I\!R^n \to \overline{I\!R}$ 在 $\bar{x}$ 处是可微的. 则我们有

$$\widehat{\partial}(\psi + \varphi)(\bar{x}) = \nabla\psi(\bar{x}) + \widehat{\partial}\varphi(\bar{x}).$$

若进一步 $\psi$ 在该点附近是 $\mathcal{C}^1$ 类型的, 则

$$\partial(\psi + \varphi)(\bar{x}) = \nabla\psi(\bar{x}) + \partial\varphi(\bar{x}).$$

　　**证明**　当 $\bar{x}$ 是 $\varphi$ 的一个局部极小点时, 我们由定义 (1.33) 可直接得到 $v = 0$ 是 $\varphi$ 的一个正则次梯度. (i) 中第二个包含关系可由 $\widehat{\partial}\varphi(\bar{x}) \subset \partial\varphi(\bar{x})$ 中包含关系得到, 反过来这是定理 1.28 中表示式 (1.37) 的一个结果. 如果 $\varphi$ 是凸的, 由命题 1.25 知集合 $\widehat{\partial}\varphi(\bar{x})$ 和 $\partial\varphi(\bar{x})$ 相等且由其中的次微分表示知条件 $0 \in \partial\varphi(\bar{x})$ 保证了 $\bar{x}$ 是 $\varphi$ 的一个全局极小点.

　　$\partial(\psi + \varphi)(\bar{x})$ 的和法则中包含关系 "$\subset$" 可由定义直接验证. 反向包含关系可应用 $\varphi = (\psi + \varphi) + (-\psi)$ 由定义得到. 为得到基本次梯度的和法则, 我们使用定理 1.28 在其附近点处对正则次梯度取极限.　　　　　　　　　　　　　　　$\triangle$

　　基本次梯度的极限表示式 (1.37) 中通过正则次梯度方便了它们在多维空间中的计算. 下一个例子阐述了 $I\!R^2$ 上两个 Lipschitz 函数的情况.

　　**例 1.31** (Lipschitz 函数的次微分计算)

　　(i) 首先考虑函数 $\varphi: I\!R^2 \to I\!R$ 定义如下

$$\varphi(x_1, x_2) := |x_1| - |x_2|, \quad \forall\, (x_1, x_2) \in I\!R^2,$$

它在 $I\!R^2$ 上是 Lipschitz 连续的且在每一 $(x_1, x_2) \in I\!R^2$ 处是可微的, 其中分量 $x_1, x_2$ 不为零. 我们有

$$\nabla\varphi(x_1, x_2) \in \big\{(1,1),\ (1,-1),\ (-1,1),\ (-1,-1)\big\}$$

对所有这样的 $(x_1, x_2)$ 成立. 根据定义 (1.33) 容易计算 $\varphi$ 在任意 $(x_1, x_2) \in I\!R^2$ 处的正则次梯度:

$$\widehat{\partial}\varphi(x_1,x_2) = \begin{cases} (1,-1), & x_1 > 0,\ x_2 > 0, \\ (-1,-1), & x_1 < 0,\ x_2 > 0, \\ (-1,1), & x_1 < 0,\ x_2 < 0, \\ (1,1), & x_1 > 0,\ x_2 < 0, \\ \big\{(v,-1)\big|-1 \leqslant v \leqslant 1\big\}, & x_1 = 0,\ x_2 > 0, \\ \big\{(v,1)\big|-1 \leqslant v \leqslant 1\big\}, & x_1 = 0,\ x_2 < 0, \\ \varnothing, & x_2 = 0. \end{cases}$$

利用定理 1.28 我们得到基本次微分 (见图 1.11)

$$\partial\varphi(0,0) = \big\{(v,1)\big|-1 \leqslant v \leqslant 1\big\} \cup \big\{(v,-1)\big|-1 \leqslant v \leqslant 1\big\}.$$

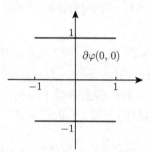

图 1.11　$\varphi(x_1,x_2) = |x_1| - |x_2|$ 的基本次微分

(ii) 下面考虑更复杂的函数

$$\varphi(x_1,x_2) := \big|\,|x_1| + x_2\,\big|, \quad \forall\,(x_1,x_2) \in I\!\!R^2,$$

它在 $I\!\!R^2$ 上也是 Lipschitz 连续的. 基于它们的定义 (1.33), 我们计算 $\varphi$ 在任意 $x \in I\!\!R^2$ 处的正则次梯度如下

$$\widehat{\partial}\varphi(x_1,x_2) = \begin{cases} (1,1), & x_1 > 0,\ x_1 + x_2 > 0, \\ (-1,-1), & x_1 > 0,\ x_1 + x_2 < 0, \\ (-1,1), & x_1 < 0,\ x_1 - x_2 < 0, \\ (1,-1), & x_1 < 0,\ x_1 - x_2 > 0, \\ \big\{(v,1)\big|-1 \leqslant v \leqslant 1\big\}, & x_1 = 0,\ x_2 > 0, \\ \big\{(v,v)\big|-1 \leqslant v \leqslant 1\big\}, & x_1 > 0,\ x_1 + x_2 = 0, \\ \big\{(v,-v)\big|-1 \leqslant v \leqslant 1\big\}, & x_1 < 0,\ x_1 - x_2 = 0, \\ \big\{(v_1,v_2)\big|\,|v_1| \leqslant v_2 \leqslant 1\big\}, & x_1 = 0,\ x_2 = 0, \\ \varnothing, & x_1 = 0,\ x_2 < 0. \end{cases}$$

根据定理 1.28 我们算得 (见图 1.12)

$$\partial\varphi(0,0) = \left\{(v_1,v_2)\big|\ |v_1| \leqslant v_2 \leqslant 1\right\} \cup \left\{(v_1,v_2)\big|\ v_2 = -|v_1|, -1 \leqslant v_1 \leqslant 1\right\}.$$

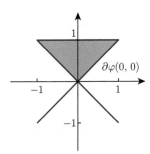

图 1.12　$\varphi(x_1,x_2) = \big|\,|x_1| + x_2\big|$ 的基本次微分

现在, 我们应用定理 1.28 的 (1.37) 中的基本次梯度的两种表示形式, 得出重要的标量公式, 通过标量化 $\langle v, f\rangle(x) := \langle v, f(x)\rangle$, $x \in \mathbb{R}^n$ 的次微分 (1.24) 表达单值 Lipschitz 映射 $f: \mathbb{R}^n \to \mathbb{R}^m$ 的上导数 (1.15).

**定理 1.32** (上导数的标量化)　设 $f: \mathbb{R}^n \to R^m$ 在 $\bar{x}$ 周围是连续的. 则我们有包含关系

$$\partial\langle v, f\rangle(\bar{x}) \subset D^* f(\bar{x})(v), \quad \forall v \in \mathbb{R}^m.$$

若进一步 $f$ 在 $\bar{x}$ 周围是局部 Lipschitz 连续的, 则

$$D^* f(\bar{x})(v) = \partial\langle v, f\rangle(\bar{x}), \quad \forall v \in \mathbb{R}^m.$$

**证明**　任选 $u \in \partial\langle v, f\rangle(\bar{x})$, 运用 (1.37) 中第一个表示式我们可以得到序列 $x_k \to \bar{x}$ 和 $u_k \to u$ 使得 $u_k \in \widehat{\partial}\langle v, f\rangle(x_k)$ 对 $k \in \mathbb{N}$ 成立. 对每个 $k$, 根据定义 (1.33) 知, 存在 $x_k$ 的一个邻域 $U_k$ 及 $\gamma_k > 0$ 满足不等式

$$\langle v, f\rangle(x) - \langle v, f\rangle(x_k) - \langle u_k, x - x_k\rangle \geqslant -\gamma_k \|x - x_k\|, \quad \forall x \in U_k,$$

这保证了关系式

$$\limsup_{x \to x_k} \frac{\langle u_k, x - x_k\rangle - \langle v, f(x) - f(x_k)\rangle}{\|(x - x_k, f(x) - f(x_k))\|} \leqslant \gamma_k$$

成立. 因此对每个 $k \in \mathbb{N}$, 有 $(u_k, -v) \in \widehat{N}_{\gamma_k}((x_k, f(x_k)); \mathrm{gph}\, f)$. 根据定理 1.6 和上导数定义 (1.15), 我们有 $u \in D^* f(\bar{x})(v)$.

为证明反向包含关系, 选取 $u \in D^* f(\bar{x})(v)$. 由定理 1.6 找到 $x_k \to \bar{x}$, $u_k \to u$ 和 $v_k \to v$ 使得 $(u_k, -v_k) \in \widehat{N}((x_k, f(x_k)); \mathrm{gph}\, f)$ 对 $k \in \mathbb{N}$ 成立. 因此存在

$\eta_k \downarrow 0$ 和 $\gamma_k \downarrow 0$ 满足

$$\langle u_k, x - x_k \rangle - \langle v_k, f(x) - f(x_k) \rangle \leqslant \gamma_k (1+\ell) \|x - x_k\|, \quad \forall\, x \in x_k + \eta_k I\!\!B,$$

其中 $\ell > 0$ 是 $f$ 在 $\bar{x}$ 周围的 Lipschitz 模 (1.26). 这使得

$$u_k \in \widehat{\partial}_{\varepsilon_k} \langle v, f \rangle(x_k) \quad \text{且 } \varepsilon_k := \gamma_k(1+\ell) + \ell \|v_k - v\| \downarrow 0,$$

从而由定理 1.28 我们有 $u \in \partial \langle v, f \rangle(\bar{x})$.  $\triangle$

### 1.3.6 距离函数的次梯度

作为本节的结尾, 我们计算 (1.2) 中非空 (局部闭) 集的距离函数 $d_\Omega(x)$ 的基本次微分. 该函数本质上是非光滑的, 但在 $I\!\!R^n$ 上为全局 Lipschitz 的且模为 $\ell = 1$. $d_\Omega$ 在给定点 $\bar{x}$ 处的次微分性质依赖于 $\bar{x}$ 的位置: 或者在集合内 $\bar{x} \in \Omega$ 或者在集合外 $\bar{x} \notin \Omega$. 以下定理给出集合内和外点处计算正则和基本梯度的公式.

**定理 1.33** (距离函数在集合内或集合外点处的次微分)  对于距离函数 $d_\Omega(x)$ 下面结论成立:

(i) 若 $\bar{x} \in \Omega$, 则我们有

$$\widehat{\partial} d_\Omega(\bar{x}) = \widehat{N}_\Omega(\bar{x}) \cap I\!\!B \quad \text{且 } \partial d_\Omega(\bar{x}) = N_\Omega(\bar{x}) \cap I\!\!B. \tag{1.43}$$

(ii) 若 $\bar{x} \notin \Omega$, 则通过欧氏投影 $\Pi_\Omega$ 我们有

$$\widehat{\partial} d_\Omega(\bar{x}) = \begin{cases} \dfrac{\bar{x} - \bar{w}}{\|\bar{x} - \bar{w}\|}, & \Pi_\Omega(\bar{x}) = \{\bar{w}\}, \\ \varnothing, & \text{其他}; \end{cases} \quad \partial d_\Omega(\bar{x}) = \dfrac{\bar{x} - \Pi_\Omega(\bar{x})}{d_\Omega(\bar{x})}. \tag{1.44}$$

**证明**  我们将证明分为几个主要的步骤, 各部分都有其自身的意义.
**步骤 1**  对任意 $\bar{x} \in \Omega$, (1.43) 中第一个公式成立.
事实上, 选取 $v \in \widehat{\partial} d_\Omega(\bar{x})$ 且 $\bar{x} \in \Omega$. 由 (1.33) 我们有

$$0 \leqslant \liminf_{x \xrightarrow{\Omega} \bar{x}} \frac{d_\Omega(x) - d_\Omega(\bar{x}) - \langle v, x - \bar{x} \rangle}{\|x - \bar{x}\|} = -\limsup_{x \xrightarrow{\Omega} \bar{x}} \frac{\langle v, x - \bar{x} \rangle}{\|x - \bar{x}\|}, \tag{1.45}$$

根据 (1.6), 这说明了 $v \in \widehat{N}_\Omega(\bar{x})$. 进一步地, $d_\Omega$ 的 Lipschitz 连续性及其常数 $\ell = 1$ 直接蕴含着

$$\limsup_{x \to \bar{x}} \frac{\langle v, x - \bar{x} \rangle}{\|x - \bar{x}\|} \leqslant 1, \quad \text{即 } \|v\| \leqslant 1,$$

从而 $\widehat{\partial} d_\Omega(\bar{x}) \subset \widehat{N}_\Omega(\bar{x}) \cap I\!\!B$. 为验证反向包含关系, 任取 $v \in \widehat{N}_\Omega(\bar{x}) \cap I\!\!B$. 从 (1.45) 观察到我们只需考虑其中当 $x \to \bar{x}$ 且 $x \notin \Omega$ 时的 "lim inf". 为此, 取定 $x \notin \Omega$ 且 $d_\Omega(x) > 0$. 找到 $u \in \Omega$ 使得

$$0 < \|x - u\| \leqslant d_\Omega(x) + \|x - \bar{x}\|^2.$$

则对任意充分接近 $\bar{x}$ 的 $x$, 我们有

$$\|u - \bar{x}\| \leqslant \|x - u\| + \|x - \bar{x}\| \leqslant d_\Omega(x) + \|x - \bar{x}\|^2 \leqslant 3\|x - \bar{x}\|. \qquad (1.46)$$

结合 (1.46) 和 $\|v\| \leqslant 1$ 中的估计式, 我们得到下列不等式:

$$\liminf_{\substack{x \to \bar{x} \\ x \notin \Omega}} \frac{d_\Omega(x) - d_\Omega(\bar{x}) - \langle v, x - \bar{x} \rangle}{\|x - \bar{x}\|} \geqslant \liminf_{\substack{x \to \bar{x} \\ x \notin \Omega}} \frac{\|x - u\| - \|x - \bar{x}\|^2 - \langle v, x - \bar{x} \rangle}{\|x - \bar{x}\|}.$$

$$\geqslant \liminf_{\substack{x \to \bar{x} \\ x \notin \Omega}} \left[ \frac{(1 - \|v\|) \cdot \|x - u\|}{\|x - \bar{x}\|} - \frac{\langle v, u - \bar{x} \rangle}{\|x - \bar{x}\|} \right]$$

$$\geqslant -\limsup_{\substack{x \to \bar{x} \\ x \notin \Omega}} \frac{\langle v, u - \bar{x} \rangle}{\|x - \bar{x}\|} \geqslant \min \left\{ 0, -\limsup_{u \xrightarrow{\Omega} \bar{x}} \frac{3\langle v, u - \bar{x} \rangle}{\|u - \bar{x}\|} \right\} \geqslant 0,$$

上面不等式与 (1.45) 中的等式相结合说明 $\widehat{N}_\Omega(\bar{x}) \cap I\!\!B \subset \widehat{\partial} d_\Omega(\bar{x})$, 从而保证了 (1.43) 中第一个公式的合理性.

**步骤 2** 对任意 $\bar{x} \notin \Omega$ 和 $\bar{w} \in \Pi_\Omega(\bar{x})$, 我们有包含关系

$$\widehat{\partial} d_\Omega(\bar{x}) \subset \widehat{N}_\Omega(\bar{w}) \cap I\!\!B.$$

为验证上述关系, 选取 $v \in \widehat{\partial} d_\Omega(\bar{x})$. 由定理 1.22 可得 $\|v\| \leqslant 1$. 根据定义, 对任意 $\gamma > 0$ 存在 $\nu > 0$ 使得当 $\|x - \bar{x}\| < \nu$ 时有

$$\langle v, x - \bar{x} \rangle \leqslant d_\Omega(x) - d_\Omega(\bar{x}) + \gamma\|x - \bar{x}\| = d_\Omega(x) - \|\bar{x} - \bar{w}\| + \gamma\|x - \bar{x}\|.$$

取定 $w \in \Omega$ 且 $\|w - \bar{w}\| < \nu$. 观察到使用 $\|(w - \bar{w} + \bar{x}) - \bar{x}\| < \nu$ 和 $d_\Omega(w - \bar{w} + \bar{x}) \leqslant \|w - \bar{w} + \bar{x} - w\| = \|\bar{x} - \bar{w}\|$ 可以得到

$$\langle v, w - \bar{w} \rangle \leqslant d_\Omega(w - \bar{w} + \bar{x}) - \|\bar{x} - \bar{w}\| + \gamma\|w - \bar{w}\| \leqslant \gamma\|w - \bar{w}\|,$$

这说明 $v \in \widehat{N}_\Omega(\bar{w})$, 从而证明了所声称的包含关系.

**步骤 3** 对任意 $\bar{x} \in \Omega$, (1.43) 中第二个公式成立.

事实上, 选取 $v \in \partial d_\Omega(\bar{x})$, 则由次微分的构造可以找到序列 $x_k \to \bar{x}$, $v_k \to v$ 且 $v_k \in \widehat{\partial} d_\Omega(x_k)$ 对 $k \in I\!\!N$ 成立. 对充分大的 $k$ 选取 $w_k \in \Pi_\Omega(x_k)$, 我们得

到 $w_k \to \bar{x}$ 且由步骤 2 知 $v_k \in \widehat{N}_\Omega(w_k) \cap I\!B$. 当 $k \to \infty$ 时取极限, 我们得到 $v \in N_\Omega(\bar{x}) \cap I\!B$. 下面为证明反向包含关系, 我们任取 $v \in N_\Omega(\bar{x}) \cap I\!B$ 且找到序列 $x_k \to \bar{x}$ 和 $v_k \to v$ 使得 $x_k \in \Omega$, 且 $v_k \in \widehat{N}_\Omega(x_k)$ 对所有 $k \in I\!N$ 成立. 定义

$$w_k := \frac{v_k}{\max\{\|v_k\|, 1\}}, \quad k \in I\!N.$$

观察到 $w_k \in I\!B$, $w_k \in \widehat{N}_\Omega(x_k)$, 因此由步骤 1 知 $w_k \in \widehat{\partial} d_\Omega(x_k)$. 因为序列 $\{w_k\}$ 同样收敛于 $v$, 我们得到 $v \in \partial d_\Omega(\bar{x})$, 从完成定理中论断 (i) 的证明.

**步骤 4** 对任意 $\bar{x} \notin \Omega$, 距离函数 $\varphi(x) = d_\Omega(x)$ 在 $\bar{x}$ 处沿方向 $z \in I\!R^n$ 的相依导数有如下表示

$$d\varphi(\bar{x})(z) = \min\left\{ \frac{\langle \bar{x} - \bar{w}, z \rangle}{\|\bar{x} - \bar{w}\|} \,\middle|\, \bar{w} \in \Pi_\Omega(\bar{w}) \right\}. \tag{1.47}$$

为验证上述等式, 从 (1.42) 的解析描述易知我们可以使用局部 Lipschitz 函数的相依导数 (1.41) 的等价表示

$$d\varphi(\bar{x}; z) = \liminf_{t\downarrow 0} \frac{\varphi(\bar{x} + tz) - \varphi(\bar{x})}{t}, \tag{1.48}$$

对于 $\varphi(x) = d_\Omega(x)$ 及任意投影 $\bar{w} \in \Pi_\Omega(\bar{x})$, 从 (1.48) 我们可得范数函数 $\psi(x) := \|x\|$ 在 $\bar{x} \neq 0$ 处的可微性且 $\nabla\psi(x) = \dfrac{x}{\|x\|}$, 使得

$$d\varphi(\bar{x}; z) \leqslant \liminf_{t\downarrow 0} \frac{\|\bar{x} + tz - \bar{w}\| - \|\bar{x} - \bar{w}\|}{t} = \frac{\langle \bar{x} - \bar{w}, z \rangle}{\|\bar{x} - \bar{w}\|},$$

因此我们得到了 (1.47) 中的不等关系 "$\leqslant$". 为验证 (1.47) 中的反向不等关系, 我们取定 $z \in I\!R^n$. 通过序列 $t_k \downarrow 0$ 及 $\varphi(x) = d_\Omega(x)$ 的选取实现 (1.48) 中的极限, 且对充分大的 $k$ 选取 $w_k \in \Pi_\Omega(\bar{x} + t_k z)$. 因为

$$d_\Omega(\bar{x} + t_k z) = \|\bar{x} + t_k z - w_k\| \leqslant d_\Omega(\bar{x}) + t_k\|z\| \to d_\Omega(\bar{x}),$$

当 $k \to \infty$ 时, 我们可以假定 $w_k \to \bar{w}$ 对某个 $\bar{w} \in \Pi_\Omega(\bar{x})$ 成立. 由 $w_k \in \Omega$ 我们有 $\|\bar{x} - w_k\| \geqslant \|\bar{x} - \bar{w}\|$, 从而

$$\frac{d_\Omega(\bar{x} + t_k z) - d_\Omega(\bar{x})}{t_k} \geqslant \frac{\|\bar{x} + t_k z - w_k\| - \|\bar{x} - w_k\|}{t_k}.$$

由范数函数 $\psi = \|x\|$ 的凸性知 $\langle \psi(\bar{x}), x - \bar{x} \rangle \leqslant \psi(x) - \psi(\bar{x})$. 这就证明了 (1.47) 中的不等关系 "$\geqslant$".

**步骤 5** 对任意 $\bar{x} \notin \Omega$, 我们有 (1.44) 中两个公式都成立.

从命题 1.9 中正则法锥与相依锥之间的对偶对应关系以及 $\varphi(x) = d_\Omega(x)$ 的上述公式 (1.48) 可得

$$\widehat{\partial} d_\Omega(\bar{x}) = \left\{ v \in I\!R^n \,\middle|\, \langle v, z \rangle \leqslant \liminf_{t \downarrow 0} \frac{d_\Omega(\bar{x} + tz) - d_\Omega(\bar{x})}{t}, \ \forall\, z \in I\!R^n \right\}.$$

上式与 (1.47) 相结合告诉我们 $v \in \widehat{\partial} d_\Omega(\bar{x})$ 当且仅当

$$\langle v, z \rangle \leqslant \left\langle \frac{\bar{x} - \bar{w}}{\|\bar{x} - \bar{w}\|}, z \right\rangle, \quad \forall\, z \in I\!R^n, \quad \bar{w} \in \Pi_\Omega(\bar{x}),$$

这蕴含着 (1.44) 中第一个公式成立. 我们可以通过使用第一个公式、表示式 (1.37) 和定义来推导第二个公式. △

可以发现, 与集合内的情况相比, 定理 1.33 的制定和证明更多地涉及了集合外的情况. 下面我们研究距离函数在集合外的点 $\bar{x} \notin \Omega$ 处次微分的另一种方法, 它涉及如下 $\Omega$ 相对于 $\bar{x}$ 的 $\rho$-扩张

$$\Omega(\rho) := \left\{ x \in I\!R^n \,\middle|\, d_\Omega(x) \leqslant \rho \right\}, \quad \text{其中 } \rho := d_\Omega(\bar{x}). \tag{1.49}$$

注意即使 $\Omega$ 不闭, 对任意 $\rho \geqslant 0$, $\Omega$ 的 $\rho$-扩张始终是闭的. 进一步地, 若 $\Omega$ 是闭的, 则 $\Omega(\rho) = \Omega + \rho I\!B$.

首先我们给出一个有用的结果, 此时可以通过 $\rho$-扩张 (1.49) 在 $\bar{x} \notin \Omega$ 处的正则法向量计算 $d_\Omega$ 在该点处的正则次梯度.

**引理 1.34** (由扩张的正则法向量来计算距离函数的正则次梯度)　对任意 $\bar{x} \notin \Omega \subset I\!R^n$, 我们有

$$\widehat{\partial} d_\Omega(\bar{x}) = \widehat{N}(\bar{x}; \Omega(\rho)) \cap \left\{ v \in I\!R^n \,\middle|\, \|v\| = 1 \right\}. \tag{1.50}$$

**证明**　首先我们验证表示

$$d_{\Omega(\rho)}(x) = d_\Omega(x) - \rho, \quad \text{对任意 } x \notin \Omega(\rho) \text{ 和 } \rho > 0 \text{ 成立.} \tag{1.51}$$

为此, 取定 $x \notin \Omega(\rho)$, 任选 $u \in \Omega(\rho)$ 且 $d_\Omega(u) \leqslant \rho$. 则对每个 $\gamma > 0$ 存在 $u_\gamma \in \Omega$ 满足

$$\|u - u_\gamma\| \leqslant d_\Omega(u) + \gamma \leqslant \rho + \gamma,$$

这反过来使得下面估计式

$$\|u - x\| \geqslant \|u_\gamma - x\| - \|u_\gamma - u\| \geqslant d_\Omega(x) - \|u_\gamma - u\| \geqslant d_\Omega(x) - \rho - \gamma$$

成立. 因为估计式 $\|u - x\| \geqslant d_\Omega(x) - \rho - \gamma$ 对所有 $u \in \Omega(\rho)$ 和所有 $\gamma > 0$ 成立, 我们得到不等式

$$d_{\Omega(\rho)}(x) \geqslant d_\Omega(x) - \rho.$$

为验证 (1.51) 中反向不等式, 对固定点 $u \in \Omega$ 考虑连续函数

$$\varphi(t) := d_\Omega\big(tx + (1-t)u\big), \quad t \in [0,1].$$

因为 $\varphi(0) = 0$ 且 $\varphi(1) > \rho$, 由经典的中值定理知存在 $t_0 \in (0,1)$ 且 $\varphi(t_0) = \rho$. 令 $z := t_0 x + (t - t_0)u$, 我们有 $d_\Omega(z) = \rho$ 及 $\|x - u\| = \|x - z\| + \|v - u\|$. 因此由 $u \in \Omega$ 和 $z \in \Omega(\rho)$ 知

$$\|x - u\| \geqslant \|x - z\| + d_\Omega(z) = \|x - z\| + \rho,$$

这保证了 (1.51) 的合理性.

使用 $d_{\Omega(\rho)}$ 的这种表示式, 现在我们从其中的包含关系 "$\subset$" 开始证明表示式 (1.50) 的合理性. 任选 $v \in \widehat{\partial} d_\Omega(\bar{x})$ 且固定 $\gamma > 0$. 则通过正则次梯度构造知, 存在 $\nu > 0$ 使得

$$\langle v, x - \bar{x} \rangle \leqslant d_\Omega(x) - d_\Omega(\bar{x}) + \gamma \|x - \bar{x}\|, \quad \forall x \in \bar{x} + \nu I\!\!B.$$

因为 $x \in \Omega(\rho)$ 且 $\rho = d_\Omega(\bar{x})$, 由 $d_\Omega(x) - d_\Omega(\bar{x}) \leqslant 0$ 知上式确保了 $\langle v, x - \bar{x} \rangle \leqslant \gamma \|x - \bar{x}\|$ 对所有 $x \in (\bar{x} + \nu I\!\!B) \cap \Omega(\rho)$ 成立. 因此 $v \in \widehat{N}(\bar{x}; \Omega(\rho))$.

下面证明每当 $v \in \widehat{\partial} d_\Omega(\bar{x})$ 时有 $\|v\| = 1$. 再次使用 $d_\Omega$ 在 $\bar{x}$ 处的正则次梯度及 $\gamma$ 和 $\nu$ 的定义, 令

$$r := \min\left\{1, \gamma, \frac{\nu}{1 + d_\Omega(\bar{x})}\right\},$$

且选取 $x_r \in \Omega$ 使得 $\|\bar{x} - x_r\| \leqslant d_\Omega(\bar{x}) + r^2$. 对 $x := \bar{x} + r(x_r - \bar{x})$, 我们显然有以下估计式

$$\|x - \bar{x}\| \leqslant r\|\bar{x} - x_r\| \leqslant r d_\Omega(\bar{x}) + r^2 \leqslant r\big(1 + d_\Omega(\bar{x})\big) \leqslant \nu,$$

这引导我们建立关系

$$\langle v, x - \bar{x} \rangle \leqslant \|x - \bar{x}\| - \|\bar{x} - x_r\| + r^2 + \gamma r \|\bar{x} - x_r\|$$
$$= -r\|\bar{x} - x_r\| + r^2 + \varepsilon r \|\bar{x} - x_r\|.$$

结合上述 $x$ 的选择, 我们有

$$\langle v, x_r - \bar{x} \rangle \leqslant -\|\bar{x} - x_r\| + \varepsilon(1 + \|\bar{x} - x_r\|),$$

这很容易确保估计式

$$\frac{\langle v, \bar{x} - x_r \rangle}{\|\bar{x} - x_r\|} \geqslant 1 - \gamma \Big( 1 + \frac{1}{\|\bar{x} - x_r\|} \Big) \geqslant 1 - \gamma \Big( 1 + \frac{1}{d_\Omega(\bar{x})} \Big)$$

成立, 因此 $\|v\| \geqslant 1$. 因为 $d_\Omega$ 是 Lipschitz 连续的且模 $\ell = 1$, 所以 $\|v\| \leqslant 1$. 所以 $\|v\| = 1$, 从而我们得到 (1.50) 中的包含关系 "$\subset$".

为证明 (1.50) 中的反向包含关系, 取定 $v \in \widehat{N}(\bar{x}; \Omega(\rho))$ 且 $\|v\| = 1$. 任选 $\gamma > 0$ 且 $\eta \in (0, 1)$. 由 (1.43) 中的第一个关系式我们得到 $v \in \widehat{\partial} d_{\Omega(\rho)}(\bar{x})$, 因此存在 $\nu_1 > 0$ 使得

$$\langle v, x - \bar{x} \rangle \leqslant d_{\Omega(\rho)}(x) - d_{\Omega(\rho)}(\bar{x}) + \gamma \|x - \bar{x}\|, \quad \forall x \in \bar{x} + \nu_1 I\!\!B.$$

从前面建立的 $d_{\Omega(\rho)}$ 的表示式可知

$$\langle v, x - \bar{x} \rangle \leqslant d_\Omega(x) - d_\Omega(\bar{x}) + \gamma \|x - \bar{x}\|, \quad \forall x \in (\bar{x} + \nu_1 I\!\!B) \setminus \Omega(\rho).$$

另一方面, 包含关系 $v \in \widehat{N}(\bar{x}; \Omega(\rho))$ 意味着存在 $\nu_2 > 0$ 确保估计式

$$\langle v, x - \bar{x} \rangle \leqslant (\gamma/2) \|x - \bar{x}\|, \quad \forall\, x \in (\bar{x} + \nu_2 I\!\!B) \cap \Omega(\rho)$$

成立. 因为 $\|v\| = 1$, 我们选取 $u \in I\!\!R^n$ 使得 $\|u\| = 1$ 且 $\langle v, u \rangle \geqslant 1 - \eta$. 固定 $\nu_3 \in (0, \nu_2/2)$ 及 $x \in (\bar{x} + \nu_3 I\!\!B) \cap \Omega(\rho)$ 且令 $\sigma_x := d_\Omega(\bar{x}) - d_\Omega(x) \geqslant 0$. 由于

$$d_\Omega(x + \sigma_x u) \leqslant d_\Omega(x) + \sigma_x = d_\Omega(\bar{x}) = \rho \quad \text{且}$$

$$\|x + \sigma_x u - \bar{x}\| \leqslant \|x - \bar{x}\| + \sigma_x \leqslant 2\|x - \bar{x}\| \leqslant 2\nu_3 \leqslant \nu_2,$$

则 $x + \sigma_x u \in \Omega(\rho) \cap (\bar{x} + \nu I\!\!B)$. 这蕴含着 $\langle v, x + \sigma_x u - \bar{x} \rangle \leqslant \gamma \|x - \bar{x}\|$. 因此

$$\begin{aligned} \langle v, x - \bar{x} \rangle &= \langle v, x + \sigma_x u - \bar{x} \rangle - \langle v, \sigma_x u \rangle \leqslant \gamma \|x - \bar{x}\| - \sigma_x (1 - \eta) \\ &\leqslant \gamma \|x - \bar{x}\| + \big( d_\Omega(x) - d_\Omega(\bar{x}) \big)(1 - \eta). \end{aligned}$$

因为 $\eta > 0$ 是任取的, 我们有

$$\langle v, x - \bar{x} \rangle \leqslant \gamma \|x - \bar{x}\| + d_\Omega(x) - d_\Omega(\bar{x}), \quad \forall x \in (\bar{x} + \nu_3 I\!\!B) \cap \Omega(\rho),$$

从而后式对所有 $x \in \bar{x} + \nu I\!\!B$ 及 $\nu := \min\{\nu_1, \nu_3\}$ 成立. 因此我们得到 $v \in \widehat{\partial} d_\Omega(\bar{x})$, 从而完成了引理的证明.                                                                                      $\triangle$

对于距离函数在集合外的点处的正则次梯度和扩张 (1.49) 的正则法向量的情形, 所获得的结果 (1.50) 证明了 (1.43) 中第一个关系式的精确对应表述. 对于

(1.43) 中基本次梯度和基本法向量的第二个表示式, 其对应关系是否成立是一个自然的问题. 下面 $I\!R^2$ 上的简单例子说明, 对于下面关键的包含关系

$$\partial d_\Omega(\bar x) \subset N\big(\bar x; \Omega(\rho)\big) \cap I\!B \ \text{且} \ \rho = d_\Omega(\bar x) > 0, \tag{1.52}$$

答案是否定的.

**例 1.35** (距离函数的基本次梯度不能由扩张的基本法向量表示)   考虑集合

$$\Omega := \big\{ (x_1, x_2) \in I\!R^2 \big| \ x_1^2 + x_2^2 \geqslant 1 \big\}$$

且 $\bar x = (0,0) \notin \Omega$. 此时 $d_\Omega(\bar x) = 1$, $\Omega(\rho) = \Omega + \rho I\!B = I\!R^2$ 且 $\rho = 1$, 因此 $N\big(\bar x; \Omega(\rho)\big) = \{0\}$. 另一方面, 容易看到

$$d_\Omega(x_1, x_2) = 1 - \sqrt{x_1^2 + x_2^2},$$

从而 $\partial d_\Omega(\bar x) = S_{I\!R^2}$. 这说明包含关系 (1.52) 不成立.

为了建立距离函数在集合外的点处的次梯度与扩张 (1.49) 的基本法向量之间的正确关系, 我们需要在 $\bar x \notin \Omega$ 处缩小基本次梯度集合 $\partial d_\Omega(\bar x)$. 为此, 下面所进行的极限过程仅采用了距离函数在其函数值位于 $d(\bar x; \Omega)$ 右边的点 $x_k \to \bar x$ 而非所有点处的正则次梯度. 这样, 我们得出了以下增广实值函数的右侧极限次微分及其修改形式, 该次微分对各种应用都是有用的; 更多的讨论请参阅 1.5 节.

**定义 1.36** (右侧次微分)   假设 $\varphi: I\!R^n \to \overline{I\!R}$ 在 $\bar x$ 处取有限值, 定义 $\varphi$ 在 $\bar x$ 处的右侧极限次微分如下

$$\partial_\geqslant \varphi(\bar x) := \operatorname*{Lim\,sup}_{x \overset{\varphi}{\underset{\geqslant}{\to}} \bar x} \widehat{\partial} \varphi(x), \tag{1.53}$$

其中 $x \overset{\varphi}{\underset{\geqslant}{\to}} \bar x$ 的意思是 $x \to \bar x$ 且 $\varphi(x) \to \varphi(\bar x)$, $\varphi(x) \geqslant \varphi(\bar x)$.

从 (1.53) 中的构造可以直接得到

$$\widehat{\partial} \varphi(\bar x) \subset \partial_\geqslant \varphi(\bar x) \subset \partial \varphi(\bar x),$$

然而, 与 $\partial \varphi(\bar x)$ 相比, 对于如例 1.35 中的简单非光滑 Lipschitz 函数, $\partial_\geqslant \varphi(\bar x)$ 可能为空集. 观察以下有用的性质. 对于距离函数在集合外的点处的正则次梯度的情形, 所获得的结果 (1.50) 证明了 (1.43) 中第一个关系式的精确对应表述.

**命题 1.37** (右侧次微分的一些性质)   设 $\varphi: I\!R^n \to \overline{I\!R}$ 在 $\bar x$ 处取有限值.

(i) 若 $\bar x$ 是 $\varphi$ 的一个局部极小点, 则

$$\partial_\geqslant \varphi(\bar x) = \partial \varphi(\bar x), \ \text{从而} \ 0 \in \partial_\geqslant \varphi(\bar x).$$

(ii) 我们有关于 $\varepsilon$-扩张的稳定性质:

$$\partial_{\geqslant}\varphi(\bar{x}) = \operatorname{Lim\,sup}_{\substack{x \xrightarrow{\varphi^+} \bar{x} \\ \varepsilon \downarrow 0}} \widehat{\partial}_{\varepsilon}\varphi(x). \tag{1.54}$$

**证明**　性质 (i) 可从 (1.53) 和局部极小点的定义得到. 为验证 (ii), 我们按照定理 1.28 中 (1.37) 的证明进行. △

现在我们准备建立距离函数的右侧次梯度与扩张的基本法向量之间的关系.

**定理 1.38** (距离函数在集合外的点处的右侧次梯度和基本法向量)　给定集合 $\varnothing \neq \Omega \subset \mathbb{R}^n$ 和点 $\bar{x} \notin \Omega$, 记 $\rho := d_{\Omega}(\bar{x})$ 且考虑 (1.49) 中定义的 $\Omega$ 的 $\rho$-扩张. 则下列关系成立:

$$\partial_{\geqslant} d_{\Omega}(\bar{x}) \subset \big[ N(\bar{x}; \Omega(\rho)) \cap \mathbb{B} \big] \setminus \{0\}, \tag{1.55}$$

$$N\big(\bar{x}; \Omega(\rho)\big) = \bigcup_{\lambda \geqslant 0} \lambda \partial_{\geqslant} d_{\Omega}(\bar{x}). \tag{1.56}$$

**证明**　为验证 (1.55), 任取 $v \in \partial_{\geqslant} d_{\Omega}(\bar{x})$ 并由 (1.53) 找到 $x_k \to \bar{x}$ 满足 $d_{\Omega}(x_k) \geqslant d_{\Omega}(\bar{x})$ 和 $v_k \to v$ 使得 $v_k \in \widehat{\partial} d_{\Omega}(x_k)$, $k \in \mathbb{N}$. 根据引理 1.34 可知当 $k$ 充分大时, 有 $\|v_k\| = 1$, 从而 $\|v\| = 1$. 为方便起见, 记 $\Omega(\bar{x}) := \Omega(\rho)$ 且 $\rho = d_{\Omega}(\bar{x})$. 考虑下面两种情况: (a) 存在 $\{x_k\}$ 的子列使得 $d_{\Omega}(x_k) = d_{\Omega}(\bar{x})$ 沿该子列成立; (b) 其他情形. 由于此时 $d_{\Omega}(x_k) > d_{\Omega}(\bar{x})$, 我们有 $x_k \notin \Omega(\bar{x})$ 对充分大的 $k \in \mathbb{N}$ 成立.

在情形 (a) 中, 我们从引理 1.34 知 $v_k \in \widehat{N}(x_k; \Omega(\bar{x}))$ 沿该子列成立, 从而当 $k \to \infty$ 时取极限可得 (1.55).

考虑情形 (b), 回顾由 (1.51) 有

$$d_{\Omega}(x) = d_{\Omega}(\bar{x}) + d_{\Omega(\bar{x})}(x), \quad \forall x \notin \Omega(\bar{x}).$$

因此对每个 $k \in \mathbb{N}$ 我们有条件

$$v_k \in \widehat{\partial} d_{\Omega}(x_k) = \widehat{\partial}\big[d_{\Omega}(\bar{x}) + d_{\Omega(\bar{x})}\big](x_k) = \widehat{\partial} d_{\Omega(\bar{x})}(x_k)$$

沿所考虑的序列成立. 记 $\varepsilon_k := \|x_k - \bar{x}\|$, 由定理 1.33 (i) 的证明可知存在 $\{\widetilde{x}_k\} \subset \Omega(\bar{x})$ 使得

$$\|\widetilde{x}_k - x_k\| \leqslant d_{\Omega(\bar{x})}(x_k) \leqslant \varepsilon_k \text{ 且 } v_k \in \widehat{N}\big(\widetilde{x}_k; \Omega(\bar{x})\big), \quad k \in \mathbb{N}.$$

当 $k \to \infty$ 时对上式取极限可得 $v \in N(\bar{x}; \Omega(\bar{x}))$, 因此完成了包含关系 (1.55) 的证明.

注意到 (1.56) 中包含关系 "⊃" 可由 (1.55) 直接得到. 为验证其反向包含关系, 选取 $v \in N(\bar{x}; \Omega(\bar{x}))$ 并假设 $v \neq 0$; 另一种情况是平凡的. 则存在序列 $x_k \to \bar{x}$ 满足 $x_k \in \Omega(\bar{x})$ 且 $v_k \to v$ 使得 $v_k \in \widehat{N}(x_k; \Omega(\bar{x}))$ 对所有 $k \in \mathbb{N}$ 成立. 因为当 $k$ 充分大时 $\|v_k\| > 0$, 我们从引理 1.34 可知

$$v_k \in \|v_k\| \widehat{\partial} d_\Omega(x_k), \quad \text{当 } k \to \infty.$$

注意由 $x_k \in \Omega(\bar{x})$ 的选取有 $d_\Omega(x_k) \leqslant \rho$, 但是对于充分大的 $k$, 由 $0 \neq v_k \in \widehat{N}(x_k; \Omega(\bar{x}))$ 知严格不等式 $d_\Omega(x_k) < \rho$ 不可能成立. 现在选取 $\|v_k\|$ 的一个收敛子列, 使用右侧次微分的定义 1.36 我们可以找到 $\lambda > 0$ 使得 $v \in \lambda \partial_{\geqslant} d_\Omega(\bar{x})$, 这就验证了 (1.54), 从而完成定理的证明. △

# 1.4  第 1 章习题

**练习 1.39** (广义法向量的性质)

(i) 证明如果使用 $\mathbb{R}^n$ 上的另一个范数而非欧氏范数, 则定义 (1.4) 中法锥 $N(\bar{x}; \Omega)$ 也会改变, 即使对于凸集 $\Omega$ 也是如此.

(ii) 证明在任意 Banach 空间中由 (1.5) 定义的正则法向量集合 $\widehat{N}(\bar{x}; \Omega)$ 相对于该空间上的任何等价范数是不变的. 当 $\varepsilon > 0$ 时, 对于 (1.6) 中定义的 $\widehat{N}_\varepsilon(\bar{x}; \Omega)$ 不变性是否成立?

(iii) 验证递减性质

$$\widehat{N}_\varepsilon(\bar{x}; \Omega_1) \subset \widehat{N}_\varepsilon(\bar{x}; \Omega_2), \quad \text{若 } \bar{x} \in \Omega_2 \subset \Omega_1 \text{ 且 } \varepsilon \geqslant 0.$$

这是否适用于由 (1.4) 或使用 (1.7) 定义的法锥 $N(\bar{x}; \Omega)$?

**练习 1.40** (序列与弱* 拓扑意义下的外极限)  设 $F: X \rightrightarrows X^*$ 是一个从 Banach 空间 $X$ 到它的对偶空间 $X^*$ 的集值映射. 当 $x \to \bar{x}$ 时, $F$ 的序列弱* 外极限定义为

$$\operatorname*{Lim\,sup}_{x \to \bar{x}} F(x) := \big\{ x^* \in X^* \ \big| \ \text{存在序列 } x_k \to \bar{x} \text{ 和 } x_k^* \xrightarrow{w^*} x^*$$
$$\text{满足 } x_k^* \in F(x_k), \ \forall\, k \in \mathbb{N} \big\}. \tag{1.57}$$

在框架 (1.57) 中将序列 $x_k^* \to x^*$ 的弱* 收敛替换为网的收敛, 可得当 $x \to \bar{x}$ 时, $F$ 的拓扑弱* 外极限的定义. 如果 $X$ 是有限维的, 两种极限都简化为 Painlevé-Kuratowski 外极限 (1.1).

(i) 举例说明映射 $F$ 在 $\bar{x}$ 处的拓扑弱* 外极限严格大于 $F$ 在该点处的序列弱* 外极限.

(ii) 如果在拓扑外极限的定义中将网的弱* 收敛替换为有界网的弱* 收敛, 证明在这种情况下 (i) 的结论也成立.

**练习 1.41** (Asplund 空间)  Banach 空间 $X$ 被称作 Asplund 的 (或者具有 Asplund 性质) 若定义在开凸集 $U \subset X$ 上的每个连续凸函数 $\varphi: U \to \mathbb{R}$ 在 $U$ 的某个稠密子集上是 Fréchet 可微的. 证明

(i) $X$ 的 Asplund 性质等价于每个连续凸函数 $\varphi: X \to \mathbb{R}$ 在 $X$ 中某个点处的 Fréchet 可微性.

(ii) 空间 $X$ 是 Asplund 的当且仅当对每个可分的子空间 $Z \subset X$, 它的对偶子空间 $Z^* \subset X^*$ 也同样可分.

(iii) 若 $X$ 是 Asplund 空间, 则单位球 $I\!B^* \subset X^*$ 是弱* 列紧的.

(iv) 两个 Asplund 空间 $X \times Y$ 的乘积是 Asplund 空间.

提示: 查阅书 [257, 529, 645] 及其中的参考文献.

**练习 1.42** ($\varepsilon$-法向量的表示)　考虑以下陈述: 给定一个 (局部闭的) 集合 $\Omega \subset X$ 及 $\bar{x} \in \Omega$ 且给定任意 $\varepsilon \geqslant 0$ 及 $\gamma > 0$, 我们有包含关系

$$\widehat{N}_\varepsilon(\bar{x}; \Omega) \subset \cup \left\{ \widehat{N}(x; \Omega) \,\middle|\, x \in \Omega \cap (\bar{x} + \gamma I\!B) \right\} + (\varepsilon + \gamma) I\!B^*,$$

其中 $X^*$ 中 $\varepsilon$-法向量集合的定义可由 (1.6) 中通过使用 $X$ 与 $X^*$ 之间的典范偶对 $\langle x^*, x \rangle$ 得到.

(i) 在 $X = I\!R^n$ 的情形下, 从定理 1.6 的证明中推导出该陈述.

(ii) 在 $X$ 是一个 Asplund 空间的情况下, 验证此陈述, 并根据后面练习 2.26 中构造的变分结果 (极点原理的模糊和法则), 将其与 [529, 定理 2.34] 的证明进行比较.

**练习 1.43** (Banach 和 Asplund 空间中的基本法向量)　设 $\Omega \subset X$ 是 Banach 空间的一个子集且 $\bar{x} \in \Omega$. $\Omega$ 在 $\bar{x}$ 处的 (基本、极限) 法锥可通过序列弱* 外极限 (1.57) 定义为

$$N(\bar{x}; \Omega) := \operatorname*{Lim\,sup}_{\substack{x \xrightarrow{\Omega} \bar{x} \\ \varepsilon \downarrow 0}} \widehat{N}_\varepsilon(x; \Omega)$$

$$= \left\{ x^* \in X^* \,\middle|\, \text{存在序列 } \varepsilon_k \downarrow 0,\ x_k \xrightarrow{\Omega} \bar{x}, x_k^* \xrightarrow{w^*} x^* \text{ 且 } x_k^* \in \widehat{N}_{\varepsilon_k}(x_k; \Omega) \right\}. \quad (1.58)$$

(i) 证明: 如果 $X$ 是 Asplund 空间, 则法锥 (1.58) 可等价表示为

$$N(\bar{x}; \Omega) = \operatorname*{Lim\,sup}_{x \xrightarrow{\Omega} \bar{x}} \widehat{N}(x; \Omega)$$

$$= \left\{ x^* \in X^* \,\middle|\, \text{存在序列 } x_k \xrightarrow{\Omega} \bar{x}, x_k^* \xrightarrow{w^*} x^* \text{ 且 } x_k^* \in \widehat{N}(x_k; \Omega) \right\}. \quad (1.59)$$

提示: 使用练习 1.42(ii) 和练习 1.41(iii) 中的结果.

(ii) 举例说明, 在非 Asplund 空间中, 闭集的集合 (1.58) 可能严格大于 (1.59).

(iii) 在 Banach 空间的 Asplund 和非 Asplund 设置下, 举例说明将 (1.58) 和 (1.59) 中的序列弱* 收敛替换为有界网的弱* 收敛会导致严格更大的集合.

**练习 1.44** (有限维和无穷维中广义法向量的鲁棒性)　设 $\varnothing \neq \Omega \subset X$ 是 Banach 空间 $X$ 中的一个任意 (闭) 子集.

(i) 命题 1.3 的鲁棒性是否对有限维空间中的预法锥 $\widehat{N}(\cdot; \Omega)$ 成立?

(ii) 举例说明, 对于 (1.61) 中定义的凸化法锥, $I\!R^n$ 的鲁棒性失败, 它可以表示为

$$\overline{N}(\bar{x}; \Omega) := \operatorname{clco} N(\bar{x}; \Omega), \quad \bar{x} \in \Omega \subset I\!R^n. \quad (1.60)$$

提示: 首先验证 (1.60) 中的表示并将其与练习 4.36(iii) 进行比较.

(iii) 证明命题 1.3 甚至对于 Hilbert 空间 $X$ 中的法锥 $\Omega$ 都不成立; 将其与 [529, 例 1.7] 进行比较.

(iv) 给出无穷维中 $N(\cdot; \Omega)$ 的鲁棒性的充分条件. 提示: 将后者与 [529, 定理 62] 进行比较.

**练习 1.45** (Banach 空间中集合乘积的法锥)  设 $\Omega_1 \subset X_1$ 且 $\Omega_2 \subset X_2$ 是 Banach 空间中的非空子集.

(i) 命题 1.4 的结论是否适用于正则法向量?

(ii) 建立集合乘积的 $\varepsilon$-法向量的对应关系.

(iii) 证明命题 1.4 适用于 (1.58) 定义的基本法向量.

(iv) 对于凸化法锥 (1.60), 命题 1.4 中乘积公式的对应关系是否成立?

**练习 1.46** (Lipschitz 流形的凸化法锥)  集合 $\Omega \subset \mathbb{R}^q$ 被称作 $\bar{z} \in \Omega$ 周围的 $d \leqslant q$ 维的 Lipschitz 流形, 若存在 $\bar{x}$ 周围的局部 Lipschitz 函数 $f \colon \mathbb{R}^n \to \mathbb{R}^m$ 使得 $\bar{z} = (\bar{x}, f(\bar{x}))$ 且集合 $\Omega$ 在 $\bar{z}$ 周围与 $f$ 的图是局部同胚的. 如果可以选择 $f$ 在 $\bar{x}$ 处为 (1.19) 中严格可微的, 则称集合 $\Omega$ 在 $\bar{z}$ 处严格可微.

(i) 证明: 除了局部 Lipschitz 映射的图外, Lipschitz 流形还包括 (4.27) 中的极大单调算子的图、定义 3.27 中的凸和更一般的邻近正则函数 $\varphi \colon \mathbb{R}^n \to \overline{\mathbb{R}}$ 的次梯度映射.

提示: 与 [684, 686] 比较.

(ii) 证明 $\bar{z}$ 周围的 $d$ 维 Lipschitz 流形 $\Omega \subset \mathbb{R}^q$ 的凸化法锥 (1.60) 不是单侧锥, 而是维数大于 $q - d$ 的一个线性子空间, 其维数等于 $q - d$ 当且仅当 $\Omega$ 在 $\bar{z}$ 处严格光滑.

提示: 与 [684] 中的证明进行比较, 同时使用与 [529, 定理 3.62] 中类似的对偶/法向与原始/切向方法来简化它.

(iii) 通过如下 $\Omega$ 在 $\bar{x} \in \Omega$ 处 (通常为凸) 的正则切锥

$$\overline{T}(\bar{x}; \Omega) := \left\{ w \in X \,\middle|\, \text{对任意序列 } t_k \downarrow 0, x_k \xrightarrow{\Omega} \bar{x}, \text{ 存在 } z_k \xrightarrow{\Omega} \bar{x} \text{ 满足 } \frac{z_k - x_k}{t_k} \to w \right\},$$

从 (i) 推导出 Clarke 法锥的 "子空间性质" 结果在 Banach 空间中的扩展, 其中 Clarke 法锥由对偶对应定义为

$$\overline{N}(\bar{x}; \Omega) := \overline{T}(\bar{x}; \Omega)^* = \left\{ x^* \in X^* \,\middle|\, \langle x^*, x \rangle \leqslant 0, \ \forall\, x \in \overline{T}(\bar{x}; \Omega) \right\}. \tag{1.61}$$

提示: 按照 [529, 定理 3.62] 中的证明进行.

**练习 1.47** (Hilbert 空间中的基本法向量)  设 $X$ 为 Hilbert 空间, $\Omega \subset X$ 且 $\bar{x} \in \Omega$. 建立 (1.59) 中定义的基本法锥的适当相应表示式 (1.4), 其中 (1.4) 和 (1.59) 中的 "Lim sup" 是相对于 $X^* = X$ 的弱拓扑而言的.

提示: 使用 [168, 命题 1.1.3] 中的投影描述.

**练习 1.48** (法向-正切关系)  设 $X$ 为 Banach 空间, $\Omega \subset X$ 且 $\bar{x} \in \Omega$. 如 (1.11) 中所述定义 $\Omega$ 在 $\bar{x}$ 处的相依锥 $T(\bar{x}; \Omega)$, 其外极限在 $X$ 的范数拓扑下选取. 弱相依锥 $T_W(\bar{x}; \Omega)$ 是所有 $w \in X$ 构成的集合, 使得存在序列 $\{x_k\} \subset \Omega$ 和 $\{\alpha_k\} \subset \mathbb{R}_+$ 满足当 $k \to \infty$ 时, 有 $x_k$ 在 $X$ 中强收敛于 $\bar{x}$ 且 $\alpha_k(x_k - \bar{x})$ 在 $X$ 中弱收敛于 $w$.

(i) 证明对偶关系

$$\widehat{N}(\bar{x}; \Omega) \subset T_W^*(\bar{x}; \Omega) := \left\{ x^* \in X^* \,\middle|\, \langle x^*, w \rangle \leqslant 0, \ \forall\, w \in T_W(\bar{x}; \Omega) \right\}, \tag{1.62}$$

若 $X$ 是自反空间, 则等式成立.

提示: 与 [529, 定理 1.10] 进行比较.

(ii) 举例说明在自反空间的情况下 $T(\bar{x}; \Omega) \neq T_W(\bar{x}; \Omega)$, 从而如果将 $T_W(\bar{x}; \Omega)$ 替换为 $T(\bar{x}; \Omega)$, 则 (1.62) 中等式不成立.

(iii) 在 $I\!\!R^n$ 中我们有逆对偶关系 $\widehat{N}^*(\bar{x};\Omega) = T(\bar{x};\Omega)$ 吗?

(iv) 分别在有限维和无穷维空间中给出 $T(\bar{x};\Omega)$, $T_W(\bar{x};\Omega)$ 和 $\overline{T}(\bar{x};\Omega)$ 之间的关系.

提示: 见 [529, 定理 1.9] 及其参考文献.

(v) 证明, 连同对偶构造 (1.61), 逆对偶 $\overline{N}^*(\bar{x};\Omega) = \overline{T}(\bar{x};\Omega)$ 在任意 Banach 空间中成立.

**练习 1.49** (相依锥的法向量) 对任意 $\Omega \subset I\!\!R^n$ 和 $\bar{x} \in \Omega$, 我们有以下关系:

(i) $\widehat{N}(\bar{x};\Omega) = \widehat{N}\big(0; T(\bar{x};\Omega)\big)$.

(ii) $N(0; T(\bar{x};\Omega)) \subset N(\bar{x};\Omega)$.

提示: 与 [686, 命题 6.27] 和 [575, 推论 6.5] 中的结论及其证明进行比较.

(iii) 举例说明 (ii) 中的包含关系在 $I\!\!R^2$ 中是严格的.

(iii) (i) 和 (ii) 中的关系在无穷维空间中是否成立?

**练习 1.50** (边界点和凸集分离) (i) 从命题 1.2 推导 $I\!\!R^n$ 中的经典凸集分离定理.

(ii) 举例说明命题 1.2 在无穷维空间中不成立.

(iii) 在 Hilbert 空间中给出命题 1.2 对闭凸和非凸集成立的充分条件.

**练习 1.51** (正则法向量的变分刻画) 根据定理 1.10 的证明, 验证:

(i) 其中的论断 (i) 在任意 Banach 空间中均成立.

(ii) 其中的论断 (ii) 在 Fréchet 光滑空间中成立, 即在每一个非零点处均有 Fréchet 可微的等价范数 (重新赋范) 的 Banach (实际上是 Asplund) 空间. 为了使 (ii) 中的光滑变分描述成立, Banach 空间的 Fréchet 光滑性质是否必要?

(iii) 如果存在 $b: X \to I\!\!R$ 使得当 $x$ 位于 $X$ 的球外时, 对于某些 $x_0 \in X$ 及 $b(x) = 0$ 有 $b(\cdot) \in \mathcal{S}$, $b(x_0) \neq 0$, 则称 Banach 空间 $X$ 对给定类 $\mathcal{S}$ 存在 $\mathcal{S}$-光滑阻尼函数. 令 $\mathcal{S}$ 代表 $X$ 上的 Fréchet 光滑函数和 Lipschitz 连续函数类, 或者 $\mathcal{C}^1$-光滑和 Lipschitz 连续函数类. 证明 $X$ 上存在 $\mathcal{S}$-光滑阻尼函数, 使得当将论断 (ii) 中的 Fréchet 光滑凹函数替换为上述类型的 $\mathcal{S}$-光滑函数时, 其中关于任意集合 $\Omega \subset X$ 的正则法向量的描述一定成立. 对于这样的描述是否必须在 $X$ 上存在 $\mathcal{S}$-光滑阻尼函数?

提示: 将此与 [259, 定理 4.1 and 4.2] 和 [530, 定理 1.30] 进行比较.

**练习 1.52** (严格可微映射) 设 $f: X \to Y$ 是 Banach 空间中的映射, 且 $\bar{x} \in X$.

(i) 证明由 $f$ 在 $\bar{x}$ 处的严格可微性可得 $f$ 在该点周围的局部 Lipschitz 连续性.

(ii) 给出一个连续函数 $f: I\!\!R \to I\!\!R$ 的示例, 使得它在 $\bar{x}$ 处是 Fréchet 可微而非严格可微的.

(iii) 给出一个 Lipschitz 连续函数 $f: I\!\!R \to I\!\!R$ 的示例, 使得它在 $\bar{x}$ 处是严格可微的, 但在该点周围不是 $\mathcal{C}^1$ 类型的.

**练习 1.53** (线性满射算子的伴随) 设 $A: X \to Y$ 是 Banach 空间中的一个线性有界算子, 且令 $A^*: Y^* \to X^*$ 为 $A$ 的伴随算子. 假设 $A$ 是满射 ($AX = Y$), 当 $X = I\!\!R^n$, $Y = I\!\!R^m$ 时, 这简化为 $A$ 是满秩 $m \leqslant n$ 的. 则对任意 $y^* \in Y^*$ 我们有

$$\|A^*y^*\| \geqslant \kappa \|y^*\| \quad \text{且} \quad \kappa = \inf\Big\{\|A^*y^*\| \ \Big| \ \|y^*\| = 1\Big\} \in (0,\infty).$$

特殊地, $A^*$ 是单射, 即, 若 $y_1^* \neq y_2^*$ 有 $A^*y_1^* \neq A^*y_2^*$.

提示: 使用经典开映射定理; 参见 [529, 引理 1.18].

**练习 1.54** (可微映射下集合逆像的法向量) 设 $f: X \to Y$ 是 Banach 空间中在 $\bar{x}$ 处如 (1.19) 严格可微的映射, 且导算子 $\nabla f(\bar{x}): X \to Y$ 是满射. 令 $\Theta \subset Y$ 且 $\bar{y} := f(\bar{x}) \in \Theta$.

(i) 证明 $\widehat{N}(\bar{x}; f^{-1}(\Theta)) = \nabla f(\bar{x})^* \widehat{N}(\bar{y};\Theta)$. $\nabla f(\bar{x})$ 的满射性质在这里是必需的吗? 若 $\dim Y < \infty$, 是否可以将 $f$ 在 $\bar{x}$ 处的严格可微性替换为它在该点处的 Fréchet 可微性?

(ii) 验证基本法向量公式

$$N(\bar{x}; f^{-1}(\Theta)) = \nabla f(\bar{x})^* N(\bar{y}; \Theta).$$

在 $\dim Y < \infty$ 的情况下, $f$ 在 $\bar{x}$ 处的严格可微性是必需的吗?

提示: 将其与 [529, 定理 1.14 和 1.17] 的证明进行比较, 并在有限维空间的情况下对其进行简化.

**练习 1.55** (集合的法向正则性) 对 Banach 空间中的子集 $\Omega \subset X$, 如果 $N(\bar{x}; \Omega) = \widehat{N}(\bar{x}; \Omega)$, 则称其在 $\bar{x} \in \Omega$ 处是法向正则的.

(i) 证明每个凸集在其任何点处都是法向正则的.

(ii) 考虑 Banach 空间中映射 $f: X \to Y$ 下 $\Theta \subset Y$ 的原像 $\Omega := f^{-1}(\Theta)$ 且假设 $f$ 在 $\bar{x} \in \Omega$ 处是严格可微的并具有满射导数 $\nabla f(\bar{x})$. 验证 $\Omega$ 在 $\bar{x}$ 处是法向正则的当且仅当 $\Theta$ 在 $\bar{y} := f(\bar{x})$ 处是法向正则的.

提示: 使用练习 1.54 和练习 1.53 中的结果.

(iii) 设 $\Omega \subset \mathbb{R}^n$ 是 $\bar{x} \in \Omega$ 周围的一个 Lipschitz 流形. 证明集合 $\Omega$ 在 $\bar{x}$ 处是法向正则的当且仅当它在该点处是严格光滑的.

提示: 利用练习 1.46(ii) 中的结果.

**练习 1.56** (Banach 空间中映射的上导数) 设 $F: X \rightrightarrows Y$ 是 Banach 空间中的一个集值映射 且 $(\bar{x}, \bar{y}) \in \operatorname{gph} F$.

(i) $F$ 在 $(\bar{x}, \bar{y}) \in \operatorname{gph} F$ 处的基本上导数 $D_N^* F(\bar{x}, \bar{y}): Y^* \rightrightarrows X^*$ 可由该点的图 $\Omega = \operatorname{gph} F$ 的法锥通过框架 (1.15) 定义, 因此它有弱* 序列极限表示

$$D_N^* F(\bar{x}, \bar{y})(\bar{y}^*) = \operatorname*{Lim\,sup}_{\substack{(x,y) \xrightarrow{\operatorname{gph} F} (\bar{x},\bar{y}) \\ y^* \xrightarrow{w^*} \bar{y}^*, \varepsilon \downarrow 0}} \widehat{D}_\varepsilon^* F(x,y)(y^*), \quad \bar{y}^* \in Y^*, \tag{1.63}$$

其中 $\varepsilon$-上导数映射 $(x, y, y^*, \varepsilon) \mapsto \widehat{D}_\varepsilon^* F(x,y)(y^*)$ 定义为

$$\widehat{D}_\varepsilon^* F(x,y)(y^*) := \{x^* \in X^* \mid (x^*, -y^*) \in \widehat{N}_\varepsilon((x,y); \operatorname{gph} F)\}, \quad y^* \in Y^*. \tag{1.64}$$

证明在 (1.63) 中, $\varepsilon$ 可以被等价省略, 即若空间 $X$ 和 $Y$ 是 Asplund 的, 则正如有限维情形 (1.17) 中所示, $\widehat{D}_\varepsilon^*$ 可替换为预上导数/正则上导数 $\widehat{D}^*$.

提示: 使用练习 1.41(iv) 和 1.43(i).

(ii) $F$ 在 $(\bar{x}, \bar{y}) \in \operatorname{gph} F$ 处的混合上导数 $D_M^* F(\bar{x}, \bar{y}): Y^* \rightrightarrows X^*$ 为

$$D_M^* F(\bar{x}, \bar{y})(\bar{y}^*) = \operatorname*{Lim\,sup}_{\substack{(x,y) \xrightarrow{\operatorname{gph} F} (\bar{x},\bar{y}) \\ y^* \xrightarrow{\|\cdot\|} \bar{y}^*, \varepsilon \downarrow 0}} \widehat{D}_\varepsilon^* F(x,y)(y^*), \quad \bar{y}^* \in Y^*, \tag{1.65}$$

即, 它是通过 $Y^*$ 中的范数收敛 $\|y^* - \bar{y}^*\| \to 0$ 代替弱* 收敛 $y^* \xrightarrow{w^*} \bar{y}^*$ 来定义的. 证明与 (i) 相似, 当空间 $X$ 和 $Y$ 均为 Asplund 时, (1.65) 中的 $\varepsilon$ 可以等价地删除. 进一步, 举例说明对每个 $y^*$, 即使对于在 Hilbert 空间中取值的 Lipschitz 连续的映射 $F = f: \mathbb{R} \to Y$, (1.65) 中的集合可能严格小于 (1.63) 中的集合.

提示: 与 [529, 例 1.35] 进行比较.

**练习 1.57** (可微映射的上导数)　设 $F = f\colon X \to Y$ 是 Banach 空间中的一个单值映射, 且 $\bar{x} \in X$.

(i) 假设 $f$ 在 $\bar{x}$ 处是 Fréchet 可微的, 即, (1.19) 当 $z = \bar{x}$ 时成立. 验证正则上导数表示式

$$\widehat{D}^* f(\bar{x})(y^*) = \{\nabla f(\bar{x})^* y^*\}, \quad \forall\, y^* \in Y^*.$$

(ii) 假设 $f$ 在 $\bar{x}$ 处如 (1.19) 中是严格可微的. 证明

$$D_N^* f(\bar{x})(y^*) = D_M^* f(\bar{x})(y^*) = \{\nabla f(\bar{x})^* y^*\}, \quad \forall\, y^* \in Y^*.$$

(iii) 严格可微性假设对于 (ii) 中的上导数表示是否必不可少? 对于这些表示的有效性是否必要?

提示: 为了证明 (i) 的合理性, 可以按照命题 1.12 的证明进行. (ii) 的证明要求仔细使用严格导数的定义; 参见 [529, 定理 1.38].

**练习 1.58** (Banach 空间中凸图和凸集值映射的上导数)　设 $F\colon X \rightrightarrows Y$ 是 Banach 空间中的一个集值映射, 且 $(\bar{x}, \bar{y}) \in \operatorname{gph} F$.

(i) 假设 $F$ 是凸图的, 验证对所有 $y^* \in Y^*$, 我们有

$$\widehat{D}^* F(\bar{x}, \bar{y})(y^*) = D_M^* F(\bar{x}, \bar{y})(y^*) = D_N^* F(\bar{x}, \bar{y})(y^*)$$

$$= \left\{ x^* \in X^* \,\middle|\, \langle x^*, \bar{x}\rangle - \langle y^*, \bar{y}\rangle = \max_{(x,y)\in\operatorname{gph} F} \big[\langle x^*, x\rangle - \langle y^*, y\rangle\big] \right\}.$$

(ii) 假设 $F$ 在 $\bar{x}$ 周围取凸值且在 $\bar{x}$ 处是内半连续的; 后者的定义如 (1.20) 中所示, 在 Banach 空间中没有任何变化. 证明定理 1.15 的结果对于基本和混合上导数均成立.

**练习 1.59** (指示映射的上导数)　给定 Banach 空间 $X$ 和 $Y$, 考虑非空集合 $\Omega \subset X$ 且定义集合 $\Omega$ 关于值域空间 $Y$ 的指示映射 $\Delta\colon X \to Y$ 为

$$\Delta(x; \Omega) := \begin{cases} 0 \in Y, & x \in \Omega, \\ \varnothing, & x \notin \Omega. \end{cases}$$

验证对任意 $\bar{x} \in \Omega$ 和 $y^* \in Y^*$, 我们有

$$\widehat{D}_\varepsilon^* \Delta(\bar{x}; \Omega)(y^*) = \widehat{N}_\varepsilon(\bar{x}; \Omega), \quad \varepsilon \geqslant 0;$$

$$D_N^* \Delta(\bar{x}; \Omega)(y^*) = D_M^* \Delta(\bar{x}; \Omega)(y^*) = N(\bar{x}; \Omega).$$

**练习 1.60** (映射的图正则性)　设 $F\colon X \rightrightarrows Y$ 是 Banach 空间中的一个集值映射且 $(\bar{x}, \bar{y}) \in \operatorname{gph} F$.

(i) 若对所有 $y^* \in Y^*$ 有 $D_N^* F(\bar{x}, \bar{y})(y^*) = \widehat{D}^* F(\bar{x}, \bar{y})(y^*)$, 则称 $F$ 在 $(\bar{x}, \bar{y})$ 处是 $N$-正则的. 指出 $N$-正则的映射类, 并证明: 特别地, 对任意 $f\colon \mathbb{R}^n \to \mathbb{R}^m$, 若它在 $\bar{x}$ 周围是局部 Lipschitz 但在该点处非严格可微, 则该性质不成立.

提示: 使用之前练习的结果.

(ii) 若对所有 $y^* \in Y^*$ 有 $D_M^* F(\bar{x}, \bar{y})(y^*) = \widehat{D}^* F(\bar{x}, \bar{y})(y^*)$, 则称 $F$ 在 $(\bar{x}, \bar{y})$ 处是 $M$-正则的. 构造一个映射使得它在给定点处是 $M$-正则而非 $N$-正则的.

(iii) 设 $F = f: I\!\!R^n \to I\!\!R^m$ 在 $\bar{x}$ 周围是 Lipschitz 连续的. 证明 $f$ 在 $\bar{x}$ 处是图正则的当且仅当它在该点处严格可微.

提示: 使用练习 1.46(ii) 中凸化法锥的子空间性质并与 [529, 定理 1.46] 的证明进行比较.

(iv) 考虑 [iii] 中结果的另一种方法, 以及基于 [529, 3.2.4 小节] 中上导数标量化的无穷维扩展.

**练习 1.61** (具有满射导数的内映射的上导数链式法则) 设 $g: X \to Y$ 和 $F: Y \rightrightarrows Z$ 是 Banach 空间中的映射且 $\bar{z} \in (F \circ g)(\bar{x})$. 假设 $g$ 在 $\bar{x}$ 处是严格可微的且具有满射导数 $\nabla g(\bar{x})$. 则下面结论:

$$\widehat{D}^*(F \circ g)(\bar{x}, \bar{z}) = \nabla g(\bar{x})^* \widehat{D}^* F(g(\bar{x}), \bar{z}),$$

$$D^*(F \circ g)(\bar{x}, \bar{z}) = \nabla g(\bar{x})^* D^* F(g(\bar{x}), \bar{z})$$

对 $D^* = D_N^*, D_M^*$ 都成立. 进一步地, $F \circ g$ 在 $(\bar{x}, \bar{z})$ 处是 $N$-正则的 (对应地, $M$-正则) 当且仅当 $F$ 在 $(g(\bar{x}), \bar{z})$ 处具有相应的正则性.

提示: 使用练习 1.54 和练习 1.53 中的结果; 更多详情参见 [529, 定理 1.66].

**练习 1.62** (上图的倾斜正则法向量) 设 $X$ 为 Banach 空间, 且 $\varphi: X \to \overline{I\!\!R}$ 在 $\bar{x} \in \operatorname{dom} \varphi$ 周围是下半连续的. 证明包含关系 $(v, -\lambda) \in \widehat{N}((x, \alpha); \operatorname{epi} \varphi)$ 及 $\lambda > 0$ 蕴含着 $\alpha = \varphi(\bar{x})$.

提示: 类似定理 1.23 的步骤 4, 根据定义可以证明.

**练习 1.63** (局部 Lipschitz 函数的 $\varepsilon$-次梯度) 设 $X$ 是 Banach 空间, $\varphi: X \to \overline{I\!\!R}$ 在 $\bar{x}$ 周围是局部 Lipschitz 的且模为 $\ell \geqslant 0$, 且对任意 $\varepsilon \geqslant 0$, $\widehat{\partial}_\varepsilon \varphi(\bar{x})$ 是 $\varphi$ 在 $\bar{x}$ 处如 (1.34) 中定义的 $\varepsilon$-次梯度.

(i) 证明存在 $\eta > 0$ 使得

$$\|x^*\| \leqslant \ell + \varepsilon, \quad \forall x^* \in \widehat{\partial}_\varepsilon \varphi(x), \quad x \in \bar{x} + \eta I\!\!B.$$

(ii) 证明存在 $\eta > 0$ 使得

$$\|x^*\| \leqslant \varepsilon(1+\ell), \quad \forall (x^*, 0) \in \widehat{N}_\varepsilon((x, \varphi(x)); \operatorname{epi} \varphi), \quad x \in \bar{x} + \eta I\!\!B,$$

$$\|x^*\| \leqslant \ell + \varepsilon(1+\ell), \quad \forall (x^*, -1) \in \widehat{N}_\varepsilon((x, \varphi(x)); \operatorname{epi} \varphi), \quad x \in \bar{x} + \eta I\!\!B.$$

提示: 由定义可得.

**练习 1.64** (无穷维空间中正则次梯度的光滑变分描述) 设 $\varphi: X \to \overline{I\!\!R}$ 在 $\bar{x}$ 处取有限值且 $x^* \in \widehat{\partial} \varphi(\bar{x})$.

(i) 证明定理 1.27 中第一个论断在任意 Banach 空间 $X$ 中成立而第二个论断需要 $X$ 有 Fréchet 光滑重赋范. 进一步地, 对后者我们有改进的极小值条件

$$\varphi(x) - \psi(x) - \|x - \bar{x}\|^2 \geqslant \varphi(\bar{x}) - \psi(\bar{x}), \quad \forall x \in X. \tag{1.66}$$

(ii) 在 Banach 空间中推导 (1.66) 的适当类似结果, 使其具有练习 1.51(iii) 中列出的类的 $\mathcal{S}$-光滑阻尼函数.

提示: 结合练习 1.51 的结果, 类比定理 1.27 的证明, 并将其与 [529, 定理 1.88] 进行比较.

**练习 1.65** (无穷维空间中的基本次微分) 设 $X$ 是 Banach 空间. 通过 Banach 空间中的基本/极限法锥 (1.58), 从几何角度定义 $\varphi: X \to \overline{I\!\!R}$ 在 $\bar{x} \in \operatorname{dom} \varphi$ 处的基本次微分

$$\partial \varphi(\bar{x}) := \left\{ x^* \in X^* \mid (x^*, -1) \in N((\bar{x}, \varphi(\bar{x})); \operatorname{epi} \varphi) \right\}. \tag{1.67}$$

(i) 证明 (1.67) 中 $\partial\varphi(\bar{x})$ 可以通过 $\varepsilon$-次梯度在附近点处的序列弱* 外极限 (1.57) 解析表示如下

$$\partial\varphi(\bar{x}) := \operatorname*{Lim\,sup}_{\substack{x \xrightarrow{\varphi} \bar{x} \\ \varepsilon \downarrow 0}} \widehat{\partial}_\varepsilon\varphi(x). \tag{1.68}$$

提示: 可根据定义 (1.58) 和定理 1.26 推导得到, 该定理在任意 Banach 空间中均成立且证明中没有任何变化.

(ii) 设 $X$ 是 Asplund 空间. 证明 $\partial\varphi(\bar{x})$ 有等价表示

$$\partial\varphi(\bar{x}) := \operatorname*{Lim\,sup}_{x \xrightarrow{\varphi} \bar{x}} \widehat{\partial}\varphi(x). \tag{1.69}$$

提示: 利用练习 1.43(i) 中的结果.

**练习 1.66** (范数函数及负范数函数的次梯度)

(i) 考虑定义在任意 Banach 空间 $X$ 上的范数函数 $\varphi(x) := \|x\|$. 基于定义证明

$$\widehat{\partial}\varphi(\bar{x}) = \partial\varphi(\bar{x}) = \begin{cases} I\!B^*, & \bar{x} = 0, \\ \{x^* \in X^* \mid \|x^*\| = 1,\ \langle x^*, \bar{x} \rangle = \|\bar{x}\|\}, & \bar{x} \neq 0. \end{cases}$$

(ii) 基于上述定义, 分别在 (a) 有限维欧氏和非欧氏空间, (b) Asplund 空间, 以及 (c) Banach 但非 Asplund 空间中计算 $\varphi(x) := -\|x\|$ 在 $\bar{x} = 0$ 和 $\bar{x} \neq 0$ 处的 $\widehat{\partial}\varphi(\bar{x})$ 和 $\partial\varphi(\bar{x})$.

**练习 1.67** (严格可微函数的次梯度)   设 $X$ 是 Banach 空间, 且设 $\varphi \colon X \to \overline{I\!R}$ 在 $\bar{x}$ 处是严格可微的.

(i) 证明 $\widehat{\partial}\varphi(\bar{x}) = \partial\varphi(\bar{x}) = \{\nabla\varphi(\bar{x})\}$.

(ii) 当 $\varphi \colon I\!R^n \to I\!R$ 在 $\bar{x}$ 处为 Fréchet 可微时, $\varphi$ 在 $\bar{x}$ 处的严格可微性对于 (i) 中第二个等式是必要的吗?

**练习 1.68** (无穷维空间中的奇异次微分)   设 $X$ 是 Banach 空间. 通过 Banach 空间中的序列弱* 外极限 (1.57) 定义 $\varphi \colon X \to \overline{I\!R}$ 在 $\bar{x} \in \operatorname{dom}\varphi$ 处的奇异次微分

$$\partial^\infty\varphi(\bar{x}) := \operatorname*{Lim\,sup}_{\substack{x \xrightarrow{\varphi} \bar{x} \\ \lambda,\, \varepsilon \downarrow 0}} \lambda\widehat{\partial}_\varepsilon\varphi(x). \tag{1.70}$$

(i) 假设 $X$ 是 Asplund 空间, 证明此时有

$$\partial^\infty\varphi(\bar{x}) := \operatorname*{Lim\,sup}_{\substack{x \xrightarrow{\varphi} \bar{x} \\ \lambda \downarrow 0}} \lambda\widehat{\partial}\varphi(x), \tag{1.71}$$

即, (1.70) 中的 $\varepsilon > 0$ 可以等价地删除.

(ii) 证明在 Asplund 空间中我们有几何表示

$$\partial^\infty\varphi(\bar{x}) := \{x^* \in X^* \mid (x^*, 0) \in N((\bar{x}, \varphi(\bar{x})); \operatorname{epi}\varphi)\}. \tag{1.72}$$

提示: 将此与 [529, 定理 2.28] 进行比较, 并按照 [477] 中的方法简化 Hilbert 空间中的证明.

(iii) 在一般的 Banach 空间中, 表示 (1.72) 对于 (1.58) 中定义的法锥和 (1.70) 中定义的奇异次微分是否成立?

**练习 1.69** (Banach 空间中 Lipschitz 函数的基本次梯度和奇异次梯度)　设 $X$ 是 Banach 空间, 且设 $\varphi \colon X \to \overline{I\!R}$ 是 $\bar{x}$ 周围的局部 Lipschitz 函数且模为 $\ell \geqslant 0$.

(i) 证明次梯度估计 (1.27).

提示: 使用 (1.68) 和练习 1.63(i).

(ii) 证明 $\partial^{\infty} \varphi(\bar{x}) = \{0\}$.

提示: 使用 (1.70) 和练习 1.63(i).

(iii) 举例说明在无穷维空间中, 条件 $\partial^{\infty} \varphi(\bar{x}) = \{0\}$ 并不蕴含 $\varphi$ 的局部 Lipschitz 连续性.

**练习 1.70** (Banach 空间中基本上导数和混合上导数的标量化)　设 $f \colon X \to Y$ 是 Banach 空间中的映射, 且它在 $\bar{x}$ 周围是局部 Lipschitz 连续的.

(i) 证明 $\widehat{D}^* f(\bar{x})(y^*) = \widehat{\partial} \langle y^*, f \rangle(\bar{x})$ 对所有 $y^* \in Y^*$ 成立.

(ii) 证明 $D_M^* f(\bar{x})(\bar{x})(y^*) = \partial \langle y^*, f \rangle(\bar{x})$ 对所有 $y^* \in Y^*$ 成立.

提示: 按照定理 1.32 的证明进行, 使用 (1.65) 和 (1.68) 中的 $\varepsilon$-扩张以及在 $D_M^* f(\bar{x}, \bar{y})(y^*)$ 的构造中 $Y^*$ 的范数收敛.

(iii) 举例说明 (i) 中的标量化公式对于 Hilbert 空间中取值的 Lipschitz 映射的基本上导数不成立.

(iv) 对于由有限维空间中局部 Lipschitz 映射图的凸化法锥生成的上导数, 标量化公式的对应结果是否成立?

**练习 1.71** (严格 Lipschitz 映射的基本上导数的标量化)　设 $X, Y$ 是 Banach 空间, 且设 $f \colon X \to Y$ 在 $\bar{x}$ 周围是局部 Lipschitz 的. 它在 $\bar{x}$ 处是 $w^*$-严格 Lipschitz 的, 若存在 $0 \in X$ 的一个邻域 $V$ 使得对任意 $u \in X$ 和任意序列 $x_k \to \bar{x}$, $t_k \downarrow 0$, 以及 $y_k^* \xrightarrow{w^*} 0$, 我们有 $\langle y_k^*, y_k \rangle \to 0$ 若 $k \to \infty$ 且 $y_k := t_k^{-1} [f(x_k + t_k u) - f(x_k)]$.

(i) 证明任何在 $\bar{x}$ 处严格可微的映射 $f$ 在该点处是 $w^*$-严格 Lipschitz 的, 并求保证 $f$ 在 $\bar{x}$ 处具有 $w^*$-严格 Lipschitz 性质的其他条件.

(ii) 证明 $f$ 在 $\bar{x}$ 处的 $w^*$-严格 Lipschitz 性质蕴含着, 对任意序列 $\varepsilon_k \downarrow 0$, $x_k \to \bar{x}$, 以及 $(y_k^*, x_k^*) \in \mathrm{gph}\, \widehat{D}_{\varepsilon_k}^* f(x_k)$, 我们有

$$y_k^* \xrightarrow{w^*} 0 \Rightarrow x^* \xrightarrow{w^*} 0, \quad \text{当 } k \to \infty.$$

(iii) 假设 $X$ 是 Asplund 空间且 $f$ 在 $\bar{x}$ 处是 $w^*$-严格 Lipschitz 的, 验证基本上导数的标量化公式:

$$D_N^* f(\bar{x})(y^*) = \partial \langle y^*, f \rangle(\bar{x}), \quad \forall\, y^* \in Y^*.$$

提示: 利用 (ii) 且将其与 [529, 定理 3.28] 中的证明作比较.

**练习 1.72** (内映射具有满射导数的复合映射的次梯度)　考虑 Banach 空间中的映射 $g \colon X \to Y$ 和函数 $\varphi \colon Y \to \overline{I\!R}$ 的复合 $\varphi \circ g$. 假设 $g$ 在 $\bar{x}$ 处是严格可微的且具有满射导数 $\nabla g(\bar{x})$ 及 $\varphi$ 在 $\bar{y} := g(\bar{x})$ 处取有限值. 证明下面次微分链式法则: $\widehat{\partial}(\varphi \circ g)(\bar{x}) = \nabla g(\bar{x})^* \widehat{\partial} \varphi(\bar{y})$,

$$\partial(\varphi \circ g)(\bar{x}) = \nabla g(\bar{x})^* \partial \varphi(\bar{y}), \quad \text{且 } \partial^{\infty}(\varphi \circ g)(\bar{x}) = \nabla g(\bar{x})^* \partial^{\infty} \varphi(\bar{y}).$$

提示: 在练习 1.61 中, 通过考虑公式 (1.29) 中的上图多值映射 $F = E_{\varphi}$, 利用上导数分析法则推导得出上述等式.

**练习 1.73** (Hilbert 空间中的邻近次梯度和它们的极限)　设 $\varphi: X \to \overline{\mathbb{R}}$, 其中 $X$ 为 Hilbert 空间. $\varphi$ 在 $\bar{x} \in \operatorname{dom} \varphi$ 处的邻近次微分定义为邻近次梯度的集合

$$\partial_P \varphi(\bar{x}) := \left\{ x^* \in X^* \,\middle|\, \liminf_{x \to \bar{x}} \frac{\varphi(x) - \varphi(\bar{x}) - \langle x^*, x - \bar{x} \rangle}{\|x - \bar{x}\|^2} > -\infty \right\}.$$

(i) 证明 $\partial_P \varphi(\bar{x}) \subset \widehat{\partial} \varphi(\bar{x})$, 且与 $\widehat{\partial} \varphi(\bar{x})$ 相比, 邻近次梯度集合 $\partial_P \varphi(\bar{x})$ 在 $\mathbb{R}^n$ 中可能不是闭的.

(ii) 举例说明, 即使对于有限维空间中的光滑函数, 集合 $\partial_P \varphi(\bar{x})$ 也可能为空.

(iii) 证明对任意 $x^* \in \widehat{\partial} \varphi(\bar{x})$ 存在序列 $x_k \xrightarrow{\varphi} \bar{x}$ 和 $x_k^* \in \partial_P \varphi(x_k)$ 使得 $\|x_k^* - x^*\| \to 0$ 当 $k \to \infty$.

提示: 与 [479, 定理 5.5] 中证明比较并对 $X = \mathbb{R}^n$ 的情形进行简化.

(iv) 基于 (iii) 和 (1.69), 推导出极限次微分表示

$$\partial \varphi(\bar{x}) = \operatorname*{Lim\,sup}_{x \xrightarrow{\varphi} \bar{x}} \partial_P \varphi(x).$$

**练习 1.74** (函数的次微分正则性)　设 $X$ 是 Banach 空间. 函数 $\varphi: X \to \overline{\mathbb{R}}$ 被称作在 $\bar{x} \in \operatorname{dom} \varphi$ 处是次微分或上图正则的, 若它的上图在 $(\bar{x}, \varphi(\bar{x}))$ 处是法向正则的.

(i) 证明函数 $\varphi$ 在 $\bar{x}$ 处是次微分正则的当且仅当

$$\partial \varphi(\bar{x}) = \widehat{\partial} \varphi(\bar{x}) \quad \text{且} \quad \partial^\infty \varphi(\bar{x}) = \left\{ v \in X^* \,\middle|\, (v, 0) \in \widehat{N}\big((\bar{x}, \varphi(\bar{x})); \operatorname{epi} \varphi\big) \right\}, \tag{1.73}$$

其中 (1.73) 的第一个等式被称为 $\varphi$ 在 $\bar{x}$ 处的下正则性.

(ii) 证明, 对于任意 Banach 空间中的局部 Lipschitz 函数, 它在 $\bar{x}$ 处的次微分正则性和下正则性是等价的, 然而即使对于 $X = \mathbb{R}$ 通常也不一定成立.

(iii) 根据定理 1.33 知, 对于 $\Omega \subset \mathbb{R}^n$ 的距离函数 $d_\Omega$ 在 $\bar{x} \in \Omega$ 处是下正则的当且仅当集合 $\Omega$ 在该点处是范数正则的, 而 $d_\Omega$ 在 $\bar{x} \notin \Omega$ 处是下正则的当且仅当欧氏投影 $\Pi(\bar{x}; \Omega)$ 是单点集. 上述结论在无穷维空间中是否成立?

**练习 1.75** (上次微分与对称次微分)　给定 Banach 空间中在 $\bar{x}$ 处取有限值的函数 $\varphi: X \to (-\infty, \infty)$, 定义 $\varphi$ 在 $\bar{x}$ 处的上次微分和上奇异次微分如下

$$\partial^+ \varphi(\bar{x}) := -\partial(-\varphi)(\bar{x}), \quad \partial^{\infty,+} \varphi(\bar{x}) := -\partial^\infty(-\varphi)(\bar{x}). \tag{1.74}$$

$\varphi$ 在 $\bar{x}$ 处的对称次微分和对称奇异次微分定义如下

$$\partial^0 \varphi(\bar{x}) := \partial \varphi(\bar{x}) \cup \partial^+ \varphi(\bar{x}), \quad \partial^{\infty,0} \varphi(\bar{x}) := \partial^\infty \varphi(\bar{x}) \cup \partial^{\infty,+} \varphi(\bar{x}). \tag{1.75}$$

(i) 验证 (1.75) 中构造的正-负对称性质:

$$\partial^0(-\varphi)(\bar{x}) = -\partial^0 \varphi(\bar{x}), \quad \partial^{\infty,0}(-\varphi)(\bar{x}) = -\partial^{\infty,0} \varphi(\bar{x}).$$

(ii) 设 $\varphi$ 在 $\bar{x}$ 附近是局部 Lipschitz 的且模为 $\ell \geqslant 0$. 验证

$$\partial^{\infty,0} \varphi(\bar{x}) = \{0\} \quad \text{且} \quad \|x^*\| \leqslant \ell, \ \forall x^* \in \partial^0 \varphi(\bar{x}).$$

**练习 1.76** (Fréchet 可微性的上正则次梯度与次微分刻画) 设 $\varphi: X \to (-\infty, \infty)$ 在 $\bar{x}$ 处取有限值, 定义它在该点处的上正则次梯度集合为 $\widehat{\partial}^+\varphi(\bar{x}) := -\widehat{\partial}(-\varphi)(\bar{x})$, 即

$$\widehat{\partial}^+\varphi(\bar{x}) = \left\{ x^* \in X^* \,\middle|\, \limsup_{x \to \bar{x}} \frac{\varphi(x) - \varphi(\bar{x}) - \langle x^*, x - \bar{x} \rangle}{\|x - \bar{x}\|} \leqslant 0 \right\}. \tag{1.76}$$

(i) 举例说明对于连续函数 $\varphi: \mathbb{R} \to \mathbb{R}$, 集合 $\widehat{\partial}\varphi(\bar{x})$ 和 $\widehat{\partial}^+\varphi(\bar{x})$ 可能同时为空且当 $\varphi$ 在 $\bar{x}$ 处不是 Fréchet 可微时, $\widehat{\partial}\varphi(\bar{x})$ 可能为单点集.

(ii) 证明 $\varphi$ 在 $\bar{x}$ 处是 Fréchet 可微的当且仅当我们同时有 $\widehat{\partial}\varphi(\bar{x}) \neq \varnothing$ 和 $\widehat{\partial}^+\varphi(\bar{x}) \neq \varnothing$, 此时 $\widehat{\partial}^+\varphi(\bar{x}) = \widehat{\partial}\varphi(\bar{x}) = \{\nabla\varphi(\bar{x})\}$.

**练习 1.77** (凸函数的上图正则性和对称次梯度) 设 $\varphi: X \to \overline{\mathbb{R}}$ 是 Banach 空间 $X$ 上的凸函数. 证明 $\varphi$ 在每个 $\bar{x} \in \operatorname{dom}\varphi$ 处是上图正则的且我们有

$$\partial^0\varphi(\bar{x}) = \partial\varphi(\bar{x}) = \left\{ x^* \in X^* \,\middle|\, \langle x^*, x - \bar{x} \rangle \leqslant \varphi(x) - \varphi(\bar{x}), \ \forall\, x \in X \right\}.$$

提示: Banach 空间中所有声称的性质除 $\partial^0\varphi(\bar{x})$ 的表示外都与命题 1.25 的证明类似. 为证明后一种表示的合理性, 只需证明对于凸函数, 有 $\partial^+\varphi(\bar{x}) \subset \partial\varphi(\bar{x})$. 后者可以将 (1.68) 应用于 $-\partial(-\varphi)(\bar{x})$ 来证明. 观察到对某些 $x$ 和 $\varepsilon > 0$, 条件 $-\widehat{\partial}_\varepsilon(-\varphi)(x) \neq \varnothing$ 保证了 $\varphi$ 在 $x$ 附近是上有界的, 从而由 $\varphi$ 的凸性知 $\widehat{\partial}\varphi(x) = \partial\varphi(x) \neq \varnothing$. 然后应用练习 1.76(ii) 并与 [529, 定理 1.93] 进行对比以获得更多详细信息.

**练习 1.78** (连续函数的双侧正则性的刻画) 设函数 $\varphi: X \to (-\infty, \infty)$ 在 $\bar{x}$ 处取有限值. 它在该点处是上正则的若 $\partial^+\varphi(\bar{x}) = \widehat{\partial}^+\varphi(\bar{x})$, 即, 函数 $-\varphi$ 在 $\bar{x}$ 处是下正则的.

(i) 证明 $\varphi$ 在 $\bar{x}$ 处的图正则性 (在练习 1.60 中 $Y = \mathbb{R}$ 时的两种意义下) 蕴含着 $\varphi$ 在该点处同时是下正则的和上正则的. 若 $\varphi$ 在 $\bar{x}$ 附近是局部 Lipschitz 的, 反之也成立.

提示: 使用定理 1.23 中 (1.30) 的相应 Banach 空间扩展和练习 1.75(ii) 中的结果.

(ii) 验证 $\varphi$ 在 $\bar{x}$ 处的严格可微性保证了 $\varphi$ 在该点处的下正则性和上正则性. 若 $\varphi$ 在 $\bar{x}$ 处是局部 Lipschitz 的且 $\dim X < \infty$, 反之也成立.

提示: 为验证反向的陈述, 使用练习 1.60(iii).

**练习 1.79** (广义方向导数和广义梯度) 设 $X$ 为一个 Banach 空间.

(i) 假设 $\varphi: X \to \overline{\mathbb{R}}$ 在 $\bar{x}$ 附近是局部 Lipschitz 的. $\varphi$ 在 $\bar{x}$ 处沿方向 $w \in X$ 的 (Clarke) 广义方向导数为

$$\varphi^\circ(\bar{x}; w) := \limsup_{\substack{x \to \bar{x} \\ t \downarrow 0}} \frac{\varphi(x + tw) - \varphi(x)}{t} \tag{1.77}$$

且 $\varphi$ 在 $\bar{x}$ 处的相应广义梯度为

$$\overline{\partial}\varphi(\bar{x}) = \left\{ x^* \in X^* \,\middle|\, \langle x^*, w \rangle \leqslant \varphi^\circ(\bar{x}; w), \ \forall\, w \in X \right\}. \tag{1.78}$$

证明函数 $w \mapsto \varphi^\circ(\bar{x}; w)$ 是凸的且满足条件 $\varphi^\circ(\bar{x}, -w) = -\varphi^\circ(\bar{x}; w)$, 这蕴含着正-负对称性

$$\overline{\partial}(-\varphi)(\bar{x}) = -\overline{\partial}\varphi(\bar{x}). \tag{1.79}$$

(ii) 验证凸化法锥 (1.61) 可通过由 Lipschitz 距离函数的广义梯度 (1.78) 张成的锥的 (拓扑) 弱* 闭包如下表示

$$\overline{N}(\bar{x}; \Omega) = \operatorname{cl}^* \left\{ \bigcup_{\lambda \geqslant 0} \lambda \overline{\partial} d_\Omega(\bar{x}) \right\}. \tag{1.80}$$

由于

$$\overline{\partial}\varphi(\bar{x}) := \{x^* \in X^* \,|\, (x^*, -1) \in \overline{N}((\bar{x}, \varphi(\bar{x})); \operatorname{epi}\varphi)\}, \tag{1.81}$$

这可以导出一般 (下半连续) 函数 $\varphi\colon X \to \overline{I\!R}$ 在 $\bar{x} \in \operatorname{dom}\varphi$ 处相应的次微分.

(iii) 证明对任意在 $\bar{x}$ 处取有限值的 $\varphi\colon I\!R^n \to \overline{I\!R}$, 我们有表示

$$\overline{\partial}\varphi(\bar{x}) = \operatorname{clco}[\partial\varphi(\bar{x}) + \partial^\infty\varphi(\bar{x})], \tag{1.82}$$

在局部 Lipschitz 函数的情况下, 我们有以下表示:

$$\overline{\partial}\varphi(\bar{x}) = \operatorname{co}\partial\varphi(\bar{x}) = \operatorname{co}\partial^+\varphi(\bar{x}) = \operatorname{co}\partial^0\varphi(\bar{x}). \tag{1.83}$$

提示: 对于 (i) 和 (ii), 参照 [166]. 为验证 (iii), 从 (1.60) 推导出 (1.82), 然后利用定理 1.22 和局部 Lipschitz 函数的对称性质 (1.79), 从 (1.82) 推导出 (1.83) 的所有情形.

**练习 1.80** (Lipschitz 映射的广义 Jacobi 矩阵和标量化的次梯度)  设 $f\colon I\!R^n \to I\!R^m$ 在 $\bar{x}$ 附近是局部 Lipschitz 的. 由经典的 Rademacher 定理 (见 [686, 定理 9.60]) 知 $f$ 在 $\bar{x}$ 周围几乎处处可微. $f$ 在 $\bar{x}$ 处的 (Clarke) 广义 Jacobi 矩阵 $\overline{\partial}f(\bar{x})$ 是 $I\!R^{n\times m}$ 中一个非空紧子集, 它通过 $f$ 在 $x_k$ 处的 Jacobi 矩阵 $\nabla f(x_k)$ 的极限定义为如下集合的凸包

$$\{\lim \nabla f(x_k)\,|\, x_k \to \bar{x},\ k \to \infty,\ f\ 在\ x_k\ 处是可微的\}.$$

(i) 证明当 $m = 1$ 时 $f$ 在 $\bar{x}$ 处的广义 Jacobi 矩阵简化为 $f$ 在该点处的广义梯度.

提示: 按照定义, 使用经典的 Fubini 定理; 与 [166, 定理 2.5.1] 进行比较.

(ii) 证明对任意 $m \in I\!N$, 我们有如下关系:

$$D^*f(\bar{x})(v) = \partial\langle v, f\rangle(\bar{x}) = \operatorname{co}\{A^*v\,|\, A \in \overline{\partial}f(\bar{x})\}, \qquad 每当\ v \in I\!R^m.$$

提示: 使用 (i), (1.83) 和定理 1.32 中的上导数标量化.

(iii) 关于 Asplund 空间中局部 Lipschitz 映射, 建立 (ii) 中关系式在无穷维空间中的适当版本.

提示: 使用练习 1.70 和练习 1.71 中的标量化结果, 以及 Rademacher 定理对于这类映射的 Preiss 延拓 [654].

**练习 1.81** (更多的次梯度计算)

(i) 考虑例 1.21(i)—(iv) 中所有函数 $\varphi\colon I\!R \to I\!R$, 计算它们的次梯度集合 $\widehat{\partial}^+\varphi(0)$, $\partial^+\varphi(0)$, $\partial^0\varphi(0)$, $\overline{\partial}\varphi(0)$, $\partial^{\infty,+}\varphi(0)$ 和 $\partial^{\infty,0}\varphi(0)$. 画出相应图形.

(ii) 考虑例 1.31 中的两个 Lipschitz 函数 $\varphi\colon I\!R^2 \to I\!R$, 计算它们的次梯度集合 $\widehat{\partial}^+\varphi(0,0)$, $\partial^+\varphi(0,0)$, $\partial^0\varphi(0,0)$ 和 $\overline{\partial}\varphi(0,0)$, 并绘制插图.

(iii) 对任意的 $\alpha, \beta \in (0,1)$, 定义函数 $\varphi\colon I\!R^2 \to I\!R$ 如下

$$\varphi(x_1, x_2) := |x_1|^\alpha - |x_2|, \quad \varphi(x_1, x_2) := |x_1| - |x_2|^\beta, \quad \varphi(x_1, x_2) := |x_1|^\alpha - |x_2|^\beta.$$

对上述函数, 计算集合 $\widehat{\partial}\varphi(0,0)$, $\widehat{\partial}^+\varphi(0,0)$, $\partial\varphi(0,0)$, $\partial^+\varphi(0,0)$ $\partial^0\varphi(0,0)$ 和 $\overline{\partial}\varphi(0,0)$, 以及它们的奇异部分 $\partial^\infty\varphi(0,0)$, $\partial^{\infty,+}\varphi(0,0)$, $\partial^{\infty,0}\varphi(0,0)$, 并给出相应的几何解释.

**练习 1.82** (有限维和无穷维空间中正则次梯度与相依导数的对偶性)

(i) 给定 $\varphi\colon I\!R^n \to \overline{I\!R}$ 和 $\bar{x} \in \operatorname{dom}\varphi$, 证明

$$\widehat{\partial}\varphi(\bar{x}) = \big\{ v \in I\!R^n \,\big|\, \langle v, w \rangle \leqslant d\varphi(\bar{x}; w),\ \forall\, w \in I\!R^n \big\},$$

其中 $d\varphi(\bar{x}; w)$ 是 (1.41) 和 (1.42) 中的相依导数.

(ii) 上述表示式在无穷维空间中成立吗?

**练习 1.83** (方向导数之间的关系)　设 $X$ 为 Banach 空间, 且 $\varphi\colon X \to \overline{I\!R}$ 在 $\bar{x}$ 处取有限值.

(i) 假设 $\varphi$ 在点 $\bar{x}$ 处沿方向 $w \in X$ 的经典方向导数

$$\varphi'(\bar{x}; w) := \lim_{t\downarrow 0} \frac{\varphi(\bar{x} + tw) - \varphi(\bar{x})}{t} \tag{1.84}$$

对每个 $w \in X$ 都存在, 证明对于相依导数 (1.42), 有 $d\varphi(\bar{x}; w) \leqslant \varphi'(\bar{x}; w)$, 其中不等式对于 $I\!R$ 上的连续函数可能是严格的.

(ii) 假设 $\varphi$ 在 $\bar{x}$ 周围是局部 Lipschitz 的, 证明广义方向导数 (1.42) 和 (1.77) 之间的关系 $d\varphi(\bar{x}; w) \leqslant \varphi^\circ(\bar{x}; w)$ 对所有 $w \in X$ 成立, 其中当 $X = I\!R$ 时不等式可能是严格的.

(iii) 所设 $\varphi$ 在 $\bar{x}$ 周围是局部 Lipschitz 的, 且 $\varphi'(\bar{x}; w)$ 对所有 $w \in X$ 都存在, 证明即使当 $X = I\!R$ 时不等式 $\varphi'(\bar{x}; w) \leqslant \varphi^\circ(\bar{x}; w)$ 也可能是严格的. 其中等式的情形被称为 $\varphi$ 在 $\bar{x}$ 处的切向、方向, 或 Clarke 正则性. 证明它对于凸函数总是成立, 且在该正则性下我们有 $d\varphi(\bar{x}) = \varphi^\circ(\bar{x})$.

提示: 关于变分分析中上述正则性概念与其他正则性概念之间的详细比较, 参见 [125, 126].

**练习 1.84** (右侧次梯度的分析法则)　指出右侧次梯度 (1.53) 有什么样的分析法则.

**练习 1.85** (无穷维空间中距离函数的次微分)　设 $\varnothing \neq \Omega \subset X$, 其中 $X$ 是 Banach 空间.

(i) 对集合内与集合外点处的 $\varepsilon$-法向量和 $\varepsilon$-次梯度, 推导出定理 1.33(i) 和引理 1.34 的对应结果.

(ii) 证明定理 1.33(i) 和定理 1.38 在任意 Banach 空间 $X$ 中的相应延拓.

提示: 使用 Ekeland 变分原理 (见第 2 章) 并与 [529, 定理 1.97, 1.99, 1.101] 中证明作比较.

**练习 1.86** (距离函数的次梯度可由投影点的法向量表示)

(i) 证明在任意无穷维 Hilbert 空间 $X$ 中存在闭集 $\Omega$ 使得定理 1.33(ii) 中对于 $\partial d_\Omega(\bar{x})$ 的公式不成立.

提示: 将 $\Omega$ 构造为 $X$ 的一组正交基并取 $\bar{x} = 0 \notin \Omega$.

(ii) 设 $\Omega \subset X$ 是 Banach 空间 $X$ 的一个非空子集, 且 $\bar{x} \notin \Omega$. 我们称 $\Omega$ 在 $\bar{x}$ 的最佳逼近问题是适定的, 如果下列性质之一成立: (a) 对每个序列 $x_k \to \bar{x}$ 满足 $\widehat{\partial}_{\varepsilon_k} d_\Omega(x_k) \neq \varnothing$ 当 $\varepsilon_k \downarrow 0$, 存在具有收敛子列的序列 $w_k \in \Pi(x_k; \Omega)$, 或 (b) 满足 $\|x_k - \bar{x}\| \to d_\Omega(\bar{x})\ (k \to \infty)$ 的任意序列 $x_k \xrightarrow{\Omega} \bar{x}$ 都有收敛子列.

证明 $\Omega$ 在 $\bar{x}$ 的适定性保证了下面包含关系成立:

$$\partial d_\Omega(\bar{x}) \subset \bigcup_{w \in \Pi(\bar{x};\Omega)} \big[ N(w; \Omega) \cap I\!B^* \big]. \tag{1.85}$$

(iii) 设 $X$ 是一个自反的 Banach 空间且具有等价的 Kadec 范数, 即, 使得强收敛和弱收敛在单位球的边界上是一致的. 验证最佳逼近问题在 $\Omega$ 上是适定的, 从而如果 $\Omega$ 是弱闭的或者 $\Omega$ 是闭的且 $\widehat{\partial}d_\Omega(\bar{x}) \neq \varnothing$, 则有 (1.85) 成立.

提示: 与 [529, 定理 1.105 和推论 1.106] 中的方法和结果进行比较, 从而获得 (ii) 和 (iii) 中的相应结论.

**练习 1.87** (Fermat-Torricelli-Steiner 问题)　给定任意有限个闭子集 $\Omega_i \subset I\!\!R^n$, $i = 1, \cdots, s$, 考虑如下广义 Fermat-Torricelli-Steiner 问题 [543]:

$$\text{minimize} \sum_{i=1}^{s} d_{\Omega_i}(x), \quad \text{其中 } x \in I\!\!R^n. \tag{1.86}$$

经典的 Fermat-Torricelli 问题对应于 (1.86) 式具有三个 $I\!\!R^2$ 中的单点集 $\Omega_i$ 而 Steiner 问题则处理平面上任意多个点: 见 1.5 节以获得更多讨论和参考. 使用命题 1.30(i) 和定理 1.33(ii) 以及凸分析中的经典次微分和法则, 寻找问题 (1.86) 在以下两种情形的精确解:

(i) 集合 $\Omega_i$, $i = 1, \cdots, s$ 是实数轴上的不相交区间 $[a_i, b_i]$ 且满足 $a_1 \leqslant b_1 < a_2 \leqslant b_2 < \cdots < a_s \leqslant b_s$.

(ii) 集合 $\Omega_i$ 是平面上三个两两互不相交的球.

提示: 有关涉及距离函数及其扩展的各种位置问题的表述和解决方案, 请参见 [544, 第 4 章].

# 1.5　第 1 章评注

**1.1 节**　现有变分分析和广义微分方法的核心构造是定义 1.1 中局部闭集的法锥结构. 这种结构和相应增广实值函数的次微分是作者在 1975 年初作为度量逼近方法的意外结果而引入的, 当时甚至不熟悉 Clark 在广义梯度方面的工作. 作者的这些结果最初撰写并发表于论文 [509](最初被拒稿), 而非文献 [378] 中所描述的发表于文献 [535] 中; 相反, 文献 [535] 中引用了文献 [509], 遵循 [509] 中解决具有非光滑约束的时间最优控制问题的方案, 作者和 Kruger 在他们的早期论文 [442,510,535] 中给出了其在各类最优控制问题中的最初应用. [509] 中的法锥概念在变分分析中以基本/一般法锥、极限法锥或 Mordukhovich 法锥的名称广为人知, 它与传统的通过切向逼近的对偶性 (1.10) 定义集合法锥的方案截然不同, 对函数而言它对应于通过方向导数的对偶性定义的次微分. 如上所述, 后一种方法不可避免地会产生凸的法向量和次梯度集合, 而我们的构造本质上是非凸的. 除了来自凸分析的灵感之外, 通过切向逼近的对偶性构造广义法向量背后的基本思想还涉及约束优化中通过选取与最优解相关联的某些集合的切锥的凸子锥然后使用凸分离定理推导必要条件的方法; 参见, 例如, Dubovitskii 和 Milyutin [236], Girsanov [299] 以及 Neustadt [613]. 从 Guesnerie [316] 开始, 在福利经济学非凸模型中建立所谓的边际价格均衡时, 类似的想法已被广泛实施. [509] 中建议的方法与之前的所有方法存在很大的不同, 通过该方法可以得出鲁棒的非凸法锥 (1.4)

以及相关的函数和多值映射的次微分与上导数构造, 它们在所涉点处满足全面的
分析法则, 而不需要借助切向逼近方法.

基于 Rockafellar 指导的 Clarke 的学位论文 [163], 通过其中引入的 (自动凸
的) 切锥, 由对偶方案 (1.10) 可知, (1.60) 中基本法锥的闭凸包

$$\bar{N}(\bar{x}, \Omega) = \text{clco} \ N(x, \Omega), \quad x \in \Omega$$

与 [164] 中定义的 $\Omega$ 在 $\bar{x}$ 处的凸化/Clarke 法锥一致. 这些切锥与法锥的凸
性提供了充分利用凸分析机制和发展全面的分析法则以及各种应用的可能性, 包
括 Clarke[166] 中局部 Lipschitz 函数的相应广义梯度和 Rockafellar[679,683] 中
集合和函数的某些非 Lipschitz 情形. 同时, 人们后来也认识到 (1.60) 中法锥
$\bar{N}(\bar{x}, \Omega)$ 的凸性为推导满意的必要最优性条件和经济学模型中边际价格均衡的适
当形式造成了严重阻碍, 见 Mordukhovich[514] 和 Khan[415]. 进一步, Rockafellar
[684] 证明了 $\mathbb{R}^n$ 中 $d$ 维 Lipschitz 流形的 Clarke 法锥 (在局部 Lipschitz 映射
的图的问题点附近的局部同胚集) 不可避免地必须是维数大于 $n - d$ 的线性子
空间, 除非流形在这一点上是 "严格光滑" 的. 作为说明, 请参见示例 1.14(i) 中
的集合 $\Omega = \text{gph} \, |x|$, 其中 $\overline{N}((0,0); \Omega) = \mathbb{R}^2$. 结果表明, 对于这样的图形集,
(1.60) 中的凸化操作可能会极大地扩大法锥, 从而使其失去关于最优性和/或均
衡点的任何有用信息. 为此, 观察到图形集总是出现在定义 1.11 的上导数构造
中, 并且除了单值 Lipschitz 连续映射图之外, Lipschitz 流形 (或图化 Lipschitz
映射) 还包括对于凸和更一般的邻近正则函数 $\varphi: \mathbb{R}^n \to \overline{\mathbb{R}}$ 以及极大单调算子
的集值次梯度映射的图, 它们在变分分析和优化的许多方面都起着至关重要的作
用; 有关更多详细信息, 请参见 [684] 和书籍 [529,530,686]. 还要注意, 对于集合
$\Omega = \{(x_1, x_2, x_3) \in \mathbb{R}^3 \, | \, x_3 = |x_1 x_2|\}$ 及 $\bar{x} = 0 \in \mathbb{R}^3$, (1.60) 中的凸化运算可能会
违反 $\overline{N}(\bar{x}; \Omega)$ 的鲁棒性.

Kruger 和 Mordukhovich 在论文 [443,444] 中给出了 (1.7) 中法锥的两个极
限表示, 其原始证明 (参见 [529, 定理 1.6]) 与上述证明不同. 此外, 文献 [444,443]
中已经意识到, 根据命题 1.9, (1.5) 中预法锥 $N(\bar{x}, \Omega)$ (也称为正则或 Fréchet 法
锥) 碰巧是由 Bouligand[124] 和 Séveri[695] 同时并且独立提出的定义 1.8 中相
依锥/切锥的对偶 (事实上, 这个概念可以追溯至 Peano 的早期工作以及其他一些
与可微性、相切性和集合极限相关的概念; 参见 Dolecki 和 Greco[220] 及其参考
文献). 因此, 将定理 1.6 中法锥的第一个极限表示与命题 1.9 的结果相结合, 表
明 Rockafellar 和 Wets [686] 所使用的法锥构造等价于 [509] 中法锥的原始定义
(1.4).

回顾, 原作者对法锥的构造及其等效的关于切线极限的描述都是有限维的.
[443,444] 中建议了 $N(\bar{x}; \Omega)$ 对应于 (1.7) 中第二个表示在 Banach 空间中的拓

展. 在作者的指导下, Kruger 在论文 [429] 中对其进行了进一步阐述. [431, 433] 和书籍 [514, 529, 530] 对其有充分的反映和详细的评注. 通过 Fréchet 光滑空间 $X$ 的对偶 $X^*$ 中 $\varepsilon$-法向量的弱* 序列收敛性, 这个扩展定义了法锥 $N(\bar{x}; \Omega)$. 符号上, 它是用 (1.58) 中序列的外极限形式表示的

$$N(\bar{x}; \Omega) := \operatorname{Lim\,sup}_{x \xrightarrow{\Omega} \bar{x}, \, \varepsilon \downarrow 0} \widehat{N}_\varepsilon(x; \Omega).$$

注意, 尽管 [443, 444] 中并未明确地指定弱* 闭包的确切本质, 但根据 Fréchet 光滑空间的对偶中有界集是弱* 序列紧的这一泛函分析的经典事实, 从其中的证明显然可以看出弱* 极限是在序列意义下取的. 不幸的是, 这些众所周知的事实并没有反映在 [378] 中. 为此需要注意的是, 作者和 Kruger 的所有上述出版物 (包括俄语版的油印论文 [430, 431, 443]) 从一开始就在苏联和国外部分地区的非光滑分析专家中广泛流传, 并在研讨会和会议中进行讨论.

在此方向发展的最后阶段, 作者和 Shao [587] 证明了有可能等效地去除 (1.58) 中的 $\varepsilon_k$, 即, 通过 Asplund 空间中闭集的正则 Fréchet 法向量 (1.5) 的序列弱* 外极限 (1.1), 得到 (1.59) 作为 (1.7) 中法锥定义的表示式

$$N(\bar{x}; \Omega) = \operatorname{Lim\,sup}_{x \xrightarrow{\Omega} \bar{x}} \widehat{N}(x; \Omega).$$

由于这个类本质上比前面 Kruger 和 Mordukhovich 工作中所考虑的 Fréchet 光滑类更广泛, 因此改良的构造 (1.59) 允许我们改善在 Fréchet 光滑设置中所获得的结果. 注意, 从 (1.58) 到 (1.59) 的可能性是基于 Borwein-Preiss 变分原理 [109] 和 Fabian [256] 的可分约化方法的这一高度非平凡的事实; 更多的讨论和参考参见 [529]. 回顾, Asplund 空间构成了一个出色而美丽的 Banach 空间的子类, 它特别包含每个自反空间 (如 Fréchet 光滑)、每个允许 Fréchet 光滑阻尼函数的空间、每个具有可分离对偶的空间等; 参见练习 1.41. 如 [529, 587] 所示, 在 Banach 空间中通过切向对偶性 [166] 定义的 Clarke 法锥 (1.60) 简化为凸化法向量 (1.60), 条件是空间 $X$ 是 Asplund 的, 且 (1.60) 中的闭包操作在 $X^*$ 的弱* 拓扑中进行.

在某些无穷维的情况下, 考虑一种改进的极限法锥结构是有用的, 其中 (1.58) 中的弱* 收敛被对偶空间中的范数/强收敛所代替. 这首先在 [280] 中以 "范数-极限法锥" 的名义完成, 最近在 [501] 中以 "强极限法锥" 的名义很好地实现了, 用于研究勒贝格空间中的互补约束优化问题.

如在 [526] 中观察到的, 定理 1.10(i) 中正则法向量的变分描述适用于任何 Banach 空间, 而在 (ii) 中更微妙的结果则需要 Fréchet 光滑重赋范; 见 Fabian 和 Mordukhovich [259], 其中读者可以找到所讨论空间中光滑阻尼几何假设下的

其他版本. 定理 1.10 中光滑变分描述的另一个证明由 Rockafellar 和 Wets [686] 在有限维上给出, 但其中没有关于光滑支撑函数 $\psi$ 的凸性的结论.

**1.2 节** 作者 [511] 引入了定义 1.11 中的上导数构造, 其动机是推导具有非光滑等式约束的优化问题中的必要最优条件, 并对微分包含的最优控制中增广 Euler-Lagrange 条件下的伴随系统进行描述. 可在 [511] 中找到对最优控制有用的定理 1.15. 如我们所见, 对于非光滑和集值映射, 上导数扮演了广义伴随导数的角色. 注意, 由于是非凸值的, $F: \mathbb{R}^n \rightrightarrows \mathbb{R}^m$ 的上导数 $D^*F(\bar{x}, \bar{y})$ 无法由 $F$ 在 $(\bar{x}, \bar{y})$ 处的任何切向生成的导数通过对偶性得到; 特别是由 Aubin [34] 受不同应用启发而引入的相依/图导数

$$DF(\bar{x}, \bar{y})(u) := \left\{ v \in \mathbb{R}^m \mid (u, v) \in T\big((\bar{x}, \bar{y}); \operatorname{gph} F\big) \right\}, \quad u \in \mathbb{R}^n; \qquad (1.87)$$

参见 [36]. 基于图形的切向逼近在此方向上的早期发展可以在 Pshenichnyi [655, 656] 中找到凸图和凸多值映射的 "局部伴随映射". 图导数 (1.87) 的严重缺点是其非鲁棒性和糟糕的分析法则, 这是相依和正则法锥所共有的, 并且为应用创造了障碍. 对于基本上导数 $D^*$ 以及定义 1.1 的基本法锥及其无限维扩展, 情况并非如此. 本书的后续材料中揭示了上导数构造在变分分析中的主要重要性; 也见先前的专著 [514, 529, 530, 686] 及其参考文献.

对于无穷维空间中的映射 $F: X \rightrightarrows Y$, 从取极限 (1.17) 的观点来看, 对于基本上导数 (1.15) 我们有两个不同的扩展, 其中预上导数 $\widehat{D}^*F$ (也称为正则 / Fréchet 上导数) 在 (1.16) 中通过 $F$ 的图的预法锥 $\widehat{N}$ 或者 (1.6) 中的 $\varepsilon$-扩张 $\widehat{N}_\varepsilon$ 给出定义. 在一般的 Banach 空间 $X$ 和 $Y$ 的情况下这些扩张是必需的, 而当两个空间都是 Asplund 的时候, 使用 $\widehat{N}$ 就足够了. 第一个扩展, 称为基本上导数 $D^*_N F(\bar{x}, \bar{y})$, 其定义与有限维空间中公式 (1.15) 相同, 而其中的法锥 $N(\cdot; \operatorname{gph} F)$ 在 Asplund 空间中由 (1.58) 或 (1.59) 给出, 这对应于锥 $\widehat{N}((x_k, y_k); \operatorname{gph} F) \subset X^* \times Y^*$ 或其 $\varepsilon_k$-扩张中序列 $(x_k^*, -y_k^*)$ 的弱* 收敛性; 见 (1.63). 在第二个扩展中, 由作者在 [521] 中作为混合上导数 $D^*_M F(\bar{x}, \bar{y})$ 引入, 我们利用乘积结构 $X^* \times Y^*$ 的优势, 使用 $Y^*$ 中 $y_k^*$ 的强收敛性, 同时还使用 $X^*$ 中 $x_k^*$ 的弱* 收敛性. 这就是 (1.65), 如果两个空间 $X$ 和 $Y$ 都是 Asplund 的, 我们可以令 $\varepsilon = 0$. 显然, $D^*_M F(\bar{x}, \bar{y})(y^*) \subset D^*_N F(\bar{x}, \bar{y})(y^*)$, 当 $\dim Y < \infty$ 时这些上导数一致, 并且当进一步 $\dim X < \infty$ 时它们简化为定义 1.11 中的基本上导数. 在无穷维空间中, 上导数 $D^*_N$ 和 $D^*_M$ 享有相似且相当全面的 (在 Asplund 空间中) 分析法则, 同时在变分分析及其应用中都很重要; 参见例如 [529, 530] 和下面介绍的材料.

最后, 我们观察到定理 1.15 的极值性质对于任意 Banach 空间中的凸多值映射的基本上导数成立. 特别地, 这说明作者在 [511] 中首次得到的 Lipschitz 微分包含的最优控制中的上导数 Euler-Lagrange 条件在凸值设置下可以导出 Weierstrass-

Pontryagin 极大值条件; 参见 [514, 529, 530] 以进行进一步的讨论.

**1.3 节**   变分分析的次微分理论是从凸分析开始的, 是 Fenchel, Moreau 和 Rockafellar 在凸函数广义微分上的基本发展; 参考书籍 [355, 675, 686] 获得历史评论和参考, 也可参考最近的 [544] 获得的基于几何变分方法的凸次微分学关键结果的简化证明. 特别地, 凸分析提供了经典梯度到不可微函数的集值扩展的重要思想, 现在称为次微分或次梯度映射. 凸分析考虑了增广实值函数, 将围绕凸的解析思想和几何思想强有力地统一起来. 观察到尽管凸次微分 (1.35) 的经典定义是解析性的, 但是基于凸集分离/支撑超平面定理的几何考虑已经渗透于凸函数次微分理论的主要结果中, 包括它们的次微分 ($\partial \varphi(\bar{x}) \neq \varnothing$)、定义域的相对内部、次微分的分析法则等. 在早期的凸分析中已经认识到, 凸函数的次梯度可以通过 (1.24) 中的上图法向量几何地获得. 遵循 [514, 529], 这些几何概念的非凸对应结果是本书中的一般函数的次微分理论的基础.

另一方面, 众所周知, Banach 空间 $X$ 上的每个凸函数 $\varphi: X \to \overline{I\!R}$(以及更一般的拓扑线性空间) 在任意 $\bar{x} \in \mathrm{dom}\, \varphi$ 和 $w \in X$ 处都有如 (1.84) 的 (单侧) 方向导数 $\varphi'(\bar{x}; w)$, 它关于 $w$ 是凸的, 并通过如下对偶生成次微分 (1.35)

$$\partial \varphi(\bar{x}) = \left\{ v \in X^* \,\middle|\, \langle v, w \rangle \leqslant \varphi'(\bar{x}; w),\ \forall\, w \in X \right\}. \tag{1.88}$$

通过适当定义不同名称的广义方向导数, 这种对偶方案已经成为非凸函数构造各种次微分的主要来源; 见 (1.42), 以及 [529, 686] 等书及其参考文献中有关此类结构的综合注释. 在此方面最成功的尝试是由 Clarke [164] 定义的形如 (1.77) 的局部 Lipschitz 函数的广义方向导数 $\varphi^\circ(\bar{x}; w)$. 对于由 (1.78) 中对偶方案 (1.88) 从 (1.77) 得到的相应广义梯度 $\overline{\partial} \varphi(\bar{x})$ 的满意性质, $\varphi$ 在 $\bar{x}$ 周围的 Lipschitz 连续性和 (1.77) 关于方向的自动凸性是非常必要的. 为了通过方案 (1.88) 恢复下半连续函数的广义梯度 [164], Rockafellar [677] 引入了一个复杂得多的方向导数. 对于局部 Lipschitz 函数 $\varphi$, 它简化为 (1.77), 同时如 (1.78) 在 Lipschitz 情形一样又失去了一些很好的属性. 特别是, 这种构造即使在有限维的情况下通常也会失去鲁棒性和某些重要的分析法则.

从最初就令人感到惊讶, 尽管它不具有凸性并且与任何方向导数都没有关系, 但定义 1.18 中的基本/极限次微分 (1.24) 的这些及更好的性质首先出现于 Mordukhovich [509], 然后又在许多出版物中被使用 (直到 1988 年才出现), 并由 [514] 一书进行了总结; 另请参见 [529, 686] 中的注释, 以了解该时期的主要发展和参考. 总的来说, 它是通过发展作为变体分析核心的变分/极点原理和技术来实现的; 在下一章中可以看到更多信息.

现在我们对 1.3 节中呈现的主要结果及其无穷维扩展进行评论. 定理 1.22 中局部 Lipschitz 函数的次微分描述和奇异次微分构造 (1.25) 由 Kruger 和 Mordukhovich 在 [511] 中给出. 而 Rockafellar [680] 通过邻近次梯度以等价极限形式建立了奇异次微分表示 (1.38), 同时定理 1.22 中给出了局部 Lipschitz 连续性的奇异次微分刻画; 另请参阅 [686], 其中 (1.38) 中的第一个表示式用于定义 $\varphi$ 在 $\bar{x}$ 处的 "水平次梯度" 集合 $\partial^{\infty}\varphi(\bar{x})$, 而 [529] 用于无穷维扩展.

注意, 在 [680](在 [686, 定理 8.9] 中重复) 中 (1.38) 的原始证明, 以及各种无穷维情形 [111, 373, 477, 529, 662] 中给出的证明在技术上都涉及很多. 还需要注意的是, 在 [529, 定理 3.52] 中获得的 Asplund 空间上函数的局部 Lipschitz 连续性的奇异子微分刻画 $\partial^{\infty}\varphi(\bar{x}) = \{0\}$ 需要对 $\varphi$ 在 $\bar{x}$ 处附加 "上图序列法紧性" 条件, 而这在有限维中自动成立.

回顾, 与经典分析中导数的正负对称性相比, 凸分析是 "单边的" ( Moreau [600] 的表达式). 凸函数 $\varphi$ 的否定即不再是凸的 (线性情况除外), 并且 $-\varphi$ 的广义微分性质与 $\varphi$ 的这些性质有着显著的不同. 凹函数 $\varphi\colon X \to [-\infty, \infty)$ 在 $\bar{x}$ 满足 $\varphi(\bar{x}) > -\infty$ 的凹函数的次微分由 Rockafellar [675] 定义为 $\partial\varphi(\bar{x}) := -\partial(-\varphi)(\bar{x})$, 也被称作 $\varphi$ 的 "超微分" 或——更好地—— $\varphi$ 在该点处的 "上次微分". 局部 Lipschitz 函数的 Clarke 的广义梯度的情况有所不同, 它具有经典的正负对称性 $\overline{\partial}(-\varphi)(\bar{x}) = -\overline{\partial}\varphi(\bar{x})$, 因此不能区分凸函数和凹函数以及最大值和最小值. 对于非光滑的函数, 这似乎是很不自然的, 并且不遵循凸分析的思路.

我们的基本次微分定义 1.18 中没有这种对称性, 从而对 (下) 次微分构造 (1.24) 和 (1.25), 考虑其由 (1.74) 定义的上方对应物 $\partial^+\varphi(\bar{x})$ 和 $\partial^{\infty,+}\varphi(\bar{x})$ 是合理的, 这可能与下方构造有极大的不同, 例如, 对最简单的一维函数 $\varphi(x) := |x|$, 其中 $\partial^+\varphi(0) = \{-1, 1\}$. 此外, 上下构造的并集 (在 (1.75) 中定义为对称的基本和奇异次微分) 具有正负对称性 $\partial^0(-\varphi)(\bar{x}) = -\partial^0\varphi(\bar{x})$ 和 $\partial^{\infty,0}(-\varphi)(\bar{x}) = -\partial^{\infty,0}\varphi(\bar{x})$. 注意, 这些对称构造通常是非凸的, 对于凸函数 $\varphi$, 集合 $\partial^0\varphi(\bar{x})$ 简化为凸分析中的次微分, 而对于局部 Lipschitz 函数, 它可能实质上小于 $\overline{\partial}\varphi(\bar{x})$. 实际上, 对于在 $\bar{x}$ 周围是 Lipschitz 的函数 $\varphi\colon I\!R^n \to I\!R$, 由 (1.83) 我们知 Clarke 广义梯度 $\overline{\partial}\varphi(\bar{x})$ 是 $\partial\varphi(\bar{x}), \partial^+\varphi(\bar{x})$ 和 $\partial^0\varphi(\bar{x})$ 这三个集合的凸包.

我们通过例 1.31 中函数 $\varphi\colon I\!R^2 \to I\!R$ 说明上述关系. 对 (i) 中的 $\varphi(x_1, x_2) = |x_1| - |x_2|$, 我们有

$$\partial^+\varphi(0,0) = \left\{(-1, v) \in I\!R^2 \,\middle|\, -1 \leqslant v \leqslant 1\right\} \cup \left\{(1, v) \in I\!R^2 \,\middle|\, -1 \leqslant v \leqslant 1\right\},$$

这说明 $\partial^0\varphi(0,0)$ 是 $I\!R^2$ 中单位球的边界, 而 $\overline{\partial}\varphi(0,0)$ 是 $I\!R^2$ 中的整个单位正方形; 见图 1.13. 对于例 1.31 (ii) 中的函数 $\varphi(x_1, x_2) = |\,|x_1| + x_2|$, 我们有次梯度计算

$$\partial^+\varphi(0,0) = \left\{(v, -1) \in I\!R^2 \,\middle|\, -1 \leqslant v \leqslant 1\right\} \cup \{(1, -1)\} \cup \{(-1, 1)\},$$

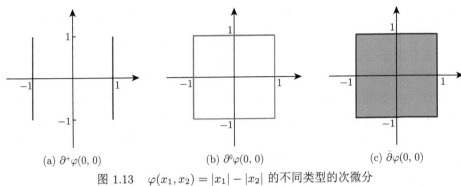

(a) $\partial^+\varphi(0,0)$　　　　　(b) $\partial^0\varphi(0,0)$　　　　　(c) $\bar\partial\varphi(0,0)$

图 1.13　　$\varphi(x_1,x_2)=|x_1|-|x_2|$ 的不同类型的次微分

因此 $\partial^0\varphi(0,0)=\partial\varphi(0,0)\cup\{(v,-1)|-1\leqslant v\leqslant 1\}$, 其中 $\partial\varphi(0,0)$ 可由例 1.31(ii) 算得, 而 $\bar\partial\varphi(0,0)$ 还是 $I\!\!R^2$ 中的整个单位正方形. 注意, 该函数来自 Warga [744], 其中它的 "导容" $\Lambda^0\varphi(0,0)$ 在图 1.14 中也有描述. 在 [514, 定理 2.3] 中 (对 [443] 中的 Lipschitz 函数) 我们证明了对任意在 $\bar x$ 周围连续的函数 $\varphi\colon I\!\!R^n\to I\!\!R$, 有 $\partial^0\varphi(\bar x)\subset\Lambda^0\varphi(\bar x)$; 另请参见 [529, 推论 2.48] 及其参考资料中包括 Banach 空间 中映射在内的无穷维扩展.

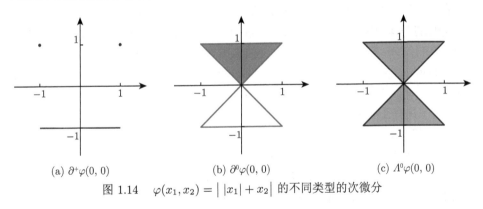

(a) $\partial^+\varphi(0,0)$　　　　　(b) $\partial^0\varphi(0,0)$　　　　　(c) $\Lambda^0\varphi(0,0)$

图 1.14　　$\varphi(x_1,x_2)=\big|\,|x_1|+x_2\big|$ 的不同类型的次微分

定理 1.23 在这里首次出现于下半连续函数这一普通情形, 此时考虑法锥的定 义 (1.58) 知, 其证明在任何 Banach 空间中都成立. 当 $\varphi$ 在 $\bar x$ 附近连续时, 作者 在 [529, 定理 1.80] 中给出了稍有不同的证明.

接下来我们讨论基本次微分与其预次微分/正则次微分之间的极限关联, 注 意后者在有限维空间中的构造首先以 "$\geqslant$-梯度的集合" 的名称出现于 Bazaraa, Goode 和 Nashed [74]. 后来, 它以不同的名字出现在许多出版物中; 特别地, 通过 与经典 Fréchet 导数 (1.12) 类比, 称作 "Fréchet 次微分"; 参见, 例如 [115, 378, 529]. 对任意 $v\in\widehat\partial\varphi(\bar x)$, Rockafellar 和 Wets [686] 建议使用 "正则次梯度" 一词,

其动机可能是由于 $\partial\varphi(\bar{x}) = \widehat{\partial}\varphi(\bar{x})$ 的下正则性适用于某些类型的好函数, 如光滑函数、凸函数、顺从函数等. 注意 $\widehat{\partial}\varphi(\bar{x})$ 也被称为 "黏性解意义下的次微分" (或由 Borwein 和 Zhu [114,115] 提出的黏性次微分), 从 Crandall 和 Lions [185] 开始, 它被大量广泛地应用于 Hamilton-Jacobi 型的偏微分方程; 参见, 例如, [67,137,184] 及其参考文献. 最后, "预次微分" (类似地 "预法向量" 和 "预上导数") 术语来自 Thibault 和 Zagrodny [718] 中的抽象预次微分理论, 其中正则/类 Fréchet 结构起着突出的作用.

与下次梯度集合 $\widehat{\partial}\varphi(\bar{x})$ 一起, 上次梯度集 $\partial^+\varphi(\bar{x}) := -\widehat{\partial}(-\varphi)(\bar{x})$ 也在 [74] 中以 "$\leqslant$ 梯度的集合" 的名义引入, 然后在 [185] 中被称作黏性解意义下的超微分. 容易看出, 集合 $\widehat{\partial}\varphi(\bar{x})$ 和 $\partial^+\varphi(\bar{x})$ 不能同时为空集当且仅当 $\varphi$ 在 $\bar{x}$ 处是 Fréchet 可微的. 因此, 与 (1.75) 相反, 相应的 "对称集合" $\partial^0\varphi(\bar{x}) := \widehat{\partial}\varphi(\bar{x}) \cup \partial^+\varphi(\bar{x})$ 并没有起独立的作用, 因为它通常简化为 $\widehat{\partial}\varphi(\bar{x})$ 或 $\partial^+\varphi(\bar{x})$.

考虑到 $\varepsilon$-次梯度集 (1.34) 可以追溯至 Kruger 和 Mordukhovich[444, 443], 其动机是寻求 Banach 空间中基本次梯度相应于定理 1.28 中 (1.37) 的第二个表示式的方便描述. 注意, 在凸分析意义下凸函数的 Fréchet 类型 $\varepsilon$-次梯度 $\widehat{\partial}_\varepsilon\varphi(\bar{x})$ 不同于近似 $\varepsilon$-次梯度 $\partial_\varepsilon\varphi(\bar{x})$; 对于凸情形下 $\widehat{\partial}_\varepsilon\varphi(\bar{x})$ 的表示, 参见命题 1.25, 而对凸分析下的近似 $\varepsilon$-次梯度, 参见

$$\partial_\varepsilon\varphi(\bar{x}) := \big\{ x^* \in X^* \,\big|\, \varphi(x) - \varphi(\bar{x}) \leqslant \langle x^*, x - \bar{x}\rangle + \varepsilon, \ \forall\, x \in X \big\}.$$

定理 1.26 中与 $\varepsilon$-法向量相关的精确公式及所给出的证明由 Kruger [430, 433] 提出. 有限维空间中基本次梯度 (1.37) 的第一个表示式由定理 1.6 中利用的欧氏范数的性质可得, 从而表明 Rockafellar 和 Wets [686] 中的广义次梯度与作者 [509] 所引入的 (1.24) 相同. 然而, 作者和 Shao [587] 基于以前的发展, 揭示了这种表示 (不涉及 $\varepsilon > 0$ ) 在任意的 Asplund 空间中的有效性这一深刻的变分事实; 有关更多详细信息和参考, 见上述的法锥评论和书 [529]. 注意, 对任意下半连续函数 $\varphi : X \to I\!R$, Fabian 和 Mordukhovich[259] 证明了 (1.37) 中第一个表示式实际上是 Asplund 空间的一个刻画, 另请参见 [529].

文献 [529] 在 Fréchet 光滑空间中建立了定理 1.27 对正则次梯度的光滑变分描述, 其中证明了这个光滑重赋范假设对于定理 1.27 中光滑支撑函数 $\psi$ 的凹性也是必要的; 参见 [259] 以了解无穷维空间中的其他光滑变分描述. 通过简化为正则法向量的相应描述, [686, 命题 8.5] 中在有限维上给出了该结果当 $\psi$ 不具有凸性的一个较弱版本.

通过 Penot 在文献 [641] 中引入的相依方向导数 (1.42), 由定义直接可得正则次梯度的对偶表示 (1.40), 而这一事实本质上是有限维的; 通过自反空间中的弱相依锥和弱相依导数可以得出类似 (1.9) 和 (1.40) 的结果, 参见 [529] 及其参考

文献.

自 1981 年起, Ioffe 在他的系列出版物中以不同的名称 (M-次微分、解析与几何 "近似" 次微分及其核等) 将作者的广义微分构造推广至无穷维空间中, 而在有限维中, 上述推广均简化为文献 [509] 中的构造. Ioffe 非常熟悉并充分肯定了前面提到的作者在有限维空间上的工作, 以及作者与 Kruger [443, 444] 和 Kruger 单独 [430, 431] 在 Fréchet 光滑空间上的共同工作. 例如, 在 Ioffe 的原始著作 [367, 368] 的第一部分 [367] 中, 关于 "近似" 次微分的内容包含了他随后在这个方向上的核心工作: "这一切本质上都源于对极值必要条件的 Mordukhovich 近似方法的思考 [509]." 这反映在这种次梯度的 "近似" 术语中, 它与凸分析中使用的常规近似次梯度不对应; 参见, 例如, 文献 [355].

在这里, 我们不讨论 "近似次微分" 的本质, 以及它们与我们无空维空间中基本次微分结构的比较, 请读者参阅 [529, 2.6.9 小节和 3.2.3 小节] 及其注释以获取完整的说明. 注意, 其最好的结构, 称为 "几何次微分核和几何法锥核" [372], 在一般 Banach 空间中满足强分析法则, 但比上面讨论的基本序列构造要复杂得多, 并且总是更大. 为此, 请注意, 在 [372, 命题 8.2] 和 [373, 定理 1] 中关于无限维度中的 "近似" 和我们的构造之间关系的主张是不正确的; 事实上, 正如 Borwein 和 Fitzpatrick [102] 所示, 对于 $\mathcal{C}^\infty$-光滑空间中的 Lipschitz 连续函数, 相反的包含关系也严格成立; 另请参见 [529, 例 3.61]. [372, 373] 的证明中的错误来自于序列弱* 闭包和拓扑弱* 闭包之间的混淆. $L^1(T; \mathbb{R}^n)$(非-Asplund) 空间中积分泛函的序列极限与 "近似" 次微分之间的综合关系最近由 Jourani 和 Thibault 建立 [406].

我们继续对 1.3 节和 1.4 节中介绍的其他主题和结果进行评论. 定理 1.32 中关于 Banach 空间上局部 Lipschitz 映射 $f: X \to \mathbb{R}^m$ 的标量化公式由 Kruger [429, 431] 首先获得; 当 $X$ 为有限维时, 参见 [371]. 作者和 Shao [591] 将这个结果扩展到任意 Banach 空间上 Lipschitz 映射的混合上导数 (1.65); 另见 [529, 定理 1.90]. 标量化的对应基本上导数则明显更复杂; 关于从 Asplund 空间到一般 Banach 空间上且在 $\bar{x}$ 处的严格 Lipschitz 映射 $f: X \to Y$, 参见 [587]; 如 [717] 中所示, 该概念可以追溯到 Thibault [712] 结合矢量映射的次微分分析法则引入和研究的紧 Lipschitz 行为 的基本版本. 对于更弱的 "$w^*$-严格 Lipschitz" 映射, 作者和 Wang [597] 得到了基本上导数标量化结果的改良版本, 并在 [529, 定理 3.28] 中进行了介绍和更多讨论.

经典的距离函数 $d_\Omega(x)$ 是 Lipschitz 连续的但本质上是不可微的, 它的广义微分从一开始就在非光滑分析中发挥了重要作用. 在变分方法的实施中, 包括约束优化中的惩罚和强大的 Ekeland 变分原理 [251, 252], 距离函数的重要性已经得到广泛的认识. 有限维欧氏空间中的定理 1.33 可以追溯到 [514, 命题 2.7] 和 [686, 例 8.53](这里给出了全新完整的证明), 而它的无穷维版本则更为复杂; 请参

阅书 [529] 和最近的论文 [542] 以获得全面的解释.

据我们所知, 对任意 $\varepsilon \geqslant 0$, Kruger [430] 首先计算了 Banach 空间闭子集的距离函数 $d_\Omega$ 在集合内和集合外点处的 $\varepsilon$-次梯度. 但是, 在集外情形下通过 $\rho$-扩张

$$\Omega(\rho) := \left\{ x \in X \,\middle|\, d_\Omega(x) \leqslant \rho \right\} \text{ 且 } \rho = d_\Omega(\bar{x})$$

的 $\varepsilon$-法向量的证明是不完整的, 随后由 Bounkhel 和 Thibault [126] 进行了补充. Ioffe [373] 也考虑了定理 1.33(i) 中 $\partial d_\Omega(\bar{x})$ 的集内情况, 然而 Thibault [714] 利用 Ekeland 变分原理首先推导出了一般 Banach 空间中关于 $\bar{x} \in \Omega$ 处的基本次微分 $\partial d_\Omega(\bar{x})$ 的结果.

注意, 定理 1.33(ii) 中集外点的结果本质上是有限维的, 并且依赖于 $I\!R^n$ 上的欧氏范数. 作者和 Nam [537, 538] 通过投影 $\Pi_\Omega$ 和扩张 $\Omega(\rho)$ 的相应法向量得到了 $d_\Omega$ 的正则次梯度和基本次梯度的各种无穷维对应结果. 特别地, 类似于定理 1.33(i) 中 $\bar{x} \in \Omega$ 的情形, 它揭示了 $\partial d_\Omega(\bar{x})$ 当 $\bar{x} \notin \Omega$ 时与扩张 $\Omega(\rho)$ 的法锥之间——即使是在有限维空间上——并没有所期待的对应关系. 为得到该结果的适当版本, 文献 [537] 引入了 $\varphi: X \to \overline{I\!R}$ 在 $\bar{x} \in \operatorname{dom} \varphi$ 处的右侧次微分

$$\partial_{\geqslant} \varphi(\bar{x}) := \operatorname{Lim\,sup}_{x \overset{\varphi}{\to} \bar{x}} \widehat{\partial} \varphi(x), \tag{1.89}$$

其中符号 $x \overset{\varphi}{\to} \bar{x}$ 蕴含着 $x \to \bar{x}$ 满足 $\varphi(x) \to \varphi(\bar{x})$ 且 $\varphi(x) \geqslant \varphi(\bar{x})$. 然后其中证明了对任意 Banach 空间中的闭集, 有 (另参见 [529, 定理 1.101])

$$N\big(\bar{x}; \Omega(\rho)\big) = \bigcup_{\lambda \geqslant 0} \lambda \partial_{\geqslant} d_\Omega(\bar{x}) \text{ 且 } \rho = d_\Omega(\bar{x}).$$

作者和 Mou [536] 引入了距离函数 $\partial d_\Omega(\bar{x})$ 在集外点 $\bar{x}$ 处的右侧次微分的一些扩展和公理化定义, 它们被称为顺序和拓扑外正则次微分. 这些结构在 [536] 中得到了有效的应用, 通过 Ngai, Luc 和 Thera[616] 意义下的近似凸集, 得出了任意 Banach 空间中包含约束的度量空间上优化问题的必要最优性条件. 在有限维空间中, Ioffe 和 Outrata [379] 通过使用严格不等式 ">" 替换 "$\geqslant$" 定义了另一个增强版的右侧次微分 (1.89), 它类似于 [536] 的外次微分, 但结构本质上是不同的. 文献 [379] 和 [139, 472, 644] 将 [379] 中的这个外次微分和相应外导数的概念应用于各类优化及相关问题. 请读者参阅 Ivanov 和 Thibault [384] 最近的论文, 以了解右侧次微分 (1.89) 在研究最小时间函数中的印象深刻的应用.

另一个有趣的研究课题是非光滑积分泛函的次微分 (广义莱布尼茨规则), 近年来从变分理论和应用两方面得到了越来越多的关注; 如 [1, 150, 170, 298, 333, 579,

643] 及其参考文献. 特别是, Ackooij 和 Henrion [1] 以及 Hantoute, Henrion 和
Pérez-Aros [333] 等的论文在高斯分布下含参随机不等式系统的概率函数框架中
通过基本次梯度和广义梯度得到了印象深刻的结果. Mordukhovich 和 Sagara 在
文献 [579] 中通过上述次微分构造, 在一般测度及饱和测度空间上考虑 Gelfand 积
分泛函的非光滑版本的莱布尼茨法则, 从而可以避免相对复杂的弱* 闭包运算. 这
些结果被应用于随机动态规划和经济建模 [579]. 最近由 Adam 和 Kroupa 在文
献 [4] 中给出了由 Sagara [691] 基于经济动机提出的这些次梯度在合作博弈中的
确定性应用.

作者和 Ginchev [296, 297] 在合作论文中引入并研究了方向极限次微分及其
相应的法向量和上导数, 并在极限过程中涉及切线方向. 这些结构在 [296, 297] 中
被用于推导约束优化中更具选择性的必要条件. Gfrerer [284, 285] 以这种方式建
立了方向度量正则性和次正则性的强结果, 并应用于各种优化问题; 关于其在多目
标问题的进一步发展和应用, 参见 Thinh 和 Chuong [719]. 我们特别强调 Gfrerer
和 Outrata 最近的论文 [290, 292], 他们通过发展一种原始-对偶方向变分方法, 获
得了参数广义方程解映射的 Lipschitz 稳定性的有效条件, 并将其应用于具有均衡
约束、锥规划等数学规划中的广泛问题. 为此, 注意由 Penot [644] 提出的 “方向
性” 术语关注 Dini-Hadamard 类型的构造及其极限, 这与上面讨论的完全不同.
读者可以在 [503, 529, 644, 686, 693, 723, 724] 及其参考文献中找到关于其他次微分
(特别是, 适度/Michel-Penot 和线性/Treiman) 以及增广值函数的次导数构造的
更多信息.

另一个最新专题涉及所谓最小时间函数的次微分性质及其最新的应用, 其定
义如下

$$\tau_F(x; \Omega) := \inf_{z \in \Omega} p_F(z - x), \quad x \in X, \tag{1.90}$$

其中 $F \subset X$ 是有界闭凸的, $0 \in \operatorname{int} F$ 且

$$p_F(u) := \inf\{t > 0 \mid t^{-1}u \in F\}$$

是其 Minkowski 度规, 而 $\Omega \subset X$ 是闭且通常为非凸的目标集. 当 $F$ 为空间 $X$
中的闭单位球 $I\!B$ 时, 我们有 $p_F(u) = \|u\|$, 从而 (1.90) 简化为距离函数 $d_\Omega$. 众所
周知, 由集合 $F$ 和 $\Omega$ 所产生的最小时间函数在变分分析、优化、控制理论、偏
微分方程、逼近理论等许多方面都发挥着重要作用; 参见例如 [66, 137, 172, 177,
337, 383, 384, 541, 542, 608] 及其参考文献, 其中可以找到 (1.90) 的一些次梯度的
性质及其应用. 我们特别提到针对涉及上述次微分结构的该方向上各种结果的论
文 [172, 177, 337, 383, 384, 541, 542, 608]. 此外, 最近这些次微分结果中的一些已经
成功应用于 [123, 542–544, 549–551, 609, 611] 和其他出版物中, 以解决一些设施定

位问题, 这些问题的最初版本可以追溯到 Fermat, Torricelli, Sylvester 和 Weber 的文献. 由于这类问题在定位科学、最佳网络、无线通信等方面的重要性, 人们对它们的研究又产生了浓厚的兴趣; 参见 [13, 495, 622, 623, 690] 及其参考文献.

近年来, 对于涉及基本次梯度的优化算法及其在数值分析中的应用的兴趣迅速增长; 参见, 例如 [31–33, 46–48, 71–73, 79, 82, 91–93, 119, 135, 149, 192, 231, 233, 235, 309, 312, 313, 318, 336, 347, 349, 416, 425, 458, 463, 464, 466, 472–474, 487, 573, 646, 647, 687, 688, 769, 770] 等出版物. 特别是, 在很大程度上尚未探索的算法领域在自动/算法微分中涉及基本次梯度的使用 [311]; 关于在某些应用中非常重要的特殊设置下的相关结果和讨论, 参见 [68, 310, 312, 413]. 注意, 文献 [68, 413] 令人印象深刻地证明了 Nesterov 的词典微分 [612] 对于这类非光滑函数的算法优势.

**1.4 节** 本节收集了与 1.1—1.3 节的基本内容和其中所示结果的无穷维扩展有关的额外材料. 除了相当简单的练习 (只需对基本材料有清晰的理解并进行计算), 读者可以在 1.4 节中找到更多涉及的结果, 以及解决问题的提示和相应出版物的参考文献. 我们特别强调有关为右侧次微分 (1.53) 建立适当的分析法则的未解决问题, 这些问题在有限和无限维空间上都是开放的; 参见练习 1.84. 关于上述评论中讨论的 ">"(外) 次微分和 [379] 中相应的外上导数也可以这样说. 解决这些问题对于各种应用将非常重要.

# 第 2 章　变分分析的基本原理

本章主要阐述和发展了变分分析中的基本原理, 这些原理对运用最优化思想和技术解决变分理论和应用中的许多问题起着至关重要的作用. 在几何对偶空间的变分分析方法中, 该方向的主要结果是闭集的极点原理, 可以将其视为强凸分离原理在凸性缺失下的变分非凸形式. 我们推导了适用于有限多个集合的极点原理的基本形式, 然后继续对可数集系统展开新的讨论. 增广实值函数的相关变分原理也在本章的主要论述、练习和评注部分进行了讨论. 作为极点原理的直接结果, 我们在本章建立了法锥的交法则, 这是非凸广义微分学的关键结果, 使得我们可以通过几何方法推导出第 1 章中鲁棒广义微分构造的综合分析法则. 粗略地讲, 极点原理和相关的变分思想完全决定了非凸极限构造的综合分析法则的有效性, 与它们的凸形式相比, 该构造本质上更好. 这在一定程度上验证了本学科 "变分分析" 的名称.

## 2.1　有限集系统的极点原理

在本节中, 我们定义和研究给定点相对于有限个集合系统的局部极点的概念.

### 2.1.1　集合极点的概念和例子

我们从有限个集合的极点系统的定义开始. 尽管在定义中没有明确指出, 但若无特殊声明, 我们总是假设所有集合在所讨论点附近都是局部闭的. 这是我们一贯的假设, 在下面的基本极点原理和相关结果的证明中必不可少.

**定义 2.1** (有限个集合的局部极点)　设 $\Omega_1, \cdots, \Omega_s$, $s \geq 2$ 是 $\mathbb{R}^n$ 的非空子集, 且设 $\bar{x}$ 为它们的公共点. 我们称 $\bar{x}$ 是集合系统 $\{\Omega_1, \cdots, \Omega_s\}$ 的一个局部极点, 若存在序列 $\{a_{ik}\} \subset \mathbb{R}^n$, $i = 1, \cdots, s$, 以及 $\bar{x}$ 的邻域 $U$ 使得当 $k \to \infty$ 时, $a_{ik} \to 0$ 且对所有充分大的 $k \in \mathbb{N}$,

$$\bigcap_{i=1}^{s} (\Omega_i - a_{ik}) \cap U = \varnothing. \tag{2.1}$$

此时, 称 $\{\Omega_1, \cdots, \Omega_s, \bar{x}\}$ 是 $\mathbb{R}^n$ 中的一个极点系统.

在接下来的讨论中, 如果 (2.1) 中 $U = \mathbb{R}^n$, 我们将在定义 2.1 中为 $\bar{x}$ 删除 "局部" 一词. 实际上, 在以下有关局部极点的所有 (局部) 结果中, 可以不失一般性地假设 $U = \mathbb{R}^n$.

几何上, 对于有公共点的集合系统, 其局部极点的意思是这些集合可以被至少一个集合的小扰动/平移局部地"分开". 在 $s = 2$ 的情形下, $\{\Omega_1, \Omega_2, \bar{x}\}$ 的局部极点性质可以等价地描述为: 存在 $\bar{x}$ 的邻域 $U$, 使得对任意 $\varepsilon > 0$, 有 $a \in \varepsilon I\!\!B$ 满足 $(\Omega_1 + a) \cap \Omega_2 \cap U = \varnothing$; 见图 2.1 (a). 显然, 条件 $\Omega_1 \cap \Omega_2 = \{\bar{x}\}$ 并不一定能导出 $\bar{x}$ 是系统 $\{\Omega_1, \Omega_2\}$ 的一个局部极点. 一个简单的例子可由平面上两个集合 $\Omega_1 := \{(v, v) | \ v \in I\!\!R\}$ 和 $\Omega_2 := \{(v, -v) | \ v \in I\!\!R\}$ 给出.

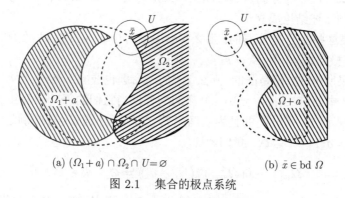

(a) $(\Omega_1 + a) \cap \Omega_2 \cap U = \varnothing$    (b) $\bar{x} \in \mathrm{bd}\ \Omega$

图 2.1　集合的极点系统

容易看出, 闭集 $\Omega$ 的任何一个边界点 $\bar{x}$ 都是集合对 $\{\Omega_1, \Omega_2\}$ 的局部极点, 其中 $\Omega_1 := \Omega$ 且 $\Omega_2 := \{\bar{x}\}$; 见图 2.1 (b). 此外, 集合系统的局部极点的几何概念可以看作是优化问题可行解的局部最优性的直接推广. 事实上, 考虑如下一般标值约束优化问题

$$\text{minimize}\ \varphi(x)\ \text{s.t.}\ x \in \Omega \subset I\!\!R^n,$$

其中约束集 $\Omega$ 是闭的且成本/目标函数 $\varphi$ 在 $\bar{x}$ 附近是下半连续的. 由定义直接可得该问题的任何局部最优解 $\bar{x} \in \Omega$ 都能生成 $I\!\!R^{n+1}$ 中局部闭集系统 $\{\Omega_1, \Omega_2\}$ 的局部极点 $(\bar{x}, \varphi(\bar{x}))$, 其中

$$\Omega_1 := \mathrm{epi}\,\varphi\ \text{且}\ \Omega_2 = \Omega \times \big\{\varphi(\bar{x})\big\}.$$

为了验证定义 2.1 中的极点条件 (2.1), 选取序列 $a_{1k} := (0, \nu_k) \subset I\!\!R^n \times I\!\!R$, $a_{2k} := 0$ 和邻域 $U = O \times I\!\!R$, 其中 $\nu_k \uparrow 0$, 且 $O$ 是局部极小点 $\bar{x}$ 的一个邻域. 在本章的后续章节以及本书的其他章节中, 读者可以找到许多与均衡问题、变分原理、广义微分学、经济建模等相关优化 (包括向量和集值优化) 问题中极点系统的例子.

现在, 我们将引入的集合极点的概念与有公共点的有限多个集合 (不一定是凸集) 的常规分离性质进行比较. 回顾, 如果存在不同时为零的向量 $v_i \in I\!\!R^n$, 以及 $\alpha_i \in I\!\!R$, 使得

$$\langle v_i, x \rangle \leqslant \alpha_i, \quad \forall\, x \in \Omega_i, \quad i = 1, \cdots, s, \tag{2.2}$$

$$v_1 + \cdots + v_s = 0, \quad \text{且 } \alpha_1 + \cdots + \alpha_s = 0, \tag{2.3}$$

则这些集合 $\Omega_i \subset I\!R^n$ 被称为是分离的, 其中 $i = 1, \cdots, s$.

该定义的一个关键问题是满足 (2.2) 和 (2.3) 的向量 $v_i$ 和数字 $\alpha_i$ 的存在性. 虽然分离的概念是在一般情况下定义的, 但我们只能证明它在与集合极点有关的凸情况下的适用性. 这将在下一个命题中完成.

**命题 2.2** (极点与分离) 设 $\Omega_1, \cdots, \Omega_s$ $(s \geqslant 2)$ 是 $I\!R^n$ 中至少含有一个公共点的子集. 则下述结论成立:

(i) 如果这些集合是分离的, 那么集合系统 $\{\Omega_1, \cdots, \Omega_s, \bar{x}\}$ 在任何一个公共点 $\bar{x}$ 处都有极点性质, 且 $U = I\!R^n$.

(ii) 如果所有 $\Omega_i$ 都是凸的, 那么 (i) 的逆命题也成立.

(iii) $I\!R^n$ 中凸集 $\Omega_1, \cdots, \Omega_s$ 是分离的当且仅当它们的每一个公共点都是极点.

**证明** 假设 $\Omega_i$ 是分离的且为明确起见 $v_s \neq 0$. 任选 $a \in I\!R^n$ 满足 $\langle v_s, a \rangle > 0$, 并且令 $a_k := a/k, \forall k \in I\!N$. 我们验证

$$\Omega_1 \cap \cdots \cap \Omega_{s-1} \cap (\Omega_s - a_k) = \varnothing, \quad k \in I\!N,$$

这显然蕴含 $\{\Omega_1, \cdots, \Omega_s, \bar{x}\}$ 在每个公共点 $\bar{x}$ 处的极点性质. 若上式不成立, 可从其交集中任意选取 $x$, 根据分离性质我们可得

$$\langle v_i, x \rangle \leqslant \alpha_i, \ i = 1, \cdots, s-1, \quad \text{且} \quad \langle v_s, x + a_k \rangle \leqslant \alpha_s, \ k \in I\!N.$$

综上我们可得 $\alpha_1 + \cdots + \alpha_s \geqslant \frac{1}{k} \langle v_s, a \rangle > 0$. 矛盾, 因此 (i) 成立. 由定理 2.3 的极点原理和凸集的法锥表示 (1.9) 知 (ii) 中的逆命题成立. (iii) 是 (i) 和 (ii) 的直接结果. △

### 2.1.2 基本极点原理和一些结果

下一个结果建立了有限维空间中有限多集系统的基本极点原理. 特别地, 它表明了集合的极点性质, 而非关系 (2.2) 和 (2.3), 是非凸集分离的一个自然的变分对应结果, 并且极点原理是分离定理在非凸情况下的一个适当的变分对应. 极点原理的证明基于度量逼近的方法, 该方法给出了成本函数在感兴趣点周围光滑的无约束优化问题族所考虑的集合极点系统的一种构造逼近.

**定理 2.3** (基本极点原理) 设 $\{\Omega_1, \cdots, \Omega_s, \bar{x}\}$ $(s \geqslant 2)$ 是 $I\!R^n$ 中的一个极点系统. 则存在集合 $\Omega_i$ 在局部极点 $\bar{x}$ 处的基本法向量

$$v_i \in N(\bar{x}; \Omega_i), \quad i = 1, \cdots, s, \tag{2.4}$$

使得

$$v_1 + \cdots + v_s = 0 \quad \text{且} \quad \|v_1\|^2 + \cdots + \|v_s\|^2 = 1. \tag{2.5}$$

**证明** 不失一般性, 在极点 $\bar{x} \in \Omega_1 \cap \cdots \cap \Omega_s$ 的定义中假设 $U = I\!R^n$. 从定义 2.1 中选取序列 $\{a_{ik}\}$ 且对每个 $k = 1, 2, \cdots$ 及所有 $x \in I\!R^n$ 考虑下面无约束极小化问题:

$$\text{minimize} \quad d_k(x) := \left[ \sum_{i=1}^s \text{dist}^2(x + a_{ik}; \Omega_i) \right]^{1/2} + \|x - \bar{x}\|^2. \tag{2.6}$$

因为函数 $d_k$ 是连续的且其水平集有界, 由经典的 Weierstrass 定理知 (2.6) 存在一个最优解 $x_k$. 由 (2.1) 中 $\bar{x}$ 的极点性质我们有

$$\alpha_k := \left[ \sum_{i=1}^s \text{dist}^2(x_k + a_{ik}; \Omega_i) \right]^{1/2} > 0.$$

进一步地, (2.6) 中 $x_k$ 的最优性保证了

$$d_k(x_k) = \alpha_k + \|x_k - \bar{x}\|^2 \leqslant \left[ \sum_{i=1}^s \|a_{ik}\|^2 \right]^{1/2} \downarrow 0,$$

这蕴含着 $x_k \to \bar{x}$ 且 $\alpha_k \downarrow 0$ $(k \to \infty)$. 现对每个 $i = 1, \cdots, s$, 选取任意欧氏投影 $w_{ik} \in \Pi(x_k + a_{ik}; \Omega_i)$ 并对 $x \in I\!R^n$ 考虑另一无约束优化问题:

$$\text{minimize} \quad \rho_k(x) := \left[ \sum_{i=1}^s \|x + a_{ik} - w_{ik}\|^2 \right]^{1/2} + \|x - \bar{x}\|^2, \tag{2.7}$$

它显然具有与 (2.6) 一样的最优解 $x_k$. 因为 $\alpha_k > 0$ 且欧氏范数 $\|\cdot\|$ 在 $I\!R^n \setminus \{0\}$ 上是光滑的, 函数 $\rho_k(x)$ 在 $x_k$ 附近是连续可微的, 从而 (2.7) 是一个光滑的无约束极小化问题. 因此由经典的 Fermat 稳定性原理有

$$\nabla \rho_k(x_k) = \sum_{i=1}^s v_{ik} + 2(x_k - \bar{x}) = 0, \tag{2.8}$$

其中 $v_{ik} = (x_k + a_{ik} - w_{ik})/\alpha_k$, $i = 1, \cdots, s$, 且

$$\|v_{1k}\|^2 + \cdots + \|v_{sk}\|^2 = 1, \quad \forall\, k \in I\!N.$$

由 $I\!R^n$ 中单位球面的紧性, 我们找到向量 $v_i \in I\!R^n$, $i = 1, \cdots, s$, 满足 (2.5) 中的非平凡条件并使得 $v_{ik} \to v_i$ $(k \to \infty)$. 在 (2.8) 中取极限可得 (2.5) 中第一个方程. 最后, 由 (1.4) 中基本法向量的定义直接可知每个 $v_i$ 满足 (2.4), 这就完成了定理的证明. $\triangle$

对于极点系统中两个集合 $\Omega_1, \Omega_2$ 的情况, 定理 2.3 中极点原理的关系简化为

$$0 \neq v \in N(\bar{x}; \Omega_1) \cap \big( - N(\bar{x}; \Omega_2) \big). \tag{2.9}$$

当 $\Omega_1$ 与 $\Omega_2$ 都为凸集时, 根据凸集的法锥表示 (1.9), 由 (2.9) 可得

$$\langle v, x_1 \rangle \leqslant \langle v, x_2 \rangle, \quad \forall\, x_1 \in \Omega_1 \ \text{及}\ x_2 \in \Omega_2 \ \text{且}\ v \neq 0,$$

这是两个凸集的经典分离定理的内容. 这使我们能够通过其相对内部 $\mathrm{ri}\,\Omega_i$ 得到有限多个凸集极点的一个完整描述, 即, 定理 2.3 中每个凸集 $\Omega_i$ 相对于其仿射包的内部; 参见, 例如 [675].

**推论 2.4** (凸集极点的相对内部条件)   凸集系统 $\{\Omega_1, \cdots, \Omega_s, \bar{x}\}$ $(s \geqslant 2)$ 在它们的每个公共点 $\bar{x}$ 处有极点性质, 若下面条件成立

$$\mathrm{ri}\,\Omega_1 \cap \cdots \cap \mathrm{ri}\,\Omega_s = \varnothing. \tag{2.10}$$

**证明**   由 [675, 定理 11.3] 的分离结果我们可知, 条件 $\mathrm{ri}\,\Omega_1 \cap \mathrm{ri}\,\Omega_2 = \varnothing$ 对于 $I\!R^n$ 中两个凸集所谓的正常分离是充分且必要的. 因此, 它产生了两个集合通常的分离性质. 这使我们可以通过归纳得出结论, 即 (2.10) 可以确保按照上述意义分离许多凸集. 由命题 2.2 知凸集的极点性质与分离等价, 因此我们得到 (2.10) 作为集合极点的充分条件.                                              △

注意, $\Omega_i$ 的凸性对于推论 2.4 的有效性至关重要. 事实上, 令 $\Omega_1$ 为平面的第一和第三象限的并集, 而 $\Omega_2$ 为平面的第二和第四象限的并集, 其公共点为 $(0,0)$, 当条件 (2.10) 成立时, 该点不是极点; 见图 2.2.

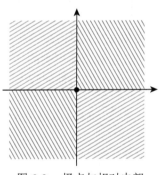

图 2.2   极点与相对内部

当 $\bar{x}$ 是闭集 $\Omega$(不一定凸) 的边界点时, 对极点系统 $\{\Omega, \{\bar{x}\}, \bar{x}\}$ 应用定理 2.3 可得 $N(\bar{x}; \Omega) \neq 0$, 即, 我们得到了命题 1.2 的结果.

注意, 定理 2.3 的基本极点原理是以确切/点基的形式给出的, 仅涉及所讨论的局部极点 $\bar{x}$. 定理 2.3 在有限维条件下的下一个结果是下面的近似极点原理, 它在无限维空间中起着独立的作用; 参阅 2.5 节和 2.6 节.

**推论 2.5** (近似极点原理)   设 $\{\Omega_1, \cdots, \Omega_s, \bar{x}\}$ $(s \geqslant 2)$ 是 $I\!R^n$ 中的一个极点

系统. 则对任意 $\varepsilon > 0$ 存在点 $x_i \in \Omega_i \cap (\bar{x} + \varepsilon I\!\!B)$ 及近似法向量

$$v_i \in \widehat{N}(x_i; \Omega_i) + \varepsilon I\!\!B, \quad i = 1, \cdots, s, \tag{2.11}$$

使得 (2.5) 中两个等式都成立.

**证明** 由定理 2.3 中的极点原理和定理 1.6 中基本法向量的第一个极限表示直接可得. $\triangle$

容易看出, 由 (2.11) 和 $I\!\!R^n$ 中单位球的紧性, 我们可以通过对 (2.11) 取极限得到 (2.4). 因此有限维空间中推论 2.5 的结果事实上与定理 2.3 的基本极点原理是等价的.

## 2.2 可数集系统的极点原理

接下来, 我们考虑无穷/可数集系统的集合极点与极点原理的适当版本. 与有限集系统相比, 这个问题涉及得更多, 甚至在存在凸性的情况下也是如此. 无穷集系统极点性质的研究对于变分分析和优化的许多方面都具有重要意义; 特别是在第 8 章后面要讨论的半无穷规划问题.

### 2.2.1 可数集系统的极点性质

与上述关于有限集系统的构造和结果相比, 下面的锥和切向/相依极点的概念在无穷集系统的研究中起着至关重要的作用.

**定义 2.6** (锥与相依极点系统) 我们称:

(a) 可数锥系统 $\{\Lambda_i\}_{i \in I\!N} \subset I\!\!R^n$ 在原点处有极点性质, 或简单地, $\{\Lambda_i\}_{i \in I\!N}$ 是一个锥极点系统, 如果存在一个有界序列 $\{a_i\}_{i \in I\!N} \subset I\!\!R^n$ 使得

$$\bigcap_{i=1}^{\infty} (\Lambda_i - a_i) = \varnothing. \tag{2.12}$$

(b) 令 $\{\Omega_i\}_{i \in I\!N} \subset I\!\!R^n$ 是一个可数集系统且 $\bar{x} \in \bigcap_{i=1}^{\infty} \Omega_i$, 且令 $T(\bar{x}; \Omega_i)$ 是 $\Omega_i$ 在 $\bar{x}$ 处的相依锥 (1.11). 如果锥系统 $\{T(\bar{x}; \Omega_i)\}_{i \in I\!N}$ 在原点处具有极点性质, 则 $\{\Omega_i, \bar{x}\}_{i \in I\!N}$ 是一个相依极点系统且相依局部极点为 $\bar{x}$.

注意, 通过这种方式我们可以自然地定义其他类型的切向极点系统, 方法是将定义 2.6(b) 中的 $T(\bar{x}; \Omega_i)$ 替换为 $\Omega_i$ 在 $\bar{x}$ 处的其他切向锥, 但在本节中下面主要介绍的切向极点原理本质上使用了相依锥的特定性质.

还要注意, 定义 2.6 中的极点概念显然适用于包含有限多个集合的系统的情况; 事实上, 在这种情况下, 其他集合简化为整个空间 $I\!\!R^n$. 容易验证, 任何有限锥系统 $\{\Lambda_1, \cdots, \Lambda_s\}$ 在原点处具有极点性质当且仅当 $\bar{x} = 0$ 是 $\{\Lambda_1, \cdots, \Lambda_s\}$ 的定

义 2.1 意义下的一个局部极点. 然而, 即使在 $\mathbb{R}^2$ 中两个集合的情况下, 定义 2.6 的局部极点性质 (2.1) 和相依极点性质一般也是独立的概念.

**例 2.7** (相依极点和局部极点)

(i) 考虑函数 $\varphi(x) := x\sin(1/x)$, $x \neq 0$ 且 $\varphi(0) = 0$ 并构造 $\mathbb{R}^2$ 中闭集如下

$$\Omega_1 := \text{epi}\,\varphi \quad 且 \quad \Omega_2 := (\mathbb{R} \times \mathbb{R}_-) \setminus \text{int}\,\Omega_1.$$

选取 $\bar{x} = (0,0) \in \Omega_1 \cap \Omega_2$ 并注意到 $\Omega_1$ 和 $\Omega_2$ 在 $\bar{x}$ 处的相依锥的计算分别如下:

$$T(\bar{x}; \Omega_1) = \text{epi}\left(-|\cdot|\right) \quad 且 \quad T(\bar{x}; \Omega_2) = \mathbb{R} \times \mathbb{R}_-.$$

容易得出 $\bar{x}$ 是 $\{\Omega_1, \Omega_2\}$ 的一个局部极点但不是该集合系统的相依局部极点; 见图 2.3.

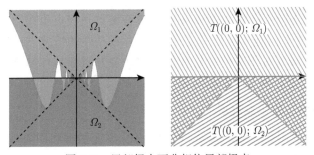

图 2.3    局部极点而非相依局部极点

(ii) 定义 $\mathbb{R}^2$ 的两个闭子集如下

$$\Omega_1 := \left\{(x,y) \in \mathbb{R}^2 \,\middle|\, y \geqslant -x^2\right\} \quad 且 \quad \Omega_2 := \mathbb{R} \times \mathbb{R}_-.$$

$\Omega_1$ 和 $\Omega_2$ 在 $\bar{x} = (0,0)$ 处的相依锥为 $T(\bar{x}; \Omega_1) = \mathbb{R} \times \mathbb{R}_+$ 和 $T(\bar{x}; \Omega_2) = \mathbb{R} \times \mathbb{R}_-$. 根据定义 2.1, 这表明 $\{\Omega_1, \Omega_2, \bar{x}\}$ 是一个相依极点系统而非极点系统; 见图 2.4.

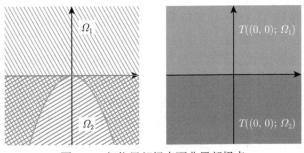

图 2.4    相依局部极点而非局部极点

### 2.2.2 锥与相依极点原理

我们现在的目标是通过所涉集合的基本法锥 (1.4) 推导出定义 2.6 中可数锥和相依系统的有意义的极点条件. 我们首先规定和讨论这些条件, 然后在适当的假设下证明它们.

**定义 2.8** (可数集系统的极点条件)  考虑定义 2.6 中的可数集系统, 我们称:

(a) $I\!R^n$ 中的锥系统 $\{\Lambda_i\}_{i\in I\!N}$ 在原点处满足锥极点条件, 如果存在法向量 $v_i \in N(0;\Lambda_i)$, $i \in I\!N$ 使得

$$\sum_{i=1}^{\infty} \frac{1}{2^i} v_i = 0 \quad \text{且} \quad \sum_{i=1}^{\infty} \frac{1}{2^i} \|v_i\|^2 = 1. \tag{2.13}$$

(b) $I\!R^n$ 中的集合系统 $\{\Omega_i\}_{i\in I\!N}$ 在 $\bar{x} \in \bigcap_{i=1}^{\infty} \Omega_i$ 处满足相依极点条件, 如果它们的相依锥系统 $\{T(\bar{x};\Omega_i)\}_{i\in I\!N}$ 满足 (a) 中的锥极点条件.

(c) $I\!R^n$ 中的集合系统 $\{\Omega_i\}_{i\in I\!N}$ 在 $\bar{x} \in \bigcap_{i=1}^{\infty} \Omega_i$ 处满足法向极点条件, 如果存在基本法向量 $v_i \in N(\bar{x};\Omega_i)$, $i \in I\!N$ 满足 (2.13) 中的关系.

容易看出, 如果所有集合 $\Omega_i$ 或者是锥且 $\bar{x} = 0$ 或者在 $\bar{x}$ 附近为凸, 则引入的相依和法向极点条件是等价的. 下面我们将证明相依极点条件总是蕴含法向极点条件. 然而, 即使对于 $I\!R^2$ 中两个集合的系统, 反向包含关系也并不成立. 事实上, 考虑例 2.7(i) 中两个集合, 其中 $\bar{x} = (0,0)$ 是定义 2.1 意义下的一个局部极点. 因此, 由定理 2.3 的基本极点原理知法向极点条件成立, 且此时简化为 (2.4) 和 (2.5). 另一方面, 我们可以通过例 2.7(i) 的计算直接验证这些集合的相依极点条件不成立.

下面的锥极点原理 (CEP) 证明了定义 2.8(a) 中的锥极点条件对于任何可数的非重叠锥极点系统的有效性. 它的证明是基于定理 2.3 证明中使用的度量近似方法的可数扩展. 系统的可数性需要其他参数, 这些参数考虑了所涉及集合的锥结构.

**定理 2.9** (锥极点原理)  设 $\{\Lambda_i\}_{i\in I\!N}$ 为 $I\!R^n$ 中一个具有非重叠性质的锥极点系统

$$\bigcap_{i=1}^{\infty} \Lambda_i = \{0\}. \tag{2.14}$$

则定义 2.8(a) 中的锥极点条件成立. 进一步地, 对每个 $i \in I\!N$ 存在 $x_i \in \Lambda_i$ 和满足 (2.13) 的相应基本法向量 $v_i \in N(0;\Lambda_i)$, 使得 $v_i \in \widehat{N}(x_i;\Lambda_i)$.

**证明**  根据定义 2.6(a) 中的锥极点系统, 找到一个有界序列 $\{a_i\}_{i\in I\!N} \subset I\!R^n$ 满足性质 (2.12), 并考虑下面问题:

$$\text{minimize } \varphi(x) := \left[ \sum_{i=1}^{\infty} \frac{1}{2^i} \text{dist}^2(x+a_i;\Lambda_i) \right]^{\frac{1}{2}}, \quad \text{其中 } x \in I\!R^n. \tag{2.15}$$

**步骤 1**　问题 (2.15) 存在一个最优解.

事实上, 由 (2.15) 中级数的一致收敛性知函数 $\varphi$ 在 $I\!\!R^n$ 中是连续的. 从而只需证明存在 $\alpha > 0$ 使得水平集 $\{x \in I\!\!R^n | \ \varphi(x) \leqslant \inf \varphi + \alpha\}$ 是有界的, 然后运用经典的 Weierstrass 定理. 相反地, 假设对所有 $\alpha > 0$, 水平集都是无界的, 并对任意 $k \in I\!\!N$ 找到 $x_k \in I\!\!R^n$ 满足

$$\|x_k\| > k \quad 且 \quad \varphi(x_k) \leqslant \inf \varphi + \frac{1}{k}.$$

令 $u_k := x_k/\|x_k\|$, 考虑到所有 $\Lambda_i$ 都是锥, 当 $k \to \infty$ 时, 我们有

$$\frac{1}{\|x_k\|}\varphi(x_k) = \left[\sum_{i=1}^{\infty} \frac{1}{2^i}\mathrm{dist}^2\left(u_k + \frac{a_i}{\|x_k\|}; \Lambda_i\right)\right]^{\frac{1}{2}} \leqslant \frac{1}{\|x_k\|}\left(\inf \varphi + \frac{1}{k}\right) \to 0.$$

进一步地, 存在 $M > 0$ 使得对充分大的 $k \in I\!\!N$, 我们有

$$\mathrm{dist}\left(u_k + \frac{a_i}{\|x_k\|}; \Lambda_i\right) \leqslant \left\|u_k + \frac{a_i}{\|x_k\|}\right\| \leqslant M.$$

假设无须重新标记, 对某个 $u \in I\!\!R^n$, 当 $k \to \infty$ 时, 有 $u_k \to u$. 对上式取极限并利用其中级数的一致收敛性以及由 $\{a_i\}_{i \in I\!\!N}$ 的有界性, $a_i/\|x_k\| \to 0$ 关于 $i \in I\!\!N$ 的一致性这一事实, 我们有

$$\left[\sum_{i=1}^{\infty} \frac{1}{2^i}\mathrm{dist}^2(u; \Lambda_i)\right]^{\frac{1}{2}} = 0.$$

由非重叠条件 (2.14) 知这蕴含着 $u \in \bigcap_{i=1}^{\infty} \Lambda_i = \{0\}$. 由 $\|u\| = 1$ 知后者不可能成立, 这与 $\varphi$ 的水平集的有界性这一中间假设相矛盾, 从而证明了问题 (2.15) 的最优解 $\tilde{x}$ 的存在性.

**步骤 2**　简化为光滑无约束优化问题.

首先注意到对任意闭锥 $\Lambda \subset I\!\!R^n$ 及任意 $w \in \Lambda$, 我们有

$$\widehat{N}(w, \Lambda) \subset N(0; \Lambda). \tag{2.16}$$

事实上, 任意选取 $v \in \widehat{N}(w; \Lambda)$, 由定义 (1.5) 知

$$\limsup_{x \xrightarrow{\Lambda} w} \frac{\langle v, x - w \rangle}{\|x - w\|} \leqslant 0.$$

固定 $x \in \Lambda$, $t > 0$ 并令 $u := x/t$. 则 $x/t \in \Lambda$, $tw \in \Lambda$, 且

$$\limsup_{x \xrightarrow{\Lambda} tw} \frac{\langle v, x - tw \rangle}{\|x - tw\|} = \limsup_{x \xrightarrow{\Lambda} tw} \frac{t\langle v, (x/t) - w \rangle}{t\|(x/t) - w\|} = \limsup_{u \xrightarrow{\Lambda} w} \frac{\langle v, u - w \rangle}{\|u - w\|} \leqslant 0,$$

这表明 $v \in \widehat{N}(tw; \Lambda)$. 令 $t \to 0$ 得到 $v \in N(0; \Lambda)$, 从而有 (2.16) 成立.

进一步地, 由 $\{\Lambda_i\}_{i \in \mathbb{N}}$ 的锥极点性质和 (2.15) 中 $\varphi$ 的构造可以推导出 $\varphi(\widetilde{x}) > 0$. 任选 $w_i \in \Pi(\widetilde{x} + a_i; \Lambda_i)$, $i \in \mathbb{N}$, 由 (2.16) 和定理 1.6 的证明知

$$\widetilde{x} + a_i - w_i \in \Pi^{-1}(w_i; \Lambda_i) - w_i \subset \widehat{N}(w_i; \Lambda_i) \subset N(0; \Lambda_i). \qquad (2.17)$$

此外, 由于 $\|x + a_i - w_i\| = \mathrm{dist}\,(x + a_i; \Lambda_i) \leqslant \|x + a_i\|$, 所以序列 $\{a_i - w_i\}_{i \in \mathbb{N}}$ 在 $\mathbb{R}^n$ 中是有界的. 现在考虑无约束问题

$$\text{minimize } \psi(x) := \left[ \sum_{i=1}^{\infty} \frac{1}{2^i} \|x + a_i - w_i\|^2 \right]^{\frac{1}{2}}, \quad x \in \mathbb{R}^n, \qquad (2.18)$$

从 $\psi(x) \geqslant \varphi(x) \geqslant \varphi(\widetilde{x}) = \psi(\widetilde{x})$ 观察到它的最优解与 (2.15) 的最优解 $\widetilde{x}$ 相同. 为验证 $\psi$ 在 $\widetilde{x}$ 附近的光滑性, 定义函数

$$\vartheta(x) := \sum_{i=1}^{\infty} \frac{1}{2^i} \|x - z_i\|^2, \quad x \in \mathbb{R}^n,$$

并证明它在 $\mathbb{R}^n$ 上是连续可微的且导数为

$$\nabla \vartheta(x) = \sum_{i=1}^{\infty} \frac{1}{2^{i-1}} (x - z_i), \quad x, z_i \in \mathbb{R}^n,$$

事实上, 容易看出上述两个级数对每个 $x \in \mathbb{R}^n$ 都收敛. 现任取 $u, \xi \in \mathbb{R}^n$ 使得范数 $\|\xi\|$ 充分小, 我们有

$$\|u + \xi\|^2 - \|u\|^2 - 2\langle u, \xi \rangle = \|u\|^2 + 2\langle u, \xi \rangle + \|\xi\|^2 - \|u\|^2 - 2\langle u, \xi \rangle = \|\xi\|^2 = o(\|\xi\|).$$

因此, 对任意的 $x \in \mathbb{R}^n$ 及 $x$ 附近的 $y$, 我们有

$$\vartheta(y) - \vartheta(x) - \left\langle \nabla \vartheta(x), y - x \right\rangle$$
$$= \sum_{i=1}^{\infty} \frac{1}{2^i} \Big[ \|y - z_i\|^2 - \|x - z_i\|^2 - 2\langle x - z_i, y - x \rangle \Big]$$
$$= \sum_{i=1}^{\infty} \frac{1}{2^i} \|y - x\|^2 = o(\|y - x\|).$$

这就证明了 $\nabla \vartheta(x)$ 是 $\vartheta$ 在 $x$ 处的导数, 它在 $\mathbb{R}^n$ 上显然是连续的. 然后根据函数 $\sqrt{t}$ 在非零点附近的光滑性, 以及由于锥极点性质, $\psi(\widetilde{x}) \neq 0$ 这一事实得出结论.

**步骤 3** 运用 Fermat 稳定性原则.

根据稳定性原理, 由上述导数计算, 我们有

$$\nabla \psi(\widetilde{x}) = \sum_{i=1}^{\infty} \frac{1}{2^i} v_i = 0 \quad \text{且} \quad v_i := \frac{1}{\psi(\widetilde{x})} \left( \widetilde{x} + a_i - w_i \right), \quad i \in \mathbb{N}.$$

由 (2.17), 这蕴含着 $v_i \in \widehat{N}(w_i; \Lambda_i) \subset N(0; \Lambda_i)$ $(\forall i \in I\!N)$. 进一步地, 根据 $v_i$ 和 $\psi$ 的构造知

$$\sum_{i=1}^{\infty} \frac{1}{2^i} \|v_i\|^2 = 1,$$

从而完成了定理的证明.　　　　　　　　　　　　　　　　　　　　　　　$\triangle$

下面的例子证明了定理 2.9 的设置对于其中极点条件的有效性至关重要.

**例 2.10** (集合的非重叠性和锥结构对 CEP 的有效性至关重要)

(i) 我们首先证明对于 $I\!R^2$ 中的可数凸锥极点系统, 如果违反了非重叠性质 (2.14), 则定理 2.9 的结论可能失效. 定义凸锥 $\Lambda_i \subset I\!R^2$, $i \in I\!N$ 如下:

$$\Lambda_1 := I\!R \times I\!R_+ \quad \text{且} \quad \Lambda_i := \left\{ (x,y) \in I\!R^2 \,\Big|\, y \leqslant \frac{x}{i} \right\}, \quad i = 2, 3, \cdots,$$

如图 2.5 所示. 注意到对任意 $\nu > 0$ 我们有

$$\left( \Lambda_1 + (0, \nu) \right) \cap \left( \bigcap_{i=2}^{\infty} \Lambda_i \right) = \varnothing,$$

这表明系统 $\{\Lambda_i\}_{i \in I\!N}$ 在原点处具有极点性质. 另一方面,

$$\bigcap_{i=1}^{\infty} \Lambda_i = I\!R \times \{0\},$$

即, 非重叠性质 (2.14) 不成立. 进一步地, 我们容易计算得到相应法锥

$$N(0; \Lambda_1) = \left\{ \lambda(0, -1) \,\big|\, \lambda \geqslant 0 \right\} \quad \text{且} \quad N(0; \Lambda_i) = \left\{ \lambda(-1, i) \,\big|\, \lambda \geqslant 0 \right\}, \quad i = 2, 3, \cdots.$$

现在任意选取 $v_i \in N(0; \Lambda_i)$, $i \in I\!N$, 注意到有等价关系

$$\left[ \sum_{i=1}^{\infty} \frac{1}{2^i} v_i = 0 \right] \Leftrightarrow \left[ \frac{\lambda_1}{2}(0, -1) + \sum_{i=2}^{\infty} \frac{\lambda_i}{2^i}(-1, i) = 0 \text{ 且 } \lambda_i \geqslant 0 \, \forall i \in I\!N \right].$$

这蕴含着 $\lambda_i = 0$, 从而 $v_i = 0$ 对所有 $i \in I\!N$ 成立. 因此 (2.13) 中的非平凡条件不满足, 这表明对可数锥极点系统, 锥极点原理不成立.

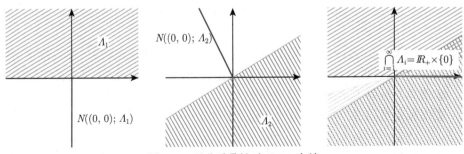

图 2.5　无非重叠性时 CEP 失效

(ii) 接下来, 我们证明如果集合 $\Lambda_i \subset I\!R^2$ 是具有非重叠性质的凸集, 而其中一些集合不是锥, 则定理 2.9 的极点条件不满足. 事实上, 考虑如下 $I\!R^2$ 中的可数闭凸集系统

$$\Lambda_1 := \left\{(x,y) \in I\!R^2 \,\big|\, y \geqslant x^2\right\} \quad \text{且} \quad \Lambda_i := \left\{(x,y) \in I\!R^2 \,\Big|\, y \leqslant \frac{x}{i}\right\}, \quad i = 2,3,\cdots,$$

如图 2.6 所示. 注意到只有集合 $\Lambda_1$ 不是锥且非重叠性质 (2.14) 满足. 进一步地, 系统 $\{\Lambda_i\}_{i\in I\!N}$ 在 (2.12) 成立的意义下在原点处具有极点性质. 但是, 类似本例第 (i) 部分的论述可以证明, 对于 $v_i \in N(0;\Omega_i)$ $(i \in I\!N)$, 极点条件 (2.13) 无法满足.

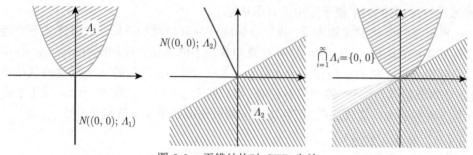

图 2.6 无锥结构时 CEP 失效

下一个结果是定义 2.6(b) 中集合的相依极点系统的相依极点原理, 证明了定义 2.8(b),(c) 中的相依和法向极点条件对此类系统相依局部极点的有效性.

**定理 2.11** (可数集系统的相依极点原理) 设 $\bar{x} \in \bigcap_{i=1}^{\infty} \Omega_i$ 是 $I\!R^n$ 中可数系统 $\{\Omega_i\}_{i\in I\!N}$ 的一个相依局部极点. 假设集合 $\Omega_i$ 在 $\bar{x}$ 处的相依锥 $T(\bar{x};\Omega_i)$ 与下面集合不重叠

$$\bigcap_{i=1}^{\infty} \left\{T(\bar{x};\Omega_i)\right\} = \{0\}.$$

则存在向量 $v_i \in I\!R^n$, $i \in I\!N$, 同时满足定义 2.8(b) 中的相依极点条件和定义 2.8(c) 中的法向极点条件.

**证明** 根据定义 2.6(b) 中的相依局部极点和定理 2.9 的锥极点原理直接可知, 存在 $\Lambda_i = T(\bar{x};\Omega_i)$, $i \in I\!N$ 使得 $v_i \in N(0;\Lambda_i)$, 且在 $\{T(\bar{x};\Omega_i)\}_{i\in I\!N}$ 的非重叠性假定下满足极点条件 (2.13). 为了由此推导出所声称的法向极点条件, 只需证明对任意在 $\bar{x} \in \Omega$ 周围局部闭的集合 $\Omega \subset I\!R^n$, 我们有包含关系

$$N(0;\Lambda) \subset N(\bar{x};\Omega) \quad \text{且} \quad \Lambda := T(\bar{x};\Omega). \tag{2.19}$$

为验证这个包含关系, 任意选取 $v \in N(0;\Lambda)$ 且由相依锥 $T(\bar{x};\Omega)$ 的定义 1.8 找到序列 $t_k \downarrow 0$ 和 $v_k \in N(w_k;T_k)$ 满足 $T_k := (\Omega - \bar{x})/t_k$ 使得 $w_k \to 0$ 且 $v_k \to v$ 当

$k \to \infty$. 我们有 $N(w_k; T_k) = N(x_k; \Omega)$ 对 $x_k := \bar{x} + t_k w_k \to \bar{x}$. 因此由命题 1.3 中的鲁棒性得出 $v \in N(\bar{x}; \Omega)$. 这就证明了 (2.19), 从而完成了定理的证明.　　△

## 2.3　函数的变分原理

在这一小节中, 我们讨论一些下半连续函数的变分原理. 它们在无穷维变分分析中起着至关重要的作用, 其中它们与两个集合系统的适当极点原理密切相关; 参见 [529, 第 2 章]. 在有限维空间中, 变分原理是相当基本的 (它们实际上是下半连续函数和有限维几何的经典 Weierstrass 存在性定理的结果), 然而即使在这种情况下, 它们也提供了便于应用的有用结论.

根据变分分析的常规术语, 我们理解的变分原理是如下结果: 对任意下半连续且下有界的函数 $\varphi: I\!R^n \to \overline{I\!R}$ 和任意与其最小值点充分接近的给定点 $x_0$, 存在一个任意小的扰动 $\theta(\cdot)$ 使得结果函数 $\varphi + \theta$ 在某个 $x_0$ 附近的点 $\bar{x}$ 处达到其最小值. 在本节的其余部分, 除非另有说明, 我们假定 $\varphi: I\!R^n \to \overline{I\!R}$ 是一个正常下半连续且下有界的增广实值函数, 而将无穷维的讨论推后至 2.5 节和 2.6 节.

### 2.3.1　一般变分原理

下面的结果在有限维情形给出了一般的变分原理.

**定理 2.12** (有限维情形的一般变分原理) 设 $\varphi: I\!R^n \to \overline{I\!R}$ 满足常态假设且 $\theta: I\!R^n \to I\!R_+$ 为下半连续函数并满足增长性条件 $\theta(x) \to \infty$ 当 $\|x\| \to \infty$. 则对任意 $\varepsilon, \lambda > 0$ 及任意 $x_0 \in I\!R^n$ 满足 $\varphi(x_0) \leqslant \inf \varphi + \varepsilon$, 存在 $\bar{x} \in I\!R^n$ 使得

$$\varphi(\bar{x}) \leqslant \varphi(x) + (\varepsilon/\lambda)\big[\theta(x - x_0) - \theta(\bar{x} - x_0)\big], \quad \forall\, x \in I\!R^n. \qquad (2.20)$$

进一步地, 在 $\theta(0) = 0$ 的情形, 我们有估计式

$$\varphi(\bar{x}) \leqslant \varphi(x_0) \quad \text{且} \quad \theta(\bar{x} - x_0) \leqslant \lambda.$$

此外, 如果函数 $\theta$ 在 $I\!R^n$ 上是次可加的, 即, $\theta(x + z) \leqslant \theta(x) + \theta(z)$, $\forall x, z \in I\!R^n$, 则根据 (2.20) 可得

$$\varphi(\bar{x}) \leqslant \varphi(x) + (\varepsilon/\lambda)\theta(x - \bar{x}), \quad \forall\, x \in I\!R^n, \qquad (2.21)$$

如果 $x = 0$ 是 $\theta(x) = 0$ 的唯一根, 则对所有 $x \neq \bar{x}$, 上述不等号严格成立.

**证明** 考虑下面无约束优化问题:

$$\text{minimize } \vartheta(x) := \varphi(x) + (\varepsilon/\lambda)\theta(x - x_0), \quad x \in I\!R^n. \qquad (2.22)$$

因为 $\varphi$ 是下有界的且 $\theta$ 满足规定的增长条件, 所以 $\vartheta$ 的水平集 $\{x \in I\!R^n \mid \vartheta(x) \leqslant \gamma\}$ 是有界的, 从而由 (2.22) 中函数 $\vartheta$ 的下半连续性知是它 $I\!R^n$ 中的紧集. 则经

典的 Weierstrass 定理确保了 (2.22) 的最优解 $\bar{x}$ 的存在性, 这验证了 (2.20) 式成立. 当 $\theta(0) = 0$ 时, 在 (2.20) 式中令 $x = x_0$, 我们直接可得 $\varphi(\bar{x}) \leqslant \varphi(x_0)$, 且 $\theta(\bar{x} - x_0) \leqslant \lambda$. 此外, 如果 $\theta$ 是次可加的, 则在 (2.20) 式中令 $x - x_0 = (x - \bar{x}) + (\bar{x} - x_0)$ 可得 (2.21). 定理的最后一个结论显然可由 (2.21) 得到.  $\triangle$

粗略地讲, 定理 2.12 的结果告诉我们, 在函数 $\varphi$ 的最小化问题中, 对任意 $\varepsilon$-最优 (或次最优) 起点 $x_0$, 存在与 $x_0$ 充分接近的模为 $\theta$ 的另一 $\varepsilon$-最优向量 $\bar{x}$ 使得 $\bar{x}$ 是 (2.20) 中扰动优化问题的一个确切解. 在定理 2.12 中指定 $\theta$ 可以给出其变分条件的不同版本. 特别地, 对 $\theta(x) := \|x\|$ 我们得到下面 Ekeland 变分原理的条件, 这在有限维和无穷维空间中都有许多结果和应用; 见下文.

**推论 2.13** (Ekeland 变分原理)  设 $\varphi$, $x_0$ 且 $\varepsilon$ 如定理 2.12 中所示. 则对每个 $\lambda > 0$, 存在 $\bar{x} \in I\!R^n$ 使得 $\|\bar{x} - x_0\| \leqslant \lambda$, $\varphi(\bar{x}) \leqslant \varphi(x_0)$, 且

$$\varphi(\bar{x}) < \varphi(x) + (\varepsilon/\lambda)\|x - \bar{x}\|, \qquad \text{对所有 } x \neq \bar{x} \text{ 成立.} \tag{2.23}$$

观察到, 如果 $\varphi$ 在 $\bar{x}$ 处是可微的, 则推论 2.13 中的次最优解 $\bar{x}$ 满足下面的 "几乎稳定" 条件

$$\|\nabla\varphi(\bar{x})\| \leqslant \varepsilon/\lambda. \tag{2.24}$$

事实上, 它是通过将命题 1.30(ii) 的初等和法则应用于命题 1.30(i) 的包含式 $0 \in \hat{\partial}(\varphi + \theta)(\bar{x})$, 其中, 由 $\bar{x}$ 对于该和函数的最优性及凸分析中 $\partial(\| \cdot - \bar{x}\|)(\bar{x}) = I\!B$ 这一事实知 $\theta(x) := (\varepsilon/\lambda)\|x - \bar{x}\|$. 下面我们将看到, 在定理 2.12 中辅助函数 $\theta$ 的选取不仅限于范数 $\| \cdot \|$, 这一灵活性使我们获得更多的应用信息.

### 2.3.2  次最优性和不动点的应用

注意到 "几乎稳定" 条件 (2.24) 及其基于推论 2.13 的验证不可避免地需要 $\varphi$ 的可微性应用命题 1.30(ii). 然而, 通过在定理 2.12 的一般变分原理中选取适当的扰动 $\theta$, 我们能够以这种方式获得光滑和非光滑函数 $\varphi$ 的次最优点的一些扩展条件. 下一个定理包含用这种方法得到的次最优解的次微分 "几乎稳定" 条件的两个独立版本. 第一个条件用 $\hat{\partial}\varphi(\bar{x})$ 的 (下) 正则次梯度表示, 而另一个条件是通过 $\hat{\partial}^+\varphi(\bar{x}) := -\hat{\partial}(-\varphi)(\bar{x})$ 的整个上正则次梯度集合以新的增强形式给出, 前提是该集合为非空的. 后一个结果的证明调用了定理 1.27 中正则次梯度的光滑变分描述.

**定理 2.14** (次最优解的次微分 "几乎稳定" 条件)  设 $\varphi$, $\varepsilon$, $\lambda$ 和 $x_0$ 如定理 2.12 中所示. 则存在一个次最优解 $\bar{x} \in I\!R^n$ 和一个正则次梯度 $v \in \hat{\partial}\varphi(\bar{x})$ 使得 $\|\bar{x} - x_0\| \leqslant \lambda$, $\varphi(\bar{x}) \leqslant \varphi(x_0)$, 且 $\|v\| \leqslant \varepsilon/\lambda$. 此外, 如果 $\hat{\partial}^+\varphi(\bar{x}) \neq \varnothing$, 则进一步地后一个估计对任意 $v \in \hat{\partial}^+\varphi(\bar{x})$ 都成立.

**证明**  令 $\varepsilon$, $\lambda$ 和 $x_0$ 如定理 2.12 中所述, 我们选取

$$\theta(x) := \frac{1}{4\lambda}\|x\|^2, \quad x \in I\!\!R^n,$$

并找到一个向量 $\bar{x} \in B_{2\lambda}(x_0)$ 使得 $\varphi(\bar{x}) \leqslant \varphi(x_0)$ 且最小化下面函数

$$\vartheta(x) := \varphi(x) + \frac{\varepsilon}{4\lambda^2}\|x - x_0\|^2, \quad \text{其中 } x \in I\!\!R^n.$$

现在应将命题 1.30 的两部分应用于和函数 $\vartheta(\cdot)$, 我们得到

$$0 \in \widehat{\partial}\varphi(\bar{x}) + \frac{\varepsilon}{2\lambda^2}\big(\bar{x} - x_0\big),$$

通过考虑已选函数 $\theta(\cdot)$ 的估计式 $\theta(\bar{x} - x_0) \leqslant \lambda$, 这就证明了定理的第一个稳定条件.

为了在 $\widehat{\partial}^+\varphi(\bar{x}) \neq \varnothing$ 的假设下验证定理的第二个陈述, 我们按如下方式进行. 利用推论 2.13 可以找到向量 $\bar{x} \in I\!\!R^n$ 满足 (2.23). 现任取 $v \in -\widehat{\partial}(-\varphi)(\bar{x})$ 并将其用于定理 1.27 中的第一个光滑变分描述. 这允许我们找到一个定义在 $\bar{x}$ 的邻域上的函数 $\psi$ 使得 $\psi$ 在 $\bar{x}$ 处是 Fréchet 可微的且遵循条件

$$\psi(\bar{x}) = \varphi(\bar{x}), \quad \nabla\psi(\bar{x}) = v, \quad \psi(x) \geqslant \varphi(x), \quad \forall\, x \in I\!\!R^n.$$

结合 (2.23) 可知函数 $\phi(x) := \psi(x) + (\varepsilon/\lambda)\|x - \bar{x}\|$ 在 $\bar{x}$ 处达到一个局部最小值. 则由命题 1.30(i), (ii) 可知

$$0 \in \widehat{\partial}\phi(\bar{x}) = \nabla\psi(\bar{x}) + \widehat{\partial}\Big(\frac{\varepsilon}{\lambda}\|\cdot - \bar{x}\|\Big)(\bar{x}) \subset v + \frac{\varepsilon}{\lambda}I\!\!B,$$

这验证了 $\|v\| \leqslant \varepsilon/\lambda$, 从而完成了定理的证明.                                $\triangle$

注意到对于在 $\bar{x}$ 处可微的函数 $\varphi$, 定理 2.14 中两个次微分稳定条件都简化为 (2.24).

最后, 在本节中, 我们证明了定理 2.12 的一般变分原理在没有标准连续性和压缩假设的情况下蕴含着以下集值映射的不动点结果.

**命题 2.15** (不动点)  设 $F\colon I\!\!R^n \rightrightarrows I\!\!R^n$ 具有非空值的集值映射, 并设函数 $\varphi, \theta$ 满足定理 2.12 的所有条件. 此外, 假设

$$\text{对所有 } x \in I\!\!R^n, \ \text{存在 } y \in F(x), \ \text{使得 } \theta(y - x) \leqslant \varphi(x) - \varphi(y). \tag{2.25}$$

则存在点 $\bar{x} \in I\!\!R^n$ 和 $\bar{y} \in F(\bar{x})$ 使得 $\theta(\bar{y} - \bar{x}) = 0$, 这蕴含着 $F$ 有一个不动点 $\bar{x} \in F(\bar{x})$, 如果 $x = 0$ 是方程 $\theta(x) = 0$ 的唯一根. 进一步地, 条件 (2.25) 对所有 $y \in F(x)$ 的有效性确保了 $F(\bar{x}) = \{\bar{x}\}$.

**证明** 选取 $\lambda = 2\varepsilon$, 由定理 2.12 中的 (2.21) 我们有

$$\theta(y - \bar{x}) \geqslant 2\big(\varphi(\bar{x}) - \varphi(y)\big), \quad \forall y \in F(x).$$

在假设 (2.25) 中取 $x = \bar{x}$, 上式蕴含着 $\theta(\bar{x} - \bar{y}) = 0$ 对某个点 $\bar{y} \in F(\bar{x})$ 成立, 因此我们得到推论的不动点结论. 此外, 由于 (2.25) 式对任意 $y \in F(x)$ 成立, 可知对所有 $\bar{y} \in F(\bar{x})$, 有 $\bar{y} = \bar{x}$. 因此完成了推论的证明. △

## 2.4 基本的交法则和一些结果

在本节中, 我们首先利用定理 2.3 中两个闭集系统的极点原理来建立极限法向量的基本交法则, 该法则在推导广义微分的其他分析法则及其应用中起着重要作用. 以下所需要的法向量和次梯度的一些直接结果也在这里给出.

### 2.4.1 集合的交与和的法向量

以下关于表示两个闭集之交的法锥的定理, 对于涉及第 1 章非凸鲁棒构造的广义微分学的所有主要结果都是至关重要的.

**定理 2.16** (基本的交法则) 设 $\Omega_1, \Omega_2 \subset I\!R^n$ 使得 $\bar{x} \in \Omega_1 \cap \Omega_2$, 并满足下面法向规范条件

$$N(\bar{x}; \Omega_1) \cap \big(-N(\bar{x}; \Omega_2)\big) = \{0\}, \tag{2.26}$$

则我们有包含关系

$$N(\bar{x}; \Omega_1 \cap \Omega_2) \subset N(\bar{x}; \Omega_1) + N(\bar{x}; \Omega_2). \tag{2.27}$$

进一步地, 若集合 $\Omega_1$ 和 $\Omega_2$ 在 $\bar{x}$ 处都是法向正则的, 则 (2.27) 式等号成立且集合 $\Omega_1 \cap \Omega_2$ 在该点处是法向正则的.

**证明** 为验证 (2.27), 任取 $v \in N(\bar{x}; \Omega_1 \cap \Omega_2)$ 且由定理 1.6 的第一个表示可以找到序列 $x_k \to \bar{x}$ 和 $v_k \to v$ 使得

$$x_k \in \Omega_1 \cap \Omega_2 \quad \text{且} \quad v_k \in \widehat{N}(x_k; \Omega_1 \cap \Omega_2), \quad \forall k \in I\!N.$$

任意选取序列 $\varepsilon_k \downarrow 0 \; (k \to \infty)$ 且对任意固定的 $k \in I\!N$ 定义 $I\!R^{n+1}$ 中两个闭集如下

$$\begin{aligned}
&\Lambda_1 := \Omega_1 \times I\!R_+ \quad \text{且} \\
&\Lambda_{2k} := \big\{(x, \alpha) \big| \; x \in \Omega_2, \langle v_k, x - x_k \rangle - \varepsilon_k \|x - x_k\| \geqslant \alpha \big\}.
\end{aligned} \tag{2.28}$$

根据 (2.28) 中的集合构造和定义 (1.5) 中的正则法向量我们有 $(x_k, 0) \in \Lambda_1 \cap \Lambda_{2k}$ 且

$$\Lambda_1 \cap \big(\Lambda_{2k} - (0, \nu)\big) \cap (U \times I\!R) = \varnothing, \quad \forall \nu > 0,$$

其中 $U$ 是 $x_k$ 的一个适当邻域. 这意味着 $(x_k, 0)$ 是集合系统 $\{\Lambda_1, \Lambda_{2k}\}$ 的一个局部极点. 对每个 $k \in I\!\!N$, 在 $(x_k, 0)$ 处对该系统应用定理 2.3 的极点原理, 我们可得序对 $(u_k, \lambda_k) \in I\!\!R^n \times I\!\!R$ 且 $\|(u_k, \lambda_k)\| = 1$ 满足包含关系

$$(u_k, \lambda_k) \in N\big((x_k, 0); \Lambda_1\big) \quad \text{和} \quad (-u_k, -\lambda_k) \in N\big((x_k, 0); \Lambda_{2k}\big). \tag{2.29}$$

根据 $I\!\!R^{n+1}$ 中单位球面的紧性, 不失一般性我们可得对某个序对 $(u, \lambda) \in I\!\!R^n \times I\!\!R$ 且 $\|(u, \lambda)\| = 1$, $(u_k, \lambda_k) \to (u, \lambda)$ $(k \to \infty)$. 根据 (2.29) 中第一个包含关系式知, 命题 1.3 中基本法向量的鲁棒性确保了 $(u, \lambda) \in N\big((\bar{x}, 0); \Omega_1 \times I\!\!R_+\big)$, 由命题 1.4 知这反过来蕴含着

$$u \in N(\bar{x}; \Omega_1) \quad \text{和} \quad \lambda \leqslant 0. \tag{2.30}$$

进一步地, 使用 (2.28) 中 $\Lambda_{2k}$ 的构造以及 (1.7) 中基本法向量的两个表示, 我们可以得出

$$(-\lambda v - u, \lambda) \in N\big((\bar{x}, 0); \Omega_2 \times I\!\!R_+\big). \tag{2.31}$$

下面为证明 $\lambda < 0$, 反之假设 $\lambda = 0$, 由 (2.30) 和 (2.31) 知这蕴含着 $0 \neq u \in N(\bar{x}; \Omega_1) \cap (-N(\bar{x}; \Omega_2))$. 由假设的规范条件 (2.26) 知这是不可能的. 因此我们可以选取 $\lambda = -1$ 且由 (2.31) 得 $w := v - u \in N(\bar{x}; \Omega_2)$, 这验证了所选的向量 $v$ 属于 (2.27) 的右边.

为了证明定理的最后一个结论, 首先观察到包含关系

$$\widehat{N}(\bar{x}; \Omega_1 \cap \Omega_2) \supset \widehat{N}(\bar{x}; \Omega_1) + \widehat{N}(\bar{x}; \Omega_2)$$

总是成立. 现在假设集合 $\Omega_1$ 和 $\Omega_2$ 都在 (1.55) 的意义下于 $\bar{x}$ 处是法向正则的, 我们得到

$$N(\bar{x}; \Omega_1) + N(\bar{x}; \Omega_2) = \widehat{N}(\bar{x}; \Omega_1) + \widehat{N}(\bar{x}; \Omega_2) \subset \widehat{N}(\bar{x}; \Omega_1 \cap \Omega_2) \subset N(\bar{x}; \Omega_1 \cap \Omega_2).$$

这验证了 (2.27) 的反向包含关系成立, 从而完成了证明.                                     $\triangle$

下面我们将看到, 得到的交法则是变分分析中广义微分学的关键结果. 现在让我们给出一些相当直接的结果. 第一个是将交法则推广到有限多个集合的情形.

**推论 2.17** (有限多个集合之交的法向量)  设 $\Omega_1, \cdots, \Omega_s$ 且 $s \geqslant 2$ 是 $I\!\!R^n$ 中子集使得 $\bar{x} \in \bigcap_{i=1}^{s} \Omega_i$, 并设系统

$$v_i \in N(\bar{x}; \Omega_i), \ i = 1, \cdots, s, \quad v_1 + \cdots + v_s = 0$$

只有唯一的平凡解 $v_1 = \cdots = v_s = 0$. 则我们有包含关系

$$N\left(\bar{x}; \bigcap_{i=1}^{s} \Omega_i\right) \subset N(\bar{x}; \Omega_1) + \cdots + N(\bar{x}; \Omega_s), \tag{2.32}$$

如果所有集合 $\Omega_i$ 都在 $\bar{x}$ 处是法向正则的, 那么上式等号成立. 在这种情况下, 交集 $\bigcap_{i=1}^{s}\Omega_i$ 在 $\bar{x}$ 处也是法向正则的.

**证明** 使用数学归纳法进行证明. 我们已经知道交法则对两个集合成立, 现假设交法则对 $s-1$ 个集合也成立并将 $s > 2$ 个集合之交 $\Omega = \Omega_1 \cap \cdots \cap \Omega_s$ 表示成 $\Omega = \Lambda_1 \cap \Lambda_2$ 使得 $\Lambda_1 := \bigcap_{i=1}^{s-1}\Omega_i$ 且 $\Lambda_2 := \Omega_s$. 容易验证施加于 $\{\Omega_1,\cdots,\Omega_s\}$ 的规范条件保证了 (2.26) 对 $\{\Lambda_1,\Lambda_2\}$ 的有效性. 因此对两个集合之交 $\Lambda_1 \cap \Lambda_2$ 应用定理 2.16 并使用归纳假设则可证明包含关系 (2.32). 当所有集合 $\Omega_i$ 在 $\bar{x}$ 处法向正则时, 我们也可以用这种方式获得正则性和等式的结论. △

定理 2.16 的下一个结论为集合提供了一个有用的和法则, 它在不施加任何规范条件的情况下成立.

**推论 2.18** (集合之和的法向量) 设 $\Omega_1, \Omega_2 \subset {I\!\!R}^n$ 且 $\bar{x} \in \Omega_1 + \Omega_2$. 假设下面集值映射 $S: {I\!\!R}^n \rightrightarrows {I\!\!R}^{2n}$

$$S(x) := \big\{(x_1, x_2) \in {I\!\!R}^{2n} \,\big|\, x_1 + x_2 = x,\ x_1 \in \Omega_1,\ x_2 \in \Omega_2\big\}, \quad x \in {I\!\!R}^n$$

在 $\bar{x}$ 附近是局部有界的. 则我们有包含关系

$$N(\bar{x}; \Omega_1 + \Omega_2) \subset \bigcup_{(x_1,x_2)\in S(\bar{x})} N(x_1; \Omega_1) \cap N(x_2; \Omega_2).$$

**证明** 首先观察到 $\Omega_1$ 和 $\Omega_2$ 的闭性以及 $S(x)$ 在 $\bar{x}$ 附近的一致有界性确保了集合 $\Omega_1 + \Omega_2$ 在 $\bar{x}$ 附近是局部闭的. 任选 $v \in N(\bar{x}; \Omega_1 + \Omega_2)$, 由定理 1.6 可以找到序列 $x_k \to \bar{x}$ 满足 $x_k \in \Omega_1 + \Omega_2$ 和 $v_k \to v$ 使得 $v_k \in \widehat{N}(x_k; \Omega_1 + \Omega_2)$. 考虑集合 $\Lambda_1 := \Omega_1 \times {I\!\!R}^n$ 和 $\Lambda_2 := {I\!\!R}^n \times \Omega_2$, 不难验证

$$(v_k, v_k) \in \widehat{N}\big((x_{1k}, x_{2k}); \Lambda_1 \cap \Lambda_2\big), \quad \forall (x_{1k}, x_{2k}) \in S(x_k) \tag{2.33}$$

对所有 $k \in {I\!\!N}$ 成立. 选取这样的序列 $(x_{1k}, x_{2k})$ 并再一次利用 $S(x)$ 在 $\bar{x}$ 附近的一致有界性, 我们可以得到某个 $(\bar{x}_1, \bar{x}_2) \in S(\bar{x})$ 使得沿着某个子列有 $(x_{1k}, x_{2k}) \to (\bar{x}_1, \bar{x}_2)$. 通过在 (2.33) 中当 $k \to \infty$ 时取极限, 我们得到向量 $u_1, u_2 \in {I\!\!R}^n$ 使得

$$(u_1, 0) \in N\big((\bar{x}_1, \bar{x}_2); \Lambda_1\big), \quad (0, u_2) \in N\big((\bar{x}_1, \bar{x}_2); \Lambda_2\big), \quad (v, v) = (u_1, 0) + (0, u_2),$$

这蕴含着 $u_1 \in N(\bar{x}_1; \Omega_1)$, $u_2 \in N(\bar{x}_2; \Omega_1)$, 且 $u_1 = u_2 = v$. 这就验证了 $v \in N(\bar{x}_1; \Omega_1) \cap N(\bar{x}_2; \Omega_2)$, 从而完成了证明. △

## 2.4.2 次微分和法则

现在我们将讨论增广实值下半连续函数的次梯度, 并从定理 2.16 直接推导出定义 1.18 中基本次梯度和奇异次梯度的次微分和法则. 这个定理在次微分学 (见 4.1 节) 中起着潜在的作用, 并且在书中给出了其他结果和各种应用.

**定理 2.19** (两个下半连续函数的次微分和法则)　设 $\varphi_1, \varphi_2: \mathbb{R}^n \to \overline{\mathbb{R}}$ 使得 $\bar{x} \in \operatorname{dom} \varphi_i$, $i = 1, 2$, 并且满足 (奇异) 次微分规范条件

$$\partial^\infty \varphi_1(\bar{x}) \cap \big( -\partial^\infty \varphi_2(\bar{x}) \big) = \{0\}, \tag{2.34}$$

则我们有和法则包含式

$$\partial(\varphi_1 + \varphi_2)(\bar{x}) \subset \partial \varphi_1(\bar{x}) + \partial \varphi_2(\bar{x}), \tag{2.35}$$

$$\partial^\infty(\varphi_1 + \varphi_2)(\bar{x}) \subset \partial^\infty \varphi_1(\bar{x}) + \partial^\infty \varphi_2(\bar{x}). \tag{2.36}$$

进一步地, 如果函数 $\varphi_1, \varphi_2$ 都在 $\bar{x}$ 处是下正则的, 则函数和 $\varphi_1 + \varphi_2$ 同样具有此性质并且 (2.35) 中等式成立. (2.36) 中同样有等式成立, 并且如果函数 $\varphi_1, \varphi_2$ 都在该点处是上图正则的, 则函数 $\varphi_1 + \varphi_2$ 在 $\bar{x}$ 处也是上图正则的.

**证明**　通过将其转化为定理 2.16 中情形, 我们同时推导出基本和奇异次梯度的包含式 (2.35) 和 (2.36). 在 $\partial(\varphi_1 + \varphi_2)(\bar{x})$ 或 $\partial^\infty(\varphi_1 + \varphi_2)(\bar{x})$ 中选取 $v$, 由定义 1.18 我们分别得到

$$(v, -\lambda) \in N\big((\bar{x}, (\varphi_1 + \varphi_2)(\bar{x})); \operatorname{epi}(\varphi_1 + \varphi_2)\big), \quad \text{其中 } \lambda = 1 \text{ 或者 } \lambda = 0,$$

记 $\bar{\alpha}_i := \varphi_i(\bar{x})$, $i = 1, 2$ 并考虑集合

$$\Omega_i := \big\{ (x, \alpha_1, \alpha_2) \in \mathbb{R}^n \times \mathbb{R} \times \mathbb{R} \,\big|\, \alpha_i \geqslant \varphi_i(x) \big\}, \quad i = 1, 2.$$

容易观察到 $(v, -\lambda, -\lambda) \in N\big((\bar{x}, \bar{\alpha}_1, \bar{\alpha}_2); \Omega_1 \cap \Omega_2\big)$. 现在对这个交集应用定理 2.16 中的交法则, 并考虑到次微分规范条件 (2.34) 确保了上述构造的集合 $\Omega_i$ 的法锥 (2.26) 的有效性, 我们可以得到序对 $(v_i, -\lambda_i) \in N\big((\bar{x}, \bar{\alpha}_i); \operatorname{epi} \varphi_i\big)$, $i = 1, 2$ 使得

$$(v, -\lambda, -\lambda) = (v_1, -\lambda_1, 0) + (v_2, 0, -\lambda_2).$$

因此我们得到 $v = v_1 + v_2$, 根据以上参数 $\lambda = 0, 1$ 的选择, $v_i \in \partial \varphi_i(\bar{x})$ 或者 $v_i \in \partial^\infty \varphi_i(\bar{x})$. 这就证明了 (2.35) 和 (2.36) 中的和法则包含关系式.

如果在 $\partial \varphi_i(\bar{x}) = \widehat{\partial} \varphi_i(\bar{x})$, $i = 1, 2$ 的意义下, 两个 $\varphi$ 函数都在 $\bar{x}$ 处是下正则的 (见练习 1.74), 则定理的等式和正则结论可由 (2.35) 和下面包含关系式

$$\widehat{\partial}(\varphi_1 + \varphi_2)(\bar{x}) \supset \widehat{\partial} \varphi_1(\bar{x}) + \widehat{\partial} \varphi_2(\bar{x})$$

得到, 该式对任意函数 $\varphi_i$ 的有效性可由定义 (1.33) 直接推导得出. 定理的最后一个结论可通过使用练习 1.74(ii) 的第二个表示式类似得证.　　　　　　　　　△

我们用定理 2.19 的两个直接推论来结束本节. 第一个是关于半 Lipschitz 和 $\mathcal{SL}(\bar{x})$, 即两个函数的和 $\varphi_1 + \varphi_2$, 其中一个函数在 $\bar{x}$ 附近是下半连续的, 而另一个函数在这一点附近是局部 Lipschitz 的.

**推论 2.20** (基本次梯度的半 Lipschitz 和法则) 设 $(\varphi_1, \varphi_2) \in \mathcal{SL}(\bar{x})$. 则我们有基本次梯度包含式 (2.35).

**证明** 因为对局部 Lipschitz 函数, 有 $\partial^{\infty}\varphi(\bar{x}) = \{0\}$, 根据定理 1.22, 这保证了 (2.34) 的有效性, 从而由定理 2.19 可得推论. △

注意对任意序对 $(\varphi_1, \varphi_2) \in \mathcal{SL}(\bar{x})$, 奇异次微分包含 (2.36) 始终保持等式成立. 这已被命题 1.29 的直接证明所验证, 但也可以通过将其应用于和函数 $\varphi_2 = (\varphi_1 + \varphi_2) + (-\varphi_1)$ 并利用定理 1.22 对局部 Lipschitz 连续性的刻画而从包含式 (2.36) 中推导出来.

下一个推论将定理 2.19 推广到有限和的情形.

**推论 2.21** (有限多个下半连续函数和的次梯度) 设 $\varphi \colon \mathbb{R}^n \to \overline{\mathbb{R}}$, $i = 1, \cdots, s$ 使得 $\bar{x} \in \bigcap_{i=1}^{s} \operatorname{dom} \varphi_i$, 并设下面规范条件成立:

$$[v_i \in \partial^{\infty}\varphi_i(\bar{x}), \ i = 1, \cdots, s \,|\, v_1 + \cdots + v_s = 0] \Rightarrow v_1 = \cdots = v_s = 0, \quad (2.37)$$

在这种情况下, 除了一个 $\varphi_i$ 外, 所有 $\varphi_i$ 在 $\bar{x}$ 附近都是局部 Lipschitz 连续的. 则我们有下面次微分和法则

$$\partial(\varphi_1 + \cdots + \varphi_s)(\bar{x}) \subset \partial\varphi_1(\bar{x}) + \cdots + \partial\varphi_s(\bar{x}), \quad (2.38)$$

$$\partial^{\infty}(\varphi_1 + \cdots + \varphi_s)(\bar{x}) \subset \partial^{\infty}\varphi_1(\bar{x}) + \cdots + \partial^{\infty}\varphi_s(\bar{x}), \quad (2.39)$$

其中如果所有 $\varphi_i$ 在 $\bar{x}$ 处是下正则的, 则 (2.38) 等式成立. 此时和函数 $\varphi_1 + \cdots + \varphi_s$ 在 $\bar{x}$ 处也是下正则的. 如果所有函数 $\varphi_i$ 在 $\bar{x}$ 处是上图正则的, 则 (2.39) 中等式也成立并且和函数 $\varphi_1 + \cdots + \varphi_s$ 在该点处也是上图正则的.

**证明** 从定理 2.19 中 $s = 2$ 的情形, 我们可以通过数学归纳法验证 $s > 2$ 的一般情况, 其中当前步骤的规范条件 (2.37) 可以在上一步归纳中使用 (2.39) 进行验证. △

在本书的后续部分 (尤其是参见 3.2 节和 4.1 节以及练习和注释部分), 我们将使用定理 2.16 的基本交法则及定理 2.19 中的次微分结果来推导各种复合的上导数和次梯度的系列分析法则. 为了有效地处理集值映射和单值映射, 我们将在下一章中研究一些基本的适定性性质, 这对变分分析和优化的许多方面都具有自己的意义, 同时可用于发展和验证广义微分学的各种结果.

## 2.5 第 2 章练习

**练习 2.22** (有限多个集合的凸分离) 根据定理 2.3 的极点原理, 推导出 $\mathbb{R}^n$ 中相对内部条件 (2.10) 下 $s \geqslant 2$ 个集合的凸分离定理.

**练习 2.23** (极点系统中集合的内部)　设 $\Omega_1, \cdots, \Omega_s$ 是 Banach 空间 $X$ 中的子集且其中前 $s-1$ 个集合具有非空内部. 证明如果系统 $\{\Omega_1, \cdots, \Omega_s, \bar{x}\}$ 在所考虑的 Banach 空间中在定义 2.1 下具有局部极点性质, 则我们有

$$\operatorname{int} \Omega_1 \cap \cdots \cap \operatorname{int} \Omega_{s-1} \cap \Omega_s \cap U = \varnothing.$$

什么时候反向结论也成立?

**练习 2.24** (有限维空间中的近似极点原理)　(i) 证明推论 2.5 中的近似极点原理在 Fréchet 光滑空间中成立.

提示: 对度量逼近方法, 所讨论空间的完备性以及等价范数的 Fréchet 可微性进行适当的修改. 与 [529, 定理 2.10] 中的证明进行比较.

(ii) 验证近似极点原理在 Asplund 空间中是否成立, 实际上是此类 Banach 空间的一个刻画.

提示: 根据 [529, 定理 2.20] 的证明, 使用可分约化的方法将 Asplund 空间简化为 Fréchet 光滑空间.

**练习 2.25** (稠密性结果)　设 $\Omega \subset X$ 是 Asplund 空间 $X$ 的一个正常 (闭) 子集. 证明由 $X$ 中的近似极点原理知如下结论成立:

(i) 非线性 Bishop-Phelps 定理: 对任意这样的集合 $\Omega$,

$$\left\{ x \in \operatorname{bd} \Omega \mid \widehat{N}(x; \Omega) \neq \{0\} \right\}$$

在边界 $\operatorname{bd} \Omega$ 上是稠密的.

提示: 给定任意 $\bar{x} \in \operatorname{bd} \Omega$, 将练习 2.24(ii) 中近似极点原理应用于极点系统 $\{\Omega, \{\bar{x}\}, \bar{x}\}$, 并将其与 [529, 推论 2.21] 进行比较, 以得出这个结论和 Asplund 空间中的其他边界刻画.

(ii) 验证对于凸集 $\Omega$, (i) 中的稠密性结果在 Asplund 空间情形下 (见, 例如, [645, 定理 3.18]) 简化为经典的 Bishop-Phelps 定理关于 $\Omega$ 的边界上支撑点的稠密性.

(iii) 正则次梯度的稠密性: 对每个下半连续函数 $\varphi: X \to \overline{I\!R}$, 集合

$$\left\{ (x, \varphi(x)) \in X \times I\!R \mid \widehat{\partial}\varphi(x) \neq \varnothing \right\}$$

在 $\varphi$ 的图上是稠密的.

提示: 从近似极点原理推导得出, 并与 [529, 推论 2.29] 进行比较.

**练习 2.26** (极点原理的模糊和法则)　设 $\varphi_1: X \to I\!R$ 在 $\bar{x}$ 附近是局部 Lipschitz 的, 且设 $\varphi_2: X \to \overline{I\!R}$ 在该点附近是下半连续的. 证明对任意 $\varepsilon > 0$, 下面的 "模糊" 和法则成立:

$$\widehat{\partial}(\varphi_1 + \varphi_2)(\bar{x}) \subset \bigcup_{x_i \in U(\varphi_i, \bar{x}, \varepsilon)} \left\{ \widehat{\partial}\varphi_1(x_1) + \widehat{\partial}\varphi_2(x_2) \right\} + \varepsilon I\!B^*, \tag{2.40}$$

其中 $U(\varphi, \bar{x}, \varepsilon) := \{ x \in X \mid \|x - \bar{x}\| < \varepsilon, \ |\varphi(x) - \varphi(\bar{x})| < \varepsilon \}$.

提示: 不失一般性, 假设 $\bar{x} = 0$ 是 $\varphi_1 + \varphi_2$ 的一个局部极小点且 $\varphi_1(0) = \varphi_2(0) = 0$, 考虑集合系统

$$\Omega_1 := \operatorname{epi} \varphi_1, \quad \Omega_2 := \left\{ (x, \alpha) \in X \times I\!R \mid \varphi_2(x) \leqslant -\alpha \right\}.$$

这在 $(0, 0)$ 处具有局部极点性质. 对其应用近似极点原理并将其与 [529, 引理 2.32] 进行比较.

**练习 2.27** (弱模糊和法则)  设 $X$ 为 Asplund 空间, 且设 $\varphi_1, \cdots, \varphi_s : X \to \overline{I\!R}$ 是 $X$ 上的下半连续函数. 证明对任意 $\bar{x} \in X$, $\varepsilon > 0$, $x^* \in \widehat{\partial}(\varphi_1 + \cdots + \varphi_s)(\bar{x})$, 以及 $0 \in X^*$ 的任意弱 $k^*$ 邻域 $V^*$ 存在 $x_i \in \bar{x} + \varepsilon I\!B$ 和 $x_i^* \in \widehat{\partial}\varphi_i(x_i)$ 使得 $|\varphi_i(x_i) - \varphi_i(\bar{x})| \leqslant \varepsilon$ 对所有 $i = 1, \cdots, s$ 成立并且

$$x^* \in \sum_{i=1}^{s} x_i^* + V^*.$$

提示: 使用练习 2.25(ii) 的稠密次微分结果和无穷卷积性质; 参见 [256, 定理 2].

**练习 2.28** (集合的序列法紧性)  设 $\Omega$ 是 Banach 空间 $X$ 的一个子集, 且 $\bar{x} \in \Omega$. 我们称 $\Omega$ 在 $\bar{x}$ 处是序列法紧 (SNC) 的, 如果对任意序列 $(x_k, x_k^*, \varepsilon_k) \subset X \times X^* \times I\!R_+$, 我们有

$$[x_k \overset{\Omega}{\to} \bar{x},\ x_k^* \overset{w^*}{\to} 0,\ \varepsilon_k \downarrow 0,\ x_k^* \in \widehat{N}_{\varepsilon_k}(x_k; \Omega)] \Rightarrow \|x_k^*\| \to 0,\quad k \to \infty. \tag{2.41}$$

(i) 证明我们可以在 (2.41) 中等价地令 $\varepsilon_k \equiv 0$, 如果 $X$ 是 Asplund 空间 (且在我们的既定假设中 $\Omega$ 在 $\bar{x}$ 附近是局部闭的).

提示: 利用练习 1.42.

(ii) $\Omega$ 的仿射包, aff $\Omega$, 是指包含 $\Omega$ 的最小集合; 它的闭包记为 $\overline{\text{aff}}\,\Omega$. $\overline{\text{aff}}\,\Omega$ 的余维数 codim$(\overline{\text{aff}}\,\Omega)$ 是指商空间 $X \setminus (\overline{\text{aff}}\,\Omega - x)$ 的维数, 这与 $x \in \overline{\text{aff}}\,\Omega$ 相独立. 证明 $\Omega$ 在 $\bar{x}$ 处的 SNC 性质蕴含着子空间 $\overline{\text{aff}}(\Omega \cap U)$ 对任意 $\bar{x}$ 的邻域 $U$ 是有限余维数的. 特别地, $X$ 中的单点集是 SNC 的当且仅当 $\dim X < \infty$.

提示: 使用基本的 Josefson-Nissenzweig 定理我们可知对任意无穷维 Banach 空间 $X$ 存在一列单位向量 $x_k^* \in X^*$ 弱* 收敛于零; 参见 [209, 第 12 章].

(iii) $\Omega$ 的相对内部, ri $\Omega$, 是指 $\Omega$ 相对于 $\overline{\text{aff}}\,\Omega$ 的内部. 证明对于满足 ri $\Omega \neq \varnothing$ 的凸集 $\Omega$, $\Omega$ 在每个 $\bar{x} \in \Omega$ 处的 SNC 性质等价于 codim$(\overline{\text{aff}}\,\Omega) < \infty$.

提示: 将命题 1.7 中凸集的 $\varepsilon$-法向量表示 (在任意 Banach 空间中成立) 应用于给定集合 $\Omega$ 相对于子空间 $\overline{\text{aff}}\,\Omega$ 在 $\bar{x}$ 处的 $\varepsilon$-法锥. 参见 [529, 定理 1.21].

**练习 2.29** (上图-Lipschitz 和紧上图-Lipschitz 集合)  我们称 $\Omega \subset X$ 在 $\bar{x} \in \Omega$ 附近是紧上图 Lipschitz (CEL) 的, 如果存在一个紧集 $C \subset X$, $\bar{x}$ 的邻域 $U$, $0 \in X$ 的邻域 $O$, 以及 $\gamma > 0$ 使得

$$\Omega \cap U + tO \subset \Omega + tC,\quad \forall\, t \in (0, \gamma). \tag{2.42}$$

集合 $\Omega$ 被称作在 $\bar{x}$ 附近是上图-Lipschitz 的, 如果 (2.42) 中 $C$ 可以选取为单点集. 证明下述结论, 其中, 若无特殊说明, $X$ 为一个任意的 Banach 空间:

(i) 如果集合 $\Omega$ 在 $\bar{x}$ 附近是 CEL 的, 则它在该点处是 SNC 的.

提示: 将其与 [529, 定理 1.26] 中的证明进行对比.

(ii) 在每个对偶球 $I\!B^*$ 不是弱* 序列紧的 $X$ 中, SNC 性质比 CEL 性质要严格弱; 特别地, 在经典空间 $l^\infty$ 和 $L^\infty[0, 1]$ 中.

提示: 参见 [261].

(iii) 存在不可分的 Asplund 空间 $X$, 其上允许 $\mathcal{C}^\infty$-光滑重赋范并存在闭凸锥 $\Omega \subset X$ 使得 $\Omega$ 在原点处是 SNC 的但在 $\bar{x} = 0$ 附近不是 CEL 的.

提示: 将其与 [261] 和 [529, 例 3.6] 进行对比.

(iv) 凸集 $\Omega$ 在任意 $\bar{x} \in \Omega$ 附近是上图-Lipschitz 的当且仅当 int $\Omega \neq \varnothing$.

提示: 将其与 [529, 命题 1.25] 中的证明进行比较.

**练习 2.30** (Banach 空间中可微映射下集合逆像的 SNC 性质)　设 $f \colon X \to Y$ 是 Banach 空间中在 $\bar{x}$ 处严格可微的映射, 且其导数 $\nabla f(\bar{x})$ 为满射, 并设 $\Theta$ 是 $Y$ 中包含 $\bar{y} := f(\bar{x})$ 的一个子集. 证明集合 $f^{-1}(\Theta)$ 在 $\bar{x}$ 处是 SNC 的当且仅当 $\Theta$ 在 $\bar{y}$ 处是 SNC 的.

提示: 使用经典的开映射定理并结合练习 1.53 中的结果, 将其与 [529, 引理 1.16 和定理 1.22] 中的证明进行对比.

**练习 2.31** (无穷维空间中的确切极点原理)

(i) 使用近似极点原理证明定理 2.3 中的确切/点基极点原理成立, 如果对偶单位球 $I\!B^* \subset X^*$ 是序列弱$^*$ 紧的 (同 Asplund 空间情形, 参见练习 1.41(iii)) 且除一个集合外, 所有 $\Omega_i$, $i = 1, \cdots, s$ 在它们的局部极点 $\bar{x}$ 处都是 SNC 的.

提示: 将其与 [529, 定理 2.22] 进行对比.

(ii) 证明任意无穷维可分的 Banach 空间包含两个凸紧的但非 SNC 集合的极点系统, 因此确切极点原理的关系失效.

**练习 2.32** (基于极点原理的基本法向量和次梯度的非平凡性)　从确切极点原理在任意 Banach 空间中推导以下结论:

(i) 设 $\Omega \subset X$ 是正常闭的且在 $\bar{x} \in \text{bd}\,\Omega$ 处 SNC. 则 $N(\bar{x}; \Omega) \neq \{0\}$.

(ii) 设 $\varphi \colon X \to I\!R$ 在 $\bar{x}$ 附近是局部 Lipschitz 的. 则 $\partial \varphi(\bar{x}) \neq \varnothing$.

**练习 2.33** (集合的全局极点性质与分离性质)　我们称局部凸拓扑向量空间 $X$ 的两个非空子集 $\Omega_1, \Omega_2$ 构成一个 (全局) 极点系统, 如果对 $X$ 中原点的任意邻域 $V$ 存在向量 $a \in X$ 使得

$$a \in V \quad \text{且} \quad (\Omega_1 + a) \cap \Omega_2 = \varnothing. \tag{2.43}$$

(i) 将此概念与定义 2.1 中集合的局部极点性质进行比较.

(ii) 验证集合 $\Omega_1$ 和 $\Omega_2$ 构成 (2.43) 意义下的一个极点系统当且仅当 $0 \notin \text{int}(\Omega_1 - \Omega_2)$. 进一步证明 $\Omega_1, \Omega_2$ 的极点性质蕴含着 $(\text{int}\,\Omega_1) \cap \Omega_2 = \varnothing$ 而反向蕴含关系成立.

(iii) 证明凸集 $\Omega_1, \Omega_2$ 的全局极点性质结合差异内部条件 $\text{int}(\Omega_1 - \Omega_2) \neq \varnothing$, 可以推出分离性质

$$\sup_{x \in \Omega_1} \langle x^*, x \rangle \leqslant \inf_{x \in \Omega_2} \langle x^*, x \rangle, \quad \text{对某个 } x^* \neq 0 \text{ 成立}. \tag{2.44}$$

(iv) 证明分离性质 (2.44) 总是蕴含集合的全局极点性质 (2.43), 而无须强加 $\Omega_1, \Omega_2$ 的凸性或 (iii) 中的差异内部条件 $\text{int}(\Omega_1 - \Omega_2) \neq \varnothing$.

提示: 使用定义并对 (iii) 中集合 $\Lambda_1 := \Omega_1 - \Omega_2$ 和 $\Lambda_2 := \{0\}$ 应用凸分离定理. 将其与 [545, 定理 2.2] 中证明进行比较.

**练习 2.34** (Banach 空间中凸极点原理的近似与确切版本)　设 $\Omega_1$ 和 $\Omega_2$ 是 Banach 空间 $X$ 的闭凸子集, 并设 $\bar{x}$ 为集合 $\Omega_1, \Omega_2$ 的一个任意公共点.

(i) 证明由 $\Omega_1, \Omega_2$ 在 (2.43) 意义下的极点性质可以得出近似极点原理关系的有效性: 对任意 $\varepsilon > 0$ 存在 $x_i \in B_\varepsilon(\bar{x}) \cap \Omega_i$ 和 $x_i^* \in N(x_{i\varepsilon}; \Omega_i) + \varepsilon I\!B^*$, $i = 1, 2$ 使得

$$x_1^* + x_2^* = 0 \quad \text{且} \quad \|x_1^*\| = \|x_2^*\| = 1.$$

(ii) 假设集合 $\Omega_1, \Omega_2$ 之一在 $\bar{x}$ 处是 SNC 的, 证明上述集合的极点性质与 (ii) 中近似极点原理条件以及分离性质 (2.44) 等价.

(iii) 从 (ii) 推导出具有开创性的 Bishop-Phelps 定理, 该定理给出一般 Banach 空间中封闭和凸子集的边界上支撑点的稠密性.

提示: 为验证 (i), 引用 Ekeland 变分原理, 并将其与 [545, 定理 2.5] 的证明进行比较.

**练习 2.35** (Hilbert 空间中锥极点原理不成立)  设 $X$ 是一个任意的 Hilbert 空间且 $\dim X = \infty$. 举例说明半空间 $\{\Lambda_i\}_{i \in I\!N}$ 满足定理 2.9 中假设但 CEP 不成立.

**练习 2.36** (自反空间中的弱相依极点原理)  我们称 $\bar{x} \in \bigcap_{i=1}^s \Omega_i$ 是 $X$ 中集合系统 $\{\Omega_1, \cdots, \Omega_s\}$ 的一个弱相依局部极点, 如果弱相依锥系统 $\{T_W(\bar{x}; \Omega_i)\}$, $i = 1, \cdots, s$ 在原点处具有定义 2.6(a) 下的极点性质. 假设 $\bar{x}$ 是这样一个点并且空间 $X$ 是自反的.

(i) 证明近似极点原理在 $\bar{x}$ 处成立.

(ii) 此外, 假设除一个集合外, 所有 $\Omega_i$, $i = 1, \cdots, s$, 在 $\bar{x}$ 处都是 SNC 的, 并证明此时确切极点原理在 $\bar{x}$ 处成立.

提示: 首先证明由 $\Omega_i$ 在 $\bar{x}$ 处的 SNC 性质可以得出 $T_W(\bar{x}; \Omega_i)$ 在原点处的 SNC 性质, 然后按照 [575, 定理 7.3] 中的证明进行.

**练习 2.37** (有限维空间中的额定极点原理)  我们称 $\bar{x} \in \bigcap_{i=1}^s \Omega_i$ 是 Banach 空间 $X$ 中集合系统 $\{\Omega_1, \cdots, \Omega_s\}$ 的一个局部 $\alpha \in [0, 1)$ 阶额定极点, 如果存在序列 $\{a_{ik}\} \subset X$, $i = 1, \cdots, s$ 和正数 $\gamma$ 使得 $r_k := \max_i \|a_{ik}\| \to 0$, $k \to \infty$ 并且

$$\bigcap_{i=1}^s (\Omega_i - a_{ik}) \cap (\bar{x} + \gamma r_k^\alpha I\!B) = \varnothing, \qquad \text{对于充分大的 } k \in I\!N \text{ 成立}.$$

(i) 举例说明存在 $I\!R^2$ 中的两个集合, 使得 $\bar{x} = (0,0)$ 是它的一个额定极点且 $\alpha = 0.5$, 但不是定义 2.1 意义下的局部极点.

(ii) 用度量逼近方法证明 $I\!R^n$ 中有限个 (闭) 集的任意 $\alpha \in [0,1)$ 阶额定极点满足基本/确切极点原理关系.

(iii) 举例说明该结果对 $\alpha = 1$ 失效.

(iv) 如果除一个集合外所有 $\Omega_i$ 在 $\bar{x}$ 处都是 SNC 的, 证明 $\alpha \in [0,1)$ 阶额定极点 $\bar{x}$ 满足 Asplund 空间中近似极点原理以及确切极点原理.

(v) 在适当的额定阶数增长条件下, 给出额定极点原理关于无穷多个集合的推广.

提示: 按照 $\alpha = 0$ 的情况进行并将其与 [574] 进行比较.

**练习 2.38** (度量空间中的 Ekeland 变分原理)  设 $(X, d)$ 是一个度量空间. 证明推论 2.13 中范数 $\|\cdot\|$ 被距离函数 $d(\cdot, \cdot)$ 取代后的 Ekeland 变分原理的条件在空间 $X$ 的完备性下成立. 进一步地, 这些条件的有效性刻画了 $(X, d)$ 的完备性.

提示: 从给定初始点 $x_0$ 开始并不失一般性假定 $\varepsilon = \lambda = 1$, 构造迭代序列 $\{x_k\}$ 如下

$$x_{k+1} \in T(x_k) \quad \text{且} \quad \varphi(x_{k+1}) < \inf_{x \in T(x_k)} \varphi(x) + \frac{1}{k}, \quad k \in I\!N,$$

其中 $T(x) := \{u \in X | \varphi(u) + d(x, u) \leqslant \varphi(x)\}$. 观察到集合 $T(x_k)$ 是非空闭的, $T(x_{k+1}) \subset T(x_k)$ 并且 $\operatorname{diam} T(x_k) \to 0$, $k \to \infty$, 由 $X$ 的完备性得出 $\bigcap_{k=1}^\infty T(x_k) = \{\bar{x}\}$ 对某个 $\bar{x} \in X$ 成立, 事实上这就是所需要的点. 将其与 [529, 定理 2.26] 进行比较, 其中反向结论同样得到了验证.

**练习 2.39** (下次微分变分原理)　证明对 Asplund 空间 $X$ 中每个下半连续且下有界的函数 $\varphi\colon X \to \overline{I\!R}$, 对任意 $\varepsilon, \lambda > 0$ 及 $x_0 \in X$ 满足 $\varphi(x_0) < \inf_X \varphi + \varepsilon$, 存在 $\bar{x} \in X$ 使得

$$x^* \in \widehat{\partial}\varphi(\bar{x}) \quad \text{且} \quad \|\bar{x} - x_0\| < \lambda, \quad \varphi(\bar{x}) < \inf_X \varphi + \varepsilon, \quad \|x^*\| < \varepsilon/\lambda.$$

提示: 利用 Ekeland 变分原理, 然后使用 Asplund 空间中的近似极点原理; 将其与 [529, 定理 2.28] 进行对比.

**练习 2.40** (上次微分变分原理)　证明对每个 Banach 空间 $X$ 中 (下半连续且) 下有界函数 $\varphi\colon X \to \overline{I\!R}$, 对任意 $\varepsilon, \lambda > 0$ 及 $x_0 \in X$ 满足 $\varphi(x_0) < \inf_X \varphi + \varepsilon$, 存在 $\bar{x} \in X$ 满足 $\|\bar{x} - x_0\| < \lambda$ 以及 $\varphi(\bar{x}) < \inf_X \varphi + \varepsilon$ 使得

$$\|x^*\| < \varepsilon/\lambda, \quad \forall\, x^* \in \widehat{\partial}^+\varphi(\bar{x}).$$

提示: 结合 Ekeland 变分原理的使用和定理 1.27 的第一部分 (光滑变分描述) 以及命题 1.30(ii), 这二者都在一般 Banach 空间中成立; 将其与 [529, 定理 2.30] 以及定理 2.14 第二部分的证明作比较.

**练习 2.41** (Asplund 空间中的光滑变分原理)　(i) 证明下面光滑变分原理, 它是 Borwein-Preiss 变分原理的增强版本: 给定一个 Fréchet 光滑空间 $X$ 中 (下半连续且) 下有界函数 $\varphi\colon X \to \overline{I\!R}$, 对任意 $\varepsilon, \lambda > 0$ 和 $x_0 \in X$ 满足 $\varphi(x_0) < \inf_X \varphi + \varepsilon$, 存在一个凹的 Fréchet 光滑函数 $\psi\colon X \to I\!R$ 及 $\bar{x} \in X$, 使得 $\|\bar{x} - x_0\| < \lambda$, $\varphi(\bar{x}) < \inf_X \varphi + \varepsilon$, $\|\nabla\psi(\bar{x})\| < \varepsilon/\lambda$, 且

$$\varphi(\bar{x}) = \psi(\bar{x}), \quad \varphi(x) \geqslant \psi(x) + \|x - \bar{x}\|^2 \quad \forall\, x \in X. \tag{2.45}$$

$X$ 的 Fréchet 光滑性同样是 (2.45) 中 $\psi$ 的凹性的必要条件.

提示: 为验证该结论的充分性, 使用在任意 Fréchet 光滑空间均成立的定理 1.10(ii) 和定理 1.27 中次梯度部分的证明; 参见练习 1.51(ii). 为验证必要性部分, 对 $\varphi(x) := 1/\|x\|$ 应用 (2.45), 寻找相应函数 $\psi$, 形成一个凸的 Fréchet 光滑函数 $p(x) := -\psi(x + v) + 1/\|v\|$, 并考虑 Minkowski 度规

$$g(x) := \inf\big\{\lambda > 0 \,\big|\, x \in \lambda\Omega\big\} \quad \text{且} \quad \Omega := \big\{x \in X \,\big|\, p(x) \leqslant 1/(2\|v\|)\big\},$$

这定义了 $X$ 上的等价范数 $n(x) := g(x) + g(-x)$. 因为 $p$ 是 $\mathcal{C}^1$ 类型且凸的, $g$ 在 $X \setminus \{0\}$ 上的 Fréchet 可微性等价于 Gâteaux 可微性, 因此只需按照 [529, 定理 2.31] 中相应部分的证明验证 $\partial g(x)$ 在非零点处是单点集.

(ii) 在允许练习 1.51(iii) 中列出的 $\mathcal{S}$-光滑阻尼函数的 Asplund 空间中, 推导出 (此时 $\psi$ 不具有凹的性质) (i) 的 $\mathcal{S}$-光滑版本.

提示: 将其与 [529, 定理 2.31](ii) 作比较.

**练习 2.42** (通过极点原理得出集合之交的正则法向量)　设 $\Omega_1, \Omega_2$ 为 Asplund 空间 $X$ 的 (闭) 子集, 并设 $\bar{x} \in \Omega_1 \cap \Omega_2$.

(i) 证明对任意 $x^* \in \widehat{N}(\bar{x}; \Omega_1 \cap \Omega_2)$ 及 $\varepsilon > 0$ 存在 $\lambda \geqslant 0$, $x_i \in \Omega_i \cap (\bar{x} + \varepsilon I\!B)$, 以及 $x_i^* \in \widehat{N}(x_i; \Omega_i) + \varepsilon I\!B^*$, $i = 1, 2$, 使得

$$\lambda x^* = x_1^* + x_2^*, \quad \max\big\{\lambda, \|x^*\|\big\} = 1. \tag{2.46}$$

提示: 与定理 2.16 的证明相似, 使用 $X \times I\!R$ 上的和范数 (1.18), 应用近似极点原理而非其确切形式. 将其与 [529, 引理 3.1] 作比较.

(ii) 给出条件以确保 (2.46) 中 $\lambda \neq 0$.

提示: 有关此类型的各种结果及其统一版本, 参见 [590].

**练习 2.43** (Asplund 空间中非凸集合基本法向量的交法则) 我们称 Banach 空间 $X$ 中的集合 $\{\Omega_1, \Omega_2\}$ 在 $\bar{x} \in \Omega_1 \cap \Omega_2$ 处满足极限规范条件, 如果对任意序列 $x_{ik} \xrightarrow{\Omega_i} \bar{x}$, $x_{ik}^* \xrightarrow{w^*} x_i^*$, 以及 $\varepsilon_k \downarrow 0$ 满足 $x_{ik}^* \in \widehat{N}_{\varepsilon_k}(x_{ik}; \Omega_i)$, $i = 1, 2$, 有

$$[\|x_{1k}^* + x_{2k}^*\| \to 0, \, k \to \infty] \Rightarrow x_1^* = x_2^* = 0.$$

(i) 设 $X$ 为 Asplund 空间. 基于 (1.59), 证明在上述定义中 $\varepsilon_k$ 可以舍去并且极限规范条件可由法向规范条件 (2.26) 得出. 给出集合例子说明反向蕴含关系不成立.

(ii) 证明基本相交法则 (2.16) 在 Asplund 空间中的有效性, 条件是极限规范条件成立, 并且集合 $\Omega_i$ 之一在 $\bar{x}$ 处是 SNC 的.

提示: 对练习 2.42 的模糊交法则取极限, 并与 [529, 定理 3.4] 中更一般结果的证明进行比较.

(iii) 举例说明即使在 Hilbert 空间中, SNC 假设对交法则的有效性也是必需的.

(iv) 考虑 Asplund 空间中有限个子集之交且 $\bar{x} \in \Omega := \Omega_1 \cap \cdots \cap \Omega_s$, 验证包含式

$$N(\bar{x}; \Omega) \subset N(\bar{x}; \Omega_1) + \cdots + N(\bar{x}; \Omega_s) \tag{2.47}$$

成立, 如果除一个集合外所有 $\Omega_i$ 在 $\bar{x}$ 处都是 SNC 的, 并且下面有限多个集合的法向规范条件满足

$$[x_1^* + \cdots + x_s^* = 0, \, x_i^* \in N(\bar{x}; \Omega_i)] \Rightarrow x_i^* = 0, \quad i = 1, \cdots, s.$$

证明 $\Omega$ 在 $\bar{x}$ 处是法向正则的并且 (2.47) 中等式成立, 如果所有 $\Omega_i$ 在 $\bar{x}$ 处是法向正则的.

提示: 使用归纳法, 对 $s = m$, $m \geqslant 2$ 利用 (2.47) 验证 $s = m+1$ 情形下法向规范条件的有效性.

**练习 2.44** (局部凸拓扑向量空间中凸集之交的法向量) 设 $\Omega_1$ 和 $\Omega_2$ 为局部凸拓扑向量 (LCTV) 空间 $X$ 中的非空凸子集并设 $\bar{x} \in \Omega_1 \cap \Omega_2$.

(i) 假设存在 $\bar{x}$ 的有界凸邻域 $V$ 使得

$$0 \in \text{int}\big(\Omega_1 - (\Omega_2 \cap V)\big), \tag{2.48}$$

证明确切的法锥交公式

$$N(\bar{x}; \Omega_1 \cap \Omega_2) = N(\bar{x}; \Omega_1) + N(\bar{x}; \Omega_2). \tag{2.49}$$

提示: 证明凸集

$$\Theta_1 := \Omega_1 \times [0, \infty) \quad \text{和} \quad \Theta_2 := \big\{ (x, \mu) \in X \times I\!R \,\big|\, x \in \Omega_1 \cap V, \, \mu \leqslant \langle x^*, x - \bar{x} \rangle \big\}$$

构成一个极点系统 (2.1), 然后应用练习 2.34 中的凸极点原理; 将其与 [545, 定理 3.1] 中证明作比较.

(ii) 对于一般 LCTV 空间以及赋范空间的法锥公式 (2.49) 的有效性建立 (2.48)、条件 $0 \in \text{int}(\Omega_1 - \Omega_2)$ 和经典的规范条件 $\Omega_1 \cap (\text{int}\,\Omega_2) \neq \varnothing$ 之间的关系.

(iii) 假设 $X$ 是 Banach 空间, 两个集合 $\Omega_1, \Omega_2$ 都是闭集, 并且 $\text{int}(\Omega_1 - \Omega_2) \neq \varnothing$, 证明等价关系

$$\big[0 \in \text{core}(\Omega_1 - \Omega_2)\big] \Leftrightarrow \big[0 \in \text{int}(\Omega_1 - \Omega_2)\big],$$

其中标记 "core" 代表集合的代数核, 其定义如下

$$\text{core}\, \Omega := \big\{x \in \Omega \,\big|\, \forall v \in X, \exists \gamma > 0 \text{ 使得 } x + tv \in \Omega \text{ 每当 } |t| < \gamma \text{ 时成立}\big\}.$$

提示: 使用对 Banach 空间中的闭凸子集都成立的等式 $\text{int}\, \Omega = \text{core}\, \Omega$; 参见, 例如, [115, 定理 4.1.8].

**练习 2.45** (集合之交的 SNC 性质的保持)  设 $\Omega_1$ 和 $\Omega_2$ 是 Asplund 空间 $X$ 中的子集, 且 $\bar{x} \in \Omega_1 \cap \Omega_2$.

(i) 证明如果两个 $\Omega_i$ 在 $\bar{x}$ 处都是 SNC 的并且法向规范条件 (2.26) 成立, 则 $\Omega_1 \cap \Omega_2$ 在 $\bar{x}$ 处同样是 SCN 的.

提示: 应用练习 2.42 中基于极点原理结果并将其与 [529, 定理 3.79] 中更一般结果的证明作比较.

(ii) 证明法向规范条件 (2.26) 在无穷维空间中是必需的. 它能被极限规范条件所取代吗?

(iii) 将 (i) 延拓到有限多个集合的情形.

**练习 2.46** (图的内半连续性和定义域的内半紧性)  设 $F: X \rightrightarrows Y$ 是 Banach 空间的一个集值映射, 且 $(\bar{x}, \bar{y}) \in \text{gph}\, F$. 我们称 $F$ 在图点 $(\bar{x}, \bar{y})$ 处是内半连续的, 如果对每个序列 $x_k \xrightarrow{\text{dom}\, F} \bar{x}$ 存在序列 $y_k \in F(x_k)$ 收敛于 $\bar{y}$ $(k \to \infty)$. 映射 $F$ 在定义域中点 $\bar{x}$ 处是内半紧的, 如果对每个序列 $x_k \xrightarrow{\text{dom}\, F} \bar{x}$ 存在序列 $y_k \in F(x_k)$ 使得当 $k \to \infty$ 时有收敛子列.

(i) 观察到对每个 $\bar{y} \in F(\bar{x})$, $F$ 在 $(\bar{x}, \bar{y})$ 处的内半连续性简化为 (1.20) 中 $F$ 在定义域点 $\bar{x}$ 处的内半连续性.

(ii) 验证如果 $F$ 在 $\bar{x}$ 附近是局部紧的 (即存在 $\bar{x}$ 的邻域 $U$, 使得 $F(U)$ 是一个紧集的闭子集; 如 1.2.1 小节所述, 当 $\dim Y < \infty$ 时, 这对应于 $F$ 的局部有界性), 则 $F$ 在该点附近是内半紧的 (即对于每个 $x \in U, F$ 在 $x$ 处是内半紧的).

(iii) 举例说明, 与上述内半连续性相比, 内半紧性不能等价通过整个序列 $\{y_k\}$, $k \in I\!N$ 的收敛性表述, 而需要对其取子列.

**练习 2.47** (无穷维空间中集合之和的法向量)  设 $\Omega_1, \Omega_2 \subset X$, 其中 $X$ 为 Asplund 空间且 $\bar{x} \in \Omega_1 + \Omega_2$. 设 $S: X \rightrightarrows X^2$ 定义如下:

$$S(x) := \big\{(x_1, x_2) \in X \times X \,\big|\, x_1 + x_2 = x,\ x_1 \in \Omega_1,\ x_2 \in \Omega_2\big\}. \tag{2.50}$$

验证以下基本法向量的和法则:

(i) 如果 (2.50) 中的映射 $S$ 在 $\bar{x}$ 处是内半紧的, 则

$$N(\bar{x}; \Omega_1 + \Omega_2) \subset \bigcup_{(x_1, x_2) \in S(\bar{x})} N(x_1; \Omega_1) \cap N(x_2; \Omega_2).$$

(ii) 如果对某个 $(\bar{x}_1, \bar{x}_2) \in S(\bar{x})$, $S$ 在 $(\bar{x}, \bar{x}_1, \bar{x}_2)$ 处是内半连续的, 则

$$N(\bar{x}; \Omega_1 + \Omega_2) \subset N(\bar{x}_1; \Omega_1) \cap N(\bar{x}_2; \Omega_2).$$

提示: 将其简化为练习 2.43 中 Asplund 空间 $X^2$ 的交法则, 其中集合 $\widetilde{\Omega}_1 := \Omega_1 \times X$ 且 $\widetilde{\Omega}_2 := X \times \Omega_2$; 与 [529, 定理 3.7] 进行比较.

**练习 2.48** (集合加法下的 SNC 性质)  设 $X$ 为 Asplund 空间, $\Omega_1, \Omega_2 \subset X$ 且 $\bar{x} \in \Omega_1 + \Omega_2$. 通过 (2.50) 定义集值映射 $S: X \rightrightarrows X^2$ 并证明集合 $\Omega_1 + \Omega_2$ 在 $\bar{x}$ 处是 SNC 的, 如果下列条件之一成立:

(a) $S$ 在 $\bar{x}$ 处是内半紧的, 且对每个 $(x_1, x_2) \in S(\bar{x})$, 集合 $\Omega_1, \Omega_2$ 之一在 $x_1$ 或 $x_2$ 处是 SNC 的;

(b) 对某个 $(\bar{x}_1, \bar{x}_2) \in S(\bar{x})$, $S$ 在 $(\bar{x}_1, \bar{x}_2, \bar{x})$ 处是内半连续的, 且集合 $\Omega_1, \Omega_2$ 之一在 $\bar{x}_1$ 或 $\bar{x}_2$ 处是 SNC 的.

提示: 通过将其化简为练习 2.47 中 $\widetilde{\Omega}_1, \widetilde{\Omega}_2 \subset X^2$ 之交验证和式 $\Omega_1 + \Omega_2$ 的 SNC 性质, 并将其与 [529, 定理 3.73] 作比较.

**练习 2.49** (增广实值函数的 SNEC 性质)  设 $\varphi: X \to \overline{I\!R}$ 是定义在 Banach 空间 $X$ 上的函数. 若其上图集合在 $(\bar{x}, \varphi(\bar{x}))$ 处是 SNC 的, 则称 $\varphi$ 在 $\bar{x} \in \operatorname{dom} \varphi$ 处是序列法向上图紧 (SNEC) 的.

(i) 证明 $\varphi$ 在 $\bar{x}$ 处 (即它的图在 $(\bar{x}, \varphi(\bar{x}))$ 处) 的 SNC 性质蕴含着 $\varphi$ 与 $-\varphi$ 在该点处都是 SNEC 的. 反向蕴含关系是否成立?

(ii) 证明 $\varphi$ 在 $\bar{x}$ 附近的局部 Lipschitz 连续性蕴含着 $\varphi$ 在该点处的 SNC 及 SNEC 性质.

提示: 对于增广实值函数, 这些性质是练习 2.29 中关系的上图和图形表述.

**练习 2.50** (SNEC 性质的次梯度描述)  设 $X$ 是 Asplund 空间. 则任意 (下半连续) 函数 $\varphi: X \to \overline{I\!R}$ 在 $\bar{x} \in \operatorname{dom} \varphi$ 处的 SNEC 性质蕴含着以下次梯度描述: 对每个序列 $x \xrightarrow{\varphi} \bar{x}$, $\lambda_k \downarrow 0$, 以及 $x_k^* \in \lambda_k \widehat{\partial} \varphi(x_k)$, 我们有蕴含关系

$$x_k^* \xrightarrow{w^*} 0 \Rightarrow \|x_k^*\| \to 0, \quad k \to \infty.$$

提示: 使用 Asplund 空间中奇异次梯度的描述 (1.71), 并将其证明与 [529, 推论 2.39] 中的证明作比较.

**练习 2.51** (基本法向量和由不等式约束定义的集合的 SNC 性质)  设 $X$ 为 Asplund 空间.

(i) 考虑水平集 $\Omega := \{x \in X \mid \varphi(x) \leqslant 0\}$, 其中 $\varphi: X \to \overline{I\!R}$ 仅在 $\bar{x}$ 附近是下半连续的且 $\varphi(\bar{x}) = 0$. 假设 $0 \notin \partial \varphi(\bar{x})$ 且 $\varphi$ 在 $\bar{x}$ 处是 SNEC 的. 证明 $\Omega$ 在参考点处是 SNC 的且

$$N(\bar{x}; \Omega) \subset [\operatorname{cone} \partial \varphi(\bar{x})] \cup \partial^\infty \varphi(\bar{x}),$$

其中若 $\varphi$ 在 $\bar{x}$ 处是上图正则的, 则等式成立.

提示: 为验证 $\Omega$ 在 $\bar{x}$ 处的 SNC 性质, 将练习 2.45 中的结果应用于 $\Omega_1 := \operatorname{epi} \varphi$ 与 $\Omega_2 := \{(x, \alpha) \in X \times I\!R \mid \alpha = 0\}$ 之交. 通过这种方式, 我们可以在 Asplund 空间中由练习 2.43(ii) 及在有限维空间中由定理 2.16 推导出所声明的法锥表示.

(ii) 考虑集合 $\Omega := \{x \in X \mid \varphi_i(x) \leqslant 0, \ i = 1, \cdots, m\}$, 并用

$$I(\bar{x}) := \{i \in \{1, \cdots, m\} \mid \varphi_i(\bar{x}) = 0\} \tag{2.51}$$

表示活跃约束指标集. 假设函数 $\varphi_i$ 在 $\bar{x}$ 附近当 $i \in I(\bar{x})$ 时是局部 Lipschitz 的且当 $i \in \{1, \cdots, m\} \setminus I(\bar{x})$ 时是上半连续的. 证明约束规范条件

$$0 \notin \operatorname{co}[\partial \varphi_i(\bar{x}) \mid i \in I(\bar{x})]$$

能确保 $\Omega$ 在 $\bar{x}$ 处的 SNC 性质和以下包含式同时有效

$$N(\bar{x}; \Omega) \subset \cup \Big\{ \sum \lambda_i \partial \varphi_i(\bar{x}) \ \Big| \ \lambda_i \geqslant 0, \ \lambda_i \varphi_i(\bar{x}) = 0, \ i = 1, \cdots, m \Big\},$$

如果对所有 $i \in I(\bar{x})$, $\varphi_i$ 在 $\bar{x}$ 处都是下正则的, 则上式等号成立. 此时集合 $\Omega$ 在 $\bar{x}$ 处是法向正则的.

提示: 使用 (i) 中结果和法锥的交法则以及练习 2.43 和练习 2.45 中的 SNC 性质.

(iii) 将 (ii) 推广到当 $i \in I(\bar{x})$ 时 $\varphi_i$ 仅为下半连续函数的情形.

**练习 2.52** (基本法向量和由等式约束定义的集合的 SNC 性质) 设 $X$ 是 Asplund 空间.

(i) 考虑集合 $\Omega := \{x \in X \mid \varphi(x) = 0\}$, 其中 $\varphi \colon X \to \overline{I\!R}$ 在 $\bar{x} \in \Omega$ 附近是连续的. 证明条件 $0 \notin \partial\varphi(\bar{x}) \cup \partial(-\varphi)(\bar{x})$ 能确保集合 $\Omega$ 在 $\bar{x}$ 处是 SNC 的且包含式

$$N(\bar{x}; \Omega) \subset \left[\operatorname{cone}\{\partial\varphi(\bar{x}) \cup \partial(-\varphi)(\bar{x})\}\right] \cup \left[\partial^\infty\varphi(\bar{x}) \cup \partial^\infty(-\varphi)(\bar{x})\right]$$

成立. 如果 $\varphi$ 在 $\bar{x}$ 处是严格可微的, 则上式等号成立且其中的 $\Omega$ 具有法向正则性.

提示: 将练习 2.45(i) 中的结果应用于集合 $\Omega_1 := \operatorname{gph}\varphi$ 和 $\Omega_2 := \{(x, \alpha) \in X \times I\!R \mid \alpha = 0\}$ 之交, 从而验证 $\Omega$ 在 $\bar{x}$ 处的 SNC 性质. 然后利用练习 2.45(ii) 获得所声明的法锥表示.

(ii) 设 $\Omega := \{x \in X \mid \varphi_i(x) = 0,\ i = 1, \cdots, m\}$, 其中所有函数 $\varphi_i$ 在 $\bar{x}$ 附近是局部 Lipschitz 的. 假设约束规范条件 $0 \notin \operatorname{co}\{\partial\varphi_i(\bar{x}) \cup \partial(-\varphi_i)(\bar{x}) \mid i = 1, \cdots, m\}$ 成立. 则集合 $\Omega$ 在 $\bar{x}$ 处是 SNC 的且我们有包含式

$$N(\bar{x}; \Omega) \subset \left\{\sum \lambda_i[\partial\varphi_i(\bar{x}) \cup \partial(-\varphi_i)(\bar{x})] \mid \lambda_i \geqslant 0,\ i = 1, \cdots, m\right\},$$

如果 $\varphi_i$ 在 $\bar{x}$ 处是严格可微的, 则上式等号成立且 $\Omega$ 具有法向正则性.

提示: 将 (i) 中结果与练习 2.43 和练习 2.45 中结果作比较.

(iii) 将 (ii) 推广到 $\varphi_i$ 在 $\bar{x}$ 附近仅为连续的情形.

**练习 2.53** (基本法向量和非线性规划中约束系统的 SNC 性质) 设 $X$ 是 Asplund 空间. 考虑集合

$$\Omega := \{x \in X \mid \varphi_i(x) \leqslant 0,\ i = 1, \cdots, m,\ \text{且}\ \varphi_i(x) = 0,\ i = m+1, \cdots, m+r\}.$$

(i) 假设所有函数 $\varphi_i$ 在 $\bar{x}$ 处都是严格可微的且 Mangasarian-Fromovitz 约束规范 (MFCQ) 成立:

(a) $\nabla\varphi_{m+1}(\bar{x}), \cdots, \nabla\varphi_{m+r}(\bar{x})$ 是线性无关的;

(b) 存在 $u \in X$ 满足条件

$$\langle\nabla\varphi_i(\bar{x}), u\rangle < 0,\ i \in I(\bar{x}),\ \text{且}\ \langle\nabla\varphi_i(\bar{x}), u\rangle = 0,\ i = m+1, \cdots, m+r,$$

其中 $I(\bar{x})$ 如 (2.51) 中定义所示. 证明此时集合 $\Omega$ 在 $\bar{x}$ 处是 SNC 和法向正则的, 并且我们有法锥表示

$$N(\bar{x}; \Omega) = \left\{\sum_{i=1}^{m+r} \lambda_i \nabla\varphi_i(\bar{x}) \,\middle|\, \lambda_i \geqslant 0,\ \lambda_i\varphi_i(\bar{x}) = 0,\ \forall\, i = 1, \cdots, m,\right.$$
$$\left. \text{且}\ \lambda_i \in I\!R,\ \forall\, i = m+1, \cdots, m+r\right\}.$$

提示: 从前面的练习和严格可微函数 $\partial\varphi(\bar{x}) = \{\nabla\varphi(\bar{x})\}$ 这一事实推导出这些结果.

(ii) 假设所有函数 $\varphi_i$ 在 $\bar{x}$ 附近都是局部 Lipschitz 的. 在这种情况下给出相应的 MFCQ 推广版本并将 (i) 中的 SNC 结果和法锥表示推广到不可微的情形.

提示: 将这些结果与 [530, 定理 3.86] 作比较.

**练习 2.54** (无穷维空间中函数的次微分与 SNEC 和法则)

(i) 对于定义在 Asplund 空间 $X$ 上的 (局部下半连续) 函数 $\varphi_1, \varphi_2: X \to \overline{I\!R}$, 在其中之一在 $\bar{x}$ 处是 SNEC 的前提下, 扩展定理 2.19 中次微分的和法则.

提示: 按照定理 2.19 的证明, 在法向规范条件下通过简化为练习 2.43 中法锥的交法则来进行.

(ii) 证明和函数 $\varphi_1 + \varphi_2$ 在 $\bar{x} \in \operatorname{dom} \varphi_1 \cap \operatorname{dom} \varphi_2$ 处是 SNEC 的, 如果两个函数 $\varphi_i$ 都具有该性质且规范条件 (2.34) 成立.

提示: 将其简化为练习 2.45(i) 中集合的 SNC 结果.

(iii) 设 $\varphi_1, \varphi_2: X \to \overline{I\!R}$ 是局部凸拓扑向量空间 $X$ 上的凸函数. 利用证明定理 2.19 的几何方法, 从练习 2.44(i) 中给出的交法则推导出凸次微分和法则.

**练习 2.55** (基本次微分的极小性)  设 $\widehat{\partial}^\bullet \varphi: X \rightrightarrows X^*$ 是定义在 Banach 空间 $X$ 上满足 $\varphi(\bar{x}) < \infty$ 的下半连续函数类 $\varphi: X \to \overline{I\!R}$ 的抽象预次微分, 并且满足如下性质:

(a) $\widehat{\partial}^\bullet \phi(u) = \widehat{\partial}^\bullet \varphi(x + u), \forall \, \phi(u) := \varphi(x + u)$ 且 $x, u \in X$.

(b) 对于具有如下表示形式的连续凸函数:

$$\varphi(x) := \langle x^*, x \rangle + \varepsilon \|x\|, \quad \text{其中 } x^* \in X^*, \, \varepsilon > 0, \tag{2.52}$$

$\widehat{\partial}^\bullet \varphi(x)$ 包含于其凸分析意义下的次微分中.

(c) 对任意 $\eta > 0$ 及任意函数 $\varphi_i$, $i = 1, 2$, 其中 $\varphi_1$ 是 (2.52) 类型的且和函数 $\varphi_1 + \varphi_2$ 在 $x = 0$ 处达到其最小值, 存在 $x_1, x_2 \in \eta I\!B$ 满足条件 $|\varphi_2(x_2) - \varphi_2(0)| \leqslant \eta$ 以及

$$0 \in \widehat{\partial}^\bullet \varphi_1(x_1) + \widehat{\partial}^\bullet \varphi_2(x_2) + \eta I\!B^*.$$

证明对于基本次微分 $\partial \varphi(\bar{x})$, 通过 $\widehat{\partial}^\bullet \varphi(x)$ 的序列弱* 极限, 我们有包含关系式

$$\partial \varphi(\bar{x}) \subset \operatorname*{Lim\,sup}_{x \xrightarrow{\varphi} \bar{x}} \widehat{\partial}^\bullet \varphi(x).$$

提示: 使用基本次微分的解析表示式 (1.68), 验证 (1.33) 中的预次微分 $\widehat{\partial} \varphi$ 在 Asplund 空间的情形下满足所有性质 (a)—(c). 将其与 [587, 定理 9.7] 作比较.

## 2.6  第 2 章评注

**2.1 节**  变分分析的几何对偶空间方法中最重要的概念成分是集合系统的极点原理, 以及其基于作者 [509, 511] 在一般的优化与控制问题背景下提出的度量逼近方法 (MMA) 的证明. 回顾, (基本) 法锥 (1.4) 的概念在 [509] 中作为度量逼近方法的副产品出现.

作者在 [518] 中提出了 2.1 节中给出的几何变分原理的 "极点原理" 一词, 而定理 2.3 的结果是较早在与 Kruger 的合作论文 [443, 444] 中以 "广义欧拉方程" 的名称通过 MMA 在有限维空间中得出的. 通过涉及 $\varepsilon$-法向量 (1.6)(其中 $\varepsilon > 0$), 它同样以近似的形式扩展到 Fréchet 光滑空间. 欧拉方程这一术语源自 Dubovitskii 和 Milyutin [236], 其中 "抽象欧拉方程" 被用来描述优化和控制问题中获得必要

最优性条件的方案中锥凸分离的结果. 正如 [586] 所证明的, [443,444] 中极点原理的 $\varepsilon$-版本恰好等价于 Ioffe [370] 稍后提出的 "模糊和法则".

Mordukhovich 和 Shao [586] 建立了在无穷维空间中至关重要的推论 2.5 的增强形式的近似极点原理, 通过涉及类 Fréchet 次梯度的变分论证给出了 Asplund 空间的刻画. 有关该结果的其他证明, 文献 [587] 使用了 [585] 中的适定性描述 (参见 3.1 节), 文献 [260,529] 中采用了可分约化的方法; 有关更多细节、讨论和参考文献, 请参阅引用的出版物. 该先进的方法和它与近似极点原理的关系可以在 Cúth 和 Fabian [189] 的最新论文中找到. Zhu [795] 为 [586] 中的等价关系添加了更多结果, 并将其扩展到了具备有界型光滑重赋范的 Banach 空间. 同时, Borwein, Mordukhovich 和 Shao [108] 证明了具有光滑重赋范 (光滑阻尼函数) 的 Banach 空间中近似极点原理的有界型版本与 Borwein 和 Preiss [109](Deville, Godefroy 和 Zizler [207]) 的光滑变分原理等价. 在 [475,522,529] 中可以找到极点原理的一些版本以及有关 Banach 空间中抽象法锥和次微分的相关结果.

极点原理的精确/极限形式 (2.4)—(2.5) 在任何 Asplund 空间 [587] 中都成立, 前提是除一个以外的所有集合 $\Omega_i$ 在 $\bar{x}$ 处是 (2.41) 意义下序列法紧 (SNC) 的, 这一概念以及 (3.65) 中的映射 $F: X \rightrightarrows Y$ 的偏序列法紧性 (PSNC) 由作者和 Shao 在 [589] (1994 年的预印本) 中引入. 然后, 这些性质在 [588] 和后续出版物中得到了进一步发展. 事实证明, 在任意 Banach 空间中, Borwein 和 Strójwas [110] 意义下的紧上图-Lipschitz 的 (CEL) 集合都具有 SNC 性质, 这扩展了 Rockafellar [677] 的上图-Lipschitz 性质; 有关定义和更多参考, 请参见练习 2.29. 另一方面, 由 [529] 和以下第 3 章中讨论的类 Lipschitz 性质的上导数准则, 对 Banach 空间中的任意类 Lipschitz 多值映射, 其 PSNC 对应结果同样成立.

尽管 SNC 和 CEL 性质在有限维空间上都是自动成立 (并且 $\dim X < \infty$ 时 $F: X \rightrightarrows Y$ 自动具有 PSNC 性质) 的, 但在 [529,596] 中有完善的分析/保存法则, 其证明是基于极点原理; 见 2.5 节和 3.4 节. 注意, 这些性质的拓扑对应结果 (对偶空间上的网而非序列的弱* 收敛) 是由 Penot [642] 给出的 (1995 年的预印本). 对于凸集的 CEL 性质的全面刻画, 建议读者参考 [107], 对于 Banach 空间中闭集的 SNC 与 CEL 性质之间的比较, 建议参考 [374], 对于 SNC 性质与其拓扑对应结果之间的关系, 建议参考 [261]; 有关详细摘要, 请参见 [529, 注 1.27]. 在 [739,740] 中可以找到在该方向上的进一步结果和应用.

作者和 Nam [545] 最近提出并研究了 LCTV 空间中集合的全局极点的某种修正, 该修正不需要集合的闭性和非空交性, 并且在凸集的研究中特别有用. 文献 [545] 在 LCTV 和赋范空间框架中获得了近似和精确形式的极点原理的增强版本, 然后通过变分几何方法将其应用于凸集和函数的广义微分和共轭计算; 有关一些结果和讨论, 请参见 [545,548], 以及练习 2.33 和练习 2.34.

特别地, 受某些多目标优化问题的应用所启发, Mordukhovich, Treiman 和 Zhu [593] 引入并发展了极点原理的近似与精确形式的扩展版本, 这涉及集合的非线性变形和在度量空间上定义的集值映射; 参见第 9 章. 集合的非凸分离定理的另一种版本是由 Borwein 和 Jofre [103] 建立的. 可以在 [50, 115, 268, 436, 530, 693, 782, 783, 786, 796] 和其他出版物中找到此方向的进一步发展和应用. 我们在这里同样提及由 Gerstewitz(Tammer) [281] 提出的所谓非线性分离的重要结果, 她的动机是发展向量优化中新的标量化技术. 该想法得到了很好的阐述, 并在许多后续工作中得到了应用; 参见, 例如, [247, 282, 303, 324, 388, 392, 410, 412] 及其参考文献.

**2.2 节** 本节的内容相对较新, 从未出现在专题文献中. 它涉及极点的概念和极点原理在有限维空间中无穷多个 (实际上可数) 集合系统上的各种扩展. 除了毋庸置疑对数的兴趣外, 该主题还受到以下第 7 章和第 8 章考虑的半无穷规划中优化问题的应用所启发. 2.2 节主要在有限维情形下遵循了 Mordukhovich 和 Phan [575, 576] 的最新论文, 而在 2.5 节中, 我们介绍了 [574] 中极点原理的无穷维扩展及相关版本. 读者可以参考 Kruger 和 López [439, 440] 的后续论文, 以基于某种程度上不同的思想在此方向展开进一步的发展和应用.

**2.3 节** 推论 2.13 中提出的 Ekeland 变分原理是现代变分分析的第一个也是最有力的结果之一. 其证明最初在文献 [250, 251] 中就已经通过相当复杂的涉及超限归纳法和 Zorn 引理的方法在完备度量空间 (描述空间的完备性) 中给出. 基于与 Michael Crandall 的个人交流, 文献 [252] 给出了其在完备度量空间中的建设性证明; 参见练习 2.38. 可以观察到, 作为度量空间的结果, Ekeland 变分原理在有限维空间中也给出了新的非常重要的信息. Hiriart-Urruty [351] 给出了在 $I\!R^n$ 中的简短证明.

有限维几何使我们能够获得定理 2.12 的一般形式的变分结果, 该定理来自作者的早期著作 [514]. 通过选择其中的函数 $\theta$, 我们可以特别结合 Ekeland 原理和各种光滑变分原理. 这在例如文献 [514] 的定理 2.14 和命题 2.15 所示的几种应用中是有用的. 除了 Borwein-Preiss 和 Deville-Godefroy-Zizler 变分原理及其增强形式外, 其他的光滑变分原理也可以从作者与 Fabian 的合作论文 [259] 中获得; 有关此方向的一些结果, 请参见练习 2.41. 令人惊讶的是, 例如, Banach 空间的 Fréchet 重赋范对于练习 2.41(i) 中扰动的光滑性和凹性不仅是充分的, 而且是必要的. 读者可以在 [529, 第 2 章] 中找到有关适当的无穷维空间中的各种光滑变分原理及其与极点原理的关系的更多信息.

在 [529, 2.3.2 小节] 中, 读者还可以找到其他虽然非常有用的但鲜为人知类型的变分原理. 第一个是下次微分变分原理, 由 Mordukhovich 和 Wang [594] 建立, 是对 Asplund 空间的另一种刻画. 该结果具有与 Ekeland 变分原理相同的形式, 但将 (2.23) 中的最小化条件替换成了次优点 $\bar{x}$ 处对某个 $x^* \in \widehat{\partial}\varphi(\bar{x})$ 的次梯度估

计 $\|x^*\| \leqslant \varepsilon/\lambda$, 这是几乎平稳条件 (2.24) 的非光滑扩展; 参见练习 2.39. 另一个结果是在作者与 Nam 和 Yen 的合作论文 [553] 中获得并命名为上次微分变分原理, 其证明了在任意 Banach 空间中, 当 $\widehat{\partial}^+\varphi(\bar{x}) \neq \varnothing$ 时, 对所有 $x^* \in \widehat{\partial}^+\varphi(\bar{x})$ 后一估计的有效性; 参见练习 2.40. 当 $\varphi$ 在 $\bar{x}$ 处 Fréchet 可微时, 这也简化为几乎稳定条件 (2.24).

**2.4 节**　本节结果 (除推论 2.18 取自 [686] 外) 基于作者的论文 [512], 其中首先引入了法向和次微分规范条件 (2.26) 和 (2.34), 并且通过度量逼近法得出了基本的交法则与和法则 (2.27) 和 (2.35); 有关全面的说明, 参见文献 [514, 529]. 在 Ioffe [368] 和 Kruger [431, 433] 中可以找到这些结果的一些 (方向)Lipschitz 版本. 受到 MMA 的启发 (在 [367, 368] 中得到了认可), Ioffe 的另一篇论文 [371] 使用罚函数方法在本质上更严格的切向规范条件下处理 $I\!R^n$ 中的下半连续函数的情形, 该条件由 Rockafellar [678] 的方向导数构造和 Clarke 的切锥构成. Ioffe 和 Outrata [379] 在一定的平静性和度量规范条件下获得了有关此方向上最近的有限维结果. 在 [115, 372, 378, 401, 402, 525, 529, 540, 587, 595, 617, 644, 693] 及其参考文献中给出了上述结果的各种无穷维版本. 其中一些相关的结果可以在第 2—4 章的练习中找到. 特别要注意的是在类型 (2.41) 及其对应函数类型的 SNC 假设下, 定理 2.16、定理 2.19 及其推论在 Asplund 空间情形中全面推广的有效性. 如上所述, 这些性质在有限维空间上是自动成立的, 并且在 Banach 空间的 (广义)Lipschitz 设置中也适用; 有关更多详细信息, 请参见 [529].

主要的规范条件 (2.26) 是在 [512] 中引入的, 用于有限维空间中非凸集合的"广义不分离性质", 以便使用度量逼近法推导得出定理 2.16 中的基本交法则. 它的否定相当于精确/基本极点原理的关系, 在 [512] 中被称为"广义分离性质". 这两个名称都反映了以下事实: 这些性质是凸集对应性质的非凸推广; 有关更多详细信息和讨论, 请参见 [514]. 文献 [529] 中以"法向规范条件"的名称对条件 (2.26) 进行研究并应用, 这使我们能够推导出有限维和无穷维情形基本法向量的交法则. 然而, 在适当的 SNC/PSNC 假设下, 较弱的"极限规范条件"被证明足以推导出 Asplund 空间中的交法则; 请参见 [529, 定理 3.4].

最近, 在非凸问题的可行性和优化算法方面发展出规范条件 (2.26) 的另一种令人印象深刻的应用. Lewis, Luke 和 Malick [464] 在此方向上进行了开创性工作, 在规范条件 (2.26) 及其有限多个集合的版本 (见推论 2.17) 的假设下, 针对寻找 $I\!R^n$ 中两个 (有限多个) 非凸集合的交点的问题, 他们建立了 (von Neumann) 交替投影算法的非凸版本及其修正平均投影算法的线性局部收敛速率. 通过分析与 (2.26) 中的最初发展和精确极点原理的联系, 同时给出其算法描述, 文献 [464] 的作者将基本规范条件 (2.26) 解释为闭集的"线性正则交", 并与第 3 章中度量正则性概念进行了联系.

Bauschke 等在 [71,72] 中对算法问题的变分分析方法做出了进一步显著的发展. 在 [71,72] 中, 作者引入了 $I\!R^n$ 中闭集的 "限制法锥" 这一新概念以获得交替投影算法的局部线性收敛性, 这一概念是我们的基本法锥 (1.4) 的扩展, 同时又从本质上减弱了 [464] 中的假设. 另一篇论文 [73] 将这些想法用于以数值方式求解具有仿射约束的稀疏优化问题.

Lewis 和 Malick [465] 首先使用定理 3.3(ii) 中度量正则性的上导数准则建立了规范条件 (2.26) 与微分几何中 $\mathcal{C}^2$-光滑流形的经典横截性条件之间的等价关系; 后者实际上能够确保这种等价关系对于有限维空间中的一般闭集成立. 文献 [231,441,487,488,624] 及其他出版物中给出了有关可行性与优化的非光滑和非凸问题的交替投影与相关算法的局部线性收敛性的一些最新后续结果, 并对法向规范条件/横截性条件(2.26)进行了某些修改, 将其定义为 "内在横截性、可分交、次横截性" 等. 最近的书籍 [378] 使用了 "横截性" 这一词, 而没有提及 (2.26) 的引入以及 [512] 中在该规范条件下的交法则的原始推导, 同时并未引用交替投影算法中关于横截性条件的原始论文 [465], 也未提及 Noll 和 Rondepierre [624] (2013 年预印本) 在此方向上的主要贡献和 Drusvyatskiy, Ioffe 和 Lewis 的论文 [231].

作者在论文 [512] 中首次引入了次微分规范条件 (2.34), 以建立定理 2.19 中的基本次微分和法则. 该结果在推导其他次微分分析法则中起着至关重要的作用, 并且是从定理 2.16 的基本交法则推导而来的. Rockafellar 在文献 [683] 中独立地引入了平行于 (2.34) 的次微分规范条件, 该条件由凸化法锥生成的奇异次梯度表示, 被用于获得有限维空间中增广实值下半连续函数的 Clarke 次梯度的主要分析法则. 这些类型的条件及其 (2.26) 中的指示函数版本最早将非光滑优化中次微分分析法则和约束规范的条件通过与分析法则和必要最优性条件相同的 (对偶) 项表示出来。因此, 在 Ioffe 的文献 [372] 和 [379] 以及其他的出版物中将此类条件标记为 "Mordukhovich-Rockafellar (MR) 次微分规范条件". 文献 [378] 中未提及此名称以及对 (2.26) 和 (2.34) 的任何相关讨论, 但都参考了 [512,683], 而有关分析法则的已知的规范条件基本上是通过使用与横截性相关的术语构建的.

**2.5节** 本节的大多数练习都具有提示和对出版物的引用, 读者可以在其中找到更多细节和来源. 我们仅对练习 2.55 中给出的极小性结果进行评论, 该结果取自 [587, 定理 9.7] 和 [529, 命题 2.45]. 它的起源应追溯到 [371, 定理 9] 和 [512, 定理 4], 其中给出了有限维空间中稍微不同的次微分条件下极小性的证明. 值得注意的是, Ioffe 随后的结果 [372, 命题 8.2] 并不能说明他的 $G$-次微分的核比我们的基本次微分 $\partial\varphi(\bar{x})$ 小. 该错误是由以下事实导致的: 即使对于 Asplund 空间上的 Lipschitz 函数, 映射 $x \mapsto \partial\varphi(x)$ 在 $X \times X^*$ 的范数 × 弱* 拓扑中也不一定是闭图的. 正如读者所见, 练习 2.55 中给出的结果表明, 基本次微分 $\partial\varphi(\bar{x})$ 在 gph $\varphi$ 上序列外/上半连续的所有自然次微分构造中是最小的. 这特别包括所有的 "近似" 次微分.

# 第 3 章　适定性和上导数分析法则

本章涉及变分分析中乍一看似乎并不相关的两个重要主题的研究. 第一个主题是关于集值映射/多值映射的某些适定性问题, 这对于变分理论及其众多应用具有重大意义. 适定性领域涵盖了在变分分析、优化、均衡、控制等框架内需要实现的集值映射的 "良好" 性质. 毫无疑问, 从变分理论和应用的角度来看, 这类性质包括 Lipschitz 稳定性、度量正则性和覆盖/线性开性质, 实际上它们对于整个非线性分析领域而不仅仅是其变分方面都是重要的. 此类型的性质是根据给定的集值映射定义的, 而与 (广义) 微分的概念无关.

尽管如此, 通过计算集值映射在参考点处的基本上导数, 可知上述性质仍具有完整的定性与定量表述. 本章推导了此类一般闭图多值映射的点基 (即, 完全在所讨论的点上表示的) 上导数准则. 但是, 将其有效地应用于优化、均衡、控制等特定模型需要全面的分析法则, 这为处理结构映射打开了大门. 下面在某些点基规范条件下介绍了所需的点基上导数分析法则. 在另一方面, 所获得的适定性的上导数刻画使我们能够验证, 所施加的规范条件对于满足这些性质的一大类多值映射自动成立. 此外, 上导数描述和分析法则的涉及使我们得出一个令人相当惊讶的结论, 即由含参广义方程、变分不等式等的解映射给出的主要类型的变分系统不满足度量正则性. 因此, 本章充分论证了适定性与点基上导数分析法则之间的双向关系. 在练习和评注部分, 还介绍了许多有限维和无穷维空间中的其他相关的结果和适定性质.

## 3.1　集值映射的适定性质

我们首先阐述集值映射基本的适定性质, 然后使用上导数 (1.15) 对其进行刻画.

### 3.1.1　适定性的范例

在本章中, 我们主要讨论有限维空间上的集值映射 $F: \mathbb{R}^n \rightrightarrows \mathbb{R}^m$, 并在练习和评注部分讨论无穷维问题. 当所考虑的集值映射 $F$ 为单值情形时, 为了表示方便, 将其标记为 $F = f: \mathbb{R}^n \to \mathbb{R}^m$.

**定义 3.1** (适定性质)　设 $F: \mathbb{R}^n \rightrightarrows \mathbb{R}^m$, 并设 $(\bar{x}, \bar{y}) \in \mathrm{gph}\, F$ 为参考点. 我们称:

(a) $F$ 在 $(\bar{x}, \bar{y})$ 附近具有覆盖性质且模为 $\kappa > 0$, 如果存在 $\bar{x}$ 的邻域 $U$ 和 $\bar{y}$ 的邻域 $V$ 满足

$$F(x) \cap V + \kappa r \mathbb{B} \subset F(x + r\mathbb{B}), \quad \forall\, x + r\mathbb{B} \subset U \ \text{且}\ r > 0. \tag{3.1}$$

对某邻域 $U$ 和 $V$ 满足 (3.1) 式的所有模 $\{\kappa\}$ 的上确界称为 $F$ 在 $(\bar{x}, \bar{y})$ 附近的确切覆盖界限, 记为 $\operatorname{cov} F(\bar{x}, \bar{y})$.

(b) $F$ 在 $(\bar{x}, \bar{y})$ 附近是度量正则的且模为 $\mu > 0$, 如果存在 $\bar{x}$ 的邻域 $U$ 和 $\bar{y}$ 的邻域 $V$ 满足

$$\operatorname{dist}\big(x; F^{-1}(y)\big) \leqslant \mu \operatorname{dist}\big(y; F(x)\big), \quad \forall\, x \in U, \quad y \in V. \tag{3.2}$$

对某邻域 $U$ 和 $V$ 满足 (3.2) 式的所有模 $\{\mu\}$ 的下确界称为 $F$ 在 $(\bar{x}, \bar{y})$ 附近的确切正则性界限, 记为 $\operatorname{reg} F(\bar{x}, \bar{y})$.

(c) $F$ 在 $(\bar{x}, \bar{y})$ 附近是类 Lipschitz 的且模为 $\ell \geqslant 0$, 如果存在 $\bar{x}$ 的邻域 $U$ 和 $\bar{y}$ 的邻域 $V$ 满足

$$F(x) \cap V \subset F(u) + \ell \|x - u\| \mathbb{B}, \quad \forall\, x, u \in U. \tag{3.3}$$

对某邻域 $U$ 和 $V$ 满足 (3.3) 式的所有模 $\{\ell\}$ 的下确界称为 $F$ 在 $(\bar{x}, \bar{y})$ 附近的确切 Lipschitz 界限, 记为 $\operatorname{lip} F(\bar{x}, \bar{y})$.

定义 3.1 中的三个性质相对于参考点 $(\bar{x}, \bar{y})$ 的微小扰动都是稳定/鲁棒的. 它们假定 $F$ 在 $(\bar{x}, \bar{y})$ 附近具有 "良好" 行为, 并且高度相关联, 参见定理 3.2.

$F$ 在 $(\bar{x}, \bar{y})$ 附近的覆盖性质也称为线性率开或者线性开性质. 对于单值映射 $f$, 虽然与非线性映射有着本质的不同, 但是它某种程度上与 $f$ 在 $\bar{x}$ 处的常规开性质相关, 这意味着 $f$ 在 $\bar{x}$ 的每一个邻域上的像都包含/覆盖 $f(\bar{x})$ 的一个邻域, 或者等价地

$$f(\bar{x}) \in \operatorname{int} f(U), \quad \text{对 } \bar{x} \text{ 的任意邻域 } U \text{ 成立.} \tag{3.4}$$

性质 (3.1) 需要更多的假设, 即使对于单值映射也是如此: 它保证了 $\bar{x}$ 附近的线性覆盖速率 $\kappa$ 的一致性. 例如: $\mathbb{R}$ 上的三次函数 $f(x) = x^3$ 在 $\bar{x} = 0$ 处具有开性质 (3.4), 然而其并非线性开性质; 见图 3.1.

对任意 $(\bar{x}, \bar{y})$ 附近的 $(x, y)$, 度量正则性 (3.2) 通过更易计算的 $y$ 与 $F(x)$ 的距离给出了 $x$ 与 (广义) 方程 $y \in F(u)$ 的解集间距离的一个线性估计; 见图 3.2. 在特定设置下, 它与 (局部) 误差界性质密切相关, 该性质在优化及其应用的理论与数值计算方面起着重要作用.

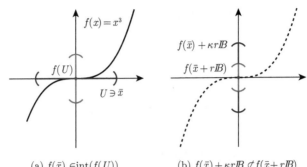

(a) $f(\bar{x}) \in \mathrm{int}(f(U))$　　　　(b) $f(\bar{x}) + \kappa r\mathbb{B} \not\subset f(\bar{x} + r\mathbb{B})$

图 3.1　(a) 具有线性开性质, 但 (b) 不具有线性开性质

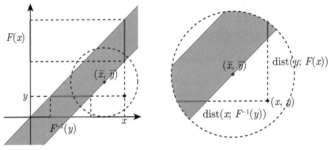

图 3.2　度量正则性

对于单值映射 $f$, 类 Lipschitz 性质 (3.3) 可以回到经典的局部 Lipschitz 行为 (1.26), 而在 (3.3) 中 $V = \mathbb{R}^m$ 的紧值情况下, 它可以简化为标准多值映射的 (Hausdorff) 局部 Lipschitz 性质. 在 (3.3) 中 $V$ 的一般情形下, 此条件也称为伪-Lipschitz 或 Aubin 性质, 这是针对集值映射 Lipschitz 行为的一个图像局部化.

以下结果表明, 定义 3.1 中的所有性质实际上与其确切界限之间的精确关系是等价的.

**定理 3.2** (适定性质之间的等价关系)　设 $F \colon \mathbb{R}^n \rightrightarrows \mathbb{R}^m$ 且 $(\bar{x}, \bar{y}) \in \mathrm{gph}\, F$. 以下结论等价:

(i) $F$ 在 $(\bar{x}, \bar{y})$ 附近具有覆盖性质, 当且仅当它在该点附近是度量正则的. 此时, 我们有

$$\mathrm{cov}\, F(\bar{x}, \bar{y}) = \big(\mathrm{reg}\, F(\bar{x}, \bar{y})\big)^{-1}.$$

(ii) $F$ 在 $(\bar{x}, \bar{y})$ 附近是类 Lipschitz 的, 当且仅当逆映射 $F^{-1} \colon \mathbb{R}^m \rightrightarrows \mathbb{R}^n$ 在 $(\bar{y}, \bar{x})$ 处是度量正则的. 此时, 我们有

$$\mathrm{lip}\, F(\bar{x}, \bar{y}) = \mathrm{reg}\, F^{-1}(\bar{y}, \bar{x}).$$

**证明** 我们给出上述等价关系的证明, 该证明稍作改动后对于有限维和无穷维空间中定义 3.1 的适当半局部及修正局部概念同样适用; 参见 3.4 节和 3.5 节. 我们将证明分为几个步骤, 这些步骤各有其自身的意义.

**步骤 1** 对于度量正则性, 只需等价地验证对于某个 $\gamma > 0$, (3.2) 式对于满足估计 $\mathrm{dist}(y; F(x)) \leqslant \gamma$ 的向量 $(x, y) \in U \times V$ 都成立.

为此, 我们证明对任意 $\eta, \gamma > 0$, 若 (3.2) 对于满足 $\mathrm{dist}(y; F(x)) \leqslant \gamma$ 的 $x \in \bar{x} + \eta I\!B$ 和 $y \in \bar{y} + \eta I\!B$ 成立, 则存在 $\nu > 0$ 使得 (3.2) 对所有 $x \in \bar{x} + \nu I\!B$ 和 $y \in \bar{y} + \nu I\!B$ 都成立. 任意给定 $(\mu, \eta, \gamma)$, 记 $\nu := \min\{\eta, \ \gamma\mu/(\mu + 1)\}$ 并验证 (3.2) 对于所有满足 $\mathrm{dist}(y; F(x)) > \gamma$ 的 $x \in \bar{x} + \nu I\!B$ 和 $y \in \bar{y} + \nu I\!B$ 均成立. 注意到, 对于这样的 $x, y$, 由于 $\mathrm{dist}(y; F(\bar{x})) \leqslant \|y - \bar{y}\| \leqslant \nu \leqslant \gamma$, 所以 $\mathrm{dist}(\bar{x}; F^{-1}(y)) \leqslant \mu \, \mathrm{dist}(y; F(\bar{x}))$. 从而根据 $\nu$ 的选择, 我们有

$$\mathrm{dist}\big(x; F^{-1}(y)\big) \leqslant \mathrm{dist}\big(\bar{x}; F^{-1}(y)\big) + \|x - \bar{x}\| \leqslant \mu \, \mathrm{dist}\big(y; F(\bar{x})\big) + \|x - \bar{x}\|$$
$$\leqslant \mu \, \|y - \bar{y}\| + \|x - \bar{x}\| \leqslant \nu(\mu + 1) \leqslant \gamma\mu < \mu \, \mathrm{dist}\big(y; F(x)\big),$$

因此这就证明了步骤 1.

**步骤 2** 度量正则性蕴含着覆盖性质并且 $\mathrm{cov}\, F(\bar{x}, \bar{y}) \geqslant (\mathrm{reg}\, F(\bar{x}, \bar{y}))^{-1}$.

选取 $\eta, \mu > 0$ 使得 (3.2) 对 $x \in U := \mathrm{int}\,(\bar{x} + \eta I\!B)$ 和某个 $V$ 上的所有 $y \in V$ 成立. 定义 $\nu := \min\{\eta, \mu\}$, $\widetilde{U} := \mathrm{int}\,(\bar{x} + \nu I\!B)$, 然后选取

$$v \in \mathrm{int}\,\big(F(x) \cap V + (r/\mu) I\!B\big), \quad \text{其中 } x + r I\!B \subset \widetilde{U}, \quad r > 0.$$

由这些构造和所假定的估计式 (3.2), 我们得出 $\mathrm{dist}(x; F^{-1}(v)) < r$ 关于这样的 $(x, v, r)$ 成立, 这就允许我们可以选取 $u \in F^{-1}(v)$ 满足 $u \in_1 (x + r I\!B)$ 和 $v \in F(u) \subset F(_1(x + r I\!B))$. 这样确保了

$$\mathrm{int}\,\big(F(x) \cap V + \mu^{-1} r I\!B\big) \subset F\big(\mathrm{int}\,(x + r I\!B)\big), \quad \text{当 } x + r I\!B \subset \widetilde{U} \text{ 时成立}.$$

现在选取任意小的 $\varepsilon > 0$ 可以得出包含式

$$F(x) \cap V + (\mu + \varepsilon)^{-1} r I\!B \subset \mathrm{int}\,\big(F(x) \cap V + \mu^{-1} r I\!B\big) \subset F\big(\mathrm{int}\,(x + r I\!B)\big) \subset F(x + r I\!B),$$

其中 $x + r I\!B \subset \widetilde{U}$. 这就证明了覆盖性质并且 $\mathrm{cov}\, F(\bar{x}, \bar{y}) \geqslant (\mathrm{reg}\, F(\bar{x}, \bar{y}))^{-1}$, 而 $\mathrm{reg}\, F(\bar{x}, \bar{y}) = 0$ 的情形是平凡的.

**步骤 3** 覆盖性质蕴含着度量正则性并且 $\mathrm{cov}\, F(\bar{x}, \bar{y}) \leqslant (\mathrm{reg}\, F(\bar{x}, \bar{y}))^{-1}$.

事实上, 由覆盖性质我们找到 $\kappa, \eta > 0$ 使得

$$F(x) \cap V + \kappa r I\!B \subset F(x + r I\!B), \quad \text{其中 } x + r I\!B \subset U := \mathrm{int}\,(\bar{x} + \eta I\!B), \quad r > 0$$

对于 $\bar{y}$ 的某个邻域 $V$ 成立. 记 $\nu := \eta/2$, $\widetilde{U} := \text{int}\,(\bar{x} + \nu I\!B)$, $\gamma := \kappa\eta/2$, 并证明 (3.2) 对于所有 $x \in \widetilde{U}$ 和满足 $\text{dist}(y; F(x)) \leqslant \gamma/2$ 的 $y \in V$ 成立. 由步骤 1 知这对于度量正则性是充分的. 为此, 取定一个这样的序对 $(x, y)$ 并考虑任意满足 $\text{dist}(y; F(x)) < \alpha < \gamma$ 的 $\alpha$. 则

$$y \in F(x) \cap V + \kappa r I\!B \quad \text{且} \quad x + r I\!B \subset U, \quad \text{其中 } r := \alpha/\kappa.$$

覆盖性质保证存在 $u \in x + r I\!B$ 满足 $u \in F^{-1}(y)$, 这蕴含着 $\text{dist}(x; F^{-1}(y)) \leqslant \|x - u\| \leqslant r = \alpha/\kappa$. 当 $\alpha \downarrow \text{dist}(y; F(x))$ 时取极限, 我们得到以下估计:

$$\text{dist}(x; F^{-1}(y)) \leqslant \kappa^{-1}\text{dist}(y; F(x))$$

对所有满足 $\text{dist}(y; F(x)) \leqslant \gamma$ 的 $x \in \widetilde{U}$ 和 $y \in V$ 成立. 这就证明了本步骤的结论以及 $\text{cov}\,F(\bar{x}, \bar{y}) \leqslant (\text{reg}\,F(\bar{x}, \bar{y}))^{-1}$, 从而完成了论断 (i) 的证明.

**步骤 4**　$F$ 的类 Lipschitz 性质蕴含着 $F^{-1}$ 的度量正则性以及估计式

$$\text{reg}\,F^{-1}(\bar{y}, \bar{x}) \leqslant \text{lip}\,F(\bar{x}, \bar{y}).$$

为证明该论断, 令 $\bar{\ell} := \text{lip}\,F(\bar{x}, \bar{y})$ 且对任意 $\varepsilon > 0$ 得到

$$F(x) \cap V \subset F(u) + (\bar{\ell} + \varepsilon)\|x - u\| I\!B, \quad \forall\, x, u \in U$$

对 $\bar{x}$ 的某个邻域 $U$ 以及 $\bar{y}$ 的某个邻域 $V$ 成立. 这就告诉我们

$$\text{dist}(y; F(u)) \leqslant (\bar{\ell} + \varepsilon)\|x - u\|, \quad \text{若 } y \in F(x) \cap V \quad \text{且} \quad x, u \in U.$$

选取 $r > 0$ 满足 $\bar{x} + r I\!B \subset U$, 由上述结果观察得到

$$\text{dist}(y; F(u)) \leqslant (\bar{\ell} + \varepsilon)\,\text{dist}(u; F^{-1}(y)) \tag{3.5}$$

当 $u \in \bar{x} + r I\!B$, $y \in V$ 且 $F^{-1}(y) \cap (\bar{x} + r I\!B) \neq \varnothing$ 时成立. 容易验证这就确保了 (3.5) 对于所有 $u \in \widetilde{U} := \bar{x} + (r/3) I\!B$ 以及满足 $\text{dist}(u; F^{-1}(y)) \leqslant \gamma := r$ 的 $y \in V$ 的有效性. 考虑到步骤 1 中所证明的结论以及 $\varepsilon > 0$ 选取的任意性, 我们得出 $F^{-1}$ 在 $(\bar{y}, \bar{x})$ 附近是度量正则的并且 $\text{reg}\,F^{-1}(\bar{y}, \bar{x}) \leqslant \text{lip}\,F(\bar{x}, \bar{y})$.

**步骤 5**　$F^{-1}$ 的度量正则性蕴含着 $F$ 的类 Lipschitz 性质以及估计式 $\text{lip}\,F(\bar{x}, \bar{y}) \leqslant \text{reg}\,F^{-1}(\bar{y}, \bar{x})$.

事实上, 记 $\bar{\mu} := \text{reg}\,F^{-1}(\bar{y}, \bar{x})$ 且对任意 $\varepsilon > 0$, 我们有

$$\text{dist}(y; F(u)) \leqslant (\bar{\mu} + \varepsilon)\,\text{dist}(u; F^{-1}(y)), \quad \forall\, u \in U, \ y \in V$$

对 $\bar{x}$ 的某个邻域 $U$ 以及 $\bar{y}$ 的某个邻域 $V$ 成立, 这反过来使得

$$F(x) \cap V \subset F(u) + (\bar{\mu} + 2\varepsilon)\|u - x\| I\!B, \quad \forall\, x, u \in U.$$

这就证明了论断并完成了 (ii) 的证明.　　　　　　　　　　　　　　　　$\triangle$

### 3.1.2 适定性的上导数刻画

已建立的等价关系表明, 对于所得的定义 3.1 中三个适定性质之一的任何必要和/或充分条件及模的估计, 都蕴含着其他两个性质的相应结论. 以下主要结果提供了一般闭图多值映射 (我们的常态假设) 具有这些性质的完整刻画, 并通过上导数 (1.15) 精确地在相关点计算了其模的确切界限.

**定理 3.3** (多值映射适定性的上导数准则) 设 $F\colon \mathbb{R}^n \rightrightarrows \mathbb{R}^m$ 且 $(\bar{x}, \bar{y}) \in \operatorname{gph} F$. 则我们有以下对于适定性质的刻画:

(i) $F$ 在 $(\bar{x}, \bar{y})$ 附近具有覆盖性质当且仅当

$$\ker D^* F(\bar{x}, \bar{y}) = \{0\}. \tag{3.6}$$

此时, $F$ 在 $(\bar{x}, \bar{y})$ 附近的确切覆盖界限可计算如下:

$$\operatorname{cov} F(\bar{x}, \bar{y}) = \inf \left\{ \|u\| \,\middle|\, u \in D^* F(\bar{x}, \bar{y})(v), \ \|v\| = 1 \right\}. \tag{3.7}$$

(ii) $F$ 在 $(\bar{x}, \bar{y})$ 附近是度量正则的当且仅当条件 (3.6) 成立. 此时 $F$ 在 $(\bar{x}, \bar{y})$ 处的确切正则界限可计算如下:

$$\operatorname{reg} F(\bar{x}, \bar{y}) = \|D^* F(\bar{x}, \bar{y})^{-1}\| = \|D^* F^{-1}(\bar{y}, \bar{x})\|, \tag{3.8}$$

其中正齐次映射的范数的定义如 (1.14) 中所示.

(iii) $F$ 在 $(\bar{x}, \bar{y})$ 附近是类 Lipschitz 的当且仅当

$$D^* F(\bar{x}, \bar{y})(0) = \{0\}. \tag{3.9}$$

此时 $F$ 在 $(\bar{x}, \bar{y})$ 附近的确切 Lipschitz 界限可计算如下:

$$\operatorname{lip} F(\bar{x}, \bar{y}) = \|D^* F(\bar{x}, \bar{y})\|. \tag{3.10}$$

**证明** 我们将证明分成三个主要步骤, 每个步骤有其自身的意义.

**步骤 1** 如果 $F$ 在 $(\bar{x}, \bar{y})$ 附近是类 Lipschitz 的, 则

$$\|D^* F(\bar{x}, \bar{y})\| \leqslant \operatorname{lip} F(\bar{x}, \bar{y}) < \infty, \tag{3.11}$$

从而内射性条件 (3.9) 成立.

为此, 首先观察到

$$\|u\| \leqslant \|D^* F(\bar{x}, \bar{y})\| \cdot \|v\|, \quad \forall u \in D^* F(\bar{x}, \bar{y})(v), \quad v \in \mathbb{R}^m,$$

从而 (3.11) 保证了 (3.9) 的有效性. 为验证 (3.11), 我们只需证明 $F$ 在 $(\bar{x}, \bar{y})$ 附近的类 Lipschitz 性质以及模 $\ell \geqslant 0$ 蕴含着

$$\|D^* F(\bar{x}, \bar{y})\| \leqslant \ell. \tag{3.12}$$

假设具有此性质, 则选取任意 $u \in D^*F(\bar{x}, \bar{y})(v)$, 并使用极限上导数表示 (1.17) 找到序列 $(x_k, y_k) \xrightarrow{\text{gph}\,F} (\bar{x}, \bar{y})$ 和 $(u_k, v_k) \to (u, v)$ 使得 $(u_k, -v_k) \in \widehat{N}((x_k, y_k); \text{gph}\,F)$ 对所有 $k \in \mathbb{N}$ 成立. 固定任意充分大的 $k$ 并观察到, 由于上述类 Lipschitz 性质的鲁棒性, $F$ 在 $(x_k, y_k)$ 周围是类 Lipschitz 的且具有相同的模 $\ell$, 考虑到 $\ell = 0$ 的情形是平凡的, 我们可以假设它为正数. 这意味着存在 $\eta > 0$ 使得

$$F(x) \cap (y_k + \eta \mathbb{B}) \subset F(z) + \ell \|x - z\| \mathbb{B}, \quad \forall\, x, z \in x_k + 2\eta \mathbb{B}.$$

利用正则法向量的定义 (1.5), 对任意 $\varepsilon_k > 0$, 我们可以找到一个正数 $\nu \leqslant \min\{\eta, \ell\eta\}$ 使得

$$\langle u_k, z - x_k \rangle - \langle v_k, w - y_k \rangle \leqslant \varepsilon_k (\|z - x_k\| + \|w - y_k\|) \tag{3.13}$$

对任意满足 $\|z - x_k\| \leqslant \nu$ 且 $\|w - y_k\| \leqslant \nu$ 的 $(z, w) \in \text{gph}\,F$ 成立. 选取 $z \in x + \min\{\nu, \nu\ell^{-1}\}\mathbb{B}$ 并且观察到 $\|z - x_k\| \leqslant \|z - x\| + \|x - x_k\| \leqslant 2\eta$. 使用上述类 Lipschitz 关系和 $y \in F(x) \cap (y_k + \eta\mathbb{B})$ 以及选取的向量 $z$, 我们可以找到 $w \in F(z)$ 满足

$$\|w - y\| \leqslant \ell \|x - z\| \leqslant \ell \min\{\nu, \ell^{-1}\nu\} = \min\{\ell\nu, \nu\} \leqslant \nu.$$

若 $0 < \ell < 1$, 则我们有估计式

$$\|z - x_k\| \leqslant \nu \quad \text{和} \quad \|w - y_k\| \leqslant \ell\nu,$$

由 (3.13), 这蕴含着 $\nu\|u_k\| \leqslant \ell\nu\|v_k\| + \varepsilon_k(\nu + \ell\nu)$, 从而

$$\|u_k\| \leqslant \ell\|v_k\| + \varepsilon_k(1 + \ell).$$

在 $\ell > 1$ 的其余情况下, 我们有 $\|z - x_k\| \leqslant \nu\ell^{-1}$ 和 $\|w - y_k\| \leqslant \nu$, 这意味着反过来 $\nu\ell^{-1}\|u_k\| \leqslant \nu\|v_k\| + \varepsilon_k(\nu + \ell^{-1}\nu)$, 因此

$$\|u_k\| \leqslant \ell\|v_k\| + \varepsilon_k(1 + \ell).$$

现在当 $k \to \infty$ 且 $\varepsilon_k \downarrow 0$ 时取极限并考虑到 (1.7) 中法锥的第二个表示式, 我们得到 (3.12), 从而验证了此步骤中的断言.

　　**步骤 2**　核条件 (3.6) 确保 $F$ 在 $(\bar{x}, \bar{y})$ 附近具有覆盖性质且其确切界限估计为

$$\text{cov}\,F(\bar{x}, \bar{y}) \geqslant \inf\left\{\|u\| \,\middle|\, u \in D^*F(\bar{x}, \bar{y})(v),\ \|v\| = 1\right\} > 0. \tag{3.14}$$

在 (3.14) 中记 $a(F, \bar{x}, \bar{y}) := \inf\left\{\|u\| \,\middle|\, u \in D^*F(\bar{x}, \bar{y})(v),\ \|v\| = 1\right\}$ 并且观察到条件 (3.6) 导出 $a(F, \bar{y}, \bar{x}) > 0$. 事实上, 由于法锥的鲁棒性, 相反的假设会给我

们带来矛盾. 因此, 为了证明这一步的陈述, 只需证明每个 $0 < \kappa < a(F, \bar{x}, \bar{y})$ 是 $F$ 在 $(\bar{x}, \bar{y})$ 附近的一个覆盖模. 假设这对于某个固定的 $0 < \kappa < a(F, \bar{x}, \bar{y})$ 不成立, 则由 (3.1) 的否定知, 存在序列 $x_k \to \bar{x}$, $y_k \to \bar{y}$ 和 $r_k \downarrow 0$ 以及 $z_k \in \mathbb{R}^m$ 满足

$$y_k \in F(x_k), \quad \|z_k - y_k\| \leqslant \kappa r_k, \quad z_k \notin F(x), \quad \forall\, x \in B_{r_k}(x_k). \tag{3.15}$$

取定 $k \in \mathbb{N}$ 并定义集合 $E_k$ 和函数 $\theta_k \colon \mathbb{R}^n \times \mathbb{R}^m \to \mathbb{R}_+$ 如下

$$E_k := (\operatorname{gph} F) \cap \big((x_k, y_k) + r_k \mathbb{B}\big) \quad \text{且} \quad \theta_k(x, y) := \|x\| + r_k\|y\|,$$

其中 $\mathbb{B}$ 代表 $\mathbb{R}^n \times \mathbb{R}^m$ 中的闭单位球. 现在考虑具有 (增广) 非负值的下半连续函数 $\varphi_k \colon \mathbb{R}^n \times \mathbb{R}^m \to \overline{\mathbb{R}}$

$$\varphi_k(x, y) := \|y - z_k\| + \delta\big((x, y); E_k\big), \quad (x, y) \in \mathbb{R}^n \times \mathbb{R}^m,$$

并对其应用定理 2.12, 其中 $\varepsilon_k := \kappa r_k$, $\lambda_k := r_k - r_k^2$, 初始点 $(x_k, y_k)$ 和函数 $\theta_k$ 的定义如上. 考虑到由 (3.15) 有 $\varphi_k(x_k, y_k) \leqslant \varepsilon_k$, 以及 $\varphi_k$ 和 $E_k$ 的构造, 我们找到一个序对 $(\bar{x}_k, \bar{y}_k) \in \operatorname{gph} F$ 满足 $\|(\bar{x}_k, \bar{y}_k) - (x_k, y_k)\| \leqslant r_k$, 使得函数

$$\psi_k(x, y) := \|y - z_k\| + \frac{\kappa}{1 - r_k}\Big(\|x - \bar{x}_k\| + r_k\|y - \bar{y}_k\|\Big) + \delta\big((x, y); \operatorname{gph} F\big)$$

在 $(\bar{x}_k, \bar{y}_k)$ 处取得其在 $\mathbb{R}^n \times \mathbb{R}^m$ 上的无条件局部极小值. 注意, $\psi_k$ 可以视为两个函数之和, 其中一个是凸的 Lipschitz 连续函数, 而另一个是 $(\bar{x}_k, \bar{y}_k)$ 附近的下半连续函数. 现在将推论 2.20 应用于该函数和, 并使用 (凸) 范数函数在零点和非零点处的次微分 (见练习 1.66) 以及由 (3.15) 成立的条件 $z_k \notin F(\bar{x}_k)$ 得到 $u_k$ 和 $v_k$ 满足

$$u_k \in D^*F(\bar{x}_k, \bar{y}_k)(v_k), \quad \text{其中} \quad \|u_k\| \leqslant \frac{\kappa}{1 - r_k} \quad \text{且} \quad \|v_k\| \to 1, \quad k \to \infty.$$

因此我们得到 $(u, v)$ 使得 $(u_k, v_k) \to (u, v)$ 沿一个子列成立并且

$$\|u\| \leqslant \kappa \quad \text{且} \quad u \in D^*F(\bar{x}, \bar{y})(v),$$

其中后者成立是由于命题 1.3 中的鲁棒性. 所得的矛盾验证了步骤 2 的断言.

**步骤 3** 定理的完整证明.

由定理 3.2 的等价关系和 $F$ 与其逆函数的上导数之间的关系

$$\big[D^*F^{-1}F(\bar{y}, \bar{x})(0) = \{0\}\big] \Leftrightarrow \big[\ker D^*F(\bar{x}, \bar{y}) = \{0\}\big]$$

以及

$$1\big/\|H^{-1}\| = \inf\big\{\|y\| \mid y \in H(x), \|x\| = 1\big\}$$

对任意正齐次多值映射成立, 证明可根据步骤 1 和步骤 2 中已建立的结果得到.△

在本节 (以及稍后的更多内容) 介绍定理 3.3 的几种结果之前, 我们提醒读者注意与类 Lipschitz 性质的上导数准则相关的一些主要问题.

**注 3.4** (关于 Lipschitz 行为和上导数刻画的讨论)   观察到以下结果:

(i) 经典分析的方法是从连续性到可微性, 其中光滑函数是 Lipschitz 连续函数的一个子类. 在这里, 对于非光滑映射和集值映射, 我们有相反的方向: 从广义可微性到 Lipschitz 连续性, 其中上导数允许我们完整地刻画多值映射的 Lipschitz 行为.

(ii) 经典和集值框架中的 Lipschitz 连续性都可以看作是线性速率的连续性, 其中线性速率对于刻画这种连续性以及定理 3.3 中的线性开和 (一阶) 度量正则性的等价概念至关重要.

(iii) 在上导数准则 (3.9) 中将 $F$ 的图的基本法锥替换为 Clarke 的凸化锥 (1.60), 我们得到条件

$$[(u,0) \in \overline{N}((\bar{x},\bar{y}); \operatorname{gph} F)] \Rightarrow u = 0, \tag{3.16}$$

这对于 $F$ 在 $(\bar{x},\bar{y})$ 附近的类 Lipschitz 性质是充分的, 但与必要性相去甚远; 有关更多详细信息, 请参见 [519, 520]. 令人惊讶的是, 即使在映射 $F = f: \mathbb{R}^n \to \mathbb{R}^n$ 是单值局部 Lipschitz 但在 $\bar{x}$ 附近不光滑的平凡情况下, 它也不会成立. 这是根据 Rockafellar 定理中凸化法锥的子空间性质得出的; 参见练习 1.46(ii). 这一现象对于在参考点上不是 "严格光滑" 的 Lipschitz 流形 (或图形为 Lipschitz 的集值映射) 也是有效的; 参见 1.5 节的更多讨论.

### 3.1.3   特殊情形下的刻画

本小节涉及从定理 3.3 中一般闭图多值映射的上导数刻画得出的一些特殊情况下的有用结果. 我们从刻画多值映射的经典 (Hausdorff) 局部 Lipschitz 连续性开始, 这意味着 (3.3) 成立且 $V = \mathbb{R}^m$. 回顾集值映射的 (局部) 一致有界性在 1.2.1 小节中有定义.

**推论 3.5** (集值映射局部 Lipschitz 连续性的上导数准则)   设 $F: \mathbb{R}^n \rightrightarrows \mathbb{R}^m$ 在 $\bar{x} \in \operatorname{dom} F$ 附近对任意 $\bar{y} \in F(\bar{x})$ 是局部有界的. 则映射 $F$ 在 $\bar{x}$ 周围是局部 Lipschitz 的当且仅当我们有条件

$$D^* F(\bar{x}, \bar{y})(0) = \{0\}, \quad \forall \bar{y} \in F(\bar{x}).$$

在这种情况下, $F$ 在 $\bar{x}$ 周围的确切 Lipschitz 界限可通过下式计算:

$$\operatorname{lip} F(\bar{x}) = \max \{ \|D^* F(\bar{x}, \bar{y})\| \mid \bar{y} \in F(\bar{x}) \}.$$

**证明** 观察到, 根据所做的假设, $F$ 在 $\bar{x}$ 周围的局部 Lipschitz 性质和它对每个 $\bar{y} \in F(\bar{x})$ 在 $(\bar{x}, \bar{y})$ 附近的类 Lipschitz 性质等价. 这源于一个经典的事实, 即有限维空间中有界闭集的任何开覆盖都可以被简化为一个限子覆盖. 这也意味着

$$\operatorname{lip} F(\bar{x}) = \max \left\{ \operatorname{lip} F(\bar{x}, \bar{y}) \middle| \ \bar{y} \in F(\bar{x}) \right\},$$

其中最大值能够达到是因为 $\operatorname{lip} F(\cdot, \cdot)$ 在 $F$ 的图上的上半连续性. 这使得我们可以从定理 3.3(iii) 的相应陈述中推导出所要求的陈述. △

在下一个推论中, 我们将介绍具有凸图的集值映射的度量正则性和覆盖性质的刻画, 其中, 通过上导数计算, 我们可以根据给定映射的值域和图来完全描述准则和确切的界限公式.

**推论 3.6** (凸图多值映射的度量正则性和覆盖) 假设 $F \colon I\!R^n \rightrightarrows I\!R^m$ 的图是凸的并选取某个 $\bar{y} \in \operatorname{rge} F$. 则对任意 $\bar{x} \in F^{-1}(\bar{y})$, $F$ 在 $(\bar{x}, \bar{y})$ 周围的度量正则性与覆盖性质的有效性都等价于 $\bar{y} \in \operatorname{int}(\operatorname{rge} F)$. 在这种情况下相应的确切界限可由下式计算:

$$\operatorname{reg} F(\bar{x}, \bar{y}) = \max_{\|u\| \leqslant 1} \left\{ \|v\| \middle| \ \langle u, x - \bar{x} \rangle \leqslant \langle v, y - \bar{y} \rangle \ \forall \ (x, y) \in \operatorname{gph} F \right\},$$

$$\operatorname{cov} F(\bar{x}, \bar{y}) = \min_{\|v\| = 1} \left\{ \|u\| \middle| \ \langle u, x - \bar{x} \rangle \leqslant \langle v, y - \bar{y} \rangle \ \forall \ (x, y) \in \operatorname{gph} F \right\}.$$

**证明** 由命题 1.13 中凸图映射的上导数表示, 可根据定理 3.3(i), (ii) 得到. △

我们以将定理 3.3 的结果应用于两类单值映射来结束本节. 第一类包含局部 Lipschitz 映射, 其度量正则性和覆盖性质的准则与确切界限是通过相应标量化的基本次梯度表示的.

**推论 3.7** (单值局部 Lipschitz 映射的度量正则性和覆盖性质) 设 $f \colon I\!R^n \to I\!R^m$ 在 $\bar{x}$ 附近是局部 Lipschitz 的. 则 $f$ 在该点附近是度量正则的且具有覆盖性质当且仅当我们有如下蕴含关系:

$$\left[ 0 \in \partial \langle v, f \rangle(\bar{x}) \right] \Rightarrow v = 0.$$

在这种情况下, 确切的正则性和覆盖界限可通过如下计算:

$$\operatorname{reg} f(\bar{x}) = \max \left\{ \|v\| \ \middle| \ u \in \partial \langle v, f \rangle(\bar{x}), \ \|u\| \leqslant 1 \right\},$$

$$\operatorname{cov} f(\bar{x}) = \min \left\{ \|u\| \ \middle| \ u \in \partial \langle v, f \rangle(\bar{x}), \ \|v\| = 1 \right\}.$$

**证明** 由定理 1.32 中局部 Lipschitz 映射的上导数标量化和范数定义 (1.14), 可根据定理 3.3(i), (ii) 得到. 由于基本次微分的鲁棒性, 确切界限公式中的最大值与最小值能够达到. △

这里给出定理 3.3 的最后一个推论, 它为光滑映射的度量正则性和覆盖提供了完整的刻画.

**推论 3.8** (光滑映射的度量正则性和覆盖)　设 $f: I\!R^n \to I\!R^m$ 在 $\bar{x}$ 周围是光滑的且 $m \leqslant n$. 则它在该点附近是度量正则的且具有覆盖性质当且仅当其雅可比矩阵 $\nabla f(\bar{x})$ 是满秩的:

$$\operatorname{rank} \nabla f(\bar{x}) = m, \quad \text{或等价地 } \nabla f(\bar{x}) I\!R^n = I\!R^m. \tag{3.17}$$

在这种情况下, 确切的正则性和覆盖界限可由下式计算:

$$\operatorname{reg} f(\bar{x}) = \left\| \left( \nabla f(\bar{x})^* \right)^{-1} \right\|, \quad \operatorname{cov} f(\bar{x}) = \min \left\{ \| \nabla f(\bar{x})^* v \| \mid \|v\| = 1 \right\}. \tag{3.18}$$

如果进一步 $m = n$, 则我们有

$$\operatorname{cov} f(\bar{x}) = \| \nabla f(\bar{x})^{-1} \|^{-1}.$$

**证明**　由命题 1.12 中光滑映射的上导数表示, 根据定理 3.3 和推论 3.7 可得. 对于 $f$ 在 $\bar{x}$ 周围的覆盖/度量正则性质的满射条件 (3.18) 的充分性, 我们也给出了另一个证明, 这适用于任意 Banach 空间上的严格可微映射.

令 $A := \nabla f(\bar{x})$. 根据 $A$ 的满射性 (见练习 1.53), 由开映射定理知, 对值域空间中的任意 $y$ 存在 $x \in A^{-1}(y)$ 满足

$$\|x\| \leqslant \mu \|y\|, \quad \text{其中 } \mu^{-1} = \inf \left\{ \|A^* v\| \mid \|v\| = 1 \right\}. \tag{3.19}$$

使用 $f$ 在 $\bar{x}$ 处的严格可微性, 对每个 $\gamma \in (0, \mu^{-1})$, 我们找到 $\bar{x}$ 的邻域 $U$ 使得

$$\|f(x_1) - f(x_2) - A(x_1 - x_2)\| \leqslant \gamma \|x_1 - x_2\|, \quad \forall\, x_1, x_2 \in U.$$

我们现在的目标是验证包含式

$$f(\hat{x}) + (\mu^{-1} - \gamma) r I\!B \subset f(\hat{x} + r I\!B), \quad \forall\, \hat{x} + r I\!B \subset U, \quad r > 0 \tag{3.20}$$

蕴含着 $f$ 在 $\bar{x}$ 周围具有覆盖性质且模为 $\kappa = \mu^{-1} - \gamma$. 因为 $\gamma > 0$ 可选取为任意小, 由 (3.20) 我们可得

$$\operatorname{cov} f(\bar{x}) \geqslant \mu^{-1} = \inf \left\{ \| \nabla f(\bar{x})^* v \| \mid \|v\| = 1 \right\},$$

考虑到定理 3.3 证明的步骤 1 和定理 3.2 的等价性在任意 Banach 空间中成立, 可以直接得出反向不等式成立, 从而验证了 $f$ 的覆盖性质及 (3.18) 中的等式. 注意, 在无穷维空间中, 我们一般不能认为 (3.18) 的确切界限公式中的最小值能够达到.

因此只需验证包含式 (3.20), 在这里不失一般性, 我们显然可以取 $\hat{x} = 0$ 和 $f(\hat{x}) = 0$. 后者意味着对每个 $y \in (\mu^{-1} - \gamma)r I\!B$, 方程 $y = f(x)$ 都有解 $x \in r I\!B \subset U$.

为通过上述说明验证 (3.20), 固定 $y \in Y$ 满足 $\|y\| \leqslant (\mu^{-1} - \gamma)r$, 并构建所需解 $x$ 为通过以下方式循环定义的序列 $\{x_k\}$ $(k = 0, 1, \cdots)$ 的极限. 从 $x_0 := 0$ 开始, 我们使用 (3.19) 通过牛顿型迭代过程构造 $x_k$, 该过程称为 Lyusternik-Graves 迭代过程 (参见 3.5 节):

$$Ax_k = y - f(x_{k-1}) + Ax_{k-1} \quad \text{且} \quad \|x_k - x_{k-1}\| \leqslant \mu \|y - f(x_{k-1})\|,$$

其中 $k \in I\!N$. 由上述构造可得

$$\|x_{k+1} - x_k\| \leqslant \mu(\mu\gamma)^k \|y\| \quad \text{且}$$

$$\|x_k\| \leqslant \sum_{j=1}^{k} \|x_j - x_{j-1}\| \leqslant \mu \|y\| \sum_{j=1}^{k} (\mu\gamma)^{j-1}$$

$$\leqslant \mu \|y\|/(1 - \mu\gamma) = \|y\|/(\mu^{-1} - \gamma) \leqslant r$$

对每个 $k \in I\!N$ 成立. 因此 $\{x_k\}$ 是收敛于某个 $x$ 的 Cauchy 列且 $\|x\| \leqslant r$. 在这些迭代中令 $k \to \infty$ 取极限, 我们得到 $y = f(x)$, 从而完成了充分性的另一证明.

$\triangle$

## 3.2　上导数分析法则

本节包含在满足我们的既定闭图假设 (在单值情况下即为连续性) 下, 集值映射的上导数 (1.15) 的基本分析法则. 尽管下面的结果是针对有限维空间上的映射给出的, 但在此处使用星号 ($x^*, y^*$ 等) 表示对偶空间变量更方便; 有关无穷维空间中的扩展, 另请参见 3.4 节和 3.5 节.

### 3.2.1　上导数和法则

我们从和法则开始, 它 (部分) 调用了练习 2.46 中定义和讨论的集值映射在图点处的内半连续概念. 注意, 如果一个多值映射 $F$ 在 $(\bar{x}, \bar{y}) \in \text{gph}\, F$ 处是类 Lipschitz 的, 那么它在该点附近是内半连续的.

给定两个闭图多值映射 $F_1, F_2 \colon I\!R^n \rightrightarrows I\!R^m$, 考虑如下定义的辅助映射 $S \colon I\!R^n \times I\!R^m \rightrightarrows I\!R^{2m}$:

$$S(x, y) := \{(y_1, y_2) \in I\!R^m \times I\!R^m \,|\, y_1 \in F_1(x), y_2 \in F_2(x), y = y_1 + y_2\}, \quad (3.21)$$

并推导出两个相关而又独立的上导数和法则.

**定理 3.9** (一般的上导数和法则)   设 $F_i: I\!\!R^n \rightrightarrows I\!\!R^m$, $i = 1, 2$, 并设 $(\bar{x}, \bar{y}) \in$ gph$(F_1 + F_2)$. 以下断言成立:

(i) 在 (3.21) 中取定 $(\bar{y}_1, \bar{y}_2) \in S(\bar{x}, \bar{y})$, 并假设该映射在 $(\bar{x}, \bar{y}, \bar{y}_1, \bar{y}_2)$ 处是内半连续的且满足规范条件

$$D^* F_1(\bar{x}, \bar{y}_1)(0) \cap \big( - D^* F_2(\bar{x}, \bar{y}_2)(0) \big) = \{0\}. \tag{3.22}$$

则对所有 $y^* \in I\!\!R^m$ 我们有包含式

$$D^*(F_1 + F_2)(\bar{x}, \bar{y})(y^*) \subset D^* F_1(\bar{x}, \bar{y}_1)(y^*) + D^* F_2(\bar{x}, \bar{y}_2)(y^*). \tag{3.23}$$

如果映射 $F_i$ 之一, 假定 $F_1$, 在 $\bar{x}$ 周围是单值且连续可微的, 则无须其他假设, (3.23) 变为如下等式

$$D^*(F_1 + F_2)(\bar{x}, \bar{y})(y^*) = \nabla F_1(\bar{x})^* y^* + D^* F_2\big(\bar{x}, \bar{y} - F_1(\bar{x})\big)(y^*), \quad \forall y^* \in I\!\!R^m. \tag{3.24}$$

(ii) 假设 (3.21) 中映射 $S$ 在 $(\bar{x}, \bar{y})$ 附近局部有界, 并且对每一序对 $(\bar{y}_1, \bar{y}_2) \in S(\bar{x}, \bar{y})$, 都有 (i) 中确保 (3.23) 的假设成立. 则对所有 $y^* \in I\!\!R^m$ 我们有包含式

$$D^*(F_1 + F_2)(\bar{x}, \bar{y})(y^*) \subset \bigcup_{(\bar{y}_1, \bar{y}_2) \in S(\bar{x}, \bar{y})} \Big[ D^* F_1(\bar{x}, \bar{y}_1)(y^*) + D^* F_2(\bar{x}, \bar{y}_2)(y^*) \Big].$$

**证明**   首先我们验证断言 (i) 中的包含式 (3.23). 任取 $(x^*, y^*)$ 满足 $x^* \in D^*(F_1 + F_2)(\bar{x}, \bar{y})(y^*)$, 并根据定义 (1.15) 和 (1.7) 中第一个表示式找到序列 $(x_k, y_k) \in$ gph$(F_1 + F_2)$ 和 $(x_k^*, -y_k^*) \in \widehat{N}_{\varepsilon_k}((x_k, y_k); $gph$(F_1 + F_2))$, 使得 $(x_k, y_k) \to (\bar{x}, \bar{y})$, $x_k^* \to x^*$, 且 $y_k^* \to y^*$ 当 $k \to \infty$ 时成立. 由假定的 (3.21) 中映射 $S$ 在 $(\bar{x}, \bar{y}, \bar{y}_1, \bar{y}_2)$ 处内半连续性, 我们得到序列 $(y_{1k}, y_{2k}) \to (\bar{y}_1, \bar{y}_2)$ 满足 $(y_{1k}, y_{2k}) \in S(x_k, y_k)$ 对所有 $k \in I\!\!N$ 成立. 进一步定义集合

$$\Omega_i := \big\{ (x, y_1, y_2) \in I\!\!R^n \times I\!\!R^m \times I\!\!R^m \,\big|\, (x, y_i) \in \text{gph}\, F_i \big\}, \quad i = 1, 2,$$

其在 $(\bar{x}, \bar{y}_1, \bar{y}_2)$ 附近是局部闭的并且 $(x_k, y_{1k}, y_{2k}) \in \Omega_1 \cap \Omega_2$. 容易验证 $(x_k^*, -y_k^*, -y_k^*) \in \widehat{N}((x_k, y_{1k}, y_{2k}); \Omega_1 \cap \Omega_2)$ 对所有 $k \in I\!\!N$ 成立, 当 $k \to \infty$ 时取极限, 这就告诉我们

$$(x^*, -y^*, -y^*) \in N\big((\bar{x}, \bar{y}_1, \bar{y}_2); \Omega_1 \cap \Omega_2\big).$$

现在对上述交集应用定理 2.16, 我们观察到这些集合的法向规范条件 (2.26) 简化为 (3.22). 交法则 (2.27) 确保了在该框架下存在

$$(x_1^*, -y_1^*) \in N\big((\bar{x}, \bar{y}_1); \text{gph}\, F_1\big) \quad \text{和} \quad (x_2^*, -y_2^*) \in N\big((\bar{x}, \bar{y}_2); \text{gph}\, F_2\big),$$

使得 $(x^*, -y^*, -y^*) = (x_1^*, -y_1^*, 0) + (x_2^*, 0, -y_2^*)$. 这就证明了 $x^* = x_1^* + x_2^*$, 其中 $x_i^* \in D^*F_i(\bar{x}, \bar{y}_i)(y^*)$, $i = 1, 2$, 从而验证了 (3.23).

为完成断言 (i) 的证明, 还需要验证当 $F_1$ 在 $\bar{x}$ 周围是单值光滑映射时等式 (3.24) 成立. 在这种情况下, 我们有 $D^*F_1(\bar{x})(y^*) = \{\nabla F_1(\bar{x})^* y^*\}$. 因此规范条件 (3.22) 自动成立并且 (3.21) 中映射 $S$ 显然在 $(\bar{x}, \bar{y})$ 周围局部有界. (3.24) 中包含关系 "$\subset$" 可由 (3.22) 和命题 1.12 直接得到. 将其应用于和式 $F_2 = (F_1 + F_2) + (-F_1)$, 我们得到 (3.24) 中的反向包含关系, 从而验证了所声称的和法则等式.

为验证 (ii), 注意到 $S$ 在 $(\bar{x}, \bar{y})$ 周围的局部有界性蕴含着存在收敛于某个 $(\bar{y}_1, \bar{y}_2)$ 的子列 $(y_{1k}, y_{2k}) \in S(x_k, y_k)$. 根据强加于 $F_i$ $(i = 1, 2)$ 上的既定闭图假设, 有 $(\bar{y}_1, \bar{y}_2) \in S(\bar{x}, \bar{y})$. 从而类似断言 (i) 中的证明可以完成定理的证明. $\triangle$

下面的结果揭示了定理 3.9 的一个重要推论, 它告诉我们, 如果映射 $F_i$ 之一在对应点附近是类 Lipschitz 的, 则规范条件 (3.22) 自动成立. 这是由于在 3.1 节中建立了该性质的上导数刻画.

**推论 3.10** (类 Lipschitz 多值映射的上导数和法则) 假设在定理 3.9(i) 的框架下, 映射 $F_i$ 之一在相应点 $(\bar{x}, \bar{y}_i)$ 周围是类 Lipschitz 的, $i = 1, 2$, 则和法则包含式 (3.23) 成立. 如果在定理 3.9(ii) 的设置中, 对于每一序对 $(\bar{y}_1, \bar{y}_2) \in S(\bar{x}, \bar{y})$, 都在 $(\bar{x}, \bar{y}_i)$ 周围对映射 $F_i$ 之一施加类 Lipschitz 性质, 则我们有其中的和法则包含式成立.

**证明** 在假定的类 Lipschitz 条件下, 规范条件 (3.22) 的有效性由定理 3.3(iii) 可得. $\triangle$

### 3.2.2 上导数链式法则

我们的下一个定理统一了几个上导数链式法则, 在广义上提供了包含与等式类型的独立结果. 两个集值映射 $F: \mathbb{R}^m \rightrightarrows \mathbb{R}^q$ 和 $G: \mathbb{R}^n \rightrightarrows \mathbb{R}^m$ 的复合 $(F \circ G): \mathbb{R}^n \rightrightarrows \mathbb{R}^q$ 自然地有如下定义:

$$(F \circ G)(x) := \bigcup_{y \in G(x)} F(y) = \left\{ z \in \mathbb{R}^q \,\middle|\, \exists y \in G(x) \text{ 且 } z \in F(y) \right\}, \quad x \in \mathbb{R}^n.$$

**定理 3.11** (一般的上导数链式法则) 给定 $F: \mathbb{R}^m \rightrightarrows \mathbb{R}^q$ 和 $G: \mathbb{R}^n \rightrightarrows \mathbb{R}^m$, 设 $\bar{x} \in (F \circ G)(\bar{x})$, 并考虑映射

$$S(x, z) := G(x) \cap F^{-1}(z) = \{y \in G(x) \,|\, z \in F(y)\}, \quad \forall (x, z) \in \mathbb{R}^n \times \mathbb{R}^q. \tag{3.25}$$

以下断言成立:

(i) 在 (3.25) 中取定 $\bar{y} \in S(\bar{x}, \bar{z})$, 并假设映射 $S$ 在 $(\bar{x}, \bar{z}, \bar{y})$ 处内半连续且满足规范条件

$$D^*F(\bar{y}, \bar{z})(0) \cap \ker D^*G(\bar{x}, \bar{y}) = \{0\}. \tag{3.26}$$

则对所有 $z^* \in \mathbb{R}^q$, 我们有包含式

$$D^*(F \circ G)(\bar{x}, \bar{z})(z^*) \subset D^*G(\bar{x}, \bar{y}) \circ D^*F(\bar{y}, \bar{z})(z^*). \tag{3.27}$$

(ii) 假设 (3.25) 中映射 $S$ 在 $(\bar{x}, \bar{z})$ 周围是局部有界的, 并且对每个 $\bar{y} \in S(\bar{x}, \bar{z})$ 规范条件 (3.26) 成立. 则对所有 $z^* \in \mathbb{R}^q$, 我们有包含式

$$D^*(F \circ G)(\bar{x}, \bar{z})(z^*) \subset \bigcup_{\bar{y} \in S(\bar{x}, \bar{z})} \left[ D^*G(\bar{x}, \bar{y}) \circ D^*F(\bar{y}, \bar{z})(z^*) \right].$$

(iii) 设 $G = g$ 在 $\bar{x}$ 周围是单值连续可微的且 $\bar{y} = g(\bar{x})$. 则我们有等式

$$D^*(F \circ g)(\bar{x}, \bar{z})(z^*) = \nabla g(\bar{x})^* \circ D^*F(\bar{y}, \bar{z})(z^*), \quad z^* \in \mathbb{R}^q, \tag{3.28}$$

其中, 雅可比矩阵 $\nabla g(\bar{x})$ 是满秩的, 或者规范条件 (3.26) 满足且 $F$ 在 $(\bar{y}, \bar{z})$ 处是图正则的. 在后一种情况下, 复合映射 $F \circ g$ 在 $(\bar{x}, \bar{z})$ 处是图正则的.

**证明**　为验证断言 (i), 定义 $\Phi \colon \mathbb{R}^n \times \mathbb{R}^m \rightrightarrows \mathbb{R}^q$ 如下

$$\Phi(x, y) := F(y) + \Delta\big((x, y); \operatorname{gph} G\big), \quad \forall (x, y) \in \mathbb{R}^n \times \mathbb{R}^m, \tag{3.29}$$

其中 $\Delta(\cdot; \operatorname{gph} G)$ 是练习 1.59 中所考虑的集合 $\operatorname{gph} G$ 相对于 $\mathbb{R}^q$ 的指示映射. 由定理 3.9(ii) 中的和法则及对 (3.29) 中映射 $\Phi$ 应用上述练习的结果, 我们可知, 在规范条件 (3.26) 的有效性下, 对任意 $z^* \in \mathbb{R}^q$ 有包含式

$$D^*\Phi(\bar{x}, \bar{y}, \bar{z})(z^*) \subset \big(0, D^*F(\bar{y})(z^*)\big) + N\big((\bar{x}, \bar{y}); \operatorname{gph} G\big). \tag{3.30}$$

另一方面, 根据 (3.29) 中 $\Phi$ 的构造及定理 1.6 中法锥的第一个表示式, 由映射 $S$ 在 $(\bar{x}, \bar{z}, \bar{y})$ 处的内半连续性假设, 可以推出

$$D^*(F \circ G)(\bar{x}, \bar{z})(z^*) \subset \big\{ x^* \in \mathbb{R}^n \,\big|\, (x^*, 0) \in D^*\Phi(\bar{x}, \bar{y}, \bar{z})(z^*) \big\} \tag{3.31}$$

对所有 $z^* \in \mathbb{R}^q$ 成立. 结合 (3.30) 与 (3.31), 我们得到链式法则包含式 (3.28).

(ii) 的证明与 (i) 中类似. 现在我们验证断言 (iii), 其中 (3.28) 是 (3.27) 的光滑内映射的等式版本. 我们首先证明, 如果 $g$ 在 $\bar{x}$ 附近是局部 Lipschitz 的且模 $\ell \geqslant 0$, 则包含式 (3.31) 中等式成立. 事实上, 任选 $(x^*, z^*)$ 满足 $(x^*, 0) \in D^*\Phi(\bar{x}, g(\bar{x}), \bar{z})(z^*)$, 并根据 (1.17) 找到序列 $(x_k, z_k) \to (\bar{x}, \bar{z})$ 和 $(x_k^*, y_k^*, z_k^*) \to (x^*, 0, z^*)$, 使得 $z_k \in F(g(x_k))$ 且

$$\limsup_{\substack{x \to x_k,\, z \to z_k \\ z \in F(g(x))}} \frac{\langle (x_k^*, y_k^*, -z_k^*),\, (x, g(x), z) - (x_k, g(x_k), z_k) \rangle}{\|(x, g(x), z) - (x_k, g(x_k), z_k)\|} \leqslant 0$$

对所有 $k \in I\!N$ 成立. 由 $g$ 的局部 Lipschitz 连续性, 这蕴含着

$$\limsup_{\substack{x \to x_k,\, z \to z_k \\ z \in F(g(x))}} \frac{\langle x_k^*, x - x_k \rangle - \langle z_k^*, z - z_k \rangle}{\|(x,z) - (x_k, z_k)\|} \leqslant (\ell + 1)\|y_k^*\| \downarrow 0,$$

因此由 (1.15) 和定理 1.6 中基本法向量的第二个表示式知 $(0, x^*) \in D^*(F \circ g)(\bar{x}, \bar{z})(z^*)$. 这就证明了 (3.31) 中的等式.

从定义可以直接观察到, 我们总是有

$$\widehat{D}^* \Phi(\bar{x}, \bar{y}, \bar{z})(z^*) \subset \big(0, \widehat{D}^* F(\bar{y})(z^*)\big) + \widehat{N}\big((\bar{x}, \bar{y}); \mathrm{gph}\, G\big), \quad z^* \in I\!R^q,$$

从而若 $F$ 和 $G$ 在相应点处都是图正则的, 则 (3.30) 变为等式. 当 $G = g$ 为单值时, 若 $g$ 在 $\bar{x}$ 周围是 $\mathcal{C}^1$ 类型的, 则 $g$ 的图正则性成立且 $D^* g(\bar{x})(y^*) = \{\nabla g(\bar{x})^* y^*\}$. (事实上, 这简化为 $g$ 在该点处的严格可微性; 参见 [529, 定理 1.46] 及前面的练习 1.60(iii).) 将其与 (3.31) 中等式相结合, 可以在 $F$ 的图正则性假设下证明 (iii) 中的等式与正则性结论.

当 $\nabla g(\bar{y})$ 满秩时, 仍有待验证等式 (3.28); 注意此时并不能得出 $F \circ g$ 的图正则性. 设 $I$ 为 $I\!R^q$ 上的恒等算子. 则 $(g, I) \colon I\!R^n \times I\!R^q \to I\!R^m \times I\!R^q$ 在 $(\bar{x}, \bar{z})$ 周围是 $\mathcal{C}^1$ 类型的且 $\nabla(g, I)(\bar{x}, \bar{z})$ 满秩. 容易看出 $(g, I)^{-1}(\mathrm{gph}\, F) = \mathrm{gph}(F \circ g)$. 因此根据练习 1.54(ii) 中给出的光滑映射逆像的法向量表示式可得链式法则 (3.28).

$\triangle$

定理 3.11 有许多有用的结果. 我们在本节及下节中介绍其中一些内容, 而其他的将留在后面作为练习. 我们从能确保基本规范条件 (3.26) 成立的有效条件入手, 根据 3.1 节中适定性刻画, 可以确保上导数链式法则也有效.

**推论 3.12** (类 Lipschitz 和度量正则映射的上导数链式法则) 取定 $\bar{z} \in (F \circ G)(\bar{x})$ 和 $\bar{y} \in G(\bar{x}) \cap F^{-1}(\bar{z})$ 并假设 (3.25) 中映射 $S$ 在 $(\bar{x}, \bar{z}, \bar{y})$ 处是内半连续的. 如果 $F$ 在 $(\bar{y}, \bar{z})$ 周围是类 Lipschitz 的, 或者 $G$ 在 $(\bar{x}, \bar{y})$ 周围是度量正则的, 则上导数链式法则 (3.27) 成立. 另外, $S$ 在 $(\bar{x}, \bar{z})$ 附近的局部有界性, 以及 $F$ 在 $(\bar{y}, \bar{z})$ 附近的类 Lipschitz 性质或对每一个 $\bar{y} \in S(\bar{x}, \bar{z})$, $G$ 在 $(\bar{x}, \bar{y})$ 周围的度量正则性, 都能够确保定理 3.11(ii) 中的链式包含关系成立.

**证明** 根据定理 3.3 中适定性性质的上导数刻画, 证明可由定理 3.11 得到.

$\triangle$

定理 3.11 的以下推论使我们能够估计在集值映射下集合的逆像的法向量. 为简洁起见, 我们仅考虑定理 3.11 中与 $S$ 的局部有界性相对应的情况.

**推论 3.13** (逆像的法向量) 给定 $G \colon I\!R^n \rightrightarrows I\!R^m$ 和 $\Theta \subset I\!R^m$ 且 $\bar{x} \in G^{-1}(\Theta)$, 假定映射 $x \mapsto G(x) \cap \Theta$ 在 $\bar{x}$ 附近是局部有界的并且满足规范条件

$$N(\bar{y}; \Theta) \cap \ker D^* G(\bar{x}, \bar{y}) = \{0\}, \quad \forall \bar{y} \in G(\bar{x}) \cap \Theta, \tag{3.32}$$

该条件当 $G$ 在 $(\bar{x}, \bar{y})$ 周围是度量正则时自动成立. 则我们有包含式

$$N\big(\bar{x}; G^{-1}(\Theta)\big) \subset \cup\Big[D^*G(\bar{x}, \bar{y})(y^*)\Big|\, y^* \in N(\bar{y}; \Theta),\ \bar{y} \in G(\bar{x}) \cap \Theta\Big],$$

当 $G = g$ 为单值且在 $\bar{x}$ 周围连续可微, 并且 $\nabla g(\bar{x})$ 满秩, 或者 $\Theta$ 在 $\bar{y}$ 处法向正则时, 则上述包含式变为等式. 在后一种情况下, 集合 $g^{-1}(\Theta)$ 在 $\bar{x}$ 处是法向正则的.

**证明**　观察到, 通过 (1.59) 中定义的相对于任何空间 $\mathbb{R}^q$ 中集合的指示映射, 逆像的复合表示如下:

$$\Delta\big(x; G^{-1}(\Theta)\big) = (F \circ G)(x),\quad \text{其中 } F(y) := \Delta(y; \Theta).$$

将定理 3.11 应用于该复合表示, 可直接得出所需结果. 注意, 当 $\nabla g(\bar{x})$ 具有满秩时, 本推论重获了练习 1.54(ii) 中表述的逆像法向量的计算公式.　　　　　　　　△

### 3.2.3　其他上导数分析法则

下一个定理, 实际上是定理 3.9 和定理 3.11 的结果, 适用于集值映射的一般二元运算, 包括加、减、各种乘法和除法以及取最大值、最小值等. 我们通过两个多值映射 $F_1: \mathbb{R}^n \rightrightarrows \mathbb{R}^m$ 和 $F_2: \mathbb{R}^n \rightrightarrows \mathbb{R}^l$ 的如下 $h$-复合进行表述

$$(F_1 \overset{h}{\diamond} F_2)(x) := \cup\big\{h(y_1, y_2)\big|\, y_1 \in F_1(x),\ y_2 \in F_2(x)\big\},$$

其中单值映射 $h: \mathbb{R}^m \times \mathbb{R}^l \to \mathbb{R}^q$ 表示各种的二元运算. 为简洁起见, 我们仅给出与定理 3.11 中的内半连续情形相对应的上导数的包含公式.

**定理 3.14** (关于二元运算复合的上导数)　设 $F_1: \mathbb{R}^n \rightrightarrows \mathbb{R}^m$ 和 $F_2: \mathbb{R}^n \rightrightarrows \mathbb{R}^l$, 对某个 $h: \mathbb{R}^m \times \mathbb{R}^l \to \mathbb{R}^q$, 考虑它们的 $h$-复合 $F_1 \overset{h}{\diamond} F_2$. 选取 $\bar{z} \in (F_1 \overset{h}{\diamond} F_2)(\bar{x})$, 并假设下面定义的集值映射 $S: \mathbb{R}^n \times \mathbb{R}^q \rightrightarrows \mathbb{R}^m \times \mathbb{R}^l$,

$$S(x, z) := \big\{(y_1, y_2) \in \mathbb{R}^m \times \mathbb{R}^l \big|\, y_i \in F_i(x),\ z = h(y_1, y_2)\big\}$$

在给定 $(\bar{x}, \bar{z}, \bar{y}) \in \mathrm{gph}\, S$ 处是内半连续的且 $\bar{y} = (\bar{y}_1, \bar{y}_2)$, 并且 $h$ 在 $\bar{y}$ 周围是局部 Lipschitz 的. 则对所有 $z^* \in \mathbb{R}^q$, 我们有

$$D^*(F_1 \overset{h}{\diamond} F_2)(\bar{x}, \bar{z})(z^*) \subset \bigcup_{(y_1^*, y_2^*) \in D^*h(\bar{y})(z^*)} \Big[D^*F_1(\bar{x}, \bar{y}_1)(y_1^*) + D^*F_2(\bar{x}, \bar{y}_2)(y_2^*)\Big].$$

**证明**　定义 $F: \mathbb{R}^n \rightrightarrows \mathbb{R}^m \times \mathbb{R}^l$ 为 $F(x) := (F_1(x), F_2(x))$, 并得到

$$D^*F(\bar{x}, \bar{y})(y_1^*, y_2^*) \subset D^*F_1(\bar{x}, \bar{y}_1)(y_1^*) + D^*F_2(\bar{x}, \bar{y}_2)(y_2^*). \tag{3.33}$$

事实上, 对和式 $F = \widetilde{F}_1 + \widetilde{F}_2$ 应用定理 3.9 可知上式成立, 其中 $\widetilde{F}_1(x) := (F_1(x), 0)$ 且 $\widetilde{F}_2(x) := (0, F_2(x))$. 因为

$$(F_1 \overset{h}{\diamond} F_2)(x) = (h \circ F)(x),$$

并且 $h$ 在 $\bar{y}$ 周围是局部 Lipschitz 的, 我们可以对 $h \circ F$ 使用推论 3.12 中的链式法则. 将其与 (3.33) 结合可得所需结果. △

我们通过阐述定理 3.14 在内积的上导数计算上的应用来结束本节, 其中集值映射 $F_1, F_2 : I\!R^n \rightrightarrows I\!R^m$ 的内积定义如下:

$$\langle F_1, F_2 \rangle(x) := \big\{ \langle y_1, y_2 \rangle \big| \; y_i \in F_i(x), \; i = 1, 2 \big\}.$$

**推论 3.15** (内积的上导数) 给定 $\bar{\nu} \in \langle F_1, F_2 \rangle(\bar{x})$ 和 $\bar{y}_i \in F_i(\bar{x})$ 且 $\bar{\alpha} = \langle \bar{y}_1, \bar{y}_2 \rangle$, 假定映射

$$(x, \nu) \mapsto \big\{ (y_1, y_2) \in I\!R^{2m} \big| \; y_i \in F_i(x), \; \nu = \langle y_1, y_2 \rangle \big\}$$

在 $(\bar{x}, \bar{\nu}, \bar{y}_1, \bar{y}_2)$ 处是内半连续的并且满足规范条件 (3.22). 则对所有 $\lambda \in I\!R$, 我们有

$$D^* \langle F_1, F_2 \rangle(\bar{x}, \bar{\nu})(\lambda) \subset D^* F_1(\bar{x}, \bar{y}_1)(\lambda \bar{y}_2) + D^* F_2(\bar{x}, \bar{y}_2)(\lambda \bar{y}_1).$$

**证明** 由定理 3.14 及 $h(y_1, y_2) = \langle y_1, y_2 \rangle$ 可得. △

## 3.3 变分系统的上导数分析

现在我们考虑由单值映射 $f$ 和集值映射 $Q$ 定义的一类广泛的参数变分系统 (PVS)

$$S(x) := \big\{ y \in I\!R^m \big| \; 0 \in f(x, y) + Q(y) \big\}, \quad x \in I\!R^n. \tag{3.34}$$

利用并进一步发展适当的上导数分析法则的结果, 可以使我们通过 $f$ 和 $Q$ 的初始数据的相应构造来表示 $S$ 的上导数. 使用这些计算公式、适定性的上导数准则及其后续分析, 我们可以得出一个 (乍一看) 令人相当惊讶的结论: 在一般情况下, PVS (3.34) 不具备度量正则性这一适定性质.

### 3.3.1 参数变分系统

广义方程 (GEs) 具有如下参数形式:

$$0 \in f(x, y) + Q(y), \quad \text{其中} \; x \in I\!R^n, \; y \in I\!R^m, \tag{3.35}$$

其中 $f : I\!R^n \times I\!R^m \to I\!R^q$ 是同时依赖于决策变量 $y$ 和参数变量 $x$ 的单值 "基" 映射, 而 $Q : I\!R^m \rightrightarrows I\!R^q$ 是不依赖于参数的集值 "域" 映射. 这种形式和广义方程

的名称由 Robinson [668] 提出, 用于 $Q(y)$ 是凸集的法锥映射的情形. 广义方程模型 (3.35) 已被公认为是研究有限维和无穷维空间中各种定性和定量/数值方面的变分分析、均衡等问题的一个方便的框架; 参见 3.4 节和 3.5 节. 注意, 在 (3.35) 中由凸集 $\Omega$ 生成的法锥映射 $Q(y) := N(y; \Omega)$ 的原始设置中, 所考虑的广义方程可以用参数变分不等式的形式重写为

$$\text{寻找 } y \in \mathbb{R}^m, \text{ 使得 } \langle f(x,y), v - y \rangle \geqslant 0, \quad \forall v \in \Omega, \tag{3.36}$$

这涵盖了各种互补问题、约束优化中一阶条件的 KKT 系统等.

在 (3.34) 中定义的参数 $x$ 的集值映射 $x \mapsto S(x)$ 被称为与 GE (3.34) 关联的解映射. 参数广义方程的理论和应用中的重要问题都围绕其解映射的适定性展开. 前面已经通过集值映射的一般框架中的上导数研究并刻画了这类鲁棒性的三个基本性质. 在参数广义方程的解映射这一特殊框架中, 自然产生了关于这些性质的有效性的疑问. 掌握所得的适定性的上导数准则和已有的上导数分析法则, 可以使我们有效地解决参数变分系统的这些问题. 实际上, 对于 (3.34) 的类 Lipschitz 性质 (参数广义方程的鲁棒 Lipschitz 稳定性的重要组成部分), 在这个方向上已经做了很多工作; 参见, 例如, [529, 第 4 章]. (3.34) 的 Lipschitz 稳定性的结果通常是积极的: 它在施加于 (3.35) 的初始数据的非限制性规范条件下成立. 相反, 我们在下面证明, 度量正则性和等价的覆盖/线性开性质不是这种情况, 特别是在次微分的参数变分系统的情况下并非如此, 其中 $Q$ 表示由凸的及其他类型的 "好" 的函数生成的次微分/法锥映射. 注意, 对于如下一般形式的参数约束系统 (PCS)

$$F(x) := \{y \in \mathbb{R}^m \mid g(x,y) \in \Theta\}, \quad x \in \mathbb{R}^n, \tag{3.37}$$

情况完全不同, 其中类 Lipschitz 和度量正则性在不受限制的假设下都成立; 参见 3.5 节. 参数变分系统和参数约束系统之间的主要区别在于 (3.34) 中多值部分 $Q(y)$ 的潜在次微分/法锥结构, 该结构在模型上累积了变分信息 (变分不等式、KKT 最优性条件等).

在本节的其余部分, 我们假设 (3.35) 中的基映射 $f$ 在参考点 $(\bar{x}, \bar{y})$ 附近是连续可微的并满足 $\bar{z} := -f(\bar{x}, \bar{y}) \in Q(\bar{y})$, 且它对于参数 $x$ 的偏导数在该点处为满射, 即雅可比矩阵 $\nabla_x f(\bar{x}, \bar{y})$ 在有限维上满秩; 有关此假设的一些松弛情况, 请参阅 3.4 节和 3.5 节. 回顾我们的既定假设包括对域映射 $Q$ 的局部闭图要求.

以下结果通过 $f$ 的雅可比行列式和 $Q$ 的上导数给出了解映射 (3.34) 的上导数的精确计算方式.

**命题 3.16** (一般参数变分系统 (PVS) 的上导数计算)　在强加的满秩假设下, 对任意 $y^* \in \mathbb{R}^m$, (3.34) 的上导数计算如下

$$D^*S(\bar{x}, \bar{y})(y^*) = \Big\{ x^* \in \mathbb{R}^n \Big| \exists z^* \in \mathbb{R}^q \text{ 满足 } x^* = \nabla_x f(\bar{x}, \bar{y})^* z^*,$$

$$-y^* \in \nabla_y f(\bar{x}, \bar{y})^* z^* + D^* Q(\bar{y}, \bar{z})(z^*)\Big\}. \tag{3.38}$$

特别地, 我们有关系

$$\ker D^* S(\bar{x}, \bar{y}) = -D^* Q(\bar{y}, \bar{z})(0). \tag{3.39}$$

**证明** 容易观察到有以下表示:

$$\mathrm{gph}\, S = \big\{(x, y) \in I\!\!R^n \times I\!\!R^m \,\big|\, g(x, y) \in \Theta\big\} = g^{-1}(\Theta),$$
$$满足\ g(x, y) := \big(y, -f(x, y)\big) \quad 且 \quad \Theta := \mathrm{gph}\, Q.$$

我们从 $g$ 的上述结构推导出, $\nabla g(\bar{x}, \bar{y})$ 是满射当且仅当 $\nabla_x f(\bar{x}, \bar{y})$ 是满射. 应用练习 1.54(i) 的法锥公式并进行初步计算, 我们即可得出 (3.38). 现在验证 (3.39) 中关系成立. 任取 $y^* \in \ker D^* S(\bar{x}, \bar{y})$ 且由核的定义及公式 (3.38) 使得 $z^* \in I\!\!R^q$ 且

$$0 = \nabla_x f(\bar{x}, \bar{y})^* z^* \ 以及 \ -y^* \in \nabla_y f(\bar{x}, \bar{y})^* z^* + D^* Q(\bar{y}, \bar{z})(z^*). \tag{3.40}$$

因为 $\nabla_x f(\bar{x}, \bar{y})$ 是满射, 由 (3.40) 中第一个等式可得 $z^* = 0$. 因此其中的第二个等式简化为 $-y^* \in D^* Q(\bar{y}, \bar{z})(0)$, 这确保了 (3.39) 中的包含关系 "$\subset$" 成立. 即便不使用 $\nabla_x f(\bar{x}, \bar{y})$ 的满射性质, 也可由 (3.38) 平凡地得到 (3.39) 中的反向包含关系. $\triangle$

现在, 我们考虑两种结构的参数变分系统 (PVS), 其中 (3.34) 中的集值部分 $Q$ 由某些特定映射的复合所表示, 这些映射在优化、均衡、经济学、力学等的理论和实践模型中大量出现. 请参阅 3.5 节中的更多评论. 第一类结构的 PVS 形式为

$$S(x) = \big\{y \in I\!\!R^m \,\big|\, 0 \in f(x, y) + \partial(\psi \circ g)(y)\big\}, \tag{3.41}$$

其中 $f \colon I\!\!R^n \times I\!\!R^m \to I\!\!R^m$ 和 $g \colon I\!\!R^m \to I\!\!R^p$ 为单值的, $\psi \colon I\!\!R^p \to \overline{I\!\!R}$ 是增广实值的, $\partial\varphi \colon I\!\!R^m \rightrightarrows I\!\!R^m$ 是由函数 $\varphi \colon I\!\!R^m \to \overline{I\!\!R}$ 生成的次梯度映射, 表示为复合 $\varphi(y) = (\psi \circ g)(y)$. 借用力学里的术语, 我们将 (3.41) 标记为具有复合势的次微分 PVS.

为了计算 (3.41) 的上导数并随后将其应用于度量正则性, 我们调用上导数分析法则, 根据命题 3.16 我们能够完全由 (3.41) 中给定的数据推导出 $D^* S(\bar{x}, \bar{y})$ 的有效表示. 为此需要引入一种新的二阶次微分结构, 如下所示.

**定义 3.17** (二阶次微分) 设 $\varphi \colon I\!\!R^n \to \overline{I\!\!R}$ 在 $\bar{x}$ 处取有限值, 且设 $\bar{x}^* \in \partial\varphi(\bar{x})$. 则 $\varphi$ 在 $\bar{x}$ 处相对于 $\bar{x}^*$ 的二阶次微分可通过一阶次梯度映射 $\partial\varphi \colon I\!\!R^n \rightrightarrows I\!\!R^n$ 的上导数定义为

$$\partial^2\varphi(\bar{x}, \bar{x}^*)(u) := (D^* \partial\varphi)(\bar{x}, \bar{x}^*)(u), \quad u \in I\!\!R^n, \tag{3.42}$$

其中, 当 $\partial\varphi(\bar{x})$ 为单点集时, 我们省略表示 $\bar{x}^* = \nabla\varphi(\bar{x})$.

从命题 1.12 和推论 1.24 得出, 如果 $\varphi$ 在 $\bar{x}$ 周围是 $C^2$-光滑的, 则二阶次微分映射 (3.17) 简化为 (对称) Hessian 矩阵 $\nabla^2 \varphi(\bar{x})$ 线性作用于 $u \in \mathbb{R}^n$, 即

$$\partial^2 \varphi(\bar{x})(u) = \{\nabla^2 \varphi(\bar{x})^* u\} = \{\nabla^2 \varphi(\bar{x}) u\}, \quad u \in \mathbb{R}^n. \tag{3.43}$$

这使我们可以将 $u \mapsto \partial^2 \varphi(\bar{x}, \bar{x}^*)(u)$ 视为增广实值函数的 (正齐次) 广义 Hessian 映射.

下一个结果提供了类型 (3.41) 的次微分 PVS 的上导数的精确计算.

**命题 3.18** (具有复合势的次微分 PVS 的上导数计算)　设对 (3.41) 有 $(\bar{x}, \bar{y}) \in$ gph $S$ 且 $\bar{q} := -f(\bar{x}, \bar{y}) \in \partial(\psi \circ g)(\bar{y})$. 除了关于 $\nabla_x f(\bar{x}, \bar{y})$ 的满秩假设外, 还假设 $g: \mathbb{R}^m \to \mathbb{R}^p$ 在 $\bar{y}$ 周围是 $C^2$-光滑的且具有满秩导数 $\nabla g(\bar{y})$. 设 $\bar{v} \in \mathbb{R}^p$ 是系统

$$\bar{q} = \nabla g(\bar{y})^* \bar{v}, \quad \text{其中 } \bar{v} \in \partial \psi(\bar{w}) \text{ 且 } \bar{w} := g(\bar{y}) \tag{3.44}$$

的一个 (唯一) 解. 则 $S$ 在 $(\bar{x}, \bar{y})$ 处的上导数可通过 $\psi$ 的二阶次微分 (3.42) 计算如下

$$
\begin{aligned}
& D^* S(\bar{x}, \bar{y})(y^*) \\
&= \Big\{ x^* \in \mathbb{R}^n \,\Big|\, \exists u \in \mathbb{R}^m \text{ 满足 } x^* = \nabla_x f(\bar{x}, \bar{y})^* u, \\
& \qquad -y^* \in \nabla_y f(\bar{x}, \bar{y})^* u + \nabla^2 \langle \bar{v}, g \rangle(\bar{y})^* u + \nabla g(\bar{y})^* \partial^2 \psi(\bar{w}, \bar{v})(\nabla g(\bar{y}) u) \Big\}.
\end{aligned}
\tag{3.45}
$$

进一步地, 我们有

$$\ker D^* S(\bar{x}, \bar{y}) = -\nabla g(\bar{y})^* \partial^2 \psi(\bar{w}, \bar{v})(0). \tag{3.46}$$

**证明**　在复合次微分模型 (3.41) 中, 对 $Q = \partial(\psi \circ g)$ 使用命题 3.16 并根据 (3.42) 中 $\partial^2 \varphi$ 的构造, 我们得到

$$
\begin{aligned}
D^* S(\bar{x}, \bar{y})(y^*) = \Big\{ x^* \in \mathbb{R}^n \,\Big|\, & \exists u \in \mathbb{R}^m \text{ 满足 } x^* = \nabla_x f(\bar{x}, \bar{y})^* u, \\
& -y^* \in \nabla_y f(\bar{x}, \bar{y})^* u + \partial^2(\psi \circ g)(\bar{y}, \bar{q})(u) \Big\}.
\end{aligned}
$$

将练习 3.78(i) 中的二阶次微分链式法则应用于复合 $\psi \circ g$, 在给定假设下我们有

$$\partial^2 (\psi \circ g)(\bar{y}, \bar{q})(u) = \nabla^2 \langle \bar{v}, g \rangle(\bar{y})^* u + \nabla g(\bar{y})^* \partial^2 \psi(\bar{w}, \bar{v})(\nabla g(\bar{y}) u). \tag{3.47}$$

将 (3.47) 代入 $D^* S(\bar{x}, \bar{y})(y^*)$ 的上述表示式中, 我们得到 (3.45). 在 (3.39) 式中对 $Q = \partial(\psi \circ g)$ 使用二阶链式法则 (3.47), 得到 (3.46) 中关系.　　　　　△

接下来, 我们考虑 (3.34) 中 PVS 的另一种形式

$$S(x) := \{ y \in \mathbb{R}^m \,|\, 0 \in f(x, y) + (\partial \psi \circ g)(y) \}, \tag{3.48}$$

其中 "域" $Q$ 是 $\psi\colon I\!\!R^p \to \overline{I\!\!R}$ 的基本次微分和映射 $g\colon I\!\!R^m \to I\!\!R^p$ 的复合, 且 $f\colon I\!\!R^n \times I\!\!R^m \to I\!\!R^p$. 注意, 具有复合域的次微分 PVS 与 (3.41) 中具有复合势的次微分 PVS 有着不同的应用范围. 特别是, 形式 (3.48) 包含了以下一类扰动的隐式互补问题: 寻找 $y \in I\!\!R^m$ 满足关系

$$f(x,y) \geqslant 0, \quad y - g(x,y) \geqslant 0, \quad \langle f(x,y), y - g(x,y) \rangle = 0,$$

前两个不等式应是向量意义上的.

下面的命题包含了在雅可比矩阵 $\nabla g(\bar{y})$ 的满秩和不满秩假设下 (3.48) 的上导数计算.

**命题 3.19** (具有复合域 PVS 的上导数计算) 考虑 PVS (3.48) 且 $(\bar{x}, \bar{y}) \in$ gph $S$ 并假设 $\nabla_x f(\bar{x}, \bar{y})$ 满秩, 其中 $g\colon I\!\!R^m \to I\!\!R^p$ 在 $\bar{y}$ 周围是 $\mathcal{C}^1$ 类型的, 而 $\psi\colon I\!\!R^p \to \overline{I\!\!R}$ 在 $\bar{w} := g(\bar{y})$ 处取有限值. 以下断言成立:

(i) 如果雅可比矩阵 $\nabla g(\bar{y})$ 是满秩的, 则对所有 $y^* \in I\!\!R^m$,

$$
\begin{aligned}
D^*S(\bar{x}, \bar{y})(y^*) = \Big\{ x^* \in I\!\!R^n \Big| \; &\exists u \in I\!\!R^p \; \text{且} \; x^* = \nabla_x f(\bar{x}, \bar{y})^* u, \\
&- y^* \in \nabla_y f(\bar{x}, \bar{y})^* u + \nabla g(\bar{y})^* \partial^2 \psi(\bar{w}, \bar{q})(u) \Big\},
\end{aligned}
$$
(3.49)

其中 $\bar{q} := -f(\bar{x}, \bar{y})$. 此时, 我们有关系

$$\ker D^*S(\bar{x}, \bar{y}) = -\nabla g(\bar{y})^* \partial^2 \psi(\bar{w}, \bar{q})(0).$$
(3.50)

(ii) 设映射 $\partial \psi\colon I\!\!R^p \rightrightarrows I\!\!R^p$ 在 $(\bar{w}, \bar{q})$ 周围是闭图的, 并将 $\nabla g(\bar{y})$ 的满秩假设替换为规范条件

$$\partial^2 \psi(\bar{w}, \bar{q})(0) \cap \ker \nabla g(\bar{y})^* = \{0\}.$$
(3.51)

则我们在 (3.49) 式和 (3.50) 式中都有包含关系 "$\subset$" 成立.

**证明** 将命题 3.16 的 (3.38) 式应用于复合域 $Q = \partial \psi \circ g$, 我们可以得到 (3.48) 中映射 $S$ 的表示式

$$
\begin{aligned}
D^*S(\bar{x}, \bar{y})(y^*) = \Big\{ x^* \in I\!\!R^n \Big| \; &\exists u \in I\!\!R^p \; \text{使得} \; x^* = \nabla_x f(\bar{x}, \bar{y})^* u, \\
&- y^* \in \nabla_y f(\bar{x}, \bar{y})^* u + D^*(\partial \psi \circ g)(\bar{y}, \bar{q})(u) \Big\}.
\end{aligned}
$$
(3.52)

进一步, 我们需要使用合适的链式法则来求复合函数 $\partial \psi \circ g$ 的上导数. 对于情形 (i), 在满秩的假设下由定理 3.11(iii) 可得

$$D^*(\partial \psi \circ g)(\bar{y}, \bar{q})(u) = \nabla g(\bar{y})^* \partial^2 \psi(\bar{w}, \bar{q})(u), \quad u \in I\!\!R^p,$$
(3.53)

此时不需要次梯度映射 $F = \partial \psi$ 的闭图性质; 参见 [529, 定理 1.66]. 将此链式法则代入 (3.52), 我们可得 (3.49) 并且由 (3.39) 同理可得 (3.50).

对于情形 (ii), 我们采用定理 3.11(i) 中包含 "⊂" 形式的上导数链式法则并结合 $D^*g(\bar{y})(y^*) = \{\nabla g(\bar{y})^*y^*\}$, 证明中要求 $\partial\psi$ 具有闭图性质; 参见 [529, 定理 3.16]. 此时规范条件 (3.26) 简化为 (3.51) 而链式法则包含关系 (3.27) 确保 (3.49) 和 (3.50) 式中 "⊂" 都成立. △

### 3.3.2　参数变分系统的度量正则性的上导数条件

在本小节中, 根据定理 3.3(ii) 给出的一般闭图多值映射的度量正则性的上导数刻画, 以及命题 3.16 给出的 PVS (3.34) 的精确上导数计算, 我们建立了保证一般 PVS 及其重要的具体情形的度量正则性的条件. 后者需要应用上导数分析法则.

第一个定理涉及一般的 PVS (3.34), 特别包含了关于广义方程 (3.35) 的解映射的度量正则性的适定性的等价陈述以及它们的域在相应点处的 Lipschitz 行为.

**定理 3.20** (一般 PVS 的度量正则性)　在固定的假设下, 我们有 (3.34) 中解映射 $S$ 在 $(\bar{x}, \bar{y}) \in \mathrm{gph}\, S$ 周围是度量正则的当且仅当

$$D^*Q(\bar{y}, \bar{z})(0) = \{0\} \quad \text{且} \quad \bar{z} := -f(\bar{x}, \bar{y}) \in Q(\bar{y}), \tag{3.54}$$

即, 它等价于域 $Q$ 在 $(\bar{y}, \bar{z})$ 周围的类 Lipschitz 性质. 此外, $S$ 在 $(\bar{x}, \bar{y})$ 周围的确切正则性界限计算如下

$$\mathrm{reg}\, S(\bar{x}, \bar{y}) = \max\Big\{\|y^*\| \mid \exists z^* \in I\!R^q \text{ 且 } \|\nabla_x f(\bar{x}, \bar{y})^* z^*\| \leqslant 1,$$
$$-y^* \in \nabla_y f(\bar{x}, \bar{y})^* z^* + D^*Q(\bar{y}, \bar{z})(z^*)\Big\}. \tag{3.55}$$

**证明**　在定理的设置中, 由于解映射 $S(\cdot)$ 在 $(\bar{x}, \bar{y})$ 周围明显是闭图的, 因此对于其在该点周围的度量正则性的刻画 (3.54), 可以根据命题 3.16 中的公式 (3.39) 和定理 3.3(ii) 得到. $Q$ 在 $(\bar{y}, \bar{z})$ 周围的类 Lipschitz 性质是定理 3.3(iii) 的结果. 确切界限表示 (3.55) 是一般公式 (3.8) 和 (3.38) 中 PVS 的上导数计算的结果. 由于在所考虑的有限维设置中假设 $\nabla_x f(\bar{x}, \bar{y})$ 是满射, 故 (3.55) 中的最大值能够达到. △

现在, 对于上述考虑的次微分 PVS, 根据命题 3.18 和命题 3.19 的证明, 通过计算 $Q$ 的上导数, 我们得出了定理 3.20 的两个结果. 注意, 除了 (3.54) 中的上导数计算外, 我们还需要检查这些系统中域的闭图属性, 这是定理 3.20 的固定假设.

**推论 3.21** (具有复合势次微分 PVS 的度量正则性)　除命题 3.18 的假设外, 假设次梯度映射 $\partial\psi: I\!R^p \rightrightarrows I\!R^p$ 在其标注的点 $(\bar{w}, \bar{v})$ 周围是闭图的. 则 (3.41) 中的 $S$ 在 $(\bar{x}, \bar{y})$ 周围是度量正则的当且仅当 $\partial\psi$ 在 $(\bar{w}, \bar{v})$ 周围是类 Lipschitz 的.

**证明**　练习 1.72 中的一阶次微分链式法则清楚地表明, $\partial\psi$ 上的闭图假设可确保映射 $Q = \partial(g \circ \psi)$ 的度量正则性, 因此可确保 (3.41) 中的 $S$ 的该性质. 由定

理 3.20 和二阶次微分的定义 3.17 可知 (3.41) 中的 $S$ 在 $(\bar{x}, \bar{y})$ 周围是度量正则的当且仅当我们有

$$D^*Q(\bar{y}, \bar{q})(0) := \partial^2(\psi \circ g)(\bar{y}, \bar{q})(0) = \{0\}. \tag{3.56}$$

现在应用二阶次微分链式法则 (3.47), 我们有 (3.56) 等价于条件

$$\nabla g(\bar{y})^* \partial \psi(\bar{w}, \bar{v})(0) = \{0\},$$

由 $\nabla g(\bar{y})$ 的满秩性, 这又等价于 $\partial^2 \psi(\bar{w}, \bar{v})(0) = \{0\}$; 参见练习 1.53. 根据定理 3.3(iii), 后者是次梯度映射 $\partial \psi$ 在 $(\bar{w}, \bar{v})$ 周围的类 Lipschitz 性质的刻画. 注意, 根据定理 3.3(ii), 我们可以使用核公式 (3.46) 得出同样的结论. △

下一个推论涉及所考虑的次微分 PVS 的第二种类型 (3.48) 的度量正则性.

**推论 3.22** (具有复合域次微分 PVS 的度量正则性)   在命题 3.19(i) 的设置中, 额外假设次梯度映射 $\partial \psi \colon \mathbb{R}^p \rightrightarrows \mathbb{R}^p$ 在 $(\bar{w}, \bar{q})$ 周围是闭图的. 则 (3.48) 中的解映射 $S$ 在 $(\bar{x}, \bar{y})$ 周围是度量正则的当且仅当 $\partial \psi$ 在 $(\bar{w}, \bar{q})$ 周围是类 Lipschitz 的.

**证明**   因为映射 $Q = \partial \psi \circ g$ 和 $S$ 在给定假设下显然都是闭图的, 根据定理 3.20 和定理 3.3 的上导数准则, 对于所述的度量正则性, 只需验证

$$D^*(\partial \psi \circ g)(\bar{y}, \bar{q})(0) = \{0\}, \quad \text{或者 } \ker S(\bar{x}, \bar{y}) = \{0\}.$$

通过使用定理 3.11(iii) 的第一种情形下的等式链式法则和命题 3.19 的第二种情形下的公式 (3.50), 上述两个条件都等价于

$$\nabla g(\bar{y})^* \partial \psi^2(\bar{w}, \bar{q})(0) = \{0\},$$

如推论 3.21 的证明中所述, 由 $\nabla g(\bar{y})^*$ 的满射性知后一个条件可以等价地改写为 $\partial \psi^2(\bar{w}, \bar{q})(0) = \{0\}$, 从而我们刻画了次梯度映射 $\partial \psi$ 在 $(\bar{w}, \bar{q})$ 周围的类 Lipschitz 性质. △

请注意, 如果 $\psi$ 在对应点附近连续, 则推论 3.21 和推论 3.22 中对次微分图 gph $\partial \psi$ 所作的局部封闭性假设肯定成立. 这可由基本次微分的鲁棒性直接得到; 见命题 1.20. 另一方面, 对于一些显著的增广实值函数类, 次微分闭图性质也成立. 特别地, 对于每一个 (局部) 下半连续凸函数 $\psi \colon \mathbb{R}^p \to \overline{\mathbb{R}}$, 它都成立; 这可以由凸分析的经典次微分定义直接从命题 1.25 推导出来. 事实上, 对于非常重要的一类更广泛的顺从增广实值函数的次梯度, 闭图性质是满足的, 如下所示.

**定义 3.23** (顺从和强顺从函数)   称函数 $\varphi \colon \mathbb{R}^n \to \overline{\mathbb{R}}$ 在 $\bar{x} \in \operatorname{dom} \varphi$ 处是 "顺从" 的, 如果存在 $\bar{x}$ 的一个邻域 $U$, 在该邻域上 $\varphi$ 能表示成 $\mathcal{C}^1$-光滑映射

$h\colon U \to I\!\!R^m$ 和凸 l.s.c. 函数 $\theta\colon I\!\!R^m \to \overline{I\!\!R}$ 的复合 $\theta \circ h$, 且满足

$$\partial^\infty \theta(\bar y) \cap \ker \nabla h(\bar x)^* = \{0\}, \quad \forall\, \bar y := \theta(\bar x).$$

称函数 $\varphi$ 在 $\bar x$ 处是 "强顺从" 的, 如果上述表示中的内映射 $h\colon U \to I\!\!R^m$ 可以选择为 $U$ 上的 $C^2$-光滑的映射.

除了凸函数和光滑函数外, 顺从性还包括各类形式的复合, 这些复合自然地出现在无数的变分分析和约束优化设置中; 特别是那些无约束的增广实值框架中; 请参阅练习 3.88 了解顺从函数的一些属性, 并参阅 3.5 节了解更多的讨论.

我们将在下一小节中使用强顺从函数.

### 3.3.3 度量正则性对主要类型的 PVS 不成立

在这里, 我们利用上述获得的 PVS 的度量正则性的上导数刻画来揭示, 对于此类系统的主要类型, 特别是那些优化和均衡中典型的具有次微分/法锥描述的系统, 这一性质是不成立的. 与一般 PCS (3.37) 的情况相反, 这严格将 PVS 的度量正则性与其鲁棒 Lipschitz 稳定性的适定性质区分开.

一个重要的事实最终决定了由非光滑凸函数等生成的次微分 PVS 的度量正则性的有效性, 即如下关于单调下半连续算子的基本的 Kenderov 定理; 参见 [411]. 集值算子 $T\colon I\!\!R^n \rightrightarrows I\!\!R^n$ 在 $(\bar x, \bar y) \in \mathrm{gph}\, F$ 附近的标准局部单调性意味着存在 $\bar x$ 的邻域 $U$ 和 $\bar y$ 的邻域 $V$, 使得

$$\langle v_1 - v_2, u_1 - u_2 \rangle \geqslant 0, \quad \forall\, (u_1,v_1),(u_2,v_2) \in \mathrm{gph}\, T \cap (U \times V).$$

**命题 3.24** (类 Lipschitz 单调算子的单值性)　设 $T\colon I\!\!R^n \rightrightarrows I\!\!R^n$ 在 $(\bar x, \bar y) \in \mathrm{gph}\, T$ 附近是局部单调且类 Lipschitz 的. 则它在 $(\bar x, \bar y)$ 附近是单值的.

**证明**　使用反证法论证, 假设 $T$ 在 $(\bar x, \bar y)$ 的任意邻域上都是多值的. 则存在序列 $x_k \to \bar x$ 和 $y_k, u_k \in T(x_k)$ 且 $(y_k, u_k) \to (\bar y, \bar y)$ 使得 $u_k \neq y_k$ 对所有 $k \in I\!N$ 成立. 记 $a_k := \|u_k - y_k\| > 0$ 且 $z_k := (u_k - y_k)/a_k$, 我们有

$$\langle u_k, z_k \rangle = a_k + \langle y_k, z_k \rangle, \quad k \in I\!N. \tag{3.57}$$

由假定的 $T$ 在 $(\bar x, \bar y)$ 附近的类 Lipschitz 性质知, 存在正数 $\ell$ 和 $\gamma$ 使得

$$T(x) \cap B_\gamma(\bar x) \subset T(u) + \ell \|x - u\| I\!\!B, \quad \forall\, x, u \in B_\gamma(\bar y).$$

现在选取序列 $\nu_k > 0$ 满足条件

$$\nu_k \downarrow 0 \quad \text{且} \quad \nu_k < a_k/2\ell, \quad k \to \infty. \tag{3.58}$$

因为 $x_k, x_k + \nu_k z_k \in B_\gamma(\bar{x})$ 对充分大的 $k$ 成立, 由 $T$ 的类 Lipschitz 性质有

$$\|v_k - y_k\| \leqslant \ell\nu_k, \quad \text{对某个 } v_k \in T(x_k) \cap B_\gamma(\bar{y}) \text{ 成立}. \tag{3.59}$$

利用 $T$ 在 $(\bar{x}, \bar{y})$ 周围的局部单调性, 我们有

$$\langle v_k - u_k, x_k + \nu_k - x_k \rangle \geqslant 0,$$

根据 (3.57), 这蕴含着不等式

$$\langle v_k, z_k \rangle \geqslant \langle u_k, z_k \rangle \geqslant a_k + \langle y_k, z_k \rangle$$

成立. 由 (3.58) 中 $\nu_k$ 的选择, 以及 (3.59) 中的估计式, 有

$$a_k + \langle y_k, z_k \rangle \leqslant \langle v_k, z_k \rangle \leqslant \langle y_k, z_k \rangle + \ell\nu_k < \langle y_k, z_k \rangle + a_k/2,$$

矛盾, 这就验证了 $T$ 在 $\bar{x}$ 周围的单值性. $\triangle$

利用这个命题和定理 3.20 的等价关系, 下面的结果揭示了对于一类具有单调域的 PVS (3.34) 度量正则性失效. 再次回顾, 增广实值函数的下半连续性是我们的固定假设.

**定理 3.25** (对于具有单调域的 PVS 度量正则性失效) 除了定理 3.20 的固定假设外, 假设域映射 $Q$ 在 $(\bar{y}, \bar{z})$ 周围是单调的, 并且不存在 $\bar{y}$ 的邻域使得 $Q$ 在其中完全是单值的. 则 PVS (3.34) 在参考点 $(\bar{x}, \bar{y}) \in \text{gph } S$ 附近不是度量正则的.

**证明** 在所考虑的一般设置下, 由定理 3.20 知 (3.34) 中的解映射 $S$ 在 $(\bar{x}, \bar{y})$ 周围的度量正则性与域映射 $Q$ 在 $(\bar{y}, \bar{z})$ 周围的类 Lipschitz 性质等价. 根据命题 3.24, 由所强加的 $Q$ 在该点附近的局部单调性可得 $Q$ 在 $\bar{y}$ 附近的单值性. 这与定理的假设相矛盾, 从而完成了它的证明. $\triangle$

由于域映射的集值性是广义方程作为描述变分系统的满意模型的一个典型特征 (否则, 它们仅归结为标准方程, 在所考虑的变分框架中没有特别的意义), 定理 3.25 的结论是, 在基映射的雅可比矩阵满秩假设下, 具有单调域的变分系统并不是度量正则的, 这在 GE 设置中似乎并没有约束性. 定理 3.25 的一个主要结果是下列关于具有凸势的次微分系统的推论, 它包含了 (3.36) 中变分不等式和互补问题的经典情形.

回顾对在 $\bar{x}$ 处取有限值的函数 $\varphi\colon \mathbb{R}^n \to \overline{\mathbb{R}}$, 称其在该点处是 Gâteaux 可微的且 Gâteaux 导数为 $d\varphi(\bar{x})$, 如果

$$\lim_{t \to 0} \frac{\varphi(\bar{x} + tw) - \varphi(\bar{x}) - t\langle d\varphi(\bar{x}), w \rangle}{t} = 0$$

对任意方向 $w \in \mathbb{R}^n$ 成立; 在无穷维空间中也类似. 显然 $\varphi$ 在 $\bar{x}$ 处的 Fréchet 可微性蕴含着 Gâteaux 可微性且具有相同的导数 $d\varphi(\bar{x}) = \nabla\varphi(\bar{x})$; 有关其他性质, 另请参见练习 3.90.

**推论 3.26** (对于具有凸势的次微分 PVS 度量正则性失效)  在定理 3.25 的设置中设 $Q(y) = \partial\varphi(y)$，其中 $\varphi: Y \to \overline{I\!R}$ 是在 $\bar{y}$ 处取有限值的凸函数但在该点附近并非 Gâteaux 可微. 则 $S$ 在 $(\bar{x}, \bar{y})$ 周围不是度量正则的.

**证明**  首先观察到施加于 $\varphi$ 的假设能够保证次微分映射 $Q(y) = \partial\varphi(y)$ 是闭图的. 此外, 单调算子的基本结果 (由 Moreau 和 Rockafellar 得到) 建立了凸次梯度映射 $x \mapsto \partial\varphi(x)$ 的极大单调性. 因此, 推论的结论来自于凸分析的众所周知的事实, 即该函数的次微分在参考点处为单值的, 当且仅当该函数在其上是 Gâteaux 可微的; 参见, 例如 [645, 675] 及其中有关这些经典结果的参考文献.      △

请注意, (3.36) 中的变分不等式和互补问题的经典设置对应于 (3.34) 中的凸指示函数 $\varphi(y) = \delta(y; \Omega)$ 的高度不光滑 (增广实值) 情况. 实际上, 从本质上讲, 更一般的参数变分系统的非凸次微分结构阻止了 PVS (3.34) 的度量正则性的实现, 而不必将其简化为域单调性的情况, 同时使用适当的分析法则对上导数和二阶次微分进行计算.

下一个主要结果是将推论 3.26 扩展到具有复合势和非凸次微分"域"结构的 (3.41) 情形, 但是完全独立于要求域单调性的定理 3.25. 我们现在处理 $Q(y) = \partial\varphi(y)$ 的情况, 其中非凸势 $\varphi$ 通过一个 $\mathcal{C}^2$-光滑映射 $g: I\!R^m \to I\!R^p$ 和一个增广实值函数 $\psi: I\!R^p \to \overline{I\!R}$ 复合表示, 它属于在变分分析中被广泛识别的一类函数.

**定义 3.27** (邻近正则性和次可微连续性)

(i) 称函数 $\varphi: I\!R^n \to \overline{I\!R}$ 在 $\bar{x} \in \operatorname{dom}\varphi$ 处对某个 $\bar{v} \in \partial\varphi(\bar{x})$ 是邻近正则的, 如果其在 $\bar{x}$ 周围是 l.s.c. 的并且存在 $\gamma > 0$, $\eta \geqslant 0$ 使得

$$\varphi(u) \geqslant \varphi(x) + \langle v, u - x \rangle - \frac{\eta}{2}\|u - x\|^2, \quad \text{当 } v \in \partial\varphi(x) \text{ 时成立,}$$

$$\text{且 } \|v - \bar{v}\| \leqslant \gamma, \quad \|u - \bar{x}\| \leqslant \gamma, \quad \|x - \bar{x}\| \leqslant \gamma, \quad \varphi(x) \leqslant \varphi(\bar{x}) + \gamma.$$

如果上式对任意 $\bar{v} \in \partial\varphi(\bar{x})$ 成立, 则称 $\varphi$ 在 $\bar{x}$ 处是邻近正则的.

(ii) 称函数 $\varphi: I\!R^n \to \overline{I\!R}$ 在 $\bar{x}$ 处对某个 $v \in \partial\varphi(\bar{x})$ 是次可微连续的, 如果 $\varphi(x_k) \to \varphi(\bar{x})$ 当 $x_k \to \bar{x}$, $v_k \to v$ $(k \to \infty$ 且 $v_k \in \partial\varphi(x_k))$ 时成立. 当该性质对任意 $\bar{v} \in \partial\varphi(\bar{x})$ 都成立时, 则称 $\varphi$ 在 $\bar{x}$ 处是次可微连续的.

为简洁起见, 我们将定义 3.27 中满足这两个属性的所有增广实数值函数标记为连续邻近正则函数. 这些函数绝大多数涉及变分分析和优化的许多领域, 特别是那些与二阶方面和应用相关的领域; 请参阅 3.5 节中的更多讨论. 特别地, 此类函数包括了所有的下半连续凸和 (更一般地) 强顺从函数, 以及在 $\bar{x}$ 周围的 $\mathcal{C}^{1,1}$ 类函数, 即, 存在 $\bar{x}$ 的邻域 $U$ 使得 $\varphi$ 在该邻域上是光滑的并且其导数 Lipschitz 连续; 参见练习 3.92.

下面的引理指出, 对于由连续邻近正则函数给出的复合势的次微分 PVS, 度量正则性失效.

**引理 3.28** (具有类 Lipschitz 次微分的连续邻近正则函数)  设 $\varphi: I\!R^n \to \overline{I\!R}$ 在 $\bar{x} \in \mathrm{int}(\mathrm{dom}\,\varphi)$ 处对某个 $\bar{v} \in \partial\varphi(\bar{x})$ 是连续邻近正则的, 并设次梯度映射 $\partial\varphi: I\!R^n \rightrightarrows I\!R^n$ 在 $(\bar{x}, \bar{v})$ 周围是类 Lipschitz 的. 则存在 $\bar{x}$ 的邻域 $U$ 使得 $\varphi$ 在 $U$ 上是 $\mathcal{C}^{1,1}$ 类的.

**证明**  参见练习 3.93 中的提示和讨论.                                       △

现在我们准备证明, 对涉及连续邻近正则函数的次微分 PVS (3.41), 度量正则性失效.

**定理 3.29** (对于具有连续邻近正则势的次微分 PVS, 度量正则性失效)  除了推论 3.21 的假设外, 假定 $\psi$ 在 $\bar{w} = g(\bar{y})$ 处对于次梯度 $\bar{v} \in \partial\psi(\bar{w})$ 是连续邻近正则的, 这可由 $\nabla g(\bar{y})^* \bar{v} = -f(\bar{x}, \bar{y})$ 唯一确定. 那么, 若 $\psi$ 在 $\bar{w}$ 周围不是 Gâteaux 可微的, 则 PVS (3.41) 在 $(\bar{x}, \bar{y})$ 周围不是度量正则的.

**证明**  由推论 3.21 可知, (3.41) 中 $S$ 在 $(\bar{x}, \bar{y})$ 周围的度量正则性等价于次梯度映射 $\partial\psi$ 在 $(\bar{w}, \bar{v})$ 周围的类 Lipschitz 性质. 此外, 由于 $\psi$ 在 $\bar{w}$ 处的连续邻近正则性, 我们可以用引理 3.28 得出 $\partial\psi$ 的后一个性质意味着在 $\bar{x}$ 附近有 $\psi \in \mathcal{C}^{1,1}$. 由练习 3.90(ii) 得到了 $\psi$ 在 $\bar{w}$ 附近的 Gâteaux 可微性, 根据定理最后的假设, 这表明 $S$ 在 $(\bar{x}, \bar{y})$ 附近不是度量正则的.                △

下面的结论是定理 3.29 的一个明显的结果. 然而, 我们给出其与引理 3.28 无关的直接证明.

**推论 3.30** (对于具有强顺从势的复合次微分 PVS, 度量正则性失效)  除命题 3.18 中的假设外, 假定 $\psi$ 在 $\bar{w} = g(\bar{y})$ 处是凸的且取有限值, 但在该点附近不是 Gâteaux 可微的. 则 (3.34) 中的参数变分系统 $S$ 在 $(\bar{x}, \bar{y})$ 附近不是度量正则的.

**证明**  观察到根据定义 3.23, 势函数 $\varphi = \psi \circ g$ 在 $\bar{y}$ 处是强顺从的, 并且由于 $\psi$ 的假设, 次梯度映射 $\partial\psi: I\!R^p \rightrightarrows I\!R^p$ 是局部闭图的; 参见练习 3.88. 由于推论 3.21 的所有要求都得到满足, 我们得出 $S$ 在 $(\bar{x}, \bar{y})$ 附近的度量正则性等价于 $\partial\psi$ 在 $(\bar{w}, \bar{v})$ 附近的类 Lipschitz 性质, 其中 $\bar{v} \in \partial\psi(\bar{w})$ 是由 $\bar{v} \in \partial\psi(\bar{w})$ 唯一确定的. 最后, 如推论 3.26 的证明所示, $\partial\psi$ 在 $(\bar{w}, \bar{v})$ 附近不是类 Lipschitz 的, 因此完成了证明.                                                               △

接下来, 对于具有复合域且在次微分结构中涉及连续邻近正则函数的次微分 PVS (3.48), 我们获得确保其度量正则性失效的条件.

**定理 3.31** (对于具有包含邻近正则函数次微分的复合域的 PVS, 度量正则性失效)  除推论 3.22 中假设外, 假定 $\psi$ 在 $\bar{w} = g(\bar{y})$ 处对于次梯度 $\bar{q} := -f(\bar{x}, \bar{y}) \in \partial\psi(\bar{w})$ 是连续邻近正则的且 $\psi$ 在 $\bar{w}$ 附近不是 Gâteaux 可微的. 则 (3.48) 中解映射 $S$ 在 $(\bar{x}, \bar{y})$ 附近不是度量正则的.

**证明**  从推论 3.22 可以得出, 在其中的假设下, $S$ 在 $(\bar{x}, \bar{y})$ 周围的度量正则

性等价于 $\psi$ 在 $(\bar{w}, \bar{q})$ 周围的类 Lipschitz 性质. 现在利用引理 3.28 可知, $\psi$ 在 $\bar{w}$ 附近一定是 $C^{1,1}$ 类的, 根据定理的最后一个假设, 这表明 $S$ 在 $(\bar{x}, \bar{y})$ 附近不可能是度量正则的.                                                                        $\triangle$

## 3.4  第 3 章练习

**练习 3.32** (开性质和覆盖性质的关系)

(i) 证明 $I\!R$ 上的函数 $f(x) = x^m$ 在 $\bar{x} = 0$ 处对于任意奇数 $1 \neq m \in I\!N$ 具有传统的开性质 (3.4), 但对于 $m \geqslant 3$ 它不满足覆盖性质 (3.1), 即不具有线性开性质.

(ii) 使用距离函数将这些性质扩展到度量空间之间的集值映射.

**练习 3.33** (通过距离函数表示类 Lipschitz 性质)

(i) 通过距离函数, 对度量空间之间集值映射 $F: X \rightrightarrows Y$ 的类 Lipschitz 性质进行等价描述.

(ii) 证明 $F$ 在 $(\bar{x}, \bar{y}) \in \mathrm{gph}\, F$ 周围是类 Lipschitz 的, 当且仅当函数 $(x, y) \mapsto \mathrm{dist}(y; F(x))$ 在该点周围是 Lipschitz 连续的.

提示: 根据定义并将其与 [682, 定理 2.3] 和 [529, 定理 1.41] 作比较.

**练习 3.34** (局部紧多值映射的 Lipschitz 连续性)  设 $F: X \rightrightarrows Y$ 是 Banach 空间上的集值映射.

(i) 设 $F$ 在给定子集 $U \subset X$ 上取紧值. 证明 $F$ 在 $U$ 上是 Lipschitz 连续的且模 $\ell \geqslant 0$ (即, (3.3) 成立且 $V = Y$) 等价于从 $U$ 到 $Y$ 的紧子集簇上的单值映射 $x \mapsto F(x)$ 的 Lipschitz 连续性

$$\mathrm{haus}\big(F(u), F(x)\big) \leqslant \ell \|x - u\|, \quad \forall\, x, u \in U,$$

其中 $Y$ 配备 Pompieu-Hausdorff 度量

$$\mathrm{haus}(\Omega_1, \Omega_2) := \inf\big\{\eta \geqslant 0\big|\, \Omega_1 \subset \Omega_2 + \eta I\!B,\ \Omega_2 \subset \Omega_1 + \eta I\!B\big\}.$$

(ii) 设 $F$ 在 $\bar{x} \in \mathrm{dom}\, F$ 周围局部紧, 即, 对所有 $\bar{x}$ 附近的 $x$, 值 $F(x)$ 都包含在一个紧集中. 验证 $F$ 在 $\bar{x}$ 附近是局部 Lipschitz 的, 当且仅当对每个 $\bar{y} \in F(\bar{x})$, 它在 $(\bar{x}, \bar{y})$ 附近是类 Lipscihtz 的. 此时, $F$ 在 $\bar{x}$ 周围的确切 Lipschitz 界限 $\mathrm{lip}\, F(\bar{x})$ 计算如下

$$\mathrm{lip}\, F(\bar{x}) = \max\big\{\mathrm{lip}\, F(\bar{x}, \bar{y})\big|\, \bar{y} \in F(\bar{x})\big\} < \infty.$$

(iii) (i) 和 (ii) 适用于一般度量空间之间的映射吗?

提示: 为验证 (ii), 选择由邻域集合构成的紧集的一个有限覆盖; 将其与 [529, 定理 1.42] 中的证明进行比较.

**练习 3.35** (Banach 空间之间的 Lipschitz 映射的上导数)  设 $F: X \rightrightarrows Y$ 是 Banach 空间之间的映射, 且设 $\varepsilon \geqslant 0$.

(i) 假设 $F$ 在某个 $(\bar{x}, \bar{y}) \in \mathrm{gph}\, F$ 周围是类 Lipschitz 的且模 $\ell \geqslant 0$, 证明存在数 $\eta > 0$, 使得每当 $x \in \bar{x} + \eta I\!B$ 且 $y \in F(x) \cap (\bar{y} + \eta I\!B)$ 时, 有

$$\sup\big\{\|x^*\|\,\big|\ x^* \in \widehat{D}_\varepsilon^* F(x, y)(y^*)\big\} \leqslant \ell \|y^*\| + \varepsilon(1 + \ell), \quad y^* \in Y^*. \tag{3.60}$$

此外, 我们有

$$D_M^* F(\bar{x}, \bar{y})(0) = \{0\} \quad \text{且} \quad \|D_M^* F(\bar{x}, \bar{y})\| \leqslant \operatorname{lip} F(\bar{x}, \bar{y}) < \infty. \tag{3.61}$$

(ii) 如果 $F$ 在某个 $\bar{x} \in \operatorname{dom} F$ 周围是局部 Lipschitz 的且模 $\ell \geqslant 0$, 则存在数 $\eta > 0$ 使得 (3.60) 对于所有 $x \in \bar{x} + \eta I\!B$ 和 $y \in F(x)$ 成立. 此外, (3.61) 中条件对任意 $\bar{y} \in F(\bar{x})$ 均满足.

提示: 为验证 (3.60), 通过混合上导数结构 (1.65), 类似于定理 3.3 证明中的步骤 1 进行, 然后当 $(x, y) \to (\bar{x}, \bar{y})$ 且 $\varepsilon \downarrow 0$ 时取极限; 将其与 [529, 定理 1.43 和 1.44] 的证明进行比较.

**练习 3.36** (半局部度量正则性)  遵循 [517] 中定义, 我们称 Banach 空间之间的集值映射 $F: X \rightrightarrows Y$ 在 $\bar{x} \in \operatorname{dom} F$ 周围 ($\bar{y} \in \operatorname{rge} F$ 周围) 是半局部度量正则的且模 $\mu > 0$, 如果对于 $\bar{x}$ 的邻域 $U$ 和 $V = Y$ ($\bar{y}$ 的邻域 $V$ 和 $U = X$) 以及某个 $\gamma > 0$ 的条件 $\operatorname{dist}(y; F(x)) \leqslant \gamma$ 有估计 (3.2) 成立. 该模的下确界记为 $\operatorname{reg} F(\bar{x})(\operatorname{reg} F(\bar{y}))$.

(i) 验证 $F$ 在 $\bar{x} \in \operatorname{dom} F$ 周围是局部 Lipschitz 的, 当且仅当 $F^{-1}$ 在 $\bar{x} \in \operatorname{rge} F^{-1}$ 周围是半局部度量正则的且 $\operatorname{lip} F(\bar{x}) = \operatorname{reg} F^{-1}(\bar{x})$.

(ii) 假设 $F$ 在 $\bar{x} \in \operatorname{dom} F$ 周围是局部紧的, 证明 $F$ 在该点周围是半局部度量正则的, 当且仅当对每个 $\bar{y} \in F(\bar{x})$, 它在 $(\bar{x}, \bar{y})$ 周围是定义 3.1(b) 意义下 (局部) 度量正则的.

(iii) 假设 $F^{-1}$ 在 $\bar{y} \in \operatorname{rge} F$ 周围是局部紧的, 证明 $F$ 在该点周围是半局部度量正则的, 当且仅当对每个 $\bar{x} \in F^{-1}(\bar{y})$, 它在 $(\bar{x}, \bar{y})$ 周围是 (局部) 度量正则的.

提示: 考虑练习 3.34(ii) 的结果, 类似于定理 3.2 的局部情况进行证明.

**练习 3.37** (Banach 空间中局部适定性质之间的等价关系)  设 $F: X \rightrightarrows Y$ 是 Banach 空间之间的集值映射, 并设 $(\bar{x}, \bar{y}) \in \operatorname{gph} F$. 验证定理 3.2 及其证明在该设置下成立.

**练习 3.38** (半局部覆盖)  称 Banach 空间之间的集值映射 $F: X \rightrightarrows Y$ 在 $\bar{x} \in \operatorname{dom} F$ 周围具有半局部覆盖性质且模 $\kappa > 0$, 如果存在 $\bar{x}$ 的邻域 $U$ 使得包含 (3.1) 对于 $V = Y$ 成立. 此模的上确界记为 $\operatorname{cov} F(\bar{x})$.

(i) 验证 $F$ 在 $\bar{x} \in \operatorname{dom} F$ 周围具有半局部覆盖性质, 当且仅当它在该点周围具有半局部度量正则性. 此时我们有模的关系 $\operatorname{cov} F(\bar{x}) = 1/\operatorname{reg} F(\bar{x})$.

(ii) 假设 $F$ 在 $\bar{x}$ 周围是局部紧的, 证明在这种情况下 $F$ 在 $\bar{x}$ 周围的半局部覆盖性质等价于对每个 $\bar{y} \in F(\bar{x})$, $F$ 在 $(\bar{x}, \bar{y})$ 周围具有定义 3.1(a) 中的 (局部) 覆盖性质.

提示: 为验证 (i), 从定义出发并将其与 [529, 定理 1.52] 中的证明作比较. 通过考虑练习 3.36(iii), 这使得 (ii) 成立.

**练习 3.39** (全局适定性性质及其比较)

• 对于度量空间之间的映射, 以下给出定义 3.1(i) 中覆盖性质在全局情形的明确表述. 设 $B_X(x, r)$ 是 $X$ 中以 $x$ 为中心、$r \geqslant 0$ 为半径的闭球, 对某个 $A \subset X$, 设

$$\vartheta(A) := \sup\{r \geqslant 0 \mid B_X(x, r) \subset A\}.$$

给定 $\Omega \subset X$ 和 $\Theta \subset Y$, 我们称 (参见 [512, 514] 和 [529, 定义 1.51(i)]) $F$ 相对于 $\Omega$ 和 $\Theta$ 具有 $\kappa$-覆盖性质, 如果

$$B_X(x, r) \subset \Omega \Rightarrow [B_Y(F(x) \cap \Theta, \kappa r) \subset F(B_X(x, r))]. \tag{3.62}$$

• 通过以下蕴含关系, 文献 [26] 中引入了映射 $F: X \rightrightarrows Y$ 相对于集合 $\widetilde{\Omega} \subset X$ 和 $\widetilde{\Theta} \subset Y$ 的另一个全局 $\kappa$-覆盖性质:

$$B_X(x, r) \subset \widetilde{\Omega} \Rightarrow [B_Y(F(x), \kappa r) \cap \widetilde{\Theta} \subset F(B_X(x, r))]. \tag{3.63}$$

● 最近, [378] 讨论了 $F: X \rightrightarrows Y$ 相对于 $\widehat{\Omega} \subset X$ 和 $\widehat{\Theta} \subset Y$ 且 $(\bar{x}, \bar{y}) \in (\widehat{\Omega} \times \widehat{\Theta}) \cap \mathrm{gph}\, F$ 的 $\kappa$-覆盖性质的另一个版本, 并将其标记为 $\mathrm{sur}(F, \widehat{\Omega}, \widehat{\Theta}, \gamma, \kappa, \bar{x}, \bar{y})$. 该性质意味着, 给定模 $\kappa \geqslant 0$, 以下蕴含关系成立:

$$\left[ x \in B_X(x_0, \gamma),\ r \in [0, \gamma] \right] \Rightarrow \left[ B_Y\big(F(x) \cap B_Y(y_0, \kappa\gamma), \kappa r\big) \cap \widehat{U} \subset F\big(B_X(x, r)\big) \right].$$

(i) 证明 $\mathrm{sur}(F, \widehat{\Omega}, \widehat{\Theta}, \gamma, \kappa, \bar{x}, \bar{y}) \Rightarrow$ (3.62) 当 $B_Y(\Theta, \kappa\gamma) \subset \widehat{\Theta}$, $\Theta \subset B_Y(\bar{y}, \kappa\gamma)$, $\Omega \subset \widehat{\Omega} \cap B_X(\bar{x}, \gamma)$, 且 $\vartheta(\Omega) \leqslant \gamma$ 时成立. 同时证明反向蕴含关系 (3.62)$\Rightarrow \mathrm{sur}(F, \widehat{\Omega}, \widehat{\Theta}, \gamma, \kappa, \bar{x}, \bar{y})$ 对任何 $B_X(\widehat{\Omega} \cap B_X(\bar{x}, \gamma), \gamma) \subset \Omega$, $B_X(\widehat{x}, 2\gamma) \subset \widehat{\Omega}$ 和 $B_Y(\bar{y}, \kappa\gamma) \subset \Theta$ 都成立.

(ii) 证明 (3.62)$\Rightarrow$(3.63) 当 $\widetilde{\Theta} \subset \Theta$ 且 $B_Y(\widetilde{\Theta}, \kappa\vartheta(\widetilde{\Omega})) \subset \Theta$ 时成立. 反之, 验证 (3.63)$\Rightarrow$ (3.62) 当 $\Omega \subset \widetilde{\Omega}$ 且 $B_Y(\Theta, \kappa\vartheta(\Omega)) \subset \widetilde{\Theta}$ 时成立.

(iii) 对于上述性质, 给出对应的度量正则性和 Lipschitz 性质的定义, 并建立它们之间的关系.

提示: 为验证 (i) 和 (ii), 根据定义进行并将其与 [798, 定理 1] 中给出的证明作比较.

**练习 3.40** (Banach 空间中可微映射的度量正则性)　设 $f: X \to Y$ 是 Banach 空间之间的一个单值映射.

(i) 假设 $f$ 在 $\bar{x}$ 处是 Fréchet 可微的, 证明, 如果 $f$ 在 $\bar{x}$ 处度量正则空间, 那么 $\nabla f(\bar{x}) X$ 在 $Y$ 中是闭的.

提示: 按照 [529, 引理 1.56] 的证明中所述使用迭代过程.

(ii) 假设 $f$ 在 $\bar{x}$ 处是严格可微的, 证明 $\nabla f(\bar{x}): X \to Y$ 的满射性对于 $f$ 在 $\bar{x}$ 周围的度量正则性及确切界限公式 (3.18) 是充分且必要的, 其中第二个公式的 "min" 应替换为 "inf".

提示: 由 (i) 知 $\ker \nabla f(\bar{x})^* = \{0\}$, 从而根据 (3.61) 和练习 3.37, 1.57(ii) 推导出满射条件 $\nabla f(\bar{x}) X = Y$ 的必要性. 为证明充分性, 按照推论 3.8 的替代证明进行.

**练习 3.41** (Asplund 空间中多值映射类 Lipschitz 性质的邻域刻画)　设 $F: X \rightrightarrows Y$ 是 Asplund 空间之间的 (局部闭图) 映射. 以下断言等价:

(a) $F$ 在 $(\bar{x}, \bar{y})$ 周围是类 Lipschitz 的.

(b) 存在正数 $\ell$ 和 $\eta$ 使得

$$\sup \left\{ \|x^*\| \ \middle|\ x^* \in \widehat{D}^* F(x, y)(y^*) \right\} \leqslant \ell \|y^*\|$$

每当 $x \in B_\eta(\bar{x})$, $y \in F(x) \cap B_\eta(\bar{y})$ 且 $y^* \in Y^*$ 时成立.

此外, $F$ 在 $(\bar{x}, \bar{y})$ 周围的确切 Lipschitz 界限计算如下

$$\mathrm{lip}\, F(\bar{x}, \bar{y}) = \inf_{\eta > 0} \sup \left\{ \|\widehat{D}^* F(x, y)\| \ \middle|\ x \in B_\eta(\bar{x}),\ y \in F(x) \cap B_\eta(\bar{y}) \right\}.$$

提示: 首先考虑有限维的情况, 通过定理 3.3(iii) 和上导数表示 (1.17) 推导得出. 在 Asplund 空间情况, 对覆盖性质的证明与 [529, 定理 4.1] 类似.

**练习 3.42** (映射的序列与偏序列法紧性)　称 Banach 空间之间的集值映射 $F: X \rightrightarrows Y$ 在 $(\bar{x}, \bar{y}) \in \mathrm{gph}\, F$ 处是序列法紧 (SNC) 的, 如果对任意序列 $(\varepsilon_k, x_k, y_k, x_k^*, y_k^*) \in [0, \infty) \times (\mathrm{gph}\, F) \times X^* \times Y^*$, 我们有蕴含关系

$$\Big[ \varepsilon_k \downarrow 0,\ (x_k, y_k) \to (\bar{x}, \bar{y}),\ (x_k^*, y_k^*) \xrightarrow{w^*} (0, 0),$$
$$(x_k^*, y_k^*) \in \widehat{N}_{\varepsilon_k}\big((x_k, y_k); \mathrm{gph}\, F\big) \Big] \Rightarrow \|(x_k^*, y_k^*)\| \to 0, \quad \text{当 } k \to \infty. \tag{3.64}$$

称映射 $F$ 在 $(\bar{x}, \bar{y})$ 处是偏序列法紧 (PSNC) 的, 如果对任意序列 $(\varepsilon_k, x_k, y_k, x_k^*, y_k^*) \in [0, \infty) \times (\mathrm{gph}\, F) \times X^* \times Y^*$, 我们有

$$\big[\varepsilon_k \downarrow 0,\ (x_k, y_k) \to (\bar{x}, \bar{y}),\ x_k^* \overset{w^*}{\to} 0,\ \|y_k^*\| \to 0,$$
$$(x_k^*, y_k^*) \in \widehat{N}_{\varepsilon_k}\big((x_k, y_k); \mathrm{gph}\, F\big)\big] \Rightarrow \|x_k^*\| \to 0, \quad k \to \infty. \tag{3.65}$$

如果 $F$ 在 $\bar{x}$ 处是单值的, 上述表示 $\bar{y} = F(\bar{x})$ 可省略.

(i) 验证映射 $F$ 在 $(\bar{x}, \bar{y}) \in \mathrm{gph}\, F$ 处的 SNC 性质等价于它的图在该点处的 SNC 性质.

(ii) 证明: 如果 $X$ 和 $Y$ 是 Asplund 空间, 在 (3.65) 中我们可以等价地令 $\varepsilon_k \equiv 0$.

(iii) 验证: 除了 $\dim X < \infty$ 且 $F$ 在 $(\bar{x}, \bar{y})$ 处是 SNC 的明显情况外, 对在 $(\bar{x}, \bar{y})$ 周围是类 Lipschitz 的任何映射 $F\colon X \rightrightarrows Y$, 其在 $(\bar{x}, \bar{y})$ 处的 PSNC 性质成立.

提示: 使用练习 3.35(i).

**练习 3.43** (上导数正规性质) 称 Banach 空间之间的映射 $F\colon X \rightrightarrows Y$ 在 $(\bar{x}, \bar{y}) \in \mathrm{gph}\, F$ 处上导数正规, 如果

$$\|D_M^* F(\bar{x}, \bar{y})\| = \|D_N^* F(\bar{x}, \bar{y})\|. \tag{3.66}$$

(i) 如果 $D_M^* F(\bar{x}, \bar{y})(y^*) = D_N^* F(\bar{x}, \bar{y})(y^*)$ 对所有 $y^* \in Y^*$ 成立, 显然我们有 (3.66). 当 $\dim Y = \infty$ 时反向蕴含关系成立吗?

(ii) 举例说明对于在任意可分无穷维 Hilbert 空间 $Y$ 中取值的 Lipschitz 映射 $f\colon \mathbb{R} \to H$, (3.66) 可能不成立.

(iii) 对于在无穷维空间中取值的集值映射, 推导出其上导数正规性的充分条件.

提示: 从前面练习的结果中提炼出这一点, 并参考 [529, 命题 4.9].

**练习 3.44** (Asplund 空间中类 Lipschitz 性质的点基刻画) 设 $F\colon X \rightrightarrows Y$ 是 Asplund 空间之间的一个集值映射, 且由固定假设, 其在 $(\bar{x}, \bar{y}) \in \mathrm{gph}\, F$ 周围是闭图的.

(i) 证明 $F$ 在 $(\bar{x}, \bar{y}) \in \mathrm{gph}\, F$ 周围是类 Lipschitz 的, 当且仅当它在该点处既是 PSNC 又满足条件 $D_M^* F(\bar{x}, \bar{y})(0) = \{0\}$.

(ii) 分别在以下情形验证确切界限估计

$$\|D_M^* F(\bar{x}, \bar{y})\| \leqslant \mathrm{lip}\, F(\bar{x}, \bar{y}) \leqslant \|D_N^* F(\bar{x}, \bar{y})\|, \tag{3.67}$$

(a) 对任意 Banach 空间 $X$ 和 $Y$ 验证下界, 且 (b) 当 $\dim X < \infty$ 且 $Y$ 是 Asplund 空间时, 验证上界.

(iii) 对于 (3.67) 中的上界, 条件 $\dim X < \infty$ 是本质的吗?

提示: 通过对练习 3.41 中的相应条件取极限进行, 并将其与 [529, 定理 4.10] 中的证明作比较.

**练习 3.45** (增广实值函数的局部 Lipschitz 连续性) 设 $\varphi\colon X \to \overline{\mathbb{R}}$ 是 Asplund 空间 $X$ 上的 (l.s.c.) 函数, 并设 $\bar{x} \in_1 (\mathrm{dom}\, \varphi)$. 证明 $\varphi$ 在 $\bar{x}$ 周围是局部 Lipschitz 的, 当且仅当 $\partial^\infty \varphi(\bar{x}) = \{0\}$ 且 $\varphi$ 在 $\bar{x}$ 处是 SNEC 的.

提示: 将练习 3.44(i) 中集值映射类 Lipschitz 性质的上导数准则应用于上图多值映射 $x \mapsto \mathrm{epi}\, \varphi$.

**练习 3.46** (凸图多值映射的 Lipschitz 性质) 设 $F\colon X \rightrightarrows Y$ 是 Asplund 空间之间的凸图多值映射, 并设 $\bar{x} \in \mathrm{dom}\, F$. 以下断言等价:

(a) 存在 $\bar{y} \in F(\bar{x})$ 使得 $F$ 在 $(\bar{x}, \bar{y})$ 周围是类 Lipschitz 的.

(b) 函数 $F^{-1}$ 的值域在 $\bar{x}$ 处是 SNC 的且 $N(\bar{x}; \mathrm{rge}\, F^{-1}) = \{0\}$.

(c) $\bar{x}$ 是 $F^{-1}$ 的值域的一个内点.

(d) 对每个 $\bar{y} \in F(\bar{x})$, $F$ 在 $(\bar{x}, \bar{y})$ 处是类 Lipschitz 的.

此外, 如果 $\dim X < \infty$, 则当 $\bar{y} \in F(\bar{x})$ 时我们有确切界限公式

$$\mathrm{lip}\, F(\bar{x}, \bar{y}) = \sup_{\|y^*\| \leqslant 1} \left\{ \|x^*\| \,\middle|\, \langle x^*, x - \bar{x} \rangle \leqslant \langle y^*, y - \bar{y} \rangle,\ \forall\, (x, y) \in \mathrm{gph}\, F \right\}.$$

提示: 利用凸图多值映射的特殊上导数形式, 从习题 3.44 中得到这一结论; 将此与 [529, 定理 4.12] 的证明进行比较.

**练习 3.47** (度量正则性和覆盖性质的邻域刻画)  设 $F \colon X \rightrightarrows Y$ 是 Asplund 空间之间的集值映射.

(i) 给定 $(\bar{x}, \bar{y}) \in \mathrm{gph}\, F$, 证明以下断言等价:

(a) $F$ 在 $(\bar{x}, \bar{y})$ 周围是度量正则的.

(b) 我们有 $\widehat{b}(F, \bar{x}, \bar{y}) < \infty$, 其中

$$\widehat{b}(F, \bar{x}, \bar{y}) := \inf_{\eta > 0} \inf \left\{ \mu > 0 \,\middle|\, \|y^*\| \leqslant \mu \|x^*\|, x^* \in \widehat{D}^* F(x, y)(y^*), \right.$$
$$\left. x \in B_\eta(\bar{x}), y \in F(x) \cap B_\eta(\bar{y}) \right\}.$$

此外, $F$ 在 $(\bar{x}, \bar{y})$ 周围的确切正则性界限计算如下

$$\begin{aligned}
\mathrm{reg}\, F(\bar{x}, \bar{y}) &= \widehat{b}(F, \bar{x}, \bar{y}) \\
&= \inf_{\eta > 0} \sup \left\{ \|\widehat{D}^* F(x, y)^{-1}\| \,\middle|\, x \in B_\eta(\bar{x}),\ y \in F(x) \cap B_\eta(\bar{y}) \right\}.
\end{aligned}$$

(ii) 给定 $\bar{x} \in \mathrm{dom}\, F$, 对于 $F$ 在 $\bar{x}$ 周围的半局部度量正则性, 推导出 (i) 中断言的版本.

(iii) 对于映射 $F$ 的 (局部) 覆盖和半局部覆盖性质, 推导出 (i) 和 (ii) 中断言的对应果.

提示: 由练习 3.41 中的类 Lipschitz 性质和练习 3.37 中的等价性结果推导出 (i). 类似得出 (ii) 和 (iii).

**练习 3.48** (无穷维空间中度量正则性的点基刻画)  给定 Banach 空间之间的集值映射 $F \colon X \rightrightarrows Y$, $F$ 在 $(\bar{x}, \bar{y}) \in \mathrm{gph}\, F$ 处的逆混合上导数可由逆映射 $F^{-1} \colon Y \rightrightarrows X$ 的混合上导数 (1.65) 定义如下

$$\widetilde{D}_M^* F(\bar{x}, \bar{y})(y^*) := \left\{ x^* \in X^* \,\middle|\, y^* \in -D_M^* F^{-1}(\bar{y}, \bar{x})(-x^*) \right\}, \quad y^* \in Y^*. \tag{3.68}$$

(i) 假设 $X$ 和 $Y$ 是 Asplund 空间, 验证 $F$ 在 $(\bar{x}, \bar{y})$ 周围是度量正则的 (或具有覆盖性质) 当且仅当 $F^{-1}$ 在 $(\bar{y}, \bar{x})$ 处是 PSNC 且核条件 $\ker \widetilde{D}_M^* F(\bar{x}, \bar{y}) = \{0\}$ 满足.

(ii) 证明 (i) 的 "必要性" 部分在一般 Banach 空间设置中成立.

(iii) 推导得出用于计算确切界限 $\mathrm{reg}\, F(\bar{x}, \bar{y})$ 和 $\mathrm{cov}\, F(\bar{x}, \bar{y})$ 的估计式和精确上导数公式.

(iv) 证明对任意可分 Banach 空间 $X$, 存在凸值映射 $F \colon X \rightrightarrows X$, 其在 $(0, 0) \in \mathrm{gph}\, F$ 周围不具有覆盖性质和度量正则性, 但是 $\ker D_N^* F(0, 0) = \{0\}$.

提示: 为得到 (i)—(iii), 根据练习 3.37 中的等价关系, 将练习 3.44 的结果应用于逆映射 $F^{-1}$. 为验证 (iv), 使用 $X$ 中的可分基构造映射 $F$ 使得 $F^{-1}$ 不具备 PSNC 性质; 将其与 [529, 例 4.19] 进行比较.

**练习 3.49** (凸图多值映射的度量正则性和覆盖性质)  在练习 3.46 的框架中推导得出凸图多值映射 $F\colon X \rightrightarrows Y$ 的度量正则性和覆盖性质的刻画.

提示: 结合练习 3.37 和练习 3.46 及结果并将其与 Banach 空间中的经典 Robinson-Ursescu 定理进行比较; 参见 3.5 节.

**练习 3.50** (相对于映射和集合的覆盖)  给定 Banach 空间之间的映射 $F\colon X \rightrightarrows Y$ 和 $\Omega\colon X \rightrightarrows X$, $\kappa > 0$ 以及 $\bar{x} \in \Omega(\bar{x}) \cap \mathrm{dom}\, F$, 我们称 [512] $F$ 在 $\bar{x}$ 周围相对于映射 $\Omega$ (特别地, 相对于集合 $\Omega$ 当 $\Omega(x) \equiv \Omega$) 具有覆盖性质且模 $\kappa > 0$, 如果存在 $\bar{x}$ 的邻域 $U$ 使得

$$F(x) + \kappa r I\!B \subset F\big((x + r I\!B) \cap \Omega(x)\big), \quad \text{其中 } x + r I\!B \subset U, \quad r > 0. \tag{3.69}$$

(i) 在有限维设置中, 引入相对覆盖常数

$$\kappa(F, \Omega, \bar{x}) := \inf\Big\{ \|u_1 + u_2\| \,\Big|\, u_1 \in D^* F(\bar{x}, \bar{y})(v), u_2 \in N(\bar{x}; \Omega(\bar{x})), \bar{y} \in F(\bar{x}), \|v\| = 1 \Big\}$$

如果 $F$ 在 $\bar{x}$ 周围是局部 Lipschitz 的并且在以下意义下 $\Omega$ 在 $\bar{x}$ 处是法向半连续的:

$$\big[ x_k \xrightarrow{\mathrm{dom}\, F} \bar{x},\ u_k \xrightarrow{\Omega(x_k)} \bar{x},\ v_k \to v,\ v_k \in N\big(u_k; \Omega(x_k)\big) \big] \Rightarrow v \in N\big(\bar{x}; \Omega(\bar{x})\big).$$

证明条件 $\kappa(F, \Omega, \bar{x}) > 0$ 对于 $F$ 在 $\bar{x}$ 附近相对于 $\Omega$ 的相对覆盖性质是必要且充分的并且模 $\kappa > 0$.

提示: 类似于定理 3.3 的证明并将其与 [514, 定理 5.3] 中的相应论述进行比较.

(ii) 证明在以下两种情况下, 映射 $\Omega\colon I\!R^n \rightrightarrows I\!R^n$ 在 $\bar{x}$ 处是法向半连续的: (a) 在 $\bar{x}$ 周围 $\Omega(x) \equiv \Omega$ 且 (b) $\Omega(\cdot)$ 在 $\bar{x}$ 周围是凸值且内半连续的. 还有其他的充分条件吗?

(iii) 将 (i) 和 (ii) 中的结果推广到无限维空间.

**练习 3.51** (多值映射的度量次正则性和平静性质)  设 $F\colon X \rightrightarrows Y$ 是 Banach 空间之间的集值映射, 并设 $(\bar{x}, \bar{y}) \in \mathrm{gph}\, F$. 如果估计 (3.2) 当其中 $y = \bar{y}$ 时成立, 则称映射 $F$ 在 $(\bar{x}, \bar{y})$ 处是度量次正则的且模 $\mu > 0$. $F$ 在 $\bar{x} \in \mathrm{dom}\, F$ 和 $\bar{y} \in \mathrm{rge}\, F$ 处的度量次正则性的相应半局部版本定义类似于练习 3.36 中半局部度量正则性的情形. 如果包含式 (3.3) 当 $u = \bar{x}$ 时成立, 则称映射 $F$ 在 $(\bar{x}, \bar{y})$ 处是平静的且模 $\ell \geqslant 0$. 如果在后一种情况下 $V = Y$, 则称映射 $F$ 在 $\bar{x} \in \mathrm{dom}\, F$ 处是上 (或外) Lipschitz 的.

(i) 举例构造有限维空间中的映射, 使得其在某点 $(\bar{x}, \bar{y})$ 处是度量次正则 (平静) 的, 但在该点周围不是度量正则 (类 Lipschitz) 的.

(ii) 类似定理 3.2 和练习 3.36 中给出的结果, 建立 $F$ 和其逆映射在相应的点处的度量次正则性 (半局部度量正则性) 和平静性质 (上 Lipschitz 性质) 之间的双向关系.

提示: 按照定理 3.2 的证明进行.

(iii) 构建多值映射 $F\colon X \rightrightarrows Y$ 的合适的 "子覆盖/次开性" 性质及其半局部版本, 并建立其与本练习中上述定义的 $F$ 和 $F^{-1}$ 的度量次正则性与平静性/上 Lipschitz 性质的对应关系.

**练习 3.52** (次微分映射的度量正则性和度量次正则性的二阶增长性条件)

(i) 设 $\varphi\colon X \to \overline{I\!R}$ 是 Hilbert 空间 $X$ 上的凸 (下半连续) 函数且 $\bar{x} \in \mathrm{dom}\, \varphi$ 以及 $\bar{v} \in \partial\varphi(\bar{x})$. 验证次梯度映射 $\partial\varphi\colon X \rightrightarrows X$ 在 $(\bar{x}, \bar{v})$ 周围是度量正则的, 当且仅当存在 $\bar{x}$ 的邻域 $U$ 及 $\bar{v}$ 的邻域 $V$ 和 $\gamma > 0$ 使得

$$(\partial\varphi)^{-1}(v) \neq \varnothing, \quad \forall v \in V \quad \text{且}$$
$$\varphi(x) \geqslant \varphi(\bar{x}) - \langle v, u - x \rangle + \gamma \, \mathrm{dist}^2\big(x; (\partial\varphi)^{-1}(v)\big), \quad \forall x \in U, \quad u \in (\partial\varphi)^{-1}(v), \quad v \in V.$$

提示: 利用凸分析中次微分的构造, 结合 Ekeland 变分原理, 将其与 [20, 定理 3.6] 的证明进行比较. 该证明在任何 Banach 空间 $X$ 中都成立吗?

(ii) 设 $\varphi: X \to \overline{IR}$ 是 Banach 空间 $X$ 上的凸下半连续函数且 $\bar{x} \in \operatorname{dom}\varphi$ 及 $\bar{v} \in \partial\varphi(\bar{x})$. 证明 $\varphi$ 在 $(\bar{x}, \bar{v})$ 处是度量次正则的, 当且仅当存在 $\bar{x}$ 的邻域 $U$ 和常数 $\gamma > 0$ 使得下面二阶/二次增长性条件满足

$$\varphi(x) \geqslant \varphi(\bar{x}) - \langle \bar{v}, \bar{x} - x \rangle + \gamma \operatorname{dist}^2\big(x; (\partial\varphi)^{-1}(\bar{v})\big), \quad \text{其中 } x \in U.$$

提示: 类似于 (i), 并将其与 Hilbert 空间的 [20, 定理 3.3] 和一般 Banach 空间设置中 [21, 定理 2.1] 的证明进行比较.

(iii) 假定 $\bar{x}$ 是 $\varphi$ 的一个局部极小值, 将 (i) 和 (ii) 的结果推广到 Asplund 空间中定义的 l.s.c. 函数的基本次微分上, 并建立二次增长性和度量正则性/次正则性常数之间的定量相互关系.

提示: 在度量次正则性的情况下, 按照 [234, 定理 3.1 和推论 3.2] 的证明进行.

(iv) 阐明次梯度映射 $\partial\varphi$ 的度量次正则性的上述二阶增长性条件与练习 3.55(ii)—(iv) 中讨论的 $(\partial\varphi)^{-1}$ 的上 Lipschitz 性质的二阶增长性条件的相互联系.

**练习 3.53** (平静性和度量次正则性在交运算下的保持) 设 $F_1: X_1 \rightrightarrows Y$ 和 $F_2: X_2 \rightrightarrows Y$ 是度量空间之间的集值映射. 定义交映射 $(F_1 \cap F): (X_1 \times X_2) \rightrightarrows Y$ 如下

$$(F_1 \cap F_2)(x_1, x_2) := F_1(x_1) \cap F_2(x_2), \quad x_1 \in X_1, \quad x_2 \in X_2.$$

(i) 假设 $F_1$ 和 $F_2$ 分别在 $(\bar{x}_1, \bar{x}) \in \operatorname{gph} F_1$ 和 $(\bar{x}_2, \bar{x}) \in \operatorname{gph} F_2$ 处是平静的, $F_2^{-1}$ 在 $(\bar{x}, \bar{x}_2)$ 周围是类 Lipschitz 的, 且 $x_2 \mapsto F_1(\bar{x}_1) \cap F_2(x_2)$ 在 $(\bar{x}_2, \bar{x})$ 处是平静的. 证明交映射 $F_1 \cap F_2$ 在 $(\bar{x}_1, \bar{x}_2, \bar{x})$ 处是平静的.

提示: 将其与 [423, 定理 2.5] 的证明进行比较.

(ii) 求 $F_1 \cap F_2$ 在 $(\bar{x}_1, \bar{x}_2, \bar{x})$ 处的确切平静性界限与 (i) 中涉及的其他性质的确切界限之间的关系.

(iii) 为 $F_1 \cap F_2$ 的度量次正则性建立 (i) 和 (ii) 的对应结果.

**练习 3.54** (多值映射的外导数) $F: IR^n \rightrightarrows IR^m$ 在 $\bar{x} \in \operatorname{dom} F$ 处沿方向 $\bar{u} \in IR^n$ 的外导数定义为

$$\widehat{D}F(\bar{x})(\bar{u}) := \operatorname*{Lim\,sup}_{\substack{t \downarrow 0 \\ u \to \bar{u}}} \frac{1 - \Pi_{F(\bar{x})}\big(F(\bar{x} + tu)\big)}{t}, \tag{3.70}$$

其中 $(1 - \Pi_\Omega)(\Theta) := \{z - w \in IR^m \,|\, z \in \Theta, w \in \Pi_\Omega(z)\}$ 且 $z$ 到 (局部闭) 集 $\Omega$ 的欧氏投影 $\Pi_\Omega(z)$ 取自 (1.3).

(i) 证明如果 $F(\bar{x})$ 是单点集, 则 $\widehat{D}F(\bar{x})(\bar{u})$ 简化为 (1.87) 中的相依导数 $DF(\bar{x})(\bar{u})$.

(ii) 假设 $\bar{x}$ 是 $\varphi: IR^n \to \overline{IR}$ 的一个局部极小点, 验证

$$\widehat{D}E_\varphi(\bar{x})(u) = \{0\}, \quad \forall\, u \in IR^n,$$

其中 $E_\varphi: IR^n \rightrightarrows IR$ 是与 $\varphi$ 关联的上图多值映射.

(iii) 假设集合 $F(\bar{x})$ 有界, 证明对任意 $v \in \widehat{D}F(\bar{x})(0)$ 存在 $z \in F(\bar{x})$ 使得 $v \in N(z; F(\bar{x}))$.

提示: 使用相应定义直接证明.

**练习 3.55** (上 Lipschitz 映射和逆次微分)

(i) 证明 $F: IR^n \rightrightarrows IR^m$ 在 $\bar{x} \in \operatorname{dom} F$ 处是上 Lipschitz 的当且仅当外上导数 $(x, u) \mapsto \widehat{D}F(x)(u)$ 的图是 (局部) 闭的且我们有 $\widehat{D}F(\bar{x})(0) = \{0\}$.

提示: 将 (3.70) 中的构造与有限维上 Lipschitz 性质的定义相结合; 参见 [779, 定理 3.2].

(ii) 设 $\varphi\colon I\!\!R^n \to \overline{I\!\!R}$ 在 $I\!\!R^n$ 上是下半连续的, 且基本次微分映射的逆 $(\partial\varphi)^{-1}\colon I\!\!R^n \rightrightarrows I\!\!R^n$ 在原点处是上 Lipschitz 的. 证明对任意集合 $\Omega \subset (\partial\varphi)^{-1}(0)$ 存在常数 $\gamma$ 和 $\nu$ 使得

$$\varphi(x) \geqslant \inf \varphi + \gamma \operatorname{dist}^2\big(x; (\Omega + 2\nu I\!\!B) \cap (\partial\varphi)^{-1}(0)\big), \quad \text{如果 } x \in \Omega + \nu I\!\!B. \tag{3.71}$$

提示: 使用定理 2.12 中的有限维变分原理, 其中 Lipschitz 次可加函数 $\theta\colon I\!\!R^n \to I\!\!R_+$ 满足 $\partial\theta(0) \subset I\!\!B$. 并应用推论 2.20 中的半-Lipschitz 次微分和法则. 将其与 [779, 定理 4.2] 的证明进行比较.

(iii) 假设 (ii) 中的 $\varphi$ 是凸的并且 $(\partial\varphi)^{-1}(0) \neq \varnothing$. 验证二次增长性条件 (3.71) 对于 $(\partial\varphi)^{-1}\colon I\!\!R^n \rightrightarrows I\!\!R^n$ 在原点处的上 Lipschitz 性质是必要且充分的, 且 (3.71) 可等价地改写为简化形式.

$$\varphi(x) \leqslant \inf \varphi + \gamma \operatorname{dist}^2\big(x; (\partial\varphi)^{-1}(0)\big), \quad \text{其中 } x \in (\partial\varphi)^{-1}(0) + \nu I\!\!B.$$

提示: 使用凸函数的次微分表达式; 参见 [779, 定理 4.3].

(iv) 利用 (ii) 的提示中提到的结果的无穷维版本, 将此陈述扩展到 Asplund 空间的情况, 然后证明刻画 (iii) 在任何 Banach 空间中均成立. 那么 (i) 中的外导数刻画的无穷维扩展呢?

(v) 阐明通过类型 (3.70) 的适当导数构造在有限维和无限维空间中刻画多值映射的平静性和度量次正则性的可能性.

**练习 3.56** (多值映射的半度量正则性) 设 $F\colon X \rightrightarrows Y$ 是 Banach 空间之间的映射, $\Omega \subset X$, 且 $\bar{x} \in \Omega \cap \operatorname{dom} F$. 考虑集合

$$S := \big\{x \in \Omega \,\big|\, F(x) \cap F(\bar{x}) \neq \varnothing\big\}$$

并称 [512] $F$ 在 $\bar{x}$ 处相对于 $\Omega$ 是半度量正则的, 如果

$$\operatorname{dist}(x; S) \leqslant \mu\, \beta\big(F(\bar{x}), F(x)\big), \quad \forall x \in \Omega, \quad \|x - \bar{x}\| \leqslant \gamma, \tag{3.72}$$

其中 $\mu, \gamma > 0$, 且从 $\Theta_1$ 到 $\Theta_2$ 的 Hausdorff 半距离定义为

$$\beta(\Theta_1, \Theta_2) := \sup_{x \in \Theta_1} \inf_{u \in \Theta_2} \|x - u\|.$$

(i) 将此概念与度量次正则性及其在练习 3.51 的相应设置中定义的半局部版本进行比较.

(ii) 在有限维设置中, 假设存在 $\gamma, b > 0$ 使得对任意满足 $\|x - \bar{x}\| \leqslant \gamma$ 的 $x \in \Omega \setminus S$, 映射 $F$ 是外半连续的, 当 $z \in F(\bar{x})$ 时函数 $x \mapsto \operatorname{dist}(z; F(x))$ 是局部 Lipschitz 的, 且满足条件

$$\sup_{z \in F(\bar{x})} \inf \big\{\|u_1 + u_2\| \,\big|\, u_1 \in D^* F(x, y)(v), \ y \in \Pi\big(z; F(x)\big),$$

$$\langle v, y - z \rangle = \|y - z\|, \ \|v\| = 1, \ u_2 \in N(x; \Omega)\big\} \geqslant b,$$

则映射 $F$ 在 $\bar{x}$ 处相对于集合 $\Omega$ 是半度量正则的且我们有 (3.72) 中的模估计 $\mu \geqslant b^{-1}$.

(iii) 推导 (ii) 在 Asplund 空间情况中的扩展.

提示: 考虑 $(\Omega \setminus S) \cap B_\gamma(\bar{x})$ 上的函数 $\varphi_z(x) := \operatorname{dist}(z; F(x)) + \delta(x; \Omega)$, 利用距离函数在集合外点处的次微分和次微分和法则, 类似定理 3.3 证明中的步骤 2 进行; 将其与 [514, 定理 5.4] 在有限维中的证明进行比较.

**练习 3.57** (半度量正则性和映射相对于集合的覆盖性质之间的相互关系)  在练习 3.50 的设置中设 $\Omega(\cdot) \equiv \Omega$, 假设 $F$ 在 $\bar{x}$ 周围是局部 Lipschitz 的. 在 $X = I\!R^n$ 和 $Y = I\!R^m$ 的情形下验证以下断言 (i) 和 (ii):

(i) 如果 $F$ 相对于集合 $\Omega$ 的相对覆盖常数 $\kappa(F, \Omega, \bar{x}) > 0$, 则映射 $F$ 在 $\bar{x}$ 处相对于 $\Omega$ 是半度量正则的.

(ii) 如果 $F$ 在 $\bar{x}$ 处相对于 $\Omega$ 不是半度量正则的, 则存在元素 $\bar{y} \in F(\bar{x})$, $v \in I\!R^m$ 满足 $\|v\| = 1$, 以及 $u \in D^*F(\bar{x}, \bar{y})(v)$ 使得 $-u \in N(\bar{x}; \Omega)$.

(iii) 将 (i) 和 (ii) 的结果扩展到无限维空间 $X$ 和 $Y$.

提示: 利用练习 3.50、练习 3.56 的结果和上述无限维中适当的序列法紧性质下 Lipschitz 多值映射的上导数性质, 由定义展开. 将其与有限维空间情形下 [514, 推论 5.4.1] 的证明进行比较.

**练习 3.58** (多值映射的度量半正则性)  称 Banach 空间之间的集值映射 $F: X \rightrightarrows Y$ 在 $(\bar{x}, \bar{y}) \in \text{gph}\, F$ 处是度量半正则的且模 $\mu > 0$, 如果存在 $\bar{y}$ 的邻域 $V \subset Y$ 使得

$$\text{dist}\big(\bar{x}, F^{-1}(y)\big) \leqslant \mu\|y - \bar{y}\|, \quad \forall\, y \in V. \tag{3.73}$$

满足 (3.73) 的所有组合 $(\mu, V)$ 的 $\{\mu\}$ 的下确界称为 $F$ 在 $(\bar{x}, \bar{y})$ 处的确切半正则性界限, 并标记为 $\text{hemireg}\, F(\bar{x}, \bar{y})$. 此外, 称 $F$ 在 $(\bar{x}, \bar{y})$ 处是强度量半正则的且模 $\mu > 0$, 如果存在 $\bar{x}$ 的邻域 $U \subset X$ 和 $\bar{y}$ 的邻域 $V \subset Y$, 使得 (3.73) 成立并且 $F^{-1}$ 存在 $U \times V$ 上的单值局部化, 这意味着映射 $y \mapsto F^{-1}(y) \cap U$ 在 $V$ 上是单值.

(i) 证明线性有界算子 $A: X \to Y$ 在每个点 $\bar{x} \in X$ 是度量半正则的当且仅当它是满射. 在这种情况下我们有关系

$$\text{hemreg}\, A = \text{reg}\, A = \big\|(A^*)^{-1}\big\|,$$

其中 $\text{hemreg}\, A$ 表示 $A$ 在所有点 $\bar{x} \in X$ 处的公共确切半正则界限.

提示: 根据定义进行.

(ii) 证明 $F: X \rightrightarrows Y$ 在 $(\bar{x}, \bar{y})$ 处是强半正则的当且仅当逆映射 $F^{-1}: Y \rightrightarrows X$ 在 $(\bar{y}, \bar{x})$ 周围存在一个平静的单值局部化 $s(\cdot)$ 且相应的确切界限等式成立:

$$\text{hemreg}\, F(\bar{x}, \bar{y}) = \text{clm}\, s(\bar{y}).$$

提示: 根据定义进行并将其与 [23, 命题 5.8] 中证明作比较.

(iii) 给出一个函数 $f: I\!R^2 \to I\!R$ 的例子, 它在原点是度量半正则的, 而在这个点附近不是度量正则的.

**练习 3.59** (无穷维空间中的上导数和法则)  设 $F_i: X \rightrightarrows Y$, $i = 1, 2$ 是 Banach 空间之间的集值映射且 $(\bar{x}, \bar{y}) \in \text{gph}\,(F_1 + F_2)$.

(i) 假设映射 $F_1$ 在 $\bar{x}$ 处是单值且 Fréchet 可微的. 则对所有 $y^* \in Y^*$, 我们有等式

$$\widehat{D}^*(F_1 + F_2)(\bar{x}, \bar{y})(y^*) = \nabla F_1(\bar{x})^*y^* + \widehat{D}^*F_2\big(\bar{y} - F_1(\bar{x})\big)(y^*).$$

此外, 如果 $F_1$ 在 $\bar{x}$ 处是严格可导的, 则等式 (3.24) 对极限上导数 $D^* = D_N^*, D_M^*$ 同时成立.

提示: 为分别对 $\widehat{D}^*, D_N^*$ 和 $D_M^*$ 的情形验证上述分析法则中的包含关系 "$\subset$", 可使用相应定义仿照 [529, 定理 1.38] 的证明进行. 为验证其中的反向包含关系, 将已建立的关系 "$\subset$" 应用于和函数 $(F_1 + F_2) + (-F_1)$.

(ii) 设 $X$ 和 $Y$ 是 Asplund 空间而 $F_1, F_2$ 是任意 (闭图) 的多值映射. 在 (3.21) 中固定 $(\bar{y}_1, \bar{y}_2) \in S(\bar{x}, \bar{y})$ 并假设该映射在 $(\bar{x}, \bar{y}, \bar{y}_1, \bar{y}_2)$ 处是内半连续的, $F_1$ 在 $(\bar{x}, \bar{y}_1)$ 处 PSNC 或者 $F_2$ 在 $(\bar{x}, \bar{y}_2)$ 处 PSNC, 且混合上导数规范条件 $D^* = D_M^*$ 成立. 证明对上导数 $D^* = D_N^*, D_M^*$ 和法则 (3.23) 均成立. 验证上述所有假设均满足, 如果 $F_1$ 或 $F_2$ 之一在相应点 $(\bar{x}, \bar{y}_i)$ 处是类 Lipschitz 的, $i = 1, 2$.

提示: 类似于定理 3.9(i) 的证明, 使用练习 2.42(i) 的结果和后续 PSNC 条件下的极限过程. 然后对类 Lipschitz 多值映射使用 (3.61) 及练习 3.42(iii). 将其与 [529, 定理 3.8] 中证明作比较.

(iii) 阐述两个多值映射 $F_i$ 在 $(\bar{x}, \bar{y}_i)$ 处的 $N$-正则性 ($M$-正则性) 假设是否能确保等式以及 $F_1 + F_2$ 在 $(\bar{x}, \bar{y})$ 处的相应正则性质成立.

(iv) 得出定理 3.9(ii) 在无穷维情形的相应结果.

**练习 3.60** (上导数交法则) 设 $F_1, F_2 \colon X \rightrightarrows Y$ 是 Asplund 空间之间的集值映射, $(\bar{x}, \bar{y}) \in$ gph $F_1 \cap$ gph $F_2$ 且满足图法向规范条件

$$N\big((\bar{x}, \bar{y}); \text{gph}\, F_1\big) \cap \big[ - N\big((\bar{x}, \bar{y}); \text{gph}\, F_2\big) \big] = \{0\}.$$

假设映射 $F_i, i = 1, 2$ 之一在 $(\bar{x}, \bar{y})$ 处是 SNC 的. 则对所有 $y^* \in Y^*$, 我们有包含关系

$$D_N^*(F_1 \cap F_2)(\bar{x}, \bar{y})(y^*) \subset \bigcup_{y_1^* + y_2^* = y^*} \Big[ D_N^* F_1(\bar{x}, \bar{y})(y_1^*) + D_N^* F_2(\bar{x}, \bar{y})(y_2^*) \Big],$$

当 $F_i$ 在 $(\bar{x}, \bar{y})$ 处都是 $N$-正则时, 上式的等式成立.

提示: 将定理 2.16 中的法向交法则及练习 2.43(iv) 中的无穷维扩展应用于集合 $\Omega_i = $ gph $F_i, i = 1, 2$.

**练习 3.61** (无穷维空间中上导数的链式法则) 设 $G \colon X \rightrightarrows Y$ 和 $F \colon Y \rightrightarrows Z$ 是 Asplund 空间之间的 (闭图) 映射且 $\bar{z} \in (F \circ G)(\bar{x})$. 考虑 (3.25) 中定义的集值映射 $S \colon X \times Z \rightrightarrows Y$ 并验证下面链式法则结论:

(i) 给定 $\bar{y} \in S(\bar{x}, \bar{z})$, 假设 $S$ 在 $(\bar{x}, \bar{z}, \bar{y})$ 处是内半连续的, 且 $F$ 在 $(\bar{y}, \bar{z})$ 处 PSNC 或者 $G^{-1}$ 在 $(\bar{y}, \bar{x})$ 处 PSNC, 且

$$D_M^* F(\bar{y}, \bar{z})(0) \cap \big( - D_M^* G^{-1}(\bar{y}, \bar{x})(0) \big) = \{0\},$$

如果 $F$ 在 $(\bar{y}, \bar{z})$ 周围是类 Lipschitz 的或者 $G$ 在 $(\bar{x}, \bar{y})$ 周围是度量正则的, 那么上述假设均成立. 则对上导数 $D^* = D_N^*, D_M^*$, 我们有包含关系

$$D^*(F \circ G)(\bar{x}, \bar{z})(z^*) \subset D_N^* G(\bar{x}, \bar{y}) \circ D^* F(\bar{y}, \bar{z})(z^*), \quad z^* \in Z^*.$$

提示: 对 (3.29) 中映射 $\Phi \colon X \times Y \rightrightarrows Z$ 使用练习 3.59(ii) 中相应的上导数和法则. 由练习 3.42(iii)、练习 3.44(i) 和练习 3.37, 可知对上述类型的 $F$ 和 $G$ 施加的假设成立.

(ii) 推导得出定理 3.11(ii), (iii) 在 Asplund 空间中对应的等式和正则性陈述, 并与 [529, 定理 3.13(ii,iii)] 的结果和证明进行比较.

(iii) 给定 $\bar{y} \in S(\bar{x}, \bar{z})$, 假设 $S$ 在 $(\bar{x}, \bar{z}, \bar{y})$ 处是内半连续的且 $F$ 在 $(\bar{y}, \bar{z})$ 周围是类 Lipschitz 的. 验证

$$D_M^*(F \circ G)(\bar{x}, \bar{z})(0) \subset \big\{ x^* \in X^* \,\big|\, x^* \in D_M^* G(\bar{x}, \bar{y})(0) \big\}.$$

提示: 类似练习 3.59(ii) 中混合上导数和法则的证明, 利用练习 2.42(ii) 并将其应用于 (3.29) 中的 $\Phi$. 然后在取极限前使用类 Lipschitz 映射的上导数条件 (3.60); 有关更多详情, 参见 [529, 定理 3.14] 中证明.

**练习 3.62** (有限维和无穷维中的乘积法则)　设 $F(x) := F_1(x) \times F_2(x)$ 对所有 $x \in X$ 成立且 $F_i: X \rightrightarrows Y$, 并设 $\bar{y} := (\bar{y}_1, \bar{y}_2)$ 且 $\bar{y}_i \in F_i(\bar{x})$, $i = 1, 2$.

(i) 假设空间 $X$ 和 $Y$ 都是有限维的且规范条件 (3.22) 满足. 证明

$$D^*F(\bar{x}, \bar{y})(y^*) \subset D^*F_1(\bar{x}, \bar{y}_1)(y_1^*) + D^*F_2(\bar{x}, \bar{y}_2)(y_2^*), \quad \forall\, y^* = (y_1^*, y_2^*) \in Y^* \times Y^*,$$

其中当每个 $F_i$ 在 $(\bar{x}, \bar{y}_i)$ $(i = 1, 2)$ 处是图正则时, 有等式成立.

提示: 根据 [204, 命题 3.2] 的证明, 注意到 $\mathrm{gph}\, F = f^{-1}(\Theta)$ 对

$$f(x, y) := f_1(x, y) \times f_2(x, y), \quad \text{以及}\ \Theta := \mathrm{gph}\, F_1 \times \mathrm{gph}\, F_2$$

成立, 应用推论 3.13 中逆像的法向量表示即可证明.

(ii) 将 (i) 中结果推广到有限个多值映射的乘积的情形.

(iii) 推导得出 (i) 和 (ii) 在 $X$ 和 $Y$ 为 Asplund 空间情况下的对应结果.

**练习 3.63** (偏上导数)　考虑 Asplund 空间之间的映射 $F: X \times Y \rightrightarrows Z$ 且 $(\bar{x}, \bar{y}, \bar{z}) \in \mathrm{gph}\, F$. $F$ 在 $(\bar{x}, \bar{y}, \bar{z})$ 处关于 $x$ 的偏上导数 $D_x^* F(\bar{x}, \bar{y}, \bar{z})$ 就是 $F(\cdot, \bar{y})$ 在 $(\bar{x}, \bar{z})$ 处的上导数. 假设 $F$ 在 $(\bar{x}, \bar{y}, \bar{z})$ 处是 PSNC 的并且

$$(0, y^*) \in D_M^* F(\bar{x}, \bar{y}, \bar{z})(0) \Rightarrow y^* = 0,$$

当 $F$ 在 $(\bar{x}, \bar{y}, \bar{z})$ 周围是类 Lipschitz 时上面自动成立. 证明

$$D_x^* F(\bar{x}, \bar{y}, \bar{z})(z^*) \subset \mathrm{proj}_x D^* F(\bar{x}, \bar{y}, \bar{z})(z^*), \quad z^* \in Z^*,$$

对上导数 $D^* = D_N^*, D_M^*$ 均成立, 其中符号 "$\mathrm{proj}_x$" 代表集合 $D^* F(\bar{x}, \bar{y}, \bar{z})(z^*) \subset X^* \times Y^*$ 在 $X^*$ 上的投影. 此外, 证明如果 $F$ 在 $(\bar{x}, \bar{y}, \bar{z})$ 处是 $N$-正则 ($M$-正则) 的, 则该包含式的等号成立, 这确保了 $x \mapsto F(\bar{x}, \bar{y})$ 在 $(\bar{x}, \bar{z})$ 处的相应正则性质.

提示: 对复合 $F(\cdot, \bar{y}) = F \circ g$ 和 $g(x) := (x, \bar{y})$ 应用定理 3.11(iii) 以及练习 3.61(ii) 在 Asplund 空间的扩展.

**练习 3.64** (无穷维空间中逆像的基本法向量)　设 $\bar{x} \in G^{-1}(\Theta)$, 其中 $G: X \rightrightarrows Y$ 是 Asplund 空间之间的多值映射, 且 $\Theta$ 是 $Y$ 的非空子集. 假设集值映射 $x \mapsto G(x) \cap \Theta$ 在 $\bar{x}$ 处是内半连续的且对每个 $\bar{y} \in G(\bar{x}) \cap \Theta$ 下面结论成立:

(a) $G^{-1}$ 在 $(\bar{y}, \bar{x})$ 处 PSNC 或者 $\Theta$ 在 $\bar{y}$ 处 SNC.

(b) 序对 $\{G, \Theta\}$ 满足规范条件

$$N(\bar{y}; \Theta) \cap \ker \widetilde{D}_M^* G(\bar{x}, \bar{y}) = \{0\}.$$

证明在上述假设下, 我们有包含关系

$$N(\bar{x}; G^{-1}(\Theta)) \subset \cup \Big[ D_N^* G(\bar{x}, \bar{y})(y^*) \,\Big|\, y^* \in N(\bar{y}; \Theta),\ \bar{y} \in G(\bar{x}) \cap \Theta \Big],$$

当 $G = g$ 是单值且在 $\bar{x}$ 处严格可微, 且导算子 $\nabla g(\bar{x}): X \to Y$ 是满射或者 $\Theta$ 在 $\bar{x}$ 处是法向正则时, 上式等号成立. 证明在后一情形中, $g^{-1}(\Theta)$ 在 $\bar{x}$ 处是法向正则的.

提示: 类似推论 3.13 中的证明, 利用练习 3.61(ii) 的上导数链式法则和正则性结论.

**练习 3.65** (Asplund 空间中映射的特殊复合的上导数)  在 Asplund 空间设置下, 利用上述上导数分析法则, 推导出定理 3.14 和推论 3.15 的无穷维版本, 其证明方法与上述已有结论的证明相同.

提示: 将其与 [529, 定理 3.18 和推论 3.19] 作比较.

**练习 3.66** (求和运算下映射的 PSNC 和 SNC 性质)  设 $F_1, F_2$ 是 Asplund 空间 $X$ 和 $Y$ 之间的闭图集值映射且 $(\bar{x}, \bar{y}) \in \mathrm{gph}\,(F_1 + F_2)$. 假设 (3.21) 中定义的映射 $S \colon X \times Y \rightrightarrows Y^2$ 在 $(\bar{x}, \bar{y})$ 处是内半紧的. 证明以下陈述:

(i) 如果对任意 $(\bar{y}_1, \bar{y}_2) \in S(\bar{x}, \bar{y})$, 每个 $F_i$ 分别在 $(\bar{x}, \bar{y}_i)$ 处是 PSNC 的, 且混合规范条件 (3.82) 满足, 则 $F_1 + F_2$ 在 $(\bar{x}, \bar{y})$ 处是 PSNC 的.

(ii) 如果在 (i) 的设置中每个 $F_i$ 在 $(\bar{x}, \bar{y}_i)$ 处是 SNC 的且 (法向) 规范条件 (3.22) 对于 $D^* = D_N^*$ 满足, 则 $F_1 + F_2$ 在 $(\bar{x}, \bar{y})$ 处是 SNC 的.

提示: 对 (i) 和 (ii), 分别使用练习 2.42 和练习 2.43 中的法向交法则, 根据定义进行. 将其与 [529, 定理 3.88 和 3.90] 中基于极点原理的证明作比较.

**练习 3.67** (Asplund 中集值映射下集合逆像的 SNC 性质)  考虑 $\Theta \subset Y$ 在 Asplund 空间中映射 $G \colon X \rightrightarrows Y$ 下的逆像 $G^{-1}(\Theta)$, 我们需要对 $G$ 和 $\Theta$ 施加哪种 SNC/PSNC 要求, 以确保在适当的 (3.32) 型规范条件下 $G^{-1}(\Theta)$ 在 $\bar{x}$ 处具有 SNC 性质?

提示: 应用练习 2.42 中所述结果, 并与 [529, 定理 3.84] 进行比较.

**练习 3.68** (复合运算下映射的 PSNC 和 SNC 性质)  考虑 Asplund 空间之间的集值映射 $G \colon X \rightrightarrows Y$ 和 $F \colon Y \rightrightarrows Z$ 的复合 $F \circ G$. 假设 $\bar{z} \in (F \circ G)(\bar{x})$ 且 (3.25) 中映射 $S$ 在 $(\bar{x}, \bar{z})$ 处是内半紧的. 证明下面论述:

(i) 如果对所有 $\bar{y} \in S(\bar{x}, \bar{z})$, $G$ 和 $F$ 分别在 $(\bar{x}, \bar{y})$ 和 $(\bar{y}, \bar{z})$ 处是 PSNC 的, 且满足规范条件

$$D_M^* F(\bar{y}, \bar{z})(0) \cap \ker D_N^* G(\bar{x}, \bar{y}) = \{0\},$$

则复合 $F \circ G$ 在 $(\bar{x}, \bar{z})$ 处是 PSNC 的.

(ii) 如果对所有 $\bar{y} \in S(\bar{x}, \bar{z})$, $G$ 和 $F$ 分别在 $(\bar{x}, \bar{y})$ 和 $(\bar{y}, \bar{z})$ 处是 SNC 的, 且对 $D^* = D_N^*$ 满足法向规范条件 (3.26), 则复合 $F \circ G$ 在 $(\bar{x}, \bar{z})$ 处是 SNC 的.

提示: 分别对集合 $\Omega_1 := \mathrm{gph}\,G \times Z$ 和 $\Omega_2 := X \times \mathrm{gph}\,F$ 应用练习 2.42 和练习 2.43 中的交法则. 将其与 [529, 定理 3.95 和 3.98] 作比较.

**练习 3.69** (两个空间的乘积中集合的 PSNC 性质)  给定 Banach 乘积空间中的集合 $\Omega \subset X \times Y$, 我们称它在 $(\bar{x}, \bar{y}) \in X \times Y$ 处关于 $X$ 是 PSNC 的, 如果对任意序列 $\varepsilon_k \downarrow 0$, $(x_k, y_k) \xrightarrow{\Omega} (\bar{x}, \bar{y})$ 和 $(x_k^*, y_k^*) \in \widehat{N}_{\varepsilon_k}((x_k, y_k); \Omega)$, 我们有蕴含关系

$$[\|y_k^*\| \to 0,\ x_k^* \xrightarrow{w^*} 0] \Rightarrow \|x_k^*\| \to 0, \quad k \to \infty.$$

(i) 证明如果 $X, Y$ 两个空间都是 Asplund 的, 则可以等价地令 $\varepsilon_k \equiv 0$.

提示: 使用练习 1.42.

(ii) 对使得 $\Omega_1$ 在 $(\bar{x}, \bar{y}) \subset \Omega_1 \times \Omega_2$ 处关于 $X$ 是 SNC 的且 $\Omega_2$ 在 $(\bar{x}, \bar{y})$ 处关于 $X$ 是 PSNC 的任意 (局部闭) 集 $\Omega_1, \Omega_2 \subset X \times Y$, 如果

$$N((\bar{x}, \bar{y}); \Omega_1) \cap (-N((\bar{x}, \bar{y}); \Omega_2))$$

在 Asplund 空间设置下证明我们有 $\Omega_1 \cap \Omega_2$ 在 $(\bar{x}, \bar{y})$ 处关于 $X$ 的 PSNC 性质.

提示: 基于极点原理简化 [529, 定理 3.79] 的证明.

**练习 3.70** (各类运算下类 Lipschitz 性质的保持)　对于 Asplund 空间之间的集值映射, 在以下运算下, 推导出确保类 Lipschitz 性质及其确切界限关系能够保持的条件:

(i) 对 $G\colon X \rightrightarrows Y$ 和 $F\colon Y \rightrightarrows Z$ 的复合运算 $F \circ G$.

提示: 利用类 Lipschitz 性质的上导数准则和上导数链式法则, 以及相应的 PSNC 分析法则; 参见 [529, 定理 4.14].

(ii) 对映射 $F_1, F_2\colon X \rightrightarrows Y$ 的求和运算.

提示: 利用类 Lipschitz 性质的上导数准则和混合上导数的和法则以及上述相应 PSNC 分析法则; 参见 [529, 定理 4.16].

**练习 3.71** (复合运算下的度量正则性和覆盖性质)

(i) 在练习 3.70(i) 的框架下, 推出可以保持度量正则性和覆盖性质及其确切界限关系的条件.

提示: 对复合映射 $(F \circ G)^{-1} = G^{-1} \circ F^{-1}$ 应用练习 3.70(i).

(ii) 我们能以同样的方式处理 $F_1 + F_2$ 吗?

**练习 3.72** (一般参数约束系统的上导数)　考虑 (3.37) 形式的 PCS, 其中 $g\colon X \times Y \to Z$ 是 Banach 空间中在 $(\bar{x}, \bar{y}) \in \mathrm{gph}\, F$ 处严格可微且具有满射导数 $\nabla g(\bar{x}, \bar{y})$ 的映射. 记 $\bar{z} := g(\bar{x}, \bar{y}) \in \Theta$, 证明:

(i) $F$ 的基本上导数计算如下

$$D_N^* F(\bar{x}, \bar{y})(y^*) = \{x^* \in X^* \mid (x^*, -y^*) \in \nabla g(\bar{x}, \bar{y})^* N(\bar{z}; \Theta)\}, \tag{3.74}$$

其中, 如果 $\dim Z < \infty$ (如果 $\dim Y < \infty$ 显然成立), 那么上述表示对混合上导数 $D_M^* F(\bar{x}, \bar{y})$ 同样成立.

提示: 使用练习 1.54(ii) 中逆像的法锥公式并与 [529, 定理 4.31(i)] 进行比较.

(ii) 如果除 $\dim X < \infty$ 的平凡情形外, $\Theta$ 在 $\bar{z}$ 处是 $N(\bar{z}; \Theta) = N_{\|\cdot\|}(\bar{z}; \Theta)$ 意义下的对偶范数稳定的, 其中

$$N_{\|\cdot\|}(\bar{z}; \Theta) := \left\{z^* \in X^* \mid \exists \varepsilon_k \downarrow 0, z_k \xrightarrow{\Theta} \bar{z}, z_k^* \xrightarrow{\|\cdot\|} z^* \text{ 使得 } z_k^* \in \widehat{N}_{\varepsilon_k}(z_k; \Theta), k \to \infty\right\},$$

则公式 (3.74) 同样可用于计算混合上导数 $\widetilde{D}_M^* F(\bar{x}, \bar{y})$. 注意, 除了 $\dim Z < \infty$ 的显然情形外, 每个在 $\bar{z}$ 处法向正则的集合 $\Theta$ 在该点处都是对偶范数稳定的.

提示: 与 [280, 定理 3.2] 进行比较.

(iii) 假设 $\Theta$ 在 $\bar{z}$ 处是法向正则的, 且它在 $\bar{z}$ 处 SNC, 或者 $g^{-1}$ 在 $(\bar{z}, \bar{x}, \bar{y})$ 处 PSNC. 在 $X, Y$ 和 $Z$ 为 Asplund 空间的情形下, 推导出公式 (3.74) 对考虑的所有三个上导数的对应结果, 其中满射条件 $\nabla g(\bar{x}, \bar{y})$ 替换为约束条件

$$N(\bar{z}; \Theta) \cap \ker \nabla g(\bar{x}, \bar{y})^* = \{0\}. \tag{3.75}$$

提示: 使用练习 3.64 中逆像的基本法向量表示以及练习 3.68 中复合运算下 SNC/PSNC 的保持法则并与 [529, 定理 4.31(ii)] 和 [280, 定理 3.2(ii)] 进行比较.

**练习 3.73** (非线性规划中约束系统的上导数)　非线性规划中的参数约束系统定义如下

$$F(x) := \{y \in Y \mid \varphi_i(x, y) \leqslant 0, i = 1, \cdots, m; \varphi_i(x, y) = 0, i = m+1, \cdots, m+r\},$$

其中所有函数 $\varphi_i, i = 1, \cdots, m+r$ 在可行点 $(\bar{x}, \bar{y}) \in \mathrm{gph}\, F$ 处是严格可微的. 用

$$I(\bar{x}, \bar{y}) := \{i \in \{1, \cdots, m\} \mid \varphi_i(\bar{x}, \bar{y}) = 0\}$$

表示活跃约束指标集, 验证 $F$ 在 $(\bar{x}, \bar{y})$ 处的三个上导数 $D^* = D_N^*, D_M^*, \widetilde{D}_M^*$ 在下列每一种情况下有表示式

$$D^* F(\bar{x}, \bar{y})(y^*) = \Big\{ x^* \in X^* \Big| (x^*, -y^*) \in \sum_{i \in I(\bar{x}, \bar{y})} \lambda_i \nabla \varphi_i(\bar{x}, \bar{y}),$$

$$\lambda_i \geqslant 0, \ i \in \{1, \cdots, m\} \cap I(\bar{x}, \bar{y}) \Big\}$$

且 $y^* = (\lambda_1, \cdots, \lambda_{m+r}) \in I\!\!R^{m+r}$:

(i) $X$ 和 $Y$ 都是 Banach 空间且线性独立约束条件 (LICQ) 在 $(\bar{x}, \bar{y})$ 处成立, 即, 活跃约束梯度 $\nabla \varphi_i(\bar{x}, \bar{y}), i \in I(\bar{x}, \bar{y})$ 在 $X^* \times Y^*$ 中是线性独立的.

(ii) $X$ 和 $Y$ 都是 Asplund 空间且练习 2.53 中关于 $(x, y)$ 的 MFCQ 条件在 $(\bar{x}, \bar{y})$ 处成立.

提示: 分别从练习 3.72(i,ii) 推导得出.

**练习 3.74** (不可微规划中约束系统的上导数) 设 $F$ 和 $I(\bar{x}, \bar{y})$ 且 $(\bar{x}, \bar{y}) \in \mathrm{gph}\, F$ 如练习 3.73 中所定义, 设 $X$ 和 $Y$ 是 Asplund 空间. 假设所有函数 $\varphi_i, i = 1, \cdots, m + r$ 在 $(\bar{x}, \bar{y})$ 周围是局部 Lipschitz 的, 并且

$$\Big[ \sum_{i \in I(\bar{x}, \bar{y})} \lambda_i (x_i^*, y_i^*) = 0 \Big] \Rightarrow \Big[ \lambda_i = 0, \ i \in I(\bar{x}, \bar{y}) \Big],$$

其中对 $i \in I(\bar{x}, \bar{y})$ 有 $\lambda_i \geqslant 0$, 对 $i \in \{1, \cdots, m\} \cap I(\bar{x}, \bar{y})$ 有 $(x_i^*, y_i^*) \in \partial \varphi_i(\bar{x}, \bar{y})$, 且对 $i = m+1, \cdots, m+r$ 有 $(x_i^*, y_i^*) \in \partial \varphi_i(\bar{x}, \bar{y}) \cup \partial(-\varphi_i)(\bar{x}, \bar{y})$. 则我们有

$$D_N^* F(\bar{x}, \bar{y})(y^*) \subset \Big\{ x^* \in X^* \Big| (x^*, -y^*) \in \sum_{i \in \{1, \cdots, m\} \cap I(\bar{x}, \bar{y})} \lambda_i \partial \varphi_i(\bar{x}, \bar{y})$$

$$+ \sum_{i=m+1}^{m+r} \lambda_i \Big( \partial \varphi_i(\bar{x}, \bar{y}) \cup \partial(-\varphi_i)(\bar{x}, \bar{y}) \Big), \ \lambda_i \geqslant 0, \ \text{当} \ i \in I(\bar{x}, \bar{y}) \Big\}.$$

提示: 根据练习 3.64 进行推导, 其中 $\Theta \subset I\!\!R^{m+r}$ 和 $G: X \to I\!\!R^{m+r}$ 由所考虑的约束系统明确定义, 并利用 Lipschitz 函数的次微分和规则; 将其与 [529, 推论 4.36] 作比较.

**练习 3.75** (隐式多值映射的上导数) 考虑如下定义的隐式多值映射

$$F(x) := \big\{ y \in Y \big| g(x, y) = 0 \big\},$$

其中 $g: X \times Y \to Z$ 是 Banach 空间之间在某个点 $(\bar{x}, \bar{y})$ 处满足 $g(\bar{x}, \bar{y}) = 0$ 且严格可微的映射, 导数为 $\nabla g(\bar{x}, \bar{y})$. 验证上导数表示

$$\widetilde{D}_M^* F(\bar{x}, \bar{y})(y^*) = D_N^* F(\bar{x}, \bar{y})(y^*) = \big\{ x^* \in X^* \big| (x^*, -y^*) \in \nabla g(\bar{x}, \bar{y})^* Z^* \big\}.$$

并证明只要 $Y$ 或 $Z$ 是有限维的, 对于 $D_M^* F(\bar{x}, \bar{y})$ 也有相同的表示.

提示: 在练习 3.72 令 $\Theta = \{0\}$ 进行推导.

**练习 3.76** (参数变分系统的上导数) 考虑命题 3.16 中 PVS (3.34) 的设置, 并证明其结果在有限和无限维度上的以下扩展:

(i) 如果映射 $f: I\!\!R^n \to I\!\!R^m$ 在 $(\bar{x}, \bar{y})$ 处仅是严格可微的且 $\nabla_x f(\bar{x}, \bar{y})$ 满秩, 那么公式 (3.38) 和 (3.39) 成立.

(ii) 设 $f\colon X \to Y$ 是任意 Banach 空间之间在 $(\bar{x}, \bar{y})$ 处严格可微的映射且具有满射导数 $\nabla_x f(\bar{x}, \bar{y})$. 则 PVS 的逆混合上导数计算如下

$$\widetilde{D}_M^* S(\bar{x}, \bar{y})(y^*) = \Big\{ x^* \in X^* \Big| \exists z^* \in Z^* \ \text{使得} \ x^* = \nabla_x f(\bar{x}, \bar{y})^* z^*,$$
$$- y^* \in \nabla_y f(\bar{x}, \bar{y})^* z^* + D_M^* Q(\bar{y}, \bar{z})(z^*) \Big\}.$$

此外, 我们有以下关系

$$\ker \widetilde{D}_M^* S(\bar{x}, \bar{y}) = -D_M^* Q(\bar{y}, \bar{z})(0).$$

提示: 类似命题 3.16 的证明, 如果 $\dim X < \infty$ 或者集合 $\Theta = \mathrm{gph}\, Q$ 在 $(\bar{z}, \bar{y})$ 处是对偶范数稳定的, 那么两个论断均可由练习 3.72(ii) 推导得出. 为了避免这些假设, 可以使用 [529, 引理 1.16] 进行更精细的分析, 并与 [280, 定理 4.1] 进行比较.

**练习 3.77** (光滑函数的二阶次微分)

(i) 证明对 $u \in X^{**}$ 表示式 (3.43) 在任意 Banach 空间 $X$ 中成立, 如果 $\varphi$ 在 $\bar{x}$ 周围是连续可微的且其导数映射 $x \mapsto \nabla \varphi(x)$ 在该点处是严格可微的.

(ii) 对于以下分别定义的 $\varphi$ 在 $\bar{x}$ 处相对于 $\bar{x}^* \in \partial \varphi(\bar{x})$ 的基本 (混合) 二阶次微分,

$$\partial_N^2 \varphi(\bar{x}, \bar{x}^*)(u) := \left( D_N^* \partial \varphi \right)(\bar{x}, \bar{x}^*)(u), \quad u \in X^{**}, \tag{3.76}$$

$$\partial_M^2 \varphi(\bar{x}, \bar{x}^*)(u) := \left( D_M^* \partial \varphi \right)(\bar{x}, \bar{x}^*)(u), \quad u \in X^{**}. \tag{3.77}$$

验证 (i) 的结果是否成立.

**练习 3.78** (二阶次微分链式法则)

(i) 在命题 3.18 的假设下, 证明二阶次微分链式法则 (3.47).

(ii) 如果 $g$ 在 $\bar{x}$ 周围是 $\mathcal{C}^2$-光滑的且具有满射导数, 证明由 (3.77) 表示的 (3.47) 的混合二阶次微分对应结果在任意 Banach 空间中的有效性:

$$\partial_M^2 (\psi \circ g)(\bar{y}, \bar{q})(u) = \nabla^2 \langle \bar{v}, g \rangle(\bar{y})^* u + \nabla g(\bar{y})^* \partial_M^2 \psi(\bar{w}, \bar{v})\big( \nabla g(\bar{y})^{**} u \big), \quad u \in X^{**}.$$

(iii) 在什么条件下二阶链式法则适用于正常的二阶次微分 (3.76)?

提示: 与 [529, 定理 1.127] 的证明进行比较, 在有限维空间中将其简化.

**练习 3.79** (具有复合势次微分 PVS 的逆混合上导数)　考虑在任意 Banach 空间 $X$, $Y$ 和 $W$ 之间由映射 $f\colon X \times Y \to Y^*$, $g\colon Y \to W$ 和 $\varphi\colon W \to \overline{I\!\!R}$ 定义的形如 (3.41) 的参数变分系统 $S\colon X \rightrightarrows Y$. 假设 $f$ 在 $(\bar{x}, \bar{y})$ 处严格可微且具有满射偏导数 $\nabla_x f(\bar{x}, \bar{y})$, $g$ 在 $\bar{y}$ 周围是 $\mathcal{C}^2$-光滑的且具有满射导数 $\nabla g(\bar{y})$. 设 $\bar{v} \in W^*$ 由 (3.44) 唯一确定且 $\bar{q} := -f(\bar{x}, \bar{y}) \in \partial(\psi \circ g)(\bar{y})$. 证明 $S$ 在 $(\bar{x}, \bar{y})$ 处的逆混合上导数计算如下

$$\widetilde{D}_M^* S(\bar{x}, \bar{y})(y^*) = \Big\{ x^* \in X^* \Big| \exists u \in Y^{**} \ \text{使得} \ x^* = \nabla_x f(\bar{x}, \bar{y})^* u,$$
$$- y^* \in \nabla_y f(\bar{x}, \bar{y})^* u + \nabla^2 \langle \bar{v}, g \rangle(\bar{y})^* u + \nabla g(\bar{y})^* \partial_M^2 \psi(\bar{w}, \bar{v})\big( \nabla g(\bar{y})^{**} u \big) \Big\},$$

此外, 我们有关系

$$\ker \widetilde{D}_M^* S(\bar{x}, \bar{y}) = -\nabla g(\bar{y})^* \partial_M^2 \psi(\bar{w}, \bar{v})(0).$$

提示: 类似命题 3.18 的证明, 使用练习 3.78(ii) 中的二阶链式法则.

**练习 3.80** (具有复合域次微分 PVS 的逆混合上导数) 在命题 3.19 的设置下, 考虑 Banach 空间之间的映射 $g: Y \to W$, $f: X \times Y \to W^*$ 和 $\psi: W \to \overline{I\!R}$. 假设偏导数 $\nabla_x f(\bar{x}, \bar{y})$ 是满射.

(i) 假设 $\nabla g(\bar{y})$ 是满射, 证明

$$\widetilde{D}_M^* S(\bar{x}, \bar{y})(y^*) = \left\{ x^* \in X^* \,\middle|\, \exists u \in W^{**} \;\; \text{使得} \; x^* = \nabla_x f(\bar{x}, \bar{y})^* u, \right.$$
$$\left. -y^* \in \nabla_y f(\bar{x}, \bar{y})^* u + \nabla g(\bar{y})^* \partial_M^2 \psi(\bar{w}, \bar{q})(u) \right\}$$

对所有 $y^* \in Y^*$ 成立, 此外有关系

$$\ker \widetilde{D}_M^* S(\bar{x}, \bar{y}) = -\nabla g(\bar{y})^* \partial_M^2 \varphi(\bar{w}, \bar{q})(0).$$

(ii) 设空间 $X$, $Y$ 及 $W$ 和 $W^*$ 都是 Asplund 的. 假设次梯度映射 $\partial \psi: W \rightrightarrows W^*$ 在 $(\bar{w}, \bar{q})$ 周围是闭图的, 在该点处是 PSNC 的, 并且满足以下二阶规范条件:

$$\partial_M^2 \psi(\bar{w}, \bar{q})(0) \cap \ker \nabla g(\bar{y})^* = \{0\}.$$

证明对 (i) 中给出的两个公式, 包含关系 "⊂" 成立.

提示: 将练习 3.76(ii) 的结果与 [529, 定理 3.16] 中的上导数链式法则包含形式相结合.

**练习 3.81** (一般 PCS 的度量正则性) 对形如 (3.37) 的参数约束系统 $F$, 设 $(\bar{x}, \bar{y}) \in \mathrm{gph}\, F$, 其中 $g: X \times Y \to Z$ 是 Banach 空间之间在 $(\bar{x}, \bar{y})$ 处严格可微的映射且 $\bar{z} := g(\bar{x}, \bar{y}) \in \Theta$.

(i) 假设导算子 $\nabla g(\bar{x}, \bar{y})$ 是满射, 并且 $\Theta$ 在 $\bar{z}$ 处是对偶范数稳定的, 或者 $\dim X < \infty$. 证明条件

$$(0, y^*) \in \nabla g(\bar{x}, \bar{y})^* N(\bar{z}; \Theta) \Rightarrow y^* = 0 \tag{3.78}$$

对于 $F$ 在 $(\bar{x}, \bar{y})$ 周围的度量正则性是必要的, 而且如果 $Y$ 是 Asplund 空间且 $\Theta$ 在 $\bar{z}$ 处 SNC, 或者 $\dim Y < \infty$, 那么其对于该性质还是充分的. 后一情形我们有确切界限公式

$$\mathrm{reg}\, F(\bar{x}, \bar{y}) = \sup \left\{ \|y^*\| \,\middle|\, (x^*, -y^*) \in \nabla g(\bar{x}, \bar{y})^* N(\bar{z}; \Theta), \;\; \|x^*\| \leqslant 1 \right\}. \tag{3.79}$$

(ii) 假设空间 $X$, $Y$ 和 $Z$ 都是 Asplund 的, 约束规范条件 (3.75) 满足, 且 $\Theta$ 在 $\bar{z}$ 处是 SNC 的. 则条件 (3.78) 对于 $F$ 在 $(\bar{x}, \bar{y})$ 周围的度量正则性是充分的, 而且如果 $\Theta$ 在 $\bar{z}$ 处是法向正则的, 那么其对于该性质还是必要的. 此外, 如果 $\dim Y < \infty$, 我们有 (3.79).

提示: 将练习 3.48 和练习 3.72 的结果相结合.

**练习 3.82** (非线性规划中约束系统的度量正则性) 在练习 3.73(ii) 的设置中, 证明以下蕴含关系

$$\left[ \sum_{i \in I(\bar{x}, \bar{y})} \lambda_i \nabla_x \varphi_i(\bar{x}, \bar{y}) = 0 \right] \Rightarrow \left[ \sum_{i \in I(\bar{x}, \bar{y})} \lambda_i \nabla_y \varphi_i(\bar{x}, \bar{y}) = 0 \right]$$

(其中当 $i \in \{1, \cdots, m\} \cap I(\bar{x}, \bar{y})$ 时, $\lambda_i \geqslant 0$, 否则 $\lambda_i \in I\!R$) 对于 $F$ 在 $(\bar{x}, \bar{y})$ 周围的度量正则性而言是必要且充分的. 此外, 确切界限公式

$$\mathrm{reg}\, F(\bar{x}, \bar{y}) = \max \left\{ \left\| \sum_{i \in I(\bar{x}, \bar{y})} \lambda_i \nabla_y \varphi_i(\bar{x}, \bar{y}) \right\| \; \text{满足} \; \left\| \sum_{i \in I(\bar{x}, \bar{y})} \lambda_i \nabla_x \varphi_i(\bar{x}, \bar{y}) \right\| \leqslant 1 \right\}$$

成立, 其中 $\lambda_i$ 满足上述符号和互补松弛条件.

提示: 将练习 3.48 和练习 3.73(ii) 中结果相结合. 验证由所施加的 Mangasarian-Fromovitz 约束条件可知, 确切界限公式中的最大值能够达到; 参见 [529, 推论 4.39] 中证明.

**练习 3.83** (隐式多值映射的度量正则性)  考虑练习 3.75 的设置中的隐式多值映射 $F$, 证明如果 $X$ 是 Asplund 空间, $Y$ 是 Asplund 空间且 $\dim Z < \infty$ 或者 $\dim Y < \infty$, 那么条件

$$\left[\nabla_x g(\bar{x},\bar{y})^* z^* = 0\right] \Rightarrow \left[\nabla_y g(\bar{x},\bar{y})^* z^* = 0\right], \quad \text{其中 } z^* \in Z^*$$

对于 $F$ 在 $(\bar{x},\bar{y})$ 周围的度量正则性是充分且必要的. 验证在后一情形况下我们有确切界限公式

$$\operatorname{reg} F(\bar{x},\bar{y}) = \max\left\{\left\|\nabla_y g(\bar{x},\bar{y})^* z^*\right\| \,\Big|\, \left\|\nabla_x g(\bar{x},\bar{y})^* z^*\right\| \leqslant 1,\ z^* \in Z^*\right\}.$$

提示: 将练习 3.48 和练习 3.75 中结果相结合.

**练习 3.84** (Asplund 空间中一般 PVS 的度量正则性)  考虑一般形式的 PVS (3.34), 其中 $f: X \times Y \rightrightarrows Z$ 是在 $(\bar{x},\bar{y}) \in \operatorname{gph} S$ 处严格可微的映射且具有满射偏导数 $\nabla_x f(\bar{x},\bar{y})$, $Q: Y \rightrightarrows Z$ 在 $(\bar{y},\bar{z})$ 周围是闭图的且 $\bar{z} := -f(\bar{x},\bar{y})$. 假设 $X$ 和 $Y$ 都是 Asplund 空间而 $Z$ 是任意的 Banach 空间.

(i) 证明 $S$ 在 $(\bar{x},\bar{y})$ 周围是度量正则的, 当且仅当 $Q$ 在 $(\bar{y},\bar{z})$ 处是 PSNC 的且条件 (3.54) 对于 $D^* = D_M^*$ 成立, 从而 $S$ 在 $(\bar{x},\bar{y})$ 周围的度量正则性等价于 $Q$ 在 $(\bar{y},\bar{z})$ 周围的类 Lipschitz 性质.

(ii) 验证确切界限公式 (3.55), 如果 $\dim Y < \infty$ 且 $Q$ 在 $(\bar{y},\bar{z})$ 处是上导数正规的, 那么其中的 "max" 可替换为 "sup".

(iii) 寻找使得 $\operatorname{reg} S(\bar{x},\bar{y})$ 的确切界限公式中的最大值能够达到的充分条件.

提示: 使用练习 3.48 中的度量正则性上导数准则在 Asplund 空间中的扩展和练习 3.76 中逆混合上导数的计算, 以及 $Q$ 在 $(\bar{y},\bar{z})$ 周围与 $S^{-1}$ 在 $(\bar{y},\bar{x})$ 的 PSNC 性质之间的等价关系. 将其与 [280, 定理 5.6] 进行比较.

**练习 3.85** (Banach 空间中 PVS 的度量正则性与次正则性)  在任意 Banach 空间 $X$ 和 $Y$ 的情况下考虑练习 3.84 中的 PVS 设置, 设 $\nabla_x f(\bar{x},\bar{y})$ 是满射.

(i) 验证 $S$ 在 $(\bar{x},\bar{y})$ 周围的度量正则性与 $Q$ 在 $(\bar{y},\bar{z})$ 周围的类 Lipschitz 性质之间的等价关系.

(ii) 证明等价关系对于 $S$ 在 $(\bar{x},\bar{y})$ 处的度量次正则性与 $Q$ 在 $(\bar{y},\bar{z})$ 处的平静性性质成立.

提示: 为验证 (i) 和 (ii), 类似推论 3.8 的替代证明, 使用 Lyusternik-Graves 迭代过程; 参见 [22, 定理 3.3].

**练习 3.86** (无穷维空间中具有复合势 PVS 的度量正则性)  基于练习 3.84(i) 中一般 PVS 的度量正则性的刻画和练习 3.78(ii) 中的二阶次微分链式法则, 推导得出推论 3.21 在无穷维情形的对应结果.

提示: 使用练习 3.78(ii) 中的二阶次微分链式法则, 验证 $Q = \partial(\psi \circ g)$ 在 $(\bar{y},\bar{q})$ 处的 PSNC 性质等价于 $\partial\psi$ 在 $(\bar{w},\bar{v})$ 周围的 PSNC 性质.

**练习 3.87** (无穷维空间中具有复合域 PVS 的度量正则性)  考虑练习 3.80(i) 中的设置, 此外假设 $X$ 和 $Y$ 是 Asplund 空间且 $\partial\psi: W \rightrightarrows W^*$ 的图在 $(\bar{w},\bar{q})$ 周围是闭的. 证明 (3.48) 中的 $S$ 在 $(\bar{x},\bar{y})$ 周围是度量正则的, 当且仅当次微分映射 $\partial\psi$ 在 $(\bar{w},\bar{q})$ 周围是类 Lipschitz 的.

提示: 验证在 $\nabla g(\bar{y})$ 的满射假设下, $\partial \psi \circ g$ 在 $(\bar{y}, \bar{w})$ 处的 PSNC 性质等价于 $\partial \psi$ 在 $(\bar{w}, \bar{q})$ 处的 PSNC 性质. 然后使用练习 3.48(i) 中的上导数准则以及练习 3.80 中给出的 $\ker \widetilde{D}_M^* S(\bar{x}, \bar{y})$ 的表述.

**练习 3.88** (顺从函数的一些性质) 设 $\varphi: I\!\!R^n \to \overline{I\!\!R}$ 且 $\bar{x} \in \operatorname{dom} \varphi$. 证明以下结论成立:

(i) 如果 $\varphi$ 在 $\bar{x}$ 处是顺从或者强顺从的, 它在该点周围也具有相应性质.

(ii) 如果 $\varphi$ 在 $\bar{x}$ 处是顺从的, 它在该点处是次可微正则的.

(iii) 有限多个函数 $\varphi_i \in \mathcal{C}^1$ 的极大值函数在相应点处是顺从的.

提示: 参见 [686, 10F 节].

**练习 3.89** (对于无穷维空间中具有单调域的 PVS 度量正则性失效)

(i) 基于定理 3.25 的证明和练习 3.84(i) 与练习 3.85(i) 的结论, 证明定理 3.25 的结果分别对 Asplund 和 Banach 空间中的 PVS 成立.

(ii) 举例说明定理 3.25 的非鲁棒对应结果对练习 3.51 中 PVS 的度量次正则性不成立, 即使对于一维单调映射 $Q: I\!\!R \rightrightarrows I\!\!R$ 也不行.

**练习 3.90** (Gâteaux 可微性) 设 $\varphi: I\!\!R^n \to \overline{I\!\!R}$ 在 $\bar{x}$ 处取有限值.

(i) $\varphi$ 在 $\bar{x}$ 处的 Gâteaux 可微性蕴含其在 $\bar{x}$ 处的连续性吗?

(ii) 证明如果 $\varphi$ 在 $\bar{x}$ 周围是局部 Lipschitz 连续的, 那么 $\varphi$ 在 $\bar{x} \in \operatorname{int}(\operatorname{dom} \varphi)$ 处的 Gâteaux 可微性等价于在该点处的 Fréchet 可微性.

提示: 将其与 [544, 命题 3.2] 中证明进行比较.

(iii) (ii) 的结论在无穷维空间中成立吗?

(iv) 在 $\varphi$ 的凸性假设下, 证明 $\varphi$ 在 $\bar{x} \in \operatorname{int}(\operatorname{dom} \varphi)$ 处的 Gâteaux 可微性等价于它在 $\bar{x}$ 处的 Fréchet 可微性, 当且仅当次微分 $\partial \varphi(\bar{x})$ 是单点集.

提示: 将其与 [544, 定理 3.3] 进行比较.

**练习 3.91** (有限维与无穷维中具有凸次微分域的 PVS 的度量正则性与次正则性)

(i) 基于推论 3.26 的证明和练习 3.84(i) 与练习 3.85(i) 的结果, 将对具有凸势但非 Gâteaux 可微的次微分 PVS 度量正则性失效这一所得结果分别扩展到 Asplund 和 Banach 空间的情形.

(ii) 举例说明如果将度量正则性替换为度量次正则性, 那么推论 3.26 的结果不成立.

提示: 设 $f(x, y) := x$ 且域 $Q: I\!\!R \rightrightarrows I\!\!R$

$$
Q(y) := \begin{cases}
[2^{-(k+1)}, 2^{-k}], & y = 2^{-(k/3)}, \\
2^{-(k+1)}, & y \in \left(2^{(-(k+1)/3)}, 2^{-(k/3)}\right), \\
0, & y = 0, \\
[-2^{-k}, -2^{-(k+1)}], & y = -2^{-(k/3)}, \\
-2^{-(k+1)}, & y \in \left(-2^{-(k/3)}, -2^{(-(k+1)/3)}\right)
\end{cases}
$$

如图 3.3 所示. 验证 PVS (3.34) 在 $(0,0)$ 周围不是度量正则的, 但对任意 $q \in (0,2]$, 它在该点处是强 $q$-次正则的; 将其与 [571] 进行比较, 有关更多讨论请参见 3.5 节以及第 5 章.

**练习 3.92** (连续正则函数类) 证明以下函数类 $\varphi: I\!\!R^n \to \overline{I\!\!R}$ 是连续邻近正则的.

(i) 如果 $\varphi$ 是 l.s.c. 且凸的, 那么该性质在任意 $\bar{x} \in \operatorname{dom} \varphi$ 处成立.

(ii) 如果 $\varphi$ 在 $\bar{x}$ 处是强顺从的, 那么该性质在 $\bar{x}$ 的一个邻域上成立.

(iii) 设 $\varphi$ 在开集 $U$ 上是 $\mathcal{C}^{1,1}$ 的, 即, 它在 $U$ 上是连续可微的且具有 Lipschitz 连续梯度 $\nabla \varphi$. 则 $\varphi$ 在 $U$ 上是连续邻近正则的.

提示: 将其与 [686, 13.F 节] 进行比较.

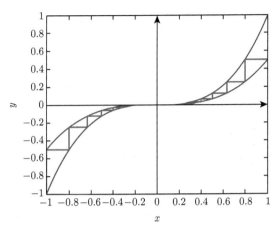

图 3.3　度量正则性和度量次正则性

**练习 3.93** (有限和无穷维中具有类 Lipschitz 次微分的连续邻近正则函数)

(i) 设 $F\colon \mathbb{R}^n \rightrightarrows \mathbb{R}^n$ 是任意映射且 $\bar{y} \in F(\bar{x})$, 它在 $(\bar{x}, \bar{y})$ 附近的局部单值性等价于它在该点附近的极大次单调性 (参见后面第 5 章) 和类 Lipschitz 性质同时成立. 使用这一事实证明引理 3.28.

提示: 将其与 [461] 进行对比.

(ii) 通过使用 Moreau 包络的性质证明引理 3.28 在 Hilbert 空间中的扩展. 对 $\varphi\colon X \to \overline{\mathbb{R}}$ 和给定比率 $\lambda > 0$, Moreau 包络的定义如下

$$\varphi_\lambda(x) := \inf_{u \in X} \left( \varphi(u) + \frac{1}{2\lambda} \|x - u\|^2 \right), \quad x \in X.$$

提示: 将其与 [45, 定理 5.3] 的证明进行比较.

**练习 3.94** (无穷维空间中对于具有复合邻近正则势的次微分 PVS 度量正则性失效) 　考虑一类具有复合势的次微分 PVS (3.41), 其中 $f\colon X \times Y \to Y^*$ 是 Asplund 空间之间在 $(\bar{x}, \bar{y})$ 处严格可微的映射, $-f(\bar{x}, \bar{y}) \in \partial(\psi \circ g)(\bar{y})$ 且具有满射偏导数 $\nabla_x f(\bar{x}, \bar{y})$, 其中 $g\colon Y \to W$ 是在 $\bar{y}$ 周围 $\mathcal{C}^2$-光滑的映射且在 $\bar{w} := \nabla g(\bar{y}) \in \operatorname{dom} \psi$ 处具有满射导数, 并且 $\psi\colon W \to \overline{\mathbb{R}}$ 在该点处不是 Gâteaux 可微的. 则在以下情况下 (3.41) 在 $(\bar{x}, \bar{y})$ 周围的度量正则性不成立:

(i) $W$ 是 Hilbert 空间 且 $\psi$ 在 $\bar{w}$ 处对于次梯度 $\bar{v} \in \partial \psi(\bar{w})$ 是连续邻近正则的, 这可由 $\nabla g(\bar{y})^* \bar{v} = -f(\bar{x}, \bar{y})$ 唯一确定.

提示: 类似定理 3.29 的证明, 使用练习 3.93(ii).

(ii) $W$ 是 Banach 空间且 $\psi$ 在 $\bar{w}$ 周围是凸的和下半连续的.

提示: 使用练习 3.85(i) 中的等价关系以及 练习 3.78(ii) 中的二阶链式法则, 将 (3.41) 中 $S$ 在 $(\bar{x}, \bar{y})$ 周围的度量正则性简化为次梯度映射 $\partial \psi$ 在 $(\bar{w}, \bar{v})$ 周围的类 Lipschitz 性质, 该性质对函数 $\psi$ 在所给定的假设下不成立; 参见练习 3.91(i).

**练习 3.95** (对于无穷维中具有复合域的次微分 PVS 度量正则性失效) 　设 $S$ 由 (3.48) 给出, 且 $(\bar{x}, \bar{y}) \in \operatorname{gph} S$, 其中 $f\colon X \times Y \to W^*$ 在 $(\bar{x}, \bar{y})$ 处严格可微且具有满射的偏导数 $\nabla_x f(\bar{x}, \bar{y})$, $g\colon Y \to W$ 在 $\bar{y}$ 处严格可微且具有满射导数 $g(\bar{y})$, 并且 $\psi\colon W \to \overline{\mathbb{R}}$ 在 $\bar{w} := g(\bar{w})$ 处不是 Gâteaux 可微的. 同时假设 $X$ 和 $Y$ 是 Asplund 空间. 则以下情况下 $S$ 在 $(\bar{x}, \bar{y})$ 周围不是度量正则的:

(i) $W$ 是 Hilbert 空间且 $\psi$ 在 $\bar{w}$ 处对于次梯度 $\bar{q} := -f(\bar{x}, \bar{y}) \in \partial\psi(\bar{w})$ 是连续邻近正则的.

提示: 类似定理 3.31 的证明, 使用练习 3.93 中的断言 (ii) 而非 (i).

(ii) $W$ 是 Banach 空间且 $\psi$ 在 $\bar{w}$ 周围是凸和下半连续的.

提示: 使用练习 3.87 的结果, 将所涉问题中 $S$ 的度量正则性简化为凸次梯度映射 $\partial\psi$ 在 $(\bar{w}, \bar{q})$ 周围的类 Lipschitz 性质. 通过结合练习 3.89(i) 和练习 3.91(i) 的结果证明后者不成立.

## 3.5 第 3 章评注

**3.1 节** 第 3.1 节中所讨论的适定性质是非线性分析及其应用的许多领域, 尤其是涉及变分问题领域的基础. 在作者的书 [529] 的注释中, 读者可以找到有关这些概念的历史、思想发展的起源和定理 3.2 中反映的这些概念之间关系的详细讨论. 在专著 [229, 378, 423, 686, 693] 中可以找到一些其他材料、替代术语和相关性质. 最近的专著 [378] 包含了对正则性概念及其在度量、Banach 和有限维空间中许多方面的应用的系统性研究, 广泛涉及 Ekeland 变分原理的使用. 然而, 其中提出的一些讨论带有明显的偏见、不完整性和误导性; 参见, 例如, 本章和前两章的相应注释.

接下来, 我们主要评述与本书内容相关的有限维空间和 Banach 空间中的一些结果. 在本书中并没讨论关于适定性的最令人印象深刻的进展, 包括 (从作者的角度来看) 由 De Giorgi, Marino 和 Tosques [193] 在分析中引入斜率的使用, 并由 Azé, Corvellec 和 Lucchetti [44] (1998 年预印版) 首次代入度量正则性及其相关理论中, 由 Arutyunov 和他的合作者 (参见, 例如, [24, 25, 27, 29]) 提出的方向度量正则性的各个方面的研究, 随后在许多出版物如 [28, 285, 378, 620] 及其参考文献中得到进一步发展.

定义 3.1 中的三个等价的适定性性质在变分分析和优化中有许多应用, 包括本书中介绍的那些. 如前所述, 由定理 3.3 中建立的基本的适定性上导数准则, 我们将该主题与上导数分析法则放入同一章中. 对于该定理, 给出的证明主要遵循 [514, 定理 5.2](在 [512] 中有精确表述) 中覆盖情况下的原始证明, 其中的陈述基于变分论点但没有涉及优化. 值得注意的是, Rockafellar 和 Wets [686, 定理 9.40] 在书中以 "Mordukhovich 准则" 的名义给出的关于这个结果的 Lipschitz 部分的证明与我们的证明有很大不同, 它也是基于与有限维几何相结合的优化思想. 在另一个方向上, 对于在 3.2 节中提出的上导数分析法则来说, 所得的适定性上导数刻画的必要性是至关重要的, 因为它允许我们揭示广泛的映射类, 例如, 重要的和法则和链式法则都适用.

定理 3.3 的上导数准则 (3.6) 及确切覆盖界限公式 (3.7) 首先在作者的论文 [512, 定理 8] 中以甚至更一般的形式出现, 尽管它在研讨会报告和私人交流中更早被宣布和讨论. 最初, 这个准则让人很吃惊甚至不接受其正确性. 可能与以下事实有关: 作者的结果涉及参考点周围的覆盖性质而不是所在问题点处的覆盖性质 (现在称为"度量次正则性", 见下文), 例如, 在书 [381] 和随后的论文 [366, 369, 371] 中, 在某些关于光滑和非光滑算子假设下, 关于光滑算子和非光滑算子, 得到了后一性质和相关非鲁棒性质的充分条件. 注意, 定义 3.1 中覆盖性质和度量正则性的鲁棒性 ("周围") 要求是由 A. A. Milyutin 倡导并强烈强调的; 参见, 例如, 文献 [219], 其中利用 Clarke 广义梯度得到了单值 Lipschitz 映射的"邻域覆盖"性质的一个充分条件, 并指出了即使在 Lipschitz 算子的简单有限维情况下, 用这种形式得到的结果也不充分.

为此, 与原始和对偶空间中由非鲁棒构造、斜率等表示的此方向的其他已知条件相比, 适定性的上导数准则的关键优势在于, 存在复杂的点基上导数分析法则, 这不适用于后面的对象. 如包括本书在内的 [529, 530, 686] 等众多出版物中所阐述的, 这种鲁棒的分析法则使我们能够处理各种优化、变异分析及其应用中的各种复合模型.

在 [512, 514] 中, 我们还讨论了当 $x \in G(x)$ 且在 $\bar{x}$ 附近时, 集值映射 $F: \mathbb{R}^n \rightrightarrows \mathbb{R}^m$ 相对于另一个集值映射 $G: \mathbb{R}^n \rightrightarrows \mathbb{R}^n$ (特别地, 当 $G(x) := x + \Omega$ 时相对于集合 $\Omega$) 的相对 $\kappa$-覆盖这个更一般的概念, 其表述如下: 存在一个 $\bar{x}$ 的邻域 $U$, 使得包含 (3.69) 成立且模 $\kappa > 0$. 尽管对于度量空间之间的映射, (3.69) 可以立即重新构建, 但在有限维情况下, 我们在 [512, 定理 8] 和 [514, 定理 5.3] 中得出了 (具有定理 3.3 的证明) 通过练习 3.50 中定义的相对覆盖常数 $\kappa(F, G, \bar{x})$ 表示的形如 $\kappa(F, G, \bar{x}) > 0$ 的上导数刻画. 此外, 在 [512, 514] 中已经确定, $\kappa(F, G, \bar{x})$ 给出了 (3.69) 中覆盖的模 $\kappa > 0$ 的确切界限. 最近的文献中研究了集值映射相对于集合的相对覆盖性质的各种修订版本以及相对度量正则性的相互关联的概念. 有关更多详情和参考文献, 参见, 例如, [25—27, 30, 87, 240, 375, 378, 529, 598, 620, 729, 798]. 最近在 [798, 799] 中对局部和全局覆盖性质的主要概念进行了详细的比较. 有关全局覆盖性质及相关版本, 请参见练习 3.39.

如推论 3.8 所述, 对于光滑的单值映射 $F = f$, 上导数条件 (3.6) 简化为导算子 $\nabla f(\bar{x})$ 的满射性 (有限维的满秩性), 这是由 Lyusternik [490] 和 Graves [308] 分别独立发现的经典 Lyusternik-Graves 正则性条件, 它与现代术语中的度量正则性和覆盖/开性质相关. 从定理 3.3 可以得出, 该条件对于所考虑的性质不仅是充分的而且是必要的. 此外, 我们拥有相应的模的确切界限公式, 这在经典非线性分析中从来没有出现过. 注意到, 定理 3.3 和"光滑"的推论 3.8 中的必要性声明是由线性率的覆盖性质和度量正则性 (除上述鲁棒性外) 所导致, 而它们仅在现代分析框架中才显示出来. 在有限维空间中, 推论 3.8 的必要性可直接由定理 3.3 和光滑映射的上导数表示得出, 但是这种蕴含关系的 Banach 空间版本则需要非平凡的考虑; 参见 [529, 引理 1.56 和定理 1.57].

推论 3.6 是 Banach 空间之间凸图映射/凸过程的基本 Robinson-Ursescu 定理的有限维版本; 参见 [665, 666, 734]. 与光滑映射的情况类似, 最初的贡献致力于度量正则性和覆盖性质的充分条件, 而不考虑其必要性和确切界限公式; 更多评论参见 [529]. 关于 Lyusternik-Graves 和 Robinson-Ursescu 定理的进一步扩展可以在, 例如, [162, 179, 224, 229, 241, 378, 453, 727, 729] 中找到. [25, 26, 28, 88, 224, 241, 375, 508] 及其文献给出了覆盖性和度量正则性在不动点和重合点上的显著应用.

为此, 让我们提及在作者与 Gupta, Jafari 和 Kipka 的合作论文 [319] 中获得的关于覆盖性质和变分分析的体系在动态 (连续时间和离散时间) 控制系统反馈镇定中的全新应用. 这方面的一个重要结果是, Brockett [130] 应用度理论拓扑技术, 通过平稳反馈律证明了光滑映射 $f: I\!\!R^n \times I\!\!R^m \to I\!\!R^n$ 的开性质 (3.4) 是非线性 ODE 控制系统

$$\dot{x} = f(x, u), \quad t \geqslant 0, \tag{3.80}$$

具有局部渐近稳定性所必需的. 众所周知, $f$ 的开性质不足以实现这种稳定. 如 [319] 所示, 通过变分技术, 用 $f$ 的线性开性/覆盖性质/度量正则性替代开性质, 能够获得系统数据的有效条件和线性开性质的模, 以支持 Brockett 定理的充分性, 并通过连续平稳反馈调节器提供 (3.80) 的局部指数稳定性. 通过这种方式, 借助于平稳连续和光滑反馈律, 在文献 [319] 中得出了 (3.80) 的局部指数和渐近稳定性的线性开性质的必要性的新条件. 对上述结论, 文献 [319] 通过非线性离散时间控制系统渐近反馈镇定的变分方法建立了一些对应结果.

定理 3.3(iii) 中的类 Lipschitz 性质的上导数准则最早出现在 [515] 中, 其证明与 [512, 514] 在覆盖/度量正则性刻画方面有本质区别; 另见 [520]. 注意到, 所得的上导数刻画与先前由 Aubin [35] 和 Rockafellar [682] 根据图的 Clarke 法锥给出的 "伪-Lipschitz" 性质的充分条件有着很大的不同. 如注 3.4(iii) 中所讨论, 对于单值和主要的集值映射类, 后一个条件实际上仅在光滑设置中成立. 在 [517] 中对适定性性质、它们的非局部形式, 以及它们在有限维中的上导数刻画进行了综合处理. 正如在 [529, 530, 686] 中所阐述的, 因为它们具有鲁棒性和全面的上导数分析法则, 这样的对偶空间刻画在变分分析的许多方面起着十分重要的作用. 通过原空间中的广义导数可以给出适定性的不同特征刻画, 参见 [229, 378, 423], 这些特征可能不具备鲁棒性和分析法则, 但在某些情况下仍然有用. 在 [283—285, 637, 638] 中给出了适定性的一些 "原始-对偶" 组合刻画. 关于适定性准则在逆和隐式 (多值) 映射上的应用可以在, 例如, [23, 30, 115, 229, 240, 290, 385, 423, 448, 449, 456, 459, 460, 660, 672, 733, 759] 中找到.

最公认和最有用的多值映射的非鲁棒 Lipschitz 行为是由 Robinson [668] 以 (3.3) 中 $u = \bar{x}$ 且 $V = I\!\!R^m$ 的形式引入的 $F$ 在 $\bar{x}$ 处的上 Lipschitz 性质. 它

现在通常被称为 $F$ 在 $\bar{x}$ 处的平静性质. 该名称与它在 $(\bar{x}, \bar{y}) \in \text{gph}\, F$ 处的图形化形式相关联, 可写成 (3.3) 中 $u = \bar{x}$ 的形式, 且等价于逆映射的度量次正则性 (由 Dontchev 和 Rockafellar [686] 提出的术语). 后一个性质, 也称为 "在某点处的正则性", 在单值映射的情况下可以追溯到 Ioffe 和 Tikhomirov 的论文 [381], 而它的完全集值形式是由 Ye 和 Ye [754] 以 "伪上 Lipschitz 连续性" 名义提出的. Robinson 在文献 [670] 中证明了有限维空间之间的逐断多面体映射的上 Lipschitz 性质的有效性. Henrion, Outrata 和他们的合作者对这些性质在广泛的优化和均衡问题中的研究和应用做出了重要贡献; 参见, 例如, [290, 338, 340, 341, 343, 344, 629]. 特别地, Henrion 和 Outrata 在文献 [340] 中首次通过我们的基本构造获得多值映射平静性质的有效上导数/次微分条件. 观察到在优化中平静性质和度量次正则性与误差界有密切的关系, 这可以追溯到 Hoffman 在文献 [356] 中研究的线性不等式系统; 有关更多的最新进展, 参见 [42, 258, 366, 378, 437, 473, 474, 614, 619]. 有关这些方向上的许多结果和在变分问题中的应用, 请读者参阅, 例如, [18, 22, 23, 87, 139, 140, 211, 218, 229, 242, 262, 283, 293, 302, 330, 378, 379, 387, 417, 423, 460, 492, 601, 602, 701, 727, 728, 731, 753, 778, 785, 788, 791]. Zheng 在文献 [780] 中通过使用法锥和上导数给出了有关度量次正则性最新结果的一个有趣综述.

由于鲁棒性的缺失, 对上述平静性质和度量次正则性不能建立适当的分析法则和保持结果以及它们相对于扰动的稳定性, 因此限制了它们的应用范围. 在与 Gfrerer [288] 的合作文章中, 我们介绍了以下参数约束系统解映射的某种一致度量次正则性:

$$g(x, p) \in C \subset \mathbb{R}^m, \qquad \text{其中 } x \in \mathbb{R}^n \text{ 且 } p \in P, \qquad (3.81)$$

其中集合 $C$ 是闭的且扰动参数 $p$ 属于拓扑空间 $P$. 这种稳定性质实际上已经被 Robinson [667] 在 $C$ 是凸锥的情形下考虑, 所以我们在文献 [288] 中将此性质标记为 (3.81) 的 Robinson 稳定性. 文献 [288] 包含可验证的确保 (3.81) 的 Robinson 正则性及其在所考虑的扰动类型中的鲁棒性的一阶和二阶条件.

进一步地, 注意度量正则性和次正则性性质的 $q$-版本 (以及它们的其他等价适定性质) 也在文献 [159, 277, 279, 286, 422, 438, 472, 760, 773, 789] 中被考虑, 其中 $0 < q \leqslant 1$ 的 Hölder 情形受到了主要的关注并给出了有价值的应用. 很容易看出, 对于度量 $q$-正则性来说, 考虑 $q > 1$ 的情况是没有意义的, 因为此时只有常值映射满足估计 (3.2) 中 $\text{dist}(y, F(x))$ 替换为 $\text{dist}^q(y, F(x))$ 的情形. 但是对于其中 $y = \bar{y}$ 的 $q$-次正则性则不同, 其中 $q > 1$ 的情况是非平凡的, 并且对于变分理论和应用都非常重要. 作者和 Ouyang [571] 最近研究了 $q > 0$ 时度量 $q$-次正则性及相应强 $q$-次正则性的一般情形, 并刻画了次微分变分系统的这些性质. 此外, Dontchev [223] 将著名的 Dennis-Moré 定理 [194] 扩展到非线性方程的情形, 与其相应结果相比, 文献 [571] 中使用 $q > 1$ 的强 $q$-次正则性使得在求解广义方程的拟牛顿方法中获得更高的收敛速度; 有关进一步扩展和各种应用, 参阅最近的论文 [161]. 还注意到, 在与 Li [472] 的合作论文中, 在 $0 < q < 1$ 情形的 Hölder 度量 $q$-次正则性假设下, 对于求解 Hilbert 空间中极大单调算子的零点的邻近点方法, 也得出了类似关于更好的收敛速度的结论.

值得一提的是练习 3.58 中定义的集值映射的另一个非鲁棒的度量半正则性, Aragón 和 Mordukhovich 在论文 [23] 中对该性质及其强对应项进行研究并将其应用于隐式多值映射定理增强版本和广义方程稳定性的推导. 半正则性可以看作是次正则性的对称性质, 它固定了定义域中点 $\bar{x}$ 而不是值域中点 $\bar{y}$. 正如在 [23] 的最终版本中提到的那样, Kruger 在其关于集值映射的各种适定性质的扩展研究 [436] 中以 "度量半正则性" 为名独立研究了半正则性问题, Pühl 和 Schirotzek [657] 较早地使用了后一个名称来表示完全不同的正则性性质; 另请参见 [693, 10.6 节]. 为了避免混淆, 我们在 [23] 中创造了 "半正则性" 这一术语. Klatte 和 Kummer [423, p. 10] 将度量半正则性的逆性质定义为 (但未研究) "Lipschitz 下半连续性", 而强度量半正则性的逆性质在 [23] 中被指定为练习 3.58(ii) 中所讨论的 "平静单值局部化". 注意, Uderzo [733] 的最新研究特别包含了半正则性假设下的一个新的隐式多值映射定理 ( [23] 中隐式多值映射定理的互补), 并且适用于约束优化中的精确惩罚.

接下来, 我们评论定理 3.3 中适定性质的上导数刻画的无穷维扩展. 正如 [529] 中所述, 在无限维空间中我们区分了两种类型的适定性: 邻域和点基 (有时称为 "逐点" 或 "点态") 的适定性质. 前一种准则不仅涉及所讨论的点, 而且涉及该点的邻域, 而后一种准则具有定理 3.3 的点基形式, 但需要在有限维中自动成立的附加假设.

Kruger 对 Fréchet 光滑空间之间映射的覆盖性质给出了邻域刻画; 参见 [435]. 他关于对偶性质的结果 (第一个结果是在 [432] 中为局部 Lipschitz 函数提出的, 使用了 $\varepsilon > 0$ 时的类型 (1.34) 的 $\varepsilon$-次微分) 用几个邻域常数来表示, 这些常数是通过依赖于 $\varepsilon$ 和邻域大小的双参数结构定义的. 作者和 Shao [585] 通过仅仅使用 Asplund 空间中正则 /Fréchet 上导数 $\widehat{D}^*F$ (即, $\varepsilon = 0$) 从本质上改进了这种刻画, 并建立了非局部适定性的对应结果. Ioffe 利用合适 "可信" Banach 空间中的其他次微分结构得到了具有相应模估计的充分性邻域条件; 见 [378] 及其参考文献. 我们还要提及由 Kummer [448, 449] (在他与 Klatte [423] 合著的书中提出) 通过所谓的 "Ekeland 点" 表述的原始空间邻域条件.

在文献 [521] 中, 对于 Asplund 空间 (在任何 Banach 空间中都有必要性条件成立) 之间的闭图映射 $F : X \rightrightarrows Y$, 利用混合上导数 (1.65) 和 (3.65) 中定义的 $F$ 在 $(\bar{x}, \bar{y}) \in \mathrm{gph}\, F$ 处的 PSNC 性质, 作者对定理 3.3 中适定性的上导数刻

画进行了全面的点基推广. 对于 Lipschitz 行为的情形的刻画在练习 3.44 中给出; 更多信息参见 [529, 定理 4.10]. 注意, 确切界限公式 (3.10) 现在被分解为 (3.67) 中的两个不等式, 因此定理 3.3 的上导数准则的完整无穷维对应结果需要施加文献 [529] 中引入和研究的练习 3.43 中的上导数正规性. 对由基本上导数 $D_N^*$ 表示的 Asplund 空间之间映射的上述点基适定性充分条件, 读者可以参考 [588, 589]; 对于适当 Banach 空间中基于其他上导数的相关充分性结果以及 [529] 中更详细讨论的 PSNC 性质的相应结果, 可以参考 [374, 378, 400, 401, 405, 642, 644]. 还可以注意到, Jourani 和 Thibault [405] 以及 Ioffe [374] 的论文包含了用 "近似上导数" (见 1.5 节) 表示的适定性的点基必要性条件, 并且在类 Lipschitz 性质的情况下, 讨论了具有 Banach 定义域空间 $X$ 和有限维像空间 $Y$ 的集值映射 $F: X \rightrightarrows Y$. 然而, 在上述出版物中没有获得 (3.67) 类型的确切点基界限估计.

最近, Clason 和 Valkonen [170] 在应用作者的上导数准则 [517] 研究 Hilbert 空间中一类广泛的约束优化问题 (包括带 PDE 约束的反问题) 的鞍点稳定性方面得到了非常有趣的进展. 他们方法的一个主要成分是通过积分泛函的逐点次微分 (从而避免任何 SNC 类型的假设) 将所考虑的无穷维设置简化为有限维设置. 通过这种方法, 他们获得了特别是在参数识别、图像处理和 PDE-约束优化中出现的各种无穷维问题的显式稳定性条件.

我们通过提及所讨论映射的适定性和它们的广义导数刻画在变分分析的数值方面和算法的收敛性方面的一些应用来结束本节的评论, 这些结果可以在 [19, 71—73, 208, 229, 262, 347, 357, 387, 423, 424, 464, 487, 573, 673, 735] 及其参考文献中找到. 还应注意到 Dontchev, Lewis 和 Rockafellar 在其开创性论文 [226] 中, 通过使用作者的上导数刻画和定理 3.3 的确切界限公式计算度量正则性半径, 建立了适定性和病态性性质之间的关系. 通过这种方式, 他们证明了度量正则性的半径和出现于线性与锥规划的复杂性理论中的 Renegar 不可行距离 [664] 之间的联系. 有关无限维扩展的更多评论和参考, 也请读者参阅 [229, 378, 529].

**3.2 节**   本节给出的上导数分析法则结果首先由作者在文献 [518] 中根据极点原理为有限维空间之间的一般多值映射而建立. 作者在更早的论文 [516] 中通过直接应用度量逼近的方法得到了定理 3.9 的和法则. 随后在 [686] 中通过另一种方法也得到了这个和法则以及定理 3.11(ii) 中的链式法则.

在作者的书 [529] 中无限维的设置更加多样和全面, 该书主要基于之前的出版物 [521, 539, 588, 591, 595] 讨论 Asplund 空间之间的多值映射. 虽然 [529] 中的证明与 [518] 的证明方向相同, 但是涉及的方法更多, 所得结果的范围和施加的假设本质上更广泛, 且在有限维时简化为 [518]. 在 [529] 中, 我们为基本和混合上导数建立了平行的分析法则, 从这个观点来看, 由混合上导数表示的规范条件与由基本导数建立的条件相比具有本质的优势; 参见练习 3.59—练习 3.61. 特别地, 对于 Asplund 空间之间的集值映射 $F_1, F_2$ 的上导数 $D^* = D_N^*, D_M^*$, 我们有以下和法则:

$$D^*(F_1 + F_2)(\bar{x}, \bar{y})(y^*)$$
$$\subset \bigcup_{(\bar{y}_1, \bar{y}_2) \in S(\bar{x}, \bar{y})} \left[ D^* F_1(\bar{x}, \bar{y}_1)(y^*) + D^* F_2(\bar{x}, \bar{y}_2)(y^*) \right], \quad y^* \in Y^*$$

在 $(\bar{x}, \bar{y}) \in \mathrm{gph}\,(F_1 + F_2)$ 处成立, 前提是 (3.21) 中的映射 $S$ 在 $(\bar{x}, \bar{y})$ 处是如练习 2.46 中所定义的内半紧的,

$$D_M^* F_1(\bar{x}, \bar{y}_1)(0) \cap \left( - D_M^* F_2(\bar{x}, \bar{y}_2) \right) = \{0\}, \quad (\bar{y}_1, \bar{y}_2) \in S(\bar{x}, \bar{y}), \tag{3.82}$$

且对每个 $(\bar{y}_1, \bar{y}_2) \in S(\bar{x}, \bar{y})$, $F_1$ 在 $(\bar{x}, \bar{y}_1)$ 处 PSNC 或者 $F_2$ 在 $(\bar{x}, \bar{y}_2)$ 处 PSNC. 根据练习 3.48 中讨论的上述无穷维上导数刻画 (必要性部分) 和 3.1 节的评注, 如果 $F_1, F_2$ 之一在 $S(\bar{x}, \bar{y})$ 的相应点周围是类 Lipschitz 的, 那么混合规范条件 (3.82) 和 PSNC 假设都满足. 作者在 [529] 中针对无穷维空间之间的集值映射和单值映射的上导数链式法则及其结果建立了更多样的包含和等式类型的结论.

在书 [115,644,693] 中再现了一些讨论过的 Asplund (或 Fréchet 光滑) 空间之间映射的上导数链式法则与和法则, 读者也可以在其中找到某些 "模糊" (邻域) 版本. 文献 [372,378,403,404,540,592] 在适当的 Banach 空间中考虑了由其他类型的法锥/次微分生成的 (基本) 上导数的一些分析法则. 我们特别强调 Ioffe [372,374] 及 Jourani 和 Thibault [403,404] 的结果, 他们为由任意 Banach 空间中各种近似次微分结构 (见 1.5 节) 生成的基本上导数建立了扩展的上导数分析法则.

**3.3 节**  本节将专门讨论有限维空间中 (3.34) 所描述的参数变分系统的上导数分析及其应用, 关于其在无穷维空间中的扩展将在 3.4 节中进行讨论. 完备的上导数分析法则在这些分析和应用中起着至关重要的作用. 所提出的结果大多来自书 [529, 4.4 节](上导数分析法则) 和随后的论文 [280,531] (度量正则性的应用).

上导数分析法则为有效地计算作为 Robinson 的广义方程 (3.35) 解映射的参数变分系统 (3.34) 的上导数 (1.15)(以及无穷维空间中的基本和混合形式) 打开了一扇大门. 它允许我们利用这些计算获得 3.1 节中适定性性质的上导数准则及其无穷维扩展, 并计算相应模的确切界限. 与 [529] 中主要关注 Lipschitz 稳定性相反, 现在我们主要关注度量正则性. (3.34) 的度量正则性与 PVS 的类 Lipschitz 性质相比涉及更多, 并且如 3.3.3 小节所示, 在大多数自然的 PVS 设置中经常失效. 这一现象最早由作者在 [531] 中揭示, 随后众多文献在有限维和无穷维中对不同类型的 PVS 进行了研究; 参见 [22,41,45,156,280,407,674,727]. 命题 3.24 的证明来自 [225]; 参见 [229, 定理 3G.5].

3.3 节中的结果及相关练习与具有复合势 (3.41) 和复合域 (3.48) 结构的 PVS 相关, 使用了二阶次微分 (或广义 Hessian 阵) (3.42) 的概念, 该概念由作者在 [515] 中引入并随后在众多文献中得到发展和应用. 其原始动机是利用上导数准则和分析法则导出参数变分系统的 Lipschitz 稳定性的可验证条件; 见 [515—521]. 随后, Rockafellar 和他的合作者在文献 [462, 649] 中研究了有限维优化中局部极小点的倾斜和完全稳定性, 并做出了重要的早期贡献; 有关倾斜扰动和相关二次/二阶增长性条件, 另请参见 Bonnans 和 Shapiro 的书 [97]. 注意到 Zhang 和 Treiman 的开创性论文 [779] 使用了此类型的二阶增长性条件, 该条件与有限维空间中下半连续函数的基本次微分的逆的上 Lipschitz 性质相关, 同时为下半连续凸函数的后一性质提供了完整刻画; 具体形式参见练习 3.55. Aragón 和 Geoffroy [20, 21] 为 Hilbert 和 Asplund 空间的凸次微分的度量正则性和次正则性以及它们的强对应性质的刻画建立了类似的增长性条件; 参见文献 Mordukhovich 和 Nghia [558] 以及练习 3.52 和练习 5.27. 在文献 [558] 以及与 Drusvyatskiy 和 Nghia [234] 的合作论文中, 作者在 Asplund 空间设置下得到了基本次梯度映射的一些非凸版本以及相应常数之间的定量相互关系; 见 5.3 和 5.4 节. 注意到, Cui, Sun 和 Toh 在文献 [188] 中建立了针对半定规划中出现的次梯度映射的度量次正则性的二阶增长性条件的最新算法应用.

近年来, 由于其完善的分析法则和在优化、稳定性、均衡、控制、力学、经济学、电子学等以及由一阶梯度/次梯度和法锥数据描述的实用模型中的各类有限维和无穷维问题上的大量应用, 二阶变分分析中涉及 (3.42) 及相关二阶结构的领域已经引起了越来越多的关注.

在二阶变分分析的 "对偶空间" 这个方向最令人印象深刻的发展和应用中, 我们提及以下内容 (该列表到目前为止还不完整): 完善的二阶分析法则 [524, 529, 546, 564, 565, 577, 632]; 极大值函数以及可分离的分段-$\mathcal{C}^2$, 增广分段线性, 以及增广分段线性-二次函数的二阶次微分计算 [254, 564, 577, 580, 581]; 有限维和无穷维中多面体、广义多面体和多面体凸集的指示函数 (即, 法锥的上导数) 的二阶次微分计算 [49, 227, 339, 345, 559, 749]; 函数与映射的凸性和单调性的二阶刻画 [151, 153—155, 562]; 非多面体移动集的二阶结构的计算广泛地出现在许多应用中 [2, 5, 6, 8, 83, 144, 145, 152, 173, 175, 210, 289, 291, 342, 343, 364, 606, 628, 634, 661, 755]; 文献 [227, 339, 563, 577, 578, 750] 中 Robinson 强正则性的刻画; 各类优化问题中局部极小点的倾斜稳定性的刻画 [232, 234, 245, 287, 467, 558, 561, 566, 751, 773, 789, 790]; 非线性规划, 锥规划和最优控制中局部极小点的完全 Lipschitz 和 Hölder 稳定性的刻画 [462, 559, 563, 570, 578, 580]; 一般和特殊类型的参数变分系统 [562] 的解的完全稳定性刻画; 一阶次微分的度量正则性、次正则性和其相应强的性质的刻画, 以及它们与二阶增长性条件的关系 [21, 43, 232, 234, 558, 561, 741, 742, 789]; 变分系统的 Kojima 强稳定性的刻画 [559,563,583]; 关于约束优化、变分与拟变分不等式和均衡问题的解映射的鲁棒性与非鲁棒性质的灵敏性和稳定性分析 [286,288—290, 331,338—343,457,459,460,515,520,529,565,568,569,582,583,632,661,750]; 弱尖锐极小值及其稳定高阶扩展的刻画 [789,790]; 几类约束与向量优化问题的一致二阶必要与充分最优性条件 [361,362]; 带有均衡约束的数学规划与控制问题的必要最优性与稳定性条件 [3,79,270,293,317,341,344,349,530,627,630,753,754,789]; 带有均衡约束的均衡问题的必要最优性与稳定性条件 [343,345,567,629]; 离散逼近的稳定性和可控扫除过程的必要最优性条件 [5,128,144,145,173—175]; PDE 系统的稳定性和优化 [170,349,350,630,738]; 非凸梯度流与非线性发展方程的定性特征 [504,689]; 变分系统临界乘子的特征并消除优化中原始对偶优化方法的慢收敛性 [584]; 二阶锥规划、半定规划、圆锥规划和二阶互补问题中的应用 [210,292,393,568—570,755,774,793]; 双层规划、双层最优控制以及分层优化中的应用 [51,80,81,200—202,204,344,775—777]; 在动力系统可行性问题上的应用 [269]; 在数值优化方法 (邻近、信赖域、拟牛顿法等) 中的应用 [21,233,457,472, 546,571,659]; 在各种力学问题中的应用 [2,175,426,564,628]; 随机分析和优化中的应用 [343,633,747]; 经济建模中的应用 [567,629]; 电子学中的应用 [6,8,128]; 在微磁学及相关课题上的应用 [426]; 电力现货市场的应用 [38,343,345]; 在交通流人群运动模型中的应用 [145] 等, 二阶变分分析及其应用是作者正在撰写的书 [534] 的主题.

Poliquin 和 Rockafellar [648] 引入了有限维中的邻近正则和次可微连续函数类及其强顺从子类, 这些函数类在二阶变分分析中起着至关重要的作用.

除上述列出的关于二阶分析的文献外, 邻近正则函数和关联集及其顺从子类在大量的文献中得到了深入的研究和应用, 这些文献涵盖了有限维和无限维的情况; 参见, 例如, [7,45,84,176,335,686] 及其参考文献. 请注意, 有限维空间中闭集的邻近正则性的概念等价于几何测度理论中由 Federer [265] 引入并大量研究的著名的正可达集的概念.

**3.4 节** 本节主要介绍一些概念和结果, 它们是本章主要部分在有限维空间中建立的基本内容 (包括方法和证明技术) 的扩展. 读者可以在练习提示中找到更多的讨论和参考资料. 读者要特别注意练习 3.50 和练习 3.56 中引入的集值映射的相对覆盖和半度量正则性质, 作者的早期工作 [512,514] 也对其进行了部分研究, 但在有限和无穷维 (Banach, 度量) 空间中有待进一步发展和应用. 对于练习 3.58 中定义的和上述评注中所讨论的度量与强度量半正则性性质, 从有效认证和应用的角度来看, 也在很大程度上缺乏研究. 另一个非常有趣的话题则与有限维空间之间集值映射的外导数概念 (3.70) 相关, 该概念由 Zhang 和 Treiman 在文献 [779] 中引入并将其用于多值映射的上 Lipschitz 性质的点基刻画以及练习 3.55 中的逆次微分映射.

如上所述, 上 Lipschitz 性质及平静性和度量次正则性在变分理论和众多应用中引起了广泛关注, 因此发展这些研究方向在变分分析中具有重要意义. 文献 [779] 中得到了外导数的一些性质 (特别地, 参见练习 3.54), 但这绝对不足以满足应用的需求, 需要对 (3.70) 建立更完善的分析法则及其在 $(\bar{x}, \bar{y}) \in \text{gph}\, F$ 处的图形化形式, 以用于研究集值映射的平静性和度量次正则性.

# 第 4 章　一阶次微分分析法则

本章涉及增广实值函数 $\varphi\colon I\!\!R^n \to \overline{I\!\!R}$ 的广义微分性质, 除非另作说明, 假设该函数在参考点处是下半连续的. 我们此处的目标是为此类函数的基本次微分 (1.24) 和奇异次微分 (1.25) 建立完全的分析法则. 回顾它们的一般和法则已经作为基本法向量的交法则的结果在 2.4 节中得出; 这些结果同样可以由定理 3.9 中的上导数和法则推导得出. 在本章中我们专注于导出一阶次微分分析法则的其他主要结果, 包括边际/最优值函数的次微分、一般链式法则及其在乘积、商、最小值与最大值函数的次微分中的实现, 以及次微分中值定理的各种版本及其在非光滑环境下的变分分析中的一些应用.

## 4.1　边际函数的次微分

在本节中, 我们重点讨论由下式定义的一大类边际函数的基本次梯度和奇异次梯度的计算

$$\mu(x) := \inf\big\{\varphi(x,y)\big|\ y \in G(x)\big\}, \tag{4.1}$$

其中 $\varphi\colon I\!\!R^n \times I\!\!R^m \to \overline{I\!\!R}$ 是 (下半连续) 增广实值函数, $G\colon I\!\!R^n \rightrightarrows I\!\!R^m$ 是 (闭图) 集值约束映射, 用于描述依赖于参数的/移动约束集. 所给的边际函数 (4.1), 特殊地, 可以理解为以下定义的参数优化问题的 (最优) 值函数:

$$\text{minimize}\ \ \varphi(x,y)\ \text{满足}\ y \in G(x),$$

其中 $\varphi$ 是费用/目标函数, $G$ 是约束多值映射, $y$ 和 $x$ 分别是决策和参数变量. (4.1) 型的边际函数的一个特征是它们固有的不可微性, 而与目标函数的光滑性和移动约束集的简单性无关. 我们将在下面看到, 对于次微分分析法则的主要问题的求解以及在各类优化问题、灵敏度和稳定性分析及变分与非变分环境下的众多应用中最优性条件的推导, 所考虑的基本次微分和奇异次微分构造的计算至关重要.

为计算边际函数 (4.1) 的基本次梯度和奇异次梯度, 定义极小点映射 $M\colon I\!\!R^n \rightrightarrows I\!\!R^m$ 如下

$$M(x) := \big\{y \in G(x)\big|\ \varphi(x,y) = \mu(x)\big\}, \tag{4.2}$$

并根据映射 $M$ 的内半连续性或局部有界性假设, 得到两类次微分结果.

**定理 4.1** (边际函数的基本次梯度和奇异次梯度)   对于边际函数 (4.1) 和 $\bar{x} \in \operatorname{dom} \mu$, 以下结论成立:

(i) 在 (4.2) 中固定 $\bar{y} \in M(\bar{x})$, 假设 $M$ 在 $(\bar{x}, \bar{y})$ 处是内半连续的, 且满足规范条件

$$\partial^\infty \varphi(\bar{x}, \bar{y}) \cap \left[ - N\big((\bar{x}, \bar{y}); \operatorname{gph} G\big) \right] = \{0\}. \tag{4.3}$$

则我们有次微分上估计

$$\partial \mu(\bar{x}) \subset \bigcup_{(x^*, y^*) \in \partial \varphi(\bar{x}, \bar{y})} \left[ x^* + D^* G(\bar{x}, \bar{y})(y^*) \right], \tag{4.4}$$

$$\partial^\infty \mu(\bar{x}) \subset \bigcup_{(x^*, y^*) \in \partial^\infty \varphi(\bar{x}, \bar{y})} \left[ x^* + D^* G(\bar{x}, \bar{y})(y^*) \right]. \tag{4.5}$$

(ii) 设极小点映射 (4.2) 在 $\bar{x}$ 附近是局部有界的且 $M(\bar{x}) \neq \varnothing$, 并设条件 (4.3) 对任意 $\bar{y} \in M(\bar{x})$ 成立. 则

$$\partial \mu(\bar{x}) \subset \bigcup_{\substack{(x^*, y^*) \in \partial \varphi(\bar{x}, \bar{y}) \\ \bar{y} \in M(\bar{x})}} \left[ x^* + D^* G(\bar{x}, \bar{y})(y^*) \right],$$

$$\partial^\infty \mu(\bar{x}) \subset \bigcup_{\substack{(x^*, y^*) \in \partial^\infty \varphi(\bar{x}, \bar{y}) \\ \bar{y} \in M(\bar{x})}} \left[ x^* + D^* G(\bar{x}, \bar{y})(y^*) \right].$$

**证明**   为验证断言 (i), 考虑函数

$$\vartheta(x, y) := \varphi(x, y) + \delta\big((x, y); \operatorname{gph} G\big), \quad (x, y) \in I\!R^n \times I\!R^m,$$

并验证其次微分上估计

$$\partial \mu(\bar{x}) \subset \{x^* \mid (x^*, 0) \in \partial \vartheta(\bar{x}, \bar{y})\}, \quad \partial^\infty \mu(\bar{x}) \subset \{x^* \mid (x^*, 0) \in \partial^\infty \vartheta(\bar{x}, \bar{y})\}.$$

我们首先证明 $\partial \mu(\bar{x})$ 的上估计. 选取 $x^* \in \partial \mu(\bar{x})$, 由 (1.37) 找到序列 $x_k \overset{\mu}{\to} \bar{x}$ 和 $x_k^* \to x^*$ 满足 $x_k^* \in \widehat{\partial} \mu(x_k)$, $k \in I\!N$. 从而对任意 $\varepsilon_k \downarrow 0$ 存在 $\eta_k \downarrow 0$ 使得对每个固定 $k \in I\!N$, 我们有

$$\langle x_k^*, x - x_k \rangle \leqslant \mu(x) - \mu(x_k) + \varepsilon_k \|x - x_k\|, \quad \text{其中 } x \in x_k + \eta_k I\!\!B.$$

结合 $\mu, \vartheta$, 和 $M$ 的构造, 这意味着

$$\langle (x_k^*, 0), (x, y) - (x_k, y_k) \rangle \leqslant \vartheta(x, y) - \vartheta(x_k, y_k) + \varepsilon_k (\|x - x_k\| + \|y - y_k\|)$$

对所有 $y_k \in M(x_k)$ 和 $(x, y) \in (x_k, y_k) + \eta_k I\!B$ 成立. 因此 $(x_k^*, 0) \in \widehat{\partial}_{\varepsilon_k} \vartheta(x_k, y_k)$. 因为 $M$ 在 $(\bar{x}, \bar{y})$ 处是内半连续的, 我们得到序列 $y_k \in M(x_k)$ 收敛于 $\bar{y}$. 观察到由于 $\mu(x_k) \to \mu(\bar{x})$, 所以 $\vartheta(x_k, y_k) \to \vartheta(\bar{x}, \bar{y})$, 故当 $k \to \infty$ 时取极限能够确保 $(x^*, 0) \in \partial \vartheta(\bar{x}, \bar{y})$, 从而通过 $\partial \vartheta(\bar{x}, \bar{y})$ 验证了所声称的 $\partial \mu(\bar{x})$ 的包含式. 为由此推导次微分估计 (4.4), 我们在规范条件 (2.34) 下对 $\vartheta$ 中的和式使用基本次微分和法则 (2.35), 此时该规范条件简化为 (4.3) 中情形.

为通过 $\partial^{\infty} \vartheta(\bar{x}, \bar{y})$ 进一步验证 $\partial^{\infty} \mu(\bar{x})$ 的包含式, 选取奇异次梯度 $x^* \in \partial^{\infty} \mu(\bar{x})$, 任取 $\varepsilon_k \downarrow 0$, 并根据 (1.38) 找到序列 $x_k \xrightarrow{\mu} \bar{x}$, $(x_k^*, \nu_k) \to (x^*, 0)$, 以及 $\eta_k \downarrow 0$ 满足

$$\langle x_k^*, x - x_k \rangle + \nu_k(\alpha - \alpha_k) \leqslant \varepsilon_k(\|x - x_k\| + |\alpha - \alpha_k|),$$

其中 $(x, \alpha) \in \operatorname{epi} \mu$, $x \in x_k + \eta_k I\!B$, 且 $|\alpha - \alpha_k| \leqslant \eta_k$. (4.2) 的内半连续性确保存在 $y_k \xrightarrow{M(x_k)} \bar{y}$ 和 $\alpha_k \downarrow \vartheta(\bar{x})$ 使得

$$(x_k^*, 0, \nu_k) \in \widehat{N}_{\varepsilon_k}((x_k, y_k, \alpha_k); \operatorname{epi} \vartheta), \quad k \in I\!N,$$

由此当 $k \to \infty$ 时取极限可得 $(x^*, 0) \in \partial^{\infty} \vartheta(\bar{x})$. 通过在规范条件 (4.3) 成立的条件下对 $\vartheta$ 中的和式使用奇异次微分和法则 (2.36) 我们完成 (i) 的证明. 断言 (ii) 的证明与上述证明相似. △

定理 4.1 中的主要假设是规范条件 (4.3), 根据所得适定性质的上导数/次微分刻画, 该条件实际上在下面的主要设置中成立. 为简洁起见, 我们仅在定理 4.1 中的情形 (i) 下讨论规范条件 (4.3).

**推论 4.2** (具有 Lipschitz 和度量正则性数据的边际函数) 给定 $\bar{y} \in M(\bar{x})$, 假设极小点映射 (4.2) 在 $(\bar{x}, \bar{y})$ 处是内半连续的且假设 $\varphi$ 在 $(\bar{x}, \bar{y})$ 周围是局部 Lipschitz 的或者 $\varphi = \varphi(y)$ 和 $G$ 在 $(\bar{x}, \bar{y})$ 周围是度量正则的. 则包含式 (4.4) 和 (4.5) 满足.

**证明** 如果 $\varphi$ 在 $(\bar{x}, \bar{y})$ 周围是局部 Lipschitz 的, 根据定理 1.22 我们有 $\partial^{\infty} \varphi(\bar{x}, \bar{y}) = \{0\}$, 因此 (4.3) 成立. 对于 $\varphi = \varphi(y)$, 规范条件 (4.3) 可等价描述为

$$\partial^{\infty} \varphi(\bar{y}) \cap \ker D^* G(\bar{x}, \bar{y}) = \{0\},$$

从而根据定理 3.3 知该条件当 $G$ 在 $(\bar{x}, \bar{y})$ 周围是度量正则时成立. △

定理 4.1 的另一有用结果为一般边际函数的局部 Lipschitz 连续性提供了有效条件.

**推论 4.3** (边际函数的局部 Lipschitz 连续性) 对 (4.1) 类型的边际函数 $\mu$, 以下断言成立:

(i) 假设极小点映射 (4.2) 在某点 $(\bar{x}, \bar{y}) \in \operatorname{gph} M$ 处是内半连续的, 且费用函数 $\varphi$ 在该点周围是局部 Lipschitz 的. 则如果 $\mu$ 在 $\bar{x}$ 周围是下半连续的且 $G$ 在 $(\bar{x}, \bar{y})$ 周围是类 Lipschitz 的, 那么 $\mu$ 在 $\bar{x}$ 周围是 Lipschitz 连续的.

(ii) 假设 (4.2) 中 $M$ 在 $\bar{x} \in \operatorname{dom} M$ 周围是局部有界的, 且对任意 $\bar{y} \in M(\bar{x})$, $\varphi$ 在 $(\bar{x}, \bar{y})$ 周围是局部 Lipschitz 的. 如果 $\mu$ 在 $\bar{x}$ 周围是下半连续的且对每个 $\bar{y} \in M(\bar{x})$, $G$ 在 $(\bar{x}; \bar{y})$ 周围是类 Lipschitz 的, 那么 $\mu$ 在 $\bar{x}$ 周围是 Lipschitz 连续的.

**证明** 因为 (ii) 的证明是相似的, 只需验证断言 (i) 就足够了. 所假设的 $\varphi$ 的 Lipschitz 连续性确保了规范条件 (4.3) 的有效性, 并将 (4.5) 简化为

$$\partial^\infty \mu(\bar{x}) \subset D^* G(\bar{x}, \bar{y})(0).$$

根据 $G$ 在 $(\bar{x}, \bar{y})$ 周围的类 Lipschitz 性质, 由定理 3.3(iii) 可得 $D^* G(\bar{x}, \bar{y})(0) = \{0\}$. 因此 $\partial^\infty \mu(\bar{x}) = \{0\}$, 根据定理 1.22, 这就蕴含着 $\mu$ 在 $\bar{x}$ 周围的 Lipschitz 连续性. △

下一个定理同样可以看作定理 4.1 的结果并作出一些改进, 它与以下定义的两个函数 $\varphi_1, \varphi_2: \mathbb{R}^n \to \overline{\mathbb{R}}$ 的下卷积的次微分相关

$$(\varphi_1 \oplus \varphi_2)(x) := \inf\{\varphi_1(x_1) + \varphi_2(x_2) \mid x_1 + x_2 = x\}. \tag{4.6}$$

我们定义与 (4.6) 相关联的卷积映射 $C: \mathbb{R}^n \rightrightarrows \mathbb{R}^{2n}$ 如下

$$C(x) := \{(x_1, x_2) \mid x_1 + x_2 = x, \varphi_1(x_1) + \varphi_2(x_2) = (\varphi_1 \oplus \varphi_2)(x)\}. \tag{4.7}$$

**定理 4.4** (下卷积的次微分) 对于 (4.7) 中映射 $C$, 给定某点 $\bar{x} \in \operatorname{dom} C$, 以下断言成立:

(i) 固定 $(\bar{x}_1, \bar{x}_2) \in C(\bar{x})$ 并假设卷积映射 (4.7) 在 $(\bar{x}, \bar{x}_1, \bar{x}_2)$ 处是内半连续的. 则我们有包含式

$$\partial(\varphi_1 \oplus \varphi_2)(\bar{x}) \subset \partial\varphi_1(\bar{x}_1) \cap \partial\varphi_2(\bar{x}_2),$$

$$\partial^\infty(\varphi_1 \oplus \varphi_2)(\bar{x}) \subset \partial^\infty\varphi_1(\bar{x}_1) \cap \partial^\infty\varphi_2(\bar{x}_2).$$

(ii) 如果卷积映射 (4.7) 在 $\bar{x}$ 周围是局部有界的, 则

$$\partial(\varphi_1 \oplus \varphi_2)(\bar{x}) \subset \bigcup_{(\bar{x}_1, \bar{x}_2) \in C(\bar{x})} \partial\varphi_1(\bar{x}_1) \cap \partial\varphi_2(\bar{x}_2),$$

$$\partial^\infty(\varphi_1 \oplus \varphi_2)(\bar{x}) \subset \bigcup_{(\bar{x}_1, \bar{x}_2) \in C(\bar{x})} \partial^\infty\varphi_1(\bar{x}_1) \cap \partial^\infty\varphi_2(\bar{x}_2).$$

**证明** 注意到 (i) 和 (ii) 的证明是类似的, 因此只需验证断言 (i) 就足够. 由定义 (4.6) 知下卷积具有边际函数表示:

$$(\varphi_1 \oplus \varphi_2)(x) = \inf\big\{\varphi(x, x_1, x_2)\big|\ (x_1, x_2) \in G(x)\big\}, \quad x \in I\!\!R^n, \qquad (4.8)$$

其中 $\varphi\colon I\!\!R^n \times I\!\!R^n \times I\!\!R^n \to \overline{I\!\!R}$ 且 $G\colon I\!\!R^n \rightrightarrows I\!\!R^n \times I\!\!R^n$ 分别定义如下

$$\varphi(x, x_1, x_2) := \varphi_1(x_1) + \varphi_2(x_2), \quad G(x) := \big\{(x_1, x_2) \in I\!\!R^{2n}\big|\ x_1 + x_2 = x\big\},$$

且此时极小点映射 (4.2) 简化为 (4.7). 现为验证规范条件 (4.3), 观察到

$$\partial^\infty \varphi(\bar{x}, \bar{x}_1, \bar{x}_2) = \big(0, \partial^\infty \varphi_1(\bar{x}_1), \partial^\infty \varphi_2(\bar{x}_2)\big)$$

且

$$N\big((\bar{x}, \bar{x}_1, \bar{x}_2); \mathrm{gph}\, G\big) = \big\{(v, -v, -v) \in I\!\!R^{3n}\big|\ v \in I\!\!R^n\big\},$$

从而 (4.3) 在 (4.8) 的框架中成立. 由后一公式得

$$D^* G(\bar{x}, \bar{x}_1, \bar{x}_2)(v_1, v_2) = \begin{cases} \{v_1\}, & v_1 = v_2, \\ \varnothing, & \text{否则}. \end{cases}$$

将上式代入 (4.4) 和 (4.5) 并结合

$$\partial\varphi(\bar{x}, \bar{x}_1, \bar{x}_2) = \big(0, \partial\varphi_1(\bar{x}_1), \partial\varphi_2(\bar{x}_2)\big),$$

我们得到 (i) 中所声称的表示. △

## 4.2 复合映射的次微分

当 (4.1) 中映射 $G = g\colon I\!\!R^n \to I\!\!R^m$ 为单值时, 边际函数简化为 (广义) 复合映射

$$(\varphi \circ g)(x) := \varphi(x, g(x)), \quad x \in I\!\!R^n, \qquad (4.9)$$

因此由定理 4.1, 我们可以推导得出增广次微分链式法则及其各种结果. 下一个定理还给出了复合映射的一些等式和次微分正则性的特例, 这似乎与 (4.1) 中约束映射的单值性特别相关. 注意, 该定理的第一部分适用于 Asplund 空间设置, 而第二部分适用于任何 Banach 空间; 参见练习 4.28.

**定理 4.5** (一般复合映射的基本次微分和奇异次微分) 考虑增广实值函数 $\varphi\colon I\!\!R^n \times I\!\!R^m \to \overline{I\!\!R}$ 与在 $\bar{x}$ 周围局部 Lipschitz 的映射 $g\colon I\!\!R^n \to I\!\!R^m$ 的复合 (4.9) 且记 $\bar{y} = g(\bar{x})$. 以下断言成立:

(i) 由规范条件 (4.3)(G = g) 可得以下次微分上估计

$$\partial(\varphi \circ g)(\bar{x}) \subset \bigcup_{(x^*, y^*) \in \partial\varphi(\bar{x}, \bar{y})} \left[ x^* + \partial\langle y^*, g\rangle(\bar{x}) \right], \tag{4.10}$$

$$\partial^\infty(\varphi \circ g)(\bar{x}) \subset \bigcup_{(x^*, y^*) \in \partial^\infty\varphi(\bar{x}, \bar{y})} \left[ x^* + \partial\langle y^*, g\rangle(\bar{x}) \right]. \tag{4.11}$$

如果外函数 $\varphi$ 在 $(\bar{x}, \bar{y})$ 周围是 $\mathcal{C}^1$ 类型的, 或者它在 $(\bar{x}, \bar{y})$ 处是下正则的, 并且内映射 $g$ 在 $\bar{x}$ 周围是 $\mathcal{C}^1$ 类型的. 则 (4.10) 中等式成立; 在后一情况下复合 $\varphi \circ g$ 在 $\bar{x}$ 处是下正则的.

(ii) 如果 $\varphi$ 在 $(\bar{x}, \bar{y})$ 处是严格可微的, 则我们总是有等式

$$\partial(\varphi \circ g)(\bar{x}) = \nabla_x\varphi(\bar{x}, \bar{y}) + \partial\langle\nabla_y\varphi(\bar{x}, \bar{y}), g\rangle(\bar{x}). \tag{4.12}$$

**证明** 为验证 (i), 观察到对于局部 Lipschitz 映射 $g$, 根据定理 1.32 的标量化公式知包含式 (4.10) 和 (4.11) 分别简化为 (4.4) 和 (4.5). 此外, 如果 $G = g$ 在 $\bar{x}$ 周围是局部 Lipschitz 的, 无须任何其他假设, 我们得到等式

$$\partial\mu(\bar{x}) = \big\{ x^* \big| (x^*, 0) \in \partial\vartheta(\bar{x}, \bar{y}) \big\}, \quad \partial^\infty\mu(\bar{x}) = \big\{ x^* \big| (x^*, 0) \in \partial^\infty\vartheta(\bar{x}, \bar{y}) \big\},$$

其中函数 $\vartheta$ 的定义如定理 4.1 中的证明所示. 这与定理 3.11(iii) 的证明类似. 然后将命题 1.30 和定理 2.19 的相应结果应用到 $\vartheta$ 的和形式上, 得出 (i) 中的等式和正则性陈述.

现在为证明断言 (ii), 选取任意序列 $\gamma_j \downarrow 0$, 并且由假定的 $\varphi$ 在 $(\bar{x}, \bar{y})$ 处的严格可微性 (1.19), 可得 $\eta_j \downarrow 0$ 使得

$$\big| \varphi(u, g(u)) - \varphi(x, g(x)) - \langle\nabla_x\varphi(\bar{x}, \bar{y}), u - x\rangle - \langle\nabla_y\varphi(\bar{x}, \bar{y}), g(u) - g(x)\rangle \big|$$
$$\leqslant \gamma_j\big(\|u - x\| + \|g(u) - g(x)\|\big), \quad \forall\, x, u \in B_{\eta_j}(\bar{x}), \quad j \in \mathbb{N}.$$

进一步选取 $x^* \in \partial(\varphi \circ g)(\bar{x})$, 并由 (1.37) 中第一个表示找到序列 $x_k \to \bar{x}$ 和 $x_k^* \to x^*$ 满足 $x_k^* \in \widehat{\partial}(\varphi \circ g)(x_k)$, $k \in \mathbb{N}$. 这使我们可以选取子列 $k_j \to \infty$ $(j \to \infty)$ 满足 $\|x_{k_j} - \bar{x}\| \leqslant \eta_j/2$ 且

$$\varphi(x, g(x)) - \varphi(x_{k_j}, g(x_{k_j})) - \langle x_{k_j}^*, x - x_{k_j}\rangle \geqslant -\varepsilon_{k_j}\|x - x_{k_j}\|,$$

其中当 $j \to \infty$ 时 $\varepsilon_{k_j} \downarrow 0$ 且 $x \in x_{k_j} + (\eta_j/2)\mathbb{B}$. 结合上述关系我们有估计

$$\langle\nabla_y\varphi(\bar{x}, \bar{y}), g(x) - g(x_{k_j})\rangle - \langle x_{k_j}^* - \nabla_x\varphi(\bar{x}, \bar{y}), x - x_{k_j}\rangle$$
$$\geqslant -\big[\varepsilon_{k_j} + \gamma_j(\ell + 1)\big]\|x - x_{k_j}\| \,\forall\, x \in x_{k_j} + (\eta_j/2)\mathbb{B},$$

其中 $\ell$ 是 $g$ 在 $\bar{x}$ 周围的 Lipschitz 常数. 由此可得

$$x_{k_j}^* - \nabla_x \varphi(\bar{x}, \bar{y}) \in \widehat{\partial}_{\nu_j} \langle \nabla_y \varphi(\bar{x}, \bar{y}), g \rangle (x_{k_j}), \quad \text{其中 } \nu_j := \varepsilon_{k_j} + \gamma_j(\ell + 1),$$

当 $j \to \infty$ 时对上式取极限并使用 (1.37) 中第二个表示式, 可得 (4.12) 中包含 "$\subset$". 为验证 (4.12) 中反向包含, 只需对任意次梯度 $x^* \in \partial \langle \nabla_y \varphi(\bar{x}, \bar{y}), g \rangle(\bar{x})$ 进行上述类似的认证即可. △

接下来, 我们得出定理 4.5 的几个显著结果; 有关此方向上更多结果另请参见 2.5 节中的练习. 我们从 (4.9) 中标准复合 $\varphi \circ g = \varphi(g(x))$ 的基本次梯度和奇异次梯度的包含形式的链式法则开始.

**推论 4.6** (基本次梯度和奇异次梯度的链式法则) 设 $\varphi \colon I\!R^m \to \overline{I\!R}$ 不依赖于 (4.9) 中第一个变量, 且设 $g \colon I\!R^n \to I\!R^m$ 在 $\bar{x}$ 周围是局部 Lipschitz 的. 假设规范条件

$$\partial^\infty \varphi(\bar{y}) \cap \ker \partial \langle \cdot, g \rangle(\bar{x}) = \{0\}$$

成立, 则我们有次微分链式法则

$$\partial(\varphi \circ g)(\bar{x}) \subset \bigcup_{y^* \in \partial \varphi(\bar{y})} \partial \langle y^*, g \rangle(\bar{x}), \quad \partial^\infty(\varphi \circ g)(\bar{x}) \subset \bigcup_{y^* \in \partial^\infty \varphi(\bar{y})} \partial \langle y^*, g \rangle(\bar{x}).$$

**证明** 根据上述内容, 当 $\varphi = \varphi(y)$ 且 $G = g$ 是局部 Lipschitz 时, 规范条件 (4.3) 简化为此处假定的规范条件. 则所声称的链式法则是 (4.10) 和 (4.11) 的具体形式. △

定理 4.5 的以下两个推论给出包含和等式形式的次微分乘积法则和商法则.

**推论 4.7** (次微分乘积法则) 设 $\varphi_i \colon I\!R^n \to \overline{I\!R}$ $(i = 1, 2)$ 在 $\bar{x}$ 周围是 Lipschitz 连续的. 则我们有乘积法则

$$\partial(\varphi_1 \cdot \varphi_2)(\bar{x}) = \partial\big(\varphi_2(\bar{x})\varphi_1 + \varphi_1(\bar{x})\varphi_2\big)(\bar{x}),$$

$$\partial(\varphi_1 \cdot \varphi_2)(\bar{x}) \subset \partial\big(\varphi_2(\bar{x})\varphi_1\big)(\bar{x}) + \partial\big(\varphi_1(\bar{x})\varphi_2\big)(\bar{x}),$$

其中, 如果函数 $\varphi_2(\bar{x})\varphi_1$ 和 $\varphi_1(\bar{x})\varphi_2$ 都在 $\bar{x}$ 处是下正则的, 则后者相等并且乘积 $\varphi_1 \cdot \varphi_2$ 在该点处是下正则的.

**证明** 为验证第一个乘积法则, 将 $\phi_1 \times \phi_2$ 表示成复合 (4.9), 其中 $\phi$ 和 $g$ 定义如下:

$$\varphi(y_1, y_2) := y_1 \cdot y_2 \quad \text{且} \quad g(x) := (\varphi_1(x), \varphi_2(x)).$$

则由定理 4.5(ii) 可得所声称的等式. 在其中利用推论 2.20 的次微分和法则可得第二个乘积法则的包含式, 其中等式和正则性结果可由定理 2.19 的相应结果得到. △

· 166 ·　　　　　　　　　　　　　　　　　　　　　　第 4 章　一阶次微分分析法则

**推论 4.8** (次微分商法则)　设 $\varphi_i\colon \mathbb{R}^n \to \overline{\mathbb{R}}$, $i = 1, 2$ 在 $\bar{x}$ 周围是 Lipschitz 连续的, 且 $\varphi_2(\bar{x}) \neq 0$. 则我们有

$$\partial\Big(\frac{\varphi_1}{\varphi_2}\Big)(\bar{x}) = \frac{\partial\big(\varphi_2(\bar{x})\varphi_1 - \varphi_1(\bar{x})\varphi_2\big)(\bar{x})}{[\varphi_2(\bar{x})]^2},$$

$$\partial\Big(\frac{\varphi_1}{\varphi_2}\Big)(\bar{x}) \subset \frac{\partial\big(\varphi_2(\bar{x})\varphi_1\big)(\bar{x}) - \partial\big(\varphi_1(\bar{x})\varphi_2\big)(\bar{x})}{[\varphi_2(\bar{x})]^2},$$

其中如果函数 $\varphi_2(\bar{x})\varphi_1$ 和 $-\varphi_1(\bar{x})\varphi_2$ 在 $\bar{x}$ 处都是下正则的, 那么后者等式成立且商 $\varphi_1/\varphi_2$ 在该点处是下正则的.

**证明**　与推论 4.7 中 $\varphi(y_1, y_2) := y_1/y_2$ 的情形类似.　　　　　　　　　　△

## 4.3　最小值和最大值函数的次微分

接下来, 我们继续计算有限多个函数的最小值和最大值的基本次微分与奇异次微分, 分别由下式定义

$$\big(\min \varphi_i\big)(x) := \min\big\{\varphi_i(x)\,\big|\, i = 1, \cdots, s\big\}, \tag{4.13}$$

$$\big(\max \varphi_i\big)(x) := \max\big\{\varphi_i(x)\,\big|\, i = 1, \cdots, s\big\}, \tag{4.14}$$

其中 $\varphi_i\colon X \to \overline{\mathbb{R}}$ 且 $s \geqslant 2$. 这两类函数本质上是非光滑的 (即使当所有 $\varphi_i$ 都为线性函数时), 而它们的广义可微性则大不相同, 不能通过取负号来相互简化; 例如, 比较最简单的函数 $|x| = \max\{x, -x\}$ 和 $-|x| = \min\{x, -x\}$ 并见图 4.1. 这一问题已经在凸分析中得到了很好的认识, 但由于具有正负对称性的 Clarke 广义梯度 (1.78) 不能识别这一差异, 这意味着等式

$$\overline{\partial}\big(\min \varphi_i\big)(\bar{x}) = \overline{\partial}\big(\max \varphi_i\big)(\bar{x})$$

对任意局部 Lipschitz 函数 $\varphi_i$ 成立. 通过以下最小值和最大值函数的次梯度计算的分析法则, 我们的非凸单侧结构的使用则充分认识到了这种差异.

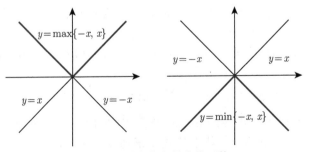

图 4.1　最大值和最小值函数

我们从极小值函数开始, 定义活跃指标集

$$I_{\min}(x) := \left\{ i \in \{1, \cdots, s\} \,\middle|\, \varphi_i(x) = (\min \varphi_i)(x) \right\}, \quad x \in \mathbb{R}^n.$$

**命题 4.9** (最小值函数的基本次微分和奇异次微分) 考虑 (4.13), 固定 $\bar{x} \in \bigcap_{i=1}^s \operatorname{dom} \varphi_i$. 则我们有

$$\partial (\min \varphi_i)(\bar{x}) \subset \cup \left\{ \partial \varphi_i(\bar{x}) \,\middle|\, i \in I_{\min}(\bar{x}) \right\}, \tag{4.15}$$

$$\partial^\infty (\min \varphi_i)(\bar{x}) \subset \cup \left\{ \partial^\infty \varphi_i(\bar{x}) \,\middle|\, i \in I_{\min}(\bar{x}) \right\}. \tag{4.16}$$

**证明** 我们只需验证 (4.15), 因为对奇异次微分的表示式 (1.38), 我们可按 (4.16) 的证明类似进行. 选取序列 $x_k \in \mathbb{R}^n$ 使得 $x_k \to \bar{x}$ 且 $\varphi_i(x_k) \to (\min \varphi_i)(\bar{x})$ 对 $i \notin I_{\min}(\bar{x})$ 成立. 使用 $\varphi_i$ 在 $\bar{x}$ 处的下半连续性 (固定假设), 我们得到 $I_{\min}(x_k) \subset I_{\min}(\bar{x})$. 由定义 (1.33) 易知

$$\widehat{\partial}(\min \varphi_i)(x_k) \subset \cup \left\{ \widehat{\partial} \varphi_i(x_k) \,\middle|\, i \in I_{\min}(\bar{x}) \right\}, \quad k \in \mathbb{N}. \tag{4.17}$$

根据基本次梯度的表示式 (1.37), 在 (4.17) 中取极限可得 (4.15) 成立. 通过奇异次微分表示式 (1.38) 可类似证明 (4.16). △

虽然我们的固定假设是所涉函数的下半连续性 (除非另有说明), 但在下面的关于最大值函数 (4.14) 的次微分的定理中, 我们假定所考虑的某些函数具有上半连续性 (u.s.c.). 记

$$I_{\max}(\bar{x}) := \left\{ i \in \{1, \cdots, s\} \,\middle|\, \varphi_i(\bar{x}) = (\max \varphi_i)(\bar{x}) \right\},$$

$$\Lambda(\bar{x}) := \left\{ (\lambda_1, \cdots, \lambda_s) \,\middle|\, \lambda_i \geqslant 0, \, \sum_{i=1}^s \lambda_i = 1, \, \lambda_i \big( \varphi_i(\bar{x}) - (\max \varphi_i)(\bar{x}) \big) = 0 \right\}.$$

**定理 4.10** (最大值函数的次微分) 假设对于 $i \in I_{\max}(\bar{x})$, $\varphi_i$ 在 $\bar{x}$ 周围是下半连续的, 且对于 $i \notin I_{\max}(\bar{x})$, $\varphi_i$ 在 $\bar{x}$ 处是上半连续的. 则:

(i) 仅考虑 $i \in I_{\max}(\bar{x})$ 的情形, 在规范条件 (2.37) 的有效性下我们有包含式

$$\partial (\max \varphi_i)(\bar{x}) \subset \bigcup \left\{ \sum_{i \in I_{\max}(\bar{x})} \lambda_i \circ \partial \varphi_i(\bar{x}) \,\middle|\, (\lambda_1, \cdots, \lambda_s) \in \Lambda(\bar{x}) \right\},$$

$$\partial^\infty (\max \varphi_i)(\bar{x}) \subset \sum_{i \in I_{\max}(\bar{x})} \partial^\infty \varphi_i(\bar{x}),$$

其中, $\lambda \circ \partial \varphi(\bar{x})$ 当 $\lambda > 0$ 时定义为 $\lambda \partial \varphi(\bar{x})$, 且当 $\lambda = 0$ 时定义为 $\partial^\infty \varphi(\bar{x})$. 此外, 如果对 $i \in I_{\max}(\bar{x})$, 每个 $\varphi_i$ 在 $\bar{x}$ 处都是上图正则的, 则最大值函数在该点处同样是上图正则的且上面两个包含式都相等.

(ii) 假设每个 $\varphi_i$, $i = 1, \cdots, s$, 都在 $\bar{x}$ 周围是 Lipschitz 连续的. 则我们有包含式

$$\partial\big(\max \varphi_i\big)(\bar{x}) \subset \cup \left\{ \partial\left(\sum_{i \in I_{\max}(\bar{x})} \lambda_i \varphi_i\right)(\bar{x}) \Big| (\lambda_1, \cdots, \lambda_s) \in \Lambda(\bar{x}) \right\},$$

其中, 如果每个 $\varphi_i$ $(i \in I_{\max}(\bar{x}))$ 在该 $\bar{x}$ 处都是下正则的, 则等式成立且极大值函数在该点处是下正则的.

**证明**  记 $\bar{\alpha} := \big(\max \varphi_i\big)(\bar{x})$, 由上半连续性假设, 对任意 $i \notin I_{\max}(\bar{x})$, $(\bar{x}, \bar{\alpha})$ 是集合 $\mathrm{epi}\,\varphi_i$ 的一个内点. 在 $(\bar{x}, \bar{\alpha})$ 处对上图 $\mathrm{epi}\,\varphi_i$ $(i = 1, \cdots, s)$ 应用推论 2.17 的交法则, 可得断言 (i).

为验证断言 (ii) (它为 Lipschitz 函数的情况提供了一个更好的基本次微分的上估计), 我们将最大值函数表示为复合 $\varphi \circ g$, 其中

$$\varphi(y_1, \cdots, y_s) := \max\{y_1, \cdots, y_s\} \quad \text{且} \quad g(x) := (\varphi_1(x), \cdots, \varphi_s(x)).$$

然后, 考虑到可由 (i) 中等式得出此复合中凸函数 $\varphi$ 的次微分的著名公式, 我们将推论 4.6 (其中的等式和法向正则性结论) 中的链式法则应用于该组合.          △

## 4.4   中值定理及其应用

经典的 Lagrange 中值定理是实分析的核心结果之一, 在许多应用中起着至关重要的作用. 这一节包含了在没有可微性的情况下, 中值定理的几个扩展版本. 我们还介绍了它们在变分分析中的一些重要应用.

### 4.4.1   由对称次梯度表示的中值定理

我们从推导连续函数的广义中值定理开始, 使用适当的 (对于这种形式来说是最小的) 次微分构造代替经典梯度以获得该定理的 Lagrange 形式. 这种构造就是对称次微分

$$\partial^0 \varphi(\bar{x}) := \partial\varphi(\bar{x}) \cup \big[-\partial(-\varphi)(\bar{x})\big], \tag{4.18}$$

其某些性质在练习 1.75 中进行了讨论. (1.75) 中的奇异对称次微分 $\partial^{\infty,0}\varphi(\bar{x})$ 用于表示下面推广中值定理的有效性所需的适当规范条件. 对给定的 $a, b \in I\!R^n$, 我们使用符号

$$(b - a)^\perp := \{x^* \in I\!R^n \,|\, \langle x^*, b - a \rangle = 0\}, \quad [a, b] := \{a + t(b - a) \,|\, 0 \leqslant t \leqslant 1\}$$

可相应定义 $(a, b)$, $(a, b]$ 和 $[a, b)$.

**定理 4.11** (连续函数的对称次微分中值定理)  设 $\varphi: \mathbb{R}^n \to \overline{\mathbb{R}}$ 在一个包含 $[a,b]$ 的开集上是连续的, 且满足规范条件

$$\partial^{\infty,0}\varphi(x) \cap (b-a)^{\perp} = \{0\}, \quad \forall\, x \in (a,b),$$

则我们有中值包含关系

$$\varphi(b) - \varphi(a) \in \langle \partial^0 \varphi(c), b-a \rangle, \quad \text{对某个 } c \in (a,b) \text{ 成立.} \tag{4.19}$$

**证明**  我们首先验证存在实数 $\theta \in (0,1)$, 使得

$$\varphi(b) - \varphi(a) \in \partial_t^0 \varphi\big(a + \theta(b-a)\big), \tag{4.20}$$

其中, 上式右边是函数 $t \to \varphi(a+t(b-a))$ 在 $t = \theta$ 处的对称次微分 (1.75). 为此, 定义 $\phi: [0,1] \to \mathbb{R}$ 如下

$$\phi(t) := \varphi\big(a + t(b-a)\big) + t\big(\varphi(a) - \varphi(b)\big), \quad 0 \leqslant t \leqslant 1,$$

观察到 $\phi$ 在 $[0,1]$ 上是连续的且 $\phi(0) = \phi(1) = \varphi(a)$. 由经典的 Weierstrass 定理可知, $\phi$ 在 $[0,1]$ 上能取到最小值和最大值. 除了 $\psi$ 在 $[0,1]$ 上为常数的平凡情况外, 我们得到内点 $\theta \in (0,1)$, 使得 $\phi$ 在该点处取到 $[0,1]$ 上的最小值或者最大值. 则由命题 1.30(i) 的广义 Fermat 法则及其在最大值情况下的上次微分对应结果有 $0 \in \partial^0 \phi(\theta)$. 观察到 $\phi$ 是两个函数的和 (其中一个是光滑的), 应用命题 1.30(ii) 的初等和法则, 得到 (4.20).

将 (4.20) 中函数表示为复合

$$\varphi\big(a + t(b-a)\big) = (\varphi \circ g)(t), \quad \text{其中 } g(t) := a + t(b-a), \quad 0 \leqslant t \leqslant 1.$$

最后, 在给定规范条件下对该复合应用推论 4.6 的次微分链式法则及其上对应结果, 我们可得中值包含关系 (4.19) 且 $c := a + \theta(b-a)$.  $\triangle$

**推论 4.12** (Lipschitz 函数的对称次微分中值定理)  如果 $\varphi$ 在某个包含 $[a,b]$ 的开集上是 Lipschitz 连续的, 则 (4.19) 成立. 此外, 如果 $\varphi$ 在区间 $(a,b)$ 上是下正则的, 则我们有包含关系

$$\varphi(b) - \varphi(a) \in \langle \partial \varphi(c), b-a \rangle, \quad \text{对某个 } c \in (a,b) \text{ 成立.} \tag{4.21}$$

**证明**  由定理 1.22 可知, 定理 4.11 的规范条件对于 Lipschitz 函数自动成立. 我们仍需在下正则性的假设下验证 (4.21). 为此, 根据定理 4.5(i), 由 $\varphi$ 在 $c = a + \theta(b-a)$ 处的下正则性可得函数 $t \to \varphi(a + t(b-a)) = (\varphi \circ g)(t)$ 在 $\theta$ 处的下正则性. 因此, 根据 $\varphi \circ g$ 的 Lipschitz 连续性, 由定理 1.22 我们可得

$\widehat{\partial}(\varphi \circ g)(\theta) = \partial(\varphi \circ g)(\theta) \neq \varnothing$. 易知这蕴含着 $\widehat{\partial}^+(\varphi \circ g)(\theta) \subset \widehat{\partial}(\varphi \circ g)(\theta)$; 参见练习 1.76(i). 在这种情况下, 根据定理 4.11 中 (4.20) 的证明, 有

$$\varphi(b) - \varphi(a) \in \widehat{\partial}(\varphi \circ g)(\theta) \subset \partial(\varphi \circ g)(\theta),$$

从而, 使用推论 4.6 我们可得 (4.21).　　　　　　　　　　　　　　　　　　△

注意, 对于具有推广形式 (4.21) 的中值定理的有效性, 下正则性假设是必要的. 下面提供一个简单的反例: 在 $[a, b] = [-1, 1]$ 上定义 $\varphi(x) := -|x|$, 其中 $\partial\varphi(0) = \{-1, 1\}$ 且 $\partial^0\varphi(0) = [-1, 1]$. 这表明 (4.19) 成立而 (4.21) 不成立.

### 4.4.2　近似中值定理

接下来我们提出在经典分析和凸分析中从未出现过的一个新型中值定理. 这类结果适用于下半连续的增广实值函数, 称为近似中值定理 (AMVT); 有关更多注释参见 4.6 节. 这样的结果在变分分析中非常有用, 这在本节的其余部分中得到了部分认证. 以下版本的 AMVT 的公式涉及正则次微分 (1.33).

**定理 4.13** (下半连续函数的近似中值定理)　设 $\varphi \colon \mathbb{R}^n \to \overline{\mathbb{R}}$ 在两个给定点 $a \neq b$ 处取有限值, 且设 $c \in [a, b)$ 属于以下函数的非空极小点集

$$\psi(x) := \varphi(x) - \frac{\varphi(b) - \varphi(a)}{\|b - a\|} \|x - a\|, \quad x \in [a, b].$$

则存在序列 $x_k \xrightarrow{\varphi} c$ 和 $x_k^* \in \widehat{\partial}\varphi(x_k)$ 满足

$$\liminf_{k \to \infty} \langle x_k^*, b - x_k \rangle \geqslant \frac{\varphi(b) - \varphi(a)}{\|b - a\|} \|b - c\|, \tag{4.22}$$

$$\liminf_{k \to \infty} \langle x_k^*, b - a \rangle \geqslant \varphi(b) - \varphi(a). \tag{4.23}$$

此外, 如果 $c \neq a$, 则我们有等式

$$\lim_{k \to \infty} \langle x_k^*, b - a \rangle = \varphi(b) - \varphi(a).$$

**证明**　首先观察到定理中定义的 $\psi$ 是下半连续的, 因此它在某点 $c$ 处达到 $[a, b]$ 上的最小值. 因为 $\psi(a) = \psi(b)$, 我们总能选取 $c \in [a, b)$. 不失一般性, 假设 $\varphi(a) = \varphi(b)$, 从而对所有 $x \in [a, b]$ 我们有 $\psi(x) = \varphi(x)$. $\varphi$ 的下半连续性确保存在 $r > 0$ 使得 $\varphi$ 在集合 $\Theta := [a, b] + r\mathbb{B}$ 上是下有界的且界限为某个 $\gamma \in \mathbb{R}$. 因此函数 $\vartheta(x) := \varphi(x) + \delta(x; \Theta)$ 在整个空间 $\mathbb{R}^n$ 上是下半连续且下有界的. 对任意固定的 $k \in \mathbb{N}$ 选取 $r_k \in (0, r)$ 使得 $\varphi(x) \geqslant \varphi(c) - k^{-2}$ 对 $x \in [a, b] + r_k\mathbb{B}$ 成立, 并选取 $t_k \geqslant k$ 满足 $\gamma + t_k r_k \geqslant \varphi(c) - k^{-2}$. 因此

$$\varphi(c) = \vartheta_k(c) \leqslant \inf_{x \in \mathbb{R}^n} \vartheta_k(x) + k^{-2}, \quad \text{其中 } \vartheta_k(x) := \vartheta(x) + t_k \mathrm{dist}\big(x; [a, b]\big).$$

对 $\vartheta_k(x)$ 及参数 $\varepsilon = k^{-2}$ 和 $\lambda = k^{-1}$ 应用推论 2.13 的 Ekeland 变分原理. 这样我们得到 $x_k \in I\!R^n$ 使得

$$\|x_k - c\| \leqslant k^{-1}, \quad \vartheta_k(x_k) \leqslant \vartheta_k(c) = \varphi(c), \quad \vartheta_k(x_k) \leqslant \vartheta_k(x) + k^{-1}\|x - x_k\|$$

对所有 $x \in I\!R^n$ 成立. 最后一个不等式意味着函数 $\vartheta_k(x) + k^{-1}\|x - x_k\|$ 在 $x = x_k$ 处达到其最小值. 因此, 由于 $\partial\|\cdot\|(0) = I\!B$, 根据命题 1.30(i) 的次微分 Fermat 法则和推论 2.20 的次微分和法则, 我们可得

$$0 \in \partial\vartheta_k(x_k) + k^{-1}I\!B, \quad \forall\, k \in I\!N,$$

其中 $I\!B \subset I\!R^n$ 是 (对偶) 单位球. 现在对基本次微分使用定理 1.28 中 (1.37) 的第一个表示式, 再次对 $\vartheta_k$ 的和式使用推论 2.20 的和法则并考虑到 $x_k \in \text{int}\,\Theta$ 对充分大的 $k$ 成立, 我们找到序列 $u_k \xrightarrow{\varphi} c$, $v_k \to c$, $u_k^* \in \widehat{\partial}\varphi(u_k)$, $v_k^* \in \partial\text{dist}(v_k; [a, b])$ 和 $e_k^* \in I\!B$ 使得

$$\|u_k^* + t_k v_k^* + k^{-1} e_k^*\| \to 0, \quad k \to \infty, \tag{4.24}$$

其中, 根据命题 1.33 有 $\|v_k^*\| \leqslant 1$, 且显然

$$\langle v_k^*, b - v_k\rangle \leqslant \text{dist}(b; [a, b]) - \text{dist}(v_k; [a, b]) \leqslant 0, \quad k \in I\!N.$$

我们的下一个目标是对每个 $k \in I\!N$ 构造点 $w_k \in [a, b]$ 使其满足 $v_k$ 的类似性质. 选取任意投影 $w_k \in \Pi(v_k; [a, b])$, 观察到

$$
\begin{aligned}
\langle v_k^*, b - w_k\rangle &= \langle v_k^*, b - v_k\rangle + \langle v_k^*, v_k - w_k\rangle \\
&\leqslant \text{dist}(b; [a, b]) - \text{dist}(v_k; [a, b]) + \|v_k^*\| \cdot \|v_k - w_k\| \\
&\leqslant -\text{dist}(v_k; [a, b]) + \text{dist}(v_k; [a, b]) = 0.
\end{aligned}
$$

因为 $w_k \to c \neq b$ 且 $(x - b)\|y - b\| = (y - b)\|x - b\|$ 对 $x, y \in [a, b]$ 成立, 由上式知, 对充分大的 $k \in N$ 有 $\langle v_k^*, b - a\rangle \leqslant 0$. 根据 (4.24), 有

$$\liminf_{k \to \infty} \langle u_k^*, b - u_k\rangle \geqslant 0 \quad \text{且} \quad \liminf_{k \to \infty} \langle u_k^*, b - a\rangle \geqslant 0,$$

这就验证了 (4.22) 和 (4.23). 最后, 如果 $c \neq a$, 则对充分大的 $k \in I\!N$, 有 $v_k \neq a$, 从而 $\langle v_k^*, b - c\rangle = 0$. 由上面论述易知, 这蕴含着 $\langle u_k^*, b - a\rangle \to 0$, 从而完成了定理的证明. △

接下来我们证明关键的中值不等式 (4.23) 在 $\varphi(b) = \infty$ 的情况下仍然成立, 并通过正则次微分对给定的下半连续函数的增量进行有用的估计. 此外, 我们建立 Lipschitz 函数的这些关系的极限形式的对应结果.

**推论 4.14** (中值不等式)　以下断言成立:

(i) 设 $\varphi\colon I\!R^n \to \overline{I\!R}$ 在 $a \in I\!R^n$ 处取有限值. 则对任意 $b \in I\!R^n$, 存在点 $c \in [a,b]$ 和序列 $x_k \xrightarrow{\varphi} c$, $x_k^* \in \widehat{\partial}\varphi(x_k)$ 满足中值不等式 (4.23). 此外, 对每个 $\varepsilon > 0$ 我们有估计

$$|\varphi(b) - \varphi(a)| \leqslant \|b - a\| \sup\{\|x^*\| \mid x^* \in \widehat{\partial}\varphi(c),\ c \in [a,b] + \varepsilon I\!B\}. \tag{4.25}$$

(ii) 如果 $\varphi$ 在某个包含 $[a,b]$ 的开集上是 Lipschitz 连续的, 则

$$\langle x^*, b - a \rangle \geqslant \varphi(b) - \varphi(a), \quad \text{对某个 } x^* \in \partial\varphi(c) \text{ 且 } c \in [a,b),$$

$$|\varphi(b) - \varphi(a)| \leqslant \|b - a\| \sup\{\|x^*\| \mid x^* \in \partial\varphi(c),\ c \in [a,b)\}.$$

**证明**　为验证 (i) 的中值不等式, 只需考虑 $\varphi(b) = \infty$ 的情形. 在这种情况下, 只需对每个 $s \in I\!N$ 将 (4.23) 应用于修改后的函数列

$$\phi_s(x) := \begin{cases} \varphi(x), & x \neq b, \\ \varphi(a) + s, & x = b. \end{cases}$$

从 (4.23) 立即可得 (i) 的增量估计.

　　为验证 (ii), 利用定理 4.13 找到 $c \in [a,b)$, $x_k \to c$ 和 $x_k^* \in \widehat{\partial}\varphi(x_k)$ 满足 (4.23), 并观察到, 根据正则次梯度定义 (1.33) 知 $\varphi$ 的 Lipschitz 连续性确保序列 $\{x_k^*\}$ 是一致有界的. 因此由 (1.37) 知, 它包含一个收敛子列且其极限 $x^*$ 属于基本次微分 $\partial\varphi(c)$. 则通过在 (4.23) 中取极限可得 (ii) 的中值不等式. 显然由此可得 (ii) 中的增量估计.　　　　　　　　　　　　　　　　　　　　　　　　　△

　　注意, 推论 4.14(ii) 的中值不等式提供了推论 4.12 中 Lipschitz 函数的推广中值定理的一个单边版本 (不等式与等式), 它仅使用了基本次微分而非对称次微分 (4.18), 并且没有下正则性的要求.

### 4.4.3　AMVT 的次微分刻画

　　最后, 在本节中, 我们将介绍近似中值定理的几个显著结果. 第一个结果与下半连续函数局部 Lipschitz 连续性的次微分刻画相关.

**定理 4.15** (局部 Lipschitz 连续性的次微分刻画)　给定 $\varphi\colon I\!R^n \to \overline{I\!R}$ 且 $\bar{x} \in \operatorname{dom}\varphi$, 给定常数 $\ell \geqslant 0$, 以下性质等价:

(a) 存在正数 $\gamma$ 使得

$$\widehat{\partial}\varphi(x) \subset \ell I\!B, \quad \text{其中 } \|x - \bar{x}\| < \gamma, \quad |\varphi(x) - \varphi(\bar{x})| < \gamma.$$

(b) 存在 $\bar{x}$ 的邻域 $U$ 且在该邻域上 $\widehat{\partial}\varphi(x) \subset \ell I\!B$.

(c) $\varphi$ 在 $\bar{x}$ 周围是 Lipschitz 连续的且模为 $\ell$.

此外, $\varphi$ 在 $\bar{x}$ 周围的局部 Lipschitz 连续性及模 $\ell \geqslant 0$ 等价于奇异次微分条件 $\partial^\infty \varphi(\bar{x}) = \{0\}$.

**证明** 不失一般性, 假设 $\bar{x} = 0$ 且 $\varphi(\bar{x}) = 0$, 首先验证蕴含关系 (a)$\Rightarrow$(b) 对 $U := \eta(\text{int } I\!B)$ 成立, 其中常数 $\eta > 0$. 这意味着在 (a) 的设置中存在 $\eta > 0$ 使得 $|\varphi(x)| < \gamma$ 对所有 $\|x\| < \eta$ 成立. 观察到, 由 $\varphi$ 在 $\bar{x} = 0$ 周围的下正则性, 我们可以找到 $\nu > 0$ 使得当 $\|x\| < \nu$ 时有 $\varphi(x) > -\gamma$. 记 $\eta := \min\{\nu, \gamma, \gamma/\ell\}$, 其中包含 $\ell = 0$ 的情形且此时 $\eta$ 简化为 $\min\{\nu, \gamma\}$, 然后证明 $\varphi(x) < \gamma$ 当 $\|x\| < \min\{\gamma, \gamma/\ell\}$ 时成立. 这就证明了所述的蕴含关系.

相反, 假设存在 $b \in I\!R^n$ 满足 $\|b\| < \min\{\gamma, \gamma/\ell\}$ 和 $\varphi(b) \geqslant \gamma$. 考虑 $I\!R^n$ 上满足定理 4.13 中所有假设的函数

$$\phi(x) := \min\{\varphi(x), \gamma\} \quad \text{且} \quad \phi(0) = 0, \ \phi(b) = \gamma,$$

并对其应用中值不等式 (4.23). 由此我们可得 $c \in [0, b)$ 以及 $x_k \xrightarrow{\phi} c$, $x_k^* \in \widehat{\partial}\phi(x_k)$ 满足

$$\liminf_{k \to \infty} \langle x_k^*, b \rangle \geqslant \phi(b) - \phi(0) = \gamma, \quad \liminf_{k \to \infty} \|x_k^*\| \geqslant \gamma/\|b\| > \ell.$$

回顾点 $c$ 是函数

$$\psi(x) := \phi(x) - \|b\|^{-1} \|x\| \big(\phi(b) - \phi(0)\big)$$

在 $[0, b]$ 上的一个极小点, 由此可得 $\phi(c) \leqslant \gamma \|b\|^{-1} \|c\| < \gamma$. 因此, 由 $\phi(x_k) < \gamma$ 以及 $x_k \xrightarrow{\phi} c$ 可知, $\phi(x_k) = \varphi(x_k)$ 当 $k$ 充分大时成立. 此外, 通过 $\phi(x) \leqslant \varphi(x)$, $x \in I\!R^n$, 我们得到

$$\widehat{\partial}\phi(x_k) \subset \widehat{\partial}\varphi(x_k),$$

从而 $x_k^* \in \widehat{\partial}\varphi(x_k)$. 因为 $\|x_k^*\| > \ell$, 这与 (a) 矛盾, 从而验证了 (a)$\Rightarrow$(b).

蕴含关系 (b)$\Rightarrow$(c) 可由推论 4.14(i) 中的增量估计得到, 由定义易得蕴含关系 (c)$\Rightarrow$(b) 而 (b)$\Rightarrow$(a) 是平凡的. 在定理 1.22 中已经证明了 $\partial^\infty \varphi(\bar{x}) = \{0\}$ 对局部 Lipschitz 函数成立, 因此只需验证反向蕴含关系. 根据等价关系 (a)$\Leftrightarrow$(c), 只需证明 (a) 对某个 $\ell, \gamma > 0$ 成立.

如果该式不成立, 可以找到 $x_k \xrightarrow{\varphi} \bar{x}$ 和 $x_k^* \in \widehat{\partial}\varphi(x_k)$ 满足 $\|x_k^*\| \to \infty$. 由此可得

$$\left(\frac{x_k^*}{\|x_k^*\|}, -\frac{1}{\|x_k^*\|}\right) \in \widehat{N}\big((x_k, \varphi(x_k)); \text{epi } \varphi\big), \quad k \in I\!N.$$

记 $\widetilde{x}_k^* := x_k^*/\|x_k^*\|$, 选取 $\{\widetilde{x}_k^*\}$ 的子列使其收敛到某个 $x^*$ 并满足 $\|x^*\| = 1$ 以及 $(x^*, 0) \in N\big((\bar{x}, \varphi(\bar{x})); \text{epi } \varphi\big)$. 这与所施加条件 $\partial^\infty \varphi(\bar{x}) = \{0\}$ 矛盾, 从而完成了证明. $\triangle$

　　定理 4.15 蕴含着经典分析基本结果的次微分扩展, 该结果是微分和积分的桥梁, 即在开集上具有零导数的函数只能是常数.

　　**推论 4.16** (常值下半连续函数的次微分刻画)　考虑开集 $U \subset \mathbb{R}^n$ 上的函数 $\varphi: U \to \overline{\mathbb{R}}$. 则 $\varphi$ 在 $U$ 上是局部常值的当且仅当

$$x^* \in \widehat{\partial}\varphi(x) \Rightarrow x^* = 0, \quad \forall \, x \in U.$$

如果 $U$ 是连通的, 这等价于 $\varphi$ 在 $U$ 上为常值.

　　**证明**　在定理 4.15 中取 $\ell = 0$ 即可得到.　　　　　　　　　　　　　△

　　AMVT 的下一个显著结果是严格可微函数 (1.19) 的以下次微分刻画. 例 1.21 中的函数表明, 施加 Lipschitz 连续性和严格可微性对于所得到等价的有效性必不可少.

　　**定理 4.17** (严格可微性的次微分刻画)　设下半连续函数 $\varphi: \mathbb{R}^n \to \overline{\mathbb{R}}$ 在 $\bar{x}$ 处取有限值并给定向量 $\bar{x}^* \in \mathbb{R}^n$, 下列性质等价:

　　(a) $\varphi$ 在 $\bar{x}$ 附近是 Lipschitz 连续的, 且对任意序列 $x_k \to \bar{x}$ 和 $x_k^* \in \widehat{\partial}\varphi(x_k)$, 有 $x_k^* \to \bar{x}^*$ 当 $k \to \infty$ 时成立.

　　(b) $\varphi$ 在 $\bar{x}$ 附近是 Lipschitz 连续的, 且 $\partial\varphi(\bar{x}) = \{\bar{x}^*\}$.

　　(c) $\varphi$ 在 $\bar{x}$ 处是严格可微的, 且 $\nabla\varphi(\bar{x}) = \bar{x}^*$.

　　**证明**　不失一般性, 假设 $\bar{x} = 0$, $\varphi(0) = 0$ 且 $\bar{x}^* = 0$. 为验证 (a)⇒(b), 选取 $x^* \in \partial\varphi(0)$, 找到 $x_k \to 0$ 和 $x_k^* \in \widehat{\partial}\varphi(x_k)$ 满足 $x_k^* \to x^*$. 由 (a) 得 $x^* = 0$, 即, $\partial\varphi(0) = \{0\}$ 和 (b) 成立.

　　下证 (b)⇒(c). 观察到 $\varphi$ 在 $\bar{x} \in \mathbb{R}^n$ 处的严格可微性和 $x^* = \nabla\varphi(\bar{x})$ 可等价描述为

$$\lim_{\substack{x \to \bar{x} \\ t \downarrow 0}} \left[ \sup_{u \in C} \left| \frac{\varphi(x + tu) - \varphi(x)}{t} - \langle x^*, u \rangle \right| \right] = 0 \tag{4.26}$$

对任意有界闭集 $C \subset \mathbb{R}^n$ 成立. 使用反证法证明, 假设存在这样的集合 $C$ 使得 (4.26) 中极限要么不存在, 要么不等于零. 在这两种情况下可选取子列 $x_k \to 0$, $t_k \downarrow 0$ 和 $u_k \in C$ 满足

$$\lim_{k \to \infty} \frac{\varphi(x_k + t_k u_k) - \varphi(x_k)}{t_k} := \alpha > 0.$$

则由中值不等式 (4.23) 可得 $c_k \in \mathbb{R}^n$ 和 $x_k^* \in \widehat{\partial}\varphi(c_k)$ 满足

$$\mathrm{dist}\big(c_k; [x_k, x_k + t_k u_k]\big) \leqslant k^{-1}, \quad \langle x_k^*, t_k u_k \rangle \geqslant \varphi(x_k + t_k u_k) - \varphi(x_k) - t_k k^{-1},$$

从而 $c_k \to 0$. 由 $C$ 的紧性找到 $\{u_k\}$ 的子列收敛于某个 $u \in C$. 同样, 由 $\varphi$ 的局部 Lipschitz 连续性知序列 $\{x_k^*\}$ 是有界的, 从而可以选择它的子列收敛到某个

$x^* \in \partial\varphi(0)$. 对上面这些式子取极限, 有

$$\|x^*\| \cdot \|u\| \geqslant \langle x^*, u \rangle \geqslant \lim_{k\to\infty} \frac{\varphi(x_k + t_k u_k) - \varphi(x_k)}{t_k} = \alpha > 0,$$

这就导致 $x^* \neq 0$, 与 (b) 矛盾.

最后验证 (c)⇒(a), 首先回顾 $\varphi$ 在 $\bar{x} = 0$ 附近的局部 Lipschitz 连续性总是可以由 $\varphi$ 在该点处的严格可微性得到; 参见练习 1.52. 现在只需验证 (a) 中的极限关系对 $\bar{x}^* = 0$ 成立. 对任意序列 $x_k \to 0$ 和 $x_k^* \in \widehat{\partial}\varphi(x_k)$, 有

$$\liminf_{x\to x_k} \frac{\varphi(x) - \varphi(x_k) - \langle x_k^*, x - x_k \rangle}{\|x - x_k\|} \geqslant 0,$$

因此对每个 $\gamma_k \downarrow 0$ 找到 $x_k$ 的邻域 $U_k$, 使得

$$\langle x_k^*, x - x_k \rangle \leqslant \varphi(x) - \varphi(x_k) + \gamma_k \|x - x_k\|$$

在 $U_k$ 上成立. 固定 $u \in I\!B$ 并选取足够小的 $t > 0$ 使得 $x := x + k + tu \in U_k$. 则

$$\langle x_k^*, u \rangle \leqslant \frac{\varphi(x_k + tu) - \varphi(x_k)}{t} + \gamma_k \|u\|.$$

在上式中将 $u$ 替换为 $-u$, 我们得到估计

$$|\langle x_k^*, u \rangle| \leqslant \left| \frac{\varphi(x_k + tu) - \varphi(x_k)}{t} \right| + \gamma_k, \quad \text{以及}$$

$$\sup_{u \in I\!B} \{ |\langle x_k^*, u \rangle| \} \leqslant \sup_{u \in I\!B} \left[ \left| \frac{\varphi(x_k + tu) - \varphi(x_k)}{t} \right| \right] + \gamma_k,$$

这反过来蕴含着极限关系

$$\lim_{k\to\infty} \|x_k^*\| \leqslant \lim_{k\to\infty, t\downarrow 0} \left[ \sup_{u \in I\!B} \left| \frac{\varphi(x_k + tu) - \varphi(x_k)}{t} \right| \right] + \lim_{k\to\infty} \gamma_k.$$

因此我们得到 $x_k^* \to 0$ 当 $k \to \infty$ 时成立, 从而完成定理的证明. △

从下一个定理开始, 我们在本节和第 5 章中继续研究函数和算子的各种单调性, 这些性质在变分分析和优化的许多方面起着基础性作用.

下面的结果与增广实值函数的单调性相关. 特别地, 在 Lagrange 中值定理的基础上, 给出了经典分析中导数非正的光滑函数一定非增这个事实的次微分推广.

**定理 4.18** (下半连续函数单调性的次微分刻画) 设 $\varphi: U \to \overline{I\!R}$ 是定义在开集 $U \subset I\!R^n$ 上的函数, 设 $K \subset I\!R^n$ 是锥, 它的极为 $K^* = \{ x^* \in I\!R^n | \langle x^*, x \rangle \leqslant 0, x \in K \}$. 则下列性质等价:

(a) 函数 $\varphi$ 是 $K$-非增的, 即

$$x, u \in U, \ u - x \in K \Rightarrow \varphi(u) \leqslant \varphi(x).$$

(b) 对任意 $x \in U$, 有 $\widehat{\partial}\varphi(x) \subset K^*$.

**证明**　为验证 (a)$\Rightarrow$(b), 选取任意向量 $x \in U$ 和 $x^* \in \widehat{\partial}\varphi(x)$. 给定 $\gamma > 0$, 由次梯度定义找到 $\eta > 0$ 使得 $x + \eta I\!B \subset U$ 且

$$\langle x^*, u - x \rangle \leqslant \varphi(u) - \varphi(x) + \gamma\|u - x\|, \quad \forall\, u \in x + \eta I\!B.$$

固定 $w \in K$ 并将 $u := x + tw$ 代入该不等式, 其中 $t > 0$ 且 $t\|w\| \leqslant \eta$. 则由 (a) 中的 $K$-单调性性质可得

$$\langle x^*, w \rangle \leqslant \frac{\varphi(x + tw) - \varphi(x)}{t} + \gamma\|w\| \leqslant \gamma\|w\|.$$

由于上式对任意 $\gamma > 0$ 成立, 我们得到 $\langle x^*, w \rangle \leqslant 0$, 从而证明了 (b) 中的次微分包含关系.

下面验证反向蕴含关系 (b)$\Rightarrow$(a). 假设上述关系不成立, 可以找到 $x, u \in U$ 满足 $u - x \in K$ 和 $\varphi(u) > \varphi(x)$. 应用推论 4.14(i) 的中值不等式, 我们得到 $c \in [x, u]$ 和序列 $x_k \to c, \ x_k^* \in \widehat{\partial}\varphi(x_k)$ 满足条件

$$\liminf_{k \to \infty} \langle x_k^*, u - x \rangle \geqslant \varphi(u) - \varphi(x) > 0, \quad k \in I\!N.$$

由此可得 $\langle x_k^*, u - x \rangle > 0$ 对充分大的 $k$ 成立, 这与 (b) 矛盾.　　　　　$\triangle$

本节中 AMVT 的最后一个应用是由下半连续函数生成的次梯度映射的单调性. 回顾集值映射 $T: I\!R^n \rightrightarrows I\!R^n$ 在 $I\!R^n$ 上是全局单调的, 如果

$$\langle v_1 - v_2, u_1 - u_2 \rangle \geqslant 0, \quad \forall\, (u_1, v_1), (u_2, v_2) \in \mathrm{gph}\, T. \tag{4.27}$$

如果对任意满足 $\mathrm{gph}\, T \subset \mathrm{gph}\, S$ 的单调算子 $S: I\!R^n \rightrightarrows I\!R^n$ 有 $\mathrm{gph}\, T = \mathrm{gph}\, S$, 则称映射 $T$ 在 $I\!R^n$ 上是全局极大单调的.

众所周知, 在凸分析中, 下半连续凸函数 $\varphi: I\!R^n \to \overline{I\!R}$ 的次梯度映射是全局极大单调的. 下一个定理表明, 由下半连续函数 $\varphi$ 的正则次微分映射或基本次微分映射的全局单调性 (甚至不是极大的) 可得 $\varphi$ 的凸性.

**定理 4.19** (下半连续函数的次微分单调性和凸性)　给定 $\varphi: I\!R^n \to \overline{I\!R}$, 假设 $\widehat{\partial}\varphi$ 或者 $\partial\varphi$ 是 $I\!R^n$ 上的全局单调算子. 则函数 $\varphi$ 在 $I\!R^n$ 上一定是凸的.

**证明**　从定理 1.28 中由 $\widehat{\partial}\varphi$ 表示的 $\partial\varphi$ 的极限形式可知, 仅证明 $\widehat{\partial}\varphi$ 的要求的结果就足够了, 因为该映射的全局单调性意味着 $\partial\varphi$ 也具有同样的性质.

首先证明, 由正则次微分映射 $\widehat{\partial}\varphi$ 的全局单调性, 对任意 $x \in \operatorname{dom}\varphi$, $\widehat{\partial}\varphi$ 具有凸分析中次微分形式的表示

$$\widehat{\partial}\varphi(x) = \left\{ v \in I\!\!R^n \,\middle|\, \langle v, u - x \rangle \leqslant \varphi(u) - \varphi(x), \forall\, u \in I\!\!R^n \right\}. \qquad (4.28)$$

因为 (4.28) 中的包含关系 "$\supset$" 是显然的, 我们接下来使用 AMVT 证明反向包含关系. 选取 $x, u \in \operatorname{dom}\varphi$ 和 $v \in \widehat{\partial}\varphi(x)$. 应用 (4.22) 可得序列 $x_k \to c \in [u, x)$ 和 $v_k \in \widehat{\partial}\varphi(x_k)$ 满足

$$\varphi(x) - \varphi(u) \leqslant \frac{\|x - u\|}{\|x - c\|} \liminf_{k \to \infty} \langle v_k, x - x_k \rangle.$$

由 $\widehat{\partial}\varphi$ 的全局单调性 (4.27) 及等式 $\|x - u\|(x - c) = (x - u)\|x - c\|$ 可得条件

$$\varphi(x) - \varphi(u) \leqslant \frac{\|x - u\|}{\|x - c\|} \liminf_{k \to \infty} \langle v, x - x_k \rangle = \langle v, x - u \rangle,$$

这就验证了 (4.28) 中的包含关系 "$\subset$", 从而证明了所述表达式.

使用 (4.28) 并再次利用 AMVT, 我们下面证明 $\varphi$ 是凸的. 对任意 $u, x \in \operatorname{dom}\varphi$ 考虑其凸组合 $w := \lambda u + (1 - \lambda)x$ 且 $0 < \lambda < 1$. 由定理 2.14 的变分论述 (也可参见练习 2.25(i)) 可知, $\widehat{\partial}\varphi$ 的定义域在 $\varphi$ 的图中是稠密的. 由此可得序列 $u_k \overset{\varphi}{\to} u$ 满足 $\widehat{\partial}\varphi(u_k) \neq \varnothing$. 固定 $k$, 我们总是可以假设 $0 \in \widehat{\partial}\varphi(u_k)$. 下面验证 $w_k \in \operatorname{dom}\varphi$ 对 $w_k := \lambda u_k + (1 - \lambda)x$ 成立. 使用反证法, 反之, 选取 $\alpha > \varphi(x)$ 并定义函数

$$\psi(z) := \begin{cases} \varphi(z), & z \neq w_k, \\ \alpha, & z = w_k. \end{cases}$$

对其应用定理 4.13 的中值不等式, 可得 $c \in [x, w_k)$ 及序列 $z_m \to c$, $v_m \in \widehat{\partial}\psi(z_m)$ 满足

$$\liminf_{m \to \infty} \langle v_m, w_k - z_m \rangle \geqslant \frac{\|w_k - c\|}{\|w_k - x\|} (\alpha - \varphi(x)) > 0,$$

$$\liminf_{m \to \infty} \langle v_m, w_k - x \rangle \geqslant \alpha - \varphi(x).$$

由 $\widehat{\partial}\varphi$ 的单调性和 $0 \in \widehat{\partial}\varphi(u_k)$ 的选取, 可以得出

$$0 \geqslant \liminf_{m \to \infty} \langle v_m, u_k - z_m \rangle \geqslant \liminf_{m \to \infty} \langle v_m, w_k - z_m \rangle + \liminf_{m \to \infty} \langle v_m, u_k - w_k \rangle$$
$$= \liminf_{m \to \infty} \langle v_m, w_k - z_m \rangle + \lambda^{-1}(1 - \lambda) \liminf_{m \to \infty} \langle v_m, w_k - x \rangle$$
$$\geqslant \lambda^{-1}(1 - \lambda)(\alpha - \varphi(x)).$$

这与假设 $\alpha > \varphi(x)$ 相矛盾, 从而证明了 $w_k \in \operatorname{dom}\varphi$.

为继续验证 $\varphi$ 的凸性, 我们将后续的证明分为两种情况以考虑 $w_k = \lambda u_k + (1-\lambda)x$ 作为 $\varphi$ 的局部极小点的作用. 不失一般性, 假设对所有 $k \in \mathbb{N}$ 满足情形 1 或情形 2 的假设.

**情形 1** 设 $w_k$ 是 $\varphi$ 的一个局部极小点. 在这种情况下, 有 $0 \in \widehat{\partial}\varphi(w_k)$. 则由表示 (4.28) 可知 $\varphi(x) \geqslant \varphi(w_k)$ 且 $\varphi(u_k) \geqslant \varphi(w_k)$, 由此可得 $\lambda\varphi(u_k) + (1-\lambda)\varphi(x) \geqslant \varphi(w_k)$. 令 $k \to \infty$, 我们得到

$$\lambda\varphi(u) + (1-\lambda)\varphi(x) \geqslant \varphi(w) = \varphi\big(\lambda u + (1-\lambda)x\big), \qquad (4.29)$$

这就证明了 $\varphi$ 在这种情况下的凸性.

**情形 2** 设 $w_k$ 不是 $\varphi$ 的极小点. 选取 $s_k$ 满足 $\|s_k - w_k\| < k^{-1}$ 和 $\varphi(s_k) < \varphi(w_k)$. 对任意固定的 $k$, 对函数 $\varphi$ 在区间 $[s_k, w_k]$ 上再次使用定理 4.13. 我们得到 $c_k \in [s_k, w_k)$ 和序列 $z_m \to c_k(m \to \infty)$ 及 $v_m \in \widehat{\partial}\varphi(z_m)$ 满足条件

$$\liminf_{m \to \infty} \langle v_m, w_k - z_m \rangle \geqslant \frac{\|w_k - c_k\|}{\|w_k - s_k\|}\big(\varphi(w_k) - \varphi(s_k)\big) > 0,$$

由表示 (4.28), 上式蕴含着

$$\varphi(x) - \varphi(z_m) \geqslant \langle v_m, x - z_m \rangle, \quad \varphi(u_k) - \varphi(z_m) \geqslant \langle v_m, u_k - z_m \rangle.$$

对上式当 $m \to \infty$ 时取极限并使用 $\varphi$ 的下半连续性假设, 可得

$$\lambda\varphi(u_k) + (1-\lambda)\varphi(x) \geqslant \liminf_{m \to \infty}\big[\varphi(z_m) + \langle v_m, w_k - z_m \rangle\big] \geqslant \varphi(c_k), \quad k \in \mathbb{N}.$$

最后令 $k \to \infty$ 可得 (4.29), 这就证明了 $\varphi$ 在此种情况下的凸性, 从而完成了定理的证明.                                                                                                        △

## 4.5　第 4 章练习

**练习 4.20** (无穷维空间中边际函数的次微分)　考虑 (4.1) 类型的边际函数, 在 Asplund 空间设置中定义 (局部下半连续的) 费用函数 $\varphi\colon X \to \overline{\mathbb{R}}$ 和 (局部闭图的) 约束映射 $G\colon X \rightrightarrows Y$.

(i) 证明如果 $\varphi$ 在 $(\bar{x}, \bar{y})$ 处是 SNEC 的, 或者 $G$ 在该点处是 SNC 的, 那么定理 4.1(i) 的结果在该设置中对 $D^*G = D_N^*G$ 成立.

(ii) 阐明 $G$ 的基本上导数是否可以用 (i) 中的混合上导数代替. 推论 4.3 的 Asplund 空间版本是否需要做任何修改?

(iii) 假设 $\varphi = \varphi(y)$ 和 $G^{-1}$ 在 $(\bar{y}, \bar{x})$ 处是 PSNC 的 而非 (i) 中施加的 $G$ 的 SNC 性质. 证明当混合规范条件

$$\partial^\infty \varphi(\bar{y}) \cap D_M^* G^{-1}(\bar{y}, \bar{x})(0) = \{0\}$$

而非 (i) 中的法锥 (基本) 规范条件 (4.3) 成立时, 有包含关系

$$\partial\mu(\bar{x}) \subset \bigcup_{y^* \in \partial\varphi(\bar{y})} D_N^* G(\bar{x}, \bar{y})(y^*), \quad \partial^\infty\mu(\bar{x}) \subset \bigcup_{y^* \in \partial^\infty\varphi(\bar{y})} D_N^* G(\bar{x}, \bar{y})(y^*).$$

(iv) 推导得出定理 4.1(ii) 中结果的 Asplund 空间版本.

(v) 证明如果 $\varphi$ 在 $(\bar{x}, \bar{y})$ 附近是局部 Lipschitz 的且 $M$ 在该点处是内半连续的, 则有

$$\partial^\infty\mu(\bar{x}) \subset D_M^* G(\bar{x}, \bar{y})(0). \tag{4.30}$$

当 $M$ 在 $\bar{x}$ 处仅是内半紧时, 推导出上述陈述的相应结果.

提示: 为验证 (i), (iii), (iv), 类似定理 4.1 的证明, 利用 Asplund 空间中的次微分和法则. 为验证 (v), 使用练习 1.68 中的奇异次微分描述 (1.71), 然后应用练习 2.26 中的模糊和法则. 将其与 [529, 定理 3.38] 中证明作比较.

**练习 4.21** (集值映射的内半连续性与内半紧性的推广)  假设 $\mu: X \to \overline{I\!R}$ 在 $\bar{x}$ 处取有限值, 我们称 Banach 空间之间的映射 $F: X \rightrightarrows Y$ 在 $(\bar{x}, \bar{y}) \in \mathrm{gph}$ 处是 $\mu$-内半连续的, 如果对任意满足 $\mu(x_k) \to \mu(\bar{x})$ 的序列 $x_k \xrightarrow{\mathrm{dom}\, F} \bar{x}$, 存在序列 $y_k \in F(x_k)$ 收敛于 $\bar{y}$. 称该映射在 $\bar{x}$ 处是 $\mu$-内半紧的, 如果对任意序列 $x_k \xrightarrow{\mu} \bar{x}$, 存在包含收敛子列的序列 $y_k \in M(x_k)$.

(i) 推导得出定理 4.1 和练习 4.20 中结果分别在极小点映射 $M$ 为 $\mu$-内半连续和 $\mu$-内半紧情形下的推广.

(ii) 构造实例说明 (i) 中结果在推广的内半连续性与内半紧性假设下严格改进了定理 4.1 和练习 4.20 中的相应结果.

**练习 4.22** (边际函数次梯度的等式表示)  设 $X$ 和 $Y$ 是任意 Banach 空间, 且设 (4.1) 中的费用函数 $\varphi$ 在 $(\bar{x}, \bar{y}) \in \mathrm{gph}\, M$ 处是 Fréchet 可微的. 假设极小点映射 (4.2) 在 $(\bar{x}, \bar{y})$ 附近存在上 Lipschitz 选择, 即, 存在 $h: \mathrm{dom}\, G \to Y$ 使得 $h(\bar{x}) = \bar{y}$ 且 $h(x) \in M(x)$ 对 $\bar{x}$ 的邻域中所有 $x$ 均成立.

(i) 证明在这种情况下我们有等式

$$\widehat{\partial}\mu(\bar{x}) = \nabla_x\varphi(\bar{x}, \bar{y}) + \widehat{D}^* G(\bar{x}, \bar{y})(\nabla_y\varphi(\bar{x}, \bar{y})).$$

(ii) 此外假设 $X$ 和 $Y$ 都是 Asplund 空间, $\varphi$ 在 $(\bar{x}, \bar{y})$ 处是严格可微的, $M$ 在 $(\bar{x}, \bar{y})$ 处是 $\mu$-内半连续的, 且 $G$ 在该点处是 $N$-正则的. 证明此时 $\mu$ 在 $\bar{x}$ 处是下正则的, 且有

$$\partial\mu(\bar{x}) = \nabla_x\varphi(\bar{x}, \bar{y}) + D_N^* G(\bar{x}, \bar{y})(\nabla_y\varphi(\bar{x}, \bar{y})).$$

提示: 使用定义证明 (i). (ii) 中公式的包含关系 "$\subset$" 可从练习 4.20 中得到, 而其中的反向包含关系则在 $G$ 的 $N$-正则性假设下由 (i) 得到.

**练习 4.23** (参数非线性规划最优值函数的正则次梯度)  考虑边际函数 (4.1), 约束映射 $G: X \rightrightarrows Y$ 定义如下

$$G(x) := \Big\{ y \in Y \Big|\, \varphi_i(x, y) \leqslant 0, \ \forall\, i = 1, \cdots, m,$$

$$\varphi_i(x, y) = 0, \ \forall\, i = m+1, \cdots, m+r \Big\}, \tag{4.31}$$

其中 (4.1) 中的 $\mu$ 在这种情况下称为最优值函数, 用于具有有限多个不等式与等式约束的数学规划.

(i) 设 $X$ 和 $Y$ 是 Banach 空间. 给定 $(\bar{x}, \bar{y}) \in \text{gph}\, M$, 假设所有函数 $\varphi_i$ 在 $(\bar{x}, \bar{y})$ 处都是 Fréchet 可微的且在该点附近连续, 并定义如下 Lagrange 乘子 $\lambda = (\lambda_1, \cdots, \lambda_{m+r}) \in I\!\!R^{m+r}$ 构成的集合

$$\Lambda(\bar{x}, \bar{y}) := \left\{ \lambda \in I\!\!R^{m+r} \,\middle|\, \nabla_y \varphi(\bar{x}, \bar{y}) + \sum_{i=1}^{m+r} \lambda_i \nabla_y \varphi_i(\bar{x}, \bar{y}) = 0, \right.$$
$$\left. \lambda_i \geqslant 0,\ \lambda_i \varphi_i(\bar{x}, \bar{y}) = 0,\ \forall\, i = 1, \cdots, m \right\}, \tag{4.32}$$

$$\Lambda(\bar{x}, \bar{y}, y^*) := \left\{ \lambda \in I\!\!R^{m+r} \,\middle|\, y^* + \sum_{i=1}^{m+r} \lambda_i \nabla_y \varphi_i(\bar{x}, \bar{y}) = 0,\ \lambda_i \geqslant 0, \right.$$
$$\left. \lambda_i \varphi_i(\bar{x}, \bar{y}) = 0,\ \forall\, i = 1, \cdots, m \right\}, \quad y^* \in Y^*.$$

假设对于 (4.1) 中的费用函数, 有 $\widehat{\partial}^+ \varphi(\bar{x}, \bar{y}) \neq \varnothing$, 且练习 3.73(i) 中的 LICQ 条件对 $\varphi_i$, $i = 1 \cdots, m+r$, 在 $(\bar{x}, \bar{y})$ 处成立, 证明包含关系

$$\widehat{\partial} \mu(\bar{x}) \subset \bigcap_{(x^*, y^*) \in \widehat{\partial}^+ \varphi(\bar{x}, \bar{y})} \bigcup_{\lambda \in \Lambda(\bar{x}, \bar{y}, y^*)} \left[ x^* + \sum_{i=1}^{m+r} \lambda_i \nabla_x \varphi_i(\bar{x}, \bar{y}) \right]. \tag{4.33}$$

(ii) 假设除 (i) 之外, $\varphi$ 在 $(\bar{x}, \bar{y})$ 处 Fréchet 可微且解映射 (4.2) 在该点附近有上 Lipschitz 选择, 证明 (4.33) 等式成立:

$$\widehat{\partial} \mu(\bar{x}) = \bigcup_{\lambda \in \Lambda(\bar{x}, \bar{y})} \left[ \nabla_x \varphi(\bar{x}, \bar{y}) + \sum_{i=1}^{m+r} \lambda_i \nabla_x \varphi_i(\bar{x}, \bar{y}) \right].$$

(iii) 设在 (i) 的设置中 $X$ 和 $Y$ 都是 Asplund 空间, 并设函数 $\varphi_i$, $i = 1, \cdots, m+r$, 在 $(\bar{x}, \bar{y})$ 处是严格可微的. 证明此时对于具有双变量的约束函数 $\varphi_i$, 在练习 2.53 中的 MFCQ 条件下我们有包含关系 (4.33) 成立. 如果 $\varphi_i$ 仅在 $(\bar{x}, \bar{y})$ 处是 Fréchet 可微的, 而 $X$ 和 $Y$ 是 Asplund 空间, 它成立吗?

提示: 为证明 (i), 首先验证, 在 (4.1) 的设置中, 如果 $\widehat{\partial}^+ \varphi(\bar{x}, \bar{y}) \neq \varnothing$, 有

$$\widehat{\partial} \mu(\bar{x}) \subset \bigcap_{(x^*, y^*) \in \widehat{\partial}^+ \varphi(\bar{x}, \bar{y})} \left[ x^* + \widehat{D}^* G(\bar{x}, \bar{y})(y^*) \right]. \tag{4.34}$$

这可通过使用定理 1.27 和练习 1.64(i) 中正则次梯度的光滑变分描述来实现. 然后在 (4.31) 的设置中, 利用具有满射导数的 Fréchet 可微映射下图的逆像的正则法向量表示; 参见练习 1.54(i). (ii) 的等式表示可由练习 4.22(i) 在给定假设下得到. 断言 (iii) 可由 (4.34) 和练习 3.73(ii) 得到. 将其与 [554, 定理 4 和推论 2] 进行比较.

**练习 4.24** (参数不可微规划最优值函数的次梯度) 设 (4.1) 中映射 $G \colon X \rightrightarrows Y$ 由 (4.31) 给出. 设 $X$ 和 $Y$ 是 Asplund 空间, 并设 $\varphi_i$, $i = 1, \cdots, m+r$, 在 $(\bar{x}, \bar{y}) \in \text{gph}\, M$ 周围是局部 Lipschitz 的. 假设只有 $(\lambda_1, \cdots, \lambda_{m+r}) = 0$ 满足以下关系

$$0 \in \sum_{i=1}^{m} \lambda_i \partial \varphi_i(\bar{x}, \bar{y}) + \sum_{i=m+1}^{m+r} \lambda_i \big( \partial \varphi_i(\bar{x}, \bar{y}) \cup \partial(-\varphi_i)(\bar{x}, \bar{y}) \big),$$

$$(\lambda_1, \cdots, \lambda_{m+r}) \in I\!R_+^{m+r}, \quad \lambda_i \varphi_i(\bar{x}, \bar{y}) = 0, \quad i = 1, \cdots, m. \tag{4.35}$$

(i) 证明如果 $\widehat{\partial}^+ \varphi(\bar{x}, \bar{y}) \neq \varnothing$, 那么有包含关系

$$\widehat{\partial}\mu(\bar{x}) \subset \bigcap_{(x^*, y^*) \in \widehat{\partial}^+ \varphi(\bar{x}, \bar{y})} \left\{ u^* \in X^* \middle| (u^*, 0) \in (x^*, y^*) + \sum_{i=1}^m \lambda_i \partial \varphi_i(\bar{x}, \bar{y}) \right.$$
$$\left. + \sum_{i=m+1}^{m+r} \lambda_i \big( \partial \varphi_i(\bar{x}, \bar{y}) \cup \partial(-\varphi_i)(\bar{x}, \bar{y}) \big) \right\},$$

其中乘子 $(\lambda_1, \cdots, \lambda_{m+r})$ 取自 (4.35).

(ii) 证明如果 $\varphi$ 在 $(\bar{x}, \bar{y})$ 周围是局部 Lipschitz 的, 并且 $M$ 在该点处是 $\mu$-内半连续的, 则对于 (4.35) 中 $(\lambda_1, \cdots, \lambda_{m+r})$, 我们有包含关系

$$\partial\mu(\bar{x}) \subset \left\{ u^* \in X^* \middle| (u^*, 0) \in \partial\varphi(\bar{x}, \bar{y}) + \sum_{i=1}^m \lambda_i \partial\varphi_i(\bar{x}, \bar{y}) \right.$$
$$\left. + \sum_{i=m+1}^{m+r} \lambda_i \big( \partial\varphi_i(\bar{x}, \bar{y}) \cup \partial(-\varphi_i)(\bar{x}, \bar{y}) \big) \right\},$$

$$\partial^\infty\mu(\bar{x}) \subset \left\{ u^* \in X^* \middle| (u^*, 0) \in \sum_{i=1}^m \lambda_i \partial\varphi_i(\bar{x}, \bar{y}) \right.$$
$$\left. + \sum_{i=m+1}^{m+r} \lambda_i \big( \partial\varphi_i(\bar{x}, \bar{y}) \cup \partial(-\varphi_i)(\bar{x}, \bar{y}) \big) \right\}.$$

(iii) 如果 $\varphi$ 和 $\varphi_i$, $i = 1, \cdots, m+r$, 在 $(\bar{x}, \bar{y})$ 处是严格可微的且在该点处满足 MFCQ 条件, 则我们有包含关系

$$\partial\mu(\bar{x}) \subset \bigcup_{\lambda \in \Lambda(\bar{x}, \bar{y})} \left[ \nabla_x \varphi(\bar{x}, \bar{y}) + \sum_{i=1}^{m+r} \lambda_i \nabla_x \varphi_i(\bar{x}, \bar{y}) \right],$$

$$\partial^\infty\mu(\bar{x}) \subset \bigcup_{\lambda \in \Lambda^\infty(\bar{x}, \bar{y})} \left[ \sum_{i=1}^{m+r} \lambda_i \nabla_x \varphi_i(\bar{x}, \bar{y}) \right],$$

其中 $\Lambda(\bar{x}, \bar{y})$ 取自 (4.32), 且 $\Lambda^\infty(\bar{x}, \bar{y})$ 定义如下

$$\left\{ \lambda \in I\!R^{m+r} \middle| \sum_{i=1}^{m+r} \lambda_i \nabla_y \varphi_i(\bar{x}, \bar{y}) = 0, \ \lambda_i \geqslant 0, \ \lambda_i \varphi_i(\bar{x}, \bar{y}) = 0, \forall i = 1, \cdots, m \right\}.$$

提示: 根据练习 3.74 中给出的 (4.31) 中 $G$ 的上导数, 分别从 (4.34) 和练习 4.20(i) 给出的边际函数的次微分包含中推导得出. 将其与 [554, 定理 5 和 7] 进行比较.

**练习 4.25** (有限维空间和无穷维空间中边际函数的 Lipschitz 连续性)　考虑推论 4.3 的框架, 其中 $\varphi \colon X \to \overline{I\!R}$ 和 $G \colon X \rightrightarrows Y$ 作用于 Asplund 空间之间.

(i) 通过给定数据 $\varphi$ 和 $G$ 给出能保证边际函数 (4.1) 在 $\bar{x} \in \operatorname{dom}\mu$ 周围是下半连续的可验证条件.

(ii) 证明推论 4.3 的断言 (i) 在 Asplund 空间中成立且无任何差别, 且将 $M$ 在 $\bar{x}$ 周围的局部有界性替换为 $M$ 在该点处的局部半紧性时可得其中的断言 (ii) 同样成立.

(iii) 分别假设 $M$ 在 $(\bar{x}, \bar{y})$ 和 $\bar{x}$ 处具有较少限制的 $\mu$-内半连续性和 $\mu$-内半紧性, 证明推论 4.3 的断言 (i) 和 (ii) 成立; 有关定义请参见练习 4.21.

(iv) 对由 Lipschitz 函数和光滑函数描述的具有等式与不等式约束的数学规划问题, 推导得出其最优值函数局部 Lipschitz 连续的充分条件. 特别地, 证明在经典的有限维非线性规划中, 在 Mangasarian-Fromovitz 规范条件下 $\mu(x)$ 在 $\bar{x}$ 附近是局部 Lipschitz 的.

提示: 为证明 (i)—(iii), 类似推论 4.3 的证明, 使用练习 3.44、练习 3.45 中 Asplund 空间的结果和练习 2.50 中 SNEC 性质的次微分描述; 将其与 [539, 定理 5.2] 的证明作比较. 为得到 (iv), 使用练习 4.24 中所得的 $\partial^{\infty}\mu(\bar{x})$ 的包含式以及在 $I\!\!R^n$ 中定理 4.15 的最后陈述及 Asplund 空间中的练习 4.34(ii) 中讨论的局部 Lipschitz 连续性的次微分刻画.

**练习 4.26** (Asplund 空间中下卷积的次微分)　将定理 4.4 推广到 Asplund 空间上定义的函数 $\varphi_1, \varphi_2: X \to \overline{I\!\!R}$ 的下卷积 (4.6) 的情形.

提示: 类似定理 4.4 的证明, 并应用练习 4.20 的相应结果.

**练习 4.27** (有限维和无穷维凸设置中边际函数与下卷积的次微分)　(i) 考虑一类边际函数 (4.1), 其中 $\varphi: I\!\!R^n \to \overline{I\!\!R}$ 是凸的, 且 $G: I\!\!R^n \rightrightarrows I\!\!R^m$ 具有凸图. 证明对任意 $\bar{x} \in \operatorname{dom} M$, 当 $\bar{y} \in M(\bar{x})$ 且满足规范条件 (4.3) 而无须任何其他附加假设时 (特别地, 当费用函数 $\varphi$ 在 $(\bar{x}, \bar{y})$ 处连续时), 我们有 (4.4) 中等式成立.

(ii) 证明无须任何附加假设, 对任意 $(\bar{x}_1, \bar{x}_2) \in C(\bar{x})$, 定理 4.4(i) 的第一个包含式是相等的.

(iii) 建立断言 (i) 和 (ii) 在任意 Banach 空间的推广.

提示: 为证明 (i), 根据所涉及的凸构造的定义和凸分析的次微分和法则进行. 由 (i) 推导得出 (ii) 并将其与 [544, 定理 2.61 和推论 2.65] 的证明作比较. 证明该方法适用于任意 Banach 空间.

**练习 4.28** (无穷维空间中复合的次梯度)

(i) 证明如果 $\varphi$ 在 $(\bar{x}, \bar{y})$ 处是 SNEC 或 $g$ 在 $\bar{x}$ 处是 SNC 的, 则定理 4.5(i) 的结果在 Asplund 空间 $X$ 和 $Y$ 的情况下成立. 进一步验证在正则性陈述中 $\varphi$ 和 $g$ 的 $\mathcal{C}^1$ 性质可以由 $\varphi$ 和 $g$ 在相应点处的严格可微性要求替代. 最后证明 (4.10) 中等式的另一种情况: $g$ 在 $\bar{x}$ 处是 $N$-正则的且 $\dim Y < \infty$.

提示: 如定理 4.5(i) 所示, 利用其中所使用事实的无穷维推广 (这在上面的练习中讨论过). 将其与 [529, 定理 3.41] 中证明进行比较.

(ii) 证明如果 $\varphi$ 在 $(\bar{x}, \bar{y})$ 处严格可微, 那么定理 4.5(ii) 中 (4.12) 的等式适用于任意 Banach 空间 $X$ 和 $Y$. 证明如果此处 $g$ 在 $\bar{x}$ 处还是 $M$-正则的, 则 $\varphi \circ g$ 在该点处是下正则的. 后一种假设对于有限维中 $\varphi$ 在 $\bar{x}$ 处的下正则性是必要的吗?

提示: 为证明 (4.12), 按照定理 4.5(ii) 的证明进行, 并将其与 [529, 定理 1.110] 进行比较.

**练习 4.29** (无穷维空间中的次微分乘积法则和商法则)　证明推论 4.7 和推论 4.8 的乘积和商法则中的第一个等式在任意 Banach 空间中成立, 而其中的包含和正则性结论在 Asplund 空间设置中有效.

提示: 按照推论 4.7 和推论 4.8 的证明进行, 分别使用练习 4.28(ii) 和练习 2.54(i) 中的无穷维链式法则与和法则.

**练习 4.30** (偏次梯度)　设 $X$ 和 $Y$ 都是 Asplund 空间, 并设函数 $\varphi: X \times Y \to \overline{I\!\!R}$ 在 $(\bar{x}, \bar{y}) \in \operatorname{dom}\varphi$ 处具有 SNEC 性质并满足规范条件

$$[(0, y^*) \in \partial^\infty \varphi(\bar{x}, \bar{y})] \Rightarrow y^* = 0.$$

(i) 证明对于偏基本次微分和偏奇异次微分, 以下结论成立:

$$\partial_x \varphi(\bar{x}, \bar{y}) \subset \{x^* \in X^* \,|\, \exists\, y^* \in Y^* \text{ 使得 } (x^*, y^*) \in \partial \varphi(\bar{x}, \bar{y})\}, \tag{4.36}$$

$$\partial_x^\infty \varphi(\bar{x}, \bar{y}) \subset \{x^* \in X^* \,|\, \exists\, y^* \in Y^* \text{ 使得 } (x^*, y^*) \in \partial^\infty \varphi(\bar{x}, \bar{y})\}. \tag{4.37}$$

(ii) 验证当 $\varphi$ 在 $(\bar{x}, \bar{y})$ 周围是局部 Lipschitz 时, 上面关于 $\varphi$ 的两个假设都满足, 并给出满足 (4.36) 和 (4.37) 的非-Lipschitz 函数的例子.

(iii) 证明 (4.36) 和 (4.37) 中的包含关系可能都是严格的, 而如果 $\varphi$ 在 $(\bar{x}, \bar{y})$ 处是下正则的, 则 (4.36) 中等式成立. 验证如果 $\varphi$ 在 $(\bar{x}, \bar{y})$ 处是上图正则的, 则 (4.37) 中等式成立, 进一步证明如果 $\varphi$ 在 $(\bar{x}, \bar{y})$ 处是下正则 (上图正则) 的, 那么 $\varphi(\cdot, \bar{y})$ 在 $\bar{x}$ 处具有相应性质.

提示: 将 $\varphi(x, \bar{y})$ 表示成复合形式 $(\varphi \circ g)(x)$ 且 $g(x) := (x, \bar{y})$, 然后应用练习 4.28(i) 的结果.

**练习 4.31** (最小值函数的正则与极限次梯度)

(i) 证明 (4.15) 和 (4.16) 中包含关系在任意 Banach 空间中成立.

提示: 使用基本次梯度表示 (1.68) 和 Banach 空间中的奇异次梯度定义 (1.70), 按照命题 4.9 中的证明进行.

(ii) 如果将几何表示 (1.72) 作为 Banach 空间中奇异次微分的定义, 包含关系 (4.16) 成立吗?

(iii) 对任意 Banach 空间中的下半连续函数 $\varphi_i$, 验证下面正则次梯度的等式

$$\widehat{\partial}(\min \varphi_i)(\bar{x}) = \bigcap_{i \in I_{\min}(\bar{x})} \widehat{\partial} \varphi_i(\bar{x}).$$

提示: 比较 [332, 命题 2.5].

(iv) 举例说明, 对于有限维空间中下半连续函数的基本和奇异次梯度, (4.15) 和 (4.16) 中等式及 (iii) 中等式的相应结果都不成立.

(v) 推导得出用于计算有限维中两个凸多面体函数的最小值的正则次微分和基本次微分的精确等式. 与 [332, 定理 3.1—定理 3.3] 中的结果和证明作比较.

**练习 4.32** (Asplund 空间中最大值函数的次梯度) 对于在 Asplund 空间上定义的函数, 推导得出定理 4.10 的所有结果, 并将其与 [529, 定理 3.46] 进行比较.

**练习 4.33** (Asplund 空间中的对称次微分中值定理) 证明如果 $\varphi$ 和 $-\varphi$ 在任何 $x \in (a, b)$ 处均为 SNEC 的, 则定理 4.11 在 Asplund 空间中成立. 对于 Asplund 空间上的函数, 推论 4.12 的表示是否需要更改?

提示: 使用练习 4.28(i) 中的链式法则, 按照有限维版本的证明进行. 将其与 [529, 定理 3.47 和推论 3.48] 进行比较.

**练习 4.34** (近似中值定理及其在 Asplund 空间框架中的应用)

(i) 证明除定理 4.15 的最后一个断言外, 4.4 节中的 AMVT 及其结果在 Asplund 空间中保持不变.

(ii) 证明定理 4.15 的所有断言与 $\partial^\infty \varphi(\bar{x}) = \{0\}$ 的有效性及 $\varphi$ 在 $\bar{x}$ 处的 SNEC 性质是等价的.

提示: 类似于在有限维中给出的证明, 使用上述练习在 Asplund 空间中的相应分析法则; 与 [529, 3.2.2 小节] 进行比较.

**练习 4.35** (由基本次梯度表示的近似中值定理)

(i) 证明当使用基本次梯度替换正则次梯度时, 4.4 节中的 AMVT 及其结果仍然成立.

(ii) 在有限维和 Asplund 空间中, 用基本次梯度给出的结果与用正则次梯度给出的结果是否等价?

**练习 4.36** (Asplund 空间中基本法向量和次梯度与 Clarke 法向量和次梯度之间的关系) 证明以下断言在任意 Asplund 空间 $X$ 中成立:

(i) 设 $\varphi: X \to \overline{I\!R}$ 在 $\bar{x}$ 周围是局部 Lipschitz 的. 则

$$\overline{\partial}\varphi(\bar{x}) = \mathrm{cl}^*\mathrm{co}\,\partial\varphi(\bar{x}),$$

其中在 Asplund 空间中局部 Lipschitz 函数的广义梯度 $\overline{\partial}\varphi(\bar{x})$ 由 (1.78) 定义, 基本次微分 $\partial\varphi(\bar{x})$ 由 (1.69) 表示.

(ii) 设 $\bar{x} \in \Omega \subset X$, 其中 $\Omega$ 在 $\bar{x} \in \Omega$ 周围是局部闭的 (我们的固定假设). 则有

$$\overline{N}(\bar{x};\Omega) = \mathrm{cl}^*\mathrm{co}\,N(\bar{x};\Omega),$$

其中 Clarke 法锥 $\overline{N}(\bar{x};\Omega)$ 取自 (1.80).

(iii) 设 $\varphi: X \to \overline{I\!R}$ 在 $\bar{x}$ 周围是下半连续的 (我们的固定假设). 则

$$\overline{\partial}\varphi(\bar{x}) = \mathrm{cl}^*\mathrm{co}\left[\partial\varphi(\bar{x}) + \partial^\infty\varphi(\bar{x})\right],$$

其中 $\overline{\partial}\varphi(\bar{x})$ 由 (1.81) 定义且 $\partial^\infty\varphi(\bar{x})$ 取自 (1.71).

提示: 首先证明 (i), 将 AMVT 应用于广义梯度构造 (1.78) 中广义方向导数 $\varphi^\circ(\bar{x};h)$ 的极限描述 (1.77), 然后利用其中的定义继续证明 (ii) 和 (iii); 将其与 [529, 定理 3.57] 的证明进行比较.

# 4.6   第 4 章评注

**4.1—4.3 节**   边际/最优值函数是变分分析最基本的对象之一. 由于其内在的非光滑性, 它们从未在经典分析框架中被认真研究过, 除非有非常严格和不自然的假设, 否则情况总是如此. 这实际上就是 L. C. Young 在 20 世纪 30 年代观察到的现象, 粗略地说, 变分法的许多结果的局限性是由于缺乏足够的非光滑分析; 参见 [761]. 可以毫不夸张地说, 边际函数体现了现代变分分析技术的本质, 包括扰动和逼近过程, 以及随后的极限过程. 边际函数的次微分可以评估参数扰动下的变化率, 这对灵敏度分析至关重要, 同时实际上将我们引向更大的应用范围, 特别是如上所示. 除了敏感性问题, 边际函数的次微分分析已经被认为是研究 Hamilton-Jacobi 方程的黏性解和极大极小解、确定性和随机动态规划、反馈控制设计、可微博弈论、确定性和随机最优控制、双层规划、经济增长建模等的一个重要机制, 参见 [67, 94, 101, 118, 166, 168, 197, 200, 201, 217, 271, 274, 419, 428, 529, 547, 636, 706, 707, 720, 721, 737, 756] 及其中的更多讨论和参考文献.

4.1—4.3 节的主要结果是定理 4.1 中关于边际函数 (4.1) 的次微分估计. 作者在论文 [515] 中得到了其在有限维空间中的完整一般形式, 而 $\varphi(x,y) = \varphi(y)$ 的基本次微分估计 (4.4) 是作者在之前的论文 [512, 514] 中建立的. 在 (4.1) 中 $G(x) = I\!R^m$ 的无约束情况下, 基本次微分和奇异次微分估计均由 Rockafellar [683] 给出; 参见 [680]. 在作者和 Shao [587] 的论文中可以找到定理 4.1 在 Asplund 空间的完整推广, 而 Thibault [714] 在 Fréchet 光滑空间中得出了一些先前的结果; 有关最新发展和应用参见 [14, 118, 539, 553, 554].

当 (4.1) 中的映射 $G$ 为单值时, 可用定理 4.1 和定理 4.5 的次微分公式求广义复合的基本次梯度和奇异次梯度. 此外, 在 $G$ 为集值情况下, 根据定理 1.22 中的奇异次微分刻画, 我们可以通过奇异次微分估计 (4.5) 得到可验证条件以保证边际函数具有局部 Lipschitz 连续性; 有关更多讨论参见 1.5 节. 关于后一个方向的研究较多, 例如, 文献 [479, 515, 519, 520, 529, 539, 680, 683, 686, 737].

4.1—4.3 节中在一般假设下给出的复合运算的次微分链式法则 ( 其中 $\varphi(x,y) = \varphi(y)$) 及其相关结论主要基于作者在 [512, 514] 中的结果. 这些结论的 Lipschitz 对应项是由 Kruger [431, 433] 在 Fréchet 光滑空间中导出的; 关于 Banach 空间中 "近似" 次微分的某些形式的平行 Lipschitz 结果, 参见 Ioffe [368]. 在与 [512] 相比更严格的切向规范条件下, 在文献 [371] 中得到了非 Lipschitz 函数 $\partial(\varphi \circ g)(\bar{x})$ 的上估计. 这些章节中给出的次微分分析结果的 Asplund 空间版本由作者和 Shao 在 [587] 中建立, 并在 [529, 595] 中进一步阐述. 文献 [332, 688] 得出了关于计算最小值函数和最大值函数 (包括其中的等式) 的基本次微分的最新结果, 并且文献 [332] 中出乎意料地将其应用于 DC (凸差) 优化问题的充要条件的推导. 我们也请读者参考 [115, 136, 168, 372, 378, 379, 401, 402, 617, 644, 686, 693, 737] 以获得涉及极限和 "近似" 次梯度的其他分析结果.

注意, 在所得的 $\partial(\varphi \circ g)$ 或 $\partial^\infty(\varphi \circ g)$ 的链式法则公式中令 $\varphi(y) = \delta(y; \Theta)$, 可以计算映射 $g$ 下集合 $\Theta$ 的逆像的法锥 $N(\bar{x}; g^{-1}(\Theta))$, 事实上, 这是在推论 3.13 中推导出来的, 即使对于集值映射 $G$, 这也是上导数链式法则的结果.

Rockafellar [683] 给出了集合在有限维空间之间的光滑单值映射下的直接映像 $G(\Theta)$ 的法锥表示的第一个包含型结果, 也可参见 [686, 定理 6.43]. 在作者与 Nam 和 Wang 的合作论文 [552] 中, 对于单值映射和集值映射 $G$, 上述结果在 Asplund 空间和一般 Banach 空间中 (在有限维中同样是新的) 得到了显著的推广. 在这一推导过程中 (与 [683, 686] 不同), 由作者和 Wang [598] 提出并研究的限制度量正则性概念发挥了重要作用. 最近, Penot [644] 将其中一些 Asplund 空间中的结果再现出来了.

**4.4 节** 利用 Clark 广义梯度, Lebourg [454] 得到了第一个非光滑 Lipschitz 函数的中值定理. 定理 4.11 和推论 4.12 中的非凸次微分版本可以追溯到 Kruger

和 Mordukhovich (参见 [431, 434, 512, 514]), 并且它们基于 Lipschitz 函数和非 Lipschitz 函数的相应次微分链式法则. 文献 [587] 给出了 [512] 中定理 4.11 的 Asplund 空间版本; 参见 [529, 定理 3.47]. 注意, 该结果需要定理 4.11 的中值包含 (4.19) 和支撑规范条件中的双边广义微分结构 $\partial^0 \varphi$ 和 $\partial^{\infty,0} \varphi$. 尽管如此, 它对 Lebourg 中值定理提供了本质上的改进, 因为如例 1.31 所述, 即使对于简单的非光滑 Lipschitz 函数, 对称次微分 $\partial^0 \varphi$ 也可能比广义梯度小得多.

定理 4.13 中提出的近似中值定理 (AMVT) 是一种新的分析方法, 与传统的 Lagrange 框架有很大的不同. 主要区别在于, 新型结果适用于一般的下半连续增广实值函数类, 它提供了中值不等式, 而不是 (4.19) 中的等式或包含式. 变分分析中第一个这种类型的结果是 Zagrodny [764] 由 Banach 空间中定义的下半连续函数的 Clarke 次梯度得到的. 然后, Thibault [715] 观察到 Zagrodny 的方法实际上引导我们找到了 AMVT 的适当版本, 它适用于在合适的 Banach 空间中满足自然需求的一大类次微分 (在 [718] 中称为 "预次微分"). 对于 Fréchet 光滑空间上的下半连续函数, 在 Loewen [478, 479] 中也可以找到正则次梯度和极限次梯度的 AMVT 版本, 而对于 Lipschitz 函数, Borwein 和 Preiss [109] 更早在同一框架下得到了中值不等式 (4.25). 作者和 Shao [587] (同样参见 [529]) 给出了定理 4.13 和推论 4.14 的完整 Asplund 空间版本, 其变分证明如上所述但其中的一些要点与 [109, 479, 764] 中给出的证明有所不同. 最近 Trang [722] 已经证明, 对于 [587] 形式的 AMVT 的有效性, 所涉及空间的 Asplund 性质也是必要的. 所谓多向型的中值不等式由 Clarke 和 Ledyaev [167] 提出, 在 [39, 115, 168, 644] 等出版物中得到进一步发展.

定理 4.15 中局部 Lipschitz 连续性的正则次微分刻画 (a) 和 (b) 由 Loewen [479] 在 Fréchet 光滑空间中给出, 随后在 Asplund 空间中由作者和 Shao [587] 给出. 定理 4.15(c) 在有限维中的极限次微分刻画也在第 1 章定理 1.22 中通过另一种方式得到, 并在 1.5 节中讨论. 在 [529, 定理 3.52] 中给出了它的 Asplund 空间版本 (定理 4.15 的最后一个断言中附加了 $\varphi$ 的 SNEC 性质).

定理 4.17 和定理 4.18 的结果同样取自 Loewen [479](经简化证明), 其中定理 4.17 的条件刻画了 Fréchet 光滑空间上函数的严格 Hadamard 可微性; 后一概念可归结为有限维中通常的 (Fréchet) 严格可微性. 文献 [587] 中给出了定理 4.17 和定理 4.18 的 Asplund 空间版本; 有关更多细节参见 [529]. 对 Hilbert 空间中的下半连续函数, 文献 [169] 中得出了定理 4.18 的邻近次微分相应结果.

集值映射的单调性是变分分析及其应用中最重要的概念之一. 关于单调性的各种结果和有关主要思想的历史和起源的详细评论, 建议读者参阅 Rockafellar 和 Wets [686, 第 12 章] 的专著; 对于一些其他资料和进一步应用, 另请参阅 [37, 70, 113, 117, 127, 131, 187, 326, 493, 645, 663, 697].

凸分析和单调算子理论的一个基本结果是由下半连续凸函数 $\varphi\colon X \to \overline{I\!R}$ 生成的次微分映射 $\partial\varphi$ 的极大单调性, 这个结果可以追溯到 Minty, Moreau, 最后到 Rockafellar (详见 [686]). 定理 4.19 主要是基于 Correa, Jofré 和 Thibault [183] 的论文 (关于这方面的先前结果, 也可参见其中的参考文献), 它表明 $\varphi$ 的凸性对于 $\partial\varphi$ 的单调性 (即使不是极大单调性) 实际上是必要的. 在 [529, 定理 3.56] 中给出了它的 Asplund 空间版本. 此外, Daniilidis 和 Georgiev [191] 建立了任意 Banach 空间中局部 Lipschitz 函数的近似凸性与其 (Clarke) 广义梯度在所讨论点处的次单调性之间的等价性.

**4.5 节**　与前几章的情况一样, 本节练习中的内容给出了一些附加结果以及 4.1—4.3 节中给出的基本事实和证明的无穷维推广. 读者可以在相应练习的提示中的参考文献以及上述关于主要定理的评注中找到更多的信息.

# 第 5 章　极大单调算子的上导数

在本章中, 我们使用前面建立的变分分析和广义微分工具研究集值算子的全局单调性与局部单调性. 我们主要关注全局极大单调性和强局部极大单调性, 这两个性质是非线性分析、最优化、变分不等式和许多应用领域中公认的基本概念. 下面的主要结果为一般类型的集值算子提供了所考虑单调性概念的完整上导数刻画. 虽然我们在有限维中给出了这些刻画, 但在 Hilbert 空间的框架中它们只需极小的调整 (如果有的话) 仍然成立. 其中, 推论 4.14(i) 的中值不等式在所得上导数刻画的证明中起着至关重要的作用.

## 5.1　全局单调性的上导数准则

我们从全局单调性的研究开始, 同时回顾, (全局) 单调和极大单调算子 $T:$ $\mathbb{R}^n \rightrightarrows \mathbb{R}^n$ 的定义已经在 4.4 节的 (4.27) 式中给出, 其中我们刻画了次微分算子的单调性.

### 5.1.1　由正则上导数表示的极大单调性

以下集值算子的下单调性性质在本章的后续结果中起着非常重要的作用.

**定义 5.1** (下单调性)　设 $T: \mathbb{R}^n \rightrightarrows \mathbb{R}^n$ 是集值映射, 且设 $I: \mathbb{R}^n \rightarrow \mathbb{R}^n$ 是 $\mathbb{R}^n$ 上的恒等算子. 我们称:

(i) $T$ 在 $\mathbb{R}^n$ 上是全局下单调的, 如果存在 $r > 0$ 使得映射 $T + rI$ 在 $\mathbb{R}^n$ 上是单调的. 这意味着不等式

$$\langle v_1 - v_2, u_1 - u_2 \rangle \geqslant -r\|u_1 - u_2\|^2 \tag{5.1}$$

对所有序对 $(u_1, v_1), (u_2, v_2) \in \operatorname{gph} T$ 成立.

(ii) $T$ 在 $\bar{x} \in \operatorname{dom} T$ 周围是半局部下单调的, 如果存在 $\bar{x}$ 的邻域 $U$ 及 $r > 0$ 使得 (5.1) 对所有 $(u_1, v_1), (u_2, v_2) \in \operatorname{gph} T \cap (U \times \mathbb{R}^n)$ 成立. 我们称 $T$ 在 $\Omega \subset \mathbb{R}^n$ 上是半局部下单调的, 如果它在每个 $\bar{x} \in \Omega \cap \operatorname{dom} T$ 周围都是半局部下单调的.

(iii) $T$ 在 $(\bar{x}, \bar{v}) \in \operatorname{gph} T$ 周围是局部下单调的, 如果存在 $(\bar{x}, \bar{v})$ 的邻域 $U \times V$ 及 $r > 0$ 使得 (5.1) 对所有序对 $(u_1, v_1), (u_2, v_2) \in \operatorname{gph} T \cap (U \times V)$ 成立.

注意, 以上定义的三种类型的下单调算子的类别都相当广泛, 尤其是包含局部单调算子、Lipschitz 连续单值映射, 以及在二阶变分分析框架中尤为重要的由连续邻近正则函数生成的次梯度映射; 有关更多讨论和参考, 请参见 3.5 节.

下面定理通过全局下单调性和正则上导数 (1.61) 的半正定性条件来刻画集值算子的全局极大单调性.

**定理 5.2** (极大单调性的正则上导数和全局下单调性准则) 设 $T : \mathbb{R}^n \rightrightarrows \mathbb{R}^n$ 具有闭图的集值映射. 下面断言等价:

(i) $T$ 在 $\mathbb{R}^n$ 上是全局极大单调的.

(ii) $T$ 在 $\mathbb{R}^n$ 上是全局下单调的且我们有

$$\langle z, w \rangle \geqslant 0, \quad \text{其中 } z \in \widehat{D}^* T(u, v)(w) \quad \text{且} \quad (u, v) \in \mathrm{gph}\, T. \tag{5.2}$$

**证明** 为验证 (i)$\Rightarrow$(ii), 考虑到 (ii) 中 $T$ 的下单调性显然源自它的单调性, 证明 $T$ 的极大单调性蕴含着半正定性条件 (5.2) 即可. 我们首先回顾经典的 Minty 定理 (参见, 例如, [70, 定理 21.1]), 它告诉我们 $T$ 的极大单调性保证了对任意 $\lambda > 0$ 预解式 $R_\lambda = (I + \lambda T)^{-1}$ 是单值和非扩张的 (即在其定义域上的全局 Lipschitz 连续的且常数 $\ell = 1$) 并且 $\mathrm{dom}\, R_\lambda = \mathbb{R}^n$. 选取任意序对 $(w, z) \in \mathrm{gph}\, \widehat{D}^* T(u, v)$, 由练习 3.59(i) 的正则上导数和法则, 我们得到

$$-\lambda^{-1} w \in \widehat{D}^* R_\lambda(u + \lambda v, u)(-z - \lambda^{-1} w).$$

因为 $R_\lambda$ 是非扩张的, 根据定理 3.3(iii) 中的类 Lipschitz 性质上导数准则的邻域版本 (见 Asplund 空间中练习 3.41 和 [529, 定理 4.7]) 可得 $\| -\lambda^{-1} w \| \leqslant \| -z - \lambda^{-1} w \|$, 显然这蕴含着

$$\lambda^{-2} \|w\|^2 \leqslant \| -z - \lambda^{-1} w \|^2 = \|z\|^2 + 2\lambda^{-1} \langle z, w \rangle + \lambda^{-2} \|w\|^2,$$

从而有 $0 \leqslant \lambda \|z\|^2 + 2 \langle z, w \rangle$ 对所有 $\lambda > 0$ 成立. 令 $\lambda \downarrow 0$ 可得 $\langle z, w \rangle \geqslant 0$, 因此证明了 (5.2).

为验证反向蕴含关系 (ii)$\Rightarrow$(i), 假设 $T$ 是下单调的且满足条件 (5.2). 则存在某个 $r > 0$ 使得 $T + rI$ 是单调的. 任取 $s > r$ 并通过 $\mathrm{gph}\, F := \mathrm{gph}\, (T + sI)^{-1}$ 定义 $F : \mathbb{R}^n \rightrightarrows \mathbb{R}^n$. 对任意 $(v_i, u_i) \in \mathrm{gph}\, F$, $i = 1, 2$, 我们有 $(u_i, v_i - s u_i) \in \mathrm{gph}\, T$. 因此由 (5.1) 可得

$$\langle v_1 - s u_1 - v_2 + s u_2, u_1 - u_2 \rangle \geqslant -r \|u_1 - u_2\|^2.$$

从而后者蕴含着不等式

$$\|v_1 - v_2\| \cdot \|u_1 - u_2\| \geqslant \langle v_1 - v_2, u_1 - u_2 \rangle \geqslant (s - r) \|u_1 - u_2\|^2$$

成立, 由此得到估计

$$\|u_1 - u_2\| \leqslant \frac{1}{s - r} \|v_1 - v_2\|. \tag{5.3}$$

该式说明 $F$ 在其定义域上是单值和 Lipschitz 连续的并且模为 $(s-r)^{-1}$. 现在固定任意 $z \in \mathbb{R}^n$ 并定义 $\varphi_z : \mathbb{R}^n \to \overline{\mathbb{R}}$ 如下

$$\varphi_z(v) := \begin{cases} \langle z, F(v) \rangle, & v \in \operatorname{dom} F, \\ \infty, & 否则. \end{cases} \tag{5.4}$$

因为 $\operatorname{gph} T$ 是闭的, 容易验证 $\operatorname{gph} F$ 同样在 $\mathbb{R}^n \times \mathbb{R}^n$ 中是闭集. 下面证明 $\varphi_z$ 在 $\mathbb{R}^n$ 上是下半连续的. 使用反证法, 假设存在 $\varepsilon > 0$ 和序列 $v_k$ 收敛于某个 $v \in \mathbb{R}^n$ 使得 $\varphi_z(v_k) < \varphi_z(v) - \varepsilon$. 如果 $\varphi_z(v) = \infty$, 则 $v \notin \operatorname{dom} F$ 但 $v_k \in \operatorname{dom} F$. 由 (5.3) 可得 $\|F(v_k) - F(v_j)\| \leqslant (s-r)^{-1}\|v_k - v_j\|$, 从而 $\{F(v_k)\}$ 是一个 Cauchy 列并收敛于某个 $u \in \mathbb{R}^n$. 因此由 $\operatorname{gph} F$ 的闭性知序列 $(v_k, F(v_k)) \in \operatorname{gph} F$ 收敛于 $(v, u) \in \operatorname{gph} F$. 由此可得 $F(v) = u$, 与条件 $v \notin \operatorname{dom} F$ 矛盾. 在剩余 $\varphi_z(v) < \infty$ 的情况下我们由 (5.3) 和 (5.4) 可得估计

$$|\varphi_z(v_k) - \varphi_z(v)| \leqslant \|z\| \cdot \|F(v_k) - F(v)\| \leqslant \|z\| \cdot \frac{1}{s-r}\|v_k - v\| \to 0,$$

这同样与假设 $\varphi_z(v_k) < \varphi_z(v) - \varepsilon$ 矛盾. 这就证明了对任意固定 $z \in \mathbb{R}^n$, $\varphi_z$ 在空间 $\mathbb{R}^n$ 上的下半连续性.

　　现在证明 $T$ 是单调的, 选取两个序对 $(u_i, v_i) \in \operatorname{gph} T$ 并得到

$$(y_i, u_i) \in \operatorname{gph} F, \quad 其中 \ y_i := v_i + su_i, \ i = 1, 2.$$

对 $\varphi_z$ 应用中值不等式 (4.25) 可得, 对任意固定 $\varepsilon > 0$,

$$|\langle z, u_1 - u_2 \rangle| = |\varphi_z(y_1) - \varphi_z(y_2)|$$
$$\leqslant \|y_1 - y_2\| \sup \{\|w\| \mid w \in \hat{\partial}\varphi_z(y), \ y \in [y_1, y_2] + \varepsilon \mathbb{B}\}. \tag{5.5}$$

因为当 $y \notin \operatorname{dom} \varphi_z$ 时, $\hat{\partial}\varphi_z(y) = \varnothing$, 所以只需考虑当 (5.5) 中 $y \in \operatorname{dom}\varphi_z \cap ([y_1, y_2] + \varepsilon\mathbb{B}) = \operatorname{dom} F \cap ([y_1, y_2] + \varepsilon\mathbb{B})$ 的情况. 从后一集合中任取 $y$ 并观察到

$$w \in \hat{D}^*F(y)(z), \quad \forall w \in \hat{\partial}\varphi_z(y). \tag{5.6}$$

事实上, 由 $w \in \hat{\partial}\varphi_z(y)$ 的定义可得

$$\liminf_{v \to y} \frac{\varphi_z(v) - \varphi_z(y) - \langle w, v - y \rangle}{\|v - y\|} \geqslant 0,$$

这可由 (5.4) 中 $\varphi_z$ 的构造等价描述为

$$\liminf_{v \xrightarrow{\operatorname{dom} F} y} \frac{\langle z, F(v) \rangle - \langle z, F(y) \rangle - \langle w, v - y \rangle}{\|v - y\|} \geqslant 0.$$

后者蕴含着

$$\liminf_{(v,u)\overset{\mathrm{gph}\,F}{\to}(y,F(y))} \frac{\langle z, u - F(y)\rangle - \langle w, v - y\rangle}{\|v - y\| + \|u - F(y)\|} \geqslant 0.$$

因此我们由 (1.33), (1.5) 和 (1.61) 中的定义可得

$$(w, -z) \in \widehat{N}\big((y, F(y)); \mathrm{gph}\,F\big) \Leftrightarrow w \in \hat{D}^* F(y)(z) = \hat{D}^*(T + sI)^{-1}(y)(z),$$

从而 $-z \in \hat{D}^*(T + sI)(F(y), y)(-w)$. 根据练习 3.59(i) 中正则上导数的初等和法则, 容易得出

$$-z + sw \in \hat{D}^* T\big(F(y), y - sF(y)\big)(-w). \tag{5.7}$$

结合 (5.2) 我们有 $\langle -z + sw, -w\rangle \geqslant 0$, 由此可得

$$\|z\| \cdot \|w\| \geqslant \langle z, w\rangle \geqslant s\|w\|^2 \tag{5.8}$$

并进一步蕴含估计式 (5.5) 使得

$$|\langle z, u_1 - u_2\rangle| \leqslant s^{-1}\|z\| \cdot \|y_1 - y_2\|.$$

因为此不等式对所有 $z \in I\!\!R^n$ 成立, 我们得到

$$\|u_1 - u_2\| \leqslant s^{-1}\|y_1 - y_2\| = s^{-1}\|v_1 + su_1 - v_2 - su_2\|,$$

然后根据欧氏范数性质可得

$$\begin{aligned}
s^2\|u_1 - u_2\|^2 &\leqslant \|(v_1 - v_2) + s(u_1 - u_2)\|^2 \\
&= \|v_1 - v_2\|^2 + 2s\langle v_1 - v_2, u_1 - u_2\rangle + s^2\|u_1 - u_2\|^2.
\end{aligned}$$

因此, 我们得到不等式

$$0 \leqslant \frac{1}{2s}\|v_1 - v_2\|^2 + \langle v_1 - v_2, u_1 - u_2\rangle, \quad 对任意 s > r 成立.$$

对上式当 $s \to \infty$ 时取极限, 得

$$0 \leqslant \langle v_1 - v_2, u_1 - u_2\rangle, \quad \forall\, (u_1, v_1), (u_2, v_2) \in \mathrm{gph}\,T,$$

因此验证了算子 $T$ 的单调性.

仍需证明 $T$ 是极大单调的. 因为 $T$ 是正常的, 存在序对 $(u_0, v_0) \in \mathrm{gph}\,T$ 使得

$$u_0 = (T + sI)^{-1}(y_0) \quad 且 \quad y_0 := v_0 + su_0.$$

再次对 (5.4) 中定义的函数 $\varphi_z$ 使用中值不等式 (4.25)，我们验证估计

$$|\varphi_z(y) - \varphi_z(y_0)| \leqslant \|y - y_0\| \sup \left\{ \|w\| \mid w \in \hat{\partial} \varphi_z(x),\ x \in [y, y_0] + \varepsilon I\!B \right\}$$

对任意 $y \in I\!R^n$ 成立. 从而类似 (5.8) 的证明, 有 $\|w\| \leqslant s^{-1}\|z\|$ 对所有 $w \in \hat{\partial}\varphi_z(x)$ 且 $x \in \operatorname{dom} F \cap ([y, y_0] + \varepsilon I\!B)$ 成立. 根据上述中值不等式, 可得

$$|\varphi_z(y) - \varphi_z(y_0)| \leqslant s^{-1}\|z\| \cdot \|y - y_0\|.$$

因此 $\varphi_z(y) < \infty$, 从而 $F(y) \neq \varnothing$ 对所有 $y \in I\!R^n$ 成立, 这意味着 $\operatorname{dom}(T+sI)^{-1} = I\!R^n$. 再次应用上述 Minty 定理并考虑到上面验证的 $T$ 的单调性, 我们得出 $T$ 是极大单调的, 从而完成了定理的证明.                                   △

### 5.1.2  具有凸定义域的极大单调算子

我们下一个目标是获得定理 5.2 中上导数刻画的另一版本, 并将断言 (ii) 中 $T$ 的全局下单调性替换为半局部下单调性. 建立这样的结果需要对 $T$ 的定义域附加凸性假设, 下面的反例表明该假设是必需的. 为此, 我们首先给出以下引理, 其中 $T: I\!R^n \rightrightarrows I\!R^n$ 的半局部单调性如定义 5.1(ii) 中所示, 且 (5.1) 式中 $r = 0$.

**引理 5.3** (具有凸定义域集值映射的半局部单调性)  设 $T: I\!R^n \rightrightarrows I\!R^n$ 在 $I\!R^n$ 上是半局部单调的, 并设它的定义域 $\operatorname{dom} T$ 是凸的. 则 $T$ 在 $I\!R^n$ 上是全局单调的.

**证明**  任取 $(u_1, v_1), (u_2, v_2) \in \operatorname{gph} T$ 并由 $\operatorname{dom} T$ 的凸性假设得到 $[u_1, u_2] \subset \operatorname{dom} T$. 因为 $T$ 是半局部单调的, 对每个向量 $x \in [u_1, u_2]$ 存在 $\gamma_x > 0$ 使得

$$\langle y_1 - y_2, x_1 - x_2 \rangle \geqslant 0, \quad \text{如果 } (x_1, y_1), (x_2, y_2) \in \operatorname{gph} T \cap (\operatorname{int} B_{\gamma_x}(x) \times I\!R^n). \quad (5.9)$$

根据 $[u_1, u_2]$ 的紧性找到 $x_i \in [u_1, u_2] (i = 1, \cdots, m)$ 满足

$$[u_1, u_2] \subset \bigcup_{i=1}^{m} \operatorname{int}(x_i + \gamma_{x_i} I\!B).$$

则存在 $0 = t_0 < t_1 < \cdots < t_k = 1$ 使得

$$[\hat{u}_j, \hat{u}_{j+1}] \subset \operatorname{int}(x_i + \gamma_{x_i} I\!B), \quad \text{对某个 } i := i_j \in \{1, \cdots, m\}$$

对每个 $j \in \{0, \cdots, k-1\}$ 成立, 其中 $\hat{u}_j := u_1 + t_j(u_2 - u_1)$. 因为对每个 $j \in \{0, \cdots, k\}$ 有 $\hat{u}_j \in [u_1, u_2] \subset \operatorname{dom} T$, 所以存在向量 $\hat{v}_j \in T(\hat{u}_j)$ 满足 $\hat{v}_0 = v_1$ 和 $\hat{v}_k = v_2$. 由 (5.9) 可得

$$(t_{j+1} - t_j)\langle \hat{v}_{j+1} - \hat{v}_j, u_2 - u_1 \rangle = \langle \hat{v}_{j+1} - \hat{v}_j, \hat{u}_{j+1} - \hat{u}_j \rangle \geqslant 0,$$

这蕴含着 $\langle \hat{v}_{j+1} - \hat{v}_j, u_2 - u_1 \rangle \geqslant 0$ 当 $j \in \{0, \cdots, k-1\}$ 时成立. 因此

$$\langle v_2 - v_1, u_2 - u_1 \rangle = \sum_{j=0}^{k-1} \langle \hat{v}_{j+1} - \hat{v}_j, u_2 - u_1 \rangle \geqslant 0,$$

这就验证了算子 $T$ 的全局单调性. △

现在我们准备获得定理 5.2 中上导数刻画在 $\operatorname{dom} T$ 的凸性假设下的半局部版本. 下面的例 5.5 表明后一假设不能被省略. 由于下面定理的证明在某些地方与定理 5.2 的证明相似, 我们省略了相应的细节.

**定理 5.4** (极大单调性的正则上导数和半局部下单调性准则) 设 $T : I\!R^n \rightrightarrows I\!R^n$ 是一个具有闭图和凸定义域的集值映射. 则以下结论等价:

(i) $T$ 在 $I\!R^n$ 上是全局极大单调的.

(ii) $T$ 在 $I\!R^n$ 上是半局部下单调的且满足半正定正则上导数条件 (5.2).

**证明** 由定理 5.2 可得蕴含关系 (i)⇒(ii). 为证明反向蕴含关系, 假设条件 (5.2) 成立并且 $T$ 是半局部下单调的. 由此, 对每个 $\bar{x} \in \operatorname{dom} T$ 可找到 $\gamma, r > 0$ 使得 (5.1) 当 $(u_1, v_1), (u_2, v_2) \in \operatorname{gph} T \cap (B_\gamma(\bar{x}) \times I\!R^n)$ 时成立. 现在任取 $s > r$ 并定义映射 $F : I\!R^n \rightrightarrows I\!R^n$ 如下

$$\operatorname{gph} F := \operatorname{gph} (T + sI)^{-1} \cap \left( I\!R^n \times (\bar{x} + \gamma I\!B) \right).$$

选取任意序对 $(v_i, u_i) \in \operatorname{gph} F$, $i = 1, 2$, 我们有 $(u_i, v_i - su_i) \in \operatorname{gph} T \cap (I\!B_\gamma(\bar{x}) \times I\!R^n)$. 由半局部下单调性可得

$$\langle v_1 - su_1 - v_2 + su_2, u_1 - u_2 \rangle \geqslant -r\|u_1 - u_2\|^2.$$

与 (5.5) 类似, 我们由后者可得

$$\|u_1 - u_2\| \leqslant \frac{1}{s-r}\|v_1 - v_2\|, \quad \forall (v_1, u_1), (v_2, u_2) \in \operatorname{gph} F. \tag{5.10}$$

这蕴含着 $F$ 在 $\operatorname{dom} F$ 上是单值且 Lipschitz 连续的. 对任意固定向量 $z \in I\!R^n$, 如 (5.4) 中所示, 定义函数 $\varphi_z : I\!R^n \to \overline{I\!R}$ 并类似定理 5.2 证明 $\varphi_z$ 在 $I\!R^n$ 上是下半连续的.

此外, 选取任意序对 $(u_1, v_1), (u_2, v_2) \in \operatorname{gph} T \cap (\operatorname{int} B_\gamma(\bar{x}) \times I\!R^n)$ 并固定 $\bar{v} \in T(\bar{x})$. 则 $F(y_i) = u_i \in I\!B_\gamma(\bar{x})$ 且 $y_i := v_i + su_i$. 对任意 $\varepsilon \in (0, \sqrt{s})$ 应用中值不等式 (4.25) 可得估计 (5.5). 与 (5.6) 类似, 我们得到当 $y \in \operatorname{dom} F \cap ([y_1, y_2] + \varepsilon I\!B)$ 时, 有 $\hat{\partial}\varphi_z(y) \subset \hat{D}^*F(y)(z)$, 从而对任意 $y \in \operatorname{dom} F \cap ([y_1, y_2] + \varepsilon I\!B)$ 找到 $y_0 \in \varepsilon I\!B$ 和 $t \in [0, 1]$ 满足 $y = ty_1 + (1-t)y_2 + y_0$. 因为 $F(\bar{v} + s\bar{x}) = \bar{x}$, 由 (5.10) 可得

$$\|F(y) - \bar{x}\| = \|F(ty_1 + (1-t)y_2 + y_0) - F(\bar{v} + s\bar{x})\|$$

$$\leqslant \frac{1}{s-r}\|ty_1 + (1-t)y_2 + y_0 - \bar{v} - s\bar{x}\|$$

$$= \frac{1}{s-r}\|t(v_1 + su_1) + (1-t)(v_2 + su_2) + y_0 - \bar{v} - s\bar{x}\|$$

$$= \frac{1}{s-r}\|t(v_1 - \bar{v}) + st(u_1 - \bar{x}) + (1-t)(v_2 - \bar{v}) + s(1-t)(u_2 - \bar{x}) + y_0\|$$

$$\leqslant \frac{1}{s-r}\Big[t\|v_1 - \bar{v}\| + (1-t)\|v_2 - \bar{v}\| + st\|u_1 - \bar{x}\| + s(1-t)\|u_2 - \bar{x}\| + \|y_0\|\Big]$$

$$\leqslant \frac{1}{s-r}\Big[\max\big\{\|v_1 - \bar{v}\|, \|v_2 - \bar{v}\|\big\} + \varepsilon\Big] + \frac{s}{s-r}\max\big\{\|u_1 - \bar{x}\|, \|u_2 - \bar{x}\|\big\}$$

$$\leqslant \frac{1}{s-r}\Big[\max\big\{\|v_1 - \bar{v}\|, \|v_2 - \bar{v}\|\big\} + \sqrt{s}\Big] + \frac{s}{s-r}\max\big\{\|u_1 - \bar{x}\|, \|u_2 - \bar{x}\|\big\}.$$

现在考虑到 $(u_1, v_1), (u_2, v_2), (\bar{x}, \bar{v}) \in \operatorname{gph} T \cap (\operatorname{int} B_\gamma(\bar{x}) \times \mathbb{R}^n)$ 的选取与参数 $s > r$ 无关并且 $\max\{\|u_1 - \bar{x}\|, \|u_2 - \bar{x}\|\} < \gamma$, 我们可以找到充分大的数 $M > 0$ 使得当 $s > M$ 时, 有

$$\frac{1}{s-r}\max\big\{\|v_1 - \bar{v}\|, \|v_2 - \bar{v}\| + \sqrt{s}\big\} + \frac{s}{s-r}\max\big\{\|u_1 - \bar{x}\|, \|u_2 - \bar{x}\|\big\} < \gamma.$$

这与上述 $\|F(y) - \bar{x}\|$ 的估计确保了包含关系 $F(y) \in \operatorname{int} B_\gamma(\bar{x})$ 成立, 从而有不等式

$$\widehat{N}\big((y, F(y)); \operatorname{gph} F\big) = \widehat{N}\big((y, F(y)); \operatorname{gph}(T + sI)^{-1} \cap (\mathbb{R}^n \times B_\gamma(\bar{x}))\big)$$
$$= \widehat{N}\big((y, F(y)); \operatorname{gph}(T + sI)^{-1}\big),$$

这显然蕴含着关系

$$\widehat{D}^* F(y)(z) = \widehat{D}^*(T + sI)^{-1}\big(y, F(y)\big)(z).$$

类似于 (5.7) 的认证, 对任意 $w \in \hat{\partial}\varphi_z(y) \subset \widehat{D}^* F(y)(z)$, 我们由后一等式可得 $-z + sw \in \widehat{D}^* T(F(y), y - sF(y))(-w)$. 由 (5.2) 可知 $\langle -z + sw, -w \rangle \geqslant 0$, 因此

$$\|z\| \cdot \|w\| \geqslant \langle z, w \rangle \geqslant s\|w\|^2, \quad \text{i.e.,} \quad \|z\| \geqslant s\|w\|.$$

由这和 (5.5) 一起可得

$$\langle z, u_1 - u_2 \rangle \leqslant \frac{1}{s}\|y_1 - y_2\| \cdot \|z\|.$$

因为所得估计对任意 $z \in \mathbb{R}^n$ 成立, 我们有

$$\|u_1 - u_2\|^2 \leqslant \frac{1}{s^2}\|y_1 - y_2\| = \frac{1}{s^2}\|v_1 + su_1 - v_2 - su_2\|^2 = \frac{1}{s^2}\|(v_1 - v_2) + s(u_1 - u_2)\|^2,$$

从而得到不等式

$$0 \leqslant \frac{1}{s}\|v_1 - v_2\|^2 + 2\langle v_1 - v_2, u_1 - u_2\rangle, \quad \text{当 } s > M \text{ 时成立}.$$

当 $s \to \infty$ 时对上式取极限, 表明

$$0 \leqslant \langle v_1 - v_2, u_1 - u_2\rangle, \quad \forall (u_1, v_1), (u_2, v_2) \in \mathrm{gph}\, T \cap \big(\mathrm{int}\, B_\gamma(\bar{x}) \times I\!\!R^n\big),$$

这就证明了 $T$ 在任意 $\bar{x} \in \mathrm{dom}\, T$ 处的半局部单调性. 因为 $T$ 的定义域假定为凸的, 由引理 5.3 可知 $T$ 是全局单调的. 现在我们可以应用定理 5.2 并得出 $T$ 是 $I\!\!R^n$ 上全局极大单调算子的结论. △

众所周知, 在单调算子理论中由 $T$ 的极大单调性总可得出定义域 $\mathrm{cl}(\mathrm{dom}\, T)$ 的闭包是凸的; 参见, 例如, [70, 推论 21.12]. 这自然提出了一个问题: 当 $\mathrm{dom}\, T$ 的凸性条件替换为 $\mathrm{cl}(\mathrm{dom}\, T)$ 的凸性时, 定理 5.4 是否成立? 下面的简单例子表明这不成立, 因此定理 5.4 中 $\mathrm{dom}\, T$ 的凸性假设不可省略.

**例 5.5** (由半局部单调性不能得出定义域的凸性) 定义映射 $T : I\!\!R \rightrightarrows I\!\!R$ 如下

$$T(x) := \begin{cases} -x^{-1}, & x \in I\!\!R \backslash \{0\}, \\ \varnothing, & x = 0. \end{cases}$$

观察到算子 $T$ 在 $I\!\!R$ 上是半局部单调的, 它的图 $\mathrm{gph}\, T$ 是闭的, 其定义域 $\mathrm{dom}\, T = I\!\!R \backslash \{0\}$ 是非凸的, 而定义域的闭包 $\mathrm{cl}(\mathrm{dom}\, T) = I\!\!R$ 是凸的. 此外, 显然定理 5.4 的 (ii) 中所有条件成立, 但 $T$ 在 $I\!\!R$ 上不是全局单调的, 见图 5.1.

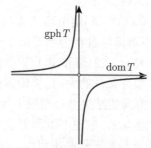

图 5.1　半局部单调性而非全局单调性

### 5.1.3 由极限上导数表示的极大单调性

下一个定理提供了全局极大单调性的另一个上导数刻画, 其中正则上导数条件 (5.2) 替换为基本/极限上导数 (1.15) 的半正定性. 这些刻画显然与定理 5.2 和定理 5.4 中给出的刻画等价, 但此处通过对 (5.2) 取极限更方便得出结果. 注意, 由于

在 3.2 节和 3.4 节中 (1.15) 具有全面的分析法则而其正则上导数 (预上导数)(1.61) 则不具备, 所以极限上导数刻画与 (5.2) 相比有很大的优势.

**定理 5.6** (全局极大单调性的极限上导数刻画)　设 $T : I\!R^n \rightrightarrows I\!R^n$ 是具有闭图的集值映射. 下列断言等价:

(i) $T$ 在 $I\!R^n$ 上是全局极大单调的.

(ii) $T$ 在 $I\!R^n$ 上是全局下单调的且对任意 $(u, v) \in \mathrm{gph}\, T$ 有

$$\langle z, w \rangle \geqslant 0 \quad \text{当 } z \in D^*T(u, v)(w),\ w \in I\!R^n \text{ 时成立.} \tag{5.11}$$

此外, 如果算子的定义域 $\mathrm{dom}\, T$ 是凸的, 则断言 (ii) 中的下单调性可等价地替换为半局部单调性.

**证明**　由于

$$\widehat{D}^*T(u, v)(w) \subset D^*T(u, v)(w), \quad \forall\, (u, v) \in \mathrm{gph}\, T \text{ 和 } w \in I\!R^n,$$

蕴含关系 (ii)⇒(i) 可直接由定理 5.2 得到. 因此由 (5.11) 可得 (5.2), 从而由定理 5.2 可知 $T$ 是极大单调的.

为验证反向蕴含关系 (i)⇒(ii), 假设 (i) 成立, 从而根据定理 5.2 可知 (5.2) 成立. 选取任意向量 $(u, v) \in \mathrm{gph}\, T$ 和 $z \in D^*T(u, v)(w)$ 并使用基本上导数定义 (1.15), 我们找到序列 $(u_k, v_k) \xrightarrow{\mathrm{gph}\, T} (u, v)$ 以及 $z_k \to z$ 和 $w_k \to w$ 使得包含关系 $z_k \in \widehat{D}^*T(u_k, v_k)(w_k)$ 对所有 $k \in I\!N$ 成立. 由 (5.2) 可得 $\langle z_k, w_k \rangle \geqslant 0$. 令 $k \to \infty$ 可得 $\langle z, w \rangle \geqslant 0$, 这就证明了 (5.11).

现假设有效域 $\mathrm{dom}\, T$ 具有凸性, 利用引理 5.3 并同时使用定理 5.4 (非定理 5.2), 我们可将 (ii) 中的全局下单调性替换为半局部下单调性.　　　　　△

**注 5.7** (极大单调性的保持)　3.2 节和 3.4 节中介绍的完善的上导数分析法则, 打开了通过 (5.11) 导出可验证条件的大门, 以确保在对极大单调算子执行的各种操作下保持极大单调性. 此方向的结果涉及相应上导数分析法则的规范条件.

下面的一维例子表明, 定理 5.2、定理 5.4 和定理 5.6 的 (ii) 中的下单调性条件对于所获得的极大单调性的上导数刻画必不可少.

**例 5.8** (下单调性条件是必不可少的)　给定正数 $\eta$, 定义具体有完整定义域的集值映射 $T: I\!R \rightrightarrows I\!R$ 如下

$$T(x) := \eta x + [0, 1], \quad \forall\, x \in I\!R.$$

直接由定义计算, 可得

$$D^*T(u,v)(w) = \widehat{D}^*T(u,v)(w) = \begin{cases} \{0\}, & w = 0,\ v - \eta u \in (0,1), \\ \{\eta w\}, & w \geqslant 0,\ v - \eta u = 0, \\ \{\eta w\}, & w \leqslant 0,\ v - \eta u = 1, \\ \varnothing, & \text{否则}. \end{cases}$$

因此上导数条件 (5.2) 和 (5.11) 都满足. 但是, $T$ 在 $\mathbb{R}$ 上不是全局单调的. 原因是该映射不是半局部 (从而不是全局) 下单调的, 见图 5.2.

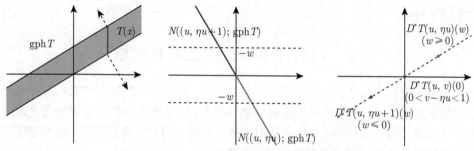

图 5.2 $T(x) = \eta x + [0,1]$ 当 $\eta > 0$ 时的上导数

在本节最后, 根据所得结果, 我们得出集值映射的更强版本的全局单调性的完全上导数刻画. 我们称 $T: \mathbb{R}^n \rightrightarrows \mathbb{R}^n$ 在 $\mathbb{R}^n$ 上是强全局极大单调的且模 $\kappa > 0$, 如果它是全局极大单调的且平移映射 $T - \kappa I$ 在 $\mathbb{R}^n$ 上是全局单调的, 即

$$\langle v_1 - v_2, u_1 - u_2 \rangle \geqslant \kappa \|u_1 - u_2\|^2, \quad \forall\, (u_1, v_1), (u_2, v_2) \in \mathrm{gph}\, T.$$

由 Minty 定理可知, $T$ 在 $\mathbb{R}^n$ 上是强全局极大单调的且模 $\kappa > 0$ 当且仅当 $T - \kappa I$ 在 $\mathbb{R}^n$ 上是全局极大单调的.

**推论 5.9** (强全局极大单调性的上导数刻画)  设 $T: \mathbb{R}^n \rightrightarrows \mathbb{R}^n$ 是一个具有闭图的集值映射. 下面结论等价:

(i) $T$ 在 $\mathbb{R}^n$ 上是强全局极大单调的且模 $\kappa > 0$.

(ii) $T$ 在 $\mathbb{R}^n$ 上是全局下单调的, 且对任意 $(u, v) \in \mathrm{gph}\, T$ 我们有

$$\langle z, w \rangle \geqslant \kappa \|w\|^2 \quad \text{当 } z \in \widehat{D}^*T(u,v)(w),\ w \in \mathbb{R}^n \text{ 时成立}.$$

(iii) $T$ 在 $\mathbb{R}^n$ 上是全局下单调的, 且对任意 $(u, v) \in \mathrm{gph}\, T$ 我们有

$$\langle z, w \rangle \geqslant \kappa \|w\|^2 \quad \text{当 } z \in D^*T(u,v)(w),\ w \in \mathbb{R}^n \text{ 时成立}.$$

此外, 如果算子定义域 $\mathrm{dom}\, T$ 是凸的, 则断言 (ii) 和 (iii) 中的全局下单调性可等价替换为其半局部下单调性.

**证明**　定义 $S := T - \kappa I$ 并由练习 3.59(i), (ii) 中的上导数和法则立即可得下面等式

$$\hat{D}^*T(u,v)(w) = \hat{D}^*S(u, v - \kappa u)(w) + \kappa w,$$
$$D^*T(u,v)(w) = D^*S(u, v - \kappa u)(w) + \kappa w$$

对所有 $(u,v) \in \mathrm{gph}\, T$ 和 $w \in I\!R^n$ 成立. 因此结论 (ii) (或 (iii)) 对于算子 $T$ 成立等价于定理 5.2(ii) (或定理 5.4(ii)) 中所有条件对于算子 $S$ 满足; 下单调性的等价是显然的. 现在分别应用定理 5.2 和定理 5.4, 我们得到该推论的断言 (ii) 或 (iii) 等价于 $S$ 全局极大单调性. 因为后者等价于 $T$ 的全局强极大单调性且模为 $\kappa$, 我们完成了证明.　　　　　　　　　　　　　　　　　　　　　　　　　　△

## 5.2　强局部单调性的上导数准则

本节我们研究集值算子的强局部单调性性质, 并为它们的极大性提供了完全的上导数刻画. 与 5.1 节中研究的全局单调性相似, 这里建立的技巧也使用变分方法和广义微分, 同时与全局极大单调性相比有很大的不同并且涉及更多. 我们现在实际上利用了所考虑的极大单调性的强局部性质.

### 5.2.1　强局部单调性和相关性质

下面研究算子的以下局部单调性性质. 回顾我们已经在 3.3.3 小节中使用了局部单调性.

**定义 5.10** (局部单调和强单调算子)　设 $T: I\!R^n \rightrightarrows I\!R^n$ 且 $(\bar{x}, \bar{v}) \in \mathrm{gph}\, T$. 我们称:

(i) $T$ 在 $(\bar{x}, \bar{v})$ 周围是局部单调的, 如果存在该点的邻域 $U \times V$ 使得

$$\langle v_1 - v_2, u_1 - u_2 \rangle \geqslant 0, \quad \forall (u_1, v_1), (u_2, v_2) \in \mathrm{gph}\, T \cap (U \times V).$$

(ii) $T$ 在 $(\bar{x}, \bar{v})$ 周围是强局部单调的且模 $\kappa > 0$, 如果存在 $(\bar{x}, \bar{v})$ 的邻域 $U \times V$ 使得对任意序对 $(u_1, v_1), (u_2, v_2) \in \mathrm{gph}\, T \cap (U \times V)$ 我们有估计

$$\langle v_1 - v_2, u_1 - u_2 \rangle \geqslant \kappa \|u_1 - u_2\|^2. \tag{5.12}$$

(iii) $T$ 在 $(\bar{x}, \bar{v})$ 周围是强局部极大单调的且模 $\kappa > 0$, 如果存在 $(\bar{x}, \bar{v})$ 的邻域 $U \times V$ 使得 (ii) 成立, 并且对任意满足包含关系 $\mathrm{gph}\, T \cap (U \times V) \subset \mathrm{gph}\, S$ 的全局单调算子 $S: I\!R^n \rightrightarrows I\!R^n$ 有 $\mathrm{gph}\, T \cap (U \times V) = \mathrm{gph}\, S \cap (U \times V)$.

下面我们给出集值算子的强局部极大单调性的完全上导数刻画, 同时通过上导数将该性质与定义 5.1(iii) 的局部下单调性联系起来. 为此, 首先考虑集值映射的单值局部化概念, 它对于强局部单调性及相关性质的研究和应用非常重要.

**定义 5.11** (单值局部化)  给定 $F: \mathbb{R}^n \rightrightarrows \mathbb{R}^m$ 且 $(\bar{x}, \bar{y}) \in \text{gph}\, F$, 我们称 $F$ 在 $(\bar{x}, \bar{y})$ 周围具有单值局部化, 如果存在 $(\bar{x}, \bar{y})$ 的邻域 $U \times V \subset \mathbb{R}^n \times \mathbb{R}^m$ 使得由 $\text{gph}\, \widehat{F} := \text{gph}\, F \cap (U \times V)$ 定义的映射 $\widehat{F}: U \to V$ 在 $U$ 上是单值的且 $\text{dom}\, \widehat{F} = U$. 此外, 称 $F$ 在 $(\bar{x}, \bar{y})$ 周围具有 Lipschitz 单值局部化, 如果映射 $\widehat{F}$ 在 $U$ 上是 Lipschitz 连续的.

如果定义 5.11 中映射 $\widehat{F}$ 是一般集值的, 则仅称其为 $F$ 相对于 $U \times V$ 的局部化.

利用定义 5.11 的第二部分, 我们现在阐述与 3.1 节中的研究相关的以下适定性性质. 由定理 3.2(ii) 可知, 该性质可被视为所讨论映射的度量正则性的 Lipschitz 单值局部化.

**定义 5.12** (强度量正则性)  我们称 $F: \mathbb{R}^n \rightrightarrows \mathbb{R}^m$ 在 $(\bar{x}, \bar{y}) \in \text{gph}\, F$ 周围是强度量正则的且模 $\ell > 0$, 如果逆映射 $F^{-1}$ 在 $(\bar{y}, \bar{x})$ 周围存在单值局部化, 且该局部化在 $\bar{y}$ 周围是 Lipschitz 连续的且模为 $\ell$.

下一个结果通过逆 $T^{-1}$ 的 Lipschitz 单值局部化刻画了 $T$ 的强局部极大单调性, 这实际上将强局部极大单调性与仅强局部单调性区分开来. 除定性刻画外, 下面的定理给出了相应模之间的一些定量关系.

**定理 5.13** (由 Lipschitz 局部化表示的强局部极大单调性)  给定一个集值算子 $T: \mathbb{R}^n \rightrightarrows \mathbb{R}^n$ 及 $(\bar{x}, \bar{v}) \in \text{gph}\, T$ 并且给定 $\kappa > 0$, 下列断言等价:

(i) $T$ 在 $(\bar{x}, \bar{v})$ 周围是强局部极大单调的且模为 $\kappa$.

(ii) $T$ 在 $(\bar{x}, \bar{v})$ 周围是强局部单调的且模为 $\kappa$, 并且逆 $T^{-1}$ 在 $(\bar{v}, \bar{x})$ 周围存在 Lipschitz 单值局部化.

(iii) $T^{-1}$ 存在相对于 $(\bar{v}, \bar{x})$ 的某个邻域 $V \times U$ 的单值局部化 $\vartheta$, 使得对所有 $v_1, v_2 \in V$ 有

$$\big\| (v_1 - v_2) - 2\kappa \big[ \vartheta(v_1) - \vartheta(v_2) \big] \big\| \leqslant \|v_1 - v_2\|, \tag{5.13}$$

这意味着 $\vartheta$ 在 $(\bar{v}, \bar{x})$ 周围是局部 Lipschitz 的且模为 $\kappa^{-1}$, 从而 $T$ 在 $(\bar{x}, \bar{v})$ 周围是强度量正则的且具有相同的模.

**证明**  为验证 (i)$\Rightarrow$(ii), 由 (i) 选取 $(\bar{x}, \bar{v})$ 的邻域 $U \times V$ 使得 (5.12) 成立, 则对任意全局单调算子 $S: \mathbb{R}^n \times \mathbb{R}^n$ 满足 $\text{gph}\, T \cap (U \times V) \subset \text{gph}\, S$, 我们有 $\text{gph}\, T \cap (U \times V) = \text{gph}\, S \cap (U \times V)$. 在 $\mathbb{R}^n \times \mathbb{R}^n$ 上定义

$$J_\kappa(u, v) := (u, v - \kappa u), \quad W := J_\kappa(U \times V),$$

并由 (5.12) 推导得出由恒等映射 $I$ 通过 $\text{gph}\, F := \text{gph}\, (T - \kappa I) \cap W$ 构建的算子 $F: \mathbb{R}^n \rightrightarrows \mathbb{R}^n$ 在 $\mathbb{R}^n$ 上是全局单调的. 事实上, 当 $(u_i, v_i) \in \text{gph}\, F$ 时我们可得

$$(u_i, v_i + \kappa u_i) \in \text{gph}\, T \cap J_\kappa^{-1}(W) = \text{gph}\, T \cap (U \times V), \quad \forall\, i = 1, 2.$$

从 $T$ 的强局部单调性 (5.12) 可知

$$\langle v_1 + \kappa u_1 - v_2 - \kappa u_2, u_1 - u_2 \rangle \geqslant \kappa \|u_1 - u_2\|^2,$$

由此可得 $\langle v_1 - v_2, u_1 - u_2 \rangle \geqslant 0$, 因此验证了 $F$ 的全局单调性. 现在考虑 $F$ 的 (全局) 极大单调扩展 $R$ (参见, 例如, [70, 定理 20.21]), 我们有包含关系

$$\mathrm{gph}\,(F + \kappa I) \cap (U \times V) = \mathrm{gph}\, T \cap (U \times V) \subset \mathrm{gph}\,(R + \kappa I).$$

$T$ 相对于邻域 $U \times V$ 的局部极大单调性意味着 $\mathrm{gph}\, T \cap (U \times V) = \mathrm{gph}\,(R + \kappa I) \cap (U \times V)$, 因此

$$\mathrm{gph}\, T^{-1} \cap (V \times U) = \mathrm{gph}\,(R + \kappa I)^{-1} \cap (V \times U). \tag{5.14}$$

上述 Minty 定理告诉我们 $\mathrm{dom}\,(R + \kappa I)^{-1} = \mathbb{R}^n$ 且算子 $(R + \kappa I)^{-1}$ 在 $\mathbb{R}^n$ 上是单值且 Lipschitz 连续的. 将此与 (5.14) 相结合, 通过从 (5.14) 中注意到 $(\bar{v}, \bar{x}) \in \mathrm{gph}\,(R + \kappa I)^{-1} \cap (V \times U)$, 并使用 $V_1$ 是邻域 $U$ 在连续映射 $(R + \kappa I)^{-1}$ 下的逆像这一事实, 可以确保集合

$$V_1 := (R + \kappa I)(U) \cap V = \left[ (R + \kappa I)^{-1} \right]^{-1}(U) \cap V$$

是一个 $\bar{v}$ 的邻域. 此外, 从 (5.14) 可知 $T^{-1}(v) = (R + \kappa I)^{-1}(v)$ 对所有 $v \in V_1$ 成立. 因此由 $\mathrm{gph}\, S := \mathrm{gph}\, T^{-1} \cap (V_1 \times U)$ 定义的局部化 $S: V_1 \to U$ 在 $V_1$ 上是单值且 Lipschitz 连续的. 这就验证了蕴含关系 (i)$\Rightarrow$(ii).

为证明 (ii)$\Rightarrow$(iii), 由 (ii) 找到一个 (5.12) 成立的 $(\bar{x}, \bar{v})$ 的邻域 $U \times V$ 使得 $T^{-1}$ 的局部化 $\vartheta$ 在 $V \times U$ 上是单值且 Lipschitz 连续的. 则从 (5.12) 可知

$$\|v_1 - v_2 - 2\kappa(u_1 - u_2)\|^2 = \|v_1 - v_2\|^2 - 4\kappa \big[ \langle v_1 - v_2, u_1 - u_2 \rangle - \kappa \|u_1 - u_2\|^2 \big]$$
$$\leqslant \|v_1 - v_2\|^2, \quad \text{如果 } (v_1, u_1), (v_2, u_2) \in \mathrm{gph} \cap (V \times U),$$

由此可得 (5.13), 因此验证了 (iii) 中的主要陈述. 为进一步证明 (5.13) 容易推出 $\vartheta$ 在 $(\bar{v}, \bar{x})$ 周围是局部 Lipschitz 连续的且模为 $\kappa^{-1}$ (因此根据定义 5.12 知 $T$ 在 $(\bar{x}, \bar{v})$ 周围是强度量正则的且具有相同的模), 选取 $u_i := \vartheta(v_i)$, $i = 1, 2$, 并由 (5.13) 推出

$$0 \leqslant \|v_1 - v_2\|^2 - \|v_1 - v_2 - 2\kappa(u_1 - u_2)\|^2$$
$$= 4\kappa \big[ \langle v_1 - v_2, u_1 - u_2 \rangle - \kappa \|u_1 - u_2\|^2 \big].$$

这又意味着估计

$$\|v_1 - v_2\| \cdot \|u_1 - u_2\| \geqslant \langle v_1 - v_2, u_1 - u_2 \rangle \geqslant \kappa \|u_1 - u_2\|^2, \tag{5.15}$$

因此证明了 (iii) 中的其余论断.

仍需验证蕴含关系 (iii)⇒(i). 通过 (iii) 可得满足 $T^{-1}$ 存在单值局部化 $\vartheta$ 且 (5.12) 成立的 $(\bar{v}, \bar{x})$ 的邻域 $V \times U$, 任取 $(u_1, v_1), (u_2, v_2) \in \operatorname{gph} T \cap (U \times V)$, 从而有 $u_i = \vartheta(v_i)$, $i = 1, 2$, 并且如 (5.15) 中证明所示, 满足强局部单调性条件 (5.12). 我们最后验证 $T$ 的局部极大性.

为此, 任意选取满足包含 $\operatorname{gph} T \cap (U \times V) \subset \operatorname{gph} S$ 的全局单调算子 $S : I\!R^n \rightrightarrows I\!R^n$, 并由 (5.13) 得出

$$\langle y - v, \vartheta(y) - u \rangle \geqslant 0 \quad 对任意 y \in V, \ (u, v) \in \operatorname{gph} S \cap (U \times V) \ 成立. \quad (5.16)$$

固定一个任意向量 $z \in I\!R^n$ 并找到 $\varepsilon > 0$ 使得 $v + \varepsilon z \in V$. 因为 $\vartheta(V) \subset U$, 我们有 $\vartheta(v + \varepsilon z) \in U$. 这与 (5.16) 一起告诉我们

$$\langle v + \varepsilon z - v, \vartheta(v + \varepsilon z) - u \rangle = \varepsilon \langle z, \vartheta(v + \varepsilon z) - u \rangle \geqslant 0,$$

由此显然有 $\langle z, \vartheta(v + \varepsilon z) - u \rangle \geqslant 0$. 现令 $\varepsilon \downarrow 0$, 由上面证明的 $\vartheta$ 的连续性, 这蕴含着 $\langle z, \vartheta(v) - u \rangle \geqslant 0$. 因为该式对任意 $z \in I\!R^n$ 成立, 我们得到 $\vartheta(v) = u$, 即, $(u, v) \in \operatorname{gph} T \cap (U \times V)$. 因此

$$\operatorname{gph} S \cap (U \times V) \subset \operatorname{gph} T \cap (U \times V),$$

这验证了 $T$ 相对于 $U \times V$ 的强局部极大单调性, 因此完成了定理的证明. △

### 5.2.2 由上导数表示的强局部极大单调性

下一个定理给出了本节的主要结果, 即通过局部下单调性以及用邻域点上的预上导数/正则上导数 (1.61) 表示的强化正定性条件相结合来刻画强局部极大单调 (闭图) 算子. 所得结果还提供了一个包含强局部极大单调性模的定量关系.

**定理 5.14** (强局部极大单调性的邻域上导数刻画) 给定集值映射 $T : I\!R^n \rightrightarrows I\!R^n$ 且 $(\bar{x}, \bar{v}) \in \operatorname{gph} T$, 固定 $\kappa > 0$. 下面结论等价:

(i) $T$ 在 $(\bar{x}, \bar{v})$ 周围是强局部极大单调的且模为 $\kappa$.

(ii) $T$ 在 $(\bar{x}, \bar{v})$ 周围是局部下单调的并且存在 $\eta > 0$ 使得

$$\langle z, w \rangle \geqslant \kappa \|w\|^2, \quad 如果 z \in \widehat{D}^* T(u, v)(w), \ (u, v) \in \operatorname{gph} T \cap B_\eta(\bar{x}, \bar{v}). \quad (5.17)$$

**证明** 为验证 (i)⇒(ii), 注意局部下单调性在 (i) 下是平凡的, 并由定理 5.13 找到 $T^{-1}$ 相对于 $(\bar{v}, \bar{x})$ 的邻域 $V \times U$ 的一个单值局部化 $\vartheta$ 使得 (5.13) 成立. 如上面证明所示, 由此可以得到 $\vartheta$ 在 $V$ 上的 Lipschitz 连续性及模 $\kappa^{-1}$. 为继续验证上导数条件 (5.17), 选择 $\eta > 0$ 满足 $B_\eta(\bar{x}, \bar{v}) \subset U \times V$, 然后选取 $(u, v) \in$

$\operatorname{gph} T \cap B_\eta(\bar{x}, \bar{v})$ 和 $z \in \widehat{D}^* T(u, v)(w)$. 给定任意 $\varepsilon > 0$ 并利用 (1.61), 我们选取充分小 $\eta$ 使得

$$\langle z, x - u \rangle - \langle w, y - v \rangle \leqslant \varepsilon \big( \|x - u\| + \|y - v\| \big) \tag{5.18}$$

对所有 $(x, y) \in \operatorname{gph} T \cap B_\eta(u, v)$ 成立. 当 $t > 0$ 同样充分小时, 考虑 $u_t := \vartheta(v_t)$ 且 $v_t := v + t(z - 2\kappa w) \in V$, 并由 $\vartheta$ 的连续性得到 $(u_t, v_t) \to (u, v)$ $(t \downarrow 0)$. 不失一般性, 假设 $(u_t, v_t) \in B_\eta(u, v)$ 对所有 $t > 0$ 成立. 在 (5.18) 中用 $(u_t, v_t)$ 替换 $(x, y)$, 并利用 (5.13) 我们得到

$$\begin{aligned}
\varepsilon \big( \|u_t - u\| + \|v_t - v\| \big) &\geqslant \langle z, u_t - u \rangle - \langle w, v_t - v \rangle \\
&= \langle t^{-1}(v_t - v) + 2\kappa w, u_t - u \rangle - t \langle w, z - 2\kappa w \rangle \\
&\geqslant \kappa t^{-1} \|u_t - u\|^2 + 2\kappa \langle w, u_t - u \rangle - t \langle w, z - 2\kappa w \rangle \\
&\geqslant \kappa t^{-1} \|u_t - u\|^2 - 2\kappa \|w\| \cdot \|u_t - u\| \\
&\quad + t\kappa \|w\|^2 - t \langle w, z - \kappa w \rangle \\
&\geqslant -t \langle w, z - \kappa w \rangle = -t \langle z, w \rangle + t\kappa \|w\|^2.
\end{aligned}$$

因为 $\vartheta$ 在 $V$ 上是 Lipschitz 连续的且模为 $\kappa^{-1}$, 我们有

$$\begin{aligned}
\varepsilon \big( \|u_t - u\| + \|v_t - v\| \big) &= \varepsilon \big( \|\vartheta(v_t) - \vartheta(v)\| + \|v_t - v\| \big) \\
&\leqslant \varepsilon \big( \kappa^{-1} \|v_t - v\| + \|v_t - v\| \big) \\
&= \varepsilon (\kappa^{-1} + 1) \|v_t - v\| \\
&= \varepsilon t (\kappa^{-1} + 1) \|z - 2\kappa w\|,
\end{aligned}$$

由此与上面的估计一起, 有

$$\langle z, w \rangle + \varepsilon (\kappa^{-1} + 1) \|z - 2\kappa w\| \geqslant \kappa \|w\|^2.$$

对上式当 $\varepsilon \downarrow 0$ 时取极限, 我们可得 $\langle z, w \rangle \geqslant \kappa \|w\|^2$, 因此验证了 (5.17).

下面验证反向蕴含关系 (ii)$\Rightarrow$(i), 注意到根据定理 5.13, 我们只需证明逆算子 $T^{-1}$ 存在一个 $(\bar{v}, \bar{x})$ 周围的 Lipschitz 连续的单值局部化 $\vartheta$ 满足估计式 (5.13). 这可通过下面两个断言完成.

**断言 1**　$T^{-1}$ 存在一个 $(\bar{v}, \bar{x})$ 周围的 Lipschitz 连续的局部化 $\vartheta$.

为证明此断言, 选取 $\eta > 0$ 充分小使得集合 $\operatorname{gph} T \cap B_\eta(\bar{x}, \bar{v})$ 是闭的并存在正数 $r$ 满足

$$\langle v_1 - v_2, x_1 - x_2 \rangle \geqslant -r \|x_1 - x_2\|^2 \tag{5.19}$$

当 $(x_1, v_1), (x_2, v_2) \in \mathrm{gph}\, T \cap B_\eta(\bar{x}, \bar{v})$ 时成立. 任取 $s > r$ 并定义

$$J_s(u, v) := (v + su, u), \quad \forall\, (u, v) \in I\!\!R^n \times I\!\!R^n.$$

进一步记 $W_s := J_s(B_\eta(\bar{x}, \bar{v}))$, 观察到 $\mathrm{int}\, W_s = J_s(\mathrm{int}\, B_\eta(\bar{x}, \bar{v}))$ 是 $(\bar{v} + s\bar{x}, \bar{x})$ 的一个邻域. 从 (5.19) 可知对任意序对 $(v_1, x_1), (v_2, x_2) \in \mathrm{gph}\, (T + sI)^{-1} \cap W_s$, 我们有 $(x_i, v_i - sx_i) \in \mathrm{gph}\, T \cap J_s^{-1}(W_s) = \mathrm{gph}\, T \cap I\!\!B_\eta(\bar{x}, \bar{v})$. 因此 (5.19) 告诉我们

$$\langle v_1 - sx_1 - v_2 + sx_2, x_1 - x_2 \rangle \geqslant -r\|x_1 - x_2\|^2,$$

显然, 这意味着估计

$$\|v_1 - v_2\| \cdot \|x_1 - x_2\| \geqslant \langle v_1 - v_2, x_1 - x_2 \rangle \geqslant (s - r)\|x_1 - x_2\|^2 \tag{5.20}$$

成立, 这表明映射 $(T+sI)^{-1}$ 存在一个单值局部化, 记为 $f$. 现任取 $(v, u) \in \mathrm{gph}\, f \cap (\mathrm{int}\, W_s)$ 且 $u = f(v)$ 及任意 $(w, z) \in X \times X$ 且 $w \in \widehat{D}^* f(v)(z)$, 我们得到 $w \in \widehat{D}^*(T + sI)^{-1}(v, u)(z)$, 从而有 $-z \in \widehat{D}^*(T + sI)(u, v)(-w)$. 由练习 3.59(i) 中正则上导数的等式和法则可知 $-z + sw \in \widehat{D}^* T(u, v - su)(-w)$. 因为 $(u, v - su) = J_s^{-1}(v, u) \in J_s^{-1}(\mathrm{int}\, W_s) = \mathrm{int}\, B_\eta(\bar{x}, \bar{v})$, 我们从 (5.17) 可以推出 $\langle -z + sw, -w \rangle \geqslant \kappa\|w\|^2$, 因此

$$\|z\| \cdot \|w\| \geqslant \langle z, w \rangle \geqslant (\kappa + s)\|w\|^2.$$

进一步, 对任意 $z \in I\!\!B$ 定义函数 $\varphi_z \colon I\!\!R^n \to \overline{I\!\!R}$ 如下

$$\varphi_z(v) := \begin{cases} \langle z, f(v) \rangle, & v \in \mathrm{dom}\, f, \\ \infty, & \text{否则}, \end{cases}$$

并类似定理 5.2 的证明验证它在 $I\!\!R^n$ 上是下半连续的. 对 $\varphi_z$ 应用中值不等式 (4.25), 固定 $\gamma \in (0, \eta/3)$ 并选取两个序对 $(u_i, v_i) \in \mathrm{gph}\, T \cap B_\gamma(\bar{x}, \bar{v})$, $i = 1, 2$. 根据 $f$ 的构造, 我们得到 $(y_i, u_i) \in \mathrm{gph}\, f$ 且 $y_i := v_i + su_i$. 任取 $\varepsilon \in (0, \gamma)$ 并对 $\varphi_z$ 在 $[y_1, y_2]$ 上应用增量估计 (4.25) 可得

$$|\varphi_z(y_1) - \varphi_z(y_2)| \leqslant \|y_1 - y_2\| \sup \{\|w\| \mid w \in \widehat{\partial}\langle z, f\rangle(y), \ y \in [y_1, y_2] + \varepsilon I\!\!B\}.$$

对任意 $y \in \mathrm{dom}\, f \cap ([y_1, y_2] + \varepsilon I\!\!B)$, 存在某个 $t \in [0, 1]$ 和 $y_0 \in \varepsilon I\!\!B$, 使得

$y = ty_1 + (1-t)y_2 + y_0$. 从而有

$$
\begin{aligned}
\|y - \bar{v} - s\bar{x}\| &= \|ty_1 + (1-t)y_2 + y_0 - \bar{v} - s\bar{x}\| \\
&= \|t(y_1 - \bar{v} - s\bar{x}) + (1-t)(y_2 - \bar{v} - s\bar{x}) + y_0\| \\
&= \|t(v_1 + su_1 - \bar{v} - s\bar{x}) + (1-t)(v_2 + su_2 - \bar{v} - s\bar{x}) + y_0\| \\
&\leqslant t\big(\|v_1 - \bar{v}\| + s\|u_1 - \bar{x}\|\big) + (1-t)\big(\|v_2 - \bar{v}\| + s\|u_2 - \bar{x}\|\big) + \|y_0\| \\
&\leqslant t(\gamma + s\gamma) + (1-t)(\gamma + s\gamma) + \varepsilon \\
&= (1+s)\gamma + \varepsilon < (2+s)\gamma.
\end{aligned}
$$

由后一估计式和 (5.20), 我们容易得到

$$
\begin{aligned}
\|f(y) - \bar{x}\| &= \|f(y) - f(\bar{v} + s\bar{x})\| \leqslant (s-r)^{-1}\|y - \bar{v} - s\bar{x}\| \\
&\leqslant (s-r)^{-1}(2+s)\gamma.
\end{aligned}
\tag{5.21}
$$

此外, 由上面可知

$$
\begin{aligned}
\|y - sf(y) - \bar{v}\| &= \big\|y - \bar{v} - s\bar{x} - s\big(f(y) - \bar{x}\big)\big\| \\
&\leqslant (2+s)\gamma + s(s-r)^{-1}(2+s)\gamma.
\end{aligned}
\tag{5.22}
$$

通过选取 $\gamma$ 足够小, 我们从 (5.21) 和 (5.22) 推出

$$
J_s^{-1}\big(y, f(y)\big) = \big(f(y), y - sf(y)\big) \in \operatorname{int} B_\eta(\bar{x}, \bar{v}),
$$

这告诉我们 $(y, f(y)) \in J_s\big(\operatorname{int} B_\eta(\bar{x}, \bar{v})\big) = \operatorname{int} W_s$.  此外, 由定义容易看出 $\hat{\partial}\langle z, f\rangle(y) \subset \hat{D}^* f(y)(z)$. 考虑到 $(y, f(y)) \in \operatorname{gph}(T + sI)^{-1} \cap \operatorname{int} W_s$ 以及 $f$ 和 $\varphi_z$ 的构造, 我们得出 $\hat{D}^* f(y)(z) = \hat{D}^*(T + sI)^{-1}(y, f(y))(z)$, 根据上面的增量估计, 这确保了

$$
|\langle z, f(y_1) - f(y_2)\rangle| = |\varphi_z(y_1) - \varphi_z(y_2)| \leqslant \|y_1 - y_2\|(\kappa + s)^{-1}\|z\|
$$

对所有 $z \in I\!B$ 成立. 回顾上面 $y_i$ 的定义意味着

$$
\begin{aligned}
\|u_1 - u_2\| &= \|f(y_1) - f(y_2)\| \\
&\leqslant (\kappa + s)^{-1}\|y_1 - y_2\| \\
&= (\kappa + s)^{-1}\|v_1 + su_1 - v_2 - su_2\|,
\end{aligned}
$$

由此又可得到不等式

$$
(\kappa + s)\|u_1 - u_2\| \leqslant \|(v_1 - v_2) + s(u_1 - u_2)\| \leqslant \|v_1 - v_2\| + s\|u_1 - u_2\|.
$$

因此我们得到估计

$$\kappa\|u_1 - u_2\| \leqslant \|v_1 - v_2\|, \qquad 如果 \ (u_1, v_1), (u_2, v_2) \in \operatorname{gph} T \cap B_\gamma(\bar{x}, \bar{v}). \quad (5.23)$$

现在只需验证 $T^{-1}$ 存在 $(\bar{v}, \bar{x})$ 周围的单值 Lipschitz 局部化. 为此, 观察到由 (5.17) 有

$$\|z\| \geqslant \kappa\|w\|, \quad \forall \, z \in \widehat{D}^* T(u, v)(w), \ (u, v) \in \operatorname{gph} T \cap B_\eta(\bar{x}, \bar{v}),$$

这是定理 3.3(ii) (有关更多细节, 参见练习 3.47 和 [529, 定理 4.5]) 中 $T$ 在 $(\bar{x}, \bar{v})$ 周围的度量正则性的上导数刻画的一个邻域版本. 由此我们可以找到正数 $\mu$ 和 $\nu$, 其中 $\mu$ 可取为 $\kappa^{-1}$, 使得

$$\operatorname{dist}\big(\bar{x}; T^{-1}(v)\big) \leqslant \mu \operatorname{dist}\big(v; T(\bar{x})\big) \leqslant \mu\|v - \bar{v}\|, \quad \forall \, v \in B_\nu(\bar{v}),$$

这确保了 $T^{-1}(v) \cap \operatorname{int} B_{\mu\nu}(\bar{x}) \neq \varnothing$ 对所有 $v \in \operatorname{int} B_\nu(\bar{v})$ 成立. 最后定义从 $\operatorname{int} B_\nu(\bar{v})$ 到 $\operatorname{int} B_{\mu\nu}(\bar{x})$ 中的映射 $\vartheta$ 如下

$$\operatorname{gph}\vartheta := \operatorname{gph} T^{-1} \cap \big(\operatorname{int} B_\nu(\bar{v}) \times \operatorname{int} B_{\mu\nu}(\bar{x})\big), \qquad 其中 \ \operatorname{dom}\vartheta = \operatorname{int} B_\nu(\bar{v}),$$

我们得到 $\operatorname{dom}\vartheta = \operatorname{int} B_\nu(\bar{v})$. 从 (5.23) 直接可得 $\vartheta$ 在其定义域上是单值 Lipschitz 连续的且模为 $\kappa^{-1}$.

**断言 2** 取自断言 1 的 $T^{-1}$ 的单值 Lipschitz 局部化 $\vartheta$ 满足附加条件 (5.13).

为验证此断言, 对任意 $z \in I\!\!B$ 当 $v \in \operatorname{int} B_\nu(\bar{v})$ 时定义 $\xi_z(v) := \langle z, v - 2\kappa\vartheta(v)\rangle$. 任取 $\alpha, \varepsilon > 0$ 满足 $\alpha + \varepsilon < \nu$ 以及任意 $v_1, v_2 \in B_\alpha(\bar{v})$. 类似于断言 1 中 $\varphi_z$ 的增量估计的证明, 对其中取定的 $\varepsilon$, 我们由中值不等式推出

$$|\xi_z(v_1) - \xi_z(v_2)| \leqslant \|v_1 - v_2\| \sup\big\{\|w\| \,\big|\, w \in \hat{\partial}\xi_z(v), \ v \in [v_1, v_2] + \varepsilon I\!\!B\big\}.$$

因为对每个 $v \in [v_1, v_2] + \varepsilon I\!\!B$ 有 $v \in \operatorname{int} B_\nu(\bar{v})$, 从 $\xi_z$ 的构造和上面的初等分析法则很容易得到

$$w \in \hat{\partial}\xi_z(v) \subset z - 2\kappa\widehat{D}^*\vartheta(v)(z) = z - 2\kappa\widehat{D}^* T^{-1}(v)(z),$$

这告诉我们 $(2\kappa)^{-1}(z - w) \in \widehat{D}^* T^{-1}(v)(z)$, 或者等价地

$$-z \in \widehat{D}^* T\big(\vartheta(v), v\big)\big((2\kappa)^{-1}(w - z)\big).$$

因此由上导数条件 (5.17) 可得

$$\langle -z, (2\kappa)^{-1}(w - z)\rangle \geqslant \kappa\|(2\kappa)^{-1}(w - z)\|^2,$$

这又显然蕴含着 $\|w\| \leqslant \|z\|$. 这与上面建立的 $\xi_z$ 的增量估计一起确保了

$$|\xi_z(v_1) - \xi_z(v_2)| = \langle z, v_1 - 2\kappa\vartheta(v_1) - v_2 + 2\kappa\vartheta(v_2)\rangle \leqslant \|v_1 - v_2\| \cdot \|z\|, \quad \forall z \in \mathbb{B}.$$

回顾 $\xi_z$ 的定义, 我们从后者可以得出

$$\|v_1 - v_2 - 2\kappa[\vartheta(v_1) - \vartheta(v_2)]\| \leqslant \|v_1 - v_2\| \text{ 当 } v_1, v_2 \in B_\alpha(\bar{v}) \text{ 时成立},$$

这验证了条件 (5.13), 因此证明了断言 2. 结合断言 1 和断言 2 则完成了定理的证明. △

我们给出定理 5.14 的一个显著结果, 用于检测集值映射的强度量正则性.

**推论 5.15** (强度量正则性的充分条件)　定理 5.14(ii) 的条件确保了映射 $T$ 在 $(\bar{x}, \bar{v})$ 周围是强度量正则的且模为 $\kappa^{-1}$.

**证明**　根据定理 5.13, 由定理 5.14 的断言 (i) 可知结论成立, 同时也可根据后一定理的证明, 由下单调性和上导数条件 (5.17) 直接推导得出. △

### 5.2.3　点基上导数刻画

我们在本节的最后, 通过基本/极限上导数 (1.15) 的正定性, 得到了类 Lipschitz 映射的强极大单调性的一个点基刻画. 下一个定理及其推论将由雅可比矩阵的正定性表示的光滑映射的强局部单调性的经典刻画自然地推广到集值和非光滑映射.

**定理 5.16** (强局部极大单调性的点基上导数条件)　设 $T: \mathbb{R}^n \rightrightarrows \mathbb{R}^n$. 下面断言成立:

(i) $T$ 在 $(\bar{x}, \bar{v}) \in \mathrm{gph}\, T$ 周围的强局部极大单调性蕴含着上导数 $D^*T(\bar{x}, \bar{v})$ 是正定的, 即,

$$\langle z, w\rangle > 0 \text{ 对任意 } z \in D^*T(\bar{x}, \bar{v})(w) \text{ 当 } w \neq 0 \text{ 时成立}. \tag{5.24}$$

(ii) 如果 $T$ 在 $\bar{x}$ 周围是单值且 Lipschitz 连续的, 则正定性条件 (5.24) 对于 $T$ 在该点周围的强局部极大单调性是充分且必要的.

**证明**　通过取极限容易看出 (5.17) 总是蕴含着 (5.24), 因此利用推论 5.15 我们可得 (i). 现在我们验证断言 (ii), 假设 $T$ 在 $\bar{x}$ 周围是单值且局部 Lipschitz 的. 首先我们验证在这种情况下 $T$ 在 $\bar{x}$ 周围是自动局部下单调的. 实际上, 选取 $T$ 在 $\bar{x}$ 周围的 Lipschitz 常数 $\ell > 0$, 并定义 $T: \mathbb{R}^n \to \mathbb{R}^n$ 为 $g(u) := T(u) + \ell u$. 则我们有

$$\begin{aligned}\langle g(u_1) - g(u_2), u_1 - u_2\rangle &= \langle T(u_1) - T(u_2), u_1 - u_2\rangle + \ell\|u_1 - u_2\|^2 \\ &\geqslant -\|T(u_1) - T(u_2)\| \cdot \|u_1 - u_2\| + \ell\|u_1 - u_2\|^2 \geqslant 0,\end{aligned}$$

由此可以得到 $T$ 在 $\bar{x}$ 周围的局部下单调性. 引用定理 5.14, 仍需证明 (5.24) 能够确保 (5.17) 的有效性. 使用反证法认证, 假设 (5.24) 成立而 (5.17) 不成立. 因此我们找到序列 $(u_k, w_k, z_k)$ 满足

$$u_k \to \bar{x}, \quad z_k \in \widehat{D}^*T(u_k)(w_k), \quad \langle z_k, w_k \rangle < k^{-1}\|w_k\|^2, \quad \forall \, k \in I\!N.$$

令 $\bar{w}_k := w_k/\|w_k\|$, $\bar{z}_k := z_k/\|w_k\|$, 并使用 $T$ 的 Lipschitz 性质及模 $\ell \geqslant 0$, 类似定理 3.3 的证明可得

$$\|\bar{z}_k\| \leqslant \ell\|\bar{w}_k\| = \ell, \quad k \in I\!N.$$

选取 $\{\bar{w}_k\}$ 和 $\{\bar{z}_k\}$ 的收敛子列, 然后找到 $(\bar{w}, \bar{z})$ 使得 $(\bar{w}_k, \bar{z}_k) \to (\bar{w}, \bar{z})$. 现在当 $k \to \infty$ 时取极限并使用极限上导数表示 (1.17), 我们得到 $\bar{z} \in D^*T(\bar{x})(\bar{w})$ 且 $\|\bar{w}\| = 1$. 此外, 从 $\langle \bar{z}_k, \bar{w}_k \rangle < k^{-1}$ 可得 $\langle \bar{z}, \bar{w} \rangle \leqslant 0$, 这与 (5.24) 矛盾, 因此完成了定理的证明. △

**注 5.17** (映射的强局部极大单调性的点基上导数准则) 一个自然的问题是, 是否有可能将定理 5.16(ii) 的点基上导数刻画推广到集值映射. 首先观察到, 假设我们保持定理 5.14 中的局部下单调性假设, 若所讨论的映射 $T$ 在 $(\bar{x}, \bar{v})$ 附近是类 Lipschitz 的, 则答案为否定的. 如 Levy 和 Poliquin [461] 所示, 映射在参考点周围的类 Lipschitz 性质和局部下单调性同时成立等价于此映射在该点周围同时具有单值性和 Lipschitz 连续性.

另一方面, 作者和 Nghia 在文献 [562] 中证明, 点基条件 (5.24) 连同 $T$ 的局部下单调性一起完全刻画了由增广实值函数 $\varphi: I\!R^n \to \overline{I\!R}$ 生成的次梯度 (极有可能非 Lipschitz) 映射 $T = \partial\varphi$ 的强局部极大单调性, 该函数属于一大类连续邻近正则函数. 正如 3.5 节中所提到的, 后一类在二阶变分分析、优化及其众多应用中起着至关重要的作用; 参见书籍 [534, 686] 和上面的讨论.

## 5.3 第 5 章练习

**练习 5.18** (单值映射的下单调性)

(i) 设 $T: X \to X$ 是 Hilbert 空间 $X$ 上的单值映射. 证明如果 $T$ 在 $\bar{x}$ 周围是局部 Lipschitz 的, 那么它在该点周围是局部下单调的.

提示: 将其与 [461, 定理 1.2] 在有限维空间情形给出的证明作比较.

(ii) 如果 $T: X \rightrightarrows X$ 是集值映射且在 $(\bar{x}, \bar{v}) \in \mathrm{gph}\, T$ 周围存在 Lipschitz 单值局部化, (i) 成立吗?

(iii) (i) 中结论对于连续单值映射成立吗?

**练习 5.19** (次梯度映射的下单调性) 正如我们的固定假设, 设 $f: I\!R^n \to \overline{I\!R}$ 是下半连续的.

(i) 证明 $\partial: I\!R^n \rightrightarrows I\!R^n$ 在 $\bar{x}$ 周围是半局部下单调的当且仅当存在正数 $\rho$ 使得函数 $f + \rho\|\cdot\|^2$ 在 $\bar{x}$ 的一个邻域上是凸的.

提示: 从 [686, 定理 12.17] 推导得出.

(ii) (i) 中的刻画在 Hilbert 空间中成立吗?

**练习 5.20** (下单调性的分析法则)　设 $X$ 是 Hilbert 空间, 并设 $T_1: X \to X$ 在 $\bar{x}$ 周围是连续的且 $v_1 := T(\bar{x})$. 证明:

(i) 如果 $T_2: X \rightrightarrows X$ 在 $(\bar{x}, \bar{v}_2) \in \operatorname{gph} T_2$ 周围是局部下单调的, 则和 $T_1 + T_2$ 在 $(\bar{x}, \bar{v}_1 + \bar{v}_2)$ 周围是局部下单调的.

(ii) 如果 $T_2: X \rightrightarrows X$ 在 $\bar{x}$ 周围是半局部下单调的, 则和 $T_1 + T_2$ 在该点周围是半局部下单调的.

(iii) 给出并证明全局下单调性的分析法则.

提示: 根据相应下单调性概念的定义给出证明.

**练习 5.21** (具有凸定义域的映射的全局极大单调性)　重建定理 5.4 的证明中所有细节.

**练习 5.22** (无穷维中集值映射的全局极大单调性的上导数刻画)　设 $T: X \rightrightarrows X$ 是定义在 Hilbert 空间 $X$ 上的一个 (闭图) 集值算子.

(i) 验证定理 5.2 和定理 5.4 在 Hilbert 空间中成立.

(ii) 利用 $T$ 的混合上导数给出并证明定理 5.6 的 Hilbert 空间版本; 参见 [154]. 举例说明, 使用 (5.11) 中的基本上导数不能为无穷维中全局极大单调性提供必要条件.

**练习 5.23** (单值连续映射的全局单调性的上导数刻画)

(i) 证明对于单值连续映射 $T: I\!R^n \to I\!R^n$, 定理 5.2、定理 5.4 和定理 5.6 中上导数刻画并不用要求下单调性; 参见 [155]. 这对于 Hilbert 空间中的 $T: X \to X$ 成立吗?

(ii) 寻找统一集值映射的下单调性与单值映射的连续性的一般条件, 以在有限和无穷维中验证 5.1 节中全局单调性的上导数刻画的有效性.

(iii) 使用练习 4.33 中所讨论的 Asplund 空间中的对称次微分中值定理, 对单值连续映射 $T: X \to X^*$ 得出 (i) 在 Asplund 空间 $X$ 情形下的适当版本.

**练习 5.24** (Hilbert 空间中全局强极大单调性的上导数刻画)　将推论 5.9 中给出的全局极大单调性的上导数刻画推广到 Hilbert 空间中.

提示: 使用练习 5.22 中的结果参照推论 5.9 的证明.

**练习 5.25** (全局极大单调性与强单调性在和与复合运算下的保持)

(i) 基于 5.2.3 小节中所得的全局极大单调性与强单调性的点基形式的上导数刻画及其在前面练习中的无穷维版本, 通过使用第 4 章中给出的点基上导数分析法则为这些性质在和与复合运算下的保持建立可验证条件.

(ii) 将 (i) 得到的结果与保持极大单调性的已知条件进行比较; 特别地, 与 Rockafellar 定理 [676] 中有关和的极大单调性的某些内在性假设进行比较.

**练习 5.26** (局部和半局部极大单调性的上导数刻画)　对于与定义 5.1(ii), (iii) 中的相应下单调性概念类似而引入的局部和半局部极大单调性概念, 研究得到定理 5.2、定理 5.4 和定理 5.6 中所给出类型的上导数刻画的可能性.

**练习 5.27** (凸次微分的强度量正则性)　设 $X$ 是 Banach 空间, 并设 $\varphi: X \to \overline{I\!R}$ 是一个下半连续凸函数.

(i) 证明对任意 $(\bar{x}, \bar{v}) \in \operatorname{gph} \partial\varphi$ 以下断言等价:

• 次梯度映射 $\partial\varphi: X \rightrightarrows X^*$ 在 $(\bar{x}, \bar{v})$ 周围是强度量正则的且模为 $\kappa > 0$.

• 存在 $\bar{x}$ 的邻域 $U$ 和 $\bar{v}$ 的邻域 $V$ 使得映射 $(\partial\varphi)^{-1}$ 存在 $(\bar{v}, \bar{x})$ 周围的单值局部化 $\vartheta: V \to$

$U$, 且对任意序对 $(v,u) \in \operatorname{gph} \vartheta = \operatorname{gph}(\partial\varphi)^{-1} \cap (V \times U)$, 我们有二阶增长性条件

$$\varphi(x) \geqslant \varphi(u) + \langle v, x-u \rangle + \frac{1}{2\kappa}\|x-u\|^2, \quad \text{当 } x \in U \text{ 时成立.} \tag{5.25}$$

提示: 使用次梯度映射 $\partial\varphi: X \rightrightarrows X^*$ 的极大单调性和 Fenchel 对偶; 将其与 [558, 定理 3.1] 的证明进行对比.

(ii) 在本设置中, $\partial\varphi$ 在同点附近的强度量正则性与度量正则性等价吗?

提示: 使用 Kenderov 定理 [411] 并将此与练习 3.52 中给出的 $\partial\varphi$ 的度量正则性刻画作比较.

**练习 5.28** (基本次梯度的度量正则性与强度量正则性) 设 $\varphi: X \to \overline{I\!R}$ 是 Asplund 空间 $X$ 上的任意下半连续函数, 并设对基本次梯度映射 (1.69) 有 $(\bar{x},\bar{v}) \in \operatorname{gph}\partial\varphi$.

(i) 证明下面陈述等价:

• 次微分 $\partial\varphi$ 在 $(\bar{x},\bar{v})$ 周围是度量正则的且模 $\kappa > 0$ 并存在实数 $r \in [0,\kappa^{-1})$ 及 $\bar{x}$ 的邻域 $U$ 和 $\bar{v}$ 的邻域 $V$ 使得对任意序对 $(u,v) \in \operatorname{gph}\partial\varphi \cap (U \times V)$, 我们有

$$\varphi(x) \geqslant \varphi(u) + \langle v, x-u \rangle - \frac{r}{2}\operatorname{dist}^2(x;(\partial\varphi)^{-1}(v)), \quad \text{当 } x \in U \text{ 时成立.}$$

• 存在 $\bar{x}$ 的邻域 $U$ 和 $\bar{v}$ 的邻域 $V$ 使得对任意 $v \in V$ 存在点 $u \in (\partial\varphi)^{-1}(v) \cap U$ 满足 (5.25).

• 次微分 $\partial\varphi$ 在 $(\bar{x},\bar{v})$ 周围是度量正则的且模 $\kappa > 0$, 并存在 $\bar{x}$ 的邻域 $U$ 和 $\bar{v}$ 的邻域 $V$ 使得

$$\varphi(x) \geqslant \varphi(u) + \langle v, x-u \rangle, \quad \forall\, x \in U \quad \text{且} \quad (u,v) \in \operatorname{gph}\partial\varphi \cap (U \times V).$$

• 点 $\bar{x}$ 是函数 $x \mapsto \varphi(x) - \langle v,x \rangle$ 的局部极小值点且次微分 $\partial\varphi$ 在 $(\bar{x},\bar{v})$ 周围是强度量正则的且模为 $\kappa$.

提示: 参照 [558, 定理 3.2] 中证明, 使用 Ekeland 变分原理、基本次微分的半 Lipschitz 和法则和凸分析中次微分的极大单调性.

(ii) 设 $X$ 是 Hilbert 空间. 则上面所有陈述都等价于:

• $\partial f$ 在 $(\bar{x},\bar{v})$ 周围是度量正则的且模 $\kappa > 0$, 并存在 $r \in [0,\kappa^{-1})$ 及 $\bar{x}$ 的邻域 $U$, $\bar{v}$ 的邻域 $V$ 使得

$$\varphi(x) \geqslant \varphi(u) + \langle v, x-u \rangle - \frac{r}{2}\|x-u\|^2, \quad \forall\, x \in U, \quad (u,v) \in \operatorname{gph}\partial\varphi \cap (U \times V).$$

提示: 使用反证法, 考虑函数 $\psi(x) := \psi(x) + \frac{r}{2}\|x-\bar{x}\|^2$ 并证明 $\partial\psi$ 在 $(\bar{x},\bar{x}^*)$ 周围是度量正则的且模为 $\dfrac{\kappa}{1-r\kappa}$. 然后应用 (i) 并使用 Hilbert 空间中的平等四边形法则; 参见 [234, 推论 3.8].

**练习 5.29** ($\mathcal{C}^2$-光滑函数的等价正则性质) 设 $\varphi: I\!R^n \to I\!R$ 在其局部极小点 $\bar{x}$ 附近是二次连续可微的. 验证下面性质等价:

(a) 梯度映射 $\nabla\varphi: I\!R^n \to I\!R^n$ 在 $(\bar{x},0)$ 周围是度量正则的.

(b) 梯度映射 $\nabla\varphi$ 在 $(\bar{x},0)$ 周围是强度量正则的.

(c) Hessian 矩阵 $\nabla^2\varphi(\bar{x})$ 是正定的.

(d) $\ker\nabla^2\varphi(\bar{x}) = \{0\}$, 其中 Hessian 核 $\ker\nabla^2\varphi(\bar{x}) := \{u|\,\nabla^2\varphi(\bar{x})u = 0\}$.

提示: 可从非线性分析的众所周知的事实推导得出.

**练习 5.30** (邻近正则函数的正则性质的等价二阶条件)  设 $\varphi: I\!\!R^n \to \overline{I\!\!R}$ 在 $\bar{x}$ 处对 $0 \in \partial\varphi(\bar{x})$ 是邻近正则且次可微连续的.

(i) 证明下面条件等价:

(a) 次梯度映射 $\partial\varphi: I\!\!R^n \rightrightarrows I\!\!R^n$ 在 $(\bar{x}, 0)$ 周围是度量正则的且广义 Hessian 阵 $\partial^2\varphi(\bar{x}, 0)$ 是半正定的, 即

$$\langle v, u \rangle \geqslant 0, \quad \text{当 } v \in \partial^2\varphi(\bar{x}, 0)(u), \ u \in I\!\!R^n \text{ 时成立}.$$

(b) 次梯度映射 $\partial\varphi$ 在 $(\bar{x}, 0)$ 周围是强度量正则的且 $\bar{x}$ 是 $\varphi$ 的一个局部极小点.

(c) 广义 Hessian 阵 $\partial^2\varphi(\bar{x}, 0)$ 是正定的, 即

$$\langle v, u \rangle > 0, \quad \text{当 } v \in \partial^2\varphi(\bar{x}, 0)(u), \ u \neq 0 \text{ 时成立}.$$

(d) $\ker \partial^2\varphi(\bar{x}, 0) = \{0\}$ 和 $\partial^2\varphi(\bar{x}, 0)$ 是半正定的.

提示: 使用定理 3.3(ii) 中度量正则性的上导数准则并参照 [234, 定理 4.13] 的证明进行.

(ii) 证明当 $\varphi$ 在其局部极小点 $\bar{x}$ 周围是 $\mathcal{C}^2$ 时, (i) 中的等价条件简化为练习 5.29 中的等价条件.

(iii) 举例说明广义 Hessian 阵 $\partial^2\varphi(\bar{x}, 0)$ 的半正定性对于 $\varphi$ 在 $\bar{x}$ 处的局部最优性不是必要的, 即使对于完全顺从函数 $\varphi: I\!\!R^2 \to \overline{I\!\!R}$ 的情形也是如此.

**练习 5.31** (基本次微分的强度量正则性与度量正则性等价)  设 $\varphi: I\!\!R^n \to \overline{I\!\!R}$ 在 $\bar{x}$ 处对 $\bar{v} = 0$ 是邻近正则且次可微连续并设 $\bar{x}$ 是 $\varphi$ 的局部极小点.

(i) 证明或否定基本次梯度映射 $\partial\varphi$ 在 $(\bar{x}, \bar{v})$ 周围是度量正则的当且仅当它在该点周围是强度量正则的.

提示: 将其与练习 5.29 和练习 5.30 中给出的结果进行对比, 并参见 5.4 节中的相应讨论.

(ii) 证明 (i) 的等价关系在 $I\!\!R^2$ 上的邻近正则且次可微连续函数类之外一定不成立.

**练习 5.32** (强度量次正则性与孤立平静性)  Banach 空间之间的映射 $F: X \rightrightarrows Y$ 在 $(\bar{x}, \bar{y}) \in \operatorname{gph} F$ 处是强度量次正则的且具有正的模 $\mu$, 如果存在 $\bar{x}$ 的邻域 $U$ 和 $\bar{y}$ 的邻域 $V$ 使得我们有估计

$$\|x - \bar{x}\| \leqslant \mu \operatorname{dist}(\bar{y}; F(x) \cap V), \quad \forall x \in U.$$

映射 $F: X \rightrightarrows Y$ 在 $(\bar{x}, \bar{y}) \in \operatorname{gph} F$ 处具有孤立的平静性质且模 $\ell \geqslant 0$, 如果存在 $\bar{x}$ 的邻域 $U$ 和 $\bar{y}$ 的邻域 $V$ 使得

$$F(x) \cap V \subset \{\bar{y}\} + \ell\|x - \bar{x}\|I\!\!B, \quad \forall x \in U.$$

如果对所有 $x \in U$, 还有 $F(x) \cap V \neq \varnothing$, 则 $F$ 在 $(\bar{x}, \bar{y})$ 处具有鲁棒的孤立性质.

(i) 证明 $F$ 在 $(\bar{x}, \bar{y})$ 处的孤立平静性等价于逆映射 $F^{-1}$ 在 $(\bar{y}, \bar{x})$ 处的强度量次正则性. 它们的模与确切界限之间的关系是怎样的呢?

提示: 类似定理 3.2 的证明, 并将其与 [229, 定理 3I.3] 进行比较.

(ii) 寻找 $F$ 上的条件, 确保 $F$ 在 $(\bar{x}, \bar{y})$ 处的孤立平静性与其鲁棒相应性质一致, 并给出一个例子, 说明这通常不成立.

(iii) 逆映射 $F^{-1}$ 在 $(\bar{y}, \bar{x})$ 处的哪个性质等价于 $F$ 在 $(\bar{x}, \bar{y})$ 处的鲁棒孤立平静性?

**练习 5.33** (多值映射的孤立平静性的图导数刻画)  设 $F: I\!\!R^n \rightrightarrows I\!\!R^m$ 并设 $(\bar{x}, \bar{y}) \in \operatorname{gph} F$.

(i) 证明: 通过图导数 (1.87) 表示的条件

$$DF(\bar{x}, \bar{y})(0) = \{0\}$$

对于 $F$ 在 $(\bar{x}, \bar{y})$ 处的孤立平静性而言是充分且必要的.

提示: 根据孤立平静性和图导数的定义直接证明, 并将其与 [420] 中的充分性和 [459] 中的必要性证明作比较.

(ii) 验证从练习 3.55(i) 中给出的 [779] 中的外导数 (3.70) 的上 Lipschitz 性质的刻画推导得出 (i) 中平静性刻画的可能性.

提示: 使用练习 3.54(i) 中的结果.

(iii) 推导出 (i) 中孤立平静性的确切界限公式. 提示: 将其与 [229, 定理 4E.1] 中关于强度量正则性等价性质的结果与证明进行比较.

(iv) (i) 和 (ii) 的结果在无穷维中成立吗?

**练习 5.34** (强度量次正则性和凸次微分的强局部单调性) 设 $\varphi\colon X \to \overline{I\!R}$ 是 Banach 空间 $X$ 上的下半连续凸函数, 并设 $\bar{v} \in \partial\varphi(\bar{x})$. 证明下面结论等价:

(a) 次微分映射 $\partial\varphi$ 在 $(\bar{x}, \bar{v})$ 处是强度量次正则的.

(b) 存在 $\bar{x}$ 的邻域 $U$ 和常数 $\gamma > 0$ 使得

$$\varphi(x) \geqslant \varphi(\bar{x}) + \langle \bar{v}, x - \bar{x} \rangle + \gamma \|x - \bar{x}\|^2, \quad \forall\, x \in U.$$

(c) 存在 $\bar{x}$ 的邻域 $U$ 和常数 $\gamma > 0$ 使得

$$\langle \bar{v} - v, x - \bar{x} \rangle \geqslant \gamma \|x - \bar{x}\|^2, \quad \forall\, x \in U,\, v \in \partial\varphi(\bar{x}).$$

提示: 从练习 5.27(i) 和定义推导得出; 参见 [21, 定理 3.6].

**练习 5.35** (基本次微分的强度量次正则性) 给定 Asplund 空间 $X$ 上的下半连续函数 $\varphi\colon X \to \overline{I\!R}$ 并给定序对 $(\bar{x}, \bar{v}) \in \mathrm{gph}\, \partial\varphi$, 考虑下面两个陈述:

(a) 次微分 $\partial\varphi$ 在 $(\bar{x}, \bar{v})$ 处是强度量次正则的且模 $\kappa > 0$ 并存在实数 $r \in (0, \kappa^{-1})$ 和 $\nu > 0$ 使得

$$\varphi(x) \geqslant \varphi(\bar{x}) + \langle \bar{v}, x - \bar{x} \rangle - \frac{r}{2}\|x - \bar{x}\|^2, \quad \forall\, x \in \bar{x} + \nu I\!B.$$

(b) 存在实数 $\alpha, \eta > 0$ 使得

$$\varphi(x) \geqslant \varphi(\bar{x}) + \langle \bar{v}, x - \bar{x} \rangle + \frac{\alpha}{2}\|x - \bar{x}\|^2, \quad \forall\, x \in \bar{x} + \eta I\!B.$$

(i) 证明 (a)⇒(b) 成立, 其中 $\alpha$ 可在 $(0, \kappa^{-1})$ 中任意选取.

(ii) 验证如果此外还存在某个 $\beta \in [0, \alpha)$ 满足

$$\varphi(\bar{x}) \geqslant \varphi(x) + \langle v, \bar{x} - x \rangle - \frac{\beta}{2}\|x - \bar{x}\|^2, \quad \forall\, (x, v) \in \mathrm{gph}\, \partial\varphi \cap [(\bar{x}, \bar{v}) + \eta I\!B],$$

那么反向蕴含关系 (b)⇒(a) 同样成立.

提示: 与 [234, 推论 3.3] 的证明类似, 根据练习 5.28(i) 中给出的结果推导得出两个结论.

**练习 5.36** (Hilbert 空间中的强局部极大单调性) 设 $T\colon X \rightrightarrows X$ 是 Hilbert 空间 $X$ 上定义的集值算子.

(i) 分析定理 5.13 和定理 5.14 的证明, 验证这些结果在无穷维空间中也成立.

(ii) 定理 5.16 对于混合上导数 $D_M^*$ 成立吗?

**练习 5.37** (强度量正则性的上导数条件)　构造有限维空间中的例子, 说明推论 5.15 和定理 5.16 的条件对于强度量正则性在集值和单值情况下都不是必要的.

**练习 5.38** (局部强极大单调性的极限上导数刻画)　设 $T: \mathbb{R}^n \rightrightarrows \mathbb{R}^n$ 是一个 (闭图) 集值映射且 $(\bar{x}, \bar{v}) \in \mathrm{gph}\, T$. 证明或否定以下猜想: $T$ 在 $(\bar{x}, \bar{v})$ 周围是局部强极大单调的当且仅当 $T$ 在 $(\bar{x}, \bar{v})$ 周围是局部下单调的并且满足正定性条件 (5.24); 参见 注 5.17.

**练习 5.39** (强半局部单调性的上导数刻画)　对类似于定义 5.1(ii) 中半局部单调性引入的强半局部单调性概念, 研究推导出定理 5.14 和定理 5.16 中给出类型的上导数刻画的可能性.

# 5.4　第 5 章评注

**5.1 节**　正如在 4.6 节中所述, 全局单调性, 特别是它的极大表现形式在非线性分析和变分分析的最基本发展中得到高度认可, 并在与优化相关的问题以及均衡问题的理论和数值方面有着大量的应用; 参见, 例如, 上面给出的参考文献. 本章中提出的方法和结果是基于最近的发展, 同时通过使用变分分析中适当的广义微分工具传达单调性研究和应用中的新思想.

5.1 节的主要结果 (定理 5.2、定理 5.4 和定理 5.6), 以及练习中这些结果的无穷维版本, 摘自作者与 Chieu, Lee 和 Nghia 的合作论文 [154], 其中包含 Hilbert 空间中一般集值算子的全局极大单调性的完全上导数刻画. 这些结果给出了光滑函数单调性经典判据在其导数的半正定性方面的非光滑扩展. 注意在定理 5.6 中, 混合上导数 (1.65) 可用于无限维中的极限刻画 (5.11).

首先由 Poliquin 和 Rockafellar [649] 在有限维上得到了定理 5.6 的蕴涵关系 (i)⇒(ii), 然后在 [153, 558] 中推广到 Hilbert 空间; 我们在这里遵循 [558] 中给出的证明. 对于 Hilbert 空间中的单值连续映射, Chieu 和 Trang [155] 得到了全局单调性的正则上导数刻画 (5.2), 而在文献 [155] 中给出了有限维空间中定理 5.6 的极限版本.

据我们所知, 下单调性概念是由 Rockafellar [681] 引入的, 他利用其半局部版本 (用我们的术语) 来描述某些次微分算子, 也可参见 [648, 686]. Levy 和 Poliquin [461] 在 Lipschitz 稳定性的研究中使用了局部下单调性, Pennanen [640] 在建立数值优化的邻近点及相关方法中使用了该性质, 作者和 Nhia [562] 在一般算子的强局部极大单调性质的刻画中也使用了该性质 (见 5.2 节) 并将其应用于参数变分系统的完全稳定性. 例如, 在 Burachik 和 Iusem 的书 [131] (另请参见其中的参考文献) 中, 实现了使用全局下单调性来研究单调算子的扩张.

必须强调的是, 定义 5.1 中考虑的所有三类下单调算子都足够广泛, 特别地包含 Lipschitz 单值映射和由 "好" 函数生成的集值次微分映射, 它们是邻近正则和次可微连续的 (对于局部下单调性), 在开集上是下-$\mathcal{C}^2$ (对于半局部版本), 等等; 更多详情请参阅 [648, 686]. 也就是说, 在变分分析和优化中的许多应用中, 下单调性不受限制.

全局强单调性的概念, 其极大性在推论 5.9 中得到了刻画, 它可以追溯到 Zarantonello [767, 768], 后者使用它来证明求解泛函方程的某些数值算法的收敛性.

**5.2 节**  本节给出的结果摘自 Mordukhovich 和 Nghia 的论文 [562], 其中也包含它们在有限维和无穷维二阶 (特别是次微分变分系统的完全稳定性) 变分分析中的应用. 这里的主要重点是定理 5.13 和定理 5.14 中给出的集值映射局部强极大单调性的可验证刻画, 以及单值 Lipschitz 映射情况下定理 5.16 的点基上导数准则, 而其中得到的条件对于一般集值设置中的这种单调性是必需的; 另请参见注 5.17. 观察到, 定理 5.13 和定理 5.14 的证明在任何 Hilbert 空间中都有效, 但定理 5.16 似乎是有限维的.

从定理 5.16 可以得出, 正定性上导数条件 (5.24) 对于 $T$ 在 $\bar{x}$ 附近的强度量正则性, 即对于逆映射 $T^{-1}$ 在 $(T(\bar{x}), \bar{x})$ 附近的单值 Lipschitz 局部化的存在性是充分的. 这个概念是 Robinson 强正则性的抽象版本, 该性质最初 [669] 通过线性化为广义方程的解映射引入; 更多讨论请参阅 [229]. Kummer [446] 根据 $T$ 在 $\bar{x}$ 处的 Thibault 的严格导数 [713] 建立了后一性质的一个充要条件; 有关这种结构的更多细节, 请参见 [686]. 回顾, 上导数条件 (5.24) 提供了 $T$ 在 $\bar{x}$ 附近的局部强极大单调性的完整刻画, 这个性质比该点附近的强度量正则性弱得多.

观察到, 局部极大单调性有不同的动机和形式 (例如, 与 [113,461,640,648,649] 作比较). 本书和前面的论文 [562] 在强局部单调性的背景下采用了 Poliquin 和 Rockafellar [649, p. 290] 定义的单调性. 这样, 除了强局部极大单调性的完全上导数刻画外, 我们还得到了强度量正则性的可验证充分条件. 注意, 对于局部单调映射, 实际上在参考点周围我们有度量正则性和强度量正则性之间的等价性; 参见 [229, 定理 3G.5], 这是第 3 章中已经使用的 Kenderov [411] 的基本结果的一个特例.

**5.3 节**  全局和局部极大单调性的上导数方法和本章给出的结果为在有限和无穷维中研究和应用极大单调性开辟了新的视角. 一些具有挑战性的公开问题在 5.3 节中以 "练习" 形式给出. 为此, 我们提及练习 5.25、练习 5.26、练习 5.39 和相关注释 5.7、注释 5.17.

练习 5.27 和练习 5.28 中提出的凸和基本次微分的强度量正则性的二阶增长条件主要来自 Mordukhovich 和 Nghia [558], 其中包含定量关系; 另请参见 Aragón 和 Geoffroy [20, 21] 以及 Drusvyatskiy 和 Lewis [232] 以了解此方向的相关结果. 注意, 单调性问题在证明中起到重要作用; 关于局部最小点的稳定性, 参见 Rockafellar 和他的合作者的论文 [462, 649], 这也是 [558] 的动机和结果背后的原因.

练习 5.30 的结果由 Drusvyatskiy, Mordukhovich 和 Nghia [234] 得到, 其中作者将练习 5.31 的陈述表示为一个猜想. 除了在练习 5.29 中给出的 $\mathcal{C}^2$-光滑情况外, 这个猜想对于一大类连续邻近正则函数 $\varphi\colon I\!\!R^n \to \overline{I\!\!R}$ 是成立的; 特别地, 由 Kenderov 定理 [411] 和凸次微分的极大单调性知其对于凸函数成立, 由 Dontchev 和 Rockafellar [227] 知其对于 $\varphi(x) = \varphi_0 + \delta_\Omega(x)$ 且 $\varphi_0 \in \mathcal{C}^2$ 类型的函数和多面体凸集 $\Omega$ 成立, 由 Outrata 和 Ramírez [632] 知其对于后一类型的函数当 $\Omega$ 是二阶/Lorentz 锥时成立, 以及在练习 5.30 的设置中也成立. 然而, 在邻近正则和次可微连续函数的一般情况下, 这一猜想仍然是一个具有挑战性和非常重要的公开问题.

长期以来, 人们一直以不同的名称 (或未给出名称) 对强度量正则性概念和等价的逆映射的孤立平静性概念进行研究. 有关早期出版物, 参见, 例如 [95, 222, 228, 420, 423, 459, 639, 685]. 上述术语是 Dontchev 和 Rockafellar 提出的, 目前已被广泛使用; 请参阅 [229] 以及最近的出版物 [20, 21, 23, 152, 161, 230, 234, 289, 436, 568, 569, 584, 732].

虽然 King 和 Rockafellar [420] 明确证明了练习 5.33(i) 中孤立平静性的图导数条件的充分性, Levy [459] 证明了该条件的必要性, 但该准则实际上可追溯到 Rockafellar [685] 的早期论文. 这也可以从 Zhang 和 Treiman [779] 中推导出来; 参见练习 5.33(ii).

练习 5.34 中凸次微分的强度量次正则性的二次增长性和强单调性刻画由 Aragón 和 Geoffroy [20, 21] 得出, 而基本次微分的结果和练习 5.35 中约束之间的定量相互作用来自 Drusvyatskiy, Mordukhovich 和 Nghia [234]. 容易找到函数 $\varphi\colon I\!\!R \to I\!\!R$, 对其基本次微分在局部极小点处的强度量次正则性不能用 $\varphi$ 的二次增长性来刻画; 参见 [234]. Drusvyatskiy 和 Ioffe [230] 最近证明, 这种刻画适用于次可微连续和半代数函数 $\varphi\colon I\!\!R^n \to \overline{I\!\!R}$, 这与 $\mathcal{C}^2$-光滑和凸这两类函数不同, 但对于变分分析和非光滑优化中的某些应用而言仍然非常重要.

最近 [211], 集值映射 $F$ 在 $(\bar{x}, \bar{y}) \in \mathrm{gph}\,F$ 处的孤立平静性的鲁棒版本, 附加要求对所有 $x \in V$ 有 $F(x) \cap U \neq \varnothing$, 已被标记为鲁棒孤立平静性. 注意, 实际上该性质更早在特定设置中被使用而没有命名; 参见 [95, 228, 423, 639]. 如果在标准拓扑意义下, 集值映射 $F$ 在 $(\bar{x}, \bar{y})$ 处是下半连续的, 那么孤立平静性意味着它的鲁棒相应性质. 然而, 它在一般情况下并不像 [569, 例 6.4] 中所示的那样成立. 事实上, 从 20 世纪 90 年代开始, 鲁棒孤立平静性在数值优化中的应用已经在文献中得到了认可. 特别是, Bonnans [95] 得到的求解 NLPs 的序列二次规划 (SQP) 方法的最显著结果, 赋予了 NLPs 严格的 Mangasarian-Fromovitz 约束条件和常规的二阶充分条件. 随后, Dontchev 和 Rockafellar [228, 定理 2.6] 证明, 这些条件的同时有效性刻画了 NLPs 中标准扰动 KKT 系统解映射的鲁棒孤立平静性. 最近, 这一结果被 Ding, Sun 和 Zhang [211] 推广到所谓的严格 Robinson 约束规范下的一些非多面体约束优化问题. Mordukhovich 和 Sarabi [584] 在复合优化问题中描述了广义 KKT 系统的鲁棒孤立平静性, 该问题涉及与局部极小点相关联的 Lagrange 乘子的非临界性. 后一概念推广了 Izmailov 和 Solodov [386] 为 NLPs 中的经典 KKT 系统所引入的概念. 此外, 文献 [584] 中证明, 复合优化问题广义 KKT 系统解映射的类 Lipschitz 性质蕴含着其在相应点处的鲁棒孤立平静性.

# 第 6 章 不可微和双层优化

我们将最优化理论的这两个领域统一在一章中, 这并非偶然. 人们已经普遍认识到, 不可微/非光滑优化问题 (即那些在目标和/或约束中包含不可微函数和/或边界不光滑的集合的问题) 自然而频繁地出现在变分分析及众多应用的不同方面, 但是从理论和算法角度都非常具有挑战性. 另一方面, 双层优化问题本质上是非光滑的, 即使在上下两层数据完全光滑的情况下也是如此. 实际上, 可以将它们简化为单层优化问题, 但代价是, 尽管对给定数据施加光滑性假设, 这种简化仍不可避免地会出现非光滑函数.

本章的主要重点是获得不可微规划问题的有效一阶必要最优性条件, 然后将其应用于在两个优化层次上具有光滑和非光滑函数的双层规划. 为朝这些方向发展, 我们要依靠本书前几章中建立的变分分析与广义微分的结构和结果.

## 6.1 不可微规划问题

我们从导出由闭集给出的具有几何约束的非光滑极小化问题的必要最优性条件开始, 然后将它们推广到由有限多个不等式和等式描述的具有函数约束的不可微规划的一般问题.

### 6.1.1 下次微分和上次微分条件

给定 $\varphi\colon \mathbb{R}^n \to \overline{\mathbb{R}}$ 和 $\Omega \subset \mathbb{R}^n$, 考虑问题:

$$\text{minimize } \varphi(x) \text{ s.t. } x \in \Omega. \tag{6.1}$$

我们此处的目标是获得 (6.1) 中 (可行) 局部极小点 $\bar{x} \in \text{dom}\,\varphi \cap \Omega$ 的必要条件. 我们导出两种不同类型的必要最优性条件. 第一类条件称为下次微分最优性条件, 在由奇异次微分 (1.25) 表述的适当规范条件下, 使用基本次微分 (1.24) 表示. 第二类条件称为上次微分最优性条件, 它使用了费用函数 $\varphi$ 的上正则次微分 (1.76), 其等价描述为

$$\hat{\partial}^+\varphi(\bar{x}) = -\hat{\partial}(-\varphi)(\bar{x}), \quad |\varphi(\bar{x})| < \infty. \tag{6.2}$$

注意 (6.2) 对于大类非光滑函数 (例如, 对于在 $\bar{x}$ 处不可微的凸函数) 可能为空, 同时在某些 "上正则" 设置中给出了比下次微分条件更具选择性的最小化必要条件; 请参阅下面的结果、示例和讨论.

和前面一样, 不失一般性, 我们总是假设费用函数在参考点周围是下半连续的 (尽管对于上次微分条件不需要), 并且约束集在它们周围是局部封闭的.

下面定理包含问题 (6.1) 的两类必要最优性条件. 观察到它们都是由变分/极点原理导出的. 事实上, 上次微分条件由正则次梯度的光滑变分描述导出. 为建立下次微分最优条件, 我们利用由极点原理得出的基本次微分和法则. 实际上, 可以直接使用极点原理; 参见, 例如, 下面涉及函数和几何约束问题的定理 6.5 的证明.

**定理 6.1** (具有单一几何约束的问题的最优性条件)  设 $\bar{x} \in \operatorname{dom}\varphi \cap \Omega$ 是极小化问题 (6.1) 的一个局部最优解. 下面断言成立:

(i) 整个上正则次梯度集合满足包含关系

$$-\widehat{\partial}^{+}\varphi(\bar{x}) \subset \widehat{N}(\bar{x};\Omega), \quad -\widehat{\partial}^{+}\varphi(\bar{x}) \subset N(\bar{x};\Omega). \tag{6.3}$$

(ii) 在规范条件

$$\partial^{\infty}\varphi(\bar{x}) \cap \big(-N(\bar{x};\Omega)\big) = \{0\} \tag{6.4}$$

之下, 我们有下次微分关系

$$\partial\varphi(\bar{x}) \cap \big(-N(\bar{x};\Omega)\big) \neq \varnothing, \quad \text{i.e.,} \quad 0 \in \partial\varphi(\bar{x}) + N(\bar{x};\Omega). \tag{6.5}$$

**证明**  由定理 1.6 知 $\widehat{N}(\bar{x};\Omega) \subset N(\bar{x};\Omega)$, 因此为证明断言 (i), 只需验证 (6.3) 中第一个包含式就足够. 为完成此项任务, 假设 $\widehat{\partial}^{+}\varphi(\bar{x}) \neq \varnothing$ (否则无须任何证明) 且任取 $v \in \widehat{\partial}^{+}\varphi(\bar{x})$. 使用 (6.2) 并应用定理 1.27 (该定理对没有下半连续性假设的 $\varphi$ 成立) 的第一部分, 我们找到函数 $\psi: \mathbb{R}^{n} \to \mathbb{R}$ 满足 $\psi(\bar{x}) = \varphi(\bar{x})$ 和 $\psi(x) \geqslant \varphi(x)$ $(x \in \mathbb{R}^{n})$ 使得 $\psi$ 在 $\bar{x}$ 和 $\nabla\psi(\bar{x}) = v$ 处 (Fréchet) 可微. 由此可得

$$\psi(\bar{x}) = \varphi(\bar{x}) \leqslant \varphi(x) \leqslant \psi(x), \quad \forall\, x \in \Omega \text{ 接近 } \bar{x},$$

因此这表明 $\bar{x}$ 是以下约束问题的一个局部极小点:

$$\text{minimize } \psi(x) \text{ s.t. } x \in \Omega,$$

其中费用函数在 $\bar{x}$ 处是可微的. 该问题可等价描述为无约束优化形式:

$$\text{minimize } \psi(x) + \delta(x;\Omega), \quad x \in \mathbb{R}^{n}.$$

在后一设置中使用命题 1.30(i) 中的广义 Fermat 法则和命题 1.30(ii) 中的正则次微分和法则并考虑到 $\nabla\psi(\bar{x}) = v$, 我们有

$$0 \in \widehat{\partial}\big(\psi + \delta(\cdot;\Omega)\big)(\bar{x}) = \nabla\psi(\bar{x}) + \widehat{N}(\bar{x};\Omega) = v + \widehat{N}(\bar{x};\Omega).$$

由此可得 $-v \in \widehat{N}(\bar{x}; \Omega)$ 对任意 $v \in \widehat{\partial}^{+}\varphi(\bar{x})$ 成立, 因此验证了 (i).

为证明断言 (ii), 我们对问题 (6.1) 的局部最优解 $\bar{x}$ 应用广义 Fermat 法则, 其中该问题可描述为无约束形式:

$$\text{minimize} \quad \varphi(x) + \delta(x; \Omega), \quad x \in I\!\!R^{n}.$$

由命题 1.19 知规范条件 (6.4) 成立, 因此由定理 2.19 的基本次微分和法则可以推出

$$0 \in \partial\big(\varphi + \delta(\cdot; \Omega)\big)(\bar{x}) \subset \partial\varphi(\bar{x}) + N(\bar{x}; \Omega).$$

这就验证了 (6.5), 从而完成了定理的证明. $\triangle$

我们讨论定理 6.1 的上、下次微分条件的一些特殊性质以及它们之间的关系.

**注 6.2** (上次微分与下次微分最优性条件)

(i) 首先注意, 当 $\varphi$ 在 $\bar{x}$ 处为 (Fréchet) 可微时, (6.3) 中的最优性条件简化为

$$-\nabla\varphi(\bar{x}) \in \widehat{N}(\bar{x}; \Omega), \quad -\nabla\varphi(\bar{x}) \in N(\bar{x}; \Omega),$$

但是, 若 $\varphi$ 在 $\bar{x}$ 处是严格可微的, 从 (6.5) 只能推出第二个包含式. 另一方面, 当 $\widehat{\partial}^{+}\varphi(\bar{x}) = \varnothing$ 时, 例如, 在 $\bar{x}$ 处不可微的凸连续函数的情况下, (6.3) 中的上次微分条件是平凡的. 相比之下, 下次微分条件 (6.5) 是非平凡的, 对于广泛的非光滑函数集合, 包括, 例如, 对局部 Lipschitz 函数 $\varphi$, 有 $\partial\varphi(\bar{x}) \neq \varnothing$ 且由定理 1.22 中 $\partial^{\infty}\varphi(\bar{x}) = \{0\}$ 知规范条件 (6.4) 成立.

(ii) 还要注意, 只要 $\varphi$ 在 $\bar{x}$ 处是不可微的且 $\Omega = I\!\!R^{n}$, 那么平凡性条件 $\widehat{\partial}^{+}\varphi(\bar{x}) = \varnothing$ 本身就是 (6.1) 的一个容易验证的必要最优性条件. 实际上, 根据广义 Fermat 法则, 在这种情况下我们有包含 $0 \in \widehat{\partial}\varphi(\bar{x}) \neq \varnothing$. 因此, 简单观察练习 1.76(ii) 即可得出 $\widehat{\partial}^{+}\varphi(\bar{x}) = \varnothing$.

(iii) 回顾, 如果 $\widehat{\partial}^{+}\varphi(\bar{x}) = \partial^{+}\varphi(\bar{x})$, 则 $\varphi$ 在 $\bar{x}$ 处是上正则的. 注意, 除凹函数与可微函数外, 该函数类包含, 例如, 在优化和控制的各种应用中非常重要的相当大一类半凹函数; 参见, 例如, [137, 530]. 如果 $\varphi$ 在 $\bar{x}$ 处是上正则的且在该点周围局部 Lipschitz, 则根据定理 1.22 我们有 $\widehat{\partial}^{+}\varphi(\bar{x}) = -\partial(-\varphi)(\bar{x}) \neq \varnothing$, 即, (6.3) 中的上次微分条件无疑给了我们非平凡的信息. 此外, 在这种情况下, 对于具有正负对称性 (1.79) 的 Clarke 广义梯度, 我们还有 $\overline{\partial}\varphi(\bar{x}) = \widehat{\partial}^{+}\varphi(\bar{x})$. 考虑到 (6.3) 中包含关系对于上次梯度的整个集合成立, 这些观察表明上次微分最优性条件与定理 6.1(ii) 中的下次微分最优性条件相比可能具有相当大的优势.

(iv) 下面我们更详细地考虑凹极小化问题, 即当 (6.1) 中费用函数 $\varphi$ 是凹的. 该类问题, 特别是从全局优化的角度来看, 对于最优化理论与应用的各个方面都有重要的意义; 参见, 例如, [358]. 当 $\varphi$ 是凹的且在 $\bar{x}$ 周围连续时, 根据练习 1.77

可得

$$\partial\varphi(\bar{x}) \subset \partial^+\varphi(\bar{x}) = \widehat{\partial}^+\varphi(\bar{x}) \neq \varnothing.$$

然后将 (6.3) 中第二个包含式 (比其中的第一个包含式弱) 与 (6.5) 的下次微分条件进行比较, 我们发现, 定理 6.1(i) 的必要条件要求集合 $\widehat{\partial}^+\varphi(\bar{x})$ 中的每个元素 $v$ 都必须属于 $-N(\bar{x};\Omega)$, 而定理 6.1(ii) 则只要求更小的集合 $\partial\varphi(\bar{x})$ 中的某一个元素 $v$ 属于 $-N(\bar{x};\Omega)$. 我们通过下面的简单例子对其进行阐述:

$$\text{minimize } \varphi(x) := -|x| \text{ s.t. } x \in \Omega := [-1,0] \subset I\!R.$$

显然 $\bar{x} = 0$ 不是该问题的最优解. 然而, 由于

$$\partial\varphi(0) = \{-1,1\}, \quad N(0;\Omega) = [0,\infty), \quad 且 \quad -1 \in -N(0;\Omega),$$

根据下次微分条件 (6.5) 知它并不能被排除. 另一方面, 验证上次微分条件 (6.3) 我们可得

$$\widehat{\partial}^+\varphi(0) = [-1,1] \quad 且 \quad [-1,1] \not\subset N(0;\Omega),$$

这就确认了 $\bar{x} = 0$ 不是 (6.1) 的最优解, 因此 (6.3) 是所考虑问题的一个更具选择性的必要最优性条件.

进一步观察知, 凸差 (DC) 函数极小化问题可被等价简化为在凸约束下对凹函数求极小值. 这使我们能够从定理 6.1(i) 的上次微分条件推导出这类问题的必要条件.

**命题 6.3** (DC 优化问题) 考虑以下问题:

$$\text{minimize } \varphi_1(x) - \varphi_2(x), \quad x \in I\!R^n, \tag{6.6}$$

其中 $\varphi_1,\varphi_2: I\!R^n \to \overline{I\!R}$ 是凸的, 按照惯例 $\infty - \infty := \infty$. 则 $\bar{x}$ 是 (6.6) 的一个局部极小点当且仅当序对 $(\bar{x},\varphi_1(\bar{x}))$ 给出了以下具有凸几何约束凹函数极小化问题的局部极小值:

$$\text{minimize } \psi(x,\alpha) := \alpha - \varphi_2(x) \text{ s.t. } (x,\alpha) \in \text{epi}\,\varphi_1. \tag{6.7}$$

此外, (6.7) 的上次微分条件 (6.3) 简化为下次微分包含 $\partial\varphi_2(\bar{x}) \subset \partial\varphi_1(\bar{x})$.

**证明** 如果 $\bar{x}$ 是 (6.6) 的局部解, 即, 存在 $\bar{x}$ 的邻域 $U$ 使得

$$\varphi_1(\bar{x}) - \varphi_2(\bar{x}) \leqslant \varphi_1(x) - \varphi_2(x), \quad \forall x \in U,$$

则对 $\bar{\alpha} := \varphi_1(\bar{x})$, 我们显然有

$$\bar{\alpha} - \varphi_2(\bar{x}) \leqslant \alpha - \varphi_2(x), \quad 当 (x,\alpha) \in (U \times I\!R) \cap \text{epi}\,\varphi_1 \text{ 时成立}.$$

这意味着 $(\bar{x}, \bar{\alpha})$ 是问题 (6.7) 的局部解. 反之, 假设存在 $\varepsilon > 0$ 和 $\bar{x}$ 的邻域 $U$ 使得

$$\varphi_1(\bar{x}) - \varphi_2(\bar{x}) \leqslant \alpha - \varphi_2(x), \quad \forall\, \alpha \geqslant \varphi_1(x), \quad x \in U, \quad |\alpha - \varphi_1(\bar{x})| < \varepsilon.$$

因为 $\varphi_1$ 是凸的, 且由上式知其在 $\bar{x}$ 周围取有限值, 所以它在该点周围是 (Lipschitz) 连续的. 因此存在 $\bar{x}$ 的邻域 $\widetilde{U}$, 使得

$$|\varphi_1(x) - \varphi_1(\bar{x})| < \varepsilon, \quad \text{从而}\ \varphi_1(\bar{x}) - \varphi_2(\bar{x}) \leqslant \varphi_1(x) - \varphi_2(x), \quad x \in \widetilde{U}.$$

这就证明了 $\bar{x}$ 是 (6.6) 的一个局部解.

仍需证明 (6.7) 的上次微分最优性条件

$$-\widehat{\partial}^+ \psi(\bar{x}, \varphi_1(\bar{x})) \subset N\big((\bar{x}, \varphi_1(\bar{x})); \operatorname{epi} \varphi_1\big) \tag{6.8}$$

简化为命题中声称的次微分包含. 实际上, 通过直接计算我们可得

$$
\begin{aligned}
-\widehat{\partial}^+ \psi(\bar{x}, \varphi_1(\bar{x})) &= \widehat{\partial}\big(\varphi_2 - \alpha\big)(\bar{x}, \varphi_1(\bar{x})) = \partial\varphi_2(\bar{x}) \times \{0\} + \{0\} \times \{-1\} \\
&= \partial\varphi_2(\bar{x}) \times \{-1\}.
\end{aligned}
$$

因此, 上次微分包含 (6.8) 蕴含着

$$(v, -1) \in N\big((\bar{x}, \varphi_1(\bar{x})); \operatorname{epi} \varphi_1\big), \quad \forall\, v \in \partial\varphi_2(\bar{x}),$$

这等价于 $v \in \partial\varphi_1(\bar{x})$ 对所有 $v \in \partial\varphi_2(\bar{x})$ 成立, 因此验证了所声称的 (6.6) 的必要最优性条件 $\partial\varphi_2(\bar{x}) \subset \partial\varphi_1(\bar{x})$. △

与第一个上次微分包含相比, (6.3) 中第二个上次微分包含的关键优势, 以及下次微分规范和最优性条件的一个强特征是, 基本法向量和次梯度与它们的正则对应项相比具有完善的分析法则. 特别地, 由第 2 章中得到的分析结果, 在 $\Omega$ 被表示为有限多个集合的乘积与和, 另一个集合在集值映射下的逆像, 不等式和/或等式系统等的情况下, 我们可以导出定理 6.1 中断言 (i) 和 (ii) 的各种结果. 确保所得的 $N(\bar{x}; \Omega)$ 表示形式有效性的规范条件以这种方式转换为约束条件, 且在该约束条件下, 相应的必要最优性条件以规范/标准/KKT (Karush-Kuhn-Tucker) 形式成立, 即, 没有与费用函数相关联的乘数 (=1); 见下文.

下面我们给出在该方案中获得的具有有限多个几何约束的问题的上次微分和下次微分最优性条件.

**命题 6.4** (具有有限多个几何约束的问题的最优性条件)　考虑以下问题:

$$\text{minimize}\ \varphi(x)\ \text{s.t.}\ x \in \Omega_i, \quad \forall\, i = 1, \cdots, s, \tag{6.9}$$

并假设 $\bar{x} \in \operatorname{dom}\varphi \cap \Omega_1 \cap \cdots \cap \Omega_s$ 是 (6.9) 的一个局部极小点. 则下面的上次微分和下次微分必要最优性条件在 $\bar{x}$ 处成立:

(i) 若约束规范

$$\left[v_1 + \cdots + v_s = 0,\ v_i \in N(\bar{x}; \Omega_i)\right] \Rightarrow v_i = 0, \quad \forall\, i = 1, \cdots, s \qquad (6.10)$$

成立, 我们有上次微分包含

$$-\widehat{\partial}^+\varphi(\bar{x}) \subset N(\bar{x}; \Omega_1) + \cdots + N(\bar{x}; \Omega_s).$$

(ii) 若比 (6.10) 更强的规范条件

$$\left[v + \sum_{i=1}^s v_i = 0,\ \forall\, v \in \partial^\infty \varphi(\bar{x}),\ v_i \in N(\bar{x}; \Omega_i)\right] \Rightarrow v = v_1 = \cdots = v_s = 0$$

成立, 我们有下次微分包含

$$0 \in \partial\varphi(\bar{x}) + N(\bar{x}; \Omega_1) + \cdots + N(\bar{x}; \Omega_s).$$

**证明** (i) 和 (ii) 中的必要最优性条件可由定理 6.1 的相应结果和推论 2.17 中给出的有限多个集合的法向交法则直接得出. △

### 6.1.2 有限多个不等式和等式约束

我们在这里考虑具有有限多个不等式和等式约束且同时也保持几何约束的不可微规划问题:

$$\begin{cases} \text{minimize}\ \ \varphi_0(x)\ \ \text{满足} \\ \varphi_i(x) \leqslant 0, \quad i = 1, \cdots, m, \\ \varphi_i(x) = 0, \quad i = m+1, \cdots, m+r, \\ x \in \Omega \subset \mathbb{R}^n. \end{cases} \qquad (6.11)$$

接下来, 我们根据对初始数据和证明技巧的假设, 推导出规划 (6.11) 局部解的下次微分和上次微分类型的各种必要最优性条件. 第一个定理给出了由 (6.11) 中每个函数和集合的法向量和次梯度表示的下次微分类型的一般必要最优性条件. 其证明基于定理 2.3 中极点原理的直接应用. 回顾, 除非另作说明, 所有有关的函数都假定在参考点周围是下半连续的.

**定理 6.5** (由不同约束的法向量和次梯度表示的下次微分条件) 设 $\bar{x}$ 是 (6.11) 的一个可行解且是该问题的局部极小点. 以下必要最优性条件在 $\bar{x}$ 处成立:

(i) 假设对所有 $i = m+1, \cdots, m+r$, 等式约束函数 $\varphi_i$ 在 $\bar{x}$ 周围是连续的. 则存在元素 $(v_i, \lambda_i) \in I\!R^{n+1}$, $i = 0, \cdots, m+r$, 不同时为零, 以及向量 $v \in I\!R^n$ 使得 $\lambda_i \geqslant 0$, $i = 0, \cdots, m$, 且

$$(v_0, -\lambda_0) \in N\big((\bar{x}, \varphi_0(\bar{x})); \mathrm{epi}\,\varphi_i\big), \quad v \in N(\bar{x}; \Omega), \tag{6.12}$$

$$(v_i, -\lambda_i) \in N\big((\bar{x}, 0); \mathrm{epi}\,\varphi_i\big), \quad i = 1, \cdots, m, \tag{6.13}$$

$$(v_i, -\lambda_i) \in N\big((\bar{x}, 0); \mathrm{gph}\,\varphi_i\big), \quad i = m+1, \cdots, m+r, \tag{6.14}$$

$$v + \sum_{i=0}^{m+r} v_i = 0. \tag{6.15}$$

此外, 如果对某个 $i \in \{1, \cdots, m\}$, 函数 $\varphi_i$ 在 $\bar{x}$ 处是上半连续的且 $\varphi_i(\bar{x}) < 0$, 那么 $\lambda_i = 0$. 如果对所有 $i = 1, \cdots, m$ 都是这种情况, 则我们有不等式约束的互补松弛条件

$$\lambda_i \varphi_i(\bar{x}) = 0, \quad i = 1, \cdots, m. \tag{6.16}$$

(ii) 假设对所有 $i = 0, \cdots, m+r$, 函数 $\varphi_i$ 在 $\bar{x}$ 周围是 Lipschitz 连续的. 则存在乘子 $(\lambda_0, \cdots, \lambda_{m+r}) \neq 0$ 使得

$$0 \in \sum_{i=0}^{m} \lambda_i \partial \varphi_i(\bar{x}) + \sum_{i=m+1}^{m+r} \lambda_i \Big[ \partial \varphi_i(\bar{x}) \cup \partial(-\varphi_i)(\bar{x}) \Big] + N(\bar{x}; \Omega), \tag{6.17}$$

$$\lambda_i \geqslant 0, \ i = 0, \cdots, m+r, \ \text{且 } \lambda_i \varphi_i(\bar{x}) = 0, \ i = 1, \cdots, m. \tag{6.18}$$

**证明**   为证明 (i), 不失一般性, 假设 $\varphi_0(\bar{x}) = 0$. 则容易验证 $(\bar{x}, 0)$ 是以下乘积空间 $I\!R^n \times I\!R^{m+r+1}$ 中局部闭集系统的一个局部极点:

$$\Omega_i := \big\{ (x, \alpha_0, \cdots, \alpha_{m+r}) \big| \ \alpha_i \geqslant \varphi_i(x) \big\}, \quad i = 0, \cdots, m,$$

$$\Omega_i := \big\{ (x, \alpha_0, \cdots, \alpha_{m+r}) \big| \ \alpha_i = \varphi_i(x) \big\}, \quad i = m+1, \cdots, m+r,$$

$$\Omega_{m+r+1} := \Omega \times \{0\}.$$

应用定理 2.3 的极点原理直接可得 (6.12)—(6.15) 中关系. 从命题 1.17 可知 $\lambda_i \geqslant 0$ 对所有 $i = 0, \cdots, m$ 成立. 为完成 (i) 的证明, 仍需证明 (6.16) 中的互补松弛条件对每个 $i \in \{1, \cdots, m\}$ 成立且当 $\varphi_i$ 在 $(\bar{x}, 0)$ 处是上半连续时有 $\varphi_i(\bar{x}) < 0$. 实际上, 我们由这个假设可得 $\varphi_i(x) < 0$ 对所有 $\bar{x}$ 附近的 $x$ 成立, 从而 $(\bar{x}, 0)$ 是 $\varphi_i$ 的上图的一个内点. 因此对这样的 $i$, $N((\bar{x}, 0); \mathrm{epi}\,\varphi_i) = \{0\}$ 且 $(v_i, \lambda_i) = (0, 0)$.

由定理 1.22, 很容易从 (i) 得出断言 (ii), 这表明局部 Lipschitz 函数 $\varphi_i$ 的上图的法锥完全由 $\varphi_i$ 的 (基本) 次微分决定. 在等式约束的 $\mathrm{gph}\,\varphi_i$ 的情况下, 根据命题 1.17, 我们处理相应的非负乘数 $\lambda_i$ 缩放的 $\varphi_i$ 或 $-\varphi_i$ 的上图.                                △

定理 6.5 的必要最优性条件以非规范/Fritz John 形式给出, 这不能保证对与费用函数相关的乘数有 $\lambda_0 \neq 0$. 但是, 从它们 (或从其证明中使用的分析法则中的规范条件) 不难推导出广义 Mangasarian-Fromovitz 等类型的适当约束条件, 从而得到 $\lambda_0 = 1$; 参见, 例如, [530, 第 5 章] 和其中的注释、引用以及 6.4 节中的练习.

观察到对于具有光滑函数 $\varphi_i$ 且 $\Omega = \mathbb{R}^n$ 的标准非线性规划 (6.11), 定理 6.5(ii) 的必要最优性条件与经典 Lagrange 乘子法则一致. 但是, 对于具有非光滑等式约束的问题则不然. 实际上, 在后一情况下定理 6.5(ii) 中所得结果涉及与 $\partial \varphi_i(\bar{x}) \cup \partial(-\varphi_i)(\bar{x})$ $(i = m+1, \cdots, m+r)$ 相关联 (对于光滑函数, 即 $\{\nabla\varphi_i(\bar{x}), -\nabla\varphi_i(\bar{x})\}$) 的非负乘子 $\lambda_i$. 从 (6.17) 和 (6.18) 不难推导出不具有等式乘子的符号条件的广义 Lagrange 乘子法则的更常规形式, 但通过这种方式, 我们得到了一个较弱的必要最优条件, 如下面例 6.7 所示. 为此, 回顾基本次微分的双边版本

$$\partial^0\varphi(\bar{x}) = \partial\varphi(x) \cup \partial^+\varphi(\bar{x}),$$

即本书中已经使用的对称次微分 (1.75).

**推论 6.6** (由对称次梯度表示的等式约束) 设 $\bar{x}$ 是在定理 6.5(ii) 假设下 (6.11) 的局部极小点. 则存在一个非零的乘子集合 $(\lambda_0, \cdots, \lambda_{m+r}) \in \mathbb{R}^{m+r+1}$ 满足符号条件 $\lambda_i \geqslant 0$, $i = 0, \cdots, m$, 互补松弛条件 (6.16), 以及对称 Lagrange 包含

$$0 \in \sum_{i=0}^{m} \lambda_i \partial\varphi_i(\bar{x}) + \sum_{i=m+1}^{m+r} \lambda_i \partial^0\varphi_i(\bar{x}) + N(\bar{x}; \Omega). \tag{6.19}$$

**证明** 在 (6.17) 式中对函数 $\varphi_i$, $i = m+1, \cdots, m+r$ 应用 (正常) 包含

$$|\lambda|\big[\partial\varphi(\bar{x}) \cup \partial(-\varphi)(\bar{x})\big] \subset \lambda\big[\partial^0\varphi(\bar{x}) \cup \big(-\partial^0\varphi(\bar{x})\big)\big], \quad \lambda \in \mathbb{R},$$

由定理 6.5(ii) 直接可得. $\triangle$

### 6.1.3 最优性条件的例子和讨论

现在我们举几个例子来说明广义 Lagrange 乘子法则的不同版本, 并将它们与非光滑优化中已知的其他主要版本进行比较.

**例 6.7** (非负符号与对称 Lagrange 包含) 如上所示, 具有非负乘子的包含 (6.17) 总是蕴含着对称包含 (6.19) 且 $\lambda_i \in \mathbb{R}$, $i = m+1, \cdots, m+r$. 下面具有单一等式约束的二维问题表示反向蕴含关系不成立. 考虑问题:

$$\text{minimize } x_1 \text{ s.t. } \varphi_1(x_1, x_2) := \varphi(x_1, x_2) + x_1 = 0, \tag{6.20}$$

其中 $\varphi$ 取自例 1.31(ii). 由其中的次微分计算可知, (6.17) 中集合 $\partial\varphi_1(0,0) \cup$

$\partial(-\varphi_1)(0,0)$ 为

$$\big\{(v_1,v_2)\in I\!\!R^2\,\big|\,|v_1-1|\leqslant v_2\leqslant 1\big\}\cup\big\{(v_1,-|v_1-1|)\big|0\leqslant v_1\leqslant 2\big\}$$
$$\cup\big\{(v_1,1)\big|-2\leqslant v_1\leqslant 0\big\}\cup\big\{(-2,-1)\big\},$$

如图 6.1(a) 中所示. $\varphi_1$ 的对称次微分为

$$\partial^0\varphi_1(0,0)=\partial\varphi(0,0)\cup\big\{(v,-1)\big|-1\leqslant v\leqslant 1\big\}+(1,0),$$

其中 $\partial\varphi(0,0)$ 的计算在例 1.31(ii) 中; 见图 6.1(b). 现在容易验证非负符号包含 (6.17) 允许我们将可行解 $\bar{x}=(0,0)$ 从候选最优解中排除, 而对称包含 (6.19) 在非最优点 $\bar{x}$ 处满足.

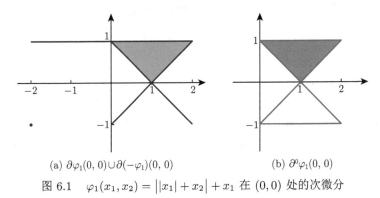

(a) $\partial\varphi_1(0,0)\cup\partial(-\varphi_1)(0,0)$            (b) $\partial^0\varphi_1(0,0)$

图 6.1    $\varphi_1(x_1,x_2)=\big||x_1|+x_2\big|+x_1$ 在 $(0,0)$ 处的次微分

**例 6.8** (与 Lagrange 乘子法则的凸化/Clarke 版本相比较) 对具有 Lipschitz 数据的不可微规划 (6.11), 其 Lagrange 乘子法则的 Clarke 版本 [165, 166] 以推论 6.6 的形式给出. 其中非凸次微分 $\partial\varphi_i(\bar{x})$, $i=0,\cdots,m$ 和 $\partial^0\varphi_i(\bar{x})$, $i=m+1,\cdots,m+r$, 以及法锥 $N(\bar{x};\Omega)$ 都替换为其相应凸化结果:

$$0\in\sum_{i=0}^{m+r}\lambda_i\overline{\partial}\varphi_i(\bar{x})+\overline{N}(\bar{x};\Omega).\tag{6.21}$$

该版本显然比 (6.6) 更弱且不允许我们排除前面例 6.7 中问题 (6.20) 的非最优解 $\bar{x}$. 此外, 即使在无约束非光滑优化的不太复杂的例子和只有不等式约束的问题中, Clarke 版本 (6.21) 也不能识别非最优解. 其中一个原因是, 由于 $\overline{\partial}\varphi$ 的正负对称性, 条件 (6.21) 不能区分极小和极大以及 "$\leqslant$" 和 "$\geqslant$" 类型的不等式约束. 这使得构造在明显非最优点处满足 (6.21) 的例子变得很容易.

(i) 首先考虑最简单的无约束极小化问题:

$$\text{minimize}\ \ \varphi(x):=-|x|,\quad\forall x\in I\!\!R,$$

其中 $\bar{x} = 0$ 是一个极大点, 而非极小点. 然而, 我们有 $0 \in \overline{\partial}\varphi(0) = [-1,1]$ 但 $0 \notin \partial\varphi(0) = \{-1,1\}$.

(ii) 此方向上的第二个例子涉及下面带有单个非光滑不等式约束的二维问题:

$$\text{minimize } x_1 \text{ s.t. } \varphi(x_1, x_2) := |x_1| - |x_2| \leqslant 0.$$

根据例 1.31(i), 我们有 $\partial\varphi(0,0) = \{(v_1, v_2)| -1 \leqslant v_1 \leqslant 1, v_2 = 1,$ 或 $v_2 = -1\}$, 因此由推论 6.6 可将点 $\bar{x} = (0,0)$ 排除在最优性之外, 然而通过 (6.21) 使用广义梯度 $\overline{\partial}\varphi(0,0) = \{(v_1,v_2)| -1 \leqslant v_1 \leqslant 1, -1 \leqslant v_2 \leqslant 1\}$ 则不能达到此目的.

**例 6.9** (与 Lagrange 乘子法则的 Warga 版本相比较) 对于具有 $\Omega = \mathbb{R}^n$ 及 Lipschitz 函数 $\varphi_i$ 的不可微规划 (6.11), Warga [744, 745] 通过导容 $\Lambda^0\varphi_i(\bar{x})$ 得到了 Lagrange 乘子法则的另一推广, 其形式为推论 6.6 并具有 Lagrange 包含

$$0 \in \sum_{i=0}^{m+r} \lambda_i \Lambda^0 \partial\varphi_i(\bar{x}). \tag{6.22}$$

注意集合 $\Lambda^0\varphi(\bar{x})$ 一般为非凸, 具有经典的正负对称性, 且可能比 Clarke 广义梯度 $\overline{\partial}\varphi(\bar{x})$ 要严格小. 正如 [529, 推论 2.48] 中所示, 我们总有 $\partial^0\varphi(\bar{x}) \subset \Lambda^0\varphi(\bar{x})$. 因此由定理 6.5(ii) 和推论 6.6 的必要最优性条件必然可得 (6.22) 的结果. 下面我们说明, 这种改进在等式和不等式约束的情况下都是严格的.

(i) 对于 (6.11) 中只有等式约束的情况, 所声明的严格包含由例 6.7 可得, 其中约束函数 $\varphi_1$ 的定义为 (6.20). 事实上, 条件 (6.22) 在非最优点 $\bar{x} = (0,0)$ 处满足, 而 (6.19) 则确认了其非最优性. 回顾, 本例中函数 $\varphi$ 的导容 $\Lambda^0\varphi(\bar{x})$ 如图 1.5 所示.

(ii) 为证明 (6.17) 对于具有不等式约束的不可微规划的优势, 考虑问题

$$\text{minimize } x_2 \text{ s.t. } \varphi_1(x_1, x_2) := \varphi(x_1, x_2) + x_2 \leqslant 0,$$

其中 $\varphi$ 及其次微分 $\partial\varphi(0,0)$ 的计算取自例 1.31(ii). 因此我们有

$$\partial\varphi_1(0,0) = \{(v_1, v_2)| |v_1| + 1 \leqslant v_2 \leqslant 2\} \cup \{(v_1, v_2)| 0 \leqslant v_2 = -|v_1| + 1\},$$

如图 6.2 所示. 这表明定理 6.5(ii) (推论 6.6 中也一样) 的结果允许我们排除非最优点 $\bar{x} = (0,0)$, 但使用 Warga 条件 (6.22) 则不能.

接下来, 我们得出另一类具有 Lipschitz 数据的问题 (6.11) 的下次微分最优性条件, 这些条件通过初始数据的 Lagrange 函数组合的基本次微分 (1.24) 以压缩形式表示. 考虑标准 Lagrange 函数

$$\mathcal{L}(x, \lambda_0, \cdots, \lambda_{m+r}) := \lambda_0 \varphi_0(x) + \cdots + \lambda_{m+r}\varphi_{m+r}(x),$$

其中涉及费用函数和所有函数 (而非几何) 约束, 同样考虑增广 Lagrange 函数

$$\mathcal{L}_\Omega(x; \lambda_0, \cdots, \lambda_{m+r}) := \lambda_0\varphi_0(x) + \cdots + \lambda_{m+r}\varphi_{m+r}(x) + \delta(x; \Omega),$$

其中通过其指示函数还涉及集合几何约束.

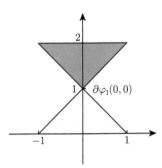

图 6.2　$\varphi_1(x_1, x_2) = ||x_1| + x_2| + x_2$ 在 $(0,0)$ 处的基本次微分

**定理 6.10** (精简的下次微分最优性条件)　设 $\bar{x}$ 是问题 (6.11) 在定理 6.5(ii) 假设下的一个局部极小点. 则存在不同时为零的乘子 $\lambda_0, \cdots, \lambda_{m+r}$ 满足 (6.16) 以及压缩 Lagrange 函数包含

$$0 \in \partial_x\mathcal{L}_\Omega(\bar{x}, \lambda_0, \cdots, \lambda_{m+r}) \subset \partial_x\mathcal{L}(\bar{x}, \lambda_0, \cdots, \lambda_{m+r}) + N(\bar{x}; \Omega). \tag{6.23}$$

**证明**　注意, 由推论 2.20 的次微分和法则知 (6.23) 中第二个包含可由第一个得到. 为验证其中第一个包含, 考虑集合

$$\mathcal{E}(\varphi_0, \cdots, \varphi_{m+r}, \Omega) := \Big\{(x, \alpha_0, \cdots, \alpha_{m+r}) \in \mathbb{R}^{n+m+r+1} \Big| x \in \Omega, \varphi_i(x) \leqslant \alpha_i,$$
$$i = 0, \cdots, m;\ \varphi_i(x) = \alpha_i,\ i = m+1, \cdots, m+r \Big\},$$

并且不失一般性, 假设 $\varphi_0(\bar{x}) = 0$. 现记 $U$ 为 (6.11) 中局部极小点 $\bar{x}$ 的一个邻域, 我们断言序对 $(\bar{x}, 0) \in \mathbb{R}^n \times \mathbb{R}^{m+r+1}$ 是以下闭集系统

$$\Omega_1 := \mathcal{E}(\varphi_0, \cdots, \varphi_{m+r}, \Omega) \quad \text{和} \quad \Omega_2 := \operatorname{cl} U \times \{0\} \tag{6.24}$$

的一个极点. 事实上, 对任一负数序列 $\nu_k \uparrow 0$, 由 (6.11) 中 $\bar{x}$ 的局部最优性, 我们显然有 $(\bar{x}, 0) \in \Omega_1 \cap \Omega_2$ 且 $(\Omega_1 - (0, \nu_k, 0, \cdots, 0)) \cap \Omega_2 = \varnothing$, $k \in \mathbb{N}$. 对该系统应用定理 2.3 中的基本极点原理, 我们有乘子 $(\lambda_0, \cdots, \lambda_{m+r}) \neq 0$ 满足包含

$$(0, -\lambda_0, \cdots, -\lambda_{m+r}) \in N\big((\bar{x}, 0); \mathcal{E}(\varphi_0, \cdots, \varphi_{m+r}, \Omega)\big), \tag{6.25}$$

由 (6.24) 中集合 $\Omega_1$ 的结构知, 这蕴含着条件 (6.16). 此外, 从定理 1.32 的标量化公式及其证明可知, 在 $\varphi_i$ 的局部 Lipschitz 连续性假设下 (6.25) 可等价描述为 (6.23) 中第一个包含. △

如果几何约束集 $\Omega$ 是凸的, 那么 (6.23) 中第二个包含可写成抽象极大值原理的形式.

**推论 6.11** (不可微规划中的抽象极大值原理) 假设在定理 6.10 的假设中集合 $\Omega$ 是凸的. 则存在乘子 $(\lambda_0, \cdots, \lambda_{m+r}) \neq 0$ 使得

$$\langle v, \bar{x} \rangle = \max_{x \in \Omega} \langle v, x \rangle \quad \text{对某个} \ v \in -\partial_x \mathcal{L}(\bar{x}, \lambda_0, \cdots, \lambda_{m_r}) \ \text{成立}.$$

**证明** 根据定理 6.10, 由命题 1.7 中给出的凸集的法锥表示可得. △

我们通过导出 (6.11) 的上次微分必要最优性条件来结束本节, 该条件独立于所获得的下次微分条件; 更多讨论参见注 6.2.

**定理 6.12** (不可微规划中的上次微分最优性条件) 设 $\bar{x}$ 是问题 (6.11) 的局部极小点. 假设对于等式指标 $i = m+1, \cdots, m+r$, 函数 $\varphi_i$ 在 $\bar{x}$ 周围是局部 Lipschitz 的. 则对任意 $v_i \in \widehat{\partial}^+ \varphi_i(\bar{x})$, $i = 0, \cdots, m$, 存在乘子 $(\lambda_0, \cdots, \lambda_{m+r}) \neq 0$ 满足 (6.16) 以及包含

$$-\sum_{i=0}^m \lambda_i v_i \in \partial \left( \sum_{i=m+1}^{m+r} \lambda_i \varphi_i \right)(\bar{x}) + N(\bar{x}; \Omega). \tag{6.26}$$

**证明** 不失一般性, 假设 $\widehat{\partial}^+ \varphi_i(\bar{x}) \neq \varnothing$, $i = 0, \cdots, m$. 对 $-v_i \in \widehat{\partial}(-\varphi_i)(\bar{x})$ 应用定理 1.27 的第二部分 (我们总可假设函数 $-\varphi_i$ 下有界, 这实际上对于定理 1.27 的局部版本并不需要) 允许我们找到函数 $\psi_i: \mathbb{R}^n \to \mathbb{R}$, $i = 0, \cdots, m$, 在 $\bar{x}$ 周围满足

$$\psi_i(\bar{x}) = \varphi_i(\bar{x}) \quad \text{和} \quad \psi_i(x) \geqslant \varphi_i(x),$$

并使得每个 $\psi_i(x)$ 在 $\bar{x}$ 周围都连续可微且梯度为 $\nabla \psi_i(\bar{x}) = v_i$. 容易验证 $\bar{x}$ 是下面形如 (6.11) 且具有在 $\bar{x}$ 周围连续可微的费用和不等式约束函数的优化问题的局部解:

$$\begin{cases} \text{minimize} \ \psi_0(x) \quad \text{s.t.} \\ \psi_i(x) \leqslant 0, \quad i = 1, \cdots, m, \\ \varphi_i(x) = 0, \quad i = m+1, \cdots, m+r, \\ x \in \Omega \subset \mathbb{R}^n. \end{cases} \tag{6.27}$$

为最后得到 (6.26), 仍需对 (6.27) 的解 $\bar{x}$ 应用定理 6.10 中 (6.23) 的第二个 Lagrange 函数包含, 然后使用命题 1.30(ii) 的初等次微分和法则. △

在 (6.26) 中进一步利用推论 2.20 的 Lipschitz 函数的次微分和法则并以这种方式在等式约束情况下弱化必要最优性条件, 我们可以通过不同函数 $\varphi_i$ $(i = m+1, \cdots, m+r)$ 的相应次微分构造将其表示为 (6.17) 和 (6.19) 的形式.

# 6.2 双层规划问题

在本节中, 我们开始考虑分层优化中的一类显著问题, 称为双层规划, 也称为 Stackelberg 对策. 这些问题在最优化理论中具有高度的趣味性和挑战性, 且对于许多应用非常重要. 有大量关于双层规划及相关主题的参考文献; 有关主要方法和结果的更多讨论, 参见 6.5 节的评注和参考文献.

我们在这里的主要目标是将双层规划简化为上面考虑的不可微规划, 并利用 6.1 节的结果、边际函数的次微分和其他变分分析的机制, 根据初始的双层数据以这种方式导出几类必要最优性条件.

## 6.2.1 乐观和悲观版本

双层规划处理的是分层优化问题, 它解决了在满足上层约束 $x \in \Omega \subset \mathbb{R}^n$ 的情况下, 沿以下参数下层/跟随者问题

$$\text{minimize}_y \ \varphi(x, y) \quad \text{s.t.} \quad y \in G(x) \tag{6.28}$$

的最优解 $y = y(x)$, 将给定的从 $\mathbb{R}^n \times \mathbb{R}^m$ 到 $\mathbb{R}$ 的上层/领导者目标函数 $f(x, y)$ 最小化的问题, 其中 $\varphi: \mathbb{R}^n \times \mathbb{R}^m \to \mathbb{R}$ 为目标/费用函数且 $G: \mathbb{R}^n \rightrightarrows \mathbb{R}^m$ 为约束集值映射. 为简单起见, 我们将自己限制在由参数不等式系统

$$G(x) := \{ y \in \mathbb{R}^m \mid g(x, y) \leqslant 0 \} \tag{6.29}$$

给出的下层约束的情况下, 其中 $g = (g_1, \cdots, g_p): \mathbb{R}^n \times \mathbb{R}^m \to \mathbb{R}^p$ 且 $g$ 的向量不等式按分量理解. 从下面的证明可以看出, 对于 (6.28) 中其他类型的约束, 可以得到适当修改的类似结果.

注意, 当下层问题的解/极小点映射

$$S(x) := \arg\min \{ \varphi(x, y) \mid y \in G(x) \}, \quad x \in \mathbb{R}^n \tag{6.30}$$

为集值时, 由于我们没有指定如何选择单值决策函数 $y(x)$, 因此上述双层优化问题并未完全确定. 为处理这种典型情况, 在双层规划中指定两个主要版本, 即乐观模型和悲观模型. 我们总是假设极小点集合 $S(x)$ 在参考点附近非空.

双层规划的乐观形式为

$$\begin{aligned} &\text{minimize } f_{opt}(x) \quad \text{s.t.} \quad x \in \Omega, \\ &\text{其中 } f_{opt}(x) := \inf \{ f(x, y) \mid y \in S(x) \}, \end{aligned} \tag{6.31}$$

这意味着在 $S(x)$ 中选择决策 $y(x)$ 以使目标 $f_{opt}$ 受益. 通常, 如果对所有 (足够接近 $\bar{x}$)$x \in \Omega$ 有 $f_{opt}(\bar{x}) \leqslant f_{opt}(x)$, 则称点 $\bar{x} \in \Omega$ 为 (6.31) 的全局 (局部) 最优解. 从经济学的角度来看, 这对应于跟随者参与领导者利益的情况, 即, 上下层参与者之间都存在某种合作.

但是, 领导者不可能总是说服跟随者做出对自己有利的选择. 因此, 上层玩家有必要减少由于下层选择不当所造成的损失. 这给我们带来了双层规划的悲观版本, 其形式如下:

$$
\begin{aligned}
&\text{minimize } f_{pes}(x) \text{ s.t. } x \in \Omega, \\
&\text{其中 } f_{pes}(x) := \sup\{f(x,y)|\ y \in S(x)\}.
\end{aligned}
\tag{6.32}
$$

我们可以看出 (6.32) 是一类特殊的极大极小问题, 其挑战来自于作为下层优化问题解集的移动集合 $S(x)$ 复杂结构.

本章主要关注的是乐观版本, 尽管我们也会对悲观版本发表一些评论. 此外, 我们将在本章的练习和评注部分讨论可应用于乐观和悲观两种版本的双层规划问题的多目标方法, 该方法将其简化为第 9 章中研究的约束多目标优化问题.

### 6.2.2 值函数方法

文献中有几种求解乐观双层规划的方法; 更多讨论和参考资料, 请参见 6.5 节. 我们在这里集中讨论所谓的值函数方法, 它涉及下层问题 (6.28) 的最优值函数, 其定义如下

$$
\mu(x) := \inf\{\varphi(x,y)|\ y \in G(x)\}, \quad x \in \mathbb{R}^n,
\tag{6.33}
$$

并提供了双层问题 (6.31) 的重新表述形式

$$
\begin{aligned}
&\text{minimize } f(x,y) \text{ s.t. } x \in \Omega, \\
&g(x,y) \leqslant 0, \quad \text{且 } \varphi(x,y) \leqslant \mu(x).
\end{aligned}
\tag{6.34}
$$

容易看出问题 (6.34) 全局等价于原乐观双层规划 (6.31). 下一个命题揭示了这些问题的局部解之间的关系. 为给出其精确公式和证明, 我们引入二级值函数

$$
\eta(x) := \inf\{f(x,y)|\ g(x,y) \leqslant 0,\ \varphi(x,y) \leqslant \mu(x)\}, \quad x \in \mathbb{R}^n,
\tag{6.35}
$$

然后定义解映射 (6.30) 的相应修正

$$
\widetilde{S}(x) := \arg\min\{\varphi(x,y)|\ g(x,y) \leqslant 0,\ f(x,y) \leqslant \eta(x)\}.
\tag{6.36}
$$

显然我们有 $\widetilde{S}(x) \subset S(x)$ 对所有 $x \in \mathbb{R}^n$ 成立.

**命题 6.13** (乐观双层规划的局部最优解)  设 $\widetilde{S}(x)$ 如 (6.36) 中所定义. 下面断言成立:

(i) 如果 $\bar{x}$ 是 (6.31) 的一个局部最优解, 则对任意 $\bar{y} \in \widetilde{S}(\bar{x})$, 序对 $(\bar{x}, \bar{y})$ 是问题 (6.34) 的一个局部最优解.

(ii) 反之, 对某个 $\bar{y} \in \widetilde{S}(\bar{x})$, 设 $(\bar{x}, \bar{y})$ 是 (6.34) 的局部最优解, 并设映射 $\widetilde{S}$ 在 $(\bar{x}, \bar{y})$ 处是内半连续的. 则 $\bar{x}$ 是原来的乐观双层问题 (6.31) 的局部最优解.

**证明**  我们使用反证法证明 (i). 假设对某个 $\bar{y} \in \widetilde{S}(\bar{x})$, $(\bar{x}, \bar{y})$ 不是 (6.34) 的局部最优解. 然后找到序列 $(x_k, y_k)$ 满足 $x_k \to \bar{x}$, $y_k \to \bar{y}$ 使得 $x_k \in \Omega$, $g(x_k, y_k) \leqslant 0$, $\varphi(x_k, y_k) \leqslant \mu(x_k)$, 且 $f(x_k, y_k) < f(\bar{x}, \bar{y}) = \eta(\bar{x})$ 对所有 $k \in I\!N$ 成立. 根据 (6.35) 中 $\eta(\cdot)$ 的构造知 $\eta(x_k) \leqslant f(x_k, y_k)$. 这表明 $f_{opt}(x_k) < f_{opt}(\bar{x})$, 与 (6.31) 中 $\bar{x}$ 的局部最优性矛盾.

为验证 (ii), 假设 $\bar{x}$ 不是 (6.31) 的局部最优解但满足 (ii) 的假设. 则我们找到序列 $x_k \to \bar{x}$ 满足 $x_k \in \Omega$ 使得 $f_{opt}(x_k) < f_{opt}(\bar{x})$ 对所有 $k$ 成立. 因为 $\widetilde{S}$ 在 $(\bar{x}, \bar{y})$ 处是内半连续的, 所以存在序列 $y_k \in \widetilde{S}(x_k)$ 满足 $y_k \to \bar{y}$. 由 (6.36) 可知 $\varphi(x_k, y_k) = \mu(x_k)$, $g(x_k, y_k) \leqslant 0$, 且 $f(x_k, y_k) < f(\bar{x}, \bar{y})$, 这与 (6.34) 中 $(\bar{x}, \bar{y})$ 的局部最优性矛盾.                                                                                △

所得结果 (另见练习 6.36) 充分允许我们能够使用 6.1 节中考虑类型的约束优化问题 (6.34) 替代原来的乐观双层问题 (6.31), 并从 (6.34) 的必要最优性条件导出 (6.31) 的必要最优性条件. 为此, 观察到问题 (6.34) 以不带等式约束的非线性规划的形式 (6.11) 表示, 其中不等式约束

$$\varphi(x, y) - \mu(x) \leqslant 0 \tag{6.37}$$

不可避免地涉及 (4.1) 类型的不可微边际函数 $\mu(x)$, 4.1 节中研究了其广义微分性质. 但请注意, 指定的约束 (6.37) 包含的术语 $-\mu(x)$ 与广义微分中的 $\mu(x)$ 不同, 并且 (6.33) 中的约束映射 $G$ 以特定形式 (6.29) 给出.

事实证明, 即使在上层约束集 $\Omega$ 简化为整个空间 $I\!R^n$ 或用光滑不等式描述的情况下, 通常的 Mangasarian-Fromovitz 和其他标准的约束规范及其自然的推广也不成立; 详见 6.5 节.

### 6.2.3  部分平静性质与弱尖锐极小值

为克服这些困难, 我们提出另一种类型的规范条件, 将棘手的约束 (6.37) 合并到惩罚费用函数中, 并使用适当的广义微分分析法则进行处理. 考虑 (6.34) 的扰动版本, 其约束 (6.37) 的线性参数化定义如下:

$$\begin{aligned} &\text{minimize } f(x, y) \ \text{ s.t. } x \in \Omega, \ g(x, y) \leqslant 0, \\ &\text{且 } \varphi(x, y) - \mu(x) + \vartheta = 0, \quad \vartheta \in I\!R. \end{aligned} \tag{6.38}$$

**定义 6.14** (部分平静性质)  称非扰动问题 (6.34) 在其可行解 $(\bar{x}, \bar{y})$ 处是部分平静的, 如果存在常数 $\kappa > 0$ 和 $(\bar{x}, \bar{y}, 0) \in \mathbb{R}^n \times \mathbb{R}^m \times \mathbb{R}$ 的邻域 $U$ 使得

$$f(x, y) - f(\bar{x}, \bar{y}) + \kappa|\vartheta| \geqslant 0 \tag{6.39}$$

对 (6.38) 可行的所有 $(x, y, \vartheta) \in U$.

下一个结果揭示了部分平静性质在双层规划中的角色.

**命题 6.15** (部分平静性质与惩罚)  设 $(\bar{x}, \bar{y})$ 是问题 (6.34) 的一个部分平静的可行解, 并设 $f$ 在该点处连续. 则 $(\bar{x}, \bar{y})$ 是惩罚问题

$$\begin{aligned}&\text{minimize} \quad f(x, y) + \kappa\big(\varphi(x, y) - \mu(x)\big) \\ &\text{s.t.} \quad x \in \Omega \text{ 且 } g(x, y) \leqslant 0\end{aligned} \tag{6.40}$$

的一个局部最优解, 其中常数 $\kappa$ 取自 (6.39). 反之, 对某个 $\kappa > 0$, (6.40) 的任意局部最优解 $(\bar{x}, \bar{y})$ 在 (6.34) 中是部分平静的.

**证明**  根据假定的部分平静性, 我们得到 $\kappa$ 和 $U$ 使得 (6.39) 成立. 从 $f$ 在 $(\bar{x}, \bar{y})$ 处的连续性可知, 存在 $\gamma > 0$ 和 $\eta > 0$ 使得 $V := [(\bar{x}, \bar{y})+\eta\mathbb{B}]\times(-\gamma, \gamma) \subset U$, 并且

$$|f(x, y) - f(\bar{x}, \bar{y})| \leqslant \kappa\gamma, \quad \text{当 } (x, y) - (\bar{x}, \bar{y}) \in \eta\mathbb{B} \text{ 时成立.}$$

这允许我们建立关系

$$f(x, y) - f(\bar{x}, \bar{y}) + \kappa\big(\varphi(x, y) - \mu(x)\big) \geqslant 0, \tag{6.41}$$

其中 $(x, y) \in [(\bar{x}, \bar{y}) + \eta\mathbb{B}] \cap \operatorname{gph} G$, $G$ 如 (6.29) 中所定义且 $x \in \Omega$. 事实上, 对 $(x, y, \mu(x) - \varphi(x, y)) \in V$, 从 (6.39) 我们可直接推出 (6.41). 否则若 $(x, y, \mu(x) - \varphi(x, y)) \notin V$, 则有

$$\varphi(x, y) - \mu(x) \geqslant \gamma, \quad \text{从而 } \kappa\big(\varphi(x, y) - \mu(x)\big) \geqslant \kappa\gamma.$$

由于 $f(x, y) - f(\bar{x}, \bar{y}) \geqslant -\kappa\gamma$, 这同样蕴含着 (6.41). 为完成命题中第一个断言的证明, 观察到因为 $(\bar{x}, \bar{y})$ 是 (6.34) 的一个可行解, 所以 $\varphi(\bar{x}, \bar{y}) - \mu(\bar{x}) = 0$. 反向陈述可直接根据定义使用反证法得到.  △

容易看出, 所需的部分平静性的可验证的充分条件通过以下局部弱尖锐极小值这一概念给出, 这已经在优化的定性和数值方面得到了广泛认可.

**定义 6.16** (局部弱尖锐极小值)  给定 $Q \subset \mathbb{R}^s$, 我们称 $P \subset Q$ 是函数 $\phi\colon \mathbb{R}^s \to \mathbb{R}$ 关于 $Q$ 在 $\bar{z} \in P$ 处的 (局部) 弱尖锐极小值集合且模 $\alpha > 0$, 如果

$$\phi(z) \geqslant \phi(\bar{z}) + \alpha\operatorname{dist}(z; P) \tag{6.42}$$

对所有 $\bar{z}$ 附近的 $z \in Q$ 成立.

下一个命题给出了精确的公式, 并为接下来所需的具有 (6.42) 中某种一致性的结果提供简单的证明.

**命题 6.17** (一致弱尖锐极小值的部分平静性)　设 $(\bar{x}, \bar{y})$ 是双层规划 (6.34) 的局部最优解, 并且对所有 $(\bar{x}, \bar{y})$ 附近满足 $x \in \Omega$ 和 $y \in G(x)$ 的 $(x, y)$, 我们有一致弱尖锐极小值条件:

$$\varphi(x, y) - \mu(x) \geqslant \alpha \operatorname{dist}(y; S(x)), \quad \text{对某个 } \alpha > 0 \text{ 成立}. \tag{6.43}$$

假设 $f$ 在 $(\bar{x}, \bar{y})$ 周围是局部 Lipschitz 的, 则问题 (6.34) 在 $(\bar{x}, \bar{y})$ 处是部分平静的.

**证明**　任取对问题 (6.38) 可行且充分接近 $(\bar{x}, \bar{y}, 0)$ 的 $(x, y, \vartheta)$, 我们有 $x \in \Omega$, $y \in G(x)$, 且 $\varphi(x, y) - \mu(x) + \vartheta = 0$, 其中 $|\vartheta|$ 充分小. 使用假设 (6.43) 我们得出 $v \in S(x)$ 满足

$$\varphi(x, y) - \mu(x) \geqslant \frac{\alpha}{2} \|y - v\| \geqslant 0.$$

因为 $(\bar{x}, \bar{y})$ 是 (6.34) 的一个局部最优解, 我们得出

$$\begin{aligned}
f(x, y) - f(\bar{x}, \bar{y}) &\geqslant f(x, y) - f(x, v) \geqslant -\ell \|y - v\| \\
&\geqslant -\frac{2\ell}{\alpha} \big(\varphi(x, y) - \mu(x)\big) = -\kappa |\vartheta|,
\end{aligned}$$

其中 $\kappa := 2\ell/\alpha$, 且 $\ell > 0$ 是 $f$ 在 $(\bar{x}, \bar{y})$ 周围的 Lipschitz 常数. 这就验证了部分平静性条件 (6.39). △

注意假设 (6.43) 对应于定义 6.16 中 $\bar{z} = (\bar{x}, \bar{y})$ 处的局部弱尖锐极小值条件, 对任意固定可行向量 $x$, 关于 $y$ 具有以下数据:

$$z := (x, y), \quad \phi(z) := \varphi(x, y), \quad P := S(x), \quad \text{且 } Q := G(x). \tag{6.44}$$

同时观察到 (6.43) 中的一致弱尖锐性要求其中常数 $\alpha > 0$ 可对于 $x$ 一致选取. 以这种方式进行, 特别是推导出与 $x$ 无关的 (6.42) 的充分条件并将其应用于 (6.42), 将降低乐观双层规划的值函数方法中处理非光滑边际函数 (6.33) 的严重困难.

现在我们给出非线性规划中弱尖锐极小值的一类易于验证的条件, 它有其自身的意义, 同时对双层优化中也很有用; 请参阅下面关于这方面的更多讨论.

**命题 6.18** (弱尖锐极小值的充分条件)　设 $\bar{z}$ 是非线性规划

$$\text{minimize} \quad \phi(z) \ \text{s.t.} \ \psi_i(z) \leqslant 0, \quad \forall i = 1, \cdots, p \tag{6.45}$$

的一个局部最优解, 其中函数 $\phi, \psi_i \colon \mathbb{R}^s \to \mathbb{R}$, $i \in I(\bar{z}) := \{i \mid \psi_i(\bar{z}) = 0\}$, 在 $\bar{z}$ 处是 Fréchet 可微的. 假设对 $\bar{z}$ 的必要最优性条件以规范的 Karush-Kuhn-Tucker

形式

$$\nabla\phi(\bar{z}) + \sum_{i \in I(\bar{z})} \lambda_i \nabla\psi_i(\bar{z}) = 0, \quad \text{对某个 } \lambda_i \geqslant 0$$

成立, 并且满足以下核条件

$$\bigcap_{i \in J} \ker \nabla\psi_i(\bar{z}) = \{0\} \quad \text{且} \quad J := \{i \mid \lambda_i > 0\}. \tag{6.46}$$

则存在正常数 $\alpha$ 使得

$$\phi(z) - \phi(\bar{z}) \geqslant \alpha\|z - \bar{z}\|, \quad \text{如果 } \psi_i(z) \leqslant 0 \text{ 对于 } i = 1, \cdots, p \text{ 成立,} \tag{6.47}$$

其中 $z$ 充分靠近 $\bar{z}$. 从而, $\phi$ 在 $\bar{z}$ 处存在 $Q := \{z \in \mathbb{R}^s \mid \psi_i(z) \leqslant 0, \ i = 1, \cdots, p\}$ 上的局部弱尖锐极小值集合.

**证明** 为验证 (6.47) 对某个 $\alpha > 0$ 成立, 假设反之存在序列 $\{z_k\} \subset Q$ 满足 $z_k \neq \bar{z}$ 和 $z_k \to \bar{z}$ 使得

$$\phi(z_k) - \phi(\bar{z}) \leqslant \frac{1}{k}\|z_k - \bar{z}\|, \quad \forall\, k \in \mathbb{N}. \tag{6.48}$$

令 $d_k := \dfrac{z_k - \bar{z}}{\|z_k - \bar{z}\|}$, 并不失一般性, 假设 $d_k \to d(k \to \infty)$ 且 $\|d\| = 1$. 根据 $\phi$ 在 $\bar{z}$ 处的 (Fréchet) 可微性由 (6.48) 可知 $\langle \nabla\phi(\bar{z}), d \rangle \leqslant 0$. 另一方面, 由假定的活跃约束函数在 $\bar{z}$ 处的可微性可以确保

$$\langle \nabla\psi_i(\bar{z}), d \rangle \leqslant 0, \quad \forall\, i \in I(\bar{z}).$$

利用最后两个不等式和所加的 KKT 条件, 可以得出

$$0 \leqslant -\langle \nabla\phi(\bar{z}), d \rangle = \sum_{i \in J} \lambda_i \langle \nabla\psi_i(\bar{z}), d \rangle \leqslant 0,$$

由此可得 $\langle \nabla\psi_i(\bar{z}), d \rangle = 0$ 对所有 $i \in J$ 成立. 因此根据核条件 (6.46) 我们有 $d = 0$, 得出矛盾, 从而完成证明. $\triangle$

注意核条件 (6.46) 对于命题 6.18 的成立是必要的. 事实上, 考虑问题 (6.45), 其中 $\phi, \psi \colon \mathbb{R}^2 \to \mathbb{R}$ 定义为

$$\phi(z_1, z_2) := z_1^2 - z_2 \quad \text{且} \quad \psi(z_1, z_2) := z_2.$$

则 $Q = \mathbb{R} \times \mathbb{R}_-$ 和 $\bar{z} := (0, 0)$ 是该问题的唯一解. 因为

$$\ker \nabla\psi(\bar{z}) = \mathbb{R} \times \{0\},$$

核条件 (6.46) 不成立. 容易看出, 对任意满足 $\gamma \neq 0$ 的向量 $z = (\gamma, 0) \in Q$, 我们有等式

$$\phi(z) - \phi(\bar{z}) = \gamma^2 \quad \text{且} \quad \|z - \bar{z}\| = \gamma,$$

由于 $\gamma > 0$ 可以选取为任意小, 这直接蕴含着 (6.47) 中的包含不成立.

除了给出的弱尖锐极小值和一致弱尖锐极小值条件外, 这些性质还有其他充分条件, 且在双层规划及相关课题中有着各种应用; 更多详情请参见 6.4 节和 6.5 节. 特别是, 当下层问题相对于其下层决策变量是线性时, 双层规划的部分平静性总是满足; 参见练习 6.37(i).

下面的例子表明, 可以通过上面建立的结果验证双层规划的部分平静性.

**例 6.19** (通过惩罚验证部分平静性)   我们证明命题 6.15 中部分平静性的惩罚函数刻画是验证双层规划中部分平静性有效与否的一个方便工具. 首先考虑上下层都是完全非线性的双层规划 (6.34), 其中 $(x, y) \in \mathbb{R}^2$, $\Omega = \mathbb{R}$, 且

$$f(x, y) := \frac{(x-1)^2}{2} + \frac{y^2}{2}, \quad S(x) = \arg\min\left\{\frac{x^2}{2} + \frac{y^2}{2}\right\}.$$

容易看出 $S(x) = \{0\}$ 对所有 $x \in \mathbb{R}$ 成立, 并且对于下层值函数 (6.33) 有 $\mu(x) = x^2/2$. 此外, 序对 $(\bar{x}, \bar{y}) = (1, 0)$ 是上层问题的唯一解, 因此是所考虑双层规划的一个最优解. 我们有 $\varphi(x, y) - \mu(x) = y^2/2$, 因此相应的无约束惩罚问题 (6.40) 为

$$\text{minimize} \ \frac{(x-1)^2}{2} + \frac{y^2}{2} + \kappa \frac{y^2}{2},$$

其中对 $(x, y)$ 无约束. 观察到对任意 $\kappa > 0$ 后一个问题是光滑、严格凸的, 并且具有唯一最优解 $(\bar{x}, \bar{y}) = (1, 0)$. 因此初始双层规划在该点处是部分平静的.

另一方面, 将上层费用函数 $f(x, y)$ 替换为

$$\frac{(x-1)^2}{2} + \frac{(y-1)^2}{2}$$

而保持同样的下层问题, 我们可得双层规划 (6.34) 及其最优解 $(\bar{x}, \bar{y}) = (1, 1)$, 但不满足部分平静性条件. 事实上, 容易看出, 相应的惩罚问题 (6.40) 具有唯一最优解

$$\left(1, \frac{1}{1+\kappa}\right) \neq (1, 1) \quad \text{当} \ \kappa > 0 \ \text{时成立}.$$

**例 6.20** (通过一致弱尖锐极小值验证部分平静性)   考虑 $\mathbb{R}^3$ 中约束优化问题:

$$\text{minimize} \ \frac{x_1^2}{2} + \frac{x_2^2}{2} \ \text{s.t.} \ a_i \leqslant x_i \leqslant b_i, \quad i = 1, 2, 3. \tag{6.49}$$

如果当 $i = 1, 2$ 时, $a_i > 0$ 或者 $b_i < 0$, 则不难验证该问题的最优解构成弱尖锐极小值集合; 参见练习 6.38(ii). 因此命题 6.17 告诉我们, 任意以 (6.49) 为下层问题且具有上述参数 $a_i, b_i$ 的双层规划在其每个局部最优解处是部分平静的.

注意, 例 6.19 表明双层规划的部分平静性可能在很大程度上取决于上层目标的结构. 相反, 例 6.20 描述了一类多维双层规划, 其部分平静性独立于上层而成立.

## 6.3 具有光滑和 Lipschitz 数据的双层规划

在本节中, 我们建立上面讨论的双层规划的值函数方法, 以获取具有光滑及 Lipschitz 初始数据的乐观双层规划的必要最优性条件. 为简单起见, 这里考虑值/边际函数形式 (6.34) 的双层规划 (6.31), 其上层约束集 $\Omega$ 由实值函数 $h_j$ 描述的下面不等式给出:

$$\Omega := \left\{ x \in I\!\!R^n \,\middle|\, h(x) \leqslant 0 \right\} \quad \text{且} \quad h(x) = (h_1(x), \cdots, h_q(x)). \tag{6.50}$$

我们的主要结果是在 (6.30) 中极小点映射 $S$ 于参考局部最优解 $(\bar{x}, \bar{y})$ 处的内半连续性下, 通过命题 6.13 转化为问题 (6.34) 得到的. 在给定局部解 $(\bar{x}, \bar{y})$ 处进一步要求 (6.34) 的部分平静性并使用命题 6.15, 我们将 (6.34) 简化为单层规划形式 (6.40), 这是我们的证明中使用的基本方法.

注意, 带有约束 (6.50) 的问题 (6.40) 可以写成

$$\begin{aligned} &\text{minimize} \quad f(x, y) + \kappa\big(\varphi(x, y) - \mu(x)\big) \\ &\text{s.t.} \quad g(x, y) \leqslant 0 \;\;\text{且}\; h(x) \leqslant 0 \end{aligned} \tag{6.51}$$

对某个 $\kappa > 0$. 因此, 它可被视为具有不等式约束的数学规划 (6.11) 的一个特殊情况. 无论初始数据是否光滑, 以及其目标函数 (6.33) 是否带有负号. 问题 (6.51) 最本质的具体特征是边际函数 $\mu(x)$ 的内在非光滑性. 尽管如此, 上述边际函数的次微分结果和由不等式约束描述的集合的法向量显式表示使我们有效地推导出 (6.34) 的必要最优条件.

### 6.3.1 光滑双层规划的最优性条件

给定原乐观双层规划 (6.34) 的可行解 $(\bar{x}, \bar{y})$, 其约束集 $\Omega$ 如 (6.50) 中定义, 相应的活跃约束指标集记为

$$I(\bar{x}, \bar{y}) := \left\{ i \in \{1, \cdots, p\} \,\middle|\, g_i(\bar{x}, \bar{y}) = 0 \right\}, \quad J(\bar{x}) := \left\{ j \in \{1, \cdots, q\} \,\middle|\, h_j(\bar{x}) = 0 \right\}.$$

首先考虑具有光滑初始数据的问题 (6.34), 并遵循双层规划中的传统术语, 我们称 $(\bar{x}, \bar{y})$ 是下层正则的, 如果对任意非负数 $\lambda_i$, 蕴含关系

$$\left[ \sum_{i \in I(\bar{x}, \bar{y})} \lambda_i \nabla_y g_i(\bar{x}, \bar{y}) = 0 \right] \Rightarrow \left[ \lambda_i = 0 \text{ 当 } i \in I(\bar{x}, \bar{y}) \text{ 时成立} \right] \qquad (6.52)$$

成立. 类似地, 称 $\bar{x}$ 是上层正则的, 如果

$$\left[ \lambda_j \geqslant 0, \ \sum_{j \in J(\bar{x})} \lambda_j \nabla h_j(\bar{x}) = 0 \right] \Rightarrow \left[ \lambda_j = 0 \text{ 当 } j \in J(\bar{x}) \text{ 时成立} \right]. \qquad (6.53)$$

现在, 我们准备给出双层规划 (6.31) 的原始乐观版本的必要最优性条件的第一个结果, 其上层约束集 $\Omega$ 在 (6.50) 中给出.

**定理 6.21** (光滑双层规划的最优性条件, I) 设 $(\bar{x}, \bar{y})$ 双层规划 (6.31) 的一个局部最优解, 其中 $\Omega$ 如 (6.50) 所示. 假设其中所有函数都分别在 $(\bar{x}, \bar{y})$ 和 $\bar{x}$ 周围是光滑的, 并且双层规划在 $(\bar{x}, \bar{y})$ 处是部分平静的. 进一步, 假设 $(\bar{x}, \bar{y})$ 是下层正则的, $\bar{x}$ 是上层正则的, 且 (6.30) 中解映射 $S$ 在 $(\bar{x}, \bar{y})$ 处是内半连续的, 则存在 $\kappa > 0$, $\lambda_1, \cdots, \lambda_p$, $\beta_1, \cdots, \beta_p$ 及 $\alpha_1, \cdots, \alpha_q$ 使得

$$\nabla_x f(\bar{x}, \bar{y}) + \sum_{i=1}^{p} (\beta_i - \kappa \lambda_i) \nabla_x g_i(\bar{x}, \bar{y}) + \sum_{j=1}^{q} \alpha_j \nabla h_j(\bar{x}) = 0, \qquad (6.54)$$

$$\nabla_y f(\bar{x}, \bar{y}) + \kappa \nabla_y \varphi(\bar{x}, \bar{y}) + \sum_{i=1}^{p} \beta_i \nabla_y g_i(\bar{x}, \bar{y}) = 0, \qquad (6.55)$$

$$\nabla_y \varphi(\bar{x}, \bar{y}) + \sum_{i=1}^{p} \lambda_i \nabla_y g_i(\bar{x}, \bar{y}) = 0, \qquad (6.56)$$

并满足以下符号和互补松弛条件:

$$\lambda_i \geqslant 0, \quad \lambda_i g_i(\bar{x}, \bar{y}) = 0, \quad \forall i = 1, \cdots, p, \qquad (6.57)$$

$$\beta_i \geqslant 0, \quad \beta_i g_i(\bar{x}, \bar{y}) = 0, \quad \forall i = 1, \cdots, p, \qquad (6.58)$$

$$\alpha_j \geqslant 0, \quad \alpha_j h_j(\bar{x}) = 0, \quad \forall j = 1, \cdots, q. \qquad (6.59)$$

**证明** 由命题 6.13(i) 可知, 即使 $S$ 在 $(\bar{x}, \bar{y})$ 处不具有下半连续性, $(\bar{x}, \bar{y})$ 也是 (6.34) 的一个局部最优解. 此外, 所施加的部分平静性确保了 $(\bar{x}, \bar{y})$ 是对某个固定 $\kappa > 0$ 的惩罚问题 (6.51) 的一个局部极小点. 如上所述, 后一问题是不可微规划 (6.11) 仅含不等式约束的一个特殊情形. 对其应用定理 6.5(ii) 的结果, 首先

我们需要验证在所考虑双层规划中 $(\bar{x}, \bar{y})$ 的下层正则性假设下, (6.33) 中边际函数 $\mu(x)$ 在 $\bar{x}$ 周围是局部 Lipschitz 的, 其中 $G(x)$ 如 (6.29) 中所定义.

事实上, 容易看出函数 $\mu(x)$ 在 $\bar{x}$ 周围是下半连续的. 因为 $\bar{y} \in S(\bar{x})$, 显然根据假设, 此时 (4.2) 中映射 $M$ 简化为在 $(\bar{x}, \bar{y})$ 处内半连续的 $S$, 由定理 4.1(i) 中公式 (4.5), 我们得出以下包含:

$$\partial^\infty \mu(\bar{x}) \subset D^*G(\bar{x}, \bar{y})(0) \quad 且 \quad G(x) = \left\{ y \in \mathbb{R}^m \,\middle|\, g(x, y) \leqslant 0 \right\}. \tag{6.60}$$

由练习 2.51(ii) 中关于集合

$$\mathrm{gph}\, G = \left\{ (x, y) \in \mathbb{R}^n \times \mathbb{R}^m \,\middle|\, g_i(x, y) \leqslant 0, i = 1, \cdots, p \right\}$$

在 $(\bar{x}, \bar{y})$ 处法锥表示结果可知, 在所施加的下层正则性假设下有 $D^*G(\bar{x}, \bar{y})(0) = \{0\}$. 因此由 (6.60) 我们有 $\partial^\infty \mu(\bar{x}) = \{0\}$, 从而根据定理 1.22, 这确保了 $\mu(\cdot)$ 在 $\bar{x}$ 周围是局部 Lipschitz 的; 参见练习 4.25(iv).

现在对问题 (6.51) 在 $(\bar{x}, \bar{y})$ 处应用定理 6.5(ii) 的必要最优性条件, 然后利用命题 1.30(ii) 的次微分和法则, 我们可得不全为零的乘子 $\lambda \geqslant 0$, $\beta_1, \cdots, \beta_p$ 和 $\alpha_1, \cdots, \alpha_q$, 满足 (6.58) 和 (6.59) 中的符号和互补松弛条件以用广义 Lagrange 包含

$$0 \in \lambda \nabla f(\bar{x}, \bar{y}) + \kappa \lambda \nabla \varphi(\bar{x}, \bar{y}) + \left( \kappa \lambda \partial(-\mu)(\bar{x}), 0 \right)$$
$$+ \sum_{i=1}^{p} \beta_i \nabla g_i(\bar{x}, \bar{y}) + \sum_{j=1}^{q} \alpha_j \left( \nabla h_j(\bar{x}), 0 \right). \tag{6.61}$$

根据所假设的 $(\bar{x}, \bar{y})$ 的下层正则性以及 $\bar{x}$ 的上层正则性, 结合符号和互补松弛条件, 知 $\lambda \neq 0$, 从而不失一般性, 可假设 $\lambda = 1$. 因为根据 (1.83) 和 (1.79), 由 $\mu(x)$ 的 Lipschitz 连续性, 有

$$\partial(-\mu)(\bar{x}) \subset \overline{\partial}(-\mu)(\bar{x}) = -\overline{\partial}\mu(\bar{x}) = -\mathrm{co}\,\partial\mu(\bar{x}),$$

我们可以在关于 $S$ 在 $(\bar{x}, \bar{y})$ 处的内半连续假设下, 将具有光滑约束 (6.29) 的边际函数的基本次微分估计 (4.4) 并入 (6.61)($\lambda = 1$). 由此我们可得 $\lambda_1, \cdots, \lambda_p$ 满足 (6.56) 和 (6.57) 使得 (6.55) 中条件以及

$$\nabla_x f(\bar{x}, \bar{y}) + \kappa \nabla_x \varphi(\bar{x}, \bar{y}) - \kappa \left[ \nabla_x \varphi(\bar{x}, \bar{y}) + \sum_{i=1}^{p} \lambda_i \nabla_x g_i(\bar{x}, \bar{y}) \right]$$
$$+ \sum_{i=1}^{p} \beta_i \nabla_x g_i(\bar{x}, \bar{y}) + \sum_{j=1}^{q} \alpha_j \nabla h_j(\bar{x}) = 0$$

成立. 合并后一方程中的同类项, 我们得到等式 (6.54), 从而完成了定理的证明. △

现在我们提出一种新型双层规划的必要最优性条件, 这使我们在假设和结论上都得到了与定理 6.21 显著不同的结果. 为此, 我们先提出对下面结果至关重要的一个引理, 它也有其自身的意义. 它涉及正则次梯度的分析法则, 一般来说非常有限 (例如, 没有和法则等), 而碰巧包含一个很好的差法则, 这对于通过值函数方法应用于双层规划时尤为重要. 注意以下引理的证明是基于定理 1.27 中正则次梯度的光滑变分描述. 同时, 在命题 6.3 中, 已经通过上次微分条件推导出了该引理的必要最优性条件.

**引理 6.22** (正则次梯度的差法则) 设函数 $\varphi_1, \varphi_2 \colon I\!\!R^n \to \overline{I\!\!R}$ 在 $\bar{x}$ 处都取有限值, 并设 $\widehat{\partial}\varphi_2(\bar{x}) \neq \varnothing$. 则我们有

$$\widehat{\partial}(\varphi_1 - \varphi_2)(\bar{x}) \subset \bigcap_{v \in \widehat{\partial}\varphi_2(\bar{x})} \left[ \widehat{\partial}\varphi_1(\bar{x}) - v \right] \subset \widehat{\partial}\varphi_1(\bar{x}) - \widehat{\partial}\varphi_2(\bar{x}). \tag{6.62}$$

这意味着差函数 $\varphi_1 - \varphi_2$ 的任意局部极小点 $\bar{x}$ 满足必要最优性条件

$$\widehat{\partial}\varphi_2(\bar{x}) \subset \widehat{\partial}\varphi_1(\bar{x}). \tag{6.63}$$

**证明** 为证明 (6.62) 中第一个包含, 任意取定 $u \in \widehat{\partial}(\varphi_1 - \varphi_2)(\bar{x})$ 和 $v \in \widehat{\partial}\varphi_2(\bar{x})$. 利用定理 1.27 的第一个断言, 找到在 $\bar{x}$ 的邻域 $U$ 上定义的实值函数 $s(\cdot)$, 使得它在 $\bar{x}$ 处是 (Fréchet) 可微的, 且满足关系

$$s(\bar{x}) = \varphi_2(\bar{x}), \quad \nabla s(\bar{x}) = v \quad \text{和} \quad s(x) \leqslant \varphi_2(x), \quad \forall x \in U.$$

由此, 根据正则次梯度 $u \in \widehat{\partial}(\varphi_1 - \varphi_2)(\bar{x})$ 的定义 (1.33) 可知, 对任意 $\varepsilon > 0$ 存在 $\gamma > 0$ 使得

$$\langle u, x - \bar{x} \rangle \leqslant \varphi_1(x) - \varphi_2(x) - \left( \varphi_1(\bar{x}) - \varphi_2(\bar{x}) \right) + \varepsilon \|x - \bar{x}\|$$

$$\leqslant \varphi_1(x) - s(x) - \left( \varphi_1(\bar{x}) - s(\bar{x}) \right) + \varepsilon \|x - \bar{x}\|$$

当 $\|x - \bar{x}\| \leqslant \gamma$ 时成立. 根据命题 1.30(ii), 这确保了

$$u \in \widehat{\partial}(\varphi_1 - s)(\bar{x}) = \widehat{\partial}\varphi_1(\bar{x}) - \nabla s(\bar{x}) = \widehat{\partial}\varphi_1(\bar{x}) - v,$$

这就验证了 (6.62) 的第一个包含, 从而显然可得第二个包含.

为证明 (6.63), 观察到如果 $\widehat{\partial}\varphi_2(\bar{x}) = \varnothing$, 这是平凡的. 否则, 选取 $v \in \widehat{\partial}\varphi_2(\bar{x})$ 并根据广义 Fermat 法则, 由 (6.62) 推出

$$0 \in \widehat{\partial}(\varphi_1 - \varphi_2)(\bar{x}) \subset \widehat{\partial}\varphi_1(\bar{x}) - v,$$

这表明 $v \in \widehat{\partial}\varphi_1(\bar{x})$, 因此验证了集合包含 (6.63). △

为简单起见, 我们在下一个定理中考虑无上层约束的乐观双层问题 (6.31).

**定理 6.23** (光滑双层规划的最优性条件, II)　设 $(\bar{x}, \bar{y})$ 是问题 (6.31) 的一个局部最优解, 其中 $\Omega = I\!\!R^n$ 且函数 $f, g_1, \cdots, g_p, \varphi$ 在 $(\bar{x}, \bar{y})$ 周围是连续可微的. 假设该问题在对于 (6.34) 是下层正则的点 $(\bar{x}, \bar{y})$ 处是部分平静的, 并且对下层值函数 (6.33) 有 $\hat{\partial}\mu(\bar{x}) \neq \varnothing$. 则存在乘子 $\nu_i$ 和 $\beta_i (i = 1, \cdots, p)$ 使得 $\beta_i$ 满足 (6.58) 中符号和互补松弛条件, $\nu_i$ 满足互补松弛条件

$$\nu_i g_i(\bar{x}, \bar{y}) = 0, \quad \forall\, i = 1, \cdots, p,$$

并且以下等式成立:

$$\nabla f(\bar{x}, \bar{y}) + \sum_{i=1}^{p} \nu_i \nabla g_i(\bar{x}, \bar{y}) = 0,$$
$$\nabla_y \varphi(\bar{x}, \bar{y}) + \sum_{i=1}^{p} \beta_i \nabla_y g_i(\bar{x}, \bar{y}) = 0.$$

**证明**　根据命题 6.13(i), 我们可得 $(\bar{x}, \bar{y})$ 是不可微规划 (6.34) 的一个局部最优解. 由命题 6.15 及通过指示函数 $\delta(\cdot; \mathrm{gph}\, G)$ 的无穷约束惩罚知, $(\bar{x}, \bar{y})$ 是以下无约束问题的一个局部最优解:

$$\text{minimize}\ \ f(x, y) + \kappa\big(\varphi(x, y) - \mu(x)\big) + \delta\big((x, y); \mathrm{gph}\, G\big), \tag{6.64}$$

其中常数 $\kappa > 0$ 取自部分平静性的定义. 现在对 (6.64) 中差函数应用引理 6.22 的必要最优性条件 (6.63), 我们可得

$$\big(\kappa \hat{\partial}\mu(\bar{x}), 0\big) \subset \hat{\partial}\big(f(\cdot) + \kappa\varphi(\cdot) + \delta(\cdot; \mathrm{gph}\, G)\big)(\bar{x}, \bar{y}). \tag{6.65}$$

不难看出 (参见定理 4.1 的证明)

$$\big(\hat{\partial}\mu(\bar{x}), 0\big) \subset \hat{\partial}\big(\varphi(\cdot) + \delta(\cdot; \mathrm{gph}\, G)\big)(\bar{x}, \bar{y}). \tag{6.66}$$

对 (6.65) 和 (6.66) 右边取更大的极限次微分, 并利用初等次微分和法则, 我们有

$$\big(\kappa \hat{\partial}\mu(\bar{x}), 0\big) \subset \nabla f(\bar{x}, \bar{y}) + \kappa \nabla\varphi(\bar{x}, \bar{y}) + N\big((\bar{x}, \bar{y}); \mathrm{gph}\, G\big),$$
$$\big(\hat{\partial}\mu(\bar{x}), 0\big) \subset \nabla\varphi(\bar{x}, \bar{y}) + N\big((\bar{x}, \bar{y}); \mathrm{gph}\, G\big).$$

则在下层正则性假设下, 由练习 2.51 中对于由不等式约束给出的集合的基本法向量描述可知, 一定存在乘子 $\lambda_i$ 和 $\beta_i$ 满足 (6.57) 和 (6.58) 中的符号和互补松弛条

件以及向量 $v \in \widehat{\partial}\mu(\bar{x})$ 满足

$$(v,0) = \nabla\varphi(\bar{x},\bar{y}) + \sum_{i=1}^{p}\lambda_i\nabla g_i(\bar{x},\bar{y}) \ \ \text{且}$$

$$\kappa(v,0) = \nabla f(\bar{x},\bar{y}) + \kappa\nabla\varphi(\bar{x},\bar{y}) + \sum_{i=1}^{p}\beta_i\nabla g_i(\bar{x},\bar{y}).$$

对后一包含除以 $\kappa > 0$ 并记 $\nu := \kappa^{-1}$, 同时对修正乘子 $\beta_i$ 保持相同标记并合并同类项, 我们得到定理所声称的等式.                                          △

下一个例子包含两个部分, 分别阐述了使用定理 6.21 和定理 6.23 中所得的必要最优性条件求解双层规划的可能性.

**例 6.24** (通过最优性条件求解双层规划)

(i) 应用定理 6.21 的条件. 考虑双层规划:

$$\text{minimize} \ \ f(x,y) := -y \ \ \text{s.t.} \ \ y \in S(x),$$

其中 $S \colon {I\!\!R} \rightrightarrows {I\!\!R}$ 是以下非线性下层问题的解映射:

$$\text{minimize} \ \ \varphi(x,y) := -y^2 + x^4 - 3x^2 + 1 \ \ \text{s.t.}$$
$$y \in G(x) := \left\{ y \in {I\!\!R} \middle| \ y + x^2 - 1 \leqslant 0, \ -y + x^2 - 1 \leqslant 0 \right\}.$$

容易验证本例的双层规划存在最优解且 $x$ 属于区间 $[-1,1]$. 进一步, 我们有

$$S(x) = \left\{ -x^2 + 1, x^2 - 1 \right\} \ \ \text{且} \ \ \mu(x) = -x^2, \ \ \forall \, x \in [-1,1].$$

这表明 $S$ 在任意点 $(x,y) \in \text{gph}\,S$ 处内半连续, 并且除 $(-1,0)$ 和 $(1,0)$ 之外处处满足下正则性假设 (6.52); 由于上层中不等式约束的缺失, 上正则性自动成立. 应用定理 6.21, 我们计算得到

$$\nabla f(x,y) = (0,-1), \quad \nabla\varphi(x,y) = (4x^3 - 6x, -2y),$$
$$\nabla g_1(x,y) = (2x,1), \quad \nabla g_2(x,y) = (2x,-1),$$

因此获得以下关系:

$$0 = (\beta_1 - \kappa\lambda_1)2x + (\beta_2 - \kappa\lambda_2)2x, \quad 0 = -1 + \kappa(-2y) + \beta_1(1) + \beta_2(-1),$$
$$0 = -2y + \lambda_1(1) + \lambda_2(-1), \quad 0 = \lambda_1(y + x^2 - 1) = \lambda_2(-y + x^2 - 1),$$
$$0 = \beta_1(y + x^2 - 1) = \beta_2(-y + x^2 - 1),$$

其中 $\kappa > 0$, 并且所有乘子非负. 求解上述系统我们可得点 $(x,y) \in \{(0,1),(0,-1),$ $(1,0),(-1,0)\}$ 可疑的最优性. 对比上层目标函数在这些点处的取值我们得到序

对 $(\bar{x}, \bar{y}) = (0, 1)$, 并最后验证所给双层规划在 $(0, 1)$ 处是部分平静的. 因此由定理 6.21 知该序对是所考虑双层规划的唯一最优解.

(ii) 应用定理 6.23 的条件. 考虑规划:

$$\text{minimize} \quad f(x, y) := -y \quad \text{s.t.} \quad y \in S(x),$$

其中 $S: I\!R \rightrightarrows I\!R$ 是下面下层问题的解映射:

$$\text{minimize} \quad \varphi(x, y) := -y^2 \quad \text{s.t.}$$
$$y \in G(x) := \left\{ y \in I\!R \mid -x + y^4 - 1 \leqslant 0, \ x + y^4 - 1 \leqslant 0 \right\}.$$

容易看出该双层规划存在最优解. 然后我们计算得到下层解映射 $S(x) = \{\pm\sqrt{1 - |x|}\}$, 以及边际函数 $\mu(x) = -\sqrt{1 - |x|}$ 满足在 $I\!R$ 上 $\widehat{\partial}\mu(x) \neq \varnothing$. 应用定理 6.23 的必要最优性条件, 我们可得关系

$$-\nu_1 + \nu_2 = 0, \quad -1 + 4y^3\nu_1 + 4y^3\nu_2 = 0,$$
$$-2y + 4y^3\beta_1 + 4y^3\beta_2 = 0, \quad \nu_1(-x + y^4 - 1) = \nu_2(x + y^4 - 1) = 0,$$
$$\beta_1(-x + y^4 - 1) = \beta_1(x + y^4 - 1) = 0, \quad \beta_1 \geqslant 0, \quad \beta_2 \geqslant 0.$$

求解该方程组, 我们得到点 $(x, y) = (0, \pm 1)$. 对比上层目标函数选取点 $(0, 1)$. 因为所考虑双层规划在 $(0, 1)$ 处是部分平静的, 我们得出 $(0, 1)$ 是该问题的唯一最优解.

### 6.3.2 Lipschitz 问题的最优性条件

分析定理 6.21 和定理 6.23 的证明, 不难看出从上述证明以及其中使用的结果, 我们可得具有 Lipschitz 数据的双层规划的最优性条件. 在下面必要最优性条件的 Lipschitz 版本中, 我们将所涉及 Lipschitz 函数的梯度替换为它们的基本次梯度, 并将上层正则性条件 (6.53) 改写为对所有 $h_j$ 在 $\bar{x}$ 处的次梯度都满足, 且下层正则性条件 (6.52) 对所有满足 $(u_i, v_i) \in \partial g_i(\bar{x}, \bar{y})$ 的 $(u_i, v_i)$ 都满足. 通过这种方式我们有:

**定理 6.25** (Lipschitz 双层规划的最优性条件, I) 设 $(\bar{x}, \bar{y})$ 是双层规划 (6.31) 的局部最优解, 其中 $\Omega$ 如 (6.50) 所示. 假设在定理 6.21 的其他假设下, 其中所有函数都分别在 $(\bar{x}, \bar{y})$ 和 $\bar{x}$ 附近是局部 Lipschitz 的. 则存在 $\nu > 0$, 乘子 $\lambda_1, \cdots, \lambda_p$, $\beta_1, \cdots, \beta_p$ 和 $\alpha_1, \cdots, \alpha_q$ 以及向量 $u \in I\!R^n$ 使得条件 (6.57)—(6.59) 满足, 并且

$$(u, 0) \in \text{co} \, \partial\varphi(\bar{x}, \bar{y}) + \sum_{i=1}^{p} \lambda_i \text{co} \, \partial g_i(\bar{x}, \bar{y}) \quad \text{且}$$

$$(u, 0) \in \partial\varphi(\bar{x}, \bar{y}) + \nu\partial f(\bar{x}, \bar{y}) + \sum_{i=1}^{p} \beta_i \partial g_i(\bar{x}, \bar{y}) + \sum_{j=1}^{q} \alpha_j \Big(\partial h_j(\bar{x}), 0\Big).$$

**定理 6.26** (Lipschitz 双层规划的最优性条件, II)　设 $(\bar{x}, \bar{y})$ 是具有 $\Omega = I\!R^n$ 的问题 (6.31) 的局部最优解. 假设在定理 6.23 的其他假设下, 其中所有函数在 $(\bar{x}, \bar{y})$ 附近是局部 Lipschitz 的. 则存在 $\nu > 0$, 非负乘子 $\lambda_i$ 和 $\beta_i$ 满足互补松弛条件 (6.57) 和 (6.58)$(i = 1, \cdots, p)$, 以及向量 $u \in I\!R^n$ 使得我们有包含

$$(u, 0) \in \partial\varphi(\bar{x}, \bar{y}) + \sum_{i=1}^{p} \lambda_i \partial g_i(\bar{x}, \bar{y}) \quad \text{和}$$

$$(u, 0) \in \partial\varphi(\bar{x}, \bar{y}) + \nu \partial f(\bar{x}, \bar{y}) + \sum_{i=1}^{p} \beta_i \partial g_i(\bar{x}, \bar{y}).$$

3.4 节的练习给出了上述结果的证明及其若干推广.

**注 6.27** (解映射的内半紧性和内半连续性)　观察到与定理 6.21 和定理 6.25 中的必要最优性条件相比, 定理 6.23 和定理 6.26 的必要最优性条件在解映射 $S$ (见 (6.30)) 不具备内半连续性的假设下也成立. 虽然后一种假设在相当广泛的设置中满足 (例如, 当 $S$ 在 $(\bar{x}, \bar{y})$ 附近是类 Lipschitz 时, 以及当 $S(\bar{x})$ 是单值但 $S(x)$ 当 $x$ 接近 $\bar{x}$ 时不是单值时), 但是它在一般情况下绝对不成立.

在定理 6.21 和定理 6.25 的框架中, 由 $S$ 在练习 2.46 中定义的域点 $\bar{x}$ 处的内半紧性提供了一个限制明显较少的假设. 在有限维中, 这个性质非常接近 $S$ 在 $\bar{x}$ 附近的局部有界性. 在 $S$ 的下半紧性下所得的结果与它们的内半连续对应结果不同, 它们需要考虑集合 $S(\bar{x})$ 中的所有向量 $\bar{y}$. 这些证明与将定理 4.1(i) 中关于边际函数的次微分的结果替换为其中断言 (ii) 的 "并" 版本的证明是相同的.

从定理 6.25 和定理 6.26 可以得出具有完全和部分凸 (光滑与非光滑) 结构的双层规划的必要最优性条件的一些结果和具体形式. 然而, 对于这类问题, 可以根据 7.5.4 小节中给出的结果得到更强的结论. 因此, 我们在这里省略了定理 6.25 和定理 6.26 的相应结果, 而把它留给读者作为练习; 参见练习 6.46 中的更多提示.

## 6.4　第 6 章练习

**练习 6.28** (具有几何约束的优化问题)

(i) 从极点原理直接推出定理 6.1(ii) 和命题 6.4(ii) 的必要最优性条件.

(ii) 将定理 6.1 和命题 6.4 的必要最优性条件推广到合适的 Banach 空间. 对 (6.4) 添加什么假设能够确保定理 6.1(ii) 在无穷维空间中也成立?

提示:　将其与 [530, 命题 5.2、定理 5.3 和定理 5.5] 进行比较.

(iii) 用在 Banach 空间 $X$ 上定义的 Lipschitz 连续的目标函数 $\varphi$ 构建一个优化问题 (6.1) 的例子, 使得条件 (6.5) 在该问题的局部极小点 $\bar{x}$ 处不成立.

**练习 6.29** (DC 规划问题)

(i) 将命题 6.3 的结果推广到具有 $x \in \Omega$ 类型的凸几何约束的问题.

(ii) 证明命题 6.3 中函数 $\varphi_1$ 的凸性可被替换为以下更一般的拟凸性质

$$\varphi(\lambda x_1 + (1-\lambda)x_2) \leqslant \max\{\varphi(x_1),\varphi(x_2)\}, \quad \forall\, x_1, x_2 \in I\!\!R^n, \quad \lambda \in [0,1].$$

(iii) 命题 6.3 的所有结果以及本练习的 (i) 和 (ii) 在任意 Banach 空间中成立吗?

**练习 6.30** (不可微规划的必要条件)

(i) 将定理 6.5 的必要最优性条件推广到具有有限多个几何约束的 (6.11) 类型的不可微规划问题.

(ii) 推导出定理 6.5 在 Asplund 空间中的适当版本.

提示: 类似定理 6.5 的证明, 应用练习 2.31 和练习 1.69 的无穷维相应结果; 与 [530, 定理 5.5] 进行比较.

**练习 6.31** (Asplund 空间中 Lipschitz 不可微规划的增广 Lagrange 条件)  考虑 Asplund 空间中由局部 Lipschitz 函数描述的不可微规划 (6.11). 证明在这种情况下定理 6.10 的必要最优性条件成立.

提示: 使用练习 2.31 的确切极点原理和练习 2.54 的 Asplund 空间中的次微分和法则; 参见 [530, 定理 5.24].

**练习 6.32** (不可微规划的约束规范)

(i) 基于定理 6.5(ii) 及练习 2.51 和练习 2.52 中局部 Lipschitz 函数情形下的法锥表示, 得出约束规范以确保定理 6.5 的最优性条件中 $\lambda_0 = 1$.

(ii) 在光滑约束函数 $\varphi_i$ 和 $\Omega = I\!\!R^n$ 的情况下, 哪些约束条件对应于 (i) 中得出的条件?

(iii) 将 (i) 的结果推广到 Asplund 空间中的问题.

**练习 6.33** (具有包含/算子约束的问题的必要最优性条件)  给定 $\varphi\colon I\!\!R^n \to \overline{I\!\!R}$, $f\colon I\!\!R^n \to I\!\!R^m$, $\Omega \subset I\!\!R^n$ 和 $\Theta \subset I\!\!R^m$, 考虑优化问题:

$$\text{minimize}\ \ \varphi(x)\ \ \text{s.t.}\ \ f(x) \in \Theta, \quad x \in \Omega, \tag{6.67}$$

其中 $f$ 在参考局部极小点 $\bar{x} \in f^{-1}(\Theta) \cap \Omega$ 处是严格可微的并且其雅可比矩阵 $\nabla f(\bar{x})$ 满秩.

(i) 证明上次微分最优性条件

$$-\hat{\partial}^+\varphi(\bar{x}) \subset \nabla f(\bar{x})^* N\big(f(\bar{x});\Theta\big) + N(\bar{x};\Omega)$$

在约束规范

$$\nabla f(\bar{x})^* N\big(f(\bar{x});\Theta\big) \cap \big(-N(\bar{x};\Omega)\big) = \{0\}$$

下成立.

(ii) 推导出 $\bar{x}$ 的规范/KKT 和非规范/Fritz John 形式的下次微分最优性条件.

(iii) 将 (i) 和 (ii) 的结果推广到适当的无穷维空间并指出 $\dim Y = \infty$ 时算子约束 $f(x) = 0 \in Y$ 的结果.

提示: 对 $\Omega_1 := f^{-1}(\Theta)$, $\Omega_2 := \Omega$, 利用命题 6.4 框架下的相应分析法则; 将其与 [530, 定理 5.7, 5.8, 5.11] 进行比较.

**练习 6.34** (具有逆像约束的优化问题与极点原理)  给定 $\varphi\colon I\!\!R^n \to \overline{I\!\!R}$, $F\colon I\!\!R^n \rightrightarrows I\!\!R^m$, $\Omega \subset I\!\!R^n$ 和 $\Theta \subset I\!\!R^m$, 考虑优化问题:

$$\text{minimize}\ \ \varphi(x)\ \ \text{s.t.}\ \ F^{-1}(\Theta) \cap \Omega. \tag{6.68}$$

(i) 设 $\bar{x}$ 是问题 (6.68) 的局部极小点. 证明 点 $(\bar{x}, \varphi(\bar{x}))$ 是 $I\!R^n \times I\!R$ 中如下三个集合:

$$\Omega_1 := \text{epi}\,\varphi, \quad \Omega_2 := F^{-1}(\Theta), \quad \Omega_3 := \Omega \times I\!R$$

所组成的系统的一个局部极点.

(ii) 通过对 (i) 中集合系统应用极点原理, 得出问题 (6.68) 的必要最优性条件.

(iii) 将 (ii) 的结果推广到 Asplund 空间中的问题 (6.68).

**练习 6.35** (非线性和不可微规划的次优性条件)  考虑问题 (6.11), 取定 $\varepsilon > 0$ 并回顾 $x_\varepsilon$ 是该问题的一个 $\varepsilon$-最优 (次优解), 如果它对 (6.11) 可行并满足不等式 $\varphi_0(x_\varepsilon) \leqslant \inf \varphi_0(x) + \varepsilon$, 其中 $\varphi_0$ 的下确界是关于问题 (6.11) 的所有可行解选取.

(i) 假设 $\Omega = I\!R^n$ 并且函数 $\varphi_0, \cdots, \varphi_{m+r}$ 在 (6.11) 的 $\varepsilon$-最优解的集合上是严格可微的 而 $\varphi_1, \cdots, \varphi_{m+r}$ 在该集合上满足 Mangasarian-Fromovitz 约束规范 (见练习 2.53). 则对任意 (6.11) 的 $\varepsilon$-最优解 $x_\varepsilon$ 和任意 $\gamma > 0$, 存在该问题的 $\varepsilon$-最优解 $\bar{x}$ 和乘子 $\lambda_1, \cdots, \lambda_{m+r}$ 使得

$$\|\bar{x} - x_\varepsilon\| \leqslant \gamma, \quad \lambda_i \geqslant 0, \quad \lambda_i \varphi_i(\bar{x}) = 0, \quad \forall\, i = 1, \cdots, m,$$
$$\left\| \nabla \varphi_0(\bar{x}) + \sum_{i=1}^{m+r} \lambda_i \nabla \varphi_i(\bar{x}) \right\| \leqslant \frac{\varepsilon}{\gamma}.$$

(ii) 假设 $\varphi_i$, $i = 0, \cdots, m+r$ 在 (6.11) 的 $\varepsilon$-最优解的集合上是局部 Lipschitz 的, 并且其中 $\Omega$ 是闭的. 则对任意 (6.11) 的 $\varepsilon$-最优解 $x_\varepsilon$ 及任意 $\gamma > 0$, 存在该问题的 $\varepsilon$-最优解 $\bar{x}$ 和乘子 $\lambda_0, \cdots, \lambda_{m+r}$ 使得 $\|\bar{x} - x_\varepsilon\| \leqslant \gamma$,

$$\left\| \sum_{i \in I(\bar{x}) \cup \{0\}} \lambda_i x_i^* + x^* \right\| \leqslant \frac{\varepsilon}{\gamma}, \quad \sum_{i \in I(\bar{x}) \cup \{0\}} \lambda_i = 1,$$

其中 $\lambda_i \geqslant 0 (i \in I(\bar{x}) \cup \{0\})$, $x^* \in N(\bar{x}; \Omega)$, $x_0^* \in \partial \varphi_0(\bar{x})$,

$$x_i^* \in \partial \varphi_i(\bar{x}), \quad \forall\, i \in \{1, \cdots, m\} \cap I(\bar{x}), \quad \text{且}$$
$$x_i^* \in \partial \varphi_i(\bar{x}) \cup \partial(-\varphi_i)(\bar{x}), \quad \forall\, i = m+1, \cdots, m+r.$$

(iii) 将 (i) 和 (ii) 的结果推广到 Asplund 空间中的问题 (6.11).

提示:  利用练习 2.39 中的次微分变分原理和推论 2.20 中的次微分和法则; 参见 [530, 定理 5.30].

**练习 6.36** (乐观双层规划的单层简化)

(i) 证明标准约束规范 (Mangasarian-Fromovitz 类型, 等) 对不可微规划 (6.34) 不成立.

提示:  与 [196, 753, 756] 中结果和证明作比较.

(ii) 证明 (6.36) 中映射 $\widetilde{S}$ 在 $(\bar{x}, \bar{y})$ 处的内半连续性假设对于命题 6.13(ii) 的有效性必不可少.

(iii) 证明命题 6.13 的断言 (i) 对某个 $\bar{y} \in S(\bar{x})$ 成立, 如果假设 (6.30) 的后一集合是有界的并且上层费用函数 $f(\bar{x}, \cdot)$ 在 $S(\bar{x})$ 上是下半连续的. 举例说明这两个假设对于所考虑结果的有效性都是必要的. 它是否遵循命题 6.13(i) 的现有版本?

**练习 6.37** (双层规划的部分平静性和一致弱尖锐极小值) 考虑一类 (6.34) 形式的乐观双层规划.

(i) 设 $\Omega = I\!R^n$, 并设 (6.34) 中 $g_i$ 关于 $y$ 是线性的且 $\mathrm{dom}\, G = I\!R^n$. 证明 (6.34) 的任意局部最优解 $(\bar{x}, \bar{y})$ 是部分平静的, 如果 $f$ 在该点附近是局部 Lipschitz 的; 与 [203, 756] 中结果进行比较.

(ii) 构造一个双层规划的例子, 使得其在局部最优解处是部分平静的, 并且一致弱尖锐极小值条件 (6.43) 不成立.

(iii) 构造一个双层规划的例子, 其中部分平静性条件在局部最优解处不成立.

**练习 6.38** (一致弱尖锐极小值的充分条件)

(i) 对问题 (6.34) 做何种假设, 可以由具有数据 (6.44) 的逐点局部弱尖锐极小值 (6.42) 得出一致弱尖锐极小值 (6.43)?

(ii) 证明问题 (6.49) 的最优解集由弱锐极小值组成, 如果 $a_i > 0$ 或 $b_i < 0 (i = 1, 2)$.

提示: 与 [134] 作比较.

(iii) 在二次下层问题的情况下, 推出一致尖锐极小值的充分条件.

提示: 与 [756, 757] 作比较.

**练习 6.39** (弱尖锐极小值的核条件)

(i) 核条件 (6.46) 与矩阵的满秩性质等价吗?

(ii) 在数据 (6.44) 和问题 (6.45) 的参数化版本中应用核条件 (6.46), 保证双层规划具有一致弱尖锐极小值.

(iii) 将命题 6.18 的结果推广到 Lipschitz 非线性规划, 并将其应用于具有非光滑数据的双层规划.

**练习 6.40** (下可微性和弱尖锐极小值的对偶刻画) 考虑函数 $\varphi: I\!R^n \to \overline{I\!R}$ 和集合 $\Omega \subset I\!R^n$, 如 [794] 中所述, 我们称 $\varphi$ 在 $\bar{x} \in \mathrm{dom}\, \varphi$ 处关于 $\Omega$ 是下可微的, 如果

$$\liminf_{x \xrightarrow{\Omega} \bar{x},\, u \to \bar{x}} \frac{\varphi(u) - \varphi(x) - d\varphi(x; u - x)}{\|u - x\|} = 0, \tag{6.69}$$

其中, 相依方向导数 $d\varphi$ 取自 (1.42). 特别地, 如果 (6.69) 对于 $\Omega = I\!R^n$ 和 $\Omega = \{\bar{x}\}$ 成立, 则 $\varphi$ 被分别称为在 $\bar{x}$ 处是下可微和单值下可微的.

(i) 验证如果 $\varphi$ 在 $\bar{x}$ 周围是局部 Lipschitz 的, 则它在该点处是单值下可微的. 后一性质对于非-Lipschitz 函数成立吗?

(ii) 证明每个凸函数在其定义域内部的任意有界闭子集上是下可微的.

(iii) 设 $\varphi$ 在 $\bar{x}$ 周围是局部 Lipschitz 的, 在集合 $L_\varphi(\bar{x}) := \{x \in I\!R^n | \varphi(x) = \varphi(\bar{x})\}$ 上是次可微正则的并且在 $\bar{x}$ 处关于 $L_\varphi(\bar{x})$ 是下可微的. 证明存在 $\eta, r > 0$ 使得包含

$$N\big(x; L_\varphi(\bar{x})\big) \cap \eta I\!B \subset \partial\varphi(x)$$

对任意 $x \in L_\varphi(\bar{x}) \cap B_r(\bar{x})$ 成立, 当且仅当定义 6.16 中局部弱尖锐极小值的以下具体形式:

$$\eta \, \mathrm{dist}\big(x; L_\varphi(\bar{x})\big) \leqslant \varphi(x) - \varphi(\bar{x}), \quad \text{当 } x \in B_r(\bar{x}) \text{ 时成立.}$$

提示: 将 (i)—(iii) 与 [794] 中相应结论和证明进行比较.

(iv) 阐述 (iii) 的可能相应结果, 以用于研究参数优化和双层规划的一致弱尖锐极小值.

**练习 6.41** (下层问题中值函数的正则次梯度)　设 $\mu(x)$ 是 (6.34) 中下层问题的最优值函数.

(i) 给出一般 Banach 空间中包含 (6.65) 的详细证明.

(ii) 证明对于有限维中具有光滑数据的问题, (6.64) 和 (6.65) 中的不等式不成立.

**练习 6.42** (比较具有光滑数据的双层规划的必要最优性条件)　构造例子, 使得定理 6.21 和定理 6.23 的所有假设都满足, 而在这些定理中得出的必要最优性条件是独立的.

**练习 6.43** (Lipschitz 双层规划的必要最优性条件)　考虑乐观模型 (6.31) 的局部最优解.

(i) 给出定理 6.25 的详细证明.

提示:　将其与 [197,547] 进行比较.

(ii) 给出定理 6.26 的详细证明.

提示:　将其与 [547] 进行比较.

(iii) 将这些定理推广到在等式约束中具有 Lipschitz (且光滑) 数据的双层规划.

(iv) 给出这些结果对于 Asplund 空间中双层问题的版本.

提示:　应用定理 6.21 和定理 6.23 的证明中使用的分析法则、第 2, 4 章中给出的等式约束版本, 以及在评注和练习中讨论的无穷维推广.

(v) 研究通过使用值函数 (6.33) 的对称次微分 $\partial^0\mu(\bar{x})$, 而非其证明中的凸化次微分, 改进定理 6.21 和定理 6.25 中必要最优性条件的可能性.

**练习 6.44** (双层规划的增广内半连续性)　通过将解映射 $S(x)$ 的内半连续性替换为练习 4.21 中定义的其 $\mu$-内半连续性, 得出定理 6.21 和定理 6.25 在有限维和 Asplund 空间中推广.

提示:　类似这些定理的证明进行, 并与 [547] 进行比较.

**练习 6.45** (下层问题具有内半紧的解映射的双层规划)　考虑 (6.34) 中下层问题的解映射 $S(x)$, 验证下面断言:

(i) $S(x)$ 可能不一定如定理 6.21 和定理 6.25 中那样在 $(\bar{x}, \bar{y})$ 处是内半连续的.

(ii) 证明如果不要求 $S(x)$ 在 $(\bar{x}, \bar{y})$ 处的内半连续性, 定理 6.21 和定理 6.25 的必要最优性条件在其他假设下可能不成立.

(iii) 通过将 $S(x)$ 的内半连续性替换为其内半紧性及更一般的 $\mu$-半紧性质, 得出定理 6.21 和定理 6.25 的相应版本.

提示:　类似注 6.27 中在有限维和 Asplund 空间情况下的讨论.

**练习 6.46** (凸双层规划)　考虑双层规划 (6.31) 及其部分平静的局部最优解. 假设下层费用和约束函数关于它们的所有变量的联合是凸的.

(i) 证明最优值函数 (6.33) 的凸性.

(ii) 假设上层费用和约束函数同样是全凸的, 通过使用凸连续函数 $\psi$ 和对称性质 $\partial(-\varphi)(\bar{x}) \subset -\partial\varphi(\bar{x})$ 的全次微分和偏次微分值的分解性质

$$\partial\psi(\bar{x}, \bar{y}) \subset \partial_x\psi(\bar{x}, \bar{y}) \times \partial_y\psi(\bar{x}, \bar{y})$$

得出定理 6.21 的具体形式.

提示: 将其与 [197] 进行比较.

(iii) 假设除了在下层的完全凸性外, (6.31) 中涉及的所有函数都是连续可微的, 通过使用最优值函数的次微分的等式

$$\partial \mu(\bar{x}) = \bigcup_{(\lambda_1, \cdots, \lambda_p) \in \Lambda(\bar{x}, \bar{y})} \left\{ \nabla_x \varphi(\bar{x}, \bar{y}) + \sum_{i=1}^{p} \nabla_x g_i(\bar{x}, \bar{y}) \right\}, \tag{6.70}$$

其中

$$\Lambda(\bar{x}, \bar{y}) := \left\{ (\lambda_1, \cdots, \lambda_p) \in I\!\!R^p \;\middle|\; \nabla_y \varphi(\bar{x}, \bar{y}) + \sum_{i=1}^{p} \lambda_i \nabla_y g_i(\bar{x}, \bar{y}) = 0, \right.$$
$$\left. \lambda_i \geqslant 0, \; \lambda_i g_i(\bar{x}, \bar{y}) = 0, \; i = 1, \cdots, p \right\}$$

得出定理 6.21 的进一步具体形式.

提示: 利用 [544, 定理 2.61] 中给出的凸函数 $\varphi$ 和凸图映射 $G$ 以及练习 2.51 和练习 2.52 中对于凸函数的法锥等式表示 (由于定理 2.26 的等式表述), 从边际函数 (6.33) 的次微分的等式表示

$$\partial \mu(\bar{x}) = \bigcup_{(u,v) \in \partial \varphi(\bar{x}, \bar{y})} \left\{ u + D^* G(\bar{x}, \bar{y})(v) \right\}$$

推出 (6.70). 将此方法与 [711] 中证明具有凸可微数据的 (6.70) 的另一方法进行比较.

(iv) 对于具有连续数据的费用函数和不等式约束的凸双层规划, 得出定理 6.23 的相应结果.

**练习 6.47** (双层规划的 Hölder 次梯度) 给定 Banach 空间 $X$, 如 [109] 中所述, 我们称 $x^* \in X^*$ 是 $\varphi \colon X \to \overline{I\!\!R}$ 在 $\bar{x} \in \mathrm{dom}\,\varphi$ 处的一个 $s \geqslant 0$ 阶 Hölder 次梯度, 如果存在常数 $C \geqslant 0$ 和 $r > 0$ 使得

$$\langle x^*, x - \bar{x} \rangle \leqslant \varphi(x) - \varphi(\bar{x}) + C\|x - \bar{x}\|^{1+s}, \quad \forall x \in \bar{x} + r I\!\!B. \tag{6.71}$$

称所有满足 (6.71) 的 $x^*$ 构成的集合为 $\varphi$ 在 $\bar{x}$ 处的 $s$-Hölder 次微分, 记为 $\widehat{\partial}_{H(s)}(\bar{x})$. (6.71) 中 $s = 0$ 的情形简化为正则/Fréchet 次微分, 而 $s = 1$ 的情形则对应于前面定义的邻近次微分 $\partial_p \varphi(\bar{x})$. 我们同样考虑 $\varphi$ 在 $\bar{x} \in \mathrm{dom}\,\varphi$ 处的上 $s$-Hölder 次微分, 其对称定义为

$$\widehat{\partial}^+_{H(s)} \varphi(\bar{x}) := -\widehat{\partial}_{H(s)}(-\varphi)(\bar{x}).$$

类似于基本次微分, 通过当 $x \overset{\varphi}{\to} \bar{x}$ 时, 对 $\widehat{\partial}_{H(s)}(x)$ 取外极限, 我们引入 $\varphi$ 在 $\bar{x}$ 处的极限 $s$-Hölder 次微分 $\partial_{H(s)}(x)$.

(i) 证明引理 6.22 中给出的正则次梯度差法则可以被推广至任意实数阶 $s \geqslant 0$ 的 $s$-Hölder 次微分.

提示: 类似引理 6.22 的证明, 并将其与 [547] 比较.

(ii) 对每个 $s \geqslant 0$, 确定 Banach 空间类, 其中极限 $s$-Hölder 次微分 $\partial_{H(s)}(\bar{x})$ 与我们的基本极限构造 $\partial \varphi(\bar{x})$ 一致, 并且这些构造可能不同.

(iii) 通过相应的 $s$-Hölder 次微分, 推导出定理 6.26 中必要最优性条件的对应结果, 并阐明它们在适当的 Banach 空间中是否不同于定理中给出的条件.

提示: 对于后一部分, 应用 [109] 建立的分析工具.

**练习 6.48** (具有均衡约束的数学规划) 该类优化问题 (简写为 MPECs) 具有以下形式:

$$\text{minimize } f(x, y) \text{ s.t. } y \in S(x), \quad x \in \Omega, \tag{6.72}$$

其中 $f\colon X \times Y \to \overline{I\!R}$ 定义于有限维或无穷维空间上, $S\colon X \rightrightarrows Y$ 通过 $q\colon X \times Y \to Z$ 和 $Q\colon X \times Y \rightrightarrows Z$ 定义如下

$$S(x) := \{y \in Y \,|\, 0 \in q(x,y) + Q(x,y)\}, \tag{6.73}$$

即, $x \mapsto S(x)$ 是 (6.73) 中参数变分系统的解映射. 如果对某个 $G\colon X \rightrightarrows Y$, $Q(x,y) = N(y; G(x))$, 后者通常被记为参数广义方程 (GE); 参见 3.3 节 (其中的符号稍有不同).

(i) 在关于 $f(x,y)$ 和 $S(x)$ 的最一般假设下, 推出以 (6.72) 形式给出的抽象 MPECs 的必要最优性条件. 然后从中推出完全由初始数据 $q, Q, G$ 表示的 (6.73) 的必要最优性条件. 在有限维空间的情况下给出所得结果的具体形式.

提示: 将所考虑模型简化为 6.1 节中研究的模型, 然后对其中的必要最优性条件应用广义微分分析法则的相应结果. 将其与 [530, 5.2 节] 比较.

(ii) 在什么假设下, 下层问题 (6.30) 的解映射 $S(x)$ 可以被等价描述为 MPEC 形式 (6.73)?

(iii) 对于下层规划 (6.28) 为凸的情况, 研究乐观双层规划和 (6.72), (6.73) 中 MPECs 的全局解与局部解之间的关系.

提示: 对于具有光滑数据的问题, 参考 [196].

**练习 6.49** (值函数约束规范)　考虑由 (6.72) 定义的一类乐观双层规划, $\Omega = I\!R^n$ 且下层问题的解映射定义如下

$$S(x) := \arg\min\{\varphi(x,y) \,|\, y \in G\} \quad \text{且} \quad G := \{y \in I\!R^m \,|\, g_i(y) \leqslant 0,\ i = 1, \cdots, p\},$$

其中 $\varphi\colon I\!R^n \times I\!R^m \to I\!R$ 是凸的, 并且与函数 $g_i\colon I\!R^m \to I\!R$ 一起关于 $y$ 连续可微. 参照 [344], 引入涉及 (6.33) 中 $G(x) = G$ 的值函数 $\mu(x)$ 的参数化集合

$$C(\nu) := \{(x,y) \in I\!R^n \times I\!R^m \,|\, \varphi(x,y) - \mu(x) \leqslant \nu\}, \quad \nu \in I\!R,$$

并称值函数约束规范 (VFCQ) 在 $(\bar{x}, \bar{y}) \in \operatorname{gph} S$ 处满足, 如果映射 $C\colon I\!R \rightrightarrows I\!R^n \times I\!R^m$ 在 $(0, \bar{x}, \bar{y})$ 处如练习 3.51 中所定义是平静的.

(i) 验证在所给假设下 $S(x)$ 可被等价描述为具有 $q(x,y) = \nabla_y \varphi(x,y)$ 和 $Q(x,y) = N(y; G)$ 的 MPEC 形式 (6.73).

提示: 使用凸规划的经典充分必要条件.

(ii) 证明如果以这种方式定义的凸规划在局部解序对 $(\bar{x}, \bar{y})$ 附近具有一致弱尖锐极小值 (6.43), 则 VFCQ 在 $(\bar{x}, \bar{y})$ 处满足. 举一个反向蕴含关系不成立的例子.

(iii) 验证 VFCQ 在 $(\bar{x}, \bar{y})$ 处的有效性确保了部分平静性质在该点处成立, 但反之不一定正确.

(iv) 假设集合 $G$ 是有界的并且 VFCQ 在 $(\bar{x}, \bar{y})$ 处满足, 证明扰动映射

$$M(\nu) := \{(x,y) \in I\!R^n \times I\!R^m \,|\, \nu \in \nabla_y \varphi(x,y) + N(y; G)\}, \quad \nu \in I\!R \tag{6.74}$$

在 $(0, \bar{x}, \bar{y})$ 处如练习 3.51 中所定义是平静的, 而在所考虑设置中后一性质比 VFCQ 要严格弱.

提示: 对于 (ii)—(iv) 中所述结果的证明, 参考 [344].

**练习 6.50** (无部分平静性的乐观双层规划的必要最优性条件)

(i) 研究通过将 6.1 节中 Fritz John 类型的相应结果应用于等价不可微规划 (6.34), 得出乐观双层规划 (6.31) 的必要最优性条件的可能性.

(ii) 对于一般形式的问题 (6.72), 利用 [530, 5.2.1 小节] 中得出的由 $S(x)$ 的基本上导数表示 (在 Asplund 空间中由正规和混合上导数表示) 的必要最优性条件, 通过计算下层问题的解映射 (6.30) 的上导数, 得出它们对于双层规划的具体形式.

提示: 对于有限维中 $S(x)$ 的基本上导数的计算, 参考 [200] 及其参考文献.

(iii) 遵循 [344] 中为具有凸下层问题的乐观双层规划和练习 6.49 中描述的 MPEC 解映射建立的方法, 通过将定理 6.21 中的部分平静性替换为扰动映射 (6.74) 在 $(0, \bar{x}, \bar{y})$ 处的练习 3.51 意义下的平静性质, 推出非凸双层规划的必要最优性条件.

(iv) 将 [344] 的结果与 6.3 节中给出的结果在相同的光滑和凸设置下进行比较, 然后探讨将 [344] 的方法推广到上述研究中更一般框架的可能性.

**练习 6.51** (双层规划的二层值函数) 考虑费用函数 $f_{opt}(x)$, 其中函数 $S(x)$ 如 (6.30) 所示; 记 $f_{opt}(x)$ 为双层规划 [200] 的二层最优值函数.

(i) 计算 $f_{opt}$ 的基本和奇异次微分, 然后利用推论 4.3 和 $S(x)$ 的类 Lipschitz 性质, 通过定理 3.3 的上导数准则, 建立该函数在乐观双层规划 (6.31) 的局部解附近的局部 Lipschitz 连续性可验证条件.

(ii) 应用 (i) 在原乐观模型 (6.31) 中推出必要最优性条件, 而原乐观模型可能与上述研究的模型 (6.34) 局部不等价; 参见命题 6.13. 将其与 6.3 节中结果进行比较.

(iii) 如文献 [200] 所述, 利用这种方法证明乐观双层规划中各种类型的平稳性.

提示: 有关结果、证明和其他材料, 请参阅 [200].

**练习 6.52** (悲观双层规划的必要最优性条件) 考虑具有费用函数 $f_{\mathrm{pes}}(x)$ 和 (6.31) 中相同约束的悲观双层规划 (6.32).

(i) 利用练习 6.51(i) 中关于 $f_{\mathrm{opt}}$ 的局部 Lipschitz 连续性的结果, 并考虑 $f_{\mathrm{pes}} = -f_{\mathrm{opt}}$, 从练习 6.51(ii), (iii) 中的结果推出 (6.32) 的必要最优性和稳定性条件.

(ii) 从 6.1 节的相应结果推出悲观双层规划的上次微分条件.

提示: 有关 (i) 和 (ii) 的更多细节, 参考 [201].

**练习 6.53** (双层规划的多目标方法) 在有限维和无穷维空间 $X$ 和 $Y$ 的情况下, 给定上层目标函数 $f: X \times Y \to I\!R$ 和 (6.30) 中描述的下层问题的解映射 $S: X \rightrightarrows Y$, 考虑以复合形式 $F(x) := f(x, S(x))$ $(x \in X)$ 给出的集值映射 $F: X \rightrightarrows I\!R$, 并将双层规划的上层问题重写为关于 $I\!R$ 上标准序的以下形式:

$$\text{minimize } F(x) \text{ s.t. } x \in \Omega, \tag{6.75}$$

其中 (6.75) 的上层约束集 $\Omega$ 可以表示为其他类型的约束 (泛函约束、算子约束、互补约束、均衡约束等) 或由其他类型的约束添加.

(i) 对 (6.75) 应用 9.4 节得出的上导数和次微分类型的必要最优性条件以及复合 $f(x, S(x))$ 的上导数/次微分链式法则, 然后计算 $S$ 的上导数, 根据初始数据推出双层规划的必要最优性条件.

(ii) 对于双层规划的乐观和悲观模型, 给出以这种方式获得的结果的具体形式, 并将其与上面得出和讨论的结果进行比较.

# 6.5 第 6 章评注

**6.1 节** 为具有非光滑数据的优化问题推导必要最优性条件是发展现代变分

分析和广义微分的构造和机制的早期动机之一. 从 20 世纪 50 年代中期开始, 最优控制问题的原始框架中自然地出现了非光滑性; 参见 [652]. 这种类型的一个简单但典型的问题可以表述为求解依赖于 ODE 控制系统

$$\frac{dx}{dt} = f(x,u), \quad x(0) = x_0 \in \mathbb{R}^n, \quad u(t) \in U, \quad t \in T := [0,1] \tag{6.76}$$

的轨道的右端点的费用函数 $\varphi(x(1))$ 的最小化, 其中控制函数 $u(t)$ 在规定闭集 $U \subset \mathbb{R}^m$ 中取值且在 $T$ 上可测 (或分段连续). 由于可行控制区域 $U$ 可以是任意的 (典型的情况是当 $U$ 由有限多个点组成时, 如在自动控制系统中那样), 所以不管给定函数 $\varphi$ 和 $f$ 的光滑性假设如何, 给出的最优控制问题都可视为具有不规则几何约束的优化问题.

此外, 这个问题可以等价地改写为上面研究的形式 (6.1), 其中 $\Omega \subset \mathbb{R}^n$ 是由 (6.76) 中可行控制生成的轨道端点构成的可达集合. 最优控制理论从一开始就围绕着 Pontryagin 最大值原理的不同证明和扩展, 寻求合适的技巧来处理这种内在的非光滑性. 这是发展引用广义微分的现代形式的变分分析的一个主要驱动力.

另一类本质上不光滑的优化问题也在 20 世纪 50 年代中期被 Bellman [78] 发现并命名为动态规划. 他的 "最优性原理" 使他在光滑性假设下得到了相应最优值函数的所谓 Bellman 方程. 由于这种假设即使在简单的例子中也不成立, 所以 Bellman 方程在一些实际问题中只是起到了启发式的作用, 但通常会导致错误的结论; 参见, 例如, [652]. Hamilton-Jacobi-Bellman 方程及相关 PDE 方程的综合理论及应用在黏性和极大极小解的框架内通过广义微分工具得到了发展, 参见书 [66,137,168,271,706] 及其参考文献.

事实上, 内在 (通常是隐藏的) 非光滑性已经出现在具有不等式约束

$$\varphi_i(x) \leqslant 0, \quad i \in I \tag{6.77}$$

的现代优化问题的非常基本的层面上, 其中指标集 $I$ 可能是有限的 (尽管相当大, 例如在线性规划中), 或者是无限的, 例如在下面第 7 章和第 8 章中研究的半线性规划中.

众所周知, 为研究和求解具有不等式约束的优化问题建立高效机制, 可能是数学优化者对社会最重大的贡献. 如此说来, 我们注意到即使在有限多个线性函数 $\varphi_i$ 的情况下, 不等式约束 (6.77) 也与非光滑性密切相关. 几何上, 它表现为由 (6.77) 描述的凸多面体的顶点, 并且在求解线性规划的开创性单纯形算法中起着至关重要的作用. 通过用由极大值函数 $\phi(x)$ 给出的单个不等式约束

$$\phi(x) := \max\{\varphi_i(x) \mid i \in I\} \leqslant 0$$

等效替换 (6.77) 中的 (可能很多) 不等式约束, 可以揭示出解析非光滑性, 其中即使对于实数轴上的两个线性函数: $\phi(x) = \max\{x, -x\} = |x|$ 的情况也是不可微的. 正如读者在本书中所看到的, 在其他众多的出版物中, 极大值/上确界函数及其广义微分对于各种类型的最优化和均衡问题的研究和应用是非常重要的.

为了完成这些关于非光滑性在优化中的作用的讨论, 观察到在将扰动和逼近技巧应用于具有光滑初始数据的问题时, 不可避免地会出现不可微函数, 而这些技巧是现代变分分析的核心. 此外, 强大的变分原理 (特别是 Ekeland 变分原理) 引导我们考虑非光滑优化问题.

现在我们讨论 6.1 节中给出的一些具体结果和 6.4 节中相应的练习. 作者在 [509–511, 514] 和与 Kruger 合作的论文 [442, 443, 535] 中, 利用度量逼近的方法导出了由基本法向量和基本次梯度表示的下次微分最优性条件. 文献 [429, 433, 444] 在某些 Lipschitz 假设下针对 Fréchet 光滑空间中的问题给出了上述结果在无穷维的推广, 文献 [523, 530] 在所考虑集合、映射和函数的 SNC-类型假设下给出了它们在 Asplund 空间的推广. 文献 [165, 166] 得到了广义 Lagrange 乘子法则的 Clarke 版本 (6.21), 文献 [744, 745] 得到了 Warga 法则 (6.22). 在各种规范条件下, 有关这一方向上 Fritz John 和 KKT 形式的其他结果可以在例如 [16, 85, 276, 331, 369, 530, 686, 693] 及其参考文献中找到.

必要最优条件的应用假定存在最优解. 但情况并非总是如此, 尤其是在无穷维度中. 建立 Ekeland 变分原理的主要动机之一是获得 (2.24) 中所述的 "几乎最优" (次优) 解的 "几乎平稳性" 条件. 练习 6.35 中给出的非线性和不可微规划问题的更一般地 (下) 必要次最优条件是基于练习 2.39 中提出的下次微分变分原理, 并取自 [530, 594], 读者可以在其中找到更多的讨论和参考文献.

极小化问题的上次微分最优性条件由作者在 [526] 中提出, 他得到了 6.1 节和一般 Banach 空间中其他优化问题的相应结果; 参见 [530, 第 5 章]. 正如注 6.2 中所讨论的, 只要 $\widehat{\partial}^+\varphi(\bar{x}) \neq \varnothing$, 上次微分条件可能比下次微分条件有更大的优势. 在 [530, 5.5.4 小节] 中讨论了各种类型的这种函数.

有趣的是, 在命题 6.3 中, 对于 DC(凸差) 函数 $\varphi_1(x) - \varphi_2(x)$ 的极小化问题, 上次微分条件 (6.3) 简化为众所周知的条件 $\partial\varphi_2(\bar{x}) \subset \partial\varphi_1(\bar{x})$, 如 [353] 中所示. 注意, DC 函数类及其具体形式和修改在各种定性和定量优化问题 (包括其全局方面和数值算法) 中都起着重要作用; 参见 [205, 305, 314, 330, 332, 353, 358, 494] 等许多其他出版物. 这类问题还将在下面第 7 章中的半无穷规划的框架中进行研究.

**6.2 节和 6.3 节** 双层规划是分层优化中的一大类问题, 在数学上非常有趣, 在应用中也很重要. 有关双层规划的不同版本、不同的研究方法和众多应用, 请读者参考 Dempe 的书 [195] 和最近的出版物 [178, 196, 197, 199–204, 344, 476, 547, 758, 771, 772, 777]. 双层规划的一个特征是本质的非光滑性, 这给理论和算法带来了严重的挑战, 这种特征可以在它们的所有版本、重构和转换中看到. 此外, 众所周知, 非线性和不可微规划的标准约束规范在双层优化中是无法实现的.

乐观版本是目前双层规划中研究最多的一个版本, 但其中有许多未解决的理论问题, 甚至没有提到数值算法. 在乐观双层规划必要最优性条件的几种推导方法中, 我们在 6.2 节和 6.3 节中介绍了值函数方法, 它是由 Outrata [626] 为一个特定的双层优化模型提出的. 这种方法通过不可微的下层值函数 (6.33) 明确地证实了双层规划的非光滑性.

Ye 和 Zhu [756] 极大地发展了乐观双层规划的值函数方法, 他们引入了部分平静性条件, 从而通过惩罚将双层规划简化为非光滑单层规划. 结合 Clarke 广义微分, 他们在文献 [756] 中推导出由初始数据表示的双层规划的必要最优性条件.

在本书中, 我们主要参考论文 [197, 547] 并通过使用我们的广义微分基本工具表述 6.1 节中不可微规划的最优性条件, 进一步发展了值函数方法, 然后通过 4.1 节的结果计算边际/最优值函数的基本次梯度. 通过这种途径我们从本质上改善了在 [756] 及其他出版物中获得的乐观双层规划的必要最优性条件. 注意引理 6.22 中关于正则次梯度的令人惊讶的差法则的重要性, 该法则由文献 [553] 利用定理 1.27 中正则次梯度的光滑变分描述得出.

定义 6.14 中的部分平静性假设在双层规划的值函数方法中起着重要作用. 尽管在许多重要的情况下是满足的, 该性质在一些相当简单的非线性例子中可能会不成立; 参见 [134, 200, 203, 756, 757] 中的讨论和结果. Ye 和 Zhu [756] 以 "一致弱尖锐极小值" 的名义引入了部分平静性成立的一个充分 (而远非必要) 条件, 这可以被视为 Polyak [650, 651] 提出的尖锐极小值和 Ferris [267] 提出的弱尖锐极小值的一个版本. 后两个概念已经在文献中得到了很好的研究和应用 (参见, 例如, [133, 134, 239, 338, 468, 502, 553, 615, 705, 752, 791, 794]), 相比之下, 一致弱尖锐极小值引起的关注要少得多. 我们建议读者参考 [134, 330, 752, 756, 757] 以获得确保一致弱锐最小值估计 (6.43) 的有效条件, 并参考及命题 6.18 之前的讨论, 这似乎是新的.

有几种方法可以不使用部分平静性而推出必要最优性和平稳性条件; 参见 [51, 200–203, 344, 758, 771]. 我们特别强调 Henrion 和 Surowiec [344] 对于一类具有 $C^2$-光滑数据和凸下层问题的乐观双层规划的显著贡献, 其中下层问题的解映射可以等价地重写为具有 $q(x, y) = \nabla_y \varphi(x, y)$ 和 $Q(x, y) = N(y; G)$ 的 MPEC 形式 (6.73); 参见练习 6.49(i). 在练习 3.51 中定义的意义下, 它们用扰动映射 (6.74) 的弱平静性质代替了部分平静性假设. 通过在下层问题中附加常秩约束规范 (关于后一个概念的更多细节, 参见 [484, 506]), Henrion 和 Surowiec 推出了乐观双层规划的必要最优性条件 (更准确地说, M(ordukhovich)-平稳性条件), 与 [197] 在这种情况下的相应结果相比, 上述条件具有很大的优势. 读者可以在

重要专著 [489, 631] 和随后的出版物 [3, 79, 270, 293, 317, 341, 344, 349, 530, 627, 630, 692, 753, 754, 789] 及其大量参考文献中找到关于 MPECs 及其应用的更多信息. 关于 MPECs 的各种平稳性概念, 特别地参见 Outrata [627] 和 Scheel 与 Scholtes [692] 的论文, 这些概念后来在双层规划中得到了类似的发展. 为此请注意, 尽管 MPECs [489, 631] 和双层规划有许多共同之处, 这两类优化问题一般在本质上是不同的; 关于各种结果和综合讨论, 参见 Dempe 和 Dutta 的论文 [196] 以及 Dempe 和 Zemkoho 的论文 [204].

**6.4 节** 本节包含关于非光滑优化和双层规划中必要最优性条件的不同难度的练习, 必要时有提示和参考. 同时, 我们在这里提出一些有关双层优化各个问题的具有挑战性和很大程度上开放的问题. 它们包括: 练习 6.38(i), 练习 6.39(ii), (iii), 以及练习 6.40(iv) 有关一致弱尖锐极小值; 练习 6.38(i) 使用边际函数的对称次微分来推出双层规划的必要最优性条件; 练习 6.50 在没有部分平静性假设下, 通过使用其中描述的方法推导出乐观双层规划的必要最优性条件; 练习 6.52 及以后的内容推导出悲观双层规划的必要最优性和平稳性条件, 这些条件在文献中研究得相当少; 练习 6.53 通过使用其中描述的方式建立了一种新的求解双层规划的多目标优化方法.

# 第 7 章　具有一定凸性的半无穷规划

本书的这一章和下一章主要介绍了前面变分分析与广义微分的结构和结果的一些最新应用, 以及这些应用所需的新发展, 以半无穷规划 (SIP) 的名称统一命名这类重要的优化问题. 我们也用缩写 "SIP" 来表示特定的半无穷规划, 复数形式为 "SIPs". SIP 术语源自这样一个事实: 最初这类优化问题涉及的是有限维空间上实值函数的最小化问题, 这些实值函数受无穷多个不等式约束, 通常由一个紧集索引. 多年来, SIP 的理论和应用已经发展到包括具有非紧指标集的无穷维空间上的优化问题. 有时, 具有无穷维决策空间的 SIPs 被记为 "无穷规划" 问题, 而在这里, 我们更喜欢使用传统的 SIP 术语, 而不考虑决策空间的维数如何. 如前所述, 前几章的基本风格是在有限维空间中呈现主要结果, 然后仅在练习和评注部分讨论无穷维扩展. 相反, 除非另有说明, 本章和下一章的常规框架是一般的 Banach 空间设置. 其主要原因如下:

(1) 由于其本质, SIPs 总是包含无穷维的部分, 并且需要使用无穷维分析进行研究.

(2) 在有限维和 Banach 决策空间的情况下, 下面得到的主要结果都以完全相同的方式表述.

(3) 许多具有实际意义的模型可以描述为具有无穷维决策空间的 SIPs. 特别是水资源优化问题, 7.2 节中通过使用其中得到的必要最优性条件对该问题进行了表述和求解.

## 7.1　无穷线性不等式系统的稳定性

在本节中, 我们研究 SIPs 的可行解集, 该集合通过具有任意指标集 $T$ 的参数化无穷线性不等式系统

$$\mathcal{F}(p) := \big\{ x \in X \,\big|\, \langle a_t^*, x \rangle \leqslant b_t + p_t, \ t \in T \big\}, \quad p = (p_t)_{t \in T} \tag{7.1}$$

描述, 其中 $x \in X$ 是属于 Banach 空间 $X$ 的决策变量, $p = (p_t)_{t \in T} \in P$ 是一个泛函参数, 取值于以下给定的扰动 Banach 空间 $P$. (7.1) 的数据如下:

● 对于所有 $t \in T$, $a_t^* \in X^*$ 都是固定的. 对于 $X$ 上给定的范数 $\|\cdot\|$ 和 $X^*$ 上的如下相应对偶范数, 我们使用相同的符号

$$\|x^*\| := \sup \big\{ \langle x^*, x \rangle \,\big|\, \|x\| \leqslant 1 \big\}, \quad x^* \in X^*.$$

● 对于所有 $t \in T$, $b_t \in I\!R$ 都是固定的. 我们用实值函数 $b \colon T \to I\!R$ 来确定集合 $\{b_t \mid t \in T\}$.

● 对于所有 $t \in T$, $p_t = p(t) \in I\!R$. 这些泛函参数 $p \colon T \to I\!R$ 是我们的不同扰动, 它们取自 $T$ 上所有有界函数的 Banach 参数空间 $P := l^\infty(T)$, 其上确界范数为 $\|p\|_\infty := \sup\{|p(t)| \mid t \in T\}$. 当 $T$ 是紧的, 且 $p(\cdot)$ 限制为 $T$ 上的连续函数时, 参数空间 $P$ 简化为 $\mathcal{C}(T)$.

显然, 当指标集 $T$ 无穷大时, 空间 $l^\infty(T)$ 永远不是有限维的. 此外, 在无穷维情况下, 空间 $l^\infty(T)$ 永远不是 Asplund 的; 参见 [645, 例 1.21].

本节的主要目的是计算定义 (7.1) 中的集值映射 $\mathcal{F}$ 的上导数, 以及 $\mathcal{F}$ 在参考点处的上导数范数, 完全由 (7.1) 的初始数据进行表述. 在此基础上, 我们推出了 $\mathcal{F}$ 的类 Lipschitz 性质的完全上导数刻画, 其形式与第 3 章有限维设置相同. 此外, 所得到的上导数计算是在 7.2 节中推导具有 (7.1) 型的线性不等式约束的 SIPs 的必要最优性条件的关键, 进而对于在随后的 7.3 节中由凸不等式和类似形式描述的 SIPs 的研究也至关重要.

回顾, 在本章和下一章中研究的 Banach 空间之间的任意映射 $F \colon X \rightrightarrows Y$ 的上导数都是在有限维中通常的 "基本" 意义上考虑的. 这意味着, 给定任意 $(\bar{x}, \bar{y}) \in \mathrm{gph}\, F$, $F$ 在 $(\bar{x}, \bar{y})$ 的上导数是通过 $F$ 的图在 $(\bar{x}, \bar{y})$ 处的相应法锥定义的映射 $F \colon Y^* \rightrightarrows X^*$

$$D^* F(\bar{x}, \bar{y})(y^*) := \{x^* \in X^* \mid (x^*, -y^*) \in N\big((\bar{x}, \bar{y}); \mathrm{gph}\, F\big)\}, \tag{7.2}$$

其中 $y^* \in Y^*$.

### 7.1.1 类 Lipschitz 性质和强 Slater 条件

由于我们处于一般的 Banach 空间设置中, 因此符号 $w^*$-$\lim$ 在这里表示所涉对偶空间中的弱* 拓扑极限. 这对应于通常由 $\{x^*_\nu\}_{\nu \in \mathcal{N}}$ 表示的网的收敛性. 在序列的情况下, 我们用标准自然序列概念 $I\!N = \{1, 2, \cdots\}$ 代替符号 $\mathcal{N}$. 对于任意指标集 $T$, 用 $I\!R^T$ 表示对于所有 $t \in T$, $\lambda = (\lambda_t \mid t \in T)$ 且 $\lambda_t \in I\!R$ 的乘积空间. 最后, 设 $I\!R^{(T)}$ 为乘子 $\lambda \in I\!R^T$ 的集合, 使得对于有限多个 $t \in T$, $\lambda_t \neq 0$, 并设 $I\!R^{(T)}_+$ 是 $I\!R^{(T)}$ 中的正锥, 定义为

$$I\!R^{(T)}_+ := \{\lambda \in I\!R^{(T)} \mid \lambda_t \geqslant 0 \text{ 对于所有 } t \in T \text{ 成立}\}. \tag{7.3}$$

还要注意的是, 在本章中, 符号 "$\mathrm{cone}\, \Omega$" 代表所讨论集合的凸锥包.

现在让我们回顾具有无穷线性不等式约束的 SIPs 的一个公认的规范条件, 然后证明它与其他条件一起提供了 (7.1) 中约束映射 $\mathcal{F}$ 的类 Lipschitz 性质的等价描述.

**定义 7.1** (强 Slater 条件)　我们称, 无穷线性不等式系统 (7.1) 在 $p = (p_t)_{t \in T}$ 处满足强 Slater 条件 (SSC), 如果存在 $\widehat{x} \in X$, 使得

$$\sup_{t \in T} \big[ \langle a_t^*, \widehat{x} \rangle - b_t - p_t \big] < 0. \tag{7.4}$$

此外, 满足条件 (7.4) 的每个点 $\widehat{x} \in X$ 都是系统 (7.1) 在 $p = (p_t)_{t \in T}$ 处的一个强 Slater 点.

进一步定义参数特征集

$$C(p) := \mathrm{co}\big\{ (a_t^*, b_t + p_t) \,\big|\, t \in T \big\}, \quad p \in l^\infty(T), \tag{7.5}$$

并且不失一般性, 假设 $\bar{p} = 0 \in l^\infty(T)$ 是指定的额定参数. 首先, 我们验证以下等价关系.

**定理 7.2** (无穷线性系统的类 Lipschitz 性质的等价描述)　在 Banach 决策空间 $X$ 中给定 (7.1) 中 $p \in \mathrm{dom}\,\mathcal{F}$, 以下性质是等价的:

(i) $\mathcal{F}$ 在 $(p, x)$ 附近对于所有 $x \in \mathcal{F}(p)$ 是类 Lipschitz 的.

(ii) $p \in \mathrm{int}(\mathrm{dom}\,\mathcal{F})$.

(iii) $\mathcal{F}$ 在 $p$ 满足强 Slater 条件.

(iv) 对于 (7.5) 中的特征集, $(0,0) \notin \mathrm{cl}^* C(p)$.

最后, $\{ a_t^* \mid t \in T \}$ 的有界性确保了 (i)—(iv) 等价于:

(v) 存在 $\widehat{x} \in X$ 使得 $(p, \widehat{x}) \in \mathrm{int}(\mathrm{gph}\,\mathcal{F})$.

**证明**　(i) 和 (ii) 之间的等价性是 Robinson-Ursescu 定理和凸图映射 $\mathcal{F}$ 的类 Lipschitz 性质与其逆映射的度量正则性/覆盖性之间的等价性的结果; 参见定理 3.2 和推论 3.6 以及 3.4 节和 3.5 节中的相应练习和评注.

为了验证蕴涵关系 (iii)$\Rightarrow$(ii), 假设 $\widehat{x}$ 是系统 (7.1) 在 $p$ 处的强 Slater 点, 并找到 $\vartheta > 0$, 使得

$$\langle a_t^*, \widehat{x} \rangle - b_t - p_t \leqslant -\vartheta, \quad \text{对于所有 } t \in T \text{ 成立.}$$

则显然对于任意 $q \in l^\infty(T)$ 和 $\|q\| < \vartheta$, 我们有 $\widehat{x} \in \mathcal{F}(p+q)$. 因此 $p + q \in \mathrm{dom}\,\mathcal{F}$, 从而 (ii) 成立. 为进一步证明逆蕴涵关系 (ii)$\Rightarrow$(iii), 选取 $p \in \mathrm{int}(\mathrm{dom}\,\mathcal{F})$, 然后得到 $p + q \in \mathrm{dom}\,\mathcal{F}$ 当 $q_t = -\vartheta$, $t \in T$ 且 $\vartheta > 0$ 足够小时成立. 因此, 每个 $\widehat{x} \in \mathcal{F}(p+q)$ 是无穷系统 (7.1) 在 $p$ 处的强 Slater 点.

接下来, 我们证明 (iii)$\Rightarrow$(iv). 使用反证法论述, 假设 $(0,0) \in \mathrm{cl}^* C(p)$. 则存在一个网 $\{\lambda_\nu\}_{\nu \in \mathcal{N}} \in \mathbb{R}_+^{(T)}$ 满足等式 $\sum_{t \in T} \lambda_{t\nu} = 1$ $(\forall \nu \in \mathcal{N})$ 和极限条件

$$(0,0) = w^*\text{-}\lim_{\nu \in \mathcal{N}} \sum_{t \in T} \lambda_{t\nu} \big( a_t^*, b_t + p_t \big). \tag{7.6}$$

如果 $\widehat{x}$ 是系统 (7.1) 在 $p$ 处的强 Slater 点, 我们可以找到 $\vartheta > 0$ 使得

$$\langle a_t^*, \widehat{x} \rangle - b_t - p_t \leqslant -\vartheta, \quad \forall\, t \in T.$$

则由条件 (7.6) 我们得出矛盾

$$0 = \langle 0, \widehat{x} \rangle + 0 \cdot (-1) = \lim_{\nu \in \mathcal{N}} \sum_{t \in T} \lambda_{t\nu} \big( \langle a_t^*, \widehat{x} \rangle + (b_t + p_t) \cdot (-1) \big) \leqslant -\vartheta,$$

从而证明了 (iii)$\Rightarrow$(iv). 为了验证反向蕴涵关系 (iv)$\Rightarrow$(iii), 我们采用 (7.1) 中一致性的对偶描述, 即

$$p \in \mathrm{dom}\,\mathcal{F} \Leftrightarrow (0, -1) \notin \mathrm{cl}^* \mathrm{cone} \big\{ (a_t^*, b_t + p_t) \big|\, t \in T \big\}, \tag{7.7}$$

这将在练习 7.71 和 7.7 节的评注中讨论. 然后使用经典的强分离定理, 我们得到 $(0,0) \neq (v, \alpha) \in X \times \mathbb{R}$ 满足

$$\langle a_t^*, v \rangle + \alpha(b_t + p_t) \leqslant 0,\ t \in T \quad \text{和} \quad \langle 0, v \rangle + (-1)\alpha = -\alpha > 0. \tag{7.8}$$

使用 (iv), 我们得到 $(0,0) \neq (z, \beta) \in X \times \mathbb{R}$ 和 $\gamma \in \mathbb{R}$ 满足

$$\langle a_t^*, z \rangle + \beta(b_t + p_t) \leqslant \gamma < 0, \quad \forall\, t \in T. \tag{7.9}$$

现在考虑组合 $(u, \eta) := (z, \beta) + \lambda(v, \alpha)$ 并选择 $\lambda > 0$, 使得 $\eta < 0$. 定义 $\widehat{x} := -\eta^{-1} u$, 我们从 (7.8) 和 (7.9) 推导出

$$\langle a_t^*, \widehat{x} \rangle - b_t - p_t = -\eta^{-1} \big( \langle a_t^*, u \rangle + \eta(b_t + p_t) \big) \leqslant -\eta^{-1}\gamma < 0.$$

因此 $\widehat{x}$ 是系统 (7.1) 在 $p$ 处的强 Slater 点, 即 (iii) 成立.

仍需考虑条件 (v). 容易看出, (v) 总是蕴含着 (iv) 以及定理的其他条件. 现在假设集合 $\{a_t^* \mid t \in T\}$ 是有界的, 证明 (iii) 蕴含着 (v). 选择 $M \geqslant 0$, 使得 $\|a_t^*\| \leqslant M\ (\forall t \in T)$ 并取 $\widehat{x} \in X$ 满足 (7.4). 记

$$\gamma := -\sup_{t \in T} [\langle a_t^*, \widehat{x} \rangle - b_t - p_t] > 0,$$

并考虑任意序对 $(p', u) \in l^\infty(T) \times X$, 使得

$$\|u\| \leqslant \eta := \gamma / (M + 1) > 0 \quad \text{和} \quad \|p'\| \leqslant \eta.$$

很容易看出, 对于这样的 $(p', u)$ 和每个 $t \in T$, 我们有

$$\langle a_t^*, \widehat{x} + u \rangle - b_t - p_t - p_t' \leqslant -\gamma + M\|u\| + \|p'\| \leqslant \eta(M + 1) - \gamma = 0,$$

从而 $(p + p', \widehat{x} + u) \in \mathrm{gph}\,\mathcal{F}$. 因此, $(p, \widehat{x}) \in \mathrm{int}(\mathrm{gph}\,\mathcal{F})$, 这就验证了蕴涵关系 (iii)$\Rightarrow$(v) 并完成了定理的证明. $\triangle$

### 7.1.2   参数无穷线性系统的上导数

在本小节中, 我们完全通过 (7.1) 的初始数据, 计算参数无穷系统 (7.1) 在参考点 $(0, \bar{x})$ 处的上导数 $D^*\mathcal{F}(0, \bar{x})$ (如 (7.2) 所述), 以及其范数 $\|D^*\mathcal{F}(0, \bar{x})\|$. 回顾, (7.1) 中参数空间的对偶空间 $l^\infty(T)^*$ 等距于 $T$ 的子集上所有有界可加测度 $\mu(\cdot)$ 的空间 $ba(T)$, 其范数

$$\|\mu\| := \sup_{A \subset T} \mu(A) - \inf_{B \subset T} \mu(B).$$

接下来, 对偶元素 $p^* \in l^\infty(T)^*$ 被视为相应测度 $\mu \in ba(T)$, 且满足典型对偶关系

$$\langle \mu, p \rangle = \int_T p_t \, \mu(dt), \quad p = (p_t)_{t \in T}.$$

进一步, 我们需要将经典的 Farkas 引理推广到无穷线性不等式系统的情形; 见练习 7.73 以及 7.7 节中相应的评注.

**命题 7.3** (无穷线性不等式的扩展 Farkas 引理)   假设对于无穷系统 (7.1) 有 $p \in \operatorname{dom} \mathcal{F}$, 并设 $(x^*, \alpha) \in X^* \times \mathbb{R}$. 下面断言等价:

(i) 每当 $x \in \mathcal{F}(p)$ 时, 我们有 $\langle x^*, x \rangle \leqslant \alpha$, 即

$$\left[ \langle a_t^*, x \rangle \leqslant b_t + p_t \text{ 对于所有 } t \in T \text{ 成立} \right] \Rightarrow \left[ \langle x^*, x \rangle \leqslant \alpha \right].$$

(ii) 序对 $(x^*, \alpha)$ 满足包含

$$(x^*, \alpha) \in \operatorname{cl}^* \operatorname{cone} \left[ \left\{ (a_t^*, b_t + p_t) \mid t \in T \right\} \cup \{(0, 1)\} \right] \quad 且 \quad 0 \in X^*.$$

使用命题 7.3, 我们首先描述图

$$\operatorname{gph} \mathcal{F} = \left\{ (p, x) \in l^\infty(T) \times X \mid \langle a_t^*, x \rangle \leqslant b_t + p_t \text{ 对于所有 } t \in T \text{ 成立} \right\}$$

在参考点 $(0, \bar{x}) \in \operatorname{gph} \mathcal{F}$ 处的法锥. 回顾, $\delta_t$ 表示 $t \in T$ 处的经典 Dirac 函数/测度, 满足

$$\langle \delta_t, p \rangle = p_t, \ t \in T \text{ 对于 } p = (p_t)_{t \in T} \in l^\infty(T). \tag{7.10}$$

**命题 7.4** (无穷线性系统的图法向量)   假设对于 (7.1) 的映射 $\mathcal{F}$ 有 $(0, \bar{x}) \in \operatorname{gph} \mathcal{F}$, 并设 $(p^*, x^*) \in l^\infty(T)^* \times X^*$. 则我们有 $(p^*, x^*) \in N((0, \bar{x}); \operatorname{gph} \mathcal{F})$ 当且仅当

$$(p^*, x^*, \langle x^*, \bar{x} \rangle) \in \operatorname{cl}^* \operatorname{cone} \left[ \left\{ (-\delta_t, a_t^*, b_t) \mid t \in T \right\} \cup \{(0, 0, 1)\} \right], \tag{7.11}$$

其中 $0 \in l^\infty(T)^*$ 并且 $0 \in X^*$ 分别表示最后一个三元组的第一个和第二个值. 此外, 包含 $(p^*, x^*) \in N((0, \bar{x}); \operatorname{gph} \mathcal{F})$ 意味着在空间 $ba(T)$ 中 $p^* \leqslant 0$, 即 $p^*(A) \leqslant 0$ 对于所有 $A \subset T$ 成立.

**证明** 容易看出

$$\operatorname{gph}\mathcal{F} = \big\{(p,x) \in l^\infty(T) \times X \big| \langle a_t^*, x\rangle - \langle \delta_t, p\rangle \leqslant b_t \ \text{对于所有}\ t \in T\ \text{成立}\big\},$$

因此, 我们有 $(p^*, x^*) \in N((0,\bar{x}); \operatorname{gph}\mathcal{F})$, 当且仅当

$$\langle p^*, p\rangle + \langle x^*, x\rangle \leqslant \langle x^*, \bar{x}\rangle, \quad \text{对于每个}\ (p,x) \in \operatorname{gph}\mathcal{F}\ \text{成立}. \tag{7.12}$$

现在利用命题 7.3 中 (i) 和 (ii) 的等价性, 我们得出 $(p^*, x^*) \in N((0,\bar{x}); \operatorname{gph}\mathcal{F})$ 当且仅当包含 (7.11) 成立.

为了证明命题的最后一个陈述, 对于每个集合 $A \subset T$, 考虑其特征函数 $\chi_A \colon T \to \{0,1\}$, 定义为

$$\chi_A(t) := \begin{cases} 1, & t \in A, \\ 0, & t \notin A. \end{cases}$$

显然, 包含 $(p,x) \in \operatorname{gph}\mathcal{F}$ 意味着对于每个 $\lambda > 0$ 有 $(p + \lambda\chi_A, x) \in \operatorname{gph}\mathcal{F}$. 现在将 (7.12) 中的 $(p,x)$ 替换为 $(p + \lambda\chi_A, x)$, 将不等式的两边同时除以 $\lambda$, 然后令 $\lambda \to \infty$, 我们得到

$$\langle p^*, \chi_A\rangle = \int_T \chi_A(t)\, p^*(dt) = p^*(A) \leqslant 0,$$

这就完成了命题的证明. △

命题 7.4 中得到的图法向量的表示对于 (7.2) 中通过 $\operatorname{gph}\mathcal{F}$ 在 $(0,\bar{x})$ 处的法锥定义的上导数 $D^*\mathcal{F}(0,\bar{x})$ 的计算至关重要.

**定理 7.5** (上导数计算) 给定无穷系统 (7.1) 中 $\bar{x} \in \mathcal{F}(0)$, 我们有 $p^* \in D^*\mathcal{F}(0,\bar{x})(x^*)$ 当且仅当

$$\big(p^*, -x^*, -\langle x^*, \bar{x}\rangle\big) \in \operatorname{cl}^*\operatorname{cone}\big\{(-\delta_t, a_t^*, b_t) \big| t \in T\big\}. \tag{7.13}$$

**证明** 根据上导数定义和命题 7.4 知, $p^* \in D^*\mathcal{F}(0,\bar{x})(x^*)$ 当且仅当

$$\big(p^*, -x^*, -\langle x^*, \bar{x}\rangle\big) \in \operatorname{cl}^*\operatorname{cone}\big[\big\{(-\delta_t, a_t^*, b_t) \big| t \in T\big\} \cup \{(0,0,1)\}\big]. \tag{7.14}$$

为了证明定理所声称的上导数表示, 我们需要证明实际上由包含 (7.14) 可得 (7.13) 中"更小"的包含. 假设 (7.14) 确实成立, 我们通过 (7.14) 找到网 $\{\lambda_\nu\}_{\nu\in\mathcal{N}} \subset I\!\!R_+^{(T)}$ 和 $\{\gamma_\nu\}_{\nu\in\mathcal{N}} \subset I\!\!R_+$ 满足极限关系

$$\big(p^*, -x^*, -\langle x^*, \bar{x}\rangle\big) = w^*\text{-}\lim_{\nu\in\mathcal{N}} \left(\sum_{t\in T} \lambda_{t\nu}(-\delta_t, a_t^*, b_t) + \gamma_\nu(0,0,1)\right), \tag{7.15}$$

其中 $\lambda_{t\nu}$ 表示 $\lambda_\nu = (\lambda_{t\nu})_{t\in T}$ 且 $\nu \in \mathcal{N}$ 的 $t$-值. (7.15) 的组成结构告诉我们

$$0 = \langle p^*, 0\rangle + \langle -x^*, \bar{x}\rangle + (-\langle x^*, \bar{x}\rangle)(-1) = \lim_{\nu\in\mathcal{N}}\left(\sum_{t\in T}\lambda_{t\nu}(\langle a_t^*, \bar{x}\rangle - b_t) - \gamma_\nu\right).$$

考虑到正锥 $I\!R_+^{(T)}$ 的定义 (7.3) 并且 $(0, \bar{x})$ 满足 (7.1) 中的无穷不等式系统, 我们得出 $\lim_{\nu\in\mathcal{N}}\gamma_\nu = 0$. 这就验证了 (7.13), 从而完成了定理的证明. △

定理 7.5 的下面结果在下文中很有用.

**推论 7.6** (极限上导数描述)　如果在定理 7.5 的设置中 $p^* \in D^*\mathcal{F}(0, \bar{x})(x^*)$, 则存在一个网 $\{\lambda_\nu\}_{\nu\in\mathcal{N}} \subset I\!R_+^{(T)}$ 满足

$$\sum_{t\in T}\lambda_{t\nu} \to \|p^*\| = -\langle p^*, e\rangle, \quad \sum_{t\in T}\lambda_{t\nu}a_t^* \xrightarrow{w^*} -x^* \quad \text{和} \quad \sum_{t\in T}\lambda_{t\nu}b_t \to -\langle x^*, \bar{x}\rangle.$$

**证明**　定理 7.5 给出了一个网 $\{\lambda_\nu\}_{\nu\in\mathcal{N}} \subset I\!R_+^{(T)}$, 使得

$$\sum_{t\in T}\lambda_{t\nu}\delta_t \xrightarrow{w^*} -p^*, \quad \sum_{t\in T}\lambda_{t\nu}a_t^* \xrightarrow{w^*} -x^* \quad \text{和} \quad \sum_{t\in T}\lambda_{t\nu}b_t \to -\langle x^*, \bar{x}\rangle.$$

这显然隐含着关系

$$\left\langle \sum_{t\in T}\lambda_{t\nu}\delta_t, e\right\rangle = \sum_{t\in T}\lambda_{t\nu} \to \langle p^*, -e\rangle =: \lambda \in [0, \infty).$$

由于 $X^*$ 上的对偶范数是 $w^*$-下半连续的, 我们有

$$\|p^*\| \leqslant \liminf_{\nu\in\mathcal{N}}\left\|\sum_{t\in T}\lambda_{t\nu}\delta_t\right\| \leqslant \liminf_{\nu\in\mathcal{N}}\sum_{t\in T}\lambda_{t\nu} = \lambda.$$

此外, 根据范数的定义有

$$\|p^*\| = \sup_{\|p\|\leqslant 1}\langle p^*, p\rangle \geqslant \langle p^*, -e\rangle = \lambda,$$

由此可得 $\|p^*\| = -\langle p^*, e\rangle$, 因此完成了证明. △

现在我们完全通过无穷线性不等式系统 (7.1) 的初始数据, 继续精确计算上导数范数

$$\|D^*\mathcal{F}(0, \bar{x})\| := \sup\{\|p^*\| \mid p^* \in D^*\mathcal{F}(0, \bar{x})(x^*), \|x^*\| \leqslant 1\}. \tag{7.16}$$

下面的命题是我们分析工作的部分内容, 它涉及特征集 (7.5) 在 $p = 0$ 处的性质并且与 (7.1) 的强 Slater 点相关.

**命题 7.7** (与特征集相关的强 Slater 点)  给定 $\bar{x} \in \mathcal{F}(0)$, 考虑基于 (7.5) 中 $C(0)$ 构建的集合

$$S := \left\{ x^* \in X^* \mid (x^*, \langle x^*, \bar{x} \rangle) \in \mathrm{cl}^* C(0) \right\}. \tag{7.17}$$

以下断言成立:

(i) 设 $\bar{x}$ 不是无穷系统 (7.1) 在 $p = 0$ 处的强 Slater 点, 并设系数集合 $\{a_t^* \mid t \in T\}$ 在 $X^*$ 中有界. 则 (7.17) 中集合 $S$ 是非空的, 并且在 $X^*$ 中是 $w^*$-紧的.

(ii) 设 $\bar{x}$ 是 (7.1) 在 $p = 0$ 处的强 Slater 点. 则在 (7.17) 中 $S = \varnothing$.

**证明**  为验证 (i), 假设 $\bar{x}$ 不是无穷系统 (7.1) 在 $p = 0$ 处的强 Slater 点. 则存在序列 $\{t_k\}_{k \in \mathbb{N}} \subset T$ 使得 $\lim_k(\langle a_{t_k}^*, \bar{x} \rangle - b_{t_k}) = 0$. 由经典的 Alaoglu-Bourbaki 定理, $\{a_t^* \mid t \in T\}$ 的有界性暗示了这个集合在 $X^*$ 中是相对 $w^*$-紧的, 即存在后一个序列的子网 $\{a_{t_\nu}^*\}_{\nu \in \mathcal{N}}$, $w^*$-收敛于某个元素 $u^* \in \mathrm{cl}^*\{a_t^* \mid t \in T\}$. 由此可得 $\lim_{\nu \in \mathcal{N}} b_{t_\nu} = \langle u^*, \bar{x} \rangle$ 且

$$\left( u^*, \langle u^*, \bar{x} \rangle \right) = w^* - \lim_{\nu \in \mathcal{N}} \left( a_{t_\nu}^*, b_{t_\nu} \right) \in \mathrm{cl}^* C(0),$$

这就证明了 (7.17) 中集合 $S$ 的非空性.

为了验证 $S$ 的 $w^*$-紧性, 观察到集合 $A := \{a_t^* \mid t \in T\}$ 的有界性意味着 $\mathrm{cl}^*\mathrm{co}A$ 也有这个性质; 由于其自身具有 $w^*$-闭性, 后一个集合实际上是 $w^*$-紧的. 进一步注意, (7.17) 中的集合 $S$ 是 $w^*$-连续映射 $x^* \mapsto (x^*, \langle x^*, \bar{x} \rangle)$ 下 $\mathrm{cl}^* C(0)$ 的原像, 因此它在 $X^*$ 中是 $w^*$-闭的. 由于 $S$ 是 $\mathrm{cl}^*\mathrm{co}A$ 的子集, 它也是有界的, 因此在 $X^*$ 中是 $w^*$-紧的. 我们完成了 (i) 的证明.

为了验证 (ii), 设 $\bar{x}$ 是系统 (7.1) 在 $p = 0$ 处的强 Slater 点, 并设 $\gamma := -\sup_{t \in T} \{\langle a_t^*, \bar{x} \rangle - b_t\}$. 则我们有不等式

$$\langle x^*, \bar{x} \rangle \leqslant \beta - \gamma, \quad \text{当 } (x^*, \beta) \in \mathrm{cl}^* C(0) \text{ 时成立},$$

这验证了 (ii), 从而完成了命题的证明.                                                     △

现在我们准备完全根据 Banach 空间中无穷系统 (7.1) 的给定数据来计算上导数范数 $\|D^*\mathcal{F}(0, \bar{x})\|$.

**定理 7.8** (计算上导数范数)  假设对于无穷系统 (7.1) 有 $\bar{x} \in \mathrm{dom}\,\mathcal{F}$, 且它在 $p = 0$ 处满足强 Slater 条件. 则以下断言在 $\{a_t^* \mid t \in T\}$ 的有界性下成立:

(i) 如果 $\bar{x}$ 是 $\mathcal{F}$ 在 $p = 0$ 处的强 Slater 点, 则 $\|D^*\mathcal{F}(0, \bar{x})\| = 0$.

(ii) 如果 $\bar{x}$ 不是 $\mathcal{F}$ 在 $p = 0$ 处的强 Slater 点, 则上导数范数 (7.16) 是正的, 并可由以下公式计算

$$\|D^*\mathcal{F}(0, \bar{x})\| = \max \left\{ \|x^*\|^{-1} \mid (x^*, \langle x^*, \bar{x} \rangle) \in \mathrm{cl}^* C(0) \right\}. \tag{7.18}$$

**证明**　为了验证断言 (i), 假设 $\bar{x}$ 是系统 $\mathcal{F}$ 在 $p = 0$ 处的强 Slater 点. 由定理 7.2 中蕴涵关系 (iii)⇒(v) 的证明可知 $(0, \bar{x}) \in \operatorname{int}(\operatorname{gph} \mathcal{F})$, 因此 $N((0, \bar{x}); \operatorname{gph} \mathcal{F}) = \{(0, 0)\}$. 故 (i) 可以由上导数及其范数的定义得到.

为了证明断言 (ii), 取 $x^* \in X^*$ 使得 $(x^*, \langle x^*, \bar{x} \rangle) \in \operatorname{cl}^* C(0)$; 根据命题 7.7, 后一个集合是非空的. 则存在网 $\{\lambda_\nu\}_{\nu \in \mathcal{N}} \subset I\!\!R_+^{(T)}$ 满足 $\sum_{t \in T} \lambda_{t\nu} = 1 (\forall \nu \in \mathcal{N})$, 使得

$$\sum_{t \in T} \lambda_{t\nu} a_t^* \xrightarrow{w^*} x^* \quad \text{和} \quad \sum_{t \in T} \lambda_{t\nu} b_t \to \langle x^*, \bar{x} \rangle.$$

进一步通过

$$p_\nu^* := -\sum_{t \in T} \lambda_{t\nu} \delta_t, \quad \text{且} \ \|p_\nu^*\| = \langle p_\nu^*, -e \rangle = 1, \ \nu \in \mathcal{N}$$

构造网元素 $p_\nu^* \in l^\infty(T)^*$, 并对于某个 $p^* \in l^\infty(T)^*$ 且 $\|p^*\| \leqslant 1$, 通过 Alaoglu-Bourbaki 定理找到一个收敛子网 $p_\nu^* \xrightarrow{w^*} p^*$. 采用与推论 7.6 的证明相同的论述, 我们得出结论

$$1 = \lim_{\nu \in \mathcal{N}} \sum_{t \in T} \lambda_{t\nu} = \|p^*\| = \langle p^*, -e \rangle. \tag{7.19}$$

此外, 通过取极限, 有

$$(p^*, x^*, \langle x^*, \bar{x} \rangle) \in \operatorname{cl}^* \operatorname{co} \left\{ (-\delta_t, a_t^*, b_t) \mid t \in T \right\},$$

由定理 7.5 的上导数计算, 这意味着

$$p^* \in D^* \mathcal{F}(0, \bar{x})(-x^*). \tag{7.20}$$

现在假设在 (7.20) 中 $x^* = 0$. 因为由 (7.19) 有 $p^* \neq 0$, 我们从 (7.20) 得到 $D^* \mathcal{F}(0, \bar{x})(0) \neq \{0\}$. 根据练习 3.35(i) 和 $\mathcal{F}$ 的图凸性, 这告诉我们 $\mathcal{F}$ 在 $(0, \bar{x})$ 附近不是类 Lipschitz 的, 因此它不能通过蕴涵关系 (iii)⇒(i) 满足定理 7.2 中的强 Slater 条件. 这与定理中的假设矛盾.

因此, 在 (7.20) 中 $x^* \neq 0$, 我们从后一关系式得出

$$\|x^*\|^{-1} p^* \in D^* \mathcal{F}(0, \bar{x}) \left( -\|x^*\|^{-1} x^* \right),$$

继而给出估计

$$\|D^* \mathcal{F}(0, \bar{x})\| \geqslant \left\| \|x^*\|^{-1} p^* \right\| = \|x^*\|^{-1},$$

从而证明了 (7.18) 中的不等式 "$\geqslant$".

仍然需要证明 (7.18) 中的反向不等式. 对于 (7.17) 中的非空和 $w^*$-紧集 $S$, 我们根据定理 7.2 得到 $0 \notin S$, 并且函数 $x^* \mapsto \|x^*\|^{-1}$ 在 $S$ 上是 $w^*$-上半连续的. 因此, (7.18) 右侧的上确界可达到且属于 $(0, \infty)$. 则定理 7.2 中的条件 (v) 意味着 $(0, \hat{x}) \in \mathrm{int}(\mathrm{gph}\,\mathcal{F})$ 对于某个 $\hat{x} \in X$ 成立, 从而 $0 \in \mathrm{int}(\mathrm{dom}\,\mathcal{F})$. 此外, 我们有 $p^* \in D^*\mathcal{F}(0, \bar{x})(-x^*)$ 当且仅当 $(p^*, x^*) \in N((0, \bar{x}); \mathrm{gph}\,\mathcal{F})$, 这等价于

$$\langle p^*, p \rangle + \langle x^*, x \rangle \leqslant \langle x^*, \bar{x} \rangle, \quad \text{对于所有 } (p, x) \in \mathrm{gph}\,\mathcal{F} \text{ 成立.} \tag{7.21}$$

通过考虑 $0 \in \mathrm{int}(\mathrm{dom}\,\mathcal{F})$, 这使我们可以得出

$$p^* \in D^*\mathcal{F}(0, \bar{x})(0) \Leftrightarrow \langle p^*, p \rangle \leqslant 0, \quad \text{对于所有 } p \in \mathrm{dom}\,\mathcal{F} \text{ 成立} \Leftrightarrow p^* = 0. \tag{7.22}$$

进一步观察到, 由于 $\bar{x}$ 不是 $\mathcal{F}$ 在 $p = 0$ 处的强 Slater 点, 我们有 $(0, \bar{x}) \notin \mathrm{int}(\mathrm{gph}\,\mathcal{F})$, 因此通过经典的分离定理可知, 存在 $(p^*, x^*) \neq (0, 0)$, 使得条件 (7.21) 成立. 利用 (7.22), 我们得到 $x^* \neq 0$ 且 $p^* \in D^*\mathcal{F}(0, \bar{x})(-x^*)$.

现在取 $p^* \in D^*\mathcal{F}(0, \bar{x})(-x^*)$ 且 $\|x^*\| \leqslant 1$, 并假设 $x^* \neq 0$; 上面的论证确保了这样的元素的存在. 根据推论 7.6, 存在网 $\{\lambda_\nu\}_{\nu \in \mathcal{N}} \subset \mathbb{R}_+^{(T)}$ 使得

$$\gamma_\nu := \sum_{t \in T} \lambda_{t\nu} \to \|p^*\| = -\langle p^*, e \rangle, \quad x_\nu^* := \sum_{t \in T} \lambda_{t\nu} a_t^* \xrightarrow{w^*} x^*, \quad \sum_{t \in T} \lambda_{t\nu} b_t \to \langle x^*, \bar{x} \rangle.$$

对每一个 $t \in T$ 选取 $M \geqslant \|a_t^*\|$, 我们得到估计

$$\|x_\nu^*\| \leqslant M \gamma_\nu, \quad \forall \nu \in \mathcal{N},$$

以及极限关系

$$0 < \|x^*\| \leqslant \liminf_{\nu \in \mathcal{N}} \|x_\nu^*\| \leqslant M \liminf_{\nu \in \mathcal{N}} \gamma_\nu = M \|p^*\|,$$

这确保了 $p^* \neq 0$. 由此进一步得出

$$\|p^*\|^{-1} (x^*, \langle x^*, \bar{x} \rangle) \in \mathrm{cl}^* C(0).$$

最后记住 $0 < \|x^*\| \leqslant 1$, 我们得到估计

$$\|p^*\| \leqslant \left\| \|p^*\|^{-1} x^* \right\|^{-1} \leqslant \max \left\{ \|u^*\|^{-1} \,\middle|\, (u^*, \langle u^*, \bar{x} \rangle) \in \mathrm{cl}^* C(0) \right\},$$

这就证明了 (7.18) 中不等式 "$\leqslant$", 因此完成了证明. $\triangle$

### 7.1.3  Lipschitz 稳定性的上导数刻画

在本小节中, 我们使用上述上导数分析和线性 SIPs 中的适当技巧, 为无穷线性系统 (7.1) (在类 Lipschitz 性质的有效的意义下) 建立 Lipschitz 稳定性的上导数准则, 并精确计算确切 Lipschitz 界限 $\operatorname{lip} \mathcal{F}(0, \bar{x})$. 令人惊讶的是, 所得到的结果与定理 3.3 中一般闭图多值映射的有限维设置完全相同, 而在这种情况下, 我们可以完全根据 (7.1) 的给定数据表示上导数准则和确切 Lipschitz 界限.

首先我们给出了 $\mathcal{F}$ 在参考点 $(0, \bar{x})$ 附近的类 Lipschitz 性质的 (3.9) 形式的充要条件.

**定理 7.9** (线性无穷系统的类 Lipschitz 性质的上导数准则) 假设对于无穷不等式系统 (7.1), $\bar{x} \in \mathcal{F}(0)$. 则 $\mathcal{F}$ 在 $(0, \bar{x})$ 附近时是类 Lipschitz 的, 当且仅当

$$D^*\mathcal{F}(0, \bar{x})(0) = \{0\}. \tag{7.23}$$

**证明** "必要性" 部分源自在任意 Banach 空间中有效的定理 3.3 中第 1 步的证明. 现在为验证定理的 "充分性" 部分, 反之假设 $D^*\mathcal{F}(0, \bar{x})(0) = \{0\}$, 而映射 $\mathcal{F}$ 在 $(0, \bar{x})$ 附近不是类 Lipschitz 的. 然后, 通过定理 7.2 中的性质 (i) 和 (iv) 之间的等价关系, 我们得到包含

$$(0, 0) \in \operatorname{cl}^*\operatorname{co}\big\{(a_t^*, b_t) \in X^* \times I\!R \big| \, t \in T\big\}.$$

这意味着存在网 $\{\lambda_\nu\}_{\nu \in \mathcal{N}} \in I\!R_+^{(T)}$ 满足 $\sum_{t \in T} \lambda_{t\nu} = 1$, $\nu \in \mathcal{N}$ 且

$$w^*\text{-} \lim_{\nu \in \mathcal{N}} \sum_{t \in T} \lambda_{t\nu}(a_t^*, b_t) = (0, 0). \tag{7.24}$$

由于网 $\{\sum_{t \in T} \lambda_{t\nu}(-\delta_t)\}_{\nu \in \mathcal{N}}$ 在 $l^\infty(T)^*$ 中显然有界, 所以 Alaoglu-Bourbaki 定理保证了存在子网 (无重新标记)$w^*$-收敛到某个元素 $p^* \in l^\infty(T)^*$, 即

$$p^* = w^*\text{-} \lim_{\nu \in \mathcal{N}} \sum_{t \in T} \lambda_{t\nu}(-\delta_t). \tag{7.25}$$

根据 (7.25), 由 Dirac 函数的定义可得

$$\langle p^*, -e \rangle = \lim_{\nu \in \mathcal{N}} \sum_{t \in T} \lambda_{t\nu} = 1, \quad \text{其中 } e = (e_t)_{t \in T} \text{ 且 } e_t = 1 \text{ 对于所有 } t \in T,$$

从而 $p^* \neq 0$. 此外, 结合 (7.24) 和 (7.25) 我们得出

$$(p^*, 0, 0) = w^*\text{-} \lim_{\nu \in \mathcal{N}} \sum_{t \in T} \lambda_{t\nu}(-\delta_t, a_t^*, b_t) \quad \text{且} \quad p^* \neq 0,$$

因此, 通过定理 7.5 的明确上导数描述, 我们得到包含 $p^* \in D^*\mathcal{F}(0, \bar{x})(0) \setminus \{0\}$, 这与假设条件 (7.23) 矛盾. 这验证了类 Lipschitz 性质的上导数准则 (7.23) 的充分性部分, 从而完成了该定理的证明. $\triangle$

我们的下一个目标是计算确切 Lipschitz 界限 $\operatorname{lip} \mathcal{F}(0, \bar{x})$. 为此, 观察到通过 (对任意映射 $F: X \rightrightarrows Y$ 成立) 集合的距离函数的 $\operatorname{lip} F(\bar{x}, \bar{y})$ 的以下极限表示:

$$\operatorname{lip} F(\bar{z}, \bar{y}) = \limsup_{(z,y) \to (\bar{z}, \bar{y})} \frac{\operatorname{dist}(y; F(z))}{\operatorname{dist}(z; F^{-1}(y))}, \quad \text{其中 } 0/0 := 0. \tag{7.26}$$

首先, 构造闭仿射半空间

$$H(x^*, \alpha) := \{x \in X \mid \langle x^*, x \rangle \leqslant \alpha\} \text{ 对于 } (x^*, \alpha) \in X^* \times \mathbb{R}$$

并推导出距离函数表示, 即 Ascoli 公式.

**命题 7.10** (Ascoli 公式) 我们有

$$\operatorname{dist}(x; H(x^*, \alpha)) = \frac{[\langle x^*, x \rangle - \alpha]_+}{\|x^*\|}, \tag{7.27}$$

其中 $[\gamma]_+ := \max\{\gamma, 0\}$, $\gamma \in \mathbb{R}$ 且 $0/0 := 0$.

**证明** 在 $x \in H(x^*, \alpha)$ 的情况下, 表示 (7.27) 是显然的. 现在考虑 $x \notin H(x^*, \alpha)$ 的情况, 并定义相关联优化问题

$$\text{minimize } \|u - x\| \text{ s.t. } u \in H(x^*, \alpha), \tag{7.28}$$

该问题存在最优解; 参见练习 7.75. 设 $\bar{u} \in H(x^*, \alpha)$ 是 (7.28) 的任意解. 应用广义 Fermat 法则以及次微分和法则 (其有效性是由于 $u \mapsto \|u - x\|$ 的连续性), 得到

$$0 \in \partial\|\cdot - x\|(\bar{u}) + N(\bar{u}; H(x^*, \alpha)) \tag{7.29}$$

且 $\bar{u} \neq x$. 因为在这种情况下我们有

$$\partial\|\cdot - x\|(\bar{u}) = \{u^* \in X^* \mid \|u^*\| = 1, \langle u^*, \bar{u} - x \rangle = \|\bar{u} - x\|\},$$

并且当 $\langle x^*, \bar{u} \rangle = \alpha$ 且 $N(\bar{u}; H(x^*, \alpha)) = \{0\}$ 时有 $N(\bar{u}; H(x^*, \alpha)) = \operatorname{cone}\{x^*\}$, 否则, 通过 (7.29) 我们可得

$$\langle x^*, \bar{u} \rangle = \alpha \quad \text{和} \quad \|x^*\| \cdot \|\bar{u} - x\| = \langle x^*, x - \bar{u} \rangle.$$

这反过来意味着等式

$$\|\bar{u} - x\| = \frac{\langle x^*, x \rangle - \langle x^*, \bar{u} \rangle}{\|x^*\|} = \frac{\langle x^*, x \rangle - \alpha}{\|x^*\|} = \frac{[\langle x^*, x \rangle - \alpha]_+}{\|x^*\|},$$

因此证明了 Ascoli 公式 (7.27).                                                                △

接下来的两个命题, 当然有其自身的意义, 首先将 Ascoli 公式推广到凸不等式的情形, 然后推广到无穷线性不等式系统, 而非 (7.27) 中的单个不等式. 这些结果在接下来计算确切 Lipschitz 界限 lip $\mathcal{F}(0, \bar{x})$ 时发挥了重要作用. 在它们的证明中, 我们使用了 Banach 空间中凸分析的经典对偶理论的元素; 参见, 例如, [765].

给定一个正常 (可能非凸) 函数 $\varphi: X \to \overline{I\!R}$, 回顾它的 (总是凸的)Fenchel 共轭 $\varphi^*: X^* \to \overline{I\!R}$ 定义为

$$\varphi^*(x^*) := \sup\{ \langle x^*, x \rangle - \varphi(x) \mid x \in X \}. \tag{7.30}$$

首先, 我们利用 Fenchel 共轭 (7.30) 将 Ascoli 公式从 (单) 线性不等式推广到凸不等式.

**命题 7.11** (单凸不等式的推广 Ascoli 公式)  设 $g: X \to \overline{I\!R}$ 是 (正常) 凸函数, 并设

$$Q := \{ y \in X \mid g(y) \leqslant 0 \}. \tag{7.31}$$

假设经典的 Slater 条件满足: 存在 $\hat{x} \in X$ 使得 $g(\hat{x}) < 0$. 则 (7.31) 中设 $Q$ 的距离函数计算如下:

$$\text{dist}(x; Q) = \max_{(x^*, \alpha) \in \text{epi}\, g^*} \frac{[\langle x^*, x \rangle - \alpha]_+}{\|x^*\|}. \tag{7.32}$$

**证明**  观察到当 $(0, \alpha) \in \text{epi}\, g^*$ 时, 由 (7.31) 中 $Q$ 的非空性可得 $\alpha \geqslant 0$, 并且根据约定 $0/0 := 0$, $x^* = 0$ 的可能性不再是 (7.32) 中的障碍. 距离函数 $\text{dist}(x; Q)$ 是参数凸优化问题

$$\text{minimize } \|y - x\| \text{ s.t. } g(y) \leqslant 0 \tag{7.33}$$

中的最优值函数. 因为由我们的假设有 Slater 条件对于 (7.33) 成立, 根据, 例如, [765, 定理 2.9.3], 我们在 (7.33) 中有强 Lagrange 对偶性, 从而

$$\text{dist}(x; Q) = \max_{\lambda \geqslant 0} \inf_{y \in X} \{ \|y - x\| + \lambda g(y) \}$$

$$= \max \left\{ \max_{\lambda > 0} \inf_{y \in X} \{ \|y - x\| + \lambda g(y) \}, \inf_{y \in X} \|y - x\| \right\}$$

$$= \max \left\{ \max_{\lambda > 0} \inf_{y \in X} \{ \|y - x\| + \lambda g(y) \}, 0 \right\}.$$

将经典的 Fenchel 对偶定理应用于上述固定 $\lambda > 0$ 的内下确界问题, 得到

$$\inf_{y \in X} \{ \|y - x\| + \lambda g(y) \} = \max_{y^* \in X^*} \{ -\|\cdot - x\|^*(-y^*) - (\lambda g)^*(y^*) \}. \tag{7.34}$$

此外, 众所周知, 在凸分析中

$$\|\cdot - x\|^* \left(-y^*\right) = \begin{cases} \langle -y^*, x \rangle, & \|y^*\| \leqslant 1, \\ \infty, & \text{其他}. \end{cases}$$

将其代入公式 (7.34) 得出

$$\begin{aligned} \inf_{y \in X} \left\{ \|y - x\| + \lambda g\left(y\right) \right\} &= \max_{\|y^*\| \leqslant 1} \left\{ \langle y^*, x \rangle - (\lambda g)^* \left(y^*\right) \right\} \\ &= \max_{\|y^*\| \leqslant 1,\, (\lambda g)^*(y^*) \leqslant \eta} \left\{ \langle y^*, x \rangle - \eta \right\} \\ &= \max_{\|y^*\| \leqslant 1,\, \lambda g^*(y^*/\lambda) \leqslant \eta} \left\{ \langle y^*, x \rangle - \eta \right\} \\ &= \max_{\|y^*\| \leqslant 1,\, (1/\lambda)(y^*, \eta) \in \mathrm{epi}\, g^*} \left\{ \langle y^*, x \rangle - \eta \right\}. \end{aligned}$$

记 $x^* := (1/\lambda)y^*$ 且 $\alpha := (1/\lambda)\eta$, 这确保了

$$\inf_{y \in X} \left\{ \|y - x\| + \lambda g(y) \right\} = \max_{(x^*, \alpha) \in \mathrm{epi}\, g^*,\, \|x^*\| \leqslant 1/\lambda} \lambda \left\{ \langle x^*, x \rangle - \alpha \right\}.$$

将后者与前面的公式相结合, 我们得到

$$\begin{aligned} \mathrm{dist}(x; Q) &= \max \left\{ \max_{(x^*, \alpha) \in \mathrm{epi}\, g^*,\, \|x^*\| \leqslant 1/\lambda} \lambda \left\{ \langle x^*, x \rangle - \alpha \right\},\, 0 \right\} \\ &= \max_{(x^*, \alpha) \in \mathrm{epi}\, g^*,\, \|x^*\| \leqslant 1/\lambda} \left\{ \lambda \left[ \langle x^*, x \rangle - \alpha \right]_+ \right\}. \end{aligned} \tag{7.35}$$

对于任意 $\lambda > 0$, 容易观察到以下关系:

$$\max_{(0, \alpha) \in \mathrm{epi}\, g^*} \lambda \left\{ \langle 0, x \rangle - \alpha \right\} = \max_{g^*(0) \leqslant \alpha} \lambda \left( \langle 0, x \rangle - \alpha \right) = \lambda \left( - g^*(0) \right)$$

$$\leqslant \lambda \inf_{x \in X} g(x) \leqslant \lambda g(\widehat{x}) < 0.$$

考虑到这一点, 我们从 (7.35) 推出等式

$$\begin{aligned} \mathrm{dist}(x; Q) &= \max_{(x^*, \alpha) \in \mathrm{epi}\, g^*,\, \|x^*\| \leqslant 1/\lambda} \left\{ \lambda \left[ \langle x^*, x \rangle - \alpha \right]_+ \right\} \\ &= \max_{(x^*, \alpha) \in \mathrm{epi}\, g^*} \max_{\|x^*\| \leqslant 1/\lambda} \left\{ \lambda \left[ \langle x^*, x \rangle - \alpha \right]_+ \right\} \\ &= \max_{(x^*, \alpha) \in \mathrm{epi}\, g^*} \frac{\left[ \langle x^*, x \rangle - \alpha \right]_+}{\|x^*\|}, \end{aligned}$$

这就验证了 (7.32), 因此完成了命题的证明. △

下一个命题根据需求将 Ascoli 公式 (7.27) 推广到 Banach 空间中无穷不等式系统 (7.1) 的情况.

　　**命题 7.12** (无穷线性系统的推广 Ascoli 公式)　假设无穷线性系统 (7.1) 在 $p = (p_t)_{t \in T}$ 处满足强 Slater 条件. 则对于任意 $x \in X$ 和 $p \in l^{\infty}(T)$, 我们有

$$\text{dist}\big(x; \mathcal{F}(p)\big) = \max_{(x^*, \alpha) \in \text{cl}^* C(p)} \frac{\big[\langle x^*, x \rangle - \alpha\big]_+}{\|x^*\|}. \tag{7.36}$$

此外, 如果 $X$ 是自反的, 则 (7.36) 可以简化为

$$\text{dist}\big(x; \mathcal{F}(p)\big) = \max_{(x^*, \alpha) \in C(p)} \frac{\big[\langle x^*, x \rangle - \alpha\big]_+}{\|x^*\|}. \tag{7.37}$$

　　**证明**　观察到无穷线性系统 (7.1) 可以表示为

$$\mathcal{F}(p) = \big\{ x \in X \,\big|\, g(x) \leqslant 0 \big\}, \tag{7.38}$$

其中, 凸函数 $g: X \to \overline{I\!R}$ 以上确界形式

$$g(x) := \sup_{t \in T} \big(f_t(x) - p_t\big), \quad \text{其中} \ f_t(x) := \langle a_t^*, x \rangle - b_t \tag{7.39}$$

给出. $\mathcal{F}(p)$ 的强 Slater 条件假设保证了命题 7.11 中 $g$ 的经典 Slater 条件的有效性. 为了在 (7.38) 的框架中使用其中的结果, 我们需要计算 (7.39) 中上确界函数的 Fenchel 共轭. 它可以通过

$$\begin{cases} \text{epi}\, g^* = \text{epi} \Big\{ \sup_{t \in T}(f_t - p_t) \Big\}^* = \text{cl}^* \text{co}\left( \bigcup_{t \in T} \text{epi}\,(f_t - p_t)^* \right) \\[2mm] \qquad = \text{cl}^* C(p) + I\!R_+(0, 1) \quad \text{且} \quad 0 \in X^* \end{cases} \tag{7.40}$$

完成 (参见练习 7.77), 其中集合 $\text{cl}^* C(p) + I\!R_+(0, 1)$ 的弱* 闭性是经典 Dieudonné 定理的一个结果; 参见, 例如, [765, 定理 1.1.8]. 因此, 在一般 Banach 空间中, 由命题 7.11 得到距离公式 (7.36).

　　为了证明自反空间情况下的简化距离公式 (7.37), 反之假设它不成立. 则存在标量 $\beta \in I\!R$, 使得我们有严格不等式

$$\max_{(x^*, \alpha) \in \text{cl}^* C(p)} \frac{\big[\langle x^*, x \rangle - \alpha\big]_+}{\|x^*\|} > \beta > \sup_{(x^*, \alpha) \in C(p)} \frac{\big[\langle x^*, x \rangle - \alpha\big]_+}{\|x^*\|}. \tag{7.41}$$

从而存在 $(\bar{x}^*, \bar{\alpha}) \in \text{cl}^* C(p)$ 且 $\bar{x}^* \neq 0$ 满足

$$\frac{\big[\langle \bar{x}^*, x \rangle - \bar{\alpha}\big]_+}{\|\bar{x}^*\|} > \beta.$$

考虑到 $X$ 是自反的, $C(p)$ 是凸的, 然后利用 Mazur 弱闭包定理, 我们可以用 $X^*$ 中的范数闭包来替换 $C(p)$ 的弱* 闭包. 这使我们可以找到序列 $(x_k^*, \alpha_k) \in C(p)$ 依范数收敛于 $(\bar{x}^*, \bar{\alpha})$(当 $k \to \infty$ 时). 因此我们得到

$$\lim_{k \to \infty} \frac{\left[\langle x_k^*, x \rangle - \alpha_k\right]_+}{\|x_k^*\|} = \frac{\left[\langle \bar{x}^*, x \rangle - \bar{\alpha}\right]_+}{\|\bar{x}^*\|} > \beta,$$

故存在 $k_0 \in I\!N$ 满足

$$\frac{\left[\langle x_{k_0}^*, x \rangle - \alpha_{k_0}\right]_+}{\|x_{k_0}^*\|} > \beta.$$

后者与 (7.41) 矛盾, 因此完成了证明. $\triangle$

　　下面的例子表明, 决策空间 $X$ 的自反性是简化距离公式 (7.37) 有效的基本要求, 即使在 (非自反的)Asplund 空间的框架中也是如此.

　　**例 7.13** (非自反 Asplund 空间中简化距离公式失效)　考虑收敛于零的实数序列的经典空间 $c_0$ 并赋予上确界范数. 已经知道该空间是 Asplund 的, 但不是自反的. 我们证明, 对于相当简单的可数线性不等式系统, 简化距离公式 (7.37) 在 $X = c_0$(序列收敛到零的经典空间, 具有上确界范数) 中失效. 当然, 由于其反向不等式在任意 Banach 空间中都成立, 我们需要说明在 (7.37) 中不等式 "$\leqslant$" 通常不成立. 构造无穷 (可数) 线性不等式系统

$$\mathcal{F}(0) := \left\{x \in c_0 \,\middle|\, \langle e_1^* + e_t^*, x \rangle \leqslant -1, \ t \in I\!N\right\}, \tag{7.42}$$

其中 $e_t^* \in l_1$ 的第 $t$ 个分量是 1, 其余分量都是 0. 系统 (7.42) 可以改写为

$$x \in \mathcal{F}(0) \Leftrightarrow x(1) + x(t) \leqslant -1, \quad \forall\, t \in I\!N.$$

观察到, 对于 $z = 0$, 我们有 $\mathrm{dist}(0; \mathcal{F}(0)) = 1$, 并且距离是在, 例如 $u = (-1, 0, 0, \cdots)$ 处达到的. 事实上, 在 $x(1) + x(t) \leqslant -1$ 中当 $t \to \infty$ 时取极限, 并考虑到由 $c_0$ 的空间结构有 $x(t) \to 0$, 我们得到 $x(1) \leqslant -1$. 此外, 可以验证

$$(e_1^*, -1) \in \mathrm{cl}^* C(0), \ \langle e_1^*, x - u \rangle \leqslant 0, \ \text{对于所有 } x \in \mathcal{F}(0) \text{ 成立}, \text{ 且}$$

$$\mathrm{dist}\big(z; \mathcal{F}(0)\big) = \|z - u\| = \langle e_1^*, z - u \rangle = \frac{\langle e_1^*, z \rangle - (-1)}{\|e_1^*\|}.$$

另一方面, 对于以下 $(x^*, \alpha) \in X^* \times I\!R$

$$(x^*, \alpha) := \left(e_1^* + \sum_{t \in I\!N} \lambda_t e_t^*, -1\right) \in C(0) \quad \text{且} \quad \lambda \in I\!R_+^{(I\!N)} \ \text{和} \ \sum_{t \in I\!N} \lambda_t = 1,$$

我们可以直接验证 $\|x^*\| = 2$, 因此

$$\frac{\left[\langle x^*, z\rangle - \alpha\right]_+}{\|x^*\|} = \frac{1}{2},$$

这表明, 对于非自反 Asplund 空间 $X = c_0$ 中的可数系统 (7.42), (7.37) 中的等式不成立.

在推导本小节关于无穷系统 (7.1) 在参考点处的确切 Lipschitz 界限精确计算的主要结果之前, 我们需要以下技术上的断言.

**引理 7.14** (特征集的闭图性质)　由特征集 (7.5) 生成的集值映射 $l^\infty(T) \ni p \mapsto \mathrm{cl}^*C(p) \subset X^* \times I\!R$ 在 $\ell^\infty(T) \times (X^* \times I\!R)$ 的范数 × 弱* 拓扑中是闭图的, 即对于任意网 $\{p_\nu\}_{\nu \in \mathcal{N}} \subset l^\infty(T)$, $\{x_\nu^*\}_{\nu \in \mathcal{N}} \subset X^*$ 和 $\{\beta_\nu\}_{\nu \in \mathcal{N}} \subset I\!R$ 满足条件 $p_\nu \to p$, $x_\nu^* \xrightarrow{w^*} x^*$, $\beta_\nu \to \beta$ 以及 $(x_\nu^*, \beta_\nu) \in \mathrm{cl}^*C(p_\nu)(\forall \nu \in \mathcal{N})$, 我们有包含 $(x^*, \beta) \in \mathrm{cl}^*C(p)$.

**证明**　使用反证法论述, 假设 $(x^*, \beta) \notin \mathrm{cl}^*C(p)$. 则通过经典的严格凸分离定理, 我们可以找到非零序对 $(x, \alpha) \in X \times I\!R$ 和实数 $\gamma$ 和 $\gamma'$, 满足

$$\langle x^*, x\rangle + \beta\alpha < \gamma' < \gamma \leqslant \langle a_t^*, x\rangle + (b_t + p_t)\alpha, \quad \forall t \in T.$$

因此, 存在网指标 $\nu_0 \in \mathcal{N}$, 使得

$$\langle x_\nu^*, x\rangle + \beta_\nu\alpha < \gamma' \ \text{和} \ \|\alpha(p - p_\nu)\| \leqslant \gamma - \gamma', \quad \forall \nu \succeq \nu_0.$$

因此, 这确保了估计

$$\begin{aligned}
\langle a_t^*, x\rangle + \alpha(b_t + p_{t\nu}) &= \langle a_t^*, x\rangle + \alpha(b_t + p_t) + \alpha(p_{t\nu} - p_t) \\
&\geqslant \gamma - \|\alpha(p_\nu - p)\| \geqslant \gamma', \quad \forall t \in T
\end{aligned}$$

的有效性. 后者意味着, 每当 $\nu \succeq \nu_0$ 时, 对于所有 $(z^*, \eta) \in \mathrm{cl}^*C(p_\nu)$, 有 $\gamma' \leqslant \langle z^*, x\rangle + \eta\alpha$. 因此我们就得出矛盾

$$\langle x_\nu^*, x\rangle + \beta_\nu\alpha < \gamma' \leqslant \langle x_\nu^*, x\rangle + \beta_\nu\alpha, \quad \nu \succeq \nu_0,$$

这就完成了引理的证明.　　　　　　　　　　　　　　　　　　　　　　　△

现在我们准备给出 $\mathcal{F}$ 在一般 Banach 空间设置下在 $(0, \bar{x})$ 附近的确切 Lipschitz 界限的精确计算.

**定理 7.15** (计算无穷线性系统的确切 Lipschitz 界限)　假设对于线性无穷不等式系统 (7.1), $\bar{x} \in \mathcal{F}(0)$. 并设 $\mathcal{F}$ 在 $p = 0$ 处满足强 Slater 条件, 并且系数集 $\{a_t^* | t \in T\}$ 在 $X^*$ 中是有界的. 以下断言成立:

(i) 如果 $\bar{x}$ 是 $\mathcal{F}$ 在 $p = 0$ 处的强 Slater 点, 则 $\operatorname{lip} \mathcal{F}(0, \bar{x}) = 0$.

(ii) 如果 $\bar{x}$ 不是 $\mathcal{F}$ 在 $p = 0$ 处的强 Slater 点, 则 $\mathcal{F}$ 在 $(0, \bar{x})$ 附近的确切 Lipschitz 界限可通过特征集 (7.5) 在 $p = 0$ 处的 $w^*$-闭包, 计算如下

$$\operatorname{lip} \mathcal{F}(0, \bar{x}) = \max \left\{ \|x^*\|^{-1} \mid (x^*, \langle x^*, \bar{x} \rangle) \in \operatorname{cl}^* C(0) \right\} > 0. \tag{7.43}$$

**证明** 为验证 (i), 回顾定理 7.8(i) 的证明, 所作的假设意味着 $(0, \bar{x}) \in \operatorname{int}(\operatorname{gph} \mathcal{F})$, 这反过来由确切 Lipschitz 界限的定义可得 $\operatorname{lip} \mathcal{F}(0, \bar{x}) = 0$.

接下来, 我们证明定理中更难的断言 (ii), 同时假设 $\bar{x}$ 不是 $\mathcal{F}$ 在 $p = 0$ 处的强 Slater 点. 观察到由命题 7.7 可知 (7.43) 式右侧最大值运算下的集合是非空的, 且在 $X^*$ 中是 $w^*$-紧的. 因此, 该集合上的最大值可达到并且是有限的. (7.43) 中不等式 "$\geqslant$" 源自练习 3.35(i) 的估计

$$\operatorname{lip} \mathcal{F}(0, \bar{x}) \geqslant \|D^* \mathcal{F}(0, \bar{x})\|,$$

以及结合定理 7.8 导出的无穷不等式系统 (7.1) 的上导数范数计算公式 (7.18). 因此, 仍然需要验证 (7.43) 中的反向不等式 "$\leqslant$".

为此, 设 $M := \sup_{t \in T} \|a_t^*\| < \infty$, 并观察到当 $L := \operatorname{lip} \mathcal{F}(0, \bar{x}) = 0$ 时, (7.43) 中的不等式 "$\leqslant$" 是显然的. 现在假设 $L > 0$, 并考虑确切 Lipschitz 界限 $\operatorname{lip} \mathcal{F}(0, \bar{x})$ 的表示 (7.26) 中任意足够接近 $(0, \bar{x})$ 的序对 $(p, x)$. 由 $L > 0$, 我们可以限制在 $(p, x) \notin \operatorname{gph} \mathcal{F}$ 的情况. 从 $\mathcal{F}$ 的结构得出

$$0 < \operatorname{dist}\left(p; \mathcal{F}^{-1}(x)\right) = \sup_{t \in T} \left[ \langle a_t^*, x \rangle - b_t - p_t \right]_+. \tag{7.44}$$

此外, 我们有关系

$$\langle a_t^*, x \rangle - b_t - p_t = \langle a_t^*, x - \bar{x} \rangle + \langle a_t^*, \bar{x} \rangle - b_t - p_t$$
$$\leqslant M \|x - \bar{x}\| + \|p\|, \quad \forall\, t \in T,$$

这使我们得出

$$0 < \sup_{(x^*, \beta) \in \operatorname{cl}^* C(p)} \left[ \langle x^*, x \rangle - \beta \right]_+ = \sup_{(x^*, \beta) \in \operatorname{cl}^* C(p)} \left\{ \langle x^*, x \rangle - \beta \right\}$$
$$\leqslant M \|x - \bar{x}\| + \|p\|, \quad \text{对于所有 } x \in X \text{ 和 } p \in P \text{ 成立}. \tag{7.45}$$

进一步, 考虑集合

$$C_+(p, x) := \left\{ (x^*, \beta) \in \operatorname{cl}^* C(p) \mid \langle x^*, x \rangle - \beta > 0 \right\},$$

这显然是非空的, 并记

$$M_{(p,x)} := \sup \left\{ \|x^*\|^{-1} \mid (x^*, \beta) \in C_+\,(p, x) \right\}.$$

在我们的设置中, 我们得到 $0 \in \mathrm{int}(\mathrm{dom}\,\mathcal{F})$(见练习 7.72(i)), 因此对于所有足够接近原点的 $p \in l^\infty(T)$ 都有 $p \in \mathrm{dom}\,\mathcal{F}$. 在这种情况下集合 $C_+(p, x)$ 不能包含任何形式为 $(0, \beta)$ 的元素, 否则根据 $C_+(p, x)$ 的定义有 $\beta < 0$, 而命题 7.3 告诉我们 $\beta \geqslant 0$. 因此, 我们得出 $0 < \|x^*\| \leqslant M$ 当 $(x^*, \beta) \in C_+(p, x)$ 时成立, 特别地, $M_{(p,x)} \in (0, \infty]$. 由此进一步得出

$$\frac{\displaystyle\sup_{(x^*,\beta)\in\mathrm{cl}^*C(p)} \frac{\left[\langle x^*, x\rangle - \beta\right]_+}{\|x^*\|}}{\displaystyle\sup_{(x^*,\beta)\in\mathrm{cl}^*C(p)} \left[\langle x^*, x\rangle - \beta\right]_+} = \frac{\displaystyle\sup_{(x^*,\beta)\in\mathrm{cl}^*C(p)} \frac{\langle x^*, x\rangle - \beta}{\|x^*\|}}{\displaystyle\sup_{(x^*,\beta)\in\mathrm{cl}^*C(p)} \left\{\langle x^*, x\rangle - \beta\right\}} \leqslant M_{(p,x)},$$

其中后一个不等式保证了估计

$$L \leqslant \limsup_{(p,x)\to(0,\bar{x}),\, x\notin\mathcal{F}(p)\neq\varnothing} M_{(p,x)} := K.$$

接下来考虑序列 $(p_k, x_k) \to (0, \bar{x})$, 其中 $x_k \notin \mathcal{F}(p_k) \neq \varnothing$, 并且

$$L \leqslant \lim_{k\to\infty} M_{(p_k,x_k)} = K,$$

我们选择序列 $\{\alpha_k\}_{k=1}^\infty \subset I\!\!R$, 使得

$$\lim_{k\to\infty} \alpha_k = K \quad \text{和} \quad 0 < \alpha_k < M_{(p_k,x_k)}, \quad k \in I\!\!N.$$

现在取 $(x_k^*, \beta_k) \in C_+(p_k, x_k)$, 其中 $\alpha_k < \|x_k^*\|^{-1}(\forall k \in I\!\!N)$. 由于序列 $\{x_k^*\}_{k\in I\!\!N} \subset X^*$ 是有界的, 因此它包含 $w^*$-收敛于某个 $x^* \in X^*$ 的子网 $\{x_\nu^*\}_{\nu\in\mathcal{N}}$. 用 $\{p_\nu\}$, $\{x_\nu\}$, $\{\beta_\nu\}$ 和 $\{\alpha_\nu\}$ 表示 $\{p_k\}$, $\{x_k\}$, $\{\beta_k\}$ 和 $\{\alpha_k\}$ 的相应子网, 我们从 (7.45) 得到

$$0 < \langle x_\nu^*, x_\nu\rangle - \beta_\nu \leqslant M \|x_\nu - \bar{x}\| + \|p_\nu\|.$$

因此, $\langle x_\nu^*, x_\nu\rangle - \beta_\nu \to 0$, 由上面的构造这意味着 $\beta_\nu \to \langle x^*, \bar{x}\rangle$. 从引理 7.14 我们推出

$$(x^*, \langle x^*, \bar{x}\rangle) \in \mathrm{cl}^*C\,(0),$$

则定理 7.2 确保了 $x^* \neq 0$.

为了最终验证 (7.43) 中不等式 "$\leqslant$", 注意由于 $\|x_\nu^*\| \leqslant \alpha_\nu^{-1}$ 和 $\lim_{\nu \in \mathcal{N}} \alpha_\nu = K$, 有

$$\|x^*\| \leqslant \liminf_{\nu \in \mathcal{N}} \|x_\nu^*\| \leqslant \lim_{\nu \in \mathcal{N}} \frac{1}{\alpha_\nu} = \frac{1}{K},$$

从而可得

$$L \leqslant K \leqslant \frac{1}{\|x^*\|} \leqslant \max \left\{ \|z^*\|^{-1} \,\middle|\, (z^*, \langle z^*, \bar{x} \rangle) \in \mathrm{cl}^* C(0) \right\}.$$

回顾上面的标记, 我们就完成了定理的证明. △

总结定理 7.8 中的上导数范数和定理 7.15 中的确切 Lipschitz 界限的计算结果, 我们得出具有任意 Banach 决策空间 $X$ 的无穷线性不等式系统 $\mathcal{F}$ 的这些量之间的无条件关系, 其表达式与定理 3.3 中导出的关于有限维空间之间集值映射 (3.10) 的公式相同.

**推论 7.16** (确切 Lipschitz 界限与上导数范数之间的关系) 假设对于无穷系统 (7.1), $\bar{x} \in \mathcal{F}(0)$ 且在 $p = 0$ 处满足强 Slater 条件, 并设系数集 $\{a_t^* \,|\, t \in T\}$ 在 $X^*$ 时有界. 则我们有等式

$$\mathrm{lip}\, \mathcal{F}(0, \bar{x}) = \|D^* \mathcal{F}(0, \bar{x})\|. \tag{7.46}$$

**证明** 如果 $\bar{x}$ 是 $\mathcal{F}$ 在 $p = 0$ 处的强 Slater 点, 则通过比较定理 7.8 和定理 7.15 中的断言 (i), 我们得到等式 (7.46), 从而

$$\mathrm{lip}\, \mathcal{F}(0, \bar{x}) = \|D^* \mathcal{F}(0, \bar{x})\| = 0.$$

如果 $\bar{x}$ 不是 $\mathcal{F}$ 在 $p = 0$ 处的强 Slater 点, 则 (7.46) 可以通过比较定理 7.8 和定理 7.15 中的断言 (ii) 得出, 从而给出了计算 $\|D^* \mathcal{F}(0, \bar{x})\|$ 和 $\mathrm{lip}\, \mathcal{F}(0, \bar{x})$ 的相同公式. △

## 7.2 无穷线性约束下的优化

在本节中, 我们推出了 (7.1) 型无穷线性约束系统的可行解集上具有一般非光滑费用函数的 SIPs 的必要最优性条件. 7.1 节中给出的可行解映射的上导数计算对于推导下面所示的上次微分和下次微分类型的必要最优性条件起着至关重要的作用. 然后将所得的结果应用于求解水资源建模中出现的具有实际意义的优化问题.

### 7.2.1　具有无穷不等式约束的双变量 SIPs

我们在这里处理以下 SIP 问题:

$$\text{minimize}\ \ \varphi(p,x)\ \ \text{s.t.}\ \ x \in \mathcal{F}(p), \tag{7.47}$$

其中 $\varphi\colon P \times X \to \overline{I\!R} := (-\infty,\infty]$ 是定义在 Banach 乘积空间上的一个增广实值费用函数 (通常是非光滑和非凸的), $\mathcal{F}\colon P \rightrightarrows X$ 是可行解的集值映射

$$\mathcal{F}(p) := \{x \in X \,|\, \langle a_t^*, x\rangle \leqslant b_t + \langle c_t^*, p\rangle,\ t \in T\}, \tag{7.48}$$

具有任意 (可能是无穷) 指标集 $T$ 以及某些固定元素 $a_t^* \in X^*$, $c_t^* \in P^*$ 和 $b_t \in I\!R$ ($\forall t \in T$). 注意, 我们在 7.1 节中的考虑, 主要是从参数映射 $\mathcal{F}(p)$ 的 Lipschitz 稳定性的观点进行的, 涉及具有 $P = l^\infty(T)$ 和 $c_t^* = \delta_t$(Dirac 测度) 的 (7.48) 的情况, 但是其中给出的上导数计算可以很容易地适用于 (7.48) 的情况.

观察到 (7.47) 中的优化是针对两个变量 $(p,x)$ 进行的, 它们通过无穷不等式系统 (7.48) 相互联系. 这实际上意味着我们有两组决策变量, 分别用 $x$ 和 $p$ 表示. 一个玩家指定 $p$, 另一个以指定的 $p$ 为参数在服从 (7.48) 的 $x$ 中求解 (7.47). 第一个玩家具有相同的目标, 通过所谓的乐观方法改变他/她的参数 $p$, 以获得最佳结果. 我们可以将其视为两层设计: 在上层优化基本参数 $p$, 在下层则对于给定的 $p$, 费用函数相对于 $x$ 是最优的. 关于工程设计中出现的各种调整和公差问题, 读者可以参考 [445] 和其中的参考书目. 另一个自然出现的领域涉及水资源优化问题, 其中双变量 SIPs 具有 Banach 决策空间 $X$ 和 $P$ 并由 (7.47) 和 (7.48) 控制. 7.2.4 小节介绍并研究了这种类型的实际问题.

我们可以注意到 (7.47) 和 (7.48) 中的双变量优化问题 (将上述问题视为双层最优设计) 与第 6 章中考虑的有限多个约束条件的双层规划最优模型 (无穷多个约束条件的情况将在 7.5.4 小节中研究) 有一些相似之处. 这些类之间的主要区别在于 (7.48) 是由有限多个或无穷多个不等式描述的约束系统, 而在双层规划的上层的相应参数依赖集 $S(\cdot)$ 是通过参数优化的下层问题的最优解的变分系统给出的.

保持与 7.1 节相同的记号, 我们现在继续推导 (7.47), (7.48) 中给出的 SIP 的两种必要最优性条件.

### 7.2.2　SIPs 的上次微分最优性条件

我们从问题 (7.47), (7.48) 的上次微分最优性条件开始, 利用费用函数 (7.47) 的上正则次微分 (6.2) 以及 (7.48) 中无穷不等式约束系统的精确上导数计算.

回顾 (7.48) 的著名 Farkas Minkowski 性质, 这相当于说凸锥包

$$\text{cone}\{(-c_t^*, a_t^*, b_t) \in P^* \times X^* \times I\!R \,|\, t \in T\} \tag{7.49}$$

在对偶空间 $P^* \times X^* \times I\!R$ 中是弱* 闭的.

现在我们准备在一般 Banach 空间中给出并证明 (7.47), (7.48) 中 SIP 的上次微分必要最优性条件.

**定理 7.17** (具有线性不等式约束的 SIPs 的上次微分条件)    设 $(\bar{p}, \bar{x}) \in \mathrm{gph}\,\mathcal{F}$ $\cap \mathrm{dom}\,\varphi$ 是通过 (7.47) 和 (7.48) 给出的双变量 SIP 的局部极小点. 则每个上正则次梯度 $(p^*, x^*) \in \widehat{\partial}^+ \varphi(\bar{p}, \bar{x})$ 都满足渐近最优性条件

$$-\big(p^*, x^*, \langle p^*, \bar{p} \rangle + \langle x^*, \bar{x} \rangle\big) \in \mathrm{cl}^*\mathrm{cone}\big\{(-c_t^*, a_t^*, b_t)\,\big|\, t \in T\big\}. \tag{7.50}$$

进一步, 如果 Farkas-Minkowski 性质 (7.49) 对于 (7.48) 成立, 则 (7.50) 可以等价地写为上次微分 KKT 形式: 对于每个 $(p^*, x^*) \in \widehat{\partial}^+ \varphi(\bar{p}, \bar{x})$, 存在乘子 $\lambda = (\lambda_t)_{t \in T} \in I\!R_+^{(T)}$ 满足

$$(p^*, x^*) + \sum_{t \in T(\bar{p}, \bar{x})} \lambda_t(-c_t^*, a_t^*) = 0, \tag{7.51}$$

其中 $I\!R_+^{(T)}$ 在 (7.3) 中定义, 并且

$$T(\bar{p}, \bar{x}) := \big\{t \in T\,\big|\, \langle a_t^*, \bar{x} \rangle - \langle c_t^*, \bar{p} \rangle = b_t\big\}. \tag{7.52}$$

**证明**    选取任意 $(p^*, x^*) \in \widehat{\partial}^+ \varphi(\bar{p}, \bar{x})$, 并利用定理 1.27 的第一部分 (在任意 Banach 空间中成立, 参见练习 1.64), 构造函数 $s: P \times X \to I\!R$, 使得

$$s(\bar{p}, \bar{x}) = \varphi(\bar{p}, \bar{x}), \quad \varphi(p, x) \leqslant s(p, x), \quad \text{对于所有 } (p, x) \in P \times X \text{ 成立}, \tag{7.53}$$

并且 $s(\cdot)$ 在 $(\bar{p}, \bar{x})$ 处是 Fréchet 可微的, 且 $\nabla s(\bar{p}, \bar{x}) = (p^*, x^*)$. 考虑到 $(\bar{p}, \bar{x})$ 是 (7.47), (7.48) 中的局部极小点, 并且由 (7.53), 有

$$s(\bar{p}, \bar{x}) = \varphi(\bar{p}, \bar{x}) \leqslant \varphi(p, x) \leqslant s(p, x), \quad \text{对于所有在 } (\bar{p}, \bar{x}) \text{ 附近的 } (p, x) \in \mathrm{gph}\,\mathcal{F}.$$

我们推断出 $(\bar{p}, \bar{x})$ 是辅助问题:

$$\text{minimize } s(p, x) \text{ s.t. } (p, x) \in \mathrm{gph}\,\mathcal{F} \tag{7.54}$$

的局部极小点, 且目标 $s(\cdot)$ 在 $(\bar{p}, \bar{x})$ 处是 Fréchet 可微的. 通过 $\mathrm{gph}\,\mathcal{F}$ 的指标函数, 将 (7.54) 改写为无穷惩罚的无约束形式

$$\text{minimize } s(p, x) + \delta\big((p, x); \mathrm{gph}\,\mathcal{F}\big),$$

直接从局部极小点处的正则次微分的定义 (1.33) 观察到

$$(0, 0) \in \widehat{\partial}\big[s + \delta(\cdot; \mathrm{gph}\,\mathcal{F})\big](\bar{p}, \bar{x}). \tag{7.55}$$

由于 $s(\cdot)$ 在 $(\bar{p}, \bar{x})$ 处是 Fréchet 可微的, 所以我们容易从 (7.55) 得到

$$(0,0) \in \nabla s(\bar{p}, \bar{x}) + N\big((\bar{p}, \bar{x}); \mathrm{gph}\,\mathcal{F}\big),$$

由 $\nabla s(\bar{p}, \bar{x}) = (p^*, x^*)$ 和上导数的定义, 这意味着 $-p^* \in D^*\mathcal{F}(\bar{p}, \bar{x})(x^*)$. 从定理 7.5 的证明可知, 后一种上导数条件可以根据初始问题数据建设性地描述为

$$\big(-p^*, -x^*, -(\langle p^*, \bar{p}\rangle + \langle x^*, \bar{x}\rangle)\big) \in \mathrm{cl}^*\mathrm{cone}\big\{(-c_t^*, a_t^*, b_t)\,\big|\, t \in T\big\}. \tag{7.56}$$

因此, (7.56) 验证了给定上次梯度 $(p^*, x^*) \in \widehat{\partial}^+\varphi(\bar{p}, \bar{x})$ 的渐近条件 (7.50). 如果满足 Farkas-Minkowski 性质 (7.49), 则 (7.50) 中的运算 $\mathrm{cl}^*$ 可以省略, 并在得出 KKT 条件 (7.51) 的同时完成了定理证明. △

在极小化的一般框架中, 上次微分条件的本质已经在上面的注释 6.2 中讨论过, 这同样适用于定理 7.17 的 SIP 设置. 当空间 $X$ 和 $P$ 均为 Banach 空间时, 7.2.4 小节使用了所得结果的以下结论.

**推论 7.18** (具有 Fréchet 可微费用的必要最优性条件)　在定理 7.17 的设定中, 假设费用函数 $\varphi$ 在局部最优解 $(\bar{p}, \bar{x})$ 处是 Fréchet 可微的并且具有导数 $(p^*, x^*) = \nabla\varphi(\bar{p}, \bar{x})$. 此外如果系统 (7.48) 具有 Farkas-Minkowski 性质, 则 (7.50) 成立, 并进一步简化为 (7.51).

**证明**　可直接由定理 7.17 得出, 因为在这种情况下, 对于 $\varphi$ 的正则上次微分, 我们有 $\widehat{\partial}^+\varphi(\bar{p}, \bar{x}) = \{\nabla\varphi(\bar{p}, \bar{x})\}$. △

观察到, 在定理 7.17 和推论 7.18 的一般设置中, 必要最优性条件 (7.50) 以标准形式获得, 这意味着我们有与费用函数相关联却不具任何约束规范的非零 ($\lambda_0 = 1$) 乘子. 但是, 此条件以渐近形式表示, 涉及 (7.50) 右侧集合的弱* 闭包. 这一特性在一定程度上与 SIP 约束 (7.48) 中考虑的任意指标集有关, 但也可能在 7.2.4 小节中所示的紧指标集问题中表现出来.

后一种现象在 Farkas-Minkowski 性质 (7.49) 有效的情况下不会出现, 这保证了更常规的 KKT 形式 (7.51). 我们介绍定理 7.17 的另一结果, 其中 Farkas-Minkowski 性质成立并给出 KKT(7.51).

为此, 我们需要对定义 7.1 中的强 Slater 条件 (SSC) 进行以下调整, 以适应约束系统 (7.48) 的情况: SSC 对于 (7.48) 成立, 如果存在 $(\widehat{p}, \widehat{x}) \in P \times X$, 使得

$$\sup_{t \in T} \big[\langle a_t^*, \widehat{x}\rangle - \langle c_t^*, \widehat{p}\rangle - b_t\big] < 0. \tag{7.57}$$

类似于定理 7.2 中给出的证明, 读者可以轻松地验证 (7.48) 的 SSC 的等价描述的有效性.

**推论 7.19** (KKT 形式的上次微分条件)　假设 $T$ 是一个紧 Hausdorff 空间, $X$ 和 $P$ 都是有限维的, 映射 $t \mapsto (a_t^*, c_t^*, b_t)$ 在 $T$ 上是连续的, 并且 SSC(7.57) 成

立. 则对于任意 $(p^*, x^*) \in \widehat{\partial}^+ \varphi(\bar{p}, \bar{x})$, 存在乘子 $\lambda = (\lambda_t)_{t \in T} \in I\!\!R_+^{(T)}$, 使得 KKT 条件 (7.51) 满足.

**证明** 为了验证 Farkas-Minkowski 性质在推论的假设下的实现, 我们首先观察到根据 $t \mapsto (c_t^*, a_t^*, b_t)$ 的连续性和 $T$ 的紧性, 可得集合 $\{(c_t^*, a_t^*, b_t) \mid t \in T\}$ (以及由经典 Carathéodory 定理得到的凸包) 的有界性和闭性. 利用这种有界性和定理 7.2 中对于 (7.48) 的等价性 (ii)⇔(iii), 我们得出条件

$$(0, 0, 0) \notin \mathrm{co}\{(-c_t^*, a_t^*, b_t) \mid t \in T\}. \tag{7.58}$$

众所周知, 在凸分析中 (例如, 参见 [675, 推论 9.6.1]), 由该设置下 (7.58) 的有效性可得 $\{(-c_t^*, a_t^*, b_t^*) \mid t \in T\}$ 的凸锥包的闭性, 因此 Farkas-Minkowski 性质成立.

$\triangle$

### 7.2.3 SIPs 的下次微分最优性条件

现在我们考虑 SIP 的下次微分最优性条件, 该条件使用 (7.47) 中费用函数 $\varphi$ 的基本次梯度 (1.24). 我们在本小节中的固定假设是, 空间 $X$ 和 $P$ 都是 Asplund 空间. 回顾 $\varphi$ 的下半连续性, 这是本书的固定假设, 在这里是必不可少的, 而对于 7.2.2 小节的上次微分结果则不需要.

下面推导出的 (7.47), (7.48) 中 SIP 的下次微分条件在假设和结论上与上次微分条件不同, 即使在有限维决策空间的情况下也是如此. 观察到以下定理同时使用了费用函数的基本次梯度 (1.24) 和奇异次梯度 (1.25).

**定理 7.20** (具有线性不等式约束的 SIPs 的下次微分条件) 设 $(\bar{p}, \bar{x}) \in \mathrm{gph}\,\mathcal{F}$ $\cap \mathrm{dom}\,\varphi$ 是所考虑的 SIP 的局部极小点. 还假设:

(a) $\varphi$ 在 $(\bar{p}, \bar{x})$ 附近是局部 Lipschitz 连续的;

(b) 或者 $\mathrm{int}(\mathrm{gph}\,\mathcal{F}) \neq \varnothing$ (尤其是当 SSC(7.57) 成立且集合 $\{(a_t^*, c_t^*) \mid t \in T\}$ 在 $X^* \times P^*$ 内有界时, 该式成立) 且系统

$$\begin{aligned} & (p^*, x^*) \in \partial^\infty \varphi(\bar{p}, \bar{x}), \\ & -(p^*, x^*, \langle (p^*, x^*), (\bar{p}, \bar{x}) \rangle) \in \mathrm{cl}^*\mathrm{cone}\{(-c_t^*, a_t^*, b_t) \mid t \in T\} \end{aligned} \tag{7.59}$$

只有平凡解 $(p^*, x^*) = (0, 0)$.

则存在一个基本次梯度 $(p^*, x^*) \in \partial\varphi(\bar{p}, \bar{x})$, 满足渐近最优性条件 (7.50). 此外, 如果 Farkas-Minkowski 性质 (7.49) 对于 (7.48) 成立, 则存在次梯度 $(p^*, x^*) \in \partial\varphi(\bar{p}, \bar{x})$ 和乘子 $\lambda = (\lambda_t)_{t \in T} \in I\!\!R_+^{(T)}$ 满足 KKT 条件

$$(p^*, x^*) + \sum_{t \in T(\bar{p}, \bar{x})} \lambda_t(-c_t^*, a_t^*) = 0, \tag{7.60}$$

其中 $T(\bar{p}, \bar{x})$ 为 (7.52) 中定义的活跃指标集.

**证明**　(7.47), (7.48) 中的 SIP 可以等价地写为

$$\text{minimize}\ \ \varphi(p,x) + \delta\big((p,x); \text{gph}\,\mathcal{F}\big). \tag{7.61}$$

对 (7.61) 中的 $(\bar{p},\bar{x})$ 应用广义 Fermat 法则, 可知对于 (7.62) 中和函数的基本次微分, 有

$$(0,0) \in \partial\big[\varphi + \delta(\cdot; \text{gph}\,\mathcal{F})\big](\bar{p},\bar{x}). \tag{7.62}$$

通过使用练习 2.54(i) 中的次微分和法则的 Asplund 空间版本, 考虑到两个 Asplund 空间的乘积是 Asplund 空间, 并且由练习 2.29(ii) 知 SNC 性质适用于实凸集, 我们从 (7.62) 推导出以下包含

$$(0,0) \in \partial\varphi(\bar{p},\bar{x}) + N\big((\bar{p},\bar{x}); \text{gph}\,\mathcal{F}\big) \tag{7.63}$$

成立, 前提是 $\varphi$ 在 $(\bar{p},\bar{x})$ 附近是局部 Lipschitz 的, 如 (a) 中所假设, 或者 gph $\mathcal{F}$ 的内部是非空的并且规范条件

$$\partial^{\infty}\varphi(\bar{p},\bar{x}) \cap \big[-N\big((\bar{p},\bar{x}); \text{gph}\,\mathcal{F}\big)\big] = \{(0,0)\} \tag{7.64}$$

满足, 如 (b) 中所假设. 根据定理 7.2 的证明, 强 Slater 条件 (7.57) 和 $\{(a_t^*, c_t^*)\mid t \in T\}$ 的有界性必然意味着 gph $\mathcal{F}$ 的内部是非空的. 现在使用定理 7.5 中获得的上导数描述, 同时针对 (7.48) 中 $\mathcal{F}$ 的情况进行修改, 表明规范条件 (7.64) 可以等价地表述为上述系统 (7.59) 的解的平凡性. 同样地, 我们将 (7.63) 的有效性简化到 (7.50) 对于某个 $(p^*, x^*) \in \partial\varphi(\bar{p},\bar{x})$ 成立. 此外, 如果 (7.48) 满足 Farkas-Minkowski 性质 (7.49), 则 (7.50) 中的运算 cl* 可以省略. 因此, 我们得出 KKT 条件 (7.60), 并完成了定理的证明.　　　　　　　　　　　　　　△

　　与 7.2.2 小节类似, 我们可以从定理 7.20 推导出推论 7.19 的下次微分对应版本. 注意, 与推论 7.18 相比, 定理 7.20 中涉及 (7.47) 的费用函数的适当可微性的相应结果, 在更严格的假设下成立: 除了 $X$ 和 $P$ 的 Asplund 性质外, 我们还必须假设 $\varphi$ 在 $(\bar{p},\bar{x})$ 处的严格可微性.

### 7.2.4　在水资源优化中的应用

　　本小节将获得的 SIPs 的一般结果应用于具有实际意义的水资源优化问题. 我们建立了水资源的模型, 并将其简化为具有 Banach 决策空间的紧指标集上的双变量 SIP. 利用上述问题的必要最优性条件, 我们可以确定最优决策策略, 并提出有效的实现方法.

　　所考虑的水资源问题的灵感来自于 [15] 中建立的连续时间网络流模型. 考虑一个由 $n$ 个水库 $R_1, \cdots, R_n$ 组成的系统, 在固定的连续时间段 $T = [\underline{t}, \bar{t}]$ 内需要

时变的需水量. 设 $c_i$ 为水库 $R_i$ 的容量, 对于每个 $i = 1, \cdots, n$ 和 $t \in T$, 水流入 $R_i$ 的速率为 $r_i(t)$. 用 $D(t)$ 表示 $t$ 处的需水量的速率, 并假设所有这些非负函数 $r_1, \cdots, r_n$ 和 $D$ 在紧区间 $T$ 上是分段连续的, 并且预先知道. 如果有足够的水来填满所有的水库容量, 那么在满足需求的情况下, 剩余的水可以卖给邻近的干旱地区. 反之, 如果流入水量不足, 水库有自由蓄水的能力, 则可以从外部购买一些水来满足区域内部的需求; 见图 7.1.

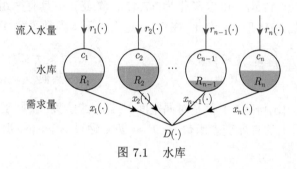

图 7.1 水库

用 $x_i(t)$ 表示在时间 $t \in T$ 时从水库 $R_i$ 进水的速率. 在我们的基本模型中, 假设 $x_i \in \mathcal{C}(T)$, 对于所有 $i = 1, \cdots, n$, 是很自然的. 具有固定界限 $\eta_i \geqslant 0$ 的支线约束可以表示为

$$0 \leqslant x_i(t) \leqslant \eta_i, \quad i = 1, \cdots, n. \tag{7.65}$$

在时间 $t$ 从水库 $R_i$ 的售水率由 $dp_i(t)$ 给出, 这意味着 $p_i(t)$ 是直到时刻 $t$ 为止销售的水量, 并取决于 $t$ 在时间段 $T$ 上的连续变化. 不失一般性, 假设对于所有 $i = 1, \cdots, n$, $p_i(\underline{t}) = 0$. 观察到如果销售速率 $dp_i(t)$ 为负, 我们实际上是在时间 $t \in T$ 买水. 进一步使用 $s_i \geqslant 0$ 表示 $R_i$ 中最初储水量, 我们通过

$$
\begin{aligned}
0 \leqslant & \int_{\underline{t}}^{t} \left[ r_i(\tau) - x_i(\tau) \right] d\tau - \int_{\underline{t}}^{t} dp_i(\tau) + s_i \\
= & \int_{\underline{t}}^{t} \left[ r_i(\tau) - x_i(\tau) \right] d\tau - p_i(t) + s_i \\
\leqslant & c_i, \quad \forall\, t \in T \text{ 且 } i = 1, \cdots, n
\end{aligned}
\tag{7.66}
$$

描述储存约束, 并得出以下水资源优化问题:

$$
\begin{cases}
\text{minimize } \varphi(p, x) \text{ s.t. } (7.65), (7.66) \\
\text{和 } \displaystyle\sum_{i=1}^{n} x_i(t) \geqslant D(t), \quad \text{对于所有 } t \in T \text{ 成立},
\end{cases}
\tag{7.67}
$$

其中费用函数 $\varphi(p,x)$ 由水资源问题中水的成本、该地区的环境要求以及存储过程中的技术决定. 显然, 我们应该强加关系

$$D(t) \leqslant \sum_{i=1}^{n} \eta_i, \quad t \in T$$

以确保 (7.67) 中约束的一致性.

我们证明问题 (7.67) 可以简化为 (7.47), (7.48) 中具有两组变量 $(p,x) \in \mathcal{C}(T)^n \times \mathcal{C}(T)^n$ 的 SIP 形式. 为此, 在 $T$ 上定义以下 $t$-参数函数族:

$$\delta_t(\tau) := \begin{cases} 0, & \underline{t} \leqslant \tau < t, \\ 1, & \text{其他;} \end{cases} \qquad \alpha_t(\tau) := \begin{cases} \tau, & \underline{t} \leqslant \tau < t, \\ t, & \text{其他.} \end{cases}$$

族 $\{\delta_t|\, t \in T\}$ 和 $\{\alpha_t|\, t \in T\}$ 都是对偶空间 $\mathcal{C}(T)^*$ 的子集. 实际上, Riesz 表示定理保证了每个 $T$ 上的有界变差函数 $\gamma: T \to \mathbb{R}$, 通过 Stieltjes 积分确定了 $\mathcal{C}(T)$ 上的一个线性泛函

$$z \mapsto \langle \gamma, z \rangle := \int_{\underline{t}}^{\bar{t}} z(\tau)\, d\gamma(\tau), \quad z \in \mathcal{C}(T).$$

容易验证

$$\int_{\underline{t}}^{t} x_i(\tau)\, d\tau = \langle \alpha_t, x_i \rangle, \quad d\alpha_t(\tau) = \chi_{[\underline{t},t]}(\tau)\, d\tau, \quad t \in T,$$

其中, $\chi_{[\underline{t},t]}$ 是区间 $[\underline{t},t]$ 的标准特征函数. 此外, 对于每个元素 $z \in \mathcal{C}(T)$, 我们有

$$\langle \delta_t, z \rangle = z(t), \quad t \in T,$$

因此, 在这种情况下, $\delta_t$ 可以用 $t$ 处的 Dirac 测度来确定, 这证明了上面的 $\delta$-符号是正确的. 进一步考虑函数

$$\beta_i(t) := \int_{\underline{t}}^{t} r_i(\tau)\, d\tau, \quad i = 1, \cdots, n, \quad t \in T,$$

注意, (7.66) 中的约束可以重写为

$$\begin{cases} \langle \delta_t, p_i \rangle + \langle \alpha_t, x_i \rangle \leqslant \beta_i(t) + s_i, \\ -\langle \delta_t, p_i \rangle - \langle \alpha_t, x_i \rangle \leqslant c_i - s_i - \beta_i(t), \end{cases} \tag{7.68}$$

而 (7.67) 中约束可写为

$$\sum_{i=1}^{n} \langle \delta_t, x_i \rangle \geqslant D(t), \quad t \in T. \tag{7.69}$$

最后观察到 (7.65) 中的约束可以通过

$$0 \leqslant \langle \delta_t, x_i \rangle \leqslant \eta_i, \quad i = 1, \cdots, n, \quad t \in T \tag{7.70}$$

等价给出, 我们得到以下简化结果.

**命题 7.21** (Banach 空间中 SIP 的水资源问题) 水资源优化问题 (7.67) 等价于空间 $\mathcal{C}(T) \times \mathcal{C}(T)$ 中类型 (7.47), (7.48) 的双变量 SIP:

$$\text{minimize} \quad \varphi(p, x) \quad \text{s.t.} \quad (7.68), (7.69) \text{ 和 } (7.70), \tag{7.71}$$

其中数据 $\delta_t$, $\alpha_t$, $\beta_t$, $c_i$, $s_i$, $\eta_i$ 和 $D$ 如前面所述.

现在, 我们研究将获得的 SIPs 必要最优性条件应用于水资源模型 (7.71) 的可能性. 由于在我们的模型中, 对于变量 $x$ 和 $p$ 的空间 $\mathcal{C}(T)$ 不是 Asplund 空间, 因此我们继续应用定理 7.17 的上次微分最优性条件, 并为明确起见, 考虑费用函数 $\varphi$ 在参考点处是 Fréchet 可微的情况, 即应用推论 7.18 的最优性条件. 为了简化标记, 假设在 (7.71) 中 $n = 1$, 并记为 $(p, x, \beta, c, s, \eta)$ 而非 $(p_1, x_1, \beta_1, c_1, s_1, \eta_1)$.

使用问题 (7.71) 的初始数据, 在对偶空间 $\mathcal{C}(T)^* \times \mathcal{C}(T)^* \times I\!R$ 中定义以下凸锥包:

$$K(T) := \text{cone} \left\{ \begin{array}{l} [(\delta_t, \alpha_t, \beta(t) + s), (-\delta_t, -\alpha_t, c - s - \beta(t)), \\ (0, -\delta_t, -D(t)), (0, \delta_t, \eta), \forall t \in T] \end{array} \right\}, \tag{7.72}$$

这是针对水资源问题 (7.71) 的 (7.49) 的一个具体形式. 给定一个解 $(\bar{p}, \bar{x})$, 考虑对应于 (7.71) 中所有不等式约束的活跃指标集, 其形式为

$$\begin{cases} T_1(\bar{p}, \bar{x}) := \{ t \in T \,\big|\, \langle \delta_t, \bar{p} \rangle + \langle \alpha_t, \bar{x} \rangle = \beta(t) + s \}, \\ T_2(\bar{p}, \bar{x}) := \{ t \in T \,\big|\, -\langle \delta_t, \bar{p} \rangle - \langle \alpha_t, x \rangle = c - s - \beta(t) \}, \\ T_3(\bar{p}, \bar{x}) := \{ t \in T \,\big|\, -\langle \delta_t, x \rangle = -D(t) \}, \\ T_4(\bar{p}, \bar{x}) := \{ t \in T \,\big|\, \langle \delta_t, \bar{x} \rangle = \eta \}. \end{cases} \tag{7.73}$$

下一个结果提供了水资源优化问题 (7.71) 的局部极小点的必要条件.

**命题 7.22** (水资源优化的必要最优性条件) 设 $(\bar{p}, \bar{x})$ 是问题 (7.71) 中的局部极小点. 假设费用函数 $\varphi \colon \mathcal{C}(T) \times \mathcal{C}(T) \to \overline{I\!R}$ 在 $(\bar{p}, \bar{x})$ 处是 Fréchet 可微的, 并考虑定义在 (7.72) 中的锥 $K(T)$. 则我们有包含

$$-\big( \nabla_p \varphi(\bar{p}, \bar{x}), \nabla_x \varphi(\bar{p}, \bar{x}), \langle \nabla_p \varphi(\bar{p}, \bar{x}), \bar{p} \rangle + \langle \nabla_x \varphi(\bar{p}, \bar{x}), \bar{x} \rangle \big) \in \text{cl}^* K(T).$$

此外, 如果锥 $K(T)$ 是弱* 闭的, 则存在广义乘子 $\lambda = (\lambda_t)_{t \in T}$, $\mu = (\mu_t)_{t \in T}$, $\gamma = (\gamma_t)_{t \in T}$ 和 $\rho = (\rho_t)_{t \in T} \in I\!R_+^{(T)}$, 满足以下 KKT 关系:

$$
\begin{cases}
-\big(\nabla_p \varphi(\bar{p}, \bar{x}), \nabla_x \varphi(\bar{p}, \bar{x})\big) = \displaystyle\sum_{t \in T_1(\bar{p}, \bar{x})} \lambda_t \, (\delta_t, \alpha_t) \\
+ \displaystyle\sum_{t \in T_2(\bar{p}, \bar{x})} \mu_t \, (-\delta_t, -\alpha_t) + \sum_{t \in T_3(\bar{p}, \bar{x})} \gamma_t \, (0, -\delta_t) + \sum_{t \in T_4(\bar{p}, \bar{x})} \rho_t \, (0, \delta_t),
\end{cases}
\tag{7.74}
$$

其中活跃指标集 $T_i(\bar{p}, \bar{x})$, $i = 1, \cdots, 4$ 在 (7.73) 中定义.

**证明**  将推论 7.18 的必要最优性条件应用于问题 (7.71), 考虑 (7.72) 中获得的问题 (7.71) 的特征锥 (7.49) 的形式, 然后通过 (7.73) 中对应于 (7.68)—(7.70) 中无穷不等式约束的活跃指标集来表示.  △

注意, 命题 7.22 中获得的最优性条件为我们对水资源问题的最优策略的理解提供了有价值的见解. 事实上, 根据 (7.71) 中的约束结构及其活跃指标集, 时间包含 $t \in T_1(\bar{p}, \bar{x})$ 意味着在 $t$ 时刻水库是空的, 而 $t \in T_2(\bar{p}, \bar{x})$ 意味着此时由 $\langle \delta_t, p \rangle + \langle \alpha_t, x \rangle - s - \beta(t)$ 给出的水库内部水量达到其最大水位 $c$, 即水库已满. 类似地, 包含 $t \in T_i(\bar{p}, \bar{x})$, $i = 3, 4$, 分别表示水以其最小速率或以其最大速率流动以满足需求. KKT 关系 (7.74) 在 Farkas-Minkowski 条件下有效, 因此反映出 "对偶运算" $(p^*, x^*)$ 是这些具有相应权重 $(\lambda, \mu, \gamma, \rho)$ 的 "bang-bang" 策略的线性组合. 该命题的一般渐近最优性条件表明, 从这个观点来看, 在没有 Farkas-Minkowski 性质的情况下, 最优脉冲可以用这样的组合来近似.

最后, 在本节中, 我们充分描述了 7.22 命题的设置, 其中问题 (7.71) 满足 Farkas-Minkowski 性质.

**命题 7.23** (水资源优化中的 Farkas-Minkowski 性质)  设 $\widetilde{T}$ 为 (7.71) 中时间段 $T = [\underline{t}, \overline{t}]$ 的非空子集. 则 (7.72) 中锥 $K(\widetilde{T})$ 在 $\mathcal{C}(T)^* \times \mathcal{C}(T)^* \times I\!R$ 中是弱* 闭的, 当且仅当集合 $\widetilde{T}$ 由有限多个指标组成.

**证明**  "充分性" 部分很容易从定义中得出. 我们通过反证法并考虑到空间 $\mathcal{C}(T)$ 是可分的来证明 "必要性" 部分. 假设集合 $\widetilde{T}$ 是无穷的, 为简单起见, 选择 $\widetilde{T}$ 中严格单调 (递增或递减) 的序列 $\{t_k\}_{k \in I\!N}$, 因此它收敛到 $T$ 中某个点. 不难验证由下式给出 $\mathcal{C}(T)^* \times \mathcal{C}(T)^* \times I\!R$ 中的序列

$$
\left\{ \sum_{j=1}^{k} \frac{1}{j^2} \big( \delta_{t_j}, \alpha_{t_j}, \beta(t_j) + s \big) \right\}_{k \in I\!N}
\tag{7.75}
$$

弱* 收敛于通过分量关系

$$
\langle \delta, p \rangle := \sum_{j=1}^{\infty} \frac{1}{j^2} p(t_j), \quad \langle \alpha, x \rangle := \sum_{j=1}^{\infty} \frac{1}{j^2} \int_{\underline{t}}^{t_j} x(t) \, dt, \quad b := \sum_{j=1}^{\infty} \frac{1}{j^2} \big( \beta(t_j) + s \big).
$$

定义的如下三元组 $(\delta, \alpha, b)$

$$\langle(\delta, \alpha, b), (p, x, q)\rangle := \langle\delta, p\rangle + \langle\alpha, x\rangle + bq. \tag{7.76}$$

事实上, 上述序列的弱* 收敛性直接来自于 $\mathcal{C}(T)^* \times \mathcal{C}(T)^* \times I\!R$ 中集合 $\{(\delta_{t_j}, \alpha_{t_j}, \beta(t_j) + s)\}_{k\in I\!N}$ 的有界性与级数 $\sum_{j=1}^{\infty} \frac{1}{j^2}$ 的收敛性.

现在我们证明 $(\delta, \alpha, b) \notin K(\widetilde{T})$, 因此锥 $K(\widetilde{T})$ 不是弱* 闭的. 为了验证这一点, 观察到由包含 $(\delta, \alpha, b) \in K(\widetilde{T})$ 有

$$\delta = \sum_{t\in\widetilde{T}} \lambda_t \delta_t, \quad \text{对某个 } \lambda \in I\!R_+^{(\widetilde{T})} \text{ 成立},$$

由此我们可得函数 $\delta \in \mathcal{C}(T)^*$, 它只在 $T$ 的有限子集上是不连续的. 同时, 很容易验证上述三元组的分量 $\delta$ 是函数 $\sum_{j=1}^{k} \frac{1}{j^2}\delta_{t_j}$ 当 $k \to \infty$ 时的弱* 极限, 因此它在无穷集 $\{t_k\}_{k\in I\!N}$ 上不连续. 所得矛盾完成了命题的证明.                    $\triangle$

命题 7.23 的一个显著结果是, Farkas-Minkowski 性质不适用于紧连续时间段 $T = [\underline{t}, \overline{t}]$ 上的水资源问题 (7.71). 另一方面, 该结果验证了命题 7.22 的最优性条件对应于水库控制策略的有效实现的另一种解释. 由于在实践中, 所考虑的水资源模型的测量和控制过程仅在离散的时刻实现, 我们可以考虑时间段 $T$ 的离散化 $\widetilde{T}$, 然后将命题 7.22 的 KKT 条件应用于 $\widetilde{T}$.

## 7.3  块扰动下的无穷线性系统

在本节中, 我们考虑一类块扰动下的无穷不等式约束系统. 除了对半线性规划本身的兴趣之外, 这类系统最终通过使用 Fenchel 对偶覆盖了无穷凸不等式系统. 为了简洁起见, 我们只考虑与无穷线性块扰动和凸系统的上导数分析有关的问题, 以及它在描述 Lipschitz 稳定性方面的应用, 即我们的目的是发展与 7.1 节中给出的结果对应的凸形式. 不难看出, 以这种方式获得的上导数结果同样适用于推导具有无穷约束的 SIPs 的上下次微分最优性条件, 类似于 7.2 节中获得的线性 SIPs 的最优性条件.

我们的方法如下. 我们首先考虑具有块扰动的无穷线性系统, 并将 7.1 节的结果扩展到这种情况. 然后通过 Fenchel 共轭进行线性化, 将所得结果应用于无穷凸系统. 作为我们发展的副产品, 我们去掉了先前在自反决策空间中强加于线性和凸系统系数上的有界性假设.

### 7.3.1　无穷线性块扰动系统的描述

给定任意集合 $T \neq \varnothing$, 考虑其由给定集合 $J \neq \varnothing$ 索引的划分

$$\mathcal{J} := \{T_j \mid j \in J\} \quad \text{且} \quad T_j \neq \varnothing, \quad \forall\, j \in J,$$

从而我们有

$$T = \bigcup_{j \in J} T_j \quad \text{且} \quad T_i \cap T_j = \varnothing, \quad \forall\, i \neq j,$$

其中划分中的集合 $T_j$, $j \in J$, 被称为块.

进一步给出决策 Banach 空间和系数 $(a_t^*, b_t) \in X^* \times I\!\!R$, $t \in T$, 考虑块扰动系统

$$\sigma_{\mathcal{J}}(p) := \{\langle a_t^*, x\rangle \leqslant b_t + p_j, t \in T_j,\ j \in J\}, \tag{7.77}$$

其中扰动参数 $p = (p_j)_{j \in J}$ 在 Banach 空间 $l^\infty(J)$ 中取值. 零函数 $\bar{p} = 0$ 被视为额定参数, 对应独立于划分 $\mathcal{J}$ 的标称系统

$$\sigma(0) := \{\langle a_t^*, x\rangle \leqslant b_t,\ t \in T\}. \tag{7.78}$$

两个极端的划分

$$\mathcal{J}_{\min} := \{T\} \quad \text{和} \quad \mathcal{J}_{\max} := \{\{t\} \mid t \in T\} \tag{7.79}$$

分别称为最小划分和最大划分.

我们的主要注意力集中在以下由 (7.77) 生成的可行解映射 $\mathcal{F}_{\mathcal{J}} : l^\infty(J) \rightrightarrows X$

$$\mathcal{F}_{\mathcal{J}}(p) := \{x \in X \mid x \text{ 是 } \sigma_{\mathcal{J}}(p) \text{ 的解}\} \tag{7.80}$$

的上导数分析上, 以及通过标称系统 (7.78) 的给定数据, 应用于 (7.80) 的 Lipschitz 稳定性的完全刻画. 然后, 我们将继续应用到无穷凸不等式系统.

### 7.3.2　基于上导数的块扰动系统的稳定性

首先, 我们给出 $\mathcal{F}_{\mathcal{J}}$ 在参考点的以下上导数计算, 其中 $\delta_j$ 表示 $j \in J$ 处的 Dirac 测度

$$\langle \delta_j, p\rangle := p_j, \quad \text{其中 } p = (p_j)_{j \in J} \in l^\infty(J).$$

**命题 7.24** (块扰动线性系统的上导数计算)　假设对于 (7.80) 中映射 $\mathcal{F}_{\mathcal{J}} : l^\infty(J) \rightrightarrows X$, $\bar{x} \in \mathcal{F}_{\mathcal{J}}(0)$, 则我们有 $p^* \in D^*\mathcal{F}_{\mathcal{J}}(0, \bar{x})(x^*)$ 当且仅当

$$(p^*, -x^*, -\langle x^*, \bar{x}\rangle) \in \mathrm{cl}^*\mathrm{cone}\{(-\delta_j, a_t^*, b_t) \mid j \in J,\ t \in T_j\}.$$

**证明** 可以通过定理 7.5 的证明和前面 7.1.2 小节的命题实现. △

与 (7.5) 类似, 定义 (7.77) 在 $p \in l^\infty(J)$ 处的特征集

$$C_{\mathcal{J}}(p) := \mathrm{co}\{(a_t^*, b_t + p_j) \mid t \in T_j,\ j \in J\} \subset X^* \times \mathbb{R}, \qquad (7.81)$$

并考虑其在 $p = 0$ 处的具体形式, 实际上它不依赖于 $\mathcal{J}$, 而仅取决于标称系统 (7.78):

$$C(0) = \mathrm{co}\{(a_t^*, b_t) \mid t \in T\}.$$

标称系统 $\sigma(0)$ 的强 Slater 条件 (SSC) 和相应的强 Slater 点 $\hat{x}$ 是定义 7.1 中 $p = 0$ 时的具体形式.

我们有下列等价关系, 将定理 7.2 中的等价关系扩展到线性块扰动系统的情况, 并考虑到 7.1 节中发展的一些其他结果和证明.

**命题 7.25** (块扰动下线性系统的类 Lipschitz 性质的刻画) 对于可行解映射 (7.80) 给定 $\bar{x} \in \mathcal{F}_{\mathcal{J}}(0)$, 则以下断言等价:

(i) $\mathcal{F}_{\mathcal{J}}$ 在 $(0, \bar{x})$ 附近是类 Lipschitz 的.

(ii) $D^* \mathcal{F}_{\mathcal{J}}(0, \bar{x})(0) = \{0\}$.

(iii) SSC 对于 $\sigma(0)$ 成立.

(iv) $0 \in \mathrm{int}(\mathrm{dom}\,\mathcal{F}_{\mathcal{J}})$.

(v) $\mathcal{F}_{\mathcal{J}}$ 在 $(0, x)$ 附近对于所有 $x \in \mathcal{F}_{\mathcal{J}}(0)$ 是类 Lipschitz 的.

(vi) $(0, 0) \notin \mathrm{cl}^* C(0)$.

**证明** 根据定理 3.3 的第 1 步 (其证明在任意 Banach 空间中保持不变) 中 $\mathcal{F}_{\mathcal{J}}(0, \bar{x})$ 的图凸性, 由 $D_M^* \mathcal{F}_{\mathcal{J}}(0, \bar{x}) = D_N^* \mathcal{F}_{\mathcal{J}}(0, \bar{x})$ 可以验证蕴含关系 (i)⇒(ii); 参见练习 3.35. 根据定理 7.9 的证明中的思路, 使用命题 7.24 可以验证反向蕴含关系 (ii)⇒(i). 由于 (iii) 和 (vi) 中涉及的条件不依赖于划分, 因此它们之间的等价关系简化为定理 7.2 中 $p = 0$ 时的等价关系 (iii)⇔(iv). 根据定理 7.2 中 (ii)⇔(iii) 的证明, 我们可以建立 (iii) 和 (iv) 对于 (7.79) 中最大分划 $\mathcal{J} = \mathcal{J}_{\max}$ 的等价性, 这显然意味着对于任意分划 $\mathcal{J}$ 有 (iii)⇒(iv). 考虑到常数扰动 (对应于 (7.79) 中的最小分划 $\mathcal{J} = \mathcal{J}_{\min}$) 肯定是块扰动的一种特殊情况, 通过考虑常数扰动 $p \equiv \varepsilon$, 其中 $\varepsilon > 0$ 足够小以确保 $p \in \mathrm{int}(\mathrm{dom}\,\mathcal{F}_{\mathcal{J}})$, 可知反向蕴含关系 (iv)⇒(iii) 成立. (i)⇔(iv) 和 (iv)⇔(v) 中的等价关系可由经典的 Robinson-Ursescu 定理, 以及映射的类 Lipschitz 性质与逆映射的度量正则性/覆盖性质之间的等价关系得出; 参见定理 3.2、推论 3.6, 以及 3.5 节中相应的评注. 这就完成了命题的证明. △

现在我们继续计算块扰动下映射 (7.80) 的确切 Lipschitz 界限. 在建立这个方向的主要结果之前, 我们先提出几个有着各自独立利益的命题.

**命题 7.26** (块扰动系统的确切 Lipschitz 界限之间的关系)  假设对于 (7.80) 中的可行解映射, $\bar{x} \in \mathcal{F}_{\mathcal{J}}(0)$. 则使用 (7.79) 表示, 我们有

$$\operatorname{lip} \mathcal{F}_{\min}(0, \bar{x}) \leqslant \operatorname{lip} \mathcal{F}_{\mathcal{J}}(0, \bar{x}) \leqslant \operatorname{lip} \mathcal{F}_{\max}(0, \bar{x}).$$

**证明**  我们依赖于 (7.26) 中给出的 Lipschitz 界限表示. 考虑标称系统 $\sigma(0)$ 满足 SSC 的非平凡情况; 否则, 根据命题 7.25 中的等价性 (i)$\Leftrightarrow$(iii), 以上所有确切 Lipschitz 界限都等于 $\infty$. 注意, 映射 $\mathcal{F}_{\min}, \mathcal{F}_{\mathcal{J}}$ 和 $\mathcal{F}_{\max}$ 分别作用于空间 $\mathbb{R}$, $l^\infty(J)$ 和 $l^\infty(T)$. 对于每个 $\rho \in \overline{\mathbb{R}}$, 设 $p_\rho$ 是 $J$ 上的常数函数 $p_\rho \equiv \rho$, 并且对于每个 $p \in l^\infty(J)$, 用 $p_T$ 表示 $T$ 上的分段常数函数, 在块 $T_j$ 上定义为 $p_j, j \in J$. 我们进一步验证两个不等式:

$$\operatorname{dist}\left(\rho; \mathcal{F}_{\min}^{-1}(x)\right) \geqslant \operatorname{dist}\left(p_\rho; \mathcal{F}_{\mathcal{J}}^{-1}(x)\right), \quad \operatorname{dist}\left(p; \mathcal{F}_{\mathcal{J}}^{-1}(x)\right) \geqslant \operatorname{dist}\left(p_T; \mathcal{F}_{\max}^{-1}(x)\right)$$

对任意 $x \in X$ 有效. 事实上, 显然, 我们有 $\mathcal{F}_{\mathcal{J}}^{-1}(x) = \varnothing$, 从而 $\mathcal{F}_{\min}^{-1}(x) = \varnothing$, 并且对于上面的第二个不等式情况类似.

现在考虑这两个集合都是非空的非平凡情况. 因此, 对于某个序列 $\{\rho_r\}_{r \in \mathbb{N}} \subset \mathcal{F}_{\min}^{-1}(x)$, 通过考虑 $\rho_r \in \mathcal{F}_{\min}^{-1}(x)$ 当且仅当 $p_{\rho_r} \in \mathcal{F}_{\mathcal{J}}^{-1}(x)$. 我们得出

$$\operatorname{dist}\left(\rho; \mathcal{F}_{\min}^{-1}(x)\right) = \lim_{r \in \mathbb{N}} |\rho - \rho_r| = \lim_{r \in \mathbb{N}} \|p_\rho - p_{\rho_r}\| \geqslant \operatorname{dist}\left(p_\rho; \mathcal{F}_{\mathcal{J}}^{-1}(x)\right).$$

最后, 我们借助于确切 Lipschitz 界限的表示 (7.26) 并结合可直接验证的等式

$$\mathcal{F}_{\min}(\rho) = \mathcal{F}_{\mathcal{J}}(p_\rho) \quad \text{和} \quad \mathcal{F}_{\mathcal{J}}(p) = \mathcal{F}_{\max}(p_T),$$

这样, 我们就完成了命题的证明.                                                                    △

下一个命题建立了对应于不同划分的 (7.80) 的上导数范数之间的关系.

**命题 7.27** (块扰动系统的上导数范数)  考虑对应于任意划分 $\mathcal{J}$ 和最小划分 (7.79) 的可行解映射 (7.80). 则对任意 $\bar{x} \in \mathcal{F}_{\mathcal{J}}(0)$, 我们有

$$\|D^* \mathcal{F}_{\min}(0, \bar{x})\| \leqslant \|D^* \mathcal{F}_{\mathcal{J}}(0, \bar{x})\|. \tag{7.82}$$

**证明**  观察到 $\mathcal{F}_{\mathcal{J}}(0) = \mathcal{F}_{\min}(0)$, 这是因为其中的两个集合都简化为标称集合; 因此 $\bar{x} \in \mathcal{F}_{\min}(0)$. 根据上导数范数的定义, 选择任意 $x^* \in X^*, \|x^*\| \leqslant 1$, 并考虑存在 $\mu \in \mathbb{R} \backslash \{0\}$ 且 $\mu \in D^* \mathcal{F}_{\min}(0, \bar{x})(x^*)$ 的非平凡情况. 命题 7.24 中的上导数计算需要存在网 $\{\lambda_\nu\}_{\nu \in \mathcal{N}}$, 其中 $\lambda_\nu = (\lambda_{t\nu})_{t \in T} \in \mathbb{R}_+^{(T)}, \nu \in \mathcal{N}$, 满足条件

$$\left(\mu, -x^*, -\langle x^*, \bar{x} \rangle\right) = w^*\text{-} \lim_{\nu \in \mathcal{N}} \sum_{t \in T} \lambda_{t\nu} (-1, a_t^*, b_t). \tag{7.83}$$

观察 (7.83) 中的第一个分量并置 $\gamma_\nu := \sum_{t \in T} \lambda_{t\nu}$, 我们得到 $-\mu = \lim_{\nu \in \mathcal{N}} \gamma_\nu > 0$, 因此对于有向集 $\mathcal{N}$ 中足够靠前的 $\nu$, 有 $\gamma_\nu > 0$; 不失一般性, 我们称上式对于所有的 $\nu$ 成立. 由此我们可得

$$\left(\mu^{-1}x^*, \langle \mu^{-1}x^*, \bar{x} \rangle\right) = w^*\text{-}\lim_{\nu \in \mathcal{N}} \sum_{t \in T} \gamma_\nu^{-1}\lambda_{t\nu}\left(a_t^*, b_t\right) \in \text{cl}^*C\left(0\right). \tag{7.84}$$

对于每个 $\nu \in \mathcal{N}$, 考虑下一个 $\eta_\nu = (\eta_{j\nu})_{j \in J} \in I\!\!R_+^{(J)}$, 其中 $\eta_{j\nu} := \sum_{t \in T_j} \gamma_\nu^{-1}\lambda_{t\nu}$, 从而 $\sum_{j \in J} \eta_{j\nu} = 1$. 由于网 $\{\sum_{j \in J} \eta_{j\nu}(-\delta_j)\}_{\nu \in \mathcal{N}}$ 包含于球 $I\!\!B_{l^\infty(J)^*}$ 中, 因此 Alaoglu-Bourbaki 定理告诉我们, 某个子网 (通过 $\nu \in \mathcal{N}$ 索引而不重新标记) 弱* 收敛于某个 $p^* \in l^\infty(J)^*$ 且 $\|p^*\| \leqslant 1$. 用 $e \in l^\infty(J)$ 表示坐标等于 1 的函数, 我们得到等式

$$\langle p^*, -e \rangle = \lim_{\nu \in \mathcal{N}} \sum_{j \in J} \eta_{j\nu} = 1, \quad \text{所以} \quad \|p^*\| = 1.$$

现在借助 (7.84), 表明对于所考虑的子网, 有

$$\left(p^*, \mu^{-1}x^*, \langle \mu^{-1}x^*, \bar{x} \rangle\right) = w^*\text{-}\lim_{\nu \in \mathcal{N}} \sum_{j \in J} \sum_{t \in T_j} \gamma_\nu^{-1}\lambda_{t\nu}\left(-\delta_j, a_t^*, b_t\right).$$

然后利用命题 7.24 的上导数描述, 得出

$$p^* \in D^*\mathcal{F}_{\mathcal{J}}\left(0, \bar{x}\right)\left(-\mu^{-1}x^*\right).$$

由于 $-\mu > 0$, 因此上导数的正齐性意味着

$$-\mu p^* \in D^*\mathcal{F}_{\mathcal{J}}\left(0, \bar{x}\right)\left(x^*\right),$$

这反过来又通过上导数范数的定义保证了

$$\|D^*\mathcal{F}_{\mathcal{J}}\left(0, \bar{x}\right)\| \geqslant \|-\mu p^*\| = -\mu = |\mu|.$$

由于数 $\mu \in D^*\mathcal{F}_{\min}\left(0, \bar{x}\right)\left(x^*\right)$ 是任意选择的, 我们得到 (7.82), 从而完成了命题的证明. △

为了进一步进行说明, 为了符号上的方便, 我们约定 $\sup \varnothing := 0$, 从而对于 $\sigma(0)$ 的强 Slater 点 $\bar{x}$, 我们有等式

$$\sup\left\{\|u^*\|^{-1} \mid \left(u^*, \langle u^*, \bar{x} \rangle\right) \in \text{cl}^*C\left(0\right)\right\} = 0.$$

事实上, 容易验证对于这样的点 $\bar{x}$, 没有元素 $u^* \in X^*$ 满足 $\left(u^*, \langle u^*, \bar{x} \rangle\right) \in \text{cl}^*C\left(0\right)$.

。

请注意, 相反的说法通常不成立. 为了说明这一点, 请考虑 $I\!R$ 中的系统 $\sigma(0)$ $:= \{tx \leqslant 1/t \ \text{当} \ t = 1, 2, \cdots\}$. 一方面, 注意到 $\bar{x} = 0$ 不是该系统的强 Slater 点. 另一方面, 我们有 $\{u^* \in I\!R \mid (u^*, \langle u^*, \bar{x} \rangle) \in \mathrm{cl}^* C(0)\} = \varnothing$.

回顾, 根据命题 7.25, 对于 $\sigma(0)$, SSC 失效意味着 $(0, 0) \in \mathrm{cl}^* C(0)$, 这确保了在约定 $1/0 := \infty$ 下, 对于 $\sigma(0)$ 的任意可行点 $\bar{x}$, 我们有关系

$$\sup \left\{ \|u^*\|^{-1} \mid (u^*, \langle u^*, \bar{x} \rangle) \in \mathrm{cl}^* C(0) \right\} = \infty.$$

这些观察结果对于推导以下最小划分的上导数范数的下估计很有用, 这是获得本节主要结果的重要步骤.

**命题 7.28** (最小划分的上导数范数的下估计)　考虑由 (7.79) 中的最小划分 $\mathcal{J}_{\min}$ 定义的映射 $\mathcal{F}_{\min} \colon I\!R \rightrightarrows X$, 并选择任意 $\bar{x} \in \mathcal{F}_{\min}(0)$. 则我们有

$$\sup \left\{ \|u^*\|^{-1} \mid (u^*, \langle u^*, \bar{x} \rangle) \in \mathrm{cl}^* C(0) \right\} \leqslant \|D^* \mathcal{F}_{\min}(0, \bar{x})\|. \tag{7.85}$$

**证明**　让我们首先验证 $\|D^* \mathcal{F}_{\min}(0, \bar{x})\| = \infty$, 前提是 SSC 对于 $\sigma(0)$ 成立. 事实上, 在这种情况下, 命题 7.25 告诉我们 $(0, 0) \in \mathrm{cl}^* C(0)$, 因此反过来可知存在网 $\{\lambda_\nu\}_{\nu \in \mathcal{N}}$, 其中 $\lambda_\nu = (\lambda_{t\nu})_{t \in T} \in I\!R_+^{(T)}$ 且 $\sum_{t \in T} \lambda_{t\nu} = 1$, $\nu \in \mathcal{N}$, 满足条件

$$(0, 0) = w^*\text{-} \lim_{\nu \in \mathcal{N}} \sum_{t \in T} \lambda_{t\nu} (a_t^*, b_t).$$

后者显然意味着 $(-1, 0, 0) = w^*\text{-}\lim_{\nu \in \mathcal{N}} \sum_{t \in T} \lambda_{t\nu} (-1, a_t^*, b_t)$,, 即通过命题 7.24, 我们得到包含

$$-1 \in D^* \mathcal{F}_{\min}(0, \bar{x})(0).$$

由于 $D^* \mathcal{F}_{\min}(0, \bar{x})$ 是正齐次的, 因此上导数范数的定义保证所声称的条件 $\|D^* \mathcal{F}_{\min}(0, \bar{x})\| = \infty$ 有效.

接下来我们考虑非平凡情况, 其中 SSC 对于 $\sigma(0)$ 成立, 元素 $u^* \in X^*$ 且 $(u^*, \langle u^*, \bar{x} \rangle) \in \mathrm{cl}^* C(0)$ 的集合是非空的. 选取这样一个元素 $u^*$, 并根据命题 7.25 观察到由 SSC 对于 $\sigma(0)$ 成立可得 $u^* \neq 0$. $u^*$ 的选择使我们能够找到网 $\{\lambda_\nu\}_{\nu \in \mathcal{N}}$, 其中 $\lambda_\nu = (\lambda_{t\nu})_{t \in T} \in I\!R_+^{(T)}$ 且 $\sum_{t \in T} \lambda_{t\nu} = 1$, $\nu \in \mathcal{N}$, 满足

$$(u^*, \langle u^*, \bar{x} \rangle) = w^*\text{-} \lim_{\nu \in \mathcal{N}} \sum_{t \in T} \lambda_{t\nu} (a_t^*, b_t),$$

这可以等价地重写为

$$(-1, u^*, \langle u^*, \bar{x} \rangle) = w^*\text{-} \lim_{\nu \in \mathcal{N}} \sum_{t \in T} \lambda_{t\nu} (-1, a_t^*, b_t).$$

这意味着 $-1 \in D^*\mathcal{F}_{\min}(0,\bar{x})(-u^*)$，因此

$$-\|u^*\|^{-1} \in D^*\mathcal{F}_{\min}(0,\bar{x})\left(-\|u^*\|^{-1}u^*\right),$$

通过上导数范数的定义，这确保了

$$\|D^*\mathcal{F}_{\min}(0,\bar{x})\| \geqslant \|u^*\|^{-1}.$$

由于元素 $u^*$ 是从满足包含 $(u^*,\langle u^*,\bar{x}\rangle) \in \operatorname{cl}^*C(0)$ 的元素中任意选择的，因此我们得出了所要求的上导数范数的下估计 (7.85)，从而完成了命题的证明。　　△

现在我们准备建立这一小节的主要结果。

**定理 7.29**（块扰动系统的上导数范数的估计）　对于任意 $\bar{x} \in \mathcal{F}_{\mathcal{J}}(0)$，我们有关系

$$\sup\left\{\|u^*\|^{-1} \,\middle|\, (u^*,\langle u^*,\bar{x}\rangle) \in \operatorname{cl}^*C(0)\right\} \leqslant \|D^*\mathcal{F}_{\min}(0,\bar{x})\| \leqslant \|D^*\mathcal{F}_{\mathcal{J}}(0,\bar{x})\|$$
$$\leqslant \operatorname{lip}\mathcal{F}_{\mathcal{J}}(0,\bar{x}) \leqslant \operatorname{lip}\mathcal{F}_{\max}(0,\bar{x}).$$

此外，如果系数集 $\{a_t^* \mid t \in T\}$ 在 $X^*$ 中有界或者空间 $X$ 是自反的，则上述不等式均相等。

**证明**　回顾如上所述，下估计

$$\|D^*\mathcal{F}_{\mathcal{J}}(0,\bar{x})\| \leqslant \operatorname{lip}\mathcal{F}_{\mathcal{J}}(0,\bar{x}) \tag{7.86}$$

可以根据在任意 Banach 空间中成立的定理 3.3 第一步的证明得出。现在（以此顺序）应用命题 7.28 和定理 7.27、公式 (7.86) 和命题 7.26 验证定理中声称的不等关系。

为了在附加假设下验证其中的等式，首先考虑系数集 $\{a_t^* \mid t \in T\}$ 在 $X^*$ 中有界的情况。然后使用适应当前标记的定理 7.15，我们有

$$\operatorname{lip}\mathcal{F}_{\max}(0,\bar{x}) \leqslant \sup\left\{\|u^*\|^{-1} \mid (u^*,\langle u^*,\bar{x}\rangle) \in \operatorname{cl}^*C(0)\right\} \tag{7.87}$$

在 SSC 对于标称系统 $\sigma(0)$ 成立的非平凡情况下成立。

还需要考虑空间 $X$ 是自反的情况，并在 SSC 对于 $\sigma(0)$ 有效的情况下证明上估计 (7.87)。在这种情况下，Mazur 弱闭包定理使我们可以用凸集 $C(0)$ 的范数闭包 $\operatorname{cl}C(0)$ 来替换它的弱* 闭包 $\operatorname{cl}^*C(0)$。假设 (7.87) 不成立，并选择 $\beta > 0$，使得

$$\operatorname{lip}\mathcal{F}_{\max}(0,\bar{x}) > \beta > \sup\left\{\|u^*\|^{-1} \mid (u^*,\langle u^*,\bar{x}\rangle) \in \operatorname{cl}C(0)\right\}. \tag{7.88}$$

使用确切 Lipschitz 界限的距离表示 (7.26) 和 (7.88) 中第一个不等式, 我们得到序列 $p_r = (p_{tr})_{t \in T} \to 0$ 和 $x_r \to \bar{x}$, 沿着这些序列我们有关系

$$\operatorname{dist}\big(x_r; \mathcal{F}_{\max}(p_r)\big) > \beta \operatorname{dist}\big(p_r; \mathcal{F}_{\max}^{-1}(x_r)\big), \quad \forall \, r \in I\!\!N, \tag{7.89}$$

这意味着数量

$$\operatorname{dist}\big(p_r; \mathcal{F}_{\max}^{-1}(x_r)\big) = \sup_{t \in T} \big[\langle a_t^*, x_r \rangle - b_t - p_{tr}\big]_+$$

$$= \sup_{(x^*, \alpha) \in C_{\max}(p_r)} \big[\langle x^*, x_r \rangle - \alpha\big]_+ \tag{7.90}$$

是有限的. 由 SSC 假设, 根据命题 7.25, 对于充分大的 $r \in I\!\!N$ 有 $\mathcal{F}_{\max}(p_r) \neq \varnothing$; 也就是说, 不失一般性, 上式对于所有 $r \in I\!\!N$ 都成立. 此外, 在这个条件下, 我们有

$$\lim_{r \to \infty} \operatorname{dist}\big(x_r; \mathcal{F}_{\max}(p_r)\big) = 0; \tag{7.91}$$

有关更多讨论参见练习 7.86. 在不失一般性的前提下, 假设 SSC 对于系统 $\sigma_{\max}(p_r)$ 有效, 然后从自反空间成立的命题 7.12 中对于无穷线性系统的扩展 Ascoli 公式 (7.37) 推导出表示

$$\operatorname{dist}\big(x_r; \mathcal{F}_{\max}(p_r)\big) = \sup_{(x^*, \alpha) \in C_{\max}(p_r)} \frac{\big[\langle x^*, x_r \rangle - \alpha\big]_+}{\|x^*\|}, \quad r \in I\!\!N.$$

这使我们可以找到 $(x_r^*, \alpha_r) \in C_{\max}(p_r)$, $r \in I\!\!N$, 满足

$$0 < \operatorname{dist}\big(x_r, \mathcal{F}_{\max}(p_r)\big) - \frac{\langle x_r^*, x_r \rangle - \alpha_r}{\|x_r^*\|} < \frac{1}{r}. \tag{7.92}$$

此外, 通过 (7.89) 和 (7.90), 我们可以在 (7.92) 中选择 $(x_r^*, \alpha_r)$, 使得

$$\beta \operatorname{dist}\big(p_r; \mathcal{F}_{\max}^{-1}(x_r)\big) < \frac{\langle x_r^*, x_r \rangle - \alpha_r}{\|x_r^*\|} \leqslant \frac{\operatorname{dist}\big(p_r; \mathcal{F}_{\max}^{-1}(x_r)\big)}{\|x_r^*\|}. \tag{7.93}$$

由于 $\operatorname{dist}(p_r; \mathcal{F}_{\max}^{-1}(x_r)) > 0$(否则 (7.89) 的两边都等于零, 这是不可能的), 从 (7.93) 可以得出, $\|x_r^*\| < \beta^{-1}$, 对于所有 $r \in I\!\!N$ 成立. 因此, 通过自反空间的对偶中单位球的弱* 序列紧性, 我们选择子列 $\{x_{r_k}^*\}_{k \in I\!\!N}$ 弱* 收敛到某个 $x^* \in X^*$ 且 $\|x^*\| \leqslant \beta^{-1}$. 则由 (7.91) 和 (7.92) 可得

$$\lim_{k \in I\!\!N} \frac{\langle x_{r_k}^*, x_{r_k} \rangle - \alpha_{r_k}}{\|x_{r_k}^*\|} = 0, \ \text{因此} \ \lim_{k \in I\!\!N} \big(\langle x_{r_k}^*, x_{r_k} \rangle - \alpha_{r_k}\big) = 0.$$

由 $\{x_{r_k}\}_{k \in I\!\!N}$ 到 $\bar{x}$ 的标准收敛性, 后者意味着

$$\lim_{k \in I\!\!N} \alpha_{r_k} = \lim_{k \in I\!\!N} \langle x_{r_k}^*, x_{r_k} \rangle = \langle x^*, \bar{x} \rangle.$$

则从 $\left(x_{r_k}^*, \alpha_{r_k}\right) \in C_{\max}\left(p_{r_k}\right)$ 我们可以推出存在乘子 $\lambda_{r_k} = \left(\lambda_{tr_k}\right)_{t \in T}$, 使得 $\lambda_{tr_k} \geqslant 0$, 其中只有有限多个不为 $0$, 并且

$$\sum_{t \in T} \lambda_{tr_k} = 1, \ \text{且} \ \left(x_{r_k}^*, \alpha_{r_k}\right) = \sum_{t \in T} \lambda_{tr_k} \left(a_t^*, b_t + p_{tr_k}\right), \quad k \in \mathbb{N}.$$

结合上述等式, 我们得到关系

$$\begin{aligned}
\left(x^*, \langle x^*, \bar{x} \rangle\right) &= w^* - \lim_{k \in \mathbb{N}} \left(x_{r_k}^*, \alpha_{r_k}\right) = w^* - \lim_{k \in \mathbb{N}} \sum_{t \in T} \lambda_{tr_k} \left(a_t^*, b_t + p_{tr_k}\right) \\
&= w^* - \lim_{k \in \mathbb{N}} \sum_{t \in T} \lambda_{tr_k} \left(a_t^*, b_t\right) \in \operatorname{cl} C\left(0\right),
\end{aligned}$$

其中最后一个等式来自 $\lim_{k \to \infty} \|p_{r_k}\| = 0$. 最后观察到根据命题 7.25 知 SSC 对于 $\sigma(0)$ 成立, 因此 $x^* \neq 0$. 故

$$\sup \left\{ \|u^*\|^{-1} \ \middle| \ \left(u^*, \langle u^*, \bar{x} \rangle\right) \in \operatorname{cl} C\left(0\right) \right\} \geqslant \|x^*\|^{-1} \geqslant \beta,$$

这与 (7.88) 矛盾, 因此完成了定理的证明. $\triangle$

### 7.3.3 在无穷凸不等式系统中的应用

在这里, 我们考虑由下式给出的参数化凸不等式系统

$$\sigma(p) := \left\{ \varphi_j\left(x\right) \leqslant p_j, \ j \in J \right\}, \tag{7.94}$$

其中 $J$ 是任意指标集, 并且函数 $\varphi_j \colon X \to \overline{\mathbb{R}}$, $j \in J$, 在 Banach 空间 $X$ 上是 l.s.c.(我们的固定假设) 且凸的. 由上所述, 泛函参数 $p$ 属于 $l^\infty(J)$, 并且零函数 $\bar{p} = 0$ 是额定参数. 我们的目标是通过应用所得到的块扰动线性系统的结果, 刻画凸系统 (7.94) 在 $\bar{p} = 0$ 附近的 Lipschitz 稳定性. 为此, 对每个函数 $\varphi_j$, 定义 (7.30) 的 Fenchel 共轭

$$\varphi_j^*(u^*) := \sup \left\{ \langle u^*, x \rangle - \varphi_j(x) \middle| \ x \in X \right\} = \sup \left\{ \langle u^*, x \rangle - \varphi_j(x) \middle| \ x \in \operatorname{dom} \varphi_j \right\}.$$

事实上, 经典的 Fenchel 对偶定理告诉我们, 关系

$$\varphi_j^{**} = \varphi_j \ \text{在} \ X \ \text{上成立, 且} \ \varphi_j^{**} := \left(\varphi_j^*\right)^*$$

在所给假设下成立. 利用这一点我们得到, 在具有相同解集的意义下, 对于每个 $j \in J$, 凸不等式 $\varphi_j\left(x\right) \leqslant p_j$ 等价于线性系统

$$\left\{ \langle u^*, x \rangle - \varphi_j^*\left(u^*\right) \leqslant p_j, \ u^* \in \operatorname{dom} \varphi_j^* \right\}. \tag{7.95}$$

记

$$T := \left\{ (j, u^*) \in J \times X^* \,\middle|\, u^* \in \operatorname{dom} \varphi_j^* \right\}$$

并观察到 $T$ 可以被划分为

$$T = \bigcup_{j \in J} T_j, \quad \text{其中 } T_j := \{j\} \times \operatorname{dom} \varphi_j^*. \tag{7.96}$$

这样, 标称凸系统 $\sigma(0)$ 上的右侧扰动对应于具有划分 $\mathcal{J} := \{T_j \mid j \in J\}$ 的线性标称系统 $\sigma_{\mathcal{J}}(0)$ 的块扰动. 为此, 重要的是要认识到 (7.94) 的可行解映射 $\mathcal{F}: l^\infty(J) \rightrightarrows X$

$$\mathcal{F}(p) := \left\{ x \in X \,\middle|\, x \ \text{是 } \sigma(p) \ \text{的解} \right\} \tag{7.97}$$

和具有划分 $\mathcal{J} := \{T_j \mid j \in J\}$ 的块扰动线性化系统 $\mathcal{F}_{\mathcal{J}}$ 的可行解映射完全相同. 这使我们能够使用 7.3.1 小节的结果来刻画无穷凸系统的 Lipschitz 稳定性. 不难验证 (7.81) 中特征集 $C_{\mathcal{J}}(p)$ 的凸对应项是

$$
\begin{aligned}
C(p) &:= \operatorname{co} \left\{ (u^*, \varphi_j^*(u^*) + p_j) \,\middle|\, j \in J, \ u^* \in \operatorname{dom} \varphi_j^* \right\} \\
&= \operatorname{co} \left( \bigcup_{j \in J} \operatorname{gph} (\varphi_j - p_j)^* \right) \subset X^* \times \mathbb{R}.
\end{aligned}
\tag{7.98}
$$

观察到对于所考虑的凸系统 $\sigma(0)$, 对应的 SSC 理解为 $\sup_{t \in T} \varphi_t(\widehat{x}) < 0$, 对某个 $\widehat{x} \in X$ 成立, 并且 $\widehat{x}$ 是 $\sigma(0)$ 的强 Slater 点当且仅当

$$\sup_{(j, u^*) \in T} \left\{ \langle u^*, \widehat{x} \rangle - \varphi_j^*(u^*) \right\} < 0.$$

下一个结果提供了根据初始数据对原始无穷凸系统 (7.94) 的解映射 (7.97) 的上导数计算.

**命题 7.30** (计算无穷凸系统的上导数)　对于凸系统 (7.94) 的解映射 (7.97), 取 $\bar{x} \in \mathcal{F}(0)$. 则我们有 $p^* \in D^*\mathcal{F}(0, \bar{x})(x^*)$, 当且仅当

$$\left( p^*, -x^*, -\langle x^*, \bar{x} \rangle \right) \in \operatorname{cl}^* \operatorname{cone} \left( \bigcup_{j \in J} \left( \{-\delta_j\} \times \operatorname{gph} \varphi_j^* \right) \right). \tag{7.99}$$

**证明**　可由命题 7.24 中的线性对应结果直接得出.　　　　　　　　　　　△

现在我们准备给出这一小节的主要结果, 证明无穷凸不等式系统的可行解映射 (7.97) 的确切 Lipschitz 界限的估计.

**定理 7.31** (无穷凸系统的上导数范数的估计) 对于 (7.97) 中的任意 $\bar{x} \in \mathcal{F}(0)$, 我们有关系

$$\sup\left\{ \|u^*\|^{-1} \,\Big|\, (u^*, \langle u^*, \bar{x} \rangle) \in \mathrm{cl}^*\mathrm{co}\left( \bigcup_{j \in J} \mathrm{gph}\,\varphi_j^* \right) \right\} \leqslant \|D^*\mathcal{F}(0, \bar{x})\| \leqslant \mathrm{lip}\mathcal{F}(0, \bar{x}).$$

此外, 如果集合 $\bigcup_{j \in J} \mathrm{dom}\,\varphi_j^*$ 在 $X^*$ 中是有界的或者空间 $X$ 是自反的, 则上述不等式相等.

**证明** 将定理 7.29 应用到具有块扰动的线性系统 (7.95) 上, 利用上述线性化过程和命题 7.30 中给出的上导数计算. △

下一个例子表明, 在线性设置中看起来很自然的有界性假设, 在非常简单的凸系统中可能会失效.

**例 7.32** (无穷凸不等式系统有界性假设的失效) 考虑以下涉及一维决策和参数变量的单值凸不等式:

$$x^2 \leqslant p, \quad \text{其中 } x, p \in I\!R.$$

与之相关的线性化系统如下:

$$\left\{ ux \leqslant \frac{u^2}{4} + p,\ u \in I\!R \right\},$$

因此定理 7.31 的有界假设失效了.

# 7.4 无穷凸系统的度量正则性

在这一节中, 我们发展另一种方法来研究无穷凸约束系统的适定性, 主要集中在它们的度量正则性上. 第 3 章中的适定性研究表明, 虽然一般多映射的度量正则性等价于其逆映射的 Lipschitz 性质, 前者是不自然的 (通常是失效的), 而后者对于一大类集值映射在非限制性的规范条件下成立, 称为参数变分系统 (PVS); 参见 3.3 节. 事实是参数约束系统 (PCS) 与参数约束系统不同, 其度量正则性和 Lipschitz 性质可以并行研究, 并且二者在相似 (对称) 约束规范下都满足; 参见 3.3 节和 [529, 4.3 节]. 7.1 节和 7.3 节中考虑的无穷约束系统属于后一类, 因此可以并行地研究和刻画它们的度量正则性和 Lipschitz 稳定性.

事实上, 7.1 节和 7.3 节所考虑的无穷线性和凸不等式系统的度量正则性的充分刻画可以从它们的确切 Lipschitz 界限的等式中推出, 后者与度量正则性的确切界限互为倒数. 然而, 在施加的有界性假设下, 定理 7.31 中的确切 Lipschitz 界限的上述计算 (扩展了前面线性系统的计算) 是合理的, 该假设具有相当的限制性 (如例 7.32 所示), 但在给定的证明中不能删除, 除非决策空间是自反的.

下面介绍的刻画无穷凸系统度量正则性的新方法与本章前几节中采用的方法完全不同. 我们首先研究了具有闭凸图的一般多值映射的度量正则性, 建立了精确计算任意 Banach 空间中确切正则性界限的公式, 在涉及 $\varepsilon$-上导数的情况下, 不施加任何规范条件. 我们解决这些问题的方法是将这种映射的度量正则性化为 DC(凸差) 函数的无约束极小化. 通过这种方法, 我们得到了一般凸图多函数的正则性准则, 并将其应用于无穷凸系统的度量正则性. 它使我们不仅可以在不施加上述有界性假设的情况下讨论任意 Banach 空间中的无穷凸不等式, 而且还可以考虑额外的线性等式和凸几何约束.

### 7.4.1　度量正则性的 DC 优化方法

根据定义 3.1 中的 (3.2) 式, 称度量空间之间的集值映射 $F\colon X \rightrightarrows Y$ 在 $(\bar{x}, \bar{y}) \in \mathrm{gph}\, F$ 附近是度量正则的, 且模为 $\mu > 0$, 如果存在 $\bar{x}$ 的邻域 $U$ 和 $\bar{y}$ 的邻域 $V$, 使得

$$\mathrm{dist}\big(x; F^{-1}(y)\big) \leqslant \mu\, \mathrm{dist}\big(y; F(x)\big), \quad \forall\, x \in U,\ y \in Y.$$

$F$ 在 $(\bar{x}, \bar{y})$ 附近的确切正则性界限 $\mathrm{reg}\, F(\bar{x}, \bar{y})$ 是所有这些模 $\mu$ 的下确界. 从定义中很容易直接观察到, 度量正则性 (3.2) 等于说 $(\bar{x}, \bar{y})$ 是下列无约束优化问题在 $(x, y) \in X \times Y$ 上的局部极小点:

$$\text{minimize}\quad \mu\, \mathrm{dist}\big(y; F(x)\big) - \mathrm{dist}\big(x; F^{-1}(y)\big). \tag{7.100}$$

在本节和下一小节中, 除非另有说明, 否则我们将考虑具有闭凸图的任意 Banach 空间之间的多值映射 $F$. 假设它确保 (7.100) 是一个 DC 最小化问题. 6.1 节简要研究了这类问题, 7.5 节从不同的角度进行了更详细的研究.

接下来, 我们需要回顾一下凸分析和 DC 优化中的一些概念和事实. 给定一个凸函数 $\varphi\colon X \to \overline{I\!R}$ 和 $\varepsilon \geqslant 0$, $\varphi$ 在 $\bar{x} \in \mathrm{dom}\, \varphi$ 处的 $\varepsilon$-次微分定义如下

$$\partial_\varepsilon \varphi(\bar{x}) := \big\{ x^* \in X^* \big|\ \langle x^*, x - \bar{x}\rangle \leqslant \varphi(x) - \varphi(\bar{x}) + \varepsilon,\ x \in X \big\}, \tag{7.101}$$

当 $\varepsilon = 0$ 时, 上式简化为凸分析中的次微分; 若 $\varepsilon > 0$, 这种构造也被称为 $\varphi$ 在 $\bar{x}$ 处的近似次微分. 如果 $\bar{x} \notin \mathrm{dom}\, \varphi$, 我们令 $\partial_\varepsilon \varphi(\bar{x}) := \varnothing$. 注意, 在所考虑凸函数的情况下, $\varepsilon > 0$ 时的 (7.101) 与 (1.34) 中正则次微分的 $\varepsilon$-扩张 $\widehat{\partial}_\varepsilon \varphi(\bar{x})$ 不同; 参见命题 1.25. 下面的 $\varepsilon$-次微分和法则在凸分析中已被熟知:

$$\partial_\varepsilon (\varphi_1 + \varphi_2)(\bar{x}) = \bigcup_{\substack{\varepsilon_1 + \varepsilon_2 = \varepsilon \\ \varepsilon_1, \varepsilon_2 \geqslant 0}} \big[ \partial_{\varepsilon_1} \varphi_1(\bar{x}) + \partial_{\varepsilon_2} \varphi_2(\bar{x}) \big], \tag{7.102}$$

前提是函数 $\varphi_i$ 之一在 $\bar{x} \in \mathrm{dom}\, \varphi_1 \cap \mathrm{dom}\, \varphi_2$ 处连续; 有关更多讨论请参见练习 7.93.

给定凸集 $\Omega \subset X$, 我们有 (凸) $\varepsilon$-法向量

$$N_\varepsilon(\bar{x}; \Omega) := \partial_\varepsilon \delta(\bar{x}; \Omega) = \{x^* \in X^* \mid \langle x^*, x - \bar{x} \rangle \leqslant \varepsilon, \, \forall \, x \in \Omega\}, \quad \varepsilon \geqslant 0,$$

它也可以被等价表示为以下形式

$$N_\varepsilon(\bar{x}; \Omega) = \{x^* \in X^* \mid \sigma_\Omega(x^*) \leqslant \langle x^*, \bar{x} \rangle + \varepsilon\}, \tag{7.103}$$

其中 $\sigma_\Omega$ 代表 $\Omega$ 的支撑函数, 定义为

$$\sigma_\Omega(x^*) := \sup\{\langle x^*, x \rangle \mid x \in \Omega\}, \quad x^* \in X^*.$$

再次注意, 当 $\varepsilon > 0$ 时 (7.103) 中的凸 $\varepsilon$-法向量不同于 (1.6) 中定义的一般集合 (包括凸集) 的 $\widehat{N}_\varepsilon(\bar{x}; \Omega)$ 中的正则 $\varepsilon$-法向量.

集值映射 $F \colon X \rightrightarrows Y$ 在 $(\bar{x}, \bar{y}) \in \mathrm{gph}\, F$ 处的 $\varepsilon$-上导数是通过图的 $\varepsilon$-法向量这个一般框架

$$D^*_\varepsilon F(\bar{x}, \bar{y})(y^*) := \{x^* \in X^* \mid (x^*, -y^*) \in N_\varepsilon((\bar{x}, \bar{y}); \mathrm{gph}\, F)\} \tag{7.104}$$

定义的, 其中 $\varepsilon \geqslant 0$ 并且 $D^*_0 F(\bar{x}, \bar{y}) = D^* F(\bar{x}, \bar{y})$. $\varepsilon$-上导数范数定义为

$$\|D^*_\varepsilon F(\bar{x}, \bar{y})\| := \sup\{\|x^*\| \mid x^* \in D^*_\varepsilon F(\bar{x}, \bar{y})(y^*), \, y^* \in I\!\!B_{Y^*}\}. \tag{7.105}$$

如果 $F$ 在 $(\bar{x}, \bar{y})$ 周围是度量正则的, 通过观察到这部分在任何 Banach 空间中都成立, 我们从定理 3.3(ii) 得到, $D^* F^{-1}(\bar{y}, \bar{x})(0) = \{0\}$, 从而通过单位球面 $S_{X^*}$ 得到范数表示:

$$\|D^* F^{-1}(\bar{y}, \bar{x})\| = \sup\{\|y^*\| \mid y^* \in D^* F^{-1}(\bar{y}, \bar{x})(x^*), \, x^* \in S_{X^*}\}. \tag{7.106}$$

Banach 空间中 DC 规划的以下两个有关凸函数 (7.101) 的 $\varepsilon$-次梯度的结果对于下一小节的主要定理的证明非常重要.

**引理 7.33** (全局 DC 极小点的充要条件) 设 $\varphi_1, \varphi_2 \colon X \to \overline{I\!R}$ 是凸函数. 则 $\bar{x}$ 是无约束 DC 规划的全局极小点:

$$\text{minimize } \varphi_1(x) - \varphi_2(x), \quad x \in X \tag{7.107}$$

当且仅当 $\partial_\varepsilon \varphi_2(\bar{x}) \subset \partial_\varepsilon \varphi_1(\bar{x})$ 对任意 $\varepsilon \geqslant 0$ 成立.

注意, 所得的 (7.107) 的局部极小点的次微分包含 ($\varepsilon = 0$) 的必要性在命题 6.3 中作为无约束优化的上次微分条件的结果而建立; 有关更多讨论和参考资料请参见练习 7.94(i), (ii). 下一个结果为 (7.107) 的局部极小点提供了这种类型的充分条件; 有关其证明和讨论参见练习 7.94 (iii, iv).

**引理 7.34** (局部 DC 极小点的充分条件) 设 $\varphi_1, \varphi_2 \colon X \to \overline{I\!R}$ 是凸函数, 并且 $\varphi_2$ 在点 $\bar{x} \in \mathrm{dom}\, \varphi_1 \cap [\mathrm{int}(\mathrm{dom}\, \varphi_2)]$ 处是连续的. 则 $\bar{x}$ 是 (7.107) 的一个局部极小点, 如果存在 $\varepsilon_0 > 0$ 使得 $\partial_\varepsilon \varphi_2(\bar{x}) \subset \partial_\varepsilon \varphi_1(\bar{x})$, 对所有 $\varepsilon \in [0, \varepsilon_0]$ 成立.

### 7.4.2　凸图多值映射的度量正则性

现在我们准备通过闭凸图多值映射在参考点处的 $\varepsilon$-上导数来建立其确切正则性界限的主要结果. 下一个定理给出了在一般 Banach 空间中计算此界限的两个极限公式.

**定理 7.35** (确切正则性界限的 $\varepsilon$-上导数公式)　给定点 $(\bar{x}, \bar{y}) \in \mathrm{gph}\, F$, 假设 $\bar{y} \in \mathrm{int}(\mathrm{rge}\, F)$. 则有

$$\mathrm{reg}\, F(\bar{x}, \bar{y}) = \lim_{\varepsilon \downarrow 0} \|D_\varepsilon^* F^{-1}(\bar{y}, \bar{x})\|, \tag{7.108}$$

$$\mathrm{reg}\, F(\bar{x}, \bar{y}) = \lim_{\varepsilon \downarrow 0} \left[ \sup \left\{ \frac{1}{\|x^*\|} \,\middle|\, x^* \in D_\varepsilon^* F(\bar{x}, \bar{y})(y^*), y^* \in S_{Y^*} \right\} \right]. \tag{7.109}$$

**证明**　因为 $\bar{y} \in \mathrm{int}\,(\mathrm{rge}\, F)$, 根据 Banach 空间中 Robinson-Ursescu 定理 (见推论 3.6 和练习 3.49) 可知 $F$ 在 $(\bar{x}, \bar{y})$ 附近是度量正则的, 即存在 $\eta, \mu > 0$ 使得

$$\mathrm{dist}\big(x; F^{-1}(y)\big) \leqslant \mu\, \mathrm{dist}\big(y; F(x)\big), \quad \forall\, (x, y) \in B_\eta(\bar{x}, \bar{y}). \tag{7.110}$$

现在考虑 $X \times Y$ 上的凸函数 $\varphi_1, \varphi_2$, 定义如下

$$\varphi_1(x, y) := \mathrm{dist}\big(y; F(x)\big) \quad \text{和} \quad \varphi_2(x, y) := \mathrm{dist}\big(x; F^{-1}(y)\big), \tag{7.111}$$

并从等价于度量正则性的 $F$ 的覆盖性质推导出存在 $r > 0$ 使得 $B_{2r}(\bar{y}) \subset F(\bar{x} + I\!\!B_X)$. 将其与 (7.111) 中 $\varphi_2$ 的构造相结合, 可得估计

$$\varphi_2(x, y) \leqslant \|x - \bar{x}\| + 1, \quad y \in B_{2r}(\bar{y}),$$

这告诉我们 $\varphi_2$ 在 $(\bar{x}, \bar{y})$ 附近上有界, 因此根据众所周知的凸分析结果, 它在该点附近是局部 Lipschitz 的; 参见例 [765, 2.2.13]. 对度量正则性应用我们的方法, 可知 $(\bar{x}, \bar{y})$ 是 DC 规划的局部极小点:

$$\text{minimize}\quad \mu\varphi_1(x, y) - \varphi_2(x, y), \quad (x, y) \in X \times Y, \tag{7.112}$$

因此, 它是 DC 函数

$$\big(\mu\varphi_1 + \delta(\cdot; B_\eta(\bar{x}, \bar{y}))\big)(x, y) - \varphi_2(x, y), \quad (x, y) \in X \times Y \tag{7.113}$$

的全局极小点. 将引理 7.33 应用于 DC 规划 (7.113), 可得

$$\partial_\varepsilon \varphi_2(\bar{x}, \bar{y}) \subset \partial_\varepsilon\big(K\varphi_1 + \delta(\cdot; B_\eta(\bar{x}, \bar{y}))\big)(\bar{x}, \bar{y}), \quad \forall\, \varepsilon \geqslant 0.$$

因为函数 $\delta((\cdot,\cdot); B_\eta(\bar{x},\bar{y}))$ 在 $(\bar{x},\bar{y})$ 处是连续的, 根据 $\varepsilon$-次微分和法则 (7.102), 后一包含简化为

$$\partial_\varepsilon \varphi_2(\bar{x},\bar{y}) \subset \bigcup_{\substack{\varepsilon_1+\varepsilon_2=\varepsilon \\ \varepsilon_1,\varepsilon_2 \geqslant 0}} \left[ \partial_{\varepsilon_1}(K\varphi_1)(\bar{x},\bar{y}) + \partial_{\varepsilon_2}\delta(\cdot; B_\eta(\bar{x},\bar{y}))(\bar{x},\bar{y}) \right]$$

$$= \bigcup_{\substack{\varepsilon_1+\varepsilon_2=\varepsilon \\ \varepsilon_1,\varepsilon_2 \geqslant 0}} \left[ \partial_{\varepsilon_1}(K\varphi_1)(\bar{x},\bar{y}) + \frac{\varepsilon_2}{\eta} I\!B_{X^* \times Y^*} \right], \tag{7.114}$$

这归因于对所有 $\varepsilon \geqslant 0$ 有 $\partial_\varepsilon \delta(\cdot; B_r(x))(x) = \dfrac{\varepsilon}{r} I\!B_{X^*}$ 并且 $r > 0$.

接下来, 我们利用函数 $K\varphi_1$ 和 $\varphi_2$ 在 $(\bar{x},\bar{y})$ 处的 Fenchel 共轭 (7.30) 和任意凸函数 $\varphi: X \to \overline{I\!R}$ 的 $\varepsilon$-次微分表示

$$\partial_\varepsilon \varphi(\bar{x}) = \left\{ x^* \in X^* \,\middle|\, \varphi^*(x^*) \leqslant \langle x^*, \bar{x} \rangle - \varphi(\bar{x}) + \varepsilon \right\}, \quad \varepsilon \geqslant 0,$$

计算它们在 (7.111) 处的 $\varepsilon$-次微分. 由此我们得到 $(x^*, y^*) \in \partial_{\varepsilon_1}(\mu\varphi_1)(\bar{x},\bar{y})$ 当且仅当

$$(\mu\varphi_1)^*(x^*,y^*) \leqslant \langle x^*, \bar{x} \rangle + \langle y^*, \bar{y} \rangle + \varepsilon_1, \tag{7.115}$$

通过初等变换, 这反过来确保了

$$(\mu\varphi_1)^*(x^*,y^*) = \sup_{x,y} \left( \langle x^*, x \rangle + \langle y^*, y \rangle - \mu\,\mathrm{dist}(y; F(x)) \right)$$

$$= \sup_{x,y} \left( \langle x^*, x \rangle + \langle y^*, y \rangle - \inf_u \left( \mu\|y-u\| + \delta(u; F(x)) \right) \right)$$

$$= \sup_{u,x,y} \left( \langle x^*, x \rangle + \langle y^*, y-u \rangle + \langle y^*, u \rangle - \mu\|y-u\| - \delta(u; F(x)) \right)$$

$$= \sup_{u,x,y} \left( \langle x^*, x \rangle + \langle y^*, u \rangle - \delta(u; F(x)) + \langle y^*, y \rangle - \mu\|y\| \right)$$

$$= \sigma_{\mathrm{gph}F}(x^*,y^*) + \delta(y^*; \mu I\!B_{Y^*}).$$

利用 (7.103) 和 (7.115), 后者表明

$$\partial_{\varepsilon_1}(\mu\varphi_1)(\bar{x},\bar{y}) = N_{\varepsilon_1}((\bar{x},\bar{y}); \mathrm{gph}\,F) \cap (X^* \times \mu I\!B_{Y^*}). \tag{7.116}$$

类似地, 通过考虑 (7.111) 中 $\varphi_2$ 的形式, 我们有

$$\partial_\varepsilon \varphi_2(\bar{x},\bar{y}) = N_\varepsilon((\bar{x},\bar{y}); \mathrm{gph}\,F) \cap (I\!B_{X^*} \times Y^*). \tag{7.117}$$

因此 (7.114) 中的包含简化为如下形式

$$N_\varepsilon((\bar{x},\bar{y}); \mathrm{gph}\,F) \cap (I\!B^* \times Y^*) \subset \bigcup_{\substack{\varepsilon_1+\varepsilon_2=\varepsilon \\ \varepsilon_1,\varepsilon_2 \geqslant 0}} N_{\varepsilon_1}((\bar{x},\bar{y}); \mathrm{gph}\,F) \cap (X^* \times \mu I\!B^*)$$

$$+ \frac{\varepsilon_2}{\eta} I\!\!B_{X^* \times Y^*}. \tag{7.118}$$

为了证明 (7.108) 的等式, 固定 $\varepsilon > 0$ 并且取任意一点 $(x^*, y^*) \in I\!\!B_{X^* \times Y^*}$ 满足 $y^* \in D_\varepsilon^* F^{-1}(\bar{y}, \bar{x})(x^*)$, 这意味着 $(-x^*, y^*) \in N_\varepsilon((\bar{x}, \bar{y}); \mathrm{gph}\, F)$. 由 (7.118) 可知存在数 $\varepsilon_1 \in [0, \varepsilon]$ 和 $\varepsilon_1$-法向量 $(u^*, v^*) \in N_{\varepsilon_1}((\bar{x}, \bar{y}); \mathrm{gph}\, F)$ 满足估计 $\|v^*\| \leqslant \mu$ 和 $\|y^* - v^*\| \leqslant (\varepsilon - \varepsilon_1)\eta^{-1}$. 所以我们得到不等式

$$\|y^*\| \leqslant \|v^*\| + (\varepsilon - \varepsilon_1)\eta^{-1} \leqslant \mu + \varepsilon\eta^{-1}.$$

观察到由 (7.105) 可知函数 $\varepsilon \mapsto \|D_\varepsilon^* F^{-1}(\bar{y}, \bar{x})\|$ 是不减的, 这就蕴含着以下关系

$$\lim_{\varepsilon \downarrow 0} \|D_\varepsilon^* F^{-1}(\bar{y}, \bar{x})\| = \inf_{\varepsilon > 0} \|D_\varepsilon^* F^{-1}(\bar{y}, \bar{x})\| \leqslant \inf_{\varepsilon > 0} \left( \mu + \varepsilon\eta^{-1} \right).$$

上式令 $\mu \downarrow \mathrm{reg}\, F(\bar{x}; \bar{y})$, 我们可得估计

$$\lim_{\varepsilon \downarrow 0} \|D_\varepsilon^* F^{-1}(\bar{y}, \bar{x})\| \leqslant \mathrm{reg}\, F(\bar{x}, \bar{y}). \tag{7.119}$$

由 (7.119) 可知, 如果 $\mathrm{reg}\, F(\bar{x}, \bar{y}) = 0$, 则 (7.108) 中的等式是平凡的. 进一步考虑 $\mathrm{reg}\, F(\bar{x}, \bar{y}) > 0$ 的情况, 我们从确切正则界限的定义推导出, 当 $0 < \mu < \mathrm{reg}\, F(\bar{x}, \bar{y})$ 时, $(\bar{x}, \bar{y})$ 不是 DC 问题 (7.112) 的局部极小点. 则由引理 7.34 我们可以找到序列 $\varepsilon_k \downarrow 0$ 和 $(x_k^*, y_k^*) \in \partial_{\varepsilon_k} \varphi_2(\bar{x}, \bar{y})$ 使得 $(x_k^*, y_k^*) \notin \partial_{\varepsilon_k}(\mu\varphi_1)(\bar{x}, \bar{y})$ $(\forall k \in I\!\!N)$. 将其与 (7.116) 和 (7.117) 相结合, 意味着

$$\|x_k^*\| \leqslant 1 \quad \text{和} \quad \|y_k^*\| > \mu, \quad \forall\, k \in I\!\!N. \tag{7.120}$$

因为正如所提到的, $B_{2r}(\bar{y}) \subset F(\bar{x} + I\!\!B_X)$, 所以由 (7.117) 和 (7.120) 可得

$$\begin{aligned}
\varepsilon_k &\geqslant \sup_{(x,y) \in \mathrm{gph} F} \left( \langle x_k^*, x - \bar{x} \rangle + \langle y_k^*, y - \bar{y} \rangle \right) \\
&\geqslant \sup_{y \in B_{2r}(\bar{y})} \left( \langle y_k^*, y - \bar{y} \rangle \right) - \|x_k^*\| \\
&\geqslant 2r\|y_k^*\| - \|x_k^*\| \geqslant 2r\mu - \|x_k^*\|. \tag{7.121}
\end{aligned}$$

当 $k \to \infty$ 时令 $\varepsilon_k \downarrow 0$, 则对于充分大的 $k$ 我们有 $\|x_k^*\| \geqslant 2r\mu - \varepsilon_k \geqslant r\mu$. 不失一般性, 假设对任意 $k \in I\!\!N$ 有 $\|x_k^*\| \geqslant r\mu$, 并且定义

$$\tilde{y}_k^* := y_k^* \|x_k^*\|^{-1}, \quad \tilde{x}_k^* := -x_k^* \|x_k^*\|^{-1} \quad \text{和} \quad \tilde{\varepsilon}_k := \varepsilon_k \|x_k^*\|^{-1}.$$

则 $\|\tilde{x}_k^*\| = 1$, $\tilde{\varepsilon}_k \downarrow 0$, 并且 $\tilde{y}_k^* \in D_{\tilde{\varepsilon}_k}^* F^{-1}(\bar{y}, \bar{x})(\tilde{x}_k^*)$. 由 (7.120), 我们可得

$$\sup \left\{ \|y^*\| \mid y^* \in D_{\tilde{\varepsilon}_k}^* F^{-1}(\bar{y}, \bar{x})(y^*), \; x^* \in S_{X^*} \right\} \geqslant \|\tilde{y}_k^*\| = \|y_k^*\| \cdot \|x_k^*\|^{-1} > \mu.$$

令 $k \to \infty$ 且 $\mu \uparrow \operatorname{reg} F(\bar{x}, \bar{y})$, 我们有

$$\limsup_{\varepsilon \downarrow 0} \left\{ \|y^*\| \,|\, y^* \in D_\varepsilon^* F^{-1}(\bar{y}, \bar{x})(x^*),\ x^* \in S_{X^*} \right\} \geqslant \operatorname{reg} F(\bar{x}; \bar{y}),$$

从而使用 (7.119) 可得 (7.108) 中等式.

仍需要证明 (7.109) 式. 通过与 (7.121) 类似的论证, 我们得关系

$$D_\varepsilon^* F(\bar{x}, \bar{y})(y^*) \cap r I\!\!B_{X^*} = \varnothing, \quad \forall\, 0 < \varepsilon < r,\ y^* \in S_{Y^*}. \tag{7.122}$$

任取 $(x^*, y^*) \in X^* \times S_{Y^*}$ 使得对某个 $0 < \varepsilon < r$ 有 $x^* \in D_\varepsilon^* F(\bar{x}, \bar{y})(y^*)$. 进一步定义 $\widehat{x}^* := -x^* \|x^*\|^{-1}$, $\widehat{y}^* := -y^* \|x^*\|^{-1}$ 和 $\widehat{\varepsilon} := \varepsilon \|x^*\|^{-1}$. 这保证了 $\widehat{x}^* \in S_{X^*}$, $\|\widehat{y}^*\| = \|x^*\|^{-1}$ 且 $\widehat{y}^* \in D_{\widehat{\varepsilon}}^* F^{-1}(\bar{y}, \bar{x})(\widehat{x}^*)$. 观察到由 (7.122) 有 $\widehat{\varepsilon} \leqslant \varepsilon r^{-1}$, 因此

$$\|x^*\|^{-1} = \|\widehat{y}^*\| \leqslant \|D_{\widehat{\varepsilon}}^* F^{-1}(\bar{y}, \bar{x})\| \leqslant \|D_{\varepsilon r^{-1}}^* F^{-1}(\bar{y}, \bar{x})\|.$$

这和 (7.108) 一起表明当 $\varepsilon \downarrow 0$ 时 (7.109) 中的不等式 "$\geqslant$" 成立.

为了证明 (7.109) 中的反向不等式, 首先注意到当 $\operatorname{reg} F(\bar{x}, \bar{y}) = 0$ 时, 它显然成立. 如果 $\operatorname{reg} F(\bar{x}, \bar{y}) > 0$, 从 (7.108) 中等式和 (7.105) 中的范数定义我们可知, 存在充分小的数 $0 < s < \operatorname{reg} F(\bar{x}, \bar{y})$ 确保以下条件

$$D_\varepsilon^* F^{-1}(\bar{y}, \bar{x})(x^*) \cap s I\!\!B_{Y^*} = \varnothing, \quad \forall\, 0 < \varepsilon < s,\ x^* \in S_{X^*}$$

成立. 类似于 (7.122) 后面的论证, 我们可得估算

$$\|D_\varepsilon^* F^{-1}(\bar{y}, \bar{x})\| \leqslant \sup \left\{ \frac{1}{\|x^*\|} \,\Big|\, x^* \in D_{\varepsilon s^{-1}}^* F(\bar{x}, \bar{y})(y^*),\, y^* \in S_{Y^*} \right\}. \tag{7.123}$$

事实上, 取 $(y^*, x^*) \in Y^* \times S_{X^*}$, 并且 $y^* \in D_\varepsilon^* F^{-1}(\bar{y}, \bar{x})(x^*)$, 可得 $\|y^*\| > s$. 则对 $\widetilde{x}^* := x^* \|y^*\|^{-1}$ 和 $\widetilde{y}^* := y^* \|y^*\|^{-1}$, 我们有 $\|\widetilde{x}^*\|^{-1} = \|y^*\|$, $\widetilde{y}^* \in S_{Y^*}$ 且 $\widetilde{x}^* \in D_{\frac{\varepsilon}{\|y^*\|}}^* F(\bar{x}, \bar{y})(\widetilde{y}^*) \subset D_{\varepsilon s^{-1}}^* F(\bar{x}, \bar{y})(\widetilde{y}^*)$, 从而有 (7.123). 最后结合 (7.108) 和 (7.123) 验证了 (7.109) 中的不等关系 "$\leqslant$", 因此完成了定理的证明. $\triangle$

通过使用 $F^{-1}$ 的上导数代替其 $\varepsilon$-上导数, 同时涉及参考点附近的点, 下面的定理 7.35 的推论和凸分析中经典的 Brøndsted-Rockafellar 稠密性定理 (参见, 例如, [645, 定理 3.17]) 建立了 Banach 空间之间的闭凸多值映射 $F$ 的确切正则界限的精确公式.

**推论 7.36** (通过邻近点处的上导数计算确切正则性界限)  在定理 7.35 的设置中我们有

$$\operatorname{reg} F(\bar{x}, \bar{y}) = \lim_{\varepsilon \downarrow 0} \Big[ \sup \Big\{ \|D^* F^{-1}(y, x)\|,\, (x, y) \in \operatorname{gph} F \cap B_\varepsilon(\bar{x}, \bar{y}) \Big\} \Big]. \tag{7.124}$$

**证明**　为了证明 (7.124) 中的不等关系 "$\geqslant$", 由 (7.110) 可知, 对任意 $\mu >$ $\operatorname{reg} F(\bar{x}, \bar{y})$ 和充分小的 $\varepsilon > 0$, 我们有

$$\operatorname{dist}\big(x; F^{-1}(y)\big) \leqslant \mu \operatorname{dist}\big(y; F(x)\big), \quad \forall\, (x, y) \in B_\varepsilon(\tilde{x}, \tilde{y}),$$

其中 $(\tilde{x}, \tilde{y}) \in B_\varepsilon(\bar{x}, \bar{y})$. 由 (7.108) 可得

$$\mu \geqslant \lim_{\eta \downarrow 0} \|D_\eta^* F^{-1}(\tilde{y}, \tilde{x})\| \geqslant \|D^* F^{-1}(\tilde{y}, \tilde{x})\|, \quad \forall\, (\tilde{x}, \tilde{y}) \in \operatorname{gph} F \cap B_\varepsilon(\bar{x}, \bar{y}).$$

这显然蕴含着估计

$$\mu \geqslant \lim_{\varepsilon \downarrow 0} \Big[ \sup \big\{ \|D^* F^{-1}(y, x)\| \,\big|\, (x, y) \in \operatorname{gph} F \cap B_\varepsilon(\bar{x}, \bar{y}) \big\} \Big].$$

令 $\mu \downarrow \operatorname{reg} F(\bar{x}, \bar{y})$, 我们得到 (7.124) 中的不等关系 "$\geqslant$".

为了证明 (7.124) 中的反向不等关系, 任取 $\varepsilon > 0$, 由定理 7.35 可知 $\operatorname{reg} F(\bar{x}, \bar{y})$ $\leqslant \|D_{\varepsilon^2}^* F^{-1}(\bar{y}, \bar{x})\|$. 这使得我们可以找到 $(x^*, y^*) \in X^* \times Y^*$ 满足条件 $y^* \in D_{\varepsilon^2}^* F^{-1}(\bar{y}, \bar{x})(x^*)$, 即 $(-x^*, y^*) \in N_{\varepsilon^2}((\bar{x}, \bar{y}); \operatorname{gph} F)$. 进一步有

$$\|x^*\| \leqslant 1 \quad \text{和} \quad \|y^*\| + \varepsilon \geqslant \operatorname{reg} F(\bar{x}, \bar{y}). \tag{7.125}$$

根据 Brøndsted-Rockafellar 定理, 存在 $(x_\varepsilon, y_\varepsilon) \in \operatorname{gph} F \cap B_\varepsilon(\bar{x}, \bar{y})$ 和 $(-x_\varepsilon^*, y_\varepsilon^*) \in N((x_\varepsilon, y_\varepsilon); \operatorname{gph} F)$ 满足 $\|x_\varepsilon^* - x^*\| \leqslant \varepsilon$ 且 $\|y_\varepsilon^* - y^*\| \leqslant \varepsilon$. 因此我们得到 $\|x_\varepsilon^*\| \leqslant \|x^*\| + \varepsilon \leqslant 1 + \varepsilon$ 且 $\|y^*\| \leqslant \|y_\varepsilon^*\| + \varepsilon$, 故

$$\|y^*\| \leqslant (1 + \varepsilon) \|D^* F^{-1}(y_\varepsilon, x_\varepsilon)\| + \varepsilon.$$

上式与 (7.125) 相结合, 可得估计

$$\operatorname{reg} F(\bar{x}, \bar{y}) \leqslant (1 + \varepsilon) \sup \big\{ \|D^* F^{-1}(y, x)\| \,\big|\, (x, y) \in \operatorname{gph} F \cap B_\varepsilon(\bar{x}, \bar{y}) \big\} + 2\varepsilon,$$

这保证了当 $\varepsilon \downarrow 0$ 时, (7.124) 中的不等关系 "$\leqslant$" 成立.　　　　　　　△

定理 7.35 的下一个结论涉及闭凸图多值映射的确切覆盖界限的计算. 事实上这是本节的一个主要结果, 是对前面论述的补充.

**推论 7.37** (凸图多值映射的确切覆盖界限的计算)　给定点 $(\bar{x}, \bar{y}) \in \operatorname{gph} F$ 并且 $\bar{y} \in \operatorname{int}(\operatorname{rge} F)$, $F$ 在 $(\bar{x}, \bar{y})$ 处的确切覆盖界限计算如下

$$\operatorname{cov} F(\bar{x}, \bar{y}) = \lim_{\varepsilon \downarrow 0} \Big[ \inf_{x^* \in X^*} \inf_{y^* \in S_{Y^*}} \Big( \|x^*\| + \frac{\sigma_{\operatorname{gph} F - (\bar{x}, \bar{y})}(x^*, y^*)}{\varepsilon} \Big) \Big].$$

**证明**　定义 $\Omega := \operatorname{gph} F - (\bar{x}, \bar{y})$. 因为 $\operatorname{cov} F(\bar{x}, \bar{y})$ 的值是 $\operatorname{reg} F(\bar{x}, \bar{y})$ 的倒数, 只需证明

$$\operatorname{reg} F(\bar{x}, \bar{y}) = \lim_{\varepsilon \downarrow 0} \Big[ \sup_{x^* \in X^*} \sup_{y^* \in S_{Y^*}} \Big( \|x^*\| + \frac{\sigma_\Omega(x^*, y^*)}{\varepsilon} \Big)^{-1} \Big] =: \alpha. \tag{7.126}$$

根据 (7.109) 我们找到序列 $\varepsilon_k \downarrow 0$ 和 $(x_k^*, y_k^*) \in X^* \times S_{Y^*}$ 使得 $x_k^* \in D_{\varepsilon_k}^* F(\bar{x}, \bar{y})(y_k^*)$, 由 (7.103), 这等价于 $\sigma_\Omega(x_k^*, -y_k^*) \leqslant \varepsilon_k$, 并且当 $k \to \infty$ 时有 $\|x_k^*\|^{-1} \to \operatorname{reg} F(\bar{x}, \bar{y})$. 所以

$$\sup_{x^* \in X^*} \sup_{y^* \in S_{Y^*}} \left( \|x^*\| + \frac{\sigma_\Omega(x^*, y^*)}{\sqrt{\varepsilon_k}} \right)^{-1} \geqslant \left( \|x_k^*\| + \frac{\sigma_\Omega(x_k^*, -y_k^*)}{\sqrt{\varepsilon_k}} \right)^{-1}$$
$$\geqslant \left( \|x_k^*\| + \sqrt{\varepsilon_k} \right)^{-1},$$

当 $k \to \infty$ 时取极限, 可得 (7.126) 中的不等关系 "$\leqslant$".

相反地, 如果 (7.126) 的右边是 0, 则 (7.126) 中等式显然成立. 否则, 我们找到序列 $\tilde{\varepsilon}_k \downarrow 0$ 和 $(\tilde{x}_k^*, \tilde{y}_k^*) \in X^* \times S_{Y^*}$ 满足

$$\beta < \left( \|\tilde{x}_k^*\| + \frac{\sigma_\Omega(\tilde{x}_k^*, \tilde{y}_k^*)}{\tilde{\varepsilon}_k} \right)^{-1} \to \alpha, \quad k \to \infty, \tag{7.127}$$

其中 $\beta > 0$. 从而对所有 $k \in \mathbb{N}$, 都有 $\sigma_\Omega(\tilde{x}_k^*, \tilde{y}_k^*) \leqslant \tilde{\varepsilon}_k \beta^{-1}$, 根据 (7.103) 可知 $\tilde{x}_k^* \in D_{\hat{\varepsilon}_k}^* F(\bar{x}, \bar{y})(-\tilde{y}_k^*)$ 且 $\hat{\varepsilon}_k := \tilde{\varepsilon}_k \beta^{-1} \to 0$. 所以

$$\left( \|\tilde{x}_k^*\| + \frac{\sigma_\Omega(\tilde{x}_k^*, \tilde{y}_k^*)}{\tilde{\varepsilon}_k} \right)^{-1} \leqslant \|\tilde{x}_k^*\|^{-1}$$
$$\leqslant \sup \left\{ \|x^*\|^{-1} \,\Big|\, x^* \in D_{\hat{\varepsilon}_k}^* F(\bar{x}, \bar{y})(y^*), \ y^* \in S_{Y^*} \right\}. \tag{7.128}$$

将正则性公式 (7.109) 代入 (7.128) 并利用 (7.127), 我们得到 $\alpha \leqslant \operatorname{reg} F(\bar{x}, \bar{y})$, 因此完成了该推论的证明. △

最后在本小节中, 我们引入一个附加条件以帮助我们在确界公式 (7.108) 中去除 $\varepsilon > 0$, 从而类似于有限维空间之间的集值映射的 (3.8) 式, 得到任意的 Banach 空间中闭凸图多值映射的确切正则性界限的精确计算公式 (7.130). 注意, 假设 (8.84) 在 7.4.3 小节的 SIP 设置中成立, 并且当 $\dim Y < \infty$ 而 $X$ 是任意的 Banach 空间时也成立.

**定理 7.38** (利用基本上导数范数计算确切正则性界限) 在定理 3.8 的设置下, 还假设

$$\Lambda(S_{Y^*}) \subset S_{Y^*}, \tag{7.129}$$

其中集合 $\Lambda(S_{Y^*})$ 依序列定义为

$$\Lambda(S_{Y^*}) := \Big\{ y^* \in Y^* \,\Big|\, \exists \varepsilon_k \downarrow 0, \ y_k^* \in S_{Y^*} \text{ 使得 } D_{\varepsilon_k}^* F(\bar{x}, \bar{y})(y_k^*) \neq \varnothing$$
$$\text{并且 } y^* \text{ 是 } y_k^* \text{ 的弱}^* \text{ 聚点} \Big\}.$$

那么确切正则性界限计算如下

$$\operatorname{reg} F(\bar{x}, \bar{y}) = \|D^* F^{-1}(\bar{y}, \bar{x})\|. \tag{7.130}$$

此外, 如果 $\operatorname{reg} F(\bar{x}, \bar{y}) > 0$, 我们进一步有

$$\operatorname{reg} F(\bar{x}, \bar{y}) = \sup \left\{ \|x^*\|^{-1} \,\big|\, x^* \in D^* F(\bar{x}, \bar{y})(y^*),\ y^* \in S_{Y^*} \right\}. \tag{7.131}$$

**证明**　注意到当 $\operatorname{reg} F(\bar{x}, \bar{y}) = 0$ 时, (7.130) 中的等式关系是平凡的. 否则, 从 (7.109) 可知, 存在序列 $\varepsilon_k \downarrow 0$ 和 $x_k^* \in D_{\varepsilon_k}^* F(\bar{x}, \bar{y})(y_k^*)$ 使得 $\|x_k^*\| > 0$, $\|y_k^*\| = 1$, 并且

$$\operatorname{reg} F(\bar{x}, \bar{y}) = \lim_{k \to \infty} \|x_k^*\|^{-1}. \tag{7.132}$$

由 (7.132), 序列 $\{x_k^*\}$ 有界, 因此根据 (7.129) 和 Alaoglu-Bourbaki 定理, 我们可知存在 $(x_k^*, y_k^*, \varepsilon_k)$ 的子网 $(x_\alpha^*, y_\alpha^*, \varepsilon_\alpha)$ 弱* 收敛于某个 $(\bar{x}^*, \bar{y}^*, 0) \in X^* \times S_{Y^*} \times \mathbb{R}$. 进一步注意到

$$\langle \bar{x}^*, x - \bar{x} \rangle - \langle \bar{y}^*, y - \bar{y} \rangle = \lim_\alpha \langle x_\alpha^*, x - \bar{x} \rangle - \langle y_\alpha^*, y - \bar{y} \rangle \leqslant \limsup_\alpha \varepsilon_\alpha = 0$$

对所有 $(x, y) \in \operatorname{gph} F$ 成立, 这表明 $\bar{x}^* \in D^* F(\bar{x}, \bar{y})(\bar{y}^*)$. 此外, 经典的一致有界性原理告诉我们 $\|\bar{x}^*\| \leqslant \liminf_\alpha \|x_\alpha^*\|$. 这和 (7.132) 一起可以确保以下不等式

$$\operatorname{reg} F(\bar{x}, \bar{y}) \leqslant \frac{1}{\|\bar{x}^*\|} \leqslant \sup \left\{ \frac{1}{\|x^*\|} \,\Big|\, x^* \in D^* F(\bar{x}, \bar{y})(y^*), \|y^*\| = 1 \right\} \tag{7.133}$$

成立. 将后者与 (7.109) 相结合, 可得 (7.131). 此外, 注意到 $\hat{x}^* := \bar{x}^* \|\bar{x}^*\|^{-1} \in S_{X^*}$ 且 $\hat{y}^* := \bar{y}^* \|\bar{x}^*\|^{-1} \in D^* F^{-1}(\bar{y}, \bar{x})(\hat{x}^*)$. 因此, 根据 (7.133) 和 (7.106) 我们可得关系

$$\operatorname{reg} F(\bar{x}, \bar{y}) \leqslant \|\hat{y}^*\| = \|\bar{x}^*\|^{-1} \leqslant \|D^* F^{-1}(\bar{y}, \bar{x})\|,$$

这和 (7.108) 表明 (7.130), 因此完成了证明. $\triangle$

显然, 当 $Y$ 是有限维时假设 (7.129) 自动成立. 更微妙的是, 它在条件

$$\operatorname{cl}^* \left\{ y^* \in S_{Y^*} \,\big|\, \sigma_\Omega(x^*, y^*) < \infty,\ x^* \in X^* \right\} \subset S_{Y^*} \tag{7.134}$$

的有效性下也成立, 其中 $\Omega := \operatorname{gph} F - (\bar{x}, \bar{y})$, 这是由于正常/严格包含

$$\Lambda(S_{Y^*}) \subset \operatorname{cl}^* \left[ \bigcup_{\varepsilon \geqslant 0} \left\{ y^* \in S_{Y^*} \,\big|\, D_\varepsilon^* F(\bar{x}, \bar{y})(y^*) \neq \varnothing \right\} \right]$$

$$= \operatorname{cl}^* \left\{ y^* \in S_{Y^*} \,\big|\, \sigma_\Omega(x^*, y^*) < \infty,\ x^* \in X^* \right\}. \tag{7.135}$$

### 7.4.3 在无穷凸约束系统中的应用

在此, 我们将 7.4.2 小节的结果应用于特殊类型的集值映射 $F : X \rightrightarrows Y := Z \times l^\infty(T)$

$$F(x) := \begin{cases} \{(z,p) \in Y \mid Ax = z, \, f_t(x) \leqslant p_t, \, t \in T\}, & x \in C, \\ \varnothing, & \text{其他,} \end{cases} \tag{7.136}$$

特别地, 这描述了具有无穷多个不等式以及等式和几何约束的参数化 SIPs 中的可行解集.

(7.136) 的数据如下: $A : X \to Z$ 是两个 Banach 空间之间的有界线性算子; 对任意指标集 $T$ 中的所有 $t$, 函数 $f_t : X \to \overline{I\!R}$ 都是 l.s.c. 且凸的; $C$ 是 $X$ 的一个内部非空的闭凸子集. 这些假设清楚地表明 (7.136) 中的 $F$ 是具有闭凸图的多值映射, 所以我们可以将上面得到的有关 $(x, (z, p)) \in \text{gph}\, F$ 处的度量正则性的结果应用于无穷约束系统 (7.136), 前提基本条件

$$(z, p) \in \text{int}(\text{rge}\, F) \tag{7.137}$$

成立. 注意, 此条件显然意味着 $z \in \text{int}(AX)$, 这就保证了 $A$ 是一个开映射, 因此它一定是满射.

贯穿本节, 我们定义 $f(x) := \sup_{t \in T} f_t(x)$, 并假设空间 $Z \times l^\infty(T)$ 具有最大乘积范数

$$\|(z, p)\| = \max\{\|z\|, \|p\|\}, \quad \forall\, z \in Z, \, p \in l^\infty(T).$$

如上所述, $F$ 在 $(x, (z, p)) \in \text{gph}\, F$ 附近是度量正则的当且仅当条件 (7.137) 成立. 这促使我们通过 (7.136) 的初始数据引入一个规范条件, 以确保 (7.137) 有效性, 并将无穷线性凸不等式系统通常采用的强 SSC 推广到更一般的约束情况 (7.136).

**定义 7.39** (有界强 Slater 条件) 我们称无穷系统 (7.136) 在 $(z, p) \in Z \times l^\infty(T)$ 处满足有界强 Slater 条件 (有界 SSC), 如果存在 $\widehat{x} \in \text{int}\, C$ 使得函数 $f$ 在 $\widehat{x}$ 附近上有界, $A\widehat{x} = z$, 并且

$$\sup_{t \in T}[f_t(\widehat{x}) - p_t] < 0. \tag{7.138}$$

注意, 对于无穷线性凸系统, 定义 7.39 中引入的 Slater 型概念一般与 7.1 节和 7.3 节中研究和应用的强 Slater 条件不同. 对于 7.1 节中考虑的 $C = X$, $Z = \{0\}$ 和 $f_t(x) = \langle a_t^*, x \rangle - b_t$ 且 $(a_t^*, b_t) \in X^* \times I\!R$ 的特殊情况, 若系数集 $\{a_t^* \mid t \in T\}$ 在 $X^*$ 中有界, 这是其中的基本假设, 则我们的有界 SSC 显然比通常 SSC 要弱. 下面的例子表明, 即使在 $X = I\!R$ 的一维情况下, 它也可能是严格弱的.

**例 7.40** (具有无界系数的上有界线性约束函数)　设 $X = I\!R$, $Z = \{0\}$, $T = (0,1)$, 并且在 (7.136) 中 $f_t(x) = -\dfrac{1}{t}x + t$. 注意到

$$f_t(x) = -\frac{1}{t}x + t = -\frac{1}{t}x - t + 2t \leqslant -2\sqrt{x} + 2t, \quad \forall x > 0, \; t \in T.$$

取 $\widehat{x} = 4$ 且 $\bar{x} = 1$, 我们观察到 $f_t(\widehat{x}) < -2$, $f_t(\bar{x}) \leqslant 0$, 并且上确界函数 $f$ 在 $\widehat{x}$ 附近上有界. 然而, 系数集 $\left\{ -\dfrac{1}{t} \,\middle|\, t \in T \right\}$ 显然是无界的.

下一个命题表明, 引入的有界 SSC 是 (7.137) 有效的充分条件, 事实上, 对于上确界函数 $f$ 的上有界性同时还是"几乎必要"的.

**命题 7.41** (有界强 Slater 条件和度量正则性)　对于无穷系统 (7.136), 设 $(z, p) \in \operatorname{rge} F$. 则 $F$ 在 $(z, p)$ 处的有界 SSC 意味着 (7.137) 的有效性. 相反地, 如果 (7.137) 成立, 则存在 $\widehat{x} \in \operatorname{int} C$ 使得 $A\widehat{x} = z$ 并且 (7.138) 成立.

**证明**　为了证明第一部分, 假设 $F$ 在 $(z, p)$ 处的有界 SSC 成立. 则存在 $\widehat{x} \in \operatorname{int} C$ 和 $\varepsilon > 0$ 使得上确界函数 $f$ 在 $\widehat{x}$ 附近是上有界的, 并且 $A(\widehat{x}) = z$, $f^p(\widehat{x}) < -\varepsilon$, 其中

$$f^p(\cdot) := \sup_{t \in T} \left\{ f_t(\cdot) - p_t \right\}, \quad p \in l^\infty(T).$$

注意到函数 $f^p(\cdot)$ 在 $\widehat{x}$ 附近是正常的, l.s.c., 凸的且上有界. 从凸分析中我们可知在这种情况下它在 $\widehat{x}$ 处是连续的. 因为 $A$ 是满射并且 $\widehat{x} \in \operatorname{int} C$, 由经典开映射定理我们可以找到 $0 < s \leqslant \dfrac{\varepsilon}{2}$ 使得 $B_s(z) \subset A(B_r(\widehat{x}) \cap C)$ 对 $r > 0$ 成立. 任取 $(z', p') \in B_s(z, p)$, 存在 $x \in B_r(\widehat{x}) \cap C$ 满足 $Ax = z'$, 使得对每个 $t \in T$, 当 $r$ 充分小时都有

$$f^{p'}(x) \leqslant f^p(x) + s \leqslant f^p(x) - f^p(\widehat{x}) + s + f^p(\widehat{x})$$
$$\leqslant f^p(x) - f^p(\widehat{x}) + s - \varepsilon \leqslant f^p(x) - f^p(\widehat{x}) - \varepsilon/2 \leqslant 0.$$

这表明 $(z', p') \in \operatorname{rge} F$, 这又意味着包含 $B_s(z, p) \subset \operatorname{rge} F$ 成立.

为证明必要性部分, 观察到如果 $(z, p) \in \operatorname{int}(\operatorname{rge} F)$, 则对某个 $\varepsilon > 0$ 有 $(z, (p_t - \varepsilon)_{t \in T}) \in \operatorname{rge} F$. 因此存在 $\widehat{x} \in X$ 使得 $A\widehat{x} = z$ 并且对 $t \in T$ 有 $f_t(\widehat{x}) - p_t \leqslant -\varepsilon$, 这就完成了证明.　　　　　　　　　　　△

现在我们基于 7.4.2 小节的结果计算约束系统 (7.136) 在 $(\bar{x}, (\bar{z}, 0)) \in \operatorname{gph} F$ 处的确切正则性界限. 由定理 7.35 可知, $\operatorname{reg} F(\bar{x}, (\bar{z}, 0))$ 可以通过 $\varepsilon$-上导数范数计算得来, 下一个结果在这个方向上迈出了重要的一步.

**定理 7.42** ($\varepsilon$-上导数的显式形式)　设 $F$ 为无穷约束系统 (7.136), 并设 $(\bar{x}, (\bar{z}, 0)) \in \operatorname{gph} F$. 则对每个 $\varepsilon \geqslant 0$ 我们有 $\varepsilon$-上导数表示

$$D_\varepsilon^* F(\bar{x}, (\bar{z}, 0))\big(S_{(Z \times l^\infty(T))^*}\big) = \left\{ x^* \,\middle|\, (x^*, \langle x^*, \bar{x} \rangle + \varepsilon) \in M \right\}, \tag{7.139}$$

其中 $x^* \in X^*$, 并且对 $C_0 := C \cap \mathrm{dom}\, f$, $M$ 定义如下

$$M := \bigcup_{z^* \in I\!B_{Z^*}} \mathrm{cl}^* \left[ (1 - \|z^*\|)\, \mathrm{co} \left( \bigcup_{t \in T} \mathrm{epi}\, f_t^* \right) + \mathrm{epi}\, \delta^*(\cdot; C_0) \right] + (A^* z^*, \langle z^*, \bar{z} \rangle).$$

**证明** 为验证 (7.139) 中的包含关系 "⊂", 取 $(z^*, p^*) \in S_{(Z \times l^\infty(T))^*}$ 以及 $x^* \in D_\varepsilon^* F(\bar{x}, (\bar{z}, 0))(z^*, p^*)$. 则我们有 $\|z^*\| + \|p^*\| = 1$ 并且

$$\langle x^*, x - \bar{x} \rangle - \langle z^*, z - \bar{z} \rangle - \langle p^*, p \rangle \leqslant \varepsilon, \quad \forall\, (x, z, p) \in \mathrm{gph}\, F,$$

根据 $t$ 处的 Dirac 测度 $\delta_t \in (l^\infty(T))^*$, 这可以等价表示为

$$\langle x^* - A^* z^*, x - \bar{x} \rangle - \langle p^*, p \rangle \leqslant \varepsilon,$$
$$\text{若 } (x, p) \in C_0 \times l^\infty(T), \quad f_t(x) - \langle \delta_t, p \rangle \leqslant 0, \quad t \in T, \tag{7.140}$$

由命题 7.3 中的扩展 Farkas 引理可知 (7.140) 可理解为

$$(p^*, x^* - A^* z^*, \langle x^* - A^* z^*, \bar{x} \rangle + \varepsilon)$$
$$\in \mathrm{cl}^* \left[ \mathrm{cone} \left\{ \bigcup_{t \in T} \{\delta_t\} \times \mathrm{epi}\, f_t^* \right\} + \{0\} \times \mathrm{epi}\, \delta^*(\cdot; C_0) \right]. \tag{7.141}$$

因此存在网 $\{\lambda_\nu\}_{\nu \in \mathcal{N}} \subset I\!R_+^{(T)}$, $\{(v_\nu^*, s_\nu)\}_{\nu \in \mathcal{N}} \subset \mathrm{epi}\, \delta^*(\cdot; C_0)$ 和 $\{(u_{t\nu}^*, r_{t\nu})\}_{\nu \in \mathcal{N}} \subset \mathrm{epi}\, f_t^* (\forall t \in T)$ 使得

$$(p^*, x^* - A^* z^*, \langle x^* - A^* z^*, \bar{x} \rangle + \varepsilon) = w^*\text{-}\lim_{\nu \in \mathcal{N}} \left[ \sum_{t \in T} \lambda_{t\nu}(\delta_t, u_{t\nu}^*, r_{t\nu}) + (0, v_\nu^*, s_\nu) \right].$$

从后一个等式可以看出 $p^* = w^*\text{-}\lim_{\nu \in \mathcal{N}} \sum_{t \in T} \lambda_{t\nu} \delta_t$. 因此有

$$\limsup_{\nu \in \mathcal{N}} \sum_{t \in T} \lambda_{t\nu} \geqslant \sup_{\|p\| \leqslant 1} \lim_{\nu \in \mathcal{N}} \sum_{t \in T} \lambda_{t\nu} p_t$$
$$= \sup_{\|p\| \leqslant 1} \langle p^*, p \rangle = \|p^*\| \geqslant \langle p^*, e \rangle = \lim_{\nu \in \mathcal{N}} \sum_{t \in T} \lambda_{t\nu}, \tag{7.142}$$

并且对任意 $t \in T$ 都有 $e \in l^\infty(T)$ 满足 $e_t = 1$. 这表明

$$1 - \|z^*\| = \|p^*\| = \lim_{\nu \in \mathcal{N}} \sum_{t \in T} \lambda_{t\nu}. \tag{7.143}$$

如果 $\|z^*\| = 1$, 我们从上面得到关系

$$\langle x^* - A^* z^*, x - \bar{x} \rangle - \varepsilon = \langle x^* - A^* z^*, x \rangle - (\langle x^* - A^* z^*, \bar{x} \rangle + \varepsilon)$$

$$
= \lim_{\nu \in \mathcal{N}} \left[ \sum_{t \in T} \lambda_{t\nu} \langle u_{t\nu}^*, x \rangle + \langle v_\nu^*, x \rangle \right] - \lim_{\nu \in \mathcal{N}} \left[ \sum_{t \in T} \lambda_{t\nu} r_{t\nu} - s_\nu \right]
$$

$$
\leqslant \limsup_{\nu \in \mathcal{N}} \left[ \sum_{t \in T} \lambda_{t\nu} \big( \langle u_{t\nu}^*, x \rangle - f_t(x) - r_{t\nu} + f(x) \big) + \langle v_\nu^*, x \rangle - s_\nu \right]
$$

$$
\leqslant \limsup_{\nu \in \mathcal{N}} \left[ \sum_{t \in T} \lambda_{t\nu} \big( f_t^*(u_{t\nu}^*) - r_{t\nu} + f(x) \big) + \delta^*(\cdot; C_0)(v_\nu^*) - s_\nu \right]
$$

$$
\leqslant \limsup_{\nu \in \mathcal{N}} \sum_{t \in T} \lambda_{t\nu} f(x) = 0, \quad \forall\, x \in C_0.
$$

根据 (7.30), 有 $(x^* - A^*z^*, \langle x^* - A^*z^*, \bar{x} \rangle + \varepsilon) \in \operatorname{epi} \delta^*(\cdot; C_0)$; 所以

$$
(x^*, \langle x^*, \bar{x} \rangle + \varepsilon) \in \operatorname{epi} \delta^*(\cdot; C_0) + (A^*z^*, \langle A^*z^*, \bar{x} \rangle)
$$
$$
= \operatorname{epi} \delta^*(\cdot; C_0) + (A^*z^*, \langle z^*, \bar{z} \rangle) \subset M.
$$

如果 $\|z^*\| < 1$, 由 (7.143) 可知它并未限制假设 $\sum_{t \in T} \lambda_{t\nu} > 0$ ($\forall \nu \in \mathcal{N}$) 和定义 $\tilde{\lambda}_{t\nu} := \dfrac{\lambda_{t\nu}}{\sum_{t' \in T} \lambda_{t'\nu}}$ ($\forall t \in T, \ \nu \in \mathcal{N}$) 的普遍性. 根据公式 (7.141) 后的 "$w^*\text{-}\lim$" 表达式, 我们有

$$
(x^*, \langle x^*, \bar{x} \rangle + \varepsilon) = w^*\text{-}\lim_{\nu \in \mathcal{N}} \left[ \sum_{t \in T} \lambda_{t\nu}(u_{t\nu}^*, r_{t\nu}) + (v_\nu^*, s_\nu) \right] + (A^*z^*, \langle z^*, \bar{z} \rangle)
$$

$$
= (1 - \|z^*\|) w^*\text{-}\lim_{\nu \in \mathcal{N}} \left[ \sum_{t \in T} \tilde{\lambda}_{t\nu}(u_{t\nu}^*, r_{t\nu}) + (v_\nu^*, s_\nu) \right] + (A^*z^*, \langle z^*, \bar{z} \rangle) \subset M.
$$

因此我们得到 $(x^*, \langle x^*, \bar{x} \rangle + \varepsilon) \in M$, 从而验证了 (7.139) 中的包含关系 "$\subset$".

　　为了验证 (7.139) 的反向包含关系, 取任意元素 $x^* \in X^*$ 满足 $(x^*, \langle x^*, \bar{x} \rangle + \varepsilon) \in M$. 因此, 我们找到一个单位泛函 $z^* \in \mathbb{B}_{Z^*}$ 以及网 $\{\lambda_\nu\}_{\nu \in \mathcal{N}} \subset \mathbb{R}_+^{(T)}$, $\{(v_\nu^*, s_\nu)\}_{\nu \in \mathcal{N}} \subset \operatorname{epi} \delta^*(\cdot; C_0)$ 和 $\{(u_{t\nu}^*, r_{t\nu})\}_{\nu \in \mathcal{N}} \subset \operatorname{epi} f_t^*, \ t \in T$, 使得 $\sum_{t \in T} \lambda_{t\nu} = 1$, 并且

$$
(x^*, \langle x^*, \bar{x} \rangle + \varepsilon) = (1 - \|z^*\|) w^*\text{-}\lim_{\nu \in \mathcal{N}} \left[ \sum_{t \in T} \lambda_{t\nu}(u_{t\nu}^*, r_{t\nu}) + (v_\nu^*, s_\nu) \right]
$$
$$
+ (A^*z^*, \langle z^*, \bar{z} \rangle).
$$

定义 $p_\nu^* := (1 - \|z^*\|) \sum_{t \in T} \lambda_{t\nu} \delta_t$, 类似 (7.142) 的证明, 可以推出 $\|p_\nu^*\| = 1 - \|z^*\|$. 根据经典的 Alaoglu-Bourbaki 定理可知, 存在弱* 收敛于某个 $p^* \in \mathbb{B}_{(l^\infty(T))^*}$ 的 $p_\nu^*$ 的子网 (不重新标记). 再次使用类似 (7.142) 中证明的论述, 我们得到 $\|p^*\| =$

$1 - \|z^*\|$ 并由此得出 (7.141). 由于 (7.140) 和 (7.141) 的等价性, 这验证了 (7.139) 中的包含关系 "⊃", 因此完成了定理的证明. △

在定理 7.42 (即, 若 $\varepsilon = 0$ ) 的上导数情况下, 我们可以等价地修改 (7.139) 中表示, 并进一步给出其具体形式.

**命题 7.43** (无穷凸系统的上导数的显式形式) 对于约束系统 (7.136), 假设 $(\bar{x}, (\bar{z}, 0)) \in \mathrm{gph}\, F$. 则我们有上导数表示

$$D^*F\big(\bar{x}, (\bar{z}, 0)\big)\big(S_{(Z \times l^\infty(T))^*}\big) = \big\{x^* \in X^*\,\big|\,(x^*, \langle x^*, \bar{x}\rangle) \in L\big\}, \qquad (7.144)$$

其中 $L := \bigcup_{z^* \in \mathbb{B}_{Z^*}} \mathrm{cl}^*\Big[(1 - \|z^*\|)\, \mathrm{co}\,\Big(\bigcup_{t \in T} \mathrm{gph}\, f_t^*\Big) + \mathrm{gph}\, \delta^*(\cdot; C_0)\Big] + (A^*z^*, \langle z^*, \bar{z}\rangle)$. 此外如果 $\bar{x} \in \mathrm{int}\, C_0$, 上述 $\mathrm{gph}\, \delta^*(\cdot; C_0)$ 可以去除.

**证明** 为验证 (7.144) 的包含 "⊂", 对任意 $x^* \in D^*F(\bar{x}, (\bar{z}, 0))(z^*, p^*)$ 满足 $\|z^*\| + \|p^*\| = 1$, 根据定理 7.42 的证明我们推出包含 (7.140) 对 $\varepsilon = 0$ 成立. 这使我们能够找到网 $\{\lambda_\nu\}_{\nu \in \mathcal{N}} \subset \mathbb{R}_+^{(T)}$, $\{\rho_\nu\}_{\nu \in \mathcal{N}} \subset \mathbb{R}_+$, $\{(v_\nu^*, s_\nu)\}_{\nu \in \mathcal{N}} \subset \mathrm{gph}\, \delta^*(\cdot; C_0)$ 和 $\{(u_{t\nu}^*, r_{t\nu})\}_{\nu \in \mathcal{N}} \subset \mathrm{gph}\, f_t^*$ ($\forall t \in T$), 给出极限表示

$$\begin{aligned}&\big(p^*, x^* - A^*z^*, \langle x^* - A^*z^*, \bar{x}\rangle\big) \\ &= w^*\text{-}\lim_{\nu \in \mathcal{N}} \sum_{t \in T} \lambda_{t\nu}(\delta_t, u_{t\nu}^*, r_{t\nu}) + (0, v_\nu^*, s_\nu) + (0, 0, \rho_\nu). \end{aligned} \qquad (7.145)$$

类似定理 7.42 的证明, 不失一般性, 假设: $\sum_{t \in T} \lambda_{t\nu} = 1 - \|z^*\|$ ($\forall \nu \in \mathcal{N}$), 然后得到

$$r_{t\nu} = f_t^*(u_{t\nu}^*) \geqslant \langle u_{t\nu}^*, \bar{x}\rangle - f_t(\bar{x}) \geqslant \langle u_{t\nu}^*, \bar{x}\rangle \quad \text{和} \quad s_\nu = \delta^*(\cdot; C_0)(v_\nu^*) \geqslant \langle v_\nu^*, \bar{x}\rangle.$$

这与 (7.46) 一起表明关系

$$\begin{aligned}\langle x^* - A^*z^*, \bar{x}\rangle &= \lim_{\nu \in \mathcal{N}} \Big[\sum_{t \in T} \lambda_{t\nu} r_{t\nu} + s_\nu + \rho_\nu\Big] \\ &\geqslant \limsup_{\nu \in \mathcal{N}} \Big[\sum_{t \in T} \lambda_{t\nu} \langle u_{t\nu}^*, \bar{x}\rangle + \langle v_\nu^*, \bar{x}\rangle + \rho_\nu\Big] \\ &\geqslant \langle x^* - A^*z^*, \bar{x}\rangle + \limsup_{\nu \in \mathcal{N}} \rho_\nu, \end{aligned}$$

这确保了 $\limsup_{\nu \in \mathcal{N}} \rho_\nu = 0$. 则根据 (7.145), 有

$$(x^*, \langle x^*, \bar{x}\rangle) = w^*\text{-}\lim_{\nu \in \mathcal{N}} \sum_{t \in T} \lambda_{t\nu}(u_{t\nu}^*, r_{t\nu}) + (v_\nu^*, s_\nu) + (A^*z^*, \langle z^*, \bar{z}\rangle) \in L,$$

因此我们得出 (7.144) 中包含 "⊂". (7.144) 中反向包含的验证可由定理 7.42 的证明得出.

最后, 设 $\bar{x} \in \mathrm{int}\, C_0$ 并且取 $x^* \in D^* F(\bar{x}, (\bar{z}, 0))(z^*, p^*)$, 其中 $(z^*, p^*) \in S_{(Z \times l^\infty(T))^*}$. 使用上述 (7.144) 证明中的符号, 我们有

$$
\begin{aligned}
0 &= \langle x^* - A^* z^*, \bar{x} \rangle - \langle x^* - A^* z^*, \bar{x} \rangle \\
&= \lim_{\nu \in \mathcal{N}} \left[ \sum_{t \in T} \lambda_{t\nu} (\langle u_{t\nu}^*, \bar{x} \rangle - r_{t\nu}) \langle v_\nu^*, \bar{x} \rangle - s_{t\nu} \right] \\
&\leqslant -\limsup_{\nu \in \mathcal{N}} \sup_{x \in C_0} \left[ \langle v_\nu^*, x \rangle - \langle v_\nu^*, \bar{x} \rangle \right] \leqslant -\limsup_{\nu \in \mathcal{N}} \eta \|v_\nu^*\|,
\end{aligned}
$$

其中 $\eta > 0$ 使得 $B_\eta(\bar{x}) \subset C_0$. 这表明 $\limsup_{\nu \in \mathcal{N}} \|v_\nu^*\| = 0$, 因此, 我们可以在 (7.144) 中 $L$ 的表示中去除 $\mathrm{gph}\, \delta^*(\cdot; C_0)$. △

下一个主要结果提供了完全由其初始数据表示的无穷约束系统 (7.136) 的确切正则性界限的精确计算.

**定理 7.44** (无穷约束系统的确切正则性界限) 对于无穷系统 (7.136), 给定 $(\bar{x}, (\bar{z}, 0)) \in \mathrm{gph}\, F$, 假设定义 7.39 中的有界 SSC 在 $(\bar{z}, 0)$ 处成立. 则 $F$ 在 $(\bar{x}, (\bar{z}, 0))$ 处的确切正则性界限计算如下

$$
\mathrm{reg}\, F(\bar{x}, (\bar{z}, 0)) = \lim_{\varepsilon \downarrow 0} \left[ \sup \left\{ \|x^*\|^{-1} \mid (x^*, \langle x^*, \bar{x} \rangle + \varepsilon) \in M \right\} \right], \tag{7.146}
$$

其中 $M$ 如定理 7.42 中定义所示. 此外如果 $0 < \dim Z < \infty$, 则

$$
\begin{aligned}
\mathrm{reg}\, F(\bar{x}, (\bar{z}, 0)) &= \| D^* F^{-1}((\bar{z}, 0), \bar{x}) \| \\
&= \sup \left\{ \|x^*\|^{-1} \mid (x^*, \langle x^*, \bar{x} \rangle) \in L \right\}, \tag{7.147}
\end{aligned}
$$

其中集合 $L$ 如命题 7.43 中定义所示.

**证明** 根据命题 7.41 可知 $(\bar{z}, 0) \in \mathrm{int}(\mathrm{rge}\, F)$, 即映射 $F$ 在 $(\bar{x}, (\bar{z}, 0))$ 附近是度量正则的. 将定理 7.42 中的 $\varepsilon$-上导数表式代入定理 7.42 的确切界限公式 (7.10), 我们可得极限表示 (7.146).

现在我们在 $Z$ 的有限维数下证明 (7.147) 中等式. 根据定理 7.38 和命题 7.43, 我们需要验证 (7.129) 成立并且 $\mathrm{reg}\, F(\bar{x}, (\bar{z}, 0)) > 0$. 为此, 任取 $\varepsilon > 0$ 和 $(z^*, p^*) \in S_{(Z \times l^\infty(T))^*}$ 满足 $D_\varepsilon F(\bar{x}, (\bar{z}, 0))(z^*, p^*) \neq \varnothing$. 类似 (7.141) 和 (7.143) 的证明中的论述, 我们得到包含

$$
p^* \in (1 - \|z^*\|)\, \mathrm{cl}^*\mathrm{co}\, \{ \delta_t \mid t \in T \}.
$$

这说明集合 $\mathrm{cl}^* \{ (z^*, p^*) \in S_{(Z \times l^\infty(T))^*} \mid D_\varepsilon^* F(\bar{x}, (\bar{z}, 0))(z^*, p^*) \neq \varnothing \}$ 包含于下面的集合:

$$
\mathrm{cl}^* \bigcup_{z^* \in \mathbb{B}_{Z^*}} \left[ \{ z^* \} \times (1 - \|z^*\|)\, \mathrm{cl}^*\mathrm{co}\, \{ \delta_t \mid t \in T \} \right]. \tag{7.148}
$$

进一步, 我们从 (7.143) 的证明推出 $\mathrm{cl}^*\mathrm{co}\,\{\delta_t|\ t \in T\} \subset S_{(l^\infty(T))^*}$. 由于 $\dim Z < \infty$, 后者表明 (7.148) 中集合是 $S_{(Z\,*l^\infty(T))^*}$ 的子集, 这就确保了 (7.129) 有效.

仍需验证 $\mathrm{reg}\,F(\bar{x},(\bar{z},0)) > 0$. 我们容易看出

$$D^*F^{-1}\big((\bar{z},0),\bar{x}\big)(x^*) \supset \big\{(z^*,0) \in Z^* \times (l^\infty(T))^* |\ A^*z^* = x^*\big\}.$$

由于算子 $A$ 是满射, 我们显然有 $\|(A^*)^{-1}\| > 0$. 由此可得 $\|D^*F^{-1}((\bar{z},0),\bar{x})\| > 0$, 从而根据定理 7.35 有 $\mathrm{reg}\,F(\bar{x},(\bar{z},0)) > 0$, 因此完成了证明. $\qquad\triangle$

从定理 7.38 立即可得确切界限公式

$$\mathrm{reg}\,F\big(\bar{x},(\bar{z},0)\big) = \big\|D^*F^{-1}\big((\bar{z},0),\bar{x}\big)\big\| \tag{7.149}$$

在 $\dim Z = 0$ 的情形也成立. 回顾, 在有界性假设下, 推论 7.16 针对无穷线性不等式系统并且定理 7.31 针对无穷凸不等式系统 (没有等式和几何约束) 分别证明了 (7.149) 的 Lipschitz 对应结果. 如上所述, 这些假设本质上比定理 7.44 中施加的有界 SSC 更强; 参见例 7.40.

由定理 7.44 引出的一个自然问题是确切正则性界限的表示 (7.149) 对于无穷维空间 $Z$ 是否成立. 下面的反例是针对经典 Asplund 空间 $Z = c_0$ 的情况构造的, 已在前面被使用过 (即, 收敛于零实数序列空间并赋予上确界范数).

**例 7.45** (Asplund 空间中可数系统的确切界限公式失效) 设 $X = Z = c_0$ 并且 $T = \mathbb{N}$. 定义线性算子 $A\colon X \to Z$ 为 $Ax := (x_2, x_3, \cdots)$, $\forall x = (x_1, x_2, \cdots) \in X$. 显然 $A$ 有界并且是满射. 我们构造了一个 (7.136) 型的集值映射 $F\colon c_0 \rightrightarrows c_0 \times l^\infty$:

$$F(x) := \big\{(z,p) \in Z \times l^\infty \big|\ Ax = z, x_1 + x_n + 1 \leqslant p_n, n \in \mathbb{N}\big\}, \tag{7.150}$$

取 $\bar{x} := \left(-\dfrac{1}{n}\right)_{n \in \mathbb{N}}$, $\bar{z} := A\bar{x}$ 和 $\hat{x} := \left(-2, -\dfrac{1}{2}, -\dfrac{1}{3}, \cdots\right) \in X$. 观察到定义 7.39 的有界强 Slater 条件在 $\hat{x}$ 处对于 (7.150) 满足并且 $\bar{x} \in F^{-1}(\bar{z},0)$ 是满足的. 进一步定义

$$x^k := \left(-1, -\frac{1}{2}, \cdots, -\frac{1}{k-1}, \frac{1}{k}, -\frac{1}{k+1}, -\frac{1}{k+2}, \cdots\right),$$
$$z^k := \left(-\frac{1}{2}, \cdots, -\frac{1}{k-1}, \frac{2}{k}, -\frac{1}{k+1}, -\frac{1}{k+2}, \cdots\right),$$

这表明在 $c_0$ 中 $x^k \to \bar{x}$ 且 $z^k \to \bar{z}$. 此外, 我们有等式

$$\mathrm{dist}\big((z^k,0); F(x^k)\big) = \max\left\{\sup_n (x_1^k + x_n^k + 1)_+, \sup_n |\,x_{n+1}^k - z_n^k|\right\} = \frac{1}{k},$$

其中, 通常 $\alpha_+ = \max\{0, \alpha\}$. 容易计算逆映射的值 $F^{-1}(z^k, 0) = \left\{ (a, z_1^k, z_2^k, \cdots) \in c_0 \middle| \ a \leqslant -\dfrac{2}{k} - 1 \right\}$, 这表明

$$\operatorname{dist}\left(x^k; F^{-1}(z^k, 0)\right) = \max \left\{ \left(x_1^k + \frac{2}{k} + 1\right)_+, \sup_n |x_{n+1}^k - z_n^k| \right\} = \frac{2}{k}.$$

根据前面的距离表示, 有 $\operatorname{reg} F(\bar{x}, (\bar{z}, 0)) \geqslant 2$. 因此如果我们能证明

$$\|x^*\| \geqslant 1, \quad \forall\, x^* \in D^* F\big(\bar{x}, (\bar{z}, 0)\big)\big(S_{(Z \times l^\infty)^*}\big), \tag{7.151}$$

则确界公式 (7.149) 失效.

为了验证 (7.151), 利用命题 7.43 中的显式上导数形式, 我们可得某个 $z^* * I\!B_{z^*}$ 满足

$$(x^*, \langle x^*, \bar{x}\rangle) \in \operatorname{cl}^*\left[(1 - \|z^*\|)\operatorname{co}\big\{(\delta_1 + \delta_n, -1)\big|\ n \in I\!N\big\}\right] + (A^* z^*, \langle z^*, \bar{z}\rangle),$$

其中 $\delta_n \in c_0^*$ 并且 $\langle \delta_n, x\rangle = x_n$ 对所有 $x \in c_0$ 和 $n \in I\!N$ 成立. 因此存在网 $(\lambda_\nu)_{\nu \in \mathcal{N}} \subset I\!R^{(I\!N)}$ 使得 $\sum_{n \in I\!N} \lambda_{n\nu} = 1 - \|z^*\|$ $(\nu \in \mathcal{N})$, 并且

$$(x^*, \langle x^*, \bar{x}\rangle) = w^*\text{-}\lim_{\nu \in \mathcal{N}} \sum_{n \in I\!N} \lambda_{n\nu}(\delta_1 + \delta_n, -1) + (A^* z^*, \langle z^*, \bar{z}\rangle),$$

这显然蕴含着极限关系

$$0 = \lim_{\nu \in \mathcal{N}} \sum_{n \in I\!N} \lambda_{n\nu}(-\langle \delta_1 + \delta_n, \bar{x}\rangle - 1) = \lim_{\nu \in \mathcal{N}} \sum_{n \in I\!N} \frac{\lambda_{n\nu}}{n}. \tag{7.152}$$

因为 $c_0^* = l_1$, 我们将 $z^*$ 记为形式 $(z_1^*, z_2^*, \cdots) \in l_1$ 并且观察到 $A^* z^* = (0, z_1^*, z_2^*, \cdots) \in l_1$. 所以对任意 $\varepsilon > 0$ 存在 $k \in I\!N$ 充分大使得 $\sum_{n=k+1}^\infty |z_n^*| \leqslant \varepsilon$, 这保证了 $\|A^* z^* - \widehat{z}_k^*\| \leqslant \varepsilon$ 且 $\widehat{z}_k^* := (0, z_1^*, \cdots, z_k^*, 0, 0, \cdots) \in l_1$. 进一步定义 $\widehat{x}_k^*$ 如下

$$\widehat{x}_k^* := w^*\text{-}\lim_{\nu \in \mathcal{N}} \sum_{n \in I\!N} \lambda_{n\nu}(\delta_1 + \delta_n) + \widehat{z}_k^*,$$

取 $e^k := (1, \operatorname{sign}(z_1^*), \cdots, \operatorname{sign}(z_k^*), 0, \cdots) \in c_0$, 并有 $\|e^k\| = 1$ 且

$$\begin{aligned}
\|\widehat{x}_k^*\| &\geqslant \langle \widehat{x}_k^*, e^k\rangle = \lim_{\nu \in \mathcal{N}} \sum_{n \in I\!N} \lambda_{n\nu}(e_1^k + e_n^k) + \sum_{n=1}^k z_n^* e_{n+1}^k \\
&\geqslant \lim_{\nu \in \mathcal{N}} \sum_{n \in I\!N} \lambda_{n\nu} + \sum_{n=1}^k |z_n^*| - \limsup_{\nu \in \mathcal{N}} \sum_{n=1}^{k+1} \lambda_{n\nu}.
\end{aligned} \tag{7.153}$$

由 (7.152) 中方程可知

$$0 \leqslant \limsup_{\nu \in \mathcal{N}} \sum_{n=1}^{k+1} \lambda_{n\nu} \leqslant (k+1) \limsup_{\nu \in \mathcal{N}} \sum_{n \in I\!\!N} \frac{\lambda_{n\nu}}{n} = 0.$$

结合上式与 (7.153), 我们可得估计

$$\|\widehat{x}_k^*\| \geqslant 1 - \|z^*\| + \sum_{n=1}^{k} |z_n^*| \geqslant 1 - \|z^*\| + \|z^*\| - \varepsilon = 1 - \varepsilon.$$

此外, 显然有 $\|x^* - \widehat{x}_k^*\| = \|A^* z^* - \widehat{z}_k^*\| \leqslant \varepsilon$. 因此我们得到

$$\|x^*\| \geqslant \|\widehat{x}_k^*\| - \|x^* - \widehat{x}_k^*\| \geqslant 1 - \varepsilon - \varepsilon = 1 - 2\varepsilon, \quad \forall \varepsilon > 0,$$

这表明 $\|x^*\| \geqslant 1$ 且 (7.151) 成立. 这证实了 (7.149) 失效.

下一个例子表明, 当 $X$ 和 $Z$ 都是 Asplund 空间且 $\dim Z = \infty$ 时, 即使对于具有单个凸不等式的约束系统 (7.136), 确切正则性界限的计算公式 (7.149) 也失效.

**例 7.46** (单不等式及无穷维等式约束的确切界限公式失效) 设 $X = Z = c_0$ 且 $T = \{1\}$. 类似例 7.45 定义线性算子 $A : X \to Z$ 并考虑 $F : X \rightrightarrows Z \times I\!\!R$

$$F(x) := \left\{ (z, p) \in Z \times I\!\!R \middle| Ax = z, f(x) \leqslant p \right\}, \quad \forall x \in X,$$

其中 $f(x) := \sup\{x_1 + x_n + 1 \mid n \in I\!\!N\}$ 且 $\operatorname{dom} f = X$. 则对于例 7.45 的标记, 我们有

$$\operatorname{dist}\big((z^k, 0); F(x^k)\big) = k^{-1} \quad \text{和} \quad \operatorname{dist}\big(x^k; F^{-1}(z^k, 0)\big) = 2k^{-1},$$

从而 $\operatorname{reg} F(\bar{x}, (\bar{z}, 0)) \geqslant 2$. 同时

$$\operatorname{epi} f^* = \operatorname{cl}^* \operatorname{co} \left\{ (\delta_1 + \delta_n, -1) \mid n \in I\!\!N \right\} + \{0\} \times I\!\!R_+, \tag{7.154}$$

上式是根据一般上确界函数的著名公式:

$$\operatorname{epi} f^* = \operatorname{cl}^* \operatorname{co} \bigcup_{t \in T} \big(\operatorname{epi} f_t^*\big). \tag{7.155}$$

得出的. 现在任选 $x^* \in D^* F(\bar{x}, (\bar{z}, 0))(S_{(Z \times I\!\!R)^*})$ 并且使用定理 7.42 和表达式 (7.155), 我们得到

$$(x^*, \langle x^*, \bar{x} \rangle) \in \operatorname{cl}^* \Big[ (1 - \|z^*\|) \operatorname{co} \big\{ (\delta_1 + \delta_n, -1) \mid n \in I\!\!N \big\} \Big] + (A^* z^*, \langle z^*, \bar{z} \rangle).$$

类似例 7.45, 这表明 $\|x^*\| \geqslant 1$, 即 (7.149) 失效.

　　下面的结果提供了有效条件, 以确保主要正则性公式 (7.149) 当 $\dim Z = \infty$ 时成立. 给出的证明不同于定理 7.44 中 $\dim Z < \infty$ 的 (7.147) 的证明. 特别是, 它不依赖于可能不成立的条件 (7.129). 事实上, 即使在 $T = \varnothing$ 的最简单设置中, (7.129) 的左边是 $\mathrm{cl}^* S_{Z^*}$, 当 $\dim Z = \infty$ 时, 它显然不是 $S_{Z^*}$ 的子集.

　　**定理 7.47** (有限不等式与无穷等式约束的确切界限公式)　在 (7.136) 中 $X$ 和 $Z$ 为任意 Banach 空间的情况下, 假设指标集 $T$ 是有限的,

$$f_t(x) = \langle a_t^*, x \rangle - b_t, \quad \forall\, x \in X,\, t \in T, \quad \text{并且 } (a_t^*, b_t) \in X^* \times \mathbb{R},$$

并且, 给定 $(\bar{x}, (\bar{z}, 0)) \in \mathrm{gph}\, F$, 约束映射 $F$ 在 $(\bar{z}, 0)$ 处满足标准 Slater 条件且 $\bar{x} \in C$. 则公式 (7.149) 成立.

　　**证明**　令 $T := \{1, \cdots, k\}$, 注意到 $\mathrm{dom}\, f = X$, 从而在定理 7.42 的标记中有 $C_0 = C$. 因为我们显然有

$$\mathrm{epi}\, f_n^* = (a_n^*, b_n) + \{0\} \times \mathbb{R}_+ \quad \text{和} \quad \{0\} \times \mathbb{R}_+ + \mathrm{epi}\, \delta^*(\cdot; C) \subset \mathrm{epi}\, \delta^*(\cdot; C)$$

对任意 $z^* \in \mathbb{B}_{Z^*}$ 和 $n \in \{1, \cdots, k\}$ 成立, 所以

$$\begin{aligned}
&\left(1 - \|z^*\|\right) \mathrm{co}\big\{ \mathrm{epi}\, f_t^* \,\big|\, \in T \big\} + \mathrm{epi}\, \delta^*(\cdot; C_0) \\
&= \left(1 - \|z^*\|\right) \mathrm{co}\big\{ (a_n^*, b_n) \,\big|\, 1 \leqslant n \leqslant k \big\} + \mathrm{epi}\, \delta^*(\cdot; C).
\end{aligned}$$

后一个集合显然在 $X^* \times \mathbb{R}$ 中是弱* 闭的, 因此定理 7.42 中的集合 $M$ 表示为

$$M = \bigcup_{z^* \in \mathbb{B}_{Z^*}} \left\{ \left(1 - \|z^*\|\right) \mathrm{co}\big\{ (a_n^*, b_n) \,\big|\, 1 \leqslant n \leqslant k \big\} + \mathrm{epi}\, \delta^*(\cdot; C) + (A^* z^*, \langle z^*, \bar{z} \rangle) \right\}.$$

现在调用定理 7.44 第一部分的结果, 找到序列 $x_m^* \in X^*$, $\lambda^m \in \mathbb{R}_+^k$, $(v_m^*, s_m) \in \mathrm{epi}\, \delta^*(\cdot; C)$ 和 $z_m^* \in \mathbb{B}_{Z^*}$ $(\forall m \in \mathbb{N})$ 使得 $\sum_{n=1}^k \lambda_n^m = 1 - \|z_m^*\|$, 并且

$$\left( x_m^*, \langle x_m^*, \bar{x} \rangle + m^{-1} \right) = \sum_{n=1}^k \lambda_n^m (a_n^*, b_n) + (v_m^*, s_m) + (A^* z_m^*, \langle z_m^*, \bar{z} \rangle), \quad (7.156)$$

以及正则性界限的上估计

$$\mathrm{reg}\, F\big(\bar{x}, (\bar{z}, 0)\big) \leqslant \|x_m^*\|^{-1} + o(1) = \left\| \sum_{n=1}^k \lambda_n^m a_n^* + v_m^* + A^* z_m^* \right\|^{-1} + o(1).$$

考虑 (7.156) 中的第二个分量, 可以得出

$$\frac{1}{m} = \langle x_m^*, \bar{x} \rangle + \frac{1}{m} - \langle x_m^*, \bar{x} \rangle = \sum_{n=1}^k \lambda_n^m b_n + s_m - \sum_{n=1}^k \lambda_n^m \langle a_n^*, \bar{x} \rangle - \langle v_m^*, \bar{x} \rangle$$

$$\geqslant \sum_{n=1}^{k} \lambda_n^m (b_n - \langle a_n^*, \bar{x} \rangle) + s_m - \langle v_m^*, \bar{x} \rangle \geqslant \sum_{n=1}^{k} \lambda_n^m (b_n - \langle a_n^*, \bar{x} \rangle) \geqslant 0.$$

因为 $\|\lambda^m\| \leqslant 1$, 我们假设当 $m \to \infty$ 时 $\lambda^m \to \lambda \in I\!\!R_+^k$, 因此通过当 $m \to \infty$ 时对上式取极限, 我们可以推出 $\sum_{n=1}^{k} \lambda_n (b_n - \langle a_n^*, \bar{x} \rangle) = 0$. 进一步定义序列

$$\varepsilon_m := \sum_{n=1}^{k} |\lambda_n^m - \lambda_n|, \quad \eta_m := \sum_{n=1}^{k} \lambda_n + \|z_m^*\|, \quad \widehat{x}_m^* := \sum_{n=1}^{k} \lambda_n a_n^* + A^* z_m^*,$$

注意到 $\varepsilon_m = o(1)$ 和 $\eta_m = 1 - o(1)$. 则命题 7.43 告诉我们

$$\eta_m^{-1} \widehat{x}_m^* \in D^* F \big( \bar{x}, (\bar{z}, 0) \big) \big( S_{(Z \times I\!\!R^k)^*} \big).$$

此外, 与命题 7.43 第二部分的证明相同的论述告诉我们 $\|w_m^*\| \to 0$. 因此

$$\|x_m^* - \widehat{x}_m^*\| = \left\| \sum_{n=1}^{k} (\lambda_n^m - \lambda_n) a_n^* + w_m^* \right\| \leqslant \varepsilon_m \sup_{1 \leqslant n \leqslant k} \|a_n^*\| + \|w_m^*\| = o(1),$$

这与前面 $\operatorname{reg} F \big( \bar{x}, (\bar{z}, 0) \big)$ 的估计一起蕴含着

$$\operatorname{reg} F \big( \bar{x}, (\bar{z}, 0) \big) \leqslant \big( \|\widehat{x}_m^*\| + o(1) \big)^{-1} + o(1) \leqslant \big( \eta_m \|\eta_m^{-1} \widehat{x}_m^*\| + o(1) \big)^{-1} + o(1)$$
$$\leqslant \big[ (1 - o(1)) \inf \big\{ \|x^*\| \, \big| \, (x^*, \langle x^*, \bar{x} \rangle) \in L \big\} + o(1) \big]^{-1} + o(1).$$

对上式令 $m \to \infty$, 我们得到

$$\operatorname{reg} F \big( \bar{x}, (\bar{z}, 0) \big) \leqslant \sup \big\{ \|x^*\|^{-1} \, \big| \, (x^*, \langle x^*, \bar{x} \rangle) \in L \big\},$$

由此可得 (7.149), 从而完成了定理的证明. $\triangle$

## 7.5 DC 半无穷优化中的值函数

在本节中, 我们继续研究一般 Banach (部分是 Asplund ) 空间中的 SIPs, 同时考虑了具有任意指标集的无穷凸不等式约束的 DC 目标的最小化问题. 如前所述, 缩写 "DC" 代表凸函数之差, 它被认为是表示优化及其应用中各类重要问题的方便形式. 我们在此主要研究这类 SIPs 的参数版本中 (非凸) 边际/值函数的次微分性质. 在此基础上, 我们给了在灵敏度分析和非参数及参数设置下考虑的 DC SIPs 的必要最优性条件, 以及 Banach 和 Asplund 空间中具有全凸数据的双层半无穷规划中的应用.

### 7.5.1　DC 半无穷规划的最优性条件

首先考虑具有 DC 目标和无穷凸约束的非参数 SIPs, 并且在最弱规范条件下得出它们的必要最优性条件 (全凸问题的充分必要条件). 这些结果有其自身的意义, 有助于推导出此类 SIPs 的参数化版本中值函数的次微分公式, 随后应用于最优性条件和扰动下的 Lipschitz 稳定性. 在本小节中我们将研究问题:

$$\begin{cases} \text{minimize } \vartheta(x) - \theta(x) \text{ s.t.} \\ \vartheta_t(x) \leqslant 0, \ t \in T \ \text{ 和 } \ x \in \Theta, \end{cases} \tag{7.157}$$

其中 $T$ 是一个任意指标集, $\Theta \subset X$ 是 Banach 空间 $X$ 的一个闭凸子集, 并且函数 $\vartheta, \theta, \vartheta_t : X \to \overline{I\!R}$ 是 l.s.c. 且凸的. 我们以最小化为导向, 按照约定对于涉及 $\infty$ 和 $-\infty$ 的标准运算, 规定 $\infty - \infty := \infty$. (7.157) 的可行解集记为

$$\varXi := \Theta \cap \big\{ x \in X \,\big|\, \vartheta_t(x) \leqslant 0, \forall\, t \in T \big\}. \tag{7.158}$$

利用 7.1.1 小节中的无穷乘积符号 $I\!R^T, I\!R^{(T)}$ 和 $I\!R_+^{(T)}$, 对任意 $\lambda \in I\!R^{(T)}$ 定义 $\operatorname{supp}\lambda := \{ t \in T \,|\, \lambda_t \neq 0 \}$, 并观察到

$$\lambda u := \sum_{t \in T} \lambda_t u_t = \sum_{t \in \operatorname{supp}\lambda} \lambda_t u_t, \quad u \in I\!R^T.$$

下面回顾 Fenchel 共轭的定义 (7.30), 并引入以下对偶空间规范条件, 它在推导 (7.157) 的 KKT 型必要最优条件时起着至关重要的作用.

**定义 7.48** (闭性规范条件)　我们称问题 (7.157) 中的三元组 $(\vartheta, \vartheta_t, \Theta)$ 满足闭性规范条件 (CQC), 如果集合

$$\operatorname{epi}\vartheta^* + \operatorname{cone}\left\{ \bigcup_{t \in T} \operatorname{epi}\vartheta_t^* \right\} + \operatorname{epi}\delta^*(\cdot; \Theta)$$

在乘积空间 $X^* \times I\!R$ 中是弱* 闭的.

注意, 引入的 CQC 不是一个 "约束规范", 因为它不仅涉及约束, 还涉及费用函数; 即 (7.157) 中费用的附加部分 $\vartheta$. 最接近 CQC 的约束规范如下, 其中定义 7.48 中的费用项 $\operatorname{epi}\vartheta^*$ 被省略: 集合

$$\operatorname{cone}\left\{ \bigcup_{t \in T} \operatorname{epi}\vartheta_t^* \right\} + \operatorname{epi}\delta^*(\cdot; \Theta) \tag{7.159}$$

在 $X^* \times I\!R$ 中是弱* 闭的. 该条件称为凸 Farkas-Minkowski 约束规范 (凸 FMCQ), 对于 (7.48) 型的线性无穷系统, 它简化为 Farkas-Minkowski 性质 (7.49). 读者可

以验证, 在以下两种情况下 FMCQ (7.159) 意味着 CQC: $\vartheta$ 在 (7.158) 中某个可行点 $x \in \Xi$ 处连续, 或者凸锥包 $(\operatorname{dom}\vartheta - \Xi)$ 是 $X$ 的闭子空间. 众所周知, 在半无穷规划中, 无穷凸系统的 CQC 型和 Farkas-Minkowski 型对偶规范条件严格改进了 Slater 型原规范条件; 参见练习 7.98 和 7.7 节中相应的评注.

接下来, 我们回顾凸分析中的一些必要结果, 总结在下面两个引理中. 第一个引理包含上图对偶性与次微分分析法则之间的关系.

**引理 7.49** (上图和次微分和法则) 设函数 $\varphi_1, \varphi_2 : X \to \overline{I\!R}$ 是 l.s.c. 且凸的, 并设 $\operatorname{dom}\varphi_1 \cap \operatorname{dom}\varphi_2 \neq \varnothing$. 则下面条件等价:

(i) 集合 $\operatorname{epi}\varphi_1^* + \operatorname{epi}\varphi_2^*$ 在 $X^* \times I\!R$ 中是弱* 闭的.

(ii) 如下共轭上图法则成立:

$$\operatorname{epi}(\varphi_1 + \varphi_2)^* = \operatorname{epi}\varphi_1^* + \operatorname{epi}\varphi_2^*.$$

进一步, 如果上述等价条件满足, 我们有次微分和法则

$$\partial(\varphi_1 + \varphi_2)(\bar{x}) = \partial\varphi_1(\bar{x}) + \partial\varphi_2(\bar{x}).$$

下一个结果给出了 Farkas 引理在凸上图系统情况下的推广.

**引理 7.50** (上图系统的广义 Farkas 引理) 给定 $\alpha \in I\!R$, 以下条件等价:

(i) 对所有 $x \in \Xi$, $\vartheta(x) \geqslant \alpha$;

(ii) $(0, -\alpha) \in \operatorname{cl}^*\left(\operatorname{epi}\vartheta^* + \operatorname{cone}\left[\bigcup_{t \in T}\operatorname{epi}\vartheta_t^*\right] + \operatorname{epi}\delta^*(\cdot; \Theta)\right)$.

现在我们准备为所考虑的 (7.157) 中的 DC 规划建立必要最优性条件. 给定 $\bar{x} \in \Xi \cap \operatorname{dom}\theta$, 定义活跃约束乘子集合为

$$A(\bar{x}) := \left\{\lambda \in I\!R_+^{(T)} \,\middle|\, \lambda_t \vartheta_t(\bar{x}) = 0, \ \forall\, t \in \operatorname{supp}\lambda\right\}. \tag{7.160}$$

**定理 7.51** (DC 半无穷规划的必要最优性条件) 设 $\bar{x} \in \Xi \cap \operatorname{dom}\vartheta$ 为满足 CQC 要求的问题 (7.157) 的局部极小点. 则我们有包含

$$\partial\theta(\bar{x}) \subset \partial\vartheta(\bar{x}) + \bigcup_{\lambda \in A(\bar{x})}\left[\sum_{t \in \operatorname{supp}\lambda}\lambda_t \partial\vartheta_t(\bar{x})\right] + N(\bar{x}; \Theta). \tag{7.161}$$

**证明** 关于 $\bar{x} \in \Xi \cap \operatorname{dom}\vartheta$ 存在两种可能的情形: $\bar{x} \notin \operatorname{dom}\theta$, 或者 $\bar{x} \in \operatorname{dom}\theta$. 在第一种情况下, 我们有 $\partial\theta(\bar{x}) = \varnothing$, 从而 (7.161) 自动成立. 考虑剩余情况 $\bar{x} \in \operatorname{dom}\theta$, 根据凸分析中次微分定义, 找到 $x^* \in X^*$ 使得

$$\theta(x) - \theta(\bar{x}) \geqslant \langle x^*, x - \bar{x} \rangle, \quad \forall\, x \in X.$$

这意味着 (7.157) 的参考局部极小点 $\bar{x}$ 也是以下凸 SIP 的局部极小点:

$$\begin{cases} \text{minimize } \widetilde{\vartheta}(x) := \vartheta(x) - \langle x^*, x - \bar{x} \rangle - \theta(\bar{x}) \\ \text{s.t. } \vartheta_t(x) \leqslant 0, \ t \in T \quad \text{和} \quad x \in \Theta. \end{cases} \tag{7.162}$$

由于 (7.162) 是凸的, 其局部极小点 $\bar{x}$ 是其全局解, 即

$$\widetilde{\vartheta}(\bar{x}) \leqslant \widetilde{\vartheta}(x), \quad \forall \, x \in \Xi.$$

则引理 7.50 告诉我们后者等价于包含

$$\left(0, -\widetilde{\vartheta}(\bar{x})\right) \in \mathrm{cl}^* \left( \mathrm{epi}\,\widetilde{\vartheta}^* + \mathrm{cone} \left[ \bigcup_{t \in T} \mathrm{epi}\,\vartheta_t^* \right] + \mathrm{epi}\,\delta^*(\cdot; \Theta) \right).$$

观察到根据 (7.162) 中 $\widetilde{\vartheta}$ 结构, 有 $\mathrm{epi}\,\widetilde{\vartheta}^* = (-x^*, \theta(\bar{x}) - \langle x^*, \bar{x} \rangle) + \mathrm{epi}\,\vartheta^*$, 从而得到关系

$$\begin{aligned} \left(0, -\widetilde{\vartheta}(\bar{x})\right) \in {} & \left( -x^*, \theta(\bar{x}) - \langle x^*, \bar{x} \rangle \right) \\ & + \mathrm{cl}^* \left( \mathrm{epi}\,\vartheta^* + \mathrm{cone} \left[ \bigcup_{t \in T} \mathrm{epi}\,\vartheta_t^* \right] + \mathrm{epi}\,\delta^*(\cdot; \Theta) \right). \end{aligned} \tag{7.163}$$

此外, CQC 假设确保了 (7.163) 等价于

$$\begin{aligned} & \left( x^*, -\widetilde{\vartheta}(\bar{x}) - \theta(\bar{x}) + \langle x^*, \bar{x} \rangle \right) \\ & \in \left( \mathrm{epi}\,\vartheta^* + \mathrm{cone} \left[ \bigcup_{t \in T} \mathrm{epi}\,\vartheta_t^* \right] + \mathrm{epi}\,\delta^*(\cdot; \Theta) \right). \end{aligned} \tag{7.164}$$

现在应用有用的表示

$$\mathrm{epi}\,\varphi^* = \bigcup_{\varepsilon \geqslant 0} \left\{ \left( x^*, \langle x^*, x \rangle + \varepsilon - \varphi(x) \right) \,\Big|\, x^* \in \partial_\varepsilon \varphi(x) \right\}, \tag{7.165}$$

这对所有的 $x \in \mathrm{dom}\,\varphi$, 共轭函数 $\vartheta^*$, $\vartheta_t^*$ 和 $\delta^*(\cdot; \Theta)$ 都成立, 并考虑 (7.3) 中的正锥 $\mathbb{R}_+^{(T)}$ 的结构, 同时注意到 $-\widetilde{\vartheta}(\bar{x}) - \theta(\bar{x}) + \langle x^*, \bar{x} \rangle = \langle x^*, \bar{x} \rangle - \vartheta(\bar{x})$, 我们找到

$$\varepsilon, \varepsilon_t, \gamma \geqslant 0, \quad u^* \in \partial_\varepsilon \vartheta(\bar{x}), \quad \lambda \in \mathbb{R}_+^{(T)}, \quad u_t^* \in \partial_{\varepsilon_t} \vartheta_t(\bar{x}) \quad \text{和} \quad v^* \in \partial \delta_\gamma(\bar{x}; \Theta)$$

满足以下两个等式:

$$\begin{cases} x^* = u^* + \displaystyle\sum_{t \in T} \lambda_t u_t^* + v^*, \\ \langle x^*, \bar{x} \rangle - \vartheta(\bar{x}) = \langle u^*, \bar{x} \rangle + \varepsilon - \vartheta(\bar{x}) + \displaystyle\sum_{t \in T} \lambda_t \Big[ \langle u_t^*, \bar{x} \rangle + \varepsilon_t - \langle \vartheta_t^*, \bar{x} \rangle \Big] \\ \qquad\qquad + \langle v^*, \bar{x} \rangle + \gamma - \delta(\bar{x}; \Theta). \end{cases}$$

因为 $\bar{x} \in \Theta$, 上面的第一个等式允许我们将第二个等式简化为

$$\varepsilon + \sum_{t \in T} \lambda_t \varepsilon_t - \sum_{t \in T} \lambda_t \vartheta_t(\bar{x}) + \gamma = 0. \tag{7.166}$$

问题 (7.157) 中 $\bar{x}$ 可行性和 $(\varepsilon, \lambda_t, \gamma)$ 的选择表明

$$\varepsilon \geqslant 0, \quad \gamma \geqslant 0, \quad \lambda_t \geqslant 0 \quad \text{和} \quad \lambda_t \vartheta_t(\bar{x}) \leqslant 0, \quad \forall\, t \in T,$$

所以由 (7.166) 我们可知, 事实上 $\varepsilon = 0$, $\gamma = 0$, $\lambda_t \vartheta_t(\bar{x}) = 0$ 且 $\lambda_t \varepsilon_t = 0$ $(\forall t \in T)$. 此外, 后者表明 $\varepsilon_t = 0$ $(\forall t \in \text{supp}\,\lambda)$. 因此我们得到包含

$$u^* \in \partial \vartheta(\bar{x}), \quad u_t^* \in \partial \vartheta_t(\bar{x}) \quad \text{和} \quad v^* \in \partial \delta(\bar{x}; \Theta) = N(\bar{x}; \Theta),$$

这使我们可以从上面得出结论

$$x^* \in \partial \vartheta(\bar{x}) + \sum_{t \in \text{supp}\,\lambda} \lambda_t \partial \vartheta_t(\bar{x}) + N(\bar{x}; \Theta), \quad \text{并且}\ \lambda_t \vartheta_t(\bar{x}) = 0\,,\ t \in \text{supp}\,\lambda.$$

这就验证了 (7.161), 从而完成了定理的证明. △

下面我们给出关于无穷凸系统的次微分/法锥分析法则的定理 7.51 的两个有用的结果.

**推论 7.52** (有关凸无穷约束的次微分和法则) 设 $\bar{x} \in \Xi$ 并且 $\theta(\bar{x}) = 0$ 和 $\vartheta(\bar{x}) < \infty$, 并设 $(\vartheta, \vartheta_t, \Theta)$ 满足定理 7.51 的所有假设. 则我们有等式

$$\partial(\vartheta + \delta(\cdot; \Xi))(\bar{x}) = \partial \vartheta(\bar{x}) + \bigcup_{\lambda \in A(\bar{x})} \left[ \sum_{t \in \text{supp}\,\lambda} \partial \vartheta_t(\bar{x}) \right] + N(\bar{x}; \Theta).$$

**证明** 所声称和法则中的包含 "⊃" 可以直接从定义导出. 为了验证其中的逆向包含, 选择任意的次梯度 $x^* \in \partial(\vartheta + \delta(\cdot; \Xi))(\bar{x})$ 满足 $\bar{x} \in \Xi \cap \text{dom}\,\vartheta$, 得到

$$\vartheta(x) - \vartheta(\bar{x}) \geqslant \langle x^*, x - \bar{x} \rangle, \quad x \in \Xi,$$

根据 (7.158) 中 $\Xi$ 的构造, 这意味着 $\bar{x}$ 是以下具有无穷约束的 DC 规划的 (全局) 极小点:

$$\begin{cases} \text{minimize}\ \vartheta(x) - \widetilde{\theta}(x), \ \text{并且}\ \widetilde{\theta}(x) := \langle x^*, x - \bar{x} \rangle + \vartheta(\bar{x}) \\ \text{s.t.}\ \vartheta_t(x) \leqslant 0,\ \forall\, t \in T\ \text{和}\ x \in \Theta. \end{cases} \tag{7.167}$$

将定理 7.51 应用于问题 (7.167), 并考虑其中线性函数 $\widetilde{\theta}$ 的结构, 由 (7.161) 可得

$$\partial \widetilde{\theta}(\bar{x}) = \{x^*\} \subset \partial \vartheta(\bar{x}) + \bigcup_{\lambda \in A(\bar{x})} \left[ \sum_{t \in \text{supp}\,\lambda} \partial \vartheta_t(\bar{x}) \right] + N(\bar{x}; \Theta),$$

这验证了所声称的包含, 从而完成了证明.                                                △

下一个推论通过 (7.12) 的初始数据和活跃约束乘子集合 (7.13) 给出了可行约束集 $\varXi$ 的法锥计算.

**推论 7.53** (凸无穷约束的法锥计算)　假设 $\vartheta_t$ 和 $\Theta$ 满足定理 7.51 的假设, CQC 指定为 FMCQ (7.159). 则对于任意 $\bar{x} \in \varXi$, 我们都有

$$N(\bar{x}; \varXi) = \bigcup_{\lambda \in A(\bar{x})} \left[ \sum_{t \in \operatorname{supp} \lambda} \partial \vartheta_t(\bar{x}) \right] + N(\bar{x}; \Theta).$$

**证明**　令 $\vartheta(x) \equiv 0$, 可由推论 7.52 得出.                              △

本小节最后一个结果涉及凸 SIP, 它是 (7.157) 当 $\theta \equiv 0$ 时的具体形式. 我们证明在这种情况下, 定理 7.51 的必要条件对于 (全局) 最优性也是充分的.

**定理 7.54** (凸 SIPs 的充要最优性条件)　设 $\bar{x} \in \varXi$ 是问题 (7.157) 的可行解, $\theta \equiv 0$ 且 $\vartheta(\bar{x}) < \infty$, 并设定理 7.51 的假设满足. 则 $\bar{x}$ 是该问题的最优解当且仅当存在 $\lambda \in \mathbb{R}_+^{(T)}$ 使得以下广义 KKT 条件成立:

$$0 \in \partial \vartheta(\bar{x}) + \bigcup_{\lambda \in A(\bar{x})} \left[ \sum_{t \in \operatorname{supp} \lambda} \partial \vartheta_t(\bar{x}) \right] + N(\bar{x}; \Theta). \tag{7.168}$$

**证明**　(7.168) 对于本问题的必要最优性可以直接从定理 7.51 当 $\theta(x) \equiv 0$ 时中得到. 为验证充分性部分, 假设 (7.168) 对于某个 $\lambda \in A(\bar{x})$ 成立; 特别地, 后者意味着 $t \in \operatorname{supp} \lambda$ 时有 $\partial \vartheta_t(\bar{x}) \neq \varnothing$. 则我们可以找到 $x^* \in X^*$ 满足包含 $-x^* \in N(\bar{x}; \Theta)$, 并且

$$x^* \in \partial \vartheta(\bar{x}) + \sum_{t \in \operatorname{supp} \lambda} \partial \vartheta_t(\bar{x}) \subset \partial \left( \vartheta + \sum_{t \in T} \lambda_t \vartheta_t \right)(\bar{x}).$$

由凸次梯度的构造, 上式告诉我们对于所有 $x \in X$, 有

$$\vartheta(x) + \sum_{t \in T} \lambda_t \vartheta_t(x) \geqslant \vartheta(\bar{x}) + \sum_{t \in T} \lambda_t \vartheta_t(\bar{x}) + \langle x^*, x - \bar{x} \rangle \geqslant 0. \tag{7.169}$$

因为根据 (7.160) 中 $\lambda \in A(\bar{x})$ 有 $\lambda_t \vartheta_t(\bar{x}) = 0$ $(\forall t \in T)$, 而且 $-x^* \in N(\bar{x}; \Theta)$, 根据 (7.169) 和法锥结构, 我们有

$$\vartheta(x) + \sum_{t \in T} \lambda_t \vartheta_t(x) - \vartheta(\bar{x}) \geqslant \langle x^*, x - \bar{x} \rangle \geqslant 0, \quad \forall x \in \Theta,$$

从而由 (7.158) 和 (7.160) 可得不等式

$$\vartheta(x) \geqslant \vartheta(x) + \sum_{t \in T} \lambda_t \vartheta_t(x) \geqslant \vartheta(\bar{x}), \quad x \in \varXi,$$

因此验证了声称的 $\bar{x}$ 的全局最优性.                                         △

### 7.5.2   DC SIPs 值函数的正则次梯度

现在让我们考虑 DC 半无穷规划 (7.157) 参数化版本, 其符号略有不同, 如下所示:

$$\text{minimize}_y \; \varphi(x,y) - \psi(x,y) \;\; \text{s.t.} \; y \in F(x) \cap G(x), \tag{7.170}$$

其中移动 (由 $x$ 参数化) 约束集由下式给出

$$F(x) := \big\{ y \in Y \,\big|\, (x,y) \in \Omega \big\}, \tag{7.171}$$

$$G(x) := \big\{ y \in Y \,\big|\, \varphi_t(x,y) \leqslant 0, \; t \in T \big\}. \tag{7.172}$$

下面我们假设, 除非另有说明, $X$ 和 $Y$ 是 Banach 空间, $T$ 是任意指标集, 函数 $\varphi, \psi, \varphi_t \colon X \times Y \to \overline{I\!R}$ 是 l.s.c. 且凸的并且集合 $\Omega$ 是闭凸的.

本节剩余部分的主要研究对象是 (7.170) 中的 (最优) 值函数, 其定义如下

$$\mu(x) := \inf \big\{ \varphi(x,y) - \psi(x,y) \,\big|\, y \in F(x) \cap G(x) \big\}, \tag{7.173}$$

该函数是非凸的, 除非 $\psi \equiv 0$. 值函数 (7.173) 属于一大类边际函数, 其次微分性质在 4.1 节中已有研究; 也请参阅 4.6 节中相应的评注. 然而, 其中得到的结果用 (7.170) 中约束映射的上导数表示, 而我们研究的主要目标是获得完全由 (7.170) 的初始数据表示的 (7.173) 的次微分结果, 同时考虑 (7.172) 的无穷不等式约束性质和 (7.170) 中费用函数的 DC 结构.

在本小节中, 我们主要讨论 (7.173) 的正则次微分, 它在 Banach 空间中的定义与有限维空间的定义 (1.33) 完全相同. 所得结果具有其自身的价值, 同时也可与 $\varepsilon$-扩张 (1.34) 的类似计算相结合, 作为求值函数的极限 (包括基本和奇异) 次微分的近似工具, 这是在 DC 半无穷优化和 (7.170) 的 Lipschitz 稳定性中最有价值的应用. 7.5.1 小节中得到的非参数 DC 版本 (7.157) 的必要最优性条件在我们的次微分工具中起着至关重要的作用. 为了简单起见, 我们在这里只考虑 (7.173) 的正则次梯度, 而将 $\varepsilon$-次梯度的情况留给读者作为练习.

在下一个定理及进一步结论中, 我们使用符号:

$$M(x) := \big\{ y \in F(x) \cap G(x) \,\big|\, \mu(x) = \varphi(x,y) - \psi(x,y) \big\}, \tag{7.174}$$

$$\Gamma := \Omega \cap \big\{ (x,y) \in X \times Y \,\big|\, \varphi_t(x,y) \leqslant 0, \; \forall \, t \in T \big\}, \tag{7.175}$$

$$\Lambda(\bar{x},\bar{y},y^*) := \bigg\{ \lambda \in I\!R_+^{(T)} \,\bigg|\, y^* \in \partial_y \varphi(\bar{x},\bar{y}) + \sum_{t \in \operatorname{supp} \lambda} \lambda_t \partial_y \varphi_t(\bar{x},\bar{y})$$

$$+ N_y\big((\bar{x}, \bar{y}); \Omega\big), \; \lambda_t \varphi_t(\bar{x}, \bar{y}) = 0, \; t \in \operatorname{supp} \lambda \Big\}, \tag{7.176}$$

其中 $N_y((\bar{x}, \bar{y}); \Omega)$ 代表指示函数 $y \mapsto \delta((\bar{x}, y); \Omega)$ 在 $\bar{y}$ 处的次微分; 下面的符号 $N_x((\bar{x}, \bar{y}); \Omega)$ 也类似.

**定理 7.55** (DC SIPs 中值函数的正则次梯度的上估计) 假设 $\operatorname{dom} M \neq \varnothing$, 并设 (7.170) 中三元组 $(\varphi, \varphi_t, \Omega)$ 满足定义 7.48 中的 CQC. 则对于任意给定 $(\bar{x}, \bar{y}) \in \operatorname{gph} M \cap \operatorname{dom} \partial \psi$ 和 $\gamma > 0$, 我们有包含

$$\widehat{\partial} \mu(\bar{x}) \subset \bigcap_{(x^*, y^*) \in \partial \psi(\bar{x}, \bar{y})} \left\{ \partial_x \varphi(\bar{x}, \bar{y}) - x^* + \bigcup_{\lambda \in \Lambda(\bar{x}, \bar{y}, y^*)} \left[ \sum_{t \in \operatorname{supp} \lambda} \lambda_t \partial_x \varphi_t(\bar{x}, \bar{y}) \right] \right\}$$
$$+ N_x\big((\bar{x}, \bar{y}); \Omega\big) + \gamma \mathbb{B}^*.$$

**证明** 固定 $(\bar{x}, \bar{y}) \in \operatorname{gph} M \cap \operatorname{dom} \partial \psi$, $u^* \in \widehat{\partial} \mu(\bar{x})$ 和 $(x^*, y^*) \in \partial \psi(\bar{x}, \bar{y})$. 选取任意正数 $\gamma$, 利用正则次梯度的定义, 找 $\eta > 0$ 使得

$$\mu(x) - \mu(\bar{x}) - \langle u^*, x - \bar{x} \rangle + \gamma \| x - \bar{x} \| \geqslant 0, \quad \text{如果 } x \in \bar{x} + \eta \mathbb{B}. \tag{7.177}$$

因为由 $\bar{y} \in M(\bar{x})$ 有 $\mu(\bar{x}) = \varphi(\bar{x}, \bar{y}) - \psi(\bar{x}, \bar{y})$, 并且对任意 $(x, y) \in \Gamma$ 有 $\mu(x) \leqslant \varphi(x, y) - \psi(x, y)$, 根据 (7.177) 和 $(x^*, y^*) \in \partial \psi(\bar{x}, \bar{y})$, 我们可知

$$0 \leqslant \varphi(x, y) - \varphi(\bar{x}, \bar{y}) - \psi(x, y) + \psi(\bar{x}, \bar{y}) - \langle u^*, x - \bar{x} \rangle + \gamma \| x - \bar{x} \|$$
$$\leqslant \varphi(x, y) - \varphi(\bar{x}, \bar{y}) - \langle u^* + x^*, x - \bar{x} \rangle - \langle y^*, y - \bar{y} \rangle + \gamma \| x - \bar{x} \|$$

对 $(x, y) \in \Omega \cap [(\bar{x} + \eta \mathbb{B}) \times Y]$ 成立, 并且 $\varphi_t(x, y) \leqslant 0, \; t \in T$. 考虑函数

$$\vartheta(x, y) := \varphi(x, y) - \varphi(\bar{x}, \bar{y}) - \langle u^* + x^*, x - \bar{x} \rangle - \langle y^*, y - \bar{y} \rangle + \gamma \| x - \bar{x} \|,$$

它在 $X \times Y$ 上是 l.s.c. 且凸的. 由 (7.177) 和 $\vartheta$ 的结构可知 $(\bar{x}, \bar{y})$ 是以下非参数凸 SIP 的一个解:

$$\begin{cases} \text{minimize} \; \vartheta(x, y), \; (x, y) \; \text{都满足} \\ \varphi_t(x, y) \leqslant 0, \; \forall \, t \in T, \quad (x, y) \in \Omega \cap [(\bar{x} + \eta \mathbb{B}) \times Y]. \end{cases} \tag{7.178}$$

在定理证明之后, 为了方便起见, 给出了技术性引理 7.56, 它告诉我们由该定理中对 $(\varphi, \varphi_t, \Omega)$ 的 CQC 要求可得 CQC 对于 (7.178) 的有效性. 现在将定理 7.54 的最优性条件应用于 (7.178), 我们可得 $\lambda \in \mathbb{R}_+^{(T)}$ 使得

$$0 \in \partial \vartheta(\bar{x}, \bar{y}) + \sum_{t \in \operatorname{supp} \lambda} \lambda_t \partial \varphi_t(\bar{x}, \bar{y}) + N\big((\bar{x}, \bar{y}); \Omega \cap [(\bar{x} + \eta \mathbb{B}) \times Y]\big),$$

并且 $\lambda_t \varphi_t(\bar{x}, \bar{y}) = 0, \; \forall \, t \in \operatorname{supp} \lambda$.

因为 $(\bar{x}, \bar{y}) \in_1 [(\bar{x} + \eta \mathbb{B}) \times Y]$, 根据凸分析的经典次微分法则和 $\vartheta$ 的结构有

$$\partial \vartheta(\bar{x}, \bar{y}) = \partial \varphi(\bar{x}, \bar{y}) + (-u^* - x^*, -y^*) + (\gamma \mathbb{B}^*) \times \{0\}.$$

因此, 将引理 7.49 中 (i)⇒(iii) 应用于指示函数 $\delta((\bar{x}, \bar{y}); \Omega)$ 和 $\delta((\bar{x}, \bar{y}); (\bar{x}+\eta \mathbb{B}) \times Y)$, 我们可得

$$N\big((\bar{x}, \bar{y}); \Omega \cap [(\bar{x} + \eta \mathbb{B}) \times Y]\big) = N\big((\bar{x}, \bar{y}); \Omega\big).$$

将其代入 (7.178) 的上述最优条件, 并考虑如下已知的关系

$$\partial \varphi(\bar{x}, \bar{y}) \subset \partial_x \varphi(\bar{x}, \bar{y}) \times \partial_y \varphi(\bar{x}, \bar{y}) \quad \text{和} \quad \partial \varphi_t(\bar{x}, \bar{y}) \subset \partial_x \varphi_t(\bar{x}, \bar{y}) \times \partial_y \varphi_t(\bar{x}, \bar{y})$$

确保以下两个包含

$$u^* \in \partial_x \varphi(\bar{x}, \bar{y}) - x^* + \sum_{t \in \operatorname{supp} \lambda} \lambda_t \partial_x \varphi_t(\bar{x}, \bar{y}) + N_x\big((\bar{x}, \bar{y}); \Omega\big) + \gamma \mathbb{B}^*,$$

$$y^* \in \partial_y \varphi(\bar{x}, \bar{y}) + \sum_{t \in \operatorname{supp} \lambda} \lambda_t \partial_y \varphi_t(\bar{x}, \bar{y}) + N_y\big((\bar{x}, \bar{y}); \Omega\big)$$

成立, 并且 $\lambda_t \varphi_t(\bar{x}, \bar{y}) = 0$, $t \in \operatorname{supp} \lambda$. 这就通过 (7.176) 的结构和下面证明的引理 (7.56) 证明了所声称的 $\widehat{\partial} \mu(\bar{x})$ 的估计. △

**引理 7.56** (参数和非参数 CQC 之间的关系) 定理 7.55 中对 $(\varphi, \varphi_t, \Omega)$ 的 CQC 的有效性表明非参数问题 (7.178) 满足这个条件.

**证明** 在定理 7.55 的标记中, 取 $(\bar{x}, \bar{y}) \in \operatorname{gph} M \cap \operatorname{dom} \partial \psi$ 且 $(\bar{x}, \bar{y}) \in \operatorname{dom} \varphi \cap \Gamma$, 定义 $X \times Y$ 上的凸连续函数

$$\xi(x, y) := -\varphi(\bar{x}, \bar{y}) - \langle u^* + x^*, x - \bar{x} \rangle - \langle y^*, y - \bar{y} \rangle + \gamma \|x - \bar{x}\|,$$

可得表示 $\vartheta = \varphi + \xi$. 将后者代入 $(\varphi, \varphi_t, \Omega)$ 的 CQC 假设中, 利用引理 7.49 的上图法则, 并考虑 $\delta(\cdot; (\bar{x} + \eta \mathbb{B}^*) \times Y)$ 在内点 $(\bar{x}, \bar{y})$ 处的连续性, 我们得出 (7.178) 的 CQC 性质中的相应集合简化为

$$\operatorname{epi} \varphi^* + \operatorname{cone} \left[ \bigcup_{t \in T} \operatorname{epi} \varphi_t^* \right] + \operatorname{epi} \delta^*(\cdot; \Omega) + \operatorname{epi} \big[ \xi + \delta(\cdot; (\bar{x} + \eta \mathbb{B}) \times Y) \big]^*.$$

另一方面, 根据引理 7.49 由 $(\varphi, \varphi_t, \Omega)$ 的 CQC 要求可得

$$\operatorname{epi} \big(\varphi + \delta(\cdot; \Gamma)\big)^* = \operatorname{epi} \varphi^* + \operatorname{cone} \left[ \bigcup_{t \in T} \operatorname{epi} \varphi_t^* \right] + \operatorname{epi} \delta^*(\cdot; \Omega).$$

将这个等式代入前面提到的 $(\varphi, \varphi_t, \Omega)$ 的 CQC 集合中, 我们将后一集合表示如下:

$$\mathrm{epi}\,(\varphi + \delta(\cdot; \Gamma))^* + \mathrm{epi}\,[\xi + \delta(\cdot; (\bar{x} + \eta I\!B) \times Y)]^*,$$

通过利用引理 7.49 和函数 $\xi + \delta(\cdot; (\bar{x} + \eta I\!B) \times Y)$ 在 $(\bar{x}, \bar{y}) \in \mathrm{dom}\,(\varphi + \delta(\cdot; \Gamma))$ 处的连续性, 上式又简化为

$$\mathrm{epi}\,[\varphi + \delta(\cdot; \Gamma) + \xi + \delta(\cdot; (\bar{x} + \eta I\!B) \times Y)]^*.$$

后一个集合作为 $\varphi + \delta(\cdot; \Gamma) + \xi + \delta(\cdot; (\bar{x} + \eta I\!B) \times Y)$ 的共轭函数的上图, 在 $X^* \times Y^* \times I\!R$ 中是弱* 闭的. 因此我们完成了该引理的证明. △

　　作为定理 7.55 的一个结论, 我们推出参数 DC 规划 (7.170) 的必要最优性条件, 根据 6.1 节的术语, 称作上次微分条件. 实际上, 它们涉及凹函数 $-\psi$ 在参考点处的所有上次梯度, 这简化为 (7.170) 的费用中凸函数 $\psi$ 的次梯度.

　　**推论 7.57** (参数 DC SIPs 的上次微分条件)　给定 (7.174) 中一个参数值 $\bar{x} \in \mathrm{dom}\,M$, 假设 $\bar{y}$ 是参数 DC 规划的一个 (全局) 最优解:

$$\mathrm{minimize}\ \ \varphi(\bar{x}, y) - \psi(\bar{x}, y)\ \ \mathrm{s.t.}\ \ y \in F(\bar{x}) \cap G(\bar{x}), \tag{7.179}$$

其中 $F$ 和 $G$ 在固定假设下分别来自 (7.171) 和 (7.172). 此外, 假设对于 $(\varphi, \varphi_t, \Omega)$ 的 CQC 性质下的值函数 (7.173) 有 $\widehat{\partial}\mu(\bar{x}) \neq \varnothing$. 则对每个 $(x^*, y^*) \in \partial\psi(\bar{x}, \bar{y})$ 和 $\gamma > 0$, 存在 $u^* \in X^*$ 和 (7.3) 中 $\lambda \in I\!R_+^{(T)}$ 使得

$$u^* + x^* \in \partial_x\varphi(\bar{x}, \bar{y}) + \sum_{t \in \mathrm{supp}\,\lambda} \lambda_t \partial_x\varphi_t(\bar{x}, \bar{y}) + N_x\big((\bar{x}, \bar{y}); \Omega\big) + \gamma I\!B^*,$$

$$y^* \in \partial_y\varphi(\bar{x}, \bar{y}) + \sum_{t \in \mathrm{supp}\,\lambda} \lambda_t \partial_y\varphi_t(\bar{x}, \bar{y}) + N_y\big((\bar{x}, \bar{y}); \Omega\big),$$

$$\lambda_t\varphi_t(\bar{x}, \bar{y}) = 0, \quad \forall\,t \in \mathrm{supp}\,\lambda.$$

　　**证明**　根据 $\widehat{\partial}\mu(\bar{x}) \neq \varnothing$ 和 (7.176) 中 KKT 乘子集合的构造, 可从定理 7.55 的上估计直接得出. △

　　推论 7.57 中最具限制性且不易验证的假设是 $\widehat{\partial}\mu(\bar{x}) \neq \varnothing$. 在下一小节中, 我们推出 (7.170) 的改进必要最优性条件, 同时在 Asplund 空间的情况下用更自然和可验证的假设替换对 $\widehat{\partial}\mu(\bar{x}) \neq \varnothing$ 的限制性要求. 这是更一般设置中 DC 值函数 (7.173) 的基本和奇异次梯度的上估计的结果.

### 7.5.3　DC SIPs 的值函数的极限次梯度

　　我们从值函数 (7.173) 的基本次微分 (1.24) 的构造求值开始, 在不同的假设和完全不同的证明下, 在这个方向上得到了两个独立的结果. 回顾在 1.5 节中 (也可

参见 [529] 以了解更多细节), 任意 Banach 空间 $X$ 上的 $\varphi: X \to \overline{I\!R}$ 在 $\bar{x} \in \operatorname{dom} \varphi$ 处的基本次微分, 通过 $\varphi$ 的 $\varepsilon$-次微分映射 $\widehat{\partial}_\varepsilon \varphi: X \rightrightarrows X^*$ 在附近点处的序列外极限定义如下

$$\partial \varphi(\bar{x}) := \operatorname{Lim\,sup}_{x \xrightarrow{\varphi} \bar{x}, \varepsilon \downarrow 0} \widehat{\partial}_\varepsilon \varphi(x). \tag{7.180}$$

如果 $\varphi$ 在 $\bar{x}$ 附近是 l.s.c. 的并且 $X$ 是 Asplund 空间, 则在 (7.180) 中可以等价地省略 $\varepsilon > 0$; 参见 [529, 定理 2.34].

对于第一个结果, 我们需要 (7.173) 中负项 $\psi$ 的以下条件, 这使我们可以推出 $\partial \mu(\bar{x})$ 的一个紧的上估计.

**定义 7.58** (内次微分稳定性)　我们称凸函数 $\psi: X \to \overline{I\!R}$ 在 $\bar{x} \in \operatorname{dom} \psi$ 是内次可微稳定的, 如果

$$\operatorname{Lim\,inf}_{x \xrightarrow{\operatorname{dom} \psi} \bar{x}} \partial \psi(x) \neq \varnothing, \tag{7.181}$$

其中 Lim inf 代表 Painlevé-Kuratowski 内极限 (1.20) 并且使用 $X^*$ 上的序列弱* 收敛性.

注意到, 在一般 Banach 空间的情况下, 如果 $\psi$ 在 $\bar{x}$ 的一个邻域上是 Gâteaux 可微的, 并且 Gâteaux 导数算子 $d\psi: X \to X^*$ 对于 $X^*$ 的弱* 拓扑是连续的, 则 (7.181) 退化为一个单点集. 如果 $X^*$ 中的闭单位球 $I\!B^*$ 是弱* 序列紧的, 则下一个命题减弱了关于 $\bar{x}$ 的光滑性假设. 后一个性质对于一般的 Banach 空间 $X$ 成立; 特别地, 对于那些存在于非零点处 Gâteaux 可微 (Gâteaux 光滑) 的等价范数的空间, 包含每个 Asplund 空间和每个弱紧生成空间在内的弱 Asplund 空间, 从而对于每一个自反空间以及每一个可分空间等都成立; 有关更多细节参见, 例如 [257].

**命题 7.59** (内次可微稳定性的充分条件)　设 $X$ 是一个 Banach 空间, 使得闭单位球 $I\!B^*$ 在 $X^*$ 中是弱* 序列紧的, 并设 $\psi$ 在 $\bar{x} \in \operatorname{int}(\operatorname{dom} \psi)$ 处是凸、连续且 Gâteaux 可微的. 则 $\psi$ 在 $\bar{x}$ 处内次可微稳定.

**证明**　选取任意序列 $x_k \to \bar{x}$ $(k \to \infty)$, 假设它完全属于 $\bar{x}$ 的某个邻域 $U \subset \operatorname{dom} \psi$. 由凸函数 $\psi$ 在 $\bar{x}$ 处的连续性可以得出它在 $\bar{x}$ 附近是 Lipschitz 连续的; 因此由 $\psi$ 的 Lipschitz 常数知其次微分映射 $\partial \psi(\cdot)$ 在 $X^*$ 上是有界的; 参见练习 1.69(i) 和 (7.102). 这表明通过使用对偶球 $B^*$ 的弱* 序列紧性可知, 集合

$$V^* := \left\{ x^* \in X^* \mid \exists x \in U \text{ 使得 } x^* \in \partial \psi(x) \right\}$$

的每个子集均包含一个在 $X^*$ 的弱* 拓扑中收敛的子列. 然后选取任意次梯度序列 $x_k^* \in \partial \psi(x_k)$, 不失一般性, 我们假设存在 $x^* \in X^*$ 使得当 $k \to \infty$ 时有 $x_k^* \xrightarrow{w^*} x^*$. 根据凸次微分定义 (1.35) 及 $\varepsilon = 0$, 可得 $x^* \in \partial \psi(\bar{x})$. 由于 $\psi$ 在 $\bar{x}$ 处是连续且

Gâteaux 可微的, 从标准凸分析我们可得 $\partial\psi(\bar{x}) = \{d\psi(\bar{x})\}$, 因此当 $k \to \infty$ 时有 $x_k^* \overset{w^*}{\to} d\psi(\bar{x})$. 这清楚地验证了 $\psi$ 在 $\bar{x}$ 处的内次可微稳定性 (7.181). △

不难给出各种在参考点处非 Gâteaux 可微却是内次可微稳定的函数的例子. 这样的函数可以通过下面的方法进行构造. 取 Gâteaux 光滑空间 $X$ 的一个闭凸子集 $\Omega$、点 $\bar{x} \in \mathrm{bd}\,\Omega$ 和一个凸、连续且在包含 $\bar{x}$ 的开集上 Gâteaux 可微的函数 $\theta(X)$. 然后定义 $\psi: X \to \overline{I\!R}$ 为 $\psi(x) := \theta(x)$ (在 $\Omega$ 上) 且 $\psi(x) := \varnothing$ (否则). 由定义 7.58 和命题 7.59 可知 (7.181) 中的 $\mathrm{Lim\,inf}\,\psi$ 简化为 $\{d\theta(\bar{x})\}$, 从而得到 $\psi$ 在 $\bar{x}$ 处的内次可微稳定性. 观察到由 $\theta$ 的连续性的假设, 根据引理 7.49 的次微分和法则, 有

$$\partial\psi(\bar{x}) = d\theta(\bar{x}) + N(\bar{x};\Omega).$$

考虑到我们的约定: $\infty - \infty = \infty$, 我们得到一个边界域点 $\bar{x} \in \mathrm{bd}(\mathrm{dom}\,\psi)$, 它是 DC 函数 $\varphi - \psi$ 的局部极小点, 前提是 $\mathrm{dom}\,\varphi \subset \mathrm{dom}\,\psi$.

现在我们准备在 (7.170) 中 $\psi$ 的内次可微稳定性下建立上述值函数 (7.173) 的基本次梯度的紧上估计. 这个结果还需要 (7.174) 中极小点映射 $M(\cdot)$ 的内部半连续性 (1.20).

**定理 7.60** (内次可微稳定性下的 DC 值函数的基本次梯度)　给定 (7.170) 中的 $(\bar{x},\bar{y}) \in \mathrm{gph}\,M$, 假设 $M(\cdot)$ 是内半连续的, $\psi$ 是内次可微稳定的, 并且对于 $(\varphi,\varphi_t,\Omega)$, CQC 在该点处成立. 则对任意固定的

$$(x^*,y^*) \in \mathop{\mathrm{Lim\,inf}}_{(x,y)\overset{\mathrm{dom}\,\psi}{\to}(\bar{x},\bar{y})} \partial\psi(x,y)$$

我们有如下包含

$$\partial\mu(\bar{x}) \subset \partial_x\varphi(\bar{x},\bar{y}) - x^* + \bigcup_{\lambda\in\Lambda(\bar{x},\bar{y},y^*)}\left[\sum_{t\in\mathrm{supp}\,\lambda}\lambda_t\partial_x\varphi_t(\bar{x},\bar{y})\right] + N_x\big((\bar{x},\bar{y});\Omega\big),$$

并且 KKT 乘子集合 $\Lambda(\bar{x},\bar{y},y^*)$ 如 (7.176) 中定义.

**证明**　固定定理表述中的 $(x^*,y^*)$, 并选取任意次梯度 $u^* \in \partial\mu(\bar{x})$. 则由定义 (7.180) 我们可得序列 $\varepsilon_k \downarrow 0$, $x_k \overset{\mu}{\to} \bar{x}$ 和 $u_k^* \in \widehat{\partial}_{\varepsilon_k}\mu(x_k)$, 并且当 $k \to \infty$ 时 $u_k^* \overset{w^*}{\to} u^*$. 固定 $k \in I\!N$, 并使用 $u_k^*$ 的 $\varepsilon_k$-次梯度构造 (1.34), 我们找到 $\eta_k > 0$ 使得

$$\langle u_k^*, x - x_k\rangle \leqslant \mu(x) - \mu(x_k) + 2\varepsilon_k\|x - x_k\|, \quad \text{如果 } x \in x_k + \eta_k I\!B. \quad (7.182)$$

由 $M(\cdot)$ 在 $(\bar{x},\bar{y})$ 处的内半连续性, 我们可以找到一个序列 $y_k \in M(x_k)$ 使得其包含一个收敛于 $\bar{y}$ 的子列; 假设 $y_k \to \bar{y}$ $(k \to \infty)$. 由 $(x^*,y^*)$ 的选取, 存在一个次梯度序列 $(x_k^*,y_k^*) \in \partial\psi(x_k,y_k)$ 满足 $(x_k^*,y_k^*) \overset{w^*}{\to} (x^*,y^*)$ $(k \to \infty)$. 根据 (7.174)

和 (7.182) 我们可得

$$\langle u_k^*, x - x_k \rangle \leqslant \varphi(x, y) - \psi(x, y) - \varphi(x_k, y_k) + \psi(x_k, y_k)$$
$$+ 2\varepsilon_k \big( \|x - x_k\| + \|y - y_k\| \big)$$
$$\leqslant \varphi(x, y) - \varphi(x_k, y_k) - \langle x_k^*, x - x_k \rangle - \langle y_k^*, y - y_k \rangle$$
$$+ 2\varepsilon_k \big( \|x - x_k\| + \|y - y_k\| \big), \quad \forall (x, y) \in \Gamma \cap \big( (x_k, y_k) + \eta_k I\!B \big).$$

后者又意味着不等式

$$\langle u_k^* + x_k^*, x - x_k \rangle + \langle y_k^*, y - y_k \rangle$$
$$\leqslant \varphi(x, y) - \varphi(x_k, y_k) + 2\varepsilon_k \big( \|x - x_k\| + \|y - y_k\| \big)$$

对所有这样的 $(x, y)$ 成立, 并且可以写成 $\varepsilon$-次微分包含

$$(u_k^* + x_k^*, y_k^*) \in \widehat{\partial}_{2\varepsilon_k} \big( \varphi + \delta(\cdot; \Gamma) \big)(x_k, y_k), \quad \forall k \in I\!N.$$

现在当 $k \to \infty$ 时取极限并考虑弱* 收敛性 $(u_k^* + x_k^*, y_k^*) \xrightarrow{w^*} (u^* + x^*, y^*)$, 我们从定义 (7.180) 得到

$$(u^* + x^*, y^*) \in \partial \big( \varphi + \delta(\cdot; \Gamma) \big)(\bar{x}, \bar{y}). \tag{7.183}$$

因为函数 $\varphi + \delta(\cdot; \Gamma)$ 在 $X \times Y$ 是凸的, (7.183) 中的基本次微分简化为凸分析中次微分. 因此, 对 (7.183) 应用推论 (7.183) 中在施加的 CQC 下成立的无穷系统的次微分和法则, 可以得到包含

$$\partial \big( \varphi + \delta(\cdot; \Gamma) \big)(\bar{x}, \bar{y}) \subset \partial \varphi(\bar{x}, \bar{y}) + \bigcup_{\lambda \in A(\bar{x}, \bar{y})} \left[ \sum_{t \in \mathrm{supp}\,\lambda} \lambda_t \partial \varphi_t(\bar{x}, \bar{y}) \right] + N\big( (\bar{x}, \bar{y}); \Omega \big),$$

其中 $A(\bar{x}, \bar{y}) = \{ \lambda \in I\!R_+^{(T)} \mid \lambda_t \varphi_t(\bar{x}, \bar{y}) = 0, \ \forall t \in \mathrm{supp}\,\lambda \}$. 将其代入 (7.183) 中, 并考虑前面提到的凸函数的完全次微分和偏次微分之间的关系, 得到

$$\begin{cases} u^* \in \partial_x \varphi(\bar{x}, \bar{y}) - x^* + \displaystyle\sum_{t \in \mathrm{supp}\,\lambda} \lambda_t \partial_x \varphi_t(\bar{x}, \bar{y}) + N_x\big( (\bar{x}, \bar{y}); \Omega \big), \\[2ex] y^* \in \partial_y \varphi(\bar{x}, \bar{y}) + \displaystyle\sum_{t \in \mathrm{supp}\,\lambda} \lambda_t \partial_y \varphi_t(\bar{x}, \bar{y}) + N_y\big( (\bar{x}, \bar{y}); \Omega \big) \end{cases}$$

对某个 $\lambda \in A(\bar{x}, \bar{y})$ 成立. 这就完成了定理的证明. △

   如上所述, 定理 7.60 中对 (7.170) 中负项 $\psi$ 的内次可微稳定性要求是相当严格的. 在下一个定理中, 我们使用一个关于 $\psi$ 的更灵活的假设来代替, 特别地, 该假设对于任意连续凸函数都成立. 在以下假设下得到的 (7.173) 的基本次梯度的上估计与定理 7.60 相比不那么精确, 但对于包括本书在内的大多数应用是足够的.

**定义 7.61** (次微分有界性)　我们称凸函数 $\psi: X \to \overline{\mathbb{R}}$ 在 $\bar{x} \in \operatorname{dom} \psi$ 附近是次可微有界的, 如果对于任意序列 $\varepsilon_k \downarrow 0$ 和 $x_k \xrightarrow{\operatorname{dom} \psi} \bar{x}, k \to \infty$, 存在序列 $x_k^* \in \partial_{\varepsilon_k} \psi(x_k), k \in \mathbb{N}$, 使得集合 $\{x_k^* | k \in \mathbb{N}\}$ 在 $X^*$ 是有界的.

如前所述, 这个性质适用于一类广泛的凸函数.

**命题 7.62** (凸函数的次微分有界性的充分条件)　假设 $\psi: X \to \overline{\mathbb{R}}$ 是在 $\bar{x} \in \operatorname{int}(\operatorname{dom} \psi)$ 处连续的凸函数. 则 $\psi$ 在该点附近是次可微有界的.

**证明**　众所周知, 在凸分析 (参见练习 7.102) 中, 由凸函数 $\psi$ 在参考点 $\bar{x} \in \operatorname{int}(\operatorname{dom} \psi)$ 处的连续性可知 $\psi$ 在 $\bar{x}$ 周围是局部 Lipschitz 的. 另一方面, 任何函数 (不仅是凸函数) 的局部 Lipschitz 连续性可以确保该点周围次梯度的一致有界性; 参见练习 1.69. 此外, 对任意 $\varepsilon > 0$ 有 $\partial \psi(x) \subset \partial_{\varepsilon} \psi(x)$. 现在选取任意序列 $\varepsilon_k \downarrow 0$ 和 $x_k \xrightarrow{\operatorname{dom} \psi} \bar{x}, k \to \infty$, 我们有 $x_k^* \in \partial_{\varepsilon_k} \psi(x_k)$ 对任意的次梯度序列 $x_k^* \in \partial \psi(x_k)$ 成立. 这就验证了 $\psi$ 的次微分有界性. 　　　　　　△

下面的定理提供了一个与定理 7.60 无关的结论. 它的证明涉及凸分析中关于次微分稠密性的经典 Brøndsted-Rockafellar 定理, 它是重要的 Ekeland 变分原理的前身和凸对应结果.

**定理 7.63** (次微分有界性下 DC 规划中值函数的基本次梯度)　假设空间 $X$ 和 $Y$ 的对偶单位球都是序列弱* 紧的, 极小点映射 (7.24) 在某点 $(\bar{x}, \bar{y}) \in \operatorname{gph} M$ 处是内半连续的, (7.173) 中 $\psi$ 在 $(\bar{x}, \bar{y})$ 附近是次可微有界的, 并且 CQC 对于 $(\varphi, \varphi_t, \Omega)$ 成立. 则我们有上估计

$$\partial \mu(\bar{x}) \subset \partial_x \varphi(\bar{x}, \bar{y}) + \bigcup_{(x^*, y^*) \in \partial \psi(\bar{x}, \bar{y})} \left\{ -x^* + \bigcup_{\lambda \in \Lambda(\bar{x}, \bar{y}, y^*)} \left[ \sum_{t \in \operatorname{supp} \lambda} \lambda_t \partial_x \varphi_t(\bar{x}, \bar{y}) \right] \right\}$$
$$+ N_x \big( (\bar{x}, \bar{y}); \Omega \big).$$

**证明**　选取任意 $u^* \in \partial \mu(\bar{x})$, 并且类似定理 7.60 的证明, 找到满足 $u_k^* \xrightarrow{w^*} u^*$ $(k \to \infty)$ 的序列 $\varepsilon_k \downarrow 0$, $x_k \xrightarrow{\mu} \bar{x}$ 和 $u_k^* \in \widehat{\partial}_{\varepsilon_k} \mu(x_k)$. 则我们得到 $\eta_k \downarrow 0$ 使得不等式 (7.182) 成立, 并由 $M(\cdot)$ 的内半连续性假设, 得到序列 $y_k \in M(x_k)$ 收敛于 $\bar{y}$ $(k \to \infty)$. 进一步, 选取 $\nu_k > 0$ 满足 $2\sqrt{\nu_k} < \eta_k$, 考虑到 $\nu_k \downarrow 0$ 且 $(x_k, y_k) \to (\bar{x}, \bar{y})$, 利用 $\psi$ 的次微分有界性, 找到一个序列 $(x_k^*, y_k^*) \in \partial_{\nu_k} \psi(x_k, y_k)$ 使得集合 $\{(x_k^*, y_k^*) \in X^* \times Y^* | k \in \mathbb{N}\}$ 有界. 由 $\varepsilon$-次微分映射 (7.101) 的结构可以得出 $(x^*, y^*) \in \partial \psi(\bar{x}, \bar{y})$. 与定理 7.60 的证明类似, 我们从 (7.182) 得出不等式

$$\langle u_k^* + x_k^*, x - x_k \rangle + \langle y_k^*, y - y_k \rangle - \nu_k$$
$$\leqslant \varphi(x, y) - \varphi(x_k, y_k) + 2\varepsilon_k (\|x - x_k\| + \|y - y_k\|)$$

对所有 $(x,y) \in \Gamma \cap \big((x_k,y_k) + \eta_k I\!\!B\big)$ 成立. 这表明

$$(u_k^* + x_k^*, y_k^*) \in \partial_{\nu_k} \vartheta_k(x_k, y_k), \quad k \in I\!\!N, \tag{7.184}$$

其中, 凸 l.s.c. 函数 $\vartheta_k(\cdot)$ 的 $\varepsilon$-次微分 $(\varepsilon := \nu_k)$ 以下面求和形式给出:

$$\begin{aligned}
\vartheta_k(x,y) &:= \varphi(x,y) + \delta\big((x,y); \Gamma \cap [(x_k,y_k) + \eta_k I\!\!B]\big) \\
&\quad - \varphi(x_k, y_k) + 2\varepsilon_k\big(\|x - x_k\| + \|y - y_k\|\big).
\end{aligned} \tag{7.185}$$

现在, 将 Brøndsted-Rockafellar 稠密性定理应用于 (7.184) 中的元素, 我们找到 $(\widetilde{x}_k, \widetilde{y}_k) \in \operatorname{dom}\vartheta_k$ 和 $(\widetilde{x}_k^*, \widetilde{y}_k^*) \in \partial\vartheta_k(\widetilde{x}_k, \widetilde{y}_k)$ $(k \in I\!\!N)$ 满足下面不等式:

$$\begin{aligned}
\|\widetilde{x}_k - x_k\| + \|\widetilde{y}_k - y_k\| &\leqslant \sqrt{\nu}_k \text{ 且} \\
\|\widetilde{x}_k^* - (u_k^* + x_k^*)\| + \|\widetilde{y}_k^* - y_k^*\| &\leqslant \sqrt{\nu}_k.
\end{aligned} \tag{7.186}$$

通过上面的构造和 $\nu_k$ 的选取, 这表明

$$\begin{aligned}
&\langle \widetilde{x}_k^*, x - \widetilde{x}_k \rangle + \langle \widetilde{y}_k^*, y - \widetilde{y}_k \rangle \\
&\leqslant \vartheta_k(x,y) - \vartheta_k(\widetilde{x}_k, \widetilde{y}_k) \\
&\leqslant \varphi(x,y) - \varphi(\widetilde{x}_k, \widetilde{y}_k) \\
&\quad + 2\varepsilon_k\big(\|x - x_k\| + \|y - y_k\|\big) - 2\varepsilon_k\big(\|\widetilde{x}_k - x_k\| + \|\widetilde{y}_k - y_k\|\big) \\
&\leqslant \varphi(x,y) - \varphi(\widetilde{x}_k, \widetilde{y}_k) + 2\varepsilon_k\big(\|x - \widetilde{x}_k\| + \|y - \widetilde{y}_k\|\big)
\end{aligned}$$

对所有 $(x,y) \in \Gamma \cap \big((x_k,y_k) + \eta_k I\!\!B\big)$ 成立, 从而又可得包含

$$(\widetilde{x}_k^*, \widetilde{y}_k^*) \in \widehat{\partial}_{2\varepsilon_k}\big(\varphi + \delta(\cdot; \Gamma)\big)(\widetilde{x}_k, \widetilde{y}_k), \quad k \in I\!\!N. \tag{7.187}$$

根据收敛性 $(x_k, y_k) \to (\bar{x}, \bar{y})$, $(u_k^* + x_k^*, y_k^*) \xrightarrow{w^*} (u^* + x^*, y^*)$ 和 (7.186) 的范数估计, 易得

$$(\widetilde{x}_k, \widetilde{y}_k) \to (\bar{x}, \bar{y}) \quad \text{和} \quad (\widetilde{x}_k^*, \widetilde{y}_k^*) \xrightarrow{w^*} (u^* + x^*, y^*), \quad k \to \infty.$$

因此, 对 (7.187) 当 $k \to \infty$ 时取极限, 利用基本次微分构造 (7.180), 类似定理 7.60 中证明我们得到包含 (7.183), 其中, 对于凸函数 $\varphi + \delta(\cdot; \Gamma)$, 基本次微分与凸分析的次微分一致. 最后, 类似定理 7.60, 利用推论 7.52 中次微分和法则, 我们完成了该定理的证明. △

我们的下一个结论涉及 DC 值函数 (7.173) 的奇异次微分. 根据 (1.38) 和练习 1.68, Banach 空间 $X$ 上任意 l.s.c. 函数 $\varphi \colon X \to \overline{I\!R}$ 的奇异次微分通过序列外极限定义如下

$$\partial^\infty \varphi(\bar{x}) := \underset{\substack{x \xrightarrow{\varphi} \bar{x} \\ \lambda, \varepsilon \downarrow 0}}{\operatorname{Lim\,sup}} \lambda \widehat{\partial}_\varepsilon \varphi(x), \tag{7.188}$$

其中, 如果 $X$ 是 Asplund 空间, 则可以省略 $\varepsilon > 0$.

**定理 7.64** (DC 规划中值函数的奇异次梯度)　假设定理 7.63 的假设满足, 其中 $(\varphi, \varphi_t, \Omega)$ 的 CQC 替换为 (7.170) 中 $(\varphi_t, \Omega)$ 的相应 FMCQ (7.159). 此外, 假设对于可行解集 (7.175) 有 $\Gamma \subset \operatorname{dom}\varphi$, 则我们有上估计

$$\partial^\infty \mu(\bar{x}) \subset \bigcup_{\lambda \in \Lambda^\infty(\bar{x},\bar{y})} \left[ \sum_{t \in \operatorname{supp}\lambda} \lambda_t \partial_x \varphi_t(\bar{x},\bar{y}) \right] + N_x\big((\bar{x},\bar{y}); \Omega\big), \qquad (7.189)$$

其中, 奇异乘子集合定义如下

$$\Lambda^\infty(\bar{x},\bar{y}) := \left\{ \lambda \in I\!\!R_+^{(T)} \,\middle|\, 0 \in \sum_{t \in \operatorname{supp}\lambda} \lambda_t \partial_y \varphi_t(\bar{x},\bar{y}) + N_y\big((\bar{x},\bar{y}); \Omega\big), \right.$$
$$\left. \lambda_t \varphi_t(\bar{x},\bar{y}) = 0, \ \forall\, t \in \operatorname{supp}\lambda \right\}.$$

**证明**　选取任意 $u^* \in \partial^\infty \mu(\bar{x})$, 由 (7.188) 得到序列

$$\lambda_k \downarrow 0, \quad \varepsilon_k \downarrow 0, \quad x_k \xrightarrow{\mu} \bar{x}, \quad u_k^* \in \widehat{\partial}_{\varepsilon_k} \mu(x_k), \quad \lambda_k u_k^* \xrightarrow{w^*} u^*, \quad k \to \infty.$$

根据定理 7.63 的证明, 选择序列

$$\nu_k \downarrow 0, \quad k \to \infty, \quad y_k \in M(x_k) \quad \text{和} \quad (x_k^*, y_k^*) \in \partial_{\nu_k} \psi(x_k, y_k), \quad k \in I\!\!N,$$

使得 $\{(x_k^*, y_k^*)\}$ 在 $X^* \times Y^*$ 中弱* 收敛于某个 $(x^*, y^*) \in \partial \psi(\bar{x}, \bar{y})$. 此外, 将 Brøndsted-Rockafellar 定理应用于 (7.185) 中函数 $\vartheta_k(x, y)$, 我们得出序列 $(\widetilde{x}_k, \widetilde{y}_k) \in \operatorname{dom}\vartheta_k$ 和 $(\widetilde{x}_k^*, \widetilde{y}_k^*) \in \partial \vartheta_k(\widetilde{x}_k, \widetilde{y}_k)$ 满足 (7.186) 中估计以及次微分包含 (7.187) $(k \in I\!\!N)$. 利用 $\varphi + \delta(\cdot; \Gamma)$ 的凸性和 $\Gamma \subset \operatorname{dom}\varphi$ 上的假设, 我们可以将 (7.187) 重新写为

$$\langle \widetilde{x}_k^*, x - \widetilde{x}_k \rangle + \langle \widetilde{y}_k^*, y - \widetilde{y}_k \rangle \leqslant \varphi(x, y) - \varphi(\widetilde{x}_k, \widetilde{y}_k) + 2\varepsilon_k\big(\|x - \widetilde{x}_k\| + \|y - \widetilde{y}_k\|\big),$$

其中 $(x, y) \in \Gamma$ 且 $k \in I\!\!N$. 这意味着, 通过选取任意 $\gamma > 0$ 并利用 $\varphi$ 在 $(\bar{x}, \bar{y})$ 周围的下半连续性, 可以得到

$$\lambda_k \big[ \langle \widetilde{x}_k^*, x - \widetilde{x}_k \rangle + \langle \widetilde{y}_k^*, y - \widetilde{y}_k \rangle \big]$$
$$\leqslant \lambda_k \big[ \varphi(x, y) - \varphi(\widetilde{x}_k, \widetilde{y}_k) + 2\varepsilon_k\big(\|x - \widetilde{x}_k\| + \|y - \widetilde{y}_k\|\big) \big]$$
$$\leqslant \lambda_k \big[ \varphi(x, y) - \varphi(\bar{x}, \bar{y}) + \gamma + 2\varepsilon_k\big(\|x - \widetilde{x}_k\| + \|y - \widetilde{y}_k\|\big) \big]$$

对所有 $(x, y) \in \Gamma$ 和充分大的 $k \in I\!\!N$ 成立. 现在当 $k \to \infty$ 时取极限并考虑到序列 $\{\widetilde{y}_k^*\}$ 在 $Y^*$ 中是有界的, $\lambda_k \downarrow 0$ 且由 (7.186) 有 $\lambda_k \widetilde{x}_k^* \xrightarrow{w^*} u^*$, 我们得到关系

$$\langle u^*, x - \bar{x} \rangle \leqslant 0, \quad \forall\, (x, y) \in \Gamma,$$

这可以重写为 $(u^*, 0) \in N((\bar{x}, \bar{y}); \Gamma)$. 应用推论 7.53 中无穷系统的法锥分析法则,我们有

$$(u^*, 0) \in \bigcup_{\lambda \in A(\bar{x}, \bar{y})} \left[ \sum_{t \in \operatorname{supp} \lambda} \lambda_t \partial \varphi_t(\bar{x}, \bar{y}) \right] + N((\bar{x}, \bar{y}); \Omega)$$

且 $A(\bar{x}, \bar{y}) = \{ \lambda \in I\!R_+^{(T)} | \ \lambda_t \varphi_t(\bar{x}, \bar{y}) = 0, \ t \in \operatorname{supp} \lambda \}$. 由后者可得 (7.189), 从而完成了定理的证明. △

下一个定理给出了在定理 7.63 和定理 7.64 中建立的值函数 (7.173) 的基本次微分和奇异次微分的上估计的应用, 通过所考虑参数 DC 半无穷规划的初始数据以及局部最优性的必要最优性条件, 推出可以确保 (7.173) 的局部 Lipschitz 连续性的有效条件. 所得结论本质上利用了参数空间 $X$ 的 Asplund 性质, 这对决策空间 $Y$ 来说不是必需的.

回顾一下, 练习 4.34(ii) 中给出的 Asplund 空间上任意 l.s.c. 函数 $\varphi$ 的局部 Lipschitz 连续性的刻画涉及奇异次微分的平凡性条件 $\partial^\infty \varphi(\bar{x}) = \{0\}$ 和无穷维情形下 $\varphi$ 在参考点处的 SNEC 性质. 虽然对于值函数 (7.173), 条件 $\partial^\infty \mu(\bar{x}) = \{0\}$ 可由定理 7.64 直接得出, 但对于 SNEC 却并非如此, 它完全独立于上述平凡性条件. 然而, 以下有着其自身意义的引理表明, 对于一般的边际/值函数, 包括 (7.173) 中的函数在内, SNEC 性质在初始问题数据的自然假设下成立.

**引理 7.65** (边际函数的 SNEC 性质) 设

$$\mu(x) := \inf \{ \phi(x, y) | \ y \in \Phi(x) \}, \quad x \in X, \qquad (7.190)$$

其中 $X$ 是 Asplund 空间, 极小点映射

$$x \mapsto S(x) := \{ y \in \Phi(x) | \ \phi(x, y) = \mu(x) \}$$

在某点 $(\bar{x}, \bar{y}) \in \operatorname{gph} S$ 处是内半连续的, 并且 $\phi$ 在该点附近是局部 Lipschitz 的. 如果 (7.190) 在 $\bar{x}$ 附近是 l.s.c. 的且其中的映射 $\Phi$ 在 $(\bar{x}, \bar{y})$ 附近是类 Lipschitz 的, 则 (7.190) 在 $\bar{x}$ 处是 SNEC 的.

**证明** 为了验证 (7.190) 在 $\bar{x}$ 处的 SNEC 性质, 我们使用练习 2.50 中给出的次微分刻画. 基于此, 选取任意序列 $\lambda_k \downarrow 0$, $x_k \xrightarrow{\mu} \bar{x}$ 以及 $x_k^* \in \lambda_k \widehat{\partial} \mu(x_k)$ 满足 $x_k^* \xrightarrow{w^*} 0$, 然后证明沿着某个子列有 $\|x_k^*\| \to 0$. 为此, 利用 $S(\cdot)$ 在 $(\bar{x}, \bar{y})$ 处的内半连续性, 选择一个序列 $y_k \in S(x_k)$ 使得其子列收敛 (无重新标记) 于 $\bar{y}$. 选取 $\widetilde{x}_k^* \in \widehat{\partial} \mu(x_k)$ 使得 $x_k^* = \lambda_k \widetilde{x}_k^*$. 因为 $\widetilde{x}_k^*$ 是 $\varphi$ 在 $x_k$ 处的一个正则次梯度, 对任意 $\eta > 0$ 存在 $\gamma > 0$ 使得

$$\langle \widetilde{x}_k^*, x - x_k \rangle \leqslant \mu(x) - \mu(x_k) + \eta \|x - x_k\|, \quad \text{对所有 } x \in x_k + \gamma I\!B \text{ 成立}.$$

考虑增广实值函数

$$\xi(x, y) := \phi(x, y) + \delta\big((x, y); \operatorname{gph} \Phi\big), \quad \forall\, (x, y) \in X \times Y,$$

从上面我们容易得出

$$\langle (\widetilde{x}_k^*, 0), (x - x_k, y - y_k) \rangle \leqslant \xi(x, y) - \xi(x_k, y_k) + \eta\big(\|x - x_k\| + \|y - y_k\|\big)$$

当 $(x, y) \in (x_k, y_k) + \gamma I\!B$ 时成立, 这意味着 $(\widetilde{x}_k^*, 0) \in \widehat{\partial}\xi(x_k, y_k)$.

现在固定一个任意序列 $\varepsilon_k \downarrow 0$ $(k \to \infty)$. 由于 $\xi$ 在 $(\bar{x}, \bar{y})$ 周围是局部的 Lipschitz 的, $X$ 和 $Y$ 是 Asplund 空间, 我们在 $(x_k, y_k)$ 处对和函数 $\xi$ 应用练习 2.42 中的模糊和法则, 因此通过考虑上述收敛性, 我们可以找到序列

$$(x_{1k}, y_{1k}) \xrightarrow{\phi} (\bar{x}, \bar{y}), \quad (x_{2k}, y_{2k}) \xrightarrow{\operatorname{gph}\Phi} (\bar{x}, \bar{y}), \quad \text{当 } k \to \infty,$$
$$(x_{1k}^*, y_{1k}^*) \in \widehat{\partial}\phi(x_{1k}, y_{1k}) \quad \text{和} \quad (x_{2k}^*, y_{2k}^*) \in \widehat{N}\big((x_{2k}, y_{2k}); \operatorname{gph}\Phi\big)$$

使得 $\lambda_k \|(x_{1k}^*, y_{1k}^*)\| \to (0, 0)$ 且满足估计

$$\|\widetilde{x}_k^* - x_{1k}^* - x_{2k}^*\| \leqslant \varepsilon_k \quad \text{和} \quad \|y_{1k}^* + y_{2k}^*\| \leqslant \varepsilon_k, \quad k \in I\!N. \tag{7.191}$$

这意味着 $\lambda_k \|y_{2k}^*\| \to 0$ $(k \to \infty)$. 考虑到

$$\big(\lambda_k x_{2k}^*, \lambda_k y_{2k}^*\big) \in \widehat{N}\big((x_{2k}, y_{2k}); \operatorname{gph}\Phi\big) \Leftrightarrow \lambda_k x_{2k}^* \in \widehat{D}^*\Phi(x_{2k}, y_{2k})(-\lambda_k y_{2k}^*)$$

并且 $\Phi$ 在 $(\bar{x}, \bar{y})$ 周围是类 Lipschitz 的且模 $\ell > 0$, 我们从类 Lipschitz 映射的上导数估计 (参见练习 3.41 中的蕴含关系 (a)⇒(b), 它在任意 Banach 空间中都成立) 得到

$$\|\lambda_k x_{2k}^*\| \leqslant \ell \|\lambda_k y_{2k}^*\|, \quad \text{对充分大的 } k \in I\!N \text{ 成立}.$$

由此易得 $\lambda_k \|x_{2k}^*\| \to 0$. 将后者与 (7.191) 和 $x_k^* = \lambda_k \widetilde{x}_k^*$ 结合起来, 我们得出 $\|x_k^*\| \to 0$ $(k \to \infty)$, 从而验证了引理中声称的 $\mu$ 在 $\bar{x}$ 处的 SNEC 性质. △

现在我们准备建立前面提到的主要定理.

**定理 7.66** (值函数的 Lipschitz 连续性和参数 DC-SIPs 的最优性条件)　在定理 7.64 的假设中, 设参数空间 $X$ 为 Asplund 的, 此外假设

$$\left\{ \bigcup_{\lambda \in \Lambda^\infty(\bar{x}, \bar{y})} \left[ \sum_{t \in \operatorname{supp}\lambda} \lambda_t \partial_x \varphi_t(\bar{x}, \bar{y}) \right] + N_x\big((\bar{x}, \bar{y}); \Omega\big) \right\} = \{0\}. \tag{7.192}$$

则值函数 $\mu(\cdot)$ 在 $\bar{x}$ 附近是局部 Lipschitz 的, 前提是在以下两种情况下它都在该点附近是 l.s.c. 的 (由 $M(\cdot)$ 在 $(\bar{x}, \bar{y})$ 周围的内半连续性可以保证): (a) $\dim X < \infty$,

或者 (b) $\varphi$, $\psi$ 都在 $(\bar{x}, \bar{y})$ 处连续, 并且约束映射 $x \mapsto F(x) \cap G(x)$ 在 $(\bar{x}, \bar{y})$ 周围是类 Lipschitz 的.

此外, 如果 CQC 对于 $(\varphi, \varphi_t, \Omega)$ 成立, 则有 DC 规划 (7.179) 的 (全局) 极小点 $\bar{y}$ 的以下必要最优性条件: 存在 $(x^*, y^*) \in \partial \psi(\bar{x}, \bar{y})$, $u^* \in X^*$ 和 $\lambda \in I\!\!R_+^{(T)}$ 满足

$$\begin{cases} u^* + x^* \in \partial_x \varphi(\bar{x}, \bar{y}) + \displaystyle\sum_{t \in \text{supp} \lambda} \lambda_t \partial_x \varphi_t(\bar{x}, \bar{y}) + N_x\big((\bar{x}, \bar{y}); \Omega\big), \\ y^* \in \partial_y \varphi(\bar{x}, \bar{y}) + \displaystyle\sum_{t \in \text{supp} \lambda} \lambda_t \partial_y \varphi_t(\bar{x}, \bar{y}) + N_y\big((\bar{x}, \bar{y}); \Omega\big), \\ \lambda_t \varphi_t(\bar{x}, \bar{y}) = 0, \quad \forall\, t \in \text{supp} \lambda. \end{cases} \tag{7.193}$$

**证明** 如果 (7.192) 成立, 则根据定理 7.64 知 $\partial^\infty \mu(\bar{x}) = \{0\}$. 此外, 由定义可以直接验证, $\mu(\cdot)$ 在 $\bar{x}$ 周围的下半连续性可由 $M(\cdot)$ 在 $(\bar{x}, \bar{y})$ 周围的内半连续性得出. 因此, $\mu(\cdot)$ 在 $\bar{x}$ 周围的局部 Lipschitz 连续性是定理 1.22 在 $X$ 是有限维的情况 (a) 下的结果.

在情况 (b) 中, 回顾凸函数 $\varphi$ 和 $\psi$ 在 $(\bar{x}, \bar{y})$ 处的连续性蕴含着它们在该点附近的 Lipschitz 连续性, 则由引理 7.65 知 $\mu(\cdot)$ 在 $\bar{x}$ 处是 SNEC 的. 以上证明了定理的第一部分.

为了证明第二部分的必要最优条件, 注意到在这个定理中考虑的任意 $\bar{y} \in M(\bar{x})$ 都是 (7.179) 的一个全局解. 由 $\mu$ 在 $\bar{x}$ 周围的局部 Lipschitz 连续性可得 $\partial \mu(\bar{x}) \neq \varnothing$; 参见练习 2.32(ii). 因此在 $(\varphi, \varphi_t, \Omega)$ 的 CQC 假设下, 利用定理 7.63 中 $\partial \mu(\bar{x})$ 的上估计, 我们得出该估计右侧的集合也是非空的. 因此, 根据 KKT 乘子集合 $\Lambda(\bar{x}, \bar{y}, y^*)$ 的构造 (7.176), 可得声称的必要最优条件 (7.193). △

注意, 与推论 7.57 的必要最优性条件相比, (7.193) 的结果在不同又容易验证的假设下, 给出了增强形式的下次微分最优性条件 (在推论 7.57 中用 $\gamma = 0$ 代替 $\gamma > 0$ ). 同时注意, 7.1 节和 7.3 节的结果在线性、块扰动和凸结构的情况下, 完全通过函数 $\varphi_t$ 给出了 (7.179) 中无穷约束不等式系统的类 Lipschitz 性质的刻画.

凸 ($\psi \equiv 0$) 和凹 ($\varphi \equiv 0$) SIPs 是所考虑 DC 规划的特例, 因此得到的有关一般 DC SIPs 的结论可以直接应用于这些具有相应特殊形式的重要情况. 此外, 在凸条件下我们可以得到新的结论, 但这些结论不能从上面所得到的一般 DC SIPs 的结果推出. 下一个定理建立了一个精确的公式 (等式, 而非包含), 用于计算此类 SIPs 中的凸值函数的次微分.

**定理 7.67** (凸 SIPs 中值函数的次梯度计算) 考虑 (7.173) 中的值函数 $\mu(\cdot)$ 且 $\psi \equiv 0$, 并设 CQC 对于一般 Banach 空间中的凸三元组 $(\varphi, \varphi_t, \Omega)$ 成立. 则

$\mu(\cdot)$ 是凸的, 且其在 $\bar{x} \in \operatorname{dom} \mu$ 处的次微分计算如下

$$\partial\mu(\bar{x}) = \left\{ x^* \in X^* \,\middle|\, (x^*,0) \in \partial\varphi(\bar{x},\bar{y}) + \bigcup_{\lambda \in A(\bar{x},\bar{y})} \left[ \sum_{t \in \operatorname{supp}\lambda} \lambda_t \partial\varphi_t(\bar{x},\bar{y}) \right] \right.$$
$$\left. + N\big((\bar{x},\bar{y});\Omega\big) \right\}, \quad \forall\, \bar{y} \in M(\bar{x}),$$

其中 $A(\bar{x},\bar{y}) := \left\{ \lambda \in I\!\!R_+^{(T)} \,\middle|\, \lambda_t\varphi_t(\bar{x},\bar{y}) = 0,\ t \in \operatorname{supp}\lambda \right\}$.

**证明**　具有 $\psi \equiv 0$ 的值函数 (7.173) 的凸性和所有的凸数据都可从其定义和凸性假设轻松得出. 首先为了验证所声称的 $\partial\mu(\bar{x})$ 的公式中包含关系 "⊂", 类似定理 7.55 的证明, 我们在其中选取 $\gamma = 0$ 和 $\eta = \infty$.

为了证明反向包含关系, 从其右边选取任意 $x^*$, 从而有 $\lambda \in A(\bar{x},\bar{y})$, $(u^*,v^*) \in \partial\varphi(\bar{x},\bar{y})$, $(u_t^*,v_t^*) \in \partial\varphi_t(\bar{x},\bar{y})$ 和 $(\widetilde{u}^*,\widetilde{v}^*) \in N((\bar{x},\bar{y});\Omega)$ 满足等式

$$(x^*,0) = (u^*,v^*) + \sum_{t \in \operatorname{supp}\lambda} \lambda_t(u_t^*,v_t^*) + (\widetilde{u}^*,\widetilde{v}^*).$$

对于所选 $(u^*,v^*)$, $(u_t^*,v_t^*)$ 和 $(\widetilde{u}^*,\widetilde{v}^*)$, 根据 $A(\bar{x},\bar{y})$ 的构造, 我们有以下关系

$$\begin{cases} \varphi(x,y) - \mu(\bar{x}) = \varphi(x,y) - \varphi(\bar{x},\bar{y}) \geqslant \langle u^*, x-\bar{x}\rangle + \langle v^*, y-\bar{y}\rangle, \\ 0 \geqslant \lambda_t\varphi_t(x,y) - \lambda_t\varphi_t(\bar{x},\bar{y}) \geqslant \lambda_t\langle u_t^*, x-\bar{x}\rangle + \lambda_t\langle v_t^*, y-\bar{y}\rangle, \quad t \in \operatorname{supp}\lambda, \\ 0 \geqslant \langle \widetilde{u}^*, x-\bar{x}\rangle + \langle \widetilde{v}^*, y-\bar{y}\rangle, \quad (x,y) \in \Gamma, \end{cases}$$

这和前面的等式一起表明

$$\varphi(x,y) + \delta\big((x,y);\Gamma\big) - \mu(\bar{x}) \geqslant \langle x^*, x-\bar{x}\rangle, \quad \forall\,(x,y) \in X \times Y.$$

后者又说明了对于任意 $x \in X$ 有 $\mu(x) - \mu(\bar{x}) \geqslant \langle x^*, x-\bar{x}\rangle$, 因此完成了定理的证明. △

### 7.5.4　具有凸数据的双层半无穷规划

在本小节中, 我们回到第 6 章中研究的乐观双层规划, 下层是由有限维空间上的光滑函数和局部 Lipschitz 函数描述的有限多不等式约束的情形. 这里我们考虑任意 Banach 空间中具有无穷约束的全凸双层规划, 并推导其必要最优性条件, 即使在 $I\!\!R^n$ 中有限多个约束的情况下, 这些条件也不能从第 6 章的结果中得出. 值函数方法的发展使得我们可以将双层规划简化为单层 DC SIPs, 从而可以应用 7.5 节得到的上述结论.

考虑乐观双层规划:

$$\begin{cases} \operatorname{minimize}\ f(x,y)\ \text{s.t.} \\ y \in M(x) := \big\{ y \in G(x) \,\big|\, \varphi(x,y) = \mu(x) \big\}, \end{cases} \tag{7.194}$$

其中 $M(x)$ 是具有任意指标集 $T$ 的下层问题

$$\text{minimize } \varphi(x, y) \text{ s.t. } y \in G(x) := \big\{ y \in Y \,\big|\, \varphi_t(x, y) \leqslant 0, \, t \in T \big\}$$

的最优解集, 其中 $\mu(\cdot)$ 是参数下层问题的最优值函数, 其定义如下

$$\mu(x) := \inf \big\{ \varphi(x, y) \,\big|\, y \in G(x) \big\}. \tag{7.195}$$

本节的固定假设是双层问题 (7.194) 在 Banach 空间 $X, Y$ 上是完全凸的, 这意味着所有函数关于两个变量都是 l.s.c. 且凸的.

为了对值函数的次梯度 (7.195) 进行估值并推导 (7.194) 的必要最优条件, 我们在部分平静下通过惩罚来进行. 观察到 6.2.3 小节的所有结论都适用于问题 (7.194) 且没有任何变化. 基于此我们得出, (7.194) 的任意部分平静可行解 $(\bar{x}, \bar{y})$ 都是单层规划:

$$\begin{cases} \text{minimize} & kk^{-1} f(x, y) + \varphi(x, y) - \mu(x) \\ \text{s.t. } \varphi_t(x, y) \leqslant 0, \, t \in T \end{cases} \tag{7.196}$$

的局部最优解, 其中 $\kappa > 0$ 是部分平静性常数, 前提是上层目标 $f$ 在 $(\bar{x}, \bar{y})$ 处连续. 首先, 我们对下层规划中值函数 (7.195) 的凸次微分给出有效估值.

**定理 7.68** (凸双层规划中值函数的次梯度) 设 $(\bar{x}, \bar{y})$ 为全凸双层规划 (7.194) 的一个部分平静可行解. 假设 CQC 对于 $(\varphi, \varphi_t)$ 成立且 $f$ 在 $(\bar{x}, \bar{y})$ 处连续. 则存在数 $\kappa > 0$ 使得

$$\partial \mu(\bar{x}) \times \{0\} \subset \kappa^{-1} \partial f(\bar{x}, \bar{y}) + \partial \varphi(\bar{x}, \bar{y}) + \bigcup_{\lambda \in A(\bar{x}, \bar{y})} \left[ \sum_{t \in \operatorname{supp} \lambda} \lambda_t \partial \varphi_t(\bar{x}, \bar{y}) \right],$$

其中, 活跃约束乘子集合 $A(\bar{x}, \bar{y})$ 在定理 7.67 中定义. 特别地, 我们有上层估计

$$\partial \mu(\bar{x}) \subset \kappa^{-1} \partial_x f(\bar{x}, \bar{y}) + \partial_x \varphi(\bar{x}, \bar{y}) + \bigcup_{\lambda \in A(\bar{x}, \bar{y})} \left[ \sum_{t \in \operatorname{supp} \lambda} \lambda_t \partial_x \varphi_t(\bar{x}, \bar{y}) \right].$$

**证明** 定理中的第二个包含显然可由第一个包含得出, 因此我们验证后者. 所作假设确保了 $(\bar{x}, \bar{y})$ 是惩罚问题 (7.196) 的一个局部极小点, 该问题是一个由 l.s.c. 凸函数

$$\vartheta(x, y) := \kappa^{-1} f(x, y) + \varphi(x, y), \quad \theta(x, y) := \mu(x), \, \vartheta_t(x, y) := \varphi_t(x, y)$$

描述的 (7.157) 型 DC SIPs, 在 (7.11) 中 $\Theta = X \times Y$. 我们验证, 由 $(\varphi, \varphi_t)$ 的 CQC 假设可以得出 CQC 对于 $(\vartheta, \vartheta_t)$ 成立. 利用 (7.196) 中可行集

$$\varXi := \big\{ (x, y) \in X \times Y \,\big|\, \varphi_t(x, y) \leqslant 0, \, \forall \, t \in T \big\}$$

的结构, 凸分析中著名的共轭表示

$$\text{epi}\,(\varphi_1+\varphi_2)^* = \text{cl}^*(\text{epi}\,\varphi_1^* + \text{epi}\,\varphi_2^*), \tag{7.197}$$

这对于任意满足 $\text{dom}\,\varphi_1 \cap \text{dom}\,\varphi_2 \neq \varnothing$ 的 l.s.c. 凸函数都成立, 并且如果其中一个函数在某点 $\bar{x} \in \text{dom}\,\varphi_1 \cap \text{dom}\,\varphi_2$ 处连续, 则可省去弱* 闭包, 然后利用 CQC 假设我们可得

$$\text{epi}(\varphi+\delta(\cdot;\varXi))^* = \text{cl}^* \left(\text{epi}\,\varphi^* + \text{epi}\,\delta^*(\cdot;\varXi)\right) = \text{cl}^* \left\{ \text{epi}\,\varphi^* + \text{cl}^* \left( \text{cone} \left[ \bigcup_{t\in T} \text{epi}\,\varphi_t^* \right] \right) \right\}$$

$$= \text{cl}^* \left\{ \text{epi}\,\varphi^* + \text{cone} \left[ \bigcup_{t\in T} \text{epi}\,\varphi_t^* \right] \right\} = \text{epi}\,\varphi^* + \text{cone} \left[ \bigcup_{t\in T} \text{epi}\,\varphi_t^* \right]$$

进一步, 对上述带有连续项 $f$ 的和函数 $\vartheta$ 应用 (7.197) 且不进行闭包运算, 这意味着

$$\text{epi}\,\vartheta^* + \text{cone} \left[ \bigcup_{t\in T} \text{epi}\,\vartheta_t^* \right] = \text{epi}\,\left( \kappa^{-1}f \right)^* + \text{epi}\,\varphi^* + \text{cone} \left[ \bigcup_{t\in T} \text{epi}\,\varphi_t^* \right]$$

$$= \text{epi}\,\left( \kappa^{-1}f \right)^* + \text{epi}\,\left( \varphi + \delta(\cdot;\varXi) \right)^*$$

$$= \text{epi}\,\left( \vartheta + \delta(\cdot;\varXi) \right)^*,$$

因此我们得出, 集合

$$\text{epi}\,\vartheta^* + \text{cone} \left[ \bigcup_{t\in T} \text{epi}\,\vartheta_t^* \right] \ \ 在 \ X^* \times Y^* \times I\!R \ 中是弱^* 闭的.$$

这正是将定理 7.51 应用于 (7.196) 所需要的 CQC 性质. 利用后一结果以及由 $f$ 的连续性成立的次微分和法则

$$\partial\vartheta(\bar{x},\bar{y}) = \partial\left(\kappa^{-1}f + \varphi\right)(\bar{x},\bar{y}) = \kappa^{-1}\partial f(\bar{x},\bar{y}) + \partial\varphi(\bar{x},\bar{y}),$$

我们得到定理的第一个包含, 因此完成了整个证明.　　　　　　　　　　　△

　　接下来, 我们建立这一小节的主要结果, 为具有任意 (有限或无穷) 个不等式约束的全凸双层规划提供了必要最优性条件.

　　**定理 7.69** (全凸双层 SIPs 的必要最优性条件)　设 $(\bar{x},\bar{y})$ 为全凸双层规划 (7.194) 的一个部分平静最优解. 假设 CQC 对 (7.194) 中的下层规划成立, 上层目标 $f$ 在 $(\bar{x},\bar{y})$ 处连续, $\partial\mu(\bar{x}) \neq \varnothing$ 对于凸值函数 (7.195) 成立. 则对于 (7.194) 中极小点集合的任意 $\widetilde{y} \in M(\bar{x})$, 存在数 $\kappa > 0$ 以及正锥 (7.3) 中的乘数

$\lambda = (\lambda_t) \in I\!\!R_+^{(T)}$ 和 $\beta = (\beta_t) \in I\!\!R_+^{(T)}$, 使得我们有以下关系:

$$0 \in \partial_x f(\bar{x}, \bar{y}) + \kappa [\partial_x \varphi(\bar{x}, \bar{y}) - \partial_x \varphi(\bar{x}, \widetilde{y})] + \sum_{t \in \mathrm{supp}\, \lambda} \lambda_t \partial_x \varphi_t(\bar{x}, \bar{y})$$

$$- \kappa \sum_{t \in \mathrm{supp}\, \beta} \beta_t \partial_x \varphi_t(\bar{x}, \widetilde{y}),$$

$$0 \in \partial_y f(\bar{x}, \bar{y}) + \kappa \partial_y \varphi(\bar{x}, \bar{y}) + \sum_{t \in \mathrm{supp}\, \lambda} \lambda_t \partial_y \varphi_t(\bar{x}, \bar{y}),$$

$$0 \in \partial_y \varphi(\bar{x}, \widetilde{y}) + \sum_{t \in \mathrm{supp}\, \beta} \beta_t \partial_y \varphi_t(\bar{x}, \widetilde{y}),$$

$$\lambda_t \varphi_t(\bar{x}, \bar{y}) = \beta_t \varphi_t(\bar{x}, \widetilde{y}) = 0, \quad \forall\, t \in T.$$

**证明** 由于 $\partial \mu(\bar{x}) \neq \varnothing$, 我们取 $x^* \in \partial \mu(\bar{x})$, 并根据定理 7.68 找到 $\kappa > 0$ 和 $\lambda \in I\!\!R_+^{(T)}$ 满足包含

$$\kappa(x^*, 0) \in \partial f(\bar{x}, \bar{y}) + \kappa \partial \varphi(\bar{x}, \bar{y}) + \sum_{t \in \mathrm{supp}\, \lambda} \lambda_t \partial \varphi_t(\bar{x}, \bar{y}) \tag{7.198}$$

且 $\lambda_t \varphi_t(\bar{x}, \bar{y}) = 0$, $t \in \mathrm{supp}\, \lambda$. 另一方面, 选取 $\widetilde{y} \in M(\bar{x})$ 并对 $x^* \in \partial \mu(\bar{x})$ 应用定理 7.67 的结果, 我们得到 $\beta \in I\!\!R_+^{(T)}$ 使得

$$x^* \in \partial_x \varphi(\bar{x}, \widetilde{y}) + \sum_{t \in \mathrm{supp}\, \beta} \partial_x \varphi_t(\bar{x}, \widetilde{y}), \quad 0 \in \partial_y \varphi(\bar{x}, \widetilde{y}) + \sum_{t \in \mathrm{supp}\, \beta} \partial_y \varphi_t(\bar{x}, \widetilde{y}),$$

并且 $\beta_t \varphi_t(\bar{x}, \widetilde{y}) = 0$ 对所有 $t \in \mathrm{supp}\, \beta$ 成立. 将其代入 (7.198) 可得所声称的必要最优条件. △

作为定理 7.69 的直接结论, 我们得到了只涉及参考最优解 $(\bar{x}, \bar{y})$ 的双层 SIP (7.194) 的以下必要最优性条件.

**推论 7.70** (双层 SIPs 的必要最优性条件的具体形式) 设 $(\bar{x}, \bar{y})$ 是 (7.194) 在定理 7.69 的假设下的一个最优解. 则存在 $\kappa > 0$ 和 $\lambda, \beta \in I\!\!R_+^{(T)}$ 使得

$$0 \in \partial_x f(\bar{x}, \bar{y}) + \kappa [\partial_x \varphi(\bar{x}, \bar{y}) - \partial_x \varphi(\bar{x}, \bar{y})] + \sum_{t \in T} [(\lambda_t - \kappa \beta_t) \partial_x \varphi_t(\bar{x}, \bar{y})],$$

$$0 \in \partial_y f(\bar{x}, \bar{y}) + \kappa \partial_y \varphi(\bar{x}, \bar{y}) + \sum_{t \in T} \lambda_t \partial_y \varphi_t(\bar{x}, \bar{y}),$$

$$0 \in \partial_y \varphi(\bar{x}, \bar{y}) + \sum_{t \in T} \beta_t \partial_y \varphi_t(\bar{x}, \bar{y}),$$

$$\lambda_t \varphi_t(\bar{x}, \bar{y}) = \beta_t \varphi_t(\bar{x}, \bar{y}) = 0, \quad \forall\, t \in T.$$

**证明** 直接由定理 7.69 导出, 在其中所得的必要最优性条件中置 $\widetilde{y} = \bar{y} \in M(\bar{x})$. △

在凸分析中众所周知, 定理 7.69 和推论 7.70 中的次可微性假设 $\partial\mu(\bar{x}) \neq \varnothing$ 并不具限制性. 特别地, 在一定的原始和对偶规范条件下, 它在 (7.195) 的 Banach 设置中成立; 参见练习 7.110.

## 7.6　第 7 章练习

**练习 7.71** (无穷线性不等式系统的一致性的对偶描述)　使用凸集分离定理验证 (7.7) 中的等价性.

提示: 与 [212, 定理 3.1] 的证明进行比较.

**练习 7.72** (无穷线性系统的内部性条件)　证明对于 (7.1) 中的无穷不等式系统 $\mathcal{F}$, 有以下结果:

(i) 如果 $\mathrm{gph}\,\mathcal{F} \neq \varnothing$ 且集合 $\{a_t^*\,|\,t \in T\}$ 有界, 则 $\mathrm{int}(\mathrm{gph}\,\mathcal{F}) \neq \varnothing$.

提示: 类似于定理 7.2 中蕴含关系 (iii)⇒(v) 的证明.

(ii) 如果 $\mathrm{gph}\,\mathcal{F} \neq \varnothing$ 且无有界性假设, 则 $\mathrm{int}(\mathrm{dom}\,\mathcal{F}) \neq \varnothing$.

**练习 7.73** (扩展 Farkas 引理)　验证命题 7.3.

提示: 将其与 [212, 定理 2.4] 中的证明进行比较.

**练习 7.74** (确切 Lipschitz 界的距离函数表示)　验证公式 (7.26).

提示: 利用定理 3.2(ii) 中建立的 $F$ 的类 Lipschitz 性质与 $F^{-1}$ 的度量正则性之间的等价关系, 以及其中的确切正则性界之间的关系, 然后使用 $F^{-1}$ 的确切正则性界限的定义 3.1(b).

**练习 7.75** (最优逼近的存在性)　证明优化问题 (7.28) 的解的存在性.

提示: 利用 Alaoglu-Bourbaki 定理和 $X^*$ 的弱* 拓扑中映射 $x^* \mapsto \langle x^*, x \rangle$ 的连续性.

**练习 7.76** (Fenchel 共轭)　给出一个正常函数 $\varphi: X \to \overline{I\!R}$, 验证其 Fenchel 共轭 (7.30) 的凸性和下半连续性.

**练习 7.77** (线性函数的上确界的 Fenchel 共轭)　证明 (7.40) 中的表示.

提示: 与 [122] 和 [300] 进行比较.

**练习 7.78** (无穷线性不等式系统的上导数计算)　计算 (7.48) 中给出的一般线性不等式系统的上导数.

提示: 类似定理 7.5 的证明进行.

**练习 7.79** (无穷线性不等式的 Farkas-Minkowski 性质)　给出无穷线性系统 (7.48) 的 Farkas-Minkowski 性质 (7.49) 有效的充分条件.

**练习 7.80** (无穷线性不等式系统的强 Slater 条件的等价描述)　对于 (7.48) 中定义的无穷线性约束系统, 建立并证明定理 7.2 的相应结果.

**练习 7.81** (强 Slater 条件的 Farkas-Minkowski 性质)

(i) 验证在有限维空间中, 如果集合 $\{(-c_t^*, a_t^*, b_t)\,|\,t \in T\}$ 是紧的, 则 (7.58) 蕴含着 Farkas-Minkowski 性质, 并阐明这一条件对结论是否是本质的.

(ii) 它在无穷维空间成立吗?

(iii) 如果将 (7.58) 右侧的集合替换为其弱* 闭包, 它在无穷维空间中是否成立?

(iv) 在有限维空间中, 无穷线性系统的强 Slater 条件 (7.57) 是否总是蕴含着 Farkas-Minkowski 性质?

**练习 7.82** (无限线性系统的非空图形内部) 设在 (7.48) 中 $X$ 和 $P$ 都是任意 Banach 空间.

(i) 证明 SSC (7.57) 和 $X^* \times P^*$ 中集合 $\{(a_t^*, c_t^*)| \, t \in T\}$ 的有界性意味着 $\mathrm{int}(\mathrm{gph}\,\mathcal{F}) \neq \varnothing$.

(ii) 这两个条件中有哪一个是 $\mathrm{int}(\mathrm{gph}\,\mathcal{F}) \neq \varnothing$ 的必要条件?

(iii) 这两个条件中有哪一个对于 $\mathrm{int}(\mathrm{gph}\,\mathcal{F}) \neq \varnothing$ 是本质的?

**练习 7.83** (KKT 形式的下次微分最优性条件) 给出并证明推论 7.19 的下次微分相应结果.

**练习 7.84** (块扰动无穷线性系统的上导数) 给出命题 7.24 的详细证明.

**练习 7.85** (块扰动线性系统 SSC 的刻画) 详细证明命题 7.25 中的等价关系 (iii)⇔(iv).

提示: 首先考虑最大划分 $\mathcal{J} = \mathcal{J}_{\max}$ 的情况, 并将其与 [301, 定理 6.1] 中的证明进行比较.

**练习 7.86** (最大划分的距离函数)

(i) 给出断言 (7.91) 的直接证明.

(ii) 证明 $\sigma(0)$ 的 SSC 等价于 $\mathcal{F}_{\max}$ (参见 [213, 定理 5.1]) 的内/下半连续性, 并由此推导出 (7.91) 中的性质.

**练习 7.87** (无穷凸不等式的特征集) 从 (7.81) 中块扰动线性系统的特征集得出 (7.98) 中凸不等式系统的特征集.

**练习 7.88** (凸系统的上导数范数的计算)

(i) 给出一个例子, 使得定理 7.31 中的等式成立, 而集合 $\bigcup_{j \in J} \mathrm{dom}\, \varphi_j^*$ 无界.

(ii) 对于定理 7.31 中的等式, $X$ 的自反性是必要的吗?

(iii) 对于定理 7.31 中的等式, $X$ 的自反性是本质的吗?

**练习 7.89** (凸系统的 Lipschitz 稳定性的上导数准则) 给出并证明命题 7.25 的凸相应结果.

**练习 7.90** (无穷凸不等式系统的 Lipschitz 稳定性的度量正则性) 由定理 7.31 中得到的确切 Lipschitz 界限的等式, 推出无限凸不等式系统的度量正则性的一个刻画.

**练习 7.91** (具有块扰动线性约束的 SIPs 的最优性条件) 分别在 Banach 和 Asplund 空间中, 推出在无穷线性块扰动不等式约束 (7.77) 下最小化增广实值函数的上、下次微分最优性条件.

**练习 7.92** (具有凸不等式约束的 SIPs 必要最优性条件) 分别在 Banach 和 Asplund 空间中, 推出无穷凸不等式约束 (7.94) 下最小化增广实值函数的上、下次微分最优性条件.

**练习 7.93** (凸函数的 $\varepsilon$-次梯度的和法则) 假设凸函数 $\varphi_1, \varphi_2 : X \to \overline{\mathbb{R}}$ 之一在 $\bar{x} \in \mathrm{dom}\, \varphi_1 \cap \mathrm{dom}\, \varphi_2$ 处连续, 验证 $\varepsilon$-次梯度和法则 (7.102).

提示: 在 (7.102) 中 $\varepsilon > 0$ 情况下对经典 Moreau-Rockafellar 定理的已知证明进行修改, 将其与 [765, 定理 2.8.7] 中给出的证明进行比较.

**练习 7.94** (DC 规划中的最优性条件) 考虑 (7.107) 中定义的 DC 规划.

(i) 给出引理 7.33 中全局极小点刻画的证明, 并将其与 [351] 中的证明进行比较.

(ii) 引理 7.33 中的次微分包含对于 (7.107) 中 $\bar{x}$ 的局部最优性是必要的吗?

(iii) 验证引理 7.34 中局部极小点的充分条件.

提示: 将其与 [237] 中给出的 $\varphi_2$ 在 $\bar{x}$ 附近的 Lipschitz 连续性下的证明进行比较, 验证后者与 $\varphi_2$ 在 $\bar{x}$ 处的连续性等价.

(iv) 引理 7.34 的条件对于 (7.107) 中局部最优性是必要的吗?

**练习 7.95** (计算确切正则性的条件)　验证 (7.135) 中的关系, 并证明其中的包含通常是严格的.

**练习 7.96** (凸函数上确界的 Fenchel 共轭)

(i) 给出表示 (7.154) 的直接证明.

(ii) 验证对于凸函数的上确界 $f(x) := \sup_{t \in T} f_t(x)$, 公式 (7.155) 成立.

提示: 参考, 例如, [355, Vol. 2, 定理 2.4.4], 进行推导.

**练习 7.97** (无穷凸系统的 CQC 与 FMCQ 之间的关系)　考虑 DC 优化问题 (7.157), 其可行集 $\Xi$ (7.158), 以及规范条件 CQC (7.48) 和 FMCQ (7.159).

(i) 证明若 (7.157) 中 $\vartheta$ 在某个 $x \in \Xi$ 处连续, 则 FMCQ $\Rightarrow$ CQC.

(ii) 证明若 $\mathrm{cone}(\mathrm{dom}\, \vartheta - \Xi)$ 是 $X$ 的一个闭子空间, 则 FMCQ $\Rightarrow$ CQC.

(iii) 举例说明 CQC 和 FMCQ 通常是独立的.

**练习 7.98** (无穷凸系统的 Slater 约束规范)　如果 $T$ 是紧的, 映射 $(t, x) \mapsto \vartheta_t(x)$ 在 $T \times \mathbb{R}^n$ 上是连续的, 并且存在 $x_0 \in \mathbb{R}^n$ 使得 $\vartheta_t(x_0) < 0$ 对所有 $t \in T$ 成立, 则凸不等式系统 $\{\vartheta_t(x) \leqslant 0,\ t \in T \subset \mathbb{R}^m,\ x \in \mathbb{R}^n\}$ 满足 Slater 规范条件 (SCQ).

(i) 如果 (7.158) 中集合 $\Xi$ 当 $\Theta = \mathbb{R}^n$ 时有界, 证明 SCQ $\Rightarrow$ FMCQ.

(ii) 给出一个无穷凸不等式系统的例子, 其中 $n = 2$, $m = 1$ 并且 (i) 中反向蕴含关系不成立.

**练习 7.99** (共轭上图和次微分和法则)

(i) 给出引理 7.49 的详细证明, 并与 [132] 进行比较.

(ii) 构造一个例子说明次微分和法则并不意味着其中的上图和法则.

(iii) 将引理 7.49 中给出的次微分和法则的等价上图规范条件与有限维和无穷维凸分析和变分分析中公认的次微分和法则的其他规范条件进行比较; 参考 [675, 765], 定理 2.54 中奇异次微分条件 (2.34) 和练习 2.54 (i).

**练习 7.100** (上图 Farkas 引理)

(i) 给出引理 7.50 的详细证明, 并与 [214] 进行比较.

(ii) 在何种假设下, 引理 7.50(ii) 中的弱* 闭包可以被范数闭包所取代? 在什么情况下可以省略其中的闭包运算?

**练习 7.101** (由 $\varepsilon$-次微分表示的共轭函数的上图)　给出表示 (7.165) 的证明, 并与 [390] 比较.

**练习 7.102** (凸函数的局部 Lipschitz 连续性)　证明对于任意凸函数, 若它在其定义域的某个内点处连续, 则它在该点周围一定是局部 Lipschitz 的.

**练习 7.103** (DC SIPs 中值函数的 $\varepsilon$-次梯度的估计)　对于 (7.173) 中 $\varepsilon$-次梯度 (1.34), 推出定理 7.55 的相应结果.

**练习 7.104** (推广内半连续下 DC 值函数的基本次梯度)　利用练习 4.21 中给出的 $\mu$-内半连续性的定义, 进行以下步骤:

(i) 通过将其中映射 $M(\cdot)$ 的内半连续性替换为其 $\mu$-内半连续性, 证明定理 7.60、定理 7.63 和定理 7.64 的扩展版本.

(ii) 构造实例说明用这种方法得到的扩展严格好于原有的表述.

**练习 7.105** (Banach 空间上的 l.s.c. 凸函数的次微分映射的闭图性质)

(i) 设 $\varphi: X \to \overline{\mathbb{R}}$ 是 Banach 空间的 l.s.c. 凸函数. 证明对于任意 $\varepsilon \geqslant 0$, $x \mapsto \partial_\varepsilon \varphi(x)$ 的

图在 $X \times X^*$ 中是闭的.

(ii) 证明在定理 7.63 的证明中 $(x^*, y^*) \in \partial \psi(\bar{x}, \bar{y})$.

**练习 7.106** (DC 值函数的次微分上估计之间的关系) 设 $\mu(\cdot)$ 为 DC 值函数 (7.173).

(i) 给出一个例子, 说明定理 7.60 中 $\partial \mu(\bar{x})$ 的上估计可能严格好于定理 7.63 中的上估计.

(ii) 研究在 Asplund (特别是有限维) 空间的情况下, 通过对定理 7.55 中的正则次梯度的估计取极限, 获得 $\partial \mu(\bar{x})$ 的上估计的可能性, 以及在更一般的 Banach 空间中, 通过定理 7.55 相应于 $\varepsilon$-扩张 $\widehat{\partial}_\varepsilon \mu(\cdot)$ 的对应结论, 获得 $\partial \mu(\bar{x})$ 的上估计的可能性.

(iii) 阐述与 (ii) 中对于奇异次微分 $\partial^\infty \mu(\bar{x})$ 的相同问题.

**练习 7.107** (DC SIPs 的参数化版本的可行解映射的类 Lipschitz 性质)

(i) 证明在定理 7.66 框架中可行解映射 $x \mapsto F(x) \cap G(x)$ 的类 Lipschitz 性质对于该定理的稳定性和最优性结论的有效性是本质的.

(ii) 基于 7.1 节和 7.3 节中得到的 (7.172) 中无穷不等式系统的类 Lipschitz 性质的刻画, 对 (7.171) 中约束集 $\Omega$ 施加适当假设, 以确保可行解映射 $x \to F(x) \cap G(x)$ 在参考点处是类 Lipschitz 的.

**练习 7.108** (凸 SIPs 中值函数的上次微分估计) 给出定理 7.67 中 $\partial \mu(\bar{x})$ 的上估计的详细证明.

**练习 7.109** (共轭上图表示) 验证表示 (7.197), 并证明如果其中一个函数在定义域 $\mathrm{dom}\,\varphi_i$, $i = 1, 2$ 的某个公共点连续, 则其中的弱* 闭包可以省略.

提示: 将其与 [117, 765] 中相应的结论和证明进行对比.

**练习 7.110** (凸规划的值函数的次微分)

(i) 在有限维和无穷维空间中, 找到可以确保具有有限多个约束的凸规划的值函数次可微的适当规范条件. Slater 型约束规范和次微分 Mangasarian-Fromovitz 约束规范对这个性质是充分的吗?

(ii) 在 Banach 空间中, 找到可以确保凸 SIPs 的值函数次可微的适当规范条件.

提示: 首先使用 FMCQ 和 CQC 型的对偶约束规范, 然后使用 Slater 型的原始约束规范; 与 [212] 进行比较.

**练习 7.111** (具有上层约束的全凸 SIPs 的值函数和最优性条件) 将 7.5.4 小节的结果扩展到具有凸上层约束的双层 SIPs.

**练习 7.112** (凸双层规划的 Lipschitz 方法和 DC 方法的比较) 将 Lipschitz 问题中包含有限不等式约束的全凸双层规划的必要最优性条件 (参见定理 6.21、定理 6.23 和练习 6.46 ) 与定理 7.69 和推论 7.70 在指标集 $T$ 有限时的必要最优性条件进行比较.

# 7.7 第 7 章评注

**7.1—7.3 节** 半无穷规划构成了一类显著的优化问题, 即使在有限维决策变量上有线性不等式约束的情况下, 这些问题本质上也是无穷维的. 对具有线性不等式系统和紧指标集的 SIPs 的系统研究始于 20 世纪 60 年代, 主要受到近似理论、线性最优控制和实用优化模型应用的驱动; 有关更多的信息请参阅 [15, 301, 348] 及其参考文献. 然后, 将其研究和应用推广到紧指标集上的凸和非凸可微不等式系统, 参见, 例如, [97, 138, 397–399, 421, 445, 704, 792]. 需要注意的是, 在这些和相关的研究中, 指标集的紧性在所获得的方法和结果中是非常重要的. 最近, 通过使用不同的技巧对具有任意指标集的线性系统和凸系统进行了进一步的研究, 参见 [140–143, 212–214, 263, 302, 334, 471] 以及其他出版物. SIP 文献中涉及的主要问题有: 适定性和病态性质, 参数化可行解集和最优解集的定性/拓扑和定量/Lipschitz 型稳定性分析, 必要和充分的最优性条件, 数值方法以及各种应用.

　　7.1—7.3 节给出的材料基于作者与 Cánovas, López 和 Parra [141–143] 的合作论文, 这些论文涉及线性、块扰动和凸不等式的参数化无穷系统的鲁棒 Lipschitz 稳定性, 受此类系统约束的非光滑泛函最小化的必要最优性条件及其在水资源优化中的应用. 如上所述, 前几章中提出的变分分析与广义微分的方法和结果在这些发展中起了至关重要的作用. 如上所述, 前几章中提出的变分分析和广义微分的方法和结论在这些研究中发挥了关键作用.

　　**7.4 节**　本节基于作者与 Nghia [555] 的合作论文. 注意, 虽然 [141] 的方法使我们在适当的假设下完成了线性无穷不等式解集的类 Lipschitz 性质的定性和定量刻画, 但它通过线性块扰动和 Fenchel 对偶性对凸无穷不等式的扩展 [143] 在非自反空间的情况下以相当限制的有界性条件结束; 参见定理 7.31 和例 7.32. 由于任意 Banach 空间之间的凸图多值映射的度量正则性有了更一般的结果, 对于更大的扰动无穷凸不等式和线性等式系统, 后一个条件被忽略. [555] 的新方法将对这类映射的度量正则性的研究归结为 DC 函数的无约束极小化, 并使我们能够通过 $\varepsilon$-上导数和上导数范数精确计算凸图多值映射和无穷约束系统的确切正则性界限. Hiriart-Urruty [351] 建立了关于全局 DC 优化的引理 7.33, 而 Dür [237] 获得了引理 7.34 的局部对应结果.

　　推论 7.37 总结了本节的先前发展, 给出了 [555] 的一个主要结论, 使我们能够在 Banach 空间中精确地计算一般凸图多值映射的确切覆盖界限, 而不需要额外的假设. 特别地, 它暗含着在 [555] 中引入的有界 SSC 条件下无穷凸约束系统的正则性公式 (7.149). 注意, 在并行研究 [376] 中, 基于之前 [380] 关于凸图多值映射的完全正则性的发展, 给出了函数 $f_t$ 在某种一致有界条件下的另一种形式的 (7.149) 的证明. 在函数 $f_t$ 的某种一致有界条件下以不同的形式给出了 (7.149) 的另一个证明. 然而, 在 [376] 中上述结果的证明存在一个错误, 这是由于在其中第 1025 页错误地应用了经典的 Sion 的极大极小定理 [699], 该定理的假设在 [376] 中所考虑的设置下不能实现.

　　**7.5 节**　本节主要基于作者与 Dinh 和 Nghia [217] 的合作论文, 致力于研究 DC SIPs 中最优值函数的次微分, 并具有各种应用. 注意, 这类问题的最优值/边际函数通常是非凸的, 而对其基本和奇异极限次微分的估值为我们提供了有关灵敏性分析、最优性条件及其在有限维和无穷维中的应用的关键信息. 定义

7.48 中的闭性规范条件在我们的分析中起到非常重要的作用, 该条件由 [216] 中同一团队在一般 LCTV 空间设置中引入并进行全面研究. 在后一篇文章中, 读者可以找到更多关于 CQC 的起源及其与 Farkas-Minkowski 性质的关系, 以及与其他公认的原始和对偶类型的有限和无穷凸系统的约束条件之间的关系的讨论; 参见 [117, 121, 122, 214, 215, 306, 486, 765] 和其中的参考文献. 引理 7.49, 摘自 Burachik 和 Jeyakumar [132], 它可能提供了确保 Banach 空间中凸次微分的和法则有效的最弱条件. 注意, 这个结果中断言 (i) 和 (ii) 之间的等价性来自于众所周知的公式 (7.197).

由 Dinh [214] 等建立的引理 7.50 是经典 Farkas 引理对无穷凸约束系统的又一推广; 关于这个方向的更多结果和讨论, 请参阅最近的调查 [215]. 有着其自身意义的引理 7.65 取自作者与 Nam [539] 的论文.

7.5 节的最后一小节实现了第 6 章中描述的值函数方法, 以及在本节中得到的次微分结果, 用于具有任意索引集的 Banach 空间中的全凸双层半无穷规划的情况. 观察到, 通过这种方式, 我们能够在全凸设置中显著改进第 6 章中介绍的结果, 即使对于有限维空间中的有限多不等式约束也是如此.

**7.6 节**  本节包含各种不同难度的练习, 涉及第 7 章中介绍的所有基本内容. 像往常一样, 我们为最难的练习提供提示和参考. 与第 6 章中关于具有有限多个约束的双层规划的结果类似, 放松部分平静性假设仍然是一个具有挑战性的问题. 同时, 双层 SIPs 的悲观版本似乎也是双层优化中的未知领域.

# 第 8 章  非凸半无穷优化

在本章中, 我们继续研究无穷维空间中的 SIPs, 同时考虑没有任何凸性假设的问题. 我们的主要目标是建立有效的分析法则来处理无穷的运算 (例如, 计算无穷集合之交的法向量), 这除了在非凸 SIPs 中的应用之外, 也有着其自身的意义. 在这个方向上建立各种策略, 我们从由可微函数描述的系统开始, 然后进一步研究 Lipschitz 和更一般的系统.

## 8.1  无穷可微系统的优化

我们研究的优化框架是一类受约束的 SIPs:

$$
\begin{cases}
\text{minimize} \ \ \varphi(x) \ \ \text{s.t.} \\
\varphi_t(x) \leqslant 0, \ \ \text{其中} \ \ t \in T \ \ \text{且} \ h(x) = 0,
\end{cases}
\tag{8.1}
$$

其中 $\varphi, \varphi_t \colon X \to \overline{I\!R}$ 具有任意的指标集 $T$, 并且 $h \colon X \to Y$ 是 Banach 空间之间的映射. 考虑无穷系统

$$
\Omega := \left\{ x \in X \mid h(x) = 0, \ \varphi_t(x) \leqslant 0, \ \ \text{当} \ t \in T \right\},
\tag{8.2}
$$

即 (8.1) 的可行解构成的集合. 在本节中, 我们主要关注在 $\varphi_t$ 和 $h$ 上的某些可微性假设下, 完全通过 (8.2) 的初始数据, 对由无穷交给出的非凸集合 $\Omega$ 的正则和基本法锥进行精确计算. 为实现这一主要目标, 我们引入新的约束规范, 并将其与第 7 章中研究的线性和凸 SIPs 以及已知的常规非凸可微系统的约束条件进行比较. 所得的分析结果可用于推导具有非光滑目标和可微约束函数的 SIPs (8.1) 在所建立的约束规范下的各种必要最优性条件.

### 8.1.1  无穷系统的规范条件

除非另有说明, 我们在整节中对 (8.2) 的数据作如下基本假设:

(SA) 给定 $\bar{x} \in \Omega$, 函数 $\varphi_t$ 在 $\bar{x}$ 处是 Fréchet 可微的, 并且具有有界的导数集合 $\{\nabla \varphi_t(\bar{x}) \mid t \in T\}$, 而 $h$ 在 $\bar{x}$ 处是严格可微的.

除了 (SA) 之外, 我们还可以对不等式约束函数 $\varphi_t$ 提出一些更强的要求, 假设这些函数的行为关于指标参数 $t \in T$ 具有一定的一致性. 我们称函数 $\{\varphi_t\}_{t \in T}$

在 $\bar{x}$ 处是一致 Fréchet 可微的, 如果

$$s(\eta) := \sup_{t \in T} \sup_{\substack{x \in B_\eta(\bar{x}) \\ x \neq \bar{x}}} \frac{|\varphi_t(x) - \varphi_t(\bar{x}) - \langle \nabla \varphi_t(\bar{x}), x - \bar{x} \rangle|}{\|x - \bar{x}\|} \to 0, \quad \eta \downarrow 0. \quad (8.3)$$

类似地, 函数 $\{\varphi_t\}_{t \in T}$ 在 $\bar{x}$ 处是一致严格可微的, 如果将上述条件 (8.3) 替换为当 $\eta \downarrow 0$ 时更强的条件:

$$r(\eta) := \sup_{t \in T} \sup_{\substack{x, x' \in B_\eta(\bar{x}) \\ x \neq x'}} \frac{|\varphi_t(x) - \varphi_t(x') - \langle \nabla \varphi_t(\bar{x}), x - x' \rangle|}{\|x - x'\|} \to 0. \quad (8.4)$$

下面给出使得 (SA), (8.3) 和 (8.4) 中对于不等式约束函数的所有假设有效的易于验证的条件.

**命题 8.1** (紧指标集上的一致可微性假设)   设 $T$ 是紧度量空间且对每个 $t \in T$, (8.2) 中的 $\varphi_t$ 在 $\bar{x}$ 周围是 Fréchet 可微的, 并设对某个 $\eta > 0$, 映射 $(x, t) \in X \times T \mapsto \nabla \varphi_t(x) \in X^*$ 在 $B_\eta(\bar{x}) \times T$ 上是连续的. 则固定假设 (SA) 以及 (8.3) 和 (8.4) 满足.

**证明**   因为函数 $t \mapsto \|\nabla \varphi_t(\bar{x})\|$ 在紧空间 $T$ 上是连续的, 容易看出固定假设 (SA) 成立. 现在我们证明 (8.4) 的有效性, 这显然可以得出 (8.3). 使用反证法, 假设 (8.4) 不成立, 则可以找到 $\varepsilon > 0$, 序列 $\{t_k\} \subset T$, $\{\eta_k\} \downarrow 0$ 和 $\{x_k\}$, $\{x'_k\} \subset B_{\eta_k}(\bar{x})$ 满足 $x_k \neq x'_k$, 使得对所有充分大的 $k \in I\!N$, 我们有

$$\frac{|\varphi_{t_k}(x_k) - \varphi_{t_k}(x'_k) - \langle \nabla \varphi_{t_k}(\bar{x}), x_k - x'_k \rangle|}{\|x_k - x'_k\|} \geqslant \varepsilon - \frac{1}{k}. \quad (8.5)$$

由 $T$ 的紧性, 我们可得 $\{t_k\}$ 的子列收敛 (无须重新标记) 于某个 $\bar{t} \in T$. 对 (8.5) 应用经典的中值定理, 我们找到 $\theta_k \in [x_k, x'_k] := \text{co}\{x_k, x'_k\}$, 使得

$$\frac{\varepsilon}{2} < \frac{|\langle \nabla \varphi_{t_k}(\theta_k), x_k - x'_k \rangle - \langle \nabla \varphi_{t_k}(\bar{x}), x_k - x'_k \rangle|}{\|x_k - x'_k\|} \leqslant \|\nabla \varphi_{t_k}(\theta_k) - \nabla \varphi_{t_k}(\bar{x})\|$$

对所有充分大的 $k \in I\!N$ 成立. 这与假定的映射 $(x, t) \in X \times T \mapsto \nabla \varphi_t(x)$ 在 $B_\eta(\bar{x}) \times T$ 上的连续性矛盾, 从而完成了证明. △

在具有光滑数据和紧指标集的非凸 SIPs 领域中, 以下约束规范条件已经得到很好的认可.

**定义 8.2** (增广 Mangasarian-Fromovitz 约束规范)   称系统 (8.2) 在 $\bar{x} \in \Omega$ 处满足增广 Mangasarian-Fromovitz 约束规范 (EMFCQ), 如果算子 $\nabla h(\bar{x}): X \to Y$ 是满射, 并且存在 $\tilde{x} \in X$ 满足 $\nabla h(\bar{x})\tilde{x} = 0$ 和

$$\langle \nabla \varphi_t(\bar{x}), \tilde{x} \rangle < 0, \quad \forall \, t \in T(\bar{x}) := \{t \in T \mid \varphi_t(\bar{x}) = 0\}. \quad (8.6)$$

如果指标集 $T$ 是有限的, EMFCQ 简化为非线性规划 (NLP) 中经典的 MFCQ. 类似于 (NLP) 中的 MFCQ, EMFCQ 主要应用于支撑当 $X = \mathbb{R}^n$ 和 $Y = \mathbb{R}^m$ 时 SIP (8.1) 具有局部极小点 $\bar{x}$ 的 KKT 必要性条件, 其形式如下: 存在乘子 $\lambda_t \in \mathbb{R}_+^{(T)}$, $t \in T$ 和 $\mu_j \in \mathbb{R}$, $j = 1, \cdots, m$, 使得

$$0 = \nabla\varphi(\bar{x}) + \sum_{t \in T(\bar{x})} \lambda_t \nabla\varphi_t(\bar{x}) + \sum_{j=1}^{n} \mu_j \nabla h_j(\bar{x}) \tag{8.7}$$

当 $T$ 是紧集且映射 $(x, t) \mapsto \nabla\varphi_t(x)$ 连续时成立. 以下例子表明 KKT 条件 (8.7) 对于具有非紧指标集的非凸 SIPs 可能不成立.

**例 8.3** (EMFCQ 下具有可数指标集的非凸 SIPs 的 KKT 不成立) 考虑以下具有可数多个不等式约束的 SIP 问题 (8.1)

$$\begin{cases} \text{minimize } (x_1 + 1)^2 + x_2, \ \text{其中 } (x_1, x_2) \in \mathbb{R}^2 \ \text{s.t.} \\ x_1 + 1 \leqslant 0, \ \dfrac{1}{3k} x_1^3 - x_2 \leqslant 0, \ \forall \, k \in \mathbb{N} \setminus \{1\}. \end{cases}$$

在 (8.1) 中 $X := \mathbb{R}^2$, $Y := \{0\}$, $\varphi(x_1, x_2) := (x_1 + 1)^2 + x_2$, $T := \mathbb{N}$, $\varphi_1(x_1, x_2) := x_1 + 1$, 并且 $\varphi_k(x_1, x_2) := \dfrac{1}{3k} x_1^3 - x_2$ $(k \in \mathbb{N} \setminus \{1\})$, 观察到 $\bar{x} := (-1, 0)$ 是该问题的一个全局极小点, 并且对于活跃指标集 (8.6) 有 $T(\bar{x}) = \{1\}$. 容易验证 EMFCQ 在 $\bar{x}$ 处成立, 但是不存在 Lagrange 乘子 $\lambda \in \mathbb{R}_+$ 在 $\bar{x}$ 处满足 KKT 条件 (8.7). 事实上, 我们有 $\langle \nabla\varphi_1(\bar{x}), (-1, 0) \rangle = -1 < 0$, 这表明以下方程不存在任何解:

$$(0, 0) = \nabla\varphi(\bar{x}) + \lambda\nabla\varphi_1(\bar{x}) = (0, 1) + (\lambda, 0).$$

无穷系统的 MFCQ 的下一个版本更适合 (8.2) 的研究以及对一般类型的 SIPs (8.1) 的后续应用.

**定义 8.4** (扰动 Mangasarian-Fromovitz 约束规范) 给定 $\bar{x} \in \Omega$, 我们称系统 (8.2) 在 $\bar{x}$ 处满足扰动 Mangasarian-Fromovitz 约束规范 (PMFCQ), 如果导算子 $\nabla h(\bar{x}) : X \to Y$ 是满射, 并且存在 $\tilde{x} \in X$ 使得 $\nabla h(\bar{x})\tilde{x} = 0$ 且

$$\inf_{\varepsilon > 0} \sup_{t \in T_\varepsilon(\bar{x})} \langle \nabla\varphi_t(\bar{x}), \tilde{x} \rangle < 0, \quad \text{其中 } T_\varepsilon(\bar{x}) := \{ t \in T \,|\, \varphi_t(\bar{x}) \geqslant -\varepsilon \}. \tag{8.8}$$

与 EMFCQ 相比, PMFCQ 条件涉及 $\varepsilon$-活跃指标集 $T_\varepsilon(\bar{x})$ 并且在 (8.8) 中关于 $\varepsilon > 0$ 取下确界; 这就是 "扰动" 这个词的由来. 因为 $T(\bar{x}) \subset T_\varepsilon(\bar{x})$ 对所有 $\varepsilon > 0$ 成立, PMFCQ 比 EMFCQ 更强, 同时正如我们将在下面看到的, 它更适用于具有任意 (包括紧) 指标集的 SIPs.

我们对 (8.2) 的初始数据给出一些假设, 以保证 PMFCQ 和 EMFCQ 等价.

**命题 8.5** (由 EMFCQ 导出 PMFCQ)  设 $T$ 是紧度量空间, 并设 $\bar{x}$ 属于 (8.2) 中 $\Omega$. 假设函数 $t \mapsto \varphi_t(\bar{x})$ 在 $T$ 上是 u.s.c. 的, 导算子 $\nabla h(\bar{x}) \colon X \to Y$ 是满射并且存在 $\tilde{x} \in X$ 满足以下性质: $\nabla h(\bar{x})\tilde{x} = 0$, 函数 $t \mapsto \langle \nabla \varphi_t(\bar{x}), \tilde{x} \rangle$ 在 $T$ 上是 u.s.c. 的, 且 $\langle \nabla \varphi_t(\bar{x}), \tilde{x} \rangle < 0$ 对所有 $t \in T(\bar{x})$ 成立. 则 PMFCQ 在 $\bar{x}$ 处成立, 并在该点处与 EMFCQ 等价.

**证明**  使用反证法论证. 假设 PMFCQ 在 $\bar{x}$ 处不成立. 则由 (8.8) 可知, 存在序列 $\varepsilon_k \downarrow 0$ 和 $\{t_k\} \subset T$, 使得

$$t_k \in T_{\varepsilon_k}(\bar{x}) \quad \text{且} \quad \langle \nabla \varphi_{t_k}(\bar{x}), \tilde{x} \rangle \geqslant -k^{-1}, \quad \forall\, k \in I\!N.$$

因为 $T$ 是一个紧度量空间, 我们找到 $t_k$ 的子列 (不重新标记) 收敛于某个 $\bar{t} \in T$. 观察到命题中施加的上半连续性假设蕴含着

$$\varphi_{\bar{t}}(\bar{x}) \geqslant \limsup_{k \to \infty} \varphi_{t_k}(\bar{x}) = 0 \quad \text{且} \quad \langle \nabla \varphi_{\bar{t}}(\bar{x}), \tilde{x} \rangle \geqslant \limsup_{k \to \infty} \langle \nabla \varphi_{t_k}(\bar{x}), \tilde{x} \rangle \geqslant 0.$$

因此, 我们得到 $\bar{t} \in T(\bar{x})$ 和 $\langle \nabla \varphi_{\bar{t}}(\bar{x}), \tilde{x} \rangle \geqslant 0$, 矛盾.  $\triangle$

下一个例子表明, 即使对于 $I\!R^2$ 中具有紧指标集的非凸 SIPs 的简单框架, EMFCQ 也不蕴含 PMFCQ.

**例 8.6** (对于具有紧指标的无穷系统, EMFCQ 并不蕴含 PMFCQ)  设 $X = I\!R^2$, (8.2) 中 $T = [0, 1]$, $h = 0$, 并且

$$\varphi_0(x) := x_1 + 1 \leqslant 0, \quad \varphi_t(x) := tx_1 - x_2^3 \leqslant 0, \quad \forall\, t \in T \setminus \{0\}.$$

容易验证函数 $\varphi_t(x)$, $t \in T$ 在 $\bar{x} = (-1, 0)$ 处满足 (SA) 和 (8.4). 进一步观察到 $T(\bar{x}) = \{0\}$, $T_\varepsilon(\bar{x}) = [0, \varepsilon]$ (当 $\varepsilon \in (0, 1)$), 并且 EMFCQ 在 $\bar{x}$ 处成立. 然而, 对任意 $d = (d_1, d_2) \in I\!R^2$, 我们有

$$\inf_{\varepsilon > 0} \sup_{t \in T_\varepsilon(\bar{x})} \langle \nabla \varphi_t(\bar{x}), d \rangle = \inf_{\varepsilon > 0} \sup \Big\{ d_1, \sup \big\{ td_1 \,\big|\, t \in (0, \varepsilon] \big\} \Big\} \geqslant 0,$$

这表明 PMFCQ 在 $\bar{x}$ 处不成立. 注意, 在本例中, 命题 8.5 中关于 $t$ 的 u.s.c. 假设不成立.

众所周知, 在 NLP 理论中 (即, 当 (8.2) 中 $T$ 为有限集时), 如果函数 $\varphi_t$ 是光滑且凸的, 而 $h$ 是线性的, 则 MFCQ 等价于 Slater 约束规范 (SCQ). 下一个命题表明, 在无穷不等式约束系统的情况下, 用 PMFCQ 代替 MFCQ, 以及用第 7 章中使用的强 Slater 条件 (SSC) 代替 SCQ, 对 SIPs 也有类似的等价性. 这个结果本身就表明, PMFCQ, 而非 EMFCQ, 是 SSC 在具有任意指标集的非凸无穷系统上的最自然扩展.

**命题 8.7** (PMFCQ 和可微凸系统的 SSC 之间的等价性)　假设在 (8.2) 中所有函数 $\varphi_t(x)$ 是凸的, 且在 $\bar{x}$ 处是一致 Fréchet 可微的, 并且 $h(x) := Ax$ 是一个满射连续线性算子. 则 PMFCQ 等价于以下 (8.2) 的强 Slater 条件 (SSC): 存在 $\hat{x} \in X$, 使得 $A\hat{x} = 0$ 且 $\sup_{t \in T} \varphi_t(\hat{x}) < 0$.

**证明**　首先假设 SSC 在 $\bar{x}$ 处成立, 即, 存在 $\hat{x} \in X$ 和 $\delta > 0$, 使得 $A\hat{x} = 0$ 且 $\varphi_t(\hat{x}) < -2\delta$ 对所有 $t \in T$ 成立. 这意味着, 与所施加的假设一起, 对每个 $\varepsilon \in (0, \delta)$ 和 $t \in T_\varepsilon(\bar{x})$, 我们有

$$\langle \nabla\varphi_t(\bar{x}), \hat{x} - \bar{x} \rangle \leqslant \varphi_t(\hat{x}) - \varphi_t(\bar{x}) \leqslant -2\delta + \varepsilon \leqslant -\delta.$$

进一步定义 $\tilde{x} := \hat{x} - \bar{x}$ 可得 $A\tilde{x} = A\hat{x} - A\bar{x} = 0$, 并且 $\langle \nabla\varphi_t(\bar{x}), \tilde{x} \rangle \leqslant -\delta$ 对所有 $t \in T_\varepsilon(\bar{x})$ 和 $\varepsilon \in (0, \delta)$ 成立. 由此显然可得 PMFCQ.

反之, 假设 PMFCQ 在 $\bar{x}$ 处成立. 则存在 $\varepsilon, \eta > 0$ 和 $\tilde{x} \in X$, 使得 $\langle \nabla\varphi_t(\bar{x}), \tilde{x} \rangle \leqslant -\eta$ 对所有 $t \in T_\varepsilon(\bar{x})$ 成立, 并且 $A\tilde{x} = 0$. 由 $\varphi_t$ 在 $\bar{x}$ 处的一致 Fréchet 可微性 (8.3), 使用其中定义的函数 $s(\cdot)$ 可得, 对每个 $\lambda > 0$, 我们有

$$\varphi_t(\bar{x} + \lambda\tilde{x}) \leqslant \varphi_t(\bar{x}) + \lambda\langle \nabla\varphi_t(\bar{x}), \tilde{x} \rangle + \lambda\|\tilde{x}\|s(\lambda\|\tilde{x}\|),$$

这就意味着 $\varphi_t(\bar{x} + \lambda\tilde{x}) \leqslant \lambda\big(-\eta + \|\tilde{x}\|s(\lambda\|\tilde{x}\|)\big)$ 当 $t \in T_\varepsilon(\bar{x})$ 时成立. 对于 $t \notin T_\varepsilon(\bar{x})$, 从上面可得

$$\varphi_t(\bar{x} + \lambda\tilde{x}) \leqslant -\varepsilon + \lambda \sup_{\tau \in T} \|\nabla\varphi_\tau(\bar{x})\| \cdot \|\tilde{x}\| + \lambda\|\tilde{x}\|s(\lambda\|\tilde{x}\|),$$

因此存在足够小的 $\lambda_0 > 0$, 使得 $\sup_{t \in T} \varphi_t(\hat{x}) < 0$, 并且 $\hat{x} := \bar{x} + \lambda_0\tilde{x}$. 此外, 容易看出 $A\hat{x} = 0$. 这就验证了 $\hat{x}$ 处的 SSC, 从而完成了命题的证明.　　　　△

接下来, 我们介绍非线性约束系统 (8.2) 的另一个规范条件, 其不同版本已在第 7 章中用于线性和凸无穷不等式系统.

**定义 8.8** (非线性 Farkas-Minkowski 约束规范)　在 (8.2) 中给定 $\bar{x} \in \Omega$ 及 $h \equiv 0$, 我们称非线性 Farkas-Minkowski 约束规范 (NFMCQ) 在 $\bar{x}$ 处成立, 如果锥

$$\text{cone}\big\{(\nabla\varphi_t(\bar{x}), \langle \nabla\varphi_t(\bar{x}), \bar{x} \rangle - \varphi_t(\bar{x}))\,\big|\, t \in T\big\}$$

在乘积空间 $X^* \times I\!R$ 中是弱* 闭的.

在无穷不等式约束的情况下, 我们将引入的 NFMCQ 与本节讨论的其他约束规范进行比较.

**命题 8.9** (NFMCQ 的充分条件)　考虑无穷系统 (8.2) 且其中 $h \equiv 0$. 则以下三种设置中 NFMCQ 在 $\bar{x} \in \Omega$ 处均满足:

(i) 指标 $T$ 是有限的, 并且 MFCQ 在 $\bar{x}$ 处成立.

(ii) $\dim X < \infty$, 集合 $\{(\nabla\varphi_t(\bar{x}), \langle\nabla\varphi_t(\bar{x}), \bar{x}\rangle - \varphi_t(\bar{x}))\mid t \in T\}$ 是紧的, 且 PMFCQ 在 $\bar{x}$ 处得以满足.

(iii) 指标 $T$ 是紧度量空间, $\dim X < \infty$, 映射 $t \in T \mapsto \varphi_t(\bar{x})$ 和 $t \in T \mapsto \nabla\varphi_t(\bar{x})$ 是连续的, 且 EMFCQ 在 $\bar{x}$ 处成立.

**证明** 定义 $\widetilde{\varphi}_t(x) := \langle\nabla\varphi_t(\bar{x}), x - \bar{x}\rangle + \varphi_t(\bar{x})$ $(\forall x \in X)$. 为验证 (i), 假设 $T$ 是有限的, 并且对于 (8.2) 中不等式系统 MFCQ 在 $\bar{x}$ 处成立. 显然函数 $\widetilde{\varphi}_t$ 在 $\bar{x}$ 处同样满足 MFCQ. 因为这些函数是线性的, 我们从命题 8.7 观察到, 存在 $\widehat{x} \in X$, 使得 $\widetilde{\varphi}_t(\widehat{x}) = \langle\nabla\varphi_t(\bar{x}), \widehat{x} - \bar{x}\rangle + \varphi_t(\bar{x}) < 0$ 对所有 $t \in T$ 成立. 不难验证, 由后一条件可得 FMCQ 在 $\bar{x}$ 处的有效性.

考虑 (ii) 中 $X = \mathbb{R}^d$ 的情形, 假设 PMFCQ 在 $\bar{x}$ 处成立, 并且集合 $\{(\nabla\varphi_t(\bar{x}),$ $\langle\nabla\varphi_t(\bar{x}), \bar{x}\rangle - \varphi_t(\bar{x}))\mid t \in T\}$ 在 $\mathbb{R}^d \times \mathbb{R}$ 中是紧的. 注意, 上面定义的函数 $\widetilde{\varphi}_t$ 同样在 $\bar{x}$ 处满足 PMFCQ, 然后对这些函数应用命题 8.7. 我们得到 $\widehat{x} \in \mathbb{R}^d$ 满足

$$\sup_{t\in T} \widetilde{\varphi}_t(\widehat{x}) = \sup_{t\in T}\{\langle\nabla\varphi_t(\bar{x}), \widehat{x} - \bar{x}\rangle + \varphi_t(\bar{x})\} < 0. \tag{8.9}$$

我们现在断言 $(0,0) \notin \mathrm{co}\,\{(\nabla\varphi_t(\bar{x}), \langle\nabla\varphi_t(\bar{x}), \bar{x}\rangle - \varphi_t(\bar{x}))\mid t \in T\}$. 事实上, 若不然, 则定然存在 $\lambda \in \mathbb{R}_+^{(T)}$ 满足 $\sum_{t\in T}\lambda_t = 1$, 使得

$$(0,0) = \sum_{t\in T}\lambda_t(\nabla\varphi_t(\bar{x}), \langle\nabla\varphi_t(\bar{x}), \bar{x}\rangle - \varphi_t(\bar{x})).$$

将后者与 (8.9) 结合, 我们可得

$$0 = \sum_{t\in T}\lambda_t\langle\nabla\varphi_t(\bar{x}), \widehat{x}\rangle - \sum_{t\in T}\lambda_t(\langle\nabla\varphi_t(\bar{x}), \bar{x}\rangle - \varphi_t(\bar{x})) \leqslant \sup_{t\in T}\widetilde{\varphi}_t(\widehat{x}) < 0,$$

矛盾. 基于所断言的条件以及练习 8.89 的结果, 我们证明了凸锥包

$$\mathrm{cone}\,\{(\nabla\varphi_t(\bar{x}), \langle\nabla\varphi_t(\bar{x}), \bar{x}\rangle - \varphi_t(\bar{x}))\mid t \in T\}$$

在 $\mathbb{R}^{d+1}$ 中是闭的, 这就验证了 (ii). 最后, 根据命题 8.5, 可由 (ii) 得出 (iii). △

我们证明, 即使在有限维中, NFMCQ 和 PMFCQ 对于无穷不等式系统也通常是独立的, 并以此结束本小节.

**例 8.10** (NFMCQ 和 PMFCQ 的独立性) 容易验证, 对于例 8.6 中的约束不等式系统, 我们有 NFMCQ 在 $\bar{x} = (-1, 0)$ 处满足, 这是因为相应的锥包

$$\mathrm{cone}\,\{(\nabla\varphi_t(\bar{x}), \langle\nabla\varphi_t(\bar{x}), \bar{x}\rangle - \varphi_t(\bar{x}))\mid t \in T\}$$
$$= \mathrm{cone}\,\{(1, 0, -1), (t, 0, 0)\mid t \in (0, 1]\}$$

在 $\mathbb{R}^3$ 中是闭的. 另一方面, 例 8.6 表明, 对于该无穷不等式, 系统 PMFCQ 在 $\bar{x}$ 处并不成立.

为了阐述通常不能由 PMFCQ (甚至是 EMFCQ) 得出 NFMCQ, 考虑例 8.3 中 $\mathbb{R}^2$ 的可数系统. 当 $\bar{x} = (-1, 0)$ 时, 对于 (8.8) 中的扰动活跃指标集, 我们有 $T_\varepsilon(\bar{x}) = \{k \in \mathbb{N} \setminus \{1\} | \ k \geqslant (3\varepsilon)^{-1}\} \cup \{1\}$. 这表明 PMFCQ 在 $\bar{x}$ 处成立从而 MFCQ 在 $\bar{x}$ 处也成立. 另一方面, 凸锥包

$$\mathrm{cone}\big\{(\nabla\varphi_t(\bar{x}), \langle\nabla\varphi_t(\bar{x}), \bar{x}\rangle - \varphi_t(\bar{x}))\big| \ t \in T\big\}$$

$$= \mathrm{cone}\Big[(1, 0, -1) \cup \Big\{\Big(\frac{1}{k}, -1, -\frac{2}{3k}\Big)\Big| \ k \neq 1\Big\}\Big]$$

在 $\mathbb{R}^3$ 中不是闭的; 见图 8.1; 即, NFMCQ 在该点处并不满足.

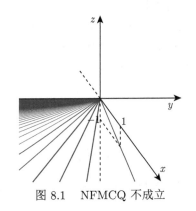

图 8.1   NFMCQ 不成立

### 8.1.2   非凸无穷约束集合的法锥

本小节主要致力于精确计算 (8.2) 中约束集 $\Omega$ 的正则和基本法锥, 该约束集由非凸集的无穷交给出. 基于 8.1.1 小节中讨论的约束规范条件, 在任意 Banach 空间中, 我们得出完全由 (8.2) 的初始数据表示的集合 $\Omega$ 的正则和基本法向量的各种计算公式.

我们首先从泛函分析中得出以下有用的结果.

**引理 8.11** (共轭算子的弱* 闭映像) 设 $A : X \to Y$ 是一个满射的连续线性算子. 则其共轭算子 $A^*Y^*$ 的像是 $X^*$ 的一个弱* 闭子空间.

**证明** 定义 $C := A^*Y^* \subset X^*$ 并任取 $k \in \mathbb{N}$. 我们断言集合 $A_k := C \cap k\mathbb{B}^*$ 在 $X^*$ 中是弱* 闭的. 考虑弱* 收敛于 $x^* \in X^*$ 的网 $\{x_\nu^*\}_{\nu \in \mathcal{N}} \subset A_k$, 并根据对偶球 $\mathbb{B}^*$ 在 $X^*$ 中是弱* 紧的, 我们可得 $x^* \in k\mathbb{B}^*$. 上述构造表明, 存在网 $\{y_\nu^*\}_{\nu \in \mathcal{N}} \subset Y^*$ 满足 $x_\nu^* = A^*y_\nu^*(\forall \nu \in \mathcal{N})$. 此外, 由 $A$ 是满射可知

$$\|x_\nu^*\| = \|A^*y_\nu^*\| \geqslant \kappa\|y_\nu^*\|, \quad \forall \nu \in \mathbb{N},$$

其中 $\kappa := \inf\{\|A^*y^*\|, \|y^*\| = 1\} \in (0, \infty)$; 参见练习 1.53. 因此 $\|y_\nu^*\| \leqslant k\kappa^{-1}$ ($\forall \nu \in \mathcal{N}$). 通过选取子网, 假设 $y_\nu^*$ 弱* 收敛于某个元素 $y^* \in Y^*$, 且使得 $x^* =$

$A^* y^* \in A_k$. 因此这就验证了对于所有 $k \in I\!N$, 集合 $A_k = C \cap k I\!B_{X^*}$ 是弱* 闭的. 从而由经典的 Banach-Dieudonné-Krein-Šmulian 定理可知映像集 $C = A^* Y^*$ 在 $X^*$ 中是弱* 闭的.　　　　　　　　　　　　　　　　　　　　　　　　　△

现在我们准备建立本小节的主要结果.

**定理 8.12** (无穷系统的正则法向量和基本法向量)　设对于无穷约束集 (8.2) 有 $\bar{x} \in \Omega$, 并设在 (8.3) 的假设下 PMFCQ 在 $\bar{x}$ 处成立. 则 $\Omega$ 在 $\bar{x}$ 处的正则法锥计算如下

$$\widehat{N}(\bar{x}; \Omega) = \bigcap_{\varepsilon > 0} \mathrm{cl}^* \mathrm{cone} \left\{ \nabla \varphi_t(\bar{x}) \,\middle|\, t \in T_\varepsilon(\bar{x}) \right\} + \nabla h(\bar{x})^* Y^*. \tag{8.10}$$

此外, 如果函数 $\varphi_t$, $t \in T$ 满足 (8.4), 则 $\Omega$ 在 $\bar{x}$ 处的基本法向量可由相同的公式计算

$$N(\bar{x}; \Omega) = \bigcap_{\varepsilon > 0} \mathrm{cl}^* \mathrm{cone} \left\{ \nabla \varphi_t(\bar{x}) \,\middle|\, t \in T_\varepsilon(\bar{x}) \right\} + \nabla h(\bar{x})^* Y^*. \tag{8.11}$$

**证明**　首先证明 (8.10) 中的包含 "⊃", 从 PMFCQ 的定义观察到存在 $\widetilde{\varepsilon} > 0$, $\delta > 0$ 和 $\widetilde{x} \in X$ 使得 $\nabla h(\bar{x}) \widetilde{x} = 0$, 并且

$$\sup_{t \in T_\varepsilon(\bar{x})} \langle \nabla \varphi_t(\bar{x}), \widetilde{x} \rangle < -\delta, \quad \forall \, \varepsilon \leqslant \widetilde{\varepsilon}. \tag{8.12}$$

固定 $\varepsilon \in (0, \widetilde{\varepsilon})$, 从 (8.10) 的右边集合中选取 $x^*$, 然后找到网 $(\lambda_\nu)_{\nu \in \mathcal{N}} \subset I\!R_+^{(T)}$ 和对偶元素 $y^* \in Y^*$ 满足

$$x^* = w^* - \lim_{\nu \in \mathcal{N}} \sum_{t \in T_\varepsilon(\bar{x})} \lambda_{t\nu} \nabla \varphi_t(\bar{x}) + \nabla h(\bar{x})^* y^*.$$

结合上式与 (8.12), 我们得到估计

$$\langle x^*, \widetilde{x} \rangle = \lim_{\nu \in \mathcal{N}} \sum_{t \in T_\varepsilon(\bar{x})} \lambda_{t\nu} \langle \nabla \varphi_t(\bar{x}), \widetilde{x} \rangle + \langle \nabla h(\bar{x})^* y^*, \widetilde{x} \rangle \leqslant -\delta \limsup_{\nu \in \mathcal{N}} \sum_{t \in T_\varepsilon(\bar{x})} \lambda_{t\nu}.$$

进一步可知, 对每个 $\eta > 0$ 和 $x \in \Omega \cap B_\eta(\bar{x})$, 我们有

$$\langle x^*, x - \bar{x} \rangle = \lim_{\nu \in \mathcal{N}} \sum_{t \in T_\varepsilon(\bar{x})} \lambda_{t\nu} \langle \nabla \varphi_t(\bar{x}), x - \bar{x} \rangle + \langle \nabla h(\bar{x})^* y^*, x - \bar{x} \rangle$$

$$\leqslant \limsup_{\nu \in \mathcal{N}} \sum_{t \in T_\varepsilon(\bar{x})} \lambda_{t\nu} \left( \varphi_t(x) - \varphi_t(\bar{x}) + \|x - \bar{x}\| s(\eta) \right) + \langle y^*, \nabla h(\bar{x})(x - \bar{x}) \rangle$$

$$\leqslant \limsup_{\nu \in \mathcal{N}} \sum_{t \in T_\varepsilon(\bar{x})} \lambda_{t\nu} \left( \varepsilon + \|x - \bar{x}\| s(\eta) \right) + \|y^*\| \left( \|h(x) - h(\bar{x})\| + o(\|x - \bar{x}\|) \right)$$

$$\leqslant \left( \varepsilon + \|x - \bar{x}\| s(\eta) \right) \limsup_{\nu \in \mathcal{N}} \sum_{t \in T_\varepsilon(\bar{x})} \lambda_{t\nu} + \|y^*\| o(\|x - \bar{x}\|).$$

由 $\langle x^*, \tilde{x}\rangle$ 的上述估计, 可得

$$\langle x^*, x - \bar{x}\rangle \leqslant -\frac{\langle x^*, \tilde{x}\rangle}{\delta}\left(\varepsilon + \|x - \bar{x}\|s(\eta)\right) + o(\|x - \bar{x}\|)\|y^*\|,$$

由于 $\varepsilon, \eta \downarrow 0$, 这反过来蕴含着

$$\limsup_{x \xrightarrow{\Omega} \bar{x}} \frac{\langle x^*, x - \bar{x}\rangle}{\|x - \bar{x}\|} \leqslant 0,$$

这就意味着 $x^* \in \widehat{N}(\bar{x}; \Omega)$, 从而验证了 (8.10) 中的包含 "⊃".

下面我们在 $\varphi_t$ 于 $\bar{x}$ 处一致严格可微的假设下证明 (8.11) 中包含 "⊂". 在该假设下, 这直接意味着 (8.10) 中的 "⊂", 虽然我们注意到类似的论述仅在 $\varphi_t$ 于 $\bar{x}$ 处的一致 Fréchet 可微性下证明了 (8.10) 中的包含 "⊂". 为证明 (8.11) 中的 "⊂", 定义

$$A_\varepsilon := \mathrm{cl}^*\mathrm{cone}\{\nabla\varphi_t(\bar{x})\,\big|\, t \in T_\varepsilon(\bar{x})\} + \nabla h(\bar{x})^*Y^*, \quad \forall \varepsilon > 0.$$

使用反证法论证, 选取 $x^* \in N(\bar{x}; \Omega) \setminus \{0\}$, 并假设 $x^* \notin A_\varepsilon$ 对某个 $\varepsilon \in (0, \tilde{\varepsilon})$ 成立. 首先, 对于所有 $\varepsilon \leqslant \tilde{\varepsilon}$, 通过证明 $\mathrm{cl}^*B_\varepsilon \subset A_\varepsilon$, 我们断言集合 $A_\varepsilon$ 在 $X^*$ 中是弱* 闭的, 其中

$$B_\varepsilon := \mathrm{cone}\{\nabla\varphi_t(\bar{x})\,\big|\, t \in T_\varepsilon(\bar{x})\} + \nabla h(\bar{x})^*(Y^*).$$

为此, 任取 $u^* \in \mathrm{cl}^*B_\varepsilon$, 从而找到网 $(\lambda_\nu)_{\nu\in\mathbb{N}} \subset \mathbb{R}_+^{(T)}$ 和 $(y_\nu^*)_{\nu\in\mathbb{N}} \subset Y^*$ 满足

$$u_\nu^* = \sum_{t\in T_\varepsilon(\bar{x})} \lambda_{t\nu}\nabla\varphi_t(\bar{x}) + \nabla h(\bar{x})^*y_\nu^* \xrightarrow{w^*} u^*.$$

类似于上面对 $\langle x^*, \tilde{x}\rangle$ 的估计的证明, 我们得到不等式

$$\langle u^*, \tilde{x}\rangle \leqslant -\delta\limsup_{\nu\in\mathcal{N}} \sum_{t\in T_\varepsilon(\bar{x})} \lambda_{t\nu},$$

并进一步得到对偶范数估计

$$\|u_\nu^* - \nabla h(\bar{x})^*y_\nu^*\| = \left\|\sum_{t\in T_\varepsilon(\bar{x})} \lambda_{t\nu}\nabla\varphi_t(\bar{x})\right\| \leqslant \sup_{\tau\in T_\varepsilon(\bar{x})}\|\nabla\varphi_\tau(\bar{x})\| \sum_{t\in T_\varepsilon(\bar{x})} \lambda_{t\nu},$$

这就证明了 $X^*$ 中网 $\{u_\nu^* - \nabla h(\bar{x})^*y_\nu^*\}_{\nu\in\mathcal{N}}$ 的有界性. Alaoglu-Bourbaki 定理告诉我们, 存在 $\{u_\nu^* - \nabla h(\bar{x})^*y_\nu^*\}$ 的子网 (无须重新标记) 弱* 收敛于某个 $v^* \in \mathrm{cl}^*\mathrm{cone}\{\nabla g_t(\bar{x})\,\big|\, t \in T_\varepsilon(\bar{x})\}$. 因此, 网 $\{\nabla h(\bar{x})^*y_\nu^*\}$ 弱* 收敛于 $u^*-v^*$. 由引理 8.11

我们找到 $y^* \in Y^*$, 使得 $u^* - v^* = \nabla h(\bar{x})^* y^*$, 从而 $u^* = v^* + \nabla h(\bar{x})^* y^* \in A_\varepsilon$, 因此确保了 $A_\varepsilon$ 在 $X^*$ 中是弱* 闭的. 因为 $x^* \notin A_\varepsilon$, 由经典分离定理我们可知, 存在 $x_0 \in X$ 和 $c > 0$, 使得对所有 $t \in T_\varepsilon(\bar{x})$ 和 $y^* \in Y^*$ 满足不等式

$$\langle x^*, x_0 \rangle \geqslant 2c > 0 \geqslant \langle \nabla \varphi_t(\bar{x}), x_0 \rangle + \langle y^*, \nabla h(\bar{x}) x_0 \rangle \tag{8.13}$$

成立, 因此 $\nabla h(\bar{x}) x_0 = 0$. 进一步定义

$$\hat{x} := x_0 + \frac{c}{\|x^*\| \cdot \|\tilde{x}\|} \tilde{x},$$

并观察到 $\nabla h(\bar{x}) \hat{x} = 0$. 由 (8.13) 和 PMFCQ 可知

$$\langle x^*, \hat{x} \rangle = \langle x^*, x_0 + \frac{c}{\|x^*\| \cdot \|\tilde{x}\|} \tilde{x} \rangle \geqslant 2c + \frac{c}{\|x^*\| \cdot \|\tilde{x}\|} \langle x^*, \tilde{x} \rangle \geqslant c, \tag{8.14}$$

$$\langle \nabla \varphi_t(\bar{x}), \hat{x} \rangle = \langle \nabla \varphi_t(\bar{x}), x_0 \rangle + \frac{c}{\|x^*\| \cdot \|\tilde{x}\|} \langle \nabla \varphi_t(\bar{x}), \tilde{x} \rangle \leqslant -\tilde{\delta} \tag{8.15}$$

对所有 $t \in T_\varepsilon(\bar{x})$ 成立, 其中 $\tilde{\delta} := \delta c(\|x^*\| \cdot \|\tilde{x}\|)^{-1} > 0$. 注意到由 (8.15) 有 $\hat{x} \neq 0$, 不失一般性, 假设 $\|\hat{x}\| = 1$. 此外, 我们由 Banach 空间中基本法向量的构造 (1.58) 知, 存在序列 $\varepsilon_k \downarrow 0$, $\eta_k \downarrow 0$, $x_k \xrightarrow{\Omega} \bar{x}$ 和 $x_k^* \xrightarrow{w^*} x^*$ $(k \to \infty)$ 满足

$$\langle x_k^*, x - x_k \rangle \leqslant \varepsilon_k \|x - x_k\|, \quad \forall x \in B_{\eta_k}(x_k) \cap \Omega, \quad k \in \mathbb{N}. \tag{8.16}$$

因为映射 $h$ 在 $\bar{x}$ 处严格可微, 并且具有满射导数 $\nabla h(\bar{x})$, 由在一般 Banach 空间中成立的 (见推论 3.8 和 3.5 节的相应评注) Lyusternik-Graves 定理可知 $h$ 在 $\bar{x}$ 周围是度量正则的, 即, 存在 $\bar{x}$ 的邻域 $U$ 和 $0 = h(\bar{x})$ 的邻域 $V$ 以及常数 $\mu > 0$ 使得

$$\text{dist}\big(x; h^{-1}(y)\big) := \inf \big\{ \|x - z\| \mid z \in h^{-1}(y) \big\} \leqslant \mu \|y - h(x)\|$$

对所有 $x \in U$ 和 $y \in V$ 成立. 利用 $h(x_k) = 0$ 和 $\nabla h(\bar{x}) \hat{x} = 0$, 我们有

$$\|h(x_k + t\hat{x})\| = \|h(x_k + t\hat{x}) - h(x_k) - \nabla h(\bar{x})(t\hat{x})\| = o(t) \text{ 对于小的 } t > 0 \text{ 成立}.$$

使用度量正则性, 对任意小的 $t > 0$, 我们得到 $x_t \in h^{-1}(0)$, 使得当 $x_k \in U$ 时 $\|x_k + t\hat{x} - x_t\| = o(t)$. 由此我们找到 $\tilde{\eta}_k < \eta_k$ 和 $\tilde{x}_k := x_{\tilde{\eta}_k} \in h^{-1}(0)$ 满足 $\tilde{\eta}_k + o(\tilde{\eta}_k) \leqslant \eta_k$ 和 $\|x_k + \tilde{\eta}_k \hat{x} - \tilde{x}_k\| = o(\tilde{\eta}_k)$. 注意

$$\|x_k - \tilde{x}_k\| \leqslant \tilde{\eta}_k \|\hat{x}\| + \|x_k + \tilde{\eta}_k \hat{x} - \tilde{x}_k\| = \tilde{\eta}_k + o(\tilde{\eta}_k) \leqslant \eta_k,$$

$$\|x_k - \tilde{x}_k\| \geqslant \tilde{\eta}_k \|\hat{x}\| - \|x_n + \tilde{\eta}_k \hat{x} - \tilde{x}_k\| = \tilde{\eta}_k - o(\tilde{\eta}_k).$$

因为 $x_k^* \overset{w^*}{\to} x^*$ $(k \to \infty)$, 根据经典的一致有界性原理, 存在常数 $M$ 使得 $M > \|x_k^*\|$ $(\forall k \in I\!N)$. 由 (8.14) 知, $\langle x_k^*, \hat{x}\rangle > 0$ 对充分大的 $k \in I\!N$ 成立. 则我们有

$$
\begin{aligned}
\frac{\langle x_k^*, \tilde{x}_k - x_k\rangle}{\|\tilde{x}_k - x_k\|} &= \frac{\langle x_k^*, \tilde{x}_k - \tilde{\eta}_k\hat{x} - x_k\rangle}{\|\tilde{x}_k - x_k\|} + \frac{\langle x_k^*, \tilde{\eta}_k\hat{x}\rangle}{\|\tilde{x}_k - x_k\|} \\
&\geqslant -M\frac{\|\tilde{x}_k - \tilde{\eta}_k\hat{x} - x_k\|}{\|\tilde{x}_k - x_k\|} + \tilde{\eta}_k\frac{\langle x_k^*, \hat{x}\rangle}{\|\tilde{x}_k - x_k\|} \\
&\geqslant -M\frac{o(\tilde{\eta}_k)}{\tilde{\eta}_k - o(\tilde{\eta}_k)} + \frac{\tilde{\eta}_k}{\tilde{\eta}_k + o(\tilde{\eta}_k)}\langle x_k^*, \hat{x}\rangle.
\end{aligned}
$$

现在当 $k \to \infty$ 时对上式取极限, 并利用 $o(\tilde{\eta}_k)/\tilde{\eta}_k \to 0$ 可得

$$
\liminf_{k\to\infty} \frac{\langle x_k^*, \tilde{x}_k - x_k\rangle}{\|\tilde{x}_k - x_k\|} \geqslant \langle x^*, \hat{x}\rangle,
$$

根据 (8.14) 和 (8.16), 这表明 $\tilde{x}_k \notin \Omega$ 对充分大的 $k \in I\!N$ 成立.

现在定义 $u_k := x_k + \tilde{\eta}_k\hat{x} - \tilde{x}_k$, 并由上述论证得到 $\|u_k\| = o(\tilde{\eta}_k)$ 满足 $\|\tilde{x}_k + u_k - x_k\| = \tilde{\eta}_k$. 根据 (SA), (8.4) 和 (8.15), 对每个 $t \in T_\varepsilon(\bar{x})$ 我们有关系

$$
\begin{aligned}
-\tilde{\delta} &\geqslant \frac{\langle \nabla\varphi_t(\bar{x}), \tilde{\eta}_k\hat{x}\rangle}{\tilde{\eta}_k} = \frac{\langle\nabla\varphi_t(\bar{x}), \tilde{x}_k - x_k\rangle}{\|\tilde{x}_k + u_k - x_k\|} + \frac{\langle\nabla\varphi_t(\bar{x}), u_k\rangle}{\|\tilde{x}_k + u_k - x_k\|} \\
&\geqslant \frac{\langle\nabla\varphi_t(\bar{x}), \tilde{x}_k - x_k\rangle}{\|\tilde{x}_k - x_k\|}\frac{\|\tilde{x}_k - x_k\|}{\|\tilde{x}_k + u_k - x_k\|} + \frac{\langle\nabla\varphi_t(\bar{x}), u_k\rangle}{\|\tilde{x}_k + u_k - x_k\|} \\
&\geqslant \left(\frac{\varphi_t(\tilde{x}_k) - \varphi_t(x_k)}{\|\tilde{x}_k - x_k\|} - r(\hat{\eta}_k)\right)\frac{\|\tilde{x}_k - x_k\|}{\|\tilde{x}_k + u_k - x_k\|} - \sup_{\tau\in T_\varepsilon(\bar{x})}\|\nabla\varphi_\tau(\bar{x})\|\frac{o(\tilde{\eta}_k)}{\tilde{\eta}_k} \\
&\geqslant \left(\frac{\varphi_t(\tilde{x}_k)}{\|\tilde{x}_k - x_k\|} - r(\hat{\eta}_k)\right)\frac{\|\tilde{x}_k - x_k\|}{\|\tilde{x}_k + u_k - x_k\|} - \sup_{\tau\in T}\|\nabla\varphi_\tau(\bar{x})\|\frac{o(\tilde{\eta}_k)}{\tilde{\eta}_k},
\end{aligned}
$$

其中 $\hat{\eta}_k := \max\{\|x_k - \bar{x}\|$ 且 $\|\tilde{x}_k - \bar{x}\|\} \to 0$ $(k \to \infty)$. 注意

$$
\frac{\tilde{\eta}_k - o(\tilde{\eta}_k)}{\tilde{\eta}_k} \leqslant \frac{\|\tilde{x}_k - x_k\|}{\|\tilde{x}_k + u_k - x_k\|} \leqslant \frac{\tilde{\eta}_k + o(\tilde{\eta}_k)}{\tilde{\eta}_k}, \text{ 从而 } \frac{\|\tilde{x}_k - x_k\|}{\|\tilde{x}_k + u_k - x_k\|} \to 1
$$

当 $k \to \infty$ 时成立. 此外, 因为 $r(\hat{\eta}_k) \to 0$ 且 $o(\tilde{\eta}_k/)\tilde{\eta}_k \to 0$, 对每个 $t \in T_\varepsilon(\bar{x})$ 当 $k \in I\!N$ 足够大时, 我们有 $\varphi_t(\tilde{x}_k) \leqslant -(\tilde{\delta}/2)\|\tilde{x}_k - x_k\| \leqslant 0$. 在 $t \notin T_\varepsilon(\bar{x})$ 的其余情形, 直接有

$$
\begin{aligned}
\varphi_t(\tilde{x}_k) &\leqslant \varphi_t(\bar{x}) + \langle\nabla\varphi_t(\bar{x}), \tilde{x}_k - \bar{x}\rangle + \|\tilde{x}_k - \bar{x}\|r(\hat{\eta}_k) \\
&\leqslant -\varepsilon + \sup_{\tau\in T}\|\nabla\varphi_\tau(\bar{x})\|\hat{\eta}_k + \hat{\eta}_kr(\hat{\eta}_k).
\end{aligned}
$$

因此 $\varphi_t(\tilde{x}_k) \leqslant 0$, $t \in T$, 并且 $h(\tilde{x}_k) = 0$ 对大的 $k \in I\!N$ 成立. 这意味着对这样的 $k$ 有 $\tilde{x}_k \in \Omega$, 与上面得到的结论相矛盾. 因此我们得到 $N(\bar{x}; \Omega) \subset A_\varepsilon$ 对所有

$\varepsilon \in (0, \tilde{\varepsilon})$ 成立. 为完成 (8.11) 中的包含 "⊂" 的证明, 我们只需验证

$$\bigcap_{\varepsilon > 0} A_\varepsilon \subset \bigcap_{\varepsilon > 0} \left[ \mathrm{cl}^* \mathrm{cone} \left\{ \nabla \varphi_t(\bar{x}) \mid t \in T_\varepsilon(\bar{x}) \right\} \right] + \nabla h(\bar{x})^* Y^*. \tag{8.17}$$

在 (8.17) 式的左边任取 $u^*$. 这意味着对任意 $\varepsilon > 0$, 我们可以找到 $x_\varepsilon^* \in C_\varepsilon :=$ $\mathrm{cl}^* \mathrm{cone} \left\{ \nabla \varphi_t(\bar{x}) \mid t \in T_\varepsilon(\bar{x}) \right\}$ 和 $y_\varepsilon^* \in Y^*$, 使得 $u^* = x_\varepsilon^* + \nabla h(\bar{x})^* y_\varepsilon^*$. 类似于上面使用的标准论述, 可以证明网 $u^* - \nabla h(\bar{x})^* y_\varepsilon^* = x_\varepsilon^*$ 是一致有界的. 则由 Alaoglu-Bourbaki 定理, 我们可得 $\{\varepsilon\}$ 的一个子网, 记为 $\{\varepsilon_\nu\}$, 使得 $x_{\varepsilon_\nu}^* \xrightarrow{w^*} x^*$. 从而有 $u^* - x^* \in \mathrm{cl}^* (\nabla h(\bar{x})^* Y^*)$. 由引理 8.11 我们可知, 存在 $y^* \in Y^*$ 满足 $u^* - x^* = \nabla h(\bar{x})^* y^*$. 此外注意到 $\varepsilon_\nu \to 0$, 从而对任意 $\alpha > 0$ 我们有 $w^* - \lim_\nu x_{\varepsilon_\nu}^* \in \mathrm{cl}^* C_\alpha = C_\alpha$. 故 $x^* \in \bigcap_{\alpha > 0} C_\alpha$. 这蕴含着 $u^* = x^* + \nabla h(\bar{x})^* y^*$ 属于 (8.17) 的右边, 从而完成了定理的证明. △

下面我们证明 PMFCQ 对于 (8.10) 和 (8.11) 中的法锥表示都是必要的. 进一步, 该条件不能被其弱的 EMFCQ 版本替代.

**例 8.13** (没有 PMFCQ 的情况下, 法锥表示不成立) 考虑例 8.6 中给出的 $\mathbb{R}^2$ 中的无穷系统. 其中证明了 EMFCQ 在 $\bar{x} = (-1, 0)$ 处成立, 但 PMFCQ 不成立. 我们容易验证在这种情况下 $\widehat{N}(\bar{x}; \Omega) = N(\bar{x}; \Omega) = \mathbb{R}_+ \times \mathbb{R}_-$, 而

$$\mathrm{cl} \, \mathrm{cone} \left\{ \nabla \varphi_t(\bar{x}) \mid t \in T_\varepsilon(\bar{x}) \right\} = \mathrm{cl} \, \mathrm{cone} \left\{ (1, 0) \cup \{ (t, 0) \mid t \in (0, \varepsilon) \} \right\} = \mathbb{R}_+ \times \{0\}.$$

即, (8.10) 和 (8.11) 中的包含 "⊂" 不成立.

下一个例子阐明, 在正则和基本法锥的表示式 (8.10) 和 (8.11) 中, 扰动指标集 $T_\varepsilon(\bar{x})$ 不能被无扰动的相应项 $T(\bar{x})$ 所替换.

**例 8.14** (活跃指标集的扰动是必需的) 让我们回顾一下例 8.3 中 SIP 的非线性无穷系统:

$$\varphi_1(x) = x_1 + 1 \leqslant 0, \quad \varphi_k(x) = \frac{1}{3k} x_1^3 - x_2 \leqslant 0, \quad \forall k \in \mathbb{N} \setminus \{1\},$$

其中 $x = (x_1, x_2) \in \mathbb{R}^2$ 且 $T := \mathbb{N}$. 容易看出, 该不等式系统满足我们的固定假设, 并且函数 $\varphi_t(x)$ 在 $\bar{x} = (-1, 0)$ 处是一致严格可微的. 进一步观察到 $\widehat{N}(\bar{x}; \Omega) = N(\bar{x}; \Omega) = \mathbb{R}_+ \times \mathbb{R}_-$. 如上面所证, PMFCQ 和 EMFCQ 在 $\bar{x}$ 处都成立. 但是, $T(\bar{x}) = \{1\}$, 并且

$$N(\bar{x}; \Omega) \neq \mathrm{cone} \left\{ \nabla \varphi_t(\bar{x}) \mid t \in T(\bar{x}) \right\} = \mathrm{cone} \left\{ \nabla \varphi_1(\bar{x}) \right\} = \mathbb{R}_+ \times \{0\},$$

这表明 (8.10) 和 (8.11) 的相应无扰动表示不成立.

现在我们推导出定理 8.12 的几个推论, 这些结果都有它们自身的意义. 第一个推论涉及集合 $\{\nabla\varphi_t(\bar{x})|\ t \in T\}$ 可能不像我们的固定假设那样在 $X^*$ 中是有界的情况. 由此可见, 这种情况经过一定的修改, 可以简化为定理 8.12 的基本情形.

**推论 8.15** (具有无界梯度的无穷系统的法锥表示)  考虑 (8.2), 做如下假设:

(a) 函数 $\varphi_t$, $t \in T$ 在点 $\bar{x}$ 处是 Fréchet 可微的, 且 $\|\nabla\varphi_t(\bar{x})\| > 0$ ($\forall t \in T$), 并且映射 $h$ 在 $\bar{x}$ 处是严格可微的.

(b) 我们有 $\lim_{\eta\downarrow0}\tilde{r}(\eta) = 0$, 其中 $\tilde{r}(\eta)$ 定义为

$$\tilde{r}(\eta) := \sup_{t \in T} \sup_{\substack{x,x' \in B_\eta(\bar{x}) \\ x \neq x'}} \frac{|\varphi_t(x) - \varphi_t(x') - \langle \nabla\varphi_t(\bar{x}), x - x'\rangle|}{\|\nabla\varphi_t(\bar{x})\| \cdot \|x - x'\|}, \quad \forall\, \eta > 0.$$

(c) 算子 $\nabla h(\bar{x}): X \to Y$ 是满射, 并且对某个 $\varepsilon > 0$, 存在 $\tilde{x} \in X$ 和 $\sigma > 0$, 使得 $\nabla h(\bar{x})\tilde{x} = 0$, 并且

$$\langle \nabla g_t(\bar{x}), \tilde{x} + x\rangle \leqslant 0, \quad \text{如果 } \|x\| \leqslant \sigma, \ t \in \widetilde{T}_\varepsilon(\bar{x}) := \{t \in T|\ g_t(\bar{x}) \geqslant -\varepsilon\|\nabla g_t(\bar{x})\|\},$$

在无界设置中, 这可以被视为 PMFCQ 的更新版本. 则 $\Omega$ 在 $\bar{x}$ 处的基本法锥可以通过公式 (8.11) 进行计算.

**证明**  定义 $\tilde{\varphi}_t(x) := \varphi_t(x)\|\nabla\varphi_t(\bar{x})\|^{-1}$ ($\forall x \in X$, $t \in T$) 并观察到 (8.2) 中可行集 $\Omega$ 有表示式

$$\Omega = \{x \in X \,|\, \tilde{\varphi}_t(x) \leqslant 0, \ h(x) = 0\}.$$

在定理 8.12 中将 $\varphi_t$ 替换为 $\tilde{\varphi}_t$, 我们有函数 $\tilde{\varphi}_t$ 和 $h$ 满足固定假设 (SA) 以及具有 $\tilde{r}(\eta)$ 而非 $r(\eta)$ 的条件 (8.4). 此外, 由 (c) 可知对某个 $\varepsilon > 0$ 存在 $\tilde{x} \in X$ 和 $\sigma > 0$ 满足 $\nabla h(\bar{x})\tilde{x} = 0$ 并使得

$$\langle \nabla\tilde{\varphi}_t(\bar{x}), \tilde{x}\rangle \leqslant - \sup_{x \in B_\sigma(\bar{x})} \langle \nabla\tilde{\varphi}_t(\bar{x}), x\rangle = -\sigma\|\nabla\tilde{\varphi}_t(\bar{x})\|, \quad \text{如果 } t \in \widetilde{T}_\varepsilon(\bar{x}),$$

这转换为对所有 $t \in \widetilde{T}_\varepsilon(\bar{x}) = \{t \in T|\ \tilde{\varphi}_t(\bar{x}) \geqslant -\varepsilon\}$, $\langle \nabla\tilde{\varphi}_t(\bar{x}), \tilde{x}\rangle \leqslant -\sigma$. 因此 PMFCQ 对于 $(\tilde{\varphi}_t, h)$ 在 $\bar{x}$ 处成立. 由 (8.11) 知, 对于 $(\tilde{\varphi}_t, h)$ 有

$$\begin{aligned}
N(\bar{x}; \Omega) &= \bigcap_{\varepsilon>0} \mathrm{cl}^*\mathrm{cone}\{\nabla\tilde{\varphi}_t(\bar{x})|\ t \in \widetilde{T}_\varepsilon(\bar{x})\} + \nabla h(\bar{x})^*Y^* \\
&= \bigcap_{\varepsilon>0} \mathrm{cl}^*\mathrm{cone}\{\nabla\varphi_t(\bar{x})\|\nabla\varphi_t(\bar{x})\|^{-1}|\ t \in \widetilde{T}_\varepsilon(\bar{x})\} + \nabla h(\bar{x})^*Y^* \\
&= \bigcap_{\varepsilon>0} \mathrm{cl}^*\mathrm{cone}\{\nabla\varphi_t(\bar{x})|\ t \in \widetilde{T}_\varepsilon(\bar{x})\} + \nabla h(\bar{x})^*Y^*,
\end{aligned}$$

这就在给定假设下证明了 (8.11) 对于 $(\varphi_t, h)$ 成立.                              $\triangle$

定理 8.12 的下一个结果涉及有限维中的 SIPs, 证明了无穷约束的法锥的简化表示, 无须 (8.10) 和 (8.11) 中的闭包操作, 并用 (8.6) 中的 $T(\bar{x})$ 替换 $\varepsilon$-活跃指标集 $T_\varepsilon(\bar{x})$.

**推论 8.16** (具有紧指标集的无穷系统的法锥表示) 在 (8.2) 的设置中, 假设 $\dim Y < \dim X < \infty$, $T$ 是紧度量空间, 函数 $t \mapsto \varphi_t(\bar{x})$ 在 $T$ 上是 u.s.c. 的, 映射 $t \mapsto \nabla\varphi_t(\bar{x})$ 在 $T$ 上是连续的, 并且 PMFCQ 在 $\bar{x}$ 处成立. 则令

$$\widetilde{N}(\bar{x}; \Omega) := \text{cone}\left\{\nabla\varphi_t(\bar{x})\,\big|\, t \in T(\bar{x})\right\} + \nabla h(\bar{x})^* Y^*, \tag{8.18}$$

当函数 $\varphi_t$ 在 $\bar{x}$ 处是一致 Fréchet 可微时, 我们有 $\widetilde{N}(\bar{x}; \Omega) = \widehat{N}(\bar{x}; \Omega)$, 并且当 $\varphi_t$ 在 $\bar{x}$ 处是一致严格可微时, 有 $\widetilde{N}(\bar{x}; \Omega) = N(\bar{x}; \Omega)$. 特别地, 如果此外假设 $t \mapsto \varphi_t(\bar{x})$ 和 $(x, t) \mapsto \nabla\varphi_t(x)$ 分别在 $T$ 和 $X \times T$ 上是连续的, 则当仅有 EMFCQ 在 $\bar{x}$ 处成立时, 对于 $\widetilde{N}(\bar{x}; \Omega) = N(\bar{x}; \Omega)$, 我们同样有 (8.18).

**证明** 假设对某个 $d \in \mathbb{N}$, $X = \mathbb{R}^d$. 由命题 8.5 可知 $\varphi_t$, $t \in T$ 和 $h$ 满足固定假设 (SA). 因为系统 (8.2) 在 $\bar{x}$ 处满足 PMFCQ, 存在 $\tilde{\varepsilon} > 0$, $\delta > 0$ 和 $\tilde{x} \in X$, 使得 $\langle\nabla\varphi_t(\bar{x}), \tilde{x}\rangle < -\delta$ 对所有 $t \in T_\varepsilon(\bar{x})$ 和 $\varepsilon \in (0, \tilde{\varepsilon})$ 成立. 观察到根据施加于 $t \mapsto \varphi_t(\bar{x})$ 的 u.s.c. 假设, 对所有 $\varepsilon > 0$, 扰动活跃指标集 $T_\varepsilon(\bar{x})$ 在 $T$ 中是紧的. $t \mapsto \nabla\varphi_t(\bar{x})$ 的连续性确保了 $\{\nabla\varphi_t(\bar{x})\,|\, t \in T_\varepsilon(\bar{x})\}$ 是 $\mathbb{R}^d$ 中一个紧子集. 现在我们断言 $0 \notin \text{co}\{\nabla\varphi_t(\bar{x})\,|\, t \in T_\varepsilon(\bar{x})\}$. 事实上, 我们有

$$\sum_{t \in T_\varepsilon(\bar{x})} \lambda_t \langle\nabla\varphi_t(\bar{x}), \tilde{x}\rangle \leqslant -\sum_{t \in T_\varepsilon(\bar{x})} \lambda_t \delta = -\delta < 0 \text{ as } \lambda \in \widetilde{\mathbb{R}}_+^{T_\varepsilon(\bar{x})}, \qquad \sum_{t \in T_\varepsilon(\bar{x})} \lambda_t = 1,$$

由此可得 $0 \neq \sum_{t \in T_\varepsilon(\bar{x})} \lambda_t \nabla\varphi_t(\bar{x})$, 即, $0 \notin \text{co}\{\nabla\varphi_t(\bar{x})\,|\, t \in T_\varepsilon(\bar{x})\}$. 由练习 8.89 的结果我们可知, 集合 $\{\nabla\varphi_t(\bar{x})\,|\, t \in T_\varepsilon(\bar{x})\}$ 的凸锥包在 $\mathbb{R}^d$ 中是闭的. 根据定理 8.12, 只需证明

$$\bigcap_{\varepsilon > 0} \text{cone}\left\{\nabla\varphi_t(\bar{x})\,\big|\, t \in T_\varepsilon(\bar{x})\right\} = \text{cone}\left\{\nabla\varphi_t(\bar{x})\,\big|\, t \in T(\bar{x})\right\},$$

由于当 $\varepsilon > 0$ 时 $T(\bar{x}) \subset T_\varepsilon(\bar{x})$, 其中的包含 "$\supset$" 显然成立. 为验证反向包含, 在其左边集合中任取 $x^*$, 并根据经典的 Carathéodory 定理找到 $\lambda_k = (\lambda_{k_1}, \cdots \lambda_{k_{d+1}}) \in \mathbb{R}_+^{d+1}$ 和 $\nabla\varphi_{t_{k_1}}(\bar{x}), \cdots, \nabla\varphi_{t_{k_{d+1}}}(\bar{x}) \in \{\nabla\varphi_t(\bar{x})\,|\, t \in T_{k^{-1}}(\bar{x})\} \subset \mathbb{R}^d$, 使得对所有充分大的 $k \in \mathbb{N}$, 满足

$$x^* = \sum_{m=1}^{d+1} \lambda_{k_m} \nabla\varphi_{t_{k_m}}(\bar{x}).$$

由此可得估计

$$\langle x^*, \tilde{x}\rangle = \sum_{m=1}^{d+1} \lambda_{k_m} \langle\nabla\varphi_{t_{k_m}}(\bar{x}), \tilde{x}\rangle \leqslant -\sum_{m=1}^{d+1} \lambda_{k_m} \delta.$$

因为序列 $\{\lambda_k\}$ 在 $\mathbb{R}^{d+1}$ 中是有界的, 从而在 $\{\lambda_k(\nabla\varphi_{t_{k_1}}(\bar{x}), \cdots, \nabla\varphi_{t_{k_{d+1}}}(\bar{x}))\}$ 中也有界, 由后一集合以及 $T$ 的紧性, 对每个 $1 \leqslant m \leqslant d+1$, 我们可以选取序列 $\{\lambda_{k_m}\}$ 和 $\{t_{k_m}\}$ 收敛于某个 $\bar{\lambda}_m$ 和 $\bar{t}_m \in T$. 注意到对于充分大的 $k \in \mathbb{N}$, $0 \geqslant \varphi_{t_{k_m}}(\bar{x}) \geqslant -k^{-1}$, 从而当 $1 \leqslant m \leqslant d+1$ 时, 我们有 $0 = \varphi_{\bar{t}_m}(\bar{x})$. 将此与 $x^*$ 的上述表示相结合表明

$$x^* = \sum_{m=1}^{d+1} \bar{\lambda}_m \nabla\varphi_{\bar{t}_m}(\bar{x}) \in \mathrm{cone}\left\{\nabla\varphi_t(\bar{x}) \,\middle|\, t \in T(\bar{x})\right\},$$

这就在定理 8.12 中对 $\varphi_t$ 的相应假设下, 证明了两个法锥的表示式 (8.18). 本推论的 EMFCQ 部分可由命题 8.1 和命题 8.5 得到.                                          $\triangle$

　　本小节讨论的下一个问题是, 在没有上述任何有限维数、紧性和连续性假设的情况下, 获得推论 8.16 中 "无扰动" 类型的法锥表示的可能性. 下面的定理表明, 当定义 8.8 中的 PMFCQ 与 NFMCQ 同时成立时, 可以做到这一点. 请注意, 后一个条件只适用于 (8.2) 的不等式约束部分.

　　**定理 8.17** (一般情况下法锥的无扰动表示)　设函数 $\varphi_t, t \in T$ 在 $\bar{x}$ 处是一致 Fréchet 可微的, 并设 PMFCQ 和 NFMCQ 对于 (8.2) 在 $\bar{x}$ 处成立. 则我们有

$$\widehat{N}(\bar{x}; \Omega) = \mathrm{cone}\left\{\nabla\varphi_t(\bar{x}) \,\middle|\, t \in T(\bar{x})\right\} + \nabla h(\bar{x})^* Y^*.$$

此外, 如果函数 $\varphi_t, t \in T$ 在 $\bar{x}$ 处满足 (8.4), 则

$$N(\bar{x}; \Omega) = \mathrm{cone}\left\{\nabla\varphi_t(\bar{x}) \,\middle|\, t \in T(\bar{x})\right\} + \nabla h(\bar{x})^* Y^*.$$

　　**证明**　首先, 我们断言集合 $\bigcap_{\varepsilon>0} \mathrm{cl}^*\mathrm{cone}\left\{\nabla\varphi_t(\bar{x}) \,\middle|\, t \in T_\varepsilon(\bar{x})\right\}$ 属于包含

$$(x^*, \langle x^*, \bar{x}\rangle) \in \mathrm{cl}^*\mathrm{cone}\left\{(\nabla\varphi_t(\bar{x}), \langle\nabla\varphi_t(\bar{x}), \bar{x}\rangle - \varphi_t(\bar{x})) \,\middle|\, t \in T\right\} \quad (8.19)$$

的 $x^* \in X^*$ 的集合. 由 $\bar{x}$ 处的 PMFCQ 可知 $\nabla h(\bar{x})$ 是满射并且存在 $\tilde{\varepsilon}, \delta > 0$ 和 $\tilde{x} \in X$ 使得 $\nabla h(\bar{x})\tilde{x} = 0$ 且 $\langle\nabla\varphi_t(\bar{x}), \tilde{x}\rangle < -\delta$ 对所有 $\varepsilon \leqslant \tilde{\varepsilon}$ 和 $t \in T_\varepsilon(\bar{x})$ 成立. 为了证明所声称的包含, 选取 $x^* \in \bigcap_{\varepsilon>0} \mathrm{cl}^*\mathrm{cone}\left\{\nabla\varphi_t(\bar{x}) \,\middle|\, t \in T_\varepsilon(\bar{x})\right\}$ 并对 $\varepsilon \in (0, \tilde{\varepsilon})$ 找到一个网 $(\lambda_\nu)_{\nu\in\mathcal{N}} \subset \mathbb{R}_+^{(T)}$ 满足

$$x^* = w^* - \lim_{\nu\in\mathcal{N}} \sum_{t\in T_\varepsilon(\bar{x})} \lambda_{t\nu} \nabla\varphi_t(\bar{x}).$$

由此我们推导出关系

$$\langle x^*, \tilde{x}\rangle = \lim_{\nu\in\mathcal{N}} \sum_{t\in T_\varepsilon(\bar{x})} \lambda_{t\nu} \langle\nabla\varphi_t(\bar{x}), \tilde{x}\rangle \leqslant -\delta \limsup_{\nu\in\mathcal{N}} \sum_{t\in T_\varepsilon(\bar{x})} \lambda_{t\nu},$$

$$\langle x^*, \bar{x}\rangle = \lim_{\nu\in\mathcal{N}} \sum_{t\in T_\varepsilon(\bar{x})} \lambda_{t\nu} (\langle\nabla\varphi_t(\bar{x}), \bar{x}\rangle - \varphi_t(\bar{x}) + \varphi_t(\bar{x})).$$

所得条件反过来蕴含着

$$0 \geqslant \langle x^*, \bar{x} \rangle - \limsup_{\nu \in \mathcal{N}} \sum_{t \in T_\varepsilon(\bar{x})} \lambda_{t\nu} \big( \langle \nabla \varphi_t(\bar{x}), \bar{x} \rangle - \varphi_t(\bar{x}) \big) \geqslant \frac{\varepsilon}{\delta} \langle x^*, \tilde{x} \rangle.$$

对上式取子网, 并将其与 $x^*$ 的表示相结合, 可知对所有 $\varepsilon \in (0, \tilde{\varepsilon})$,

$$(x^*, \langle x^*, \bar{x} \rangle) \in \mathrm{cl}^* \mathrm{cone} \big\{ \big( \nabla \varphi_t(\bar{x}), \langle \nabla \varphi_t(\bar{x}), \bar{x} \rangle - \varphi_t(\bar{x}) \big) \big| \ t \in T \big\}$$
$$+ \{0\} \times [\varepsilon \delta^{-1} \langle x^*, \tilde{x} \rangle, 0].$$

令 $\varepsilon \downarrow 0$, 这蕴含着 $x^*$ 属于 (8.19) 中集合. 基于 NFMCQ, 我们现在断言

$$\bigcap_{\varepsilon > 0} \mathrm{cl}^* \mathrm{cone} \big\{ \nabla \varphi_t(\bar{x}) \big| \ t \in T_\varepsilon(\bar{x}) \big\} = \mathrm{cone} \big\{ \nabla \varphi_t(\bar{x}) \big| \ t \in T(\bar{x}) \big\}. \qquad (8.20)$$

因为对所有 $\varepsilon > 0$ 有 $T(\bar{x}) \subset T_\varepsilon(\bar{x})$, 所以 (8.11) 中包含 "⊃" 是显然的. 为证明 (8.20) 的反向包含, 在 (8.20) 的左边集合中选取任意元素 $x^*$. 则由 NFMCQ, 我们从 (8.19) 可知, 存在 $\lambda \in I\!R_+^{(T)}$ 使得

$$(x^*, \langle x^*, \bar{x} \rangle) = \sum_{t \in T} \lambda_t \big( \nabla \varphi_t(\bar{x}), \langle \nabla \varphi_t(\bar{x}), \bar{x} \rangle - \varphi_t(\bar{x}) \big).$$

因此, 我们得到以下等式:

$$0 = \sum_{t \in T} \lambda_t \langle \nabla \varphi_t(\bar{x}), \bar{x} \rangle - \sum_{t \in T} \lambda_t \big( \langle \nabla \varphi_t(\bar{x}), \bar{x} \rangle - \varphi_t(\bar{x}) \big) = \sum_{t \in T} \lambda_t \varphi_t(\bar{x}).$$

因为 $\varphi_t(\bar{x}) \leqslant 0$, 这蕴含着对所有 $t \in T$, 有 $\lambda_t \varphi_t(\bar{x}) = 0$, 从而有 $x^* \in \mathrm{cone} \{ \nabla \varphi_t(\bar{x}) |$ $t \in T(\bar{x}) \}$, 这就验证了 (8.20) 中的包含 "⊂". 为完成定理的证明, 只需结合所得等式 (8.20) 与定理 8.12 的结果. △

下一个例子表明, 即使在有限维设置中, 为确保在 NFMCQ 情况下 "无扰动" 的法锥表示, 定理 8.17 中的 PMFCQ 不能被 EMFCQ 所替代.

**例 8.18** (EMFCQ 与 NFMCQ 相结合不能确保无扰动的法锥表示) 我们重新讨论例 8.3 中的无穷约束系统. 其中已经证明该系统在 $\bar{x} = (-1, 0)$ 处满足 EMFCQ 而非 PMFCQ. 在例 8.10 中同样证明了 NFMCQ 在 $\bar{x}$ 处成立. 然而, 观察到定理 8.17 中的两个表示式对于该系统都不满足. 事实上, 正如图 8.2 中所描述的, 我们有

$$\widehat{N}(\bar{x}; \Omega) = N(\bar{x}; \Omega) \neq \mathrm{cone} \big\{ \nabla \varphi_t(\bar{x}) \big| \ t \in T(\bar{x}) \big\} = \mathrm{cone} \{(1, 0)\} = I\!R_+ \times \{0\}.$$

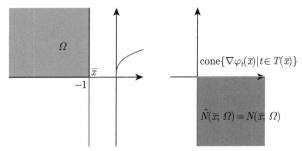

图 8.2　可数多个不等式约束的法锥

定理 8.17 的下一个结果涉及无穷凸系统.

**推论 8.19** (无穷凸系统的法锥)　假设所有 $\varphi_t$, $t \in T$ 都是凸和一致 Fréchet 可微的, $h(x) := Ax$ 是一个满射连续线性算子, 并且 PMFCQ (等价于 SSC) 在 $\bar{x} \in \Omega$ 处成立. 则凸集 $\Omega$ 在点 $\bar{x}$ 处的法锥计算如下

$$N(\bar{x}; \Omega) = \bigcap_{\varepsilon > 0} \mathrm{cl}^* \mathrm{cone} \left\{ \nabla \varphi_t(\bar{x}) \big| \ t \in T_\varepsilon(\bar{x}) \right\} + A^* Y^*.$$

此外, 如果 NFMCQ 在 $\bar{x}$ 处成立, 则我们有

$$N(\bar{x}; \Omega) = \mathrm{cone} \left\{ \nabla \varphi_t(\bar{x}) \big| \ t \in T(\bar{x}) \right\} + A^* Y^*. \tag{8.21}$$

**证明**　由命题 8.7 以及定理 8.12 和定理 8.17 可得.　　　　　　　　△

在本小节的最后, 我们给出线性无穷系统情况下法锥表示的具体形式.

**命题 8.20** (无限线性约束系统的法锥表示)　考虑系统 (8.2), 其中 $\varphi_t(x) = \langle a_t^*, x \rangle - b_t$, $t \in T$, 并且 $h(x) := Ax$. 假设 $A$ 是一个满射连续线性算子并且系数集合 $\{a_t^* | \ t \in T\}$ 是有界的. 如果 SSC 在 $\bar{x}$ 处成立, 则我们有

$$N(\bar{x}; \Omega) = \bigcap_{\varepsilon > 0} \mathrm{cl}^* \mathrm{cone} \left\{ a_t^* \big| \ t \in T_\varepsilon(\bar{x}) \right\} + A^* Y^*.$$

此外, 如果 $\{(a_t^*, b_t) | \ t \in T\}$ 的凸锥包在 $X^* \times \mathbb{R}$ 中是弱 * 闭的并且 $h \equiv 0$, 则简化的表示式成立:

$$N(\bar{x}; \Omega) = \mathrm{cone} \left\{ a_t^* \big| \ t \in T(\bar{x}) \right\} + A^* Y^*. \tag{8.22}$$

**证明**　命题的两个陈述都可由推论 8.19 的结果得出, 其中系数集 $\{a_t^* | \ t \in T\}$ 的有界性来自于本节的固定假设 (SA).　　　　　　　　△

### 8.1.3　非线性 SIPs 的最优性条件

在这里, 我们结合上述可行解集的法锥计算公式与次微分分析法则, 推导出无穷维空间中 (8.1) 型 SIPs 的必要最优性条件. 这是通过在 6.1 节中针对不可

微规划使用的非光滑优化的标准方案来完成的. 无穷约束系统的本质主要体现于 8.1.2 小节给出的适当约束条件下的法锥计算. 为简洁起见, 我们局限于推导下次微分最优性条件, 而将上次微分类型的条件留给读者作为练习.

我们从 Fréchet 可微性假设下任意 Banach 空间中的以下必要最优性条件开始.

**命题 8.21** (Banach 空间中可微 SIPs 的必要最优性条件) 设 PMFCQ 在 $\bar{x}$ 处成立, 且 $\bar{x}$ 是 SIP (8.1) 的局部极小点. 进一步, 假设不等式约束函数 $\varphi_t, t \in T$ 在 $\bar{x}$ 处是一致 Fréchet 可微的, 并且费用函数 $\varphi$ 也在该点处是 Fréchet 可微的. 则我们有包含

$$0 \in \nabla\varphi(\bar{x}) + \bigcap_{\varepsilon>0} \mathrm{cl}^*\mathrm{cone}\left\{\nabla\varphi_t(\bar{x}) \,\middle|\, t \in T_\varepsilon(\bar{x})\right\} + \nabla h(\bar{x})^* Y^*. \quad (8.23)$$

此外, 如果 NFMCQ 在 $\bar{x}$ 处成立, 则存在乘子 $\lambda \in I\!R_+^{(T)}$ 和 $y^* \in Y^*$ 满足微分 KKT 条件

$$0 = \nabla\varphi(\bar{x}) + \sum_{t \in T(\bar{x})} \lambda_t \nabla\varphi_t(\bar{x}) + \nabla h(\bar{x})^* y^*. \quad (8.24)$$

**证明** 通过对 (8.2) 中的约束进行无穷惩罚, $\bar{x}$ 是无约束问题

$$\mathrm{minimize} \ \ f = \varphi(x) + \delta(x; \Omega)$$

的一个局部极小点. 利用在任意 Banach 空间中成立的命题 1.30(i) 的广义 Fermat 法则, 可得

$$0 \in \widehat{\partial}\big(\varphi + \delta(\cdot; \Omega)\big)(\bar{x}).$$

因为 $\varphi$ 在 $\bar{x}$ 处是 Fréchet 可微的, 由 Banach 空间中命题 1.30(ii) 的初等和法则可知

$$0 \in \nabla\varphi(\bar{x}) + \widehat{\partial}\delta(\bar{x}; \Omega)(\bar{x}) = \nabla\varphi(\bar{x}) + \widehat{N}(\bar{x}; \Omega).$$

现在使用定理 8.12 的表示式 (8.10), 我们得到 (8.23). 第二部分 (8.24) 可直接由定理 8.17 得到. △

下一个结果是关于 Asplund 空间中具有非光滑目标的 SIPs, 其与命题 8.21 相比涉及更多.

**定理 8.22** (Asplund 空间中非凸 SIPs 的必要最优性条件, I) 设 $\bar{x}$ 是 (8.1) 的一个局部极小点, 其中 $X$ 是 Asplund 空间, 而 $Y$ 是任意 Banach 空间. 假设约

束函数 $\varphi_t, t \in T$ 在 $\bar{x}$ 处是一致严格可微的, 费用函数 $\varphi$ 在 $\bar{x}$ 周围是下半连续的, 且在该点处是 SNEC 的, 并且规范条件

$$\partial^\infty \varphi(\bar{x}) \cap \left[ - \bigcap_{\varepsilon > 0} \mathrm{cl}^* \mathrm{cone}\{\nabla \varphi_t(\bar{x}) \big| t \in T_\varepsilon(\bar{x})\} - \nabla h(\bar{x})^* Y^* \right] = \{0\} \quad (8.25)$$

得以实现; 后两个假设当 $\varphi$ 在 $\bar{x}$ 周围是局部 Lipschitz 时自动成立. 如果 PMFCQ 在 $\bar{x}$ 处满足, 则

$$0 \in \partial \varphi(\bar{x}) + \bigcap_{\varepsilon > 0} \mathrm{cl}^* \mathrm{cone}\{\nabla \varphi_t(\bar{x}) \big| t \in T_\varepsilon(\bar{x})\} + \nabla h(\bar{x})^* Y^*. \quad (8.26)$$

此外, 如果我们假设 NFMCQ 在 $\bar{x}$ 处成立, 并将 (8.25) 替换为

$$\partial^\infty \varphi(\bar{x}) \cap \left[ - \mathrm{cone}\{\nabla \varphi_t(\bar{x}) \big| t \in T(\bar{x})\} - \nabla h(\bar{x})^* Y^* \right] = \{0\}, \quad (8.27)$$

则存在乘子 $\lambda \in \mathbb{R}_+^{(T)}$ 和 $y^* \in Y^*$, 使得以下微分 KKT 条件满足

$$0 \in \partial \varphi(\bar{x}) + \sum_{t \in T(\bar{x})} \lambda_t \nabla \varphi_t(\bar{x}) + \nabla h(\bar{x})^* y^*. \quad (8.28)$$

**证明**  首先观察到可行集 $\Omega$ 在 $\bar{x}$ 周围是局部闭的. 事实上, 由 (8.4) 可知存在充分小的 $\gamma > 0$ 和 $\eta > 0$, 使得对任意收敛于某个 $x_0$ 的序列 $\{x_k\} \subset \Omega \cap B_\eta(\bar{x})$, 我们有

$$\|h(x_0)\| \leqslant (\|\nabla h(\bar{x})\| + \gamma)\|x_k - x_0\| \quad \text{且}$$
$$\varphi_t(x_0) \leqslant \sup_{\tau \in T}(\|\nabla \varphi_\tau(\bar{x})\| + \gamma)\|x_k - x_0\| + \varphi_t(x_k)$$

对每个 $t \in T$ 和 $k \in \mathbb{N}$ 成立. 通过当 $k \to \infty$ 时取极限, 由后者可得 $h(x_0) = 0$ 且 $\varphi_t(x_0) \leqslant 0$ 对所有 $t \in T$ 成立, 即 $x_0 \in \Omega \cap B_\eta(\bar{x})$, 这就验证了所声称的 $\Omega$ 的局部闭性.

现在对 (8.1) 的无约束形式在 $\bar{x}$ 处利用广义 Fermat 准则, 并在 SNEC 假设下 (参见练习 2.54(i)) 使用任意 Asplund 空间中成立的定理 2.19 中的次微分和法则, 可知在 $\partial^\infty \varphi(\bar{x}) \cap (-N(\bar{x}; \Omega)) = \{0\}$ 时有

$$0 \in \partial(\varphi + \delta(\cdot; \Omega))(\bar{x}) \subset \partial \varphi(\bar{x}) + \partial \delta(\bar{x}; \Omega) = \partial \varphi(\bar{x}) + N(\bar{x}; \Omega).$$

进一步将定理 8.12 的基本法锥表示应用于这两个条件. 从而在满足 (8.25) 和 $\bar{x}$ 处的 PMFCQ 的情况下, 我们得到 (8.26). 最后在上述设置中利用定理 8.17 而非定理 8.12, 我们在 $\bar{x}$ 处的 NFMCQ 假设下得到 KKT 条件 (8.28) 和规范条件 (8.27). 这就完成了定理的证明.                           △

注意如果 $\varphi$ 在 $\bar{x}$ 处是严格可微的, 定理 8.22 和命题 8.21 中所得的必要最优性条件相同. 但是, 命题 8.21 的结果仅要求在一般 Banach 空间设置中费用和约束函数的 Fréchet 可微性.

我们给出定理 8.22 在空间 $X$ 和 $Y$ 都是有限维, 且指标集 $T$ 是紧集的情况下的一个结果. 除了现在的费用函数远没有达到光滑这一事实外, 这是 SIP 理论中的一种常规情况.

**推论 8.23** (具有紧指标集的有限维 SIPs 的必要条件) 设 $\bar{x}$ 是 (8.1) 的一个局部极小点, 其中 $\dim Y < \dim X < \infty$, $T$ 是一个紧度量空间, 并且映射 $(x,t) \mapsto \varphi_t(x)$ 和 $(x,t) \mapsto \nabla\varphi_t(x)$ 是连续的, 而 $\varphi$ 在 $\bar{x}$ 周围是下半连续的. 如果 (8.27) 中的规范要求和 EMFCQ 在 $\bar{x}$ 处成立, 则存在乘子 $\lambda \in I\!R_+^{(T)}$ 和 $y^* \in Y^*$ 满足 KKT 条件 (8.28).

**证明** 根据命题 8.9, 我们可知 NFMCQ 在给定假设下于 $\bar{x}$ 处成立, 由命题 8.5 这也确保了将 PMFCQ 简化为 EMFCQ. 然后从定理 8.22 可以得出推论的形式.                                                                     △

在定理 8.22 的证明中, 一个重要组成部分是将练习 2.54(i) 中给出的 Asplund 空间中的次微分和法则应用于和函数 $\varphi + \delta(\cdot; \Omega)$. 它要求 $\varphi$ 在 $\bar{x}$ 处是 SNEC 或 $\Omega$ 在该点处是 SNC 的. 虽然上面的证明中使用了第一种可能性, 但现在我们将探索第二种可能性. 下一个命题提出了可验证的条件, 以确保无穷系统 (8.2) 的 SNC 性质完全以其初始数据表示, 该结果有其自身的意义.

**命题 8.24** (无穷系统的 SNC 性质) 设 $X$ 是一个 Asplund 空间, 并设在 (8.1) 的框架中 $\dim Y < \infty$. 假设所有函数 $\varphi_t$, $t \in T$ 在某个 $\bar{x} \in \Omega$ 周围是 Fréchet 可微的, 并且导数簇 $\{\nabla\varphi_t\}_{t\in T}$ 在该点周围是等度连续的, 即存在 $\varepsilon > 0$, 使得对每个 $x \in B_\varepsilon(\bar{x})$ 和 每个 $\gamma > 0$ 有 $0 < \tilde{\varepsilon} < \varepsilon$ 满足性质:

$$\|\nabla\varphi_t(x') - \nabla\varphi_t(x)\| \leqslant \gamma, \quad \text{其中 } x' \in B_{\tilde{\varepsilon}}(x) \cap \Omega \quad \text{且} \quad t \in T.$$

若 PMFCQ 在 $\bar{x}$ 处成立, 则 (8.2) 中可行集 $\Omega$ 在 $\bar{x}$ 周围是局部闭的, 且在该点处是 SNC 的.

**证明** 首先考虑集合 $\Omega_1 := \{x \in X | \ \varphi_t(x) \leqslant 0, \ t \in T\}$. 通过使用与定理 8.22 的证明相似的论证, 我们证明 $\Omega_1$ 在 $\bar{x}$ 周围的闭性. 现在我们验证 $\Omega_1$ 在该点处是 SNC 的. 为此, 选取任意序列 $(x_k, x_k^*) \in \Omega_1 \times X^*$, $k \in I\!N$, 满足

$$x_k \xrightarrow{\Omega_1} \bar{x}, \ x_k^* \in \widehat{N}(x_k; \Omega_1) \text{ 且 } x_k^* \xrightarrow{w^*} 0, \quad k \to \infty,$$

并使用等度连续性假设, 观察到, 对于所有充分大的 $k \in I\!N$, 函数 $\varphi_t$ 在 $x_k$ 处满足固定假设 (SA). 此外, 读者可以通过练习 8.91 验证条件 (8.4) 在 $x_k$ 处成立. 因

为 PMFCQ 在 $\bar{x}$ 处满足, 存在 $\delta > 0$, $\varepsilon > 0$ 和 $\tilde{x} \in X$ 使得 $\langle \nabla \varphi_t(\bar{x}), \tilde{x} \rangle \leqslant -2\delta$ 对所有 $t \in T_{2\varepsilon}(\bar{x})$ 成立. 对于充分大的 $k \in I\!N$, 当 $t \in T_\varepsilon(x_k)$ 时, 我们有

$$0 \geqslant \varphi_t(\bar{x}) \geqslant \varphi_t(x_k) - \langle \nabla \varphi_t(\bar{x}), x_k - \bar{x} \rangle - \|x_k - \bar{x}\| s(\|x_k - \bar{x}\|) \geqslant -2\varepsilon,$$

其中函数 $s(\cdot)$ 取自 (8.3). 因此, 不失一般性, 我们可以假设

$$T_\varepsilon(x_k) \subset T_{2\varepsilon}(\bar{x}) \quad \text{且} \quad \sup_{t \in T_\varepsilon(x_k)} \langle \nabla \varphi_t(x_k), \tilde{x} \rangle \leqslant -\delta, \quad \forall k \in I\!N. \qquad (8.29)$$

我们在该设置中应用定理 8.12, 可知当 $k \in I\!N$ 时, 存在网 $\{\lambda_{k_\nu}\}_{\nu \in \mathcal{N}} \subset \widetilde{I\!R}_+^{T_\varepsilon(x_k)}$, 使得

$$x_k^* = w^* - \lim_{\nu \in \mathcal{N}} \sum_{t \in T_\varepsilon(x_k)} \lambda_{tk_\nu} \nabla \varphi_t(x_k).$$

将上式与 (8.29) 相结合, 我们得出估计

$$\langle x_k^*, \tilde{x} \rangle = \lim_{\nu \in \mathcal{N}} \sum_{t \in T_\varepsilon(x_k)} \lambda_{tk_\nu} \langle \nabla \varphi_t(x_k), \tilde{x} \rangle \leqslant -\delta \liminf_{\nu \in \mathcal{N}} \sum_{t \in T_\varepsilon(x_k)} \lambda_{tk_\nu}.$$

此外, 对每个 $x \in X$, 我们有关系

$$\|x_k^*\| = \sup_{x \in I\!B} \left| \liminf_{\nu \in \mathcal{N}} \sum_{t \in T_\varepsilon(x_k)} \lambda_{tk_\nu} \langle \nabla \varphi_t(x_k), x \rangle \right|$$

$$\leqslant \liminf_{\nu \in \mathcal{N}} \sum_{t \in T_\varepsilon(x_k)} \lambda_{tk_\nu} \sup_{\tau \in T} \|\nabla \varphi_\tau(x_k)\|$$

$$\leqslant -\frac{\langle x_k^*, \tilde{x} \rangle}{\delta} \sup_{\tau \in T} \|\nabla \varphi_\tau(x_k)\|.$$

因为 $x_k^* \xrightarrow{w^*} 0$, 这表明 $\|x_k^*\| \to 0$, 因此 $\Omega_1$ 在 $\bar{x}$ 处是 SNC 的.

　　下面考虑集合 $\Omega_2 := \{x \in X | \ h(x) = 0\}$. 显然它在 $\bar{x}$ 周围是闭的. 由练习 2.30 和 $Y$ 的有限维数可知, $\Omega_2$ 在 $\bar{x}$ 处是 SNC 的. 此外, 由练习 1.54(ii) 我们可得 $N(\bar{x}; \Omega_2) = \nabla h(\bar{x})^* Y^*$. 因此, 对 $x^* \in N(\bar{x}; \Omega_1) \cap (-N(\bar{x}; \Omega_2))$ 存在 $y^* \in Y^*$, 满足 $x^* + \nabla h(\bar{x})^* y^* = 0$. 因为 $x^* \in N(\bar{x}; \Omega_1)$, 根据定理 8.12 我们找到网 $\{\lambda_\nu\}_{\nu \in \mathcal{N}} \in I\!R_+^{(T)}$, 使得 $x^* = w^* - \lim_{\nu \in \mathcal{N}} \sum_{t \in T_\varepsilon(\bar{x})} \lambda_{t\nu} \nabla \varphi_t(\bar{x})$, 由此可得

$$0 = -\langle \nabla h(\bar{x})^* y^*, \tilde{x} \rangle = \lim_{\nu \in \mathcal{N}} \sum_{t \in T_\varepsilon(\bar{x})} \lambda_{t\nu} \langle \nabla \varphi_t(\bar{x}), \tilde{x} \rangle \leqslant -2\delta \liminf_{\nu \in \mathcal{N}} \sum_{t \in T_\varepsilon(\bar{x})} \lambda_{t\nu}.$$

这反过来确保了以下关系

$$\langle x^*, x \rangle = \liminf_{\nu \in \mathcal{N}} \sum_{t \in T_\varepsilon(\bar{x})} \lambda_{t\nu} \langle \nabla \varphi_t(\bar{x}), x \rangle$$

$$\leqslant \liminf_{\nu \in \mathcal{N}} \sum_{t \in T_\varepsilon(\bar{x})} \lambda_{t\nu} \sup_{\tau \in T} \|\nabla \varphi_\tau(\bar{x})\| \cdot \|x\| = 0, \quad x \in X.$$

因此我们有 $x^* = 0$, 从而 $N(\bar{x}; \Omega_1) \cap (-N(\bar{x}; \Omega_2)) = \{0\}$. 最后由练习 2.45 可知, 交集 $\Omega = \Omega_1 \cap \Omega_2$ 在 $\bar{x}$ 处是 SNC 的. △

观察到命题 8.24 中的假设 $\dim Y < \infty$ 是必需的. 为了阐述这一点, 考虑当 $T = \varnothing$ 时的特殊情形 (8.1). 由练习 2.30 可知, 逆像 $\Omega = h^{-1}(0)$ 在 $\bar{x} \in \Omega$ 处是 SNC 的, 当且仅当集合 $\{0\}$ 在 $0 \in Y$ 处是 SNC 的. 因为 $N(0; \{0\}) = Y^*$, 后者成立, 当且仅当 $Y^*$ 中的弱* 拓扑与 $Y^*$ 中的范数拓扑一致. 而当 $\dim Y < \infty$ 时, 根据 Banach 空间中几何理论的基本 Josefson-Nissenzweig 定理, 上述一致性必然成立; 参见 [209, 第 12 章].

定理 8.22 的另一 SNC 版本如下.

**定理 8.25** (Asplund 空间中非凸 SIPs 的必要最优性条件, II)  设 $\bar{x}$ 是命题 8.24 的假设下 (8.1) 的一个局部极小点, 并设规范条件 (8.25) 满足. 则我们有渐近必要最优性条件 (8.26). 此外, 如果 NFMCQ 在 $\bar{x}$ 处成立, 并且 (8.25) 替换为 (8.27), 则存在乘子 $\lambda \in I\!R_+^{(T)}$ 和 $y^* \in Y^*$, 使得次微分 KKT 条件 (8.28) 满足.

**证明**  类似定理 8.22 的证明, 应用命题 8.24, 以确保在对 $\varphi + \delta(\cdot; \Omega)$ 使用次微分和法则时 $\Omega$ 的 SNC 性质和闭性. △

下一个结果给出一般 Banach 空间中凸 SIPs 的必要和充分最优性条件.

**定理 8.26** (凸 SIPs 的最优解的刻画)  设 $X$ 和 $Y$ 都是 Banach 空间. 假设函数 $\varphi_t, t \in T$ 是凸且一致 Fréchet 可微的, 并且 $h(x) := Ax$ 是一个满射的连续线性算子. 进一步, 假设费用函数 $\varphi$ 在 $\Omega$ 中某点处是凸并且连续的. 如果 PMFCQ (等价于 SSC) 在 $\bar{x}$ 处成立, 则 $\bar{x}$ 是问题 (8.1) 的一个全局极小点当且仅当

$$0 \in \partial \varphi(\bar{x}) + \bigcap_{\varepsilon > 0} \mathrm{cl}^* \mathrm{cone} \{ \nabla \varphi_t(\bar{x}) \mid t \in T_\varepsilon(\bar{x}) \} + A^* Y^*.$$

此外, 如果 NFMCQ 也在 $\bar{x}$ 处满足, 则 $\bar{x}$ 是问题 (8.1) 的一个全局极小点, 当且仅当存在 $\lambda \in I\!R_+^{(T)}$ 和 $y^* \in Y^*$, 使得

$$0 \in \partial \varphi(\bar{x}) + \sum_{t \in T(\bar{x})} \lambda_t \nabla \varphi_t(\bar{x}) + A^* y^*. \tag{8.30}$$

**证明**  由 (8.1) 的凸性, 我们可知 $\bar{x}$ 是它的全局极小点, 当且仅当 $0 \in \partial (\varphi + \delta(\cdot; \Omega))(\bar{x})$. 在 $\varphi$ 的连续性假设下, 将凸次微分和法则应用于后一包含, 得到

$$0 \in \partial \varphi(\bar{x}) + \partial \delta(\bar{x}; \Omega) = \partial \varphi(\bar{x}) + N(\bar{x}; \Omega),$$

然后利用推论 8.19 的结果完成证明. △

# 8.2　Lipschitz 半无穷规划

我们研究的下一类问题是由局部 Lipschitz 函数给出的, 带有不等式约束的完全非光滑 SIPs:

$$\begin{cases} \text{minimize } \varphi(x) \text{ s.t.} \\ \varphi_t(x) \leqslant 0, \qquad t \in T, \quad x \in X, \end{cases} \tag{8.31}$$

其中 $T$ 是一个任意指标集. 我们在分析中使用的广义微分工具围绕着局部 Lipschitz 函数的基本次梯度展开, 除非另有说明, 我们假设决策空间 $X$ 是 Asplund 的. 在无穷维的情况下建立的这个方法本质上并不比在有限维的情况更复杂, 为了简单起见, 读者可以把主要注意力集中在后者的情况.

与上一节中的方法相比, 我们为问题 (8.31) 推导必要最优条件的策略有着显著不同. 现在我们考虑由本质上不光滑的上确界函数 $\psi\colon X \to \overline{I\!R}$ 给出的, 上述 SIP 的等价单一约束形式

$$\text{minimize } \varphi(x) \text{ s.t. } \psi(x) := \sup \left\{ \varphi_t(x) \,\middle|\, t \in T \right\} \leqslant 0. \tag{8.32}$$

问题 (8.32) 允许我们应用不可微规划的标准机制来推导必要最优性条件, 提供了计算 $\psi$ 的适当次梯度的可能性, 这当然有其自身的重要意义. 我们将沿着这个方向展开如下工作.

## 8.2.1　一些技术引理

在本小节中, 我们给出一些技术引理, 这对于推导本节后面两个部分的主要结果很重要. 对于本节的剩余部分, 我们假定约束函数 $\varphi_t\colon \overline{I\!R}$ 在一个给定点 $\bar{x} \in \text{dom}\,\psi$ 附近是一致局部 Lipschitz 的, 并且模 $K > 0$. 这意味着存在正数 $\delta$, 使得

$$|\varphi_t(x) - \varphi_t(y)| \leqslant K\|x - y\|, \quad \forall\, x, y \in B_\delta(\bar{x}), \quad t \in T. \tag{8.33}$$

注意, 由 (8.33) 可得上确界函数 (8.32) 在 $\bar{x}$ 周围的局部 Lipschitz 连续性并具有模 $K$. 定义 $\bar{x}$ 处的 $\varepsilon$-活跃指标集如下

$$T_\varepsilon(\bar{x}) := \left\{ t \in T \,\middle|\, \varphi_t(\bar{x}) \geqslant \psi(\bar{x}) - \varepsilon \right\}, \quad \varepsilon \geqslant 0, \tag{8.34}$$

并记 $T(\bar{x}) := T_0(\bar{x})$ 且观察到 $T_\varepsilon(\bar{x}) \neq \varnothing \ (\varepsilon > 0)$. 同样记

$$\Delta(T) := \left\{ \lambda \in \widetilde{I\!R}_+^T \,\middle|\, \sum_{t \in T} \lambda_t = 1 \right\}, \tag{8.35}$$

$$\Lambda_\varepsilon(\widehat{x}) := \left\{ \lambda \in \Delta(T_\varepsilon(\bar{x})) \,\middle|\, \varphi_t(\widehat{x}) = \varphi_s(\widehat{x}), \text{对所有 } t, s \in \text{supp}\,\lambda \right\}.$$

首先, 我们得到上确界函数的正则次梯度的一些 "模糊估计", 这为我们推导下面的主要结果提供了一些重要的初步信息.

**引理 8.27** (上确界函数的正则次梯度的模糊估计) 设 $V^*$ 是 $X^*$ 中原点的一个弱* 邻域. 那么对于 (8.32) 中上确界函数 $\psi$ 有以下断言成立:

(i) 对每个正则次梯度 $x^* \in \widehat{\partial}\psi(\bar{x})$ 和每个 $\varepsilon > 0$, 存在元素 $\widehat{x} \in B_\varepsilon(\bar{x})$ 和 $\lambda$ 属于 (8.35) 中的 $\Lambda_\varepsilon(\widehat{x})$, 使得

$$x^* \in \sum_{t \in T_\varepsilon(\bar{x})} \lambda_t \partial\varphi_t(\widehat{x}) + V^*.$$

(ii) 对每个正则次梯度 $x^* \in \widehat{\partial}\psi(\bar{x})$ 和每个 $\varepsilon > 0$, 存在元素 $\lambda \in \Delta(T_\varepsilon(\bar{x}))$ 和 $\widehat{x}_t \in B_\varepsilon(\bar{x})$ $(\forall t \in T_\varepsilon(\bar{x}))$, 使得

$$x^* \in \sum_{t \in T_\varepsilon(\bar{x})} \lambda_t \widehat{\partial}\varphi_t(\widehat{x}_t) + V^*.$$

**证明** 为证明 (i), 固定任意 $x^* \in \widehat{\partial}\psi(\bar{x})$, 然后找到 $m \in \mathbb{N}, \gamma > 0$ 和 $x_k \in X$ $(k = 1, \cdots, m)$, 满足包含

$$\gamma \mathbb{B}^* + \mathrm{span}\{x_1, \cdots, x_m\}^\perp \subset \frac{1}{2}V^*. \tag{8.36}$$

不失一般性, 我们假设 $V^*$ 是凸的且 $2\varepsilon \leqslant \gamma$, 然后定义 $L := \mathrm{span}\{x_1, \cdots, x_m\}$. 因为 $x^* \in \widehat{\partial}\psi(\bar{x})$, 存在 $\delta > 0$ 满足

$$\delta < \frac{1}{2}, \quad 2(K+1)\delta \leqslant \varepsilon \quad \text{且} \quad \frac{\varepsilon + 2(K+1)\delta}{1 - 2\delta} \leqslant \gamma \tag{8.37}$$

使得 $\varphi_t$ 在 $B_{2\delta}(\bar{x})$ 中是一致 Lipschitz 的且秩为 $K$, 并且

$$\psi(x) - \psi(\bar{x}) - \langle x^*, x - \bar{x} \rangle \geqslant -\varepsilon\|x - \bar{x}\|, \quad \forall x \in B_\delta(\bar{x}). \tag{8.38}$$

现在考虑以下约束优化问题:

$$\begin{cases} \text{minimize} \quad y - \langle x^*, x - \bar{x} \rangle + \varepsilon\|x - \bar{x}\| - \psi(\bar{x}) \quad \text{s.t.} \\ \varphi_t(x) - y \leqslant 0, \quad t \in T, \ (x, y) \in B_\delta(\bar{x}) \times \mathbb{R}. \end{cases} \tag{8.39}$$

由 (8.38) 可知 $(\bar{x}, \psi(\bar{x}))$ 是 (8.39) 的一个局部极小点. 定义 l.s.c. 函数 $g: X \times \mathbb{R} \to \overline{\mathbb{R}}$ 如下

$$g(x, y) := y - \langle x^*, x - \bar{x} \rangle + \varepsilon\|x - \bar{x}\| - \psi(\bar{x}) + \delta\big((x, y); \Omega\big),$$

其中 $\Omega := (L \cap B_\delta(\bar{x})) \times [\psi(\bar{x}) - 1, \psi(\bar{x}) + 1]$, 并定义一簇 $g_t \colon X \times \mathbb{R} \to \overline{\mathbb{R}}$ 为 $g_t(x, y) := \varphi_t(x) - y$ $(\forall t \in T)$. 根据 (8.38), 我们有包含

$$\{(x, y) \in X \times \mathbb{R} \mid g(x, y) + \delta^2 \leqslant 0\} \subset \bigcup_{t \in T} \{(x, y) \in \mathrm{int}B_{2\delta}(\bar{x}) \times \mathbb{R} \mid g_t(x, y) > 0\}.$$

后一包含中左边的集合是有界闭的, 因此在有限维空间 $L \times \mathbb{R}$ 中是紧的. 此外, 由 $\varphi_t$ 在 $B_{2\delta}(\bar{x})$ 上的 Lipschitz 连续性, 每个集合 $\{(x, y) \in \mathrm{int}B_{2\delta}(\bar{x}) \times \mathbb{R} \mid g_t(x, y) > 0\}$ 都是开的. 因此存在 $T$ 的有限子集 $S$, 使得

$$\{(x, y) \in X \times \mathbb{R} \mid g(x, y) + \delta^2 \leqslant 0\} \subset \bigcup_{s \in S} \{(x, y) \in \mathrm{int}B_{2\delta}(\bar{x}) \times \mathbb{R} \mid g_s(x, y) > 0\},$$

这蕴含着 $(\bar{x}, \psi(\bar{x}))$ 是以下具有有限多个不等式约束的优化问题的一个 $\delta^2$-最优解:

$$\begin{cases} \mathrm{minimize} \ \ g(x, y) \ \ \mathrm{s.t.} \\ g_s(x, y) \leqslant 0, \ \ s \in S, \ (x, y) \in B_\delta(\bar{x}) \times \mathbb{R}. \end{cases} \tag{8.40}$$

还需要注意, $\partial g_s(x, y) \subset X^* \times \{-1\}$ $(\forall s \in S)$, 并且 $N((x, y); B_\delta(\bar{x}) \times \mathbb{R}) \subset N(x; B_\delta(\bar{x})) \times \{0\}$. 这就保证对于 $s \in S(x, y) := \{s \in S \mid g_s(x, y) = 0\} = \{s \in S \mid \varphi_s(x) = y\}$, 当 $\lambda_s \geqslant 0$ 时有蕴含关系

$$\left[0 \in \sum_{s \in S(x, y)} \lambda_s \partial g_s(x, y) + N\big((x, y); B_\delta(\bar{x}) \times \mathbb{R}\big)\right] \Rightarrow [\lambda_s = 0, \ s \in S(x, y)].$$

现在对问题 (8.40) 应用在 Asplund 空间中成立的 (见 [529, 定理 5.30]) 练习 6.35(ii) 中的次优性条件我们可得 $(\widehat{x}, \widehat{y}) \in X \times \mathbb{R}$, $(\widehat{x}^*, 1) \in \partial g(\widehat{x}, \widehat{y})$, $(x_s^*, -1) \in \partial g_s(\widehat{x}, \widehat{y})$ $(\forall s \in S)$, $(u^*, 0) \in N((\widehat{x}, \widehat{y}); B_\delta(\bar{x}) \times \mathbb{R})$, 以及 $\lambda \in \mathbb{R}_+^S$, 使得 $\|\widehat{x} - \bar{x}\| + |\widehat{y} - \psi(\bar{x})| \leqslant \delta/2$ 且

$$\left\| (\widehat{x}^*, 1) + \sum_{s \in S(\widehat{x}, \widehat{y})} \lambda_s(x_s^*, -1) + (u^*, 0) \right\| \leqslant 2\delta. \tag{8.41}$$

因为 $\widehat{x} \in B_{\frac{\delta}{2}}(\bar{x}) \subset \mathrm{int}B_\delta(\bar{x})$, 我们有 $u^* \in N(\widehat{x}; B_\delta(\bar{x})) = \{0\}$. 此外, 由函数 $g$ 的凸性知

$$\widehat{x}^* \in -x^* + \varepsilon \mathbb{B}^* + N\big(\widehat{x}; L \cap B_\delta(\bar{x})\big)$$
$$\subset -x^* + \varepsilon \mathbb{B}^* + N\big(\widehat{x}; L\big) + N\big(\widehat{x}; B_\delta(\bar{x})\big)$$
$$\subset -x^* + \varepsilon \mathbb{B}^* + L^\perp.$$

因此由估计 (8.41) 可得 $\|\sum_{s \in S(\widehat{x}, \widehat{y})} \lambda_s - 1\| \leqslant 2\delta$, 且

$$x^* \in \sum_{s \in S(\widehat{x}, \widehat{y})} \lambda_s x_s^* + (\varepsilon + 2\delta) I\!B^* + L^\perp. \tag{8.42}$$

根据 $\delta < 1/2$, 我们有 $\sum_{s \in S(\widehat{x}, \widehat{y})} \lambda_s > 0$. 我们进一步定义

$$\lambda_s' := \lambda_s \left[ \sum_{t \in S(\widehat{x}, \widehat{y})} \lambda_t \right]^{-1}, \quad \forall s \in S(\widehat{x}, \widehat{y}),$$

从而有 $\sum_{s \in S(\widehat{x}, \widehat{y})} \lambda_s' = 1$. 因为 $\|x^*\| \leqslant K$, 从 (8.36), (8.37) 和 (8.42) 我们推出以下链式包含:

$$x^* \in \frac{1}{\displaystyle\sum_{s \in S(\widehat{x}, \widehat{y})} \lambda_s} x^* + \left| 1 - \frac{1}{\displaystyle\sum_{s \in S(\widehat{x}, \widehat{y})} \lambda_s} \right| \|x^*\| I\!B^*$$

$$\subset \sum_{s \in S(\widehat{x}, \widehat{y})} \lambda_s' x_s^* + \frac{\varepsilon + 2\delta}{\displaystyle\sum_{s \in S(\widehat{x}, \widehat{y})} \lambda_s} I\!B^* + L^\perp + \frac{\left| \displaystyle\sum_{s \in S(\widehat{x}, \widehat{y})} \lambda_s - 1 \right|}{\displaystyle\sum_{s \in S(\widehat{x}, \widehat{y})} \lambda_s} K I\!B^*$$

$$\subset \sum_{s \in S(\widehat{x}, \widehat{y})} \lambda_s' x_s^* + \frac{\varepsilon + 2\delta}{1 - 2\delta} I\!B^* + L^\perp + \frac{2\delta}{1 - 2\delta} K I\!B^*$$

$$\subset \sum_{s \in S(\widehat{x}, \widehat{y})} \lambda_s' x_s^* + \frac{\varepsilon + 2(K+1)\delta}{1 - 2\delta} I\!B^* + L^\perp$$

$$\subset \sum_{s \in S(\widehat{x}, \widehat{y})} \lambda_s' x_s^* + \gamma I\!B^* + L^\perp \subset \sum_{s \in S(\widehat{x}, \widehat{y})} \lambda_s' x_s^* + V^*. \tag{8.43}$$

现在我们断言 $S(\widehat{x}, \widehat{y}) \subset T_\varepsilon(\bar{x})$. 事实上, 由 (8.33) 可知, 对每个 $s \in S(\widehat{x}, \widehat{y})$, 有

$$\varphi_s(\bar{x}) \geqslant \varphi_s(\widehat{x}) - K\|\bar{x} - \widehat{x}\| \geqslant \widehat{y} - K\frac{\delta}{2} \geqslant \psi(\bar{x}) - \frac{\delta}{2} - K\frac{\delta}{2} \geqslant \psi(\bar{x}) - \varepsilon,$$

这蕴含着 $s \in T_\varepsilon(\bar{x})$. 因此 $S(\widehat{x}, \widehat{y}) \subset T_\varepsilon(\bar{x})$, 结合 (8.43) 就证明了引理的断言 (i).

为证明断言 (ii), 从 (i) 的证明我们可得 $x_s^* \in \partial \varphi_s(\widehat{x}) (\forall s \in S(\widehat{x}, \widehat{y}))$, 然后根据在 Asplund 空间中成立的 (1.37) 的第一个次微分表示, 找到 $x_s \in X$ 和 $\widehat{x}_s^* \in \widehat{\partial} \varphi_s(x_s)$, 使得 $\|x_s - \widehat{x}\| \leqslant \delta$ 且 $x_s^* \in \widehat{x}_s^* + V^*$. 由此我们可得包含

$$x^* \in \sum_{s \in S(\widehat{x}, \widehat{y})} \lambda_s' x_s^* + V^* \subset \sum_{s \in S(\widehat{x}, \widehat{y})} \lambda_s' \widehat{x}_s^* + \sum_{s \in S(\widehat{x}, \widehat{y})} \lambda_s' V^* + V^*$$

$$\subset \sum_{s \in S(\widehat{x},\widehat{y})} \lambda_s' \widehat{x}_s^* + V^* + V^* \subset \sum_{s \in S(\widehat{x},\widehat{y})} \lambda_s' \widehat{x}_s^* + 2V^*.$$

因为 $\|x_s - \bar{x}\| \leqslant \|x_s - \widehat{x}\| + \|\widehat{x} - \bar{x}\| \leqslant 2\delta \leqslant \varepsilon$ 和 $S(\widehat{x}, y) \subset T_\varepsilon(\bar{x})$, 我们得到 (ii) 中所声称的包含, 从而完成了引理的证明.　　　　　　　　　　　　　　△

下面两个引理并不直接与 SIPs 或上确界函数的次梯度相关联, 而是有着其自身的意义, 并且对于本节主要结果的证明非常重要.

**引理 8.28** (弱* 闭锥包)　设对于 Banach 空间 $X$, $A \subset X^*$ 是弱* 紧的并且 $0 \notin A$. 则锥包 $I\!R_+ A$ 是弱* 闭的.

**证明**　为证明锥 $I\!R_+ A$ 在 $X^*$ 中是弱* 闭的, 任取弱* 收敛于某个 $x^* \in X^*$ 的网 $\{x_\nu^*\}_{\nu \in \mathcal{N}} \subset I\!R_+ A$. 因此存在网 $\{\lambda_\nu\}_{\nu \in \mathcal{N}} \subset I\!R_+$ 和 $\{u_\nu^*\}_{\nu \in \mathcal{N}} \subset A$ 使得 $\lambda_\nu u_\nu^* = x_\nu^* \overset{w^*}{\to} x^*$. 定义 $\lambda := \limsup_{\nu \in \mathcal{N}} \lambda_\nu$. 如果 $\lambda = \infty$, 则我们找到一个子网 $\{\lambda_\nu\}$ (不重新标记) 收敛于 $\infty$. 因为 $A$ 是弱* 紧的, 不失一般性, 假设 $u_\nu^* \overset{w^*}{\to} u^*$. 此外, 由于 $\lambda_\nu \to \infty$, 所以关系 $\langle \lambda_\nu u_\nu^*, x \rangle \to \langle x^*, x \rangle$ 和 $\langle u_\nu^*, x \rangle \to \langle u^*, x \rangle$ $(\forall x \in X)$ 蕴含着 $\langle u_\nu^*, x \rangle \to 0$ $(\forall x \in X)$. 由此我们可得 $0 \in A$, 这与所做假设矛盾. 因此 $\lambda < \infty$. 通过类似论述我们证明 $\lambda_\nu \to \lambda \in I\!R_+$ 且 $u_\nu^* \overset{w^*}{\to} u^* \in A$. 从而 $x^* = \lambda u^* \in I\!R_+ A$, 这就告诉我们 $I\!R_+ A$ 是弱* 闭的, 因此完成了引理的证明.　　△

最后一个引理为 Asplund 空间中递增极值映射的 Painlevé-Kuratowski 序列外极限建立了一些关系.

**引理 8.29** (递增映射的外极限)　设 $X$ 是 Asplund 空间, 并设 $F: I\!R_+ \rightrightarrows X^*$ 是一个集值映射. 假设存在 $\varepsilon > 0$, 使得 $F(\varepsilon)$ 在 $X^*$ 中是有界的, 并且 $F$ 是递增的, 即, $F(\varepsilon_1) \subset F(\varepsilon_2)$ 当 $0 \leqslant \varepsilon_1 \leqslant \varepsilon_2$ 时成立. 则以下断言成立:

(i) $\mathrm{cl}^*[\mathrm{Lim\,sup}_{\varepsilon \downarrow 0} F(\varepsilon)] = \bigcap_{\varepsilon > 0} \mathrm{cl}^* F(\varepsilon)$.

(ii) $\mathrm{cl}^* \mathrm{co}[\mathrm{Lim\,sup}_{\varepsilon \downarrow 0} F(\varepsilon)] = \mathrm{cl}^*[\mathrm{Lim\,sup}_{\varepsilon \downarrow 0} \mathrm{co} F(\varepsilon)]$.

(iii) 如果 $0 \notin \mathrm{cl}^*[\mathrm{Lim\,sup}_{\varepsilon \downarrow 0} F(\varepsilon)]$, 则我们有

$$I\!R_+ \mathrm{cl}^* \Big[ \limsup_{\varepsilon \downarrow 0} F(\varepsilon) \Big] = \mathrm{cl}^* \limsup_{\varepsilon \downarrow 0} \big[ I\!R_+ F(\varepsilon) \big].$$

**证明**　(i) 中的包含 "$\subset$" 可由定义直接得到. 为证明反向包含, 任意选取 $x^*$ 属于 (i) 的右边集合, 并任取 $X^*$ 中原点的一个凸弱* 邻域 $V^*$. 由此我们得到序列 $\varepsilon_k \downarrow 0$ 和 $x_k^* \in F(\varepsilon_k)$ 使得 $x^* \in x_k^* + \dfrac{V^*}{2}$. 因为对某个 $\varepsilon, K > 0$ 有 $F(\varepsilon) \subset K I\!B^*$, 存在 $\{x_k^*\}$ 的一个子列 (不重新标记) 弱* 收敛于某个 $u^* \in \mathrm{Lim\,sup}_{\varepsilon \downarrow 0} F(\varepsilon)$. 对于充分大的 $k \in I\!N$ 我们有 $x_k^* \in u^* + \dfrac{V^*}{2}$, 从而得到

$$x^* \in u^* + \frac{V^*}{2} + \frac{V^*}{2} = u^* + V^* \subset \limsup_{\varepsilon \downarrow 0} F(\varepsilon) + V^*,$$

根据 $V^*$ 选取的任意性, 我们完成了 (i) 的证明.

为证明 (ii), 观察 (i) 可得

$$\operatorname*{Lim\,sup}_{\varepsilon\downarrow 0} F(\varepsilon) \subset \bigcap_{\varepsilon > 0} \mathrm{cl}^* F(\varepsilon) \subset \bigcap_{\varepsilon > 0} \mathrm{cl}^* \mathrm{co} F(\varepsilon) = \mathrm{cl}^* \left[ \operatorname*{Lim\,sup}_{\varepsilon\downarrow 0} \mathrm{co} F(\varepsilon) \right],$$

这确保了 (ii) 中的包含 "$\subset$" 成立. 为证明其中的反向包含, 只需验证

$$\operatorname*{Lim\,sup}_{\varepsilon\downarrow 0} \mathrm{co} F(\varepsilon) \subset \mathrm{cl}^* \mathrm{co} \left[ \operatorname*{Lim\,sup}_{\varepsilon\downarrow 0} F(\varepsilon) \right].$$

反之, 假设上式不成立, 则可以找到序列 $\varepsilon_k \downarrow 0$ 和 $x_k^* \xrightarrow{w^*} x^*$, 满足 $x_k^* \in \mathrm{co} F(\varepsilon_k)$, 使得 $x^*$ 不在 (ii) 的右边集合中. 由经典的凸分离定理, 我们可得 $0 \neq v \in X$ 和 $\alpha, \beta \in I\!R$, 满足

$$\langle x^*, v \rangle > \alpha > \beta > \langle u^*, v \rangle, \quad \forall\, u^* \in \operatorname*{Lim\,sup}_{\varepsilon\downarrow 0} F(\varepsilon). \tag{8.44}$$

因为 $x_k^* \xrightarrow{w^*} x^*$, 我们可以不失一般性假设 $\langle x_k^*, v \rangle > \dfrac{\alpha + \beta}{2}$ $(\forall k \in I\!N)$. 根据 $x_k^* \in \mathrm{co} F(x_k)$, 存在一个有限指标集 $S_k$, $\lambda_k$ 属于 (8.35) 中的 $\Delta(S_k)$, 以及 $x_{k_s}^* \in F(\varepsilon_k)$ $(\forall s \in S_k)$, 使得

$$x_k^* = \sum_{s \in S_k} \lambda_{k_s} x_{k_s}^*, \quad k \in I\!N.$$

对每个 $k \in I\!N$, 在集合 $\{x_{k_s}^* \mid s \in S_k\}$ 的元素中, 我们选取 $\widehat{x}_k^* \in F(\varepsilon_k)$, 使得 $\langle \widehat{x}_k^*, v \rangle = \max\{\langle x_{k_s}^*, v \rangle \mid s \in S_k\}$. 从而有

$$\langle \widehat{x}_k^*, v \rangle \geqslant \sum_{s \in S_k} \lambda_{k_s} \langle x_{k_s}^*, v \rangle = \langle x_k^*, v \rangle > \frac{\alpha + \beta}{2}.$$

因为 $\{\widehat{x}_k^*\}$ 在 $X^*$ 中是有界的, 并且在 $X$ 中是 Asplund 的, 我们可以假设 $\{\widehat{x}_k^*\}$ 弱* 收敛于某个 $u^* \in X^*$. 由此可得 $u^* \in \operatorname*{Lim\,sup}_{\varepsilon\downarrow 0} F(\varepsilon)$, 并且 $\langle u^*, v \rangle \geqslant \dfrac{\alpha + \beta}{2}$, 这与 (8.44) 相矛盾, 因此证明了 (ii).

仍需根据额外的假设来证明 (iii). 其中的包含 "$\subset$" 是显然的. 为验证反向包含, 我们证明

$$\operatorname*{Lim\,sup}_{\varepsilon\downarrow 0} [I\!R_+ F(\varepsilon)] \subset I\!R_+ \mathrm{cl}^* \left[ \operatorname*{Lim\,sup}_{\varepsilon\downarrow 0} F(\varepsilon) \right], \tag{8.45}$$

根据引理 8.28, 其中右边的集合是弱* 闭的. 为证明 (8.45), 在 (8.45) 的左边集合中选取任一元素 $x^* \neq 0$, 并找到 $\varepsilon_k \downarrow 0$, $\lambda_k \in I\!R_+$ 和 $u_k^* \in F(\varepsilon_k)$ $(\forall k \in I\!N)$

使得 $\lambda_k u_k^* \overset{w^*}{\to} x^*$. 根据引理 8.28 的证明, 不失一般性假设 $\lambda_k \to \lambda \in I\!R_+$ 且 $u_k^* \overset{w^*}{\to} u^* \in \operatorname{Lim\,sup}_{\varepsilon\downarrow 0} F(\varepsilon)$. 由此可得 $\lambda_k u_k^* \overset{w^*}{\to} \lambda u^* = x^*$, 从而 $x^*$ 属于 (8.45) 的右边集合. 这就验证了 (iii), 从而完成了引理的证明.　　　　　△

### 8.2.2　上确界函数的基本次梯度

通过使用 8.2.1 小节的基本结果, 我们现在继续在 Asplund 空间的各种假设下, 推导 (8.32) 中上确界函数 $\psi$ 的基本次微分的点基上估计.

我们这里的第一个定理采用了映射 $F : Z \rightrightarrows X^*$ 在 $\bar{z}$ 处的弱* 外稳定性这一概念, 即包含 $\operatorname{Lim\,sup}_{z\to\bar{z}} F(z) \subset \operatorname{cl}^* F(\bar{z})$ 成立. 注意此概念与 $F$ 在 $\bar{z}$ 处的弱* 外半连续性这一标准概念相关 (下面并未使用), 其中的运算 $\operatorname{cl}^*$ 在上述包含的右边被省略.

**定理 8.30** (上确界函数的基本次梯度的点基估计)　给定 (8.31) 中 $\varphi_t$, 定义 $C : I\!R_+ \rightrightarrows X^*$ 如下

$$C(\varepsilon) := \cup \left\{ \sum_{t \in T_\varepsilon(\bar{x})} \lambda_t \partial\varphi_t(x) \,\Big|\, x \in B_\varepsilon(\bar{x}),\ \lambda \in \Lambda_\varepsilon(x) \right\}, \quad \varepsilon \geqslant 0, \quad (8.46)$$

其中 $\Lambda_\varepsilon(x)$ 取自 (8.35) $(\forall \varepsilon > 0)$, 并且 $\Lambda_0(x) := \Delta(T(x))$. 则下面断言成立:

(i) (8.32) 中 $\psi$ 在 $\bar{x}$ 处的基本次微分有以下估计

$$\partial\psi(\bar{x}) \subset \bigcap_{\varepsilon > 0} \operatorname{cl}^* C(\varepsilon). \quad (8.47)$$

(ii) 映射 (8.46) 在 0 处的弱* 外稳定性可以确保

$$\partial\psi(\bar{x}) \subset \operatorname{cl}^* \left[ \cup \left\{ \sum_{t \in T(\bar{x})} \lambda_t \partial\varphi_t(\bar{x}) \,\Big|\, \lambda \in \Delta(T(\bar{x})) \right\} \right]. \quad (8.48)$$

(iii) 此外, 如果 $X$ 是自反的, 并且 $\varphi_t, t \in T(\bar{x})$ 在 $\bar{x}$ 处是下正则的, 则 $\psi$ 在 $\bar{x}$ 处也是下正则的, 并且 (8.48) 中等式成立.

**证明**　为验证 (i), 任取 $x^* \in \partial\psi(\bar{x})$, 并取定 $X^*$ 中原点的一个任意弱* 邻域 $V^*$. 根据 $x^*$ 的定义, 存在序列 $x_k \to \bar{x}$ 和 $x_k^* \in \hat{\partial}\psi(x_k)$ 满足 $x_k^* \overset{w^*}{\to} x^*$. 选取 $0 \in X^*$ 的邻域 $U^*$ 满足 $\operatorname{cl}^* U^* \subset V^*$, 并找到序列 $\delta_k \downarrow 0$ 满足 $\delta_k > \|x_k - \bar{x}\|$ $(\forall k \in I\!N)$. 由引理 8.27 可知, 存在 $\hat{x}_k \in B_{\delta_k}(x_k)$ 和 $\lambda_k \in \Delta(T_{\delta_k}(x_k))$ 满足 $\varphi_t(\hat{x}_k) = \varphi_s(\hat{x}_k)$ $(\forall t, s \in \operatorname{supp} \lambda_k)$, 并且使得

$$x_k^* \in \sum_{t \in T_{\delta_k}(x_k)} \lambda_{k_t} \partial\varphi_t(\hat{x}_k) + U^*. \quad (8.49)$$

此外, 注意对于所有充分大的 $k \in \mathbb{N}$, 我们有

$$\varphi_t(\bar{x}) \geqslant \varphi_t(x_k) - K\|x_k - \bar{x}\| \geqslant \psi(x_k) - \delta_k - K\|x_k - \bar{x}\|$$
$$\geqslant \psi(\bar{x}) - 2K\|x_k - \bar{x}\| - \delta_k \geqslant \psi(\bar{x}) - (2K+1)\delta_k$$

当 $t \in T_{\delta_k}(x_k)$ 时成立. 定义 $\varepsilon_k := \max\{2\delta_k, (2K+1)\delta_k\}$, 并且使用上述不等式, 我们可得包含 $\widehat{x}_k \in B_{\varepsilon_k}(\bar{x})$ 和 $T_{\delta_k}(x_k) \subset T_{\varepsilon_k}(\bar{x})$. 这蕴含着 $\lambda_k \in \Lambda_{\varepsilon_k}(\widehat{x}_k)$, 并且由 (8.49) 有 $x_k^* \in C(\varepsilon_k) + U^*$. 从而存在 $\widehat{x}_k^* \in C(\varepsilon_k)$ 和 $u_k^* \in U^*$ 满足 $x_k^* = \widehat{x}_k^* + u_k^*$. 进一步观察到, 对于所有充分大的 $k \in \mathbb{N}$, $C(\varepsilon_k)$ 包含于 $K\mathbb{B}^*$. 序列 $\{\widehat{x}_k^*\}$ 在 $X^*$ 中是有界的, 因此根据 $X$ 的 Asplund 性质, 它包含一个弱* 收敛的子列. 不失一般性, 假设该序列自身收敛于某个 $x^* \in X^*$, 我们得到 $u_k^* \xrightarrow{w^*} x^* - \widehat{x}^* \in \text{cl}^*U^*$, 因此对任意 $V^*$, 有

$$x^* = \widehat{x}^* + (x^* - \widehat{x}^*) \in \left[\operatorname*{Lim\,sup}_{\varepsilon \downarrow 0} C(\varepsilon)\right] + \text{cl}^*U^* \subset \left[\operatorname*{Lim\,sup}_{\varepsilon \downarrow 0} C(\varepsilon)\right] + V^*,$$

这蕴含着 $x^* \in \text{cl}^*[\operatorname*{Lim\,sup}_{\varepsilon \downarrow 0} C(\varepsilon)]$. 现在应用引理 8.29 可得 (8.47), 从而证明了 (i). 根据 (8.46) 中映射 $C(\cdot)$ 的弱* 外稳定性假设, 断言 (ii) 可由 (i) 得到.

仍需根据所作的额外假设证明 (iii). 任取 $x^* \in C(0)$, 并找到 $\lambda \in \Delta(T(\bar{x}))$, 使得

$$x^* \in \sum_{t \in T(\bar{x})} \lambda_t \partial \varphi_t(\bar{x}) = \sum_{t \in T(\bar{x})} \lambda_t \widehat{\partial} \varphi_t(\bar{x}).$$

容易验证, 由 $\sum_{t \in T(\bar{x})} \lambda_t \varphi_t(\bar{x}) = \psi(\bar{x})$ 和 $\sum_{t \in T(\bar{x})} \lambda_t \varphi_t(x) \leqslant \psi(x)(\forall x \in X)$, 可得包含

$$\sum_{t \in T(\bar{x})} \lambda_t \widehat{\partial} \varphi_t(\bar{x}) \subset \widehat{\partial} \left(\sum_{t \in T(\bar{x})} \lambda_t \varphi_t\right)(\bar{x}) \quad \text{和} \quad \widehat{\partial} \left(\sum_{t \in T(\bar{x})} \lambda_t \varphi_t\right)(\bar{x}) \subset \widehat{\partial} \psi(\bar{x}).$$

因此 $C(0) \subset \widehat{\partial} \psi(\bar{x})$, 并且由 (8.48) 可得

$$\widehat{\partial} \psi(\bar{x}) \subset \partial \psi(\bar{x}) \subset \text{cl}^* C(0) \subset \text{cl}^* \widehat{\partial} \psi(\bar{x}) = \widehat{\partial} \psi(\bar{x}),$$

其中最后一个等式成立是由于空间 $X$ 的自反性. 这就证明了 (8.48) 中的等式, 从而完成了定理的证明. △

我们在 $\mathbb{R}^2$ 中构造一个例子, 表明 (8.47) 式右边的集合通常是非凸的. 在这个例子中, (8.47) 式等式成立, 并且在 (8.46) 中扰动集 $\Lambda_\varepsilon(x)$ 的使用是必要的.

**例 8.31** (上确界函数的基本次梯度的非凸估计)　设 $X = \mathbb{R}^2$ 且 $T = (0,1) \subset \mathbb{R}$, 并设上确界函数 $\psi \colon \mathbb{R}^2 \to \mathbb{R}$ 定义如下

$$\psi(x) := \sup \left\{ tx_1^3 - \frac{1}{(t+1)^2}|x_2| + t^3 - 1 \,\Big|\, t \in T \right\}.$$

记 $\varphi_t(x) := tx_1^3 - \dfrac{1}{(t+1)^2}|x_2| + t^3 - 1,\ t \in T$, 并设 $\bar{x} = (0,0)$. 容易验证, 函数 $\varphi_t$ 在 $\bar{x}$ 周围是一致 Lipschitz 连续的, $T(\bar{x}) = \varnothing$, 并且 $T_\varepsilon(\bar{x}) = \{ t \in T \,|\, t \geqslant \sqrt[3]{1-\varepsilon} \}$ ($\forall \varepsilon > 0$). 任取 $x^* \in C(\varepsilon)$, 并根据 (8.46) 找到 $x \in B_\varepsilon(\bar{x})$ 和 $\lambda \in \Delta(T_\varepsilon(\bar{x}))$, 使得

$$x^* \in \sum_{t \in T_\varepsilon(\bar{x})} \lambda_t \partial\varphi_t(x) \ \text{且}\ \varphi_t(x) = \varphi_s(x), \quad \forall\, t, s \in \operatorname{supp}\lambda.$$

如果 $\varphi_t(x) = \varphi_s(x)$ 且 $t \neq s$, 我们由上式可得

$$tx_1^3 - \frac{1}{(t+1)^2}|x_2| + t^3 - 1 = sx_1^3 - \frac{1}{(s+1)^2}|x_2| + s^3 - 1,$$

这等价于方程

$$x_1^3 - \frac{t+s+2}{(t+1)^2(s+1)^2}|x_2| = -t^2 + ts - s^2.$$

当 $\varepsilon > 0$ 充分小时, 因为对于 $x \in B_\varepsilon(\bar{x})$ 和 $t \in T_\varepsilon(\bar{x})$, 该方程的左边接近 0, 而另一边接近 $-1$, 所以它无解. 因此, 对于小的 $\varepsilon$, 有 $C(\varepsilon) = \bigcup \{ \partial\varphi_t(x) \,|\, t \in T_\varepsilon(\bar{x}),\ x \in B_\varepsilon(\bar{x}) \}$. 进一步, 注意到 $\partial\varphi_t(x) \subset \left\{ \left( 3tx_1^2, \dfrac{1}{(t+1)^2} \right), \left( 3tx_1^2, -\dfrac{1}{(t+1)^2} \right) \right\}$, 其中当 $x_2 = 0$ 时等式成立. 应用引理 8.29 可得表示

$$\bigcap_{\varepsilon > 0} \operatorname{cl} C(\varepsilon) = \operatorname{cl} \left[ \operatorname*{Lim\,sup}_{\varepsilon \downarrow 0} C(\varepsilon) \right] = \left\{ \left( 0, \frac{1}{4} \right), \left( 0, -\frac{1}{4} \right) \right\},$$

产生一个非凸集合. 对于所有 $\bar{x}$ 附近的 $x$, 我们也有 $\psi(x) = x_1^3 - \dfrac{1}{4}|x_2|$. 因此 (8.47) 中等式成立, 并且集合 $\partial\psi(\bar{x})$ 同样是非凸的.

现在我们介绍无穷函数族的一个次微分性质, 该性质可以看作是 8.1 节中所讨论的一致严格可微性的非光滑扩展, 另一方面, 使得其行为类似于有限多个 Lipschitz 函数簇.

**定义 8.32** (等度次可微性)　我们称函数 $\varphi_t \colon X \to \overline{\mathbb{R}},\ t \in T$ 在 $\bar{x}$ 处是等度次可微的, 如果对任意 $0 \in X^*$ 的弱* 邻域 $V^*$, 存在 $\varepsilon > 0$, 使得

$$\partial\varphi_t(x) \subset \partial\varphi_t(\bar{x}) + V^*, \quad \forall\, t \in T_\varepsilon(\bar{x}), \quad x \in B_\varepsilon(\bar{x}). \tag{8.50}$$

下一个命题表明, 性质 (8.50) 对于前面提到的函数类自动成立.

**命题 8.33** (等度连续次可微性的充分条件)　函数 $\varphi_t(x)$, $t \in T$ 在 $\bar{x}$ 处是等度连续次可微的, 如果满足下列条件之一:

(i) 指标集 $T$ 是有限的, 且对所有 $t \in T$, 函数 $\varphi_t$ 在 $\bar{x}$ 附近是局部 Lipschitz 的;

(ii) 或者在 (8.4) 所描述的意义下, 函数 $\varphi_t$ 对任意指标集 $T$ 在 $\bar{x}$ 处是一致严格可微的.

**证明**　为验证 (i), 考虑在 $\bar{x}$ 附近局部 Lipschitz 的有限多个函数 $\varphi_t$; 它们在 $\bar{x}$ 附近显然是一致 Lipschitz 的, 且秩为 $K$. 任取 $0 \in X^*$ 的弱* 邻域 $V^*$ 并假设 $V^*$ 是凸的. 如果 $\varphi_t$ 在 $\bar{x}$ 处不是等度连续次可微的, 则我们可根据基本次梯度表示找到序列 $\varepsilon_k \downarrow 0$, $x_k \in B_{\varepsilon_k}(\bar{x})$, $u_k \in B_{\varepsilon_k}(x_k)$, $t_k \in T_{\varepsilon_k}(\bar{x})$, $x_k^* \in \partial \varphi_{t_k}(x_k)$ 和 $u_k^* \in \widehat{\partial} \varphi_{t_k}(u_k)$, 使得 $x_k^* \notin \partial \varphi_{t_k}(\bar{x}) + V^*$ 且 $x_k^* \in u_k^* + \dfrac{V^*}{2}$. 因为 $T$ 是有限的, 存在 $\{t_k\}$ 的子列 $\{t_{k_m}\}$, 使得其元素为常数, 记为 $\hat{t}$. 当 $m$ 充分大时, 范数 $\|u_{k_m}^*\|$ 有界且其界限为 $K$. 因此, 存在 $\{u_{k_m}^*\}$ 的子列 (不重新标记) 弱* 收敛于 $u^* \in \partial \varphi_{\hat{t}}(\bar{x})$. 由此可得, 对于充分大的 $m$, 有

$$x_{k_m}^* \in u_{k_m}^* + \frac{V^*}{2} \subset u^* + \frac{V^*}{2} + \frac{V^*}{2} \subset \partial \varphi_{\hat{t}}(\bar{x}) + V^* = \partial \varphi_{t_{k_m}}(\bar{x}) + V^*,$$

这就产生了矛盾, 从而证明了 (i).

为证明 (ii), 固定任意 $\delta > 0$, 使得 $\delta \mathbb{B}^* \subset V^*$, 其中 $V^*$ 应该是凸的. 由 (8.4) 可知每个函数 $\varphi_t$ 在 $\bar{x}$ 处是严格可微的. 因此 $\partial \varphi_t(\bar{x}) = \{\nabla \varphi_t(\bar{x})\}$ $(\forall t \in T)$. 此外, 由 (8.4) 我们可以找到 $\eta > 0$, 使得 $r(\eta) < \dfrac{\delta}{2}$. 定义 $\varepsilon := \dfrac{\eta}{2}$ 并任取 $x \in B_\varepsilon(\bar{x})$, 以及对某个 $t \in T_\varepsilon(\bar{x})$ 选取 $x_t^* \in \partial \varphi_t(x)$. 则存在 $x_t \in B_\varepsilon(x)$, $\widehat{x}_t^* \in \widehat{\partial} \varphi_t(x_t)$ 和 $\varepsilon_t \in (0, \varepsilon)$, 使得 $x_t^* \in \widehat{x}_t^* + V^*$, 并且

$$\varphi_t(u) - \varphi_t(x_t) \geqslant \langle \widehat{x}_t^*, u - x_t \rangle - \frac{\delta}{2}\|u - x_t\|, \quad \forall u \in B_{\varepsilon_t}(x_t).$$

再次利用 (8.4), 我们得到关系

$$\varphi_t(u) - \varphi_t(x_t) \leqslant \langle \nabla \varphi_t(\bar{x}), u - x_t \rangle + r(\eta)\|u - x_t\|$$

对所有 $u \in B_{\varepsilon_t}(x_t) \subset B_{\varepsilon+\varepsilon_t}(\bar{x}) \subset B_\eta(\bar{x})$ 成立. 综合上述结果, 可得

$$\langle \widehat{x}_t^* - \nabla \varphi_t(\bar{x}), u - x_t \rangle \leqslant \Big(r(\eta) + \frac{\delta}{2}\Big)\|u - x_t\| \leqslant \delta\|u - x_t\|$$

对所有 $u \in B_{\varepsilon_t}(x_t)$ 成立, 这反过来表明 $\|\widehat{x}_t^* - \nabla \varphi_t(\bar{x})\| \leqslant \delta$. 因此

$$x_t^* \in \widehat{x}_t^* + V^* \subset \nabla \varphi_t(\bar{x}) + \delta \mathbb{B}^* + V^* \subset \partial \varphi_t(\bar{x}) + V^* + V^*.$$

根据 $V^*$ 的凸性, 我们得出 $\partial\varphi_t(x) \subset \partial\varphi_t(\bar{x}) + 2V^*$ 对所有 $t \in T_\varepsilon(\bar{x})$ 和 $x \in B_\varepsilon(\bar{x})$ 成立, 因此完成了命题的证明. $\qquad\qquad\qquad\qquad\qquad\qquad\qquad\qquad\qquad\qquad \triangle$

由 $\varphi_t$ 的等度连续次可微性, 我们改进了定理 8.30 中所得基本次梯度的点基估计.

**推论 8.34** (等度连续次可微性下上确界函数的基本次梯度的增强估计)　假设在定理 8.30 的设置中, $\varphi_t$ 在 $\bar{x}$ 处具有等度连续次可微性, 我们有包含

$$\partial\psi(\bar{x}) \subset \bigcap_{\varepsilon > 0} \mathrm{cl}^* D(\varepsilon), \tag{8.51}$$

其中映射 $D : I\!R_+ \rightrightarrows X^*$ 定义如下

$$D(\varepsilon) := \cup \left\{ \sum_{t \in T_\varepsilon(\bar{x})} \lambda_t \partial\varphi_t(\bar{x}) \,\middle|\, \lambda \in \Delta(T_\varepsilon(\bar{x})) \right\}, \quad \forall \varepsilon \geqslant 0. \tag{8.52}$$

此外, 如果 (8.52) 中映射 $D$ 在 0 处是弱* 外稳定的, 则

$$\partial\psi(\bar{x}) \subset \mathrm{cl}^* \left[ \cup \left\{ \sum_{t \in T(\bar{x})} \lambda_t \partial\varphi_t(\bar{x}) \,\middle|\, \lambda \in \Delta(T(\bar{x})) \right\} \right]. \tag{8.53}$$

**证明**　设 $V^*$ 是任意一个 $0 \in X^*$ 的凸弱* 邻域. 因为 $\varphi_t$ 在 $\bar{x}$ 处是等度连续次可微的, 则存在 $\bar{\varepsilon} > 0$, 使得包含 (8.50) 对于所有正数 $\varepsilon < \bar{\varepsilon}$ 成立. 利用定理 8.30 和引理 8.29, 通过证明

$$\limsup_{\varepsilon \downarrow 0} C(\varepsilon) \subset \mathrm{cl}^* \limsup_{\varepsilon \downarrow 0} D(\varepsilon), \tag{8.54}$$

我们推出包含 (8.51). 为证明 (8.54), 在 (8.54) 的左边集合中任取 $x^*$, 并找到序列 $\varepsilon_k \downarrow 0$, $x_k \in B_{\varepsilon_k}(\bar{x})$, $\lambda_k \in \Lambda_{\varepsilon_k}(x_k)$ 和 $x_k^* \xrightarrow{w^*} x^*$, 使得

$$x_k^* \in \sum_{t \in T_{\varepsilon_k}(\bar{x})} \lambda_{k_t} \partial\varphi_t(x_k).$$

因为 $\varphi_t$ 在 $\bar{x}$ 处是等度连续次可微的, 由后者可知, 对所有充分大的 $k \in I\!N$, 有

$$x_k^* \in \sum_{t \in T_{\varepsilon_k}(\bar{x})} \lambda_{k_t}(\partial\varphi_t(\bar{x}) + V^*) \subset \sum_{t \in T_{\varepsilon_k}(\bar{x})} \lambda_{k_t} \partial\varphi_t(\bar{x}) + \lambda_{k_t} V^* \subset D(\varepsilon_k) + V^*.$$

因此, 存在 $u_k^* \in D(\varepsilon_k)$ 使得 $x_k^* \in u_k^* + V^*$. 由 $D(\varepsilon_k)$ 的一致有界性, 我们得出沿一个子列有 $u_k^* \xrightarrow{w^*} u^* \in \limsup_{\varepsilon \downarrow 0} D(\varepsilon)$, 从而得到包含

$$x^* \in x_k^* + V^* \subset u_k^* + V^* + V^* \subset u^* + V^* + V^* + V^* \subset \limsup_{\varepsilon \downarrow 0} D(\varepsilon) + 3V^*.$$

这意味着 $x^*$ 属于 (8.54) 的右边, 从而 (8.51) 成立. 余下的证明与定理 8.30 类似.

$\triangle$

下一个推论提供了一个可验证的充分条件, 该条件保证了映射 (8.52) 在 0 处的弱* 外稳定性, 并允许我们消除微分上估计 (8.53) 中的弱* 闭包.

**推论 8.35** (没有弱* 闭包的次微分估计)   设 (8.32) 中 $\varphi_t$ 在 $\bar{x}$ 处是等度连续次可微的, 并设集合

$$\cup\left\{\sum_{t \in T} \lambda_t\big(\partial\varphi_t(\bar{x}), \varphi_t(\bar{x})\big) \,\bigg|\, \lambda \in \Delta(T)\right\}$$

在 $X^* \times I\!R$ 中是弱* 闭的. 则我们有估计

$$\partial\psi(\bar{x}) \subset \cup\left\{\sum_{t \in T(\bar{x})} \lambda_t\partial\varphi_t(\bar{x}) \,\bigg|\, \lambda \in \Delta(T(\bar{x}))\right\}.$$

**证明**   为验证所声称的包含, 只需通过 (8.53) 证明在给定假设下映射 (8.52) 在 0 处是弱* 外稳定的, 并且集合 $D(0)$ 是弱* 闭的. 任取 $x^* \in \mathrm{cl}^*[\mathrm{Lim\,sup}_{\varepsilon\downarrow 0} D(\varepsilon)]$ 并使用引理 8.29. 给定 $\varepsilon > 0$, 从而对每个 $\nu \in \mathcal{N}$ 和 $t \in T$, 我们可以找到一个网 $(\lambda_\nu)_{\nu\in\mathcal{N}} \subset \Delta(T_\varepsilon(\bar{x}))$ 和次梯度 $x^*_{\nu_t} \in \partial\varphi_t(\bar{x})$, 使得

$$x^* = w^* - \lim_{\nu\in\mathcal{N}} \sum_{t \in T_\varepsilon(\bar{x})} \lambda_{\nu_t} x^*_{\nu_t}. \tag{8.55}$$

因为 $\mathrm{supp}\,\lambda_\nu \subset T_\varepsilon(\bar{x})$, 我们观察到

$$\psi(\bar{x}) \geqslant \sum_{t \in T_\varepsilon(\bar{x})} \lambda_{\nu_t}\varphi_t(\bar{x}) \geqslant \sum_{t \in T_\varepsilon(\bar{x})} \lambda_{\nu_t}\big(\psi(\bar{x}) - \varepsilon\big) = \psi(\bar{x}) - \varepsilon.$$

根据 (8.55), 后者蕴含着

$$(x^*, \psi(\bar{x})) \in \mathrm{cl}^*\left[\cup\left\{\sum_{t \in T} \lambda_t\big(\partial\varphi_t(\bar{x}), \varphi_t(\bar{x})\big) \,\bigg|\, \lambda \in \Delta(T)\right\}\right] + \{0\} \times [0, \varepsilon].$$

对上式令 $\varepsilon \downarrow 0$, 我们得到关系

$$(x^*, \psi(\bar{x})) \in \mathrm{cl}^*\left[\cup\left\{\sum_{t \in T} \lambda_t\big(\partial\varphi_t(\bar{x}), \varphi_t(\bar{x})\big) \,\bigg|\, \lambda \in \Delta(T)\right\}\right]$$

$$= \cup\left\{\sum_{t \in T} \lambda_t\big(\partial\varphi_t(\bar{x}), \varphi_t(\bar{x})\big) \,\bigg|\, \lambda \in \Delta(T)\right\}.$$

由此我们得到 $\lambda \in \Delta(T)$ 满足 $(x^*, \psi(\bar{x})) \in \sum_{t \in T} \lambda_t (\partial \varphi_t(\bar{x}), \varphi_t(\bar{x}))$, 并且显然蕴含着 $0 = \sum_{t \in T} \lambda_t (\varphi_t(\bar{x}) - \psi(\bar{x}))$. 这表明 $\mathrm{supp}\, \lambda \subset T(\bar{x})$ 并且 $x^* \in \sum_{t \in T(\bar{x})} \lambda_t \partial \varphi_t(\bar{x})$ $\subset D(0)$, 从而证明了映射 (8.52) 在 0 处的弱* 外稳定性. 最后, 为证明集合 $D(0)$ 在 $X^*$ 中是弱* 闭的, 任取 $u^* \in \mathrm{cl}^* D(0)$ 并且与上面类似地观察到

$$(u^*, \psi(\bar{x})) \in \cup \left\{ \sum_{t \in T} \lambda_t (\partial \varphi_t(\bar{x}), \phi_t(\bar{x})) \,\middle|\, \lambda \in \Delta(T) \right\}.$$

因此, 我们得到 $u^* \in D(0)$, 这就验证了集合 $D(0)$ 在 $X^*$ 中是弱* 闭的, 因此完成了推论的证明. △

我们用定理 8.30 的另一个结果来总结这一小节, 该定理给出了由一致严格可微函数生成的上确界函数 (8.32) 的基本次微分的精确计算.

**推论 8.36** (计算一致严格可微函数上确界的基本次梯度)　设 (8.31) 中函数 $\varphi_t$ 在 $\bar{x}$ 处是一致严格可微的, 并设其梯度集合 $\{\nabla \varphi_t(\bar{x})\}$ 在 $X^*$ 中是有界的. 则上确界函数 (8.32) 在 $\bar{x}$ 处是下正则的, 并且它在该点处的基本次微分 $\partial \psi(\bar{x})$ 计算如下

$$\partial \psi(\bar{x}) = \bigcap_{\varepsilon > 0} \mathrm{cl}^* \mathrm{co} \left\{ \nabla \varphi_t(\bar{x}) \,\middle|\, t \in T_\varepsilon(\bar{x}) \right\}. \tag{8.56}$$

此外, 如果集合 $\mathrm{co} \{ (\nabla \varphi_t(\bar{x}), f_t(\bar{x})) \,|\, t \in T \}$ 是弱* 闭的, 则

$$\partial \psi(\bar{x}) = \mathrm{co} \left\{ \nabla \varphi_t(\bar{x}) \,\middle|\, t \in T(\bar{x}) \right\}. \tag{8.57}$$

**证明**　(8.56) 中的包含 "$\subset$" 可由命题 8.33 和推论 8.35 得到. 为验证反向包含, 任取 $\delta > 0$, 并在 (8.56) 的右边集合中选取 $x^*$. 则对每个 $\varepsilon > 0$, 我们找到网 $(\lambda_\nu)_{\nu \in \mathcal{N}} \in \Delta(T_\varepsilon(\bar{x}))$, 使得表示

$$x^* = w^* - \lim_{\nu \in \mathcal{N}} \sum_{t \in T_\varepsilon(\bar{x})} \lambda_{\nu_t} \nabla \varphi_t(\bar{x})$$

成立. 由 (8.4) 可知, 存在 $\eta > 0$, 使得

$$\varphi_t(x) - \varphi_t(\bar{x}) \geqslant \langle \nabla \varphi_t(\bar{x}), x - \bar{x} \rangle - \delta \|x - \bar{x}\|, \quad \forall\, x \in B_\eta(\bar{x}), \quad t \in T.$$

则由 $x^*$ 的上述表示, 我们可得

$$\begin{aligned}
\psi(x) - \psi(\bar{x}) + \varepsilon &\geqslant \limsup_{\nu \in \mathcal{N}} \sum_{t \in T_\varepsilon(\bar{x})} \lambda_{\nu_t} (\varphi_t(x) - \varphi_t(\bar{x})) \\
&\geqslant \limsup_{\nu \in \mathcal{N}} \sum_{t \in T_\varepsilon(\bar{x})} \lambda_{\nu_t} (\langle \nabla \varphi_t(\bar{x}), x - \bar{x} \rangle - \delta \|x - \bar{x}\|) \\
&\geqslant \langle x^*, x - \bar{x} \rangle - \delta \|x - \bar{x}\|
\end{aligned}$$

当 $x \in B_\eta(\bar{x})$ 时成立. 现在令 $\varepsilon \downarrow 0$, 我们可得

$$\psi(x) - \psi(\bar{x}) \geqslant \langle x^*, x - \bar{x} \rangle - \delta \|x - \bar{x}\|, \quad \forall \, x \in B_\eta(\bar{x}),$$

这意味着 $x^* \in \widehat{\partial}\psi(\bar{x})$. 因此, 考虑到 (8.56) 中的包含 "$\subset$", 可得以下包含

$$\partial\psi(\bar{x}) \subset \bigcap_{\varepsilon > 0} \mathrm{cl}^* \mathrm{co}\left\{ \nabla\varphi_t(\bar{x}) \,\middle|\, t \in T_\varepsilon(\bar{x}) \right\} \subset \widehat{\partial}\psi(\bar{x}).$$

因为 $\widehat{\partial}\psi(\bar{x}) \subset \partial\psi(\bar{x})$, 这表明 $\psi$ 在 $\bar{x}$ 处是下正则的, 并且 (8.56) 成立. 最后, (8.57) 可由推论 8.35 根据 $\psi$ 的下正则性得出. △

### 8.2.3 Lipschitz SIPs 的最优性条件

在这里, 我们利用上确界函数 (8.32) 的次微分求值和次微分分析法则, 推导出 (8.31) 型 Lipschitz SIPs 的必要最优性条件. 通过这种方法, 我们得到了渐近形式 (即具有弱* 闭包) 和 KKT 形式 (无弱* 闭包) 的规范 (与费用函数相关的非零乘子) 最优性条件. 定义

$$\Omega := \left\{ x \in X \,\middle|\, \varphi_t(x) \leqslant 0, \, t \in T \right\}$$

并回顾我们的固定假设, 即函数 $\varphi_t$ 在参考点 $\bar{x}$ 附近是一致局部 Lipschitz 的, 且秩 $K > 0$. 为简单起见, 我们假设 (8.31) 中费用函数 $\varphi$ 在 $\bar{x}$ 附近也是局部 Lipschitz 的. 因为 $\psi(\bar{x}) < 0$ 的情形是平凡的, 下面我们假设 $\psi(\bar{x}) = 0$. 则我们有表示

$$T_\varepsilon(\bar{x}) = \left\{ t \in T \,\middle|\, \varphi_t(\bar{x}) \geqslant -\varepsilon \right\} \quad \text{且} \quad T(\bar{x}) = \left\{ t \in T \,\middle|\, \varphi_t(\bar{x}) = 0 \right\}.$$

第一个定理以基本次梯度的形式提供了 KKT 类型的必要最优性条件的几个版本.

**定理 8.37** (由基本次梯度表示的规范必要最优性条件) 设 $\bar{x}$ 是约束规范 $0 \notin \bigcap_{\varepsilon > 0} \mathrm{cl}^* C(\varepsilon)$ 下 (8.31) 的一个局部极小点, 其中 $C(\cdot)$ 如 (8.46) 中所定义. 则我们有

$$0 \in \partial\varphi(\bar{x}) + I\!\!R_+ \bigcap_{\varepsilon > 0} \mathrm{cl}\, C(\varepsilon). \tag{8.58}$$

如果映射 $I\!\!R_+ C : I\!\!R_+ \rightrightarrows X^*$ 在 0 处是弱* 外稳定的, 则

$$0 \in \partial\varphi(\bar{x}) + \mathrm{cl}^*\left\{ \sum_{t \in T(\bar{x})} \lambda_t \partial\varphi_t(\bar{x}) \,\middle|\, t \in T(\bar{x}) \right\}. \tag{8.59}$$

此外, 如果集合 $\mathbb{R}_+ C(0)$ 是弱* 闭的, 则存在乘子 $\lambda \in \mathbb{R}_+^{(T)}$, 使得我们有 KKT 形式

$$0 \in \partial \varphi(\bar{x}) + \sum_{t \in T(\bar{x})} \lambda_t \partial \varphi_t(\bar{x}). \tag{8.60}$$

**证明**　为了在 $0 \notin \bigcap_{\varepsilon > 0} \mathrm{cl}^* C(\varepsilon)$ 下验证 (8.58), 考虑由 (8.32) 定义的函数

$$\vartheta(x) := \max \big\{ \psi(x) - \psi(\bar{x}), \varphi(x) \big\}, \quad x \in X,$$

并观察到 $\bar{x}$ 是 $\vartheta(\cdot)$ 在 $X$ 上的一个局部极小点. 因此 $0 \in \partial \vartheta(\bar{x})$. 应用在 Asplund 空间中同样成立 (分别参见练习 4.32 和练习 2.54(i)) 的定理 4.10(ii) 的极大值原理和推论 2.20 中 Lipschitz 函数的和法则, 并回顾 $\psi(\bar{x}) = 0$, 我们找到 $\mu \in [0, 1]$, 使得

$$0 \in \partial \big( \mu \psi + (1 - \mu) \varphi \big)(\bar{x}) \subset \mu \partial \psi(\bar{x}) + (1 - \mu) \partial \varphi(\bar{x}).$$

由于施加了约束规范, 定理 8.30(i) 排除了上述包含中 $\mu = 0$ 的情况, 从而得到 (8.58). 如果映射 $\mathbb{R}_+ C : \mathbb{R}_+ \rightrightarrows X^*$ 在 0 处是弱* 外稳定的, 则根据引理 8.29, 我们可由 (8.58) 推出

$$0 \in \partial \psi(\bar{x}) + \mathrm{cl}^* \left[ \limsup_{\varepsilon \downarrow 0} \mathbb{R}_+ C(\varepsilon) \right] \subset \partial \psi(\bar{x}) + \mathrm{cl}^* [\mathbb{R}_+ C(0)],$$

这就证明了 (8.59). 若锥 $\mathbb{R}_+ C(0)$ 是弱* 闭的, 则显然由 (8.59) 可得 KKT 条件 (8.60). 　　　　　　　　　　　　　　　　　　　　　　　　　　　　　△

当 (8.31) 中的约束函数在参考点处是等度连续次可微时, 通过将集值映射 $C(\cdot)$ 替换为 (8.52) 中定义的 $D(\cdot)$, 可以简化定理 8.37 的结果.

**推论 8.38** (等度连续次可微函数的简化必要条件)　设 $\varphi_t$ 在 (8.31) 的局部极小点 $\bar{x}$ 处是等度连续次可微的, 并设 $D : \mathbb{R}_+ \rightrightarrows X^*$ 如 (8.52) 中所定义. 则规范条件 $0 \notin \bigcap_{\varepsilon > 0} \mathrm{cl}^* D(\varepsilon)$ 蕴含着

$$0 \in \partial \varphi(\bar{x}) + \mathbb{R}_+ \bigcap_{\varepsilon > 0} \mathrm{cl}^* D(\varepsilon).$$

此外, 如果我们假设集合

$$Q := \cup \left\{ \sum_{t \in T} \lambda_t \big( \partial \varphi_t(\bar{x}), \varphi_t(\bar{x}) \big) \,\middle|\, \lambda \in \mathbb{R}_+^{(T)} \right\} \text{ 在 } X^* \times \mathbb{R} \text{ 中是弱* 闭的,}$$

则存在乘子 $\lambda \in \mathbb{R}_+^{(T)}$, 使得 KKT 条件 (8.60) 成立.

**证明** 根据推论 8.35 的证明, 我们可得映射 $I\!R_+C : I\!R_+ \rightrightarrows X^*$ 在 0 处是弱* 外稳定的, 并且由 $Q$ 的弱* 闭性知 $I\!R_+C(0)$ 在 $X^*$ 中是弱* 闭的. 这与定理 8.37 一起证明了这个推论的结果. △

注意, 在线性函数 $\varphi_t$ 的情况下, $Q$ 的弱* 闭包简化为 Farkas-Minkowski 性质 (7.49). 更一般地, 对于一致严格可微函数 $\varphi_t$, 对于 $Q$ 的附加条件等价于定义 8.8 中引入的 NFMCQ.

接下来, 我们定义 8.1 节中为光滑函数建立的 SIPs 的另一个约束规范并将其推广至 Lipschitz 情形; 即定义 8.4 中的 PMFCQ. 以下条件用广义方向导数 (1.77) 表示.

**定义 8.39** (广义 PMFCQ) 我们称 SIP (8.31) 在 $\bar{x}$ 处满足广义扰动 Manga-sarian-Fromovitz 约束规范 (广义 PMFCQ), 如果存在 $d \in X$, 使得

$$\inf_{\varepsilon>0} \sup_{t\in T_\varepsilon(\bar{x})} \varphi_t^\circ(\bar{x};d) < 0. \tag{8.61}$$

若 $\varphi_t$ 在 $\bar{x}$ 处是一致严格可微的, 则 (8.61) 简化为

$$\inf_{\varepsilon>0} \sup_{t\in T_\varepsilon(\bar{x})} \langle \nabla\varphi_t(\bar{x}), d \rangle < 0, \quad \text{对某个 } d \in I\!R \text{ 成立},$$

这就是 8.1 节中使用的定义 8.4 中的 PMFCQ.

本小节的最后一个结果利用广义 PMFCQ (8.61), 在等度连续次可微约束函数的情况下, 推出由广义梯度 (1.78) 表示的 (8.31) 的渐近形式和 KKT 形式的必要最优性条件.

**定理 8.40** (广义 PMFCQ 下的必要最优性条件) 设 $\bar{x}$ 是 (8.31) 的一个局部极小点, 并设 $\varphi_t$ 在 $\bar{x}$ 处是等度连续次可微的. 如果广义 PMFCQ 在 $\bar{x}$ 处成立, 则

$$0 \in \bar{\partial}\varphi(\bar{x}) + I\!R_+ \bigcap_{\varepsilon>0} \mathrm{cl}^*\mathrm{co}\left[\cup\left\{\bar{\partial}\varphi_t(\bar{x})\,\middle|\, t\in T_\varepsilon(\bar{x})\right\}\right]. \tag{8.62}$$

此外, 如果凸锥包 $\mathrm{cone}\{(\bar{\partial}\varphi_t(\bar{x}), \varphi_t(\bar{x}))|\, t\in T\}$ 在 $X^* \times I\!R$ 中是弱* 闭的, 则存在乘子 $\lambda \in I\!R_+^{(T)}$, 使得

$$0 \in \bar{\partial}\varphi(\bar{x}) + \sum_{t\in T(\bar{x})} \lambda_t \bar{\partial}\varphi_t(\bar{x}).$$

**证明** 首先证明 (8.61) 可以等价描述为对偶形式

$$0 \notin \bigcap_{\varepsilon>0} \mathrm{cl}^*\mathrm{co}\left[\cup\left\{\bar{\partial}\varphi_t(\bar{x})\,\middle|\, t\in T_\varepsilon(\bar{x})\right\}\right]. \tag{8.63}$$

事实上, 由 (8.61) 有 $\varepsilon, \delta > 0$, 使得 $\sup_{t \in T_\varepsilon(\bar{x})} f^\circ(x; d) < -\delta$. 假设条件 (8.63) 不满足, 我们可知对某个 $\varepsilon_1 \in (0, \varepsilon)$ 有 $0 \in \mathrm{cl}^* \mathrm{co} \left[ \cup \{ \overline{\partial} \varphi_t(\bar{x}) | \ t \in T_{\varepsilon_1}(\bar{x}) \} \right]$. 则存在网 $(\lambda_\nu)_{\nu \in \mathcal{N}} \in \Delta(T_{\varepsilon_1}(\bar{x}))$ 和 $x^*_{\nu_t} \in \overline{\partial} \varphi_t(\bar{x})$, 其中 $t \in T_{\varepsilon_1}(\bar{x})$ 且 $\nu \in \mathcal{N}$, 使得

$$0 = w^* - \lim_{\nu \in \mathcal{N}} \sum_{t \in T_{\varepsilon_1}(\bar{x})} \lambda_{\nu_t} x^*_t.$$

这意味着通过使用 (1.78), 对于 (8.61) 中所选方向 $d$, 我们有

$$0 = \lim_{\nu \in \mathcal{N}} \sum_{t \in T_{\varepsilon_1}(\bar{x})} \lambda_{\nu_t} \langle x^*_t, d \rangle \leqslant \limsup_{\nu \in \mathcal{N}} \sum_{t \in T_{\varepsilon_1}(\bar{x})} \lambda_{\nu_t} \varphi^\circ_t(x; d) \leqslant -\delta < 0,$$

矛盾, 从而验证了 (8.61)⇒(8.63) 成立. 现在假设 (8.63) 满足, 找到 $\varepsilon > 0$, 使得 $0 \notin \mathrm{cl}^* \mathrm{co} \left[ \cup \{ \overline{\partial} \varphi_t(\bar{x}) | \ t \in T_\varepsilon(\bar{x}) \} \right]$. 则由凸分离定理, 我们有元素 $d \in X$, 使得

$$\sup \left\{ \langle x^*, d \rangle | \ x^* \in \overline{\partial} \varphi_t(\bar{x}), \ t \in T_\varepsilon(\bar{x}) \right\} < 0.$$

因为 $\sup\{ \langle x^*, d \rangle | \ x^* \in \overline{\partial} \varphi_t(\bar{x}) \} = \varphi^\circ_t(x; d) \ (\forall t \in T_\varepsilon(\bar{x}))$, 由最后一个不等式知 (8.61) 满足, 因此证明了所声称的等价性.

因为 (8.63) 成立, 由练习 8.97 可知 $0 \notin \overline{\partial} \psi(\bar{x})$, 从而 $0 \notin \partial \psi(\bar{x})$. 类似定理 8.37 的证明, 我们找到 $\mu \in I\!R_+$ 满足

$$0 \in \partial \varphi(\bar{x}) + \mu \partial \psi(\bar{x}) \subset \overline{\partial} \varphi(\bar{x}) + \mu \overline{\partial} \psi(\bar{x}).$$

再次使用练习 8.97 的结果, 则可证明 (8.62). 此外, 由凸锥包 $\mathrm{cone} \{ (\overline{\partial} \varphi_t(\bar{x}), \varphi_t(\bar{x})) | \ t \in T \}$ 的弱* 闭性, 类似推论 8.38 的证明, 我们可以将 (8.62) 简化为定理中的 KKT 最优性条件. 　　　　　　　　　　　　　　　　　　　　　　　　△

## 8.3　非光滑锥约束优化

在本节中, 我们探讨一种与 8.2 节中 Lipschitz SIPs 的研究不同的方法. 该方法涉及将 SIPs 简化为无穷维空间中的锥约束 (或锥) 规划问题, 即使决策空间是有限维的. 后一类优化问题有着其自身的重要意义, 其形式如下:

$$\begin{cases} \text{minimize } \varphi(x) \text{ s.t.} \\ f(x) \in -\Theta \subset Y, \ x \in \Omega \subset X, \end{cases} \tag{8.64}$$

其中 $\Theta$ 是闭凸锥, 这在本节中是固定假设. 下面我们证明 8.2 节中考虑的 Lipschitz SIPs, 加上几何约束 $x \in \Omega$, 可写成形式 (8.64), 其中锥 $\Theta$ 由 $\Theta = \mathcal{C}_+(T)$ 或 $\Theta = l^\infty_+(T)$ 给出, 即, 它是紧或非紧指标集 $T$ 上的正连续函数或本质有界函数的集合. 我们已经在第 7 章中讨论了这些空间, 同时研究了具有线性和凸数据的 SIPs, 使用的方法与我们将在下面使用的方法完全不同.

### 8.3.1  标量化上确界函数的次梯度

除了对 $\Theta$ 的上述假设和对 $\varphi\colon X \to \overline{I\!R}$ 的固定 l.s.c. 假设外, 我们接下来假设 $X$ 是 Asplund 空间, $Y$ 是任意 Banach 空间, 并且映射 $f\colon X \to Y$ 在参考点 $\bar{x}$ 附近是局部 Lipschitz 的, 即, 存在常数 $K, \rho > 0$, 使得

$$\|f(x) - f(u)\| \leqslant K\|x - u\|, \quad \forall\, x, u \in B_\rho(\bar{x}). \tag{8.65}$$

现在我们证明 (8.64) 中锥约束 $f(x) \in -\Theta$ 可以通过某个标量化上确界函数重写为不等式形式.

**命题 8.41** (由上确界函数表示的锥约束)  我们有如下锥约束表示:

$$\{x \in X \mid f(x) \in -\Theta\} = \{x \in X \mid \vartheta(x) \leqslant 0\},$$

其中标量化上确界函数 $\vartheta\colon X \to \overline{I\!R}$ 定义为

$$\begin{aligned}
&\vartheta(x) := \sup_{y^* \in \varXi} \langle y^*, f(x) \rangle, \text{ 其中}\\
&\varXi := \{y^* \in Y^* \mid \|y^*\| = 1,\ \langle y^*, y \rangle \geqslant 0,\ y \in \Theta\}.
\end{aligned} \tag{8.66}$$

**证明**  如果包含 $f(x) \in -\Theta$ 成立, 我们显然有 $\langle y^*, f(x) \rangle \leqslant 0\,(\forall y^* \in \varXi)$. 为验证反向蕴含关系, 假设其不成立, 然后由凸分离找到非零元素 $\bar{y}^* \in Y^* \setminus \{0\}$ 和 $\gamma > 0$, 使得

$$\langle \bar{y}^*, f(x) \rangle > \gamma > 0 \geqslant \langle \bar{y}^*, y \rangle, \quad \forall\, y \in -\Theta.$$

由此可得 $\bar{y}^*\|\bar{y}^*\|^{-1} \in \varXi$, 从而得到矛盾

$$0 \geqslant \langle \bar{y}^*\|\bar{y}^*\|^{-1}, f(x) \rangle > \gamma\|\bar{y}^*\|^{-1} > 0,$$

因此完成了命题的证明.                                                                      $\triangle$

注意, 标量化上确界函数 $\vartheta$ 与 SIP 框架 (8.32) 中考虑的上确界函数 $\psi$ 有着很大的不同.

本小节的主要目标是为以下定义的更一般的标量化上确界函数计算基本次梯度.

$$\psi(x) := \sup_{y^* \in \varLambda} \langle y^*, f(x) \rangle, \tag{8.67}$$

其中 $\varLambda$ 是正极锥

$$\Theta^+ := \{y^* \in Y^* \mid \langle y^*, y \rangle \geqslant 0,\ \forall\, y \in \Theta\} \tag{8.68}$$

的一个任意非空子集. 因为对命题 8.41 中集合 $\varXi$ 有 $\varXi \subset \varTheta^+$, 下面得到的关于 (8.67) 的结果直接适用于其中的函数 $\vartheta$.

我们的第一个结果通过在某些邻近点处的标量化 $x \mapsto \langle y^*, f \rangle(x)$ 的正则次梯度, 给出了参考点 $\bar{x}$ 处标量化上确界函数 (8.67) 的基本次梯度的 "模糊" 上估计.

**定理 8.42** (标量化上确界函数的基本次梯度的模糊估计)  设对于函数 (8.67), 有 $\bar{x} \in \operatorname{dom} \psi$, 并且 $V^*$ 是 $0 \in X^*$ 的一个弱* 邻域. 则对任意 $x^* \in \partial\psi(\bar{x})$ 和任意 $\varepsilon > 0$ 存在 $x_\varepsilon \in B_\varepsilon(\bar{x})$ 和 $y_\varepsilon^* \in \operatorname{co} \varLambda$ 满足 $|\langle y_\varepsilon^*, f(x_\varepsilon)\rangle - \psi(\bar{x})| < \varepsilon$ 使得

$$x^* \in \widehat{\partial}\langle y_\varepsilon^*, f\rangle(x_\varepsilon) + V^*. \tag{8.69}$$

**证明**  取定任意 $x^* \in \partial\psi(\bar{x})$ 和 $\varepsilon > 0$. 容易验证对所有 $y^* \in \varLambda$, 函数 $\langle y^*, f(x)\rangle$ 在 $\bar{x}$ 周围是局部 Lipschitz 的, 并且具有与 (8.65) 相同的常数 $K$ 和 $\rho$. 标量化上确界函数 $\psi$ 也是如此. 不失一般性, 假设 $V^*$ 是凸的, 并且 $\varepsilon \leqslant \rho$. 然后找到 $k \in \mathbb{N}, \varepsilon_k > 0$ 和 $x_j \in X$ $(j = 1, \cdots, k)$, 使得

$$\bigcap_{j=1}^{k} \left\{ v^* \in X^* \,\middle|\, \langle v^*, x_j\rangle < \varepsilon_k \right\} \subset \frac{1}{4}V^*.$$

进一步, 考虑有限维子空间 $L \subset X$ 定义为 $L := \operatorname{span}\{x_1, \cdots, x_k\}$, 并观察到 $L^\perp := \{v^* \in X^* | \langle v^*, x\rangle = 0, \ x \in L\} \subset \frac{1}{4}V^*$. 根据 $x^*$ 的选取, 我们找到 $\widehat{x} \in \operatorname{dom} \psi \cap B_{\frac{\varepsilon}{2}}(\bar{x})$ 和 $u^* \in X^*$, 使得 $|\psi(\widehat{x}) - \psi(\bar{x})| \leqslant \frac{\varepsilon}{2}$, $u^* \in \widehat{\partial}\psi(\widehat{x})$ 并且 $x^* \in u^* + \frac{V^*}{4}$. 取定 $\delta > 0$ 满足

$$4\delta \leqslant \varepsilon, \qquad \frac{12\delta}{1 - 2\delta}\mathbb{B}^* \subset V^*, \qquad \frac{16\delta}{1 - 2\delta}\|u^*\|\mathbb{B}^* \subset V^*. \tag{8.70}$$

因为 $u^* \in \widehat{\partial}\psi(\widehat{x})$, 存在 $\eta \in (0, \delta)$ 满足

$$\psi(x) - \psi(\widehat{x}) + \delta\|x - \widehat{x}\| \geqslant \langle u^*, x - \widehat{x}\rangle, \quad \forall \, x \in B_\eta(\widehat{x}) \subset B_\rho(\bar{x}).$$

这蕴含着 $(\widehat{x}, \psi(\widehat{x}))$ 是如下问题

$$\begin{cases} \text{minimize } r + \delta\|x - \widehat{x}\| - \langle u^*, x - \widehat{x}\rangle - \psi(\widehat{x}) \text{ s.t.} \\ \langle y^*, f(x)\rangle - r \leqslant 0, \text{其中 } y^* \in \varLambda \text{ 且 } (x, r) \in B_\eta(\widehat{x}) \times \mathbb{R} \end{cases}$$

的一个局部极小点. 定义 $A := (L \cap B_\eta(\widehat{x})) \times [\psi(\widehat{x}) - 1, \psi(\widehat{x}) + 1]$, $\varPsi(x, r) := r + \delta\|x - \widehat{x}\| - \langle u^*, x - \widehat{x}\rangle - \psi(\widehat{x})$ 和 $\varphi_{y^*} : X \times \mathbb{R} \to \overline{\mathbb{R}}$ 如下

$$\varphi_{y^*}(x, r) := \langle y^*, f(x)\rangle - r \ \forall \, y^* \in \varLambda \quad \text{且} \quad (x, r) \in X \times \mathbb{R}.$$

由上述构造易知

$$\{(x,r)\in A\mid \Psi(x,r)+\eta^2\leqslant 0\}\subset \bigcup_{y^*\in\Lambda}\{(x,r)\in A\mid \varphi_{y^*}(x,r)>0\}.$$

上式左边的集合显然在有限维空间 $L\times\mathbb{R}$ 中是紧的, 并且由 $\varphi_{y^*}$ 在比 $A$ 大的集合 $B_\rho(\bar x)\times\mathbb{R}$ 上的 Lipschitz 连续性可知, 每个子集 $\{(x,r)\in A\mid \varphi_{y^*}(x,r)>0\}$ 在 $A$ 中是开的. 因此, 我们找到一个包含 $s\in\mathbb{N}$ 个元素的有限子集 $\Upsilon\subset\Lambda$, 使得

$$\{(x,r)\in A\mid \Psi(x,r)+\eta^2\leqslant 0\}\subset \bigcup_{y^*\in\Upsilon}\{(x,r)\in A\mid \varphi_{y^*}(x,r)>0\}.$$

基于此, 我们得到关系

$$\Psi(x,r)+\eta^2\geqslant 0=\Psi(\hat x,\psi(\hat x)),\text{如果 }(x,r)\in\widetilde A$$
$$:=\{(x,r)\in A\mid\varphi_{y^*}(x,r)\leqslant 0, y^*\in\Upsilon\},$$

其中 $\widetilde A$ 是 $B_\rho(\bar x)\times\mathbb{R}$ 的一个闭子集. 现在使用 Ekeland 变分原理, 我们可得 $(\tilde x,\tilde r)\in\widetilde A$ 满足 $\|\tilde x-\widehat x\|+|\tilde r-\varphi(\hat x)|\leqslant\frac{\eta}{2}$ 且

$$\Psi(x,r)+2\eta(\|x-\tilde x\|+|r-\tilde r|)\geqslant\Psi(\tilde x,\tilde r),\quad \forall (x,r)\in\widetilde A.$$

后者意味着 $(\tilde x,\tilde r)$ 是问题

$$\begin{cases}\text{minimize }\tilde\Psi(x,r):=\Psi(x,r)+2\eta(\|x-\tilde x\|+|r-\tilde r|)\text{ s.t.}\\ \varphi_{y^*}(x,r)\leqslant 0,\forall y^*\in\Upsilon \text{ 且 }(x,r)\in A\end{cases}$$

的一个局部最优解. 显然, 函数 $\tilde\Psi(\cdot,\cdot)$ 和 $\varphi_{y^*}(\cdot,\cdot)$ $(\forall y^*\in\Upsilon)$ 在 $(\tilde x,\tilde r)$ 周围是 Lipschitz 连续的. 上述问题中集合 $\Upsilon$ 具有 $s\in\mathbb{N}$ 个元素, 现在对其应用在任意 Asplund 空间中成立的定理 6.5(ii) 的必要最优性条件, 我们得到不同时为零的乘子 $\lambda_0,\cdots,\lambda_s\geqslant 0$ 和对偶元素 $y_1^*,\cdots,y_s^*\in\Upsilon(\tilde x,\tilde r):=\{y^*\in\Upsilon\mid \varphi_{y^*}(\tilde x,\tilde r)=0\}$, 满足包含

$$(0,0)\in\partial\left(\lambda_0\tilde\Psi+\sum_{m=1}^s\lambda_m\varphi_{y_m^*}\right)(\tilde x,\tilde r)+N((\tilde x,\tilde r);A).$$

因为 $(\tilde x,\tilde r)\in\text{int}(B_\eta(\hat x)\times[\psi(\hat x)-1,\psi(\hat x)+1])$, 所以

$$(0,0)\in\partial\left(\lambda_0\tilde\Psi+\sum_{m=1}^s\lambda_m\varphi_{y_m^*}\right)(\tilde x,\tilde r)+N((\tilde x,\tilde r);(L\cap B_\eta(\hat x))$$
$$\times[\psi(\hat x)-1,\psi(\hat x)+1])$$

$$= \partial \left( \lambda_0 \widetilde{\Psi} + \sum_{m=1}^{s} \lambda_m \varphi_{y_m^*} \right) (\tilde{x}, \tilde{r}) + N(\tilde{x}; L) \times \{0\}$$

$$\subset \partial \left( \lambda_0 \widetilde{\Psi} + \sum_{m=1}^{s} \lambda_m \varphi_{y_m^*} \right) (\tilde{x}, \tilde{r}) + L^{\perp} \times \{0\}.$$

如果其中 $\lambda_0 = 0$, 则我们有包含

$$(0,0) \in \partial \left( \sum_{m=1}^{s} \lambda_m \langle y_m^*, f \rangle \right) (\tilde{x}) \times \left\{ -\sum_{m=1}^{s} \lambda_m \right\} + L^{\perp} \times \{0\},$$

这反过来蕴含着 $\sum_{m=1}^{s} \lambda_m = 0$, 即, $\lambda_m = 0$ 对所有 $m = 0, \cdots, s$ 成立. 这个矛盾表明 $\lambda_0 \neq 0$. 因此我们令 $\lambda_0 = 1$ 可得

$$(u^*, 0) \in \partial \left( \sum_{m=1}^{s} \lambda_m \langle y_m^*, f \rangle \right) (\tilde{x}) \times \left\{ 1 - \sum_{m=1}^{s} \lambda_m \right\}$$

$$+ (\delta + 2\eta) I\!B^* \times 2[-\eta, \eta] + L^{\perp} \times \{0\}.$$

定义 $\tilde{\lambda} := \sum_{m=1}^{s} \lambda_m$, $\tilde{\lambda}_m := \tilde{\lambda}^{-1} \lambda_m$, 并且 $\tilde{u}^* := \tilde{\lambda}^{-1} u^*$. 由最后一个包含, 有 $|1 - \tilde{\lambda}| \leqslant 2\eta < 2\delta$, 对其两边同时除以 $\tilde{\lambda}$ 可得

$$\tilde{u}^* \in \partial \left( \sum_{m=1}^{s} \tilde{\lambda}_m \langle y_m^*, f \rangle \right) (\tilde{x}) + \frac{\delta + 2\eta}{\tilde{\lambda}} I\!B^* + \frac{L^{\perp}}{\tilde{\lambda}}$$

$$\subset \partial \left( \sum_{m=1}^{s} \langle \tilde{\lambda}_m y_m^*, f \rangle \right) (\tilde{x}) + \frac{3\delta}{1 - 2\delta} I\!B^* + L^{\perp}$$

$$\subset \partial \left( \sum_{m=1}^{s} \langle \tilde{\lambda}_m y_m^*, f \rangle \right) (\tilde{x}) + \frac{V^*}{4} + \frac{V^*}{4}$$

$$\subset \partial \langle y_\varepsilon^*, f \rangle (\tilde{x}) + \frac{V^*}{2},$$

其中, 考虑到 (8.70), $L$ 和 $\widetilde{\Psi}$ 的上述构造, 以及 $L^{\perp}$ 的估计, 有 $y_\varepsilon^* := \sum_{m=1}^{s} \tilde{\lambda}_m y_m^* \in$ co $\Upsilon \subset$ co $\Lambda$. 因此, 存在基本次梯度 $v^* \in \partial \langle y_\varepsilon^*, f \rangle (\tilde{x})$ 满足 $\tilde{u}^* \in v^* + \frac{V^*}{2}$. 由练习 1.65(ii) 中 Asplund 空间的基本次微分表示, 我们找到元素 $x_\varepsilon \in B_\delta(\tilde{x})$ 和 $w^* \in \widehat{\partial} \langle y_\varepsilon^*, f \rangle (x_\varepsilon)$, 使得 $|\langle y_\varepsilon^*, f(x_\varepsilon) \rangle - \langle y_\varepsilon^*, f(\tilde{x}) \rangle| \leqslant \delta$ 并且 $v^* \in w^* + \frac{V^*}{8}$. 显然我们有不等式

$$\|x_\varepsilon - \bar{x}\| \leqslant \|x_\varepsilon - \tilde{x}\| + \|\tilde{x} - \hat{x}\| + \|\hat{x} - \bar{x}\| \leqslant \delta + \delta + \frac{\varepsilon}{2} \leqslant \varepsilon.$$

此外, 考虑到 $\langle y_m^*, f(\tilde{x}) \rangle = \tilde{r}$ $(m = 1, \cdots, s)$, 我们有以下估计成立:

$$|\langle y_\varepsilon^*, f(x_\varepsilon) \rangle - \psi(\bar{x})| \leqslant |\langle y_\varepsilon^*, f(x_\varepsilon) - f(\tilde{x}) \rangle| + |\langle y_\varepsilon^*, f(\tilde{x}) \rangle - \tilde{r}| + |\tilde{r} - \psi(\hat{x})|$$

$$+ |\psi(\hat{x}) - \psi(\bar{x})|$$

$$\leqslant \delta + \left| \sum_{m=1}^{s} \tilde{\lambda}_m \langle y_m^*, f(\tilde{x}) \rangle - \tilde{r} \right| + \frac{\eta}{2} + \frac{\varepsilon}{2}$$

$$= \delta + \frac{\eta}{2} + \frac{\varepsilon}{2} \leqslant \varepsilon.$$

进一步, 注意到

$$\|u^* - \tilde{u}^*\| = \frac{1 - \tilde{\lambda}}{\tilde{\lambda}} \|u^*\| \leqslant \frac{2\eta}{1 - 2\eta} \|u^*\| \leqslant \frac{2\delta}{1 - 2\delta} \|u^*\|,$$

这蕴含着链式包含:

$$x^* \in u^* + \frac{V^*}{4} \subset \tilde{u}^* + \frac{2\delta}{1 - 2\delta} \|u^*\| I\!B^* + \frac{V^*}{4} \subset v^* + \frac{V^*}{2} + \frac{V^*}{8} + \frac{V^*}{4}$$

$$\subset w^* + \frac{V^*}{8} + \frac{V^*}{2} + \frac{V^*}{8} + \frac{V^*}{4} \subset \widehat{\partial} \langle y_\varepsilon^*, f \rangle(x_\varepsilon) + V^*.$$

这就验证了 (8.69), 因此完成了定理的证明. $\qquad\qquad\triangle$

下一个结果提供了只涉及参考点 $\bar{x}$ 的标量化上确界函数 (8.67) 的基本次微分的点基上估计. 为此, 定义如下由闭凸序锥 $\Theta \subset Y$ 生成的 $Y$ 上的偏序 $\leqslant_\Theta$:

$$y_1 \leqslant_\Theta y_2 \quad \text{当且仅当} \quad y_2 - y_1 \in \Theta, \quad \forall y_1, y_2 \in Y. \tag{8.71}$$

映射 $f \colon X \to Y$ 关于序 $\leqslant_\Theta$ 的 $\Theta$-上图定义如下

$$\operatorname{epi}_\Theta f := \big\{ (x, y) \in X \times Y \,\big|\, f(x) \leqslant_\Theta y \big\}.$$

回顾, 称 $f$ 是 $\Theta$-凸的, 如果对任意 $x_1, x_2 \in X$ 和 $t \in [0, 1]$, 我们有

$$f\big(tx_1 + (1 - t)x_2\big) \leqslant_\Theta tf(x_1) + (1 - t)f(x_2),$$

这与集合 $\operatorname{epi}_\Theta f$ 在 $X \times Y$ 中是凸的这一事实等价.

**定义 8.43** ($\Theta$-上导数) 在映射 $f \colon X \to Y$ 和锥 $\Theta \subset Y$ 的固定假设下, 我们给出如下定义:

(i) $f$ 在 $\bar{x}$ 处的正则 $\Theta$-上导数:

$$\widehat{D}_\Theta^* f(\bar{x})(y^*) := \left\{ x^* \in X^* \,\middle|\, \limsup_{(x,y) \overset{\operatorname{epi}_\Theta f}{\longrightarrow} (\bar{x}, f(\bar{x}))} \frac{\langle x^*, x - \bar{x} \rangle - \langle y^*, y - f(\bar{x}) \rangle}{\|x - \bar{x}\| + \|y - f(\bar{x})\|} \leqslant 0 \right\}.$$

(ii) $f$ 在 $\bar{x}$ 处的 (序列) 基本 $\Theta$-上导数:

$$D^*_{N,\Theta}f(\bar{x})(y^*) := \left\{ x^* \in X^* \,\middle|\, \text{存在序列 } x_k \to \bar{x}, \, x^*_k \in \widehat{D}^*_{\Theta}f(x_k)(y^*_k) \right.$$
$$\left. \text{使得 } (x^*_k, y^*_k) \overset{w^*}{\to} (x^*, y^*) \right\}.$$

(iii) $f$ 在 $\bar{x}$ 处的拓扑基本 $\Theta$-上导数:

$$\widetilde{D}^*_{N,\Theta}f(\bar{x})(y^*) := \left\{ x^* \in X^* \,\middle|\, \text{存在网 } x_\alpha \to \bar{x}, \, x^*_\alpha \in \widehat{D}^*_{\Theta}f(x_\alpha)(y^*_\alpha) \right.$$
$$\left. \text{使得 } (x^*_\alpha, y^*_\alpha) \overset{w^*}{\to} (x^*, y^*) \right\}.$$

(iv) $f$ 在 $\bar{x}$ 处的聚集基本 $\Theta$-上导数:

$$\check{D}^*_{N,\Theta}f(\bar{x})(y^*) := \left\{ x^* \in X^* \,\middle|\, \text{存在序列 } x_k \to \bar{x}, \, x^*_k \in \widehat{D}^*_{\Theta}f(x_k)(y^*_k) \text{ 使得} \right.$$
$$\left. (x^*, y^*) \text{ 是 } (x^*_k, y^*_k) \right\} \text{ 的一个弱}^* \text{聚点}.$$

请注意, 定义 8.43(ii,iii) 中使用的极限过程与没有任何序结构的映射所使用的极限过程类似 (参见第 1 章), 但在此我们不考虑"混合"上导数相应结果. 然而, (iv) 中的定义即使在无序设置中似乎也是新的, 同时对于我们关于具有一般 Banach 像空间 $Y$ 的锥约束问题的结果及其在 SIPs 中的应用非常重要.

观察到 $\operatorname{dom}\widehat{D}^*_{\Theta}f(x) \subset \Theta^+$ $(\forall x \in X)$, 其中 $\Theta^+$ 表示 $\Theta$ 的正极锥 (8.68). 因为 $\Theta^+$ 是 $Y^*$ 的一个弱$^*$ 闭子集, 由前面的包含知定义域 $\operatorname{dom}D^*_N f(\bar{x})$, $\operatorname{dom}\widetilde{D}^*_{N,\Theta}f(\bar{x})$ 和 $\operatorname{dom}\check{D}^*_{N,\Theta}f(\bar{x})$ 也是 $\Theta^+$ 的子集. 容易验证, 对于在 $\bar{x}$ 附近局部 Lipschitz 的映射 $f: X \to Y$, 我们有标量化公式

$$\widehat{D}^*_{\Theta}f(\bar{x})(y^*) := \widehat{\partial}\langle y^*, f\rangle(\bar{x}) \text{ 当且仅当 } y^* \in \Theta^+, \tag{8.72}$$

其中 $\langle y^*, f\rangle(x) := \langle y^*, f(x)\rangle$. 但是, 对于极限上导数 $D^*_{N,\Theta}$, $\widetilde{D}^*_{N,\Theta}$ 和 $\check{D}^*_{N,\Theta}$, 这样的标量化要求更强的 Lipschitz 假设; 对于在无序空间中取值的映射, 参见练习 8.103(ii). 下面需要用到标量化的极限结果, 可类似于 [529, 定理 1.90] 证明: 如果 $f$ 在 $\bar{x}$ 处是严格可微的, 那么对于所有 $y^* \in \Theta^+$, 我们有

$$D^*_{N,\Theta}f(\bar{x})(y^*) = \widetilde{D}^*_{N,\Theta}f(\bar{x})(y^*) = \check{D}^*_{N,\Theta}f(\bar{x})(y^*) = \left\{ \nabla f(\bar{x})^* y^* \right\}. \tag{8.73}$$

此外, 如果 $f$ 是 $\Theta$-凸的, 由上面的构造可以直接推出, 对于所有定义 8.43 中的 $\Theta$-上导数, 有

$$D^*_{\Theta}f(\bar{x})(y^*) = \partial\langle y^*, f\rangle(\bar{x}), \quad y^* \in \Theta^+. \tag{8.74}$$

现在, 我们准备建立标量化上确界函数 (8.67) 的基本次微分 $\partial\psi(\bar{x})$ 的上述点基估计.

**定理 8.44** (由上导数表示的标量化上确界函数的基本次梯度的点基估计)
在定理 8.42 的设置中假设 $\Lambda$ 在 $Y^*$ 中是有界的. 则 $\psi$ 在 $\bar{x}$ 处的基本次微分
可由 $f$ 在 $\bar{x}$ 处的拓扑 $\Theta$-上导数给出以下估计上限:

$$\partial\psi(\bar{x}) \subset \left\{ x^* \in \widetilde{D}^*_{N,\Theta} f(\bar{x})(y^*) \middle| y^* \in \mathrm{cl}^* \mathrm{co}\,\Lambda,\ \langle y^*, f(\bar{x}) \rangle = \psi(\bar{x}) \right\}. \quad (8.75)$$

如果 $\dim X < \infty$, 通过聚集 $\Theta$-上导数相应结果, 我们有

$$\partial\psi(\bar{x}) \subset \left\{ x^* \in \check{D}^*_{N,\Theta} f(\bar{x})(y^*) \middle| y^* \in \mathrm{cl}^* \mathrm{co}\,\Lambda,\ \langle y^*, f(\bar{x}) \rangle = \psi(\bar{x}) \right\}. \quad (8.76)$$

此外, 如果闭单位球 $I\!B^*$ 在 $Y^*$ 中是弱* 序列紧的, 则 (8.76) 中的聚集 $\Theta$-上导数
可以被替换为序列上导数 $D^*_{N,\Theta} f(\bar{x})(y^*)$.

**证明** 为证明 (8.75), 我们首先构造 $0 \in X^*$ 的邻域的滤子 $\{V^*_\alpha\}_{\alpha \in A}$ 和网
$\{\varepsilon_\alpha\}_{\alpha \in A} \subset I\!R_+$ 使得 $\varepsilon_\alpha \downarrow 0$. 设 $\mathcal{N}_{X^*}$ 是 $0 \in X^*$ 的弱* 邻域构成的集合, 并设 $A$
与 $\mathcal{N}_{X^*}$ 形成双射. 用 $\mathcal{N}_{X^*} = \{V^*_\alpha |\ \alpha \in A\}$ 表示这种双射对应关系, 并观察到 $A$
是有向集, 其中方向由 $\alpha \succeq \beta$ 给出, 当且仅当 $V^*_\alpha$ 包含于 $V^*_\beta$. 取定任意 $v^* \in X^*$
满足 $\|v^*\| = 1$, 并定义

$$\varepsilon_\alpha := \sup\left\{ r \in [0, \rho] \middle| rv^* \in V^*_\alpha \right\}, \quad \forall\, \alpha \in A,$$

其中 $\rho$ 取自 (8.65). 注意 $\varepsilon_\alpha > 0$ $(\forall \alpha \in A)$ 并且 $\varepsilon_\alpha \downarrow 0$. 事实上, 对任意 $\alpha \in A$
存在充分小的 $\delta \in (0, \rho)$, 使得 $\delta I\!B^* \subset V^*_\alpha$. 显然 $\varepsilon_\alpha > \delta$. 此外, 对任意 $\varepsilon > 0$, 根
据 $A$ 的定义, 存在 $\alpha_0 \in A$ 满足 $\varepsilon_{\alpha_0} < \varepsilon$ 意味着对所有 $\alpha \succeq \alpha_0$, 有 $\varepsilon_\alpha < \varepsilon$. 因此,
如果网 $\{\varepsilon_\alpha\}$ 不收敛于 0, 则存在 $\varepsilon > 0$ 满足 $\varepsilon_\alpha > \varepsilon$ $(\forall \alpha \in A)$, 从而对 $\alpha \in A$ 有
$\varepsilon v^* \in V^*_\alpha$. 这个矛盾证明了 $\varepsilon_\alpha \downarrow 0$.

现在选取一个任意的基本次梯度 $x^* \in \partial\psi(\bar{x})$. 利用定理 8.42, 对任意 $\alpha \in A$,
我们找到 $x_\alpha \in B_{\varepsilon_\alpha}(\bar{x})$ 和 $y^*_\alpha \in \mathrm{co}\,\Lambda$, 满足

$$x^* \in \widehat{\partial}\langle y^*_\alpha, f \rangle(x_\alpha) + V^*_\alpha \quad \text{且} \quad |\langle y^*_\alpha, f(x_\alpha) \rangle - \psi(\bar{x})| \leqslant \varepsilon_\alpha.$$

根据标量化公式 (8.72), 我们得到 $u^*_\alpha \in \widehat{\partial}\langle y^*_\alpha, f \rangle(x_\alpha) = \widehat{D}^*_\Theta f(x_\alpha)(y^*_\alpha)$ 以及 $v^*_\alpha \in V^*_\alpha$ 满足 $x^* = u^*_\alpha + v^*_\alpha$. 因为滤子 $\{V^*_\alpha\}_{\alpha \in A}$ 弱* 收敛于零, 有向集 $\{v^*_\alpha\}_{\alpha \in A}$ 同
样弱* 收敛于 0. 这蕴含着 $u^*_\alpha \xrightarrow{w^*} x^*$. 根据 $\mathrm{co}\,\Lambda \subset Y^*$ 的有界性, 由经典的
Alaoglu-Bourbaki 定理我们找到 $\{y^*_\alpha\}_{\alpha \in A}$ 的一个子网 (不重新标记) 弱* 收敛于
某个 $y^* \in \mathrm{cl}^* \mathrm{co}\,\Lambda$. 由此可得 $x^* \in \widetilde{D}^*_{N,\Theta} f(\bar{x})(y^*)$. 进一步, 由 $\varepsilon_\alpha \downarrow 0$, $x_\alpha \to \bar{x}$ 和
$y^*_\alpha \xrightarrow{w^*} y^*$, 我们有

$$0 = \lim \varepsilon_\alpha = \lim \langle y^*_\alpha, f(x_\alpha) \rangle - \psi(\bar{x}) = \langle y^*, f(\bar{x}) \rangle - \psi(\bar{x}),$$

从而证明了由拓扑上导数表示的 (8.75) 的有效性.

当 $\dim X < \infty$ 时, 在上述证明中我们可以选取 $\widetilde{\mathcal{N}}_{X^*} := \left\{\dfrac{1}{k}\mathbb{B}^* \,\middle|\, k \in \mathbb{N}\right\}$ 代替 $\mathcal{N}_{X^*}$, 然后找到 $A = \mathbb{N}$ 以及序列 $\varepsilon_k \in (0, \rho)$ 使得 $\varepsilon_k \downarrow 0$. 使用类似的论述, 我们得到由聚集上导数 $\check{D}^* f(\bar{x})(y^*)$ 表示的估计 (8.76). 最后, 假设单位球 $\mathbb{B}^* \subset Y^*$ 弱* 序列紧性可以确保 $\check{D}^*_{N,\Theta} f(\bar{x})(y^*)$ 的所有极限元素属于 $D^*_{N,\Theta} f(\bar{x})(y^*)$, 从而完成证明.                                                                  △

### 8.3.2  点基最优性和规范条件

由命题 8.41 可知, 原锥约束优化问题 (8.64) 可以通过取自 (8.66) 的标量化上确界函数 $\vartheta$ 等价描述为

$$\text{minimize } \varphi(x) \text{ s.t. } \vartheta(x) \leqslant 0, \ x \in \Omega.$$

现在, 我们使用上述表示以及定理 8.44 的次微分估计和变分分析中广义微分的分析法则, 在适当约束规范下, 推出由上述极限构造表示的 (8.64) 的点基必要最优性条件.

下面的定理给出了本小节的主要结果.

**定理 8.45** (锥约束规划的必要最优性条件)  设 $\bar{x}$ 是问题 (8.64) 在我们固定假设下的一个局部最优解. 假设 $\varphi$ 在 $\bar{x}$ 处是 SNEC 的, 或者集合 $\Omega$ 在该点处是 SNC 的, 并且满足规范条件

$$\partial^\infty \varphi(\bar{x}) \cap \big(-N(\bar{x}; \Omega)\big) = \{0\}; \tag{8.77}$$

当 $\varphi$ 在 $\bar{x}$ 附近是局部 Lipschitz 时, SNEC 和 (8.77) 自动成立. 则我们有以下断言:

(a) 存在 $y^* \in \Theta^+$, 使得

$$0 \in \partial \varphi(\bar{x}) + \widetilde{D}^*_{N,\Theta} f(\bar{x})(y^*) + N(\bar{x}; \Omega) \quad \text{且} \quad \langle y^*, f(\bar{x})\rangle = 0, \tag{8.78}$$

(b) 或者存在 $y^* \in \mathrm{cl}^* \mathrm{co}\, \Xi$, 使得

$$0 \in \partial^\infty \varphi(\bar{x}) + \widetilde{D}^*_{N,\Theta} f(\bar{x})(y^*) + N(\bar{x}; \Omega) \quad \text{且} \quad \langle y^*, f(\bar{x})\rangle = 0. \tag{8.79}$$

若 $\dim X < \infty$, 用 $\check{D}^*_N f(\bar{x})$ 替换 $\widetilde{D}^*_N f(\bar{x})$ 时, 上面情况成立. 此外, 如果 $\mathbb{B}^* \subset Y^*$ 是弱* 序列紧的, 则 (8.78) 和 (8.79) 中的拓扑上导数 $\widetilde{D}^*_{N,\Theta} f(\bar{x})$ 可以替换为序列上导数 $D^*_N f(\bar{x})$.

**证明**  首先观察到, 由练习 2.49 和练习 4.34 可知, $\varphi$ 在 $\bar{x}$ 处的 SNEC 性质和 Asplund 空间上局部 Lipschitz 费用函数 $\varphi$ 的规范条件 (8.77) 都成立. 进一步,

容易看出, $\bar{x}$ 是求以下最大值函数的极小值的无约束问题的一个局部最优解

$$\Psi(x) := \max\left\{\big(\varphi + \delta(\cdot; \Omega)\big)(x) - \varphi(\bar{x}), \vartheta(x)\right\}, \quad x \in X, \tag{8.80}$$

其中 $\vartheta(x)$ 由 (8.66) 给出, 并且 $\Psi$ 显然在 $\bar{x}$ 附近是 l.s.c. 的. 如果 $\vartheta(\bar{x}) < 0$, 则存在 $\bar{x}$ 的邻域 $U$ 使得 $\Psi(x) - \vartheta(x) > 0$ $(\forall x \in U)$, 这蕴含着 $\Psi(x) = (\varphi + \delta(\cdot; \Omega))(x)$ $(\forall x \in U)$. 因为 $\bar{x}$ 是 (8.80) 的一个局部最优解, 根据广义 Fermat 法则, 我们有

$$0 \in \partial\Psi(\bar{x}) = \partial\big(\varphi + \delta(\cdot; \Omega)\big)(\bar{x}).$$

根据对 $\varphi$ 和 $\Omega$ 的假设以及练习 2.54(i) 中的基本和奇异次微分的和法则, 有

$$\begin{aligned}
\partial\big(\varphi + \delta(\cdot; \Omega)\big)(\bar{x}) &\subset \partial\varphi(\bar{x}) + N(\bar{x}; \Omega),\\
\partial^\infty\big(\varphi + \delta(\cdot; \Omega)\big)(\bar{x}) &\subset \partial^\infty\varphi(\bar{x}) + N(\bar{x}; \Omega).
\end{aligned} \tag{8.81}$$

因此, 我们有 $0 \in \partial\varphi(\bar{x}) + N(\bar{x}; \Omega)$, 这就确保了在这种情况下当 $y^* = 0$ 时 (8.78) 中必要最优性条件有效.

下面我们考虑 $\vartheta(\bar{x}) = 0$ 的情况. 因为函数 $\vartheta$ 在 $\bar{x}$ 附近是局部 Lipschitz 的, 由定理 4.10 可知 (该定理在 Asplund 空间中成立, 并且在所考虑的 Lipschitz 情况下没有变化)

$$\begin{aligned}
\partial^\infty\Psi(\bar{x}) &\subset \partial^\infty\big(\vartheta + \delta(\cdot; \Omega)\big)(\bar{x}) + \partial^\infty\varphi(\bar{x}) = \partial^\infty\big(\vartheta + \delta(\cdot; \Omega)\big)(\bar{x}),\\
\partial\Psi(\bar{x}) &\subset \cup\Big\{\lambda_1 \circ \partial\big(\vartheta + \delta(\cdot; \Omega)\big)(\bar{x}) + \lambda_2\partial\varphi(\bar{x})\Big| (\lambda_1, \lambda_2) \in \mathbb{R}_+^2, \lambda_1 + \lambda_2 = 1\Big\},
\end{aligned}$$

其中当 $\lambda > 0$ 时 $\lambda \circ \partial\vartheta(\bar{x})$ 表示 $\lambda\partial\vartheta(\bar{x})$, 而当 $\lambda = 0$ 时表示 $\partial^\infty\vartheta(\bar{x})$. 因为 $0 \in \partial\Psi(\bar{x})$, 从 (8.81) 和后面的包含我们可知, 存在 $x^* \in N(\bar{x}; \Omega)$ 和 $(\lambda_1, \lambda_2) \in \mathbb{R}_+^2$, 使得 $\lambda_1 + \lambda_2 = 1$ 并且

$$0 \in \lambda_1 \circ \partial\vartheta(\bar{x}) + \lambda_2\partial\varphi(\bar{x}) + x^*. \tag{8.82}$$

若在 (8.82) 中 $\lambda_1 \neq 0$, 则存在 $u^* \in \partial\vartheta(\bar{x})$ 满足 $-x^* - \lambda_1 u^* \in \lambda_2\partial\varphi(\bar{x})$. 若在 (8.82) 中 $\lambda_2 = 0$, 从而 $\lambda_1 = 1$, 根据

$$0 = u^* + x^* \in \partial\varphi(\bar{x}) + \widetilde{D}_{N,\Theta}^* f(\bar{x})(0) + N(\bar{x}; \Omega),$$

我们可得 (8.78) 当 $y^* = 0$ 时成立. 否则, 对于 $\Lambda = \Xi$, 由定理 8.44, 我们可以找到 $y^* \in \mathrm{cl}^* \mathrm{co}\,\Xi$, 满足

$$\frac{-x^* - \lambda_1 u^*}{\lambda_2} \in \widetilde{D}_{N,\Theta}^* f(\bar{x})(y^*) \quad \text{且} \quad \langle y^*, f(\bar{x})\rangle = \varphi(\bar{x}) = 0.$$

因此, 我们得到包含

$$0 \in u^* + \frac{\lambda_2}{\lambda_1} \widetilde{D}_{N,\Theta}^* f(\bar{x})(y^*) + \frac{x^*}{\lambda_1} \subset \partial\varphi(\bar{x}) + \widetilde{D}_{N,\Theta}^* f(\bar{x})\Big(\frac{\lambda_2 y^*}{\lambda_1}\Big) + N(\bar{x}; \Omega),$$

从而证明了在这种情况下 (8.78) 的条件成立.

然后假设 $\lambda_1 = 0$, 从 (8.82) 我们推出存在 $v^* \in \partial^\infty\varphi(\bar{x})$ 使得 $-v^* - x^* \in \partial\vartheta(\bar{x})$. 再次应用定理 8.44, 得到 $z^* \in \mathrm{cl}^*\mathrm{co}\,\varXi$ 满足条件 $-v^* - x^* \in \widetilde{D}_{N,\Theta}^* f(\bar{x})(z^*)$ 和 $\langle z^*, f(\bar{x})\rangle = 0$, 从而可得 (8.79). 定理的其余部分涉及空间 $X$ 和 $Y$ 的特定结构, 可根据上述论述由定理 8.44 的相应结果得出.                                            △

注意, 若 $0 \in \mathrm{cl}^*\mathrm{co}\,\varXi$, 则定理 8.45 的 (规范) 条件 (b) 自动成立. 事实上, 在这种情况下, 我们总有 $0 \in \widetilde{D}_{N,\Theta}^* f(\bar{x})(0) \cap \partial^\infty\varphi(\bar{x}) \cap N(\bar{x}; \Omega)$. 下一个命题表明, 特别地, 如果锥 $\Theta$ 的内部非空, 则原点一定不是 $\mathrm{cl}^*\mathrm{co}\,\varXi$ 中的元素.

**命题 8.46** (实锥约束)    以下结果等价:

(i) $0 \notin \mathrm{cl}^*\mathrm{co}\,\varXi$.

(ii) 存在 $r > 0$ 和 $y_0 \in Y$, 使得对所有 $y^* \in \varXi$, 有 $\langle y^*, y_0\rangle > r$.

(iii) $\mathrm{int}\,\Theta \neq \varnothing$.

**证明**    蕴含关系 (i)$\Rightarrow$(ii) 可由凸分离定理直接得到. 为证明 (ii)$\Rightarrow$(iii), 由 (ii) 我们可得, 对任意 $y \in B_r(y_0)$ 有

$$\langle y^*, y\rangle = \langle y^*, y_0\rangle + \langle y^*, y - y_0\rangle \geqslant r - \|y^*\| \cdot \|y - y_0\| > r - r = 0$$

当 $y^* \in \varXi$ 时成立. 这蕴含着 $y \in \Theta$, 从而确保 (iii) 成立. 最后, 假设 (iii) 满足, 然后找到 $y_1 \in \Theta$ 和 $s > 0$, 使得 $B_s(y_1) \subset \Theta$. 对任意 $y^* \in \varXi$, 我们显然有

$$\langle y^*, y_1\rangle = \langle y^*, y_1\rangle - s\|y^*\| + s \geqslant \inf_{y \in B_s(y_1)} \langle y^*, y\rangle + s \geqslant s > 0,$$

由此可知若 $y^* \in \mathrm{co}\,\varXi$, 则有 $\langle y^*, y_1\rangle > s$, 从而 (i) 成立.                    △

接下来, 我们介绍定理 8.45 的几个显著结果. 第一个结果表明, 在实锥约束的情形下, (8.78) 中必要最优性条件在某种增强约束规范下成立.

**推论 8.47** (增强规范下实锥约束的最优性条件)    假设在定理 8.44 的设置中 $\mathrm{int}\,\Theta \neq \varnothing$, 并且规范条件

$$\big(\partial^\infty\varphi(\bar{x}) + N(\bar{x}; \Omega)\big) \cap \big(-\widetilde{D}_{N,\Theta}^* f(\bar{x})(\varXi_0)\big) = \varnothing \tag{8.83}$$

对于 $\varXi_0 := \{y^* \in \varXi \mid \langle y^*, f(\bar{x})\rangle = 0\}$ 成立. 则存在 $y^* \in \Theta^+$ 使得 (8.78) 中条件满足. 如果 $\dim X < \infty$, 则 (8.78) 中 $\widetilde{D}_{N,\Theta}^* f(\bar{x})$ 可以替换为 $\check{D}_{N,\Theta}^* f(\bar{x})$. 进一步, 如果此外单位球 $I\!\!B^* \subset Y^*$ 是弱* 序列紧的, 则 $\widetilde{D}_{N,\Theta}^* f(\bar{x})$ 可以替换为 $D_{N,\Theta}^* f(\bar{x})$.

**证明** 根据定理 8.44 的证明, 只需在给定假设下证明 $\lambda_1 \neq 0$ 即可. 使用反证法, 假设 $\lambda_1 = 0$, 然后找到 $x^* \in N(\bar{x}; \Omega)$, $v^* \in \partial^\infty \varphi(\bar{x})$ 和 $z^* \in \mathrm{cl}^* \mathrm{co}\, \Xi$, 使得

$$-v^* - x^* \in \widetilde{D}_{N,\Theta}^* f(\bar{x})(z^*) \quad \text{且} \quad \langle z^*, f(\bar{x}) \rangle = 0.$$

由命题 8.46 可得 $z^* \neq 0$. 因此我们有

$$\partial^\infty \varphi(\bar{x}) + N(\bar{x}; \Omega) \ni \frac{v^*}{\|z^*\|} + \frac{x^*}{\|z^*\|} = -\frac{-v^* - x^*}{\|z^*\|} \in -\widetilde{D}_{N,\Theta}^* f(\bar{x})\left(\frac{z^*}{\|z^*\|}\right),$$

由于 $\dfrac{z^*}{\|z^*\|} \in \Xi_0$, 这与规范条件 (8.83) 矛盾. $\triangle$

本节的最后一个结果涉及 (8.64) 的设置, 其中费用函数 $\varphi$ 在 $\bar{x}$ 处局部是 Lipschitz 的, 并且约束映射 $f$ 在 $\bar{x}$ 处是严格可微或 $\Theta$-凸的. 我们可以看到, 在这样的设置中, 规范条件 (8.83) 分别等价于经典的 Robinson 和 Slater 约束规范.

**推论 8.48** (特殊设置中的锥约束问题) 假设在推论 8.47 的框架中 $\varphi$ 在 $\bar{x}$ 附近是局部 Lipschitz 的, 并且约束集 $\Omega \subset X$ 是凸的. 以下断言成立:

(i) 如果 $f$ 在 $\bar{x}$ 处是严格可微的, 则规范条件 (8.83) 等价于 Robinson 约束规范:

$$0 \in \mathrm{int}\{f(\bar{x}) + \nabla f(\bar{x})(\Omega - \bar{x}) + \Theta\}, \tag{8.84}$$

并且最优性条件 (5.20) 简化为存在 $y^* \in \Theta^+$ 且 $\langle y^*, f(\bar{x}) \rangle = 0$ 和 $x^* \in \partial\varphi(\bar{x})$ 满足

$$\langle x^* + \nabla f(\bar{x})^* y^*, x - \bar{x} \rangle \geqslant 0, \quad \forall\, x \in \Omega. \tag{8.85}$$

(ii) 如果 $f$ 是 $\Theta$-凸的, 则规范条件 (8.83) 等价于 Slater 约束规范:

$$存在\ x_0 \in \Omega\ 使得\ f(x_0) \in -\mathrm{int}\,\Theta, \tag{8.86}$$

而最优性条件 (8.78) 简化为存在 $y^* \in \Theta^+$ 且 $\langle y^*, f(\bar{x}) \rangle = 0$, $u^* \in \partial\langle y^*, f\rangle(\bar{x})$ 和 $x^* \in \partial\varphi(\bar{x})$ 满足

$$\langle x^* + u^*, x - \bar{x} \rangle \geqslant 0, \quad \forall\, x \in \Omega. \tag{8.87}$$

**证明** 因为对于局部 Lipschitz 函数有 $\partial^\infty \varphi(\bar{x}) = \{0\}$, 由 $\Omega$ 的凸性可知, 规范条件 (8.83) 具有形式

$$\nexists x^* \in -\widetilde{D}_{N,\Theta}^* f(\bar{x})(\Xi_0) \quad \text{且} \quad \langle x^*, x - \bar{x} \rangle \leqslant 0, \quad \forall\, x \in \Omega.$$

为证明 (i), 假设 $f$ 在 $\bar{x}$ 处是严格可微的, 并且通过应用支撑超平面定理, 观察到 (8.84) 等价于

$$N\big(0; f(\bar{x}) + \nabla f(\bar{x})(\Omega - \bar{x}) + \Theta\big) = \{0\}. \tag{8.88}$$

假设 (8.83) 成立并证明满足 (8.88). 事实上, 如果反之存在 $y^* \in N\big(0; f(\bar{x}) + \nabla f(\bar{x})(\Omega - \bar{x}) + \Theta\big)$ 满足 $\|y^*\| = 1$, 则

$$\langle y^*, f(\bar{x}) + \nabla f(\bar{x})(x - \bar{x}) + z \rangle \leqslant 0, \quad \forall\, x \in \Omega \text{ 且 } z \in \Theta,$$

由此可得 $y^* \in -\Theta^+$ 满足 $\langle y^*, f(\bar{x}) \rangle \leqslant 0$. 此外, 根据 $y^* \in -\Theta^+$ 和 $f(\bar{x}) \in -\Theta$ 有 $\langle y^*, f(\bar{x}) \rangle \geqslant 0$. 同样, $y^* \in -\Xi_0$ 并且 $\nabla f(\bar{x})^* y^* \in N(\bar{x}; \Omega)$. 由标量化 (8.73), 我们与 (8.83) 产生了矛盾.

　　反之, 假设 Robinson 约束规范 (8.84) 满足. 如果存在 $z^* \in \Xi_0$ 满足 $N(\bar{x}; \Omega) \cap \big(-\widetilde{D}_{N,\Theta}^* f(\bar{x})(z^*)\big) \neq \varnothing$, 从 (8.73) 易得 $-z^* \in N\big(0; f(\bar{x}) + \nabla f(\bar{x})(\Omega - \bar{x}) + \Theta\big)$, 从而有 $z^* = 0$. 这个矛盾证明了断言 (i) 中 (8.83) 和 (8.84) 之间的等价性. 在这种情况下, 必要最优性条件 (8.78) 和 (8.85) 之间的等价性可由凸集法锥的结构和上导数标量化 (8.73) 得出, 从而完成了断言 (i) 的证明.

　　下面我们证明 (ii), 其中 (8.64) 的约束映射 $f$ 是 $\Theta$-凸的. 首先假设 Slater 条件 (8.86) 不成立, 即, $f(\Omega) \cap (-\mathrm{int}\,\Theta) = \varnothing$. 容易验证 $A \cap (-\mathrm{int}\,\Theta) = \varnothing$, 其中 $A := \{f(x) + \Theta \mid x \in \Omega\}$ 是 $Y$ 中的凸集. 对这两个集合应用分离定理, 我们有 $w^* \in Y^*$ 且 $\|w^*\| = 1$, 使得

$$\langle w^*, f(x) \rangle \geqslant \langle w^*, -z \rangle, \quad \forall\, x \in \Omega, \quad z \in \Theta.$$

从而 $w^* \in \Theta^+$ 且 $\langle w^*, f(x) \rangle \geqslant 0$ $(\forall x \in \Omega)$. 因为 $f(\bar{x}) \in -\Theta$, 我们可知 $\langle w^*, f(\bar{x}) \rangle = 0$ 且 $\langle w^*, f(x) \rangle - \langle w^*, f(\bar{x}) \rangle \geqslant 0$ $(\forall x \in \Omega)$. 从而

$$0 \in \partial(\langle w^*, f \rangle + \delta(\cdot; \Omega))(\bar{x}) \subset \partial \langle w^*, f \rangle (\bar{x}) + N(\bar{x}; \Omega).$$

因此由 (8.74) 中标量化公式, 我们有 $N(\bar{x}; \Omega) \cap \big(-\widetilde{D}_{N,\Theta}^* f(\bar{x})(w^*)\big) \neq \varnothing$, 这表明条件 (8.83) 不成立.

　　反之, 假设 Slater 条件 (8.86) 成立, 然后找到 $x_0 \in \Omega$ 满足 $f(x_0) \in -\mathrm{int}\,\Theta$. 假设存在

$$u^* \in \Xi_0 \quad \text{且} \quad N(\bar{x}; \Omega) \cap \big(-\widetilde{D}_{N,\Theta}^* f(\bar{x})(u^*)\big) \neq \varnothing,$$

由上导数标量化 (8.74) 我们可得 $0 \in \partial \langle u^*, f \rangle (\bar{x}) + N(\bar{x}; \Omega)$. 这蕴含着 $0 \leqslant \langle u^*, f(x_0) \rangle - \langle u^*, f(\bar{x}) \rangle = \langle u^*, f(x_0) \rangle$. 因为 $-f(x_0) \in \mathrm{int}\,\Theta$, 由命题 8.46 中蕴含关系 (iii)$\Rightarrow$(i) 的证明可知 $\langle u^*, -f(x_0) \rangle > 0$, 矛盾. 因此, 我们证明了规范条件 (8.83) 和 (8.86) 在所考虑凸设置中的等价性. 最后, 由 $\Omega$ 的凸性和标量化公式 (8.74), 在此设置中, (8.78) 中的必要最优性条件简化为 (8.87) 中的必要最优性条件. $\triangle$

### 8.3.3 无 CQs 的规范最优性条件

在本小节中, 我们给出锥约束规划 (8.64) 的一种新型必要最优性条件. 这些结果在以下几个主要方面与 8.3.2 小节得到的结果有本质上的不同:

(i) 下面的结果以规范形式获得 (即具有与费用函数相对应的非零乘子), 而它们是在没有任何约束规范 (CQ) 的情况下建立的.

(ii) 所得结果以近似/模糊形式给出, 即, 它们涉及参考局部最优解的邻域.

注意, 文献中推导出了非线性规划在某些规范条件下的一些模糊类型的必要最优性条件; 更多讨论和参考参见 8.6 节.

我们从以下简单引理开始.

**引理 8.49** (逆像的基本法向量的模糊估计) 在固定假设下, 对于 $f: X \to Y$ 有 $\bar{x} \in f^{-1}(-\Theta)$. 并设 $V^*$ 是 $0 \in X^*$ 的一个弱* 邻域. 则对任意基本法向量 $x^* \in N(\bar{x}; f^{-1}(-\Theta))$ 和任意 $\varepsilon > 0$ 存在 $x_\varepsilon \in B_\varepsilon(\bar{x})$ 和 $y_\varepsilon^* \in \Theta^+$, 使得

$$x^* \in \widehat{\partial}\langle y_\varepsilon^*, f\rangle(x_\varepsilon) + V^* \quad \text{且} \quad |\langle y_\varepsilon^*, f(x_\varepsilon)\rangle| \leqslant \varepsilon. \tag{8.89}$$

**证明** 由凸分离定理可知

$$\delta\big(x; f^{-1}(-\Theta)\big) = \sup_{y^* \in \Theta^+} \langle y^*, f(x)\rangle, \quad \forall\, x \in X.$$

对 $\Lambda := \Theta^+$ 的情形应用定理 8.42 可知, 存在 $y_\varepsilon^* \in \mathrm{co}\,\Lambda = \Theta^+$ 和 $x_\varepsilon \in B_\varepsilon(\bar{x})$ 满足关系

$$|\langle y_\varepsilon^*, f(x_\varepsilon)\rangle| = |\langle y_\varepsilon^*, f(x_\varepsilon)\rangle - \delta\big(\bar{x}; f^{-1}(-\Theta)\big)| \leqslant \varepsilon \quad \text{且} \quad x^* \in \widehat{\partial}\langle y_\varepsilon^*, f\rangle(x_\varepsilon) + V^*,$$

这就验证了 (8.89), 从而完成引理的证明. △

本小节的主要结果如下.

**定理 8.50** (锥约束规划的模糊最优性条件) 设 $\bar{x}$ 是问题 (8.64) 的一个局部最优解. 则对于 $0 \in X^*$ 的任意弱* 邻域 $V^*$ 及任意 $\varepsilon > 0$, 存在 $x_0, x_1, x_\varepsilon \in B_\varepsilon(\bar{x})$ 和 $y_\varepsilon^* \in \Theta^+$, 使得 $|\vartheta(x_0) - \vartheta(\bar{x})| \leqslant \varepsilon$, $x_1 \in \Omega$, 且

$$0 \in \widehat{\partial}\vartheta(x_0) + \widehat{\partial}\langle y_\varepsilon^*, f\rangle(x_\varepsilon) + \widehat{N}(x_1; \Omega) + V^*, \quad \text{其中} \ |\langle y_\varepsilon^*, f(x_\varepsilon)\rangle| \leqslant \varepsilon. \tag{8.90}$$

**证明** 不失一般性, 假设 $V^*$ 在 $X^*$ 中是凸的. 因为 $\bar{x}$ 是 (8.64) 的一个局部解, 由广义 Fermat 法则, 我们有

$$0 \in \widehat{\partial}\big(\vartheta + \delta(\cdot; \Omega) + \delta(\cdot; f^{-1}(-\Theta))\big)(\bar{x}).$$

使用练习 2.27 中的弱模糊和法则, 我们有 $x_0 \in B_\varepsilon(\bar{x})$ 满足 $|\varphi(x_0) - \varphi(\bar{x})| \leqslant \varepsilon$, $x_1 \in \Omega \cap B_\varepsilon(\bar{x})$ 及 $x_2 \in f^{-1}(-\Theta) \cap B_{\frac{\varepsilon}{2}}(\bar{x})$, 使得

$$0 \in \widehat{\partial}\varphi(x_0) + \widehat{N}(x_1; \Omega) + \widehat{N}\big(x_2; f^{-1}(-\Theta)\big) + \frac{V^*}{2}.$$

因此, 存在 $x^* \in \widehat{N}(x_2; f^{-1}(-\Theta)) \subset N(x_2; f^{-1}(-\Theta))$ 满足

$$0 \in x^* + \widehat{\partial}\varphi(x_0) + \widehat{N}(x_1; \Omega) + \frac{V^*}{2}.$$

由命题 8.49, 我们找到 $x_\varepsilon \in B_{\frac{\varepsilon}{2}}(x_2)$ 和 $y_\varepsilon^* \in \Theta^+$, 使得

$$x^* \in \widehat{\partial}\langle y_\varepsilon^*, f\rangle(x_\varepsilon) + \frac{V^*}{2} \quad 且 \quad |\langle y_\varepsilon^*, f(x_\varepsilon)\rangle| \leqslant \varepsilon.$$

由此立即可得包含

$$0 \in \widehat{\partial}\varphi(x_0) + \widehat{N}(x_1; \Omega) + \frac{V^*}{2} + \widehat{\partial}\langle y_\varepsilon^*, f\rangle(x_\varepsilon) + \frac{V^*}{2}$$

$$\subset \widehat{\partial}\varphi(x_0) + \widehat{\partial}\langle y_\varepsilon^*, f\rangle(x_\varepsilon) + \widehat{N}(x_1; \Omega) + V^*,$$

考虑到显然的估计 $\|x_\varepsilon - \bar{x}\| \leqslant \|x_\varepsilon - x_2\| + \|x_2 - \bar{x}\| \leqslant \frac{\varepsilon}{2} + \frac{\varepsilon}{2} = \varepsilon$, 这反过来蕴含着最优性条件 (8.90). 　　　　△

作为定理 8.50 的模糊最优性条件的结果, 我们为特殊的没有约束规范的锥约束规划 (8.64) 推导出以下序列规范最优性条件.

**推论 8.51** (锥约束规划的序列最优性条件)　假设在定理 8.50 的框架中 $\dim X < \infty$, $\Omega = X$, 并且费用函数 $\varphi$ 在 $\bar{x}$ 附近是 Lipschitz 连续的. 则存在基本次梯度 $x^* \in \partial\varphi(\bar{x})$ 和序列 $\{x_k\} \subset X$, $\{x_k^*\} \subset X^*$ 以及 $\{y_k^*\} \subset \Theta^+$ 满足 $x_k^* \in \widehat{\partial}\langle y_k^*, f\rangle(x_k)$ $(\forall k \in I\!N)$ 使得

$$x_k \to \bar{x}, \ x_k^* \to -x^*, \ 且 \ \langle y_k^*, f(x_k)\rangle \to 0, \quad 当 k \to \infty. \quad (8.91)$$

**证明**　因为 $\dim X < \infty$, 我们可以选取 $V^* = \frac{1}{k}I\!B^*$, $\varepsilon = \frac{1}{k}$, 然后由 (8.90) 找到向量 $u_k, x_k \to \bar{x}$ 以及对偶元 $u_k^* \in \widehat{\partial}\varphi(u_k)$, $y_k^* \in \Theta^+$ 和 $x_k^* \in \widehat{\partial}\langle y_k^*, f\rangle(x_k)$ 满足

$$-u_k^* \in x_k^* + \frac{1}{k}I\!B^* \ 且 \ |\langle y_k^*, f(x_k)\rangle| \leqslant \frac{1}{k}, \quad 当 k \to \infty. \quad (8.92)$$

由 $\varphi$ 在 $\bar{x}$ 附近的局部 Lipschitz 连续性知序列 $\{u_k^*\}$ 是有界的, 因此它收敛于 (不重新标记) 某个基本次梯度 $x^* \in \partial\varphi(\bar{x})$. 这意味着 (8.92) 中包含有 $x_k^* \to -x^*$, 这就验证了 (8.91), 从而完成了证明.　　　　△

定理 8.50 的另一个显著结果是它在不可微规划情况下的如下增强版本.

**推论 8.52** (不可微规划中的模糊最优性条件)　设 $\bar{x}$ 是以下规划

$$\begin{cases} \text{minimize } \varphi(x) \text{ s.t. } x \in \Omega \subset X, \\ \varphi_i(x) \leqslant 0, \ i = 1, \cdots, m, \ 且 \ \varphi_i(x) = 0, \ i = m+1, \cdots, m+r \end{cases}$$

的一个局部最优解, 其中除固定假设外, 我们还假设所有函数 $\varphi_i\colon X\to I\!R$ 在 $\bar{x}$ 周围是 Lipschitz 连续的. 则对任意 $0\in X^*$ 的弱* 邻域 $V^*$ 和任意 $\varepsilon>0$, 存在向量 $x_0,x_1,\cdots,x_{m+r},\hat{x}\in B_\varepsilon(\bar{x})$ 和乘子 $(\lambda_1,\cdots,\lambda_{m+r})\in I\!R_+^m\times I\!R^r$, 使得

$$0\in\hat{\partial}\varphi(x_0)+\sum_{i=1}^{m}\lambda_i\hat{\partial}\varphi_i(x_i)+\sum_{i=m+1}^{m+r}\hat{\partial}(\lambda_i\varphi_i)(x_i)+\widehat{N}(\hat{x};\Omega)+V^* \quad (8.93)$$

满足 $\hat{x}\in\Omega$, $\big|\sum_{i=1}^{m+r}\lambda_i\varphi_i(x_i)\big|\leqslant\varepsilon$ 及 $|\varphi(x_0)-\varphi(\bar{x})|\leqslant\varepsilon$.

**证明** 在 $Y:=I\!R^{m+r}$, $f:=(\varphi_1,\cdots,\varphi_{m+r})$ 和 $\Theta:=I\!R_+^m\times 0_r\subset Y$ 的情况下, 利用定理 8.50, 我们有 $x_0,x_\varepsilon,\hat{x}\in B_{\frac{\varepsilon}{2}}(\bar{x})$ 和 $(\lambda_1,\cdots,\lambda_{m+r})\in\Theta^+=I\!R_+^m\times I\!R^r$, 使得 $|\vartheta(x_0)-\vartheta(\bar{x})|\leqslant\varepsilon$, $\hat{x}\in\Omega$ 并且

$$0\in\hat{\partial}\varphi(x_0)+\hat{\partial}\left(\sum_{i=1}^{m+r}\lambda_i\varphi_i\right)(x_\varepsilon)+\widehat{N}(\hat{x};\Omega)+\frac{V^*}{2},$$

$$\text{其中}\left|\sum_{i=1}^{m+r}\lambda_i\varphi_i(x_\varepsilon)\right|\leqslant\frac{\varepsilon}{2}. \quad (8.94)$$

因此, 存在 $x^*\in\hat{\partial}\big(\sum_{i=1}^{m+r}\lambda_i\varphi_i\big)(x_\varepsilon)$ 满足

$$0\in x^*+\hat{\partial}\vartheta(x_0)+\widehat{N}(\hat{x};\Omega)+\frac{V^*}{2}.$$

然后对 $x^*$ 应用练习 2.27 中的弱模糊和法则, 并找到 $x_1^*,\cdots,x_{m+r}^*$ 以及 $x_1,\cdots,x_{m+r}\in B_{\frac{\varepsilon}{2}}(x_\varepsilon)$, 使得

$$x_i^*\in\hat{\partial}(\lambda_i\varphi_i)(x_i),\quad|\lambda_i\varphi_i(x_i)-\lambda_i\varphi_i(x_\varepsilon)|\leqslant\frac{\varepsilon}{2(m+r)},\quad\forall\,i=1,\ldots,m+r,$$

$$x^*\in\sum_{i=1}^{m+r}x_i^*+\frac{V^*}{2}.$$

从而由上式可知, 对所有 $i=1,\cdots,m+r$, 有 $\|x_i-\bar{x}\|\leqslant\|x_i-x_\varepsilon\|+\|x_\varepsilon-\bar{x}\|\leqslant\frac{\varepsilon}{2}+\frac{\varepsilon}{2}=\varepsilon$, 并且包含

$$0\in\hat{\partial}\varphi(x_0)+\widehat{N}(\hat{x};\Omega)+\frac{V^*}{2}+\sum_{i=1}^{m+r}\hat{\partial}(\lambda_i\varphi_i)(x_i)+\frac{V^*}{2}$$

$$\in\hat{\partial}\varphi(x_0)+\sum_{i=1}^{m}\lambda_i\hat{\partial}\varphi_i(x_i)+\sum_{i=m+1}^{m+r}\hat{\partial}(\lambda_i\varphi_i)(x_i)+\widehat{N}(\hat{x};\Omega)+V^* \quad (8.95)$$

成立. 进一步, 由 (8.94) 我们可得

$$\left|\sum_{i=1}^{m+r}\lambda_i\varphi_i(x_i)\right|\leqslant\sum_{i=1}^{m+r}\left|\lambda_i\varphi_i(x_i)-\lambda_i\varphi_i(x_\varepsilon)\right|+\left|\sum_{i=1}^{m+r}\lambda_i\varphi_i(x_\varepsilon)\right|\leqslant\frac{\varepsilon(m+r)}{2(m+r)}+\frac{\varepsilon}{2}.$$

由上式和 (8.95) 一起可得 (8.93), 从而完成了证明.                                    △

### 8.3.4　锥约束系统的适定性

在本小节中, 我们回到研究参数系统的适定性性质. 第 3 章在有限维空间的一般/抽象框架中对这些性质展开了研究 (而如 3.4 节和 3.5 节中所讨论的, 大多数结果在 Asplund 空间中是有效的), 第 7 章对 Banach 空间中无穷线性凸 SIP 系统的此类性质也进行了研究. 在本节的固定假设下, 这里我们考虑由下式给出的非凸非光滑锥约束系统

$$F(x) := f(x) + \Theta = \big\{ y \in Y \,\big|\, f(x) - y \in -\Theta \big\}. \tag{8.96}$$

与第 7 章的结果围绕着所讨论特定系统的类 Lipschitz 性质相比, 在本节中我们关注 (8.96) 的度量正则性的等价性质 (直到考虑逆映射), 该性质与 Lipschitz 稳定性有一些区别. 特别地, 观察到对于 $F^{-1}$, (8.96) 中的像 (Banach) 空间 $Y$ 和域 (Asplund) 空间 $X$ 有着相反的含义. 关于有限维和无穷维参数变分系统的度量正则性研究中的一些挑战, 我们也请读者参考 3.3 节. 对于 (8.96) 的度量正则性, 我们的方法基于变分技巧, 并且使用了前面小节中建立的结果.

为了简单起见, 我们假设域空间 $X$ 是有限维的, 而 $Y$ 是任意 Banach 空间. 这已经足够了, 特别是对于 8.3.5 小节中考虑的具有 $Y = \mathcal{C}(T), l^\infty(T)$ 的 SIPs. 下面的证明可以推广到一般的 Asplund 空间 $X$.

首先, 通过 $f$ 在相邻点处的正则上导数, 我们得出 $F$ 在 $(\bar{x}, 0)$ 处的确切正则界限 $\mathrm{reg}\, F(\bar{x}, 0)$ 的具有等式的上估计. 所得的估计和等式显然分别蕴含着度量正则性的充分条件以及充要条件. 注意, 由于标量公式 (8.72), $\widehat{D}_\Theta^* f(x)(y^*)$ 可以用满足 $y^* \in \Theta^+$ 的正则次微分 $\hat{\partial}\langle y^*, f\rangle(x)$ 代替.

**定理 8.53** (锥约束系统正则性界限的邻域估计)　假设对于系统 (8.96), $\bar{x}$ 满足 $f(\bar{x}) \in -\Theta$, 并设 $\Xi$ 如 (8.66) 中所定义. 则我们有上估计

$$\mathrm{reg}\, F(\bar{x}, 0) \leqslant \inf_{\eta > 0} \sup \left\{ \frac{1}{\|x^*\|} \,\middle|\, x^* \in \widehat{D}_\Theta^* f(x)(y^*),\ x \in B_\eta(\bar{x}), \right.$$

$$\left. y^* \in \Xi,\ |\langle y^*, f(\bar{x})\rangle| < \eta \right\}, \tag{8.97}$$

当 $f(\bar{x}) = 0$ 时, 上式等式成立.

**证明**　记 (8.97) 的右边为 $a(\bar{x})$, 并考虑 (8.97) 中当 $a(\bar{x}) < \infty$ 的非平凡情况. 使用反证法证明, 假设 $\mathrm{reg}\, F(\bar{x}, 0) > a(\bar{x})$, 从而 (8.97) 中 $x^* \neq 0$. 因此存在序列 $(x_k, y_k) \to (\bar{x}, 0)$ 和 $\nu < \alpha_k < \nu + 1$(对某个 $\nu > a(\bar{x})$), 使得我们有

$$\mathrm{dist}\big(x_k; F^{-1}(y_k)\big) > \alpha_k \mathrm{dist}\big(y_k; F(x_k)\big) > 0, \quad k \in I\!N. \tag{8.98}$$

定义 $\psi_k(x) := \mathrm{dist}(y_k; F(x))$ 并得到 $\varepsilon_k := \psi_k(x_k) > 0$. 因为集合 $F(x) = f(x) + \Theta$ 对于所有 $x \in X$ 是凸的, 我们应用经典的 Fenchel 对偶定理得到表示

$$
\begin{aligned}
\psi_k(x) &= \inf_{y \in Y} \left\{ \|y - y_k\| + \delta\big(y; F(x)\big) \right\} \\
&= \max_{y^* \in Y^*} \left\{ - \sup_{y \in Y} \big(\langle y^*, y \rangle - \|y - y_k\|\big) - \sup_{v \in Y} \big(\langle -y^*, v \rangle - \delta(v; f(x) + \Theta)\big) \right\} \\
&= \max_{y^* \in Y^*} \left\{ - \sup_{y \in Y} \big(\langle y^*, y + y_k \rangle - \|y\|\big) - \sup_{v \in \Theta} \langle -y^*, f(x) + v \rangle \right\} \\
&= \max_{y^* \in Y^*} \left\{ - \langle y^*, y_k \rangle - \delta(y^*; \mathbb{B}^*) + \langle y^*, f(x) \rangle - \delta(y^*; \Theta^+) \right\} \\
&= \max_{y^* \in \widetilde{\Xi}} \langle y^*, f(x) - y_k \rangle, \quad \forall\, k \in \mathbb{N}, \tag{8.99}
\end{aligned}
$$

其中 $\widetilde{\Xi} := \Theta^+ \cap \mathbb{B}^* \subset Y^*$. 因此前面定义的距离函数 $\psi_k(x)$ 可如定理 8.42 中所示表示为 Lipschitz 函数的上确界. 该函数在 $B_\rho(\bar{x})$ 上是 Lipschitz 连续的并且模为 $K$, 其中 $K$ 和 $\rho$ 取自 (8.65). 不失一般性, 假设 $x_k \in B_\rho(\bar{x})$ $(\forall k \in \mathbb{N})$, 从而得到估计

$$
\begin{aligned}
\varepsilon_k = \psi_k(x_k) &\leqslant \psi_k(\bar{x}) + K\|x_k - \bar{x}\| = \max_{y^* \in \widetilde{\Xi}} \langle y^*, f(\bar{x}) - y_k \rangle + K\|x_k - \bar{x}\| \\
&\leqslant \max_{y^* \in \widetilde{\Xi}} \langle y^*, -y_k \rangle + K\|x_k - \bar{x}\| \leqslant \|y_k\| + K\|x_k - \bar{x}\|,
\end{aligned}
$$

这确保当 $k \to \infty$ 时 $\varepsilon_k \downarrow 0$. 因为对于所有 $x \in X$, $\psi_k(x)$ 是非负的, 由 $\varepsilon_k$ 的定义, 我们有

$$
\psi_k(x) + \varepsilon_k \geqslant \psi_k(x_k), \quad \forall\, x \in B_\rho(\bar{x}), \quad k \in \mathbb{N}.
$$

现在应用 Ekeland 变分原理, 我们得到 $\widehat{x}_k \in B_\rho(\bar{x})$ 在 $B_\rho(\bar{x})$ 上满足

$$
\|\widehat{x}_k - x_k\| \leqslant \alpha_k \varepsilon_k < (\nu + 1)\varepsilon_k, \quad \psi_k(x) + \alpha_k^{-1}\|x - \widehat{x}_k\| \geqslant \psi(\widehat{x}_k). \tag{8.100}
$$

由 (8.98) 和 (8.100) 可得 $\|\widehat{x}_k - x_k\| < \mathrm{dist}(x_k; F^{-1}(y_k))$, 从而 $\widehat{x}_k \notin F^{-1}(y_k)$, 即, $y_k \notin F(\widehat{x}_k)$. 因此 $\psi_k(\widehat{x}_k) = \mathrm{dist}(y_k; F(\widehat{x}_k)) > 0$. 进一步, 由 (8.100) 我们可以推出

$$
0 \in \partial\big(\psi_k + \alpha_k^{-1}\|\cdot - \widehat{x}_k\|\big)(\widehat{x}_k) \subset \partial\psi_k(\widehat{x}_k) + \alpha_k^{-1}\mathbb{B}^*.
$$

因此, 存在 $x_k^* \in \alpha_k^{-1}\mathbb{B}^*$ 满足 $x_k^* \in \partial\psi_k(\widehat{x}_k)$. 根据 (8.99) 中 $\psi_k$ 的表示并在所考虑的设置中 $(V^* = \gamma_k \mathbb{B}^*)$ 使用定理 8.42, 对任意充分小的 $\delta_k \in (0, \psi_k(\widehat{x}_k))$, 我们找到 $\widetilde{x}_k \in B_{\gamma_k}(\widehat{x}_k)$ 和 $y_k^* \in \mathrm{co}\,\widetilde{\Xi} = \widetilde{\Xi}$, 使得

$$
x_k^* \in \widehat{\partial}\langle y_k^*, f\rangle(\widetilde{x}_k) + \gamma_k \mathbb{B}^* \quad \text{且} \quad |\langle y_k^*, f(\widetilde{x}_k) - y_k \rangle - \psi_k(\widehat{x}_k)| < \gamma_k. \tag{8.101}
$$

根据明显的上估计

$$\|\bar{x} - \tilde{x}_k\| \leqslant \|\bar{x} - x_k\| + \|x_k - \hat{x}_k\| + \|\hat{x}_k - \tilde{x}_k\| \leqslant \|\bar{x} - x_k\| + (\nu + 1)\varepsilon_k + \gamma_k,$$

由 (8.99) 和 (8.101) 可知 $y_k^* \neq 0$, 并且

$$\begin{aligned}
\psi_k(\hat{x}_k) &\leqslant \langle y_k^*, f(\tilde{x}_k) - y_k \rangle + \gamma_k = \langle y_k^*, f(\tilde{x}_k) - f(\hat{x}_k) \rangle + \langle y_k^*, f(\hat{x}_k) - y_k \rangle + \gamma_k \\
&\leqslant \|y_k^*\| \cdot \|f(\tilde{x}_k) - f(\hat{x}_k)\| + \|y_k^*\| \left\langle \frac{y_k^*}{\|y_k^*\|}, f(\hat{x}_k) - y_k \right\rangle + \gamma_k \\
&\leqslant \|y_k^*\| K \|\tilde{x}_k - \hat{x}_k\| + \|y_k^*\| \psi_k(\hat{x}_k) + \gamma_k \leqslant K\gamma_k + \|y_k^*\| \psi_k(\hat{x}_k) + \gamma_k,
\end{aligned}$$

这反过来蕴含着

$$1 \geqslant \|y_k^*\| \geqslant 1 - \frac{(K+1)\gamma_k}{\psi_k(\hat{x}_k)}. \tag{8.102}$$

进一步由 (8.101) 推出估计

$$\begin{aligned}
|\langle y_k^*, f(\bar{x}) \rangle| &\leqslant \|y_k^*\| K \|\bar{x} - \tilde{x}_k\| + \gamma_k + \psi_k(x_k) + K\|\hat{x}_k - x_k\| + \|y_k^*\| \cdot \|y_k\| \\
&\leqslant K\|\bar{x} - \tilde{x}_k\| + \gamma_k + \varepsilon_k + K(k+1)\varepsilon_k + \|y_k\|.
\end{aligned}$$

这与 (8.102) 一起确保

$$|\langle \widehat{y_k^*}, f(\bar{x}) \rangle| \leqslant \left( K\|\bar{x} - \tilde{x}_k\| + \gamma_k + \varepsilon_k + K(\nu+1)\varepsilon_k + \|y_k\| \right) \left( 1 - \frac{(K+1)\gamma_k}{\psi_k(\hat{x}_k)} \right)^{-1},$$

其中 $\hat{y}_k^* := \|y_k^*\|^{-1} y_k^* \in \Xi$. 进一步, 由 (8.101) 和上导数标量化公式 (8.72) 可知, 存在 $u_k^* \in \widehat{\partial} \langle y_k^*, f \rangle (\tilde{x}_k) = \widehat{D}_\Theta^* f(\tilde{x}_k)(y_k^*)$ 满足 $\|x_k^* - u_k^*\| \leqslant \gamma_k$. 将此与 (8.102) 和 $x_k^* \in \alpha_k^{-1} I\!\!B^*$ 相结合, 可得条件

$$\hat{u}_k^* := \|y_k^*\|^{-1} u_k^* \in \widehat{D}_\Theta^* f(\tilde{x}_k)(\hat{y}_k^*),$$

$$\|\hat{u}_k^*\| \leqslant \frac{\|x_k^*\| + \gamma_k}{\|y_k^*\|} \leqslant (\alpha_k^{-1} + \gamma_k) \left( 1 - \frac{(K+1)\gamma_k}{\psi_k(\hat{x}_k)} \right)^{-1}.$$

因为 $\alpha_k > \nu > a(\bar{x})$, 我们可以选取 $\gamma_k$, 使得最后一个估计的右边严格小于 $\nu^{-1} < a(\bar{x})^{-1}$, 并且由前面 $\|\bar{x} - \tilde{x}_k\|$ 和 $|\langle \widehat{y_k^*}, f(\bar{x}) \rangle|$ 的估计可知当 $k \to \infty$ 时, $\max\{\|\tilde{x}_k - \bar{x}\|, |\langle \widehat{y_k^*}, f(\bar{x}) \rangle|\} \to 0$. 因此如果 $k$ 充分大, 则对于小的 $\eta > 0$, 我们有 $\tilde{x}_k \in B_\eta(\bar{x})$ 且 $\langle \widehat{y_k^*}, f(\bar{x}) \rangle < \eta$ 满足 $\widehat{y_k^*} \in \Xi$ 和 $\|\hat{u}_k^*\| < \nu^{-1} < a(\bar{x})^{-1}$. 这与 $a(\bar{x})$ 的定义矛盾, 从而证明了正则性估计 (8.97).

为完成定理的证明, 只需说明当 $f(\bar{x}) = 0$ 时 (8.97) 中等式成立. 由 $\operatorname{reg} F(\bar{x}, 0)$ 的定义可知, 对任意 $\varepsilon > 0$ 存在 $\bar{x}$ 的邻域 $U$ 和 $f(\bar{x}) = 0$ 的邻域 $V$, 使得对于 $x \in U$ 和 $y \in V$, 有

$$\operatorname{dist}(x; F^{-1}(y)) \leqslant (\operatorname{reg} F(\bar{x}, 0) + \varepsilon) \|y - f(x)\|. \tag{8.103}$$

对于满足 $x \in U$ 和 $f(x) \in V$ 的某个 $x$, 选取 $y^* \in \Xi$ 和 $x^* \in \widehat{D}_\Theta^* f(x)(y^*)$, 由定义 8.43(i), 我们可以找到 $\gamma > 0$, 使得对于 $u \in B_\gamma(x)$, 有

$$\langle x^*, u - x \rangle - \langle y^*, f(u) - f(x) \rangle \leqslant \varepsilon(\|u - x\| + \|f(u) - f(x)\|). \quad (8.104)$$

由 (8.103) 可知, 对于任意 $f(x)$ 附近的 $y \in Y$, 存在 $x$ 附近的 $u \in F^{-1}(y)$, 使得

$$\|x - u\| \leqslant (\operatorname{reg} F(\bar{x}, 0) + 2\varepsilon) \|y - f(x)\| \quad 且 \quad y - f(u) \in \Theta.$$

将此与 (8.104) 结合, 我们得到估计

$$\begin{aligned}
\langle -y^*, y - f(x) \rangle &\leqslant \langle -y^*, f(u) - f(x) \rangle \\
&\leqslant \varepsilon(\|u - x\| + \|f(u) - f(x)\|) - \langle x^*, u - x \rangle \\
&\leqslant (\varepsilon(1 + K) + \|x^*\|) \|u - x\| \\
&\leqslant (\varepsilon(1 + K) + \|x^*\|) (\operatorname{reg} F(\bar{x}, 0) + 2\varepsilon) \|y - f(x)\|
\end{aligned}$$

对于 $f(x)$ 附近的 $y$ 成立. 因此我们得到 $\eta > 0$ 满足 $B_\eta(f(x)) \subset V$, 从而

$$\begin{aligned}
1 = \|y^*\| &= \sup_{y \in B_\eta(f(x)) \setminus f(x)} \frac{\langle -y^*, y - f(x) \rangle}{\|y - f(x)\|} \\
&\leqslant (\varepsilon(1 + K) + \|x^*\|) (\operatorname{reg} F(\bar{x}, 0) + 2\varepsilon),
\end{aligned}$$

这反过来蕴含着不等式

$$\|x^*\|^{-1} \leqslant \left[ (\operatorname{reg} F(\bar{x}, 0) + 2\varepsilon)^{-1} - \varepsilon(1 + K) \right]^{-1}.$$

最后令 $\varepsilon \downarrow 0$, 我们有 $a(\bar{x}) \leqslant \operatorname{reg} F(\bar{x}, 0)$, 因此验证了 (8.97) 中的等式, 从而完成定理的证明. $\triangle$

下面我们在固定假设下考虑点基条件

$$(\ker \check{D}_{N,\Theta}^* f(\bar{x})) \cap \Xi_0 = \varnothing \quad 且 \quad \Xi_0 = \{y^* \in \Xi \mid \langle y^*, f(\bar{x}) \rangle = 0\}, \quad (8.105)$$

并回顾推论 8.48 中 (8.105) 等价于光滑映射 $f$ 的 Robinson 约束规范. 现在我们证明, (8.105) 对于锥系统 (8.96) 在 $(\bar{x}, 0)$ 附近的度量正则性是充分的, 为 $\bar{x}$ 处的确切正则界限 $\operatorname{reg} F(\bar{x}, 0)$ 提供了一个可验证的上估计, 并证明了其中的等式当 $f$ 是 $\Theta$-凸或在 $\bar{x}$ 处严格可微时成立.

**定理 8.54** (锥系统的度量正则性的点基条件) 设 $f(\bar{x}) \in -\Theta$ 和 $\operatorname{int}\Theta \neq \varnothing$ 如定理 8.53 中所示. 则约束规范 (8.105) 对于 (8.96) 中锥系统 $F$ 在 $(\bar{x}, 0)$ 附近的度量正则性是充分的. 根据上面的估计, $F$ 在 $(\bar{x}, 0)$ 处有确切正则界限

$$\operatorname{reg} F(\bar{x}, 0) \leqslant b(\bar{x}) := \sup\left\{ \frac{1}{\|x^*\|} \,\middle|\, x^* \in \check{D}_{N,\Theta}^* f(\bar{x})(y^*), \right.$$

$$y^* \in \mathrm{cl}^* \varXi, \ \langle y^*, f(\bar{x}) \rangle = 0 \Big\}, \qquad (8.106)$$

其中由于 (8.105) 有 $x^* \neq 0$. 进一步, 如果 $\varXi$ 在 $Y^*$ 中是弱* 闭的, 并且 $f$ 是 $\Theta$-凸或者在 $\bar{x}$ 处是严格可微的, 则我们在 (8.106) 中有等式 $\mathrm{reg}\, F(\bar{x}, 0) = b(\bar{x})$, 其中 $b(\bar{x})$ 计算如下

$$b(\bar{x}) = \sup \big\{ \|y^*\| \ \big| \ (y^*, -x^*) \in N\big((0, \bar{x}); \mathrm{gph}\, F^{-1}\big), \|x^*\| = 1 \big\}. \quad (8.107)$$

在 $f$ 为 $\Theta$-凸映射, 以及 $f$ 在 $\bar{x}$ 处严格可微且

$$b(\bar{x}) = \sup \left\{ \frac{1}{\|\nabla f(\bar{x})^* y^*\|} \ \middle| \ y^* \in \varXi \ \text{且} \ \langle y^*, f(\bar{x}) \rangle = 0 \right\}$$

的情况下, 后者简化为显式表达式

$$b(\bar{x}) = \big\{ \|y^*\| \big| \langle y^*, y \rangle \leqslant \langle x^*, x - \bar{x} \rangle, \forall \, y \in F(x), \|x^*\| = 1 \big\}.$$

**证明** 首先我们验证规范条件 (8.105) 可以保证 (8.97) 式的右边 (记为 $a(\bar{x})$) 是有限的. 事实上, 若不然, 则存在序列 $(x_k, x_k^*, y_k^*) \in X \times X^* \times Y^*$, 使得当 $k \to \infty$ 时, 有

$$x_k \to \bar{x}, \quad \|x_k^*\| \to 0, \quad y_k^* \in \varXi, \quad x_k^* \in \widehat{D}_\Theta^* f(\bar{x})(y_k^*), \quad \text{且} \ \langle y_k^*, f(x_k) \rangle \to 0.$$

由于 $\|y_k^*\| = 1 \ (\forall k \in \mathbb{N})$, 我们可以找到 $\{y_k^*\}$ 的一个弱* 收敛于某个 $y^* \in \mathrm{cl}^* \varXi$ 的子网. 则根据前面的收敛性和定义 8.43 中的聚集上导数构造, 可得 $0 \in \check{D}_{N,\Theta}^* f(\bar{x})(y^*)$ 满足 $\langle y^*, f(\bar{x}) \rangle = 0$. 命题 8.46 确保 $y^* \neq 0$, 因此

$$\frac{y^*}{\|y^*\|} \in (\ker \check{D}_{N,\Theta}^* f(\bar{x})) \cap \varXi_0.$$

这与 (8.105) 矛盾, 从而验证了 $a(\bar{x})$ 是有限的. 根据定理 8.53, $F$ 在 $(\bar{x}, 0)$ 附近是度量正则的.

因为 $a(\bar{x})$ 是有限的, 由 (8.97) 中的正则性界限估计, 存在序列 $(x_k, x_k^*, y_k^*) \in X \times X^* \times Y^*$, 使得

$$x_k \to \bar{x}, \quad \frac{1}{\|x_k^*\|} \to a(\bar{x}), \quad y_k^* \in \varXi, \quad x_k^* \in \widehat{D}_\Theta^* f(\bar{x})(y_k^*), \quad \text{且} \ \langle y_k^*, f(x_k) \rangle \to 0.$$

我们再次找到 $\{(x_k^*, y_k^*)\}$ 的一个弱* 收敛于某个 $(x^*, y^*) \in X^* \times \mathrm{cl}^* \varXi$ 的子网, 并得出 $x^* \in \check{D}_{N,\Theta}^* f(\bar{x})(y^*)$ 且 $y^* \in \mathrm{cl}^* \varXi$ 并满足 $\langle y^*, f(\bar{x}) \rangle = 0$. 由此我们有 $a(\bar{x}) = \|x^*\|^{-1}$, 从而由 (8.97), 我们推出上估计 (8.106).

为证明 (8.106) 中等式对于 $b(\bar{x})$ 的相应表示成立, 观察到由 $\varXi$ 的弱* 闭性有

$$\varXi_0 = \big\{ y^* \in \mathrm{cl}^* \varXi \,\big|\, \langle y^*, f(\bar{x}) \rangle = 0 \big\},$$

其中 $\varXi_0$ 取自 (8.105). 如果 $f$ 是 $\varTheta$-凸的, 由 (8.74) 我们易得 $x^* \in \breve{D}^*_{N,\varTheta} f(\bar{x})(y^*)$ 满足 $y^* \in \varXi_0$, 当且仅当 $(x^*, -y^*) \in N((\bar{x}, 0); \mathrm{gph}\, F)$ 满足 $y^* \in S_{Y^*}$. 根据 (8.106), 我们可得条件

$$\mathrm{reg}\, F(\bar{x}, 0) \leqslant b(\bar{x}) = \sup \left\{ \frac{1}{\|x^*\|} \,\middle|\, (x^*, -y^*) \in N((\bar{x}, 0); \mathrm{gph}\, F),\ \|y^*\| = 1 \right\}.$$

另一方面, 由在任意 Banach 空间中成立的定理 3.2 及估计 (3.61), 在固定假设下, 我们有

$$\mathrm{reg}\, F(\bar{x}, 0) \geqslant \sup \big\{ \|y^*\| \,\big|\, (y^*, -x^*) \in N((0, \bar{x}); \mathrm{gph}\, F^{-1}),\ \|x^*\| = 1 \big\},$$

从而 (8.106) 中等式成立, 且 $b(\bar{x})$ 由 (8.107) 计算. 在 $\varTheta$-凸映射的情况下, (8.107) 的具体形式可由凸集法锥的构造直接得到.

仍需证明映射 $f$ 在 $\bar{x}$ 处严格可微的相等情况. 此时由 (8.73), 我们有

$$\begin{aligned}
\breve{D}^*_{N,\varTheta} f(\bar{x})(y^*) &= \big\{ \nabla f(\bar{x})^* y^* \big\} = \big\{ x^* \in X^* \,\big|\, (x^*, -y^*) \in \widehat{N}((\bar{x}, 0); \mathrm{gph}\, F) \big\} \\
&= \big\{ x^* \in X^* \,\big|\, (x^*, -y^*) \in N((\bar{x}, 0); \mathrm{gph}\, F) \big\}, \quad \forall y^* \in \varXi_0.
\end{aligned}$$

将其与 (8.106) 和正则性界限 $\mathrm{reg}\, F(\bar{x}, 0)$ 的下估计相结合, 我们得出关系

$$\begin{aligned}
\mathrm{reg}\, F(\bar{x}, 0) \leqslant b(\bar{x}) &\leqslant \sup \left\{ \frac{1}{\|x^*\|} \,\middle|\, (x^*, -y^*) \in \widehat{N}((\bar{x}, 0); \mathrm{gph}\, F),\ \|y^*\| = 1 \right\} \\
&= \sup \left\{ \frac{1}{\|x^*\|} \,\middle|\, (x^*, -y^*) \in N((\bar{x}, 0); \mathrm{gph}\, F),\ \|y^*\| = 1 \right\} \\
&\leqslant \sup \left\{ \|y^*\| \,\middle|\, (y^*, -x^*) \in \widehat{N}((0, \bar{x}); \mathrm{gph}\, F^{-1}),\ \|x^*\| = 1 \right\} \\
&\leqslant \mathrm{reg}\, F(\bar{x}, 0),
\end{aligned}$$

这蕴含着在这种情况下, (8.106) 中等式和 $b(\bar{x})$ 的表示式 (8.107) 成立. 对于严格可微映射, $b(\bar{x})$ 的显示计算可由 (8.106) 及 $\breve{D}^*_{N,\varTheta} f(\bar{x})(y^*) = \{ \nabla f(\bar{x})^* y^* \}$ 得到. $\triangle$

注意, 为了确保定理 8.54 中的等式而施加于 $\varXi \subset Y^*$ 的弱* 闭假设在无穷维空间中似乎是有限制的, 这是因为 $\varXi$ 是闭单位球面 $S_{Y^*}$ 的一部分, 而由经典的 Josefson-Nissenzweig 定理知 $S_{Y^*}$ 在无穷维 Banach 空间中不是弱* 闭的. 然而, 在下一小节中我们证明对于空间 $Y = l^\infty(T)$ 且 $\varTheta = l^\infty_+(T)$($T$ 是一个任意指标集), 以及对于空间 $Y = \mathcal{C}(T)$ 且 $\varTheta = \mathcal{C}_+(T)$($T$ 是紧的), 施加于 $\varXi$ 的弱* 闭假设满足. 这两个空间自然地出现在下面所考虑的半无穷规划的相应模型的应用中.

### 8.3.5 非凸 SIPs 的最优性与适定性

在这里, 我们利用所得到的锥规划和锥约束系统的结果, 推导出非光滑 SIPs 的最优性条件, 并证明了无穷 Lipschitz 不等式系统的度量正则性. 我们首先考虑如下具有无穷不等式和几何约束的 SIP:

$$\begin{cases} \text{minimize } \varphi(x) \text{ s.t.} \\ f(x,t) \leqslant 0, \ t \in T, \ \text{且} \ x \in \Omega \subset X, \end{cases} \tag{8.108}$$

其中 $\dim X < \infty$ (为简单起见), $\varphi: X \to \overline{I\!R}$, $f: X \times T \to \overline{I\!R}$ 且 $T$ 是一个任意指标集. 在没有几何约束的情况下, 8.2 节从使用另一种方法推导最优性条件的角度, 研究了带有 Lipschitz 数据的 SIP (8.108). 除了涵盖几何约束外, 与 8.2 节相比, 我们这里的方法在明显较弱的假设和约束条件下适用于 SIPs, 并使我们得出不同的最优性条件. 此外, 我们还建立了无穷非凸不等式系统的度量正则性的点基充分条件和完全刻画.

对于我们来说, 在 (8.108) 中使用不同于 (8.31) 中的不等式约束函数的表示方法更为方便, 但是, 我们要求其对于 $\bar{x}$ 附近的 $x$ 关于 $t \in T$ 具有一致相同的局部 Lipschitz 性质: 存在 $K, \rho > 0$, 使得

$$|f(x,t) - f(u,t)| \leqslant K\|x-u\|, \quad \forall \, x,u \in B_\rho(\bar{x}), \quad t \in T. \tag{8.109}$$

同时, 与 8.2 节相反, 这里我们假设费用函数 $\varphi$ 仅在参考点 $\bar{x}$ 周围是 l.s.c. 的, 并且 $\Omega$ 是 $\bar{x}$ 附近的一个任意局部闭集. 考虑 $\varepsilon$-活跃指标集

$$T_\varepsilon(\bar{x}) := \{t \in T \mid f(\bar{x},t) \geqslant -\varepsilon\}, \quad \text{其中} \ \varepsilon \geqslant 0 \ \text{且} \ T(\bar{x}) := T_0(\bar{x}).$$

由 (8.109) 中 $f$ 的一致 Lipschitz 性质可知, 对任意 $\varepsilon > 0$ 存在 $\delta > 0$ 充分小, 使得当 $x \in B_\delta(\bar{x})$ 且 $t \notin T_\varepsilon(\bar{x})$ 时有 $f(x,t) < 0$. 鉴于此我们可以将 (8.108) 中的不等式约束限制在集合 $T_\varepsilon(\bar{x})$ 上, 并保持 $\bar{x}$ 附近的所有局部性假设. 从 (8.108) 进一步观察, 对 $\bar{x}$ 周围的每一个 $x$, 函数 $t \mapsto f(x,t)$ 在 $T_\varepsilon(\bar{x})$ 上是有界的. 这些讨论表明, 对 $x \in X$, 可以毫无限制地假设 $f(x,\cdot)$ 是 $l^\infty(T)$ 的元素.

使用 (8.108) 中双变量函数 $f(x,t)$, 定义映射 $f: X \to l^\infty(T)$ 为 $f(x)(\cdot) := f(x,\cdot) \in l^\infty(T)$ ($\forall x \in X$). 由 (8.109) 可知, 该映射在 $\bar{x}$ 附近是 (8.65) 中所示局部 Lipschitz 的. 此外, 容易看出 $f$ 是 $l_+^\infty(T)$-凸的, 当且仅当所有函数 $f(\cdot,t)$ ($\forall t \in T$) 关于变量 $x$ 是凸的. 进一步, 映射 $f: X \to l^\infty(T)$ 在 $\bar{x}$ 处的严格可微性对应于 $x \mapsto f(x,t)$ 在 $\bar{x}$ 处对所有 $t \in T$ 在 8.1.1 小节意义下的一致严格可微性. 当指标集 $T$ 是紧 Hausdorff 空间, 并且函数 $p(\cdot) \in l^\infty(T)$ 限制在 $T$ 上是连续时, $l^\infty(T)$ 简化为具有最大范数的连续函数空间 $\mathcal{C}(T)$.

如 7.1 节中所讨论, Banach 空间 $l^\infty(T)$ 和 $\mathcal{C}(T)$ 不是 Asplund 的. 此外, 众所周知, 除非 $T$ 有限, 否则 $l^\infty(T)$ 是不可分的, 但如果 $T$ 是一个紧度量空间, 则 $\mathcal{C}(T)$ 是可分的. 与 7.1 节类似, 我们认为对偶空间 $l^\infty(T)^*$ 等同于 $T$ 上具备有界可加测度 $\mu(\cdot)$, 且满足

$$\langle \mu, p \rangle = \int_T p(t)\mu(dt), \quad \forall \mu \in ba(T), \ p \in l^\infty(T)$$

的空间 $ba(T)$, 其中 $ba(T)$ 上的对偶范数定义为 $\mu(\cdot)$ 在 $T$ 上的全变差:

$$\|\mu\| := \sup_{A \subset T} \mu(A) - \inf_{B \subset T} \mu(B).$$

记 $ba_+(T)$ 为 $T$ 上的非负有界可加测度集, 我们容易验证

$$ba_+(T) = \left\{ \mu \in ba(T) \middle| \int_T p(t)\mu(dt) \geqslant 0, \ p \in l^\infty_+(T) \right\},$$

其中 $l^\infty_+(T) := \{ p \in l^\infty(T) | \ p_t \geqslant 0, \ t \in T \}$ 是 $l^\infty(T)$ 中的正锥.

当 $T$ 是紧拓扑空间时, 记 $\mathcal{B}(T)$ 为 $T$ 上所有 Borel 集的 $\sigma$-代数. 众所周知, $\mathcal{C}(T)$ 的拓扑对偶空间就是 $T$ 上所有正则有限实值 Borel 测度的空间 $rca(T)$ 且具有全变差范数 $\|\mu\|$. 我们定义 $T$ 上所有非负正则 Borel 测度的集合为

$$rca_+(T) := \left\{ \mu \in rca(T) \middle| \ \mu(A) \geqslant 0, \ A \in \mathcal{B}(T) \right\},$$

可被等价描述为

$$rca_+(T) = \left\{ \mu \in rca(T) \middle| \int_T p(t)\mu(dt) \geqslant 0, \ p \in \mathcal{C}_+(T) \right\},$$

其中 $\mathcal{C}_+(T)$ 是 $T$ 上的所有非负连续函数的集合. 回顾, 如果对所有满足 $B \cap A = \varnothing$ 的集合 $B \in \mathcal{B}(T)$ 有 $\mu(B) = 0$, 则称 Borel 测度 $\mu(\cdot)$ 在 $A \in \mathcal{B}(T)$ 上是有支撑的. 我们有以下结果.

**命题 8.55** (支撑测度)  设 $T$ 是紧的 Hausdorff 空间, 并设 $p \in \mathcal{C}_+(T)$. 如果测度 $\mu \in rca_+(T)$ 满足关系 $\int_T p(t)\mu(dt) = 0$, 则它在集合 $\{ t \in T | \ p(t) = 0 \}$ 上是有支撑的.

**证明**  定义 $A := \{ t \in T | \ p(t) = 0 \}$, 并任选 $B \in \mathcal{B}(T)$ 使得 $B \cap A = \varnothing$. 因为 $\mu(\cdot)$ 是正则测度, 我们有

$$\mu(B) = \sup \left\{ \mu(C) \middle| \ C \subset B, \ C \text{ 紧} \right\}.$$

为验证 $\mu(B) = 0$, 我们只需证明对所有包含于 $B$ 的紧集 $C$, 有 $\mu(C) = 0$. 为此, 定义 $\delta := \max\{p(t) \mid t \in C\} \geqslant 0$, 并且由 $C \cap A = \varnothing$ 知 $\delta > 0$. 从而

$$0 = \int_T p(t)\mu(dt) = \int_{T\backslash C} p(t)\mu(dt) + \int_C p(t)\mu(dt) \geqslant \int_C p(t)\mu(dt) \geqslant \delta\mu(C) \geqslant 0,$$

这蕴含着 $\mu(C) = 0$, 因此验证了所声称的结果.                                                  △

如上面所讨论, SIP (8.108) 可以被表述为具有 $Y = l^\infty(T)$ 和 $\Theta = l_+^\infty(T)$ 的锥约束规划 (8.64). 应用定理 8.45 可得非光滑和非凸 SIPs 的以下最优性条件.

**定理 8.56** (具有任意指标集的非凸 SIPs 的必要最优性条件)   设 $\bar{x}$ 是本小节固定假设下 SIP (8.108) 的一个局部最优解. 对于 (8.108) 中约束函数 $f(x,t)$ 定义测度集

$$ba_+(T)(f) := \left\{ \mu \in ba_+(T) \,\middle|\, \mu(T) = 1, \int_T f(\bar{x},t)\mu(dt) = 0 \right\},$$

并且假设规范条件 (8.77) 和

$$\left(\partial^\infty\varphi(\bar{x}) + N(\bar{x};\Omega)\right) \cap \left(-\breve{D}_{N,\Theta}^* f(\bar{x})\big(ba_+(T)(f)\big)\right) = \varnothing \quad (8.110)$$

满足. 则存在测度 $\mu \in ba_+(T)$, 使得

$$0 \in \partial\varphi(\bar{x}) + \breve{D}_{N,\Theta}^* f(\bar{x})(\mu) + N(\bar{x};\Omega) \quad \text{且} \quad \int_T f(\bar{x},t)\mu(dt) = 0. \quad (8.111)$$

**证明**   为了从定理 8.45 推导出此结果, 回顾 Banach 空间几何中的有名经典事实, 我们可知 $\operatorname{int} l_+^\infty(T) \neq \varnothing$. 由上述讨论可知, 在推论 8.47 中针对于问题 (8.108) 的标记, 我们可得 $\operatorname{int}\Theta \neq \varnothing$ 且 $\Theta^+ = ba_+(T)$. 进一步地,

$$\mu(T) \geqslant \|\mu\| \geqslant \langle\mu, e\rangle = \int_T \mu(dt) = \mu(T), \quad \forall\, \mu \in ba_+(T),$$

其中 $e(\cdot)$ 是 $l^\infty(T)$ 的单位函数. 这表明 $\Xi_0 = ba_+(T)(f)$, 因此对于 SIP (8.108), 推论 8.47 的规范条件 (8.83) 简化为 (8.110). 从而在所考虑设置下根据推论 8.47 的论述, 我们得到 (8.111), 因此完成了证明.                                    △

若 $T$ 是紧的, 相关空间 $Y = \mathcal{C}(T)$ 是可分的, 因此 $\mathcal{C}^*(T) = rca(T)$ 的单位球是序列弱* 紧的. 由此我们可以使用定义 8.43 中的 (序列) 基本上导数 $D_{N,\Theta}^* f(\bar{x})$ 获得 SIP (8.108) 的相应必要最优性条件.

**推论 8.57** (具有紧指标集的非凸 SIPs 的最优性条件)   在定理 8.56 的设置中, 假设指标集 $T$ 是一个紧度量空间, 并且对每个 $x \in X$ 函数 $t \mapsto f(x,t)$ 在 $T$ 上是连续的. 还假设规范条件 (8.77) 和

$$\left(\partial^\infty\varphi(\bar{x}) + N(\bar{x};\Omega)\right) \cap \left(-D_{N,\Theta}^* f(\bar{x})\big(rca_+(T)(f)\big)\right) = \varnothing \quad (8.112)$$

满足, 其中 (8.112) 的上导数表述定义为

$$rca_+(T)(f) := \big\{\mu \in rca_+(T)\big|\ \mu(T) = 1,\ \mu\ 在\ T(\bar{x})\ 上有支撑\big\}.$$

则存在 $T(\bar{x})$ 上有支撑的测度 $\mu \in rca_+(T)$, 使得

$$0 \in \partial\varphi(\bar{x}) + D^*_{N,\Theta}f(\bar{x})(\mu) + N(\bar{x}; \Omega). \tag{8.113}$$

**证明** 因为 $\mathcal{C}^*(T)$ 的闭单位球是序列弱* 紧的, 将推论 8.47 的最后一部分与命题 8.55 相结合, 可以确保存在所声称的测度 $\mu(\cdot)$ 满足 (8.113). $\triangle$

我们给出一个简单例子阐述推论 8.57 中规范条件和最优性条件的应用以及它们在所涉广义微分构造的凸化下的行为.

**例 8.58** (SIPs 在紧指标集上的规范和最优性条件的阐述) 考虑下面一维 SIP (即 $x \in I\!R$), 其中费用函数是光滑的:

$$\text{minimize } \varphi(x) := x^2 \ \text{s.t.}\ \ f(x,t) := -|x| - t \leqslant 0, \quad t \in T := [0,1].$$

显然 $\bar{x} = 0$ 是该问题的唯一极小点且 $T(\bar{x}) = \{0\}$. 在本设置中, 我们可以直接计算正则法锥如下

$$\widehat{N}\big((x, f(x)); \mathrm{epi}_\Theta f\big) = \begin{cases} \big\{(r, -\mu) \in I\!R \times rca_+(T)\big|\ r = -\mu(T)\big\}, & x > 0, \\ \big\{(r, -\mu) \in I\!R \times rca_+(T)\big|\ r = \mu(T)\big\}, & x < 0, \end{cases}$$

这告诉我们对所有 $\mu \in rca_+(T)$ 有 $D^*_{N,\Theta}f(\bar{x})(\mu) = \{-\mu(T), \mu(T)\}$. 因此规范条件 (8.112) 可以看作

$$\partial^\infty\varphi(\bar{x}) \cap \Big(- D^*_{N,\Theta}f(\bar{x})(rca_+(T)(f))\Big) = \{0\} \cap \{-1,1\},$$

这显然与必要条件 (8.113) 一起成立. 从而根据推论 8.57, 我们可以确认 $\bar{x} = 0$ 的最优性. 另一方面, 相应的凸化规范条件

$$\mathrm{co}\,\partial^\infty\vartheta(\bar{x}) \cap \Big(- \mathrm{co}\,D^*_{N,\Theta}f(\bar{x})(rca_+(T)(f))\Big) = \{0\} \cap [-1,1] = \{0\} \neq \varnothing$$

不成立, 从而无法使用凸化来舍弃此非最优解.

本小节的最后一个结果给出了在参数扰动下, 定理 8.54 中锥约束系统的度量正则性条件在 (8.108) 中无穷不等式约束情况中的应用.

**定理 8.59** (无穷不等式系统的度量正则性的点基刻画) 假设在定理 8.54 的设置中, 我们有如下定义的具有任意指标集 $T$ 的无穷不等式系统 $F : X \rightrightarrows l^\infty(T)$

$$F(x) := \big\{p \in l^\infty(T)\big|\ f(x,t) \leqslant p(t),\ t \in T\big\}, \quad x \in X.$$

选取 $\bar{x} \in \ker F$, 使得规范条件

$$\left(\ker \check{D}^*_{N,\Theta} f(\bar{x})\right) \cap \left(ba_+(T)(f)\right) = \varnothing$$

满足. 则 $F$ 在 $(\bar{x}, 0)$ 周围是度量正则的, 并且它在 $(\bar{x}, 0)$ 处的确切正则界限可由上面估计为

$$\operatorname{reg} F(\bar{x}, 0) \leqslant \sup \left\{ \frac{1}{\|x^*\|} \,\middle|\, x^* \in \check{D}^*_{N,\Theta} f(\bar{x})(\mu), \ \mu \in ba_+(T)(f) \right\}. \quad (8.114)$$

此外, 如果对所有 $t \in T$, 函数 $x \mapsto f(x,t)$ 是凸的, 或在 $\bar{x}$ 处是一致严格可微的, 则 (8.114) 中等式成立, 并且我们有该公式的具体形式

$$\operatorname{reg} F(\bar{x}, 0) = \sup \left\{ \|\mu\| \,\middle|\, (\mu, -x^*) \in N\left((0, \bar{x}); \operatorname{gph} F^{-1}\right), \ \|x^*\| = 1 \right\},$$

这与定理 8.54 类似.

**证明** 回顾 $\operatorname{int} l^\infty_+(T) \neq \varnothing$. 由定理 8.54 和上述讨论, 只需验证集合 $\Xi = \{\mu \in ba_+(T) \mid \|\mu\| = 1\}$ 在 $ba(T)$ 中是弱* 闭的. 为此, 选取任意弱* 收敛于 $\mu$ 的网 $\{\mu_\nu\}_{\nu \in \mathcal{N}} \subset \Xi$, 并说明 $\mu \in \Xi$. 事实上, 我们有

$$1 = \lim_{\nu \in \mathcal{N}} \|\mu_\nu\| = \lim_{\nu \in \mathcal{N}} \mu_\nu(T) = \lim_{\nu \in \mathcal{N}} \langle \mu_\nu, e \rangle = \langle \mu, e \rangle = \mu(T) = \|\mu\|,$$

其中 $e(\cdot)$ 是 $l^\infty(T)$ 中的单位函数. 这就验证了所声称的集合 $\Xi \subset ba(T)$ 的弱* 闭性, 因此完成了定理的证明. $\triangle$

# 8.4 具有可数约束的非凸 SIPs

在本章的最后一节和前几章专门讨论 SIPs 的章节中, 我们建立了另一种基于应用第 2 章中获得的可数集系统的极点原理的 SIPs 的方法. 由该方法我们可以建立具有由可数多个非凸集给出的几何约束的 SIPs 的必要最优性条件, 然后将其应用于由一般非光滑 (可能不是 Lipschitz 的) 函数描述的无穷不等式约束. 与第 7 章和第 8 章前面建立的条件相比, 用这种方法得到的条件甚至为光滑、凸和 Lipschitz SIPs 提供了新的结果. 接下来, 我们推导了可数非凸集之交的切向量和法向量的一些分析性质, 它们在变分分析中有着自己的价值. 在本节中, 尽管所得到的一些结果可以推广到无穷维空间中, 但是我们仍然假定决策空间 $X$ 是具有欧氏范数的有限维空间. 回顾我们的固定假设是, 除非另有说明, 所有考虑的集合都是局部封闭的, 所有的函数在参考点周围都是 l.s.c. 的. 从所给的证明可以看出, 后一种假设并不总是必需的; 我们将其留给读者作为练习来验证.

### 8.4.1 可数个集合之交的 CHIP 性质

我们首先研究可数非凸集之交的所谓 "锥包相交性质" (CHIP), 该性质在有限个凸集之交的情况下得到了深入的研究和应用; 更多的讨论和参考文献见 8.6 节. 在接下来的内容中, 我们保留凸分析的术语, 同时用非凸设置下的相依锥 (1.11) 代替经典的切锥. 此外, 对于由我们的基本法锥 (1.4) 表示的非凸集之交, 我们还提出了 CHIP 的强版本.

**定义 8.60** (可数交的 CHIP) 给定一个任意的集合系统 $\{\Omega_i\}_{i\in\mathbb{N}} \subset X$ 和 $\bar{x} \in \bigcap_{i=1}^{\infty} \Omega_i$, 称:

(i) 系统 $\{\Omega_i\}_{i\in\mathbb{N}}$ 在点 $\bar{x}$ 处具有锥包相交性质 (CHIP), 如果我们有

$$T\left(\bar{x}; \bigcap_{i=1}^{\infty} \Omega_i\right) = \bigcap_{i=1}^{\infty} T(\bar{x}; \Omega_i). \tag{8.115}$$

(ii) 系统 $\{\Omega_i\}_{i\in\mathbb{N}}$ 在点 $\bar{x}$ 处具有强 CHIP, 如果我们有

$$N\left(\bar{x}; \bigcap_{i=1}^{\infty} \Omega_i\right) = \left\{\sum_{i\in I} x_i^* \,\middle|\, x_i^* \in N(\bar{x}; \Omega_i), \, I \in \mathcal{L}\right\}, \tag{8.116}$$

其中 $\mathcal{L}$ 是自然序列 $\mathbb{N}$ 的所有有限子集的集合.

可以验证, 由 (8.116) 中 $\Omega_i$ 的凸性假设, 我们可以将 $\{\Omega_i\}_{i\in\mathbb{N}}$ 的强 CHIP 等价表述为以下形式

$$N\left(\bar{x}; \bigcap_{i=1}^{\infty} \Omega_i\right) = \mathrm{co} \bigcup_{i=1}^{\infty} N(\bar{x}; \Omega_i). \tag{8.117}$$

进一步, 我们称可数集系统 $\{\Omega_i\}_{i\in\mathbb{N}}$ 在 $\bar{x} \in \bigcap_{i=1}^{\infty} \Omega_i$ 处具有渐近强 CHIP, 如果后一表述替换为

$$N\left(\bar{x}; \bigcap_{i=1}^{\infty} \Omega_i\right) = \mathrm{cl\,co} \bigcup_{i=1}^{\infty} N(\bar{x}; \Omega_i). \tag{8.118}$$

下一个结果提示了可数个凸集之交的 CHIP 与渐近强 CHIP 之间的等价性.

**定理 8.61** (凸集之交的 CHIP 的刻画) 设 $\{\Omega_i\}_{i\in\mathbb{N}} \subset X$ 是一个可数的凸集系统且 $\bar{x} \in \bigcap_{i=1}^{\infty} \Omega_i$. 下列性质等价:

(a) 系统 $\{\Omega_i\}_{i\in\mathbb{N}}$ 在 $\bar{x}$ 处有 CHIP.

(b) 系统 $\{\Omega_i\}_{i\in\mathbb{N}}$ 在 $\bar{x}$ 处有渐近强 CHIP.

特别地, 强 CHIP 蕴含着 CHIP, 但反之不然.

**证明**　众所周知, 在凸分析中, 对于凸集有完全对偶性

$$T(\bar{x}; \Omega) = N^*(\bar{x}; \Omega) \quad 且 \quad N(\bar{x}; \Omega) = T^*(\bar{x}; \Omega), \quad x \in \Omega \tag{8.119}$$

成立. 现在我们验证等式

$$\left( \bigcap_{i=1}^{\infty} T(\bar{x}; \Omega_i) \right)^* = \mathrm{cl\,co} \bigcup_{i=1}^{\infty} N(\bar{x}; \Omega_i). \tag{8.120}$$

(8.120) 中的包含 "⊃" 可根据

$$N(\bar{x}; \Omega_i) = T^*(\bar{x}; \Omega_i) \subset \left( \bigcap_{i=1}^{\infty} T(\bar{x}; \Omega_i) \right)^*$$

由 (8.119) 的第二个公式得到, 这是因为后一包含的右侧为集合的极, 从而具有闭凸性. 为证明反向包含, 选取 $x^* \notin \mathrm{cl\,co} \bigcup_{i=1}^{\infty} N(\bar{x}; \Omega_i)$, 并由凸集分离定理找到 $v \neq 0$, 使得

$$\langle x^*, v \rangle > 0 \quad 且 \quad \langle u^*, v \rangle \leqslant 0, \quad \forall\, u^* \in \mathrm{cl\,co} \bigcup_{i=1}^{\infty} N(\bar{x}; \Omega_i). \tag{8.121}$$

因此, 对每个 $i \in \mathbb{N}$ 当 $u^* \in N(\bar{x}; \Omega_i)$ 时我们可得 $\langle u^*, v \rangle \leqslant 0$, 从而 $v \in N^*(\bar{x}; \Omega_i)$, 因此由 (8.119) 中第一个公式有 $v \in T(\bar{x}; \Omega_i)$. 这告诉我们 $v \in \bigcap_{i=1}^{\infty} T(\bar{x}; \Omega_i)$, 从而由 (8.121) 中 $\langle x^*, v \rangle > 0$ 知 $x^* \notin \left( \bigcap_{i=1}^{\infty} T(\bar{x}; \Omega_i) \right)^*$, 这就验证了 (8.120) 中的等式. 因为集合 $\bigcap_{i=1}^{\infty} T(\bar{x}; \Omega_i)$ 是闭凸的, 它与其二次共轭一致, 这确保了表示

$$\bigcap_{i=1}^{\infty} T(\bar{x}; \Omega_i) = \left( \mathrm{cl\,co} \bigcup_{i=1}^{\infty} N(\bar{x}; \Omega_i) \right)^*. \tag{8.122}$$

假设 (a) 中 CHIP 成立, 对于集合之交 $\Omega := \bigcap_{i=1}^{\infty} \Omega_i$, 利用 (8.119) 和 (8.120) 可得等式

$$N(\bar{x}; \Omega) = T^*(\bar{x}; \Omega) = \left( \bigcap_{i=1}^{\infty} T(\bar{x}; \Omega_i) \right)^* = \mathrm{cl\,co} \bigcup_{i=1}^{\infty} N(\bar{x}; \Omega_i),$$

这就证明了 (b) 中的渐近强 CHIP. 反之, 假设有 (b), 并使用 (8.119) 和 (8.122) 中的关系, 我们有

$$T(\bar{x}; \Omega) = N^*(\bar{x}; \Omega) = \left( \mathrm{cl\,co} \bigcup_{i=1}^{\infty} N(\bar{x}; \Omega_i) \right)^* = \bigcap_{i=1}^{\infty} T(\bar{x}; \Omega_i),$$

这就证明了 (a) 中的 CHIP, 因此建立了定理的等价性结论. 由于 $N(\bar{x}; \Omega)$ 的闭性, 强 CHIP 蕴含着渐近强 CHIP, 因此它同样蕴含着 CHIP. 反向蕴含关系即使对于有限多个集合也不成立; 参见练习 8.111(ii). △

作为定理 8.61 的直接结果, 我们得到无穷线性系统解的法锥的无条件表示.

**推论 8.62** (可数线性不等式系统解集的法锥) 可数个线性不等式系统的解集

$$\Omega := \left\{ x \in X \,\middle|\, \langle a_i, x \rangle \leqslant 0, \; i \in I\!N \right\}$$

在原点处的法锥计算如下

$$N(0; \Omega) = \operatorname{cl co} \left[ \bigcup_{i=1}^{\infty} \left\{ \lambda a_i \,\middle|\, \lambda \geqslant 0 \right\} \right]. \tag{8.123}$$

**证明** 容易看出 $\Omega$ 可以表示为可数个具有 CHIP 的集合之交. 显然此系统的渐近强 CHIP 就是 (8.123). 因此由定理 8.61 可以立即得到结果. △

当然, 我们不能期望将定理 8.61 的等价性推广到非凸集. 现在我们推出可以确保可数个非凸集之交具有 CHIP 的一些充分条件. 本方向的第一步是利用可数非凸集系统的有界线性正则性概念, 这超出了凸系统的常规研究和应用. 不管其随后在 CHIP 中的应用如何, 此概念本身就很重要; 参见 8.6 节.

**定义 8.63** (可数非凸集系统的有界线性正则性) 给定一个集合系统 $\{\Omega_i\}_{i \in I\!N}$, 我们称它在 $\bar{x} \in \Omega := \bigcap_{i=1}^{\infty} \Omega_i$ 处是有界线性正则的, 如果存在一个 $\bar{x}$ 的邻域 $U$ 和数 $C > 0$, 使得

$$\operatorname{dist}(x; \Omega) \leqslant C \sup_{i \in I\!N} \left\{ \operatorname{dist}(x; \Omega_i) \right\}, \quad \forall \, x \in U. \tag{8.124}$$

下一个命题中, 为方便起见, 使用标记 $d_\Omega(x) := \operatorname{dist}(x; \Omega)$.

**命题 8.64** (由有界线性正则性表示的可数集合系统的 CHIP 的充分条件) 设 $\{\Omega_i\}_{i \in I\!N} \subset X$ 是一个可数集合系统且 $\bar{x} \in \Omega := \bigcap_{i=1}^{\infty} \Omega_i$. 假设该系统在 $\bar{x}$ 处是有界线性正则的, 且具有 (8.124) 中常数 $C > 0$, 并假设函数簇 $\{d_{\Omega_i}(\cdot)\}_{i \in I\!N}$ 在 $\bar{x}$ 处是等向可微的, 即对任意 $h \in X$, $t > 0$ 的函数

$$\left\{ \frac{d_{\Omega_i}(\bar{x} + th)}{t}, \; i \in I\!N \right\}$$

当 $t \downarrow 0$ 时, 对于 $i \in I\!N$ 一致收敛于相应方向导数 $d'_{\Omega_i}(\bar{x}; h)$. 则对所有 $h \in X$, 当 $i \in I\!N$ 时, 我们有估计

$$\operatorname{dist}(h; \Lambda) \leqslant C \sup_{i \in I\!N} \left\{ \operatorname{dist}(h; \Lambda_i) \right\}, \quad \text{其中} \; \Lambda := T(\bar{x}; \Omega) \; \text{且} \; \Lambda_i := T(\bar{x}; \Omega_i).$$

特别地, 集合系统 $\{\Omega_i\}_{i \in I\!N}$ 在 $\bar{x}$ 处具有 CHIP.

**证明**   回顾 $T(\bar{x};\Omega)$ 的定义 (1.11), 我们得到 (见练习 8.114)

$$\operatorname{dist}(h;\Lambda) = \liminf_{t\downarrow 0}\operatorname{dist}\left(h;\frac{\Omega-\bar{x}}{t}\right) = \liminf_{t\downarrow 0}\frac{\operatorname{dist}(\bar{x}+th;\Omega)}{t}. \quad (8.125)$$

当 $t$ 较小时, 由有界线性正则性假设可得

$$\frac{\operatorname{dist}(\bar{x}+th;\Omega)}{t} \leqslant C\sup_{i\in\mathbb{N}}\frac{\operatorname{dist}(\bar{x}+th;\Omega_i)}{t}.$$

进一步应用等向可微性, 可以确保当 $t\downarrow 0$ 时, 收敛

$$\frac{\operatorname{dist}(\bar{x}+th;\Omega_i)}{t} \to d'_{\Omega_i}(\bar{x};h) = \operatorname{dist}(h;\Lambda_i)$$

关于 $i$ 是一致的, 即, 对任意 $\varepsilon>0$ 存在 $\delta>0$, 使得每当 $t\in(0,\delta)$, 我们有

$$\left|\frac{\operatorname{dist}(\bar{x}+th;\Omega_i)}{t} - \operatorname{dist}(h;\Lambda_i)\right| \leqslant \varepsilon, \quad \forall i\in\mathbb{N}.$$

因此对任意 $t\in(0,\delta)$ 有

$$\sup_{i\in\mathbb{N}}\frac{\operatorname{dist}(\bar{x}+th;\Omega_i)}{t} \leqslant \sup_{i\in\mathbb{N}}\{\operatorname{dist}(h;\Lambda_i)\}+\varepsilon.$$

综上所述, 我们可得估计

$$\operatorname{dist}(h;\Lambda) \leqslant C\liminf_{t\downarrow 0}\sup_{i\in\mathbb{N}}\frac{\operatorname{dist}(\bar{x}+th;\Omega_i)}{t} \leqslant C\sup_{i\in\mathbb{N}}\{\operatorname{dist}(h;\Lambda_i)\}+C\varepsilon,$$

从而根据 $\varepsilon$ 选取的任意性可得 (8.124), 因此证明了 CHIP.　　　　△

下一个结果简化了有界线性正则性的检验.

**推论 8.65** (由简化的非凸集合表示的有界线性正则性表示的 CHIP)　在命题 8.64 的框架中, 不要求有界线性正则性, 假设存在 $C>0$, $j\in\mathbb{N}$, 以及 $\bar{x}$ 的邻域 $U$ 使得

$$\operatorname{dist}(x;\Omega) \leqslant C\sup_{i\neq j}\{\operatorname{dist}(x;\Omega_i)\}, \quad \forall x\in\Omega_j\cap U.$$

则集合系统 $\{\Omega_i\}_{i\in\mathbb{N}}$ 在 $\bar{x}$ 处具有 CHIP.

**证明**　利用命题 8.64, 只需说明系统 $\{\Omega_i\}_{i\in\mathbb{N}}$ 在 $\bar{x}$ 处是有界线性正则的. 选取 $r>0$ 足够小, 使得

$$\operatorname{dist}(x;\Omega) \leqslant C\sup_{i\neq j}\{\operatorname{dist}(x;\Omega_i)\}, \quad \forall x\in\Omega_j\cap(\bar{x}+3r\mathbb{B}).$$

因为距离函数是非扩张的 (即, Lipschitz 的且模 $\ell = 1$), 对每个 $y \in \Omega_j \cap (\bar{x}+3r\mathbb{B})$ 和 $x \in X$, 我们有

$$
\begin{aligned}
0 \;&\leqslant\; C \sup_{i \neq j} \big\{ \mathrm{dist}\,(y; \Omega_i) \big\} - \mathrm{dist}\,(y; \Omega) \\
&\leqslant\; C \sup_{i \neq j} \Big( \big\{ \mathrm{dist}\,(x; \Omega_i) \big\} + \|x - y\| \Big) - \mathrm{dist}\,(x; \Omega) + \|x - y\| \\
&\leqslant\; C \sup_{i \neq j} \big\{ \mathrm{dist}\,(x; \Omega_i) \big\} - \mathrm{dist}\,(x; \Omega) + (C+1)\|x - y\|,
\end{aligned}
$$

这很容易确保估计

$$
\mathrm{dist}\,(x; \Omega) \leqslant (2C+1) \max \left[ \sup_{i \neq j} \big\{ \mathrm{dist}\,(x; \Omega_i) \big\}, \; \mathrm{dist}\,(x; \Omega_j \cap (\bar{x} + 3r\mathbb{B})) \right].
$$

因此现在可由关系

$$
\mathrm{dist}\,\big(x; \Omega_j \cap (\bar{x} + 3r\mathbb{B})\big) = \mathrm{dist}\,(x; \Omega_j), \quad \forall\, x \in \bar{x} + r\mathbb{B}. \tag{8.126}
$$

得到以下形式

$$
\mathrm{dist}\,(x; \Omega) \leqslant (2C+1) \sup_{i \in \mathbb{N}} \big\{ \mathrm{dist}\,(x; \Omega_i) \big\}
$$

的 $\{\Omega_i\}_{i \in \mathbb{N}}$ 在 $\bar{x}$ 处的有界线性正则性.

为验证 (8.126), 在上面固定一个向量 $x \in \bar{x} + r\mathbb{B}$, 并选取任意 $y \in \Omega_j \setminus (\bar{x} + 3r\mathbb{B})$. 我们可得 $\|x - y\| \geqslant \|y - \bar{x}\| - \|\bar{x} - x\| \geqslant 3r - r = 2r$, 这蕴含着

$$
\mathrm{dist}\,\big(x; \Omega_j \setminus (\bar{x} + 3r\mathbb{B})\big) \geqslant 2r, \;\text{而}\; \mathrm{dist}\,\big(x; \Omega_j \cap (\bar{x} + 3r\mathbb{B})\big) \leqslant \|x - \bar{x}\| \leqslant r.
$$

因此我们得到等式

$$
\begin{aligned}
\mathrm{dist}\,(x; \Omega_j) &= \min \big\{ \mathrm{dist}\,\big(x; \Omega_j \setminus (\bar{x} + 3r\mathbb{B})\big), \; \mathrm{dist}\,\big(x; \Omega_j \cap (\bar{x} + 3r\mathbb{B})\big) \big\} \\
&= \mathrm{dist}\,\big(x; \Omega_j \cap (\bar{x} + 3r\mathbb{B})\big),
\end{aligned}
$$

这显然验证了 (8.126), 因此完成了推论的证明. △

下一个命题, 事实上对任意 (不仅仅是可数的) 集合之交成立, 为 CHIP 提供了一种新的充分条件. 定义交集 $\Omega := \bigcap_{i=1}^{\infty} \Omega_i$ 在 $\bar{x} \in \Omega$ 处的切线秩为

$$
\rho_\Omega(\bar{x}) := \inf_{i \in \mathbb{N}} \left\{ \limsup_{\substack{x \to \bar{x} \\ x \in \Omega_i \setminus \{\bar{x}\}}} \frac{\mathrm{dist}\,(x; \Omega)}{\|x - \bar{x}\|} \right\},
$$

其中, 如果 $\Omega_i = \{\bar{x}\}$ 对至少一个 $i \in \mathbb{N}$ 成立, 我们置 $\rho_\Omega(\bar{x}) := 0$.

**命题 8.66** (由交集的切线秩表示的 CHIP 的充分条件)  给定一个可数集合系统 $\{\Omega_i\}_{i \in I\!N} \subset X$ 且公共点为 $\bar{x}$, 假设 $\Omega := \bigcap_{i=1}^{\infty} \Omega_i$ 在 $\bar{x} \in \Omega$ 处的切线秩 $\rho_{\Omega}(\bar{x}) = 0$. 则此系统在点 $\bar{x}$ 处展现出 CHIP.

**证明**  因为当 $\Omega_i = \{\bar{x}\}$ $(i \in I\!N)$ 时结论平凡成立, 假设 $\Omega_i \setminus \{\bar{x}\} \neq \varnothing$ $(\forall i \in I\!N)$ 并观察到每当 $i \in I\!N$ 时 $T(\bar{x}; \Omega) \subset T(\bar{x}; \Omega_i)$. 因此我们总是有包含

$$T(\bar{x}; \Omega) \subset \bigcap_{i \in I\!N} T(\bar{x}; \Omega_i).$$

为验证反向包含, 选取 $0 \neq v \in \bigcap_{i=1}^{\infty} T(\bar{x}; \Omega_i)$, 并根据秩的定义从 $\rho_{\Omega}(\bar{x}) = 0$ 推出, 对任意固定 $k \in I\!N$ 存在 $\Omega_k$, 使得

$$\limsup_{\substack{x \to \bar{x} \\ x \in \Omega_k \setminus \{\bar{x}\}}} \frac{\mathrm{dist}\,(x; \Omega)}{\|x - \bar{x}\|} < \frac{1}{k}.$$

因为 $v \in T(\bar{x}; \Omega_k)$, 存在序列 $\{x_j\}_{j \in I\!N} \subset \Omega_k$ 和 $t_j \downarrow 0$ 满足

$$x_j \to \bar{x} \quad \text{且} \quad \frac{x_j - \bar{x}}{t_j} \to v, \qquad j \to \infty,$$

这就产生了极限估计

$$\limsup_{j \to \infty} \frac{\mathrm{dist}\,(x_j; \Omega)}{\|x_j - \bar{x}\|} < \frac{1}{k}.$$

由后者我们有 $x_k \in \{x_j\}_{j \in I\!N}$ 满足 $\|x_k - \bar{x}\| \leqslant 1/k$ 和 $t_k \leqslant 1/k$, 并且

$$\left\| \frac{x_k - \bar{x}}{t_k} - v \right\| \leqslant \frac{1}{k} \quad \text{以及} \quad \frac{\mathrm{dist}\,(x_k; \Omega)}{\|x_k - \bar{x}\|} < \frac{1}{k}.$$

从而存在 $z_k \in \Omega$ 满足关系

$$\|z_k - x_k\| < \frac{1}{k} \|x_k - \bar{x}\| \leqslant \frac{1}{k^2}.$$

结合上述估计, 我们得到

$$\left\| \frac{z_k - \bar{x}}{t_k} - v \right\| \leqslant \left\| \frac{z_k - x_k}{t_k} \right\| + \left\| \frac{x_k - \bar{x}}{t_k} - v \right\| \leqslant \frac{1}{k} \left( \|v\| + \frac{1}{k} \right) + \frac{1}{k}$$

对所有 $k \in I\!N$ 成立. 现令 $k \to \infty$ 我们有 $z_k \xrightarrow{\Omega} \bar{x}$, $t_k \downarrow 0$, 并且 $\left\| \dfrac{z_k - \bar{x}}{t_k} - v \right\| \longrightarrow 0$. 因此 $v \in T(\bar{x}; \Omega)$, 这就完成了证明.  $\triangle$

为了结束对 CHIP 的讨论, 我们建立另一个可验证的条件以保证可数交集实现这一性质. 我们称 $A \subset X$ 是不变凸类型的, 如果它可表示为开凸集 $A_t$ 关于 $t \in T$ 之并的补集, 即

$$A = X \setminus \bigcup_{t \in T} A_t. \tag{8.127}$$

**命题 8.67** (可数个不变凸型集合的 CHIP)　给定一个可数系统 $\{\Omega_i\}_{i \in \mathbb{N}} \subset \mathbb{R}^n$, 假设存在一个 (可能无穷) 指标子集 $J \subset \mathbb{N}$ 使得每个 $\Omega_i$ ($\forall i \in J$) 都是 $X$ 中的开凸集的补集, 并且对某个 $\bar{x} \in X$, 我们有

$$\bar{x} \in \left( \bigcap_{i \in J} \operatorname{bd} \Omega_i \right) \cap \operatorname{int} \bigcap_{i \notin J} \Omega_i. \tag{8.128}$$

则系统 $\{\Omega_i\}_{i \in \mathbb{N}}$ 在 $\bar{x}$ 处具有 CHIP.

**证明**　我们首先证明, 对于 (8.127) 中不变凸型集合 $A$, 涉及相依锥 $T(\bar{x}; A)$ 的包含

$$\bar{x} + T(\bar{x}; A) \subset A, \quad \text{当 } \bar{x} \in \bigcap_{t \in T} \operatorname{bd} A_t \cap \operatorname{bd} A \text{ 时} \tag{8.129}$$

成立. 反之, 假设存在 $v \in T(\bar{x}; A)$ 并且 $\bar{x} + v \notin A$. 由 (1.11) 我们找到序列 $s_k \downarrow 0$ 和 $x_k \in A$ 使得 $\dfrac{x_k - \bar{x}}{s_k} \to v$. 因为 $\bar{x} + v \notin A$, 由不变凸型假设 (8.127) 我们有指标 $t_0 \in T$ 使得 $\bar{x} + v \in A_{t_0}$. 因此我们得到

$$\bar{x} + \frac{x_k - \bar{x}}{s_k} \in A_{t_0}, \quad \forall k \in \mathbb{N} \text{ 充分大.}$$

则利用 $A_{t_0}$ 的凸性, 我们知道对于固定指标 $t_0 \in T$ 和所有充分大的 $k \in \mathbb{N}$, 有

$$x_k = (1 - s_k)\bar{x} + s_k \Big( \bar{x} + \frac{x_k - \bar{x}}{s_k} \Big) \in A_{t_0}.$$

这与 $x_k \in A$ 这一事实矛盾, 因此验证了所声称的包含 (8.129).

为验证 $\{\Omega_i\}_{i \in \mathbb{N}}$ 在 $\bar{x}$ 处具有 CHIP 并且同时满足 (8.128), 选取任意 $\Omega_i (i \in J)$ 并考虑 $A \subset X$ 满足 $\Omega = X \setminus A$. 则由 (8.128) 有 $\bar{x} \in \operatorname{bd} A \cap \operatorname{bd} \Omega_i$, 因此 (8.129) 确保对这个指标 $i \in J$ 有 $\bar{x} + T(\bar{x}; \Omega_i) \subset \Omega_i$. 根据 (8.128) 中 $\bar{x}$ 的选择, 我们进一步有

$$\bigcap_{i=1}^{\infty} T(\bar{x}; \Omega_i) = \bigcap_{i \in J} T(\bar{x}; \Omega_i) \subset \bigcap_{i \in J} (\Omega_i - \bar{x}).$$

因为上式左侧集合是一个锥, 从而有

$$\bigcap_{i=1}^{\infty} T(\bar{x}; \Omega_i) \subset T \left( 0; \bigcap_{i \in J} (\Omega_i - \bar{x}) \right) = T \left( \bar{x}; \bigcap_{i \in J} \Omega_i \right) = T \left( \bar{x}; \bigcap_{i=1}^{\infty} \Omega_i \right).$$

反向包含是显然的, 因此我们证明了 $\bar{x}$ 处的 CHIP.　　　　　　△

命题 8.67 的以下结果对于线性系统成立.

**推论 8.68** (可数线性系统的 CHIP)   考虑由可数个线性不等式定义的集合系统 $\{\Omega_i\}_{i \in \mathbb{N}}$

$$\Omega_i := \big\{ x \in X \,\big|\, \langle a_i, x \rangle \leqslant b_i \big\}.$$

给定一个点 $\bar{x} \in \Omega$ 和活跃指标集 $J(\bar{x})$, 假设

$$\bar{x} \in \operatorname{int} \big\{ x \in X \,\big|\, \langle a_i, x \rangle \leqslant b_i, \ i \in \mathbb{N} \setminus J(\bar{x}) \big\}.$$

则可数线性系统 $\{\Omega_i\}_{i \in \mathbb{N}}$ 在 $\bar{x}$ 处具有 CHIP.

**证明**   由命题 8.67 直接可得.                                                       △

### 8.4.2  可数个集合之交的广义法向量

现在, 我们继续讨论具有可数几何和非光滑不等式约束的 SIPs 的应用所需的另一要素. 它涉及可数个非凸集合之交的广义法向量在适当对偶空间规范条件下的分析法则. 这种类型的结果在变分分析中具有独立的意义. 对于具有特殊凸和光滑结构的集合, 7.5 节和 8.1 节给出了此方向上的一些发展. 我们这里的方法是基于定理 2.9 中所建立的可数集合系统的锥极点原理. 特别地, 与上述结果相比, 它使我们得出了新的结果, 甚至对于其中研究的具有凸和光滑结构的集合也是如此.

首先, 我们使用基本法向量表述并讨论可数集合系统的适当规范条件. 下面使用符号 $\mathcal{L}$ 表示自然序列 $\mathbb{N}$ 的所有有限子集构成的集合. 回顾, 我们处于 $X = X^*$ 的有限维欧氏设置中.

**定义 8.69** (可数集合系统的法向闭性与规范条件)   设 $\{\Omega_i\}_{i \in \mathbb{N}} \subset X$ 是一个可数非空集合系统, 并设 $\bar{x} \in \bigcap_{i=1}^{\infty} \Omega_i$. 我们称:

(a) 集合系统 $\{\Omega_i\}_{i \in \mathbb{N}}$ 在 $\bar{x}$ 处满足法向闭性条件 (NCC), 如果基本法向量集合

$$\bigg\{ \sum_{i \in I} x_i^* \,\bigg|\, x_i^* \in N(\bar{x}; \Omega_i), \ I \in \mathcal{L} \bigg\} \quad \text{在 } X^* \text{ 中是闭的.} \tag{8.130}$$

(b) 系统 $\{\Omega_i\}_{i \in \mathbb{N}}$ 在 $\bar{x}$ 处满足法向规范条件 (NQC), 如果下面蕴含关系成立:

$$\bigg[ \sum_{i=1}^{\infty} x_i^* = 0, \ x_i^* \in N(\bar{x}; \Omega_i) \bigg] \Rightarrow \big[ x_i^* = 0, \forall \, i \in \mathbb{N} \big]. \tag{8.131}$$

对于线性、凸且可微的无穷系统, 上面考虑的法向闭性条件 (8.130) 是 Farkas-Minkowski 类型的. 法向规范条件 (8.131) 是 2.4 节使用的两个或有限多集合的同名条件的可数系统的扩展, 以推导出有限个集合之交的基本法向量的表示形式.

下一个命题给出了在可数的凸集系统情况下, NQC 有效性的一个简单充分条件.

**命题 8.70** (可数凸集系统的 NQC)  设 $\{\Omega_i\}_{i\in\mathbb{N}}$ 是一个凸集系统, 且存在指标 $i_0 \in \mathbb{N}$, 使得

$$\Omega_{i_0} \cap \bigcap_{i \neq i_0} \operatorname{int} \Omega_i \neq \varnothing. \tag{8.132}$$

则 NQC (8.131) 对于系统 $\{\Omega_i\}_{i\in\mathbb{N}}$ 在任意 $\bar{x} \in \bigcap_{i=1}^{\infty} \Omega_i$ 处满足.

**证明**  不失一般性, 假设 $i_0 = 1$ 并固定某个 $w \in \Omega_1 \cap \bigcap_{i=2}^{\infty} \operatorname{int} \Omega_i$. 选取任意法向量 $x_i^* \in N(\bar{x}; \Omega_i)$ $(i \in \mathbb{N})$ 满足

$$\sum_{i=1}^{\infty} x_i^* = 0.$$

由 $\Omega_i$ 的凸性, 我们可得 $\langle x_i^*, w - \bar{x} \rangle \leqslant 0$ $(\forall i \in \mathbb{N})$. 这表明

$$\langle x_i^*, w - \bar{x} \rangle = -\sum_{j \neq i} \langle x_j^*, w - \bar{x} \rangle \geqslant 0, \quad i \in \mathbb{N},$$

从而 $\langle x_i^*, w - \bar{x} \rangle = 0$ $(\forall i \in \mathbb{N})$. 选取 $u \in X$ 满足 $\|u\| = 1$, 并考虑到由 $w \in \bigcap_{i=2}^{\infty}(\operatorname{int} \Omega_i)$ 我们可知, 当 $\lambda > 0$ 充分小时, 有

$$\lambda \langle x_i^*, u \rangle = \langle x_i^*, w + \lambda u - \bar{x} \rangle \leqslant 0, \quad i = 2, 3, \cdots.$$

由于单位向量 $u$ 选取的任意性, 可得对 $i = 2, 3, \cdots$ 有 $x_i^* = 0$, 因此对所有 $i \in \mathbb{N}$ 有 $x_i^* = 0$.  $\triangle$

我们的下一个目标是通过所述锥的基本法向量, 建立可数非凸锥之交的正则法向量的某种 "模糊" 表示, 为了朝这个方向前进, 我们首先观察到任意锥的正则法向量与基本法向量之间简单而有用的关系.

**引理 8.71** (锥的广义法向量)  设 $\Lambda \subset X$ 是一个锥, 且 $w \in \Lambda$. 则我们有包含 $\widehat{N}(w; \Lambda) \subset N(0; \Lambda)$.

**证明**  选取一个正则法向量 $x^* \in \widehat{N}(w; \Lambda)$, 并由定义得

$$\limsup_{x \xrightarrow{\Lambda} w} \frac{\langle x^*, x - w \rangle}{\|x - w\|} \leqslant 0.$$

固定 $x \in \Lambda$, $t > 0$, 并令 $u := x/t$. 则 $(x/t) \in \Lambda$, $tw \in \Lambda$, 并且

$$\limsup_{x \xrightarrow{\Lambda} tw} \frac{\langle x^*, x - tw \rangle}{\|x - tw\|} = \limsup_{x \xrightarrow{\Lambda} w} \frac{t\langle x^*, (x/t) - w \rangle}{t\|(x/t) - w\|} = \limsup_{u \xrightarrow{\Lambda} w} \frac{\langle x^*, u - w \rangle}{\|u - w\|} \leqslant 0,$$

由此可得 $x^* \in \widehat{N}(tw; \Lambda)$. 令 $t \to 0$, 我们得到 $x^* \in N(0; \Lambda)$.  $\triangle$

现在我们准备得出上述模糊表示.

**定理 8.72** (锥的可数交的正则法向量的模糊表示)   设 $\{\Lambda_i\}_{i\in\mathbb{N}}$ 是 $X$ 中一个可数的锥系统, 并且在 $\bar{x}=0$ 处满足法向规范条件 (8.131). 则给定一个正则法向量 $x^* \in \widehat{N}(0; \bigcap_{i=1}^{\infty}\Lambda_i)$ 和 $\varepsilon > 0$, 存在基本法向量 $x_i^* \in N(0;\Lambda_i)$ $(i \in \mathbb{N})$, 使得我们有包含

$$x^* \in \sum_{i=1}^{\infty} \frac{1}{2^i} x_i^* + \varepsilon \mathbb{B}^*. \tag{8.133}$$

**证明**   固定 $x^* \in \widehat{N}\big(0; \bigcap_{i=1}^{\infty}\Lambda_i\big)$, $\varepsilon > 0$, 并根据 $x^*$ 的选择得到

$$\langle x^*, x\rangle - \varepsilon\|x\| < 0, \ \text{其中} \ x \in \bigcap_{i=1}^{\infty} \Lambda_i \setminus \{0\}. \tag{8.134}$$

定义 $X \times \mathbb{R}$ 中的可数闭锥系统如下

$$\begin{aligned}
&O_1 := \big\{(x,\alpha)\,\big|\, x \in \Lambda_1,\ \alpha \leqslant \langle x^*, x\rangle - \varepsilon\|x\|\big\}, \\
&O_i := \Lambda_i \times \mathbb{R}_+, \quad i \geqslant 2.
\end{aligned} \tag{8.135}$$

我们验证, 对于系统 $\{O_i\}_{i\in\mathbb{N}}$, 定理 2.9 中锥极点原理有效性所需的所有假设都满足. 任取 $(x,\alpha) \in \bigcap_{i=1}^{\infty} O_i$, 从 $\Omega_i$ $(i \geqslant 2)$ 的构造我们有 $x \in \bigcap_{i=1}^{\infty}\Lambda_i$ 且 $\alpha \geqslant 0$. 这实际上意味着 $(x,\alpha) = (0,0)$. 事实上, 假设 $x \neq 0$, 由 (8.134) 我们有

$$0 \leqslant \alpha \leqslant \langle x^*, x\rangle - \varepsilon\|x\| < 0,$$

矛盾. 另一方面, 我们从 $(0,\alpha) \in O_1$ 由 (8.135) 得到 $\alpha \leqslant 0$, 即, $\alpha = 0$. 因此非重叠条件

$$\bigcap_{i=1}^{\infty} O_i = \{(0,0)\}$$

对于 $\{O_i\}_{i\in\mathbb{N}}$ 成立. 类似地, 我们验证

$$\Big(O_1 - (0,\gamma)\Big) \cap \bigcap_{i=2}^{\infty} O_i = \varnothing, \quad \text{对任意固定的} \ \gamma > 0 \ \text{成立}, \tag{8.136}$$

这说明 $\{O_i\}_{i\in\mathbb{N}}$ 在原点处是一个锥极点系统. 实际上, (8.136) 的否定意味着存在 $(x,\alpha) \in X \times \mathbb{R}$, 使得

$$(x,\alpha) \in \Big[O_1 - (0,\gamma)\Big] \cap \bigcap_{i=2}^{\infty} O_i,$$

从而 $x \in \bigcap_{i=1}^{\infty} O_i$ 并且 $\alpha \geqslant 0$. 由 (8.135), 这告诉我们

$$\gamma + \alpha \leqslant \langle x^*, x \rangle - \varepsilon \|x\| \leqslant 0,$$

由于 (8.136) 中 $\gamma$ 为正, 矛盾. 现在对系统 $\{O_i\}_{i \in \mathbb{N}}$ 应用定理 2.9, 我们得到序对 $(w_i, \alpha_i) \in O_i$ 和 $(x_i^*, \lambda_i) \in \widehat{N}((w_i, \alpha_i); O_i)$ $(i \in \mathbb{N})$ 满足关系

$$\sum_{i=1}^{\infty} \frac{1}{2^i} (x_i^*, \lambda_i) = 0 \ \text{且} \ \sum_{i=1}^{\infty} \frac{1}{2^i} \left\| (x_i^*, \lambda_i) \right\|^2 = 1. \tag{8.137}$$

由 $O_i$ $(i \geqslant 2)$ 的构造可得 $\lambda_i \leqslant 0$ 且 $x_i^* \in \widehat{N}(w_i; \Lambda_i)$. 因此由引理 8.71 知 $x_i^* \in N(0; \Lambda_i)$ $(i = 2, 3, \cdots)$. 进一步, 我们可得

$$\limsup_{(x,\alpha) \overset{O_1}{\to} (w_1, \alpha_1)} \frac{\langle x_1^*, x - w_1 \rangle + \lambda_1(\alpha - \alpha_1)}{\|x - w_1\| + |\alpha - \alpha_1|} \leqslant 0, \tag{8.138}$$

由 (8.135) 中 $O_1$ 的构造, 这显然意味着 $\lambda_1 \geqslant 0$ 且

$$\alpha_1 \leqslant \langle x^*, w_1 \rangle - \varepsilon \|w_1\|. \tag{8.139}$$

我们进一步研究两种可能的情况: $\lambda_1 = 0$ 和 $\lambda_1 > 0$.

**情形 1** $\lambda_1 = 0$. 如果不等式 (8.139) 是严格的, 我们有

$$\alpha_1 < \langle x^*, x \rangle - \varepsilon \|x\|, \quad \forall x \in U$$

对某个 $w_1$ 的邻域 $U$ 成立, 从而有 $(x, \alpha_1) \in O_1$ $(\forall x \in \Lambda_1 \cap U)$. 将 $(x, \alpha_1)$ 代入 (8.138), 我们有

$$\limsup_{x \overset{\Lambda_1}{\to} w_1} \frac{\langle x_1^*, x - w_1 \rangle}{\|x - w_1\|} \leqslant 0,$$

即, $x_1^* \in \widehat{N}(w_1; \Lambda_1)$. 如果 (8.139) 以等式成立, 通过令 $\alpha := \langle x^*, x \rangle - \varepsilon \|x\|$, 我们有

$$|\alpha - \alpha_1| = \left| \langle x^*, x - w_1 \rangle + \varepsilon(\|w_1\| - \|x\|) \right| \leqslant (\|x^*\| + \varepsilon) \|x - w_1\|.$$

进一步, 由 (8.138) 可得

$$\limsup_{(x,\alpha) \overset{O_1}{\to} (w_1, \alpha_1)} \frac{\langle x_1^*, x - w_1 \rangle}{\|x - w_1\| + |\alpha - \alpha_1|} \leqslant 0,$$

因此对任意充分小的 $\nu > 0$ 和上面选取的 $\alpha$, 当 $x \in \Lambda_1$ 充分接近 $w_1$ 时, 我们有

$$\langle x_1^*, x - w_1 \rangle \leqslant \nu(\|x - w_1\| + |\alpha - \alpha_1|) \leqslant \nu(1 + \|x^*\| + \varepsilon) \|x - w_1\|.$$

后者意味着

$$\limsup_{x \xrightarrow{\Lambda_1} w_1} \frac{\langle x_1^*, x - w_1 \rangle}{\|x - w_1\|} \leqslant 0, \quad \text{i.e.,} \quad x_1^* \in \widehat{N}(w_1; \Lambda_1).$$

因此, 在 (8.139) 中的两种可能情况下, 我们均得到 $x_1^* \in \widehat{N}(w_1; \Lambda_1)$, 从而由引理 8.71 有 $x_1^* \in N(0; \Lambda_1)$. 总结以上关系得出

$$x_i^* \in N(0; \Lambda_i) \ \text{且} \ \lambda_i = 0, \quad \forall i \in I\!N.$$

因此, 由 (8.137) 知存在 $\widetilde{x}_i^* := (1/2^i)x_i^* \in N(0; \Lambda_i) \ (i \in I\!N)$ 不同时为零, 满足

$$\sum_{i=1}^{\infty} \widetilde{x}_i^* = 0.$$

这与法向规范条件 (8.131) 相矛盾, 因此证明了 (8.139) 中 $\lambda_1 = 0$ 的情况实际上是不可能的.

**情形 2** $\lambda_1 > 0$. 如果不等式 (8.139) 是严格的, 在 (8.138) 中令 $x = w_1$, 并从中推出 $\lambda_1 = 0$, 矛盾. 因此只需考虑当 (8.139) 以等式成立的情形. 为此, 选取 $(x, \alpha) \in O_1$ 满足

$$x \in \Lambda_1 \setminus \{w_1\} \quad \text{且} \quad \alpha = \langle x^*, x \rangle - \varepsilon\|x\|.$$

由 (8.139) 中等式我们有

$$\alpha - \alpha_1 = \langle x^*, x - w_1 \rangle + \varepsilon(\|w_1\| - \|x\|), \ \text{因此} \ |\alpha - \alpha_1| \leqslant (\|x^*\| + \varepsilon)\|x - w_1\|.$$

另一方面, 由 (8.138) 知, 对任意充分小的 $\gamma > 0$ 存在 $w_1$ 的邻域 $V$, 使得当 $x \in \Lambda_1 \cap V$ 时, 有

$$\langle x_1^*, x - w_1 \rangle + \lambda_1(\alpha - \alpha_1) \leqslant \lambda_1 \gamma \varepsilon(\|x - w_1\| + |\alpha - \alpha_1|).$$

用 $x \in \Lambda_1 \cap V$ 替换 $(x, \alpha)$, 我们有

$$\begin{aligned}
\langle x_1^*, x - w_1 \rangle + \lambda_1(\alpha - \alpha_1) &= \langle x_1^* + \lambda_1 x^*, x - w_1 \rangle + \lambda_1 \varepsilon(\|w_1\| - \|x\|) \\
&\leqslant \lambda_1 \gamma \varepsilon(\|x - w_1\| + |\alpha - \alpha_1|) \\
&\leqslant \lambda_1 \gamma \varepsilon[\|x - w_1\| + (\|x^*\| + \varepsilon)\|x - w_1\|] \\
&= \lambda_1 \gamma \varepsilon(1 + \|x^*\| + \varepsilon)\|x - w_1\|.
\end{aligned}$$

从上面可以看出, 对于小的 $\gamma > 0$, 我们有

$$\langle x_1^* + \lambda_1 x^*, x - w_1 \rangle + \lambda_1 \varepsilon(\|w_1\| - \|x\|) \leqslant \lambda_1 \varepsilon\|x - w_1\|.$$

因此得到估计

$$\langle x_1^* + \lambda_1 x^*, x - w_1 \rangle \leqslant \lambda_1 \varepsilon \|x - w_1\| + \lambda_1 \varepsilon (\|x\| - \|w_1\|) \leqslant 2\lambda_1 \varepsilon \|x - w_1\|$$

对所有 $x \in \Lambda_1 \cap V$ 成立. 由 $\varepsilon$-法向量的定义 (1.6) 后者意味着

$$x_1^* + \lambda_1 x^* \in \widehat{N}_{2\lambda_1 \varepsilon}(w_1; \Lambda_1).$$

进一步, 从上述 $\lambda_1$ 的选取和 (8.135) 中 $O_1$ 的构造容易看出, $\lambda_1 \leqslant 2 + 2\varepsilon$. 现在利用练习 1.42(i) 中 $\varepsilon$-法向量的表示, 我们找到 $v \in \Lambda_1 \cap (w_1 + 2\lambda_1 \varepsilon I\!B)$ 使得

$$x_1^* + \lambda_1 x^* \in \widehat{N}(v; \Lambda_1) + 2\lambda_1 \varepsilon I\!B^* \subset N(0; \Lambda_1) + 2\lambda_1 \varepsilon I\!B^*. \tag{8.140}$$

因为 $\lambda_1 > 0$ 且由 (8.137) 有 $-x_1^* = 2\sum_{i=2}^{\infty} \frac{1}{2^i} x_i^*$, 所以由 (8.140) 可知

$$x^* \in N(0; \Lambda_1) + \frac{2}{\lambda_1} \sum_{i=2}^{\infty} \frac{1}{2^i} x_i^* + 2\varepsilon I\!B^*.$$

因此存在 $\widetilde{x}_1^* \in N(0; \Lambda_1)$, 使得

$$x^* \in \sum_{i=1}^{\infty} \frac{1}{2^i} \widetilde{x}_i^* + 2\varepsilon I\!B^* \quad 且 \quad \widetilde{x}_i^* := \frac{2x_i^*}{\lambda_1} \in N(0; \Lambda_i), \quad \forall\, i = 2, 3, \cdots.$$

这就验证了 (8.133), 因此完成了定理的证明. $\qquad\qquad\qquad \triangle$

我们的下一个结果提出了一个附加假设, 在该假设下, 我们可以在 (8.133) 中令 $\varepsilon = 0$, 从而得到法向量 $x^*$ 的确切表示.

**定理 8.73** (锥的可数交的正则法向量的确切表示) 设 $\{\Lambda_i\}_{i \in I\!N}$ 是 $X$ 中的一个可数锥系统, 且法向规范条件 (8.131) 在原点处成立. 则对任意满足

$$\langle x^*, x \rangle < 0, \quad \forall x \in \bigcap_{i=1}^{\infty} \Lambda_i \setminus \{0\} \tag{8.141}$$

的正则法向量 $x^* \in \widehat{N}\big(0; \bigcap_{i=1}^{\infty} \Lambda_i\big)$, 存在基本法向量 $x_i^* \in N(0; \Lambda_i)$, $i = 1, 2, \cdots$, 使得

$$x^* = \sum_{i=1}^{\infty} \frac{1}{2^i} x_i^*. \tag{8.142}$$

**证明** 取定 $x^* \in \widehat{N}\big(0; \bigcap_{i=1}^{\infty} \Lambda_i\big)$ 满足条件 (8.141), 并构造 $X \times I\!R$ 中的可数闭锥系统

$$O_1 := \big\{ (x, \alpha) \,\big|\, x \in \Lambda_1, \; \alpha \leqslant \langle x^*, x \rangle \big\}, \quad O_i := \Lambda_i \times I\!R_+, \quad 其中\, i \geqslant 2. \tag{8.143}$$

类似定理 8.72 的证明, 考虑到 (8.141), 我们可以验证定理 2.9 的所有假设成立. 应用其中建立的锥极点原理, 我们可得序列 $(w_i, \alpha_i) \in O_i$ 和 $(x_i^*, \lambda_i) \in \widehat{N}((w_i, \alpha_i); O_i)$, 使得 (8.137) 中的极点条件满足. 对于 $i = 1, 2, \cdots$, 我们显然有 $\lambda_i \leqslant 0$ 且 $x_i^* \in \widehat{N}(w_i; \Lambda_i)$, 由引理 8.71, 这确保对于 $i \geqslant 2$ 有 $x_i^* \in N(0; \Lambda_i)$. 此外, 对于 $i = 1$ 有极限不等式 (8.138) 成立. 由 (8.143) 中 $O_1$ 的构造, 后者意味着

$$\lambda_1 \geqslant 0 \quad 且 \quad \alpha_1 \leqslant \langle x^*, w_1 \rangle. \tag{8.144}$$

类似于定理 8.72 的证明, 我们考虑 (8.144) 中 $\lambda_1 = 0$ 和 $\lambda_1 > 0$ 的两种可能情况, 并证明第一种情况与 (8.131) 矛盾. 在第二种情况中, 基于 (8.137) 中极点条件和 (8.143) 中集合 $O_i$ 的结构, 我们得到表示 (8.142). ▵

　　本小节的最终目标是, 通过其中每一个集合的基本法向量, 得出可数多个任意闭集之交的正则法锥的构造性上估计. 为了朝这个方向前进, 我们首先考虑 $X$ 中的可数闭锥系统.

　　**引理 8.74** (可数锥之交的正则法锥的上估计)　设 $\{\Lambda_i\}_{i \in \mathbb{N}}$ 是 $X$ 中一个可数锥系统, 且在原点处满足法向规范条件 (8.131). 则

$$\widehat{N}\left(0; \bigcap_{i=1}^{\infty} \Lambda_i\right) \subset \mathrm{cl}\left\{\sum_{i \in I} x_i^* \,\middle|\, x_i^* \in N(0; \Lambda_i),\ I \in \mathcal{L}\right\}. \tag{8.145}$$

　　**证明**　为验证 (8.145), 选取 $x^* \in \widehat{N}(0; \Lambda)$, 并对任意固定 $\varepsilon > 0$ 应用定理 8.72. 这样, 我们找到 $x_i^* \in N(0; \Lambda_i)$, $i \in \mathbb{N}$, 满足 (8.133). 因为 $\varepsilon > 0$ 是任取的, 由此可得

$$x^* \in A := \mathrm{cl}\left\{\sum_{i=1}^{\infty} \frac{1}{2^i} x_i^* \,\middle|\, x_i^* \in N(0; \Lambda_i)\right\}.$$

仍需验证包含

$$A \subset \mathrm{cl}\, C, \quad 其中 \ C := \left\{\sum_{i \in I} x_i^* \,\middle|\, x_i^* \in N(0; \Lambda_i),\ I \in \mathcal{L}\right\}.$$

为此, 选取 $z^* \in A$, 并对任意固定 $\varepsilon > 0$ 找到 $x_i^* \in N(0; \Lambda_i)$ 满足

$$\left\| z^* - \sum_{i=1}^{\infty} \frac{1}{2^i} x_i^* \right\| \leqslant \frac{\varepsilon}{2}. \tag{8.146}$$

然后选取充分大的 $k \in \mathbb{N}$, 使得 (8.146) 当其中的级数 $\sum_{i=1}^{\infty}$ 替换为和 $\sum_{i=1}^{k}$ 时成立. 后者显然属于 $C$, 因此 $(z^* + \varepsilon \mathbb{B}^*) \cap C \neq \varnothing$, 从而 $z^* \in \mathrm{cl}\, C$, 因此证明了 (8.145). ▵

现在我们准备推导前面提到的可数个任意闭集之交的正则法锥的上估计, 这对于下一小节中非 Lipschitz SIPs 的必要最优性条件的应用是重要的.

**定理 8.75** (可数个集合之交的正则法锥的上估计) 设 $\{\Omega_i\}_{i\in\mathbb{N}}$ 是 $X$ 中的一个可数非空集合系统, 并设 $\bar{x} \in \Omega := \bigcap_{i=1}^{\infty} \Omega_i$. 假设对于 $\{\Omega_i\}_{i\in\mathbb{N}}$, 定义 8.60 中 CHIP 和 (8.131) 中 NQC 在 $\bar{x}$ 处满足. 则我们有包含

$$\widehat{N}(\bar{x}; \Omega) \subset \mathrm{cl}\left\{ \sum_{i\in I} x_i^* \,\middle|\, x_i^* \in N(\bar{x}; \Omega_i),\ I \in \mathcal{L} \right\}. \tag{8.147}$$

此外, 如果对于 $\{\Omega_i\}_{i\in\mathbb{N}}$, NCC (8.130) 在 $\bar{x}$ 处满足, 则可以在 (8.147) 的右侧省略闭包运算.

**证明** 利用正则法向量和相依锥的定义, 然后假设 CHIP, 分别得出以下两个等式:

$$\widehat{N}(\bar{x}; \Omega) = \widehat{N}\big(0; T(\bar{x}; \Omega)\big) = \widehat{N}\left(0; \bigcap_{i=1}^{\infty} T(\bar{x}; \Omega_i)\right).$$

通过传递至基本法向量, 我们有包含 (见练习 1.49)

$$N\big(0; T(\bar{x}; \Omega_i)\big) \subset N(\bar{x}; \Omega_i), \quad \forall i \in \mathbb{N}.$$

这表明 $\{\Omega_i\}_{i\in\mathbb{N}}$ 在 $\bar{x}$ 处的 NQC 确保了锥 $\{T(\bar{x}; \Omega_i)\}_{i\in\mathbb{N}}$ 在原点处的 NQC. 将引理 8.74 应用于后一系统可得

$$\widehat{N}\left(0; \bigcap_{i=1}^{\infty} T(\bar{x}; \Omega_i)\right) \subset \mathrm{cl}\left\{ \sum_{i\in I} x_i^* \,\middle|\, x_i^* \in N\big(0; T(\bar{x}; \Omega_i)\big),\ I \in \mathcal{L} \right\}.$$

综上所述, 我们得到 (8.147), 并且在附加的 NCC 假设下显然可以舍弃闭包运算. △

### 8.4.3 可数约束下的最优性条件

本小节致力于推导具有可数约束的非光滑 SIPs 的不同类型的必要最优性条件. 虽然这类问题自然地出现在各种应用中 (特别是无限时域上的控制系统和宏观经济学的动态模型), 但与具有紧指标集的 SIPs 相比, 对它们的研究要少得多, 后者为实现各种数学技巧提供了更多的可能性. 与可数约束的情况一样, 缺少指标集的紧性会造成严重的数学困难, 这堪比具有可数指标集的 SIPs 和具有上述任意指标集的 SIPs. 与之前涉及光滑、凸和 Lipschitz 数据的 SIPs 的材料相反, 现在我们能够处理一般的几何和非光滑不等式约束. 通过这种方式, 主要基于可数集系统的极点原理, 我们在更广泛的框架中建立了可验证的条件, 这些条件在其特殊的设置 (即使对于线性系统) 中独立于先前的条件, 如示例所示.

我们从涉及可数几何约束的 SIPs 开始:

$$\text{minimize } \varphi(x) \text{ s.t. } x \in \Omega_i, \quad i \in I\!N, \tag{8.148}$$

其中 $\varphi\colon X \to \overline{I\!R}$ 是一个增广实值费用函数, 且 $\{\Omega_i\}_{i\in I\!N}$ 是一个可数集合系统. 遵循 6.1 节中给出的推导非光滑优化必要条件的一般方案, 并使用前一小节中建立的可数集合之交的分析法则, 我们得出 SIP (8.148) 的上次微分和下次微分类型的规范必要最优性条件.

**定理 8.76** (具有可数几何约束的 SIPs 的上次微分条件)   设 $\bar{x}$ 是问题 (8.148) 的一个局部最优解, 其中 $\varphi\colon X \to \overline{I\!R}$ 在 $\bar{x} \in \Omega_i$ 处取有限值 $(i \in I\!N)$. 假设系统 $\{\Omega_i\}_{i\in I\!N}$ 在 $\bar{x}$ 处有定义 8.60 中的 CHIP, 并且在该点满足 NQC (8.131). 则我们有集合包含

$$-\widehat{\partial}^+\varphi(\bar{x}) \subset \mathrm{cl}\left\{\sum_{i\in I} x_i^* \,\middle|\, x_i^* \in N(\bar{x};\Omega_i),\ I \in \mathcal{L}\right\}, \tag{8.149}$$

若 $\varphi$ 在 $\bar{x}$ 处 Fréchet 可微, 这简化为条件

$$0 \in \nabla\varphi(\bar{x}) + \mathrm{cl}\left\{\sum_{i\in I} x_i^* \,\middle|\, x_i^* \in N(\bar{x};\Omega_i),\ I \in \mathcal{L}\right\}. \tag{8.150}$$

此外, 如果 NCC (8.130) 对于 $\{\Omega_i\}_{i\in I\!N}$ 在 $\bar{x}$ 处成立, 则在 (8.149) 和 (8.150) 中可以舍去闭包运算.

**证明**   由定理 6.1(i) 可知

$$-\widehat{\partial}^+\varphi(\bar{x}) \subset \widehat{N}\left(\bar{x}; \bigcap_{i=1}^{\infty}\Omega_i\right).$$

现在在 CHIP 和 NQC 的假设下应用定理 8.75 中 $\widehat{N}\big(\bar{x};\bigcap_{i=1}^{\infty}\Omega_i\big)$ 的上估计, 我们得到 (8.149), 其中当 NCC 在 $\bar{x}$ 处成立时, 闭包运算可以舍去. 如果 $\varphi$ 在 $\bar{x}$ 处是 Fréchet 可微的, 则有 $\widehat{\partial}^+\varphi(\bar{x}) = \{\nabla\varphi(\bar{x})\}$, 因此 (8.149) 简化为 (8.150).    △

**定理 8.77** (具有可数几何约束的 SIPs 的下次微分条件)   设 $\bar{x}$ 是 SIP (8.148) 的一个局部最优解, 其中集合 $\Omega := \bigcap_{i=1}^{\infty}\Omega_i$ 在 $\bar{x}$ 处是法向正则的, 系统 $\{\Omega_i\}_{i\in I\!N}$ 在 $\bar{x}$ 处具有 CHIP 和 NQC, 并且

$$\mathrm{cl}\left\{\sum_{i\in I} x_i^* \,\middle|\, x_i^* \in N(\bar{x};\Omega_i),\ I \in \mathcal{L}\right\} \cap \big(-\partial^\infty\varphi(\bar{x})\big) = \{0\}; \tag{8.151}$$

当 $\varphi$ 在 $\bar{x}$ 周围是局部 Lipschitz 时后一性质满足. 则

$$0 \in \partial\varphi(\bar{x}) + \mathrm{cl}\left\{\sum_{i\in I} x_i^* \,\middle|\, x_i^* \in N(\bar{x};\Omega_i),\ I \in \mathcal{L}\right\}. \tag{8.152}$$

如果 NCC 在 $\bar{x}$ 处成立, 则 (8.151) 和 (8.152) 中的闭包运算可舍去.

**证明** 由定理 6.1(ii) 可知, 对于仅具有几何约束 $x \in \Omega = \bigcap_{i=1}^{\infty} \Omega_i$ 的 (8.148) 的最优解 $\bar{x}$, 有

$$0 \in \partial\varphi(\bar{x}) + N(\bar{x};\Omega), \quad \text{如果 } \partial^{\infty}\varphi(\bar{x}) \cap \big(-N(\bar{x};\Omega)\big) = \{0\}. \quad (8.153)$$

因为 $\Omega$ 在 $\bar{x}$ 处是法向正则的, 我们可以在 (8.153) 中将 $N(\bar{x};\Omega)$ 替换为 $\widehat{N}(\bar{x};\Omega)$. 现在对 (8.153) 中可数集合之交 $\Omega$ 应用定理 8.75, 我们得出所有声称的结论. $\triangle$

**注 8.78** (传递至具有结构约束的 SIPs) 因为定理 8.76 和定理 8.77 中集合 $\Omega_i$ 是任意 (闭) 的, 我们可以考虑不同的约束设置, 其中 $\Omega_i$ 通过例如算子、泛函等其他类型的约束以某些结构形式给出. 从一般的几何结果到它们在特定情况下的实现, 需要其中广义微分构造的适当分析法则, 同时确保定理 8.76 和定理 8.77 中使用的性质和规范条件的保持. 对于定理 8.76 和定理 8.77 中所涉及的条件和性质, 它们由基本法锥表示, 享有完整的分析法则, 所以在这个方向上不会出现问题. 因为对于非凸集合的相依锥, 可用的分析法则有限, 所以与 CHIP 的保持相关的问题更有具挑战性且研究不足. 练习 8.118 描述了一个特定的约束设置, 其中这样的实现完全能够达成.

下面我们考虑以下具有可数不等式约束的 SIPs:

$$\text{minimize } \varphi(x) \text{ s.t. } \varphi_i(x) \leqslant 0, \quad i \in I\!N, \quad (8.154)$$

其中费用函数 $\varphi$ 与前面相同, 而仅仅假设 $\varphi_i$ 在 (8.154) 的参考局部解周围是 l.s.c. 的, 以确保定理 8.76 和定理 8.77 中集合 $\Omega_i := \text{epi}\,\varphi_i$ 的局部闭性, 这是我们的固定假设. 对于问题 (8.154), 我们知道每个集合 $\text{epi}\,\varphi_i$ 的法锥可完全由 $\varphi_i$ 的基本次梯度和奇异次梯度集合描述, 因此可以将定理 8.76 和定理 8.77 的法锥条件转化为基本和奇异次微分条件. 为了简化以这种方式得到的表达式, 我们假设 $\varphi_i$ 是局部 Lipschitz 的, 因此在这种情况下不考虑 $\varphi_i$ 的奇异次梯度. 定义 8.69 的相应约束规范现在简化为以下条件.

**定义 8.79** (可数不等式约束的次微分闭性和规范条件) 考虑约束集

$$\Omega_i := \big\{x \in X \,\big|\, \varphi_i(x) \leqslant 0\big\}, \quad i \in I\!N, \quad (8.155)$$

其中 $\varphi_i$ 在 $\bar{x} \in \bigcap_{i=1}^{\infty} \Omega_i$ 附近是局部 Lipschitz 的. 我们称:

(a) (8.155) 中系统 $\{\Omega_i\}_{i\in I\!N}$ 在 $\bar{x}$ 处满足次微分闭性条件 (SCC), 如果集合

$$\left\{\sum_{i\in I}\lambda_i\partial\varphi_i(\bar{x}) \,\bigg|\, \lambda_i \geqslant 0, \lambda_i\varphi_i(\bar{x})=0, I \in \mathcal{L}\right\} \text{ 在 } X^* \text{ 中是闭的.} \quad (8.156)$$

(b) (8.155) 中系统 $\{\Omega_i\}_{i\in\mathbb{N}}$ 在 $\bar{x}$ 处满足次微分规范条件 (SQC), 如果仅对于平凡乘子集合 $\lambda_i = 0$ ($\forall i \in \mathbb{N}$), 我们有关系

$$\sum_{i=1}^{\infty} \lambda_i x_i^* = 0, \quad x_i^* \in \partial\varphi_i(\bar{x}), \quad \lambda_i \geqslant 0, \quad \lambda_i\varphi_i(\bar{x}) = 0.$$

使用定义 8.79 中约束规范和次微分分析法则, 可得下面定理 8.76 和定理 8.77 的结果.

**推论 8.80** (具有可数不等式约束的 SIPs 的上次微分与下次微分条件) 设 $\bar{x}$ 是 (8.154) 的一个局部最优解, 其中约束函数 $\varphi_i$, $i \in \mathbb{N}$ 在 $\bar{x}$ 附近是局部 Lipschitz 的. 假设 (8.155) 中约束集合系统 $\{\Omega_i\}_{i\in\mathbb{N}}$ 在 $\bar{x}$ 处具有 CHIP 并且定义 8.79 中 SQC 在该点处满足. 则我们有:

(i) 上次微分最优性条件

$$-\widehat{\partial}^+\varphi(\bar{x}) \subset \mathrm{cl}\left\{\sum_{i\in I}\lambda_i\partial\varphi_i(\bar{x})\,\middle|\,\lambda_i\geqslant 0,\ \lambda_i\varphi_i(\bar{x})=0,\ I\in\mathcal{L}\right\}, \quad (8.157)$$

其中, 若 SCC (8.156) 在 $\bar{x}$ 处满足, 则闭包运算可以舍去.

(ii) 此外, 还假设 (8.154) 中的可行集在 $\bar{x}$ 处是法向正则的, 并且

$$\mathrm{cl}\left\{\sum_{i\in I}\lambda_i\partial\varphi_i(\bar{x})\,\middle|\,\lambda_i\geqslant 0, \lambda_i\varphi_i(\bar{x})=0, I\in\mathcal{L}\right\} \cap \left(-\partial^{\infty}\varphi(\bar{x})\right) = \{0\},$$

若 $\varphi$ 在 $\bar{x}$ 附近是局部 Lipschitz 的, 上式自动成立. 则

$$0 \in \partial\varphi(\bar{x}) + \mathrm{cl}\left\{\sum_{i\in I}\lambda_i\partial\varphi_i(\bar{x})\,\middle|\,\lambda_i\geqslant 0, \lambda_i\varphi_i(\bar{x})=0, I\in\mathcal{L}\right\} \quad (8.158)$$

当 SCC 在 $\bar{x}$ 处成立时, 上式中的闭包运算可舍去.

**证明** 如果 $\vartheta$ 在 $\bar{x}$ 附近是局部 Lipschitz 的, 并且 $0 \notin \partial\vartheta(\bar{x})$, 这由 SQC 假设可以保证, 由练习 2.51(i) 可得

$$N(\bar{x};\Omega) \subset \mathbb{R}_+\partial\vartheta(\bar{x}), \quad \forall\,\Omega := \{x \in X\,|\,\vartheta(x) \leqslant 0\}. \quad (8.159)$$

现在我们对 (8.155) 中每个集合 $\Omega_i$ 应用 (8.159), 并将其代入 NQC (8.131) 以及具有约束集 (8.155) 的问题 (8.148) 的规范条件 (8.151) 和最优性条件 (8.149) 与 (8.152). 由此可见, SQC 和 (ii) 中的假设在所考虑的设置 (8.154) 下蕴含着定理 8.76 和定理 8.77 的上述条件. 此外, 对于 (8.155) 中集合, 由 SCC 显然有 NCC (8.130), 这就完成了证明. △

现在我们考虑 (8.154) 中约束函数 $\varphi_i$ 为凸的情形. 注意在这种情况下, SQC 的有效性可由命题 8.70 的内部型条件 (8.132) 保证. 下一个结果为具有可数凸不等式约束的问题建立了必要最优性条件, 它既不需要内点型假设, 也不需要 SQC 假设, 同时包含以下蕴含着 CHIP 和 SCC 的规范条件. 回顾, 符号 "cone" 在这里代表一个集合的凸锥包.

**定义 8.81** (局部 Farkas-Minkowski 性质)  我们称可数凸不等式系统 (8.155) 在 $\bar{x} \in \Omega := \bigcap_{i=1}^{\infty} \Omega_i$ 处满足局部 Farkas-Minkowski (LFM) 性质, 如果

$$N(\bar{x}; \Omega) = \text{cone} \bigcup_{i \in J(\bar{x})} \partial \varphi_i(\bar{x}) =: A(\bar{x}), \qquad (8.160)$$

其中 $J(\bar{x}) := \{i \in I\!N | \varphi_i(\bar{x}) = 0\}$ 是 $\bar{x}$ 处的活跃指标集.

LFM 术语得到以下事实的支持: 对于为 (7.159) 中凸不等式系统定义的 Farkas-Minkowski 性质 (约束规范), 有 FMCQ⇒LFM; 参见练习 8.120. 考虑到这一点, 我们得到无穷凸不等式系统的以下结果, 其中为了简单起见, 假设 (8.154) 中费用函数是局部 Lipschitz 的.

**命题 8.82** (具有凸不等式约束的 SIP 的上次微分和下次微分条件)  设推论 8.80 的所有一般假设除 SQC 之外都在 (8.154) 的局部最优解 $\bar{x}$ 处满足. 此外, 假设费用函数 $\varphi$ 在 $\bar{x}$ 附近是局部 Lipschitz 的, 约束函数 $\varphi_i, i \in I\!N$ 是凸的, 并且 LFM 性质 (8.160) 在 $\bar{x}$ 处成立. 则 SCC 和 CHIP 对于该系统也都成立, 且在没有闭包运算的情况下满足必要最优性条件 (8.157) 和 (8.158).

**证明**  观察到 SCC (8.156) 只是 $A(\bar{x})$ 的闭性, 因此由法锥 $N(\bar{x}; \Omega)$ 的闭性, 我们有 LFM⇒SCC. 此外, 我们总有包含

$$A(\bar{x}) \subset \text{co} \bigcup_{i \in J(\bar{x})} N(\bar{x}; \Omega_i) \subset N(\bar{x}; \Omega).$$

因此结合 LFM 性质与后一包含, 我们有强 CHIP. 因为当 $i \notin J(\bar{x})$ 时 $N(\bar{x}; \Omega_i) = \{0\}$, 所以由定理 8.61, 我们也有 CHIP. 考虑到这一切, 我们就有关系

$$-\widehat{\partial}^+ \varphi(\bar{x}) \subset N(\bar{x}; \Omega) \quad \text{和} \quad 0 \in \partial \varphi(\bar{x}) + N(\bar{x}; \Omega),$$

这反过来意味着包含

$$-\widehat{\partial}^+ \varphi(\bar{x}) \subset A(\bar{x}) \quad \text{且} \quad 0 \in \partial \varphi(\bar{x}) + A(\bar{x})$$

有效, 因此完成了命题的证明.                                        △

对于具有线性不等式约束的 SIPs, 命题 8.82 的下一个说明与 7.2 节中没有施加 Slater 条件和系数有界性的相应结果一致.

**推论 8.83** (具有线性不等式约束的 SIPs 的上次微分和下次微分条件)　设 $\bar{x} = 0$ 是 SIP:

$$\text{minimize}\ \ \varphi(x)\ \ \text{s.t.}\ \ \langle a_i, x\rangle \leqslant 0,\quad \forall\, i \in I\!N$$

的局部解, 其中 $\varphi: X \to \overline{I\!R}$ 在原点处取有限值. 则我们有包含

$$-\widehat{\partial}^+\varphi(0) \subset \operatorname{cl co}\left[\bigcup_{i=1}^{\infty}\{\lambda a_i|\ \lambda \geqslant 0\}\right].$$

$$0 \in \partial\varphi(0) + \operatorname{cl co}\left[\bigcup_{i=1}^{\infty}\{\lambda a_i|\ \lambda \geqslant 0\}\right],$$

其中后一包含成立, 如果

$$\left(\operatorname{cl co}\left[\bigcup_{i=1}^{\infty}\{\lambda a_i|\ \lambda \geqslant 0\}\right]\right) \cap \left(-\partial^{\infty}\varphi(0)\right) = \{0\}.$$

此外, LFM 性质意味着在上述所有条件中可以舍去闭包运算.

**证明**　根据推论 8.68 中给出的线性不等式系统的解的法锥表示从命题 8.82 可得.　　　　　　　　　　　　　　　　　　　　　　　　　　　△

在本节的最后, 对于完全凸 SIPs, 我们给出几个例子阐述命题 8.82 中施加的规范条件及其与第 7 章中相应结果的比较.

**例 8.84** (规范条件的比较)　下面的所有例子均涉及完全凸 SIPs (8.154) 的下次微分条件, 即, 具有凸费用函数和凸约束函数的 SIPs.

(i) CHIP (8.115) 和 SCC (8.156) 是相互独立的. 对于 $\varphi_i(x) = \langle a_i, x\rangle$ 且 $a_i = (1, i)(i \in I\!N)$, 考虑 $\bar{x} = (0, 0) \in I\!R^2$ 处的线性约束系统 (8.155), 它在原点处显然具有 CHIP. 另一方面, 集合

$$\operatorname{co}\bigcup_{i=0}^{\infty}I\!R_+\partial\varphi_i(\bar{x}) = \operatorname{co}\{\lambda(1, i) \in I\!R^2|\ \lambda \geqslant 0,\ i \in I\!N\} = I\!R_+^2 \setminus \{(0, \lambda)|\ \lambda > 0\}$$

不是闭的; 见图 8.3; 因此 SCC 在本设置下不成立. 如果我们现在考虑二次不等式约束函数 $\varphi_i(x) = ix_1^2 - x_2$, 其中 $x = (x_1, x_2) \in I\!R^2$ 且 $i \in I\!N$, 则 $\partial\varphi_i(\bar{x}) = \nabla\varphi_i(\bar{x}) = (0, -1)$, 因此 SCC 在原点处满足. 但是, 通过直接计算容易验证, 对于后一种约束系统 CHIP 在 $\bar{x}$ 处不成立.

(ii) CHIP 和 SCC 以及 FMCQ 和 CQC. 除 FMCQ (7.159) 之外, 在 7.5 节中我们研究另一个性质并将其应用于推导完全凸 SIPs 的必要最优性条件, 该性质称为闭性规范条件 (CQC), 其在 $X = I\!R^n$ 中具有凸数据的 SIPs (8.154) 的情况

下表述如下: 通过共轭函数定义的集合

$$\operatorname{epi}\varphi^* + \operatorname{cone}\bigcup_{i=1}^{\infty}\operatorname{epi}\varphi_i^*$$

在 $I\!R^{n+1}$ 中是闭的; 参见定义 7.48. 特别地, 如果费用函数 $\varphi$ 在 $\bar{x}$ 处是连续的, 那么该性质严格弱 (好) 于 FMCQ; 参见练习 7.97(i).

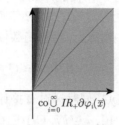

$$\operatorname{co}\bigcup_{i=0}^{\infty} I\!R_+ \partial\varphi_i(\bar{x})$$

图 8.3 SCC 不成立

下一个系统揭示出更多内容: 它提供了一个同时满足 CHIP 和 SCC 的完全凸的 SIP, 但它不满足 CQC, 因此不满足 FMCQ. 这表明命题 8.82 在这种情况下成立, 从而产生 KKT 最优性条件, 而 7.5.1 小节的相应结果不适用.

考虑 $I\!R^2$ 中 SIP (8.154) 满足 $\bar{x} = (0,0)$, $\varphi(x) := -x_2$, 且

$$\varphi_i(x_1, x_2) := \begin{cases} ix_1^3 - x_2, & x_1 < 0, \\ -x_2, & x_1 \geqslant 0, \end{cases} \quad i \in I\!N.$$

我们有 $\partial\varphi_i(\bar{x}) = \{\nabla\varphi_i(\bar{x})\} = (0,-1)$ $(\forall i \in I\!N)$, 因此 SCC 成立. 容易验证在 $\bar{x}$ 处 CHIP 同样成立, 因为

$$T\left(\bar{x}; \bigcap_{i=1}^{\infty}\Omega_i\right) = T(\bar{x};\Omega_i) = I\!R \times I\!R_+,$$

$$\text{其中 } \Omega_i := \left\{x \in I\!R^2\,\middle|\, \varphi_i(x) \leqslant 0\right\}, \quad i \in I\!N.$$

另一方面, 对于 $(\lambda_1, \lambda_2) \in I\!R^2$, 我们计算

$$\varphi^*(\lambda_1, \lambda_2) = \begin{cases} 0, & (\lambda_1, \lambda_2) = (0,-1), \\ \infty, & \text{否则} \end{cases}$$

和

$$\varphi_i^*(\lambda_1, \lambda_2) = \begin{cases} 0, & \lambda_1 \leqslant 0, \lambda_2 = -1, \\ \infty, & \text{否则}. \end{cases}$$

这表明凸集

$$\mathrm{cone}\bigcup_{i=0}^{\infty}\mathrm{epi}\,\varphi_i^* \quad \text{且} \quad \mathrm{epi}\,\varphi^* + \mathrm{cone}\bigcup_{i=0}^{\infty}\mathrm{epi}\,\varphi_i^*$$

在 $\mathbb{R}^3$ 中不是闭的, 因此 FMCQ 和 CQC 不成立.

(iii) 对于可数系统, SQC 并不蕴含着 CHIP. 比较关于凸 SIPs 的推论 8.80 和命题 8.82 的结果, 自然地产生了一个问题: 在 $\mathcal{C}^1$-光滑凸函数定义的 (8.155) 中约束集 $\Omega_i$ 的情况下, 由 SQC 是否总是有 CHIP? 下面的简单例子表明, 对于 $\mathbb{R}^2$ 中可数多个约束的情况不是如此. 实际上, 对于函数族

$$\varphi_i(x_1,x_2) := ix_1^2 - x_2, \quad \text{其中 } x = (x_1,x_2) \in \mathbb{R}^2, \; i \in \mathbb{N},$$

在 $\bar{x} = (0,0)$ 处我们显然有 SQC, 同时通过直接计算容易验证, 对于可数集合系统 $\Omega_i := \{x \in \mathbb{R}^2 |\ \varphi_i(x_1,x_2) \leqslant 0\}$, $i \in \mathbb{N}$, CHIP 在原点处不成立.

## 8.5　第 8 章练习

**练习 8.85** (非紧指标集上的一致可微性与 EMFCQ 假设)　给出在有限维和无穷维空间 $X$ 两种情况下具有非紧指标集的无穷系统 (8.2) 的例子, 其中 (SA), (8.3) 和 (8.4) 中的所有假设以及定义 8.2 中的 EMFCQ 性质都满足.

**练习 8.86** (对于具有紧指标集且指标变量不连续的 SIPs, KKT 不成立)　给出有限维空间中 SIP (8.1) 的例子, 其中对于 $T = [0,1]$ 及不连续映射 $(x,t) \mapsto \nabla\varphi_t(x)$, KKT 条件 (8.7) 不成立.

**练习 8.87** (NFMCQ 的等价形式)　证明定义 8.8 中的 NFMCQ 等价于要求集合 $\{(\nabla\varphi_t(\bar{x}),\varphi_t(\bar{x}))|\ t \in T\}$ 的凸锥包在 $X^* \times \mathbb{R}$ 中是弱* 闭的.

**练习 8.88** (对于有限不等式系统, 由 MFCQ 可推出 NFMCQ)　给出命题 8.9(i) 的详细证明.

**练习 8.89** (有限维空间中凸锥包的闭性)　设 $\varnothing \neq S \subset \mathbb{R}^n$ 是一个紧集使得 $0 \notin \mathrm{co}\,S$. 证明 $\mathrm{cone}\,S$ 在 $\mathbb{R}^n$ 中是闭的.

**练习 8.90** (具有无界梯度的无穷系统的正则法锥表示)　对于 (8.2) 中约束集 $\Omega$ 的正则法锥, 给出并证明推论 8.15 的相应结果.

**练习 8.91** (梯度等度连续性下的法锥表示)　考虑 (8.2) 中无穷不等式系统, 假设约束函数的梯度 $\nabla\varphi_t$ 在 $\bar{x}$ 处是 [694] 意义下等度连续的: 对每个 $\gamma > 0$ 存在 $\eta > 0$ 使得

$$\|\nabla\varphi_t(x) - \nabla\varphi_t(\bar{x})\| \leqslant \gamma, \quad \forall\, x \in B_\eta(\bar{x}), \quad t \in T.$$

提示: 使用中值定理证明, 该假设与 $\varphi_t$ 在 $\bar{x}$ 周围的 Fréchet 可微性一起蕴含着推论 8.15 中条件 (b).

**练习 8.92** (无穷凸集的法向量和 Farkas-Minkowski 条件)　考虑 (8.2) 中具有凸函数 $\varphi_t$ 和 $h \equiv 0$ 的无穷约束集 $\Omega$. 如我们所见, 在这种情况下, $\Omega$ 的法锥的表示 (8.21) 与推论 7.53 中所得的表示相同.

(i) 证明推论 7.53 和推论 8.19 中施加的假设通常是独立的, 即使在 $\dim X < \infty$ 且 (SA) 有效的情况下也是如此.

(ii) 对有限和无穷维中的凸无穷系统, 找出凸 FMCQ (7.159) 与定义 8.8 中 NFMCQ 之间的关系.

(iii) 利用推论 8.15 的证明中的论述对推论 8.19 的证明进行修改, 以避免固定假设 (SA) 中现有假设对于 $\{\nabla\varphi_t(\bar{x}) \mid t \in T\}$ 的有界性要求.

**练习 8.93** (无穷线性不等式系统的法向量) 对无穷线性不等式系统利用定理 7.5 的证明中建立的方法, 在 $h \equiv 0$ 且没有对系数集 $\{a_t^* \mid t \in T\} \subset X^*$ 做有界性假设的情况下, 推导出推论 8.20 的结果.

**练习 8.94** (具有可微约束的 SIPs 的上次微分必要最优性条件) 推出命题 8.21 在 Banach 空间中的一般上次微分对应结果.

**练习 8.95** (凸 SIPs 的必要和充分最优性条件的比较) 观察到对于 $\Theta = 0$ 的最优性条件 (7.168) 和 $h \equiv 0$ 的最优性条件 (8.30) 一致, 但它们是在不同的假设下导出的.

(i) 证明推论 7.54 和定理 8.26 的上述结果通常是独立的. 如果空间 $X$ 是有限维的, 它们是否相同?

(ii) 找出涵盖上述两种结果的凸 SIPs 的充要条件的通式.

**练习 8.96** (上确界函数的广义梯度的计算) 设 $\bar{\partial}\psi(\bar{x})$ 是 Asplund 空间 $X$ 中上确界函数 (8.32) 的 Clarke 广义梯度 (1.78).

(i) 利用练习 4.36(i) 中 $\bar{\partial}\psi(x)$ 的表示和定理 8.30 及其推论中所得的 $\partial\psi(\bar{x})$ 的结果, 在任意指标集 $T$ 的情况下计算 $\bar{\partial}\psi(x)$.

提示: 将其与 [557, 定理 4.1] 进行比较.

(ii) 在可度量空间中的紧集 $T$ 的情形下, 建立 (i) 的具体形式 并将其与 [166, 定理 2.8.2] 和 [557, 推论 4.2] 作比较.

(iii) 如果对某个 $\varepsilon > 0$, $T_\varepsilon(\bar{x})$ 是可度量指标集 $T$ 的一个紧子集, 并且对每个充分靠近 $\bar{x}$ 的 $x$, $t \mapsto \varphi_t(x)$ 在 $T_\varepsilon(\bar{x})$ 上是 u.s.c. 的, 同时函数 $\varphi_t(\cdot)$, $t \in T_\varepsilon(\bar{x})$, 在 $\bar{x} \in X$ 处是一致次光滑的, 即, 每当 $\tilde{\varepsilon} > 0$ 存在 $\delta > 0$ 使得

$$\varphi_t(x) - \varphi_t(u) \geqslant \langle u^*, x - u \rangle - \tilde{\varepsilon}\|x - u\|, \quad \text{如果 } x, u \in B_\delta(\bar{x}), \ u^* \in \bar{\partial}\varphi_t(u),$$

证明等式表示

$$\bar{\partial}\psi(\bar{x}) = \mathrm{cl}^*\mathrm{co}\left[\cup\left\{\bar{\partial}\varphi_t(\bar{x}) \mid t \in T(\bar{x})\right\}\right].$$

证明若 $\dim X < \infty$, 则上述表示可进一步替换为

$$\bar{\partial}\psi(\bar{x}) = \mathrm{co}\left[\cup\left\{\bar{\partial}\varphi_t(\bar{x}) \mid t \in T(\bar{x})\right\}\right];$$

参见 [787, 定理 3.1, 3.2] 和 [557, 推论 4.3, 4.4].

**练习 8.97** (等度连续次可微函数的上确界的广义梯度) 设 (8.32) 中函数 $\varphi_t$, $t \in T$ 在 $\bar{x}$ 处是等度连续的, 其中 $T$ 是一个任意指标集. 则我们有广义梯度估计

$$\bar{\partial}\psi(\bar{x}) \subset \bigcap_{\varepsilon > 0} \mathrm{cl}^*\mathrm{co}\left[\cup\left\{\bar{\partial}\varphi_t(\bar{x}) \mid t \in T_\varepsilon(\bar{x})\right\}\right].$$

提示: 类似推论 8.34 的证明进行论述, 并将其与 [557, 命题 4.5] 进行比较.

**练习 8.98** (Lipschitz SIPs 的规范条件与最优性条件之间的关系)　假设 $\varphi_t$ 在可行点 $\bar{x}$ 处是等度连续次可微的, 考虑 Lipschitz SIP (8.31).

(i) 找出有限维和无穷维中广义 PMFCQ 与推论 8.38 的约束规范之间的关系.

(ii) 当 $\bar{x}$ 是 (8.31) 的一个局部极小点时, 推论 8.38 和定理 8.40 之间的相应结果如何相互关联?

**练习 8.99** (上确界边际函数)　考虑一类上确界边际函数 $\vartheta\colon I\!R^n \to \overline{I\!R}$, 定义如下

$$\vartheta(x) := \sup_{y \in G(x)} \varphi(x, y), \quad x \in I\!R^n, \tag{8.161}$$

其中集合 $G(x) \subset I\!R^m$ 是非空的, 在某点 $\bar{x} \in I\!R^n$ 周围一致有界, 并且通过 $I\!R^n \times I\!R^m$ 上的连续实值函数 $\varphi_i$, $i = 1, \cdots, s$ 且 $r \leqslant s$, 有表示

$$G(x) = \left\{ y \mid \varphi_i(x, y) \leqslant 0, i = 1, \cdots, r;\ \varphi_i(x, y) = 0, i = r + 1, \cdots, s \right\}. \tag{8.162}$$

(i) 验证 $\vartheta(x)$ 在 $\bar{x}$ 附近是上半连续的.

(ii) 定义极大点集合

$$S(x) := \left\{ y \in G(x) \mid \varphi(x, y) = \vartheta(x) \right\}, \quad x \in I\!R^n, \tag{8.163}$$

并证明如果当 $x \to \bar{x}$ 时有 $\mathrm{dist}(S(x); G(x)) \to 0$, 则 $\vartheta(x)$ 在 $\bar{x}$ 处是连续的. 特别是, 当 (8.162) 中 $G(x)$ 在 $\bar{x}$ 处内半连续时, 该结论也成立.

提示:按定义进行并将其与 [473, 命题 3.1, 3.2] 作比较.

**练习 8.100** (边际 Mangasarian-Fromovitz 约束规范)　给定 $\bar{x} \in I\!R^n$, (8.162) 中 $G(\bar{x})$, 以及 $\Omega \subset G(\bar{x})$, 假设对所有 $y \in \Omega$ 和 $i = 1, \cdots, s$, $\varphi_i$ 在 $(\bar{x}, y)$ 处是严格可微的. 则我们称边际 Mangasarian-Fromovitz 约束规范 (MMFCQ) 在 $\bar{x}$ 处关于 $\Omega$ 成立, 如果存在向量 $\xi \in I\!R^n$, 使得每当 Lagrange 乘子 $(\lambda_1, \cdots, \lambda_s) \neq 0 \in I\!R^s$ 满足条件

$$\sum_{i=1}^{s} \lambda_i \nabla_y \varphi_i(\bar{x}, y) = 0 \quad \text{且} \quad \lambda_i \geqslant 0, \quad \lambda_i \varphi_i(\bar{x}, y) = 0, \quad i = 1, \cdots, r$$

时, 有

$$\left\langle \sum_{i=1}^{s} \lambda_i \nabla_x \varphi_i(\bar{x}, y), \xi \right\rangle > 0, \quad \forall y \in \Omega.$$

(i) 将 MMFCQ 与 [399] 中引入的所谓广义半无穷规划 (GSIPs) 的增广 Mangasarian-Fromovitz 约束规范进行比较; 也可参见定义 8.2 中给出的标准 SIPs 的 EMFCQ.

(ii) 证明在 $\Omega$ 是极大点集合 (8.163) 的情况下, 所引入的 $\bar{x}$ 处的 MMFCQ 是鲁棒的, 即, 若在练习 8.99(ii) 的设置中上确界边际函数 (8.161) 在 $\bar{x}$ 处是 l.s.c. 的, 则存在 $\delta > 0$ 使得 MMFCQ 在 $B_\delta(\bar{x})$ 上相对于 $S(x)$ 成立.

**练习 8.101** (上确界边际函数的基本次梯度)　假设在练习 8.99 的设置中, (8.161) 中上确界边际函数 $\vartheta(x)$ 在 $\bar{x}$ 周围是 l.s.c. 的, 并且 MMFCQ 在 $\bar{x}$ 处相对于 $S(\bar{x})$ 成立. 取 $\lambda := (\lambda_0, \lambda_1, \cdots \lambda_s) \in I\!R^{s+1}$. 由 (8.161) 中的极大性, 考虑 Lagrange 算子

$$\mathcal{L}(x, y, \lambda) := \sum_{i=0}^{s} \lambda_i \varphi_i(x, y), \quad \text{其中 } \lambda_0 \leqslant 0.$$

证明存在 $\varepsilon > 0$ 使得对任意 $x \in B_\varepsilon(\bar{x})$ 和 $v \in \partial\vartheta(x)$, 我们可以找到 $y_j \in S(x)$(其中 $j = 1, \cdots, n+1$ 且 $\sum_{j=1}^{n+1} y_j = 1$) 和 $\lambda = (\lambda_0, \cdots, \lambda_s) \neq 0$(其中 $\lambda_i \geqslant 0$, $i = 1, \cdots, r$) 满足条件

$$v = \sum_{j=1}^{n+1} \nabla_x \mathcal{L}(x, y_j, \lambda), \quad \nabla_y \mathcal{L}(x, y, \lambda) = 0, \quad \lambda_i \varphi_i(x, y) = 0, \quad 其中 \ i = 1, \cdots, r.$$

提示: 类似 [473, 定理 3.7] 的证明, 使用 [399, 定理 1.1] 中建立的 GSIPs 的必要最优性条件.

**练习 8.102** (混合极限 $\varTheta$-上导数) 设 $f: X \to Y$ 是 Banach 空间之间的一个映射, 其中像空间 $Y$ 通过闭凸锥 $\varTheta \subset Y$ 定义了偏序, 如 (8.71) 所示.

(i) 利用定义 8.43 的框架中 $Y^*$ 上的强收敛性定义 $f$ 在 $\bar{x}$ 处的混合极限 $\varTheta$-上导数, 并举例说明它们之间的关系以及相应混合与基本 $\varTheta$-上导数构造之间的关系.

(ii) 探讨通过将基本 $\varTheta$-上导数替换为相应的混合上导数, 以改进 8.3.4 小节中相应结果的可能性.

**练习 8.103** ($\varTheta$-上导数标量化) 设 $f: X \to Y$ 是 Banach 空间之间的局部 Lipschitz 映射, 并设 $\varTheta \subset Y$ 是一个闭凸序锥. 考虑定义 8.43 和练习 8.102 中的相应 $\varTheta$-上导数, 并完成以下工作:

(i) 证明一般序 Banach 空间设置中的表示 (8.72).

(ii) 得出 Banach 空间之间有序映射的混合极限 $\varTheta$-上导数的标量化公式.

提示: 类似定理 1.32 的证明进行, 它适用于一般的 Banach 空间; 参见 [529, 定理 1.90].

(iii) 在适当的严格 Lipschitz 假设下, 建立 $X$ 为 Asplund 空间情形下的极限基本 $\varTheta$-上导数的标量化公式.

提示: 类似 [529, 3.1.3 小节] 进行, 其中 $\varTheta = \{0\}$.

(iv) 验证 Banach 空间之间的严格可微映射的标量化公式 (8.73).

提示: 类似定理 1.32 的证明进行.

(v) 对 Banach 空间之间的 $\varTheta$-凸映射 $f$, 验证公式 (7.4).

**练习 8.104** ($\varTheta$-上导数分析法则) 设 $F: X \rightrightarrows Y$ 是 Banach 空间之间的一个集值映射, 其中像空间 $Y$ 通过非空集 $\varTheta \subset Y$ (不一定是锥) 定义了偏序, 如 (8.71) 所示.

(i) 定义上述单值情况下基本和混合 $\varTheta$-上导数的适当版本, 并建立它们之间的关系.

(ii) 在一般的 Banach 空间, 主要在 Asplund 空间中, 建立单值映射和集值映射上导数的适当分析法则.

提示: 类似于没有序结构的映射的上导数, 使用极点原理和相关结果的适当版本.

(iii) 探讨利用 $\varTheta$-上导数分析法则研究结构优化相关问题和由具有 $\varTheta$-序的像空间的集值映射描述的约束系统的可能性.

**练习 8.105** ($\varTheta$-凸约束映射锥规划的序列最优性条件) 类似定理 8.50, 证明如果 $f$ 的局部 Lipschitz 连续性被标量化函数 $x \mapsto \langle y^*, f(x) \rangle$ ($\forall y^* \in \varTheta^+$) 所代替, 则其结论成立. 当 $f: X \to Y$ 是一个连续 $\varTheta$-凸映射时, 这种情况总是成立. 将此结果与 [391] 中关于自反 Banach 空间 $X$ 的相应结果进行比较.

**练习 8.106** (锥约束和无穷非凸不等式系统的覆盖与 Lipschitz 稳定性)

(i) 对锥约束系统的覆盖和类 Lipschitz 性质, 建立定理 8.53 和定理 8.54 的相应结果.

(ii) 对于 8.3.5 小节所考虑的无穷参数不等式系统的覆盖和类 Lipschitz 性质, 建立定理 8.59 的相应结果.

**练习 8.107** (无穷维空间中非凸锥约束和无穷不等式系统的适定性性质)

(i) 当域/参数空间 $X$ 为 Asplund 时, 定理 8.53 的公式和证明是否需要进行任何更改?

(ii) 将定理 8.54 推广到具有 Asplund 域空间的锥系统.

(iii) 建立具有 Asplund 像空间和 Banach 域空间的锥约束系统的类 Lipschitz 性质的定理 8.54 的相应结果.

(iv) 应用 (ii) 和 (iii) 的结果, 推出定理 8.59 对于无穷非凸不等式系统的相应结果.

**练习 8.108** (与刻画线性凸不等式系统的适定性性质进行比较)　针对线性凸无穷不等式系统的情况, 给出 8.3.5 小节和上述练习中得到的关于适定性结果的详细说明, 然后将其与在 7.1 节和 7.3 节中建立的结果进行比较.

**练习 8.109** (无穷维空间中非凸和非光滑 SIPs 的最优性条件)　将定理 8.56 和推论 8.57 中必要最优性条件推广到具有 Asplund 决策空间的 SIPs.

**练习 8.110** (Lipschitz SIPs 的必要最优条件的比较)　在无几何约束的情况下, 考虑有限维空间中具有 Lipschitz 费用函数和一致 Lipschitz 不等式约束函数的 SIPs, 分别阐述 8.2.3 小节和 8.3.5 小节中获得的上述 SIPs 的必要最优性条件之间的关系.

**练习 8.111** (凸集的 CHIP 版本)　设 $\{\Omega_i\}_{i\in\mathbb{N}}$ 是一个可数凸集系统且具有公共点 $\bar{x}$.

(i) 证明该系统的 CHIP 可等价表示为 (8.117).

(ii) 举例说明即使对于有限多个凸集, CHIP 也并不蕴含着 $\bar{x}$ 处的强 CHIP.

提示: 将其与 [69, 255] 进行比较.

(iii) 命题 8.61 对任意 (不仅是可数) 集合之交是否成立?

**练习 8.112** (凸集的完全对偶性)　验证对于凸集, 完全对偶性 (8.119) 满足.

**练习 8.113** (凸集系统 CHIP 的失效)　构造 $\mathbb{R}^2$ 中包含有限多个以及可数多个集合但 CHIP 不成立的凸集系统的例子.

**练习 8.114** (到相依方向的距离)　证明 (8.125) 中的表示.

提示: 将其与 [686, 练习 4.8] 及其中的提示进行比较.

**练习 8.115** (基于 Farkas 引理的可数线性不等式系统的 CHIP)　在推广到可数线性不等式的经典 Farkas 引理的基础上, 给出推论 8.68 的另一个证明.

**练习 8.116** (可数系统的法向闭性与 Farkas-Minkowski 性质的比较)　建立法向闭性条件 (8.130) 和有限维与无穷维中无穷线性、凸且可微的系统 (见 7.2 节、7.5 节和 8.1 节) 的 Farkas-Minkowski 性质之间的关系. 无穷维中 (8.130) 的闭包运算理解为 $X^*$ 的弱* 拓扑.

**练习 8.117** (可数锥之交的正则法锥的内部)　在引理 8.74 的设置中, 推出 $\widehat{N}\big(0;\bigcap_{i=1}^{\infty}\Lambda_i\big)$ 的内部的一个上估计.

提示: 使用定理 8.73.

**练习 8.118** (具有可数算子约束的 SIPs 的必要条件)　考虑具有可数算子约束的 SIP

$$\text{minimize}\ \ \varphi(x)\ \text{ s.t. }\ x\in f^{-1}(\Theta_i)\,,\quad i\in\mathbb{N},$$

其中 $\varphi\colon X\to\overline{\mathbb{R}}$, $\Theta_i\subset Y$ $(\forall i\in\mathbb{N})$, 且 $f\colon X\to Y$ 在 $\bar{x}$ 处是严格可微的并具有满射导数. 根据给定数据, 推出该问题的上次微分和下次微分最优性条件.

提示: 使用练习 1.54(ii) 中逆像的法锥表示以及 [686, 练习 6.7] 中相依锥的表示, 同时将后者推广到严格可微映射的情况.

**练习 8.119** (具有可数 l.s.c. 不等式约束 SIPs 的必要条件)　建立推论 8.80 到具有 l.s.c. 约束函数 $\varphi_i$ 的 SIP (8.154) 的推广.

提示: 类似推论 8.80 的证明, 使用练习 2.51 中关于 l.s.c. 函数的分析结果.

**练习 8.120** (可数凸不等式的 Farkas-Minkowski 性质和局部 Farkas-Minkowski 性质之间的关系)　证明 FMCQ⇒LFM 并说明反向蕴含关系不成立.

**练习 8.121** (有限凸不等式系统的 SCQ 和 CHIP 之间的关系)　考虑凸不等式系统

$$\Omega_i := \big\{ x \in X \,\big|\, \varphi_i(x) \leqslant 0 \big\}, \quad i = 1, \cdots, m,$$

其中, 所有函数 $\varphi_i: I\!\!R^n \to \overline{I\!\!R}$ 都是凸的.

(i) 验证如果函数 $\varphi_i$ 在 $\bar{x}$ 周围是光滑的, 则有 SCQ $\Rightarrow$ CHIP. 它在无穷维中成立吗?

(ii) 对于非光滑凸函数, (i) 的相应结果成立吗?

# 8.6　第 8 章评注

**8.1 节**　本节基于作者与 Nghia 的合作论文 [556], 该论文致力于由非凸可微函数通过等式和不等式描述的无穷约束系统的变分分析. [556] 的主要重点是在任意指标集上获得这种无穷集合之交的精确法锥表示. 这是在新的约束规范下完成的, 随后应用于推导具有非凸无穷约束和一般非光滑费用函数的 SIPs 的必要最优性条件. 注意, 我们的固定假设中无穷函数族 $\varphi_t$ 在参考点处的一致严格可微性, 是作为有限多个函数的严格可微性的自然推广在 [556] 中引入的. 它比由 Seidman [694] 定义的具有紧指标集 SIPs 的梯度 $\nabla \varphi_t(x)$ 的等度连续性更为一般; 有关更多讨论参见 [556].

从半无穷规划的最开始, 传统的 SIPs 便关注紧指标集上的无穷系统, 其不等式约束函数对指标变量具有连续依赖性. 这类非凸可微问题的主要约束规范由 Jongen, Twilt 和 Weber [397] 以定义 8.2 中的 EMFCQ 引入. 此后该条件已在许多文献中广泛应用于研究具有紧指标集的 SIPs 的各种问题 (包括 KKT 型必要最优条件); 参见, 例如, [97, 158, 397, 399, 421, 423, 482, 694, 696]. 如例 8.3 所示, 即使对于具有可数多个不等式约束的简单二维 SIPs, 在 EMFCQ 有效性下, KKT 必要最优性条件也不成立.

对于具有任意指标集的一般可微的 SIPs, 我们在 [556] 中提出了相应于 SIP 的 MFCQ 的一个更合适的概念, 在定义 8.4 中标记为 PMFCQ. 对于凸 SIPs, 这种新的约束规范等价于第 7 章中使用的强 Slater 条件, 而在 8.1 节的一般设置中, 引入的 PMFCQ 对于为所考虑无穷约束集建立期望的法锥表示是至关重要的. 文献 [556] 在 PMFCQ 与定义 8.8 中的闭型条件 NFMCQ 相结合时获得了最好的法锥表示. 对于具有无界梯度的不等式约束函数的系统, 推论 8.15 受到 Seidman [694] 相应结果的启发. 8.1.3 小节中提出的 SIPs 的必要最优性条件是

在 [556] 中从获得的无穷约束集的法锥表示和变分分析中的次微分和法则推导出来的.

在总结有关 8.1 节中结果的评论时, 我们提及 [377] 中关于使用初步凸化并将相应的条件应用于凸 SIPs , 以获得更简单的必要最优性条件 (最初在 [556] 中获得) 的可能性的断言. [377, p. 428] 类似于 [376] 错误地使用了 Sion 极大极小定理 (见 7.7 节), 除此之外, [377] 的方法从总体上来说似乎并不比我们在 [556] 中通过建立有着其自身意义的法锥分析法则来推导 SIPs 的必要最优性条件更为容易. 实际上, [377] 中的约化是基于 López 和 Volle [483] 关于最大值函数次微分的非平凡公式以及 [377, 引理 19.29] 中给出的相当复杂的结果.

**8.2 节**　本节致力于为具有无穷多个不等式约束 $\varphi_t(x) \leqslant 0$, $t \in T$, 且通常具有任意指标集 $T$ 的 SIPs 建立另一种方法. 这样的约束可以等价地简化为由上确界函数 $\psi(x)$ 给出的单个约束

$$\psi(x) := \sup \{ \varphi_i(x) \big| t \in T \} \leqslant 0, \tag{8.164}$$

该函数本质上是非光滑的, 即使当所有 $\varphi_t$ 都可微时也如此. 在本节中, 我们遵循作者与 Nghia 的合作论文 [557], 考虑函数 $\varphi_t$ 是局部 Lipschitz 的情况. 由凸 (或局部凸; 特别是光滑) 函数 $\varphi_t$ 生成的上确界函数 (8.164) 的次微分性质的研究一直是非光滑分析的一个老话题; 参见, 例如, [205, 236, 334, 355, 381, 483, 736, 765] 及其参考文献. 凸分析的确切次微分公式

$$\partial\psi(\bar{x}) = \mathrm{cl}^*\mathrm{co}\left[\cup\left\{\partial\varphi_t(\bar{x})\big| t \in T(\bar{x})\right\}\right], \quad T(\bar{x}) := \{t \in T \big| \varphi_t(\bar{x}) = \psi(\bar{x})\} \tag{8.165}$$

由 Ioffe 和 Tikhomirov [381, 定理 4.2.3] 建立, 前提是 $T$ 为 Hausdorff 紧的, 对每个 $x$ 映射 $t \mapsto \varphi_t(x)$ 是上半连续的, 并且函数 $\varphi_t$ 在 $\bar{x}$ 处是连续的.

通过使用首先由 Valadier [736] 引入的活跃指标集的扰动

$$T_\varepsilon(\bar{x}) := \{t \in T \big| \varphi_t(\bar{x}) \geqslant \psi(\bar{x}) - \varepsilon\}, \quad \varepsilon \geqslant 0,$$

在没有对 $T$ 的拓扑结构和 $\varphi_t$ 关于 $t$ 的行为施加任何假设的情况下, 得出 (8.165) 对于凸函数的几个包含和等式形式的相应结果. 据我们所知, 此方向上最强有力的结果由 Hantoute, López 和 Zălinescu [334] 以及 López 和 Volle [483] 通过凸分析中函数 $\varphi_t$ 在 $\bar{x}$ 处的 $\varepsilon$-次微分得出, 而对 $\varphi_t(\cdot)$ 没有半连续性要求. [483] 中甚至没有假设函数 $\varphi_t(\cdot)$ 为凸的, 但是通过论文 [334, 483] 中提出的双共轭函数, 这种情况实际上在松弛假设

$$\psi^{**}(x) = \sup_{t \in T} \psi_t^{**}(x)$$

下被简化为凸的.

如果函数 $\varphi_t$ 在 $\bar{x}$ 周围是一致 Lipschitz 的, 则在关于 $t \mapsto \varphi_t(x)$ 的 u.s.c. 假设下, 通过将其简化为 (8.165) 的凸情形, Clarke [166, 定理 2.8.2] 得出上确界函数 $\psi$ 在可度量紧空间 $T$ 上的广义梯度的包含

$$\overline{\partial}\psi(\bar{x}) \subset \mathrm{cl}^*\mathrm{co}\left[ \cup \left\{\overline{\partial}^{[T]}\varphi_t(\bar{x})\middle|\, t \in T(\bar{x})\right\}\right]. \qquad (8.166)$$

(8.166) 中的增广次微分构造 $\overline{\partial}^{[T]}\varphi_t(\bar{x})$ 在 [166] 中定义如下

$$\overline{\partial}^{[T]}\varphi_t(\bar{x}) := \mathrm{cl}^*\mathrm{co}\left\{x^* \in X^*\middle|\, \text{存在 } t_k \overset{T_\varepsilon(\bar{x})}{\to} t,\ x_k \to \bar{x},\ \text{且 } x_k^* \in \overline{\partial}\varphi_{t_k}(x_k)\right.$$
$$\left. \text{使得 } x^* \text{ 是 } x_k^* \text{ 的一个弱}^* \text{ 聚点}\right\}.$$

上估计 (8.166) 被广泛应用于紧指标/连续时间集上的 SIP、控制论等各种问题; 参见, 例如, [166, 787, 792] 及其参考文献. 我们的论文 [557] 在对 $T$ 没有拓扑要求 (实际上对任意指标集) 下给出了计算 $\partial\psi(\bar{x})$ 的第一个结果; 参见, 特别地, 练习 8.96 和练习 8.97. 练习 8.96(iii) 中使用的次光滑概念及其修正在文献中已有大量研究; 参见 [40, 530, 536, 616, 681, 784, 787] 等其他出版物. [557] 中获得的紧指标集上此类函数的最大值的广义梯度的计算加强了 [787] 中建立的结果.

在 [557] 和 8.2 节中, 主要重点是在任意指标集的情况下, 通过 $\varphi_t$ 的次梯度并考虑其非凸性, 计算上确界函数 (8.164) 的基本次微分 $\partial\psi(\bar{x})$. 引理 8.27 中关于正则次微分的模糊上估计的初步而重要的技术性结果的证明遵循了 Borwein 和 Zhu [114] 提出的基于优化技术的模糊分析法则的方法. 上确界函数的基本次微分的最有效估计是为新的相当广泛的一类等度连续次可微函数建立的, 这类函数作为 [556] 中无穷系统的一致严格可微性的非光滑推广在 [557] 中被引入. 然后, 在适当的 8.2.3 小节中定义的广义 PMFCQ 和 NFMCQ 类型的约束条件下, 应用所得的关于计算次微分构造 $\partial\psi(\bar{x})$ 和 $\overline{\partial}\psi(\bar{x})$ 的结果推导 Lipschitz SIPs 的各种形式的必要最优性条件. 还需注意的是, 文献 [408, 409, 787] 在有限维空间 $X$ 和紧集 $T$ 情况下, 根据 [408, 787] 中的广义梯度和 [409] 中的基本次梯度, 使用其他约束条件来推导出了 Lipschitz SIPs 的一些最优性条件.

上确界边际函数类 (8.161) 是作者与 Li, Nghia 和 Pham [473] 共同提出并研究的, 从 (下) 广义微分的角度看, 比第 4 章中研究的标准 (下确界) 边际函数和 8.2 节中考虑的 SIP 型上确界函数 (8.164) 更为复杂. 除了上确界运算, 主要的挑战来自于 (8.161) 中最大化下的变量约束集 $G(x)$. 练习 8.101 在新的边际 MFCQ (MMFCQ) 下给出了 [473, 定理 3.7] 中获得的基本次微分的计算. 除其他因素外, 该结果的证明还依赖于取自 Jongen, Rückmann 和 Stein 的论文 [399] 中的所谓广义 SIPs 的必要的最优性条件. (8.161) 的次微分公式的推导源于文献 [473], 其

动机来自于半代数几何的经典 Lojasiewicz 梯度不等式 [480] 的次梯度扩展及其
在参数多项式系统的误差界、高阶稳定性分析和各种算法的显式收敛速度中的后
续应用. 然而, 这一结果的其他潜在应用范围更广; 参见 8.5 节的评注.

**8.3 节**　本节基于另一篇与 Nghia 合作的论文 [560], 该论文致力于解决包含
一类带有无穷多个不等式和几何约束的 Lipschitz SIPs 的无穷维空间中的锥规划
(或锥约束优化) 问题. 从最优化理论的角度来看, 此类问题非常重要且具有挑战
性, 并且受到多种实际应用 (包括运筹学、工程和财务管理、系统控制、最佳逼近、
投资组合优化等) 的推动. 锥约束优化中最显著的特殊类是半定规划、二阶锥规
划和双正规划; 有关更多细节、讨论和各种应用, 参见 [12, 96, 97, 129, 210, 211, 501,
563, 568, 569, 632, 634, 696, 708, 738, 746, 755, 774, 793, 794] 及其参考文献.

注意, 有关锥规划的绝大多数出版物都涉及 (8.64) 中基本凸锥 $\Theta$ 为有限维的
设置. 我们在 [560] 中对 SIPs 的应用并非如此, 其中 $\Theta$ 是 Banach(除非 $T$ 是有
限集, 否则为非 Asplund) 空间 $\mathcal{C}(T)$ 和 $l^{\infty}(T)$ 中的正锥, 其独立于决策空间 $X$
的维数以及指标集 $T$ 的紧性或非紧性. 这一点在 [560] 中建立的锥规划理论中得
到了考虑, 并在 8.3 节中再现, 且随后应用于具有任意指标集 $T$ 的 Lipschitz SIPs
(8.108). 在这个理论中, 我们讨论了 (8.64) 中 $Y$ 的一般 Banach 空间设置, 不仅
研究了锥规划和 SIPs 的各种必要最优性条件, 而且还研究了标量化上确界函数
(8.66) 的次微分和一般锥约束系统的度量正则性, 以及 SIPs 中无穷不等式约束情
况下后者的实现.

注意, 锥约束问题的模糊必要最优性条件是在没有约束规范的情况下以标准/
KKT 形式导出的. 即使对于非线性规划, 它们似乎也是新的, 因为以前的结果对
于光滑 Lipschitz 问题只产生 Fritz John 型条件; 参见, 例如, [112, 530, 594, 618].
正如 Nghia [621] 所观察到的, 推论 8.52 中函数 $\varphi_i$ 的局部 Lipschitz 连续性在
$i = 0, \cdots, m$ 时可放宽至其下半连续性, 在 $i = m + 1, \cdots, m + r$ 时可放宽至其
连续性. 还要注意的是, 所获得的模糊最优性条件产生了所谓的序列最优性条件,
如 [391, 716] 中所述, 这种条件对于特殊类型的优化问题是已知的.

为了导出锥约束系统度量正则性的点基必要最优性条件和点基准则, 我们通
过在对偶空间中使用不同类型收敛性, 对在有序 Banach 空间中取值的映射的
极限 $\Theta$-上导数作了一些修正 [560]. 它们也可用于其他应用; 特别是多目标优化和
经济建模 (参见第 9 章和第 10 章). 如上所述, 定义 8.43 中使用的极限 $\Theta$-上导数
构造是基本类型. 它们的混合对应构造可作类似的定义; 见练习 8.102.

观察到推论 8.57 中关于具有紧指标集的 SIPs 的结果显著地改进了 Zheng 和
Yang [792] 先前关于相同模型的结果, 该结果在更强的规范条件下以较弱的形式
通过完全不同的方法获得. 推论 8.57 和 [792] 的相应结果之间的主要区别在于,
后者在规范条件和最优性条件的公式中采用了 [792] 中定义的所谓的 "Clarke 上

图-上导数", 该导数总是比我们在推论 8.57 中使用的基本序列极限上导数更大 (通常要大得多). 特别是, 例 8.58 中 [792] 的规范条件不成立, 而推论 8.57 的结果成立, 并证实了参考可行解的最优性.

**8.4 节** 本章最后一节基于作者与 Phan [575, 576] 的合作论文, 主要研究可数集之交的广义法向量的计算及其在具有可数多个集合约束和由 l.s.c. 函数描述的不等式约束的 SIPs 的必要最优性条件中的应用. 我们研究的主要机制依赖于 2.2 节中给出的可数集合系统 [575] 的锥极点原理和相依极点原理. 注意, 可数约束系统的研究比具有紧指标集约束系统的研究要少得多, 因为紧指标集系统实际上与具有任意指标集的约束系统具有相同的难度. 然而, 本节给出的方法和结果本质上利用了约束的可数结构.

首先, 我们遵循 [576] 讨论 CHIP 和强 CHIP 概念 (术语取自 [157]), 这些概念主要针对凸集进行研究; 参见, 例如, [69, 132, 157, 206, 255, 470]. 注意到有限多个凸集的强 CHIP 概念假设了经典的 Moreau-Rockafellar 定理关于集合之交的法锥表示 [675] 的结论. 我们在此方向上的主要注意力转向有限维中凸集与非凸集的可数交, 并且还关注渐近强 CHIP 的新性质, 对于凸集它恰好与强 CHIP 等价, 同时在非凸设置中起着独立作用. 有关线性不等式系统的推论 8.62 简化为 Cánovas 等的结果 [141]. 命题 8.64 及其关于非凸可数集合之交的 CHIP 的推论中使用的有界线性正则性概念是 Bauschke, Borwein 和 Li [69] 针对有限个凸集之交引入和研究的相应性质的推广; 另请参见 [255, 470, 702] 等出版物.

定义 8.69 中的规范条件 (以及定义 8.79 中的相关条件) 和定理 8.75 中可数集合之交的法锥公式首次出现在 [576] 中, 而 8.4.2 小节的其他材料取自 [575]. 这些结果对于 8.4.3 小节中基于 [576] 提出的具有可数集合和不等式约束的 SIPs 的必要最优性条件的应用至关重要. 注意, 对于 (8.154) 中的凸不等式系统, CHIP 和 SCC (8.156) 都是由定义 8.81 中遵循 [300, 301] 的局部 Farkas-Minkowski 性质所隐含的. 有关凸不等式系统的常规规范条件的详细研究, 请读者参考 [264]. 有关命题 8.82 中给出的可数凸系统的规范条件和最优性条件与第 7 章中建立的相应条件之间的关系, 在例 8.84 的各种设置中进行了说明.

让我们最后在这里的评论中提及 Movahedian [603] 的最新结果, 该结果涉及由 Asplund 空间上 Lipschitz 函数描述的具有可数等式约束的 SIPs, 其中的必要最优性条件是在新的边界 MFCQ 下以点基 KKT 形式导出的. 后一种约束规范的主要作用是证明所需上导数分析法则的有效性和相应集值映射的平静性质.

**8.5 节** 类似于本书的前面几章, 本节包含了关于第 8 章中不同难度的材料的各种练习. 其中一些可以基于给定的基本结果和证明, 通过澄清其中的结构和事实来实现, 而另一些则需要使用给出的提示和参考来进行大量的额外工作.

8.5 节中还包含一些具有挑战性的问题. 首先我们提到了 (8.161) 中定义的

上确界边际函数类的进一步发展和应用. 这类函数出现在变分分析、优化、控制等许多领域. 特别是, 它们描述了具有依赖于状态变量的控制集的控制系统的 Hamilton 函数, 这出现在例如反馈控制中, 在工程设计、力学、经济学等领域有着广泛的应用. 这些函数的点基次微分为这些及相关领域应用的进一步实现带来了很多信息. 除此之外, 上确界边际函数的下次微分本质上比下确界边际函数 (4.1) 更具挑战性, 它以第 6 章讨论的值函数方法为双层规划中的乐观和悲观模型的分析提供了有效的工具.

　　另一个有望进一步推广和应用的领域是为单值和集值有序映射的基本和混合极限 $\Theta$-上导数建立全面的分析法则; 参见练习 8.102—练习 8.104. 这对于 8.3 节中讨论的主题, 以及第 9 章和第 10 章考虑的多目标优化问题中都具有很大的应用潜力. 此外, 所考虑特定约束问题涉及的 $\Theta$-上导数构造的有效计算对于稳定性和优化的理论和数值方面都是一个具有挑战性的问题.

# 第 9 章  集合优化中的变分分析

我们在本章开始研究集合优化问题和多目标优化的相关问题, 其最优解在相对于广义偏好关系 (广义序) 的各种 Pareto-类型意义下理解. 我们的研究同样适用于集值目标和单值目标 (后一类问题通常被认为属于向量优化) 的情况, 方法是将它们归结为集合的极小/有效点, 并采用变分分析的几何思想. 注意, 集合和集值优化领域相对较新, 它们的发展受到应用的强大推动. 最后的第 10 章介绍了一些在经济学中的应用, 其中目标的集值性是至关重要的.

本章致力于一般集合和集值优化问题的表述, 并运用强大的变分分析与广义微分技巧对其进行研究. 我们发展了集值映射的变分原理, 然后将其与上面所介绍的广义微分工具和分析法则相结合, 用于建立多目标最优/有效解的存在性定理, 并推导出无约束和有约束框架下的必要最优性条件. 我们处理这些问题的方法不同于传统的向量和集值优化的方法. 它主要利用了基于极点原理及其相关发展的几何对偶空间技巧, 而不使用任何标量化、切向逼近等类似方法. 为了强调对偶空间的思想, 并考虑到各种应用, 我们将在这一章和下一章中讨论无穷维度的情况. 除非另有说明, 所有空间均假设为 Banach 空间.

## 9.1  由锥诱导的极小点和次微分

我们首先考虑关于由凸锥诱导的偏好关系 (序) 的集合极小点的一些概念, 然后利用它们来定义多目标优化问题的最优解.

### 9.1.1  集合的极小点

设 $\Theta \subset Z$ 是空间 $Z$ 的一个闭凸锥. 通过此锥, 我们定义 $Z$ 上的一个偏好 (序) $\preceq$:

$$z_1 \preceq z_2 \Leftrightarrow z_2 - z_1 \in \Theta, \tag{9.1}$$

为简单起见省略 $\preceq$ 对 $\Theta$ 的依赖关系.

我们首先回顾由锥生成的 (9.1) 型偏好定义的偏序线性拓扑空间中, 集合的 Pareto 型极小/有效点和弱极小/弱有效点的标准概念.

**定义 9.1** (集合的 Pareto 极小和弱极小点)  给定 $\Xi \subset Z$ 和由锥 $\Theta$ 生成的偏好 (序) $\preceq$ (9.1), 我们称:

(i) 点 $\bar{z} \in \Xi$ 对于 $\Xi$ 是 Pareto 极小的, 如果

$$(\bar{z} - \Theta) \cap \Xi = \{\bar{z}\}. \tag{9.2}$$

(ii) 点 $\bar{z} \in \Xi$ 对于 $\Xi$ 是弱 Pareto 极小的, 如果

$$(\bar{z} - \operatorname{int} \Theta) \cap \Xi = \varnothing, \quad \operatorname{int} \Theta \neq \varnothing. \tag{9.3}$$

注意, 极小性质 (9.2) 在形式上与通过下式给出的集合的极小点的常规定义不同

$$(\bar{z} - \Theta) \cap \Xi \subset \bar{z} + \Theta, \tag{9.4}$$

而当序锥 $\Theta$ 是尖的时, (9.2) 和 (9.4) 的概念显然等价, 即 $\Theta \cap (-\Theta) = \{0\}$. 实际上, 即使在非尖锥 $\Theta$ 的情况下, 通过考虑其中尖序锥

$$\widetilde{\Theta} := (\Theta \cap (Z \setminus (-\Theta))) \cup \{0\}$$

可以将传统结构 (9.4) 简化为 (9.2). 事实上, 容易验证 $\Xi$ 在 (9.4) 意义下相对于 $\Theta$ 的极小点集合与 $\Xi$ 在 (9.2) 意义下相对于尖锥 $\widetilde{\Theta}$ 的极小点集合是相同的. 我们倾向于在尖和非尖情况下都使用极小点定义 (9.2), 因为它使我们能够将 (见下文)Pareto 极小性和相关概念简化为第 2 章中变分分析的基本意义下集合的极点性质.

弱极小点 (9.3) 的一个明显缺点是要求序锥 $\Theta$ 有非空内部, 这从优化理论和应用的角度来看都是一个严重的限制. 特别地, 有限维和无穷维框架中的各种向量优化问题均可以通过使用具有空的内部的凸序锥来进行表述. 在这种类型的设置中, 相应的序锥的恰当的相对内点的使用似乎是合理的, 当然, 前提是这样的点存在.

回顾 $\Theta \subset Z$ 的标拟相对内部, 记为 ri$\Theta$, 是 $\Theta$ 相对于 $\Theta$ 的闭仿射包的内部. 众所周知, 对于有限维上的每个非空凸集 $\Theta$, 有 ri$\Theta \neq \varnothing$. 但是, 在许多无穷维设置中情况并非如此. 特别是, 在标准的 Lebesgue 序列空间 $l^p$ 和函数空间 $L^p[0,1] (1 \leqslant p < \infty)$ 以及许多其他经典无穷维空间中, 自然序锥具有空的相对内部.

为了改善这种情况, 考虑以下对无穷维集合的相对内部概念的扩展.

**定义 9.2** (凸集的拟相对内部和内在相对内部)  设 $\Theta \subset Z$ 是一个凸集. 则:

(i) $\Theta$ 的拟相对内部, 记为 qri$\Theta$, 是使得位移集合 $\Theta - z$ 的闭锥包 cl cone $(\Theta - z)$ 为 $Z$ 的线性子空间的 $z \in \Theta$ 的集合.

(ii) $\Theta$ 的内在相对内部, 记为 iri$\Theta$, 是使得位移集合 $\Theta - z$ 的锥包 cone $(\Theta - z)$ 为 $Z$ 的线性子空间的 $z \in \Theta$ 的集合.

请注意, 与 $\mathrm{ri}\,\Theta$ 和 $\mathrm{qri}\,\Theta$ 相比, $\mathrm{iri}\,\Theta$ 的定义是纯代数的, 不涉及任何拓扑. 显然

$$\mathrm{ri}\,\Theta \subset \mathrm{iri}\,\Theta \subset \mathrm{qri}\,\Theta, \tag{9.5}$$

其中如果 $\mathrm{ri}\,\Theta \neq \varnothing$, 则两个包含相等; 特别是当 $Z$ 是有限维的时. 练习 9.24 列出了与这些概念相关的一些性质; 也可参见 9.6 节中相应的注释. 拟相对内部的一个确实显著的性质是对于可分 Banach 空间的任意闭凸子集有 $\mathrm{qri}\,\Theta \neq \varnothing$.

在 (9.1) 中的序锥 $\Theta$ 的情况下, 利用上述相对内部概念, 我们介绍介于定义 9.1 中 Pareto 和弱 Pareto 极小/有效点之间的集合的相对极小点的相应概念.

**定义 9.3** (集合的相对极小点) 设集合 $\Xi$ 是由闭凸锥 $\{0\} \neq \Theta \subset Z$ 定义偏序 (如 (9.1) 所示) 线性拓扑空间 $Z$ 的一个非空子集. 我们称:

(i) $\bar{z} \in \Xi$ 是 $\Xi$ 的 (主要) 相对极小点, 如果

$$(\bar{z} - \mathrm{ri}\,\Theta) \cap \Xi = \varnothing, \quad \mathrm{ri}\,\Theta \neq \varnothing.$$

(ii) $\bar{z} \in \Xi$ 是 $\Xi$ 的一个内在相对极小点, 如果

$$(\bar{z} - \mathrm{iri}\,\Theta) \cap \Xi = \varnothing, \quad \mathrm{iri}\,\Theta \neq \varnothing.$$

(iii) $\bar{z} \in \Xi$ 是 $\Xi$ 的一个拟相对极小点, 如果

$$(\bar{z} - \mathrm{qri}\,\Theta) \cap \Xi = \varnothing, \quad \mathrm{qri}\,\Theta \neq \varnothing.$$

根据练习 9.24(iii), 如果集合 $\Xi$ 有相对极小点, 则上述所有相对极小概念都一致. 当限制性假设 $\mathrm{int}\,\Theta \neq \varnothing$ 满足时, 所有这些概念显然都简化为弱有效性. 一般来说, 任意 $\Xi$ 的拟相对极小点都是这个集合的内在极小点 (但反之未必), 而后者的存在并不意味着 $\Xi$ 的主要相对极小点的存在, 因此也不意味着这个集合的弱有效点的存在; 见练习 9.25.

### 9.1.2 映射的极小点和次微分

下面考虑在由闭凸锥 $\Theta \subset Z$ 定义的偏序线性拓扑空间中取值的集值映射 $F: X \rightrightarrows Z$. 在定义 9.1 和定义 9.2 的意义下, 我们定义了由像集 $F(X) := \bigcup_{x \in X} F(x)$ 的极小点生成的像空间 $Z$ 上的序锥所诱导的极小点概念.

**定义 9.4** (集值映射的全局极小点) 通过锥 $\Theta$ 给出一个有序的集值映射 $F: X \rightrightarrows Z$, 并给定 $(\bar{x}, \bar{z}) \in \mathrm{gph}\,F$, 我们称:

(i) $(\bar{x}, \bar{z})$ 是映射 $F$ 的 (Pareto) 极小点, 如果

$$(\bar{z} - \Theta) \cap F(X) = \{\bar{z}\}.$$

(ii) $(\bar{x}, \bar{z})$ 是 $F$ 的弱极小点, 如果

$$\left(\bar{z} - \operatorname{int}\Theta\right) \cap F(X) = \varnothing, \quad \operatorname{int}\Theta \neq \varnothing.$$

(iii) $(\bar{x}, \bar{z})$ 是 $F$ 的 (主要) 相对极小点, 如果

$$\left(\bar{z} - \operatorname{ri}\Theta\right) \cap F(X) = \varnothing, \quad \operatorname{ri}\Theta \neq \varnothing.$$

(iv) $(\bar{x}, \bar{z})$ 是 $F$ 的内在相对极小点, 如果

$$\left(\bar{z} - \operatorname{iri}\Theta\right) \cap F(X) = \varnothing, \quad \operatorname{iri}\Theta \neq \varnothing.$$

(v) $(\bar{x}, \bar{z})$ 是 $F$ 的拟相对极小点, 如果

$$\left(\bar{z} - \operatorname{qri}\Theta\right) \cap F(X) = \varnothing, \quad \operatorname{qri}\Theta \neq \varnothing.$$

由于映射 $F$ 对于某些 $x \in X$ 可能取空值, 因此我们实际上对于定义 9.4 中的极小点具有约束 $x \in \operatorname{dom}F$. 另一方面, $x \in \Omega$ 类型的显式约束及其具体形式可以通过令 $x \notin \Omega(F(x) := \varnothing)$ 简化为无约束集值映射的最小化. 如果定义 9.4 中的映射 $F$ 是单值的 $F = f\colon X \to Z$, 则其中存在唯一的选择 $\bar{z} = f(\bar{x})$, 因此我们在谈到相应的极小点 $\bar{x}$ 时要牢记上面列出的所有性质 (i)—(v) 中的序对 $(\bar{x}, f(\bar{x}))$.

**例 9.5** (全局 Pareto 和弱 Pareto 极小点)　考虑下面的图 9.1, 阐述全局 Pareto 和弱 Pareto 极小点之间的差别. 本例涉及在某个非空子集 $X \subset \mathbb{R}^2$ 上定义且具有由锥 $\Theta = \mathbb{R}_+^2$ 定义的有序值域空间 $Z = \mathbb{R}^2$ 的映射 $F\colon X \rightrightarrows \mathbb{R}^2$ 的最小化. 像集 $F(X)$ 边界中的红色部分描述了 $F(X)$ 的全局 Pareto 点, 而黄色部分表示该集合的弱 Pareto 点, 而非 Pareto 点.

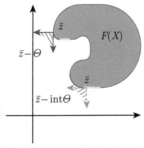

图 9.1　具有 $\Theta = \mathbb{R}_+^2$ 的 $F(X)$ 的 Pareto 和弱 Pareto 极小点

定义 9.4 中所有 Pareto 型全局最优性概念的相应局部版本的表述与上面类似, 通过将整个空间的像 $F(X)$ 替换为问题中的局部极小点 $(\bar{x}, \bar{z})$ 的域分量 $\bar{x}$ 的

邻域 $U \subset X$ 的像. 下面的图 9.2 说明了在与例 9.5 相同的设置下, 全局和局部 Pareto 极小化之间的差别.

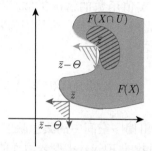

图 9.2 具有 $\Theta = I\!R^2_+$ 的 $F(X)$ 的全局 Pareto 和局部 Pareto 极小点

为了进一步研究在偏序空间中取值的集值映射 $F: X \rightrightarrows Z$ 的变分性质及其优化问题, 我们需要对这类映射引入关于序锥 $\Theta \subset Z$ 的一些符号和次微分概念. 除了上面提到对 $\Theta$ 的闭性和凸性要求外, 下面假设 $\Theta$ 是正常的, 即 $\Theta \neq \varnothing$ 且 $\Theta \neq Z$. 我们将 $F$ 和 $\Theta$ 与上图

$$\mathrm{epi}_\Theta F := \big\{ (x, z) \in X \times Z \,\big|\, z \in F(x) + \Theta \big\}$$

和相应的上图多值映射 $\mathcal{E}_{F,\Theta}: X \rightrightarrows Z$

$$\mathcal{E}_{F,\Theta}(x) := \big\{ z \in Z \,\big|\, z \in F(x) + \Theta \big\}, \quad \text{其中 } \mathrm{gph}\,\mathcal{E}_{F,\Theta} = \mathrm{epi}_\Theta F$$

关联起来. 现在我们使用上图多值映射的上导数, 定义次微分从增广实值函数到偏序空间中的向量值映射和集值映射的适当扩展.

**定义 9.6** (有序多值映射的次微分) 给定 $F: X \rightrightarrows Z$, 且 $Z$ 按 $\Theta$ 排序, 定义如下:

(i) $F$ 在 $(\bar{x}, \bar{z}) \in \mathrm{epi}_\Theta F$ 处的正则次微分为

$$\widehat{\partial}_\Theta F(\bar{x}, \bar{z}) := \big\{ x^* \in X^* \,\big|\, x^* \in \widehat{D}^* \mathcal{E}_{F,\Theta}(\bar{x}, \bar{z})(z^*),\ -z^* \in N(0; \Theta),\ \|z^*\| = 1 \big\},$$

其中 $\widehat{D}^*$ 代表正则上导数/预上导数 (1.16).

(ii) $F$ 在 $(\bar{x}, \bar{z}) \in \mathrm{epi}_\Theta F$ 处的基本次微分为

$$\partial_\Theta F(\bar{x}, \bar{z}) := \big\{ x^* \in X^* \,\big|\, x^* \in D^* \mathcal{E}_{F,\Theta}(\bar{x}, \bar{z})(z^*),\ -z^* \in N(0; \Theta),\ \|z^*\| = 1 \big\},$$

其中 $D^*$ 代表定义 1.11 中的 (基本) 上导数; 见 (7.2).

注意, 定义 9.6 的构造中的值域条件 $-z^* \in N(0; \Theta)$ 不是一个限制; 事实上, 它可从每个包含 $x^* \in \widehat{D}^* \mathcal{E}_{F,\Theta}(\bar{x}, \bar{z})(z^*)$ 和 $x^* \in \widehat{D}^* \mathcal{E}_{F,\Theta}(\bar{x}, \bar{z})(z^*)$ 中自动得出. 给

出这个条件只是为了揭示 $z^*$ 的可能取值范围. 特别地, 对于实数轴上的普通序 $\Theta = I\!R_+$, 我们有 $z^* = 1$.

需要强调的是, 与增广实值函数的情况类似, 有序集值映射的基本次微分 $\partial_\Theta F(\bar{x}, \bar{z})$ 享有点基形式的完整分析法则, 这是因为我们的基本上导数 $D^*$ 具有详尽的分析法则; 见练习 9.27.

## 9.2 有序映射的变分原理

本节的主要目的是推导出偏序空间中的集值映射的两个变分原理. 第一个结果是推论 2.13 中增广实值函数的 Ekeland 变分原理的集值 Banach 空间版本 (见练习 2.38), 而第二个则是定理 2.38 中增广实值函数的 (下) 次微分变分原理的集值 Asplund 空间版本; 见练习 2.39. 这两个结果在本章的进一步发展中都发挥了重要作用.

### 9.2.1 集值映射的极限单调性

给定 Banach 空间之间的映射 $F\colon X \rightrightarrows Z$ 与集合 $\Xi \subset Z$, 记 $\operatorname{Min} \Xi$ 为 $\Xi \subset Z$ 关于 $Z$ 上序锥 $\Theta$ 的 Pareto 极小点 (9.2) 的集合. 这可以等价表述为

$$\operatorname{Min} \Xi = \operatorname{Min}_\Theta \Xi := \big\{ \bar{z} \in \Xi \,\big|\, \bar{z} - z \notin \Theta, \text{ 其中 } z \in \Xi, z \neq \bar{z} \big\}. \tag{9.6}$$

接下来, 我们回顾集值分析和多目标优化中关于序锥 $\Theta \subset Z$ 和映射 $F\colon X \rightrightarrows Z$ 的几个概念和常规术语, 这些概念和术语广泛用于以下内容:

- $\Theta$ 有正规性性质, 如果集合 $(I\!B + \Theta) \cap (I\!B - \Theta)$ 是有界的.
- $F$ 是上图闭的, 如果它的上图在 $X \times Z$ 中是闭的.
- $F$ 是水平闭的, 如果它的 $z$-水平集

$$\mathcal{L}(z) := \big\{ x \in X \,\big|\, \exists v \in F(x) \text{ 和 } v \preceq z \big\} = \big\{ x \in X \,\big|\, F(x) \cap (z - \Theta) \neq \varnothing \big\}$$

在 $X$ 中对所有 $z \in Z$ 是闭的.

- $F$ 是 $\Theta$-拟下有界的 (或简单地拟下有界的), 如果存在有界子集 $M \subset Z$ 满足 $F(X) \subset M + \Theta$. 集合 $\Omega \subset Z$ 是拟下有界的, 如果常值映射 $F(x) \equiv \Omega$ 具有这个性质.
- $F$ 在 $\bar{x}$ 具有支配性质, 如果 $F(\bar{x}) \subset \operatorname{Min} F(\bar{x}) + \Theta$, 即

$$\text{对于每个 } z \in F(\bar{x}) \text{ 有 } v \in \operatorname{Min} F(\bar{x}) \quad \text{和} \quad v \preceq z. \tag{9.7}$$

注意, 这个性质对于单值映射 $F$ 是自动满足的.

我们讨论上述性质之间的关系. 容易看出, 每个上图闭映射都是水平闭的, 但是在集值映射的情况下反之未必如此, 例如对于由 $F(x) := 0$(若 $x \neq 0$) 和 $F(x) := (-1, 1](x = 0)$ 给出的 $F: I\!R \rightrightarrows I\!R$, 练习 9.28 给出了反向蕴含成立的充分条件. 注意, 由 $\Theta$ 的正规性产生了尖性 $\Theta \cap (-\Theta) = \{0\}$, 然而即使对于有限维的凸锥, 反向蕴含关系也不成立, 例如对于 $\Theta := \{(z_1, z_2) \in I\!R^2 | z_1 > 0\} \cup \{0\}$; 见练习 9.29.

以下性质对于我们将 Ekeland 变分原理推广到有序集值映射是很重要的.

**定义 9.7** (极限单调性条件) 给定 $F: X \rightrightarrows Z$ 和 $\bar{x} \in \mathrm{dom}\, F$, 我们称 $F$ 在 $\bar{x}$ 处满足极限单调性条件, 如果任意序列 $\{(x_k, z_k)\} \subset \mathrm{gph}\, F$ 且 $x_k \to \bar{x}$ 满足

$$[z_{k+1} \preceq z_k,\ k \in I\!N] \Rightarrow [\exists \bar{z} \in \mathrm{Min}\, F(\bar{x})\ \text{和}\ \bar{z} \preceq z_k,\ k \in I\!N]. \tag{9.8}$$

注意, 极限单调性条件 (9.8) 总是意味着支配性 (9.7). 实际上, 设 $z \in F(\bar{x})$, 取常数列 $x_k \equiv \bar{x}$ 和 $z_k \equiv z\ (k \in I\!N)$. 显然可得对于所有 $k \in I\!N$, 有 $(x_k, z_k) \in \mathrm{gph}\, F$, $x_k \to \bar{x}$ 和 $z_{k+1} \preceq z_k$. $F$ 在 $\bar{x}$ 处的极限单调性条件 (9.8) 确保存在 $v \in \mathrm{Min}\, F(\bar{x})$ 满足 $v \preceq z = z_k$, 即 $F$ 在这一点上具有支配性.

此外, 不难看出, 每个水平闭映射和单值映射都具有极限单调性条件 (9.8). 我们给出一些性质, 以确保对于集值映射有 (9.8) 成立. 回想一下, 如果 $0 \notin C$ 且 $\Theta = I\!R_+ C$, 则 $C \subset Z$ 是锥 $\Theta$ 的一个基.

**命题 9.8** (极限单调性的充分条件) 设 $F: X \rightrightarrows Z$ 是水平闭的, 且 $\bar{x} \in \mathrm{dom}\, F$. 则 $F$ 在 $\bar{x}$ 处满足极限单调性条件, 如果 $F$ 在这一点上具有支配性, 且满足以下任意假设:

(a) 极小集 $\mathrm{Min}\, F(\bar{x})$ 是紧的.

(b) 映射 $F$ 是拟下有界的, 集合 $\mathrm{Min}\, F(\bar{x})$ 是闭的, 并且序锥 $\Theta$ 具有紧的基.

**证明** 为了验证 (9.8), 选取序列 $\{(x_k, z_k)\} \subset \mathrm{gph}\, F$, 使得 $x_k \to \bar{x}$, $k \to \infty$ 和 $z_{k+1} \preceq z_k$, $\forall k \in I\!N$, 然后定义集合

$$\Lambda_k := \mathrm{Min}\, F(\bar{x}) \cap (z_k - \Theta) = \{v \in \mathrm{Min}\, F(\bar{x}) |\ v \preceq z_k\}, \tag{9.9}$$

由于序锥 $\Theta$ 和极小集 $\mathrm{Min}\, F(\bar{x})$ 的闭性, 该集合是闭的. 此外, 由于 $z_{k+1} \in z_k - \Theta(k \in I\!N)$ 和 $\Theta$ 的凸性, 我们有 $\Lambda_{k+1} \subset \Lambda_k$. 接下来证明 $\Lambda_k \neq \varnothing$ 对于所有 $k \in I\!N$ 成立. 实际上, 通过固定 $k \in I\!N$ 并利用 $\{z_k\}$ 的单调性, 我们得到包含关系

$$x_{k+n} \in \mathcal{L}(z_k), \quad \forall n \in I\!N,$$

这意味着由 $F$ 的水平闭性有 $\bar{x} \in \mathcal{L}(z_k)$. 因此存在 $u_k \in F(\bar{x})$ 满足 $u_k \preceq z_k$. 利用 $F$ 在 $\bar{x}$ 处的支配性, 找到使得 $v_k \preceq u_k \preceq z_k$ 成立的 $v_k \in \mathrm{Min}\, F(\bar{x})$, 因此证明了所需的非空性 $\Lambda_k \neq \varnothing$, $k \in I\!N$.

接下来, 我们证明, 如果满足 (a) 或 (b) 中的假设, 则任意序列 $\{v_k\} \subset \Lambda_k$ 都包含一个收敛到某个 $\bar{z} \in \mathrm{Min}\, F(\bar{x})$ 的子列. 观察到由建立的集合递减性 $\Lambda_{k+1} \subset \Lambda_k$ 有 $\{v_k\} \subset \Lambda_1$, 仍需验证 (a) 和 (b) 下 $\Lambda_1$ 的紧性. 由 (9.9) 中 $\Lambda_1$ 的构造立即可得 (a). 对于情况 (b), 我们首先回顾一个容易验证的事实, 即 (b) 中序锥 $\Theta$ 的紧-基性质等价于同时满足该锥的正规性和集合 $\Theta \cap I\!\!B$ 的紧性; 见练习 9.30. 通过 (b) 中假设的 $F$ 的拟下有界性, 存在有界集 $M \subset Z$, 因此有 $m \in I\!\!N$ 使得

$$\mathrm{Min}\, F(\bar{x}) \subset M + \Theta \subset mI\!\!B + \Theta.$$

从 (9.9) 中 $\Lambda_1$ 的构造可直接得出

$$\Lambda_1 \subset \big(mI\!\!B + \Theta\big) \cap \big(\|z_1\|I\!\!B - \Theta\big),$$

由此通过 $\Theta$ 的正规性可以得出 $\Lambda_1$ 的有界性. 因此, 我们从 (9.9) 得出集合 $z_1 - \Lambda_1 \subset \Theta$ 也是有界的. 由于 $\Theta \cap I\!\!B$ 在 (b) 中是紧的, $z_1 - \Lambda_1$ 的有界性意味着它的紧性和 $\Lambda_1$ 的紧性. 后者确保了存在 $\bar{z} \in \mathrm{Min}\, F(\bar{x})$ 满足

$$\bar{z} \in \bigcap_{k=0}^{\infty} \Lambda_k, \quad \forall\, k \in I\!\!N.$$

这告诉我们由 (9.9) 可知 $\bar{z} \preceq z_k,\, k \in I\!\!N$, 这就验证了情况 (b) 下 $F$ 在 $\bar{x}$ 处的极限单调性条件, 从而完成了证明. ▵

注意集合 $\mathrm{Min}\, F(\bar{x})$ 的闭性假设在命题 9.8 中是必要的. 例如在 $\Theta = I\!\!R_+^2$ 的情况下, 定义 $F: I\!\!R \rightrightarrows I\!\!R^2$ 为

$$F(x) := \begin{cases} (x, x), & x > 0, \\ \big\{(y, -y)\,\big|\, y \in (0,1]\big\}, & x = 0, \\ (1, -1), & x < 0, \end{cases}$$

其中 $\mathrm{Min}\, F(0)$ 不是闭的. 尽管满足命题 9.8(ii) 的其他假设, 但极限单调性条件在 $\bar{x} = 0$ 处不成立; 见图 9.3(a). 容易验证极限单调性条件 (9.8) 可以实现, 而无须对集合 $\mathrm{Min}\, F(\bar{x})$ 施加闭性要求. 例如, 以下映射 $F: I\!\!R \rightrightarrows I\!\!R^2$

$$F(x) := \begin{cases} (|x|, |x|), & x \neq 0, \\ \big\{(y, -y)\,\big|\, y \in (-1, 0]\big\}, & x = 0, \end{cases}$$

其中序锥 $\Theta = I\!\!R_+^2$ 且 $\bar{x} = 0$; 见图 9.3(b).

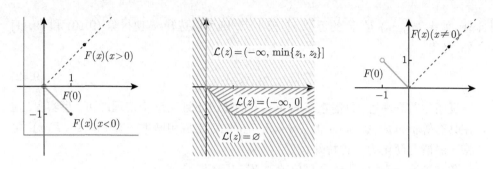

(a) $\operatorname{Min} F(0) = F(0)$不是闭的，但满足水平闭性和拟下有界性      (b) $\operatorname{Min} F(0) = F(0)$不是闭的

图 9.3    $\operatorname{Min} F(\bar{x})$ 的闭性和极限单调性的有效性

### 9.2.2 Ekeland 型变分原理

为了建立以下 Ekeland 变分原理的集值版本, 我们需要另外两个关于有序映射的极小点的概念.

**定义 9.9** (有序集值映射的近似极小点) 设 $F: X \rightrightarrows Z$, 其中 $Z$ 是通过锥 $\Theta \subset Z$ 定义的偏序空间. 则:

(i) 给定 $\varepsilon > 0$ 和 $\xi \in \Theta \setminus \{0\}$, 我们称 $(\bar{x}, \bar{z}) \in \operatorname{gph} F$ 是 $F$ 的近似 $\varepsilon\xi$ -极小点, 如果

$$z + \varepsilon\xi \npreceq \bar{z}, \quad \text{对于所有 } z \in F(x) \text{ 和 } x \neq \bar{x} \text{ 成立.}$$

(ii) 给定 $\varepsilon > 0$ 和 $\xi \in \Theta \setminus \{0\}$, 我们称序对 $(\bar{x}, \bar{z}) \in \operatorname{gph} F$ 是 $F$ 的严格近似 $\varepsilon\xi$-极小点, 如果存在 $0 < \tilde{\varepsilon} < \varepsilon$ 使得 $(\bar{x}, \bar{z})$ 是该映射的近似 $\tilde{\varepsilon}\xi$-极小点.

下面是前面提到的 Ekeland 变分原理在任意 Banach 空间之间的有序集值映射上的深度扩展.

**定理 9.10** (有序集值映射的 Ekeland 型变分原理) 设 $F: X \rightrightarrows Z$ 是 Banach 空间之间的集值映射. 其中 $Z$ 是通过满足 $\Theta \setminus (-\Theta) \neq \varnothing$ 的正常闭凸锥 $\Theta \subset Z$ 定义的偏序空间, 即 $\Theta$ 不是 $Z$ 的线性子空间. 假设 $F$ 是拟下有界且水平闭的, 并在 $\operatorname{dom} F$ 上满足极限单调性条件. 则对于任意 $\varepsilon > 0$, $\lambda > 0$, $\xi \in \Theta \setminus (-\Theta)$ 和 $(x_0, z_0) \in \operatorname{gph} F$, 存在 $(\bar{x}, \bar{z}) \in \operatorname{gph} F$ 使得

$$\bar{z} - z_0 + \frac{\varepsilon}{\lambda}\|\bar{x} - x_0\|\xi \preceq 0, \quad \bar{z} \in \operatorname{Min} F(\bar{x}) \quad \text{和} \tag{9.10}$$

$$z - \bar{z} + \frac{\varepsilon}{\lambda}\|x - \bar{x}\|\xi \npreceq 0, \quad \text{对于所有 } (x, z) \in \operatorname{gph} F \setminus (\bar{x}, \bar{z}) \text{ 成立.} \tag{9.11}$$

此外, 如果 $(x_0, z_0)$ 是 $F$ 的近似 $\varepsilon\xi$-极小点, 则可以选择 $\bar{x}$ 使得除 (9.10) 和 (9.11) 之外, 还有

$$\|\bar{x} - x_0\| \leqslant \lambda. \tag{9.12}$$

**证明**　首先注意, 只需在 $\varepsilon = \lambda = 1$ 的情况下证明这个定理即可. 事实上, 通过在具有等价范数 $\lambda^{-1}\|\cdot\|$ 的 Banach 空间 $X$ 上应用映射 $\widetilde{F}(x) := \varepsilon^{-1}F(x)$, 可以将一般情况简化为这种特殊设置.

考虑到这一点, 引入一个集值映射 $T: X \times Z \rightrightarrows X$

$$T(x, z) := \big\{ y \in X \,\big|\, \exists\, v \in F(y) \text{ 和 } v - z + \|x - y\|\xi \preceq 0 \big\}, \tag{9.13}$$

观察到 $T$ 具有以下性质:

- 由于 $x \in T(x, z)$, 对所有 $z \in F(x)$, 集合 $T(x, z)$ 是非空的.
- 由于映射 $F$ 是拟下有界的, 集合 $T(x, z)$ 对于所有 $z \in F(x)$ 一致有界. 事实上, 由后一性质可得

$$T(x, z) \subset \big\{ y \in X \,\big|\, \|x - y\|\xi \in z - M - \Theta \big\}.$$

- 我们有包含关系

$$T(y, v) \subset T(x, z), \quad \text{如果 } y \in T(x, z),\ v \in F(y),\ v - z + \|y - x\|\xi \preceq 0. \tag{9.14}$$

为验证上式, 选取 $u \in T(y, v)$, 通过 $T$ 的构造找到 $w \in F(u)$ 满足

$$w - v + \|u - y\|\xi \preceq 0.$$

结合上述关系与 (9.14), 并利用 (下式成立是由于三角不等式和 $\xi \in \Theta$ 的选取)

$$\big(\|x - u\| - \|u - y\| - \|y - x\|\big)\xi \preceq 0$$

我们得到

$$\begin{aligned} w - z + \|x - u\|\xi &= (w - v + \|u - y\|\xi) + (v - z + \|y - x\|\xi) \\ &\quad + (\|x - u\| - \|u - y\| - \|y - x\|)\xi \preceq 0, \end{aligned}$$

因此, 这意味着 $u \in T(x, z)$.

现在我们通过以下迭代过程归纳地构造序列 $\{(x_k, z_k)\} \subset \operatorname{gph} F$: 从定理中给出的 $(x_0, z_0)$ 开始, 以及第 $k$ 次迭代 $(x_k, z_k)$, 我们通过

$$\begin{cases} x_{k+1} \in T(x_k, z_k), \\ \|x_{k+1} - x_k\| \geqslant \sup\limits_{x \in T(x_k, z_k)} \|x - x_k\| - (k+1)^{-1}, \\ z_{k+1} \in F(x_{k+1}), \quad z_{k+1} - z_k + \|x_{k+1} - x_k\|\xi \preceq 0 \end{cases} \tag{9.15}$$

选择下一个迭代 $(x_{k+1}, z_{k+1})$, 其中 $k \in \{0\} \cup I\!N$. 从该构造和 $T(x, z)$ 的上述性质可以清楚地看出, 迭代过程 (9.15) 具有良好定义. 将 (9.15) 中最后一个偏好关系从 $k = 0$ 到 $n$ 相加, 我们得到

$$t_n \xi \in z_0 - z_{n+1} - \Theta \subset z_0 - M - \Theta, \quad \text{其中 } t_n := \sum_{k=0}^{n} \|x_{k+1} - x_k\|. \qquad (9.16)$$

通过对 (9.16) 当 $n \to \infty$ 时取极限, 我们证明

$$\sum_{k=0}^{\infty} \|x_{k+1} - x_k\| < \infty. \qquad (9.17)$$

使用反证法论述, 假设 (9.17) 不成立, 即 (9.16) 中的递增序列 $\{t_n\}$ 在 $n \to \infty$ 时趋于 $\infty$. 通过 (9.16) 中第一个包含关系和映射 $F$ 的拟下有界性中集合 $M$ 的有界性, 我们找到有界序列 $\{v_n\} \subset z_0 - M$, 满足

$$t_n \xi - v_n \in -\Theta, \text{ i.e., } \xi - \frac{v_n}{t_n} \in -\Theta, \quad \forall n \in I\!N.$$

对后一个包含取极限, 考虑到 $\Theta$ 的闭性, $\{v_n\}$ 的有界性以及当 $n \to \infty$ 时 $t_n \to \infty$, 我们得到 $\xi \in -\Theta$. 这与 $\xi \in \Theta \setminus (-\Theta)$ 的选取相矛盾, 因此验证了 (9.17).

此外, 从 (9.14) 和 (9.15) 易知, 对所有 $k \in I\!N$, 我们有 $\operatorname{diam} T(x_{k+1}, z_{k+1}) \leqslant \operatorname{diam} T(x_k, z_k)$ 且

$$\operatorname{diam} T(x_k, z_k) \leqslant 2 \sup_{x \in T(x_k, z_k)} \|x - x_k\| \leqslant 2\big(\|x_{k+1} - x_k\| + (k+1)^{-1}\big).$$

因此, 由 (9.17) 有 $\operatorname{diam} T(x_k, z_k) \downarrow 0 (k \to \infty)$, 因此根据 $X$ 的完备性我们得出, $T(x_k, z_k)$ 的闭包缩小为一个单点:

$$\bigcap_{k=0}^{\infty} \operatorname{cl} T(x_k, z_k) = \{\bar{x}\}, \quad \text{其中 } \bar{x} \in \operatorname{dom} F. \qquad (9.18)$$

由于 $\bar{x} \in \operatorname{cl} T(x_0, z_0)$, 所以存在序列 $\{u_n\} \subset T(x_0, z_0)$ 满足 $u_n \to \bar{x}$. 根据 (9.13) 中 $T$ 的定义, 存在 $v_n \in F(u_n)$, 使得

$$v_n \preceq z_0 - \|x_0 - u_n\| \xi \preceq z_0,$$

即对于所有 $n \in I\!N$, 有 $u_n \in \mathcal{L}(z_0)$. 考虑到 $\mathcal{L}(z_0)$ 的闭性, 我们从 $u_n \to \bar{x}$ 得出 $\bar{x} \in \mathcal{L}(z_0)$ 和 (9.18) 中的 $\bar{x} \in \operatorname{dom} F$.

接下来, 我们证明存在 $\bar{z} \in \operatorname{Min} F(\bar{x})$, 使得 $(\bar{x}, \bar{z})$ 满足 (9.10) 和 (9.11) 中的主要关系. 从 (9.15) 的第三行和 (9.18) 可以看出, 对于所有 $k \in I\!N$, 我们有

$$x_k \to \bar{x}, \ k \to \infty \quad \text{和} \quad z_k \in F(x_k), \ z_{k+1} \preceq z_k.$$

通过所施加的映射 $F$ 在其定义域上的极限单调性条件 (9.8), 这确保存在 $\bar{z} \in$ $\text{Min}\, F(\bar{x})$ 使得 $\bar{z} \preceq z_k$ 对所有 $k \in I\!N$ 成立. 我们验证 $(\bar{x}, \bar{z}) \in \text{gph}\, F$ 满足 (9.10) 和 (9.11) 中所需关系.

事实上, (9.10) 中包含关系直接由 $\bar{z}$ 的选取得出. 进一步, 固定 $k \in \{0\} \cup I\!N$, 并将 (9.15) 中从 $k$ 到 $(k+n-1)$ 的偏好条件与 $\bar{z} - z_k \preceq 0$ 的偏好条件相加. 考虑到范数函数的三角不等式, 以这种方式我们得到

$$\bar{z} - z_k + \|x_k - x_{k+n}\|\xi \preceq 0, \quad \text{对于所有 } k \in \{0\} \cup I\!N \text{ 且 } n \in I\!N \text{ 成立}.$$

由于 $x_{k+n} \to \bar{x}(n \to \infty)$, 通过对上式取极限, 可以得出

$$\bar{z} - z_k + \|x_k - \bar{x}\|\xi \preceq 0, \quad \text{其中 } k \in \{0\} \cup I\!N, \tag{9.19}$$

对于 $k = 0$, 上式证明了 (9.10) 在考虑 $\varepsilon = \lambda = 1$ 的情况下成立. 现在验证 (9.11), 假设该式不成立, 则可以找到 $(x, z)$ 满足

$$(x, z) \in \text{gph}\, F \quad \text{且} \quad (x, z) \neq (\bar{x}, \bar{z}) \quad \text{和} \quad z - \bar{z} + \|x - \bar{x}\|\xi \preceq 0. \tag{9.20}$$

如果在 (9.20) 中 $x = \bar{x}$, 我们得到 $z \neq \bar{z}$ 和 $z \preceq \bar{z}$, 这与 $\bar{z} \in \text{Min}\, F(\bar{x})$ 的选取相矛盾. 如果 $x \neq \bar{x}$, 则通过将 (9.19), (9.20) 中的偏好条件相加, 并将所得结果与三角不等式相结合, 我们可得

$$z - z_k + \|x - x_k\|\xi \preceq 0, \quad \text{即,} \quad x \in T(x_k, z_k) \subset \text{cl}\, T(x_k, z_k)$$

对于所有 $k \in \{0\} \cup I\!N$ 成立. 这意味着 (9.20) 中 $x$ 属于 (9.18) 中集合之交. 因此, 通过 (9.18) 有 $x = \bar{x}$, 这充分证明了当 $\varepsilon = \lambda = 1$ 时 (9.11) 成立, 因此在一般情况下也是如此.

为了完成定理的证明, 仍然需要在 $(x_0, z_0)$ 作为 $F$ 的一个近似 $\varepsilon\xi$-极小点时对 $\|\bar{x} - x_0\|$ 进行估计. 使用反证法论述, 假设 (9.12) 不成立, 即 $\|\bar{x} - x_0\| > \lambda$. 由于 $\bar{x} \in T(x_0, z_0)$ 且 $0 \preceq \xi$, 我们有偏好关系

$$\bar{z} - z_0 + \varepsilon\xi \preceq \bar{z} - z_0 + \frac{\varepsilon}{\lambda}\|\bar{x} - x_0\|\xi \preceq 0,$$

这与 $(x_0, z_0)$ 作为 $F$ 的近似 $\varepsilon\xi$-极小点的选择相矛盾, 从而完成了定理的证明. $\triangle$

定理 9.10 的以下直接结果涉及单值映射 $F = f : X \to Z$, 在这种情况下, 定理的假设和结论都可以大量简化. 与定义 9.4 中单值映射的情况类似, 在这种情况下, 我们在引用定义 9.9 的近似极小点时, 避免提及唯一的像点 $\bar{z} = f(\bar{x})$.

**推论 9.11** (有序单值映射的 Ekeland 型变分原理) 设 $f : X \to Z$ 是 Banach 空间之间的单值映射, 其中 $Z$ 是由满足 $\Theta \setminus (-\Theta) \neq \varnothing$ 的正常闭凸锥 $\Theta \subset Z$ 定

义的偏序空间. 假设 $f$ 是水平闭且拟下有界的. 则对于给定的 $\varepsilon > 0$, $\lambda > 0$, $\xi \in \Theta \setminus (-\Theta)$ 和 $f$ 的近似 $\varepsilon\xi$-极小点 $x_0 \in X$, 存在 $\bar{x} \in X$ 使得

$$\|\bar{x} - x_0\| \leqslant \lambda, \quad f(\bar{x}) + \frac{\varepsilon}{\lambda}\|\bar{x} - x_0\|\xi \preceq f(x_0),$$

且 $\bar{x}$ 是扰动映射

$$f(x) + \frac{\varepsilon}{\lambda}\|x - \bar{x}\|\xi$$

的全局 Pareto 极小点.

**证明** 由单值映射的极限单调性条件的有效性以及在这种情况下性质 (9.10) 和 (9.11) 的相应表达式, 从定理 9.10 直接推出. $\triangle$

### 9.2.3 映射的次微分变分原理

下一个结果是次微分变分原理, 是对练习 2.39 中相应标量结果的有序集值映射的推广, 基于 [529, 定理 2.28].

**定理 9.12** (有序集值映射的次微分变分原理) 设 $F: X \rightrightarrows Z$ 是 Asplund 空间之间的集值映射, 除了定理 9.10 的假设外, 它对于序锥 $\Theta \subset Z$ 是上图闭的. 则对任意 $\varepsilon > 0$, $\lambda > 0$, $\xi \in \Theta \setminus (-\Theta)$ 且 $\|\xi\| = 1$, 以及对任意映射 $F$ 的严格近似 $\varepsilon\xi$-极小点 $(x_0, z_0) \in \mathrm{gph}\, F$, 存在 $(\bar{x}, \bar{z}) \in \mathrm{gph}\, F$ 使得 $\|\bar{x} - x_0\| \leqslant \lambda$ 且

$$\widehat{\partial}_\Theta F(\bar{x}, \bar{z}) \cap \frac{\varepsilon}{\lambda} I\!B^* \neq \varnothing. \tag{9.21}$$

**证明** 首先注意, 为了得到 "更好的" 次微分条件 (9.21), 我们在定理的公式中强制要求 $\|\xi\| = 1$. 从下面的论证可以看出, 如果 $\xi$ 是从 $\Theta \setminus (-\Theta)$ 中任取的, 则条件 (9.21) 可以替换为修正次微分条件

$$\widehat{\partial}_\Theta F(\bar{x}, \bar{z}) \cap \frac{\varepsilon}{\lambda}\|\xi\| I\!B^* \neq \varnothing$$

且证明不发生变化.

为了验证 (9.21), 从定理的公式中取 $(x_0, z_0) \in \mathrm{gph}\, F$, 并找到正数 $\tilde{\varepsilon} < \varepsilon$, 使得 $(x_0, z_0)$ 是 $F$ 的近似 $\tilde{\varepsilon}\xi$-极小点. 进一步置

$$\tilde{\lambda} := \frac{\varepsilon + \tilde{\varepsilon}}{2\varepsilon}\lambda, \quad 0 < \tilde{\lambda} < \lambda, \tag{9.22}$$

并将定理 9.10 的结果应用于映射 $F$ 及其具有选定参数 $\tilde{\varepsilon}$ 和 $\tilde{\lambda}$ 的近似 $\tilde{\varepsilon}\xi$-极小点 $(x_0, z_0)$. 这样, 我们有 $(\bar{u}, \bar{v}) \in \mathrm{gph}\, F$ 满足关系

$$\bar{v} \in \mathrm{Min}\, F(\bar{u}), \quad \|x_0 - \bar{u}\| \leqslant \tilde{\lambda} \quad \text{和} \tag{9.23}$$

$$z - \bar{v} + \frac{\widetilde{\varepsilon}}{\lambda}\|x - \bar{u}\|\xi \npreceq 0, \quad \text{对于 } (x,z) \in \operatorname{gph} F \setminus (\bar{u}, \bar{v}). \tag{9.24}$$

考虑单值 Lipschitz 连续映射 $g: X \to Z$

$$g(x) := \bar{v} - \frac{\widetilde{\varepsilon}}{\lambda}\|x - \bar{u}\|\xi, \tag{9.25}$$

并定义 (Asplund) 乘积空间 $X \times Z$ 的两个闭子集

$$\Omega_1 := \operatorname{epi}_\Theta F \quad \text{和} \quad \Omega_2 := \operatorname{gph} g. \tag{9.26}$$

我们断言 $(\bar{u}, \bar{v})$ 是定义 2.1 意义下的 $\{\Omega_1, \Omega_2\}$ 的局部极点. 由于包含 $(\bar{u}, \bar{v}) \in \Omega_1 \cap \Omega_2$ 是显然的, 所以只需验证存在序列 $\{a_k\} \subset X \times Z$, 使得当 $k \to \infty$ 时 $a_k \to 0$ 且 $\Omega_1 \cap (\Omega_2 + a_k) = \varnothing$ 对于所有 $k \in I\!N$ 成立. 为此, 我们验证

$$\Omega_1 \cap \left(\Omega_2 + (0, -k^{-1}\xi)\right) = \varnothing, \quad \text{对于所有 } k \in I\!N \text{ 成立}, \tag{9.27}$$

即 (2.1) 对于 $a_k := (0, -k^{-1}\xi)$ 成立. 若不然, 则利用 (9.26) 我们可得 $(x, v)$, 使得

$$v = g(x) - k^{-1}\xi \quad \text{和} \quad (x, v) \in \operatorname{epi}_\Theta F. \tag{9.28}$$

由 $(x, v) \in \operatorname{epi}_\Theta F$ 可以得出 $z \in F(x)$ 且 $\theta \in \Theta$ 并满足 $v = z + \theta$. 将其代入 (9.28) 中等式, 并考虑到 $-\xi \preceq 0$ 和 $-\theta \preceq 0$, 我们得到

$$z = v - \theta = g(x) - k^{-1}\xi - \theta \preceq g(x),$$

这使我们可以通过 (9.25) 中 $g$ 的构造从 (9.24) 推出 $(x, z) = (\bar{u}, \bar{v})$. 后者与 (9.27) 和 $v = z + \theta$ 一起说明

$$z = \bar{v} = g(\bar{u}) = g(x) = v + k^{-1}\xi = z + \theta + k^{-1}\xi,$$

从而 $\theta + k^{-1}\xi = 0$. 由此可得 $\xi = -k\theta \in -\Theta$, 这与 $\xi \in \Theta \setminus (-\Theta)$ 的选择相矛盾. 所得矛盾确保了 (9.27) 的实现, 从而保证了集合系统 (9.26) 在参考点 $(\bar{u}, \bar{v})$ 处的极点性质.

因此, 我们可以将有限维中推论 2.5 给出的近似极点原理应用于系统 $\{\Omega_1, \Omega_2, (\bar{u}, \bar{v})\}$, 该原理在任何 Asplund 空间中成立, 但不再是确切极点原理的结果; 有关所有详细信息, 参见练习 2.24 和 [529, Theorem 2.20]. 为了方便起见, 我们在乘积空间 $X \times Z$ 上施加和范数 $\|(x, z)\| := \|x\| + \|z\|$, 通过

$$\|(x^*, z^*)\| := \max\{\|x^*\|, \|z^*\|\}, \quad \text{其中 } (x^*, z^*) \in X^* \times Z^*$$

生成 $X^* \times Z^*$ 上的对偶范数. 这样, 通过近似极点原理的关系, 对于任意 $\nu > 0$ 我们可以找到 $(x_i, z_i, x_i^*, z_i^*) \in X \times Z \times X^* \times Z^*$, $i = 1, 2$, 满足

$$\begin{cases} (x_i, z_i) \in \Omega_i, \quad \|x_i - \bar{u}\| + \|z_i - \bar{v}\| \leqslant \nu, \quad i = 1, 2, \\ (x_i^*, -z_i^*) \in \widehat{N}\big((x_i, z_i); \Omega_i\big), \quad i = 1, 2, \\ \dfrac{1}{2} - \nu \leqslant \max\big\{\|x_i^*\|, \|z_i^*\|\big\} \leqslant \dfrac{1}{2} + \nu, \quad i = 1, 2, \\ \max\big\{\|x_1^* + x_2^*\|, \|z_1^* + z_2^*\|\big\} \leqslant \nu. \end{cases} \tag{9.29}$$

通过使用 (9.26) 中 $\Omega_2$ 的构造和 (9.25) 中 $g$ 的 Lipschitz 连续性且常数为 $\ell = \widetilde{\varepsilon}/\widetilde{\lambda}$, 我们由 (9.29) 和练习 3.41 中类 Lipschitz 映射的正则上导数估计推出

$$\|x_2^*\| \leqslant \frac{\widetilde{\varepsilon}}{\widetilde{\lambda}}\|z_2^*\|, \quad \text{因此 } z_2^* \neq 0.$$

这是因为 (9.29) 且 $\nu > 0$ 足够小. 再次利用 (9.29) 中关系, 我们可以推出

$$\|z_1^*\| \neq 0 \quad \text{和} \quad \frac{\|x_1^*\|}{\|z_1^*\|} < \frac{\varepsilon}{\lambda}; \tag{9.30}$$

见练习 9.37. 此外, 从 (9.29) 中第二行 $(i = 1)$, 我们找到 $\widetilde{z}_1 \in F(x_1)$ 满足包含关系

$$(x_1, \widetilde{z}_1) \in \mathrm{gph}\, F, \quad (x_1^*, -z_1^*) \in \widehat{N}\big((x_1, \widetilde{z}_1); \mathrm{epi}_\Theta F\big), \quad -z_1^* \in \widehat{N}(0; \Theta). \tag{9.31}$$

最后记 $(\bar{x}, \bar{z}) := (x_1, \widetilde{z}_1)$, $x^* := x_1^*/\|z_1^*\|$ 且 $z^* := z_1^*/\|z_1^*\|$, 并考虑到定义 9.6(i) 中的正则次微分构造, 我们从 (9.30) 和 (9.31) 中关系得到所需的次微分条件 (9.21). 为了完成定理的证明, 我们可以观察到, 从 (9.23) 中第二个不等式, (9.29)$(i = 1)$ 的第一行和 (9.22) 中 $\widetilde{\lambda}$ 的选择, 可以得出估计 $\|\bar{x} - x_0\| < \lambda$ 的. $\triangle$

## 9.3 相对 Pareto 型极小点的存在性

本节致力于推导可验证的条件, 以确保 9.1.2 小节定义的一般多目标问题存在相对 Pareto 型极小点存在. 所得到的结果强烈依赖于我们首先引入并讨论的次微分 Palais-Smale 条件.

### 9.3.1 次微分 Palais-Smale 条件

回想一下, 可微实值函数 $\varphi: X \to I\!R$ 的经典 Palais-Smale 条件断言, 如果序列 $\{x_k\} \subset X$ 是使得 $\{\varphi(x_k)\}$ 有界的且当 $k \to \infty$ 时相应的导数序列 $\|\nabla\varphi(x_k)\| \to 0$, 则 $\{x_k\}$ 包含一个收敛的子列. 在以下定义中, 我们将这种条件推广到有序非光滑映射和集值映射, 这两个映射使用了上面定义的此类映射的正则次微分和基本次微分.

**定义 9.13** (有序多值映射的次微分 Palais-Smale 条件)  设 $F\colon X \rightrightarrows Z$ 是 Banach 空间之间的集值映射且具有有序像空间 $Z$, 并设 $\widehat{\partial}_\Theta F(x,z)$ 和 $\partial_\Theta F(x,z)$ 分别是 $F$ 在某点 $(x,z) \in \operatorname{gph} F$ 处的正则次微分和基本次微分 (取自定义 9.6). 我们称:

(i) $F$ 的正则次微分 Palais-Smale 条件成立, 前提是如果 $\{z_k\}$ 是拟下有界的, 则满足

存在 $z_k \in F(x_k)$ 和 $x_k^* \in \widehat{\partial}_\Theta F(x_k, z_k)$,  其中当 $k \to \infty$ 时 $\|x_k^*\| \to 0$

的任意序列 $\{x_k\} \subset X$ 包含收敛子列.

(ii) $F$ 的基本次微分 Palais-Smale 条件成立, 前提是如果 $\{z_k\}$ 是拟下有界的, 则满足

有 $z_k \in F(x_k)$ 和 $x_k^* \in \partial_\Theta F(x_k, z_k)$,  其中当 $k \to \infty$ 时, $\|x_k^*\| \to 0$

的任意序列 $\{x_k\} \subset X$ 包含收敛子列.

显然, 对于光滑函数 $F = \varphi\colon X \to \mathbb{R}$, 因为此时 $\widehat{\partial}\varphi(x_k) = \partial\varphi(x_k) = \{\nabla\varphi(x_k)\}$, 所以定义 9.13 中的两个次微分条件都简化为经典 Palais-Smale 条件.

注意, 一般来说, 定义 9.13 中的第一个条件比第二个条件的限制要少, 因为对于任意 $(x,z) \in \operatorname{gph} F$, 我们总是有 $\widehat{\partial}_\Theta F(x,z) \subset \partial_\Theta F(x,z)$. 但是, 由于存在大量可用的分析法则, 因此后一种条件在结构性问题 (特别是具有各种约束的问题) 的应用中具有明显的优势.

在本节后面的小节中, 我们首先在多目标优化的无约束情况下, 然后在有约束条件下, 获得相对极小点的存在性定理. 除了使用 9.2 节中的变分原理和 Palais-Smale 次微分条件外, 我们还需要对极限单调性质作以下修改.

**定义 9.14** (强极限单调性条件)  给定集值映射 $F\colon X \rightrightarrows Z$ 和点 $\bar{x} \in \operatorname{dom} F$, 我们称 $F$ 在 $\bar{x}$ 处满足强极限单调性条件, 如果对于任意序列 $\{(x_k, z_k)\} \subset \operatorname{gph} F$ 且 $x_k \to \bar{x}$, 我们对于所有 $k \in \mathbb{N}$ 有

$$\big[z_k \preceq v_k, \ v_{k+1} \preceq v_k\big] \Rightarrow \big[\exists \bar{z} \in \operatorname{Min} F(\bar{x}) \ \text{使得} \ \bar{z} \preceq v_k\big] \tag{9.32}$$

而且如果当 $k \to \infty$ 时 $v_k \to \bar{v}$ 且序锥 $\Theta$ 是闭的, 那么 $\bar{z} \preceq \bar{v}$.

强极限单调性 (9.32) 显然意味着极限单调性 (9.8), 反之则不然. 然而, 命题 9.8 中给出的极限单调性的充分条件也确保了强极限单调性; 见练习 9.39.

### 9.3.2  无约束问题解的存在性

在本小节中, 我们研究 Asplund 空间之间的集值映射 $F\colon X \rightrightarrows Z$ 的相对极小点 (以及弱极小点) 的存在性. 尽管以无约束形式考虑这种多目标优化问题, 但

它隐含了定义域约束 $x \in \operatorname{dom} F$. 在下一小节中将讨论一些明确约束的多目标问题的存在性问题.

下面的定理是整节的主要结果. 它的证明基于 9.2 节提出的变分原理.

**定理 9.15** (集值映射内在相对极小点的存在性) 设 $F: X \rightrightarrows Z$ 是 Asplund 空间之间的映射, 它是上图闭的, 拟下有界的, 且在 $\operatorname{dom} F$ 上满足定义 9.14 的强极限单调性条件. 此外, 假设定义 9.13(i) 中的正则次微分 Palais-Smale 条件成立且 $\Theta \setminus (-\Theta) \neq \varnothing$, 即 $\Theta$ 不是 $Z$ 的线性子空间. 如果 $\operatorname{iri} \Theta \neq \varnothing$, 则 $F$ 有内在相对极小点.

**证明** 为了证明 $F$ 的内在相对极小点的存在性, 我们首先应用定理 9.10 中的 Ekeland 型原理生成最小化序列 $\{(x_k, z_k)\} \subset \operatorname{gph} F$, 然后证明所选序列 $\{x_k\}$ 包含一个收敛到 $F$ 的内在相对极小点的子列. 后一种论证相当复杂, 它基于上述次微分变分原理、近似极点原理和极限单调性条件的应用. 详情如下.

首先, 选择任意序对 $(x_0, z_0) \in \operatorname{gph} F$ 和元素 $\xi \in \Theta \setminus (-\Theta)$ 且 $\|\xi\| = 1$, 然后使用获得的有序集值映射的 Ekeland 型变分原理归纳地生成序列 $\{(x_k, z_k)\} \subset \operatorname{gph} F$. 为此, 固定 $k \in I\!\!N$ 并且有 $(k-1)$ 次迭代 $(x_{k-1}, z_{k-1})$, 对参数 $\varepsilon := k^{-2}$ 和 $\lambda := k^{-1}$ 应用定理 9.10 得到下一个迭代 $(x_k, z_k) \in \operatorname{gph} F$, 满足关系

$$z_k \in \operatorname{Min} F(x_k), \quad z_k \preceq z_{k-1} \quad \text{和} \tag{9.33}$$

$$z - z_k + k^{-1}\|x - x_k\|\xi \npreceq 0, \quad \forall(x, z) \in \operatorname{gph} F \setminus (x_k, z_k). \tag{9.34}$$

暂时假设 $\{x_k\}$ 包含一个收敛于某点 $\bar{x} \in \operatorname{dom} F$ 的子列; 稍后我们会证明这一点. 不失一般性, 假设对于整个序列 $\{x_k\}$, 当 $k \to \infty$ 时 $x_k \to \bar{x}$, 由 (9.33) 和极限单调性条件 (9.8) 得出

$$\text{存在 } \bar{z} \in F(\bar{x}) \text{ 使得 } \bar{z} \preceq z_k \text{ 对于所有 } k \in I\!\!N \text{ 成立.} \tag{9.35}$$

我们证明 $(\bar{x}, \bar{z})$ 是 $F$ 的内在相对极小点. 实际上, 取任意 $(x, z) \in \operatorname{gph} F$ 且 $(x, z) \neq (\bar{x}, \bar{z})$ 并利用 (9.34) 和 (9.35), 我们可以通过初等变换得到

$$z - \bar{z} + k^{-1}\|x - x_k\|\xi \in z_k - \bar{z} + Z \setminus (-\Theta), \quad \forall k \in I\!\!N,$$

这很显然蕴含包含关系

$$z - \bar{z} + k^{-1}\|x - x_k\|\xi \in \Theta + Z \setminus (-\Theta).$$

由序锥 $\Theta$ 的凸性, 后者给出

$$z - \bar{z} + k^{-1}\|x - x_k\|\xi \in Z \setminus (-\Theta), \quad k \in I\!\!N. \tag{9.36}$$

我们的目的是通过当 $k \to \infty$ 时对 (9.36) 取极限, 证明

$$z - \bar{z} \in Z \setminus (-\mathrm{iri}\,\Theta), \ \text{若 iri}\,\Theta \neq \varnothing. \tag{9.37}$$

使用反证法论述, 假设 (9.37) 不成立, 即 $z - \bar{z} =: \theta \in -\mathrm{iri}\,\Theta$. 利用内在相对内部的定义 9.2(ii), 我们得到锥包 $\mathrm{cone}\,(\Theta + \theta)$ 是 $Z$ 的线性子空间. 这使我们能够找到正数 $\bar{t} \leqslant 1$, 使得

$$t(-\xi - \theta) \in \Theta + \theta, \quad \forall t \in [0, \bar{t}], \quad \text{从而}$$

$$\theta + \tau\xi \in -\Theta, \quad \forall \tau = \frac{t}{1+t} \in \left[0, \frac{\bar{t}}{1+\bar{t}}\right]. \tag{9.38}$$

由于当 $k \to \infty$ 时 $k^{-1}\|x - x_k\| \to 0$, 因此对于充分大的 $k \in \mathbb{N}$, 我们得出

$$k^{-1}\|x - x_k\| \in \left[0, \bar{t}/(1+\bar{t})\right].$$

将其代入 (9.38) 并观察到 $\theta = z - \bar{z}$, 我们得出

$$z - \bar{z} + k^{-1}\|x - x_k\|\xi \in -\Theta,$$

这与 (9.36) 相矛盾, 因此验证了 (9.37). 由于 $(x, z) \in \mathrm{gph}\,F$ 是任意选取的, 由 (9.37) 中条件可得定义 9.4(iv) 中的条件, 从而验证了 $(\bar{x}, \bar{z})$ 的内在相对极小性.

为了完成证明, 仍然有必要证明上述声明的合理性: 所选序列 $\{x_k\}$ 包含一个收敛子列. 为了证明这个收敛性, 我们归纳地构造了另一个序列 $\{\widetilde{x}_k\} \subset \mathrm{dom}\,F$, 使得当 $k \to \infty$ 时 $\|\widetilde{x}_k - x_k\| \to 0$, 并且定义 9.13(i) 中的次微分 Palais-Smale 条件可以应用于这个新序列. 接下来, 对每个 $k \in \mathbb{N}$ 定义集值映射 $F_k \colon X \rightrightarrows Z$ 如下

$$F_k(x) := F(x) + g_k(x), \quad \text{其中 } g_k(x) := k^{-1}\|x - x_k\|\xi, \tag{9.39}$$

并由 (9.34) 推导出 $(x_k, z_k)$ 是 $F_k$ 的严格近似 $k^{-2}\xi$-极小点. 容易验证 $F_k$ 是上图闭的和拟下有界的. 我们现在断言, 如果 $F$ 具有强极限单调性 (9.32), 则 $F_k$ 具有极限单调性 (9.8). 固定 $\bar{u} \in \mathrm{dom}\,F_k = \mathrm{dom}\,F$, 且对于任意满足

$$n \to \infty \ \text{时} \ u_n \to \bar{u} \ \text{且} \ w_{n+1} \preceq w_n \tag{9.40}$$

的序列 $\{(u_n, w_n)\} \subset \mathrm{gph}\,F_k$, 定义序列 $\bar{w}_n \in F(u_n)$ 如下

$$\bar{w}_n := w_n - k^{-1}t_n\xi, \quad \text{其中 } t_n := \|u_n - x_k\|, \quad n \in \mathbb{N}.$$

如果必要的话取子序列, 不失一般性, 我们假设序列 $\{t_n\}$ 当 $n \to \infty$ 时单调收敛于 $\bar{t} := \|\bar{u} - x_k\|$. 考虑下面两种可能的情形:

- 如果 $\{t_n\}$ 是递减的, 则 $\{-k^{-1}t_n\xi\}$ 是递增的. 记 $v_n := w_n - k^{-1}\bar{t}\xi$, 并观察到序列 $\{v_n\}$ 递减, 且

$$\bar{w}_n = w_n - k^{-1}t_n\xi \preceq v_n, \quad n \in I\!N.$$

将映射 $F$ 的强极限单调性 (9.32) 应用于序列 $\{(u_n, \bar{w}_n)\}$ 和 $\{v_n\}$, 我们找到 $\bar{w} \in \mathrm{Min}\, F(\bar{u})$ 满足 $\bar{w} \preceq v_n(\forall n \in I\!N)$. 这显然意味着对 $n \in I\!N$ 有

$$\bar{w} + k^{-1}\bar{t}\xi = \bar{w} + k^{-1}\|\bar{u} - x_k\|\xi \in \mathrm{Min}\, F_k(\bar{u}) \ \text{且} \ \bar{w} + k^{-1}\bar{t}\xi \preceq w_n,$$

即 $F_k$ 在 $\bar{u}$ 处具有极限单调性 (9.8).

- 如果 $\{t_n\}$ 是递增的, 则序列 $v_n = w_n - k^{-1}t_n\xi$ 是递减的. 将 $F$ 的强极限单调性应用于序列 $\{(u_n, \bar{w}_n)\}$ 和 $\{v_n\}$, 以确保 $\bar{w} \in \mathrm{Min}\, F(\bar{u})$ 且 $\bar{w} \preceq v_n(\forall n \in I\!N)$ 的存在性; 后者意味着

$$\bar{w} + k^{-1}t_n\xi \preceq w_n, \quad \forall n \in I\!N. \tag{9.41}$$

我们证明在这种情况下, 有

$$\bar{w} + k^{-1}\bar{t}\xi \preceq w_n \ \text{且} \ \bar{t} = \|\bar{u} - x_k\|, \quad n \in I\!N. \tag{9.42}$$

事实上, 根据 (9.41), 所假定的序列 $\{t_n\}$ 的递增性和 (9.40) 中序列 $\{w_n\}$ 的递减性, 可得

$$\bar{w} + k^{-1}t_n\xi \preceq \bar{w} + k^{-1}t_{n+m}\xi = w_{n+m} \preceq w_n, \quad \forall n, m \in I\!N,$$

因此当 $n$ 是固定的时, 对于每个 $m \in I\!N$, 有 $\bar{w} + k^{-1}t_{n+m}\xi \preceq w_n$. 当 $m \to \infty$ 时取极限, 由 $\Theta$ 的闭性我们可得 (9.42). 将其与 (9.40) 和 (9.42) 相结合, 验证了所要求的 $F_k$ 在 $\bar{u}$ 处的极限单调性.

接下来固定 $k \in I\!N$, 并将定理 9.12 中的次微分变分原理应用于 (9.39) 中映射 $F_k$ 及其严格近似 $\varepsilon\xi$-极小点 $(x_k, z_k)$, 其中 $\varepsilon := k^{-2}$ 且 $\lambda := k^{-1}$. 考虑到 $F_k$ 的结构和正则次微分构造 $\hat{\partial}_\Theta F_k$, 我们找到 $(\tilde{x}_k, \tilde{z}_k, \tilde{v}_k, \tilde{x}_k^*, \tilde{z}_k^*) \in X \times Z \times Z \times X^* \times Z^*$ 满足关系:

$$\begin{cases} \tilde{z}_k \in F(\tilde{x}_k), \tilde{v}_k = g_k(\tilde{x}_k), (x_k, \tilde{z}_k + \tilde{v}_k) \in \mathrm{gph}\, F_k, \|\tilde{x}_k - x_k\| \leqslant 1/k, \\ (\tilde{x}_k^*, -\tilde{z}_k^*) \in \hat{N}((\tilde{x}_k, \tilde{z}_k + \tilde{v}_k); \mathrm{epi}_\Theta F_k), -\tilde{z}_k^* \in \hat{N}(0; \Theta), \|\tilde{z}_k^*\| = 1, \end{cases} \tag{9.43}$$

其中 $\|\widetilde{x}_k^*\| \leqslant k^{-1}$, $k \in \mathbb{N}$. 考虑具有乘积空间上的和范数的 Asplund 空间 $X \times Z \times Z$ (并因此在对偶乘积空间上具有相应的最大值范数), 并定义 $X \times Z \times Z$ 的两个子集

$$\Omega_1 := \big\{(x,z,v)\big|(x,z) \in \mathrm{epi}_\Theta F\big\}, \quad \Omega_2 := \big\{(x,z,v)\big|(x,v) \in \mathrm{gph}\, g_k\big\}, \quad (9.44)$$

其中 $g_k$ 取自 (9.39). 容易看出 $(\widetilde{x}_k, \widetilde{z}_k, \widetilde{v}_k) \in \Omega_1 \cap \Omega_2$, 而且由 $F$ 的上图闭性和 $g_k$ 的 Lipschitz 连续性可知, 集合 $\Omega_1$ 和 $\Omega_2$ 在该点附近是局部闭的. 还可以观察到

$$(x,z,v) \in \Omega_1 \cap \Omega_2 \Rightarrow z \in F(x) + \Theta,\ v = g_k(x),$$

从而 $(x, z+v) \in \mathrm{epi}_\Theta F_k$. 我们从 (9.43) 的第二行得出

$$\limsup_{\substack{(x,z,v)\to(\widetilde{x}_k,\widetilde{z}_k,\widetilde{v}_k)\\(x,z,v)\in\Omega_1\cap\Omega_2}} \frac{\big\langle(\widetilde{x}_k^*,-\widetilde{z}_k^*,-\widetilde{z}_k^*),(x,z,v)-(\widetilde{x}_k,\widetilde{z}_k,\widetilde{v}_k)\big\rangle}{\|(x,z,v)-(\widetilde{x}_k,\widetilde{z}_k,\widetilde{v}_k)\|}$$

$$\leqslant \limsup_{\substack{(x,z)\to(\widetilde{x}_k,\widetilde{z}_k+\widetilde{v}_k)\\(x,z)\in\mathrm{epi}\,F_k}} \frac{\big\langle(\widetilde{x}_k^*,-\widetilde{z}_k^*),(x,z)-(\widetilde{x}_k,\widetilde{z}_k+\widetilde{v}_k)\big\rangle}{\|(x,z)-(\widetilde{x}_k,\widetilde{z}_k+\widetilde{v}_k)\|} \leqslant 0,$$

这意味着包含关系

$$(\widetilde{x}_k^*,-\widetilde{z}_k^*,-\widetilde{z}_k^*) \in \widehat{N}\big((\widetilde{x}_k,\widetilde{z}_k,\widetilde{v}_k);\Omega_1\cap\Omega_2\big), \quad k \in \mathbb{N}.$$

将练习 2.42 中作为近似极点原理结果的模糊交法则应用于此包含关系, 并使用 (9.44) 中集合 $\Omega_i$ 的特殊构造, 得到 $t \geqslant 0$, $(x_{ik}, z_{ik}, v_{ik}) \in \Omega_i$ 和 $(x_{ik}^*, z_{ik}^*, v_{ik}^*) \in X^* \times Z^* \times Z^*$, $i = 1, 2$, 满足条件

$$\begin{aligned}
&(x_1,z_1) \in \mathrm{epi}_\Theta F, \quad v_2 = g_k(x_2), \quad \|x_1 - \widetilde{x}_k\| \leqslant k^{-1},\\
&(x_1^*,-z_1^*) \in \widehat{N}\big((x_1,z_1);\mathrm{epi}_\Theta F\big), \quad -z_1^* \in N(0;\Theta), \quad x_2^* \in \widehat{D}^* g_k(x_2)(z_2^*),\\
&\|t\widetilde{x}_k^* - x_1^* - x_2^*\| \leqslant k^{-1}, \quad \|t\widetilde{z}_k^* - z_1^*\| \leqslant k^{-1}, \quad \|t\widetilde{z}_k^* - z_2^*\| \leqslant k^{-1},\\
&1 - k^{-1} \leqslant \max\big\{t, \|(x_2^*,0,z_2^*)\|\big\} \leqslant 1 + k^{-1},
\end{aligned} \quad (9.45)$$

为简化记号, 我们在上面的 $i$ -序列中去掉指标 "$k$".

对于 (9.45), 我们首先观察到, 对于所有充分大的 $k \in \mathbb{N}$, 其中的 $t$ 必须为非零. 使用反证法论述, 假设情况并非如此, 即 $t = 0$. 则从 (9.45) 的第三行可得 $\|z_2^*\| \leqslant k^{-1}$. 由 $g_k$ 的 Lipschitz 连续性 (模为 $k^{-1}$), 并使用练习 3.41 中用于定理 9.12 证明的 Lipschitz 映射的上导数估计, 我们从 (9.45) 的第二行得到

$$\|x_2^*\| \leqslant k^{-1}\|z_2^*\|, \tag{9.46}$$

因此 $\|x_2^*\| \leqslant k^{-2}$. 这与 (9.45) 的最后一行中关于 $(x_2^*, 0, z_2^*)$ 的非平凡条件相矛盾, 因此验证了 $t > 0$.

进一步, 我们考虑 (9.45) 中的表达式 $\{t, \|(x_2^*, 0, z_2^*)\|\}$ 实现最大化的以下两种可能性:

**情形 1** 如果 $\max\{t, \|(x_2^*, 0, z_2^*)\|\} = t$, 则 (9.45) 的最后一行变为 $1 - k^{-1} \leqslant t \leqslant 1 + k^{-1}$. 将上述 $t$ 的上界和下界代入 (9.45) 第三行的不等式, 考虑到三角不等式、估计 (9.46), 以及 (9.43) 中 $\|\tilde{x}_k^*\| \leqslant k^{-1}$, $\|\tilde{z}_k^*\| = 1$, 我们得到表达式

$$1 - 2k^{-1} \leqslant \|z_i^*\| \leqslant 1 + 2k^{-1}, \ i = 1, 2, \quad \text{因此}$$

$$\frac{\|x_1^*\|}{\|z_1^*\|} \leqslant \frac{t\|\tilde{x}_k^*\| + \|x_2^*\| + k^{-1}}{\|z_1^*\|} \leqslant \frac{(1 + k^{-1})k^{-1} + k^{-1}(1 + 2k^{-1}) + k^{-1}}{1 - 2k^{-1}}$$

$$= \frac{3k^{-1} + 3k^{-2}}{1 - 2k^{-1}}.$$

**情形 2** 下面假设

$$\max\{t, \|(x_2^*, 0, z_2^*)\|\} = \|(x_2^*, 0, z_2^*)\|,$$

并考虑到由 (9.46) 有 $\|(x_2^*, 0, z_2^*)\| = \|z_2^*\|$, 以及 $X^* \times Z^* \times Z^*$ 上对偶范数的形式, 我们从 (9.45) 的最后一行得到

$$1 - k^{-1} \leqslant \|z_2^*\| \leqslant 1 + k^{-1}.$$

将其代入 (9.45) 中的 $\|t\tilde{z}_k^* - z_2^*\| \leqslant k^{-1}$, 并利用 (9.43) 中 $\|\tilde{z}_k^*\| = 1$, 我们得到 $t$ 的上下估计:

$$t \geqslant \|z_2^*\| - k^{-1} \geqslant 1 - 2k^{-1} \quad \text{和} \quad t \leqslant \|z_2^*\| + k^{-1} \leqslant 1 + 2k^{-1}. \tag{9.47}$$

则从 (9.45) 的第三行和 (9.47) 中 $t$ 的下估计可得

$$\|z_1^*\| \geqslant t - k^{-1} \geqslant 1 - 3k^{-1}. \tag{9.48}$$

最后我们估计在这种情况下的比率 $\|x_1^*\|/\|z_1^*\|$. 利用 (9.45) 中第三行的不等式 $\|t\tilde{x}_k^* - x_1^* - x_2^*\| \leqslant k^{-1}$ 以及 (9.43) 和 (9.46) 中的 $\|\tilde{x}_k^*\| \leqslant k^{-1}$, (9.47) 中 $t$ 的上界和 (9.48) 中 $\|z_1^*\|$ 的下界, 我们得到

$$\frac{\|x_1^*\|}{\|z_1^*\|} \leqslant \frac{t\|\tilde{x}_k^*\| + \|x_2^*\| + k^{-1}}{\|z_1^*\|} \leqslant \frac{(1 + 2k^{-1})k^{-1} + k^{-1}(1 + k^{-1}) + k^{-1}}{1 - 3k^{-1}}$$

$$= \frac{3k^{-1}(1 + k^{-1})}{1 - 3k^{-1}},$$

这就结束了我们在情形 2 中的考虑. 因此, 在情形 1 和情形 2 中, 我们对比率 $\|x_1^*\|/\|z_1^*\|$ 有相似 (但不同) 的估计.

现在同时针对 (9.45) 最后一行中实现最大化的上述两种情况, 继续定理的证明, 记

$$\widetilde{x}_1^* := \frac{x_1^*}{\|z_1^*\|} \quad \text{和} \quad \widetilde{z}_1^* := \frac{z_1^*}{\|z_1^*\|}, \quad \text{其中 } \|\widetilde{z}_1^*\| = 1, \tag{9.49}$$

并且, 通过 (9.45) 中有关 $(x_1, z_1, x_1^*, z_1^*)$ 的前两行和 $F$ 的正则次微分结构, 得到了包含关系

$$\widetilde{x}_1^* \in \widehat{\partial}_\Theta F(x_1, z_1), \quad \text{其中 } (x_1, z_1) \in \mathrm{epi}_\Theta F. \tag{9.50}$$

我们证明, 相对于上图点, 可以使用图点来改进 (9.50), 即使用 $(x_1, z_1) \in \mathrm{epi}_\Theta F$ 替换 $(x_1, \widetilde{z}_1) \in \mathrm{gph}\, F$ 可以得出

$$\widetilde{x}_1^* \in \widehat{\partial}_\Theta F(x_1, \widetilde{z}_1) \text{ 且 } (x_1, \widetilde{z}_1) \in \mathrm{gph}\, F, \tag{9.51}$$

这对于随后次微分 Palais-Smale 条件的应用是必需的. 为了证明 (9.51), 将 (9.50) 改写为

$$(\widetilde{x}_1^*, -\widetilde{z}_1^*) \in \widehat{N}((x_1, z_1); \mathrm{epi}_\Theta F) \quad \text{且} \quad -\widetilde{z}_1^* \in N(0; \Theta), \|\widetilde{z}_1^*\| = 1,$$

且对于任何 $\gamma > 0$, 从正则法向量的定义可以找到 $\eta > 0$, 使得

$$\langle (\widetilde{x}_1^*, -\widetilde{z}_1^*), (x, z) - (x_1, z_1) \rangle \leqslant \gamma \|(x, z) - (x_1, z_1)\| \tag{9.52}$$

当 $(x, z) \in \mathrm{epi}_\Theta F$ 且 $x \in x_1 + \eta \mathbb{B}$, $z \in z_1 + \eta \mathbb{B}$ 时成立. 注意到由 (9.50) 中的第二个包含关系有

$$z_1 = \widetilde{z}_1 + \theta, \quad \text{对于某个 } \widetilde{z}_1 \in F(x_1) \text{ 和 } \theta \in \Theta \text{ 成立},$$

并选择任意向量 $(u, v) \in \mathrm{epi}_\Theta F$, 其中 $u \in x_1 + \eta \mathbb{B}$, $v \in \widetilde{z}_1 + \eta \mathbb{B}$, 且 $\widetilde{v} := v + \theta$, 我们得到 $v - \widetilde{z}_1 = \widetilde{v} - z_1$ 和 $(u, \widetilde{v}) \in \mathrm{epi}_\Theta F$ 且 $u \in x_1 + \eta \mathbb{B}$, $\widetilde{v} \in z_1 + \eta \mathbb{B}$. 然后从 (9.52) 得出

$$\begin{aligned}\langle (\widetilde{x}_1^*, -\widetilde{z}_1^*), (u, v) - (x_1, \widetilde{z}_1) \rangle &= \langle (\widetilde{x}_1^*, -\widetilde{z}_1^*), (u, \widetilde{v}) - (x_1, z_1) \rangle \\ &\leqslant \gamma \|(u, \widetilde{v}) - (x_1, z_1)\| = \gamma \|(u, v) - (x_1, \widetilde{z}_1)\|,\end{aligned}$$

由此可得 $(\widetilde{x}_1^*, -\widetilde{z}_1^*) \in \widehat{N}((x_1, \widetilde{z}_1); \mathrm{epi}_\Theta F)$ 且 $(x_1, \widetilde{z}_1) \in \mathrm{gph}\, F$. 考虑到 $-\widetilde{z}_1^* \in N(0; \Theta)$ 且 $\|\widetilde{z}_1^*\| = 1$, 由集值映射的正则次微分构造我们得到 (9.51).

现在添加指标 "$k$" 表示 (9.49) 和 (9.51) 中定义的序列 $(x_{1k}, \tilde{z}_{1k})$ 和 $(\tilde{x}_{1k}^*, \tilde{z}_{1k}^*)$，$k \in I\!N$. 使用估计 (9.47) 和 (9.51) 可得

$$(x_{1k}, \tilde{z}_{1k}) \in \operatorname{gph} F \quad \text{和} \quad \tilde{x}_{1k}^* \in \hat{\partial}_\Theta F(x_{1k}, \tilde{z}_{1k}), \quad \text{其中} \; \|\tilde{x}_{1k}^*\| \to 0 \qquad (9.53)$$

当 $k \to \infty$ 时成立. 最后利用定义 9.13(i) 的次微分 Palais-Smale 条件, 从 (9.53) 推导出序列 $\{x_{1k}\}$ 包含一个收敛子列. 因为由 (9.43) 和 (9.45) 有

$$\|x_k - x_{1k}\| \leqslant \|x_k - \tilde{x}_k\| + \|\tilde{x}_k - x_{1k}\| \leqslant k^{-1} + k^{-1}, \quad \text{对于所有 } k \in I\!N \text{ 成立,}$$

我们得出 (9.33) 和 (9.34) 中构造的序列 $\{x_k\}$ 也包含一个收敛子列, 从而完成了证明. △

接下来, 我们给出定理 9.15 的有效结果, 以确保定义 9.4 中其他类型的相对极小点以及有序集值映射的弱极小点的存在.

**推论 9.16** (主要相对极小点和拟相对极小点的存在性) 除了定理 9.15 的假设外, 还设 $\operatorname{ri}\Theta \neq \varnothing$. 则对于所考虑的有序集值映射 $F: X \rightrightarrows Z$ 存在相对极小点和拟相对极小点.

**证明** 如上所述, 定义 9.3 中的所有相对极小点在这种情况下是一致的, 因此由定理 9.15 可得所声称的存在性. △

**推论 9.17** (弱 Pareto 极小点的存在性) 除定理 9.15 的假设外, 还设 $\operatorname{int}\Theta \neq \varnothing$. 则对于所考虑的映射 $F: X \rightrightarrows Z$, 存在弱 Pareto 极小点.

**证明** 定理 9.15 保证了 $F$ 在 $\varnothing \neq \operatorname{int}\Theta \subset \operatorname{iri}\Theta$ 的条件下存在内在相对极小点, 在这种情况下, 它肯定是映射 $F$ 的弱 Pareto 极小点. △

注意, 除了推论 9.16 中的 $\operatorname{ri}\Theta \neq \varnothing$ 的情况外, 我们没有条件确保有序集值映射的拟相对极小点的存在, 这是一个具有挑战性的公开问题.

### 9.3.3 显式约束下的存在性定理

现在让我们研究具有显示几何约束的多目标问题:

$$\text{minimize } F(x) \;\; \text{s.t.} \;\; x \in \Omega \subset X \qquad (9.54)$$

的存在性问题. 用 $F_\Omega(x) := F(x)$ (如果 $x \in \Omega$) 和 $F(x) := \varnothing$ (否则) 定义 $F$ 在 $\Omega$ 上的限制, 我们可以将 (9.54) 通过指示映射 $\Delta(x; \Omega) := 0$ (如果 $x \in \Omega$) 和 $\Delta(x; \Omega) := \varnothing$ (如果 $x \notin \Omega$) 重写为无约束格式

$$\text{minimize } F_\Omega(x) = F(x) + \Delta(x; \Omega), \quad x \in X. \qquad (9.55)$$

为将定理 9.15 的存在性结果及其结果应用于无约束格式 (9.55), 并将得到的条件用约束问题 (9.54) 的初始数据表示出来, 需要有效地处理 (9.55) 中的和映射.

由于定理 9.15 的一个主要组成部分是次微分 Palais-Smale 条件, 因此对于几何约
束问题, 需要使用次微分和法则来处理, 而且还需要进一步的次微分分析的其他
法则来处理以某种结构形式 (通过不等式、等式、算子约束、均衡约束等) 描述 $\Omega$
的其他类型的约束. 从这个观点来看, 定义 9.13(ii) 中 Palais-Smale 条件的基本形
式比定义第 (i) 部分的常规形式更方便, 更容易处理, 尽管后者通常限制较少. 理
由是我们的基本广义微分结构 (法向量、次梯度、上导数) 与正则结构相比, 满足
所有点基分析法则. 因此, 在约束多目标优化中阐述基本 Palais-Smale 条件更为
规范, 我们将其作为习题留给读者; 见其后面的提示.

　　我们在此的目的是利用正则次微分分析法则的一些具体结果来处理定理 9.15
中更有挑战性的正则次微分 Palais-Smale 条件, 这些结果使我们能够有效地处理
几何约束问题. 为了明确起见, 在形如 (9.54) 的多目标问题中, 我们局限于考虑单
值目标函数 $f: X \to Z$ 的情形.

　　给定 Banach 空间之间的单值映射 $f: X \to Z$, 以及 $Z$ 的序锥 $\Theta$, 可直接从
定义 9.6(i) 观察到, 其正则次微分可表示为

$$\widehat{\partial}_{\Theta} f(\bar{x}) = \bigcup_{\substack{-z^* \in N(0;\Theta) \\ \|z^*\|=1}} \widehat{\partial}_{\Theta} f(\bar{x})(z^*), \tag{9.56}$$

其中 $\widehat{\partial}_{\Theta} f(\bar{x})(z^*) := \widehat{D}^* \mathcal{E}_{F,\Theta}(\bar{x}, f(\bar{x}))(z^*)$. 不难验证以下正则次微分的特殊和法
则:

$$\widehat{\partial}_{\Theta}(f + \Delta)(\bar{x})(z^*) \subset \bigcap_{v \in \widehat{\partial}_{\Theta}(-f)(\bar{x})(z^*)} \left[ \widehat{N}(\bar{x}; \Omega) - v \right] \tag{9.57}$$

成立, 前提是 $\widehat{\partial}_{\Theta}(-f)(\bar{x})(z^*) \neq \varnothing$ 且存在 $\bar{x}$ 的邻域 $U$ 以及非负数 $\ell$ 和 $\gamma$, 使得

$$\|f(u) - f(\bar{x})\| \leqslant \ell \|u - \bar{x}\| + \gamma |\langle z^*, f(u) - f(\bar{x}) \rangle|, \quad \text{对于所有 } u \in U \text{ 成立.} \tag{9.58}$$

注意, 如果 $Z = \mathbb{R}$, 或者映射 $f$ 在 $\bar{x}$ 处是上 Lipschitz 的, 即在 (9.58) 中 $\gamma = 0$,
则条件 (9.58) 自动成立, 并且当 $f$ 在这个点附近是局部 Lipschitz 时, 条件 (9.58)
肯定满足.

　　下一个定理保证了约束问题 (9.54) 的内在相对极小点的存在性, 以及在附加
假设下 (9.54) 的相对 Pareto 和弱 Pareto 极小点的存在性.

　　**定理 9.18** (约束多目标问题的相对和弱 Pareto 极小点的存在性)　设 $f$:
$X \to Z$ 和 $\Theta \subset Z$ 满足定理 9.15 的一般假设, 并设 $\Omega \subset X$ 是闭的. 此外, 假设
$\widehat{\partial}_{\Theta}(-f)(x)(z^*) \neq \varnothing$, (9.58) 对于任意 $x \in \Omega$, $z^* \in -N(0;\Theta)$ 且 $\|z^*\| = 1$ 成立, 并

且每个满足

$$\exists\, x_k^* \in \bigcap_{v \in \widehat{\partial}_\Theta (-f)(x_k)(z_k^*)} \left[ \widehat{N}(x_k; \Omega) - v \right], \quad \text{使得} - z_k^* \in N(0; \Theta), \qquad (9.59)$$

$\|z_k^*\| = 1$, 且当 $k \to \infty$ 时 $\|x_k^*\| \to 0$ 的序列 $\{x_k\} \subset \Omega$ 包含一个收敛序列. 如果 $\mathrm{iri}\,\Theta \neq \varnothing$, 则问题 (9.54) 有内在相对极小点. 此外, 如果 $\mathrm{ri}\,\Theta \neq \varnothing$, 则该问题有主要相对 Pareto 极小点, 并且如果 $\mathrm{int}\,\Theta \neq \varnothing$, 则该问题也存在弱 Pareto 极小点.

**证明**  考虑问题 (9.54) 的无约束形式 (9.55), 容易看出, 约束映射 $f_\Omega$ 除了正则次微分 Palais-Smale 条件需要验证外, 满足定理 9.15 的所有假设. 为此, 对 $F = f_\Omega$ 取定义 9.13 中的序列 $\{x_k\}$, $\{x_k^*\}$, 并通过 (9.56) 找到 $\{z_k^*\}$, 使得

$$x_k^* \in \widehat{\partial}_\Theta [f + \Delta(\cdot; \Omega)](x_k)(z_k^*), \quad -z_k^* \in N(0; \Theta), \quad \|z_k^*\| = 1, \qquad (9.60)$$

且 $\|x_k^*\| \to 0$. 由此可得 $\{x_k\} \subset \Omega$. 进一步使用 (9.60) 中的次微分和法则 (9.57), 我们有

$$x_k^* \in \bigcap_{v \in \widehat{\partial}_\Theta (-f)(x_k)(z_k^*)} \left[ \widehat{N}(x_k; \Omega) - v \right] \quad \text{且} \quad \|x_k^*\| \to 0,\ k \to \infty\ \text{时},$$

其中 $-z_k^* \in N(0; \Theta)$ 且 $\|z_k^*\| = 1$, 即 $\{x_k, x_k^*, z_k^*\}$ 满足 (9.59). 因此, 序列 $\{x_k\} \subset \Omega$ 包含一个收敛子列, 这就验证了 $f_\Omega$ 所要求的 Palais-Smale 条件, 从而保证了在 $\mathrm{iri}\,\Theta \neq \varnothing$ 的条件下 (9.54) 的内在相对极小点的存在性. 当 $\mathrm{ri}\,\Theta \neq \varnothing$ 且 $\mathrm{int}\,\Theta \neq \varnothing$ 时, (9.54) 的主要相对 Pareto 极小点和弱 Pareto 极小点的存在性, 可分别通过与推论 9.16 和推论 9.17 的证明类似的方法进行验证.                          △

如果成本映射 $f$ 在 $\Omega$ 上是 Fréchet 可微的, 则定理 9.18 的主要假设自动实现和/或显著简化.

**推论 9.19** (具有 Fréchet 可微目标的约束问题的相对和弱 Pareto 极小点的存在性)  设 $f: X \to Z$ 和 $\Theta \subset Z$ 满足定理 9.15 的一般假设, 设 $\Omega \subset X$ 是闭的, 且 $f$ 在 $\Omega$ 上是 Fréchet 可微的. 假设每个使得

$$\exists\, x_k^* \in \nabla f(x_k)^* z_k^* + \widehat{N}(x_k; \Omega) \quad \text{且} \quad -z_k^* \in N(0; \Theta), \qquad (9.61)$$

$\|z_k^*\| = 1$, 且 $\|x_k^*\| \to 0$ (当 $k \to \infty$ 时) 成立的序列 $\{x_k\} \subset \Omega$ 包含一个收敛子列. 则问题 (9.54) 在 $\mathrm{iri}\,\Theta \neq \varnothing$ 的条件下存在内在相对极小点. 此外, 如果 $\mathrm{ri}\,\Theta \neq \varnothing$, 则 (9.54) 有主要相对 Pareto 极小点, 并且如果 $\mathrm{int}\,\Theta \neq \varnothing$, 则有弱 Pareto 极小点.

**证明**  从定义易得

$$\widehat{\partial}_\Theta (-f)(x)(z^*) = \left\{ -\nabla f(x)^* z^* \right\} \neq \varnothing, \quad \text{其中} - z^* \in N(0; \Theta).$$

此外, 我们可以直接验证 $f$ 的 Fréchet 可微性意味着 $\Omega$ 上的性质 (9.58). 因此, 定理 9.18 的所有假设都满足, 条件 (9.59) 在此设置下简化为 (9.61).                          △

## 9.4　多目标问题的最优性条件

在本节中, 我们在 Asplund 空间设置下为 9.1 节中定义的多目标问题的所有类型的局部极小点建立了必要最优性条件. 基于极点原理, 对所有解类型的必要最优性条件进行统一定义.

### 9.4.1　集值优化中的 Fermat 法则

我们从最小化 $F: X \rightrightarrows Z$ 的无约束问题开始, 其中 $Z$ 是通过满足上面列出的假设但可能非尖的锥 $\Theta$ 定义的有序空间. 我们下面的条件包括分别在 (2.41) 和 (3.65) 中定义的 SNC/PSNC 性质, 这些性质在有限维中自动成立. 注意, 凸锥 $C \subset Z$ 在原点处的 SNC 性质可以等价地写为

$$\left[ z_k^* \xrightarrow{w^*} 0,\ z_k^* \in C^+,\ k \in I\!N \right] \Rightarrow \|z_k^*\| \to 0, \quad k \to \infty,$$

其中 $C^+$ 表示 $C$ 的正极锥, 由下式给出

$$C^+ := \left\{ z^* \in Z^* \mid \langle z^*, z \rangle \geqslant 0,\ 对于所有\ z \in C\ 成立 \right\}.$$

接下来, 我们使用一个显著的事实, 即满足 $\mathrm{ri}\, C \neq \varnothing$ 的凸锥 $C \subset Z$ 在原点处的 SNC 性质等价于空间 $\mathrm{cl}(C - C)$ 的有限余维数; 见练习 2.28(iii). 回顾, 下面的符号 $D^*$ 表示集值映射的基本上导数.

**定理 9.20** (多目标问题中的局部解的 Fermat 法则)　设 $F: X \rightrightarrows Z$ 是 Asplund 空间之间的集值映射, 且它的图在参考点 $(\bar{x}, \bar{z}) \in \mathrm{gph}\, F$ 附近是局部闭的, 而像空间 $Z$ 是由闭凸正常锥 $\Theta \subset Z$ 定义的偏序空间. 则 (Fermat 型) 上导数条件

$$0 \in D^* F(\bar{x}, \bar{z})(z^*) \quad 且 \quad -z^* \in N(0; \Theta), \quad \|z^*\| = 1 \tag{9.62}$$

在以下每种情况下, 对于 $(\bar{x}, \bar{z})$ 相对于 $F$ 的最优性是必要的:

- $(\bar{x}, \bar{z})$ 是局部 Pareto 极小点/有效解, 前提是 $\Theta \setminus (-\Theta) \neq \varnothing$, 并且 $\Theta$ 在 $0 \in Z$ 处是 SNC 的或 $F^{-1}$ 在 $(\bar{z}, \bar{x})$ 处是 PSNC 的.

- $(\bar{x}, \bar{z})$ 是局部拟相对极小点, 前提是 $\Theta$ 在 $0 \in Z$ 处是 SNC 的或 $F^{-1}$ 在 $(\bar{z}, \bar{x})$ 处是 PSNC 的.

- $(\bar{x}, \bar{z})$ 是局部内在相对极小点, 前提是 $\Theta$ 在 $0 \in Z$ 处是 SNC 的或 $F^{-1}$ 在 $(\bar{z}, \bar{x})$ 处是 PSNC 的.

- $(\bar{x}, \bar{z})$ 是局部主要相对极小点, 前提是闭子空间 $\mathrm{cl}(\Theta - \Theta)$ 在 $Z$ 上是有限维的或 $F^{-1}$ 在 $(\bar{z}, \bar{x})$ 处是 PSNC 的.

- $(\bar{x},\bar{z})$ 是局部弱 Pareto 极小点.

此外, 在列出的每种 (有效、准相对、内在相对、主要相对、弱) 局部极小点 $(\bar{x},\bar{z})$ 的情况下, 我们还得到了次微分必要最优性条件

$$0 \in \partial_\Theta F(\bar{x},\bar{z}), \tag{9.63}$$

前提是 $F$ 的上图和图在 $(\bar{x},\bar{z})$ 附近是闭的, 并且上述假设中 $F^{-1}$ 在 $(\bar{z},\bar{x})$ 处的 PSNC 性质被相关上图多值映射的逆映射 $\mathcal{E}_{F,\Theta}^{-1}$ 在该点处的 PSNC 性质替换.

**证明** 用统一的方式论述, 选取定理中所考虑 $F$ 的任意局部极小点 $(\bar{x},\bar{z}) \in \mathrm{gph}\, F$, 并将其简化为 (Asplund) 乘积空间 $X \times Z$ 中某个集合系统的局部极点. 即, 定义集合

$$\Omega_1 := \mathrm{gph}\, F, \quad \Omega_2 := X \times (\bar{z} - \Theta), \tag{9.64}$$

由施加于 $F$ 和 $\Theta$ 上的闭性假设, 这些集合在 $(\bar{x},\bar{z})$ 附近是局部闭的. 显然, 我们有 $(\bar{x},\bar{z}) \in \Omega_1 \cap \Omega_2$. 为了验证 $(\bar{x},\bar{z})$ 是 $\{\Omega_1, \Omega_2\}$ 的局部极点, 我们证明存在一个序列 $\{c_k\} \subset Z$ 满足 $c_k \to 0$(当 $k \to \infty$ 时), 使得

$$\Omega_1 \cap \big(\Omega_2 + (0, c_k)\big) \cap (U \times Z) = \varnothing, \quad k \in I\!N, \tag{9.65}$$

其中 $U$ 是由其局部极小性得出的 $\bar{x}$ 的邻域. 这给了我们所需的极点关系 (2.1) 且 $a_k := (0, c_k) \in X \times Z$.

通过置 $c_k := c/k$, $k \in I\!N$, 我们构造了一个 (9.65) 中的适当序列 $\{c_k\} \subset Z$, 其中对于定理中所考虑的每类局部极小点, 按以下方式选取 $0 \neq c \in Z$. 这可以通过使用相应极小点的定义, 并考虑在 (Pareto) 有效解的情况下施加的附加假设 $\Theta \setminus (-\Theta) \neq \varnothing$ 来完成:

- $c \in -(\Theta \setminus (-\Theta))$, 如果 $(\bar{x},\bar{z})$ 是局部 Pareto 极小点;
- $c \in -\mathrm{qri}\,\Theta$, 如果 $(\bar{x},\bar{z})$ 是局部拟相对极小点;
- $c \in -\mathrm{iri}\,\Theta$, 如果 $(\bar{x},\bar{z})$ 是局部内在相对极小点;
- $c \in -\mathrm{ri}\,\Theta$, 如果 $(\bar{x},\bar{z})$ 是局部主要相对极小点;
- $c \in -\mathrm{int}\,\Theta$, 如果 $(\bar{x},\bar{z})$ 是局部弱 Pareto 极小点.

使用反证法论证, 假设 (9.65) 不成立, 即

$$\text{存在 } (x,z) \in U \times Z \text{ 使得 } (x,z) \in \Omega_1 \cap \big(\Omega_2 + (0, c_k)\big). \tag{9.66}$$

然后, 通过集合 (9.64) 的构造, 我们得到某个 $(x,z) \in X \times Z$, 使得

$$x \in U, \quad z \in F(x) \quad \text{且} \quad z \in \bar{z} - \Theta + c_k, \quad k \in I\!N. \tag{9.67}$$

在 Pareto 极小点的情况下, 后者通过 $\{c_k\}$ 的选择告诉我们

$$\bar{z} - \Theta + c_k \subset \bar{z} - \Theta - (\Theta \setminus (-\Theta)) \subset \bar{z} - (\Theta \setminus \{0\}) \tag{9.68}$$

当 $k \in I\!N$ 时成立. 在相对极小点以及 $F$ 的弱有效解的所有情形下, 通过 $\{c_k\}$ 的选择我们有

$$\bar{z} - \Theta + c_k \subset \bar{z} - \Theta - \widetilde{\Theta} = \bar{z} - \widetilde{\Theta}, \quad k \in I\!N, \tag{9.69}$$

其中 $\widetilde{\Theta}$ 在局部极小点的相应情况下表示 $\mathrm{qri}\,\Theta$, $\mathrm{iri}\,\Theta$, $\mathrm{ri}\,\Theta$ 或 $\mathrm{int}\,\Theta$; 有关相对极小点参见练习 9.44, 同时注意到它对于弱极小点是显然的. 结合 (9.66)—(9.69) 中的关系, 我们得出, 对于相对和弱极小点有 $z \in (\bar{z} - \widetilde{\Theta}) \cap F(U)$ 且对于 $F$ 的局部有效解有 $z \in (\bar{z} - (\Theta \setminus \{0\})) \cap F(U)$. 这显然与这些极小点的定义相矛盾, 因此在考虑的所有情况下, 通过 (9.65) 证明了 $(\bar{x}, \bar{z})$ 是 $\{\Omega_1, \Omega_2\}$ 的局部极点.

现在为空间 $X \times Z$ 配备通常的和范数 $\|(x, z)\| := \|x\| + \|z\|$. 然后将 (近似) 极点原理应用于 (9.64) 中的 Asplund 空间的闭集系统 $\{\Omega_1, \Omega_2\}$, 并考虑 $\Omega_1, \Omega_2$ 的特殊构造以及 $X^* \times Z^*$ 上的最大对偶范数, 对于任意序列 $\varepsilon_k \downarrow 0$, 我们找到 $\{(x_{ik}, z_{ik})\} \subset X \times Z$ 和 $\{(x_{ik}^*, z_{ik}^*)\} \subset X^* \times Z^*$, $i = 1, 2$, 满足下列关系:

$$(x_{1k}, z_{1k}) \in \mathrm{gph}\,F, \quad (x_{2k}, z_{2k}) \in X \times (\bar{z} - \Theta), \quad \|(x_{ik}, z_{ik}) - (\bar{x}, \bar{z})\| \leqslant \varepsilon_k,$$

$$(x_{1k}^*, -z_{1k}^*) \in \widehat{N}\big((x_{1k}, z_{1k}); \mathrm{gph}\,F\big), \quad 0 = x_{2k}^* \in \widehat{N}(x_{2k}; X), \quad z_{2k}^* \in \widehat{N}\big(\bar{z} - z_{2k}; \Theta\big),$$

$$\begin{cases} \max\big\{\|x_{1k}^*\|, \|z_{1k}^* + z_{2k}^*\|\big\} \leqslant \varepsilon_k, \\ 1 - \varepsilon_k \leqslant \max\big\{\|x_{1k}^*\|, \|z_{1k}^*\|\big\} + \|z_{2k}^*\| \leqslant 1 + \varepsilon_k. \end{cases} \tag{9.70}$$

从 (9.70) 中的第二个条件得出, 序列 $\{(x_{ik}^*, z_{ik}^*)\}$, $i = 1, 2$ 在 (Asplund 对偶) 空间 $X^* \times Z^*$ 中是有界的, 因此它们包含弱* 收敛子列. 使用 (9.70) 中第一个条件, 不失一般性, 我们可以得出

$$\|x_{1k}^*\| \to 0, \quad z_{1k}^* \xrightarrow{w^*} z^* \quad \text{且} \quad z_{2k}^* \xrightarrow{w^*} -z^*, \quad k \to \infty, \tag{9.71}$$

其中弱* 极限 $z^* \in Z^*$ 满足当 $k \to \infty$ 时对上述关系 (9.70) 取极限得到的包含关系

$$(0, -z^*) \in N\big((\bar{x}, \bar{z}); \mathrm{gph}\,F\big) \quad \text{和} \quad -z^* \in N\big(0; \Theta\big). \tag{9.72}$$

接下来我们证明, 如果 $\Theta$ 在原点处是 SNC 的或对于考虑的所有类型的局部极小点, $F^{-1}$ 在 $(\bar{z}, \bar{x})$ 处是 PSNC 的, 则 (9.72) 中 $z^* \neq 0$. 反之, 假设 $z^* = 0$, 则从 (9.71) 可以推出

$$z_{1k}^* \xrightarrow{w^*} 0 \quad \text{和} \quad z_{2k}^* \xrightarrow{w^*} 0, \quad k \to \infty. \tag{9.73}$$

如果 $\Theta$ 在原点是 SNC 的, 则由 (9.73) 中第二个表达式可得 $\|z_{2k}^*\| \to 0$, 因此由 (9.70) 中的第一个关系可知, 当 $k \to \infty$ 时 $\|z_{1k}^*\| \to 0$. 将后者与 (9.71) 相结合, 我们得出与 (9.70) 中的非平凡/第二个表达式的矛盾. 现在假设 $F^{-1}$ 在 $(\bar{z}, \bar{x})$ 处是 PSNC 的. 使用 (9.71) 中正则法向量的收敛性, 由 PSNC 性质我们可得 $\|z_{1k}^*\| \to 0(k \to \infty)$. 从而有 $\|z_{2k}^*\| \to 0(k \to \infty)$, 也与 (9.70) 中的第二个表达式相矛盾. 因此, 在 (9.72) 中 $z^* \neq 0$, 通过标准化和上导数定义得出上导数条件 (9.62). 由此得出了定理中关于 Pareto 极小点、拟相对极小点和内在相对极小点情形下的上导数必要条件 (9.62) 的结论.

主要相对极小点的情形需要假设 $\mathrm{ri}\,\Theta \neq \varnothing$. 后者使我们能够完全刻画 $\Theta$ 的 SNC 性质. 事实上, 练习 2.28(iii) 的上述结果告诉我们, 该性质等价于假设子空间 $\mathrm{cl}\,(\Theta - \Theta)$ 在 $Z$ 中具有有限的余维数, 因此我们在这种情况下完成了证明. 最后如果 $(\bar{x}, \bar{z})$ 是 $F$ 的弱 Pareto 极小点, 则 $\mathrm{int}\,\Theta \neq \varnothing$. 在这种情况下, 凸序锥 $\Theta$ 自动是 SNC 的; 见练习 2.29, 因此上导数结果 (9.62) 对弱 Pareto 极小点无条件成立.

对于所考虑的所有局部极小点, 仍需证明其次微分必要条件 (9.63). 利用与 $F$ 相关的上图多值映射 $\mathcal{E}_{F,\Theta}: X \rightrightarrows Z$, 定义集值优化问题:

$$\text{minimize } \mathcal{E}_{F,\Theta}(x) = F(x) + \Theta, \quad x \in X. \tag{9.74}$$

显然, 在上述每种意义下, (9.74) 的每个局部最优解都是映射 $F$ 在相应意义下的局部最优解. 为达到这一目的, 我们需要验证反向蕴含关系. 首先我们证明它对所有相对和弱 Pareto 局部极小点成立. 后者源于这样一个事实, 即由定义 9.4 中 $F$ 的相应局部极小概念知, 对于 (9.74) 有

$$(\bar{z} - \widetilde{\Theta}) \cap (F(U) + \Theta) = \varnothing, \tag{9.75}$$

其中 $\widetilde{\Theta}$ 分别代表 $\mathrm{qri}\,\Theta$, $\mathrm{iri}\,\Theta$, $\mathrm{ri}\,\Theta$ 和 $\mathrm{int}\,\Theta$. 事实上, 对 (9.75) 的否定告诉我们 $z \in (\bar{z} - \widetilde{\Theta}) \cap (F(U) + \Theta)$, 因此

存在 $u \in U$, $v \in F(u)$ 和 $\theta \in \Theta$, 使得 $z = v + \theta \in \bar{z} - \widetilde{\Theta}$.

这给出关系

$$v = z - \theta \in \bar{z} - \theta - \widetilde{\Theta} \subset \bar{z} - \Theta - \widetilde{\Theta} = \bar{z} - \widetilde{\Theta}$$

对于所考虑 $\widetilde{\Theta}$ 的所有情况都成立, 其中后一个包含对于 $\widetilde{\Theta} = \text{int}\,\Theta$ 是平凡的, 而相对极小点的情况则遵循练习 9.44. 因此, 我们得到 $v \in (\bar{z} - \widetilde{\Theta}) \cap F(U)$, 这与定义 9.4 中的局部极小关系相矛盾, 从而验证了断言. 现在将上导数条件 (9.62) 应用于 (9.74), 并使用基本次微分定义证明弱以及所有相对极小点的次微分最优性条件 (9.63).

为了完成定理的证明, 我们需要在一般假设下证明 Pareto/有效局部极小点的次微分条件 (9.63), 其中不包括 $\Theta$ 的尖性. 类似于定理的第一个/上导数部分的证明, 我们用 $\widetilde{\Omega}_1 := \text{epi}_\Theta F$ 代替 $\Omega_1 = \text{gph}\,F$. 只对集合 $\widetilde{\Omega}_1$ 验证极点性质 (9.65) 就足够了. 使用反证法证明, 假设后者不成立, 即

$$\text{存在 } (x, z) \in U \times Z, \quad \text{使得 } (x, z) \in \widetilde{\Omega}_1 \cap \big(\Omega_2 + (0, c_k)\big). \tag{9.76}$$

然后通过集合 $\widetilde{\Omega}_1$ 和 $\Omega_2$ 的构造和向量上图的定义, 我们从 (9.76) 中找到某个 $(x, z, \theta) \in X \times Z \times \Theta$ 满足

$$x \in U, \quad z \in F(x) + \theta \quad \text{和} \quad z \in \bar{z} - \Theta + c_k, \quad k \in \mathbb{N}.$$

这意味着, 通过序锥 $\Theta$ 的凸性, 有

$$x \in U, \quad z - \theta \in F(U) \quad \text{和} \quad z - \theta \in \bar{z} - \theta - \Theta + c_k \subset \bar{z} - \Theta + c_k, \quad k \in \mathbb{N}.$$

与 (9.68) 类似, 我们从后者得到

$$z - \theta \in \big(\bar{z} - (\Theta \setminus \{0\})\big) \cap F(U),$$

这显然与局部 Pareto 极小性相矛盾, 因此验证了 $(\bar{x}, \bar{z})$ 是集合系统 $\{\widetilde{\Omega}_1, \Omega_2\}$ 的局部极点. 最后, 使用与上述上导数最优性条件 (9.62) 的证明相同的论述, 我们得出 Pareto 极小点的次微分最优性条件 (9.63), 从而完成了定理的证明.　　　　△

下面的备注和其中的例子揭示了增广实值函数的标量极小化和我们研究的多目标优化之间的显著区别.

**注 9.21** (由正则次梯度表示的多目标问题的 Fermat 法则失效)　对于 $\varphi\colon X \to \overline{\mathbb{R}}$ 的局部极小点, 定理 9.20 的标量对应结果是 $0 \in \partial\varphi(\bar{x})$, 这是从广义 Banach 空间中更具选择性的正则次微分 Fermat 法则 $0 \in \widehat{\partial}\varphi(\bar{x})$ 得出的; 见命题 1.30(i). 有趣的是, 即使对于有限维空间之间的简单映射, 后一必要最优条件的多目标对应结果也失效. 为了说明这一点, 考虑集值映射 $F\colon \mathbb{R} \rightrightarrows \mathbb{R}^2$, 定义如下

$$F(x) \equiv \varXi, \quad \text{其中 } \varXi := \big\{ z = (z_1, z_2) \in \mathbb{R}^2 \,\big|\, 2z_1 + z_2 \geqslant 0 \text{ 或 } z_1 + 2z_2 \geqslant 0 \big\}.$$

我们可知 $(\bar{x}, \bar{z}) = (0, 0) \in \mathbb{R} \times \mathbb{R}^2$ 是 $F$ 的 Pareto 极小点, 且

$$\widehat{N}\big((0, 0); \mathbb{R} \times (\varXi + \mathbb{R}_+^2)\big) = \widehat{N}\big((0, 0); \mathbb{R} \times \varXi\big) = \widehat{N}(0, \mathbb{R}) \times \widehat{N}(0; \varXi) = \varnothing.$$

因此, $\widehat{\partial}_\Theta F(0, 0) = \varnothing$, 这证明了正则次微分 Fermat 法则的多目标版本失效.

### 9.4.2 约束设置的最优性条件

在本节 (及整章) 的最后一小节中, 我们回到具有显式几何约束的多目标优化问题 (9.54) 并为定义 9.4 中适用于由 $F_\Omega(x) = F(x) + \Delta(x; \Omega)$ 表述的等价无约束形式 (9.55) 的所有类型的 (局部) 极小点推导出必要最优性条件. 所得结果用我们的基本广义可微结构和相关的 SNC/PSNC 性质表示, 这两者在 Asplund 空间的框架下都享有完整的分析法则; 见 [529, 第 3 章] 和前面第 3 章的练习. 注意, 通过这种方式, 我们可以处理具有其他类型结构约束 (泛函、算子、均衡等) 的多目标问题, 同时将这个问题在本章结尾留给读者作为练习.

除了基本上导数 $D^*$ 之外, 在下面的内容中, 我们还使用了集值映射的混合上导数构造 $D^*_M$, 它在 (1.65) 中被定义, 也享有与基本版本相同的完整点基分析法则; 见 [529, Chapter 3] 以及前面第 3 章中相应的注释和练习. 下面使用混合上导数来为所考虑的显著类型的映射制定细化的限定条件及其具体形式.

利用混合上导数, 我们定义在偏序空间 $Z$ 中取值的映射 $F: X \rightrightarrows Z$ 的奇异次微分

$$\partial_\Theta^\infty F(\bar{x}, \bar{z}) := D^*_M \mathcal{E}_{F,\Theta}(\bar{x}, \bar{z})(0), \quad \text{其中 } (\bar{x}, \bar{z}) \in \mathrm{epi}_\Theta F. \tag{9.77}$$

对于约束问题 (9.54), 下一个定理给出定义 9.4 中所有类型的局部极小点的必要最优性条件.

**定理 9.22** (约束多目标问题的相对 Pareto 极小点的必要条件) 设 $F: X \rightrightarrows Z$ 是 Asplund 空间之间的映射, 且具有由正常闭凸锥 $\Theta$ 定义的偏序像空间 $Z$. 假设 $\Omega \subset X$ 在 (9.54) 的参考局部极小点 $(\bar{x}, \bar{z})$ 附近是局部闭的. 以下断言成立:

(i) 假设 $F$ 的图在 $(\bar{x}, \bar{z})$ 附近是局部闭的, 混合规范条件

$$D^*_M F(\bar{x}, \bar{z})(0) \cap \big( - N(\bar{x}; \Omega) \big) = \{0\} \tag{9.78}$$

满足, 且 $F$ 在 $(\bar{x}, \bar{z})$ 处是 PSNC 的或者 $\Omega$ 在 $\bar{x}$ 处是 SNC 的; 如果 $F$ 在 $(\bar{x}, \bar{z})$ 附近是类 Lipschitz 的, 则 (9.78) 和 PSNC 性质自动成立. 则存在 $-z^* \in N(0; \Theta)$ 和 $\|z^*\| = 1$ 使得

$$0 \in D^* F(\bar{x}, \bar{z})(z^*) + N(\bar{x}; \Omega) \tag{9.79}$$

在下列每种 (9.54) 的局部极小点情况下成立;

• $(\bar{x}, \bar{z})$ 是局部 Pareto 极小点/有效解, 前提是 $\Theta \setminus (-\Theta) \neq \varnothing$ 并且 $\Theta$ 在 $0 \in Z$ 处是 SNC 的或者 $F_\Omega^{-1}$ 在 $(\bar{z}, \bar{x})$ 处是 PSNC 的.

• $(\bar{x}, \bar{z})$ 是局部拟相对极小点, 前提是 $\Theta$ 在 $0 \in Z$ 处是 SNC 的或者 $F_\Omega^{-1}$ 在 $(\bar{z}, \bar{x})$ 处是 PSNC 的.

• $(\bar{x}, \bar{z})$ 是局部内在相对极小点, 前提是 $\Theta$ 在 $0 \in Z$ 处是 SNC 的或者 $F_\Omega^{-1}$ 在 $(\bar{z}, \bar{x})$ 处是 PSNC 的.

• $(\bar{x}, \bar{z})$ 是局部主要相对极小点, 前提是子空间在 $Z$ 中是有限维的或者 $F_\Omega^{-1}$ 在 $(\bar{z}, \bar{x})$ 处是 PSNC 的.

• $(\bar{x}, \bar{z})$ 是局部弱 Pareto 极小点.

(ii) 假设 $F$ 在 $(\bar{x}, \bar{z})$ 附近是上图闭的并且奇异次微分规范条件

$$\partial_\Theta^\infty F(\bar{x}, \bar{z}) \cap \big( - N(\bar{x}; \Omega) \big) = \{0\} \tag{9.80}$$

满足. 则对于断言 (i) 中考虑的所有局部极小点, 我们有次微分必要最优性条件

$$0 \in \partial_\Theta F(\bar{x}, \bar{z}) + N(\bar{x}; \Omega), \tag{9.81}$$

前提是将 (i) 中对 $F$ 的假设替换为对其上图多值映射 $\mathcal{E}_{F,\Theta}$ 的相应假设.

**证明**  为了验证 (i), 将 (9.54) 表示为等价的多目标形式 (9.55), 并将定理 9.20(i) 应用于所有类型的局部极小点. 通过这种方法, 我们找到 $z^* \in -N(0; \Theta)$ 且 $\|z^*\| = 1$, 使得

$$0 \in D^* F_\Omega(\bar{x}, \bar{z})(z^*) = D^* \big( F + \Delta(\cdot; \Omega) \big)(\bar{x}, \bar{z})(z^*). \tag{9.82}$$

在 (9.82) 中应用练习 3.59(iii) 的上导数和法则, 可得

$$D^* \big( F + \Delta(\cdot; \Omega) \big)(\bar{x}, \bar{z})(z^*) \subset D^* F(\bar{x}, \bar{z})(z^*) + N(\bar{x}; \Omega)$$

在 (9.78) 和施加的 SNC/PSNC 要求下成立.  将后者代入 (9.82), 并考虑定理 9.20(i) 的相应假设, 我们证明 (i) 对于所考虑的所有局部极小点成立. 注意, 此断言中所要求的规范条件 (9.78) 和 PSNC 性质的实现可从定理 3.3 和在 3.4 节与 3.5 节中讨论的 Asplund 空间中 [529, 第 4 章] 的结果得出.

现在为了验证断言 (ii), 我们从定理 9.20(ii) 得出, 对于所有类型的局部极小点, 有

$$0 \in \partial_\Theta F_\Omega(\bar{x}, \bar{z}), \qquad \text{因此 } 0 \in D^* \mathcal{E}_{F_\Omega, \Theta}(\bar{x}, \bar{z})(z^*)$$

对某个 $z^* \in -N(0; \Theta)$, $\|z^*\| = 1$ 成立. 将练习 3.59(iii) 中的上述上导数和法则应用于

$$\mathcal{E}_{F_\Omega, \Theta}(x) = \mathcal{E}_{F,\Theta}(x) + \Delta(x; \Omega), \quad x \in X,$$

并考虑到 $F$ 的基本次微分和奇异次微分的定义, 我们在 (ii) 中假设下得到

$$0 \in D^* \big( \mathcal{E}_{F,\Theta} + \Delta(\cdot; \Omega) \big)(\bar{x}, \bar{z})(z^*) \subset \partial_\Theta F(\bar{x}, \bar{z}) + N(\bar{x}; \Omega),$$

这证明了 (9.81), 从而完成了定理的证明. △

最后, 我们给出定理 9.22 的一个结果, 它在使用无穷维设置中初始映射 $F$ 及其逆映射的 SNC/PSNC 性质时不涉及映射 $F_\Omega$.

**推论 9.23** (基于 PSNC 分析法则的约束多目标问题的必要最优性条件) 将定理 9.22(i) 中的规范条件 (9.78) 替换为

$$D^*F(\bar{x},\bar{z})(0) \cap \big( -N(\bar{x};\Omega) \big) = \{0\}, \tag{9.83}$$

并将 $F_\Omega^{-1}$ 上的 PSNC 假设替换为

- $F^{-1}$ 在 $(\bar{z},\bar{x})$ 处是 PSNC 的, 且 $\Omega$ 在 $\bar{x}$ 处是 SNC 的,
- 或者 $F$ 在 $(\bar{x},\bar{z})$ 处是 SNC 的.

则在所考虑的所有局部极小点情况下, 条件 (9.79) (对某个 $z^* \in -N(0;\Theta)$ 和 $\|z^*\| = 1$) 对于最优性是必要的.

**证明** 为了证明这一说法的正确性, 我们需要验证规范条件 (9.83) 和推论中的任意备选假设都意味着 $F_\Omega^{-1}$ 在 $(\bar{z},\bar{x})$ 处是 PSNC 的. 为此, 观察到 $F_\Omega^{-1}$ 在 $(\bar{z},\bar{x})$ 处的 PSNC 性质等价于集合 $\mathrm{gph}\, F_\Omega \subset X \times Z$ 关于 $Z$ 在这一点处的 PSNC 性质; 见练习 3.69. 由于 $\mathrm{gph}\, F_\Omega = \mathrm{gph}\, F \cap (\Omega \times Z)$, 我们将本练习中 PSNC 性质的交法则应用于集合 $\Omega_1 := \mathrm{gph}\, F$ 和 $\Omega_2 := \Omega \times Z$. 由于 $\Omega_1$ 和 $\Omega_2$ 的特殊构造, 这为我们提供了所需的结果. △

# 9.5 第 9 章练习

**练习 9.24** (拟相对和内在相对内部的性质) 设 $\varnothing \neq \Theta \subset X$ 是 Banach 空间 $X$ 的闭凸子集.

(i) 如果空间 $X$ 是可分的, 验证 $\mathrm{qri}\,\Theta \neq \varnothing$, 并举例说明其在不可分空间中失效.
提示: 将其与 [105] 进行比较.

(ii) 证明 $\mathrm{iri}\,\Theta = \mathrm{ri}\,\Theta$ 是使得 $\Theta - \bar{z}$ 的锥包为 $Z$ 的线性子空间的 $\bar{z}$ 的集合.

(iii) 证明如果 $\mathrm{ri}\,\Theta \neq \varnothing$, 则 (9.5) 中的包含关系是等价的, 否则两个包含关系可能都是严格的.

(iv) 建立充分条件, 以确保在无穷维中 $\mathrm{iri}\,\Theta \neq \varnothing$.

**练习 9.25** (集合的相对极小点之间的关系) 给定由满足 $\mathrm{ri}\,\Theta = \varnothing$ 的闭凸锥 $\Theta$ 定义的偏序 Hilbert 空间 $Z$ 中子集 $\Xi$, 构造例子证明:

(i) $\bar{z} \in \Xi$ 是集合 $\Xi$ 的内在极小点, 而非该集合的拟相对极小点.

(ii) 集合 $\Xi$ 存在内在相对极小点, 但不存在主要相对极小点.

(iii) 集合 $\mathrm{ri}\,\Xi$ 和 $\mathrm{iri}\,\Xi$ 都是空的.

**练习 9.26** (有序集值映射次微分的对偶向量值域) 证明定义 9.6 中的值域条件 $-z^* \in N(0;\Theta)$ 可由包含关系 $x^* \in \widehat{D}^*\mathcal{E}_{F,\Theta}(\bar{x},\bar{z})(z^*)$ 和 $x^* \in D^*\mathcal{E}_{F,\Theta}(\bar{x},\bar{z})(z^*)$ 之一得出.

**练习 9.27** (有序集值映射的次微分分析法则)　基于第 3 章中给出的有限维空间之间的多值映射和 [529, 第 3 章] 中 Asplund 空间之间的多值映射的上导数分析法则, 推导出有序集值映像的基本次微分 $\partial_\Theta F(\cdot)$ 的主要分析法则.

**练习 9.28** (有序值映射的水平闭性和上图闭性之间的关系)　设 $F: X \rightrightarrows Z$ 是 Banach 空间之间的映射, 其中 $Z$ 是由满足 $\operatorname{int}\Theta \neq \varnothing$ 的闭凸锥 $\Theta$ 定义的序空间. 假设 $F$ 是紧值的和水平闭的, 证明它是上图闭的.

提示: 通过使用所涉性质的定义证明.

**练习 9.29** (正规性)　设 $\varnothing \neq \Theta \subset Z$ 是 Banach 空间中的闭凸尖锥.

(i) 证明 $\operatorname{cone}\Theta$ 有正规性, 如果它有有界基; 特别是当 $Z$ 是有限维时.

(ii) 给出 Hilbert 空间中正规性失效的例子.

**练习 9.30** (锥的紧基性)　验证锥 $\Theta \subset Z$ 的紧基性等价于该锥的正规性和集合 $\Theta \cap I\!B$ 的紧性.

提示: 将它和练习 9.29 的陈述与 [303] 中相应结果进行比较.

**练习 9.31** (广义序最优性)　给定赋范空间之间的映射 $f: X \to Z$ 和包含 $0 \in Z$ 的集合 $\Theta \subset Z$, 我们称点 $\bar{x} \in X$ 是局部 $(f, \Theta)$-最优的, 如果存在 $\bar{x}$ 的邻域 $U$ 和序列 $\{z_k\} \subset Z$ 满足 $\|z_k\| \to 0$(当 $k \to \infty$ 时), 使得

$$f(x) - f(\bar{x}) \notin \Theta - z_k, \quad \text{对于所有 } x \in U \text{ 和 } k \in I\!N \text{ 成立.} \tag{9.84}$$

(i) 设 $\Theta$ 为 (9.84) 中的凸锥. 证明所引入的广义序最优性的概念包括: (a) Slater 最优性, 其中 $\operatorname{ri}\Theta \neq \varnothing$ 且不存在 $x \in U$ 使得 $f(x) - f(\bar{x}) \in \operatorname{ri}\Theta$; (b) 弱 Pareto 最优性, 其中 $\operatorname{int}\Theta \neq \varnothing$ 且不存在 $x \in U$ 使得 $f(x) - f(\bar{x}) \in \operatorname{int}\Theta$; (c) Pareto 最优性, 其中不存在 $x \in U$ 使得 $f(x) - f(\bar{x}) \in \Theta$ 且 $f(\bar{x}) - f(x) \notin \Theta$.

(ii) 设 $\bar{x}$ 是极大极小问题:

$$\text{minimize } \varphi(x) := \max\left\{\langle z^*, f(x)\rangle \mid z^* \in \Lambda\right\}, \quad x \in X$$

的一个局部最优解, 其中 $f: X \to Z$, 这里 $\Lambda$ 是 $Z^*$ 的弱 * 序列紧子集, 并使得存在 $z_0 \in Z$ 满足 $\langle z^*, z_0\rangle > 0 (\forall z^* \in \Lambda)$, 而且为简单起见 $\varphi(\bar{x}) = 0$. 证明 $\bar{x}$ 在 (9.84) 意义下是局部 $(f, \Theta)$-最优的且

$$\Theta := \left\{z \in Z \mid \langle z^*, z\rangle \leqslant 0, \ z^* \in \Lambda\right\}.$$

提示: 对于所有 $k \in I\!N$, 取 $z_k := z_0 / k$.

(iii) 将广义序最优性 (9.84) 的概念推广到集值成本映射, 并将其与定义 9.4 中的 Pareto-型极小点概念进行比较.

**练习 9.32** (闭偏好关系)　给定赋范空间 $Z$ 的子集 $Q \subset Z^2$, 如果 $(z_1, z_2) \in Q$, 我们称 $z_1$ 优于 $z_2$, 并记作 $z_1 \prec z_2$. 假设 $Q$ 不包含对角线 $(z, z)$ 并定义水平集

$$\mathcal{L}(z) := \{u \in Z \mid u \prec z\}, \quad z \in Z. \tag{9.85}$$

我们称偏好 $\prec$ 在 $\bar{z}$ 附近是局部饱足的, 如果对于所有 $\bar{z}$ 附近的 $z$ 有 $z \in \operatorname{cl}\mathcal{L}(z)$, 并称 $\prec$ 是几乎可传递的, 如果每当 $v \in \operatorname{cl}\mathcal{L}(u)$ 且 $u \prec z$ 时有 $v \prec z$. 如果这两个性质都满足, 则偏好 $\prec$ 被称为在 $\bar{z}$ 附近是闭的.

(i) 考虑由闭锥 $\Theta \subset Z$ 生成的广义 Pareto 偏好:

$$z_1 \prec z_2 \text{ 当且仅当 } z_1 - z_2 \in \Theta \text{ 且 } z_1 \neq z_2,$$

证明此偏好是几乎可传递的当且仅当锥 $\Theta$ 是凸尖的.

(ii) 设 $\prec$ 是通过字典序定义的 $I\!\!R^m (m \geqslant 3)$ 上的偏好, 即 $u \prec v$ 如果存在整数 $j \in \{0, \cdots, m-1\}$, 使得对于 $i = 1, \cdots, j$ 有 $u_i = v_i$ 且对于向量 $u, v \in I\!\!R^m$ 的相应分量有 $u_{j+1} < v_{j+1}$. 证明此偏好是局部饱足的, 但在 $I\!\!R^m$ 上几乎是不可传递的.

提示: 将其与 [530, 5.3.1 小节] 进行比较.

**练习 9.33** (极限单调性及其弱对应性质) 考虑定义 9.7 的极限单调性条件的一个弱版本, 其中用弱 Pareto 有效点的集合 $\mathrm{wMin}\, F(\bar{x})$ 替换其中的极小集 $\mathrm{Min}\, F(\bar{x})$.

(i) 在 $\mathrm{wMin}\, F(\bar{x})$ 的闭性假设下, 建立命题 9.8 类型的弱极限单调性的充分条件.

(ii) 给出一个 $I\!\!R^2$ 中满足 $\Theta = I\!\!R_+^2$ 的映射的例子, 其中集合 $\mathrm{wMin}\, F(\bar{x})$ 是闭的, 并且具有弱极限单调性, 而 $\mathrm{Min}\, F(\bar{x})$ 和极限单调性条件并非如此.

提示: 将其与 [55, 定理 3.4 和注释 3.5] 进行比较.

**练习 9.34** (极限单调性和支配性) (i) 举一个例子, 其中极限单调性条件 (9.8) 成立, 但支配性 (9.7) 失效.

(ii) 举一个例子, 其中练习 9.33 中的弱单调性条件成立, 但支配性的弱版本 (用弱极小集 $\mathrm{wMin}\, F(\bar{x})$) 替换 (9.7) 中的 $\mathrm{Min}\, F(\bar{x})$ 失效.

**练习 9.35** (乘积空间中集合的 Ekeland-型变分原理) 设 $\Xi$ 是 Banach 乘积空间 $X \times Z$ 中的一个非空集合, 其中 $Z$ 是由满足 $\Theta \setminus (-\Theta) \neq \varnothing$ 的正常闭凸锥 $\Theta \subset Z$ 定义的偏序空间.

(i) 通过对定理 9.10 指定与集合 $\Xi$ 相关联的集值映射 $F_{\Xi}$,

$$F_{\Xi}(x) := \{ z \in Z \mid (x, z) \in \Xi \} \quad \text{且} \quad \mathrm{gph}\, F_{\Xi} = \Xi,$$

推导相应版本的 Ekeland 变分原理.

(ii) 建立 (i) 的结果与 [303, 定理 3.10.7] 中获得的集合 $\Xi \subset X \times Z$ 的所谓真极小点定理之间的关系.

提示: 将其与 [56, 推论 3.6 和注释 3.7] 进行比较.

**练习 9.36** (弱极小点的 Ekeland 型变分原理) 建立定理 9.10 的弱极小点版本, 前提是 $\mathrm{int}\, \Theta \neq \varnothing$, 并用 $\mathrm{wMin}\, F(\bar{x})$ 替换集合 $\mathrm{Min}\, F(\bar{x})$, 偏好关系 (9.1) 替换为

$$z_1 \prec z_2 \text{ 当且仅当 } z_2 - z_1 \in \mathrm{int}\, \Theta.$$

提示: 如定理 9.10 所示, 使用练习 9.33 中的弱极限单调性条件.

**练习 9.37** (次微分变分原理中的估计) 由于 (9.26) 中的集合构造, 从近似极点原理 (9.29) 推导出 (9.30) 中的关系.

**练习 9.38** (弱近似极小点的次微分变分原理) 为定义 9.9 中的近似极小点的弱版本建立定理 9.12 的对应结果.

提示: 类似于定理 9.12 的证明, 用练习 9.36 中的弱 Ekeland-型变分原理代替定理 9.10.

**练习 9.39** (强极限单调性) 设 $F: X \rightrightarrows Z$ 且 $Z$ 为偏序空间, 并设 $\bar{x} \in \mathrm{dom}\, F$.

(i) 证明命题 9.8 中列出的所有条件都能确保 $F$ 在 $\bar{x}$ 处的强极限单调性.

提示: 按照命题 9.8 的证明进行.

(ii) 举一个具有极限单调性 (9.8) 但不具有强极限单调性的映射的例子.

(iii) 给出弱极小点的一种强极限单调性版本, 并为其建立充分条件.

**练习 9.40** (拟相对极小点和 Pareto 极小点的存在性)　考虑定理 9.15 的设置.

(i) 在定理 9.15 的证明中找出那些对于拟相对极小点和 Pareto 极小点情况下不起作用的部分.

(ii) 找到附加假设, 使得可以通过修改定理 9.15 的证明过程以建立拟相对极小点的存在性.

(iii) 找到附加的假设, 使得可以通过修改定理 9.15 的证明过程以建立 Pareto 极小点的存在性.

**练习 9.41** (基于基本次微分分析法则的约束多目标问题的相对和弱 Pareto 极小点的存在性)　在有限维和 Asplund 空间框架下, 对模型 (9.55) 使用基本次微分分析法则 (见第 2—4 章和 [529, 第 3 章]), 从定理 9.15 及其推论中推导出有效结果, 确保在下列约束设置下存在相对和弱 Pareto 极小点:

(i) 仅具有几何约束的问题 (9.54).

(ii) 具有不等式和等式约束的问题, 可以通过某些 Lipschitz 连续函数 $\varphi_i$, $i = 1, \cdots, m+r$ 描述如下

$$\Omega := \big\{ x \in X \,\big|\, \varphi_i(x) \leqslant 0, \ i = 1, \cdots, m; \ \varphi_i(x) = 0, \ i = m+1, \cdots, m+r \big\}.$$

(iii) 具有算子约束的问题 $G(x) \cap S \neq \varnothing$, 其中 $G: X \rightrightarrows Y$ 且 $S \subset Y$.

(iv) 具有均衡约束的问题, 通常通过某些集值映射描述为 $0 \in G(x) + Q(x)$; 参见 [530, 第 5 章].

提示: 对于弱 Pareto 极小点的情况, 遵循在 [53] 中的发展程序.

**练习 9.42** (Lipschitz 连续映射的向量次微分表示)　设 $f: X \to Z$ 是 Banach 空间之间的单值映射, 且在给定点 $\bar{x}$ 附近是局部 Lipschitz 的.

(i) 通过标量化来指定正则次微分的表示 (9.56).

(ii) 找出使得定义 9.6(ii) 中基本向量次微分的类似表示成立的条件.

提示: 与 [529, 3.1.3 节] 关于基本上导数的情况相比较.

**练习 9.43** (标量和向量函数的正则次梯度的特殊和法则)　设 $f$ 为 Banach 空间之间的增广实值函数或单值映射.

(i) 推出和法则 (9.57 ) 的对应标量结果.

提示: 与 [554] 比较.

(ii) 证明向量情况下的和法则 (9.57).

**练习 9.44** (相对极小点的性质)　证明 (9.69) 中的等式对于三类相对极小点全部成立.

提示: 与 [104, 引理 3.1] 比较.

**练习 9.45** (具有结构约束的问题中相对 Pareto 极小点的必要条件)　对于练习 9.41 中列出的具有结构约束的多目标问题, 推导出定理 9.22 和推论 9.23 的相应版本.

提示: 使用在 [529, 第 3 章] 中发展并在本书前面各章中讨论过的广义微分和 SNC/PSNC 分析法则.

**练习 9.46** (多目标优化中的超极小点)　给定 $F: X \rightrightarrows Z$ 和 $\Omega \subset X$, 考虑约束优化问题 (9.54), 其中 "最小化" 理解为 (9.1) 中通过闭凸锥 $\Theta \subset Z$ 定义的广义 Pareto 偏好关系 $\preceq$. 我

们称满足 $\bar{x} \in \Omega$ 的序对 $(\bar{x}, \bar{z}) \in \operatorname{gph} F$ 是问题 (9.54) 的局部超极小点, 如果存在 $\bar{x}$ 的邻域 $U$ 和数 $M > 0$ 使得

$$\|z - \bar{z}\| \leqslant M\|v\|, \quad \text{若 } x \in \Omega \cap U,\ z \in F(x),\ v \in Z \text{ 满足 } z - \bar{z} \preceq v. \tag{9.86}$$

(i) 将此概念与定义 9.4 中的概念进行比较.

(ii) 证明即使对于 $X = \mathbb{R},\ Z = \mathbb{R}^2$ 和 $\Theta = \mathbb{R}^2_+$, 推论 9.23 中得到的弱和其他类型的局部极小点的必要最优性条件 (9.79) 对于 (9.54) 中的局部超极小点来说也不是必要的.

(iii) 使用与 9.4 节类似的变分分析和广义微分技巧, 证明在与定理 9.22(i) 相同假设的有效性下, 给定的 (9.54) 的超极小点 $(\bar{x}, \bar{z})$ 满足以下上导数最优性条件: 对于 (9.86) 中约束 $M$, 存在 $-z^* \in N(0; \Theta)$ 且 $\|z^*\| \leqslant M$, 使得每当 $v^* \in \mathbb{B}^* \subset Z^*$ 时, 有

$$0 \in D^* F(\bar{x}, \bar{z})(z^* - v^*) + N(\bar{x}; \Omega).$$

类似定理 9.22(ii), 推导出这个条件的相应次微分结果.

提示: 将其与 [54] 比较.

**练习 9.47** (多值映射的极点系统) 设 $S_i: M_i \rightrightarrows X,\ i = 1, \cdots, m$ 是从度量空间 $(M_i, d_i)$ 到赋范空间 $X$ 的集值映射. 我们称 $\bar{x}$ 是系统 $\{S_1, \cdots, S_m\}$ 在 $(\bar{s}_1, \cdots, \bar{s}_m)$ 处的一个局部极点, 前提是 $\bar{x} \in S_1(\bar{s}_1) \cap \cdots \cap S_m(\bar{s}_m)$ 且存在 $\bar{x}$ 的邻域 $U$, 使得对于每个 $\varepsilon > 0$, 存在 $s_i \in \operatorname{dom} S_i$ 满足条件

$$d(s_i, \bar{s}_i) \leqslant \varepsilon, \quad \operatorname{dist}(\bar{x}; S_i(s_i)) \leqslant \varepsilon, \quad i = 1, \cdots, m,$$
$$S_1(s_1) \cap \cdots \cap S_m(s_m) \cap U = \varnothing.$$

(i) 考虑关于闭偏好 $\prec$ 的向量极小化问题:

$$\text{minimize } f(x) \quad \text{s.t. } x \in \Omega \subset X, \tag{9.87}$$

其中 $f: X \to Z$ 是赋范空间之间的映射. 证明 $(\bar{x}, f(\bar{x}))$ 是多值映射系统 $S_i: M_i \rightrightarrows X \times Z$, $i = 1, 2$, 在 $(f(\bar{x}), 0)$ 处的局部极点, 其定义通过与偏好 $\prec$ 相关联的水平集 (9.85) 表述如下

$$S_1(s_1) := \Omega \times \operatorname{cl} \mathcal{L}(s_1) \ \text{且}\ M_1 := \mathcal{L}(f(\bar{x})) \cup \{f(\bar{x})\},$$
$$S_2(s_2) = S_2 := \{(x, f(x)) \mid x \in X\} \ \text{且} \quad M_2 := \{0\}.$$

(ii) 设 $(\bar{x}, \bar{y}) \in \Omega \times \Theta$ 是支付函数 $\varphi: X \times Y \to \mathbb{R}$ 在赋范空间的子集 $\Omega \subset X$ 和 $\Theta \subset Y$ 上的鞍点, 即

$$\varphi(x, \bar{y}) \leqslant \varphi(\bar{x}, \bar{y}) \leqslant \varphi(\bar{x}, y), \quad \forall (x, y) \in \Omega \times \Theta.$$

定义集值映射 $S_1: [\varphi(\bar{x}, \bar{y}), \infty) \times (-\infty, \varphi(\bar{x}, \bar{y})] \rightrightarrows \Omega \times \mathbb{R} \times \Theta \times \mathbb{R}$ 和集合 $S_2 \subset \Omega \times \mathbb{R} \times \Theta \times \mathbb{R}$ 如下

$$S_1(\alpha, \beta) := \Omega \times [\alpha, \infty) \times \Theta \times (-\infty, \beta], \quad S_2 := \operatorname{hypo} \varphi(\cdot, \bar{y}) \times \operatorname{epi} \varphi(\bar{x}, \cdot),$$

并证明点 $(\bar{x}, \varphi(\bar{x}, \bar{y}), \bar{y}, \varphi(\bar{x}, \bar{y}))$ 是多值映射系统 $\{S_1, S_2\}$ 在 $(\varphi(\bar{x}, \bar{y}), \varphi(\bar{x}, \bar{y}))$ 处的局部极点.

提示: 按照定义进行, 并与 [530, 5.3.3 小节] 比较.

**练习 9.48** (多值映射系统的极点原理)　设 $\bar{x} \in S_1(\bar{s}_1) \cap \cdots \cap S_m(\bar{s}_m)$ 是从度量空间 $(M_i, d_i)$ 到 Asplund 空间 $X$ 的闭多值映射 $S_i: M_i \rightrightarrows X$ 在 $(\bar{s}_1, \cdots, \bar{s}_m)$ 处的局部极点.

(i) 证明对于每个 $\varepsilon > 0$ 有 $s_i \in \operatorname{dom} S_i$, $x_i \in S_i(s_i)$ 和 $x_i^* \in X^*$, $i = 1, \cdots, m$ 满足近似极点原理的关系:

$$d(s_i, \bar{s}_i) \leqslant \varepsilon, \quad \|x_i - \bar{x}\| \leqslant \varepsilon, \quad x_i^* \in \widehat{N}\big(x_i; S_i(s_i)\big) + \varepsilon I\!\!B^*,$$
$$x_1^* + \cdots + x_m^* = 0, \qquad \|x_1^*\| + \cdots + \|x_m^*\| = 1.$$

提示: 使用 Ekeland 变分原理和集合系统的近似极点原理; 将其与 [530, 定理 5.38] 的证明作比较.

(ii) 寻找可验证的条件, 以确保由极限法锥表示的多值映射系统的确切极点原理的有效性.

提示: 将其与 [530, 命题 5.70 和定理 5.72] 比较.

(iii) 应用 (i) 和 (ii) 中的极点原理, 推出相对于闭偏好的 (9.87) 型向量优化问题的必要最优性条件.

提示: 使用练习 9.47 中对极点系统的简化, 并将其与 [530, 定理 5.73] 进行比较.

**练习 9.49** (广义序最优性的充要条件)　设 $f: X \to Z$ 是 Banach 空间之间的映射, 并设 $\Omega \subset X$ 和 $\Theta \subset Z$ 是使得 $\bar{x} \in \Omega$ 且 $0 \in \Theta$ 的集合. 考虑广义上图

$$\mathcal{E}(f, \Omega, \Theta) := \{(x, z) \in X \times Z \mid f(x) - z \in \Theta, \; x \in \Omega\},$$

并假设它在 $(\bar{x}, \bar{z})$ 附近是局部闭的, 其中 $\bar{z} := f(\bar{x})$.

(i) 假设 $\bar{x}$ 是服从约束 $x \in \Omega$ 的局部 $(f, \Theta)$-最优点, 空间 $X$ 是 Asplund 空间, 并且空间 $Z$ 是有限维的. 证明存在 $z^* \in Z^*$ 满足条件

$$(0, -z^*) \in N\big((\bar{x}, \bar{z}); \mathcal{E}(f, \Omega, \Theta)\big), \quad z^* \neq 0, \tag{9.88}$$

这总是意味着 $z^* \in N(0; \Theta)$; 由此也可得到 $0 \in D_N^* f_\Omega(\bar{x})(z^*)$, 前提是 $f$ 在 $\bar{x}$ 附近相对于 $\Omega$ 是连续的, 并且 $\Omega$ 和 $\Theta$ 分别在 $\bar{x}$ 和 0 附近是局部闭的. 此外, 如果 $f$ 在 $\bar{x}$ 附近相对于 $\Omega$ 是 Lipschitz 连续的, 证明 (9.88) 等价于

$$0 \in \partial \langle z^*, f_\Omega \rangle(\bar{x}), \quad z^* \in N(0; \Theta) \setminus \{0\}, \tag{9.89}$$

其中 $f_\Omega$ 代表 $f$ 在 $\Omega$ 上的限制.

(ii) 除了 (i) 中假设外, 在 $f$ 相对于 $\Omega$ 是连续性的情况下, 假设 $\Theta$ 在原点处是 SNC 的, 或者 $f_\Omega^{-1}$ 在 $(\bar{z}, \bar{x})$ 处是 PSNC 的. 证明存在 $z^* \in Z^*$ 满足

$$0 \neq z^* \in N(0; \Theta) \cap \ker D_N^* f_\Omega(\bar{x}),$$

这等价于 (9.89), 也等价于 (9.88), 前提是 $f$ 在 $\bar{x}$ 附近相对于 $\Omega$ 是 Lipschitz 连续的, 并且限制 $f_\Omega$ 在这一点上是强上导数正则的, 即 $D_N^* f_\Omega(\bar{x}, \bar{z}) = D_M^* f_\Omega(\bar{x}, \bar{z})$.

提示: 为了验证 (i), 简单起见, 取 $\bar{z} = 0$, 并将练习 2.31 中的确切极点原理应用于闭集系统

$$\Omega_1 := \mathcal{E}(f, \Omega, \Theta) \quad \text{和} \quad \Omega_2 := \operatorname{cl} U \times \{0\}, \quad \text{其中 } (\bar{x}, 0) \in X \times Z, \tag{9.90}$$

其中 $U$ 是 (9.84) 中 $\bar{x}$ 相对于 $\Omega$ 的局部最优性的邻域. 证明 (ii) 需要更多的阐述, 包括极点原理的乘积版本和集合之交的 PSNC 保持法则的使用; 与 [530, 定理 5.59] 的证明比较.

(iii) 给出有限维空间中的例子, 表明 (i) 和 (ii) 的必要最优性条件对于广义序最优性不是充分的.

(iv) 假设在广义 Banach 空间设置中, $\Omega$ 在 $\bar{x}$ 附近是局部凸的, $\Theta$ 是凸锥且 $\operatorname{int}\Theta \neq \varnothing$, 并且 $f$ 在 $\Omega$ 上是局部 $\Theta$-凸的, 这意味着存在 $\bar{x}$ 的凸邻域 $U$ 使得

$$f\big(\lambda x + (1-\lambda)u\big) \in \lambda f(x) + (1-\lambda)f(u) - \Theta, \quad \text{对于所有 } x,u \in \Omega \cap U \text{ 成立}.$$

证明在这种情况下, (9.88) 中条件对于在约束 $x \in \Omega$ 下 $\bar{x}$ 的 $(f,\Theta)$ -最优性是充分的. 那么 (i) 和 (ii) 中其他必要最优性条件的充分性呢?

提示: 将其与 [726, 定理 4.5] 比较.

**练习 9.50** (多目标问题中全局弱 Pareto 极大点的充分最优性条件)　给定闭凸锥 $\Theta \subset Z$ 且 $\operatorname{int}\Theta \neq \varnothing$, 考虑以下集值最大化问题:

$$\Theta - \operatorname{maximize}\ F(x)\ \text{s.t.}\ x \in \Omega, \tag{9.91}$$

其中 $F: X \rightrightarrows Z$ 的值通过

$$z_1 \prec z_2 \quad \text{当且仅当} \quad z_2 - z_1 \in \operatorname{int}\Theta$$

定义了偏序. 我们称一个可行序对 $(\bar{x},\bar{z})$ 是 (9.91) 的全局弱 Pareto 极大点, 如果不存在 $z \in F(x)$, $x \in \Omega$ 使得

$$F(\Omega) \cap (\bar{z} + \operatorname{int}\Theta) = \varnothing.$$

(i) 找到对 (9.91) 数据的适当假设, 使得条件

$$0 \notin \partial_\Theta F(\bar{u},\bar{v}) + N(\bar{u};\Omega), \quad \partial_\Theta F(\bar{u},\bar{v}) + N(\bar{u};\Omega) \subset N(\bar{u};\Omega),$$

其中 $(\bar{u},\bar{v}) \in \operatorname{gph} F$, $\bar{u} \in \Omega$ 且 $\bar{v} \in \bar{z} - \operatorname{bd}\Theta$, 对于 $(\bar{x},\bar{z})$ 的全局弱 Pareto 极大性是充分的.

提示: 按照 [58] 的方案, 在 Asplund 空间中应用近似极点原理.

(ii) 在 (9.91) 中单值和实值目标的情况下, 明确和完善 (i) 中条件.

(iii) 阐明 (i) 中条件对 (全局或局部)Pareto 极大点是否是充分的, 并研究用正则次微分替换其中的基本次微分 $\partial_\Theta F$ 的可能性.

**练习 9.51** (具有均衡约束的多目标优化)　设 $F: X \times Y \rightrightarrows Z$, $G: X \times Y \rightrightarrows W$ 和 $Q: X \times Y \rightrightarrows W$ 是在空间 $Z$ 上具有某种序的 Banach 空间之间的集值映射. 考虑以下参数多目标优化问题:

$$\operatorname{minimize}\ F(x,y)\ \text{s.t.}\ 0 \in G(x,y) + Q(x,y), \tag{9.92}$$

其中 (9.92) 中的 "最小化" 应在某种有序或均衡关系的意义下理解, 其中的约束可以被视为基 $G(x,y)$ 和域 $Q(x,y)$ 映射都是集值的广义均衡约束; 参见 (6.73). 这类问题出现在, 例如, 集值变分不等式的建模中: 给定 $G: X \times Y \rightrightarrows Y^*$ 和 $\varXi \subset Y$, 找到 $y \in \varXi$ 使得

$$存在 y^* \in G(x,y) \text{ 使得} \langle y^*, u - y \rangle \geqslant 0, \quad \text{对于所有 } u \in \varXi \text{ 成立}.$$

第 9 章 集合优化中的变分分析

(9.92) 中多值约束的另一个来源是由如下 KKT 系统给出的

$$0 \in \partial_y \varphi(x, y) + N(y; \Xi(x)), \quad (x, y) \in X \times Y, \tag{9.93}$$

该条件以双层规划的参数下层问题:

$$\text{minimize} \quad \varphi(x, y) \quad \text{s.t.} \quad y \in \Xi(x) \subset Y$$

的必要 (在凸情况下也是充分的) 最优性条件出现, 其中基 $G(x, y) := \partial_y \varphi(x, y)$ 是集值的, 前提是费用函数 $\varphi$ 关于决策变量 $y$ 不可微. 注意, 在 (9.92) 中的上层成本 $F$ 是向量值或集值的情况下, 这类问题描述的是多目标双层规划, 而不是通常的具有标量成本的问题. 还可以观察到, 由于 (9.92) 中的均衡关系可能出现在费用 (上层) 和约束 (下层) 中, 并且可以被视为 Pareto-型和 Nash-型均衡, 模型 (9.92) 通常被记为带有均衡约束的均衡问题 (EPECs).

(i) 推导 Asplund 空间中问题 (9.92) 的必要最优性条件, 其中针对本章研究的 Pareto 型概念考虑优化.

提示: 利用极点原理, 并在广义序最优性情况下将结果与 [51] 中得到的结果比较, 该性质在练习 9.31 中对单值费用问题进行了定义.

(ii) 对于以变分形式 (9.93) 给出的均衡约束, 以及当 $G$ 和 $Q$ 以 (3.41) 和 (3.48) 中复合次微分形式表示时, 给出 (i) 中结果的具体形式.

提示: 使用二阶次微分和相应的分析法则, 类似于 3.3 节. 将此与 [533] 进行比较, 其中对 (9.92) 中的广义序最优性的情况进行了分析.

(iii) 考虑 (9.92) 中涉及上下层非合作 (Cournot-Nash) 均衡的 EPEC 模型, 并从 (i) 的一般方案中得到的条件推导出它们的必要最优性条件.

提示: 将其与 [567] 上水平弱 Pareto 最优性和下水平 Cournot-Nash 均衡的处理比较, 并应用于垄断市场.

## 9.6  第 9 章评注

具有单值向量目标的向量优化问题长期以来一直是优化理论和应用中考虑的问题. 最初的动机主要来自经济学、工程学等, 后来向量优化理论因其自身的原因发展起来, 具有多种方法和结果; 参见, 例如, [148, 246, 303, 304, 388, 392, 481, 485, 514, 530, 636] 及其中的参考文献. 向量优化问题与向量变分不等式、各种均衡模型和 EPECs 有很大联系, 但又有区别; 见 [10, 17, 65, 86, 89, 90, 147, 190, 221, 275, 294, 320, 326, 359, 363, 427, 498, 499, 505, 507, 527, 567, 572, 605, 629, 635, 743, 748, 763] 等其他出版物. 注意, 除了向量优化和相关主题的纯理论发展之外, 还有一些有效的算法以数值方式求解这些问题; 参见, 例如, [9, 98, 146, 160, 278, 307, 382, 427, 604], 读者可以在其中找到其他参考书目.

集合优化的问题, 其目标通过有序集值映射给出, 在优化理论中较晚才开始考虑. 在最初的集合优化的模型和结果中, 我们提到了 Oettli [625] 和他的博士生 Tagawa [710], Corley [180], El Abdoini 和 Thibault [253], 以及 Kuroiwa [450].

之后, 许多出版物研究了集合优化及其应用的各个方面; 参见, 例如, [186, 239, 327, 328, 346, 365, 389, 418, 653, 709], 除了下面讨论的来源和其中的参考文献外, 仅列出一些.

Khan, Tammer 和 Zălinescu [412] 的最新专著, 从不同的角度、相关主题和某些应用提供了对集合优化问题的全面、系统的研究. [412] 中的大量参考书目向读者介绍了其他参考材料. 尽管 [412] 中还讨论了其他多目标优化方法, 但主要关注的是原始空间方法 (涉及切锥以及集合和映射的导数逼近) 以及由其作者大量发展的标量化技巧.

第 9 章和后续第 10 章的主要重点是变分分析的对偶空间方法, 该方法基于极点原理 (与标量化完全不相关), 并且使用集合和映射的法锥和上导数构造, 这些构造可能不是任何形式的对偶. 这种方法是在作者的书 [530] 中针对 (单目标) 向量优化问题开发的; 见其中的参考文献和评论. 第 9 章介绍了它对集合优化的扩展 (还有向量优化问题的新结果), 主要是基于 Bao 和 Mordukhovich 的论文 [55]; 另请参阅下面引用的这些研究者和其他研究者的相关出版物.

**9.1 节** 在 [55] 中引入和研究一般集值优化问题的相对 Pareto 极小点概念的主要动机之一是处理具有非实序锥的多目标问题. 这考虑了这样一个事实, 即在多目标优化中, 通常施加在序锥上的非空内部条件已经以优化理论和应用的限制被实现, 特别是在无穷维中, 它在许多重要的设置中失效 (连同非空相对内部条件). 为此, 请注意, 拟相对极小点的定义 9.4(v) 中使用的序锥的拟相对内部对于可分 Banach 空间中的任何闭凸锥都是非空的; 这是由 Borwein 和 Lewis [105] 证明的, 然后在 [104, 107, 117, 118, 120, 121, 190, 306, 499, 500] 以及其他出版物中被用于无穷维分析和优化.

对于有限维和无穷维的向量优化问题, 在 [238, 320, 433, 513, 514, 530, 593] 中进行了几种避免非空内部和相对内部假设的尝试. [55] 和本章中发展的新技术与上述出版物中使用的不同, 它们不仅讨论了集合优化中的必要最优性条件, 而且讨论了相对 Pareto 极小点的存在性.

定义 9.6 中具有有序值集值 (特别是向量值) 映射的次微分概念最早出现在 Bao 和 Mordukhovich [52] 的另一篇论文中. 这些构造以与第 1 章中增广实值函数的相应次微分相同的几何模式被引入, 显然具有类似的解析表示. 由于它们是通过上导数定义的, 因此这些 "向量" 次微分继承了与标量函数相似的性质和分析法则. 与多目标优化中各种类型的有效性相关联的向量/集值映射的次微分的其他概念可以在 [320, 412, 451, 709] 及其参考文献中找到.

**9.2 节** 在本节中, 我们介绍两种有序集值映射的变分原理, 以及闭集的基本极点原理, 它们在存在性定理和相对 Pareto 极小点的必要最优性条件的推导中起着至关重要的作用. 第一个是具有 (偏) 序值多值映射的情况下, 开创性的

Ekeland 变分原理的一个适当版本. 它的公式和证明扩展了先前从 [52] 得出的结果, 其中近似 $\varepsilon\xi$ -极小点及其严格对应的概念首次出现. 定理 9.10 的证明中的一个重要部分, 是验证满足 (9.10) 和 (9.11) 中条件的 $\bar{z} \in \operatorname{Min} F(\bar{x})$ 的存在性, 这与增广实值函数的经典 Ekeland 原理及其向量值对应版本没有类似之处. 定理的最后一个条件 (9.12) 基于近似 $\varepsilon\xi$ -极小点的定义. 上面介绍的极限单调性条件及其修正也在 [52] 中被引入, 并在 [55] 中得到了改进.

Ekeland 变分原理对向量值和集值映射的各种扩展已成为许多出版物的主题; 参见, 例如 [10, 75, 303, 322, 412, 418, 658] 及其参考书目. 我们在 [52, 55] 中的动机完全来自这些论文的主要问题, 以获得集值优化中的适当存在性定理和必要最优性条件. [52, 55] 中建立的证明有助于推导出具有锥值序变量结构的拟度量空间 [171] 上的集值映射的变分原理和相关结果; 有关更多详细信息, 参见 Bao, Mordukhovich 和 Soubeyran 的论文 [61–63]. 从 Soubeyran 的变分理性方法 [703] 的角度来看, 这种要求不可避免地出现在对行为科学 (心理学、经济学、人类行为等) 的几种模型的应用中. 通过使用变分原理和其他变分分析技巧, 在 [61–63] 中对这些模型进行了全面研究.

为此需要注意的是, 虽然在 20 世纪 70 年代的文献中出现了具有变量偏好的向量优化问题 (见 Yu [762]), 但近年来, 从优化理论和应用的角度来看, 人们对此类问题的兴趣在不断增长. 我们建议读者参考 Eichfelder 的优秀著作 [247] 和相关的论文 [248, 249], 通过使用标量化技术对向量优化中的变量结构进行深入研究和应用. [60] 的对偶空间变分方法允许我们使用极点原理获得这类问题非支配解的一般必要条件.

回到 9.2 节的内容, 观察到定理 9.12 的次微分变分原理推广到了有序集值映射, Mordukhovich 和 Wang [594] 为增广实值函数建立了同名的 (下) 次微分变分原理; 参见练习 2.39. 与标量情况类似, 定理 9.12 的证明基于集合系统极点原理以及有序集值映射的 Ekeland 变分原理的新版本的应用. 定理 9.12 的次微分变分原理改进了 [52] 中先前的次微分变分原理, 该条件是在更严格的基本假设下建立的.

**9.3 节**    本节的主要结果是定理 9.15, 该定理证明了在取自 [55] 的定义 9.13(i) 中的正则次微分 Palais-Smale 条件的有效性下内在相对 Pareto 极小点的存在性. 先前在 [52] 中给出的这个方向上明显较弱的结果证明了在定义 9.13(ii) 中次微分 Palais-Smale 条件下弱 Pareto 极小点的存在性, 与定理 9.15 相比, 它是由有序映射的更大的基本次微分和其他更严格的假设构成的. 读者可以看到, 定理 9.15 涉及的证明采用了 9.2 节中有序集值映射的变分原理以及 Asplund 空间中闭子集的基本极点原理.

尽管定义 9.13(ii) 的基本次微分 Palais-Smale 条件通常比其相应正则条件更

具限制性, 但由于基本次微分有更好的分析法则, 因此在约束集值优化问题的应用中具有优势. Bao 和 Mordukhovich [53] 在另一篇论文中给出了这种方法在约束多目标优化问题 (包括具有均衡约束的多目标优化问题) 中解的存在性的实现. 另一方面, 上述定理 9.18 及其推论 (取自 [55]) 通过使用有序向量值映射的正则次微分的特定和法则, 证明了具有明确几何约束的多目标问题中相对 Pareto 极小点的存在性.

**9.4 节** 遵循 [55], 我们在本节中发展了一个统一的对偶空间方法来推导多目标问题的所有类型的 Pareto、弱 Pareto 和相对 Pareto 极小点的必要最优性条件, 这些问题在 Asplund 空间中以无约束和约束形式给出. 通过使用基本极点原理在这方面获得的成果以与所考虑的所有 Pareto 型极小点完全相同的方式, 用有序集值映射的点基上导数和次微分表示, 它们之间唯一的区别在于, 在所讨论的极小点上施加不同的 SNC/PSNC 假设. 注意, 对于一般设置中的弱 Pareto 极小点和有限维空间中多目标问题的其他类型的极小点, 不需要 (自动保持) 这样的假设.

我们区分了 "最小化" 集值映射 $F: X \rightrightarrows Z$ (即以无约束格式给出, 带有隐式约束 $x \in \operatorname{dom} F$ ) 问题和带有 (9.54) 型显式约束及其具体形式的问题的必要最优性条件. 第一类问题的最优性条件称为 Fermat 法则, 通过 $F$ 的基本上导数在稍微不同的 PSNC 假设下以 $F$ 基本次微分表示; 见取自 [55] 的定理 9.20. Zheng 和 Ng [782] 在比 SNC 性质更具限制性的关于尖序锥 $\Theta$ 的 "对偶紧性" 要求下, 针对有效/Pareto 最优解获得此结果的上导数版本 (9.62), 该文献中没有对 $F$ 作其他假设. 我们建议读者参考 Ha [324] 的论文, 以了解有关多目标优化中上导数 Fermat 法则的调查和进一步结果, 同时也考虑了各种正常有效解 (Benson, Henig 等). 注意, 与标量优化相反, 对于多目标问题, 由正则次微分表示的 Fermat 法则版本失效; 参见注 9.21.

通过对我们的基本构造利用完善的分析法则, 可以从具有隐式约束的集合优化问题的必要条件中推导出具有显式约束的集合优化问题的必要条件. 与标量问题类似, 它们被称为 Lagrange 乘子法则. 在取自 [55] 的定理 9.22 中, 我们给出具有几何约束 $x \in \Omega$ 问题的此类条件, 但是可用的分析法则允许我们处理更多的泛函、算子、均衡等其他类型的结构约束问题; 参见 [51–54,59] 以了解一些实现. 与无约束问题一样, 我们在定理 9.22 中区分了所考虑的所有 Pareto 型极小点的上导数和次微分必要条件. 注意, 上导数条件 (9.79) 由基本上导数 $D^*F = D_N^*F$ 表示, 而规范条件 (9.78) 则通过较小的混合上导数表示. 类似地, 次微分 Lagrange 乘子法则 (9.81) 通过 $F$ 的基本次微分表示, 而相应的规范条件 (9.80) 则使用 [52] 中引入的有序映射 $F$ 的较小的奇异次微分表示.

据我们所知, El Abdoini 和 Thibault [253] 在某些内部性假设下, 通过约束集合优化中弱 Pareto 极小点的上导数给出了 Lagrange 乘子法则的第一个结果. 后来 Zheng 和 Ng [783] 在序锥 $\Theta$ 的某些 "对偶紧性" 假设下推导出了 Pareto 有效解的改进上导数条件, 由此产生了定理 9.22 中的 SNC 性质. Ha [321] 通过使用上面第 4 章中讨论的边际函数的标量和次微分估计, 为多目标问题的强有效解发展了一种有趣的方法和上导数条件. 在此方向上的进一步结果可以在 [59, 64, 323] 和其中有关扩展 Pareto 型最优性的各种概念的参考文献中找到. 我们特别提到 Bao 和 Tammer [64] 的令人印象深刻的工作, 他们将 Gerth(Tammer) 和 Weidner 的论文 [282] 中的标量化技巧与本书中介绍的广义微分的基本工具结合起来, 为集值优化问题的有效解和正常有效解建立新版的 Lagrange 乘子法则, 同时以这种方式为风险管理模型提供了有价值的应用.

**9.5 节**　与前几章情况一样, 本节给出的练习具有不同的难度级别. 其中一些可以从定义和众所周知的结果中得出, 而有些则本质上涉及更多, 甚至尚未解决; 见下文. 在需要和可用时, 会给出对原始出处的提示和参考. 除了 9.1—9.4 节中的内容外, 以下对某些练习的评论似乎很有用.

练习 9.31 中讨论的广义序最优性概念可以追溯到 Kruger 和 Mordukhovich [433, 444, 513, 514] 的早期工作, 它与集合极点的概念直接相关, 而没有使用任何标量化. 在 [530, 5.3.1 小节和 5.3.2 小节] 及其评注中, 读者可以找到有关该概念以及当时可用结果的更多信息, 包括练习 9.31 中阐述的结果以及向量优化问题中广义序最优性的必要条件. 练习 9.49(i), (ii) 中的必要最优性条件由作者在 [530, 定理 5.59] 中提出, 而练习 9.49(iii), (iv) 中提及的充分性和例子由 Tuyen 和 Yen [726] 提出. 我们还请读者参考 [51, 59, 533, 725, 726] 以了解这个方向上的其他结果. 通过建立存在性定理和最优性条件, 将该概念适当地扩展到集合优化是一个具有挑战性的问题.

练习 9.32 中讨论的闭偏好由 Mordukhovich, Treiman 和 Zhu [593] 提出, 他们在论文中定义了练习 9.47 中的多值映射系统的极点概念, 并得出了练习 9.48 中给出的此类系统的扩展极点原理的版本; 见 [530, 5.3.1 小节和 5.3.3 小节] 以获取更多详细信息. 在 [530, 5.3.4 小节] 中给出了关于闭偏好的向量优化问题的必要最优性条件. 读者可以在 [57, 77, 475, 532, 599] 及其参考文献中找到该方向的进一步结果. 这些概念和结果在集合优化问题中的应用还没有得到发展.

相对 Pareto 最优性的存在性理论中一个主要的公开问题是, 当 ri$\Theta = \varnothing$ 时, 寻找适当的条件以确保多目标问题的拟相对 Pareto 极小点的存在; 见练习 9.40. 我们坚信这可以在定理 9.15 的框架内完成. 注意, 该定理也不包含通常的Pareto/有效解以及正常有效解的存在性陈述.

练习 9.46 中讨论的超极小点 (或超有效) 的概念由 Borwein 和 Zhuang [116] 关于 (单值) 向量优化问题提出, 然后在许多出版物中进行了研究; 参见, 例如,

[315, 324, 360, 412] 及其参考文献. 这一概念以及练习 9.46 中的必要最优性条件在集值优化问题中的扩展摘自作者与 Bao 的合作论文 [54].

与标量问题的情况类似, 向量/集值 "极小化" 的充分条件在某些凸性等条件下是已知的; 参见, 例如, [253, 412, 726]. 练习 9.50 中讨论的结果取自 Bao 和 Mordukhovich [58], 沿微分方向进行. 它们在没有凸性假设的情况下, 给出了 "最大化" 问题的全局弱 Pareto 解的充分条件. 我们不熟悉 (向量或集值) 多目标问题的任何其他此类结果, 但是在标量情况下, Hiriart-Urruty 和 Ledyaev [354] 与 Dutta [243] 在一些凸性假设下获得了类似的结果. 注意, [58] 中主要定理的证明 (充分条件) 是基于极点原理, 它提供了集合具有极点性质的必要条件. 对于多目标问题的其他 (不仅仅是全局弱)Pareto 型极大点, 关于建立 [58] 中结果的相应结果的可能性, 是一个具有挑战性的公开问题.

最后观察到, 对于具有结构成本和/或约束的多目标问题, 存在性定理和次微分最优性条件的推导很大程度上取决于在有限维和无穷维上有序值映射的次微分分析法则, 而对于完全通用的基本次微分以及在特定设置中的正则类似结果则有待发展.

# 第 10 章　集值优化与经济学

本书的最后一章致力于变分分析的高级构造与技巧在经济建模中的应用. 我们考虑福利经济学的基本模型作为我们的基本框架, 该模型已在包括作者著作 [530, 第 8 章] 在内的经济和数学文献中得到了广泛研究, 更多细节请参阅 10.6 节. 本节从集值优化的角度出发, 为该模型提出一种新的研究方案. 但是, 在第 9 章中介绍的关于多目标优化的主要结论不能直接应用于福利和相关的经济模型. 特别地, 为了获得所谓的福利经济学第二基本定理 (或边际价格均衡) 的最充分形式, 我们需要为集合值优化中新的最小化问题推导必要的最优性条件, 这是受到相应于 Pareto 型最优配置模型的相应概念的启发, 该模型足以进行经济建模. 因此, 本章建立了经济建模与集值优化之间的深层次的双向关系.

## 10.1　通过集值优化的经济建模

首先用适当的 Pareto 型最优配置概念建立福利经济学的基本模型, 然后用相应的局部极小化概念将这个经济模型简化为一个特殊的集值优化问题.

### 10.1.1　福利经济学模型

给定一个赋范商品空间 $E$, 考虑经济:

$$\mathcal{E} = (C_1, \cdots, C_n, S_1, \cdots, S_m, W), \tag{10.1}$$

涉及 $m \in I\!N$ 家企业及其产品集合 $S_j \subset E (j = 1, \cdots, m)$; $n \in I\!N$ 个客户及其消费集合 $C_i \subset E (i = 1, \cdots, n)$, 并且净需求约束集 $W$ 代表与 $\mathcal{E}$ 中商品初始库存相关的约束. 不失一般性, 假设 (10.1) 中的所有集合在参考点周围都是局部闭的.

用 $y = (y_1, \cdots, y_m) \in S_1 \times \cdots \times S_m$ 表示生产策略, $z = (z_1, \cdots, z_n) \in C_1 \times \cdots \times C_n$ 表示消费计划, 并称序对 $(y, z)$ 表示经济 $\mathcal{E}$ 的容许状态. 此外, 将每个消费者与他/她的偏好集 $P_i(z)$ 相关联, 此集合由该消费者在消费计划 $z$ 中优先于 $z_i$ 的 $C_i$ 中元素组成. 观察到我们不能假设偏好集 $P_i(z)$ 的局部闭性, 因为它与 "<" 这一概念在所考虑的一般设置中的扩展相矛盾. 相应的偏好映射 $P_i: Z \rightrightarrows E$ 是集值的并且 $Z := E^n$. 根据定义, 对于 $i = 1, \cdots, n$, 我们有 $z_i \notin P_i(z)$, 自然对于至少部分 $i \in \{1, \cdots, n\}$ 需要假设 $P_i(z) \neq \varnothing$. 如果 $P_i(z) = \varnothing$, 为方便起见置 $\operatorname{cl} P_i(z) := \{z_i\}$.

经济 $\mathcal{E}$ 的市场/预算约束如下:

**定义 10.1** (可行配置)   称 (10.1) 中经济 $\mathcal{E}$ 的一个容许状态 $(y, z)$ 为 $\mathcal{E}$ 的一个可行配置, 如果

$$w := \sum_{i=1}^{n} z_i - \sum_{j=1}^{m} y_j \in W. \tag{10.2}$$

在福利经济学的经典案例中, 集合 $W$ 由单个元素 $W = \{\omega\}$ 组成, 其中 $\omega$ 表示稀缺资源的初始总禀赋. 在这种情况下, 约束 (10.2) 简化为 "市场出清" 条件. (10.2) 的另一个常规设置是 $W = \omega - E_+$, 其中 $E_+$ 是偏序商品空间的闭正锥; 这相当于对商品的 "隐含自由处置". 在 (10.2) 的一般设置中, 我们可以将 $W$ 解释为一个反映初始总禀赋值不完全信息的不确定区域.

我们的目的是研究经济 $\mathcal{E}$ 的 Pareto 型最优配置的下列概念, 并以一定的价格均衡来支撑它们.

**定义 10.2** (Pareto 型最优配置)   假设 $(\bar{y}, \bar{z}) \in E^m \times E^n$ 是经济 $\mathcal{E}$ 的可行分配, 我们称:

(i) 序对 $(\bar{y}, \bar{z})$ 是 $\mathcal{E}$ 的局部弱 Pareto 最优配置, 如果存在 $(\bar{y}, \bar{z})$ 的一个邻域 $\mathcal{O} \subset E^m \times E^n$ 使得对每个可行配置 $(y, z) \in \mathcal{O}$, 我们有 $z_i \notin P_i(\bar{z})$ 对某个 $i \in \{1, \cdots, n\}$ 成立.

(ii) 序对 $(\bar{y}, \bar{z})$ 是 $\mathcal{E}$ 的局部 Pareto/有效最优配置, 如果存在 $(\bar{y}, \bar{z})$ 的一个邻域 $\mathcal{O}$ 使得对每个可行配置 $(y, z) \in \mathcal{O}$, 有 $z_i \notin \operatorname{cl} P_i(\bar{z})$ 对某个指标 $i \in \{1, \cdots, n\}$ 成立, 或者有 $z_i \notin P_i(\bar{z})$ 对所有指标 $i \in \{1, \cdots, n\}$ 成立.

(iii) 序对 $(\bar{y}, \bar{z})$ 是 $\mathcal{E}$ 的局部严格 Pareto 最优配置, 如果存在 $(\bar{y}, \bar{z})$ 的一个邻域 $\mathcal{O}$ 使得对每个可行配置 $(y, z) \in \mathcal{O}$ 且 $z \neq \bar{z}$, 有 $z_i \notin \operatorname{cl} P_i(\bar{z})$ 对某个 $i \in \{1, \cdots, n\}$ 成立.

(iv) 序对 $(\bar{y}, \bar{z})$ 是 $\mathcal{E}$ 的局部强 Pareto 最优配置, 如果存在 $(\bar{y}, \bar{z})$ 的一个邻域 $\mathcal{O}$ 使得对每个可行配置 $(y, z) \in \mathcal{O}$ 且 $(y, z) \neq (\bar{y}, \bar{z})$, 有 $z_i \notin \operatorname{cl} P_i(\bar{z})$ 对某个 $i \in \{1, \cdots, n\}$.

(v) 如果 $\mathcal{O} = E^m \times E^n$, 我们在 (i)—(iv) 中用 "全局" 代替 "局部".

从这些定义可以清楚地看出 (iv)$\Rightarrow$(iii)$\Rightarrow$(ii)$\Rightarrow$(i), 但反之则不然; (v) 中的全局版本也有同样的含义. 注意到 (局部和全局) 弱 Pareto 和 Pareto 最优配置的概念在福利经济学中是常见的. 在由效用函数给出偏好的情况下, 它们对应于向量优化标准问题的类似 Pareto 型概念 (弱有效解和有效解). 强 Pareto 和严格 Pareto 最优配置的概念虽然不那么常见, 但它们也出现在福利经济学模型中; 请参阅下文以及 10.6 节中更多的讨论和练习.

### 10.1.2　约束集值优化

现在考虑一个有几何约束的集值优化问题:

$$\text{minimize} \quad F(x) \text{ s.t. } x \in \Omega, \tag{10.3}$$

其中, 成本映射 $F: X \rightrightarrows Z$ 是 Banach 空间之间的集值映射, $\Omega$ 是 $X$ 的子集, (10.3) 中的 "最小化" 应理解为关于 $Z$ 上的某些偏好关系的定义. 我们用给定的偏好映射 $L: Z \rightrightarrows Z$ 来定义这个偏好, 如下所示:

$$u \in Z \text{ 优先于 } z \text{ 当且仅当 } u \in L(z). \tag{10.4}$$

注意, 上面的偏好 (10.4) 可以等价地写成 $\prec$, 其中 $L: Z \rightrightarrows Z$ 是水平集映射

$$L(z) := \{u \in Z \mid u \prec z\}. \tag{10.5}$$

接下来我们介绍关于偏好 (10.4) 的集值优化问题 (10.3) 的完全局部化最优解的概念.

**定义 10.3** (约束多目标问题的完全局部最优解)　令 $(\bar{x}, \bar{z}) \in \text{gph}\, F$ 并且 $\bar{x} \in \Omega$. 我们称:

(i) $(\bar{x}, \bar{z})$ 是 (10.3) 的完全局部化弱极小点, 如果存在 $\bar{x}$ 的邻域 $U$ 和 $\bar{z}$ 的邻域 $V$, 使得不存在元素 $z \in F(\Omega \cap U) \cap V$ 优先于 $\bar{z}$, 即

$$F(\Omega \cap U) \cap L(\bar{z}) \cap V = \varnothing. \tag{10.6}$$

(ii) $(\bar{x}, \bar{z})$ 是 (10.3) 的完全局部化极小点, 如果存在 $U$ 的邻域 $\bar{x}$ 和 $\bar{z}$ 的邻域 $V$, 使得不存在满足 $z \neq \bar{z}$ 和 $z \in \text{cl}\, L(\bar{z})$ 的元素 $z \in F(\Omega \cap U) \cap V$, 即

$$F(\Omega \cap U) \cap \text{cl}\, L(\bar{z}) \cap V = \{\bar{z}\}. \tag{10.7}$$

(iii) $(\bar{x}, \bar{z})$ 是 (10.3) 的完全局部化强极小点, 如果存在 $\bar{x}$ 的邻域 $U$ 和 $\bar{z}$ 的邻域 $V$, 使得不存在元素 $(x, z) \in \text{gph}\, F \cap (U \times V)$, $(x, z) \neq (\bar{x}, \bar{z})$ 满足 $x \in \Omega$ 和 $z \in \text{cl}\, L(\bar{z})$, 即

$$\text{gph}\, F \cap \big(\Omega \times \text{cl}\, L(\bar{z})\big) \cap (U \times V) = \{(\bar{x}, \bar{z})\}. \tag{10.8}$$

在定义 10.3 中很容易看出 (iii)$\Rightarrow$(ii)$\Rightarrow$(i). 如果 $\Omega = X$, 我们讨论映射 $F$ 的相应完全局部化极小点.

定义 10.3 中所有概念的基本特征是它们反映了 (10.6)—(10.8) 的构造中极小点的图像局部化. 即使在单值目标 $F = f: X \to Z$ 的情况下, 它也提供了新的信息, 并且与第 9 章中的最优性概念相反, 它允许我们研究定义 10.2 中引入的福利经济学的局部 Pareto 型最优配置; 更多细节参见下面.

### 10.1.3 完全局部化极小点的最优配置

在这里, 我们将 10.1.1 小节中描述的福利经济学模型与一个特殊的集值优化问题联系起来, 该问题涉及水平集偏好关系和几何约束, 它是建立在经济 $\mathcal{E}$ 的初始数据之上的. 然后, 我们建立了 $\mathcal{E}$ 的局部 Pareto 型最优配置的概念与所构造多目标优化问题的完全局部化最优解之间的等价性.

给定经济 $\mathcal{E}$, 考虑如下形式的集值优化问题, 即 (10.3) 中 $X = E^{m+1}$, $x = (y, w)$ 且 $Z := E^n$:

$$
\begin{cases}
\text{minimize } F(x) := \left\{ z \in Z \;\middle|\; w = \sum_{i=1}^{n} z_i - \sum_{j=1}^{m} y_j \right\} \\
\text{s.t. } x \in \Omega := \prod_{j=1}^{m} S_j \times W \subset X,
\end{cases}
\tag{10.9}
$$

其中, "最小化" 是根据如下偏好/水平集映射 $L: Z \rightrightarrows Z$

$$
L(z) := \prod_{i=1}^{n} P_i(z), \quad z \in Z,
\tag{10.10}
$$

借助经济 $\mathcal{E}$ 的偏好映射 $P_i: Z \rightrightarrows E$ 定义的.

**定理 10.4** (福利经济学中局部 Pareto 型最优配置与集值优化中完全局部化极小点的等价性) 设 $(\bar{y}, \bar{z})$ 为 (10.1) 中福利经济 $\mathcal{E}$ 的一个可行配置, 其偏好集为 $P_i(z)$, 设 $\bar{x} := (\bar{y}, \bar{w})$, 并且 $\bar{w} := \sum_{i=1}^{n} z_i - \sum_{j=1}^{m} y_j$, 则有如下等价关系:

(i) $(\bar{y}, \bar{z})$ 是 $\mathcal{E}$ 的一个局部弱 Pareto 型最优配置当且仅当 $(\bar{x}, \bar{z})$ 是多目标优化问题 (10.9) 关于 (10.10) 中定义的偏好 $L: Z \rightrightarrows Z$ 的完全局部化弱极小点.

(ii) $(\bar{y}, \bar{z})$ 是 $\mathcal{E}$ 的一个局部严格 Pareto 型最优配置当且仅当 $(\bar{x}, \bar{z})$ 是多目标优化问题 (10.9) 关于 $L: Z \rightrightarrows Z$ 的一个完全局部化极小点.

(iii) $(\bar{y}, \bar{z})$ 是 $\mathcal{E}$ 的一个局部强 Pareto 型最优配置当且仅当 $(\bar{x}, \bar{z})$ 是多目标优化问题 (10.9) 关于 $L: Z \rightrightarrows Z$ 的一个完全局部化强极小点.

**证明** 我们首先证明 (i). 假设 $(\bar{y}, \bar{z})$ 是 $\mathcal{E}$ 的一个局部弱 Pareto 型最优配置, 由定义 10.2 (i) 和 $L(\cdot)$ 的结构可知, 存在 $(\bar{y}, \bar{z})$ 的一个邻域 $\mathcal{O} = \mathcal{O}_y \times \mathcal{O}_z$ 使得

$$
z \notin L(\bar{z}), \quad \text{对所有可行配置 } (y, z) \in \mathcal{O} \text{ 成立}.
\tag{10.11}
$$

选取 $V := \mathcal{O}_z$ 和 $U := \mathcal{O}_y \times \mathcal{O}_w$, 其中 $\mathcal{O}_w := \left\{ w = \sum_{i=1}^{n} z_i - \sum_{j=1}^{m} y_j \;\middle|\; (y, z) \in \mathcal{O} \right\}$ 是 $\bar{w}$ 的一个邻域, 我们断言

$$
F(\Omega \cap U) \cap L(\bar{z}) \cap V = \varnothing.
\tag{10.12}
$$

事实上, (10.12) 不成立就意味着存在 $z \in F(\Omega \cap U) \cap L(\bar z) \cap V$. 考虑到 (10.9) 中 $F$ 和 $\Omega$ 的结构, 我们发现 $y \in \prod_{j=1}^m S_j \cap \mathcal{O}_y$ 且满足 $w = \sum_{i=1}^n z_i - \sum_{j=1}^m y_j \in W$. 这意味着 $(y, z) \in \mathcal{O}$ 是 $\mathcal{E}$ 的一个可行配置, 并且 $z \in L(\bar z)$. 后者显然与 (10.11) 相矛盾, 从而验证 (10.12), 这意味着 $(\bar x, \bar z)$ 是集值优化问题 (10.9) 的一个完全局部化的弱极小点.

反过来, 设 $(\bar x, \bar z)$ 是问题 (10.9) 的一个完全局部化的弱极小点, 并且 $\bar x = (\bar y, \bar w)$. 定义 10.3 (i) 给出了 $(\bar y, \bar w)$ 的邻域 $U = \mathcal{O}_y \times \mathcal{O}_w$ 和 $\bar z$ 的邻域 $V$, 使 (10.12) 成立并且集合 $\{w = \sum_{i=1}^n z_i - \sum_{j=1}^m y_j \mid (y, z) \in \mathcal{O}_y \times V\}$ 包含在 $\mathcal{O}_w$ 中. 对于 $(\bar y, \bar z)$ 的邻域 $\mathcal{O} := \mathcal{O}_y \times V$ 中的任何可行配置 $(y, z)$, 我们根据可行配置的定义 10.1 和上述邻域的选择可知, $(\bar y, \bar w) \in \Omega \cap U$, $\bar z \in F(\bar y, \bar w) \subset F(\Omega \cap U)$ 且

$$z_i \notin P_i(\bar z), \quad i \in \{1, \cdots, n\}. \tag{10.13}$$

事实上, 若 (10.13) 不成立, 则对所有 $i \in \{1, \cdots, n\}$ 都有 $z_i \in P_i(\bar z)$, 由 (10.10) 这意味着 $z \in L(\bar z)$, 从而得到 $z \in F(\Omega \cap U) \cap L(\bar z) \cap V$. 后者显然与 (10.12) 矛盾, 因此我们得到 (10.13), 同时证明了 $(\bar y, \bar z)$ 是 $\mathcal{E}$ 的局部弱 Pareto 型最优配置.

接下来我们验证定理的断言 (ii). 取 $\mathcal{E}$ 的一个局部严格 Pareto 型最优配置, 根据定义 10.2 (iii) 找到 $(\bar y, \bar z)$ 的邻域 $\mathcal{O} = \mathcal{O}_y \times \mathcal{O}_z$, 使得

$$z \notin \operatorname{cl} L(\bar z), \quad \text{对于所有可行分配 } (y, z) \in \mathcal{O} \text{ 且 } z \neq \bar z \text{ 成立}. \tag{10.14}$$

我们断言 (10.7) 对于 $U = \mathcal{O}_y \times \mathcal{O}_w$ 和 $V = \mathcal{O}_z$ 满足, 其中

$$\mathcal{O}_w := \left\{w = \sum_{i=1}^n z_i - \sum_{j=1}^m y_j \in E \,\middle|\, (y, z) \in \mathcal{O}\right\} \tag{10.15}$$

显然是 $\bar w$ 的邻域. 反之若 (10.7) 不满足, 则可得 $(x, z)$ 属于 (10.7) 式左边的集合并且 $z \neq \bar z$. 考虑到 (10.9) 中 $F$ 和 $\Omega$ 的构造, 我们有 $x = (y, w) \in \Omega \cap U$ 和 $z \in F(x) \cap V$, 使得

$$(y, z) \in \mathcal{O}, \quad y \in \prod_{j=1}^m S_j \times \mathcal{O}_y, \quad \text{且 } w = \sum_{i=1}^n z_i - \sum_{j=1}^m y_j \in W, \tag{10.16}$$

并且 $z_i \in \operatorname{cl} P_i(\bar z)$. 因为消费集合 $C_i$ 是闭的, 由于 $P_i(\bar z) \subset C_i (i = 1, \cdots, n)$, 我们得到 $(y, z) \in \mathcal{O}$ 是 $\mathcal{E}$ 的一个可行配置. 这与 (10.14) 相矛盾, 因此证明了断言.

为验证 (ii) 的反向蕴含关系, 任取一个 (10.9) 的完全局部化极小点 $(\bar x, \bar z)$ 满足 $\bar x = (\bar y, \bar w)$. 并找 $(\bar y, \bar w)$ 的邻域 $U = \mathcal{O}_y \times \mathcal{O}_w$ 和 $\bar z$ 的邻域 $V$, 使得 (10.7) 对于 (10.10) 中定义的偏好集 $L(\bar z)$ 成立. 我们断言

$$z_i \notin \operatorname{cl} P_i(\bar z), \quad \text{对某个 } i \in \{1, \cdots, n\} \text{ 成立}, \tag{10.17}$$

其中 $(y, z) \in \mathcal{O}_y \times V$ 是 $\mathcal{E}$ 的一个可行配置, 并且 $z \neq \bar{z}$. 事实上, 如果 (10.17) 不成立, 由 $L(\cdot)$ 的结构有 $z \in \operatorname{cl} L(\bar{z})$. 因为

$$\left\{ w = \sum_{i=1}^{n} z_i - \sum_{j=1}^{m} y_j \, \middle| \, (y, z) \in \mathcal{O}_y \times V \right\} \subset \mathcal{O}_w$$

对于充分小的邻域 $\mathcal{O}_y$ 和 $V$ 都成立, 我们有 $z \in F(\Omega \cap U) \cap V$. 这与 (10.7) 相矛盾, 因此证明了断言 (ii).

最后验证断言 (iii). 任取局部强 Pareto 型最优配置 $(\bar{y}, \bar{z})$, 根据定义 10.2 (iv) 找到 $(\bar{y}, \bar{z})$ 的邻域 $\mathcal{O} = \mathcal{O}_y \times \mathcal{O}_z$, 使得对于每个 $\mathcal{E}$ 的可行配置 $(y, z) \in \mathcal{O}$, (10.17) 都成立, 并且 $(y, z) \neq (\bar{y}, \bar{z})$. 然后, 类似于 (ii) 的证明, 我们有强极小条件 (10.8) 对于 $U = \mathcal{O}_y \times \mathcal{O}_w$ 和 $V = \mathcal{O}_z$ 满足, 其中 $\mathcal{O}_w$ 是 (10.15) 中 $\bar{w}$ 的一个邻域. 事实上, 若假设 (10.8) 不成立, 我们可以找到某个序对 $(x, z) \neq (\bar{x}, \bar{z})$ 属于 (10.8) 左边的集合. 考虑到 (10.9) 中 $F$ 和 $\Omega$ 的结构, 我们得到 $x = (y, w) \in \Omega \cap U$ 和 $z \in F(x) \cap V$ 满足 (10.16). 因为 $(y, z) \neq (\bar{y}, \bar{z})$, 这与 (10.17) 相矛盾, 因此类似断言 (ii) 的证明可验证我们的结论.

为完成 (iii) 的证明, 还需验证其中的反向蕴含关系. 任取一个 (10.9) 的完全局部化强极小点 $(\bar{x}, \bar{z})$, 并且 $\bar{x} = (\bar{y}, \bar{w})$, 找到 $(\bar{y}, \bar{w})$ 的邻域 $U = \mathcal{O}_y \times \mathcal{O}_w$ 和 $\bar{z}$ 的邻域 $V$, 使得条件 (10.8) 对于 (10.10) 中的 $L(\bar{z})$ 满足. 我们的目标是证明 $(\bar{y}, \bar{z})$ 是 $\mathcal{E}$ 的一个局部强 Pareto 型最优配置, 即对于 $(\bar{y}, \bar{z})$ 的某个邻域 $\mathcal{O}$ 中的任意可行配置 $(y, z) \neq (\bar{y}, \bar{z})$, 条件 (10.17) 满足. 事实上, 若后者不成立, 则意味着

$$z_i \in \operatorname{cl} P_i(\bar{z}), \quad \forall i = 1, \cdots, n. \tag{10.18}$$

因为 $(y, z)$ 是 $\mathcal{E}$ 的一个可行配置并且对于 (10.2) 中的 $w \in W$ 都有 $x = (y, w)$, 我们有 $(x, z) \in \operatorname{gph} F$, 其中 $F$ 如 (10.9) 中所定义. 此外, 根据 (10.18) 和 (10.9) 中 $\Omega$ 的构造以及 (10.10) 中 $L(\cdot)$ 的构造, 有

$$(y, z) \in \prod_{j=1}^{m} S_j \times W \quad \text{和} \quad z \in \prod_{i=1}^{n} \operatorname{cl} P_i(\bar{z}) = \operatorname{cl} L(\bar{z}).$$

将后者与 $x = (y, w) \in \operatorname{gph} F$ 相结合, 并考虑到上述邻域的选择, 我们得到关系

$$(\bar{x}, \bar{z}) \neq (x, z) \in \operatorname{gph} F \cap \big( \Omega \times \operatorname{cl} L(\bar{z}) \big) \cap (U \times V),$$

这显然与 (10.8) 相矛盾, 从而证明了 (10.17) 对于 $(\bar{y}, \bar{z})$ 的邻域 $\mathcal{O}$ 中所有可行配置 $(y, z) \neq (\bar{y}, \bar{z})$ 都成立. 这验证了 (iii), 从而完成了定理的证明.                    △

注意, 定理 10.4 并未揭示多目标优化中最优解的局部概念与福利经济学中的局部 Pareto 最优配置等价. 因此, 在下面所发展的 (完全局部化) 多目标优化方法

中, 关于后一种经济学概念在局部水平上的研究仍然是一个开放的问题. 然而, 正如 10.4 节所示, 我们能够在全局水平上实现这一点.

## 10.2  完全局部化的最优性条件

本节关注类型 (10.3) 的关于水平集偏好关系 (10.4) 的约束集值优化问题, 并出于其自身目的而展开研究. 与第 9 章中研究的多目标问题相比, 除了有不同类型的偏好外, 这里所考虑的优化问题与前一章所考虑问题的主要区别在于下面所研究极小点的完全局部化性质. 这当然有着其自身的意义, 同时由于 10.1 节的内容, 它在很大程度上受到后续福利经济学的应用所启发.

本节的主要目标是为定义 10.3 中所介绍的问题 (10.3) 的三种完全局部化极小点建立必要的最优性条件. 为此, 我们首先提出一些以前在本书中没有被考虑过的必要的变分分析和广义微分知识.

### 10.2.1  乘积空间中的确切极点原理

在处理 (10.3) 型的约束集值优化问题, 并考虑其在福利经济学的后续应用中所需的 (10.9) 型具体形式时, 我们不可避免地会碰到 (10.3) 中成本映射 $F$ 与约束集 $\Omega$ 的乘积结构. 这需要考虑以下乘积版本的偏序列法紧性 (PSNC). 由于我们的应用涉及乘积 Asplund 空间中的闭集, 所以我们只讨论这种情况, 而没有在公式中明确提及.

**定义 10.5** (乘积空间中的 PSNC 性质和强 PSNC 性质)  给定乘积空间 $X = \prod_{i=1}^{n} X_i$ 中的一个集合 $\Omega \subset X$ 并给定点 $\bar{x} \in \Omega$, 我们称:

(i) $\Omega$ 在 $\bar{x} \in \Omega$ 处关于 $\{X_i \mid i \in I\}$, $I \subset \{1, \cdots, n\}$ 是 PSNC 的 (或者仅仅是关于指标集 $I$), 如果对于任意序列 $(x_k, x_k^*) \in X \times X^*$, 并且 $x_k = (x_{1k}, \cdots, x_{nk})$ 和 $x_k^* = (x_{1k}^*, \cdots, x_{nk}^*)$ 满足

$$x_k \xrightarrow{\Omega} \bar{x} \quad \text{和} \quad x_k^* \in \widehat{N}(x_k; \Omega), \quad \forall k \in \mathbb{N}, \tag{10.19}$$

我们有蕴含关系

$$\left[ x_{ik}^* \xrightarrow{w^*} 0, \ i \in I, \|x_{ik}^*\| \to 0, \ i \in \{1, \cdots, n\} \setminus I \right] \Rightarrow \|x_{ik}^*\| \to 0, \ i \in I.$$

(ii) $\Omega$ 在 $\bar{x}$ 关于 $\{X_i \mid i \in I\}$, $I \subset \{1, \cdots, n\}$ 是强 PSNC 的, 如果对于任意满足 (10.19) 的序列 $(x_k, x_k^*)$ 有

$$\left[ x_{ik}^* \xrightarrow{w^*} 0, \ i \in \{1, \cdots, n\} \right] \Rightarrow \|x_{ik}^*\| \to 0, \ i \in I.$$

观察到, 在 $I = \{1, \cdots, n\}$ 的极端情况下, 引入的 PSNC 和强 PSNC 性质都不依赖于乘积结构, 并且简化为 $\Omega$ 在 $\bar{x}$ 处的 SNC 性质; 参见 (2.41). 还注意

到定义 10.5 (i) 中 PSNC 的一般乘积版本与映射 (3.65) 以及练习 3.69 中两个集合乘积的 PSNC 的具体形式是一致的. 读者可以在本书相应的练习和评注部分以及 [529, 530] 中找到能确保这些性质成立的各种有效条件及其分析/保持法则.

为推导具有乘积结构约束的多目标问题 (10.3) 的完全局部化解的必要最优条件, 使用的主要变分工具是所讨论局部极点处的如下 (确切) 极点原理的乘积版本. 由于局部闭性运算是福利经济学应用中的一个难题, 因此我们不像以前那样认为该性质是理所当然的, 而是在本章其余部分中需要时会给出明确表述.

**引理 10.6** (乘积极点原理) 设 $\bar{x}$ 是集合系统 $\{\Omega_1, \Omega_2\}$ 的一个局部极点, 其中 $\Omega_1$ 和 $\Omega_2$ 在 $\bar{x}$ 附近是 Asplund 空间 $X_i(i = 1, \cdots, n)$ 的乘积 $\prod_{i=1}^{n} X_i$ 中的局部闭集. 取两个指标集 $I, J \subset \{1, \cdots, n\}$ 满足 $I \cup J = \{1, \cdots, n\}$, 并假设 $\Omega_1$ 和 $\Omega_2$ 满足以下任何一个 PSNC 条件:

- 集合 $\Omega_1$ 在 $\bar{x}$ 处关于 $I$ 是 PSNC 的, 而集合 $\Omega_2$ 在 $\bar{x}$ 处关于 $J$ 是强 PSNC 的.
- 集合 $\Omega_1$ 在 $\bar{x}$ 处关于 $I$ 是强 PSNC 的, 而集合 $\Omega_2$ 在 $\bar{x}$ 处关于 $J$ 是 PSNC 的.

则存在一个对偶元素 $x^* \in X^*$ 使得

$$0 \neq x^* \in N(\bar{x}; \Omega_1) \cap \big( - N(\bar{x}; \Omega_2) \big). \tag{10.20}$$

这个引理将 [530, 引理 5.58] 推广到有限多个空间的乘积的情形, 而不需要像 [530] 中那样要求 $I \cap J = \varnothing$, 而其修正版本的证明可以以同样的方式进行; 参见练习 10.27.

### 10.2.2 集合的渐近闭性

在推导完全局部化极小点的必要最优性条件时, 另一个关键因素是相应集合的渐近闭性质, 这允许我们将所考虑的 (10.3) 的完全局部化极小点概念简化为相应集合系统的局部极点. 在线性拓扑空间的抽象框架中该性质定义如下.

**定义 10.7** (渐近闭性) 称集合 $\Xi \subset Z$ 在 $\bar{z} \in \text{cl}\,\Xi$ 处是渐近闭的, 如果存在一个 $\bar{z}$ 的邻域 $V$, 使得对于任何 $\varepsilon > 0$, 我们有 $c \in \varepsilon I\!B$ 满足

$$(\text{cl}\,\Xi + c) \cap V \subset \Xi \setminus \{\bar{z}\}. \tag{10.21}$$

这一性质 (完全独立于集合的局部闭性) 在许多普遍的情况下都成立, 并在福利经济学模型的自然假设下成立; 见图 10.1 和下文 10.3 节.

下面我们列出一些重要集类的渐近闭性成立的充分条件, 并将其验证留给读者作为习题; 参见 10.5 节:

(i) 任意正常凸实子锥 $\Xi \subset Z$ 及其非凸补 $Z \setminus \Xi$ 在 $0 \in Z$ 处具有渐近闭性.

(ii) 每一个满足 $\Xi \setminus (-\Xi) \neq \varnothing$ 的闭凸尖锥 $\Xi \subset Z$ 在 $0 \in Z$ 处具有渐近闭性.

(iii) 若 $\varphi$ 在 $\bar{x}$ 附近是 l.s.c. 的, 则增广实值函数 $\varphi: X \rightarrow \overline{I\!R}$ 的上图在 $(\bar{x}, \varphi(\bar{x}))$ 处具有渐近闭性.

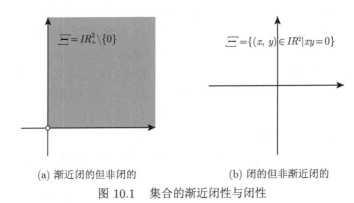

(a) 渐近闭的但非闭的                (b) 闭的但非渐近闭的

图 10.1   集合的渐近闭性与闭性

注意到 (iii) 中的条件 $\Xi \setminus (-\Xi) \neq \varnothing$ 说明锥 $\Xi$ 不是 $Z$ 的线性子空间; 这比标准的尖性要求 $\Xi \cap (-\Xi) = \{0\}$ 更普遍, 也就是说 $\Xi$ 不包含线性子空间. 正如练习 9.32 (i) 所述, 由闭凸锥 $\Theta$ 诱导的广义 Pareto 最优性 (9.84) 并不对应于 (其中定义的) 闭偏好关系, 除非序锥 $\Theta$ 是尖的; 后者不是渐近闭性所要求的.

下一个结果通过其所选分量的渐近闭性, 确保了乘积集合的渐近闭性.

**命题 10.8** (产品集的渐近闭性)   在赋范空间的设置中设 $\bar{z} \in \mathrm{cl} \prod_{i=1}^{n} \Xi_i \subset \prod_{i=1}^{n} Z_i$, 设 $I \subset \{1, \cdots, n\}$ 为非空指标集, 并设 $J := \{1, \cdots, n\} \setminus I$. 假设集合 $\Xi_i$ 对于 $i \in I$ 在 $\bar{z}_i \in \mathrm{cl}\, \Xi_i$ 处是渐近闭的, 而其他集合 $\Xi_j$ 对于 $j \in J$ 在 $\bar{z}_j$ 附近是局部闭的. 那么乘积集合 $\Xi := \prod_{i=1}^{n} \Xi_i$ 在 $\bar{z}$ 处具有渐近闭性.

**证明**   不失一般性, 假设对某个 $0 < m \leqslant n$, $I = \{1, \cdots, m\}$.   因为对每个 $i \in I$, 集合 $\Xi_i$ 在 $\bar{z}_i$ 处是渐近闭的, 所以存在一个 $\bar{z}_i$ 的邻域 $U_i$, 使得每当 $\varepsilon > 0$ 时, 我们有

$$(\mathrm{cl}\, \Xi_i + c_i) \cap U_i \subset \Xi_i \setminus \{\bar{z}_i\}, \quad c_i \in \varepsilon I\!B_{Z_i}, \quad i \in I.$$

另一方面, 由 $\Xi_j$ 在 $\bar{z}_j$ 附近的局部闭性假设, 对于每个 $j \in J$, 我们有 $\bar{z}_j$ 的邻域 $U_j$ 使得

$$\mathrm{cl}\, \Xi_j \cap U_j \subset \Omega_j, \quad j \in J.$$

显然, 集合 $U := \prod_{i \in I} U_i \times \prod_{j \in J} U_j$ 是 (赋有最大值范数的) 乘积空间 $Z := \prod_{i=1}^{n} Z_i$ 中 $\bar{z}$ 的邻域. 而且对于任意数 $\varepsilon > 0$, 存在 $c := (c_1, \cdots, c_m, 0, \cdots, 0) \in$

$\varepsilon I\!B_Z$ 满足

$$(\operatorname{cl}\Xi + c) \cap U = \left(\prod_{i\in I}(\operatorname{cl}\Xi_i + c_i)\cap U_i\right)\times\left(\prod_{j\in J}(\operatorname{cl}\Xi_j \cap U_j)\right)$$

$$\subset \left(\prod_{i\in I}(\Xi_i\backslash\{\bar{z}_i\})\right)\times\left(\prod_{j\in J}\Xi_j\right)\subset\left(\prod_{i=1}^{n}\Xi_i\right)\backslash\{\bar{z}\} = \Xi\backslash\{\bar{z}\},$$

其中, 由于 $I \neq \varnothing$, 所以最后一个包含关系成立. 由此可得 (10.21), 从而证明了乘积 $\Xi$ 在 $\bar{z}$ 处的渐近闭性. △

### 10.2.3　局部化极小点的必要条件

现在我们准备为多目标问题 (10.3) 推导定义 10.3 中所有类型的完全局部化极小点的必要条件.

**定理 10.9** (约束集值优化中完全局部化极小点的必要条件)　设 $F: X \rightrightarrows Z$ 是 Asplund 空间上的集值映射, 图 $\operatorname{gph}F$ 在某点 $(\bar{x},\bar{z}) \in \operatorname{gph}F$ 附近是局部闭的, $\Omega \subset X$ 在 $\bar{x}$ 附近是局部闭的, 并且 $L: Z \rightrightarrows Z$ 是 $Z$ 上在 $\bar{z}$ 处局部饱足的偏好映射, 其意义如练习 9.32 中所述. 假设 (10.3), (10.4) 的初始数据 $(F,\Omega,L)$ 满足下列 SNC 的假设之一:

(a) $\operatorname{gph}F$ 在 $(\bar{x},\bar{z})$ 是 SNC 的;

(b) $\Omega$ 在 $\bar{x}$ 是 SNC 的并且 $\operatorname{cl}L(\bar{z})$ 在 $\bar{z}$ 是 SNC 的;

(c) $F$ 在 $(\bar{x},\bar{z})$ 是 PSNC 的并且 $\operatorname{cl}L(\bar{z})$ 在 $\bar{z}$ 是 SNC 的;

(d) $\Omega$ 在 $\bar{x}$ 是 SNC 的并且 $F^{-1}$ 在 $(\bar{z},\bar{x})$ 是 PSNC 的.

则存在一个序对 $(0,0) \neq (x^*,z^*) \in X^* \times Z^*$ 在以下每种情形都满足必要最优性条件

$$x^* \in D^*F(\bar{x},\bar{z})(z^*)\cap\big(-N(\bar{x};\Omega)\big)\quad\text{和}\quad z^* \in N\big(\bar{z};\operatorname{cl}L(\bar{z})\big). \tag{10.22}$$

● $(\bar{x},\bar{z})$ 是 (10.3), (10.4) 的完全局部化弱极小点, 前提是集合 $L(\bar{z})$ 在 $\bar{z}\in\operatorname{cl}L(\bar{z})$ 处是渐近闭的;

● $(\bar{x},\bar{z})$ 是 (10.3), (10.4) 的完全局部化极小点, 前提是集合 $\operatorname{cl}L(\bar{z})$ 在 $\bar{z}$ 处是渐近闭的;

● $(\bar{x},\bar{z})$ 是 (10.3), (10.4) 的完全局部化强极小点, 前提是 $\operatorname{cl}L(\bar{z})$ 在 $\bar{z}$ 处是渐近闭的, 或 $\Omega$ 在 $\bar{x}$ 处是渐近闭的.

**证明**　用统一的方式论证, 任取定理中所述问题 (10.3), (10.4) 的完全局部化极小点 $(\bar{x},\bar{z})$, 将其简化为乘积空间 $X \times Z$ 中某个集合系统的局部极点. 事实上, 定义集合 $\Omega_1,\Omega_2 \subset X \times Z$ 如下

$$\Omega_1 := \operatorname{gph}F\quad\text{和}\quad\Omega_2 := \Omega\times\operatorname{cl}L(\bar{z}), \tag{10.23}$$

并且注意到它们在局部闭的假设下, 在 Asplund 空间 $X \times Z$ 的 $(\bar{x}, \bar{z})$ 附近是局部闭的. 我们验证, 在所考虑完全局部化极小点的每一种情况下, $(\bar{x}, \bar{z})$ 是集合系统 $\{\Omega_1, \Omega_2\}$ 的局部极点. 首先注意到由对偏好映射施加的局部饱和性知 $(\bar{x}, \bar{z}) \in \Omega_1 \cap \Omega_2$. 接下来让我们证明存在序列 $\{a_k\} \subset X \times Z$, 并且当 $k \to \infty$ 时有 $a_k \to 0$, 且满足

$$\Omega_1 \cap (\Omega_2 + a_k) \cap \mathcal{O} = \varnothing, \quad \forall k \in I\!N, \tag{10.24}$$

其中 $\mathcal{O}$ 是后面指定的 $(\bar{x}, \bar{z})$ 的邻域. 对于定理中所考虑的每一类完全局部化极小点, 我们按以下方式选择一个 (10.24) 中合适的序列 $\{a_k\}$:

- 设 $(\bar{x}, \bar{z})$ 是问题 (10.3), (10.4) 的完全局部化弱极小点. 因为在这种情况下 $L(\bar{z})$ 被假定在 $\bar{z}$ 处渐近闭, 所以存在一个 $\bar{z}$ 的邻域 $\widetilde{V}$ 和一个序列 $\{c_k\} \subset Z$, $c_k \to 0$ 使得

$$\left( \operatorname{cl} L(\bar{z}) + c_k \right) \cap \widetilde{V} \subset L(\bar{z}) \setminus \{\bar{z}\} = L(\bar{z}). \tag{10.25}$$

令 $a_k := (0, c_k) \in X \times Z (\forall k \in I\!N$ 且 $\mathcal{O} := U \times (V \cap \widetilde{V}))$, 其中, 由定义 (10.6) 中 $(\bar{x}, \bar{z})$ 的局部化弱极小性, $U$ 是 $\bar{x}$ 的邻域, $V$ 是 $\bar{z}$ 的邻域. 然后我们从 (10.25) 和 (10.23) 中 $\Omega_1, \Omega_2$ 的结构中得到

$$
\begin{aligned}
&\Omega_1 \cap (\Omega_2 + a_k) \cap \mathcal{O} \\
=\, &\operatorname{gph} F \cap \left( \Omega \times (\operatorname{cl} L(\bar{z}) + c_k) \cap \widetilde{V} \right) \cap (U \times V) \\
\subset\, &\operatorname{gph} F \cap \left( \Omega \times (L(\bar{z}) \setminus \{\bar{z}\}) \right) \cap (U \times V) = \varnothing,
\end{aligned}
\tag{10.26}
$$

最后一个等式成立是由于 (10.6). 这证明了完全局部化弱极小点情况下的极点条件 (10.24).

- 设 $(\bar{x}, \bar{z})$ 是问题 (10.3), (10.4) 的完全局部化极小点. 在这种情况下, 我们使用与上面弱极小点相同的论述, 并用闭包 $\operatorname{cl} L(\bar{z})$ 替换 (10.25) 和 (10.26) 的最后一行中的集合 $L(\bar{z})$. 这是可以做到的, 因为集合 $\operatorname{cl} L(\bar{z})$ 被假定在 $\bar{z}$ 处是渐近闭的. 因此, 我们得到了完全局部化极小点情况下的 (10.24).

- 设 $(\bar{x}, \bar{z})$ 是问题 (10.3), (10.4) 的完全局部化强极小点. 将命题 10.8 应用于乘积集合 $\Omega_2 = \Omega \times \operatorname{cl} L(\bar{z})$, 在这种情况下由对集合 $\Omega$ 和 $\operatorname{cl} L(\bar{z})$ 所施加的假设, 我们可得 $\Omega_2$ 在 $(\bar{x}, \bar{z})$ 处渐近闭. 因此, 存在 $(\bar{x}, \bar{z})$ 的邻域 $\mathcal{O}$(不失一般性, 我们假设 $\mathcal{O} \subset U \times V$) 和一个序列 $\{a_k\} \subset X \times Z$, 当 $k \to \infty$ 时 $a_k \to 0$, 使得

$$(\Omega_2 + a_k) \cap \mathcal{O} \subset \Omega_2 \setminus \{(\bar{x}, \bar{z})\}.$$

由后者易得

$$\Omega_1 \cap (\Omega_2 + a_k) \cap \mathcal{O} = \Omega_1 \cap \left( (\Omega_2 + a_k) \cap \mathcal{O} \right) \cap \mathcal{O}$$

$$\subset \Omega_1 \cap \big(\Omega_2 \backslash \{(\bar{x}, \bar{z})\}\big) \cap (U \times V)$$

$$= \operatorname{gph} F \cap \big((\Omega \times \operatorname{cl} L(\bar{z})) \backslash \{(\bar{x}, \bar{z})\}\big) \cap (U \times V) = \varnothing,$$

由 (10.8) 知最后一个等式成立. 这表明了强极小点情况下的极点条件 (10.24) 成立, 并且证明了在所有考虑的情况下 $(\bar{x}, \bar{z})$ 都是集合系统 $\{\Omega_1, \Omega_2\}$ 的局部极点.

现在我们可以对乘积空间 $X \times Z$ 中 (10.23) 的系统 $\{\Omega_1, \Omega_2\}$ 在局部极点 $(\bar{x}, \bar{z})$ 处应用引理 10.6 的乘积极点原理. 注意到定理中 SNC/PSNC 条件 (a)—(d) 中的每一个都可确保引理 10.6 中对集合 $\Omega_1$ 和 $\Omega_2$ 的 PSNC 要求得以实现. 实际上, 在其中记 $X_1 := X$ 且 $X_2 := Z$, 我们有以下关系:

- 如果 (a) 成立, 则 $\Omega_1$ 在 $(\bar{x}, \bar{z})$ 处关于 $I = \{1, 2\}$ 是强 PSNC 的;
- 如果 (b) 成立, 则 $\Omega_2$ 在 $(\bar{x}, \bar{z})$ 处关于 $J = \{1, 2\}$ 是强 PSNC 的;
- 如果 (c) 成立, 则 $\Omega_1$ 在 $(\bar{x}, \bar{z})$ 处关于 $I = \{1\}$ 是 PSNC 的, 并且 $\Omega_2$ 在 $(\bar{x}, \bar{z})$ 处关于 $J = \{2\}$ 是强 PSNC 的;
- 如果 (d) 成立, 则 $\Omega_1$ 在 $(\bar{x}, \bar{z})$ 处关于 $I = \{2\}$ 是 PSNC 的, 并且 $\Omega_2$ 在 $(\bar{x}, \bar{z})$ 处关于 $J = \{1\}$ 是强 PSNC 的.

因此, 由上导数定义和命题 1.4 中的法锥乘积法则, 根据 (10.20) 可得 (10.22) 的最优性条件. 这就证明存在 $(x^*, z^*) \in X^* \times Z^*$ 且 $(x^*, z^*) \neq 0$, 并满足

$$(-x^*, z^*) \in N\big((\bar{x}, \bar{z}); \Omega_2\big) = N(\bar{x}; \Omega) \times N(\bar{z}; \operatorname{cl} L(\bar{z})),$$

$$(x^*, -z^*) \in N\big((\bar{x}, \bar{z}); \operatorname{gph} F\big), \quad \text{i.e.,} \quad x^* \in D^* F(\bar{x}, \bar{z})(z^*),$$

因此完成了定理的证明. $\triangle$

正如我们从基于 [529, 定理 4.10 和 4.18] 的练习 3.42 和练习 3.48 中所知道的, 如果 $F$ 在 $(\bar{x}, \bar{z})$ 周围是类 Lipschitz 的, 或者 $F^{-1}$ 在 $(\bar{z}, \bar{x})$ 周围是度量正则的, 则定理 10.9 的 (c) 中对 $F$ 或 (d) 中对 $F^{-1}$ 施加的 PSNC 假设自动成立. 注意在空间 $X$ 和 $Z$ 是有限多个 Asplund 空间的乘积的情况下, 对定理 10.9 中的假设和结论不难进行修正并给出证明; 见练习 10.29.

## 10.3 局部拓展的第二福利定理

本小节介绍了所谓的福利经济学第二基本定理的深入拓展, 这确保了支撑局部 Pareto 型最优配置的边际价格的存在. 请参阅 10.6 节以了解更多的讨论、历史评论和参考文献. 本文通过使用简化约束集值优化问题 (10.3)、(10.4) 的合适的完全局部化极小点, 以及在相应集合的渐近闭性下由定理 10.9 得出的这些极小点的必要最优性条件, 建立了非凸经济 $\mathcal{E}$ 的局部强、严格和弱 Pareto 型最优配置的第二福利定理的推广版本 (10.1).

### 10.3.1　一般商品空间的结论

首先, 我们建立经济 $\mathcal{E}$ 中没有商品序结构的扩展第二福利定理的一般版本.

**定理 10.10** (局部 Pareto 型最优配置的扩展第二福利定理)　设 $(\bar{y}, \bar{z})$ 是经济 (10.1) 在局部饱性要求下相对于偏好集 $P_i(z)$ 的如下意义下的局部最优配置:

$$\bar{z}_i \in \operatorname{cl} P_i(\bar{z}), \quad i = 1, \cdots, n. \tag{10.27}$$

假设商品空间 $E$ 是 Asplund 的, 并且集合

$$\operatorname{cl} P_i(\bar{z}), i = 1, \cdots, n, \quad S_j, j = 1, \cdots, m \quad 和 \quad W \tag{10.28}$$

之一分别在 $\bar{z}_i$, $\bar{y}_j$ 和 $\bar{w} = \sum_{i=1}^{n} \bar{z}_i - \sum_{j=1}^{m} \bar{y}_j$ 处是 SNC 的. 则在经济 $\mathcal{E}$ 的以下每一种局部最优配置情况下:

- 若集合 $P_i(\bar{z})$, $i = 1, \cdots, n$ 在 $\bar{z}_i$ 处渐近闭, 则 $(\bar{y}, \bar{z})$ 是局部弱 Pareto 型最优配置;

- 若存在 $i \in \{1, \cdots, n\}$ 使集合 $\operatorname{cl} P_i(\bar{z})$ 在 $\bar{z}_i$ 处渐近闭, 则 $(\bar{y}, \bar{z})$ 是局部严格 Pareto 型最优配置;

- 若 (10.28) 中的一个集合在相应的点上渐近闭, 则 $(\bar{y}, \bar{z})$ 是一个局部强 Pareto 型最优配置;

存在一个非零边际价格 $p^* \in E^*$ 满足条件

$$\begin{cases} -p^* \in N(\bar{x}_i; \operatorname{cl} P_i(\bar{z})), & i = 1, \cdots, n, \\ p^* \in N(\bar{y}_j; S_j), & j = 1, \cdots, m, \\ p^* \in N(\bar{w}; W). \end{cases} \tag{10.29}$$

**证明**　首先观察到对于 (10.10) 中定义的偏好 $L(\cdot)$, 定理 10.9 中偏好映射的饱足性简化为定理中对 $P_i(\cdot)$ 的局部饱足性要求 (10.27). 进一步利用定理 10.4 中经济 $\mathcal{E}$ 的局部 Pareto 型最优配置与集值优化问题 (10.9) 相对于其中偏好的完全局部化极小点之间的等价关系, 并指明命题 10.8 中对福利经济学中相应乘积集合的渐近闭性, 该定理的三个表述可归结为以下几点:

- $(\bar{x}, \bar{z})$ 是 (10.9) 关于 (10.10) 的完全局部化弱极小点, 前提是集合 $L(\bar{z})$ 在 $\bar{z}$ 处渐近闭;

- $(\bar{x}, \bar{z})$ 是 (10.9) 关于 (10.10) 的完全局部化 Pareto 极小点, 前提是集合 $\operatorname{cl} L(\bar{z})$ 在 $\bar{z}$ 处渐近闭;

- $(\bar{x}, \bar{z})$ 是 (10.9) 关于 (10.10) 的完全局部化强 Pareto 极小点, 前提是集合

$$\Omega \times \operatorname{cl} L(\bar{z}) := \prod_{j=1}^{m} S_j \times W \times \prod_{i=1}^{n} \operatorname{cl} P_i(\bar{z})$$

在 $(\bar{x}, \bar{z}) = (\bar{y}, \bar{w}, \bar{z})$ 处渐近闭.

为了从定理 10.9 的必要最优性条件在具有偏好 (10.10) 的问题 (10.9) 中的应用推导出上述陈述, 只需在定理的 (10.28) 中某一个集合是 SNC 的假设下, 验证练习 10.29 中集合

$$\Omega_1 := \mathrm{gph}\, F \quad \text{和} \quad \Omega_2 := \prod_{j=1}^{m} S_j \times W \times \prod_{i=1}^{n} \mathrm{cl}\, P_i(\bar{z}) \tag{10.30}$$

的相应 PSNC 性质的有效性. 接下来, 我们将集合和参考点重命名如下:

$$\prod_{i=1}^{m+n+1} X_i := X \times Z = E^{m+n+1}, \quad \text{并且 } X_i := E, \forall\, i = 1, \cdots, m+n+1,$$

$$\Theta_i := S_i, \, i = 1, \cdots, m, \quad \Theta_{m+1} := W, \quad \Theta_{m+1+i} := \mathrm{cl}\, P_i(\bar{z}), \, i = 1, \cdots, n,$$

$$\bar{x}_1 := -\bar{y}_1, \cdots, \bar{x}_m := -\bar{y}_m, \bar{x}_{m+1} := -\bar{w}, \bar{x}_{m+2} := \bar{z}_1, \cdots, \bar{x}_{m+n+1} := \bar{z}_n.$$

由于集合 $S_j$, $W$ 和 $\mathrm{cl}\, P_i(\bar{z})$ 中有一个分别在 $\bar{y}_j$, $\bar{w}$ 和 $\bar{z}_i$ 处是 SNC 的, 所以存在 $i_0 \in \{1, \cdots, m+n+1\}$, 使得 (10.30) 中 $\Omega_2$ 可以表示为

$$\Omega_2 = \prod_{i=1}^{m+n+1} \Theta_i,$$

并且它相对于指标集 $I := \{i_0\}$ 是强 PSNC 的. 考虑如下定义的映射 $f \colon \prod_{i=1}^{i_0-1} X_i \times \prod_{i_0+1}^{m+n+1} X_i \to X_{i_0}$

$$f(x_1, \cdots, x_{i_0-1}, x_{i_0+1}, \cdots, x_{m+n+1}) := -\sum_{i=1,\, i \neq i_0}^{m+n+1} x_i.$$

根据 (10.9) 中 $f$ 和 $F$ 的结构, (10.30) 中集合 $\Omega_1$ 表示为 $(-x_1, \cdots, -x_{m+1}, x_{m+2}, \cdots, x_{m+n+1})$ 的集合, 且满足

$$(x_1, \cdots, x_{i_0-1}, x_{i_0+1}, \cdots, x_{m+n+1}, x_{i_0}) \in \mathrm{gph}\, f.$$

由于 $f$ 是 Lipschitz 函数, 它在 $(\bar{x}_1, \cdots, \bar{x}_{i_0-1}, \bar{x}_{i_0+1}, \cdots, \bar{x}_{m+n+1}, \bar{x}_{i_0})$ 处是 PSNC 的, 因此, 集合 $\Omega_1$ 在 $(\bar{y}, \bar{w}, \bar{z})$ 处相对于指标集 $J := \{1, \cdots, m+n+1\} \backslash \{i_0\}$ 是 PSNC 的. 我们观察到 $I \cup J = \{1, \cdots, m+n+1\}$ 可以确保 (10.30) 中集合 $\Omega_1$ 和 $\Omega_2$ 满足练习 10.29 的 PSNC 假设, 因此, 可以将定理 10.9 的必要最优性条件应用于具有偏好 (10.10) 的集值优化问题 (10.9). 考虑到 (10.9), (10.10) 和 (10.30) 的结构, 由上述方法可知存在 $(0, 0) \neq (x^*, z^*) \in X^* \times Z^*$ 和 $p^* \in E^*$ 满足关系

$$(-x^*, z^*) \in N\big((\bar{x}, \bar{z}); \Omega_2\big) = \prod_{j=1}^{m} N(\bar{y}_j; S_j) \times N(\bar{w}; W) \times \prod_{i=1}^{n} N\big(\bar{z}_i; \mathrm{cl}\, P_i(\bar{z})\big),$$

$$(x^*, -z^*) \in N\big((\bar{x}, \bar{z}); \Omega_1\big) = \prod_{j=1}^{m} \{-p^*\} \times \{-p^*\} \times \prod_{i=1}^{n} \{p^*\},$$

其中, 由后一等式显然可知 $p^* \neq 0$. 因此, 我们就得到了定理的所有价格条件 (10.29), 从而完成了证明.　　　　　　　　　　　　　　　　　　　　　△

### 10.3.2　有序商品空间

现在我们考虑具有商品空间 $E$ 的经济, 该空间是由某个偏序关系 $\preceq$ 表示的闭正锥

$$E_+ := \{e \in E \mid 0 \preceq e\} \tag{10.31}$$

定义的偏序空间. 对偶正锥的定义为

$$E_+^* := \{e^* \in E^* \mid \langle e, e^* \rangle \geqslant 0, \forall\, e \in E_+\}.$$

回顾如果 $E_+ - E_+ = E$, 则序锥 $E_+$ 是 $E$ 中的生成锥.

下一个有用的结论揭示了当渐近闭性成立时, 偏序空间中的一个相当一般的设置.

**命题 10.11** (有序 Banach 空间的渐近闭性)　设 $E$ 是一个有序 Banach 空间且具有生成闭正锥 $E_+$, $\Xi$ 是 $E$ 的一个闭子集, 并满足条件

$$\Xi - E_+ \subset \Xi, \tag{10.32}$$

令 $\bar{z} \in \mathrm{bd}\,\Xi$, 则集合 $\Xi$ 在 $\bar{z}$ 处是渐近闭的.

**证明**　由于 $\bar{z}$ 是 $\Xi$ 的边界点, 我们可以找到一个序列 $\{z_k\} \subset E$, 其中 $z_k \to 0\ (k \to \infty)$ 且 $(\bar{z} + z_k \notin \Xi, \forall k \in \mathbb{N})$. 具有生成正锥的有序空间中的经典 Krein-Šmulian 定理确保了存在常数 $M > 0$, 使得对于每个 $e \in E$ 有

$$u, v \in E_+ \text{ 满足 } e = u - v \text{ 和 } \max\big\{\|u\|, \|v\|\big\} \leqslant M \|e\|.$$

因此, 我们得到两个序列 $\{u_k\} \subset E$ 和 $\{v_k\} \subset E$ 满足

$$z_k = u_k - v_k, \quad u_k \to 0 \quad \text{和} \quad v_k \to 0, \quad \text{当 } k \to \infty.$$

为了验证 $\Xi$ 在 $\bar{z}$ 处的渐近闭性, 只需证明条件 (10.32) 意味着 $\bar{z} \notin \Xi - u_k$ 对所有充分大的 $k \in \mathbb{N}$ 成立. 用反证法论证, 取定 $k \in \mathbb{N}$, 并假设存在某个 $z \in \Xi$ 使得 $\bar{z} = z - u_k$, 从而可得关系

$$z = \bar{z} + u_k = \bar{z} + z_k + v_k \in \Xi, \text{ i.e., } \bar{z} + z_k = z - v_k \in \Xi - E_+ \subset \Xi,$$

这与 $\{z_k\}$ 的选取相矛盾, 从而完成了证明. △

根据微观经济学的惯用术语, 我们认为具有偏好集 $P_i(z)$ 的经济 $\mathcal{E}$ 显示出:

- 商品的隐含自由处置, 如果

$$\operatorname{cl} W - E_+ \subset \operatorname{cl} W; \tag{10.33}$$

- 产品的自由处置, 如果

$$\operatorname{cl} S_j - E_+ \subset \operatorname{cl} S_j, \quad 对某个 \ j \in \{1, \cdots, m\} \ 成立; \tag{10.34}$$

- 期望条件, 如果

$$\operatorname{cl} P_i(\bar{z}) + E_+ \subset \operatorname{cl} P_i(\bar{z}), \quad 对某个 \ i \in \{1, \cdots, n\} \ 成立. \tag{10.35}$$

定理 10.10 和命题 10.11 的下列结论给出了具有有序商品空间的经济的局部严格 Pareto 与强 Pareto 最优配置的边际价格均衡条件的有效实现, 同时确保了价格为正.

**推论 10.12** (具有有序商品的局部严格 Pareto 和强 Pareto 最优配置的扩展第二福利定理) 除了定理 10.10 的一般假设外, 假设商品空间 $E$ 由生成闭正锥 $E_+$ 定义偏序空间. 则存在一个正价格 $p^* \in E_+^* \setminus \{0\}$ 在以下情况下满足关系 (10.29):

- $(\bar{y}, \bar{z})$ 是经济 $\mathcal{E}$ 的局部严格 Pareto 最优配置, 并关于其偏好显示出期望条件 (10.35).

- $(\bar{y}, \bar{z})$ 是 $\mathcal{E}$ 的局部强 Pareto 最优配置, 并显示出商品的隐式自由处置 (10.33), 或产品的自由处置 (10.34), 或期望条件 (10.35).

**证明** 首先观察到, 在满足任一基本条件 (10.33)—(10.35) 的情况下, 有序商品空间中价格的正性 $p^* \in E_+^*$ 可直接由扩展第二福利定理的断言 (10.29) 得到; 详见练习 10.36. 进一步利用命题 10.11 和定理 10.10 的相应阐述, 通过证明:

(i) 假设 $(\bar{y}, \bar{z})$ 为经济 $\mathcal{E}$ 的局部严格 Pareto 型最优配置, 表现为理想条件 (10.35), 则存在一个消费者指数 $i \in \{1, \cdots, n\}$, 使得 $(\bar{y}, \bar{z})$ 的相关组成部分 $\bar{z}_i$ 为集合 $\operatorname{cl} P_i(\bar{z})$ 的边界点.

(ii) 假设 $(\bar{y}, \bar{z})$ 是 $\mathcal{E}$ 的局部强 Pareto 型最优配置, 至少表现出一种自由处置/理想属性 (10.33)—(10.35), 则 $(\bar{y}, \bar{z})$ 的每个分量 $\bar{z}_i$, $\bar{y}_j$ 及其组合 $\bar{w} = \sum_{i=1}^{n} \bar{z}_i - \sum_{j=1}^{m} \bar{y}_j$ 都是对应集合 $\operatorname{cl} P_i(\bar{z})$, $S_j$, $W$ 的边界点,

可以得出推论所声称的两个结论. 以上断言 (i) 和 (ii) 都可以从局部严格 Pareto 和强 Pareto 最优配置的定义中利用反证法推出; 参见练习 10.37 以完成该推论的证明. △

### 10.3.3  弱 Pareto 型最优配置的正常性

我们进一步建立定义 10.7 中引入的渐近闭性与 Mas-Colell 首创且在福利经济学中得到广泛认可和发展的经济建模中的一些正常性性质之间的关系. 在本小节中, 我们考虑 (10.1) 中的经济 $\mathcal{E}$, 其商品空间是一个 Banach 格. 为简单起见, 假设 $C_1 = \cdots = C_n = E_+$, $m = 1$, $S$ 代表总生产集, 且 $W = \{\bar{w}\}$(市场出清). 首先回顾一下 [273] 中发展的 (据我们所知) 最高等的正常性性质.

**定义 10.13** (正常性性质)  假设上述经济 $\mathcal{E}$ 的商品空间是一个 Banach 格, 我们称:

(A1) $\mathcal{E}$ 对于偏好满足正常性性质, 如果存在正数 $\delta, \lambda$ 和 $\theta$, 使得

$$((P_i(\bar{z}) \cap (\bar{z}_i + \theta I\!B)) + \Gamma) \cap E_+ \subset P_i(\bar{z})$$
$$\text{并且}\ \Gamma := \bigcup_{t \in (0,\lambda]} t\left(\frac{1}{(n+1)}\bar{w} + \delta I\!B\right), \quad i = 1, \cdots, n. \tag{10.36}$$

(A2) $\mathcal{E}$ 对于产品满足正常性性质, 如果存在正数 $\delta, \lambda$ 和 $\theta$, 使得

$$(y - \Gamma) \cap \{z \in E \mid z^+ \leqslant y^+\} \subset Y, \quad \forall y \in S \cap (\bar{y} + \theta I\!B),$$

其中, 锥 $\Gamma$ 如 (A1) 中定义.

注意, (10.36) 中的锥 $\Gamma$ 依赖于 $\delta, \lambda$ 和 $\theta$, 然而, 为了简单起见, 我们没有在符号中表示这种依赖关系. 当偏好集是由消费集上的一个可传递的完全偏好导出时, Mas-Collel 的一致正常性性质蕴含着偏好的正常性条件 (A1). 根据这个观点, 我们认为偏好关系 $\prec$ 在 $z \in E_+$ 处是正常的, 如果存在正数 $\alpha$ 和 $\varepsilon$, 正向量 $\bar{w} \in E_+$ 和原点 $\mathcal{O}$ 的邻域使得

$$u \in L \quad \text{且} \quad [z - \alpha\bar{w} + u \prec x \Rightarrow u \in \varepsilon\mathcal{O}].$$

称偏好 $\prec$ 是一致正常的, 如果它在每个 $z \in E_+$ 是正常的, 同时 $\bar{w}$ 和 $V$ 的选择可以独立于 $z$. 在几何上, 在 $z$ 处的正常性意味着存在一个包含正向量的开锥 $\Gamma \subset E$ 使得

$$(-\Gamma) \cap \{u - z \in E_+ \mid u \prec z\} = \varnothing.$$

下一个命题建立了所考虑的经济模型中偏好性质的正常性 (A1) 和偏好集的渐近闭性之间的关系.

**命题 10.14** (正常性蕴含着渐近闭性)  对于经济 $\mathcal{E}$, 下面断言成立:
(i) $P_i(\bar{z})$ 在 $\bar{z}_i$ 处的正常性 (A1) 蕴含着 $P_i(\bar{z})$ 在这一点处的渐近闭性.

(ii) 如果性质 (A1) 满足, 则集合

$$\widetilde{P}_i(\bar{z}) := P_i(\bar{z}) \cap (\bar{z}_i + \theta I\!\!B) + \Gamma$$

在 $\bar{z}_i$ 处是渐近闭合的.

**证明** 首先验证 (i). 假设 $P_i(\bar{z})$ 在 $\bar{z}_i$ 处是正常的. 为了从 (A1) 得出 $P_i(\bar{z})$ 在 $\bar{z}_i$ 处渐近闭性, 我们要证明

$$(\mathrm{cl}\, P_i(\bar{z}) + c_k) \cap V \subset P_i(\bar{z}), \quad \text{对任意充分大的 } k \text{ 成立}, \tag{10.37}$$

其中集合 $V \subset Z$ 和序列 $\{c_k\} \subset Z$ 定义如下

$$V := \left(\bar{z}_i + \frac{\theta}{2} I\!\!B\right) \text{ 且 } c_k := \frac{\lambda}{k}\left(\frac{1}{n+1}\bar{w} + \delta c\right), \quad \text{并且 } c \in E_+ \cap I\!\!B.$$

为此, 取定充分大的 $k \in I\!\!N$, 使得 $c_k \in (\theta/2)I\!\!B$. 进一步, 任取 $z \in (\mathrm{cl}\, P_i(\bar{z})+c_k)\cap V$, 并找到序列 $\{z_m\} \subset P_i(\bar{z}) \subset E_+$ 满足 $z_m \to \widetilde{z} \in \mathrm{cl}\, P_i(\bar{z})$, $z_m+c_k \in V$ 且 $z = \widetilde{z}+c_k$, 则 $z_m \in -c_k + V \subset (\bar{z}_i + \theta I\!\!B)$. 由于 $c_k \in_1 \Gamma$, 存在 $\gamma > 0$ 使得

$$z_m + c_k \in z_m + c_k + \gamma I\!\!B \subset \left(P_i(\bar{z}) \cap (\bar{z}_i + \theta I\!\!B) + \Gamma\right), \quad \forall m \in I\!\!N.$$

当 $m \to \infty$ 时对上式取极限, 根据 (10.36) 我们可得

$$z = \widetilde{z} + c_k \in \left(P_i(\bar{z}) \cap (\bar{z}_i + \theta I\!\!B) + \Gamma\right) \cap E_+ \subset P_i(\bar{z}).$$

因为 $z \in (\mathrm{cl}\, P_i(\bar{z}) + c_k) \cap V$ 是任取的, 由后者可得 (10.37), 从而验证了 (i) 中 $P_i(\bar{z})$ 的渐近闭性, 并进一步确保了推论 (ii) 中 $\widetilde{P}_i(\bar{z})$ 的渐近闭性. △

下面的例子表明, 即使对于具有有限维商品空间的经济, 命题 10.14 (i) 中的逆命题也不成立.

**例 10.15** (渐近闭性严格优于正常性) 取 $E = I\!\!R^3$, 定义 $0 \in I\!\!R^3$ 处的偏好集 $P(0)$ 如下

$$P(0) := \left\{(a,b,0) \in I\!\!R^3 \,\middle|\, a,b \geqslant 0\right\} \setminus \{0\}.$$

由于 $P(0) \cup \{0\}$ 是一个闭凸锥, 集合 $P(0)$ 在 $\bar{z} = 0$ 处显然具有渐近闭性. 然而事实证明对于 (10.36) 中给出的 $\Gamma$ 和每个 $\gamma > 0$, 有

$$I\!\!R^3_+ \cap \left(P(0) \cap \gamma I\!\!B + \Gamma\right) \not\subset P(0).$$

为此, 选取任意 $v = (v_1, v_2, v_3) \in \Gamma \cap I\!\!R^3_+$ 满足 $v_3 > 0$, 此类 $v$ 的存在性可由 $\Gamma$ 的非空内部来保证. 则对任意 $u = (u_1, u_2, 0) \in P(0) \cap \gamma I\!\!B$, 我们有 $u_3 + v_3 = v_3 > 0$, 因此 $u + v \notin P(0)$. 这表明 $P(0)$ 在原点处不具有正常性. 更一般地, 这在 $\mathrm{span}\, P_i(\bar{z}) \subset L$, $L \neq E$ 是 $E$ 的子空间时成立.

下面的命题表明, 上述正常性假设允许我们将所考虑的经济 $\mathcal{E}$ 的局部弱 Pareto 配置简化为具有非空内部的偏好和生产集的修正经济的配置.

**命题 10.16** (正常性假设下的弱 Pareto 型最优配置)　在定义 10.13 的正常性假设 (A1) 和 (A2) 下, 设 $(\bar{y}, \bar{z})$ 为经济 $\mathcal{E} = (P_1, \cdots, P_n, S, \bar{w})$ 的一个局部弱 Pareto 最优配置. 则 $(\bar{y}, \bar{z})$ 是修正经济 $\widetilde{\mathcal{E}} = (\widetilde{P}_1, \cdots, \widetilde{P}_n, \widetilde{S}, \bar{w})$ 的一个局部弱 Pareto 最优配置, 并且

$$\widetilde{P}_i(\bar{z}) := P_i(\bar{z}) \cap (\bar{z}_i + \theta I\!B) + \Gamma, \quad i = 1, \cdots, n,$$
$$\widetilde{S} := S \cap (\bar{y} + \theta I\!B) - \Gamma. \tag{10.38}$$

**证明**　使用反证法论述, 假设 $(\bar{y}, \bar{z})$ 不是 $\widetilde{\mathcal{E}}$ 的局部弱 Pareto 最优配置, 则可以找到 $(y, z)$ 满足

$$y \in \widetilde{S}, \quad \bar{w} = \sum_{i=1}^{n} z_i - y \quad \text{和} \quad z_i \in \widetilde{P}_i(\bar{z}), \quad \forall i = 1, \cdots, n.$$

后一关系显然确保了包含

$$\bar{w} \in \sum_{i=1}^{n} \Big( \big( P_i(\bar{z}) \cap (\bar{z}_i + \theta I\!B) \big) + \Gamma \Big) - \Big( \big( S \cap (\bar{y} + \theta I\!B) \big) - \Gamma \Big)$$

的有效性, 这与正常性假设 (参见练习 10.39) 相矛盾, 从而验证了 $(\bar{y}, \bar{z})$ 的局部弱 Pareto 最优性.　　　　　　　　　　　　　　　　　　　　　　　　△

基于本小节前面的结果, 我们从定理 10.29 推导出经济 $\mathcal{E}$ 的局部弱 Pareto 最优配置的扩展第二福利定理的以下两个版本. 第一个版本涉及上述性质 (A1) 和 SNC 假设, 是定理 10.29 和命题 10.14 (i) 由所考虑经济的原始数据 $(P_i, S)$ 表示的直接结果. 另一方面, 第二个版本利用 (10.36) 中凸锥 $\Gamma$ 的非空内部以及 $P_i(\bar{z}) \subset \widetilde{P}_i(\bar{z})$ 这一事实, 对于有数据 (10.38) 的修正经济 $\widetilde{\mathcal{E}}$, 我们在无 SNC 要求的情况下从定理 10.29 和命题 10.14 (ii)、命题 10.16 推出局部弱 Pareto 最优配置的第二福利定理的新版本.

**定理 10.17** (正常性假设下局部弱 Pareto 最优配置的扩展第二福利定理) 设 $(\bar{y}, \bar{z})$ 是经济 $\mathcal{E} = (P_i, S, \bar{w})$ 的局部弱 Pareto 最优配置且具有有序 Asplund 商品空间 $E$. 则以下断言成立:

(i) 假设 $\mathcal{E}$ 满足偏好假设 (A1) 的正常性, 集合 $\mathrm{cl}\, P_i(\bar{z})(i = 1, \cdots, n)$ 之一和 $S$ 分别在 $\bar{z}_i$ 和 $\bar{y}$ 处是 SNC 的. 则存在边际价格 $p^* \in E^* \setminus \{0\}$ 使得

$$-p^* \in N\big(\bar{z}_i; \mathrm{cl}\, P_i(\bar{z})\big), i = 1, \cdots, n, \quad \text{且} \ p^* \in N(\bar{y}; S). \tag{10.39}$$

(ii) 假设正常性性质 (A1) 和 (A2) 都满足. 则存在边际价格 $p^* \in E^* \setminus \{0\}$ 使得通过 (10.38) 中的修正偏好和总生产集, 有

$$-p^* \in N\big(\bar{z}_i; \operatorname{cl} \widetilde{P}_i(\bar{z})\big), \ i = 1, \cdots, n, \quad \text{且 } p^* \in N(\bar{y}; \widetilde{S}). \tag{10.40}$$

**证明** 为证明 (i), 在 (A1) 条件下利用命题 10.14 (i) 确保定理 10.29 中弱 Pareto 型最优配置的每个偏好集 $P_i(\bar{z})$ 在 $\bar{z}_i(i = 1, \cdots, n)$ 处的渐近闭性. 由此我们在 SNC 的假设下得到 (10.39) 且 $p^* \neq 0$.

为证明 (ii), 使用命题 10.16 我们可知 $(\bar{y}, \bar{z})$ 是具有数据 (10.38) 的修正经济 $\widetilde{\mathcal{E}}$ 的局部弱 Pareto 最优配置. 由命题 10.14 (ii) 可知, 每个修正偏好集 $\widetilde{P}_i(\bar{z})$ 在 $\bar{z}_i$, $i = 1, \cdots, n$ 处是渐近闭的. 现在将定理 10.29 应用于经济 $\widetilde{\mathcal{E}}$ 的弱 Pareto 最优配置 $(\bar{y}, \bar{z})$, 只需说明 $\operatorname{cl} \widetilde{P}_i(\bar{z}_i)(i = 1, \cdots, n)$ 中至少一个集合且 $\widetilde{S}$ 在相应点处是 SNC 的. 我们证明事实上所有集合在参考点处都是 SNC 的. 考虑到集合 (10.38) 的结构和 SNC 性质定义中的正则法锥构造, 不失一般性, 我们考虑集合

$$\widetilde{P}(\bar{z}) := P(\bar{z}) \cap (\bar{z} + \theta I\!\!B) + \Gamma, \tag{10.41}$$

其中, 锥 $\Gamma$ 如 (10.36) 中定义, 并证明此集合在 $\bar{z} \in \operatorname{cl} \widetilde{P}(\bar{z})$ 处是 SNC 的. 选择一个序列 $\{z_k, z_k^*\} \subset Z \times Z^*$ 满足

$$z_k \to \bar{z}, \quad z_k^* \xrightarrow{w^*} 0, \quad \text{当 } k \to \infty, \quad \text{并且 } z_k^* \in \widehat{N}\big(z_k; \widetilde{P}(\bar{z})\big), \quad k \in I\!\!N.$$

现在利用练习 1.39 (iii) 中正则法锥关于集合包含的递减性质和锥 $\Gamma$ 的凸性, 从上面推出对某个数列 $\{\widetilde{z}_k\} \subset Z$, 有

$$z_k^* \in N(\widetilde{z}_k; \Gamma) \subset N(0; \Gamma), \quad k \in I\!\!N.$$

根据习题 2.29, 由 $\Gamma$ 的非空内部, 上式意味着 $\|z_k^*\| \to 0(k \to \infty)$. 这证明了 (10.41) 中集合 $\widetilde{P}(\bar{z})$ 在 $\bar{z}$(以及 (10.38) 定义的所有集合在相应点) 处的 SNC 性质, 从而完成了定理的证明. △

在定理 10.17 给出的正常性假设下, 有关扩展第二福利定理的两个版本之间的关系的更多讨论, 我们建议读者参考练习 10.41.

## 10.4 全局扩展的第二福利定理

在本节中, 我们重点推导定义 10.2 中描述的四种类型的全局 Pareto 型最优配置的第二福利定理的扩展版本. 由于任意全局最优配置都是同一类型的局部最优配置, 因此 10.3 节中针对局部弱 Pareto、严格 Pareto 和强 Pareto 最优配置的

结果必然适用于其全局对应项. 现在我们通过不同的论述证明, 由定义 10.2 中考虑的所有最优配置 (包括 (ii), (v) 中定义的 Pareto 配置, 在 10.3 节的局部框架中没有研究) 的全局性质, 我们可以在与前面相比而言限制更少的规范条件下推导出第二福利定理的不同版本.

### 10.4.1　净需求规范条件

以下是 (10.1) 中一般福利经济学框架 $\mathcal{E}$ 相应于定义 10.2 中每种全局最优配置的净需求条件, 其定义类似但有些不同.

**定义 10.18** (净需求规范条件)　设 $(\bar{y}, \bar{z})$ 是 (10.1) 中经济 $\mathcal{E}$ 的一个可行配置, 其偏好集为 $P_i(z)$, 并设 $\bar{w} := \sum_{i=1}^{n} \bar{z}_i - \sum_{j=1}^{m} \bar{y}_j \in W$. 将集合 $P_i(\bar{z})$, $S_j$ 和 $W$ 重命名为

$$\Xi_i := P_i(\bar{z}), \ i = 1, \cdots, n, \quad \Xi_{n+j} := -S_j, \ j = 1, \cdots, m, \quad \Xi_{m+n+1} := -W,$$

并且 $\bar{x}_i := \bar{z}_i$, $\bar{x}_{n+j} := -\bar{y}_{n+j}$, $\bar{x}_{m+n+1} := -\bar{w}$. 给定 $\varepsilon > 0$, 考虑集合

$$\Delta_\varepsilon := \sum_{i=1}^{n+m+1} \operatorname{cl} \Xi_i \cap (\bar{z}_i + \varepsilon I\!B), \tag{10.42}$$

并定义配置 $(\bar{y}, \bar{z})$ 处的以下规范条件, 由对经济 $\mathcal{E}$ 的固定假设, 上式中的闭包运算对于集合 $\Theta_i(i > n)$ 是冗余的:

(i) 净需求弱规范条件 (NDWQ) 在 $(\bar{y}, \bar{z})$ 处成立, 如果存在 $\varepsilon > 0$, $\{e_k\} \subset E$, $e_k \to 0$, 使得

$$\Delta_\varepsilon + e_k \subset \sum_{i=1}^{n} \Xi_i + \sum_{i=n+1}^{n+m+1} \operatorname{cl} \Xi_i, \quad \text{对于充分大的 } k \in I\!N \text{ 成立.} \tag{10.43}$$

(ii) 净需求规范 (NDQ) 条件在 $(\bar{y}, \bar{z})$ 处成立, 如果存在 $\varepsilon > 0$, $\{e_k\} \subset E$, $e_k \to 0$ 和 $i_0 \in \{1, \cdots, n\}$, 使得

$$\Delta_\varepsilon + e_k \subset \Xi_{i_0} + \sum_{i=1, \, i \neq i_0}^{n+m+1} \operatorname{cl} \Xi_i, \quad \text{对于充分大的 } k \in I\!N \text{ 成立.} \tag{10.44}$$

(iii) 净需求严格规范条件在 $(\bar{y}, \bar{z})$ 处成立, 如果存在 $\varepsilon > 0$, $e_k \to 0$ 和 $i_0 \in \{1, \cdots, n\}$, 使得

$$\Delta_\varepsilon + e_k \subset \operatorname{cl} \Xi_{i_0} \setminus \{\bar{x}_{i_0}\} + \sum_{i=1, \, i \neq i_0}^{n+m+1} \operatorname{cl} \Xi_i, \quad \text{对于充分大的 } k \in I\!N \text{ 成立.} \tag{10.45}$$

(iv) 净需求强规范 (NDSNQ) 条件在 $(\bar{y}, \bar{z})$ 处成立, 如果存在 $\varepsilon > 0$, $e_k \to 0$ 和 $i_0 \in \{1, \cdots, m + n + 1\}$, 使得

$$\Delta_\varepsilon + e_k \subset \operatorname{cl} \Xi_{i_0} \setminus \{\bar{x}_{i_0}\} + \sum_{i=1, i \neq i_0}^{m+n+1} \operatorname{cl} \Xi_i, \quad \text{对于充分大的 } k \text{ 成立.} \quad (10.46)$$

净需求规范条件与相应集合上的渐近闭性条件之间具有以下关系; 10.3 节利用其中三个要求推导出 Pareto 型最优配置的第二福利定理的局部版本.

**命题 10.19** (净需求规范与渐近闭性条件之间的关系) 考虑 (10.1) 中经济 $\mathcal{E}$, 其偏好集为 $P_i(z)$. 给定 $\mathcal{E}$ 的一个可行配置 $(\bar{y}, \bar{z})$, 假设生产集 $S_j$, $j = 1, \cdots, m$ 和净需求集 $W$ 在问题点附近局部闭. 则:

(i) 如果所有偏好集 $P_i(\bar{z})$, $i = 1, \cdots, n$ 都分别在 $\bar{z}_i$ 处渐近闭, 则 NDWQ 条件 (10.43) 在 $(\bar{y}, \bar{z})$ 处成立.

(ii) 如果存在 $i_0 \in \{1, \cdots, n\}$ 使得偏好集 $P_{i_0}(\bar{z})$ 在 $\bar{z}_{i_0}$ 处渐近闭, 则 NDQ 条件 (10.44) 在 $(\bar{y}, \bar{z})$ 处成立.

(iii) 如果存在 $i_0 \in \{1, \cdots, n\}$ 使得集合 $\operatorname{cl} P_{i_0}(\bar{z})$ 在 $\bar{z}_{i_0}$ 处渐近闭, 则 NDSQ 条件 (10.45) 在 $(\bar{y}, \bar{z})$ 处成立.

(iv) 如果下列集合

$$\operatorname{cl} P_i(\bar{z}), \cdots, \operatorname{cl} P_n(\bar{z}), S_1, \cdots, S_j, W$$

之一在 $(\bar{y}, \bar{z})$ 处渐近闭, 则 NDSNQ 条件 (10.46) 在相应点处成立.

**证明** 根据断言 (i) 和 (ii) 的证明可由 [530, 命题 8.4] 给出, 而其他两个推论 (iii) 和 (iv) 也可以用类似的方法进行验证. $\triangle$

命题 10.19 中的反向蕴含关系在很常见的有限维情况下不成立.

**例 10.20** (净需求条件严格弱于渐近闭性) 考虑市场出清经济 $\mathcal{E}$, 其中 $E = \mathbb{R}^2$, $n = m = 1$, $W = \{0\}$, 并且

$$C = \mathbb{R}_+^2, \quad S = \Xi := \{(a, b) \in \mathbb{R}_+^2 \mid ab = 0\}, \quad P(z) \equiv \Xi \setminus \{(0, 0)\}, \quad \bar{z} = (0, 0).$$

显然, 集合 $P(0)$ 在 $0 \in \mathbb{R}^2$ 处不是渐近闭的, 然而由

$$(k^{-1}, k^{-1}) + \Xi - \Xi \subset \Xi \setminus \{(0, 0)\} - \Xi$$

可知 NDQ 条件 (10.44) 在 $(\bar{y}, \bar{z}) = (0, 0) \in \mathbb{R}^4$ 处满足.

### 10.4.2 福利经济学中的全局最优性

下一个主要定理对定义 10.2 中所有四种类型的全局 Pareto 最优配置建立了第二福利定理的扩展版本. 这些扩展版本在定义 10.18 中的相应净需求规范条件下成立.

**定理 10.21** (全局 Pareto 型最优配置的扩展的第二福利定理)　设 $(\bar{y}, \bar{z})$ 是经济 (10.1) 在局部饱足性要求 (10.27) 下相对于偏好集 $P_i(z)$ 在以下几种意义下的全局最优配置. 假设商品空间 $E$ 是 Asplund 的, 并且 (10.28) 中集合之一分别在 $\bar{z}_i, \bar{y}_j$ 和 $\bar{w} = \sum_{i=1}^{n} \bar{z}_i - \sum_{j=1}^{m} \bar{y}_j$ 处是 SNC 的. 则在 $\mathcal{E}$ 的每一个全局最优配置情形下, 存在满足扩展的第二福利定理的所有关系 (10.29) 的非零价格 $p^* \in E^*$:

- 如果净需求弱规范条件 (10.43) 满足, 则 $(\bar{y}, \bar{z})$ 是全局弱 Pareto 最优配置.

- 如果净需求规范条件 (10.44) 满足, 则 $(\bar{y}, \bar{z})$ 是全局 Pareto 最优的有效配置.

- 如果净需求严格规范条件 (10.45) 满足, 则 $(\bar{y}, \bar{z})$ 是全局严格 Pareto 最优配置.

- 如果净需求强规范条件 (10.46) 满足, 则 $(\bar{y}, \bar{z})$ 是全局强 Pareto 最优配置.

**证明**　考虑 Asplund 空间 $E^{m+n+1}$ 中在点 $(\bar{y}, \bar{z}, \bar{w})$ 附近局部闭的两个子集

$$
\begin{cases}
\Omega_1 := \prod_{j=1}^{m} S_j \times \prod_{i=1}^{n} \operatorname{cl} P_i(\bar{z}) \times W, \\
\Omega_2 := \left\{ (y, z, w) \in E^{m+n+1} \,\middle|\, \sum_{i=1}^{n} z_i - \sum_{j=1}^{m} y_j - w = 0 \right\}.
\end{cases}
\tag{10.47}
$$

并且在对于经济 $\mathcal{E}$ 的相应弱 Pareto, Pareto, 严格 Pareto 和强 Pareto 最优配置成立的 NDWQ/NDQ/NDSQ/NDSGQ 条件下, 证明该点是系统 $\{\Omega_1, \Omega_2\}$ 的一个局部极点. 事实上, 我们总是有 $(\bar{y}, \bar{z}, \bar{w}) \in \Omega_1 \cap \Omega_2$, 并且只需验证存在序列 $\{a_k\} \subset E^{m+n+1}$ 满足 $a_k \to 0 (k \to \infty)$ 以及 $(\bar{y}, \bar{z}, \bar{w})$ 的邻域 $U$, 使得当满足相应规范条件 (10.43)—(10.46) 时, 有

$$
\Omega_1 \cap (\Omega_2 - a_k) \cap U = \varnothing, \qquad \text{对于任意充分大的 } k \in I\!N \text{ 成立.} \tag{10.48}
$$

使用统一方式论述, 从选定的规范条件中取 $\{e_k\} \subset E$, 并形成序列 $a_k := (0, \cdots, 0, e_k) \in E^{m+n+1}$, 进一步标记

$$
U := \prod_{j=1}^{m} (\bar{y}_j + \varepsilon I\!B) \times \prod_{i=1}^{n} (\bar{z}_i + \varepsilon I\!B) \times (\bar{w} + \varepsilon I\!B),
$$

并证明在该选择下极点关系 (10.48) 成立. 反之若不成立, 则可以找到满足 $(y_k, z_k, w_k) + a_k \in \Omega_2$ 的三元序列 $(y_k, z_k, w_k) \in \Omega_1$, 并由 (10.47) 中 $\{\Omega_1, \Omega_2\}$ 的结构和

$\{a_k\}$ 与 $U$ 的上述选择可得

$$\begin{cases} y_{jk} \in S_j \cap (\bar{y}_j + \varepsilon I\!B), \ j = 1, \cdots, m, \\ z_{ik} \in \operatorname{cl} P_i(\bar{z}) \cap (\bar{z}_i + \varepsilon I\!B), \ i = 1, \cdots, n, \\ w_k \in W \cap (\bar{w} + \varepsilon I\!B) \quad \text{和} \\ 0 = \sum\limits_{i=1}^{n} z_i - \sum\limits_{j=1}^{m} y_j - w_k + e_k \in \Delta_\varepsilon + e_k \end{cases} \tag{10.49}$$

对于 (10.42) 中定义的集合 $\Delta_\varepsilon$ 成立. 现在我们在相应净需求条件满足的前提下, 验证由 (10.49) 中关系可得与全局 Pareto 型最优性之间的矛盾.

• 假设 $(\bar{y}, \bar{z})$ 是一个全局弱 Pareto 最优配置, 并且满足净需求弱规范条件 (10.43), 我们得到

$$0 \in \sum_{i=1}^{n} P_i(\bar{z}) - \sum_{j=1}^{m} S_j - W,$$

即存在 $z_i \in P_i(\bar{z})$, $y_j \in S_j$ 和 $w \in W$ 使得

$$w = \sum_{i=1}^{n} z_i - \sum_{j=1}^{m} y_j. \tag{10.50}$$

这告诉我们, 配置 $(y, z)$ 对 $\mathcal{E}$ 是可行的, 而根据定义 10.2, 包含 $z_i \in P_i(\bar{z})(i = 1, \cdots, n)$ 意味着 $(\bar{y}, \bar{z})$ 不是 $\mathcal{E}$ 的全局弱 Pareto 最优配置; 矛盾.

• 假设 $(\bar{y}, \bar{z})$ 是一个全局 Pareto 最优配置, 且净需求规范条件 (10.44) 成立, 我们得到

$$0 \in P_{i_0}(\bar{z}) + \sum_{i=1 \, i \neq i_0}^{n} \operatorname{cl} P_i(\bar{z}) - \sum_{j=1}^{m} S_j - W,$$

即, 存在 $z_{i_0} \in P_{i_0}(\bar{z})$, $z_i \in \operatorname{cl} P_i(\bar{z})(i = 1, \cdots, n)$, $y_j \in S_j(j = 1, \cdots, m)$ 和 $w \in W$ 满足 (10.50). 这些关系显然与配置 $(\bar{y}, \bar{z})$ 的全局 Pareto 最优性的定义相矛盾.

• 假设 $(\bar{y}, \bar{z})$ 是一个全局严格 Pareto 最优配置, 且净需求严格规范条件 (10.45) 成立, 我们得到

$$0 \in \operatorname{cl} P_{i_0}(\bar{z}) \setminus \{\bar{z}_{i_0}\} + \sum_{i=1, \, i \neq i_0}^{n} \operatorname{cl} P_i(\bar{z}) - \sum_{j=1}^{m} S_j - W,$$

即, 存在 $z_i \in \operatorname{cl} P_i(\bar{z})$ $(i = 1, \cdots, n)$ 满足 $z \neq \bar{z}$, $y_j \in S_j$, $j = 1, \cdots, m$ 和 $w \in W$ 满足 (10.50). 因此, 配置 $(y, z)$ 对于经济 $\mathcal{E}$ 是可行的, 并且 $z_i \in \operatorname{cl} P_i(\bar{z})(i = 1, \cdots, n)$. 根据定义, 这意味着 $(\bar{y}, \bar{z})$ 不是 $\mathcal{E}$ 的全局严格 Pareto 最优配置.

● 最后假设 $(\bar{y}, \bar{z})$ 是一个全局强 Pareto 最优配置, 且净需求强规范条件 (10.46) 成立, 我们得到

$$
\begin{cases}
0 \in \operatorname{cl} P_{i_0}(\bar{z}) \setminus \{\bar{z}_{i_0}\} + \displaystyle\sum_{\substack{i=1 \\ i \neq i_0}}^{n} \operatorname{cl} P_i(\bar{z}) - \sum_{j=1}^{m} S_j - W, \\[3mm]
\text{或 } 0 \in \displaystyle\sum_{i=0}^{n} \operatorname{cl} P_i(\bar{z}) - S_{j_0} \setminus \{\bar{y}_{j_0}\} - \sum_{\substack{j=1 \\ j \neq j_0}}^{m} S_j - W, \\[3mm]
\text{或 } 0 \in \displaystyle\sum_{i=0}^{n} \operatorname{cl} P_i(\bar{z}) - \sum_{j=1}^{m} S_j - W \setminus \{\bar{w}\}.
\end{cases}
$$

后者的每一个条件都允许我们找到 $z_i \in \operatorname{cl} P_i(\bar{z})(i = 1, \cdots, n)$, $y_j \in S_j(j = 1, \cdots, m)$ 和 $w \in W$ 满足 (10.50) 并使得 $(y, z) \neq (\bar{y}, \bar{z})$. 因此, 我们显然得出与经济 $\mathcal{E}$ 的可行配置 $(\bar{y}, \bar{z})$ 的全局强 Pareto 最优性的矛盾.

对于这四种全局 Pareto 型最优配置的余下证明与定理 10.10 的证明类似, 利用定理 10.9 将乘积极点原理和 SNC 分析法则应用于集合系统 (10.47).　　　△

**注 10.22** (全局与局部 Pareto 型最优配置)　我们说明定义 10.18 中净需求规范条件适用于处理全局而非局部 Pareto 型最优配置. 考虑经济 $\mathcal{E}$, 具有初始数据 $E = \mathbb{R}^2$, $n = m = 1$, $C = \mathbb{R}_+^2$, $W = \{0\}$ 且

$$
S := \left\{ (a, -a + 2) \in \mathbb{R}^2 \,\middle|\, a \leqslant 0 \right\}
$$

$$
\cup \left\{ (a, b) \in \mathbb{R}_+^2 \,\middle|\, a^2 + (b-1)^2 = 1 \right\} \cup \left\{ (a, -a) \,\middle|\, a \geqslant 0 \right\}.
$$

消费者使用由非凸锥 $\Theta$ 生成的偏好, 如下所示:

$$
P(z) := z + \Theta \setminus \{0\}, \quad \text{此处 } \Theta := \left\{ z = (a, b) \in \mathbb{R}^2 \,\middle|\, ab = 0 \right\}.
$$

由于 $P(z) \cup \{z\}$ 是闭集, 弱 Pareto、Pareto、严格 Pareto 最优配置之间以及定义 10.18 中 NDWQ、NDQ、NDSQ 条件之间都不存在差异. 容易验证对于球邻域 $\mathcal{O} := \operatorname{int} \mathbb{B} \times \operatorname{int} \mathbb{B}$, $(\bar{y}, \bar{z}) = (0, 0) \in \mathbb{R}^2 \times \mathbb{R}^2$ 是经济 $\mathcal{E}$ 的局部 (而非全局) Pareto 最优配置. 此外, 由于集合 $P(0) - S$ 包含 $\mathbb{R}^2$ 的单位球, 因此净需求规范条件满足, 故潜在的包含

$$
\Delta_1 + e_k \in P(0) - S
$$

对于足够小 (实际上是 $\varepsilon \leqslant 1$) 的 $\varepsilon > 0$ 和充分大的 $k \in \mathbb{N}$ 成立. 对于这个例子, 包含 $0 \in \Delta_1 + e_k$ 意味着 $0 \in P(0) - S$. 后者给出 $z = (0, 2) \in P(0)$ 和 $y = (0, 2) \in S$. 因为上面找到的可行配置 $(y, z)$ 不属于前面提到的 $(\bar{y}, \bar{z})$ 的邻域 $\mathcal{O}$, 所以这与参考 Pareto 最优配置 $(\bar{y}, \bar{z}) = (0, 0)$ 的局部最优性并不矛盾.

# 10.5 第 10 章练习

**练习 10.23** (各种 Pareto 型最优配置之间的关系) 考虑定义 10.2 中列出的四种局部 Pareto 型最优配置及其全局版本.

(i) 证明所有蕴含关系 (iv) ⇒(iii) ⇒(ii) ⇒(i) 都是严格的.

(ii) 假设扩展偏好集 $P_i(\bar{z}) \cup \{\bar{z}\}$ 对所有 $i = 1, \cdots, n$ 在 $\bar{z}$ 附近局部闭, 证明 Pareto、弱 Pareto 和严格 Pareto 最优配置的概念是相同的.

(iii) 阐明在 (ii) 的设置中上述 Pareto 最优配置和强 Pareto 最优配置之间的关系.

**练习 10.24** (集值优化中完全局部化解之间的关系) 证明定义 10.3 中的两个蕴含关系 (iii) ⇒(ii) ⇒(i) 即使对于有限维空间中的无约束问题也是严格的.

**练习 10.25** (福利经济学中局部 Pareto 最优配置的完全局部化多目标优化描述) 给出一个集值优化问题 (10.9) 的完全局部化最优解的合适概念, 使其与经济 $\mathcal{E}$ 的局部 Pareto 最优配置等价. 将其与定义 9.46 中超极小点的完全局部化相应概念进行比较.

**练习 10.26** (集值优化与福利经济学中 Pareto 型最优解的存在性) (i) 通过修改 9.3 节的构造, 研究建立集值优化问题 (10.3) 相对于偏好关系 (10.4) 的全局最优解的存在性的可能性.

(ii) 考虑 (10.9) 和 (10.10) 中的福利经济学的集值优化框架, 通过这种方式找到可以确保存在定义 10.2 中给出的经济 $\mathcal{E}$ 的全局 Pareto 型最优配置的有效条件.

**练习 10.27** (乘积空间的确切极点原理) 详细证明引理 10.6.

提示: 参照 [530, 引理 5.58] 中证明, 使用定义 10.5 中的 PSNC 和强 PSNC 条件, 并对近似极点原理的关系取极限.

**练习 10.28** (集合渐近闭性的充分条件) 证明在定义 10.7 之后所列各项 (i)—(iii) 的渐近闭性的充分性; 将此与 [59, 13.3 节] 进行比较.

**练习 10.29** (乘积空间中完全局部化极小点的必要条件) 在空间 $X$ 和 $Z$ 都以乘积形式 $X = \prod_{i=1}^{n} X_i$ 和 $Z = \prod_{j=1}^{m} Z_j$ 表示的情况下, 建立定理 10.9 的相应版本. 提示: 类似定理 10.9的证明, 使用命题 10.8, 并观察到关于集合 $\Omega_1$ 和 $\Omega_2$ 的 PSNC 假设可用以下方法替换: $\Omega_1$ 在 $(\bar{x}, \bar{z})$ 处相对于 $I \subset \{1, \cdots, n; 1, \cdots, m\}$ 是 PSNC 的, $\Omega_2$ 在 $(\bar{x}, \bar{z})$ 处相对于 $J \subset \{1, \cdots, n; 1, \cdots, m\}$ 是强 PSNC 的, 其中 $I \cup J = \{1, \cdots, n; 1 \cdots, m\}$.

**练习 10.30** (多目标优化中 Pareto 型局部极小点的必要条件之间的比较) (i) 验证定理 10.9 中所得的完全局部化强极小点的必要最优性条件蕴含着完全局部化极小点的必要最优性条件, 而由后者可得完全局部化弱极小点的必要最优性条件.

(ii) 举例说明 (i) 中的反向蕴含关系在有限维和无穷维上不成立.

(iii) 在具有单值目标的问题的局部 Pareto 极小点的情况下, 对定理 10.9 中最优性条件与 [530, 定理 5.73] 的相应结果进行比较.

**练习 10.31** (一般商品空间中 Pareto 型最优配置的第二福利定理的局部版本之间的关系) 考虑定理 10.10 的设置.

(i) 证明渐近闭性对于所得版本的第二福利定理的有效性必不可少.

(ii) 证明局部强 Pareto 最优配置的边际价格条件蕴含着局部严格 Pareto 最优配置的边际价格条件, 从而可得 $\mathcal{E}$ 的局部弱 Pareto 最优配置的相应结果, 而反向蕴含则不成立.

(iii) 给出一个例子, 说明所得局部严格 Pareto 最优配置的条件对于局部 Pareto 最优配置不是必要的.

**练习 10.32** (超额需求条件)　考虑经济 $\mathcal{E}$, 给定净需求约束集 $W$

$$W = \omega + \Gamma, \quad \omega \in W. \tag{10.51}$$

特别地, 对于由闭正锥 $E_+$ 生成的偏序商品空间, 表示 (10.51), 其中 $\Gamma := -E_+$, 对应于商品的隐含自由处置. 证明由 (10.29) 中关于边际价格 $p^*$ 的最后一个条件可得在 (10.51) 情形下超额需求条件取零值:

$$\left\langle p^*, \sum_{i=1}^{n} \bar{x}_i - \sum_{j=1}^{m} \bar{y}_j - \omega \right\rangle = 0.$$

**练习 10.33** (具有凸偏好和凸生产集的经济的第二福利定理)　在定理 10.10 的设置中考虑经济 $\mathcal{E}$, 其中所有偏好集 $P_i(\bar{x})$ 和生产集 $S_j$ 都是凸的.

(i) 证明, 在该定理中关于局部弱、严格和强 Pareto 最优配置的相应假设的有效性下, 存在一个非零价格 $p^* \in N(\bar{w}; W)$ 满足条件:

$$\bar{x}_i \ \text{minimize} \ \langle p^*, x_i \rangle, x_i \in \operatorname{cl} P_i(\bar{x}), \quad i = 1, \cdots, n,$$
$$\bar{y}_j \ \text{maximize} \ \langle p^*, y_j \rangle, y_j \in S_j, \quad j = 1, \cdots, m.$$

(ii) 在非空内部假设下, 将 (i) 中弱 Pareto 最优配置的结果与凸经济中经典版本的第二福利定理进行比较, 参见 [497] 及其参考文献.

**练习 10.34** (第二福利定理的近似版本)　考虑 Asplund 空间设置中的福利经济 (10.1).

(i) 在没有任何 SNC/ PCNC 假设的情况下, 通过正则法锥 (1.5) 推导定理 10.29 中断言 (i)—(iii) 的近似版本.

提示: 使用近似极点原理类似 [530, 定理 8.5] 进行证明.

(ii) 在有限维商品空间, (i) 的结论与定理 10.29 的结论相同吗?

**练习 10.35** (通过非线性价格表示非凸经济中的分散均衡)　利用定理 1.10 (ii) 中非凸集合的正则法向量的光滑变分描述及其在习题 1.51 中的无穷维扩展, 使用非线性 (凸-凹) 边际价格通过近似分散 (凸型) 均衡给出练习 10.34 中适当的第二福利定理的解释.

提示: 与 [530, 定理 8.7] 中获得的全局 Pareto 和弱 Pareto 型最优配置的结果进行比较.

**练习 10.36** (价格的正性)　证明偏序 Banach 空间 $E$ 中的条件 (10.32) 蕴含着 $N(\bar{z}; \Xi) \subset E_+^*$ 对任意 $\bar{z} \in \Xi$ 成立.

提示: 利用 Banach 空间定义的基本法锥 (1.58) 和练习 1.39 (iii) 中正则法向量的递减性.

**练习 10.37** (局部 Pareto 型最优配置的边界点描述)　考虑推论 10.12 的设置.

(i) 详细验证推论 10.12 的证明中关于局部严格和强 Pareto 最优配置的结论 (i) 和 (ii).

(ii) 这种边界点描述 (以及由此产生的推论 10.12 的第二福利结果) 是否适用于局部 Pareto 最优配置?

**练习 10.38** (修正偏好集合的渐近闭性)　请详细证明命题 10.14 中的论断 (ii).

**练习 10.39** (正常性下的容许商品)　假设在命题 10.16 中 (A1) 和 (A2) 假设下, 我们有

$$\bar{w} \notin \sum_{i=1}^{n} \Big( \big( P_i(\bar{z}) \cap (\bar{z}_i + \theta I\!B) \big) + \Gamma \Big) - \Big( \big( S \cap (\bar{y} + \theta I\!B) \big) - \Gamma \Big).$$

提示: 基于向量格的分解性质 (文献中关于正常性质的标准), 遵循 [273, 断言 4.1] 的证明.

**练习 10.40** (集合关于锥的序稳定性) 我们称由凸锥 $\Theta \subset Z$ 定义的有序 Banach 空间 $Z$ 的子集 $\Xi \subset Z$ 在 $\bar{z} \in \Xi$ 处是序稳定的, 如果以下条件成立:

对所有 $\{z_k\} \subset \Xi + \Theta$, 且满足 $z_k \to \bar{z}$, 存在 $\{\tilde{z}_k\} \subset \Xi$ 使得 $\tilde{z}_k \to \bar{z}$.

假设 $\Xi$ 在 $\bar{z} \in \Xi$ 是序稳定的, 证明:

$$N(\bar{z}; \Xi + \Theta) \subset N(\bar{z}; \Omega). \tag{10.52}$$

**练习 10.41** (正常性质下不同版本第二福利定理之间的关系)

(i) 构造例子, 证明定理 10.17 的断言 (i) 和 (ii) 在有限维和无限维上通常是独立的.

(ii) 利用 (10.52), 证明在定理 10.17 中有 (ii) $\Rightarrow$(i), 前提是所有集合 cl $P_i(\bar{z})$, $i = 1, \cdots, n$ 和 $S$ 分别在 $\bar{z}_i$ 和 $\bar{y}$ 处是序稳定的.

(iii) 证明对于有序锥 $\Theta = I\!\!R_+^2$ 而没有施加序稳定性假设的商品空间 $E = I\!\!R^2$, (ii) 中的蕴含关系无效.

**练习 10.42** (净需求和渐近闭性) 考虑命题 10.19 设置中的非凸经济.

(i) 验证此命题的断言 (iii) 和 (iv).

(ii) 验证对于 $E = I\!\!R^2$ 的经济反向蕴含关系无效.

**练习 10.43** (由极点原理得出的第二福利定理的全局版本) 将引理 10.6 中的乘积极点原理应用到集合系统 (10.47), 对所有四种 Pareto 型全局最优配置给出定理 10.21 的详细证明.

提示: 类似定理 10.10 的证明, 考虑在所有情况下建立的 (10.47) 的三元组 $(\bar{y}, \bar{z}, \bar{w})$ 的极点性.

**练习 10.44** (局部 Pareto 最优配置的扩展第二福利定理) 设 $(\bar{y}, \bar{z})$ 是有限维或 Asplund 空间设置中经济 (10.1) 的局部 Pareto 最优配置.

(i) 阐明定义 10.18 (ii) 中的 NDQ 条件是否确保了第二福利定理 (10.29) 对于 $(\bar{y}, \bar{z})$ 的有效性.

(ii) 阐明以下条件是否保证第二福利定理对于 $\mathcal{E}$ 的局部 Pareto 最优配置的有效性: 存在消费者指标 $i_0 \in \{1, \cdots, n\}$, 使得偏好集 $P_{i_0}(\bar{z})$ 在 $\bar{z}_{i_0}$ 处是渐近闭的.

(iii) 找出 (10.29) 中的关系对于 $\mathcal{E}$ 的局部 Pareto 最优配置 (而非全局 Pareto 型最优配置) $(\bar{y}, \bar{z})$ 成立的充分条件.

# 10.6 第 10 章评注

福利经济学的竞争模型, 从经典的 Walrasian 均衡模型开始, 以及随后由 Pareto, Lange, Hicks, Samuelson, Arrow 和 Debreu Pareto 发展的基本结果, 成为发展新的数学技术和分析方法的有效动力. 有关不同方法、想法的起源、结果和当时已知应用和详细讨论, 我们建议读者参阅 Khan [415] 和作者的书 [530] 的第 8 章及其扩展的参考书目.

众所周知, 现代变分分析与广义微分的方法为更好地理解此类微观经济学模型及相关模型提供了有用的工具, 同时发现了凸性缺失情况下分散价格均衡的新机制. 特别是, 由 Cornet [181] 和 Khan [415] 提出的基本/极限法锥 (参见 Khan 1987 年的预印本 [415]) 的使用, 可以得出非凸有限维模型中边际价格均衡的第二福利定理的最合适版本. Mordukhovich [522] 中提出了极点原理在这类问题上的应用, 并在有限和无穷维上提供了这些结果的新版本. 作者 [528] 通过这种方法在完全非凸竞争模型中建立了一个支持极限分散 (极大极小型) 均衡的非线性价格机制; 详情见 [530]. 有关微观经济学在此相关方向的最新结果, 请参阅 [56, 57, 77, 99, 100, 268, 269, 273, 325, 395, 396, 412, 730].

第 10 章的方法采用了上述变分技巧, 但与以前发展的结果有很大不同. 基于 Bao 和 Mordukhovich [56] 的论文, 建立了福利经济学模型与集值优化的双边关系. 这一方法在这两个领域产生了新的概念和结果, 这两个领域密切相关, 事实上是相互促进的, 如上所示.

**10.1 节**　10.1.1 小节中阐述的福利经济学基本模型现在在微观经济学中是相当传统的, 如著作 [11, 497]. 在此引入 "净需求约束集" $W$, 如 [491, 522, 530] 所示, 使得我们可以统一各种市场需求 (市场出清、商品的隐含自由处置等), 并考虑关于稀缺资源的初始总禀赋的可能不完全/不确定信息. 另一方面, 与所考虑模型中非凸产生集的处理相比, 它并未产生额外的数学困难.

定义 10.1 中的 (局部和全局) Pareto 与弱 Pareto 最优配置的概念在福利经济学中是相对标准的, 而其中的严格 Pareto 与强 Pareto 最优配置则不然. 据我们所知, 强 Pareto 型在 [414] 中首次提出, [530, 注释 8.15] 中定义了严格 Pareto 最优配置但未展开研究. 这些概念都具有经济学意义, 对我们从约束集值优化的角度研究福利经济学具有重要作用.

为此我们注意到, 多年来福利经济学中的 Pareto 最优配置和多目标优化中的 Pareto 最优解是分开研究的, 它们之间没有建立任何联系. 最可能的原因是多目标优化主要处理 (单目标) 向量问题. 如上面定理 10.4 所示, 在福利经济模型中所考虑的局部最优配置和具有几何约束的相应集值优化问题之间存在等价性. 可以看出, 没有办法使等价优化问题 (10.9) 成为具有向量目标或无约束的问题. 此外, (10.3) 以及 (10.9) 中 "极小化" 不是像第 9 章那样通过某个序锥以传统方法定义的, 而是通过福利经济模型 $\mathcal{E}$ 的偏好映射 (10.10) 诱导的水平集偏好关系 (10.4) 定义的.

为了通过多目标优化继续研究福利经济 $\mathcal{E}$ 中具有经济意义的局部 Pareto 最优配置概念, 我们需要引入 (10.3) 型约束集值优化问题的局部最优解这一新概念. 这是在定义 (10.3) 中通过完全局部化极小点的概念完成的, 它考虑了 (10.3) 中成本映射的集值特性. 等价性定理 10.4 表明, $\mathcal{E}$ 的局部弱 Pareto 最优配置和强 Pareto 最优配置与集值优化问题 (10.9) 的相应完全局部化概念一致, 而 (10.9) 的完全局部化 Pareto 解归结为 $\mathcal{E}$ 的局部严格 Pareto 最优配置. 在福利经济学模型

中寻找局部 Pareto 最优配置的相应集值优化问题是一个具有挑战性的开放问题;
参见练习 10.25.

**10.2 节**  本节给出了具有非标准偏好关系 (10.4) 的约束集值优化问题 (10.3)
的完全局部化极小点的必要最优性条件. 这样的条件对于多目标优化显然有其自
身的意义, 独立于福利经济学的应用, 同时被这些应用所强烈推动. 读者不会对我
们通过使用适当版本的集合系统的极点原理推导出这样的条件感到惊讶, 该原理
是我们对偶空间变分分析的基本工具. 由于 (10.3) 和 (10.4) 中的结构, 这个设置
中最合适的信息是由引理 10.6 中乘积极点原理提供的, 它是对 [530, 引理 5.58]
的一个延伸.

为了将乘积极点原理应用于定理 10.9 的证明中自然出现的集合系统, 我们需
要检查该系统对于定义 10.3 中描述的每一种完全局部化极小点的极点性. 为此,
受福利经济学的应用所推动, 文献 [56] 中引入了集合的一种新的 (局部) 渐近闭
性质, 随后文献 [59,64,412] 和其他出版物中对其进行了研究. 这个性质与集合
的标准局部闭性无关, 同时推广和统一了以前已知的这类 "渐近" 性质; 参见例
如 [56,530] 及其参考文献. 取自 [56] 的定理 10.9 告诉我们, 施加于不同集合上的
渐近闭性与 (10.3) 和 (10.4) 中的多目标优化问题有关, 并将定义 10.3 中三种完
全局部化极小点区分开来. 此外, 定理 10.9 的必要最优性条件对于所考虑的所有
类型的完全局部化极小点都是相同的.

**10.3 节**  在本节中, 我们给出了 Banach 空间中非凸经济的第二福利定理的
几个扩展版本. 关于这一主题已经做了很多工作, 写了很多东西, 因此没有必要在
本书中重复它. 建议读者参考 [415,497,530] 和其中的大量参考文献, 以获得详细
讨论和历史评注. 需要指出, 这部分内容基于 [56], 但在以前的发展基础上又增加
了一些新的东西.

就我们所知, 取自 [56] 的定理 10.10 给出了 Asplund 空间中非凸经济的局
部弱 Pareto 最优配置的第二福利定理的最先进版本, 以及在这种情况下局部严格
Pareto 最优配置和局部强 Pareto 最优配置的新结果, 这些结果是作为具有水平集
偏好的约束多目标问题的已建立的必要最优性条件和上述福利经济学中 Pareto
型最优配置与集值优化中的完全局部化解之间的等价性的直接结果推导出的.

当对商品空间 $E$ 按其正锥 $E_+$ 相对于给定偏好 (10.31) 定义序时, 所得结
果很容易产生正的边际价格 $p^* \in E_+^* \setminus \{0\}$. 此外, 如果正锥 $E_+$ 是生成的, 即
$E_+ = E_+ = E$, 那么在生产的自由处置, 或商品的隐含自由处置, 或期望条件的有
效性下, 所讨论的最优配置的潜在渐近闭性假设自动成立. 所有这些条件在微观
经济学中都得到了很好的认可; 参见, 例如, [181,415,497]. 通过这种方式, 我们
得到局部强 Pareto 最优配置的第二福利定理的增强版本, 它最早通过一个直接的
证明在 [528,530] 中建立, 并得到有关福利经济 $\mathcal{E}$ 的局部严格 Pareto 最优配置的

新结果; 见推论 10.12.

本节的最后一小节涉及局部弱 Pareto 最优配置, 它与 Mas-Collel [496, 497] 引入的一致正常性条件有关, 随后主要由 Florenzano, Gourdel 和 Jofré [273] 等发展. 遵循 [56], 我们证明由这样的正常性性质 (即, 取自 [273] 的其最先进形式) 可得相应集合的渐近闭性, 而反之则不然. 这使得我们可以得到改进版本的第二福利定理的局部弱 Pareto 最优配置的非凸经济秩序 Asplund 商品空间; 这使我们可以得出具有有序 Asplund 商品空间的非凸经济的局部弱 Pareto 最优配置的第二福利定理的改进版本, 参见定理 10.17.

**10.4 节**　本章 (及整本书) 的最后一节讨论了定义 10.2 中介绍的所有四种类型的全局 Pareto 最优配置的第二福利定理的非凸模型的改进版本. 所得结果与定理 10.10 中局部 Pareto 最优配置的结果相似, 但使用相应的净需求规范条件代替了渐近闭性. 与定理 10.10 中相应局部定理相比, 全局定理 10.21 的主要优点是, 与定理 10.10 的情况相反, 现在我们覆盖了定义 10.2 (ii,v) 中的 (全局) Pareto 最优配置; 更多讨论见注释 10.22.

定理 10.21 的证明在直接应用乘积极点原理和 SNC 分析法则时, 不涉及对集值优化问题的任何简化. 定义 10.18 中的 NDWQ 和 NDQ 都出现在 Mordukhovich [522] 中, 而 NDQ 的等价形式是 Jofré 以 "渐近包含条件" 的名义提出和使用的; 参见 [181, 394, 414, 415, 522, 530] 及其参考文献, 以了解先前已知的此类规范条件. 对于全局严格 Pareto 和强 Pareto 最优分配, 另外两个条件, NDSQ 和 NDSNQ, 都在 [56] 中有定义. 这些条件的改进版本在 [57] 中被用来建立具有 Asplund 商品空间的非凸经济的第二福利定理的增强版本.

最后要注意的是, 局部和全局极小点的必要最优性条件之间的差异在最优化理论中已经实现, 但主要是对于无穷维问题, 如经典变分法和最优控制. 最近 [196], Dempe 和 Dutta 揭示了有限维中双层规划问题的局部解和全局解之间的显著不同. 据我们所知, Bao 和 Mordukhovich [56] 首先阐明了在第二福利定理的设置下, 微观经济建模中局部解和全局解之间的明显差异.

**10.5 节**　本节提供的材料是对本章主要结果的补充. 除了相当简单的练习外, 练习 10.24、练习 10.26 和练习 10.44 中还提出了一些尚未解决的主要问题. 许多练习 (以及其中的提示) 与 [530, 第 8 章] 中给出的结果有关, 读者可以在这里找到更多的细节和讨论.

# 参 考 文 献

[1] W. VAN ACKOOIJ AND R. HENRION (2017), (Sub-)gradient formulae for probability functions of random inequality systems under Gaussian distribution, SIAM/ASA J. Uncert. Qualif. **5**, 63–87.

[2] L. ADAM, M. ČERVINKA AND M. PISTĚK (2016), Normally admissible stratifications and calculation of normal cones to a finite union of polyhedral sets, Set-Valued Var. Anal. **24**, 207–229.

[3] L. ADAM, R. HENRION AND J. V. OUTRARA (2017), On M-stationarity conditions in MPECs and the associated qualification conditions, Math. Program., DOI 10.1007/s10107-017-1146-3.

[4] L. ADAM AND T. KROUPA (2017), The intermediate set and limiting superdifferential for coalitional games: between the core and the Weber set, Int. J. Game Theory **46**, 891–918.

[5] L. ADAM AND J. V. OUTRATA (2014), On optimal control of a sweeping process coupled with an ordinary differential equation, Disc. Cont. Dyn. Syst. Ser. B, **19**, 2709–2738.

[6] S. ADLY, R. CIBULKA AND H. MASSIAS (2013), Variational analysis and generalized equations in electronic: stability and simulation issues, Set-Valued Anal. **21**, 333–358.

[7] S. ADLY, F. NACRY AND L. THIBAULT (2016), Preservation of prox-regularity of sets with applications to constrained optimization, SIAM J. Optim. **26**, 448–473.

[8] S. ADLY AND J. V. OUTRATA (2013), Qualitative stability of a class of non-monotone variational inclusions: application in electronics, J. Convex Anal. **20**, 43–66.

[9] S. ADLY AND A. SEEGER (2011), A nonsmooth algorithm for cone-constrained eigenvalue problems, Comput. Optim. Appl. **49**, 299–318.

[10] S. AL-HOMIDAN, Q. H. ANSARI AND J.-C. YAO (2008), Some generalizations of Ekeland-type variational principle with applications to equilibrium problems and fixed point theory, Nonlinear Anal. **69**, 126–139.

[11] C. D. ALIPRANTIS AND K. C. BORDER (2006), Infinite Dimensional Analysis: A Hitchhiker's Guide, Springer, Berlin.

[12] F. ALIZADEH AND D. GOLDFARB (2003), Second-order cone programming, Math. Program. **95**, 3–51.

[13] J. ALONSO H. MARTINI AND M. SPIROVA (2012), Minimal enclosing discs, circumcircles, and circumcenters in normed planes, part I, Comput. Geom. **45**, 258–274.

[14] D. T. V. AN AND N. D. YEN (2015), Differential stability of convex optimization problems under inclusion constraints, Applic. Anal. **94**, 108–128.

[15] E. J. ANDERSON AND P. NASH (1987), Linear Programming in Infinite-Dimensional Spaces, Wiley, Chichester, United Kingdom.

[16] R. ANDREANI, G. HAESER, M. L. SCHUVERDT AND P. J. S. SILVA (2012), Two new weak constraint qualifcations and applications, SIAM J. Optim. **22**, 1109–1135.

[17] Q. H. ANSARI, C. S. LALITHA AND M. MEHTA (2014), Generalized Convexity, Nonsmooth variational inequalities, and Nonsmooth Optimization, CRC Press, Boca Raton, Florida.

[18] M. APETRII, M. DUREA AND R. STRUGARIU (2013), On subregularity properties of set-valued mappings, Set-Valued Var. Anal. **21**, 93–126.

[19] F. J. ARAGÓN ARTACHO, A. L. DONTCHEV, M. GAYDU, M. H. GEOFFROY AND V. M. VELIOV (2011), Metric regularity of Newton's iteration, SIAM J. Control Optim. **49** (2011), 339–362.

[20] F. J. ARAGÓN ARTACHO AND M. H. GEOFFROY (2008), Characterizations of metric regularity of subdifferentials, J. Convex Anal. **15**, 365–380.

[21] F. J. ARAGÓN ARTACHO AND M. H. GEOFFROY (2014), Metric subregularity of the convex subdifferential in Banach spaces, J. Nonlinear Convex Anal. **15**, 35–47.

[22] F. J. ARAGÓN ARTACHO AND B. S. MORDUKHOVICH (2010), Metric regularity and Lipschitzian stability of parametric variational systems, Nonlinear Anal. **72**, 1149–1170.

[23] F. J. ARAGÓN ARTACHO AND B. S. MORDUKHOVICH (2011), Enhanced metric regularity and Lipschitzian properties of variational systems, J. Global Optim. **50**, 145–167.

[24] A. V. ARUTYUNOV (2005), Covering of nonlinear maps on cone in neighborhood of abnormal point, Math. Notes **77**, 447–460.

[25] A. V. ARUTYUNOV (2007), Covering mappings in metric spaces and fixed points, Dokl. Math. **6**, 665–668.

[26] A. V. ARUTYUNOV, E. R. AVAKOV, B. D. GELMAN, A. V. DMITRUK AND V. V. OBUKHOVSKII (2009), Locally covering maps in metric spaces and coincidence points, J. Fixed Point Theory Appl. **5**, 106–127.

[27] A. V. ARUTYUNOV, E. R. AVAKOV AND A. F. IZMAILOV (2007), Directional regularity and metric regularity, SIAM J. Optim. **18**, 810–833.

[28] A. V. ARUTYUNOV, E. R. AVAKOV AND S. E. ZHUKOVSKIY (2015), Stability theorem for estimating the distance to a set of coincidence points, SIAM J. Optim. **25**, 807–828.

[29] A. V. ARUTYUNOV AND A. F. IZMAILOV (2006), Directional stability theorem and directional metric regularity, Math. Oper. Res. **31**, 526–543.

[30] A. V. ARUTYUNOV AND S. E. ZHUKOVSKIY (2010), The existence of inverse mappings and their properties, Proc. Steklov Inst. Math. **271**, 12–22.

[31] H. ATTOUCH, J. BOLTE, P. REDONT AND A. SOUBEYRAN (2010), Proximal alternating minimization and projection methods for nonconvex problems: an approach based on the Kurdyka-Łojasiewicz inequality, Math. Oper. Res. **35** (2010), 438–457.

[32] H. ATTOUCH, J. BOLTE AND B. F. SVAITER (2013), Convergence of descent methods for semi-algebraic and tame problems: proximal algorithms, forward-backward splitting, and regularized Gauss-Seidel methods, Math. Program. **137** (2013), 91–129.

[33] H. ATTOUCH, G. BUTTAZZO AND G. MICHAILLE (2014), Variational Analysis in Sobolev and BV Spaces, 2nd edition, SIAM, Philadelphia, Pennsylvania.

[34] J.-P. AUBIN (1981), Contingent derivatives of set-valued maps and existence of solutions to nonlinear inclusions and differential inclusions, in Mathematical Analysis and Applications, edited by L. Nachbin, pp. 159–229, Academic Press, New York.

[35] J.-P. AUBIN (1984), Lipschitz behavior of solutions to convex minimization problems, Math. Oper. Res. **9**, 87–111.

[36] J.-P. AUBIN AND H. FRANKOWSKA (1990), Set-Valued Analysis, Birkhäuser, Boston, Massachusetts.

[37] A. AUSLENDER AND M. TEBOULLE (2003), Asymptotic Cones and Functions in Optimization and Bariational Inequalities, Springer, New York.

[38] D. AUSELL, M. ČERVINKA AND M. MARÉCHAL (2016), Deregulated electricity markets with thermal losses and production bounds: models and optimality conditions, RAIRO-Oper. Res. **50**, 19–38.

[39] D. AUSSEL, J.-N. CORVELLEC AND M. LASSONDE (1995), Mean value property and subdifferential criteria for lower semicontinuous functions, Trans. Amer. Math. Soc. **347**, 4147–4161.

[40] D. AUSSEL, A. DANIILIDIS AND L. THIBAULT (2005), Subsmooth sets: functional characterizations and related concepts, Trans. Amer. Math. Soc. **357**, 1275–1301.

[41] D. AUSSEL, Y. GARCIA AND N. HADJISAVVAS (2009), Single-directional property of multivalued maps and variational systems, SIAM J. Optim. **20**, 1274–1285.

[42] D. AZÉ AND J.-N. CORVELLEC (2004), Characterization of error bounds for lower semicontinuous functions on metric spaces, ESAIM Control Optim. Calc. Var. **10**, 409–425.

[43] D. AZÉ AND J.-N. CORVELLEC (2014), Nonlinear local error bounds via a change of metric, J. Fixed Point Theory Appl. **16**, 351–372.

[44] D. AZÉ, J.-N. CORVELLEC AND R. LUCCHETTI (2002), Variational pairs and applications to stability in nonsmooth analysis, Nonlinear Anal. **49**, 643–670.

[45] M. BACÁK, J. M. BORWEIN, A. EBERHARD AND B. S. MORDUKHOVICH (2010), Infimal convolutions and Lipschitzian properties of subdifferentials for prox-regular functions in Hilbert spaces, J. Convex Anal. **17** (2010), 737–763.

[46] R. BAIER, E. FARKHI AND V. ROSHCHINA (2010), On computing the Mordukhovich subdifferential using directed sets in two dimensions, in Variational Analysis and

Generalized Differentiation in Optimization and Control, edited by R. S. Burachik and J.-C. Yao, pp. 59–93, Springer, New York.

[47] R. BAIER, E. FARKHI AND V. ROSHCHINA (2012), The directed and Rubinov subdifferentials of quasidifferentiable functions, I: definition and examples, Nonlinear Anal. **75**, 1074–1088.

[48] R. BAIER, E. FARKHI AND V. ROSHCHINA (2012), The directed and Rubinov subdifferentials of quasidifferentiable functions, II: calculus, Nonlinear Anal. **75**, 1058–1073.

[49] L. BAN, B. S. MORDUKHOVICH AND W. SONG (2011), Lipschitzian stability of parametric variational inequalities over generalized polyhedra in Banach spaces, Nonlinear Anal. **74**, 441–461.

[50] T. Q. BAO (2013), On a nonconvex separation theorem and the approximate extremal principle in Asplund spaces, Acta Math. Vietnam. **38**, 279–291.

[51] T. Q. BAO, P. GUPTA AND B. S. MORDUKHIOVICH (2007), Necessary conditions for multiobjective optimization with equilibrium constraints, J. Optim. Theory Appl. **135**, 179–203.

[52] T. Q. BAO AND B. S. MORDUKHOVICH (2007), Variational principles for set-valued mappings with applications to multiobjective optimization, Control Cybern. **36**, 531–562.

[53] T. Q. BAO AND B. S. MORDUKHOVICH (2007), Existence of minimizers and necessary conditions in set-valued optimization with equilibrium constraints, Appl. Math. **52**, 453–472.

[54] T. Q. BAO AND B. S. MORDUKHOVICH (2009), Necessary conditions for super minimizers in constrained multiobjective optimization, J. Global Optim. **43**, 533–552.

[55] T. Q. BAO AND B. S. MORDUKHOVICH (2010), Relative Pareto minimizers for multiobjective problems: existence and optimality conditions, Math. Program. **122**, 301–347.

[56] T. Q. BAO AND B. S. MORDUKHOVICH (2010), Set-valued optimization in welfare economics, Adv. Math. Econ. **13**, 114–153.

[57] T. Q. BAO AND B. S. MORDUKHOVICH (2011), Refined necessary conditions in multiobjective optimization with applications to microeconomic modeling, Discrete Contin. Dyn. Syst. **31**, 1069–1096.

[58] T. Q. BAO AND B. S. MORDUKHOVICH (2012), Sufficient conditions for global weak Pareto solutions in multiobjective optimization, Positivity **16**, 579–602.

[59] T. Q. BAO AND B. S. MORDUKHOVICH (2012), Extended Pareto optimality in multiobjective problems, in Recent Developments in Vector Optimization, edited by Q. H. Ansari and J.-C. Yao, pp. 467–515, Springer, Berlin.

[60] T. Q. BAO AND B. S. MORDUKHOVICH (2014), Necessary nondomination conditions in set and vector optimization with variable ordering structures, J. Optim. Theory Appl. **162**, 350–370.

[61] T. Q. BAO, B. S. MORDUKHOVICH AND A. SOUBEYRAN (2015), Variational analysis in psychological modeling, J. Optim. Theory Appl. **164**, 290–315.

[62] T. Q. BAO, B. S. MORDUKHOVICH AND A. SOUBEYRAN (2015), Fixed points and variational principles with applications to capability theory of wellbeing via variational rationality, Set-Valued Var. Anal. **23**, 375–398.

[63] T. Q. BAO, B. S. MORDUKHOVICH AND A. SOUBEYRAN (2015), Minimal points, variational principles, and variable preferences in set optimization, J. Nonlinear Convex Anal. **16**, 1511–1537.

[64] T. Q. BAO AND C. TAMMER (2012), Lagrange necessary conditions for Pareto minimizers in Asplund spaces and applications, Nonlinear Anal. **75**, 1089–1103.

[65] A. BARBAGALLO AND P. MAURO (2016), A general quasi-variational problem of Cournot-Nash type and its inverse formulation, J. Optim. Theory Appl. **170** (2016), 476–492.

[66] M. BARDI (1989), A boundary value problem for the minimal time function, SIAM J. Control Optim. **27**, 776–785.

[67] M. BARDI AND I. CAPUZZO DOLCETTA (1997), Optimal Control and Viscosity Solutions of Hamilton-Jacobi Equations, Birkhäuser, Boston, Massachusetts.

[68] P. I. BARTON, K. A. KHAN, P. G. STECHINSKI AND H. A. J. WATSON (2017), Computationally relevant generalized derivatives: theory, evaluation and applications, Optim. Methods Softw., DOI 10.1080/10556788.2017.1374385

[69] H. H. BAUSCHKE, J. M. BORWEIN AND W. LI (1999), Strong conical hull intersection property, bounded linear regularity, Jameson's property (G), and error bounds in convex optimization, Math. Program. **86**, 135–160.

[70] H. H. BAUSCHKE AND P. L. COMBETTES (2017), Convex Analysis and Monotone Operator Theory in Hilbert Spaces, 2nd edition, Springer, New York.

[71] H. H. BAUSCHKE, D. R. LUKE, H. M. PHAN AND X. WANG (2013), Restricted normal cones and the method of alternating projections: theory, Set-Valued Var. Anal. **21**, 431–473.

[72] H. H. BAUSCHKE, D. R. LUKE, H. M. PHAN AND X. WANG (2013), Restricted normal cones and the method of alternating projections: applications, Set-Valued Var. Anal. **21**, 475–501.

[73] H. H. BAUSCHKE, D. R. LUKE, H. M. PHAN AND X. WANG (2014), Restricted normal cones and sparsity optimization with affine constraints, Found. Comput. Math. **14**, 63–83.

[74] M. S. BAZARAA, J. J. GOODE AND M. Z. NASHED (1974), On the cone of tangents with applications to mathematical programming, J. Optim. Theory Appl. **13**, 389–426.

[75] E. M. BEDNARCZUK AND D. ZAGRODNY (2009), Vector variational principle, Arch. Math. **93**, 577–586.

[76] G. BEER (1993), Topologies on Closed and Closed Convex Sets, Kluwer, Dordrecht, The Netherlands.

[77] S. BELLAASSALI AND A. JOURANI (2008), Lagrange multipliers for multiobjective programs with a general preference, Set-Valued Anal. **16**, 229–243.

[78] R. E. BELLMAN (1957), Dynamic Programming, Princeton University Press, Princeton, New Jersey.

[79] M. BENKO AND H. GFRERER (2017), New verifiable stationarity concepts for a class of mathematical programs with disjunctive constraints, to appear in Optimization, arXiv https://arxiv.org/pdf/1611.08206.pdf.

[80] F. BENITA, S. DEMPE AND P. MEHLITZ (2016), Bilevel optimal control problems with pure state constraints and finite-dimensional lower level, SIAM J. Optim. **26**, 564–588.

[81] F. BENITA AND P. MEHLITZ (2016), Bilevel optimal control with final-state-dependent finite-dimensional lower level, SIAM J. Optim. **26**, 718–752.

[82] G. C. BENTO AND A. SOUBEYRAN (2015), A generalized inexact proximal point method for nonsmooth functions that satisfies Kurdyka-Łojasiewicz inequality, Set-Valued Var. Anal. **23** (2015), 501–517.

[83] P. BEREMLIJSKI, J. HASLINGER, J. V. OUTRATA AND R. PATHÓ (2014), Shape optimization in contact problems with Coulomb friction and a solution-dependent friction coefficient, SIAM J. Control Optim. **52**, 3371–3400.

[84] F. BERNARD AND L. THIBAULT (2004), Prox-regularity of functions and sets in Banach spaces, to appear in Set-Valued Anal. **12**, 25–47.

[85] D. P. BERTSEKAS AND A. E. OZDAGLAR (2002), Pseudonormality and a Lagrange multiplier theory for constrained optimization, J. Optim. Theory Appl. **114**, 287–343.

[86] M. BIANCHI, N. HADJISAVVAS AND S. SCHAIBLE (1997), Vector equilibrium problems with generalized monotone bifunctions, J. Optim. Theory Appl. **92**, 527–542.

[87] M. BIANCHI, G. KASSAY AND R. PINI (2013), An inverse map result and some applications to sensitivity of generalized equations, J. Math. Anal. Appl. **399**, 279–290.

[88] M. BIANCHI, G. KASSAY AND R. PINI (2016), Linear openness of the composition of set-valued maps and applications to variational systems, Set-Valued Var. Anal. **24**, 581–595.

[89] G. BIGI, M. CASTELLANI, M. PAPPALARDO AND M. PASSACANTANDO (2013), Existence and solution methods for equilibria, European J. Oper. Res. **227**, 1–11.

[90] E. BLUM AND W. OETTLI (1994), From optimization and variational inequalities to equilibrium problems, Math. Student **63**, 123–145.

[91] J. BOLTE, A. DANIILIDIS AND A. S. LEWIS (2006), The Morse-Sard theorem for nondifferentiable subanalytic functions, J. Math. Anal. Appl. **321**, 729–740.

[92] J. BOLTE, T. P. NGUYEN, J. PEYPOUQUET AND B. W. SUTER (2017), From error bounds to the complexity of first-order descent methods for convex functions, Math. Program. **165**, 471–507.

[93] J. BOLTE, S. SABACH AND M. TEBOULLE (2014), Proximal alternating linearized minimization for nonconvex and nonsmooth problems, Math. Program **146**, 459–494.

[94] V. BONDAREVSKY, A. LESCHOV AND L. MINCHENKO (2016), Value functions and their directional derivatives in parametric nonlinear programming, J. Optim. Theory Appl. **171**, 440–464.

[95] J. F. BONNANS (1994), Local analysis of Newton-type methods for variational inequalities and nonlinear programming, Appl. Math. Optim. **29**, 161–186.

[96] J. F. BONNANS AND H. RAMÍREZ C. (2005), Perturbation analysis of second-order cone programming problems, Math. Program. **104**, 205–227.

[97] J. F. BONNANS AND A. SHAPIRO (2000), Perturbation Analysis of Optimization Problems, Springer, New York.

[98] H. BONNEL, A. N. IUSEM AND B. F. SVAITER (2005), Proximal methods in vector optimization, SIAM J. Optim. **15**, 953–970.

[99] J.-M. BONNISSEAU, B. CORNET AND M.-O. CZARNECKI (2007), The marginal pricing rule revisited, Econom. Theory **33**, 579–589.

[100] J.-M. BONNISSEAU AND O. LACHIRI (2006), About the second theorem of welfare economics with stock markets, Pac. J. Optim. **2**, 469–485.

[101] J.-M. BONNISSEAU AND C. LE VAN (1996), On the subdifferential of the value function in economic optimization problems, J. Math. Econom. **25**, 55–73.

[102] J. M. BORWEIN AND S. P. FITZPATRICK (1995), Weak* sequential compactness and bornological limit derivatives, J. Convex Anal. **2**, 59–68.

[103] J. M. BORWEIN AND A. JOFRÉ (1988), Nonconvex separation property in Banach spaces, Math. Methods Oper. Res. **48**, 169–179.

[104] J. M. BORWEIN AND R. GOEBEL (2003), Notions of relative interior in Banach spaces, J. Math. Sci. **115**, 2542–2553.

[105] J. M. BORWEIN AND A. S. LEWIS (1992), Partially finite convex programming, I: quasi relative inteiors and duality theory, Math. Prog. **57**, 15–48.

[106] J. M. BORWEIN AND A. S. LEWIS (2000), Convex Analysis and Nonlinear Optimization: Theory and Examples, 2nd edition, Springer, New York.

[107] J. M. BORWEIN, Y. LUCET AND B. S. MORDUKHOVICH (2000), Compactly epi-Lipschitzian convex sets and functions in normed spaces, J. Convex Anal. **7**, 375–393.

[108] J. M. BORWEIN, B. S. MORDUKHOVICH AND Y. SHAO (1999), On the equivalence of some basic principles of variational analysis, J. Math. Anal. Appl. **229**, 228–257.

[109] J. M. BORWEIN AND D. PREISS (1987), A smooth variational principle with applications to subdifferentiability and differentiability of convex functions, Trans. Amer. Math. Soc. **303**, 517–527.

[110] J. M. BORWEIN AND H. M. STRÓJWAS (1985), Tangential approximations, Nonlinear Anal. **9**, 1347–1366.

[111] J. M. BORWEIN AND H. M. STRÓJWAS (1987), Proximal analysis and boundaries of closed sets in Banach spaces, II: applications, Canad. J. Math. **39**, 428–472.

[112] J. M. BORWEIN, J. S. TREIMAN AND Q. J. ZHU (1998), Necessary conditions for constrained optimization problems with semicontinuous and continuous data, Trans. Amer. Math. Soc. **350**, 2409–2429.

[113] J. M. BORWEIN AND J. D. VANDERWERFF (2010), Convex Functions, Cambridge University Press, Cambridge, United Kingdom.

[114] J. M. BORWEIN AND Q. J. ZHU (1999), A survey of subdifferential calculus with applications, Nonlinear Anal. **38**, 687–773.

[115] J. M. BORWEIN AND Q. J. ZHU (2005), Techniques of Variational Analysis, Springer, New York.

[116] J. M. BORWEIN AND D. ZHUANG (1993), Super efficiency in vector optimization, Trans. Amer. Math. Soc. **338**, 105–122.

[117] R. I. BOŢ (2010), Conjugate Duality in Convex Optimization, Springer, Berlin.

[118] R. I. BOŢ (2012), An upper estimate for the Clarke subdifferential of an infimal value function proved via the Mordukhovich subdifferential, Nonlinear Anal. **75**, 1141–1146.

[119] R. I. BOŢ AND E. R. CSETNEK (2016), An inertial Tseng's type proximal algorithm for nonsmooth and nonconvex optimization problems, J. Optim. Theory Appl. **171**, 600–616.

[120] R. I. BOŢ, E. R. CSETNEK AND G. WANKA (2008), Regularity conditions via quasi-relative interior in convex programming, SIAM J. Optim. **19**, 217–233.

[121] R. I. BOŢ, S. M. GRAD AND G. WANKA (2008), New regularity conditions for strong and total Fenchel-Lagrange duality in infinite-dimensional spaces, Nonliner Anal. **69**, 323–336.

[122] R. I. BOŢ, S. M. GRAD AND G. WANKA (2009), Generalized Moreau-Rockafellar results for composed convex functions, Optimization **58**, 917–938.

[123] R. I. BOŢ AND C. HENDRICH (2013), A Douglas-Rachford type primal-dual method for solving inclusions with mixtures of composite and parallel-sum type monotone operators, SIAM J. Optim. **23**, 2541–2565.

[124] G. BOULIGAND (1930), Sur les surfaces dépourvues de points hyperlimits, Ann. Soc. Polon. Math. **9**, 32–41 (in French).

[125] M. BOUNKHEL (2012), Regularity Concepts in Nonsmooth Analysis: Theory and Applications, Springer, New York.

[126] M. BOUNKHEL AND L. THIBAULT (2002), On various notions of regularity of sets in nonsmooth analysis, Nonlinear Anal. **48**, 223–246.

[127] H. BRÉZIS (1973), Opérateurs Maximaux Monotones et Semigroupes de Contractions dans les Espaces de Hilbert, North-Holland, Amsterdam.

[128] L. M. BRICEÑO-ARIAS, N. D. HOANG AND J. PEYPOUQUET (2016), Existence, stability and optimality for optimal control problems governed by maximal monotone operators, J. Diff. Eqs. **260**, 733–757.

[129] S. BUNDFUSS AND M. DÜR (2009), An adaptive linear approximation algorithm for copositive programs, SIAM J. Optim. **20**, 30–53.

[130] R. W. BROCKETT (1983), Asymptotic stability and feedback stabilization, in Differential Geometric Control Theory edited by R. W. Brockett et al., pp. 181–191, Birkhäuser, Boston, Massachusetts.

[131] R. S. BURACHIK AND A. N. IUSEM (2008), Set-Valued Mappings and Enlargements of Monotone Operators, Springer, New York.

[132] R. S. BURACHIK AND V. JEYAKUMAR (2005), A dual condition for the convex subdifferential sum formula with applications, J. Convex Anal. 12, 279–290.

[133] J. V. BURKE AND S. DENG (2005), Weak sharp minima revisited, II: applications to linear regularity and error bounds, Math. Program. 104, 235–261.

[134] J. V. BURKE AND M. C. FERRIS (1993), Weak sharp minima in mathematical programming, SIAM J. Control Optim. 31, 1340–1359.

[135] J. V. BURKE AND M. L. OVERTON (2001), Variational analysis of non-Lipschitz spectral functions, Math. Program. 90, 317–352.

[136] A. CABOT AND L. THIBAULT (2014), Sequential formulae for the normal cone to sublevel sets, Trans. Amer. Math. Soc. 366, 6591–6628.

[137] P. CANNARSA AND C. SINESTRARI (2004), Semiconvex Functions, Hamilton-Jacobi Equations, and Optimal Control, Birkhäuser, Boston, Massachusetts.

[138] M. J. CÁNOVAS, A. L. DONTCHEV, M. A. LÓPEZ AND J. PARRA (2005), Metric regularity of semi-infinite constraint systems, Math. Program. 104, 329–346.

[139] M. J. CÁNOVAS, R. HENRION, M. A. LÓPEZ AND J. PARRA (2016), Outer limit of subdifferentials and calmness moduli in linear and nonlinear programming, J. Optim. Theory Appl. 169, 925–952.

[140] M. J. CÁNOVAS, A. Y. KRUGER, M. A. LÓPEZ, J. PARRA AND M. THÉRA (2014), Calmness modulus of linear semi-infinite programs, SIAM J. Optim. 24, 29–48.

[141] M. J. CÁNOVAS, M. A. LÓPEZ, B. S. MORDUKHOVICH AND J. PARRA (2009), Variational analysis in semi-infinite and infinite programming, I: stability of linear inequality systems of feasible solutions, SIAM J. Optim. 20, 1504–1526.

[142] M. J. CÁNOVAS, M. A. LÓPEZ, B. S. MORDUKHOVICH AND J. PARRA (2010), Variational analysis in semi-infinite and infinite programming, II: necessary optimality conditions, SIAM J. Optim. 20, 2788–2806.

[143] M. J. CÁNOVAS, M. A. LÓPEZ, B. S. MORDUKHOVICH AND J. PARRA (2012), Quantitative stability of linear infinite inequality systems under block perturbations with applications to convex systems, TOP 20, 310–327.

[144] T. H. CAO AND B. S. MORDUKHOVICH (2016), Optimal control of a perturbed sweeping process via discrete approximations, Disc. Cont. Dyn. Syst. Ser. B, 21, 3331–3358.

[145] T. H. CAO AND B. S. MORDUKHOVICH (2017), Optimality conditions for a controlled sweeping process with applications to the crowd motion model, Disc. Cont. Dyn. Syst. Ser. B, 22, 267–306.

[146] L. C. CENG, B. S. MORDUKHOVICH AND J.-C. YAO (2010), Hybrid approximate proximal method with auxiliary variational inequality for vector optimization, J. Optim. Theory Appl. **146** (2010), 267–303.

[147] C. R. CHEN, S. J. LI AND K. L. TEO (2009), Solution semicontinuity of parametric generalized vector equilibrium problems, J. Global Optim. **45**, 309–318.

[148] G. Y. CHEN, X. X. HUANG AND X. Q. YANG (2005), Vector Optimization, Springer, Berlin.

[149] X. CHEN (2012), Smoothing methods for nonsmooth, nonconvex minimization, Math. Program. **134**, 71–99.

[150] N. H. CHIEU (2009), The Fréchet and limiting subdifferentials of integral functionals on the spaces $L_1(\Omega, E)$, J. Math. Anal. Appl. **360**, 704–710.

[151] N. H. CHIEU, T. D. CHUONG, J.-C. YAO AND N. D. YEN (2011), Characterizing convexity of a function by its Fréchet and limiting second-order subdifferentials, Set-Valued Var. Anal. **19**, 75–96.

[152] N. H. CHIEU AND L. V. HIEN (2017), Computation of graphical derivative for a class of normal cone mappings under a very weak condition, SIAM J. Optim. **27**, 190–204.

[153] N. H. CHIEU AND N. Q. HUY (2011), Second-order subdifferentials and convexity of real-valued functions, Nonlinear Anal. **74**, 154–160.

[154] N. H. CHIEU, G. M. LEE, B. S. MORDUKHOVICH AND T. T. A. NGHIA (2016), Coderivative characterizations of maximal monotonicity for set-valued mappings, J. Convex Anal. **23**, 461–480.

[155] N. H. CHIEU AND N. T. Q. TRANG (2012), Coderivative and monotonicity of continuous mappings, Taiwanese J. Math. **16**, 353–365.

[156] N. M. CHIEU, J.-C. YAO AND N. D. YEN (2010), Relationships between Robinson metric regularity and Lipschitz-like behavior of implicit multifunctions, Nonlinear Anal. **72**, 3594–3601.

[157] C. K. CHUI, F. DEUTSCH AND J. D. WARD (1990), Constrained best approximation in Hilbert space, Constr. Approx. **6**, 35–64.

[158] T. D. CHUONG, N. Q. HUY AND J.-C. YAO (2009), Subdifferentials of marginal functions in semi-infinite programming, SIAM J. Optim. **20**, 1462–1477.

[159] T. D. CHUONG AND D. S. KIM (2015), Hölder-like property and metric regularity of a positive-order for implicit multifunctions, Math. Oper. Res. **41**, 596–611.

[160] T. D. CHUONG, B. S. MORDUKHOVICH AND J.-C. YAO (2011), Hybrid approximate proximal algorithms for efficient solutions in vector optimization, J. Nonlinear Convex Anal. **12**, 257–286.

[161] R. CIBULKA, A. D. DONTCHEV AND A. Y. KRUGER (2018), Strong metric subregularity of mappings in variational analysis and optimization, J. Math. Anal. Appl. **457**, 1247–1282.

[162] R. CIBULKA AND M. FABIAN (2013), A note on Robinson-Ursescu and Lyusternik–Graves theorems, Math. Program. **139**, 89–101.

[163] F. H. CLARKE (1973), Necessary Conditions for Nonsmooth Problems in Optimal Control and the Calculus of Variations, Ph.D. dissertation, Department of Mathematics, University of Washington, Seattle, Washington.

[164] F. H. CLARKE (1975), Generalized gradients and applications, Trans. Amer. Math. Soc. **205**, 247–262.

[165] F. H. CLARKE (1976), A new approach to Lagrange multipliers, Math. Oper. Res. **2**, 165–174.

[166] F. H. CLARKE (1983), Optimization and Nonsmooth Analysis, Wiley-Interscience, New York.

[167] F. H. CLARKE AND Y. S. LEDYAEV (1994), Mean value inequality in Hilbert spaces, Trans. Amer. Math. Soc. **344**, 307–324.

[168] F. H. CLARKE, Y. S. LEDYAEV, R. J. STERN AND P. R. WOLENSKI (1998), Nonsmooth Analysis and Control Theory, Springer, New York.

[169] F. H. CLARKE, R. J. STERN AND P. R. WOLENSKI (1993), Subgradient criteria for monotonicity and the Lipschitz condition, Canad. J. Math. **45**, 1167–1183.

[170] C. CLASON AND T. VALKONEN (2017), Stability of saddle points via explicit coderivatives of pointwise subdifferentials, Set-Valued Var. Anal. **25**, 69–112.

[171] S. COBZAŞ (2013), Functional Analysis in Asymmetric Normed Spaces, Birkhüser, Basel, Switzerland.

[172] G. COLOMBO, V. V. GONCHAROV AND B. S. MORDUKHOVICH (2010), Well-posedness of minimal time problems with constant dynamics in Banach spaces, Set-Valued Var. Anal. **18**, 349–972.

[173] G. COLOMBO, R. HENRION, N. D. HOANG, AND B. S. MORDUKHOVICH (2012), Discrete approximations and optimality conditions for optimal control of the sweeping process, Dyn. Contin. Discrete Impuls. Syst. Ser. B **19**, 117–159.

[174] G. COLOMBO, R. HENRION, N. D. HOANG, AND B. S. MORDUKHOVICH (2015), Discrete approximations of a controlled sweeping process, Set-Valued Var. Anal. **23**, 69–86.

[175] G. COLOMBO, R. HENRION, N. D. HOANG, AND B. S. MORDUKHOVICH (2016), Optimal control of the sweeping process over polyhedral controlled sets, J. Diff. Eqs. **260**, 3397–3447.

[176] G. COLOMBO AND L. THIBAULT (2010), Prox-regular sets and applications, in Handbook of Nonconvex Analysis, edited by D. Y. Gao and D. Motreanu, pp. 99-182, International Press, Boston, Massachusetts.

[177] G. COLOMBO AND P. R. WOLENSKI (2004), The subgradient formula for the minimal time functions in the case of constant dynamics in Hilbert spaces, J. Global Optim. **28**, 269–282.

[178] B. COLSON, P. MARCOTTE AND G. SAVARD (2007), An overview of bilevel optimization, Ann. Oper. Res. **153**, 235–256.

[179] R. COMINETTI (1990), Metric regularity, tangent cones, and second-order optimality conditions, Appl. Math. Optim. **21**, 265–287.

[180] H. W. CORLEY (1988), Optimality conditions for maximization of set-valued functions, J. Optim. Theory Appl. **58**, 1–10.

[181] B. CORNET (1990), Marginal cost pricing and Pareto optimality, in Essays in Honor of Edmond Malinvaud, edited by P. Champsaur, Vol. 1, pp. 14–53, MIT Press, Cambridge, Massachusetts.

[182] R. CORREA, A. HANTOUTE AND M. A. LÓPEZ (2016), Towards supremum-sum subdifferential calculus free of qualification conditions, SIAM J. Optim. **26**, 2219–2234.

[183] R. CORREA, A. JOFRÉ AND L. THIBAULT (1994), Subdifferential monotonicity as characterization of convex functions, Numer. Funct. Anal. Optim. **15**, 1167–1183.

[184] M. G. CRANDALL, H. ISHII AND P.-L. LIONS (1992), User's guide to viscosity solutions of second-order partial differential equations, Bull. Amer. Math. Soc. **27**, 1–67.

[185] M. G. CRANDALL AND P.-L. LIONS (1983), Viscosity solutions of Hamilton-Jacobi equations, Trans. Amer. Math. Soc. **277**, 1–42.

[186] G. P. CRESPI, I. GINCHEV AND M. ROCCA (2006), First-order optimality conditions in set-valued optimization, Math. Methods Oper. Res. **63**, 87–106.

[187] J.-P. CROUZEIX AND E. OCAÑA ANAYA (2010), Maximality is nothing but continuity, J. Convex Anal. **17** (2010), 521–534.

[188] Y. CUI, D. SUN AND K.-C. TOH (2016), On the asymptotic superlinear convergence of the augmented Lagrangian method for semidefinite programming with multiple solutions, arXiv:1610.00875.

[189] M. CÚTH AND M. FABIAN (2016), Asplund spaces characterized by rich families and separable reduction of Fréchet subdifferentiability, J. Funct. Anal. **270**, 1361–1378.

[190] P. DANIELE, S. GIUFFRÉ, G. IDONE AND A. MAUGERI (2007), Infinite dimensional duality and applications, Math. Ann. **339**, 221–239.

[191] A. DANIILIDIS AND P. GEORGIEV (2004), Approximate convexity and submonotonicity, J. Math. Anal. Appl. **291**, 292–301.

[192] C. DAVIS AND W. HARE (2013), Exploiting known structures to approximate normal cones, Math. Oper. Res. **38**, 665–681.

[193] E. DE GIORGI, A. MARINO AND M. TOSQUES (1980), Problemi di evoluzione in spazi metrici e curve di massima pendenza, Atti. Accad. Lincei Rend. Cl. Sci. Fiz. Mat. Natur. **68**, 180–187 (in Italian).

[194] J. E. DENNIS, JR. AND J. J. MORÉ (1974), A characterization of superlinear convergence and its application to quasi-Newton methods, Math. Comp. **28**, 549–560.

[195] S. DEMPE (2003), Foundations of Bilevel Programming, Kluwer, Dordrecht, The Netherlands.

[196] S. DEMPE AND J. DUTTA (2012), Is bilevel programming a special case of mathematical programming with complementarity constraints?, Math. Program. **131**, 37–48.

[197] S. DEMPE, J. DUTTA AND B. S. MORDUKHOVICH (2007), New necessary optimality conditions in optimistic bilevel programming, Optimization **56**, 577–604.

[198] S. DEMPE, N. A. GADHI AND L. LAFHIM (2010), Fuzzy and exact optimality conditions for a bilevel set-valued problem via extremal principles, Numer. Funct. Anal. Optim. **31**, 907–920.

[199] S. DEMPE, V. KALASHNIKOV, G. A. PÉREZ-VALDÉS AND N. KALASHNYKOVA (2015), Bilevel Programming Problems, Springer, New York.

[200] S. DEMPE, B. S. MORDUKHOVICH AND A. B. ZEMKOHO (2012), Sensitivity analysis for two-level value functions with applications to bilevel programming, SIAM J. Optimization **22**, 1309–1343.

[201] S. DEMPE, B. S. MORDUKHOVICH AND A. B. ZEMKOHO (2014), Necessary optimality conditions in pessimistic bilevel programming, Optimization **63**, 505–533.

[202] S. DEMPE AND A. B. ZEMKOHO (2012), On the Karush-Kuhn-Tucker reformulation of the bilevel optimization problem, Nonlinear Anal. **75**, 1202–1218.

[203] S. DEMPE AND A. B. ZEMKOHO (2013), The bilevel programming problem: reformulations, constraint qualifcations and optimality conditions, Math. Program. **138**, 447–473.

[204] S. DEMPE AND A. B. ZEMKOHO (2014), KKT reformulation and necessary conditions for optimality in nonsmooth bilevel optimization, SIAM J. Optim. **24**, 1639–1669.

[205] V. F. DEMYANOV AND A. M. RUBINOV (2000), Quasidifferentiable and Related Topics, Kluwer, Dordrecht, The Netherlands.

[206] F. DEUTSCH, W. LI AND J. D. WARD (1997), A dual approach to constrained interpolation from a convex subset of Hilbert space, J. Approx. Theory **90**, 385–414.

[207] R. DEVILLE, G. GODEFROY AND V. ZIZLER (1993), Smoothness and Renorming in Banach Spaces, Wiley, New York.

[208] S. DIAS AND G. SMIRNOV (2012), On the Newton method for set-valued maps, Nonlinear Anal. **75**, 1219–1230.

[209] J. DIESTEL (1984), Sequences and Series in Banach Spaces, Springer, New York.

[210] C. DING, D. SUN AND J. J. YE (2014), First order optimality conditions for mathematical programs with semidefinite cone complementarity constraints, Math. Program. **147**, 539–579.

[211] C. DING, D. SUN AND L. ZHANG (2017), Characterization of the robust isolated calmness for a class of conic programming problems, SIAM J. Optim. **27**, 67–90.

[212] N. DINH, M. A. GOBERNA AND M. A. LÓPEZ (2006), From linear to convex systems: consistency, Farkas' lemma and applications, J. Convex Anal. **13**, 279–290.

[213] N. DINH, M. A. GOBERNA AND M. A. LÓPEZ (2010), On the stability of the feasible set in optimization problems, SIAM J. Optim. **20**, 2254–2280.

[214] N. DINH, M. A. GOBERNA, M. A. LÓPEZ AND T. Q. SON (2007), New Farkas-type results with applications to convex infinite programming, ESAIM: Control Optim. Cal. Var. **13**, 580–597.

[215] N. DINH AND V. JEAYKUMAR (2014), Farkas' lemma: three decades of generalizations for mathematical optimization, TOP **22**, 1–22.

[216] N. DINH, B. S. MORDUKHOVICH AND T. T. A. NGHIA (2009), Qualification and optimality conditions for convex and DC programs with infinite constraints, Acta Math. Vietnamica **34**, 123–153.

[217] N. DINH, B. S. MORDUKHOVICH AND T. T. A. NGHIA (2010), Subdifferentials of value functions and optimality conditions for some classes of DC and bilevel infinite and semi-infinite programs, Math. Program. **123**, 101–138.

[218] A. B. DMITRUK AND A. Y. KRUGER (2008), Metric regularity and systems of generalized equations, J. Math. Anal. Appl. **342**, 864–873.

[219] A. V. DMITRUK, A. A. MILYUTIN AND N. P. OSMOLOVSKII (1980), Lyusternik's theorem and the theory of extrema, Russian Math. Surveys **35**, 11–51.

[220] S. DOLECKI AND G. H. GRECO (2007), Towards historical roots of necessary conditions of optimality: Regula of Peano, Control Cybern. **36**, 491–518.

[221] M. B. DONATO, M. MILASI AND C. VITANZA (2008), An existence result of a quasi-variational inequality associated to an equilibrium problem, J. Global Optim. **40**, 87–97.

[222] A. L. DONTCHEV (1995), Characterizations of Lipschitz stability in optimization, in Recent Developments in Well-Posed Variational Problems, edited by R. Lucchetti and J. Revalski, pp. 95115, Kluwer, Dordrecht, The Netherlands.

[223] A. L. DONTCHEV (2012), Generalizations of the Dennis-More theorem, SIAM J. Optim. **22** (2012), 821–830.

[224] A. L. DONTCHEV AND H. FRANKOWSKA (2012), Lyusternik-Graves theorem and fixed points II, J. Convex Anal. **19**, 975–997.

[225] A. L. DONTCHEV AND W. W. HAGER (1994), Implicit functions, Lipschitz maps and stability in optimization, Math. Oper. Res. **19**, 753–768.

[226] A. L. DONTCHEV, A. S. LEWIS AND R. T. ROCKAFELLAR (2003), The radius of metric regularity, Trans. Amer. Math. Soc. **355**, 493–517.

[227] A. L. DONTCHEV AND R. T. ROCKAFELLAR (1996), Characterizations of strong regularity for variational inequalities over polyhedral convex sets, SIAM J. Optim. **6**, 1087–1105.

[228] A. L. DONTCHEV AND R. T. ROCKAFELLAR (1997), Characterizations of Lipschitzian stability in nonlinear programming, in Mathematical Programming with Data Perturbations, edited by A. V. Fiacco, pp. 65–82, Marcel Dekker, New York.

[229] A. L. DONTCHEV AND R. T. ROCKAFELLAR (2014), Implicit Functions and Solution Mappings: A View from Variational Analysis, 2nd edition, Springer, New York.

[230] D. DRUSVYATSKIY AND A. D. IOFFE (2015), Quadratic growth and critical point stability of semi-algebraic functions, Math. Program. **153**, 635–653.

[231] D. DRUSVYATSKIY, A. D. IOFFE AND A. S. LEWIS (2015), Transversality and alternating projections for nonconvex sets, Found. Comput. Math. **15**, 1637–1651.

[232] D. DRUSVYATSKIY AND A. S. LEWIS (2013), Tilt stability, uniform quadratic growth, and strong metric regularity of the subdifferential, SIAM J. Optim. **23**, 256–267.

[233] D. DRUSVYATSKIY AND A. S. LEWIS (2016), Error bounds, quadratic growth, and linear convergence of proximal methods, http:arXiv:1602.06661.

[234] D. DRUSVYATSKIY, B. S. MORDUKHOVICH AND T. T. A. NGHIA (2014), Second-order growth, tilt stability, and metric regularity of the subdifferential, J. Convex Anal. **21**, 1165–1192.

[235] D. DRUSVYATSKIY AND C. PAQUETTE (2018), Variational analysis of spectral functions simplified, to appear in J. Convex Anal. **25**, No. 1.

[236] A. Y. DUBOVITSKII AND A. A. MILYUTIN (1965), Extremum problems in the presence of restrictions, USSR Comput. Maths. Math. Phys. **5**, 1–80.

[237] M. DÜR (2003), A parametric characterization of local optimality, Math. Methods Oper. Res. **57**, 101–109.

[238] M. DUREA, J. DUTTA AND C. TAMMER (2010), Lagrange multipliers and $\varepsilon$-Pareto solutions in vector optimization with nonsolid cones in Banach spaces, J. Optim. Theory Appl. **145**, 196–211.

[239] M. DUREA AND R. STRUGARIU (2010), Necessary optimality conditions for weak sharp minima in set-valued optimization, Nonlinear Anal. **73**, 2148–2157.

[240] M. DUREA AND R. STRUGARIU (2012), Openness stability and implicit multifunction theorems: applications to variational systems, Nonlinear Anal. **75**, 1246–1259.

[241] M. DUREA AND R. STRUGARIU (2012), Chain rules for linear openness in general Banach spaces, SIAM J. Optim. **22**, 899–913.

[242] M. DUREA AND R. STRUGARIU (2016), Metric subregularity of composition set-valued mappings with applications to fixed point theory, Set-Valued Anal. **24**, 231–251.

[243] J. DUTTA (2005), Optimality conditions for maximizing a locally Lipschitz function, Optimization **54**, 377–389.

[244] J. DUTTA (2012), Strong KKT, second order conditions and non-solid cones in vector optimization, in Recent Developments in Vector Optimization, edited by Q. H. Ansari and J.-C. Yao, pp. 127–167, Springer, Berlin.

[245] A. C. EBERHARD AND R. WENCZEL (2012), A study of tilt-stable optimality and suffcient conditions, Nonlinear Anal. **75**, 1240–1281.

[246] M. EHRGOTT (2005), Multicriteria Optimization, 2nd edition, Springer, Berlin.

[247] G. EICHFELDER (2014), Variable Ordering Structures in Vector Optimization, Springer, Berlin.

[248] G. EICHFELDER AND T. X. D. HA (2013), Optimality conditions for vector optimization problems with variable ordfering structures, Optimization **62**, 1468–1476.

[249] G. EICHFELDER AND R. KASIMBEYLI (2013), Properly optimal elements in vector optimization with variable ordering structures, J. Global Optim. **60**, 689–712.

[250] I. EKELAND (1972), Sur les problémes variationnels, C. R. Acad. Sci. Paris **275**, 1057–1059.

[251] I. EKELAND (1974), On the variational principle, J. Math. Anal. Appl. **47**, 324–353.

[252] I. EKELAND (1979), Nonconvex minimization problems, Bull. Amer. Math. Soc. **1**, 432–467.

[253] B. EL ABDOINI AND L. THIBAULT (1996), Optimality conditions for problems with set-valued objectives, J. Appl. Anal. **2**, 183–201.

[254] K. EMICH AND R. HENRION (2014), A simple formula for the second-order subdifferential of maximum functions, Vietnam J. Math. **42**, 467–478.

[255] E. ERNST AND M. THÉRA (2007), Boundary half-strips and the strong CHIP, SIAM. J. Optim. **18**, 834–852.

[256] M. FABIAN (1989), Subdifferentiability and trustworthiness in the light of a new variational principle of Borwein and Preiss, Acta Univ. Carolina, Ser. Math. Phys. **30**, 51–56.

[257] M. FABIAN ET AL. (2011), Functional Analysis and Infinite-Dimensional Geometry, 2nd edition, Springer, New York.

[258] M. FABIAN, R. HENRION, A. Y. KRUGER AND J. V. OUTRATA (2010), Error bounds: necessary and sufficient conditions, Set-Valued Var. Anal. **18**, 121–149.

[259] M. FABIAN AND B. S. MORDUKHOVICH (1998), Smooth variational principles and characterizations of Asplund spaces, Set-Valued Anal. **6**, 381–406.

[260] M. FABIAN AND B. S. MORDUKHOVICH (2002), Separable reduction and extremal principles in variational analysis, Nonlinear Anal. **49**, 265–292.

[261] M. FABIAN AND B. S. MORDUKHOVICH (2003), Sequential normal compactness versus topological normal compactness in variational analysis, Nonlinear Anal. **54**, 1057–1067.

[262] F. FACCHINEI AND J.-S. PANG (2003), Finite-Dimensional Variational Inequalities and Complementary Problems, published in two volumes, Springer, New York.

[263] D. H. FANG, C. LI AND K. F. NG (2009), Constraint qualifications for extended Farkas's lemmas and Lagrangian dualities in convex infinite programming, SIAM J. Optim. **20**, 1311–1332.

[264] D. H. FANG, C. LI AND K. F. NG (2010), Constraint qualifications for optimality conditions and total Lagrange dualities in convex programming, Nonlinear Analysis **73**, 1143–1159.

[265] H. FEDERER (1959), Curvature measures, Trans. Amer. Math. Soc. **93**, 418–491.

[266] H. FENCHEL (1951), Convex Cones, Sets and Functions, Lecture Notes, Princeton University, Princeton, New Jersey.

[267] M. C. FERRIS (1988), Weak Sharp Minima and Penalty Functions in Mathematical Programming, Ph.D. dissertation, University of Cambridge, Campridge, United Kingdom.

[268] S. D. FLÅM (2006), Upward slopes and inf-convolutions, Math. Oper. Res. **31**, 188–198.

[269] S. D. FLÅM, J.-B. HIRIART-URRUTY AND A. JOURANI (2009), Feasibility in finite time, J. Dyn. Contr. Syst. **15**, 537–555.

[270] M. L. FLEGEL AND C. KANZOW (2005), On $M$-stationarity for mathematical programs with equilibrium constraints, J. Math. Anal. Appl. **310**, 286–302.

[271] W. H. FLEMING AND H. M. SONER (1993), Controlled Markov Processes and Viscosity Solutions, Springer, New York.

[272] E.-A. FLOREA (2016), Coderivative necessary optimality conditions for sharp and robust efficiencies in vector optimization with variable ordering structure, Optimization **65** (2016), 1417–1435.

[273] M. FLORENZANO, P. GOURDEL AND A. JOFRÉ (2006), Supporting weakly Pareto optimal allocations in infinite-dimensional nonconvex economies, J. Economic Theory **29**, 549–564.

[274] F. FLORES-BAZÁN, A. JOURANI AND G. MASTROENI (2014), On the convexity of the value function for a class of nonconvex variational problems: existence and optimality conditions, SIAM J. Control Optim. **52**, 3673–3693.

[275] F. FLORES-BAZÁN AND E. HERNÁNDEZ (2013), Optimality conditions for a unified vector optimization problem with not necessarily preordering relations, J. Global Optim. **56**, 299–315.

[276] F. FLORES-BAZÁN AND G. MASTROENI (2015), Characterizing FJ and KKT conditions in nonconvex mathematical programming with applications, SIAM J. Optim. **25** (2015), 647–676.

[277] H. FRANKOWSKA AND M. QUINCAMPOIX (2012), Hölder metric regularity of set-valued maps, Math. Program. **132**, 333–354.

[278] M. FUKUSHIMA AND J.-S. PANG (2005), Quasi-variational inequalities, generalized Nash equilibria, and multi-leader-follower games, Comput. Management Sci. **1**, 21–56.

[279] M. GAYDU, M. H. GEOFFROY AND C. JEAN-ALEXIS (2011), Metric subregularity of order $q$ and the solving of inclusions, Cent. European J. Math. **9**, 147–161.

[280] W. GEREMEW, B. S. MORDUKHOVICH AND N. M. NAM (2009), Coderivative calculus and metric regularity for constraint and variational systems, Nonlinear Anal. **70**, 529–552.

[281] C. GERSTEWITZ (TAMMER) (1983), Ninchtkonvexe dualität in der vectoroptimierung, Wissenschaftliche Zeitschrift der TH Leuna-Merseburg **25**, 357–364 (in German).

[282] C. GERTH (TAMMER) AND P. WEIDNER (1990), Nonconvex separation theorems and some applicationd in vector optimizqation, J. Optim. Theory Appl. **67**, 297–320.

[283] H. GFRERER (2011), First order and second order characterizations of metric subregularity and calmness of constraint set mappings, SIAM J. Optim. **21**, 1439–1474.

[284] H. GFRERER (2013), On directional metric subregularity and second-order optimality conditions for a class of nonsmooth mathematical programs, SIAM J. Optim. **23**, 632–665.

[285] H. GFRERER (2013), On directional metric regularity, subregularity and optimality conditions for nonsmooth mathematical programs, Set-Valued Var. Anal. **21**, 151–176.

[286] H. GFRERER AND D. KLATTE (2016), Lipschitz and Hölder stability of optimization problems and generalized equations Lipschitz and Hölder stability of optimization problems and generalized equations, Math. Program. **158**, 35–75.

[287] H. GFRERER AND B. S. MORDUKHOVICH (2015), Complete characterizations of tilt stability in nonlinear programming under weakest qualification conditions, SIAM J. Optim. **25**. 2081–2119.

[288] H. GFRERER AND B. S. MORDUKHOVICH (2017), Robinson regularity of parametric constraint systems via variational analysis, SIAM J. Optim. **27**, 438–465.

[289] H. GFRERER AND J. V. OUTRATA (2016), On computation of generalized derivatives of the normal-cone mapping and their applications, Math. Oper. Res. **41**, 1535–1556.

[290] H. GFRERER AND J. V. OUTRATA (2016), On Lipschitzian properties of implicit multifunctions, SIAM J. Optim. **26**, 2160–2189.

[291] H. GFRERER AND J. V. OUTRATA (2016), On computation of limiting coderivatives of the normal-cone mapping to inequality systems and their applications, Optimization **65**, 671–700.

[292] H. GFRERER AND J. V. OUTRATA (2017), On the Aubin property of a class of parameterized variational systems, Math. Meth. Oper. Res., DOI 10.1007/s00186-017-0596-y.

[293] H. GFRERER AND J. J. YE (2017), New constraint qualifications for mathematical programs with equilibrium constraints via variational analysis, SIAM J. Optim. **27**, 842–865.

[294] F. GIANNESSI (1980), Theorems of alternative, quadratic programs and complementarity problems, in  Variational Inequalities and Complementarity Problems, edited by R. Cottle et al., pp. 151–186, Wiley, New York.

[295] F. GIANNESSI (2005), Constrained Optimization and Image Space Analysis, Springer, London, United Kingdom.

[296] I. GINCHEV AND B. S. MORDUKHOVICH (2011), On directionally dependent subdifferentials, C. R. Acad. Bulg. Sci. **64**, 497–508.

[297] I. GINCHEV AND B. S. MORDUKHOVICH (2012), Directional subdifferentials and optimality conditions,  Positivity **16**, 707–737.

[298] E. GINER (2017), Clarke and limiting subdifferentials of integral functionals, J. Convex Anal. **24**, No. 3.

[299] I. V. GIRSANOV (1972), Lectures on Mathematical Theory of Extremum Problems, Springer, Berlin.

[300] M. A. GOBERNA, V. JEYAKUMAR AND M. A. LÓPEZ (2008), Necessary and sufficient constraint qualifications for solvability of systems of infinite convex inequalities, Nonlinear Anal. **68**, 1184–1194.

[301] M. A. GOBERNA AND M. A. LÓPEZ (1998), Linear Semi-Infinite Optimization, Wiley, Chichester, United Kingdom.

[302] M. A. GOBERNA AND M. A. LÓPEZ (2014), Post-Optimal Analysis in Linear Semi-Infinite Optimization, Springer, New York.

[303] A. GÖPFERT, H. RIAHI, C. TAMMER AND C. ZĂLINESCU (2003), Variational Methods in Partially Ordered Spaces, Springer, New York.

[304] V. V. GOROKHOVIK (1990), Convex and Nonsmooth Problems of Vector Optimization, Nauka i Tekhnika, Minsk, Belarus.

[305] V. V. GOROKHOVIK AND M. TRAFIMOVICH (2016), Positively homogeneous functions revisited, J. Optim. Theory Appl. **171**, 481–503.

[306] S.-M. GRAD (2015), Vector Optimization and Monotone Operators via Convex Duality, Springer, Berlin.

[307] L. M. GRAÑA DRUMMOND AND B. F. SVAITER (2005), A steepest descent method for vector optimization, J. Comput. Appl. Math. **175** (2005), 395–414.

[308] L. M. GRAVES (1950), Some mapping theorems, Duke Math. J. **17**, 111–114.

[309] A. GREENBAUM, A. S. LEWIS AND M. L. OVERTON (2017), Variational analysis of the Crouzeix ratio, Math. Program. **164**, 229–243.

[310] A. GRIEWANK (2013), On stable piecewise linearization and generalized algorithmic differentiation, Optim. Methods Softw. **28** (2013), 1139–1178.

[311] A. GRIEWANK AND A. WALTHER (2008), Evaluating Derivatives: Principles and Techniques of Algorithmic Differentiation, 2nd edition, SIAM, Philadelphia, Pennsylvania.

[312] A. GRIEWANK AND A. WALTHER (2016), First- and second-order optimality conditions for piecewise smooth objective functions, Optim. Methods Softw. **31**, 904–930.

[313] S. GRUNDEL AND M. L. OVERTON (2014), Variational analysis of the spectral abscissa at a matrix with a nongeneric multiple eigenvalue, Set-Valued Var. Anal. **22**, 19–43.

[314] J. GRZYZBOWSKI, D. PALLASCHKE AND R. URBANSKI (2017), Characterization of differences of sublinear functions, to appear in Pure Appl. Funct. Anal.

[315] A. GUERRAGGIO AND D. T. LUC (2006), Properly maximal points in product spaces, Math. Oper. Res. **31**, 305–315.

[316] R. GUESNERIE (1975), Pareto optimality in non-convex economies, Econometrica **43**, 1–29.

[317] L. GUO AND J. J. YE (2016), Necessary optimality conditions for optimal control problems with equilibrium constraints, SIAM J. Control Optim. **54**, 2710–2733.

[318] M. GÜRBÜZBALABAN AND M. L. OVERTON (2012), On Nesterov's nonsmooth Chebyshev-Rosenbrock functions, Nonlinear Anal. **75**, 1282–1289.

[319] R. GUPTA, F. JAFARI, R. J. KIPKA AND B. S. MORDUKHOVICH (2017), Linear openness and feedback stabilization of nonlinear control systems, to appear in Dyn. Cont. Control. Syst. Ser. S, arXiv:1704.00867.

[320] C. GUTIÉRREZ, L. HUERGA, B. JIMÉNEZ AND V. NOVO (2013), Proper approximate solutions and $\varepsilon$-subdifferentials in vector optimization: basic properties and limit behaviour, Nonlinear Anal. **79**, 52–67.

[321] T. X. D. HA (2005), Lagrange multipliers for set-valued problems associated with coderivatives, J. Math. Anal. Appl. **311**, 647–663.

[322] T. X. D. HA (2005), Some variants of the Ekeland variational principle for a set-valued map, J. Optim. Theory Appl. **124**, 187–206.

[323] T. X. D. HA (2012), Optimality conditions for various efficient solutions involving coderivatives: from set-valued optimization problems to set-valued equilibrium problems, Nonlinear Anal. **75**, 1305–1323.

[324] T. X. D. HA (2012), The Fermat rule and Lagrange multiplier rule for various effective solutions to set-valued optimization problems expressed in terms of coderivatives, in Recent Developments in Vector Optimization, edited by Q. H. Ansari and J.-C. Yao, pp. 417–466, Springer, Berlin.

[325] A. HABTE AND B. S. MORDUKHOVICH (2011), Extended second welfare theorem for nonconvex economies with infnite commodities and public goods, Adv. Math. Econ. **14**, 93–126.

[326] N. HADJISAVVAS (2005), Generalized convexity, generalized monotonicity and nonsmooth analysis, Handbook of Generalized Convexity and Generalized Monotonicity, edited by N. Hadjisavvas et al., pp. 465–499, Springer, New York.

[327] A. H. HAMEL, F. HEYDE, A. LÖHNE, B. RUDLOFF AND C. SCHRAGE (2015), Set optimization–a rather short introduction, in Set Optimization and Applications–the State of the Art, edited by A. H. Hamel et al., pp. 65–141, Springer, Berlin.

[328] A. H. HAMEL AND C. SCHRAGE (2014), Directional derivatives, subdifferentials and optimality conditions for set-valued convex functions, Pac. J. Optim. **10**, 667–689.

[329] N. T. V. HANG (2014), The penalty functions method and multiplier rules based on the Mordukhovich subdifferential, Set-Valued Var. Anal. **22**, 299–312.

[330] N. T. V. HANG AND J.-C. YAO (2016), Sufficient conditions for error bounds of difference functions and applications, J. Global Optim. **66**, 439–456.

[331] N. T. V. HANG AND N. D. YEN (2015), Optimality conditions and stability analysis via the Mordukhovich subdifferential, Numer. Funct. Anal. Optim. **36**, 364–386.

[332] N. T. V. HANG AND N. D. YEN (2016), On the problem of minimizing a difference of polyhedral convex functions under linear constraints, J. Optim. Theory Appl. **171**, 617–642.

[333] A. HANTOUTE, R. HENRION AND P. PÉREZ-AROS (2017), Subdifferential characterization of continuous probability functions under Gaussian distribution, to appear in Math. Program., arXiv:1705.10160.

[334] A. HANTOUTE, M. A. LÓPEZ AND C. ZĂLINESCU (2008), Subdifferential calculus rules in convex analysis: a unifying approach via pointwise supremum functions, SIAM J. Optim. **19**, 863–882.

[335] W. L. HARE AND C. PLANIDEN (2014), Parametrically prox-regular functions, J. Convex Anal. **21**, 901–923.

[336] W. HARE AND C. SAGASTIZÁBAL (2005), Computing proximal points of nonconvex functions, Math. Program. **116** (2009), 221–258.

[337] Y. HE AND K. F. NG (2006), Subdifferentials of a minimal time function in Banach spaces, J. Math. Anal. Appl. **321**, 896–910.

[338] R. HENRION, A. JOURANI AND J. V. OUTRATA (2002), On the calmness of a class of multifunctions, SIAM J. Optim. **13**, 603–618.

[339] R. HENRION, B. S. MORDUKHOVICH AND N. M. NAM (2010), Second-order analysis of polyhedron systems in finite and infinite dimensions with applications to robust stability of variational inequalities, SIAM J. Optim. **20**, 2199–2227.

[340] R. HENRION AND J. V. OUTRATA (2001), A subdifferential condition for calmness of multifunctions, J. Math. Anal. Appl. **258**, 110–130.

[341] R. HENRION AND J. V. OUTRATA (2005), Calmness of constraint systems with applications, Math. Program. **104**, 437–464.

[342] R. HENRION, J. V. OUTRATA AND T. SUROWIEC (2009), On the coderivative of normal cone mappings to inequality systems, Nonlinear Anal. **71**, 1213–1226.

[343] R. HENRION, J. V. OUTRATA AND T. SUROWIEC (2012), Analysis of $M$-stationary points to an EPEC modeling oligopolistic competition in an electricity spot market, ESAIM Control Optim. Calc. Var. **18**, 295–317.

[344] R. HENRION AND T. SUROWIEC (2011), On calmness conditions in convex bilevel programming, Applic. Anal. **90**, 951–970.

[345] R. HENRION AND W. RÖMISCH (2007), On $M$-stationary points for a stochastic equilibrium problem under equilibrium constraints in electricity spot market modeling, Appl. Math. **52** (2007), 473–494.

[346] E. HERNÁNDEZ, L. RODRÍGUEZ-MARÍN AND M. SAMA (2010), On solutions of set-valued optimization problems, Conput. Math. Appl. **65**, 1401–1408.

[347] R. HESSE AND D. R. LUKE (2013), Nonconvex notions of regularity and convergence of fundamental algorithms for feasibility problems, SIAM J. Optim. **23**, 2397–2419.

[348] R. HETTICH AND K. O. KORTANEK (1993), Semi-infinite programming: theory, methods, and applications, SIAM Rev. **35**, 380–429.

[349] M. HINTERMÜLLER, B. S. MORDUKHOVICH AND T. SUROWIEC (2014), Several approaches for the derivation of stationarity conditions for elliptic MPECs with upper-level control constraints, Math. Program. **146**, 555–582.

[350] M. HINTERMÜLLER, AND T. SUROWIEC (2011), First-order optimality conditions for elliptic mathematical programs with equilibrium constraints via variational analysis, SIAM J. Optim. **21**, 1561–1593.

[351] J.-B. HIRIART-URRUTY (1882), $\varepsilon$-Subdifferential, in Convex Analysis and Optimization, edited by J.-P. Aubin and R. Vinter, pp. 43–92, Pitman, London, United Kingdom.

[352] J.-B. HIRIART-URRUTY (1983), A short proof of the variational principle for approximate solutions of a minimization problem, Amer. Math. Monthly **90**, 206–207.

[353] J.-B. HIRIART-URRUTY (1989), From convex optimization to nonconvex optimization: necessary and sufficient conditions for global optimality, in Nonconvex Optimization and Related Topics, pp. 219–239, Plenum Press, New York.

[354] J.-B. HIRIART-URRUTY AND Y. S. LEDYAEV (1996), A note on the characterization of the global maxima of a (tangentially) convex function over a convex set, J. Convex Anal. **3**, 55–61.

[355] J.-B. HIRIART-URRUTY AND C. LEMARÉCHAL (1993), Convex Analysis and Minimization Algorithms, published in two volumes, Springer, Berlin.

[356] A. J. HOFFMAN (1952), On approximate solutions of systems of linear inequalities, J. Res. Nat. Bureau Stand. **e49**, 263–265.

[357] T. HOHEISEL, C. KANZOW, B. S. MORDUKHOVICH AND H. M. PHAN (2012), Generalized Newton's methods for nonsmooth equations based on graphical derivatives, **75**, 1324–1340; Erratum in Nonlinear Anal. **86** (2013), 157–158.

[358] R. HORST, P. D. PARDALOS AND N. V. THOAI (2000), Introduction to Global Optimization, 2nd edition, Springer, New York.

[359] X. HU AND D. RALPH (2007), Using EPECs to model bilevel games in restructured electricity markets with locational prices, Oper. Res. **55**, 809–827.

[360] H. HUANG (2008), The Lagrange multiplier rule for super effciency in vector optimization, J. Math. Anal. Appl. **342**, 503–513.

[361] N. Q. HUY AND N. V. TUYEN (2016), New second-order optimality conditions for a class of differentiable optimization problems, J. Optim. Theory Appl. **171**, 27–44.

[362] N. Q. HUY, D. S. KIM AND N. V. TUYEN (2017), New second-order Karush-Kuhn-Tucker optimality conditions for vector optimization, Appl. Math. Optim., DOI 10.1007/s00245-017-9432-2.

[363] N. Q. HUY, B. S. MORDUKHOVICH AND J.-C. YAO (2008), Coderivatives of frontier and solution maps in parametric multiobjective optimization, Taiwanese J. Math. **12**, 2083–2111.

[364] N. Q. HUY AND J.-C. YAO (2013), Exact formulae for coderivatives of normal cone mappings to perturbed polyhedral convex sets, J. Optim. Theory Appl. **157**, 25–43.

[365] J. IDE, E. KÖBIS, D. KUROIWA, A. SCHÖBEL AND C. TAMMER (2014), The relationships between multicriteria robustness concepts and set-valued optimization, Fixed Point Theory Appl. **83**.

[366] A. D. IOFFE (1979), Regular points of Lipschitz functions, Trans. Amer. Math. Soc. **251**, 61–69.

[367] A. D. IOFFE (1981), Calculus of Dini subdifferentials, CEREMADE Publication 8110, Universiteé de Paris IX "Dauphine".

[368] A. D. IOFFE (1981), Approximate subdifferentials of nonconvex functions, CEREMADE Publication 8120, Universiteé de Paris IX "Dauphine."

[369] A. D. IOFFE (1981), Nonsmooth analysis: differential calculus of nondifferentiable mappings, Trans. Amer. Math. Soc. **266** (1981), 1–56.

[370] A. D. IOFFE (1983), On subdifferentiability spaces, Ann. New York Acad. Sci. **410**, 107–119.

[371] A. D. IOFFE (1984), Approximate subdifferentials and applications, I: the finite dimensional theory, Trans. Amer. Math. Soc. **281**, 389–415.

[372] A. D. IOFFE (1989), Approximate subdifferentials and applications, III: the metric theory, Mathematika **36**, 1–38.

[373] A. D. IOFFE (1990), Proximal analysis and approximate subdifferentials, J. London Math. Soc. **41**, 175–192.

[374] A. D. IOFFE (2000), Codirectional compactness, metric regularity and subdifferential calculus, in Constructive, Experimental and Nonlinear Analysis, edited by M. Théra, pp. 123–164, American Mathematical Society, Providence, Rhode Island.

[375] A. D. IOFFE (2010), On regularity concepts in variational analysis, J. Fixed Point Theory Appl. **8**, 339–363.

[376] A. D. IOFFE (2012), On stability of solutions to convex inequalities, J. Convex Anal. **19**, 1017–1032.

[377] A. D. IOFFE (2013), Convexity and variational analysis, in Computational and Analytical Mathematics, edited by D. Bailey et al., pp. 397–428, Springer, New York.

[378] A. D. IOFFE (2017), Variational Analysis of Regular Mappings: Theory and Applications (2017), Springer, Cham, Switzerland.

[379] A. D. IOFFE AND J. V. OUTRATA (2008), On metric and calness qualification conditions in subdifferential calculus, Set-Valued Anal. **16**, 199–228.

[380] A. D. IOFFE AND Y. SEKIGUCHI (2009), Regularity estimates for convex multifunctions, Math. Program. **117**, 255–270.

[381] A. D. IOFFE AND V. M. TIKHOMIROV (1973), Theory of Extremal Problems, Nauka, Moscow (in Rusian); English translation in North-Holland, Amsterdam, 1979.

[382] A. N. IUSEM AND V. SOSA (2010), On the proximal point method for equilibrium problems in Hilbert spaces, Optimization **59**, 1259–1274.

[383] G. E. IVANOV AND L. THIBAULT (2017), Infimal convolution and optimal time control problem: Fréchet and proximal subdifferentials, Set-Valued Var. Anal., DOI 10.1007/s11228-016-0398-z.

[384] G. E. IVANOV AND L. THIBAULT (2017), Infimal convolution and optimal time control problem: limiting subdifferential, Set-Valued Var. Anal. **25**, 517–542.

[385] A. F. IZMAILOV (2014), Strongly regular nonsmooth generalized equations, Math. Program. **147**, 581–590.

[386] A. F. IZMAILOV AND M. V. SOLODOV (2012), Stabilized SQP revisited, Math. Program. **133**, 93–120.

[387] A. F. IZMAILOV AND M. V. SOLODOV (2014), Newton-Type Methods for Optimization and Variational Problems, Springer, New York.

[388] J. JAHN (2004), Vector Optimization: Theory, Applications and Extensions, Springer, Berlin.

[389] J. JAHN AND A. A. KHAN (2003), Some calculus rules for contingent epiderivatives, Optimization **52**, 113–125.

[390] J. JEYAKUMAR (1997), Asymptotic dual conditions characterizing optimality for convex programs, J. Optim. Theory Appl. **93**, 153–165.

[391] V. JEYAKUMAR, G. M. LEE AND N. DINH (2003), New sequential Lagrange multiplier conditions characterizing optimality without constraint qualification for convex programs, SIAM J. Optim. **14**, 534–547.

[392] V. JEYAKUMAR AND D. T. LUC (2008), Nonsmooth Vector Functions and Continuous Optimization, Springer, New York.

[393] Y. JIANG, Y.-J. LIU AND L. ZHANG (2015), Variational geometry of the complementarity set for second-order cone, Set-Valued Var. Anal. **23**, 399–414.

[394] A. JOFRÉ (2000), A second welfare theorem in nonconvex economies, in Constructive, Experimental, and Nonlinear Analysis, edited by M. Théra, pp. 175–184, American Mathematical Society, Providence, Rhode Island.

[395] A. JOFRÉ AND A. JOURANI (2015), Characterizations of the free disposal condition for nonconvex economies on infinite dimensional commodity spaces, SIAM J. Optim. **25** (2015), 699–712.

[396] A. JOFRÉ AND J. RIVERA CAYUPI (2006), A nonconvex separation property and some applications, Math. Program. **108** (2006), 37–51.

[397] H. TH. JONGEN, F. TWILT AND G. M. WEBER (1992), Semi-infinite optimization: structure and stability of the feasible set, J. Optim. Theory Appl. **72**, 529–552.

[398] H. TH. JONGEN AND J.-J. RÜCKMANN (1998), On stability andf deformation in semi-infinite optimization, in Semi-Infinite Programming, edited by R. Reemtsen and J.-J. Rückmann, pp. 29–67, Kluwer, Boston, Massachusetts.

[399] H. TH. JONGEN, J.-J. RÜCKMANN AND O. STEIN (1998), Generalized semi-infinite optimization: a fist order optimality condition and examples, Math. Program., **83**, 145–158.

[400] A. JOURANI AND L. THIBAULT (1995), Verifiable conditions for openness, metric regularity of multivalued mappings, Trans. Amer. Math. Soc. **347**, 1225–1268.

[401] A. JOURANI AND L. THIBAULT (1996), Metric regularity and subdifferential calculus in Banach spaces, Set-Valued Anal. **3**, 87–100.

[402] A. JOURANI AND L. THIBAULT (1996), Extensions of subdifferential calculus rules in Banach spaces, Canad. J. Math. **48**, 834–848.

[403] A. JOURANI AND L. THIBAULT (1998), Chain rules for coderivatives of multivalued mappings in Banach spaces, Proc. Amer. Math. Soc. **126**, 1479–1485.

[404] A. JOURANI AND L. THIBAULT (1998), Qualification conditions for calculus rules of coderivatives of multivalued mappings, J. Math. Anal. Appl. **218**, 66–81.

[405] A. JOURANI AND L. THIBAULT (1999), Coderivatives of multivalued mappings, locally compact cones and metric regularity, Nonlinear Anal. **35**, 925–945.

[406] A. JOURANI AND L. THIBAULT (2011), Noncoincidence of approximate and limiting subdifferentials of integral functionals, SIAM J. Control Optim. **49**, 1435–1453.

[407] A. JOURANI, L. THIBAULT AND D. ZAGRODNY (2012), $C^{1,\omega(\cdot)}$-regularity and Lipschitz-like properties of subdifferential, Proc. London Math. Soc. **105**, 189–223.

[408] N. KANZI AND S. NOBAKHTIAN (2010), Optimality conditions for nonsmooth semi-infinite programming, Optimization **59**, 717–727.

[409] N. KANZI AND S. NOBAKHTIAN (2010), Necessary optimality conditions for nonsmooth generalized semi-infinite programming problems, European J. Oper. Res. **205**, 253–261.

[410] R. KASIMBEYLI (2010), A nonlinear cone separation theorem and scalarization in nonconvex vector optimization, SIAM J. Optim. **20**, 1591–1619.

[411] P. KENDEROV (1975), Semi-continuity of set-valued monotone mappings, Fundamenta Mathematicae **88**, 61–69.

[412] A. A. KHAN, C. TAMMER AND C. ZĂLINESCU (2015), Set-Valued Optimization. An Introduction with Applications, Springer, Berlin.

[413] K. A. KHAN AND P. I. BARTON (2015), A vector forward mode of automatic differentiation for generalized derivative evaluation, Optim. Methods Softw. **30**, 1185–1212.

[414] M. A. KHAN (1991), Ioffe's normal cone and the foundation of welfare economics: the infinite-dimensional theory, J. Math. Anal. Appl. **161**, 284–298.

[415] M. A. KHAN (1999), The Mordukhovich normal cone and the foundations of welfare economics, J. Public Econ. Theory **1**, 309–338.

[416] P. D. KHANH, J.-C. YAO AND N. D. YEN (2017), The Mordukhovich subdifferentials and directions of descent, J. Optim. Theory Appl. **172**, 518–534.

[417] P. Q. KHANH, A. KRUGER AND N. H. THAO (2015), An induction theorem and nonlinear regularity models, SIAM J. Optim. **25**, 2561–2588.

[418] P. Q. KHANH AND D. N. QUY (2011), On generalized Ekeland's variational principle and equivalent formulations for set-valued mappings, J. Global Optim. **49** (2011), 381–396.

[419] B. T. KIEN, Y. C. LIOU, N.-C. WONG AND J.-C. YAO (2009), Subgradients of value functions in parametric dynamic programming, European J. Oper. Res. **193**, 12–22.

[420] A. J. KING AND R. T. ROCKAFELLAR (2002), Sensitivity analysis for nonsmooth generalized equations, Math. Program. **55**, 193–212.

[421] D. KLATTE AND R. HENRION (1998), Regularity and stability in nonlinear semi-infinite optimization, in Semi-Infinite Programming, edited by R. Reemtsen and J.-J. Rückmann, pp. 69–102, Kluwer, Boston, Massachusetts.

[422] D. KLATTE, A. Y. KRUGER AND B. KUMMER (2012), From convergence principles to stability and optimality conditions, J. Convex Anal. **19**, 1043–1072.

[423] D. KLATTE AND B. KUMMER (2002), Nonsmooth Equations in Optimization: Regularity, Calculus, Methods, and Applications, Kluwer, Boston, Massachusetts.

[424] D. KLATTE AND B. KUMMER (2009), Optimization methods and stability of inclusions in Banach spaces, Math. Program. **117**, 305–330.

[425] M. KNOSSALLA (2018), Minimization of marginal functions in mathematical programming based on continuous outer subdifferentials, Optimization, DOI 10.1080/02331934.2018.1426579.

[426] M. KOČVARA, M. KRUŽIK AND J. V. OUTRATA (2005), On the control of an evolutionary equilibrium in micromagnetics, in Optimization with Multivalued Mappings: Theory, Applications and Algorithms, edited by S. Dempe and V. V. Kalashnikov, pp. 143–168, Springer, Berlin.

[427] I. V. KONNOV (2001), Combined Relaxation Methods for Variational Inequalities, Springer, Berlin.

[428] N. N. KRASOVSKII AND A. I. SUBBOTIN (1988), Game-Theoretical Control Problems, Springer, New York.

[429] A. Y. KRUGER (1981), Generalized Differentials of Nonsmooth Functions and Necessary Conditions for an Extremum, Ph.D. dissertation, Department of Applied Mathematics, Belarus State University, Minsk, Belarus (in Russian).

[430] A. Y. KRUGER (1981), Epsilon-semidifferentials and epsilon-normal elements, Depon. VINITI #1331-81, Moscow (in Russian).

[431] A. Y. KRUGER (1981), Generalized differentials of nonsmooth functions, Depon. VINITI #1332-81, Moscow (in Russian).

[432] A. Y. KRUGER (1982), On characterizing the covering property for nonsmooth operators, Abstracts of the School on the Operator Theory in Functional Spaces, pp. 94–95, Minsk, Belarus (in Russian).

[433] A. Y. KRUGER (1985), Generalized differentials of nonsmooth functions and necessary conditions for an extremum, Siberian Math. J. **26**, 370–379.

[434] A. Y. KRUGER (1985), Properties of generalized differentials, Siberian Math. J. **26**, 822–832.

[435] A. Y. KRUGER (1988), A covering theorem for set-valued mappings, Optimization **19**, 763–780.

[436] A. Y. KRUGER (2009), About stationarity and regularity in variational analysis, Taiwanese J. Math. **13**, 1737–1785.

[437] A. Y. KRUGER (2015), Error bounds and metric subregularity, Optimization **64**, 49–79.

[438] A. Y. KRUGER (2015), Error bounds and Hölder metric subregularity, Set-Valued Var. Anal. **23**, 705–736.

[439] A. Y. KRUGER AND M. A. LÓPEZ (2012), Stationarity and regularity of infinite collections of sets, J. Optim. Theory Appl. **154**, 339–369.

[440] A. Y. KRUGER AND M. A. LÓPEZ (2012), Stationarity and regularity of infinite collections of sets. Applications to infinitely constrained optimization, J. Optim. Theory Appl. **155**, 390–416.

[441] A. Y. KRUGER, D. R. LUKE AND N. M. THAO (2017), Set regularities and feasibility problems, Math. Program., DOI 10.1007/s10107-016-1039-x.

[442] A. Y. KRUGER AND B. S. MORDUKHOVICH (1978), Minimization of nonsmooth functionals in optimal control problems, Eng. Cybernetics **16**, 126–133.

[443] A. Y. KRUGER AND B. S. MORDUKHOVICH (1980), Generalized normals and derivatives, and necessary optimality conditions in nondifferential programming, I&II, Depon. VINITI: I# 408-80, II# 494-80, Moscow (in Russian).

[444] A. Y. KRUGER AND B. S. MORDUKHOVICH (1980), Extremal points and the Euler equation in nonsmooth optimization, Dokl. Akad. Nauk BSSR **24**, 684–687 (in Russian).

[445] A. KRULIKOWSKI (1997), Fundamentals of Geometric Dimensioning and Tolerancing, Cengage Learning, Stamford, Connecticut.

[446] B. KUMMER (1991), Lipschitzian inverse functions, directional derivatives and applications in $C^{1,1}$ optimization, J. Optim. Theory Appl. **70**, 561–582.

[447] B. KUMMER (1991), An implicit function theorem for $C^{0,1}$-equations and parametric $C^{1,1}$-optimization, J. Math. Anal. Appl. **158**, 35–46.

[448] B. KUMMER (1999), Metric regularity: characterizations, nonsmooth variations and successive approximation, Optimization **46**, 247–281.

[449] B. KUMMER (2000), Inverse functions of pseudo regular mappings and regularity conditions, Math. Program. **88**, 313–339.

[450] D. KUROIWA (1998), The natural criteria in set-valued optimization, RIMS Kokyuroku **1031**, 85–90.

[451] A. G. KUSRAEV AND S. S. KUTATELADZE (1995), Subdifferentials: Theory and Applications, Kluwer, Dordrecht, The Netherlands.

[452] S. S. KUTATELADZE (1979), Convex $\varepsilon$-programming, Soviet Math. Dokl. **20**, 391–393.

[453] S. LAHRECH AND A. BENBRIK (2005), On the Mordukhovich subdifferential in binormal spaces and some applications, Int. J. Pure Appl. Math **20**, 31–39.

[454] G. LEBOURG (1975), Valeur moyenne pour gradient généraliseé, C. R. Acad. Sci. Paris **281**, 795–798.

[455] G. M. LEE, N. N. TAM AND N. D. YEN (2008), Normal coderivative for multifunctions and implicit function theorems, J. Math. Anal. Appl. **338**, 11–22.

[456] Y. S. LEDYAEV AND Q. J. ZHU (1999), Implicit multifunction theorem, Set-Valued Anal. **7**, 209–238.

[457] G. M. LEE AND N. D. YEN (2012), Coderivatives of a Karush-Kuhn-Tucker point set map and applications, Nonlinear Analysis **95**, 191–201.

[458] C. LEMARÉCHAL, F. OUSTRY AND C. SAGASTIZÁBAL (2000), The $\mathcal{U}$-Lagrangian of a convex function, Trans. Amer. Math. Soc. **352**, 711–729.

[459] A. B. LEVY (1996), Implicit multifunction theorems for the sensitivity analysis of variational conditions, Math. Program. **74**, 333–350.

[460] A. B. LEVY AND B. S. MORDUKHOVICH (2004), Coderivatives in parametric optimization, Math. Program. **99**, 311–327.

[461] A. B. LEVY AND R. A. POLIQUIN (1997), Characterizing the single-valuedness of multifunctions, Set-Valued Anal. **5**, 351–364.

[462] A. B. LEVY, R. A. POLIQUIN AND R. T. ROCKAFELLAR (2000), Stability of locally optimal solutions, SIAM J. Optim. **10**, 580–604.

[463] A. S. LEWIS (2003), The mathematics of eigenvalue optimization, Math. Program. **97**, 155–176.

[464] A. S. LEWIS, D. R. LUKE, AND J. MALICK (2009), Local linear convergence for alternating and averaged nonconvex projections, Found. Comput. Math. **9**, 485–513.

[465] A. S. LEWIS AND J. MALICK (2008), Alternating projection on manifolds, Math. Oper. Res. **33**, 216–234.

[466] A. S. LEWIS AND S. J. WRIGHT (2011), Identifying activity, SIAM J. Optim. **21**, 597–614.

[467] A. S. LEWIS AND S. ZHANG (2013), Partial smoothness, tilt stability, and generalized Hessians, SIAM J. Optim. **23**, 74–94.

[468] C. LI, B. S. MORDUKHOVICH, J. WANG AND J.-C. YAO (2011), Weak sharp minima on Riamennian manifolds, SIAM J. Optim. **21**, 1523–1560.

[469] C. LI AND K. F. NG (2005), Strong CHIP for infinite system of closed convex sets in normed linear spaces, SIAM J. Optim. **16**, 311–340.

[470] C. LI, K. F. NG AND T. K. PONG (2007), The SECQ, linear regularity, and the strong CHIP for an infinite system of closed convex sets in normed linear spaces, SIAM. J. Optim. **18**, 643–665.

[471] C. LI, K. F. NG AND T. K. PONG (2008), Constraint qualifcations for convex inequality systems with applications to constrained optimization, SIAM J. Optim. **19**, 163–187.

[472] G. LI AND B. S. MORDUKHOVICH (2012), Hölder metric subregularity with applications to proximal point method, SIAM J. Optim. **22**, 1655–1684.

[473] G. LI, B. S. MORDUKHOVICH, T. T. A. NGHIA AND T. S. PHAM (2017), Error bounds for parametric polynomial systems with applications to higher-order stability analysis and convergence rates, Math. Program., DOI 10.1007/s10107-016-1014-6.

[474] G. LI, B. S. MORDUKHOVICH AND T. S. PHAM (2015), New fractional error bounds for polynomial systems with applications to Höderian stability in optimization and spectral theory of tensors, Math. Program. **153**, 333–362.

[475] G. LI, K. F. NG AND X. Y. ZHENG (2007), Unified approach to some geometric results in variational analysis, J. Funct. Anal. **248** (2007), 317–343.

[476] M. B. LIGNOLA AND J. MORGAN (2017), Inner regularizations and viscosity solutions for pessimistic bilevel optimization problems, J. Optim. Theory Appl. **173**, 183–202.

[477] P. D. LOEWEN (1988), The proximal subgradient formula in Banach spaces, Canad. Math. Bull. **31**, 353–361.

[478] P. D. LOEWEN (1993), Optimal Control via Nonsmooth Analysis, American Mathematical Society, Providence, Rhode Island.

[479] P. D. LOEWEN (1994), A mean value theorem for Fréchet subgradients, Nonlinear Anal. **23**, 1365–1381.

[480] M. S. ŁOJASIEWICZ (1959), Sur la probléme de la division, Studia Math. **18**, 87–136.

[481] A. LÖHNE (2011), Vector Optimization with Infimum and Supremum, Springer, Berlin.

[482] M. A. LÓPEZ AND G. STILL (2007), Semi-infinite programming, European J. Oper. Res. **180**, 491–518.

[483] M. A. LÓPEZ AND M. VOLLE (2010), A formula for the set of optimal solutions of a relaxed minimization problem. Applications to subdifferential calculus, J. Convex Anal. **17**, 1057–1075.

[484] S. LU (2011), Implications of the constant rank constraint qualification, Math. Program. **126**, 365–392.

[485] D. T. LUC (1989), Theory of Vector Optimization, Springer, Berlin.

[486] R. LUCCHETTI (2006), Convexity and Well-Posed Problems, Springer, New York.

[487] D. R. LUKE (2012), Local linear convergence of approximate projections onto regularized sets, Nonlinear Anal. **75**, 1531–1546.

[488] D. R. LUKE, N. H. THAO AND M. K. TAM (2017), Quantitative convergence analysis of iterated expansive, set-valued mappings, to appear in Math. Oper. Res., arXiv:1605.05725.

[489] Z. Q. LUO, J.-S. PANG AND D. RALPH (1996), Mathematical Programs with Equilibrium Constraints, Cambridge University Press, Cambridge, United Kingdom.

[490] L. A. LYUSTERNIK (1934), On conditional extrema of functionals, Math. Sbornik **41**, 390–401.

[491] G. G. MALCOLM AND B. S. MORDUKHOVICH (2001), Pareto optimality in nonconvex economies with infinite-dimensional commodity spaces, J. Global Optim. **20**, 323–346.

[492] M. MARÉCHAL AND R. CORREA (2016), Error bounds, metric subregularity and stability in generalized Nash equilibrium problems with nonsmooth payoff functions, Optimization **65**, 1829–1854.

[493] J.-E. MARTÍNEZ-LEGAZ AND B. F. SVAITER (2005), Monotone operators representable by l.s.c. convex functions, Set-Valued Anal. **13** (2005), 21–46.

[494] J.-E. MARTÍNEZ-LEGAZ AND M. VOLLE (1999). Duality in DC programming: the case of several DC constraints, J. Math. Anal. Appl. **237**, 657–671.

[495] H. MARTINI, K. J. SWANEPOEL AND G. WEISS (2002), The Fermat-Torricelli problem in normed planes and spaces, J. Optim. Theory Appl. **115**, 283–314.

[496] A. MAS-COLELL (1985), Pareto optima and equilibria: the finite-dimensional case, in Advances in Equilibrium Theory, edited by C. D. Aliprantis, O. Burkinshaw and N. J. Rothman, Lecture Notes in Econom. Math. Systems **244**, pp. 25–42, Springer, Berlin.

[497] A. MAS-COLLEL, M. D. WHINSTON AND J. R. GREEN (1995), Mircoeconomic Theory, Oxford University Press, Oxford, United Kingdom.

[498] G. MASTROENI (2003), Gap functions for equilibrium problems, J. Global Optim. **27**, 411–426.

[499] A. MAUGERI (2001), Equilibrium problems and variational inequalities, in Equilibrium Problems: Nonsmooth Optimization and Variational Inequality Methods, edited by F. Giannessi et al., pp. 187–205, Kluwer, Dordrecht, The Netherlands.

[500] A. MAUGERI AND D. PUGLISI (2014), A new necessary and sufficient condition for the strong duality and the infinite dimensional Lagrange multiplier rule, J. Math. Anal. Appl. **415**, 661–676.

[501] P. MEHLITZ AND G. WACHSMUTH (2017), The limiting normal cone to pointwise defined sets in Lebesgue spaces, Set-Valued Var. Anal., DOI 10.1007/s11228-016-0393-4.

[502] K. MENG AND X. YANG (2016), Variational analysis of weak sharp minima via exact penalization, Set-Valued Var. Anal. **24**, 619–635.

[503] P. MICHEL AND J.-P. PENOT (1992), A generalized derivative for calm and stable functions, Differ. Integr. Equ. **5**, 433–454.

[504] A. MIELKE, R. ROSSI AND G. SAVARÉ (2013), Nonsmooth analysis of douly nonlinear evolution equations, Calc. Var. Partial Diff. Eq. **46**, 253–310.

[505] E. MIGLIERINA, E. MOLHO AND M. ROCCA (2005), Well-posedness and scalarization in vector optimization, J. Optim. Theory Appl. **126**, 391–409.

[506] L. MINCHENKO AND S. STAKHOVSKI (2011), Parametric nonlinear programming problems under the relaxed constant rank condition, SIAM J. Optim. **21**, 314–332.

[507] S. K. MISHRA AND V. LAHA (2016), On Minty variational principle for nonsmooth vector optimization problems with approximate convexity, Optim. Lett. **10**, 577–589.

[508] O. MLEŞNIŢE AND A. PETRUŞEL (2015), Metric regularity and Ulam-Hyers stability results for coincidence problems with multivalued operators, J. Nonlinear Convex Anal. **16** (2015), 1397–1413.

[509] B. S. MORDUKHOVICH (1976), Maximum principle in problems of time optimal control with nonsmooth constraints, J. Appl. Math. Mech. **40**, 960–969.

[510] B. S. MORDUKHOVICH (1977), Approximation and maximum principle for nonsmooth problems of optimal control, Russian Math. Surveys **196**, 263–264.

[511] B. S. MORDUKHOVICH (1980), Metric approximations and necessary optimality conditions for general classes of extremal problems, Soviet Math. Dokl. **22**, 526–530.

[512] B. S. MORDUKHOVICH (1984), Nonsmooth analysis with nonconvex generalized differentials and adjoint mappings, Dokl. Akad. Nauk BSSR **28**, 976–979 (in Russian).

[513] B. S. MORDUKHOVICH (1985), On necessary conditions for an extremum in nonsmooth optimization, Soviet Math. Dokl. **32**, 215–220.

[514] B. S. MORDUKHOVICH (1988), Approximation Methods in Problems of Optimization and Control, Nauka, Moscow (in Russian).

[515] B. S. MORDUKHOVICH (1992), Sensitivity analysis in nonsmooth optimization, in Theoretical Aspects of Industrial Design, edited by D. A. Field and V. Komkov, SIAM Proc. Appl. Math. **58**, pp. 32–46, Philadelphia, Pennsylvania.

[516] B. S. MORDUKHOVICH (1992), On variational analysis of differential inclusions, in Optimization and Nonlinear Analysis, edited by A. D. Ioffe, L. Marcus and S. Reich, Pitman Researh Notes Math. Ser. **244**, pp. 199–213, Longman, Harlow, Essex, United Kingdom.

[517] B. S. MORDUKHOVICH (1993), Complete characterization of openness, metric regularity, and Lipschitzian properties of multifunctions, Trans. Amer. Math. Soc. **340**, 1–35.

[518] B. S. MORDUKHOVICH (1994), Generalized differential calculus for nonsmooth and set-valued mappings, J. Math. Anal. Appl. **183**, 250–288.

[519] B. S. MORDUKHOVICH (1994), Lipschitzian stability of constraint systems and generalized equations, Nonlinear Anal. **22**, 173–206.

[520] B. S. MORDUKHOVICH (1994), Stability theory for parametetic generalized equations and variational inequalities via nonsmooth analysis, Trans. Amer. Math. Soc. **343**, 609–658.

[521] B. S. MORDUKHOVICH (1997), Coderivatives of set-valued mappings: calculus and applications, Nonlinear Anal. **30**, 3059–3070.

[522] B. S. MORDUKHOVICH (2000), Abstract extremal principle with applications to welfare economics, J. Math. Anal. Appl. **251**, 187–216.

[523] B. S. MORDUKHOVICH (2001), The extremal principle and its applications to optimization and economics, in Optimization and Related Topics, edited by A. Rubinov and B. Glover, pp. 343–369, Kluwer, Dordrecht, The Netherlands.

[524] B. S. MORDUKHOVICH (2002), Calculus of second-order subdifferentials in infinite dimensions, Control and Cybernetics **31**, 558–573.

[525] B. S. MORDUKHOVICH (2004), Coderivative analysis of variational systems, J. Global Optim. **28**, 347–362.

[526] B. S. MORDUKHOVICH (2004), Necessary conditions in nonsmooth minimization via lower and upper subgradients, Set-Valued Anal. **12**, 163–193.

[527] B. S. MORDUKHOVICH (2004), Equilibrium problems with equilibrium constraints via multiobjective optimization, Optim. Meth. Soft. **19**, 479–492.

[528] B. S. MORDUKHOVICH (2005), Nonlinear prices in nonconvex economies with classical Pareto and strong Pareto optimal allocations, Positivity **9**, 541–568.

[529] B. S. MORDUKHOVICH (2006), Variational Analysis and Generalized Differentiation, I: Basic Theory, Springer, Berlin.

[530] B. S. MORDUKHOVICH (2006), Variational Analysis and Generalized Differentiation, II: Applications, Springer, Berlin.

[531] B. S. MORDUKHOVICH (2008), Failure of metric regularity for major classes of variational systems, Nonlinear Anal. **69**, 918–924.

[532] B. S. MORDUKHOVICH (2009), Methods of variational analysis in multiobjective optimization, Optimization **58**, 413–430.

[533] B. S. MORDUKHOVICH (2009), Multiobjective optimization problems with equilibrium constraints, Math. Program. **117**, 331–354.

[534] B. S. MORDUKHOVICH (2018), Second-Order Variational Analysis and Applications, book in progress.

[535] B. S. MORDUKHOVICH AND A. Y. KRUGER (1976), Necessary optimality conditions for a terminal control problem with nonfunctional constraints, Dokl. Akad. Nauk BSSR **20**, 1064–1067 (in Russian).

[536] B. S. MORDUKHOVICH AND L. MOU (2009), Necessary conditions for nonsmooth optimization problems with operator constraints in metric spaces, J. Convex Anal. **16**, 913–938.

[537] B. S. MORDUKHOVICH AND N. M. NAM (2005), Subgradients of distance functions with some applications, Math. Program. **104** (2005), 635–668.

[538] B. S. MORDUKHOVICH AND N. M. NAM (2005), Subgradients of distance functions at out-of-state points, Taiwanese J. Math. **10** (2006), 299–326.

[539] B. S. MORDUKHOVICH AND N. M. NAM (2005), Variational stability and marginal functions via generalized differentiation, Math. Oper. Res. **30**, 1–18.

[540] B. S. MORDUKHOVICH AND N. M. NAM (2009), Variational analysis of generalized equations via coderivative calculus in Asplund spaces, J. Math. Anal. Appl. **350**, 663–679.

[541] B. S. MORDUKHOVICH AND N. M. NAM (2010), Limiting subgradients of minimal time functions in Banach spaces, J. Global Optim. **46**, 615–633.

[542] B. S. MORDUKHOVICH AND N. M. NAM (2011), Subgradients of minimal time functions under minimal requirements, J. Convex Anal. **18**, 915–947.

[543] B. S. MORDUKHOVICH AND N. M. NAM (2011), Applications of variational analysis to a generalized Fermat-Torricelli problem, J. Optim. Theory Appl. **148**, 431–454.

[544] B. S. MORDUKHOVICH AND N. M. NAM (2014), An Easy Path to Convex Analysis and Applications, Morgan & Claypool Publishers, San Rafael, California.

[545] B. S. MORDUKHOVICH AND N. M. NAM (2017), Extremality of convex sets with some applications, Optim. Lett. **11**, 1201–1215.

[546] B. S. MORDUKHOVICH, N. M. NAM AND N. T. Y. NHI (2014), Partial second-order subdifferentials in variational analysis and optimization, Numer. Funct. Anal. Appl. **35**, 1113–1151.

[547] B. S. MORDUKHOVICH, N. M. NAM AND H. M. PHAN (2011), Variational analysis of marginal functions with applications to bilevel programming, J. Optim. Theory Appl. **152**, 557–586.

[548] B. S. MORDUKHOVICH, N. M. NAM, R. B. RECTOR AND T. TRAN (2017), Variational geometric approach to generalized differential and conjugate calculi in convex analysis, Set-Valued Var. Anal. **25**, 731–755.

[549] B. M. MORDUKHOVICH, N. M. NAM AND J. SALINAS, JR. (2012), Solving a generalized Heron problem by means of convex analysis, Amer. Math. Monthly **119**, 87–99.

[550] B. M. MORDUKHOVICH, N. M. NAM AND J. SALINAS, JR. (2012), Applications of variational analysis to a generalized Heron problem, Applic. Anal. **91**, 1915–1942.

[551] B. M. MORDUKHOVICH, N. M. NAM AND M. C. VILLALOBOS (2012), The smallest enclosing ball problem and the smallest intersecting ball problem: existence and uniqueness of solutions, Optim. Lett. **154**, 768–791.

[552] B. M. MORDUKHOVICH, N. M. NAM AND B. WANG (2009), Metric regularity of mappings and generalized normals to set images, Set-Valued Var. Anal. **17**, 359–387.

[553] B. S. MORDUKHOVICH, N. M. NAM AND N. D. YEN (2006), Fréchet subdifferential calculus and optimality conditions in nondifferentiable programming, Optimization **55**, 685–396.

[554] B. S. MORDUKHOVICH, N. M. NAM AND N. D. YEN (2009), Subgradients of marginal functions in parametric mathematical programming, Math. Program. **116**, 369–396.

[555] B. S. MORDUKHOVICH AND T. T. A. NGHIA (2012), DC optimization approach to metric regularity of convex multifunctions with applications to stability of infinite systems, J. Optim. Theory Appl. **155**, 762–784.

[556] B. S. MORDUKHOVICH AND T. T. A. NGHIA (2013), Constraint qualifications and optimality conditions in nonlinear semi-infinite and infinite programming, Math. Program. **139**, 271–300.

[557] B. S. MORDUKHOVICH AND T. T. A. NGHIA (2013), Subdifferentials of nonconvex supremum functions and their applications to semi-infinite and infinite programs with Lipschitzian data, SIAM J. Optim. **23**, 406–431.

[558] B. S. MORDUKHOVICH AND T. T. A. NGHIA (2013), Second-order variational analysis and characterizations of tilt-stable optimal solutions in infinite-dimensional spaces, Nonlinear Anal. **86**, 159–180.

[559] B. S. MORDUKHOVICH AND T. T. A. NGHIA (2014), Full Lipschitzian and Hölderian stability in optimization with applications to mathematical programming and optimal control, SIAM J. Optim. **24**, 1344–1381.

[560] B. S. MORDUKHOVICH AND T. T. A. NGHIA (2014), Nonsmooth cone-constrained optimization with applications to semi-infinite programming, Math. Oper. Res. **39**, 301–337.

[561] B. S. MORDUKHOVICH AND T. T. A. NGHIA (2015), Second-order characterizations of tilt stability with applications to nonlinear programming, Math. Program. **149**, 83-104.

[562] B. S. MORDUKHOVICH AND T. T. A. NGHIA (2016), Local monotonicity and full stability of parametric variational systems, SIAM J. Optim. **26**, 1032–1059.

[563] B. S. MORDUKHOVICH, T. T. A. NGHIA AND R. T. ROCKAFELLAR (2016), Full stability in finite-dimensional optimization, Math. Oper. Res. **40**, 226–252.

[564] B. S. MORDUKHOVICH AND J. V. OUTRATA (2001), On second-order subdifferentials and their applications, SIAM J. Optim. **12**, 139–169.

[565] B. S. MORDUKHOVICH AND J. V. OUTRATA (2007), Coderivative analysis of quasi-variational inclusions with applications to stability and optimization, SIAM J. Optim. **18**, 389–412.

[566] B. S. MORDUKHOVICH AND J. V. OUTRATA (2013), Tilt stability in nonlinear programming under Mangasarian-Fromovitz constraint qualification, Kybernetika **49**, 446–464.

[567] B. S. MORDUKHOVICH, J. V. OUTRATA AND M. ČERNINKA (2007), Equilibrium problems with complementarity constraints: case study with applications to oligopolistic markets, Optimization **56**, 479–494.

[568] B. S. MORDUKHOVICH, J. V. OUTRATA AND H. RAMÍREZ C. (2015), Second-order variational analysis in conic programming with applications to optimality conditions and stability, SIAM J. Optim. **25**, 76–101.

[569] B. S. MORDUKHOVICH, J. V. OUTRATA AND H. RAMÍREZ C. (2015), Graphical derivatives and stability analysis for parameterized equilibria with conic constraints, Set-Valued Var. Anal. **23**, 687–704.

[570] B. S. MORDUKHOVICH, J. V. OUTRATA AND M. E. SARABI (2014), Full stability in second-order cone programming, SIAM J. Optim. **24**, 1581–1613.

[571] B. S. MORDUKHOVICH AND W. OUYANG (2015), Higher-order metric subseqularity and its applications, J. Global Optim. **63**, 777–795.

[572] B. S. MORDUKHOVICH, B. PANICUCCI, M. PASSACANTANDO AND M. PAPPALARDO (2012), Hybrid proximal methods for equilibrium problems, Optim. Lett. **6**, 1535–1550.

[573] B. S. MORDUKHOVICH, J. PĚNA AND V. ROCHSHINA (2010), Applying metric regularity to compute a condition measure of smooth algorithms for matrix games, SIAM J. Optim. **20**, 3490–3511.

[574] B. S. MORDUKHOVICH AND H. M. PHAN (2011), Rated extremal principle for finite and infinite systems with applications to optimization, Optimization **60**, 893–924.

[575] B. S. MORDUKHOVICH AND H. M. PHAN (2012), Tangential extremal principle for finite and infnite systems, I: basic theory, Math. Program. **136**, 31–63.

[576] B. S. MORDUKHOVICH AND H. M. PHAN (2012), Tangential extremal principle for finite and infnite systems, II: applications to semi-infnite and multiobjective optimization, Math. Program. **136**, 31–63.

[577] B. S. MORDUKHOVICH AND R. T. ROCKAFELLAR (2012), Second-order subdifferential calculus with applications to tilt stability in optimization, SIAM J. Optim. **22**, 953–986.

[578] B. S. MORDUKHOVICH, R. T. ROCKAFELLAR AND M. E. SARABI (2013), Characterizations of full stability in constrained optimization, SIAM J. Optim. **23**, 1810–1849.

[579] B. S. MORDUKHOVICH AND N. SAGARA (2018), Subdifferentiation of noncovex integral functionals on Banach spaces with applications to stochastic dynamic programming, J. Convex Anal. **25**, No. 2.

[580] B. S. MORDUKHOVICH AND M. E. SARABI (2015), Variational analysis and full stability of optimal solutions to constrained and minimax problems, Nonlinear Anal. **121**, 36–53.

[581] B. S. MORDUKHOVICH AND M. E. SARABI (2016), Generalized differentiation of piecewise linear functions in second-order variational analysis, Nonlinear Anal. **132** (2016), 240–273.

[582] B. S. MORDUKHOVICH AND M. E. SARABI (2016), Second-order analysis of piecewise linear functions with applications to optimization and stability, J. Optim. Theory Appl. **171**, 504–526.

[583] B. S. MORDUKHOVICH AND M. E. SARABI (2017), Stability analysis for composite optimization problems and parametric variational systems, J. Optim. Theory Appl. **172**, 554–577.

[584] B. S. MORDUKHOVICH AND M. E. SARABI (2017), Critical multipliers in variational systems via second-order generalized differentiation, Math. Program., DOI 10.1007/s10107-017-1155-2.

[585] B. S. MORDUKHOVICH AND Y. SHAO (1995), Differential characterizations of covering, metric regularity, and Lipschitzian properties of multifunctions between Banach spaces, Nonlinear Anal. **25**, 1401–1424.

[586] B. S. MORDUKHOVICH AND Y. SHAO (1996), Extremal characterizations of Asplund spaces, Proc. Amer. Math. Soc. **124**, 197–205.

[587] B. S. MORDUKHOVICH AND Y. SHAO (1996), Nonsmooth sequential analysis in Asplund spaces, Trans. Amer. Math. Soc. **348**, 1235–1280.

[588] B. S. MORDUKHOVICH AND Y. SHAO (1996), Nonconvex coderivative calculus for infinite-dimensional multifunctions, Set-Valued Anal. **4**, 205–236.

[589] B. S. MORDUKHOVICH AND Y. SHAO (1997), Stability of multifunctions in infinite dimensions: point criteria and applications, SIAM J. Control Optim. **35**, 285–314.

[590] B. S. MORDUKHOVICH AND Y. SHAO (1997), Fuzzy calculus for coderivatives of multifunctions, Nonlinear Anal. **29**, 605–626.

[591] B. S. MORDUKHOVICH AND Y. SHAO (1998), Mixed coderivatives of set-valued mappings in variational analysis, J. Appl. Anal. **4**, 269–294.

[592] B. S. MORDUKHOVICH, Y. SHAO AND Q. J. ZHU (2000), Viscosity coderivatives and their limiting behavior in smooth Banach spaces, Positivity **4**, 1–39.

[593] B. S. MORDUKHOVICH, J. S. TREIMAN AND Q. J. ZHU (2003), An extended extremal principle with applications to multiobjective optimization, SIAM J. Optim. **14**, 359–379.

[594] B. S. MORDUKHOVICH AND B. WANG (2002), Necessary optimality and suboptimality conditions in nondifferentiable programming via variational principles, SIAM J. Control Optim. **41**, 623–640.

[595] B. S. MORDUKHOVICH AND B. WANG (2002), Extensions of generalized differential calculus in Asplund spaces, J. Math. Anal. Appl. **272**, 164–186.

[596] B. S. MORDUKHOVICH AND B. WANG (2003), Calculus of sequential normal compactness in variational analysis, J. Math. Anal. Appl. **282**, 63–84.

[597] B. S. MORDUKHOVICH AND B. WANG (2003), Differentiability and regularity of Lipschitzian mappings, Proc. Amer. Math. Soc. **131**, 389–399.

[598] B. S. MORDUKHOVICH AND B. WANG (2004), Restrictive metric regularity and generalized differential calculus in Banach spaces, Int. J. Maths. Math. Sci. **50**, 2650–2683.

[599] B. S. MORDUKHOVICH AND B. WANG (2008), Generalized differentiation of parameter-dependent sets and mappings, Optimization **57**, 17–40.

[600] J.-J. MOREAU (1963), Fonctionelles sous-différentiables, C. R. Acad. Sci. Paris **257**, 4117–4119 (in French).

[601] N. MOVAHEDIAN (2012), Calmness of set-valued mappings between Asplund spaces and application to equilibrium problems, Set-Valued Var. Anal. **20**, 499–518.

[602] N. MOVAHEDIAN (2014), Nonsmooth calculus of semismooth functions and maps, J. Optim. Theory Appl. **160**, 415–438.

[603] N. MOVAHEDIAN (2016), Necessary optimality conditions for countably infinite Lipschitz problems with equality constraint mappings, Optim. Lett. **10**, 63–76.

[604] N. NADEZHKINA AND W. TAKAHASHI (2006), Strong convergence theorem by a hybrid method for nonexpansive mappings and Lipschitz-continuous monotone mappings, SIAM J. Optim. **16**, 1230–1241.

[605] A. NAGURNEY (1999), Network Economics:A Variational Inequality Approach, 2nd edition, Kluwer, Dordrecht, The Netherlands.

[606] N. M. NAM (2010), Coderivatives of normal cone mappings and applications to Lipschitzian stability, Nonlinear Anal. **73**, 2271–2282.

[607] N. M. NAM (2015), Subdifferential formulas for a class of nonconvex infimal convolutions, Optimization **64**, 2113–2222.

[608] N. M. NAM AND D. V. CUONG (2015), Generalized differentiation and characterizations for differentiability of infimal convolutions, Set-Valued Var. Anal. **23**, 333–353.

[609] N. M. NAM AND N. D. HOANG (2013), A generalized Sylvester problem and a generalized Fermat-Torricelli problem, J. Convex Anal. **20**, 669–687.

[610] N. M. NAM AND G. LAFFERRIERE (2013), Lipschitz properties of nonsmooth functions and set-valued mappings via generalized differentiation and applications, Nonlinear Anal. **89**, 110–120.

[611] N. M. NAM AND C. ZĂLINESCU (2013), Variational analysis of directional minimal time functions and applications to location problems, Set-Valued Var. Anal. **21**, 405–430.

[612] Y. NESTEROV (2005), Lexicographic differentiation of nonsmooth functions, Math. Program. **104**, 669–700.

[613] L. W. NEUSTADT (1976), Optimization: A Theory of Necessary Conditions, Princeton University Press, Princeton, New Jersey.

[614] K. F. NG AND X. Y. ZHENG (2001), Error bounds for lower semicontinuous functions in normed spaces, SIAM J. Optim. **12**, 1–17.

[615] K. F. NG AND X. Y. ZHENG (2003), Global weak sharp minima on Banach spaces, SIAM J. Control Optim. **41**, 1868–1885.

[616] H. V. NGAI, D. T. LUC AND M. THÉRA (2000), Approximate convex functions, J. Nonlinear Convex Anal. **1**, 155–176.

[617] N. V. NGAI AND M. THÉRA (2001), Metric regularity, subdifferential calculus and applications, Set-Valued Anal. **9**, 187–216.

[618] N. V. NGAI AND M. THÉRA (2002), A fuzzy necessary optimality condition for non-Lipschitz optimization in Asplund spaces, SIAM J. Optim. **12**, 656–668.

[619] N. V. NGAI AND M. THÉRA (2004), Error bounds and implicit multifunction theorem in smooth Banach spaces and applications to optimization, Set-Valued Anal. **12**, 195–223.

[620] N. V. NGAI AND M. THÉRA (2015), Directional metric regularity of multifunctions, Math. Oper. Res. **40**, 969–991.

[621] T. T. A. NGHIA (2012), A nondegenerate fuzzy optimality condition for constrained optimization problems without qualification conditions, Nonlinear Anal. bf 75, 6379–6390.

[622] S. NICKEL, J. PUERTO AND A. M. RODRIGUEZ-CHIA (2003), An approach to location models involving sets as existing facilities, Math. Oper. Res. **28**, 693–715.

[623] F. NIELSEN AND R. NOCK (2009), Approximating smallest enclosing balls with applications to machine learning, Int. J. Comput. Geom. Appl. **19**, 389–414.

[624] D. NOLL AND A. RONDEPIERRE (2016), On local convergence of the method of alternating projections, Found. Comput. Math. **16**, 425–455.

[625] W. OETTLI (1982), Optimality conditions for programming problems involving mulyvalued mappings, in Modern Applied Mathematics, edited by B. H. Korte, pp. 195–226, North-Holland, Amsterdam.

[626] J. V. OUTRATA (1990), On the numerical solution of a class of Stackelberg problems, ZOR–Methods Models Oper. Res. **34**, 255–277.

[627] J. V. OUTRATA (1999), Optimality conditions for a class of mathematical programs with equilibrium constraints, Math. Oper. Res. **24**, 627–644.

[628] J. V. OUTRATA (2006), Mathematical programs with equilibrium constraints: theory and numerical methods, in Nonsmooth Mechanics of Solids, edited by J. Haslinger and G. E. Stavroulakis, CISM Courses and Lecture Notes **485**, pp. 221–274, Springer, New York.

[629] J. V. OUTRATA, F. C. FERRIS, M. ČERVINKA AND M. OUTRATA (2016), On Cournot-Nash-Walras equilibria and their computation, Set-Valued Var. Anal **24**, 387–402.

[630] J. V. OUTRATA, J. JARUŠEK AND J. STARÁ (2011), On optimality conditions in control of elliptic variational inequalities, Set-Valued Var. Anal. **19**, 23–42.

[631] J. V. OUTRATA, M. KOČVARA AND J. ZOWE (1998), Nonsmooth Approach to Optimization Problems with Equilibrium Constraints, Kluwer, Dordrecht, The Netherlands.

[632] J. V. OUTRATA AND H. RAMÍREZ C. (2011), On the Aubin property of critical points to perturbed second-order cone programs, SIAM J. Optim. **21**, 798–823; Erratum (with F. Opazo), SIAM J. Optim. **27** (2017), 2143–2151.

[633] J. V. OUTRATA AND W. RÖMISCH (2005), On optimality conditions for some nonsmooth optimization problems over $L^p$ spaces, Optim. Theory Appl. **126**, 1–28.

[634] J. V. OUTRATA AND D. SUN (2008), On the coderivative of the projection operator onto the second-order cone, Set-Valued Anal. **16**, 999–1014.

[635] M. OVEISIHA AND J. ZAFARANI (2012), Vector optimization problem and generalized convexity, J. Global Optim. **52**, 29–43.

[636] D. PALLASCHKE AND S. ROLEWICZ (1998), Foundations of Mathematical Optimization: Convex Analysis without Linearity, Kluwer, Dordrecht, The Netherlands.

[637] C. H. J. PANG (2011), Generalized differentiation with positively homogeneous maps: applications of set-valued analysis and and metric regularity, Math. Oper. Res. **36**, 377–397.

[638] C. H. J. PANG (2013), Characterizing generalized derivatives of set-valued maps: extending the tangential and normal approaches, SIAM J. Optim., **51**, 145–171.

[639] J.-S. PANG (1993), Convergence of splitting and Newton methods for complementarity problems: an application of some sensitivity results, Math. Program. **58**, 149–160.

[640] T. PENNANEN (2002), Local convergence of the proximal point algorithm and multiplier methods without monotonicity, Math. Oper. Res. **27**, 170–191.

[641] J.-P. PENOT (1974), Sous-diférentiels de fonctions numériques non convexes, C. R. Acad. Sci. Paris **278**, 1553–1555.

[642] J.-P. PENOT (1998), Compactness properties, openness criteria and coderivatives, Set-Valued Anal. **6**, 363–380.

[643] J.-P. PENOT (2001), Image space approach and subdifferentials of integral functionals, Optimization **60**, 69–87.

[644] J.-P. PENOT (2013), Calculus without Derivatives, Springer, New York.

[645] R. R. PHELPS (1993), Convex Functions, Monotone Operators and Differentiability, 2nd edition, Springer, Berlin.

[646] T. POCK AND S. SABACH (2016), Inertial proximal alternating linearized minimization (iPALM) for nonconvex and nonsmooth problems, SIAM J. Imaging Sci. **9**, 1756–1787.

[647] H. PHAN (2016), Linear convergence of the Douglas-Rachford method for two closed sets, Optimization **65**, 369–385.

[648] R. A. POLIQUIN AND R. T. ROCKAFELLAR (1996), Prox-regular functions in variational analysis, Trans. Amer. Math. Soc. **348**, 1805–1838.

[649] R. A. POLIQUIN AND R. T. ROCKAFELLAR (1998), Tilt stability of a local minimum, SIAM J. Optim. **8**, 287–299.

[650] B. T. POLYAK (1979), Sharp Minima, Institute of Control Sciences Lecture Notes, Moscow; presented at the IIASA Workshop on Generalized Lagrangians and Their Applications, IIASA, Laxenburg, Austria.

[651] B. T. POLYAK (1987), Introduction to Optimization, Optimization Software, New York.

[652] L. S. PONTRYAGIN, V. G. BOLTYANSKII, R. V. GAMKRELIDZE AND E. F. MISHCHENKO (1962), The Mathematical Theory of Optimal Processes, Wiley, New York, 1962.

[653] N. POPOVICI (2007), Explicitly quasiconvex set-valued optimization, J. Global Optim. **38**, 103–118.

[654] D. PREISS (1990), Differentiability of Lipschitz functions on Banach spaces, J. Funct. Anal. **91**, 312–345.

[655] B. N. PSHENICHNYI (1976), Necessary conditions for an extremum for differential inclusions, Kibernetika **12**, 60–73 (in Russian).

[656] B. N. PSHENICHNYI (1980), Convex Analysis and Extremal Problems, Nauka, Moscow (in Russian).

[657] H. PÜHL AND W. SCHIROTZEK (2004), Linear semi-openness and the Lyusternik theorem, European J. Oper. Res. **157**, 16–27.

[658] J.-H. QIU (2014), A pre-order principle and set-valued Ekeland variational principle, J. Math. Anal. Appl. **419**, 904–937.

[659] N. T. QUI (2014), Generalized differentiation of a class of normal cone operators, J. Optim. Theory Appl. **161**, 398–429.

[660] N. T. QUI (2016), Coderivatives of implicit multifunctions and stability of variational systems, J. Global Optim. **65**, 615–635.

[661] N. T. QUI AND H. N. TUAN (2017), Stability of generalized equations under nonlinear perturbations, Optim. Lett., DOI 10.1007/s11590-017-1147-4.

[662] M. L. RADULESCU AND F. H. CLARKE (1997), Geometric approximations of proximal normals, J. Convex Anal. **4**, 373–379.

[663] S. REICH AND A. ZASLAVSKI (2014), Genericity in nonlinear analysis, Springer, New York.

[664] J. RENEGAR (1995), Incorporating condition measures into the complexity theory of linear programming, SIAM J. Optim. **5**, 506–524.

[665] S. M. ROBINSON (1972), Normed convex processes, Trans. Amer. Math. Soc. **174**, 127–140.

[666] S. M. ROBINSON (1976), Regularity and stability for convex multivalued functions, Math. Oper. Res. **1**, 130–143.

[667] S. M. ROBINSON (1976), Stability theory for systems of inequalities, II: differentiable nonlinear systems, SIAM J. Numer. Anal. **13**, 497–513.

[668] S. M. ROBINSON (1979), Generalized equations and their solutions, I: basic theory, Math. Program. Study **10**, 128–141.

[669] S. M. ROBINSON (1980), Strongly regular generalized equations, Math. Oper. Res. **5**, 43–62.

[670] S. M. ROBINSON (1981), Some continuity properties of polyhedral multifunctions, Math. Program. Study **14**, 206–214.

[671] S. M. ROBINSON (1982), Generalized equations and their solutions, II: applications to nonlinear programming, Math. Program. Study **19**, 200–221.

[672] S. M. ROBINSON (1991), An implicit function theorem for a class of nonsmooth functions, Math. Oper. Res. **16**, 292–309.

[673] S. M. ROBINSON (1994), Newton's method for a class of nonsmooth functions, Set-Valued Anal. **2**, 291–305.

[674] S. M. ROBINSON (2013), Equations on monotone graphs, Math. Program. **141** (2013), 49–101.

[675] R. T. ROCKAFELLAR (1970), Convex Analysis, Princeton University Press, Princeton, New Jersey.

[676] R. T. ROCKAFELLAR (1970), On the maximality of sums of nonlinear monotone operators, Trans. Amer. Math. Soc. **149**, 75–88.

[677] R. T. ROCKAFELLAR (1979), Directional Lipschitzian functions and subdifferential calculus, Proc. London Math. Soc. **39**, 331–355.

[678] R. T. ROCKAFELLAR (1980), Generalized directional derivatives and subgradients of nonconvex functions, Canad. J. Math. **32**, 157–180.

[679] R. T. ROCKAFELLAR (1981), The Theory of Subgradients and Its Applications to Problems of Optimization: Convex and Nonconvex Functions, Helderman Verlag, Berlin.

[680] R. T. ROCKAFELLAR (1981), Proximal subgradients, marginal values and augmented Lagrangians in nonconvex optimization, Math. Oper. Res. **6**, 424–436.

[681] R. T. ROCKAFELLAR (1982), Favorable classes of Lipschitz continuous functions in subgradient optimization, in Progress in Nondifferentiable Optimization, edited by E. A. Nurminskii, pp. 125–143, IIASA, Laxenburg, Austria.

[682] R. T. ROCKAFELLAR (1985), Lipschitzian properties of multifunctions, Nonlinear Anal. 9, 867–885.

[683] R. T. ROCKAFELLAR (1985), Extensions of subgradient calculus with applications to optimization, Nonlinear Anal. 9, 665–698.

[684] R. T. ROCKAFELLAR (1985), Maximal monotone relations and the second derivatives of nonsmooth functions, Ann. Inst. H. Poincaré: Analyse Non Linéaire 2, 167–184.

[685] R. T. ROCKAFELLAR (1989), Proto-differentiability of set-valued mappings and its applications in optimization, Ann. Inst. H. Poincaré: Analyse Non Linéaire 6, 448–482.

[686] R. T. ROCKAFELLAR AND R. J-B. WETS (1998), Variational Analysis, Springer, Berlin.

[687] V. ROSHCHINA (2007), Relationships between upper exhausters and the basic subdifferential in variational analysis, J. Math. Anal. Appl. 334, 261–272.

[688] V. ROSHCHINA (2010), Mordukhovich subdifferential of pointwise minimum of approximate convex functions, Optim. Methods Softw. 25, 129–141.

[689] R. ROSSI AND G. SAVARÉ (2006), Gradient flows of nonconvex functionals in Hilbert spaces and applications, ESAIM: Control Optim. Calc. Var. 12, 564–614.

[690] A. RUSZCZYNSKI (2006), Nonlinear Optimization, Princeton University Press, Princeton, New Jersey.

[691] N. SAGARA (2015), Cores and Weber sets for fuzzy extensions of cooperative games, Fuzzy Sets Syst. 272, 102–114.

[692] H. SCHEEL AND S. SCHOLTES (2000), Mathematical programs with complementarity constraints: stationarity, optimality, and sensitivity, Math. Oper. Res. 25, 1–22.

[693] W. SCHIROTZEK (2007), Nonsmooth Analysis, Springer, Berlin.

[694] T. I. SEIDMAN (2010), Normal cones to infinite intersections, Nonlinear Anal. 72, 3911–3917.

[695] F. SEVERI (1930), Su alcune questioni di topologia infinitesimale, Ann. Soc. Polon. Math. 9, 97–108 (in Italian).

[696] A. SHAPIRO (2009), Semi-infinite programming: duality, discretization and optimality conditions, Optimization 58, 133–161.

[697] S. SIMONS (2008), From Hahn-Banach to Monotonicity, 2nd edition, Springer, Berlin.

[698] S. SIMONS AND X. WANG (2015), Ubiquitous subdifferentials, $rL$–density and maximal monotonicity, Set-Valued Var. Anal. 23, 631–642.

[699] M. SION (1958), On general minimax theorems, Pac. J. Math. 8, 171–176.

[700] M. SOLEIMANI-DAMANEH (2010), Nonsmooth optimization using Mordukhovich's subdifferential, SIAM J. Control Optim. 48, 3403–3432.

[701] W. SONG (2006), Calmness and error bounds for convex constraint systems, SIAM J. Optim. **17**, 353–371.

[702] W. SONG AND R. ZANG (2006), Bounded linear regularity of convex sets in Banach spaces and its applications, Math. Program. **106**, 59–79.

[703] A. SOUBEYRAN (2009), Variational rationality, a theory of individual stability and change: worthwhile and ambidextry behaviors, mimeo, GREQAM, Aix-Marseille University, France.

[704] O. STEIN (2003), Bilevel Strategies in Semi-Infinite Programming, Kluwer, Boston, Massachusetts.

[705] M. STUDNIARSKI AND D. E. WARD (1999), Weak sharp minima: characterizations and sufficient conditions, SIAM J. Control Optim. **38**, 219–236.

[706] A. I. SUBBOTIN (1995), Generalized Solutions of First-Order PDEs, Birkhäuser, Boston, Massuchusetts.

[707] N. N. SUBBOTINA (1989), The maximum principle and the superdifferential of the value function, Prob. Contr. Inform. Theory **18**, 151–160.

[708] D. SUN (2006), The strong second-order sufficient condition and constraint nondegeneracity in nonlinear semidefinite programming and their applications, Math. Oper. Res. **31**, 761–776.

[709] A. TAA (2011), On subdifferential calculus for set-valued mappings and optimality conditions, Nonlinear Anal. **74**, 7312–7324.

[710] S. TAGAWA (1978), Optimierung mit Mengenwertigen Abbildugen, Ph.D. dissertation, University of Mannheim, Germany (in German).

[711] T. TANINO AND T. OGAWA (1984), An algorithm for solving two-level convex optimization problems, Inter. J. Syst. Sci. **15**, 163–174.

[712] L. THIBAULT (1980), Subdifferentials of compactly Lipschitzian vector functions, Ann. Mat. Pura Appl. **125**, 157–192.

[713] L. THIBAULT (1983), Tangent,cones and quasi-interiorly tangent cones to multifunctions, Trans. Amer. Math. Soc. **277**, 601–621.

[714] L. THIBAULT (1991), On subdifferentials of optimal value functions, SIAM J. Control Optim. **29**, 1019–1036.

[715] L. THIBAULT (1995), A note on the Zagrodny mean value theorem, Optimization **35**, 127–130.

[716] L. THIBAULT (1997), Sequential convex subdifferential calculus and sequential Lagrange multipliers, SIAM J. Control Optim. **35**, 1434–1444.

[717] L. THIBAULT (1997), On compactly Lipschitzian mappings, in Recent Advances in Optimization, edited by P. Gritzmann et al., Lecture Notes Econ. Math. Syst. **456**, pp. 356–364, Springer, Berlin.

[718] L. THIBAULT AND D. ZAGRODNY (1995), Integration of subdifferentials of lower semicontinuous functions, J. Math. Anal. Appl. **189**, 22–58.

[719] V. D. THINH AND T. D. CHUONG (2017), Directionally generalized differentiation for multifunctions and applications to set-valued programming problems, Ann. Oper. Res., DOI 10.1007/s10479-017-2400-z.

[720] L. Q. THUY AND N. T. TOAN (2016), Subgradients of the value function in a parametric convex optimal control problem, J. Optim. Theory Appl. **170**, 43–64.

[721] N. T. TOAN AND J.-C. YAO (2014), Mordukhovich subgradients of the value function to a parametric discrete optimal control problem, J. Global Optim. **58**, 595–612.

[722] N. T. Q. TRANG (2012), A note on an approximate mean value theorem for Fréchet subgradients, Nonlinear Anal. **75**, 380–383.

[723] J. S. TREIMAN (1999), Lagrange multipliers for nonconvex generalized gradients with equality, inequality, and set constraints, SIAM J. Control Optim. **37**, 1313–1329.

[724] J. S. TREIMAN (2002), The linear generalized gradient in infinite dimensions, Nonlinear Anal. **48**, 427–443.

[725] N. V. TUYEN (2016), Some characterizations of solution sets of vector optimization problems with generalized order, Acta Math. Vietnamica **41**, 677–694.

[726] N. V. TUYEN AND N. D. YEN (2012), On the concept of generalized order optimality, Nonlinear Anal. **75**, 1592–1601.

[727] A. UDERZO (2009), On some regularity properties in variational analysis, Set-Valued Var. Anal. **17**, 409–430.

[728] A. UDERZO (2010), Exact penalty functions and calmness for mathematical programming under nonlinear perturbations, Nonlinear Anal. **73**, 1596–1609.

[729] A. UDERZO (2012), A metric version of Milyutin theorem, Set-Valued Var. Anal. **20**, 279–306.

[730] A. UDERZO (2014), Localizing vector optimization problems with application to welfare economics, Set-Valued Var. Anal. **22**, 483–501.

[731] A. UDERZO (2015), Convexity of the images of small balls through nonconvex multifunctions,—em Nonlinear Anal. **128**, 348–364.

[732] A. UDERZO (2016), A strong metric regularity analysis of nonsmooth mappings via steepest displacement rate, J. Optim. Theory Appl. **171**, 573–599.

[733] A. UDERZO (2017), An implicit multifunction theorem for the hemiregularity of mappings with applications to constrained optimization, to appear in Pure Appl. Funct. Anal., arXiv: 1703.10552.

[734] C. URSESCU (1975), Multifunctions with closed convex graphs, Czech. Math. J. **25**, 438–441.

[735] T. VALKONEN (2014), A primal-dual hybrid gradient method for nonlinear operators with applications to MRI, Inverse Prob. **30**, 055012.

[736] M. VALADIER (1969), Sous-différentiels d'une borne supérieure de fonctions convexes supérieure et d'une somme continue de fonctions convexes, C.R. Acad. Sci. Paris Sér. A-B **268**, 39–42 (in French).

[737] R. B. VINTER (2000), Optimal Control, Birkhäuser, Boston, Massachusetts.

[738] G. WACHSMUTH (2016), Towards $M$-stationarity for optimal control of the obstacle problem with control constraints, SIAM J. Control Optim. **54**, 964–986.

[739] B. WANG AND X. YANG (2016), Weak differentiability with applications to variational analysis, Set-Valued Var. Anal. **24**, 299–321.

[740] B. WANG AND D. WANG (2015), Generalized sequential normal compactness in Asplund spaces, Applic. Anal. **94**, 99–107.

[741] J. J. WANG AND W. SONG (2014), Characterization of the strong metric subregularity of the Mordukhovich subdifferential on Asplund spaces, Abstr. Appl. Anal. 2014, 596582.

[742] J. J. WANG AND W. SONG (2015), Characterization of quadratic growth of extended-real-valued functions, J. Inequal. Appl. 2016:29, DOI 10.1186/s13660-016-0977-4.

[743] D. E. WARD AND G. M. LEE (2002), On relations between vector optimization problems and vector variational inequalities, J. Optim. Theory Appl. **113** (2002), 583–596.

[744] J. WARGA (1976), Derivate containers, inverse functions, and controllability, in Calculus of Variations and Control Theory, edited by D. L. Russel, pp. 13–46, Academic Press, New York.

[745] J. WARGA (1978), Controllability and a multiplier rule for nondifferentiable optimization problems, SIAM J. Control Optim. **16**, 803–812.

[746] H. WOLKOWISZ, R. SAIGAL AND L. VANDENBERGHE, EDS. (2000), Handbook of Semidefinite Programming: Theory, Algorithms and Applications, Kluwer, Dordrecht, The Netherlands.

[747] H. XU AND J. J. YE (2010), Necessary optimality conditions fot two-stage stochastic programs with equilibrium constraints, SIAM J. Optim. **20**, 1685–1715.

[748] X. XUE AND Y. ZHANG (2015), Coderivatives of gap function for Minty vector variational inequality, J. Inequal. Appl. 2015:285.

[749] J.-C. YAO AND N. D. YEN (2009), Coderivative calculation related to a parametric affine variational inequality, I: basic calculation, Acta Math. Vietnam. **34**, 157–172.

[750] J.-C. YAO AND N. D. YEN (2009), Coderivative calculation related to a parametric affine variational inequality, II: applications, Pac. J. Optim. **5**, 493–506.

[751] J.-C. YAO, X. Y. ZHENG AND J. ZHU (2017), Stable minimizers of $\varphi$-regular functions, SIAM J. Optim. **27**, 1150–1170.

[752] J. J. YE (1998), New uniform parametric error bounds, J. Optim. Theory Appl. **98**, 197–219.

[753] J. J. YE (2000), Constraint qualifications and necessary optimality conditions for optimization problems with variational inequality constraints, SIAM J. Optim. **10**, 943–962.

[754] J. J. YE AND X. Y. YE (1997), Necessary optimality conditions for optimization problems with variational inequality constraints, Math. Oper. Res. **22**, 977–997.

[755] J. J. YE AND J. ZHOU (2017), Exact formulas for the proximal/regular/limiting normal cone of the second-order cone complementarity set, Math. Program., DOI 10.1007/s10107-016-1027-1.

[756] J. J. YE AND D. L. ZHU (1995), Optimality conditions for bilevel programming problems, Optimization **33**, 9–27.

[757] J. J. YE AND D. L. ZHU (1997), A note on optimality conditions for bilevel programming problems, Optimization **39**, 361–366.

[758] J. J. YE AND D. L. ZHU (2010), New necessary optimality conditions for bilevel programs by combining MPEC and the value function approach, SIAM J. Optim. **20**, 1885–1905.

[759] N. D. YEN AND J.-C. YAO (2009), Pointbased sufficient conditions for metric regularity of implicit multifunctions, Nonlinear Anal. **70** (2009), 2806–2815.

[760] N. D. YEN, J.-C. YAO AND B. T. KIEN (2008), Covering properties at positive-order rates of multifunctions and some related topics, J. Math. Anal. Appl. **338** (2008), 467–478.

[761] L. C. YOUNG (1969), Lectures on the Calculus of Variations and Optimal Control Theory, Saunders, Philadelphia, Pennsylvania.

[762] P. L. YU (1974), Cone convexity, cone extreme points, and nondominated solutions in decision problems with multiobjectives, J. Optim. Theory Appl. **14**, 319–377.

[763] A. ZAFFARONI, Degrees of efficiency and degrees of minimality, SIAM J. Control Optim. **42**, 1071–1086.

[764] D. ZAGRODNY (1988), Approximate mean value theorem for upper subderivatives, Nonlinear Anal. **12**, 1413–1428.

[765] C. ZĂLINESCU (2002), Convex Analysis in General Vector Spaces, World Scientific, Singapore.

[766] C. ZĂLINESCU (2015), On the use of the quasi-relative interior in optimization, Optimization **64**, 1795–1823.

[767] E. H. ZARANTONELLO (1960), Solving functional equations by contractive averaging, University of Wisconsin, MRC Report 160, Madison, Wisconsin.

[768] E. H. ZARANTONELLO (1971), Projections on convex sets in Hilbert space and spectral theory, I: projections on convex sets, Contributions to Nonlinear Functional Analysis, pp. 237–341, Academic Press, New York.

[769] A. J. ZASLAVSKI (2010), Exact penalty in constrained optimization and the Mordukhovich basic subdifferential, in Variational Analysis and Generalized Differentiation in Optimization and Control, edited by R. S. Burachik and J.-C. Yao, pp. 223–232, Springer, New York.

[770] A. J. ZASLAVSKI (2010), OPTIMIZATION ON METRIC AND NORMED SPACES, Springer, New York.

[771] A. J. ZASLAVSKI (2012), Necessary optimality conditions for bilevel minimization problems, Nonlinear Anal. **75**, 1655–1678.

[772] A. ZEMKOHO (2016), Solving ill-posed bilevel programs, Set-Valued Var. Anal. **24**, 423–448.

[773] B. ZHANG, K. F. NG, X. Y. ZHENG AND Q. HE (2016), Hölder metric subregularity for multifunctions in $\mathcal{C}^2$ type Banach spaces, Optimization **65**, 1963–1982.

[774] J. ZHANG, Y. LI AND L. ZHANG (2015), On the coderivative of the solution mapping to a second-order cone constrained parametric variational inequality, J. Global Optim. **61**, 379–396.

[775] J. ZHANG, H. WANG AND Y. SUN (2015), A note on the optimality condition for a bilevel programming, J. Inequal. Appl. 361:2015, DOI 10.1186/s13660-015-0882-2.

[776] R. ZHANG (1994), Problems of hierarchical optimization in finite dimensions, SIAM J. Optim. **4**, 521–536.

[777] R. ZHANG (2003), Multistage bilevel programming problems, Optimization **52**, 605–616.

[778] R. ZHANG (2005), Weakly upper Lipschitzian multifunctions and applications to parametric optimization, Math. Program. **102**, 153–166.

[779] R. ZHANG AND J. S. TREIMAN (1995), Upper-Lipschitz multifunctions and inverse subdifferentials, Nonlinear Anal. **24**, 273–286.

[780] X. Y. ZHENG (2016), Metric subregularity for a multifunction, J. Math. Study **49**, 379–392.

[781] X. Y. ZHENG AND K. F. NG (2004), Metric regularity and constraint qualifications for convex inequalities in Banach spaces, SIAM J. Optim. **14**, 757–772.

[782] X. Y. ZHENG AND K. F. NG (2005), The Fermat rule for multifunctions in Banach spaces, Math. Program. **104**, 69–90.

[783] X. Y. ZHENG AND K. F. NG (2006), The Lagrange multiplier rule for multifunctions in Banach spaces, SIAM J. Optim. **17**, 1154–1175.

[784] X. Y. ZHENG AND K. F. NG (2009), Calmness for $L$-subsmooth multifunction in Banach spaces, SIAM J. Optim. **20**, 1648–1679.

[785] X. Y. ZHENG AND K. F. NG (2010), Metric subregularity and calmness for nonconvex generalized equations in Banach spaces, SIAM J. Optim. **20**, 2119–2136.

[786] X. Y. ZHENG AND K. F. NG (2011), A unified separation theorem for closed sets in a Banach spaces and optimality conditions for vector optimization, SIAM J. Optim. **21**, 886–911.

[787] X. Y. ZHENG AND K. F. NG (2012), Subsmooth semi-infinite and infinite optimization problems, Math. Program. **134**, 365–393.

[788] X. Y. ZHENG AND K. F. NG (2014), Metric subregularity of piecewise linear multifunctions and applications to piecewise linear multiobjective optimization, SIAM J. Optim. **24**, 154–174.

[789] X. Y. ZHENG AND K. F. NG (2015), Hölder stable minimizers, tilt stability and Hölder metric regularity of subdifferentials, SIAM J. Optim. **25**, 416–438.

[790] X. Y. ZHENG AND K. F. NG (2015), Hölder weak sharp minimizers and Hölder tilt-stability, Nonlinear Anal. **120**, 186–201.

[791] X. Y. ZHENG AND X. Q. YANG (2007), Weak sharp minima for semi-infinite optimization problems with applications, SIAM J. Optim. **18**, 573–588.

[792] X. Y. ZHENG AND X. Q. YANG (2007), Lagrange multipliers in nonsmooth semi-infinite optimization, Math. Oper. Res. **32**, 168–181.

[793] J. ZHOU, J. S. CHEN AND B. S. MORDUKHOVICH (2015), Variational analysis of circular cone programs, Optimization **64**, 113–147.

[794] J. ZHOU, B. S. MORDUKHOVICH AND N. XIU (2012), Complete characterizations of local weak sharp minima with applications to semi-infinite optimization and complementarity, Nonlinear Anal. **75**, 1700–1718.

[795] Q. J. ZHU (1998), The equivalence of several basic theorems for subdifferentials, Set-Valued Anal. **6**, 171–185.

[796] Q. J. ZHU (2004), Nonconvex separation theorem for multifunctions, subdifferential calculus and applications, Set-Valued Anal. **12**, 275–290.

[797] S. K. ZHU (2016), Weak sharp efficiency in multiobjective optimization, Optim. Lett. **10**, 1287–1301.

[798] S. E. ZHUKOVSKIY (2015), On covering properties in variational analysis and optimization, Set-Valued Var. Anal. **23** (2015), 415–424.

[799] S. E. ZHUKOVSKIY (2016), Comparison of some types of locally covering mappings, Fixed Point Theory **17**, 215–222.

# 符号和缩略词

## 运算和记号

| | |
|---|---|
| := and =: | 定义为 |
| ≡ | 恒等于 |
| * | 表示某些对偶/伴随/极化运算 |
| $\langle \cdot, \cdot \rangle$ | 空间 $X$ 和它的拓扑对偶 $X^*$ 之间的典范对偶 |
| $\|\cdot\|$ and $|\cdot|$ | (实数的) 范数和绝对值 |
| $[\alpha]_+$ | $\max\{\alpha, 0\}$，$\alpha$ 为实数 |
| $x \to \bar{x}$ | $x$ 强 (范数) 收敛于 $\bar{x}$ |
| $x \xrightarrow{w^*} \bar{x}$ | $x$ 弱*(在 $X^*$ 的弱* 拓扑下) 收敛于 $\bar{x}$ |
| $w^*$-lim | 弱* 拓扑/网极限 |
| lim inf | 实数的下极限 |
| lim sup | 实数的上极限 |
| Lim inf | 集值映射的内/下序列极限 |
| Lim sup | 集值映射的外/上序列极限 |
| $\dim X$ and $\operatorname{codim} X$ | $X$ 的维数和余维数 |
| $\Pi_{i \in I} X_i$ | $X_i$ 的笛卡儿乘积 |
| $\prec$ and $\preceq$ | 偏好关系: "小于" 和 "小于或等于" |
| $\preceq_\Theta$ | 相对于锥 $\Theta$ 的 "小于或等于" 偏好 |
| $\operatorname{haus}(\Omega_1, \Omega_2)$ | 集合之间的 Pompieu-Hausdorff 距离 |
| $\beta(\Omega_1, \Omega_2)$ | 集合之间的 Hausdorff 半距离 |
| $\varphi_1 \oplus \varphi_2$ | 两个函数的卷积下确界 |
| $\operatorname{lip} F(\bar{x}, \bar{y})$ | $F$ 在 $(\bar{x}, \bar{y})$ 附近的确切 Lipschitz 界 |
| $\operatorname{clm} F$ | $F$ 在 $(\bar{x}, \bar{y})$ 处的确切平静性界 |
| $\operatorname{reg} F(\bar{x}, \bar{y})$ | $F$ 在 $(\bar{x}, \bar{y})$ 附近的确切度量正则性界 |
| $\operatorname{hemireg} F(\bar{x}, \bar{y})$ | $F$ 在 $(\bar{x}, \bar{y})$ 处的确切度量半正则性界 |
| $\operatorname{cov} F(\bar{x}, \bar{y})$ | $F$ 在 $(\bar{x}, \bar{y})$ 附近的确切覆盖/线性开界 |
| $\operatorname{Min} \Xi = \operatorname{Min}_\Theta \Xi$ | $\Xi$ 相对于锥 $\Theta$ 的 Pareto 极小点集合 |
| $\operatorname{wMin} \Xi = \operatorname{wMin}_\Theta \Xi$ | $\Xi$ 相对于 $\Theta$ 的弱 Pareto 极小点集合 |
| $\triangle$ | 证明结束 |

## 空间

| | |
|---|---|
| $I\!R := (-\infty, \infty)$ | 实直线 |
| $\overline{I\!R} := [-\infty, \infty]$ | 增广实直线 |
| $I\!R^n$ | $n$ 维欧氏空间 |
| $I\!R^n_+$ and $I\!R^n_-$ | $I\!R^n$ 的非负和非正象限 |
| $I\!R^T$ | 空间 $\lambda = \{\lambda_t \mid t \in T\}$，其中 $\lambda_t \in I\!R, t \in T$ |
| $I\!R^{(T)}$ | $I\!R^T$ 的子空间，其中 $\lambda_t \neq 0$ 对有限多个 $t \in T$ 成立 |
| $I\!R^{(T)}_+$ | $I\!R^{(T)}$ 中的正 (非负) 锥 |
| $\operatorname{supp} \lambda$ | $\lambda \in I\!R^{(T)}$ 的支撑 $\{t \in T \mid \lambda_t \neq 0\}$ |
| $l^\infty(T)$ | $T$ 上的有界函数，其范数为 $\|p\|_\infty := \sup\{|p(t)| \mid t \in T\}$ |
| $l^\infty_+(T)$ | $l^\infty(T)$ 中的正 (非负) 锥 |
| $\mathcal{C}(T)$ | 紧 $T$ 上的连续函数，且 $\|p\| := \max\{|p(t)| \mid t \in T\}$ |
| $\mathcal{C}_+(T)$ | $\mathcal{C}(T)$ 中的正 (非负) 锥 |
| $ba(T)$ | $T$ 上的有界可加测度空间 |
| $ba_+(T)$ | $T$ 上的非负有界可加测度 |
| $rba(T)$ | $T$ 上的正则有限 Borel 测度空间 |
| $rba_+(T)$ | $T$ 上的非负正则有限 Borel 测度 |
| $\mathcal{C}^1$ | 局部连续可微的函数类 |
| $\mathcal{C}^2$ | 局部二次连续可微的函数类 |
| $\mathcal{C}^{1,1}$ | 具有局部 Lipschitz 导数的 $\mathcal{C}^1$ 函数子类 |
| $c$ | 具有上确界范数的实数序列的空间 |
| $c_0$ | 所有收敛于 0 的序列组成的 $c$ 的子空间 |

## 集合

| | |
|---|---|
| $\varnothing$ | 空集 |
| $I\!N$ | 自然数集 |
| $\mathcal{N}$ | 网 |
| $x \xrightarrow{\Omega} \bar{x}$ | $x$ 收敛于 $\bar{x}$ 且 $x \in \Omega$ |
| $B_r(x)$ | 以 $x$ 为球心、$r$ 为半径的球 |
| $I\!B$ and $I\!B^*$ | 空间及其对偶的闭单位球 |
| $S_X$ and $S^*$ | $X$ 及其对偶的单位球面 |
| $\operatorname{int} \Omega$ and $\operatorname{ri} \Omega$ | $\Omega$ 的内部和相对内部 |
| $\operatorname{qri} \Omega$ and $\operatorname{iri} \Omega$ | 凸集 $\Omega$ 的拟相对内部和内在相对内部 |
| $\operatorname{core} \Omega$ | 凸集 $\Omega$ 的代数核 |
| $\operatorname{cl} \Omega$ and $\operatorname{cl}^* \Omega$ | $\Omega$ 的闭包和弱 * 拓扑闭包 |

| | |
|---|---|
| bd $\Omega$ | 集合边界 |
| co $\Omega$ and clco $\Omega$ | $\Omega$ 的凸包和闭凸包 |
| cone $\Omega$ | $\Omega$ 的锥包 (第 7, 8 章中的凸锥包) |
| $\Omega^+$ | 凸锥 $\Omega$ 的正极锥 |
| aff $\Omega$ and $\overline{\mathrm{aff}}\,\Omega$ | $\Omega$ 的仿射包和闭仿射包 |
| proj $_x\Omega$ and proj $_X\Omega$ | 乘积空间中集合的 $x$-投影 |
| $\Pi(x;\Omega)$ and $\Pi_\Omega(\bar{x})$ | $x$ 在 $\Omega$ 上的欧氏投影 |
| $N(\bar{x};\Omega)$ | $\Omega$ 在 $\bar{x}$ 的 (基本，极限) 法锥 |
| $\widehat{N}(\bar{x};\Omega)$ | $\Omega$ 在 $\bar{x}$ 的预法锥或正则法锥 |
| $\widehat{N}_\varepsilon(\bar{x};\Omega)$ | $\Omega$ 在 $\bar{x}$ 的 $\varepsilon$-法向量的集合 |
| $\overline{N}(\bar{x};\Omega)$ | $\Omega$ 在 $\bar{x}$ 的凸化或 Clarke 法锥 |
| $T(\bar{x};\Omega)$ | $\Omega$ 在 $\bar{x}$ 的相依锥 |
| $T_W(\bar{x};\Omega)$ | $\Omega$ 在 $\bar{x}$ 的弱相依锥 |
| $\widehat{T}(\bar{x};\Omega)$ | $\Omega$ 在 $\bar{x}$ 的正则切锥 |

## 函数

| | |
|---|---|
| $\delta(\cdot;\Omega)$ | $\Omega$ 的指示函数 |
| $\chi_\Omega$ | $\Omega$ 的指示函数 |
| $\sigma(\cdot;\Omega)$ or $\sigma_\Omega$ | $\Omega$ 的支撑函数 |
| dist$(\cdot;\Omega)$ or $d_\Omega$ | $\Omega$ 的距离函数 |
| $\delta_t$ | 在 $t$ 有支撑的 Dirac 函数/测度 |
| $p_F$ | 与集合 $F$ 相关联的 Minkowski 度规 |
| $\tau_F(\cdot;\Omega)$ | 与动态 $F$ 和目标 $\Omega$ 相关联的最小时间函数 |
| dom $\varphi$ | $\varphi\colon X\to\overline{I\!R}$ 的有效域 |
| epi $\varphi$, hypo $\varphi$, and gph $\varphi$ | $\varphi$ 的上图、下图和图 |
| $\varphi_\lambda$ | $\varphi$ 的 Moreau 包络，比率为 $\lambda>0$ |
| $\varphi^*$ and $\varphi^{**}$ | $\varphi$ 的 Fenchel 共轭和双共轭 |
| $x\xrightarrow{\varphi}\bar{x}$ | $x\to\bar{x}$ 且 $\varphi(x)\to\varphi(\bar{x})$ |
| $x\xrightarrow{\varphi+}\bar{x}$ | $x\to\bar{x}$ 且 $\varphi(x)\to\varphi(\bar{x})$ 以及 $\varphi(x)\geqslant\varphi(\bar{x})$ |
| $\varphi'(\bar{x})$ or $\nabla\varphi(\bar{x})$ | $\varphi$ 在 $\bar{x}$ 的 (Fréchet) 导数/梯度 |
| $\partial\varphi(\bar{x})$ | $\varphi$ 在 $\bar{x}$ 的 (基本/极限) 次微分 |
| $\partial^+\varphi(\bar{x})$ | $\varphi$ 在 $\bar{x}$ 的上次微分 |
| $\partial^0\varphi(\bar{x})$ | $\varphi$ 在 $\bar{x}$ 的对称次微分 |
| $\partial_\geqslant\varphi(\bar{x})$ | $\varphi$ 在 $\bar{x}$ 的右侧次微分 |
| $\partial^\infty\varphi(\bar{x})$ | $\varphi$ 在 $\bar{x}$ 的奇异次微分 |

| | |
|---|---|
| $\partial^{\infty,+}\varphi(\bar{x})$ | $\varphi$ 在 $\bar{x}$ 的上奇异次微分 |
| $\partial^{\infty,0}\varphi(\bar{x})$ | $\varphi$ 在 $\bar{x}$ 的对称奇异次微分 |
| $\widehat{\partial}\varphi(\bar{x})$ | $\varphi$ 在 $\bar{x}$ 的预次微分或正则/Fréchet 次微分 |
| $\widehat{\partial}_{\varepsilon}\varphi(\bar{x})$ | $\varphi$ 在 $\bar{x}$ 的 $\varepsilon$-次微分 |
| $\widehat{\partial}^{+}\varphi(\bar{x})$ | $\varphi$ 在 $\bar{x}$ 的上正则次微分 |
| $\overline{\partial}\varphi(\bar{x})$ | $\varphi$ 在 $\bar{x}$ 的广义梯度或凸化/Clarke 次微分 |
| $\Lambda^{0}\varphi(\bar{x})$ | $\varphi$ 在 $\bar{x}$ 的 Warga 导容 |
| $\partial_{P}\varphi(\bar{x})$ | $\varphi$ 在 $\bar{x}$ 的邻近次微分 |
| $\widehat{\partial}_{H(s)}(\bar{x})$ | $\varphi$ 在 $\bar{x}$ 的 $s$-Hölder 次微分 |
| $\widehat{\partial}^{+}_{H(s)}(\bar{x})$ | $\varphi$ 在 $\bar{x}$ 的上 $s$-Hölder 次微分 |
| $\partial_{H(s)}(\bar{x})$ | $\varphi$ 在 $\bar{x}$ 的极限 $s$-Hölder 次微分 |
| $d\varphi(\bar{x})$ | $\varphi$ 在 $\bar{x}$ 的 Gâteaux 导数 |
| $\varphi'(\bar{x};w)$ | $\varphi$ 在 $\bar{x}$ 处沿方向 $w$ 的方向导数 |
| $d\varphi(\bar{x};w)$ | $\varphi$ 在 $\bar{x}$ 处沿方向 $w$ 的相依导数 |
| $\varphi^{0}(\bar{x};w)$ | $\varphi$ 在 $\bar{x}$ 处沿方向 $w$ 的广义方向导数 |
| $\nabla^{2}\varphi(\bar{x})$ | $\varphi$ 在 $\bar{x}$ 的经典 Hesse 阵 |
| $\partial^{2}\varphi, \partial^{2}_{N}\varphi,$ and $\partial^{2}_{M}\varphi$ | $\varphi$ 的二阶次微分 (广义 Hesse 阵) |

## 映射

| | |
|---|---|
| $f\colon X \to Y$ | 从 $X$ 到 $Y$ 的单值映射 |
| $F\colon X \rightrightarrows Y$ | 从 $X$ 到 $Y$ 的集值映射 |
| $\mathrm{dom}\, F$ | $F$ 的有效域 |
| $\mathrm{rge}\, F$ | $F$ 的值域 |
| $\mathrm{gph}\, F$ | $F$ 的图 |
| $\ker F$ | $F$ 的核 |
| $\|F\|$ | 正齐次映射的范数 |
| $F^{-1}\colon Y \rightrightarrows X$ | $F\colon X \rightrightarrows Y$ 的逆映射 |
| $F(\Omega)$ and $F^{-1}(\Omega)$ | $\Omega$ 在 $F$ 下的像和逆像/预像 |
| $F \circ G$ | 映射的复合 |
| $F \overset{h}{\circ} G$ | 映射的 $h$-复合 |
| $\Delta(\cdot;\Omega)$ | 集合的指示映射 |
| $\Omega_{\rho}$ | 集合的扩张映射 |
| $\mathrm{epi}_{\Theta}F$ | $F\colon X \rightrightarrows Y$ 相对于序锥 $\Theta \subset Y$ 的上图 |
| $\mathcal{E}_{F,\Theta}$ | $F\colon X \rightrightarrows Y$ 相对于锥 $\Theta \subset Y$ 的上图多值映射 |
| $\mathcal{E}(f,\Theta,\Omega)$ | $f\colon X \to Y$ 相对于 $\Theta \subset Y$ 和 $\Omega \subset X$ 的广义上图 |

| | |
|---|---|
| $\nabla f(\bar{x})$ | $f: X \to Y$ 的雅可比矩阵或导数 |
| $DF(\bar{x}, \bar{y})$ | $F$ 在 $(\bar{x}, \bar{y}) \in \text{gph}\, F$ 的图/相依导数 |
| $D^* F(\bar{x}, \bar{y})$ | $F$ 在 $(\bar{x}, \bar{y}) \in \text{gph}\, F$ 的 (基本) 上导数 |
| $D_N^* F(\bar{x}, \bar{y})$ | $F$ 在 $(\bar{x}, \bar{y}) \in \text{gph}\, F$ 的基本上导数 |
| $D_M^* F(\bar{x}, \bar{y})$ and $\widetilde{D}_M^* F(\bar{x}, \bar{y})$ | $F$ 在 $(\bar{x}, \bar{y}) \in \text{gph}\, F$ 的混合和逆混合上导数 |
| $\widehat{D}^* F(\bar{x}, \bar{y})$ | $F$ 在 $(\bar{x}, \bar{y})$ 的预上导数或正则上导数 |
| $\widehat{D}_\varepsilon^* F(\bar{x}, \bar{y})$ | $F$ 在 $(\bar{x}, \bar{y})$ 的 $\varepsilon$-上导数 |
| $\widehat{\partial}_\Theta F$ | $F: X \rightrightarrows Y$ 相对于序锥 $\Theta \subset Y$ 的正则次微分 |
| $\partial_\Theta F$ | $F: X \rightrightarrows Y$ 相对于锥 $\Theta$ 的基本次微分 |
| $\partial_\Theta^\infty F$ | $F: X \rightrightarrows Y$ 相对于锥 $\Theta$ 的奇异次微分 |
| $\widehat{D}_\Theta^* f$ | $f: X \to Y$ 相对于序锥 $\Theta \subset Y$ 的正则 $\Theta$-上导数 |
| $D_{N,\Theta}^* f$ | $f: X \to Y$ 相对于锥 $\Theta$ 的序列基本 $\Theta$-上导数 |
| $\widetilde{D}_{N,\Theta}^* f$ | $f: X \to Y$ 相对于锥 $\Theta$ 的拓扑基本 $\Theta$-上导数 |
| $\check{D}_N^* f$ | $f: X \to Y$ 相对于锥 $\Theta$ 的聚集基本 $\Theta$-上导数 |
| $\overline{\partial} f(\bar{x})$ | $f: \mathbb{R}^n \to \mathbb{R}^m$ 在 $\bar{x}$ 的 (Clarke) 广义 Jacobi 矩阵 |

## 缩略词

| | |
|---|---|
| AMVT | 近似中值定理 |
| CEL | 紧上图-Lipschitz 的 (集合) |
| CEP | 锥极点原理 |
| CHIP | 锥包相交性质 |
| CRCQ | 常秩约束规范 |
| CQC | 闭性规范条件 |
| CQs | 约束规范 |
| DC | 凸 (函数、规划) 之差 |
| EMFCQ | 增广 Mangasarian-Fromovitz 约束规范 |
| EPEC | 带有均衡约束的均衡问题 |
| FMCQ | Farkas-Minkowski 约束规范 |
| GE | 广义方程 |
| GSIP | 广义半无穷规划 |
| KKT | Karush-Kuhn-Tucker (条件) |
| LCTV | 局部凸拓扑向量 (空间) |
| LFM | 局部 Farkas-Minkowski(性质) |
| LICQ | 线性独立约束规范 |
| l.s.c. | 下半连续 (函数) |

| | |
|---|---|
| MFCQ | Mangasarian-Fromovitz 约束规范 |
| MMA | 度量逼近方法 |
| MMFCQ | 边际 Mangasarian-Fromovitz 约束规范 |
| MOEC | 具有均衡约束的多目标优化 |
| MPEC | 具有均衡约束的数学规划 |
| NCC | 法向闭性条件 |
| NDQ | 净需求规范 (条件) |
| NDSNQ | 净需求强规范 (条件) |
| NDSQ | 净需求严格规范 (条件) |
| NDWC | 净需求弱规范 (条件) |
| NFMCQ | 非线性 Farkas-Minkowski 规范条件 |
| NLP | 非线性规划 |
| NQC | 法向规范条件 |
| ODE | 常微分方程 |
| PCS | 参数约束系统 |
| PDE | 偏微分方程 |
| PMFCQ | 扰动 Mangasarian-Fromovitz 约束规范 |
| PSNC | 偏序列法紧的 (集合和映射) |
| PVS | 参数变分系统 |
| RCQ | Robinson 约束规范 |
| SC | 次微分闭性条件 |
| SCQ | Slater 约束规范 |
| SDP | 半定规划 |
| SIP | 半无穷规划 |
| $\mathcal{SL}$ | 半-Lipschitz 的 (和) |
| SNC | 序列法紧的 |
| SNEC | 序列法向上图紧的 (集合) |
| SQC | 次微分规范条件 |
| SQP | 序列二次规划 |
| SSC | 强 Slater 条件 |
| u.s.c. | 上半连续 (函数) |
| VFCQ | 值函数约束规范 |

# 索　引

# 《现代数学译丛》已出版书目

## （按出版时间排序）